新型低碳装配式建筑智能化建造与设计丛书 | 张宏　主编

形式与力

高效且富有表现力的结构设计

（美国）爱德华·艾伦（Edward Allen）
（美国）瓦克劳·扎列夫斯基（Waclaw Zalewski）　主编
张弦　译

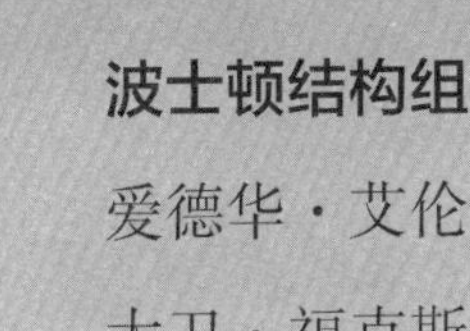

波士顿结构组

爱德华·艾伦 | 瓦克劳·扎列夫斯基 |
大卫·福克斯 | 杰弗里·安德森 | 凯瑟琳·芮克秋 |
米歇尔·拉梅吉 | 约翰·霍森多夫 | 菲利普·布洛克 | 约瑟夫·亚诺

顾问

尼古拉·米歇尔 | 巴沙尔·阿尔塔巴 | 罗伯特·德莫迪 | 威廉·托恩 |
西蒙·格林沃尔德

東南大學出版社
SOUTHEAST UNIVERSITY PRESS
·南京·

图书在版编目(CIP)数据

形式与力：高效且富有表现力的结构设计 / (美) 爱德华·艾伦 (Edward Allen), (美) 瓦克劳·扎列夫斯基 (Waclaw Zalewski) 主编；张弦译. -- 南京：东南大学出版社, 2025. 1

书名原文: Form and Forces: Designing Efficient, Expressive Structures

ISBN 978-7-5766-1127-4

Ⅰ. ①形… Ⅱ. ①爱… ②瓦… ③张… Ⅲ. ①建筑结构—结构设计 Ⅳ. ①TU318

中国国家版本馆 CIP 数据核字(2023)第 252837 号

责任编辑:朱震霞　责任校对:韩小亮　封面设计:王　玥　责任印制:周荣虎

形式与力：高效且富有表现力的结构设计

XINGSHI YU LI: GAOXIAO QIE FUYOU BIAOXIANLI DE JIEGOU SHEJI

主　　编:(美国)爱德华·艾伦(Edward Allen) (美国)瓦克劳·扎列夫斯基(Waclaw Zalewski)
译　　者:张　弦
出版发行:东南大学出版社
社　　址:南京市四牌楼 2 号　邮编:210096　电话:025-83793330
出 版 人:白云飞
网　　址:http://www.seupress.com
电子邮箱:press@seupress.com
经　　销:全国各地新华书店
印　　刷:广东虎彩云印刷有限公司
开　　本:889 mm×1194 mm　1/16
印　　张:40
字　　数:1050 千字
版　　次:2025 年 1 月第 1 版
印　　次:2025 年 1 月第 1 次印刷
书　　号:ISBN 978-7-5766-1127-4
定　　价:198.00 元

本社图书若有印装质量问题,请直接与营销部调换。电话(传真):025-83791830

目录

作者团队　Ⅶ

致谢　Ⅸ

作者序　Ⅺ

译者序　ⅩⅢ

1 **一系列悬挂步行桥设计　1**

静力学中的一些基本概念：荷载、力、拉力、压力、应力

隔离体；矢量与标量；共点力的静力平衡

悬挂结构的形图与力图；鲍氏符号标注法

钢杆的连接与锚固构造

侧向稳定性；增加悬挂结构刚度的方法

建造过程与建造方案

2 **一个悬索结构的屋顶设计　35**

悬索结构的屋顶设计

特定性能的索线设计

索线系列

静力平衡

力的分量

钢索的节点和紧固

横向支撑

调节桅杆和后拉索中的力

3 **一个单曲薄壳拱顶设计　65**

索线形拱和拱顶设计

结构找形：悬链线、抛物线、圆

增加拱顶结构的刚度以抵抗屈曲和不对称荷载

单曲薄壳拱顶的细部构造与建造

4 **研讨课：一个桁架屋顶设计　93**

三维结构概念的生成

桁架图解分析：桁架形式以及高度对杆件内力的影响

结构设计的创作空间以及建筑师与结构工程师的互动

5 **悬崖边的观景亭设计　115**

力矩

非共点力的平衡

非共点力的图解分析

特殊地点的钢框架结构的建造与细部构造

6 **一个多节间桁架设计　143**

多节间桁架的图解分析方法

常见的桁架形式及其用途

基于受力与连接的复杂桁架的设计与优化

重型木桁架的细部构造与建造

7 **一个树状结构的屋顶设计　185**

斜拉结构和树状结构的图解分析

斜拉结构和树状结构的形式与力

钢管树状结构的细部构造与建造

8 **无筋砖石砌体结构设计　215**

本章作者：约翰·霍森多夫（John A. Ochsendorf）和菲利普·布洛克（Philippe Block）

传统无筋砖石砌体结构的设计与建造

采用拉杆和飞扶壁的砖石拱顶的稳定

荷载路径与断面核

预定几何形状的拱的图解分析

悬链线拱和拱顶的设计与建造

9 **研讨课：混凝土壳体结构的看台设计　247**

组合结构的三维平衡；索线形拱和桁架的结合

在设计和建造过程中建筑师与结构工程师的协同合作

使用 SI（国际）单位

10 **一个高效的桁架设计　275**

逆向图解法找出恒力桁架和恒力拱的形式

通过力图快速判断桁架的效率

恒力桁架的典型形式

11 **悬索结构的约束设计　301**

防止变形的约束设计策略

不对称荷载对结构的影响

12 **膜结构和壳体结构设计　331**

本章作者：米歇尔·拉梅吉（Michael H. Ramage）

适用于壳体结构、充气膜结构和张拉膜结构的找形方法

材料的制约和挑战

轻型结构的细部构造

13 **结构材料　355**

颗粒状材料

固体材料

材料的破坏方式

固体材料中力的传递

好的结构材料的特征

常见的结构材料

应力和应变的概念
安全系数

14 **研讨课：符合力流的墙板设计** **375**
应力迹线
拉压杆模型；桁架模型
力流的三种模式；基本模式在任意结构构件中的应用
图解法找出桁架模型中的力

15 **框架结构的一个单元设计** **411**
框架结构的平面布置和三维布置
了解框架结构单元、楼承板、托梁、主梁、次梁、板、柱子和框架结构的材料
竖向荷载和横向荷载的荷载路径
采用斜撑抵抗横向荷载
横向荷载占主导地位的高层框架结构的设计要点

16 **梁的弯曲作用** **433**
外部荷载的作用模式分析；外部荷载的量化和简化
剪力 V 和弯矩 M
剪力图和弯矩图；形图和力图的关系
图解法和半图解法

17 **梁如何抵抗弯曲** **455**
梁抵抗弯曲作用的机制
应力迹线
挠度计算
求解矩形截面梁中弯曲正应力和切应力的公式
木框架结构的单元设计

18 **任意截面梁的抗弯性能** **493**
截面的几何性质
惯性矩
组合作用
钢框架结构设计

19 **柱子、刚架和承重墙的设计** **521**
柱子的类型：短柱、长柱、中长柱；柱子的屈曲和变形
柱子设计的限制；柱子的理想形状
承重墙
门式刚架；铰接
柱子的历史意义和建筑表达

20 **一个现浇混凝土建筑设计** **547**
钢筋混凝土梁、板以及柱子的结构作用
钢筋混凝土框架结构的选型和设计要点
钢筋混凝土板设置开口的条件和限制
建筑设计与结构体系
钢筋混凝土框架结构设计

21 **研讨课：预制混凝土办公楼设计** **573**
多专业协同设计团队
多层建筑设计和框架单元的确定
安全与疏散

空调与电气设备
预制混凝土构件

22 **一个入口雨篷设计 595**
具有恒定力流的梁的设计
根据弯矩图设计梁的剖面形式
特殊结构的整体稳定性
轴向应力和弯曲正应力的共同作用
结构造型的基本原则

后记：建筑师和结构工程师的对话 615

索引 619

作者团队

波士顿结构组

波士顿结构组是一个非正式组织，主要由高校教师、结构工程师和建筑师组成，该组织认为结构不仅仅是计算更是设计，并致力于开发一整套实用的、适合建筑师的教学方法。

作者团队

爱德华·艾伦，美国建筑师协会会员

第一作者

爱德华是美国建筑师协会会员，也是托帕斯杰出建筑教育奖的获得者。他曾任教于俄勒冈大学、耶鲁大学、加州大学圣地亚哥分校、蒙大拿州立大学、利物浦大学、华盛顿大学以及麻省理工学院。他设计了 50 多个建筑项目，他的著作在国际上具有广泛的影响力。

瓦克劳·扎列夫斯基，工学博士

第二作者

瓦克劳是一名结构工程师和建造师，同时也是麻省理工学院土木工程专业的荣誉退休教授。他被众多昔日学生和同事们视为良师益友。他的研究范围很广，从轻质混凝土壳体结构到可动结构，在波兰、委内瑞拉、西班牙和韩国等国都有他的作品。他曾与爱德华·艾伦合著了《结构塑形：静力学》*Shaping Structures: Statics*. John Wiley & Sons，Inc，1998。

大卫·福克斯，建筑学硕士，哲学硕士，理学学士

编辑主任

大卫是一名建筑师、作家、教师以及音乐家，毕业于麻省理工学院，他同时也获得英国剑桥大学克莱尔学院马歇尔学者称号，现就职于波士顿 EYP 建筑工程公司。

杰弗里·安德森，建筑学硕士，设计学学士

编辑兼艺术顾问

杰弗里曾在佛罗里达大学和麻省理工学院学习设计和建筑学，现就职于马萨诸塞州韦斯特福德的三棱锥结构公司。

凯瑟琳·芮克秋，建筑学学士

编辑

凯瑟琳曾在马萨诸塞大学和波士顿建筑学院学习建筑学，现就职于波士顿的 MDS 建筑设计公司。

特约作者

约翰·霍森多夫，博士，理学硕士

特约作者

约翰是一名结构工程师，也是麻省理工学

院建筑技术系的副教授，曾在康奈尔大学、普林斯顿大学和英国剑桥大学学习。他曾获得2008年麦克阿瑟天才奖，并于2007年到2008年间担任罗马美国学院研究员。

米歇尔·拉梅吉，建筑学硕士，理学学士

特约作者和编辑

米歇尔是英国剑桥大学建筑系的讲师，他曾在麻省理工学院学习建筑学，并在美国、英国和南非等国设计和建造了许多砌体结构建筑。2006年，他曾在瑞士库尔的康策特AG建筑事务所工作了一年。

菲利普·布洛克,博士，建筑学硕士

特约作者和编辑

菲利普是苏黎世联邦理工学院瑞士国家研究院结构研究所的成员，他毕业于布鲁塞尔自由大学。他近期获得了麻省理工学院建筑系建筑技术专业博士学位，他的博士论文研究了先进的图解技术在砖石结构当中的运用。他2008年曾在斯图加特大学轻型结构研究所（ILEK）做研究员，还曾获得2007年国际壳体与空间结构协会半谷奖。

约瑟夫·亚诺，英国皇家艺术院会员

特约编辑

约瑟夫是华盛顿州西雅图的建筑师，也是OSKA建筑师事务所的技术顾问。他与爱德华·艾伦合著过多本书籍，包括《结构塑形：静力学原理》，其中包含许多他所绘制的插图和DVD教程，这些插图和教程也被用于本书当中。

顾问

尼古拉·米歇尔，英国皇家艺术院会员，美国绿色建筑委员会专家，建筑学硕士

顾问

尼古拉是阿根廷的注册建筑师，毕业于麻省理工学院，曾在纽约坎农设计公司（Cannon Design）和珀金斯威尔公司（Perkins-Will）担任建筑师。2006年以来，她开始在阿根廷从事建筑实践，并推动了阿根廷绿色建筑委员会的创立。

巴沙尔·阿尔塔巴，工学硕士

顾问

巴沙尔是纽约帕森斯公司的桥梁结构工程师，也是麻省理工学院土木与环境工程系的客座教授。他曾受邀在多部有关建筑遗产保护的纪录片中接受采访。

罗伯特·德莫迪，英国皇家艺术院会员，建筑学硕士，土木工程学士

顾问

罗伯特拥有建筑学和土木工程的双学位，目前在罗德岛布里斯托尔的罗杰威廉姆斯大学担任建筑、艺术和遗产保护学院的讲师。他此前曾在伊利诺伊大学凡尔赛校区和厄巴纳大学香槟分校任教。

威廉·托恩,工学硕士

顾问

威廉是一名结构工程师，曾在勒梅热勒顾问公司（Le Messurier Consultants）担任多年的主管，参与了许多标志性项目的设计。

西蒙·格林沃尔德，理学硕士

顾问

西蒙是一名软件工程师，在麻省理工学院的媒体实验室从事科研工作。他对交互式图解、建筑设计和土木工程尤为感兴趣。他开发的主动静力学（Active Statics）编程软件获得了国际关注，并被翻译成多种语言版本。

致谢

感谢宾夕法尼亚大学理查德·法利教授、耶鲁大学马丁·格纳教授和弗吉尼亚大学柯克·马蒂尼教授对本书的校审。同时也感谢参与测评本书中图解法的众多师生，他们对这一方法的创造性运用十分具有启发性。

感谢约翰·威利父子出版公司的副总裁兼出版商阿曼达·米勒，阿曼达先生给本书提供了很多的支持和鼓励；感谢经验丰富的组稿编辑保罗·德鲁格斯对本书编辑工作细致、耐心又精心的指导；感谢高级编辑唐娜·康特在管理、排版以及印刷等方面的辛苦付出，她值得我们团队每一个人的敬佩和赞美；感谢编辑珍妮丝·博泽多夫斯基的工作；感谢平面设计师费加罗的封面设计。

感谢大卫·福克斯、杰弗里·安德森和凯瑟琳·芮克秋参与写作，本书凝结了他们的热情、努力和才华。特别感谢唐娜·哈里斯对图解静力学的介绍和导引；感谢唐·利文斯通，他的教学成果证明了图解静力学在创造高效结构形式方面的潜力；感谢威廉·阿本德博士的特别贡献。

作者团队全体成员在此感谢所有的同事、朋友、亲属和爱人，感谢他们在这一过程中给予的鼓励和帮助。

谨以此书献给所有从事结构设计和建筑设计的师生和工作人员。实现高效且富有表现力的结构设计需要大家的共同努力，让我们一起为建筑事业添砖加瓦。

波士顿结构组

作者序

教育不应填鸭，而应启明。

——威廉·巴特勒·叶芝（诗人，1865—1939）

有证据表明传统的土木工程课程削弱了学生的创造力……

——艾伦·霍尔盖特（工程师、作家，1937—）

本书从实际项目出发，介绍了图解技术在不同工程项目当中的运用，适合作为低年级建筑学和土木工程学生的教材或教学参考书，同时也可以作为职业建筑师和结构工程师的参考书。

书中的每个章节都介绍了一个具体项目，从设计概念、方案的可行性、具体的细部构造、构件尺寸确定到建造，完整地呈现出结构设计的过程。这些项目是被精心挑选出来的，其中贯穿了静力学和材料力学的基本知识。

本书的目标读者是没有土木工程专业背景的学生，本书的宗旨是引导读者认识并乐于从事巧妙的、富有想象力的结构设计。这一过程自然而然地会涉及结构原理和计算的内容。结构原理或计算公式在第一次出现时会进行详细的介绍，以便学生能理解其作用，而不是类似其他结构教材那样，先介绍静力学以及材料力学等“基础”知识。因为脱离了语境和实际应用的数值计算往往是枯燥的，这样反而降低了学生对结构设计的兴趣。

运用图解法来设计和分析结构是本书教学方法的关键，这样有助于学生更加直观、可视化地理解结构问题，并简化了结构计算的过程。在结构设计的早期阶段，图解法相比于数值法更加简单、快速且易懂，便于生成悬索、拱、桁架以及其他高效的结构形式。图解法也是结构分析中很多数学公式的来源，并且图解法和数值法得出的结果基本是一致的。

本书会在需要时介绍数值法的应用，使学生不仅能学习计算方法，还能理解图解法和数值法之间的关系以及它们的应用情况，这样有利于加强学生的记忆并实际运用到以后的设计项目中。

研讨课记录了建筑师与结构工程师之间的对话，这些对话穿插在本书之中，是本书的特色内容，这种写作灵感来源于伽利略关于结构的对话。本书采用这种方式介绍结构设计的过程以及结构工程师与建筑师之间的沟通，相比于传统的写作方式更加新颖且耳目一新。

很多教师会不愿意放弃他们多年来不断完善的教学方法，也有很多教师怀疑图解法的可行性。与许多人一样，我没有学习过图解法，但是在自学的过程中非常轻松愉快，就像在挖掘隐藏的宝藏。图解法具有神奇的力量，能够在力与形式之间搭建桥梁，能够清楚地阐释复杂的结构概念，甚至能够帮助我教授大跨度建筑设计的课程，如无加筋砖石拱顶结构设计等。图解法同样适用于土木工程专业的教学。

本书参考资料网站中有三个重要的辅助工具，包括约瑟夫·亚诺的“形式与力的图解技术”教程，这个教程与本书息息相关，以及西蒙·格林沃尔德的“主动静力学”教程，其中含有生动的互动式学习工具。辅助工具还包括专门的图解静力学程序“Statics Pad”，方便教师和学生绘制整洁、清晰且精确的图纸。

本书包含了瓦克劳·扎列夫斯基和爱德华·艾伦合著的《结构塑形：静力学》的部分内容，这两本书在方法和逻辑方面是一致的，本书是对《结构塑形：静力学》的继承和发展。

所有的结构设计大师都会反复地提醒我们，结构设计不是绝对的、确定的，结构设计也不仅仅是计算，而是一种基于判断的科学和技艺。这种判断需要基于结构原理、材料、细部构造、建造和安装过程的相关知识以及对数值法和图解法的全面了解。

本书鼓励读者积极地参与到高效且富有表现力的结构设计中来，不断地提高鉴赏和判断能力。

爱德华·艾伦

马萨诸塞州，内蒂克

献给波士顿结构组

译者序 张弦

一、图解法与数值法

图解法（图解静力学）和数值法是两种主要的结构计算与模拟分析方法。图解法可以简单地概括为几何法，二维图解静力学对应的是闭合多边形的问题，三维图解静力学对应的是闭合多面体问题。随着数值法的方兴未艾，图解静力学的相关研究逐渐被边缘化。其主要原因包括图解静力学适用于研究静定结构的问题，而现实当中大部分结构都是超静定的；具备轴向受力构件的桁架结构、悬索结构、拱结构等静定结构形式，适用于采用图解法进行计算和分析，而对于以受弯构件为主的板结构和梁结构等，则采用数值法会比较全面和便捷；图解静力学在求解网架结构等具有复杂三维空间构件的结构时，力图和形图都比较复杂，相应的直观性减弱，同时通过力图来操控形图也变得相对复杂。

图解静力学的优势在于直观性和互动性，由于力图与形图的对应关系，可以通过调整力图来生成、优化和完善形图。计算机模拟分析的结果也很直观，通过不同的色彩反映构件受力的大小，但是这种分析是基于一个先验的结构形式，结构优化的方法多为增加构件截面尺寸或者增加构件数量，而图解静力学可以通过调整构件的位置和方向，也就是通过构件的合理分布而不是简单粗暴地堆积材料的方式来达到结构优化的目的。因此即使在计算机模拟分析盛行的今天，图解静力学仍然具有可操作性和可行性。对于结构工程师来说，相比于材料、建造以及力学等问题，形式问题才是最根本的问题。通过优越的形式回应作用力才是自然且优雅地解决问题的方法。

此外，图解静力学对于初学建筑结构的学生来说非常适用。不论是建筑学的学生还是土木工程专业的学生，对他们而言，结构计算并不是最重要的，创造出高效且富有想象力的结构形式才是最主要的。而在目前的知识体系当中，相比于把控结构整体的作用方式以及结构构件的协同作用机制，结构专业知识更多的是教授学生如何计算一根梁或柱子构件的尺寸，而局部的构件尺寸计算如同盲人摸象，无法帮助学生建立完整的结构体系和建筑形式。图解静力学不仅包含图解计算的相关内容，同时将结构设计、计算、分析、优化和最终建造统合在一起，是非常优秀的教学范本。ETHZ（苏黎世联邦理工学院）、MIT（麻省理工学院）、EPFL（洛桑联邦理工学院）等高校建筑专业都将图解静力学列为本科教学课程。

二、什么是设计品质？

在本书的后记当中，作者提出了“什么是设计品质”的问题，功能紧凑的平面、简约而富有生机的外观、迎合现代生活的美学趣味、完美的几何形式与视觉比例、基于结构逻辑的优雅形式等都可以成就某种设计品质，其中哪些更加接近于设计的本质？答案极有可能见仁见智，但是不可否认的是，优化的结构可以生成高质量的形式，这种形式昭示着建筑内在的秩序、规律和美感，是对于作用力的最佳回应。伴随着时间的流逝，历史会告诉我们哪些建筑值得我们纪念、保护和发扬，哪些终将平庸，当然历史的选择也会存在偶然性和不确定性。图解静力学的方法激发人们追寻潜藏于形式本身的诗意，进而将建筑从平庸当中拯救出来。当图解法得出的结论转变为实实在在的形式时，其自身就成为一种美学趣味，并借此获得令人满意的建筑外观。

大自然设计出来的各种生物，不论是树木、贝壳、昆虫还是人类，其结构骨架都是经济、高效、实用且节省材料的。自洽的和谐带来了自主的形式，建筑形式不同于大自然中的形式，它有其自身的内在机制。图解静力学的方法有助于我们发现建筑形式的奥秘。这本书采用案例的方式，通过 16 个深入浅出的建筑设计案例，介绍了包括悬索结构、桁架结构、树状结构、斜拉结构、砖石拱结构、钢筋混凝土壳体结构等结构形式，同时还介绍了框架结构单元设计、梁的作用机制和梁的截面计算、实体材料中的力流、结构材料、柱子以及剪力墙设计等。作者将结构形式生成的过程印迹完整且清晰地呈现出来，并深入构造和建造层面。书中融合了结构力学、材料力学、结构选型、建筑设计与建造等方面的知识，并将建筑设计与结构紧密结合起来。通过案例研读以及每章之后的思考题，学生可以更加快速地掌握结构知识和图解静力学的设计方法，运用该方法进行结构形式推演，将知识融会贯通。

相比于其他技术方面，结构与建筑之间的关联最深刻，结构所能提供的建筑创新的思路更丰富。结构与建筑形式关系问题自高技派以及欧洲和日本当代建筑师的实践以来，得到了广泛的关注，这种理性逻辑的设计方法也顺应了建筑发展的时代潮流。在呼吁协同创新的今天，结构提供了建筑形式推理生成的一个视角，图解静力学的方法促使建筑师对形式的感官直觉转变为逻辑自觉，夯实形式的深刻内涵。关注建筑造型与结构的统一，关注结构内部的力学规律，关注材料特性，关注精美且简单有效的构造细部，关注设计与生产之间的关系以及关注社会进程中建造问题等，从这些角度找寻建筑创新的源泉是不落伍的时尚。

三、形式追随结构？

首先，书中所选择案例的规模都相对较小，功能比较单一，因此在结构、功能与空间复合方面集成度高，非常具有代表性，做到了“形式追随结构”。这些新颖的结构形式多以单层空间为主，而我们国家大量的建筑实践是以多层和高层为主的层叠建造模式，书中的经验和方法具有创新性，但不能被简单复制。其次，仅仅从结构角度出发的建筑设计不一定理性和逻辑，建筑是复杂且综合的，需要回应的问题也非常多，包括场地、环境、社会、节能、经济、建造方式等。功能越简单，结构与空间的高度集成越容易，例如单一空间的展厅、厂房、仓库等。相反功能越复杂，结构与空间的高度复合越困难。面对复杂的功能和空间需求，富有包容性和开放性的结构最为有效。再次，我们需厘清结构造型和结构找形的差异，图解静力学是有效的结构找形工具，相比于结构找形来说，结构造型方法所涉及的结构形态推演逻辑适用范围更广。

图解静力学所介绍的结构形式生成过程并不像数学计算那样精确，也不像数学题那样是一步一步“推算”出来的，其中包含了很多其他专业的知识，即使采用了本书所介绍的方法，仍然有很多创作空间，需要读者去揣摩和挖掘。历史的车轮滚动至今，涌现出很多先验的结构原型，书中也提到了这些结构原型，例如悬挂结构、悬索结构、拱结构、树状结构、斜拉结构、膜结构、壳体结构、梁结构、板结构、桁架结构、网架结构等。其中悬索结构与拱结构、斜拉结构与树状结构、张拉膜结构与壳体结构分别为“互逆”的受拉状态和受压状态的索线形结构。

传统的结构选型的内核是选择合适的结构原型，将这些原型配置到相应的功能空间后等待融合和发酵，这一过程中结构是被动的。在结构与空间不断融合、结构不断异化、结构秩序愈加混沌的今天，继续选择和保持纯净且理想的结构原型已经是明日黄花。今天的结构设计与建筑空间之间的关联更加紧密；结构与围护之间的清晰界限被打破；竖向承重结构与横向跨越结构之间的分隔被弥合；结构构件本身的空间性越来越强；同一个结构构件的功能越来越多样化。结构原型可以组合、叠加甚至解构，结构原型不再分明，建筑空间需求反过来成为结构创新的源泉。

相比于功能、形式与意义这一范畴的建筑问题，结构属于派生范畴。当面对复杂的建筑功能时，在合适的位置运用合理的结构，将结构作为设计手段和策略，而不是设计目的。因为结构是解决问题的，而不是创造问题的。例如一个钢筋混凝土薄壳结构上部开设天窗，天窗的位置和大小不是结构单方面决定的，而是空间需求决定的。当有了天窗的需求之后，结构作为手段来尽量满足这种需求，并因此引发了很多解决办法。采用图解静力学的方法也是为了解决项目的设计需求，而不是创造空前绝后的结构形式，最终的形式是遵循内在直觉的结果，并不是最初的设计目标。因此本书中每一章伊始都会明确设计需求，根据限定条件，选择合理的结构形式，摒除自在的先验的几何外观，在外在需求基础上应用正确的方法，由此生成简约美观的建筑空间。

四、建造是推动建筑发展的根本动力

纵观建筑历史，技术推动了建筑的根本变革，建筑技术内容总体可概括为结构、性能和建造三个方面，其中建造是最重要的方面。结构需要真实重力的检验，性能需要真实运行的数据，这一切都由建造行为进行统合。不论建筑设计如何非理性，建造行为本身一定是理性的。建造效率提升就如同一双无形的推手，推动建筑向前发展，并潜移默化地影响着建筑形式。人们今天仍然可以修建传统风格的建筑，但是所采用的建造模式一定是当下的。本书的一个难能可贵之处是对于建造过程的模拟以及对构造的经心设计，在动态的建造过程中思考构造问题，才是真正地掌握了构造的本质。作者也指出书中建造过程的模拟并不一定与真实建造过程吻合，但是它可以将结构问题与生产、运输、装配等过程联系起来，不仅思考结构自身的效率、经济、美观等问题，还思考建造实施的可能性，帮助提升建造效率。同样的构造与结构的关联很深，好的构造可以保障结构的坚固耐久。书中介绍了很多优秀的构造细部，例如膜结构桅杆顶点避免应力集中的细部设计；结构中承受较大荷载处的构造设计；木材、钢管、钢索、钢杆等不同构件的连接方法以及构造加强措施等。

书中也介绍了很多采用图解静力学方法的结构工程师，他们的作品具有实验性，是优秀的范例，同时回应了社会、经济、文化与建造等问题。本书的研讨课采用了对话的方式，更好地介绍了建筑师与结构工程师的协同工作，这种写作方式平易生动，给人留下了深刻的印象。随着计算机时代的来临，各种结构计算与分析软件很多，它们的简化版本集成进建筑设计建模软件也比较方便，在建筑设计阶段的简化结构分析适用范围也很广，有助于先期的查漏补缺，而且直观性很强。但是正如本书后记所描述的，相比于使用计算机，使用铅笔可以建立起图与人之间的亲密关系，甚至成为人身体的延伸，从这个角度来说，计算机无法取代铅笔。相比于数值法，图解法的便捷和优势还

有待进一步研究、实践和发扬。

五、关于翻译的一些问题

本书中大部分内容使用的是英制单位，英尺、英寸、磅、千磅等，翻译的过程中没有将其换算成国际单位制的米、毫米、千克等，因为换算过后，就会出现小数点，就失去了整数对应的关系。即使倍数关系仍然存在，但是模数的整数关系却荡然无存。在这里请各位读者克服理解单位的难度。书中文字部分将单位翻译成了中文，图片和表格当中保留了单位的符号，书中涉及的单位如表 1 所示。由于译者水平有限，难免出现差错和疏漏，还希望广大读者批评更正。

表 1

单位名称/物理量名称	符号	单位名称/物理量名称	符号
磅	lb	千磅	kip
英寸	in	英尺	ft
磅每平方英寸	lb/in^2	磅每平方英尺	lb/ft^2
千磅每平方英寸	kip/in^2	毫米	mm
米	m	兆牛	MN
千牛	kN	兆帕	MPa
千克每米	kg/m	压力	c
拉力	t		

最后希望建筑学以及土木工程学的同学可以在茫茫书海中遇到这本书，并跟图解静力学交朋友。

第 1 章 1 一系列悬挂步行桥设计

- 静力学中的一些基本概念：荷载、力、拉力、压力、应力
- 隔离体；矢量与标量；共点力的静力平衡
- 悬挂结构的形图与力图；鲍氏符号标注法
- 钢杆的连接与锚固构造
- 侧向稳定性；增加悬挂结构刚度的方法
- 建造过程与建造方案

美国西南部的一个国家公园在狭窄而幽深的峡谷之中开辟了一条新的观景步道。为了避开峡谷中凸起的岩石峭壁，以及最大限度地减少岩石的开挖量，观景步道在峡谷的两侧蜿蜒转换，因此需要设计一系列步行桥连接峡谷两侧的观景步道。这些步行桥的跨度在 40～100 英尺①之间，步行桥的宽度大约为 4 英尺。

设计概念

在园区管理处的协助下，我们确定了设计

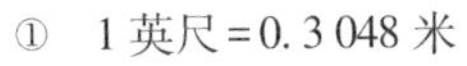

① 1 英尺 = 0.3 048 米

图 1.1　1 号步行桥的跨度为 40 英尺

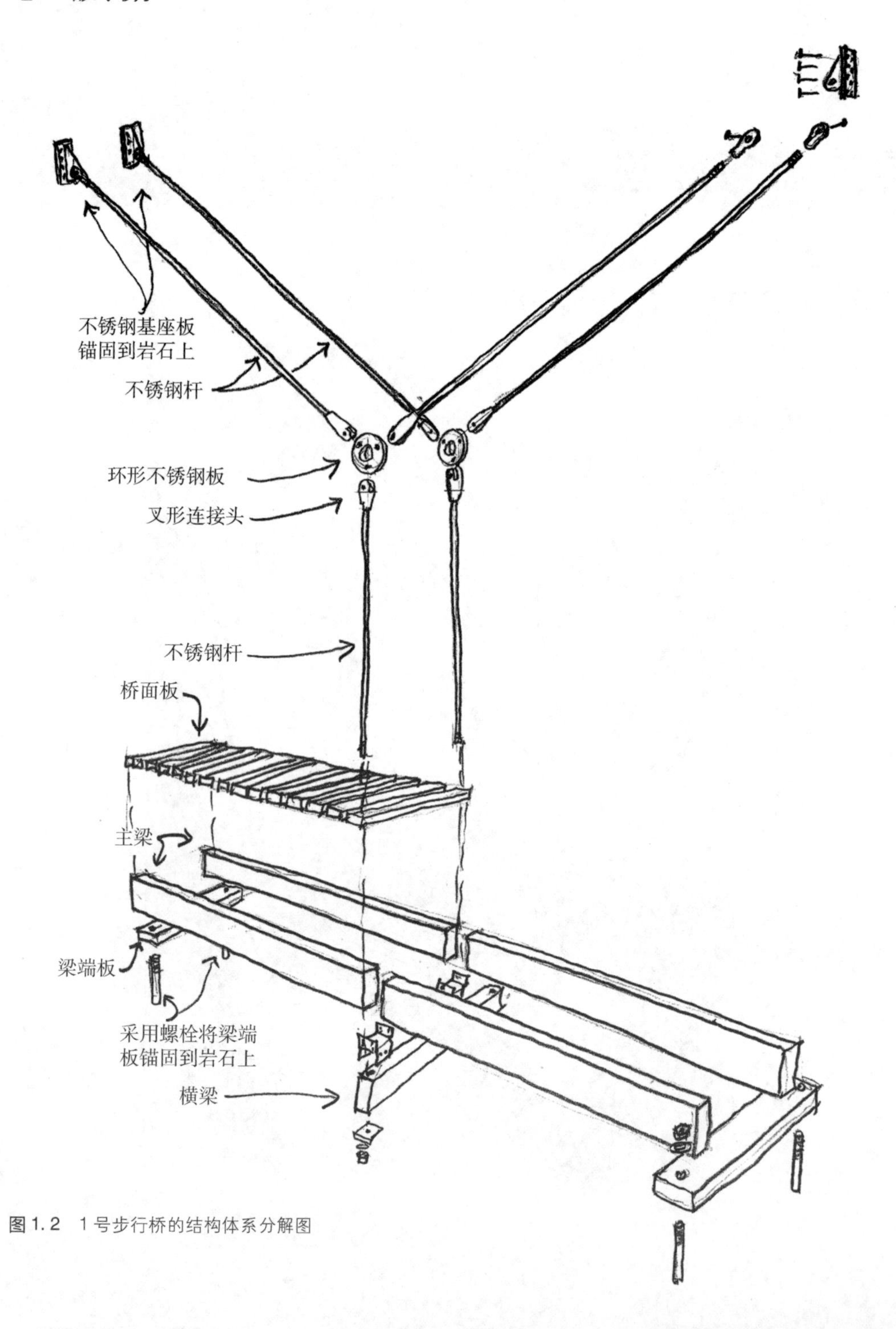

图1.2　1号步行桥的结构体系分解图

概念，并制定出了一套简单的模数化建造系统（图1.1、图1.2）。由于建造场地位于峡谷之中，施工操作比较困难，因此我们计划将步行桥的大部分构件在工厂中预制，然后运送至建造场地，再由工人现场组装完成。

步行桥的结构材料选用的是木材，因为木材加工方便、适应性强，可以适应不同地点的桥身跨度需求。标准化的主梁构件长20英尺，主梁的两端由岩石和横梁支撑，横梁悬挂在钢杆上。钢杆将力传递到锚固在峡谷两侧岩石处的不锈钢基座板上。主梁、横梁和钢杆构成了一套标准化的建造系统，该系统适用于这条观景步道上所有步行桥的建造（图1.3）。悬挂结构比其他结构形式更加轻盈，尤其适合在这种场地偏远、施工困难的基址上建造。

由于这些步行桥体量较小，承受的荷载相对较小，因此可以采用钢杆代替钢索。通常情况下，制作钢杆所用的钢不如制作钢索所用的钢的强度大，所以在同等承载条件下，钢杆的直径比钢索的直径要大很多，但是钢索会因为直径过小而容易受到损坏。此外，钢杆比钢索更易于连接且成本更低。当有较大的结构跨度需求时，采用钢索的悬索结构是更理想的选择。第2章会深入探讨悬索结构及其建造方式。

制作梁和桥面板的木材选用了粗糙的未经刨光的红松木，这样一方面与峡谷的自然淳朴相协调，另一方面未刨光的木材比刨光后的木材

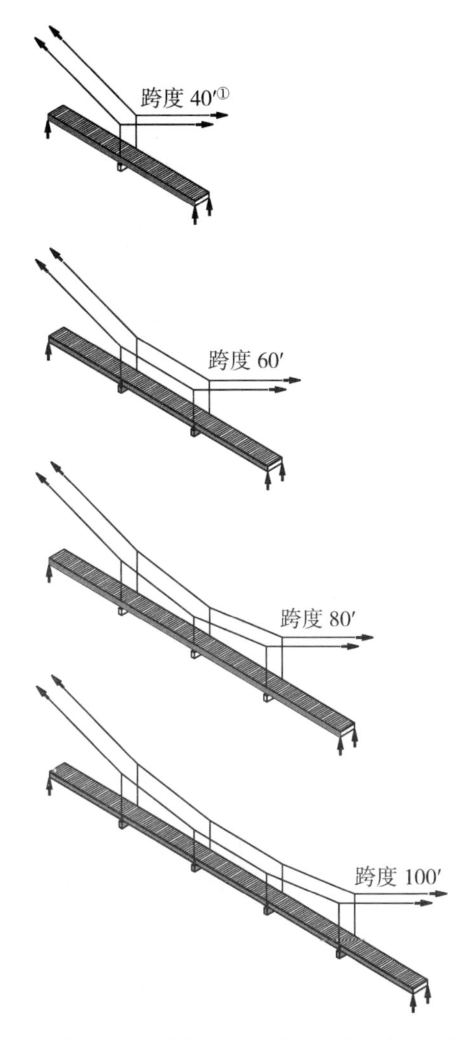

图 1.3　可以适应不同跨度的模数化建造系统

尺寸更大，从而拥有更好的结构承载力。红松木的优点是含有防止真菌腐蚀的天然有毒物质，可以提高构件的耐久性。但是红松木质地较松软且密度较低，如果暴露于严寒天气下，每年会有大约不到一毫米的损耗。因此，为了保证结构在规定的设计使用年限中安全地工作，梁的截面尺寸需大于结构验算所得的尺寸。

所有结构构件均采用了耐腐蚀的材料如不锈钢杆、不锈钢配件以及红松木等，不需要额外喷涂防护油漆或化学防腐剂，在设计使用年限中基本不需要维护，从而节省了维护成本。

面临的挑战

该项目的复杂之处在于需要为每一座步行桥做单独的设计。要考虑每一座步行桥的跨度，确保它们所在位置的岩石具有足够的承载力，能够锚固基座钢板。验算钢杆的角度、数量以及钢杆当中力的大小，并确定这些钢杆的直径和长度。

细部构造

图 1.4 是这一系列步行桥典型的细部构造。该系列步行桥采用螺栓将不锈钢基座板锚固到岩石上。螺栓与岩石钻孔之间的缝隙用高强度、低收缩的水泥砂浆填实，水泥硬化后使得螺栓

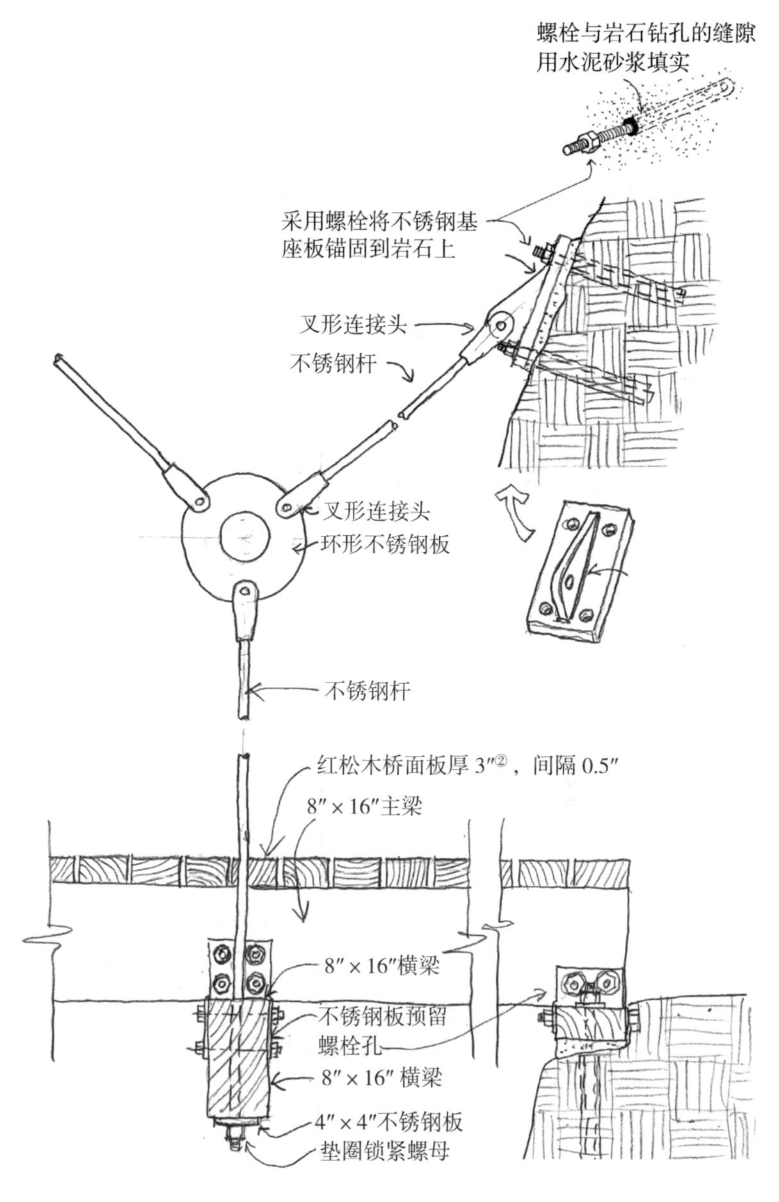

图 1.4　该系列步行桥典型的细部构造

① 图中单位英尺全书用“′”表示。

② 图中单位英寸全书用“″”表示。

与岩石牢固地连接在一起。按照每座步行桥满载时的受力情况来确定不锈钢杆的直径，所有的不锈钢杆、不锈钢基座板以及其他金属配件都是预先定制的。

钢材制造商会根据每座步行桥的需要来生产规定长度的不锈钢杆。不锈钢杆与环形不锈钢板之间采用叉形连接头连接。不锈钢杆会垂直穿过支撑主梁的横梁，与位于横梁底部的厚0.375英寸的不锈钢板连接（图1.4）。环形垫圈和不锈钢螺母将力从不锈钢杆传递到不锈钢板。不锈钢板将力分散到横梁上，由于力的作用面积足够大，从而可以防止横梁产生局部破坏。螺纹的防松设计使螺母与螺杆之间产生较大的摩擦力，可以防止螺杆意外松脱。螺纹和螺母的规格需要便于调节横梁的垂直位置，同时也要便于装配和拆卸。

竖直的不锈钢杆和倾斜的不锈钢杆用环形不锈钢板连接（图1.4）。力从横梁底部经由竖杆传递到环形不锈钢板，环形不锈钢板将力分解到两根斜杆上，斜杆将力经由基座钢板传递到岩石中。

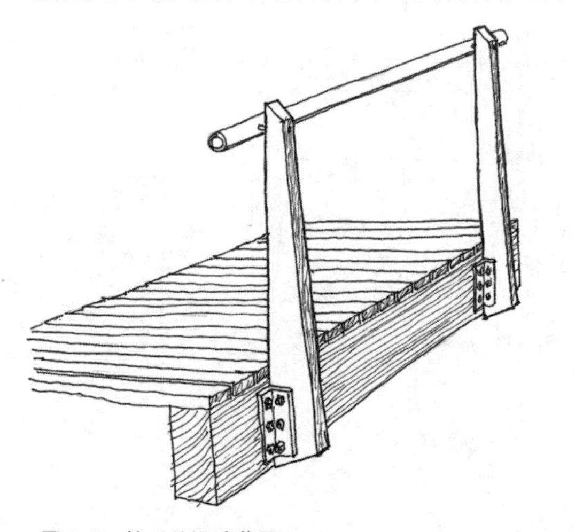

图1.5 扶手的设计草图

桥面板用钉子固定在主梁上，为了防止雨雪天气时桥面积水，板与板之间设置了大约0.5英寸的缝隙。主梁的端部用螺栓锚固在岩石上，同时用水泥砂浆灌缝。在整个结构体系中，主梁、横梁和桥面板这些主要的结构构件受力的逻辑清晰。

为了安全起见，在步行桥的一侧安装了扶手。由于观景步道的陡坡通常没有防护栏，因此步行桥只需要在一侧设置栏杆和扶手。锥形木栏杆采用角钢和螺钉固定于主梁的外侧，栏杆上端连接着钢管扶手（图1.5）。

找出1号步行桥中的力

按比例准确绘制出1号步行桥的剖面图（图1.6），桥的跨度为40英尺。首先，需要预估该桥可能承受的最大荷载。这些荷载对应着每根钢杆需提供的承载力。然后，通过钢杆生产商提供的规格目录表来确定各个钢杆的规格。

荷载估算

荷载是使结构或构件产生内力或变形的外力以及其他因素。要计算步行桥上每根钢杆所承受的荷载首先要估算出总荷载，总荷载等于恒荷载加上活荷载。恒荷载就是步行桥的自重，基本保持不变。活荷载是同时站在桥上的所有人的重

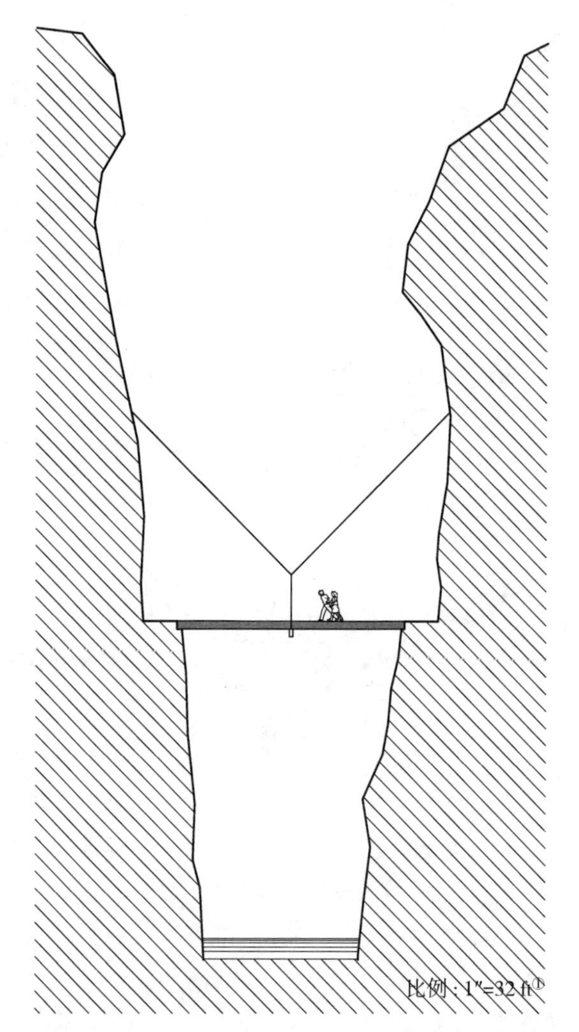

图1.6 1号步行桥跨度为40英尺，由两根20英尺长的主梁构成。图例中“=”表示“代表”，后文同。

① 图中1″代表建造中的32 ft。

力之和，也就是说活荷载会根据情况不同而有所变化。当桥上没人时活荷载为零，当桥上有一大群人在拍照时活荷载则难以准确预测。

恒荷载

1 号步行桥的恒荷载主要由主梁、横梁和桥面板的重量构成。主梁为 16 英寸高、8 英寸宽，红杉木的密度大约为 30 磅[①]每立方英尺（1 立方英尺≈0. 028 317 立方米），因此 1 英尺长度的梁的重量计算如下：

$$\frac{8\ \text{in}\times16\ \text{in}}{144\ \text{in}^2/\text{ft}^2}\times30\ \text{lb/ft}^3\approx27\ \text{lb/ft}$$

主梁的长度为 40 英尺，由两根 20 英尺长的木构件拼接而成，主梁共有两根，则梁的总重量计算如下：

$$2\times40\ \text{ft}\times27\ \text{lb/ft}=2\ 160\ \text{lb}$$

承托主梁的横梁为 5 英尺长，横梁承受着比主梁更大的重量，但由于它的跨度较小，也可以由与主梁相同规格的红杉木料制成。它的重量是 5 英尺乘 27 磅每英尺，为 135 磅。

桥面板由 3 英寸厚的红杉木板制成，用不锈钢钉固定在主梁上。3 英寸是 1 英尺的 1/4，所以 1 平方英尺的桥面板重量是每立方英尺红杉木重量的 1/4，即 7. 5 磅。桥面板的总重量等于每平方英尺的桥面板重量乘桥面面积：

① 1 磅≈0. 4 536 千克

$$4\ \text{ft}\times40\ \text{ft}\times7.5\ \text{lb/ft}^2=1\ 200\ \text{lb}$$

钢杆及连接件的重量可以暂且不计，待计算出钢杆的直径和长度后再重新进行验算。整座步行桥的恒荷载计算如下：

桥面板	1 200 lb
主梁	2 160 lb
横梁	135 lb
恒荷载	3 495 lb，约等于 3 500 lb

桥面面积为 160 平方英尺（1 平方英尺 = 0. 092 903 04 平方米，本书不再逐一标注），可以计算得出每平方英尺桥面板的恒荷载大约是 22 磅。

活荷载

正如前面所提到的那样，活荷载较难测算。考虑到男女老幼等不同的人群情况，假设平均每个人的体重为 160 磅并带有 30 磅重的行李，共计 190 磅。背着双肩包的人大约占据 4 平方英尺的空间。假设一群人为了拍照而相互紧挨着站在桥上，那么每平方英尺桥面板所承受的最大活荷载就是 190 磅除以 4 平方英尺，即每平方英尺 47. 5 磅。如此一来每平方英尺所承受的总荷载为 69. 5 磅（恒荷载+活荷载），计算取 70 磅，桥面总荷载估算为：

$$160\ \text{ft}^2\times70\ \text{lb/ft}^2=11\ 200\ \text{lb}$$

每根竖杆需要承受的荷载计算如下，在均布荷载作用下，梁的两端各承受一半荷载。参见图 1. 7 中步行桥的平面图，每片桥面板都会将它所承受的荷载分给两根主梁，每根主梁承担总荷载的一半。主梁所承受的荷载，一半传递给桥两端的基础，另一半传递给横梁和竖杆。这就表示每根竖杆支撑着桥长度的一半（20 英尺）乘桥宽度的一半（2 英尺）的从属面积，共 40 平方英尺，则每根竖杆承载约 2 800 磅的重量。

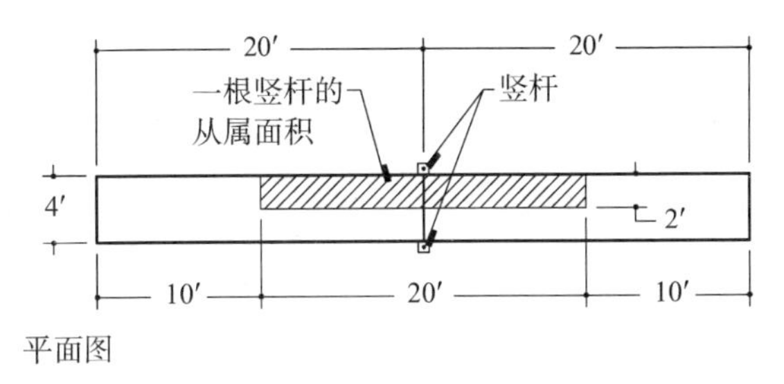

图 1. 7　阴影区域为每根竖杆需要支撑的从属面积

基本概念

估算出竖杆需要承担的荷载后，需要计算出每根杆中的力，包括竖杆和斜杆，以下是一些基本概念：

- **力**：推或是拉的动作会产生作用力，作用力会产生位移。为了防止位移，我们为每一个力都设计一个大小相等、方向相反的力与之平衡。然而，即使作用力已经被另外一个相反的力抵消，依然会引起结构内部的压力与变形，这种现象将在第 13 章中探讨。

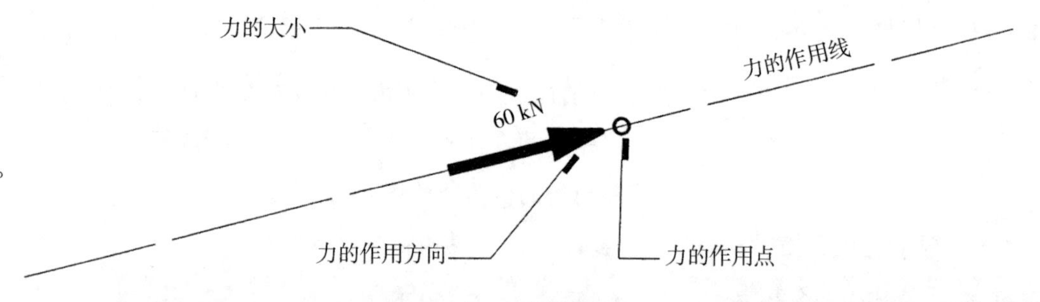

图 1.8　力的矢量特征，在该图上标出了力的大小和方向。

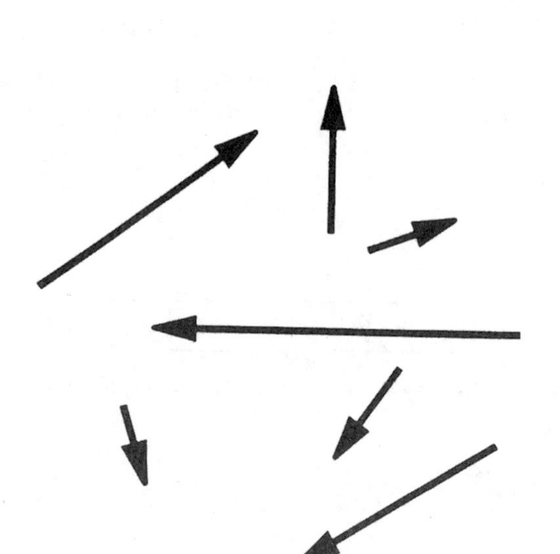

图 1.9　力的大小用线段的长度表示，力的方向用箭头表示。

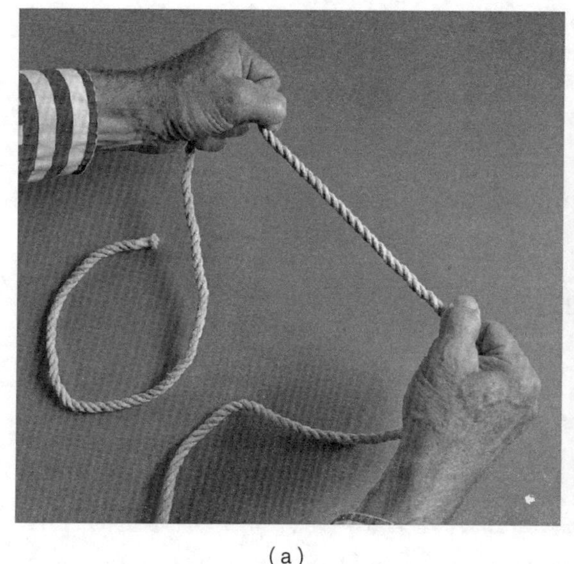

（a）

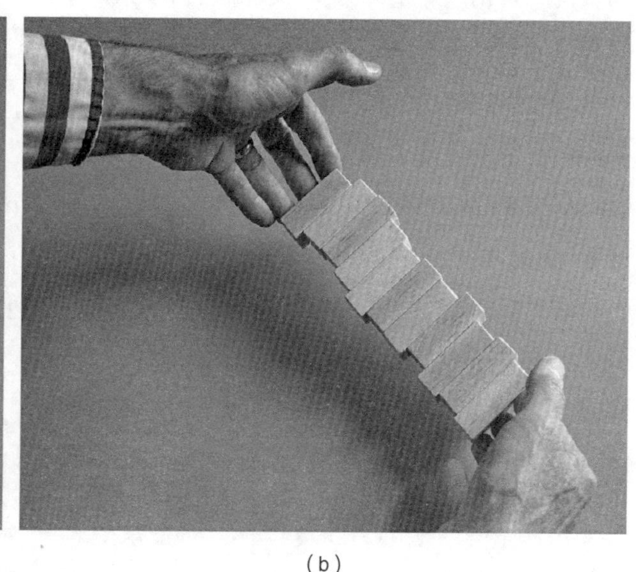

（b）

图 1.10　拉伸产生拉力，推挤产生压力。（a）中绳子可以抵抗拉力，（b）中小木块靠摩擦力推挤在一起抵抗压力。

- **力的特征**：力有三个基本特征（图 1.8）：
  1. 力的大小，单位是磅（lb）或千磅（kip）。
  2. 力的作用方向。
  3. 力的作用线，沿着力的中心线向两边无限延伸。

　　每个力都施加在作用点上，作用点在力的作用线上。

- **矢量**：力是一个矢量，这意味着它既有大小又有方向。只有数量而无方向的是标量，例如一笔钱、一升水或一个人的年龄。

　　力可以用带有箭头的线段表示（图 1.9），箭头的方向表示力的方向；包括箭头部分的线段的长度，表示力的大小，或者也可以在箭头旁边标示出力的大小和单位。

- **拉力和压力**：这是轴向力的两种基本类型。拉伸产生拉力，推挤产生压力（图 1.10）。为了便于分析，一个结构无论多么复杂，都可以转化为这两种力的作用。图 1.11 为拉力和压力的示意图。

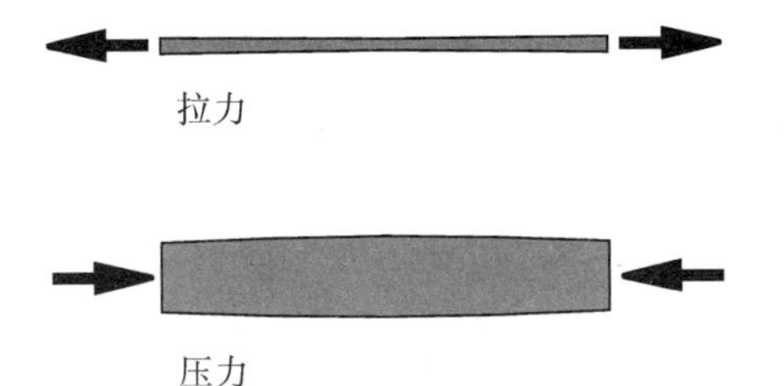

图 1.11　拉力和压力

大自然卓越的、内在的简洁性使得结构的任务只需要处理拉力和压力这两种基本类型的作用力。
——马里奥·萨尔瓦多里（Mario Salvadori）

- **力的可传递性**：作用于物体上的力对物体整体造成的影响与力在作用线上的位置无关（图 1.12），这就是力的可传递性原则。
- **共点力**：力的作用线相交于同一个点，这些力被称为共点力（图 1.13），否则为非共点力。
- **隔离体**（free-body diagram，FBD）：简单明确地表示物体受力体系的图示。为了做好受力分析，通常将结构体或结构体的一部分从整个受力体系中分离出来进行研究。

本书主要基于图解法解决结构问题，采用合适的制图工具或 CAD 软件可以精确地绘制出力的大小和方向。

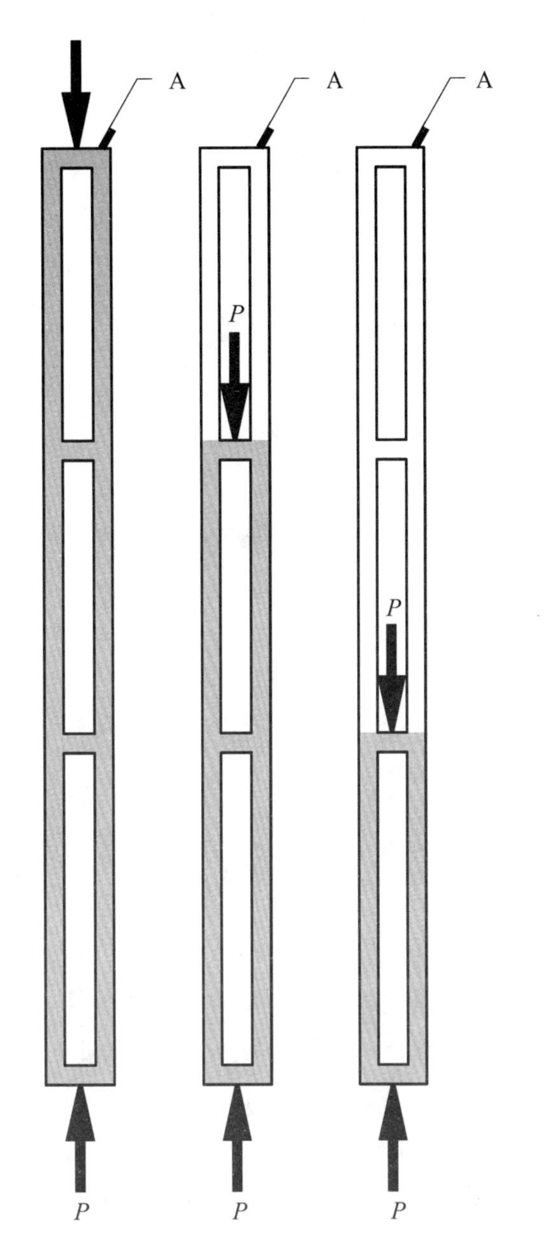

图 1.12　力的可传递性原则：作为施加于物体上的外力 P，可以被看作施加于 P 的作用线上的任意一点。作为物体 A 的内力 $P_{内}$，其影响与力的作用点有关，灰色区域表示内力 $P_{内}$ 的作用范围。

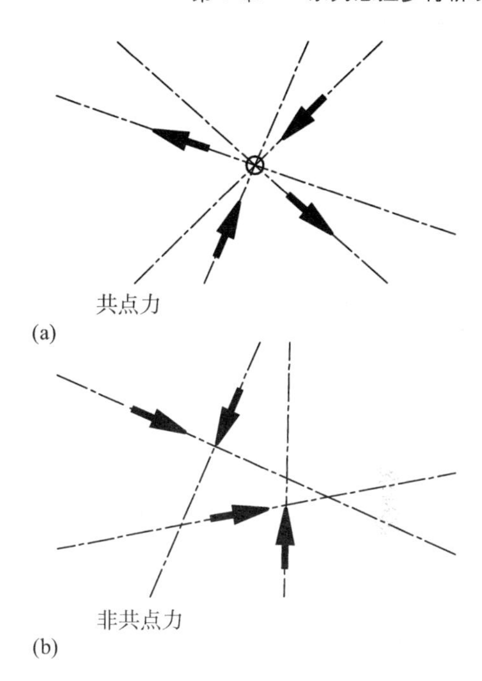

图 1.13　共点力和非共点力，图中有两对力共点，但这四个力并不共点。

人们也经常用隔离体来进行思考和研究，并将其视为数值法的基础。图 1.14（b）是连接三根钢杆的环形钢板的隔离体，将这个节点从结构体系中独立出来。需要注意的是它只包括作用于节点的力，不包括节点内部的力。

- **静力平衡**：静止的物体处于静力平衡状态。“静态”指物体处于静止状态，“平衡”意味着施加在物体上的力是相互平衡的，或使物体运动的力为零。常规情况下步行桥是保持静止的，所以它处于静力平衡状态。

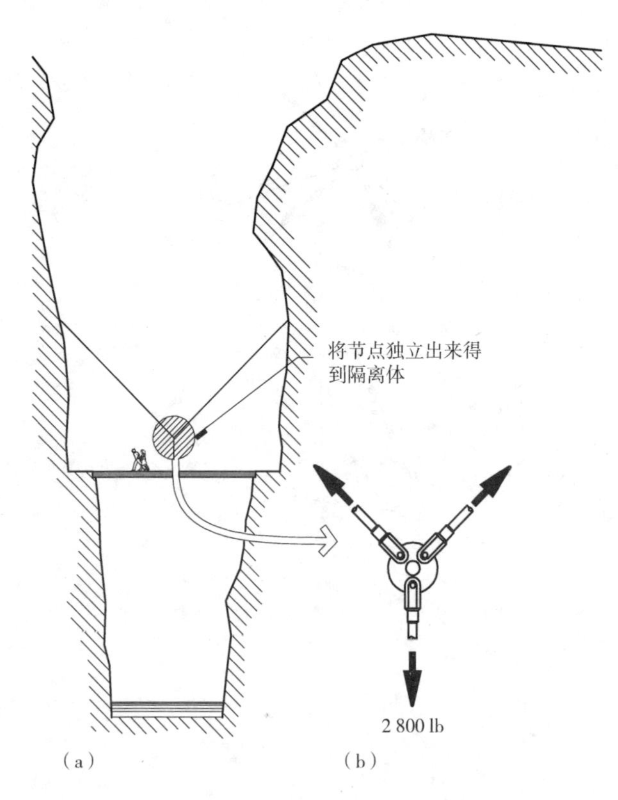

图 1.14　1 号步行桥中的三根钢杆相交于一点。将节点从图（a）中独立出来，已知向下的力的大小和方向，以及其他两个力的方向。

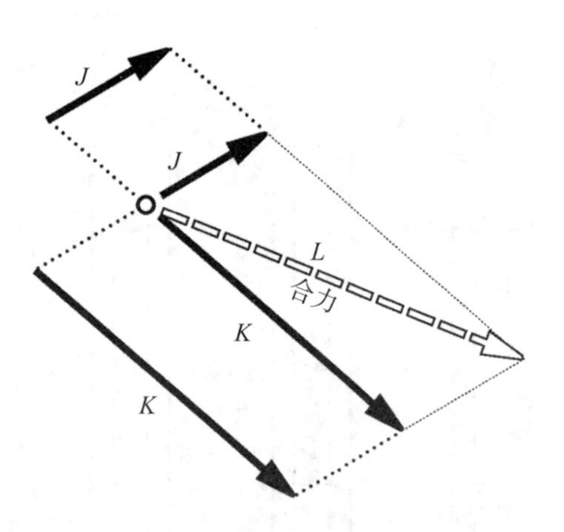

图 1.15　力的平行四边形法则：*J* 和 *K* 可以平行移动成为平行四边形两条相邻的边，平行四边形的对角线 *L* 是它们的合力。

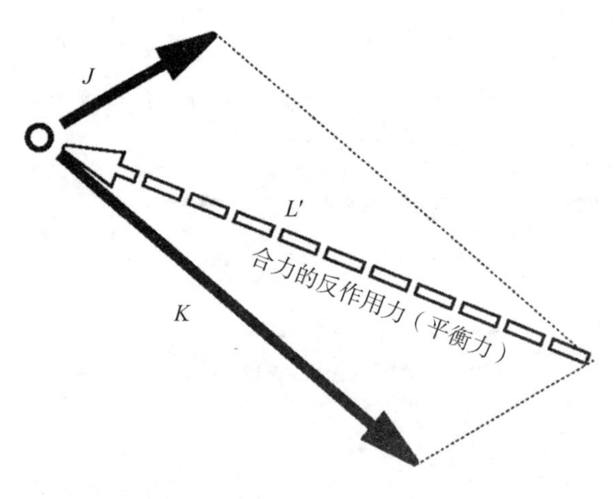

图 1.16　*L′* 与图 1.15 中合力 *L* 大小相等、方向相反，则 *L′* 与 *J* 和 *K* 处于静力平衡状态。

- **力的平行四边形法则**：结构计算中通常需要求出所有力的合力。平行四边形法则指出，任何两个力的合力就是它们组成的平行四边形的对角线（图 1.15），平行四边形法则是公理。

  与合力大小相等方向相反的力就是合力的平衡力，也可以称为合力的反作用力，它使物体处于静力平衡状态（图 1.16）。

- **力的首尾相接法则**：从力的平行四边形法则得出，把第一个力的尖端与第二个力的末端相连（图 1.17），如此首尾相接，也可以得到合力。

  如果想找出多个力的合力的大小和方向，可以将它们依次首尾相接。连接的顺序无关紧要，结果都是相同的（图 1.18），这就是力的多边形法则。

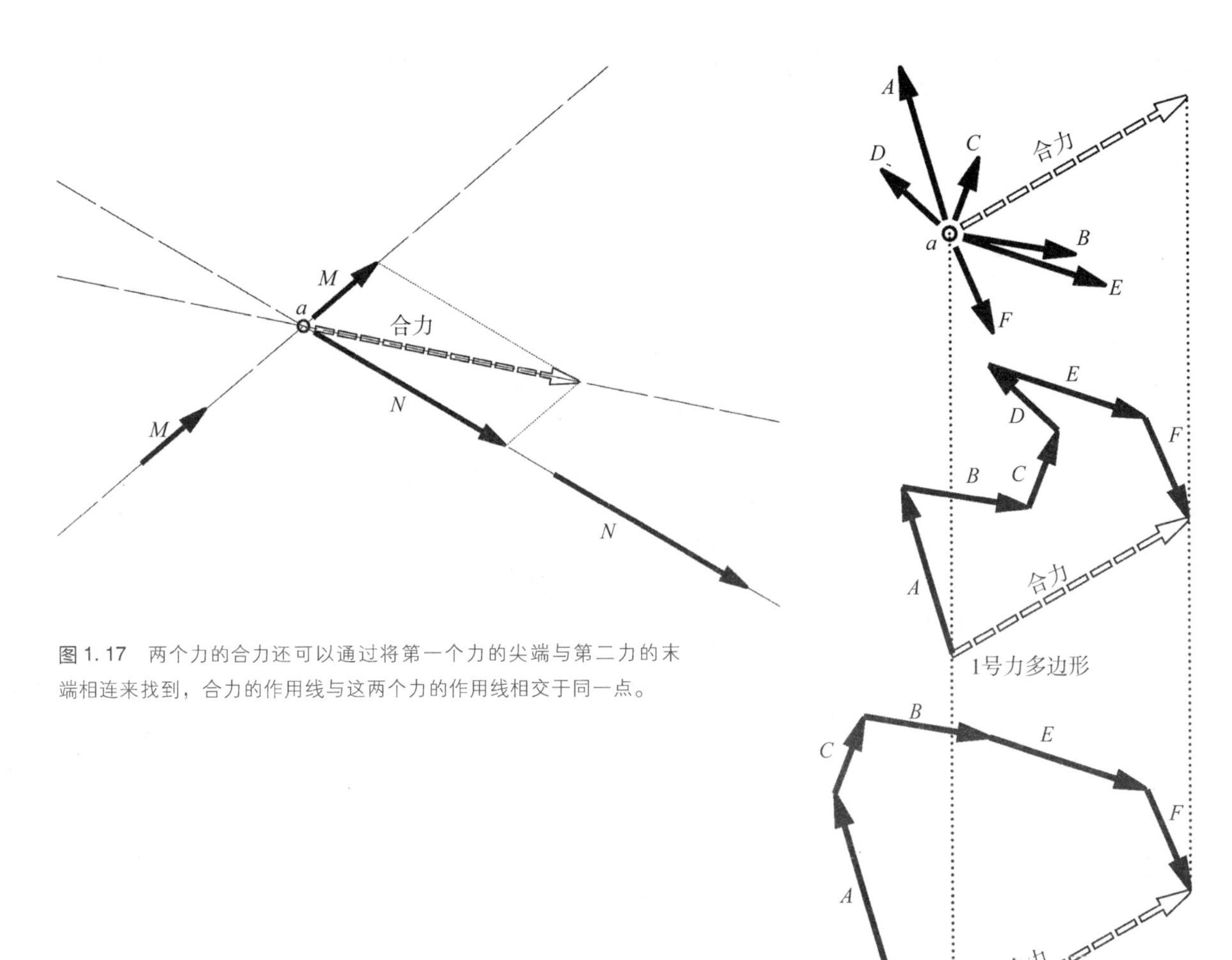

图 1.17　两个力的合力还可以通过将第一个力的尖端与第二力的末端相连来找到，合力的作用线与这两个力的作用线相交于同一点。

图 1.18　首尾相接法则可以应用于多个力，在这个例子中，所有的力以两种不同的顺序连接起来，不管连接的顺序如何，结果都是相同的，合力的作用线经过点 a。

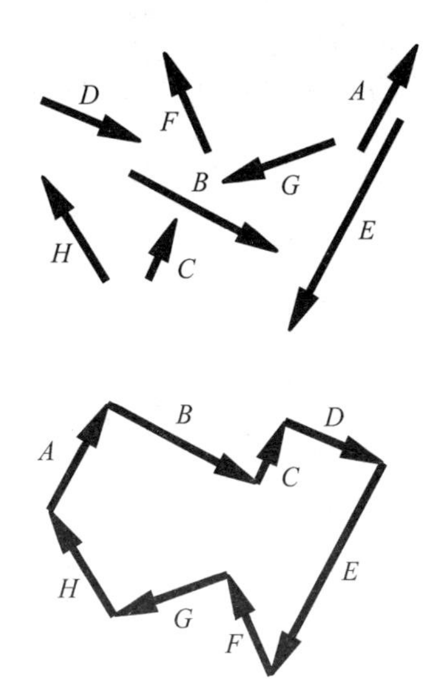

图 1.19　如果将所有的力首尾相接构成闭合的多边形，则合力为零，如果所有的力都是共点力，力多边形的闭合意味着它们处于静力平衡状态。

- **共点力的平衡**：如果一组共点力首尾相接形成一个闭合的多边形，则合力为零（图 1.19），这意味着该组力处于静力平衡状态。非共点力也可能处于静力平衡状态，然而它们形成的封闭多边形本身不足以证明其整体的平衡，我们将在第 5 章中对非共点力的平衡进行探讨。

图解法

采用图解法来求解 1 号步行桥中钢杆的力。首先需要精确地绘制出结构的力图，用测量出的长度来确定它们所代表的力的大小。除了图解法，另一种求解力的方法是数值法，也就是运用数值计算而不是绘图。

绘制平行线

图解法需要精确地绘制出平行线，那么怎样才能绘制出有效且精准的平行线呢？

传统的方法是使用两个三角板，将斜边与斜边对齐［图 1.20（a）］。上面三角板的一条边与原线对齐，然后下面的三角板保持不动，上面的三角板沿着斜边滑动到预期点的位置，绘制出一条通过预期点的平行线。如果两条平行线间隔较远，则可以用长尺替换下面的三角板［图 1.20（b）］。

还可以使用可调三角板［图 1.20（c）］与丁字尺或一字尺相结合绘制平行线。许多设计师认为这种方法绘制平行线比使用两个三角板更加方便。绘图仪也是绘制平行线的理想工具［图 1.20（d）］。

此外，即使纸张未固定在绘图板上，利用滚尺仍然可以简单方便地绘制出平行线［图 1.20（e）］。

计算机辅助绘图如 CAD 等，也可以根据指令简单而精确地绘制出平行线。

（a）

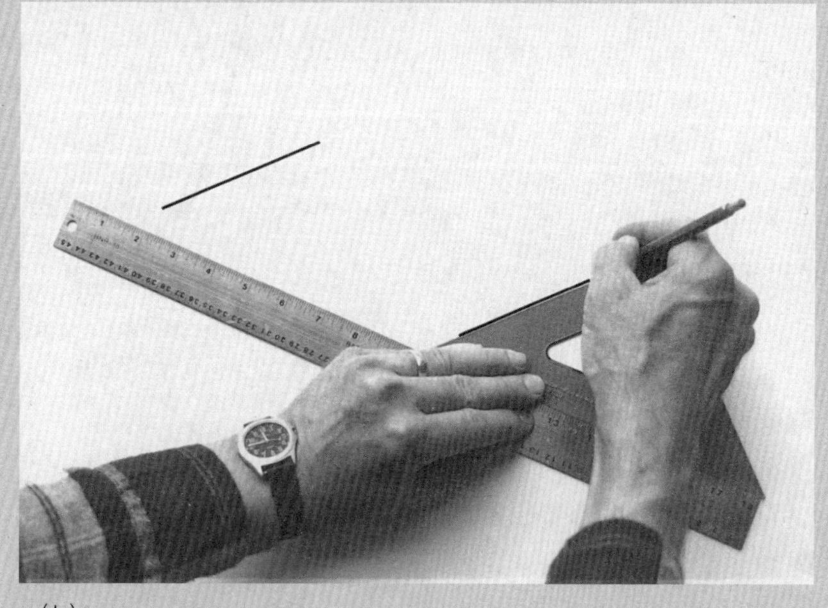

（b）

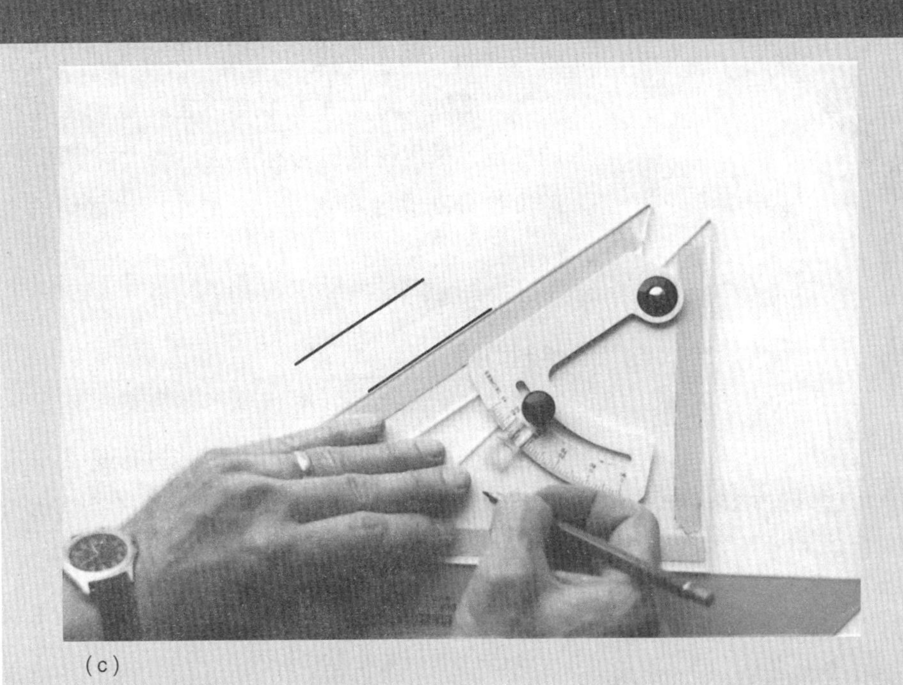

(c)

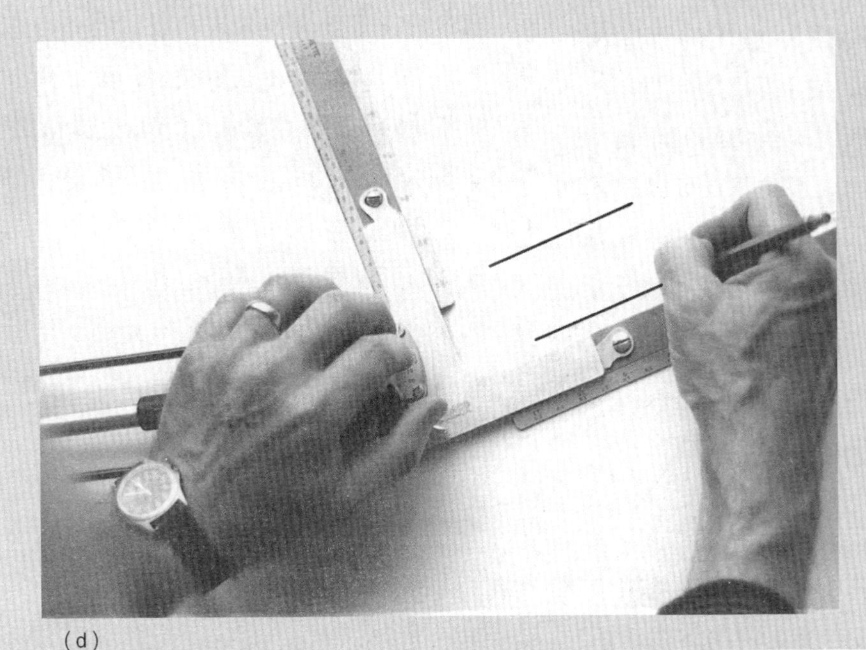

(d)

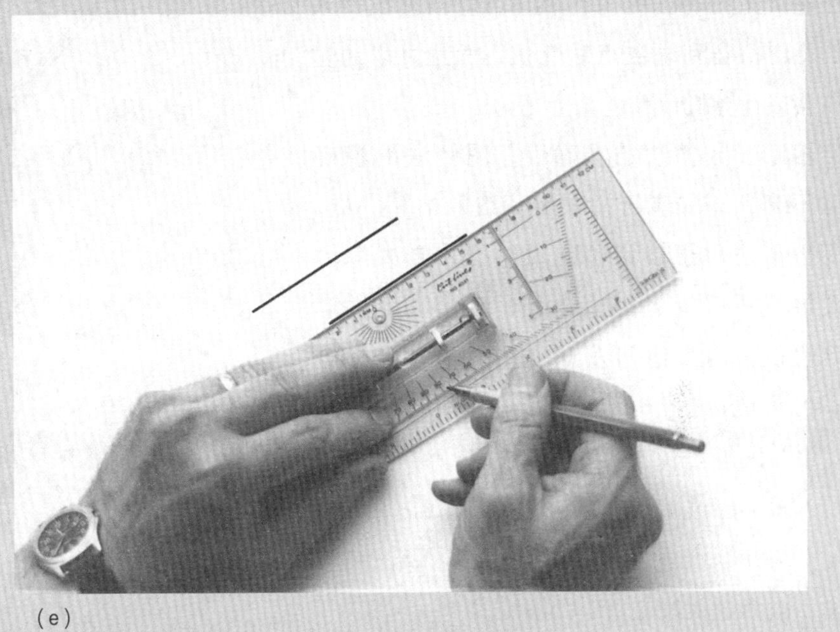

(e)

图1.20　使用三角板绘制平行线

CAD可以精确地缩放线段，然而通常情况下，我们并不需要高度精确的数值，而且采用CAD的方法只有在整个分析都使用计算机时才适用。如果采用图解法进行结构初步设计，那么在同一张纸上分析它自然是最简便的方法。

图片来源：Wacław Zalewski and Edward Allen. Shaping Structures. New York：John Wiley & Sons，1998，格雷戈里·汤姆森（Gregory D. Thomson）摄。

每种方式都有各自的优点和缺点，采用数值法通常比图解法更为严谨，可以根据设计人员的意愿精确到小数点后几位，而且可以通过计算器或计算机计算。

相比于数值法的准确性，图解法的精确度并不高，正如步行桥上活荷载的估算一样。然而数值法对于设计师想象结构中形式与力的关系几乎没有帮助。此外，许多人对数学感到恐惧，因为他们发现这些数值和公式难以学习和记忆。

手绘图解法虽然不如数值法精确，但它的误差一般不超过1%，这远高于活荷载估算的精确度。在计算机上完成的图解法与数值法一样精确，因为数值法是基于图解法的。

很多人发现图解法比数值法更加快捷，且不易受到人为错误的影响。它比数值法更有助于构思结构的工作方式，并有利于对结构进行改进，它还有助于找出高效的结构形式。基于这些原因，本书中的大多数项目都采用了图解法。

鲍氏符号标注法

在即将开始分析作用在竖杆与斜杆相交处的节点上的力之前，为了标记这些力，我们为隔离体添加一个名为鲍氏符号标注法的标记系统，鲍氏符号标注法由罗伯特·鲍（Robert Bow）于1873年发明。从任意位置开始，将大写字母依次放置于共点力作用线之间的空间中（图1.21），每个力都由位于其两侧的字母来命名。右上方的力位于隔离体上的空间 *A* 和 *B* 之间，它可以被称为力 *ab* 或 *ba*，向下的力是 *bc* 或 *cb*，而左上方的力是 *ca* 或 *ac*。大写字母用于标记隔离体上力的作用线之间的空间，而相应的小写字母用于标记出力。点或节点可以用依次包围它们的字母来读取，该节点可以被称为 *abc* 或 *bca* 或 *cab*，依据惯例一般按照顺时针方向读取字母。

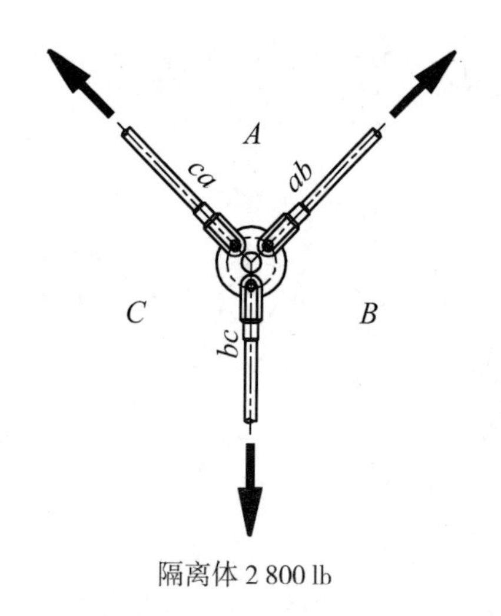

图1.21 将鲍氏符号标注法应用于1号步行桥的隔离体中。没有绘制出节点的细节，因为它们对外力的确定没有影响。

找出1号步行桥中的力的方法

取隔离体

通过绘图工具或计算机辅助绘图工具精确绘制竖杆与两根斜杆相交节点的隔离体图（图1.22）。已知一个2 800磅的竖向力和另外两个力的方向，但不知道另外两个力的大小。这三个力必然处于静力平衡状态才能确保桥梁结构的稳定。采用鲍氏符号标注法，将大写字母 *A*、*B* 和 *C* 分别放置在这三个力的作用线之间的空间中。

绘制力图

在隔离体旁边，为这三个力绘制一个多边形。正如前面所论述的，力的多边形是一个系统中所有的力的矢量首尾相接形成的，简称为力图。它可以被准确地绘制成任何适宜的比例。例如，用1英寸代表1 000磅，这样就可以生成一个适合纸张大小的图。

通过画一条垂直线来表示竖向的外力即载重线 *bc*（图1.22），在这条线上，添加两个相距2.8英寸的刻度 *b* 点和 *c* 点，两点之间的距离代表2 800磅，尽管这条线代表的是矢量，但为了测量的方便，本书绘图中不添加箭头。

这个力可以称为 *bc* 或 *cb*。按照顺时针读取的方法，确定力的名称是 *bc*。*bc* 是向下作用的力，因此在载重线上 *b* 点标记在上面，*c* 点标记在下面。

隔离体上的大写字母在力图中变成小写字母。如果仔细观察，就会发现鲍氏符号标注法是一个强而有力的工具，因为它确定了每个矢量的起点和终点。

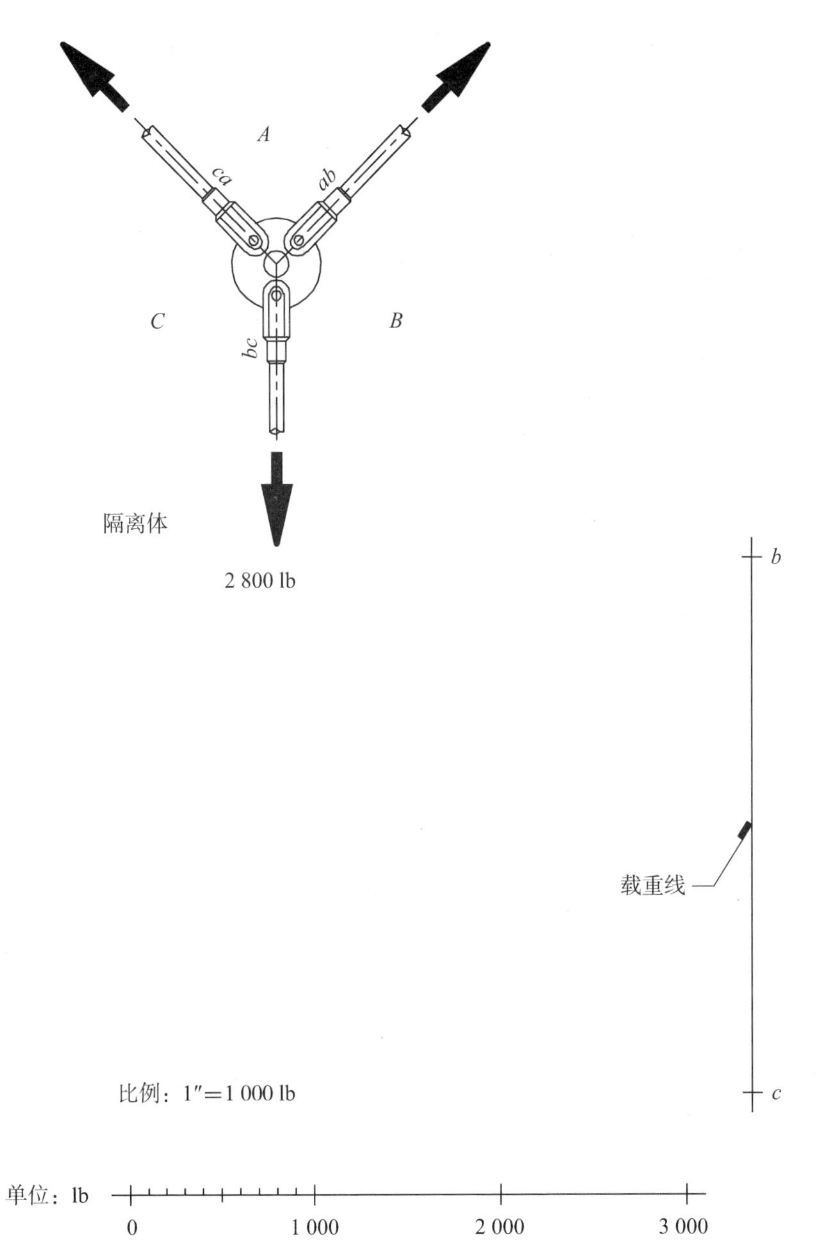

图 1.22　找到未知力的大小的第一步是将已知力 bc 表示为线段，其长度等于力的大小，方向与已知方向平行。力 bc 是一个矢量，但本书不绘制箭头。通常可以使用我们认为方便的任何比例，隔离体的比例不影响力图的比例。

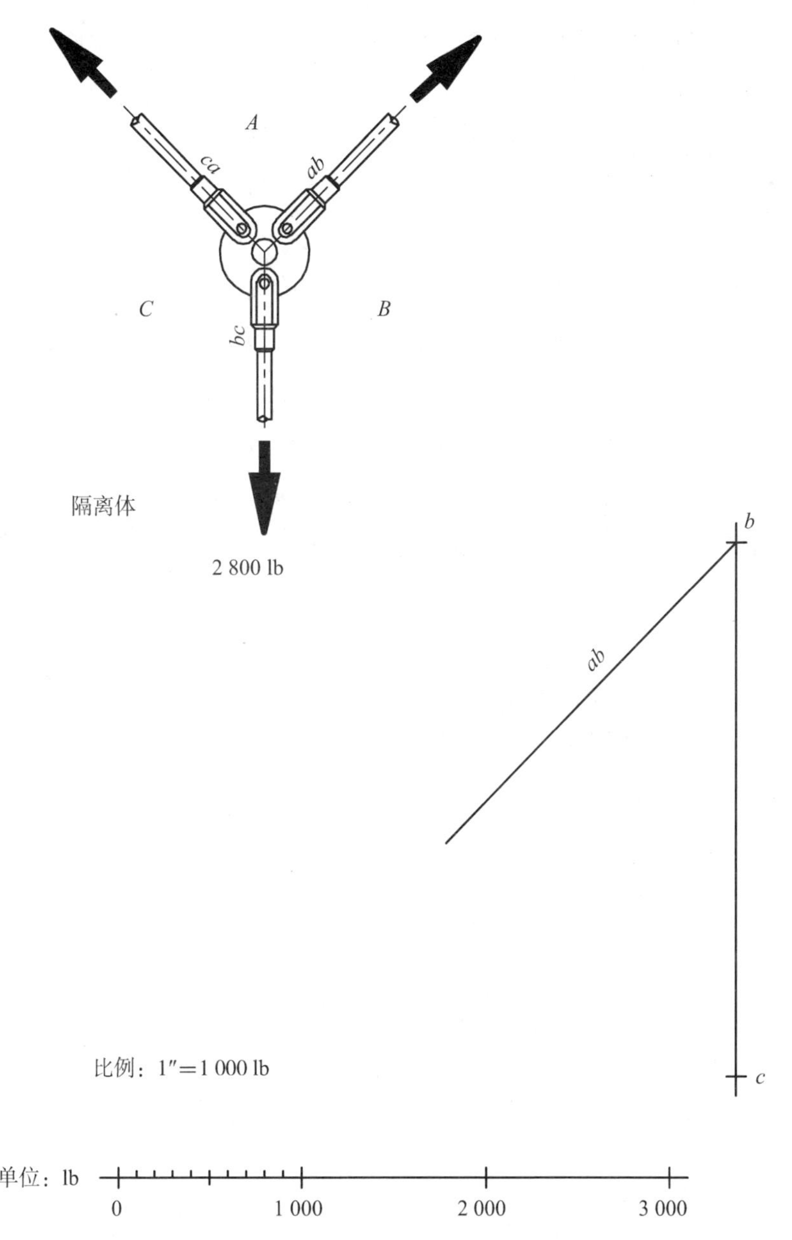

图 1.23　找到未知力的大小的第二步是以线段 bc 的端点为出发点，根据力的方向绘制平行线。未知力为 ab，此时还无法确定出点 a 的位置，因此以 b 点为端点画出线 ab。

以 *b* 点为端点画出线 *ab*，见图 1.23。已知载重线 *bc*，需要求出 *ab* 和 *ca*，以 *b* 点为端点，绘制出 *ab* 的平行线，点 *a* 的位置未知。然后以 *c* 点为端点，绘制出 *ca* 的平行线，*ab* 与 *ca* 相交于点 *a*（图 1.24）。

力图已经绘制完成。通过测量线段长度确定力 *ab* 的大小为 1 980 磅，力 *ca* 的大小也是 1 980 磅。如果这个隔离体是手绘的，那么这些数值的误差大约在 1% 的范围内，这比活荷载估算的精确度要高得多。如果对精度有更高的要求，则可以调整绘图比例，也可以使用计算机辅助绘图。

确定力的性质

细长杆只有在抵抗拉力时有效，因为它们受到压力会发生屈曲，那么怎样可以确定力 *ab* 和 *ca* 是拉力呢？

鲍氏符号标注法帮助我们找到了答案。在图 1.24 的隔离体上，左上方的力位于空间 *C* 和 *A* 之间，按照顺时针方向进行读取。在力图上，从点 *c* 移动到点 *a* 是从右下移动到左上，回到隔离体上，沿着右下到左上的线 *ca* 远离节点，这表明 *ca* 是拉力，同样 *ab* 也是拉力。

确定不锈钢杆的直径

一旦计算出不锈钢杆所需要承受的力，我们就能够确定它的直径。根据不锈钢杆制造商提供的数据可以得出容许强度表（表 1.1）。

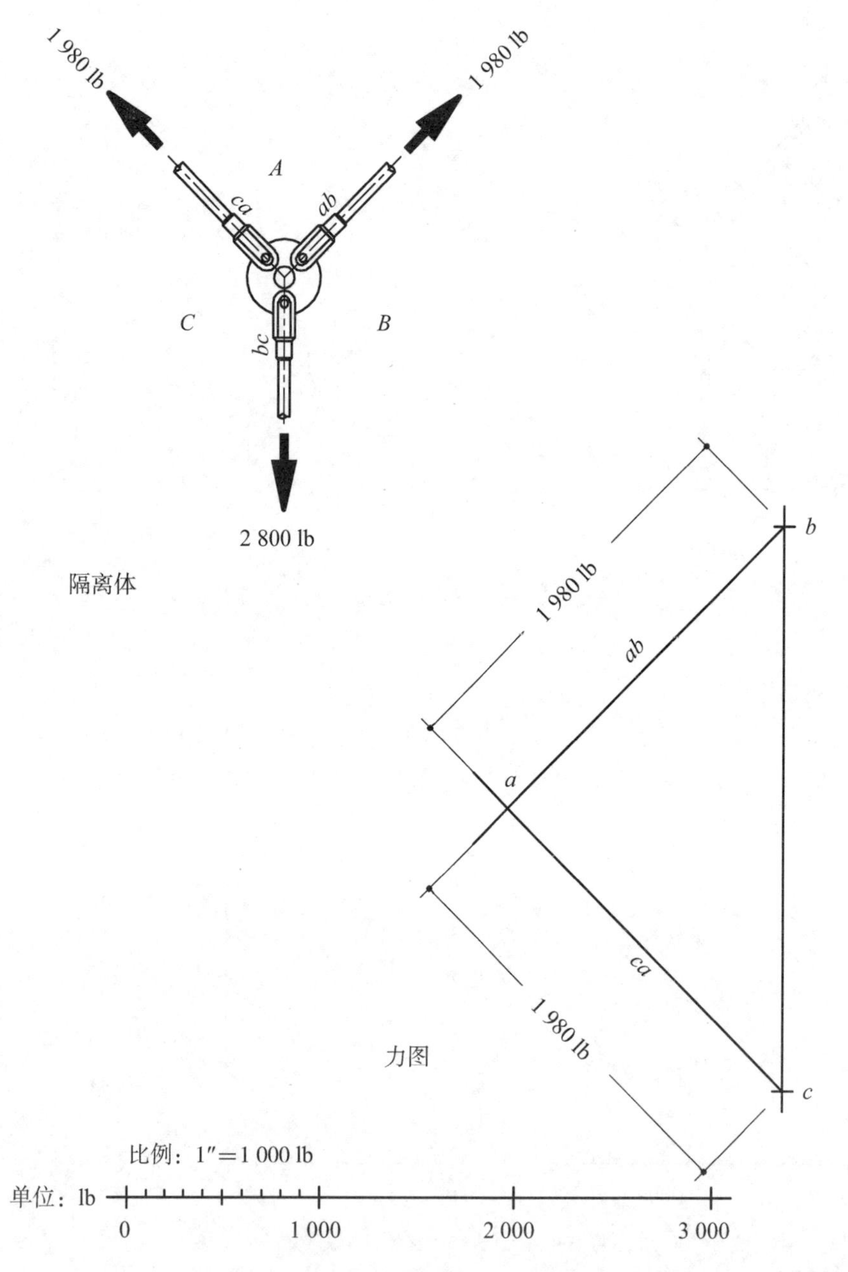

图 1.24　以 *c* 点为端点画出线 *ca*，*ab* 与 *ca* 相交于点 *a*，通过给定的比例对线段 *ab* 和 *ca* 进行测量即可以得到力的大小。

屈服强度为使钢杆产生塑性变形时的拉力，用屈服强度除以1.67的安全系数得出容许强度。如果桥满载的情况下，每根钢杆将承受屈服强度的1/1.67即0.6的强度，剩余的0.4的强度是结构的安全范围，可以保障结构在洪水或龙卷风等可能的意外事故中安全工作。

竖杆的底端带有螺纹，螺纹通常是从不锈钢杆上切削材料而形成的，这样做会减小不锈钢杆的直径和强度。不锈钢杆的制造商将杆的端部直径放大，在这个放大的端部制作螺纹时，螺纹处的最小直径超过了不锈钢杆的直径，从而确保不锈钢杆的强度不受影响（图1.25、表1.2）。

对于1号步行桥来说，竖杆需要承受2 800磅的力，斜杆需要承受1 980磅的力。从表1.1中可以查得，直径为0.225英寸的不锈钢杆可以承载2 640磅的力，比斜杆需要承载的力大，所以它适用于斜杆，但不适用于竖杆。直径为0.250英寸的不锈钢杆，可以承载3 240磅的力，适用于竖杆和斜杆。为了使整个1号步行桥坚固、耐久且美观，同时便于建造和维护，我们全部使用了1/4英寸直径的不锈钢杆以及相应的配件和连接件，这样一来成本会稍微增加，但是却减少了运输到现场的不锈钢杆的规格和配件的数量，也消除了潜在的施工错误。

表1.1　不锈钢杆的直径、屈服强度和容许强度

杆直径		屈服强度		容许强度*	
英寸（in）	毫米（mm）	磅（lb）	千牛（kN）	磅（lb）	千牛（kN）
0.125	3.2	1 350	6.0	810	3.6
0.188	4.8	3 000	13.3	1 800	8.0
0.225	5.7	4 400	19.6	2 640	11.8
0.250	6.4	5 400	24.0	3 240	14.4
0.330	8.4	9 400	41.8	5 640	25.0
0.375	9.5	12 100	53.8	7 260	32.2
0.437	11.1	16 500	73.3	9 900	43.9
0.500	12.7	21 600	96.0	12 560	27.5
0.625	15.9	33 000	147	19 800	88.0

*　容许强度取值为整数（略高于计算值）。

再回顾一下之前的假设，即与桥的恒荷载相比，不锈钢杆的自重暂时忽略不计。每英尺长的不锈钢杆重量为0.167磅。两根竖杆总长度约为22英尺，这个长度包括了穿过横梁所需的长度。0.167磅每英尺乘22英尺，竖杆重量小于4磅。4根斜杆每根长约34英尺，总长度约为136英尺，总重量约为23磅。所有杆的总重量约为27磅。这个数值不到梁与桥面板重量之和的1%。我们使用1/4英寸的钢杆，其抗拉强度为3 240磅，可以抵抗约2 800磅的重力。增加不锈钢杆的截面面积使它们产生了约440磅的多余承载力，大约是钢杆重量的16倍，因此该结构设计较为富余。

配件选择

制造商提供了不锈钢杆的各种配件的详细信息，我们选择了冷弯工艺的配件，冷弯是一种在室温下将杆的端部挤压成型的工艺。通过带有螺纹衬套的不锈钢杆拧入或拧出叉形连接头来调整杆的长短，当进行调节时，螺纹衬套会完全隐藏在叉形连接头中［图1.25（b）］。

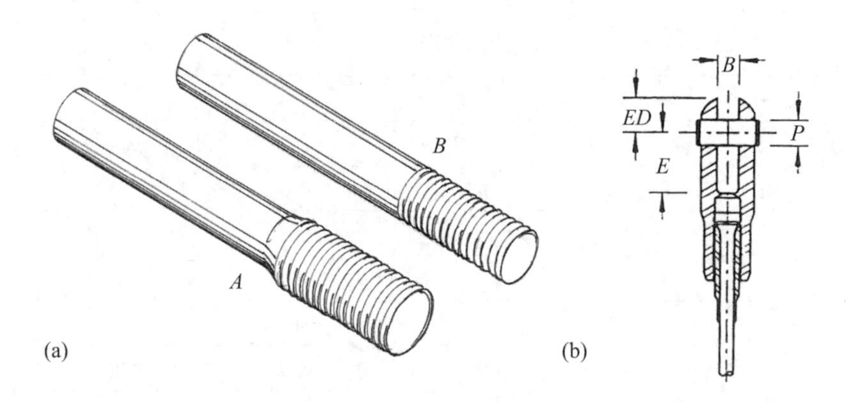

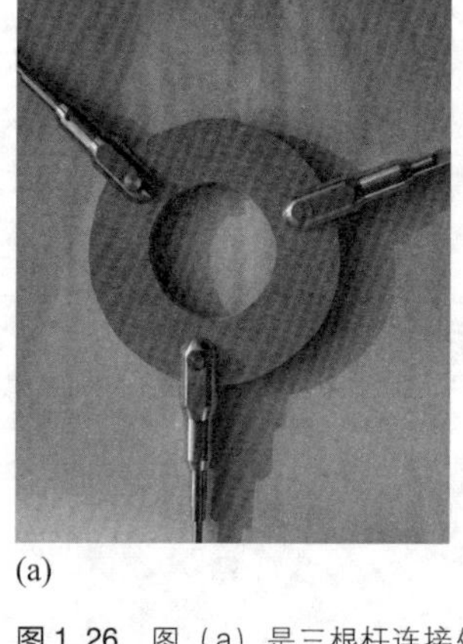

图 1.25　钢杆尺寸与叉形连接头尺寸相对应，（a）图中分别为放大的钢杆末端 *A* 和未放大的钢杆末端 *B*。

表 1.2　钢杆尺寸与叉形连接头尺寸　　单位：in（或 mm）

钢杆直径	销子直径（*P*）	叉形连接头开口（*B*）	叉形连接头深度（*E*）	叉形连接头端部（*ED*）	叉形连接头宽度
0.188（4.8）	0.31（7.9）	0.28（7.1）	0.58（14.7）	0.44（11.2）	0.75（19.1）
0.225（5.7）	0.38（9.7）	0.28（7.1）	0.69（17.5）	0.50（12.7）	1.00（25.4）
0.250（6.4）	0.50（12.7）	0.40（10.2）	0.92（23.4）	0.63（16.0）	1.00（25.4）
0.330（8.4）	0.56（14.2）	0.40（10.2）	1.04（26.4）	0.65（16.5）	1.00（25.4）
0.375（9.5）	0.63（16.0）	0.53（13.5）	1.16（29.5）	0.75（19.1）	1.25（31.8）
0.437（11.1）	0.75（19.1）	0.53（13.5）	1.39（35.3）	0.88（22.4）	1.25（31.8）
0.500（12.7）	0.88（22.4）	0.65（16.5）	1.62（41.1）	1.10（27.9）	1.25（31.8）
0.625（15.9）	1.13（28.7）	0.78（19.8）	2.08（52.8）	1.50（38.1）	1.75（44.5）

注：图中括号外数据的单位为 in，括号内数据的单位为 mm。

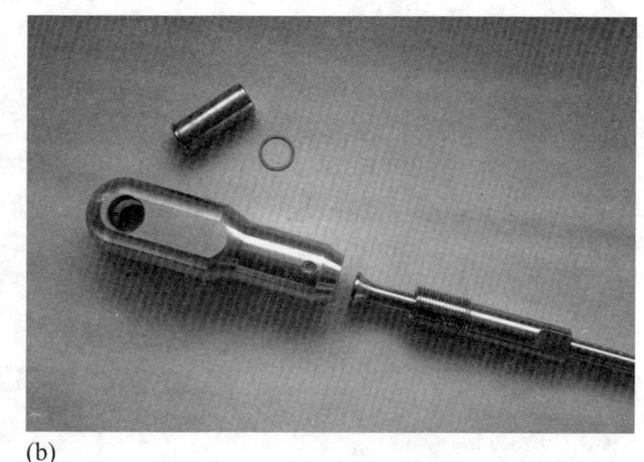

(a)　(b)

图 1.26　图（a）是三根杆连接处的节点模型。为了制造时方便且快捷，环形连接板采用中等密度纤维板而不是不锈钢板。图（b）为钢杆与配件的连接：将不锈钢杆切割成规定长度，杆的末端冷弯成喇叭状，这样可以卡住螺纹衬套使其不松脱。螺纹衬套的空腔与不锈钢杆之间留有空隙，衬套可以自由地绕着不锈钢杆转动。将带有衬套的不锈钢杆插入叉形连接头（左侧），顺时针旋转以接合螺纹。然后将销子（顶部）插入预留孔洞中，从另一侧穿出，穿出后由一个小的不锈钢环扣固定，销子末端留有与环扣匹配的凹槽。可以根据需要使用扳手拧紧或拧松衬套来调节不锈钢杆的长度，衬套还可以在必要时提供拉力。把叉形连接头侧面凹槽处的螺钉拧紧，就可以将衬套固定在所需的位置。这种巧妙的设计可以在不使用螺母的情况下调节不锈钢杆的长度。

照片来源：爱德华·艾伦（Edward Allen）提供，不锈钢杆由三棱锥结构公司生产（TriPyramid Structures，Westford，MA）

不锈钢杆的细部

表 1.2 中有叉形连接头的尺寸，叉形连接头是将 1/4 英寸的不锈钢杆连接到环形不锈钢板上的配件，其开口尺寸为 0.40 英寸。由表 1.2 可知，我们可以选用 0.375 英寸的钢板进行连接，留出 0.025 英寸的空隙，方便工人安装钢板和配件。这些配件的强度比不锈钢杆的强度大。在图 1.26（a）中，我们模拟了这些杆件的连接。

2 号步行桥

除了斜杆的倾斜角度不同之外，2 号步行桥与 1 号步行桥几乎完全相同。1 号步行桥的斜杆相对于水平面的倾斜角度约为 45°，2 号步行桥的斜杆的倾斜角度为 30°，那么角度变小的影响是什么呢？

在图 1.27 中可以看到，1 号步行桥节点处的力多边形用灰线表示，2 号步行桥节点处的力多边形用黑色实线表示。2 号步行桥斜杆中的力为 2 800 磅，而 1 号步行桥斜杆中的力为 1 980 磅。

根据表 1.1，斜杆的规格仍然可以选用直径为 1/4 英寸的不锈钢杆，跟竖杆的尺寸相同。

3 号步行桥

在 3 号步行桥中，桥的跨度保持不变，但斜杆的锚固点位于崖壁高处，这会增加斜杆的倾斜角度（图 1.28）。计算结果显示，虽然斜杆的长度大大增加，但斜杆中的力仅为 1 530 磅。1 号步行桥中斜杆的力为 1 980 磅，2 号步行桥中斜杆的力为 2 800 磅。

通过以上三座桥的图解分析可以得出，通常情况下，斜杆的倾斜角度越大，斜杆中的力就越小。随着斜杆的倾斜角度变大，桥的整体结构也变得越来越高。在所有结构形式当中，如梁、桁架、悬索或拱等，当其他条件相同的情况下，较高的结构（即跨度相同的情况下，高度较大的结构）中的力较小。

4 号步行桥

4 号步行桥的崖壁上有两处岩石破损区域，这要求合理设置锚固点。我们设计了两种方案（图 1.29、图 1.30），其中一个的锚固点高于竖杆的顶端，另一个则低于竖杆顶端。这两种方案相比于 1 号步行桥，斜杆中的力都有所增加。

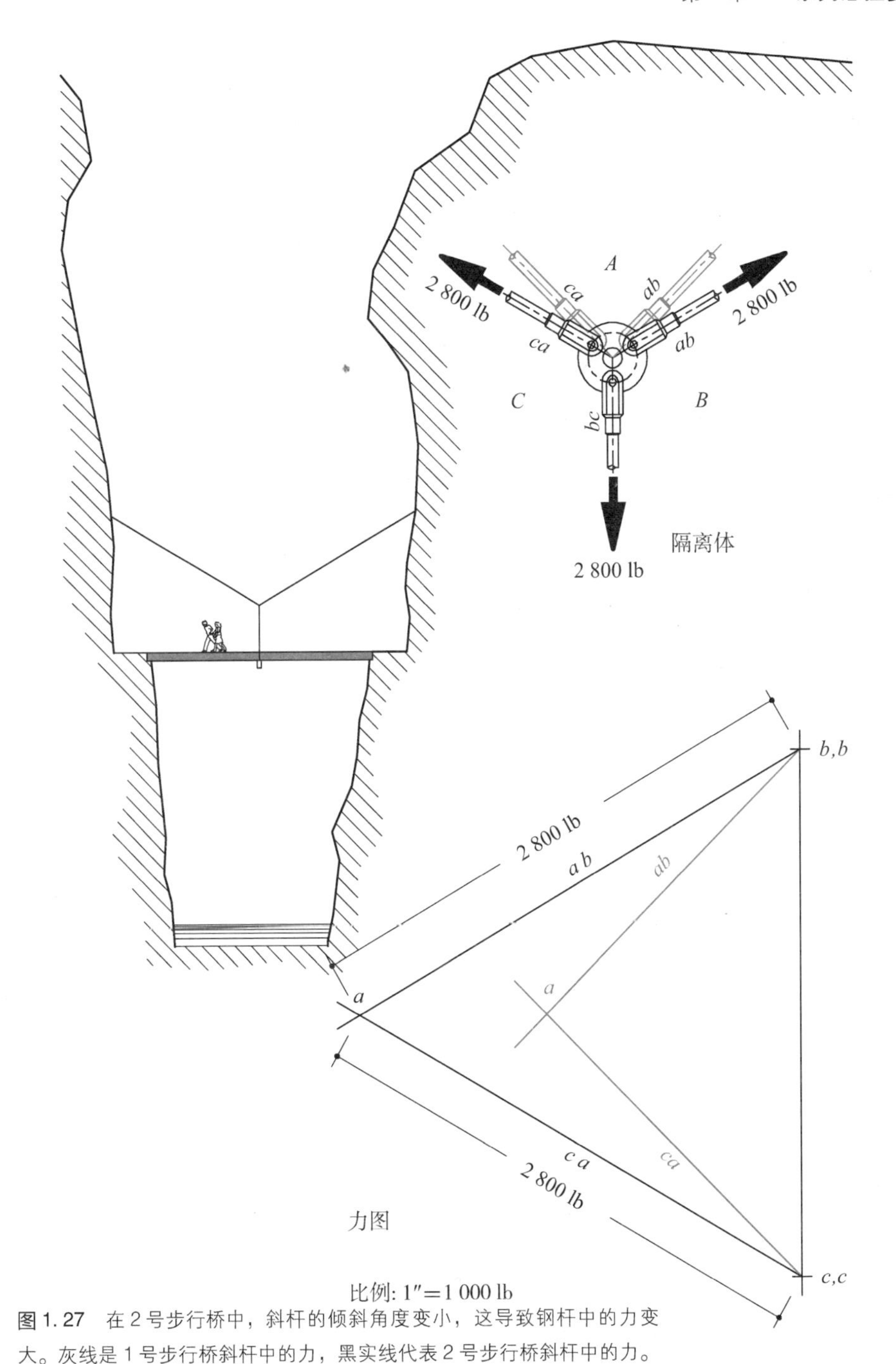

图 1.27　在 2 号步行桥中，斜杆的倾斜角度变小，这导致钢杆中的力变大。灰线是 1 号步行桥斜杆中的力，黑实线代表 2 号步行桥斜杆中的力。

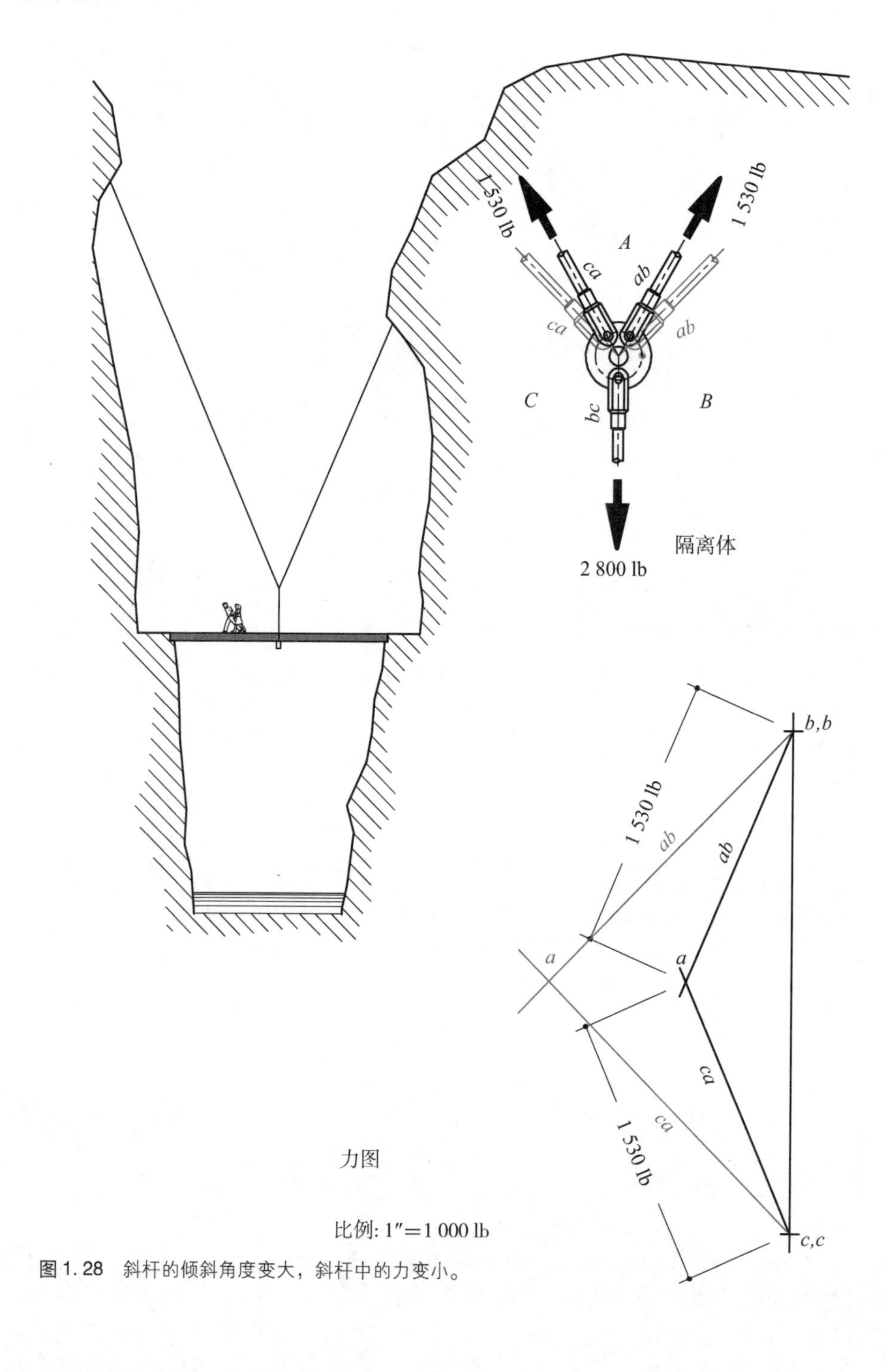

图 1.28　斜杆的倾斜角度变大，斜杆中的力变小。

虽然这两种方案都是合理的，但锚固点较高的方案，斜杆中的力较小。

5 号步行桥

5 号步行桥的跨度增加到 60 英尺，通过使用 3 根 20 英尺长的梁首尾相接，中间的梁由横梁和竖杆支撑（图 1.31）。每根竖杆需要承载的从属面积与 1 号桥相同，但是现在有 4 根竖杆，所以斜杆需要承受的总荷载加倍。我们针对两个节点建立隔离体。在图 1.31 中，为节点 *abc* 绘制出力多边形。在图 1.32 中，再为节点 *acd* 绘制出力多边形。在这个过程中，线 *ac* 分别出现在两个力多边形中。以 *ac* 为基准，将两个力多边形沿 *ac* 边重合，*bc* 和 *cd* 形成一条载重线，两条线段有一个共同点 *c*。力图能够准确地自查，当我们在力图上绘制出最后一条线段 *da* 时，它必须精准地与点 *d* 和点 *a* 相交。如果没有，则必须重新绘制。两根斜杆中的力为 3 960 磅，水平杆中的力为 2 800 磅。根据表 1.2，可以选用直径 0.330 英寸的不锈钢杆作为 5 号步行桥中的斜杆。

不对称荷载作用

当桥面板的支撑超过两个的时候，在一个点上施加过重的荷载，例如一群徒步旅行者聚集在其中一点，可能导致该点的下降和另一个

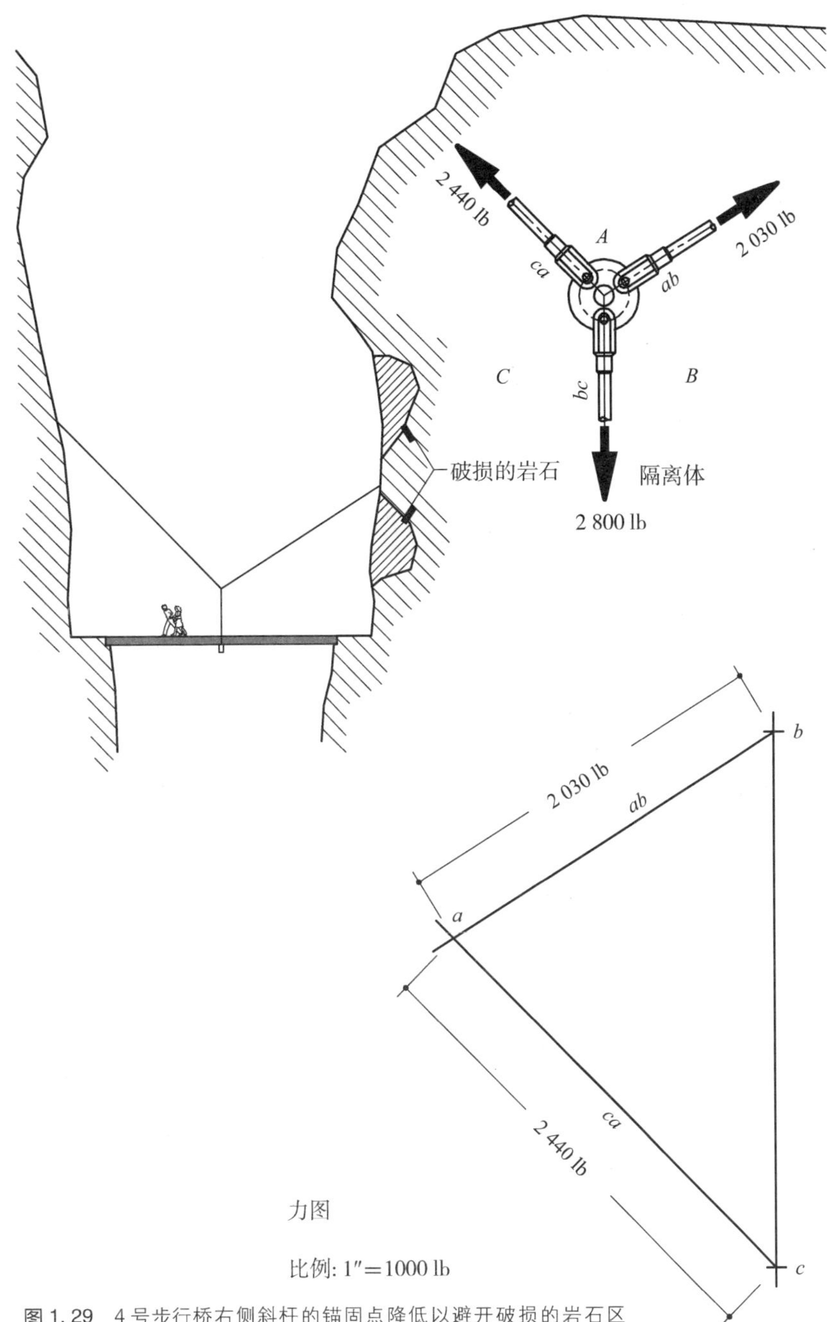

图 1. 29　4 号步行桥右侧斜杆的锚固点降低以避开破损的岩石区域。虽然斜杆中的力变大，但整体结构处于静力平衡状态。

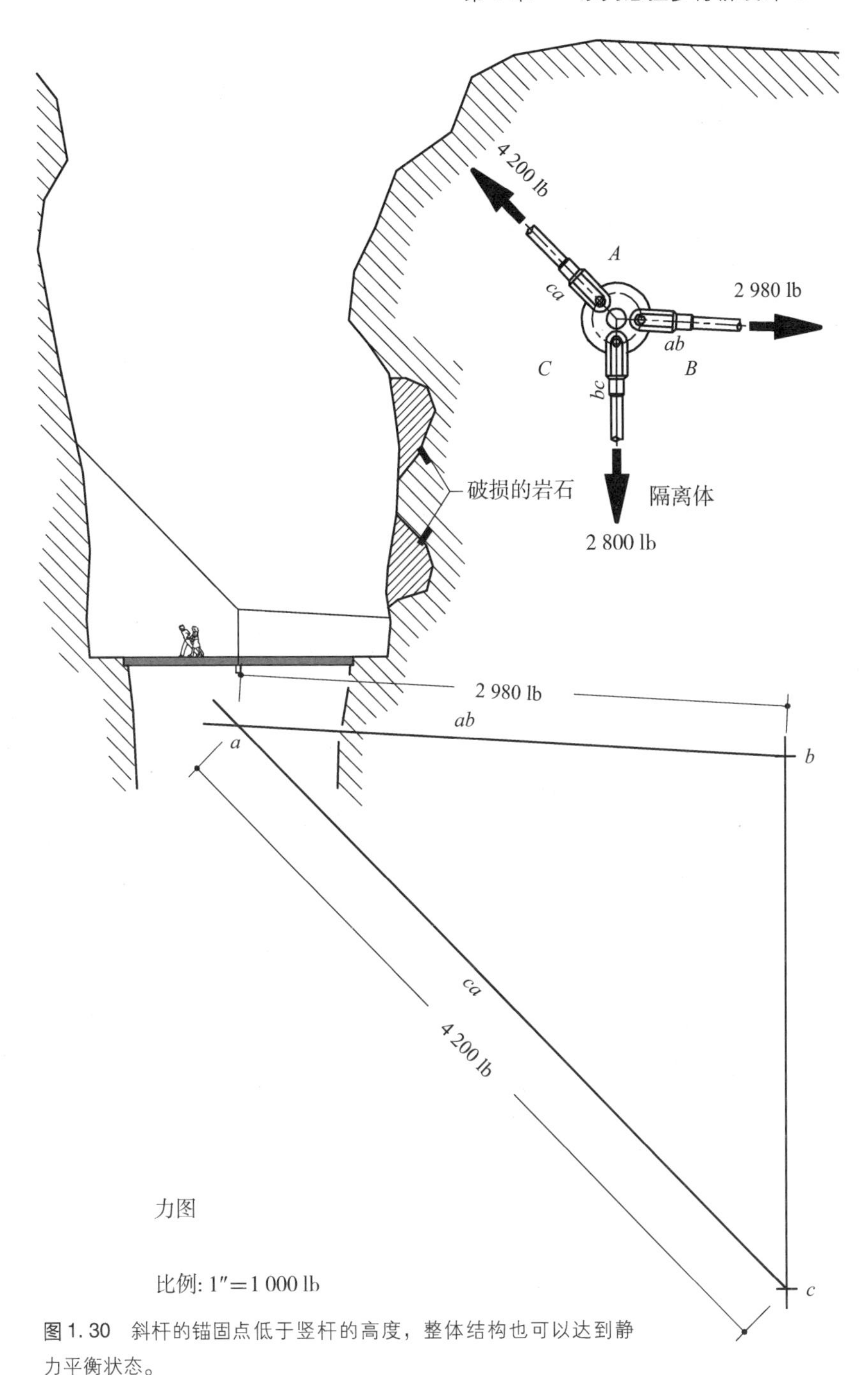

图 1. 30　斜杆的锚固点低于竖杆的高度，整体结构也可以达到静力平衡状态。

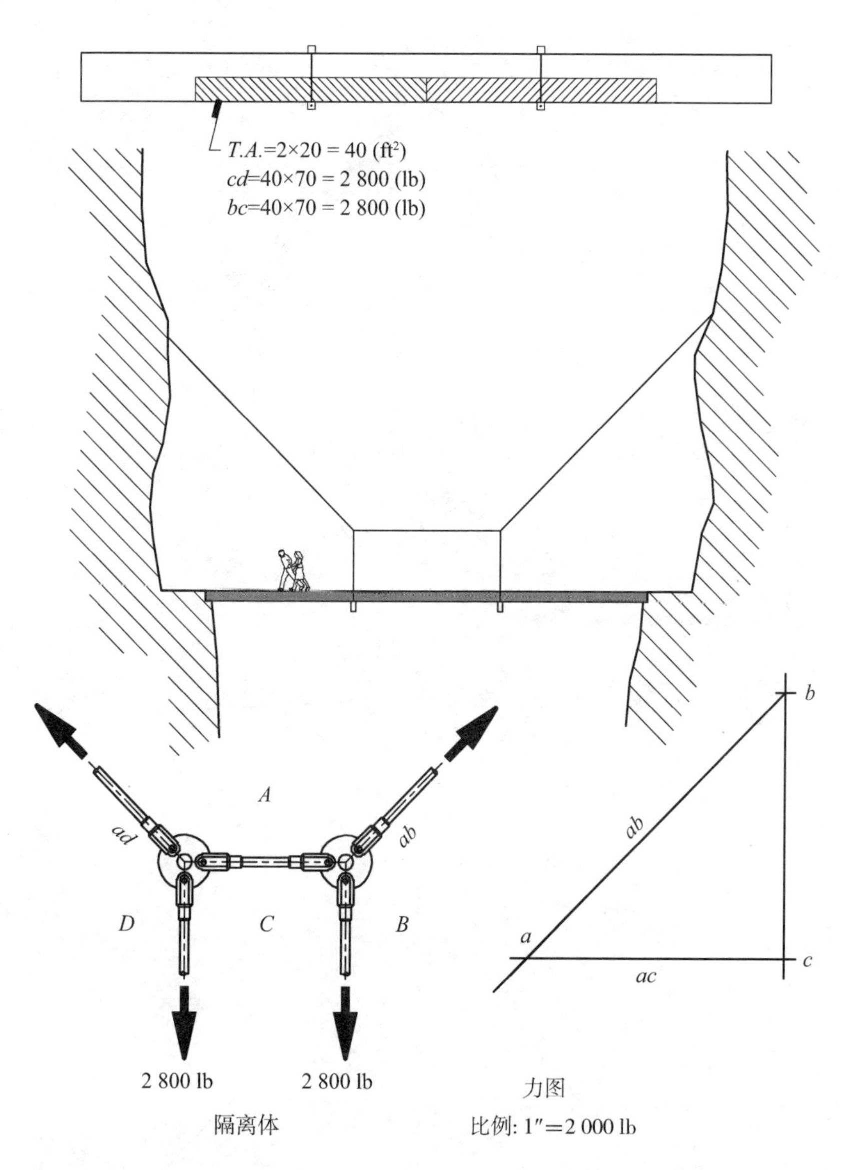

图 1.31　5 号步行桥跨度为 60 英尺，第 1 步：绘制节点 *abc* 的力多边形。

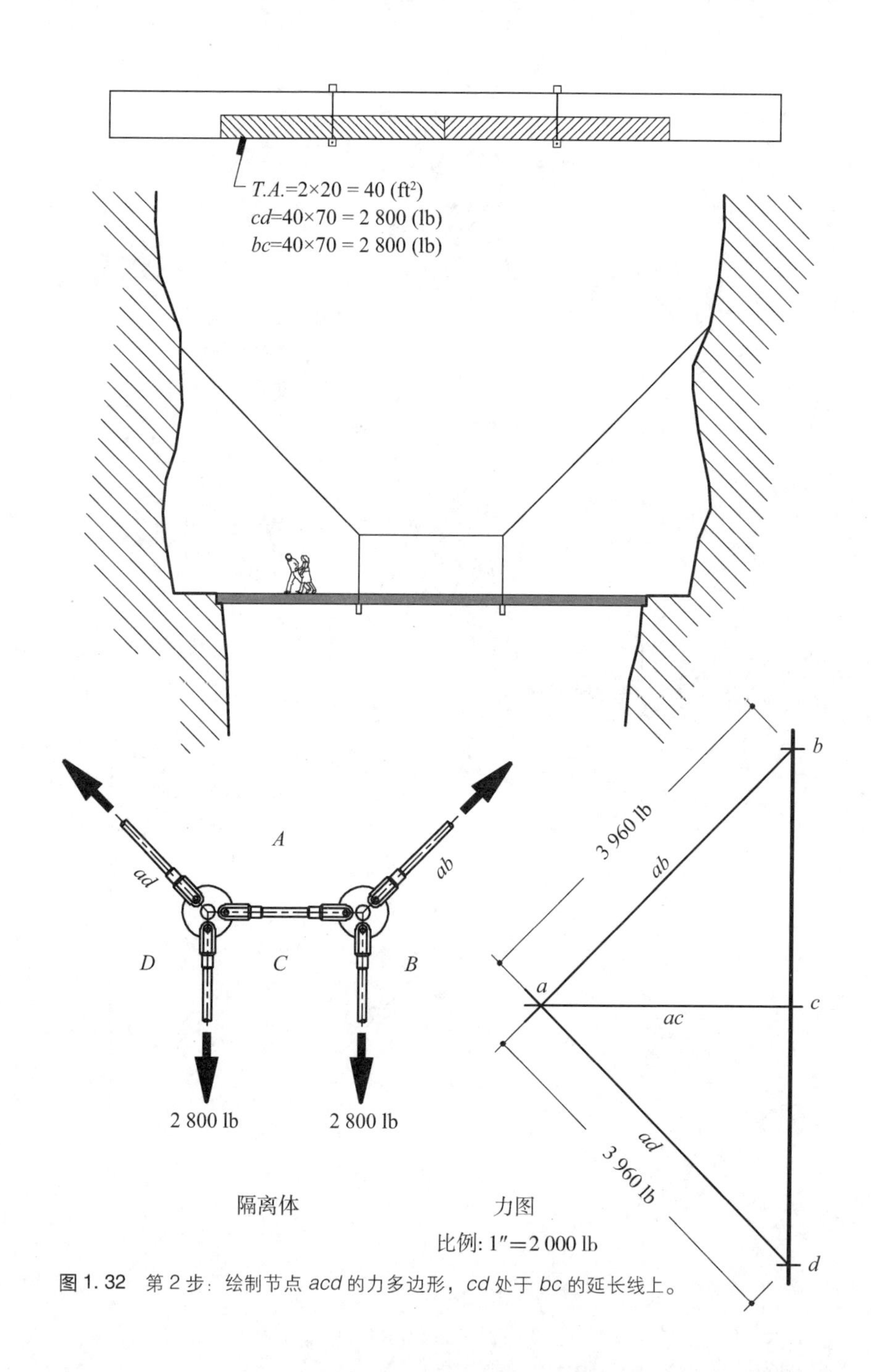

图 1.32　第 2 步：绘制节点 *acd* 的力多边形，*cd* 处于 *bc* 的延长线上。

点的上升（图 1.33），这是任何超过两个支撑点的悬挂结构都可能发生的问题。为了更好地理解这个问题，可以用一段绳子吊着两个距离不远的重物来模拟这种现象。如果不采取任何措施，整体结构就会不稳定，梁和横梁可能会因为过度弯曲而破坏。

解决这个问题的方法主要有两种，如图 1.34 所示。方案（a）中，在桥面板下方的横梁处安装斜拉杆，斜拉杆的另一端锚固到岩石上，斜拉杆保持收紧的状态。这些斜撑可以阻止横梁的上升或下降。方案（b）则采用一整根 60 英尺长的梁代替 3 根 20 英尺长的梁，这样梁与梁之间的连接节点就消失了。在这个方案中，桥的整体刚度较大，可以比较有效地防止结构变形。

图 1.35 表明一整根梁可以由短而薄的板片并排钉合在一起形成。钉合的接缝彼此错开以避免产生薄弱点。这样的一根梁具有较大的刚度，适用于上面所述的方案。我们也可以直接从木材加工厂订购大梁，但是它们太笨重，几乎不可能安装在狭窄的峡谷中。钉合的层压梁反而更易于加工和安装。

图 1.33　当较大的活荷载集中在其中一个支撑点时，可能会导致严重的结构变形。

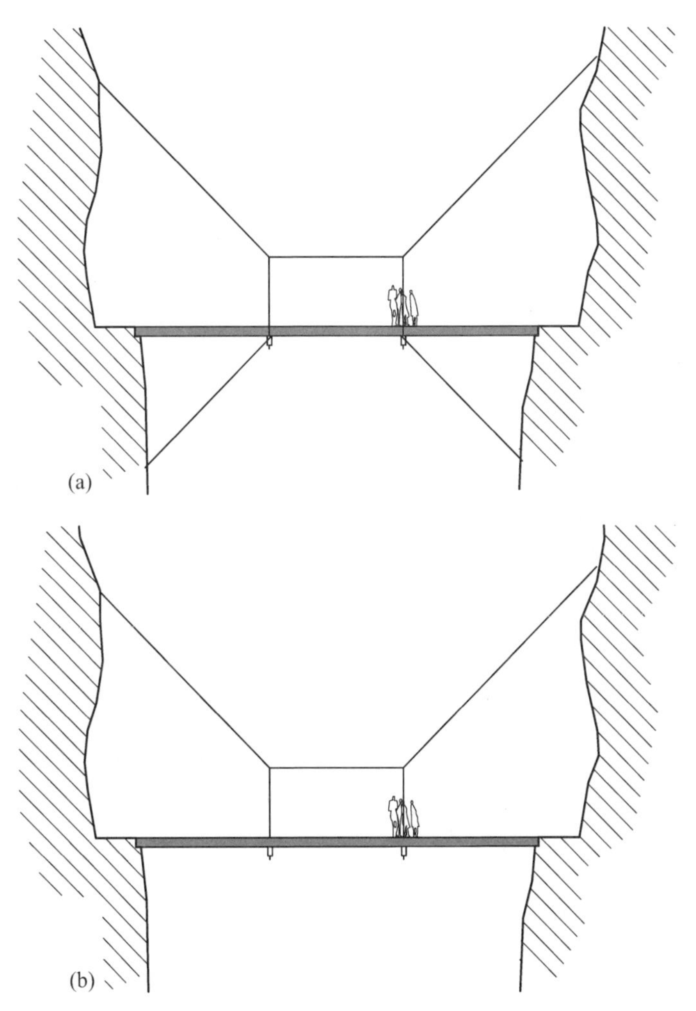

图 1.34　图 1.33 所示问题的两种解决方案：（a）采用斜拉杆来防止结构变形；（b）增加桥的刚度来防止结构变形。

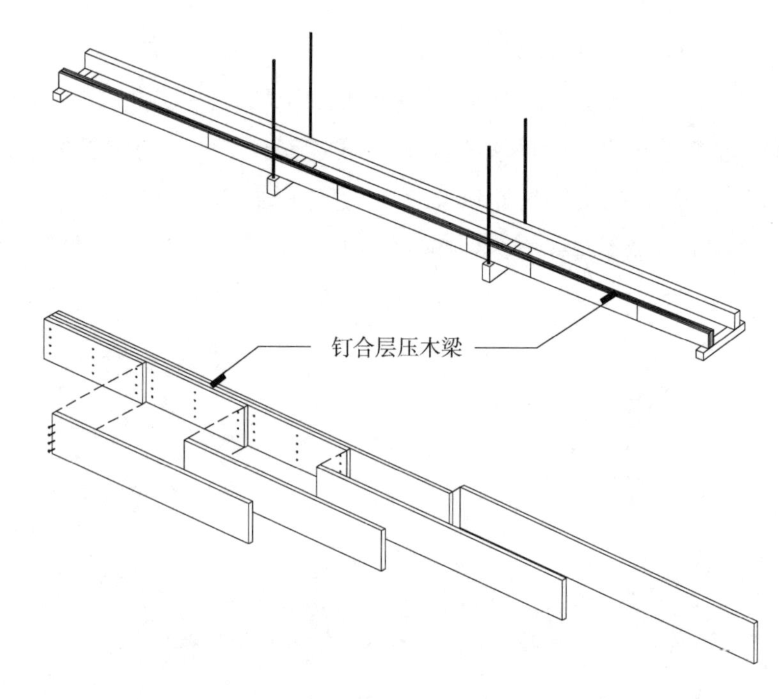

图 1.35 将薄板并排钉合在一起形成刚度较大的梁，各层的钉合接缝是错开的，因此不存在薄弱连接处。

6 号步行桥

6 号步行桥的跨度也是 60 英尺，与 5 号步行桥相同，但右侧斜杆的锚固点必须设置在较低位置以避开崖壁上破损的岩石。除此之外，假定其余部分与 5 号步行桥相同（图 1.36）。

图 1.36 中的形式不能成立，因为力多边形不能闭合，这表明该方案并非处于静力平衡状态。由此可知我们无法赋予杆或索以任意的形状，在设计悬挂结构或悬索结构时，必须了解结构本身需要采用什么样的形状。可以通过绘制力图来确定杆的位置，从 3 根杆中的任意 2 根杆开始，通过在力图上绘制其平行线以使力多边形闭合来找出第 3 根杆的倾斜角度。在图 1.37 中，我们让杆 *ad* 的倾斜角度为 45 度，杆 *ab* 的倾斜角度为 30 度。在力图上两者相交得到点 *a*，可以得出 *ac* 不是水平的，因为它必须通过力图上的点 *a* 和点 *c*。在形图中绘制出 *ac* 的平行线得到钢杆的倾斜角度。通过绘图比例可以得出所有钢杆中的力。假如 *ac* 杆是水平的，并且给定了其中一根斜杆的倾斜角度，你是否可以找出另外一根斜杆的倾斜角度?

索、绳索、缆索、索链甚至是弦都适用于索线形的结构形式。索（funicular）这个词来自拉丁语中的 funiculus，意思是“弦”。索线形结构形式中只有轴向力，当荷载作用于这种形式上时，会沿着构件的轴向方向产生拉力或压力。只需要很少量的结构材料就可以抵抗轴向力的作用。如果结构形式并非索线形，那么将会产生弯曲应力。在本书后面的章节中，我们会讨论结构中的弯曲作用，抵抗弯曲作用所需的材料用量远大于抵抗轴向力作用所需的材料。

杆、缆索、绳索、线和弦等细长的结构构件，都非常柔韧有弹性，无法抵抗弯曲应力。索线形结构形式合理而高效，为了适应不同的荷载条件，它们会重新调整自身的形式以使构件中只有轴向力。因此，在相同的材料用量下，索线形结构形式相比于任何其他结构形式所跨越的距离都要大。

7 号步行桥

7 号步行桥的跨度为 80 英尺，这需要 4 根 20 英尺长的梁首尾相连铺设在悬崖的两侧，桥中间有 3 个支撑点（图 1.38）。我们决定采用对称的斜杆布置，其最低点位于桥面板以上 8 英尺处。还有一个情况是园区管理处在之前的一

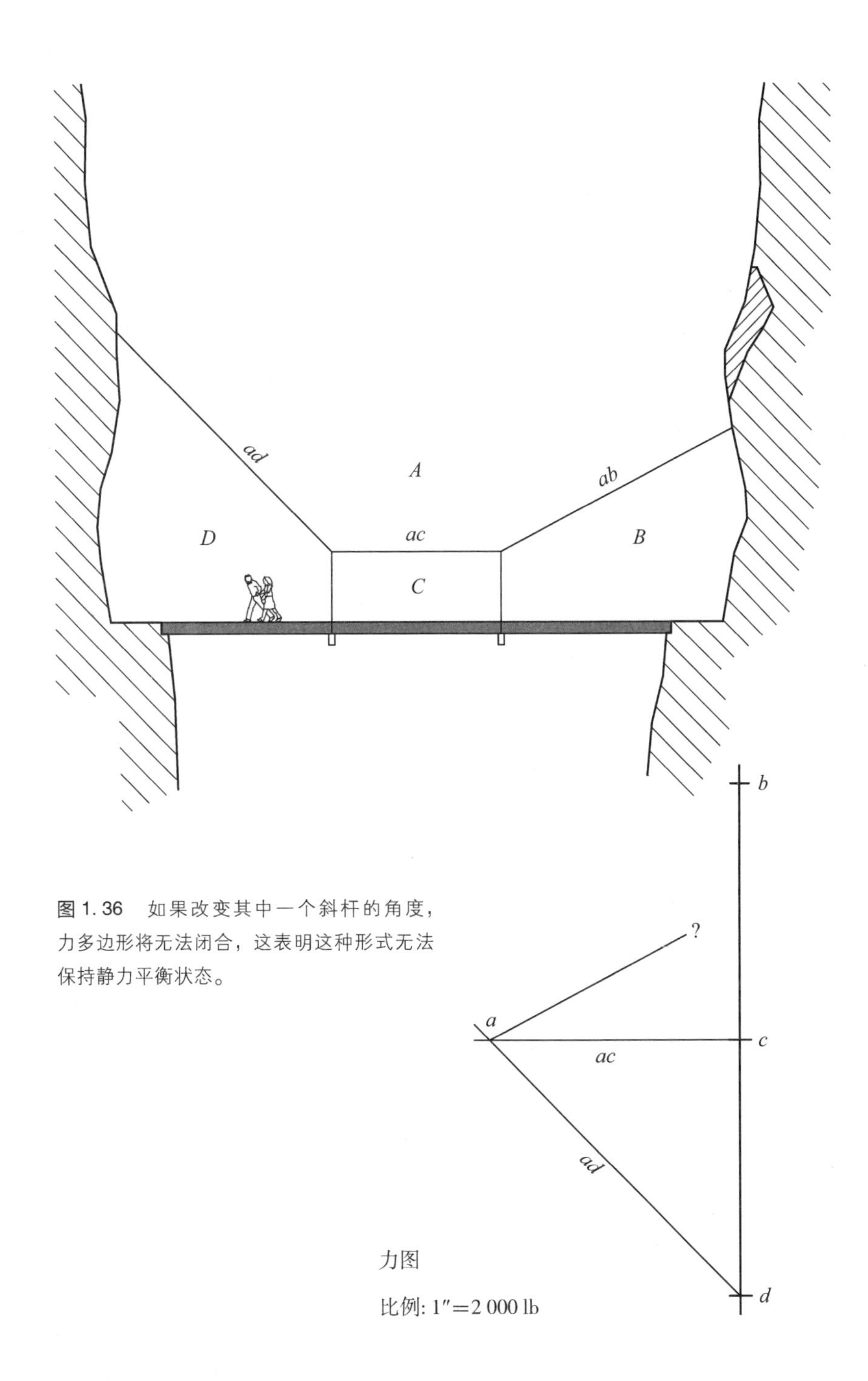

图 1.36　如果改变其中一个斜杆的角度，力多边形将无法闭合，这表明这种形式无法保持静力平衡状态。

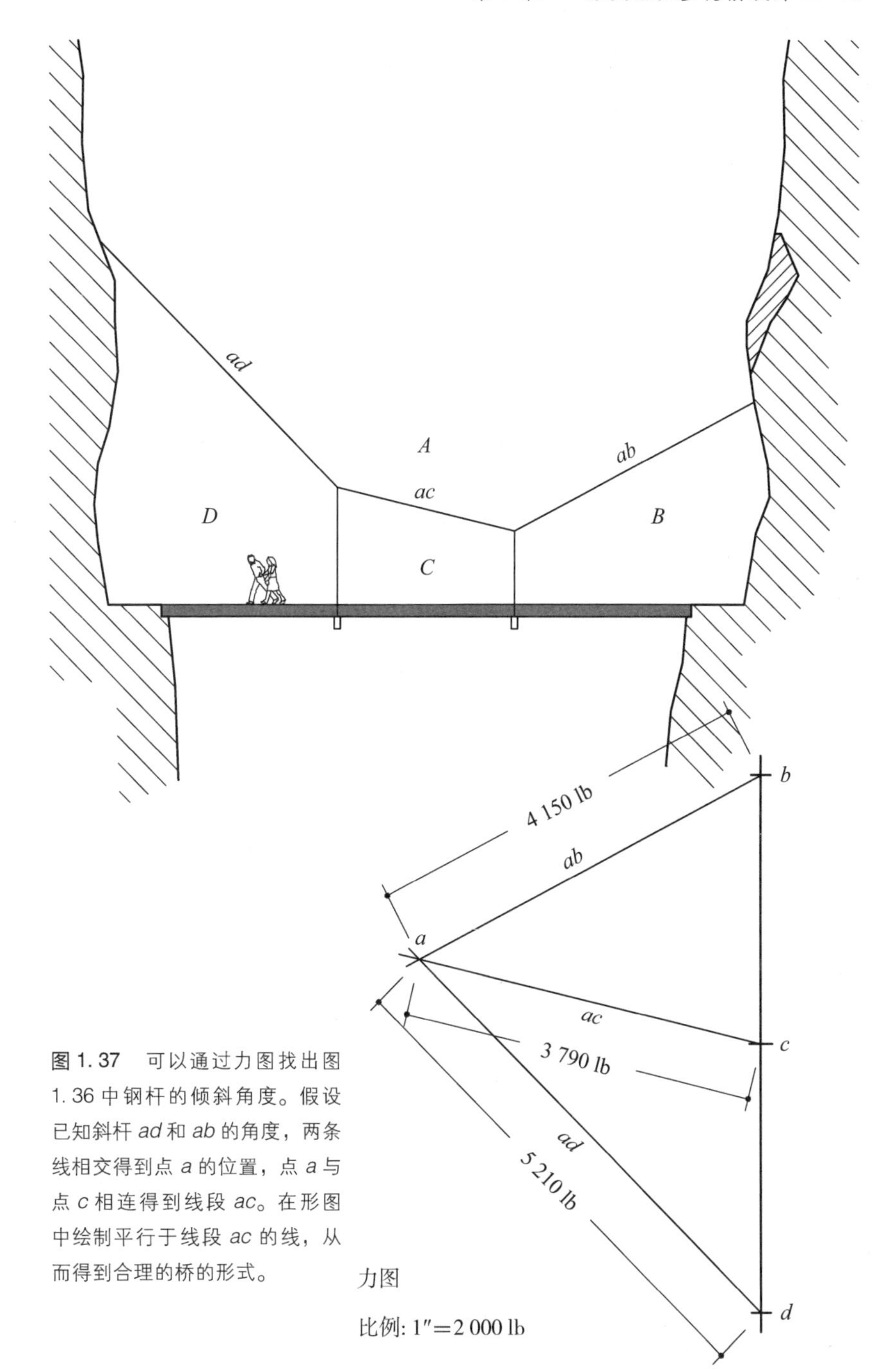

图 1.37　可以通过力图找出图 1.36 中钢杆的倾斜角度。假设已知斜杆 *ad* 和 *ab* 的角度，两条线相交得到点 *a* 的位置，点 *a* 与点 *c* 相连得到线段 *ac*。在形图中绘制平行于线段 *ac* 的线，从而得到合理的桥的形式。

个小型建筑项目中剩余了一些钢杆，这批钢杆可以承受 5 940 磅的力，园区管理处希望将它们运用到这座桥上。我们会通过这些给定的条件来绘制力图，从而生成钢杆的倾斜角度。

载重线由 3 根垂直线段组成，每根垂直线段分别为 2 800 磅，代表 3 根竖杆中的力。由于钢杆的布置是对称的，那么力图上的极点必然位于通过载重线中点的水平线上，还需要找出极点在水平线上的位置。

为了利用园区管理处提供的钢杆，可知力图上最大的力不能大于 5 940 磅。最左侧和最右侧斜杆中的力最大，将其设定为 5 940 磅。使用圆规以 5 940 磅的长度为半径绘制圆弧，圆弧与通过载重线中点的水平线相交，得到点 *a*。

因为 4 根斜杆的名称中都有 *a*，也就是说这些力都会经过力图上的 *a* 点。连接 *ac* 和 *ad*，得到中间 2 根斜杆的倾斜角度。根据要求已知斜杆的最低点应位于桥面板上方 8 英尺处，那么这个最低点应在桥跨中的位置。

在形图上，已知点 *acd* 的位置，绘制 *ac* 的平行线到点 *abc*，以点 *abc* 为起点绘制 *ab* 的平行线，依次完成形图的绘制。

已知 *ab* 和 *ae* 中的力为 5 940 磅，通过力图的比例可知，杆 *ac* 和 *ad* 中的力大约为 4 500 磅。理论上来说钢杆 *ac* 和 *ad* 可以采用承载力较小的钢杆，但是在实际工程中，整体结构采用相同直径的钢杆可以使施工简便，从而节省

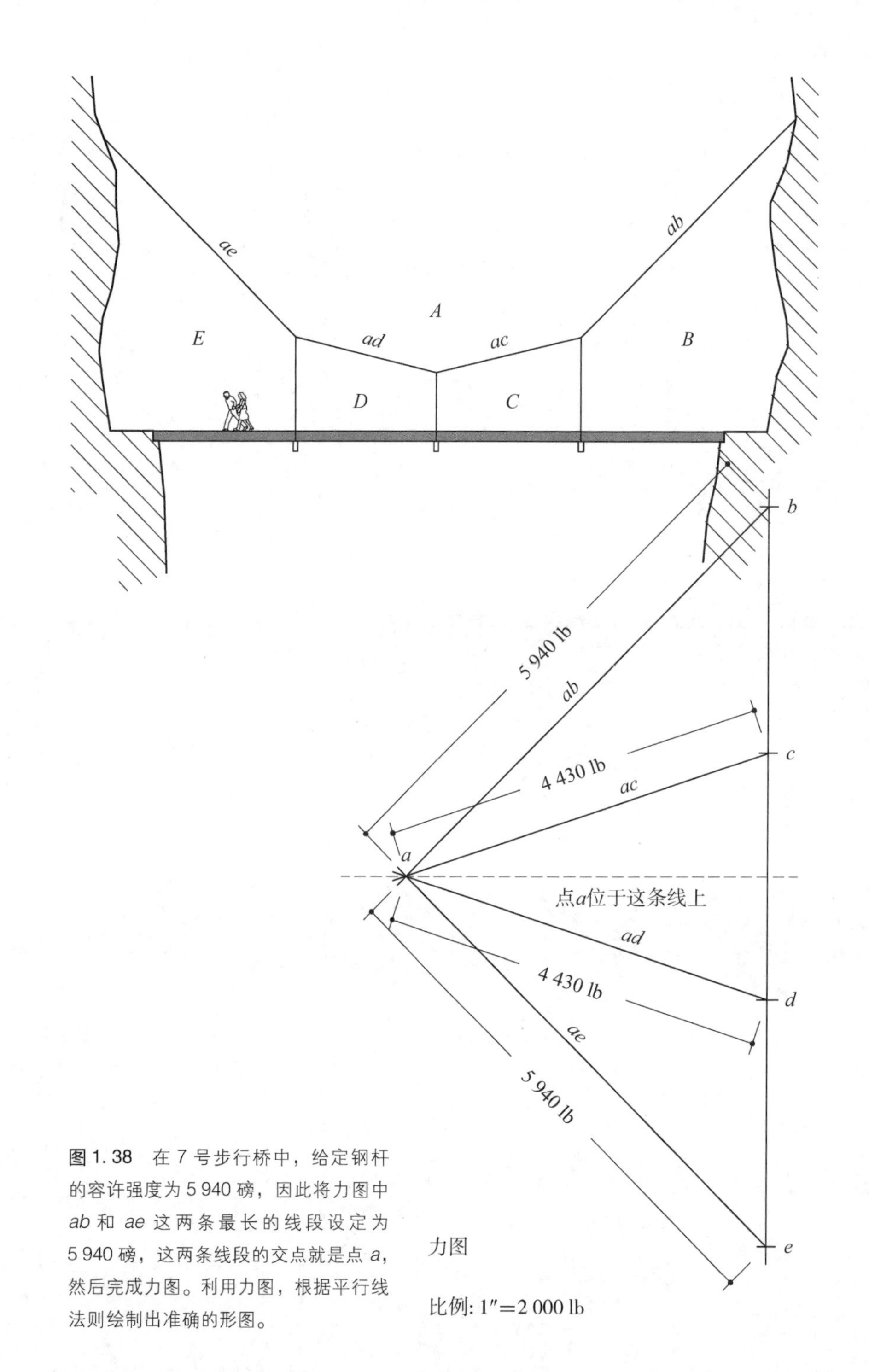

图 1.38 在 7 号步行桥中，给定钢杆的容许强度为 5 940 磅，因此将力图中 *ab* 和 *ae* 这两条最长的线段设定为 5 940 磅，这两条线段的交点就是点 *a*，然后完成力图。利用力图，根据平行线法则绘制出准确的形图。

工时。

如图 1.33 所示，这座步行桥的梁也会因为不对称荷载作用而变形，可以通过增加斜撑或增加梁的整体刚度来限制这种变形。

8 号步行桥

8 号步行桥的跨度为 100 英尺，是该系列步行桥中跨度最长的桥梁（工作表 1A，图 1.39）。它需要 5 根 20 英尺长的梁拼接而成，还需要 8 根竖杆。根据设计团队的意见，斜杆的连接节点应该设置在桥面板上方不少于 8 英尺的地方，

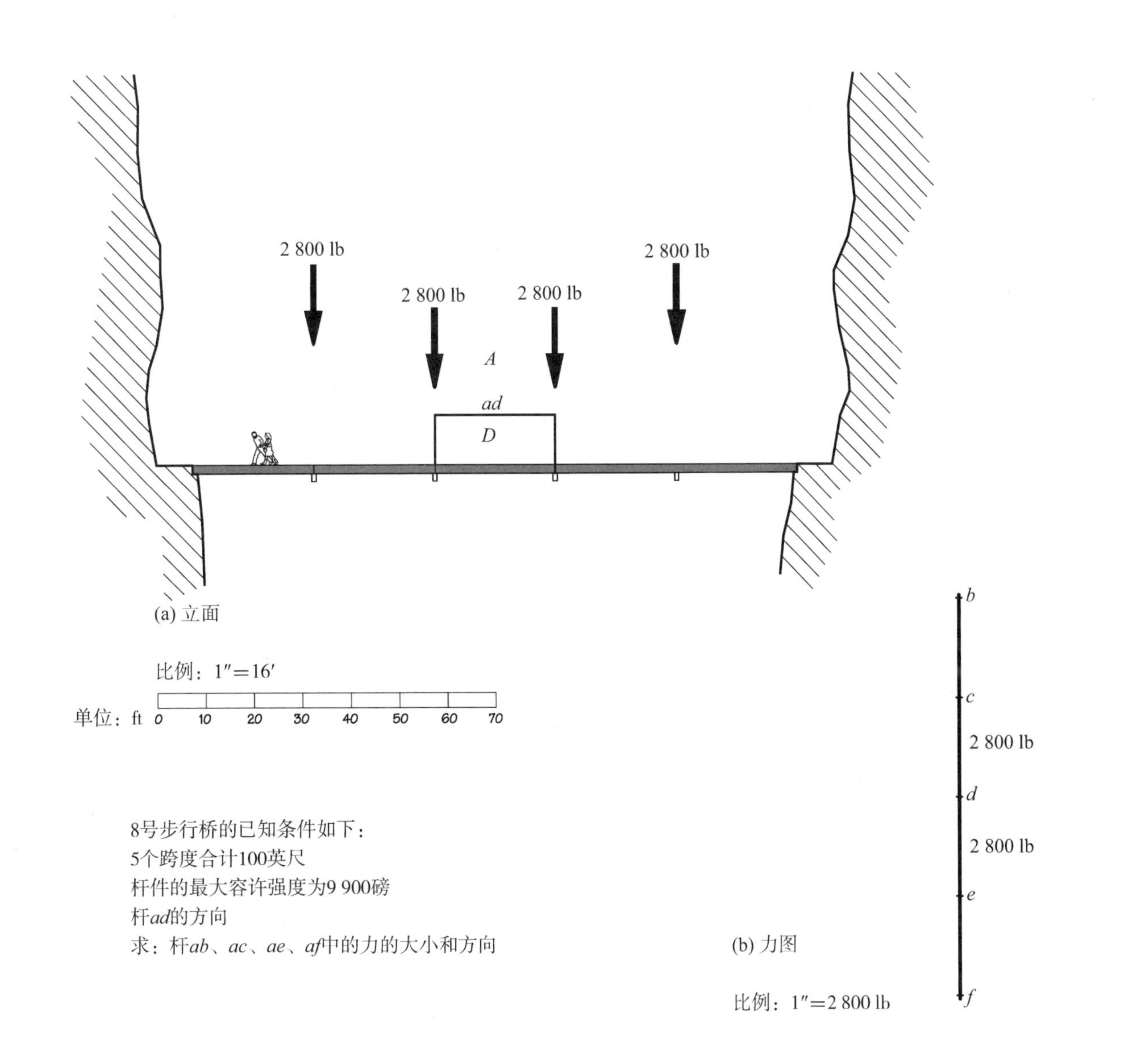

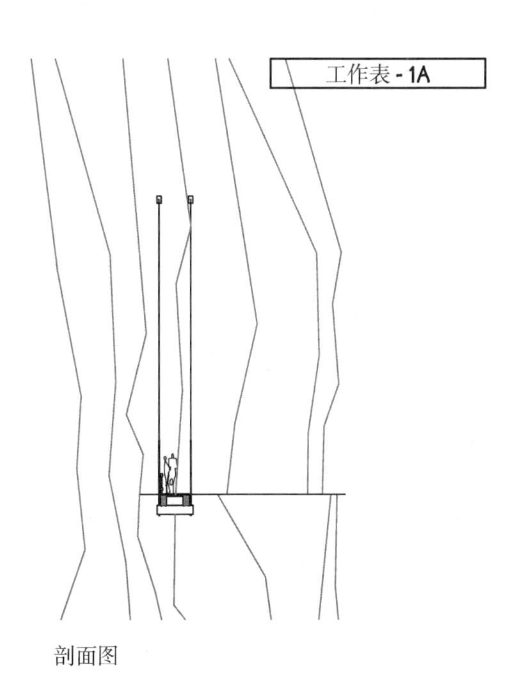

图 1.39　在这张工作表中，已知杆 ad 的位置和方向。在预估荷载作用下，杆中最大的力为 9 900 磅。请用图解法找出这个桥的形式。

以避免遭到人为破坏。杆件中最大的力不超过9 900磅，也就是直径为0.437英寸的钢杆的容许强度。依据这些信息和工作表1A中所示的杆件位置，请用图解法找出这座步行桥的形式和所有杆件中的力。这座步行桥是这一系列步行桥中的最后一座。

几何是富于结构想象力的数学。

——瓦克劳·扎列夫斯基

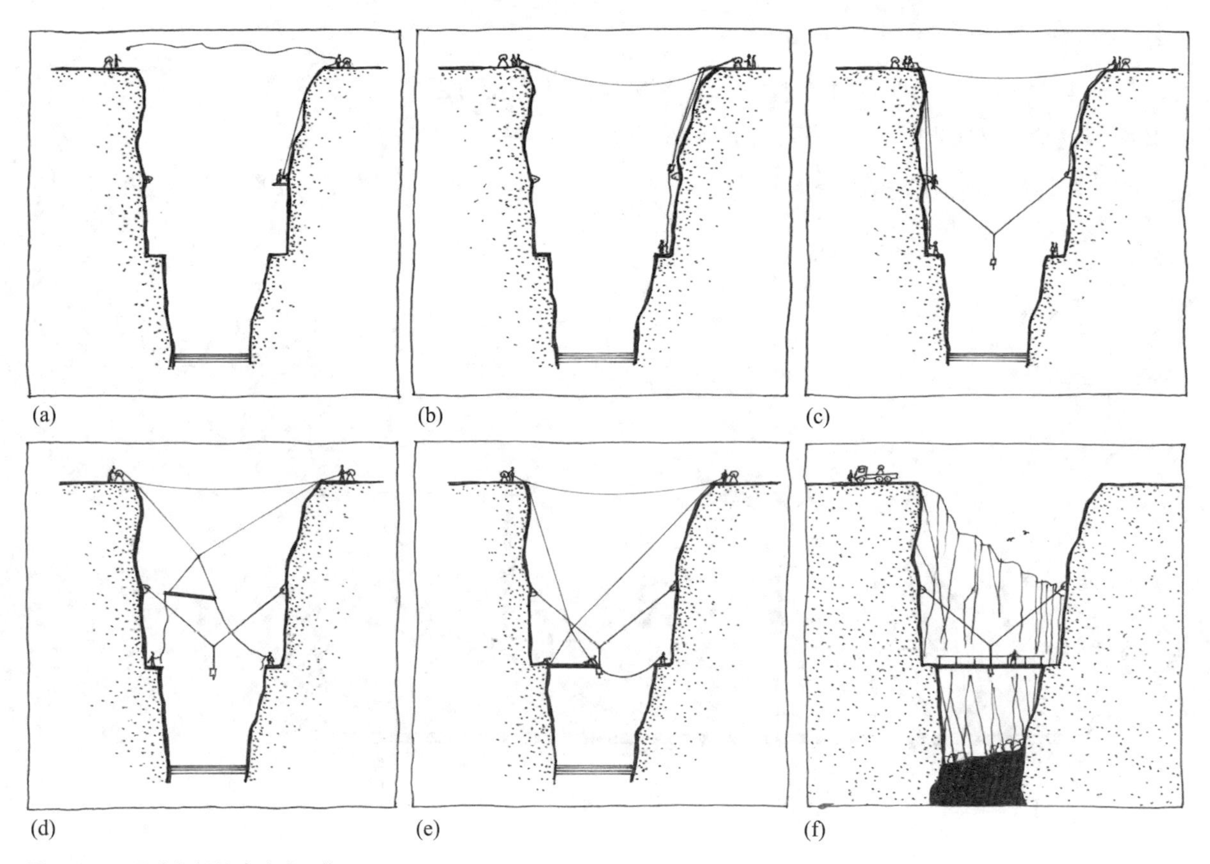

图1.40 1号步行桥的建造过程草图

桥梁的建造

当进行结构设计时，还需要考虑结构的施工和建造方式。假如找不到任何一种实用而经济的建造方式，这个设计就很有可能被搁浅。图1.40是对1号步行桥的建造过程的设想。在图（a）中，首先制作好可升降的悬吊式木制施工平台，施工工人系好安全带后随平台下降到崖壁的锚固点附近，钻好螺栓孔并安装好基座钢板。

将长而坚固的绳索末端绑上重物，重物可以是柔软的沙袋，把重物投掷到峡谷的另一侧。这根绳索主要用于将吊装用的绳索从峡谷一端运送至另一端。在图（b）中，将峡谷另一边的绳索绑扎好，这条绳索作为基准线，保证物资能够顺利运送到峡谷左侧。用小型绞车将需要吊装的钢杆运到悬崖边的观景步道处。

在图（c）中，工人将钢杆的一端与环形不锈钢板相连，另一端与崖壁上的锚固点相连。图（d）中，峡谷两侧的起重机与峡谷下方使用牵引线的工人一起协同工作，使第一根梁吊装到位。

图（e）中，第一根梁被安装完成，接着依次完成剩余部分的安装。图（f）中，清理施工现场，准备投入使用。1号步行桥可能不是按照这样的顺序建造起来的，施工管理人员或施工工人也许有更好的建造方案。我们会从这些建造过程草图出发，与他们进行沟通协商，以便就如何完成施工工作达成一致意见。在施工过程中，根据现场出现的问题再对建造方案做进一步的修改和完善。

高技派建筑

20 世纪 60 年代末到 70 年代之间，以伦敦为首的一些建筑师和结构工程师提倡一种结构表现主义的设计手法，他们的手法和主张通常被称为“高技派”。“高技派”以裸露经过精心设计的结构构件、机械设备以及其他之前被隐藏起来的服务设施为特征，在诸如诺曼·福斯特（Norman Foster）、伦佐·皮亚诺（Renzo Piano）、理查德·罗杰斯（Richard Rogers）、尼古拉斯·格里姆肖（Nicholas Grimshaw）、安东尼·亨特（Anthony Hunt）、迈因哈德·冯·格康（Meinhard von Gerkan）等建筑师和结构工程师当中产生了共鸣。彼得·莱斯（Peter Rice）和特德·哈波尔德（Ted Happold）两个人都在结构工程师欧文·阿鲁普（Ove Arup，英国籍丹麦人，1895—1988）创立的公司工作过，离开之后各自创立了阿尔法建筑结构设计有限公司和英国标赫工程咨询有限公司，都对相关的结构设计方法进行了拓展。阿鲁普创立的公司在中国被称为奥雅纳工程顾问公司，也是一家影响深远的跨学科综合设计公司。即使管理层变动或创始人身故（例如奥雅纳、哈波尔德、莱斯等），该公司仍然通过拓展国际项目而不断壮大。皮亚诺、罗杰斯和莱斯设计的巴黎蓬皮杜艺术中心是高技派建筑的代表，悬挂于外的自动扶梯以及外露的设备管线呈现出机器般高科技的外观。这使人联想起伦敦的建筑电讯派（Archigram）描绘的未来主义建筑的愿景。一般来说，高技派建筑师在结构方面的知识十分渊博，同时他们设计的建筑结构也非常合理。

抗侧和抗拔

除了重力荷载之外，这些步行桥还需要抵抗来自水平方向和自下而上的风力作用，也就是侧向力和拔力。抵抗侧向力的常见做法是在桥梁结构内添加斜撑，使桥梁结构在横向成为一个桁架。在这些步行桥的木梁之间安装斜撑比较方便，可以有效地抵抗侧向力的作用（图 1.41）。很多桥梁不必考虑风的拔力作用，因为桥梁的自重足够大，可以抵抗向上的拔力。

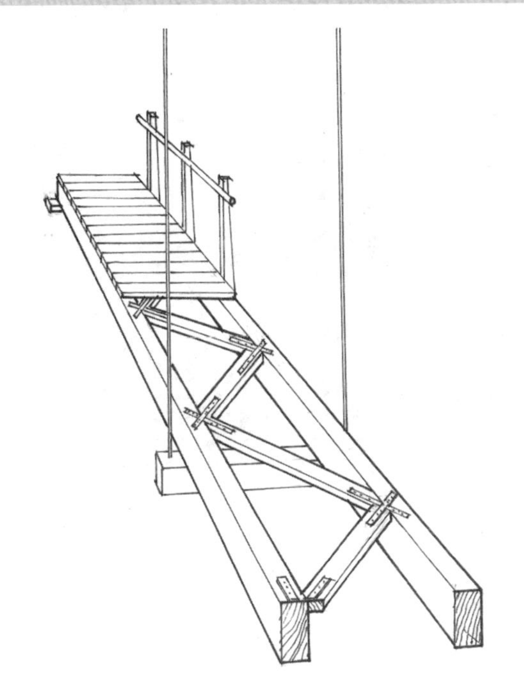

图 1.41　主梁之间增加斜撑，在横向形成一个桁架，用于抵抗侧向力。

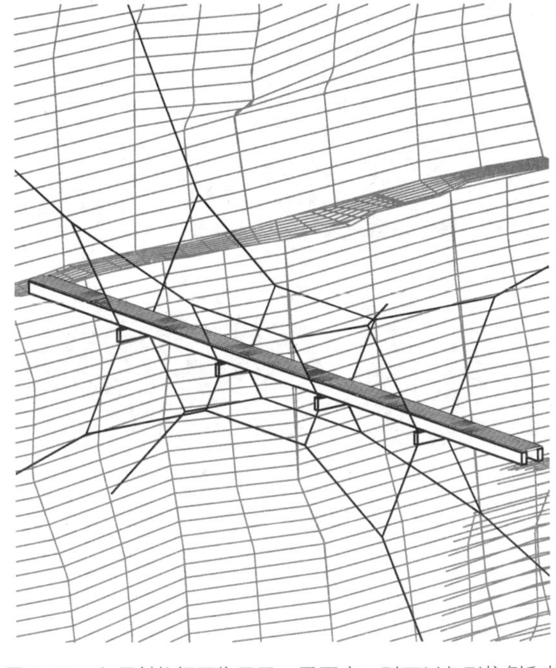

图 1.42　如果斜拉杆不位于同一平面内，则可以起到抗侧和抗拔的作用，也有助于防止桥梁因不对称荷载作用而产生的变形。

图 1.43　科罗拉多州阿肯色河上的皇家峡谷悬索桥，由乔治·科尔（George Cole）设计，建于 1929 年，跨度为 268.2 米，桥身高出河面 321 米。桥面板上方的两条巨大的悬索以及桥面板下方的拉索共同起到稳定桥梁结构的作用。左下角的白色圆弧就是桥面板下方的拉索。

图片来源：唐纳德·布拉努姆（Donald Branum）提供

而这些木制步行桥的自重较轻，不足以抵抗向上的拔力，合适的解决方法是在桥下增加钢杆把它拉住。假如这些钢杆不在同一个垂直平面内，则它们可以同时起到抗侧和抗拔的作用，也可以防止桥梁整体结构因为不对称荷载作用而产生的变形（图 1.42、图 1.43）。

其他方案

通过改变钢杆与桥面板的关系，会产生不同的桥梁设计方案。构思其他方案的目的在于节约钢材以及简化桥梁的整体形式和外观。图 1.44 是一个省略竖杆的简化设计方案。图 1.45 将钢杆放置在桥面板的下方，通过中央的压杆支撑，这个方案中的桥面板以及主梁必须受压才能使钢杆中产生拉力。此外这个方案不需要锚固到悬崖上，只需要在梁的两端安装简单的地脚螺栓就可以阻止梁的左右移动。

图 1.46 中的英格兰斯温顿的雷诺中心巧妙地利用钢杆来支撑仓库和陈列室的屋顶，图 1.47 清晰地展示出了这些钢杆的布置形式。在图 1.48 中，我们将雷诺中心所采用的形式应用到了 80 英尺长的 7 号步行桥设计中。

后续工作

本章初步介绍了采用图解法设计小型悬挂步行桥的方法，由钢杆或索支撑的结构为索线形结构，这种方法也适用于受压结构中。在下一章中，将进一步阐释图解法如何应用于悬索结构的屋顶设计之中。在第 3 章中，我们将探讨受压的索线形结构及其应用。在下一章开始之前，请先完成一个设计任务。

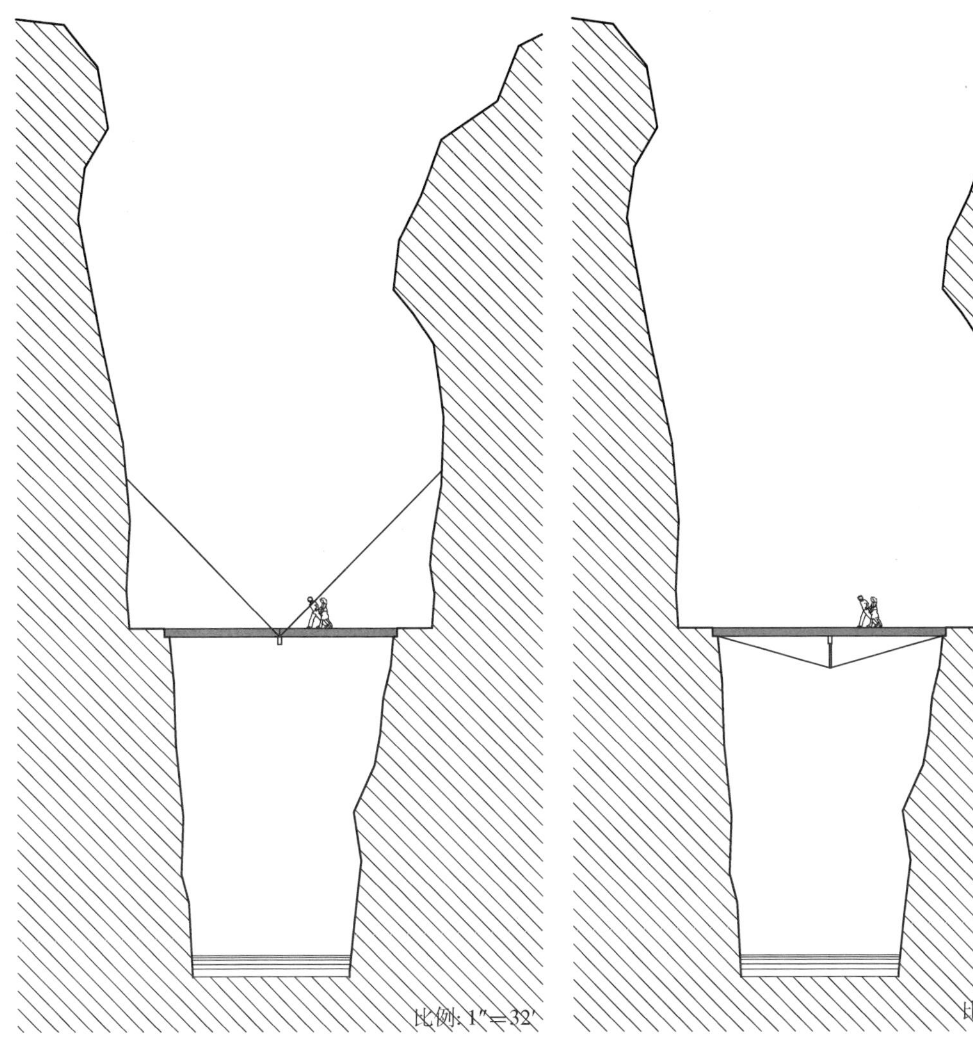

图 1.44　省略了竖杆的步行桥方案

图 1.45　钢杆位于桥面板下方的步行桥方案

图 1.46　英国斯温顿的雷诺中心，屋顶由设计精巧的钢杆和钢梁支撑。建筑师为诺曼·福斯特，结构设计由 ARUP 公司完成。
图片来源：理查德·戴维斯（Richard Davies）提供

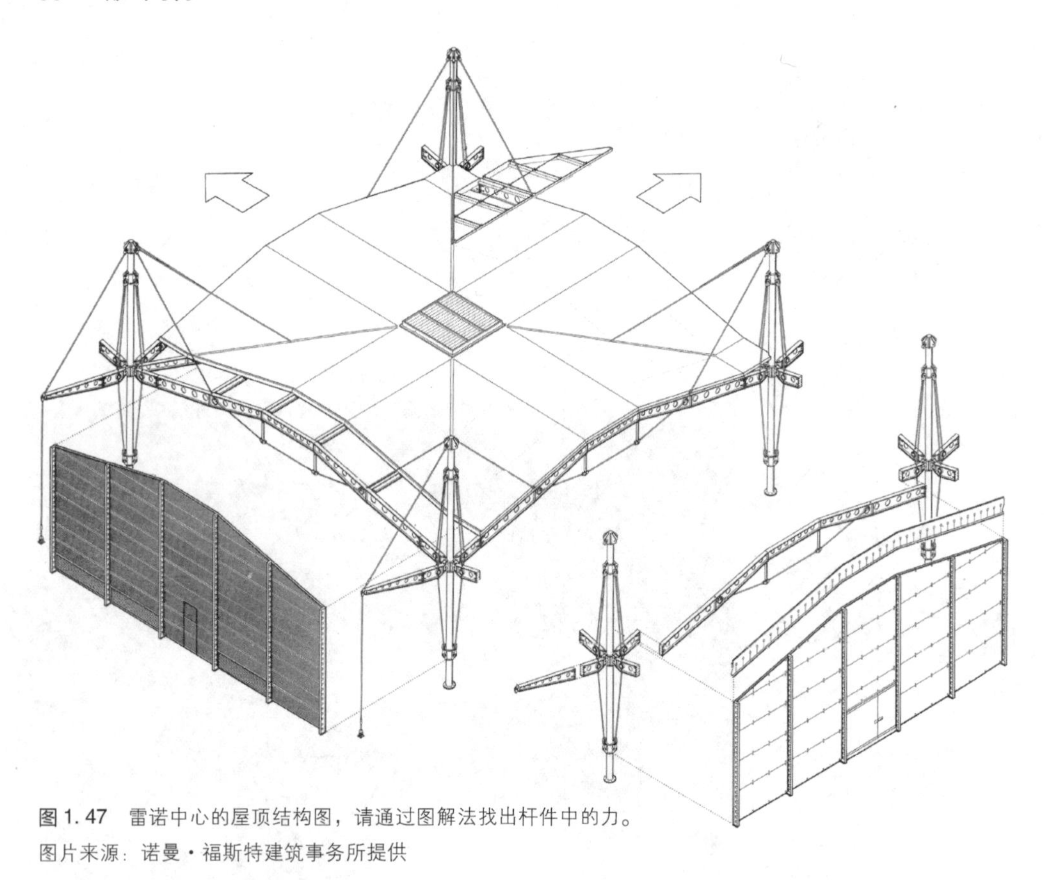

图 1.47　雷诺中心的屋顶结构图，请通过图解法找出杆件中的力。图片来源：诺曼·福斯特建筑事务所提供

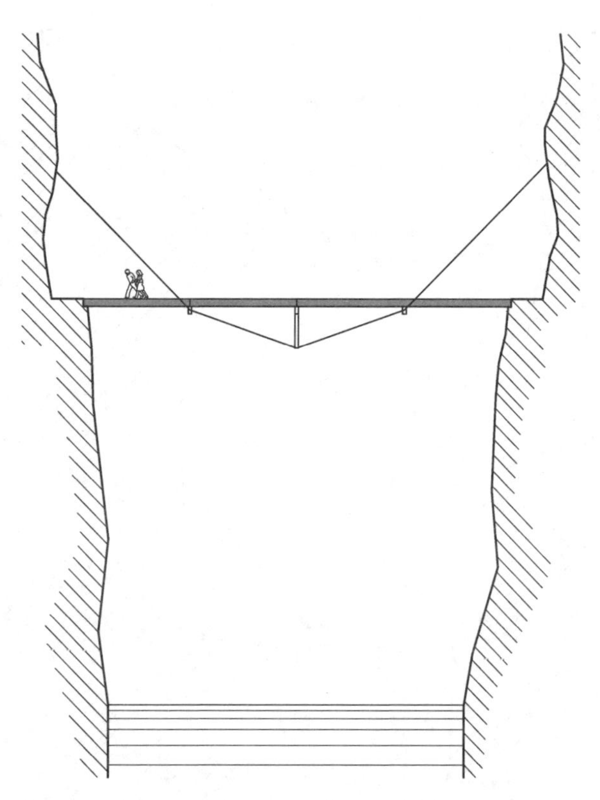

图 1.48　参考雷诺中心拉杆和压杆布置形式的 7 号步行桥设计方案。

另一项任务：空中步道设计

美国俄勒冈州太平洋海岸的一个新的生态公园需要设计一条 8 英尺宽的空中步道，使游客可以漫步于巨大的道格拉斯枞树和红松树的树梢下，在那里观察鸟类、哺乳动物、昆虫、真菌、地衣以及其他这个森林生态系统中的独特生物。本书参考资料网站提供了相关的基础数据（图 1.49）。结构工程师提出的意向是建造一系列间距为 72 英尺、高为 100 英尺的木塔架，用于支撑高出地面约 60 英尺的空中步道。可供使用的木梁跨度不大于 24 英尺，采用不锈钢杆支撑，不锈钢杆锚固在木塔架上。重力荷载包括 24 磅每平方英尺的恒荷载和 100 磅每平方英尺的预估活荷载。请设计出可以抵抗重力、侧向力和拔力的空中步道方案，公园会提供一台大型起重机用于建造空中步道。

为了更好地表达结构概念，需要绘制出空中步道的侧立面图和剖面图。需要注意的是在侧立面图中，由于步道是曲折的，只有跨度Ⅱ真实反映了该部分的大小和形状，因此可以先找出跨度Ⅱ上的空中步道的形式与力，再设计其他跨度上的空中步道。需要确定支撑步道的钢杆中的力，并绘制出相应的形图与力图。载重线的位置规定了力图的起点。为了节省图纸空间，力图与空中步道的侧立面图有所重叠。请求解出钢杆的直径大小。

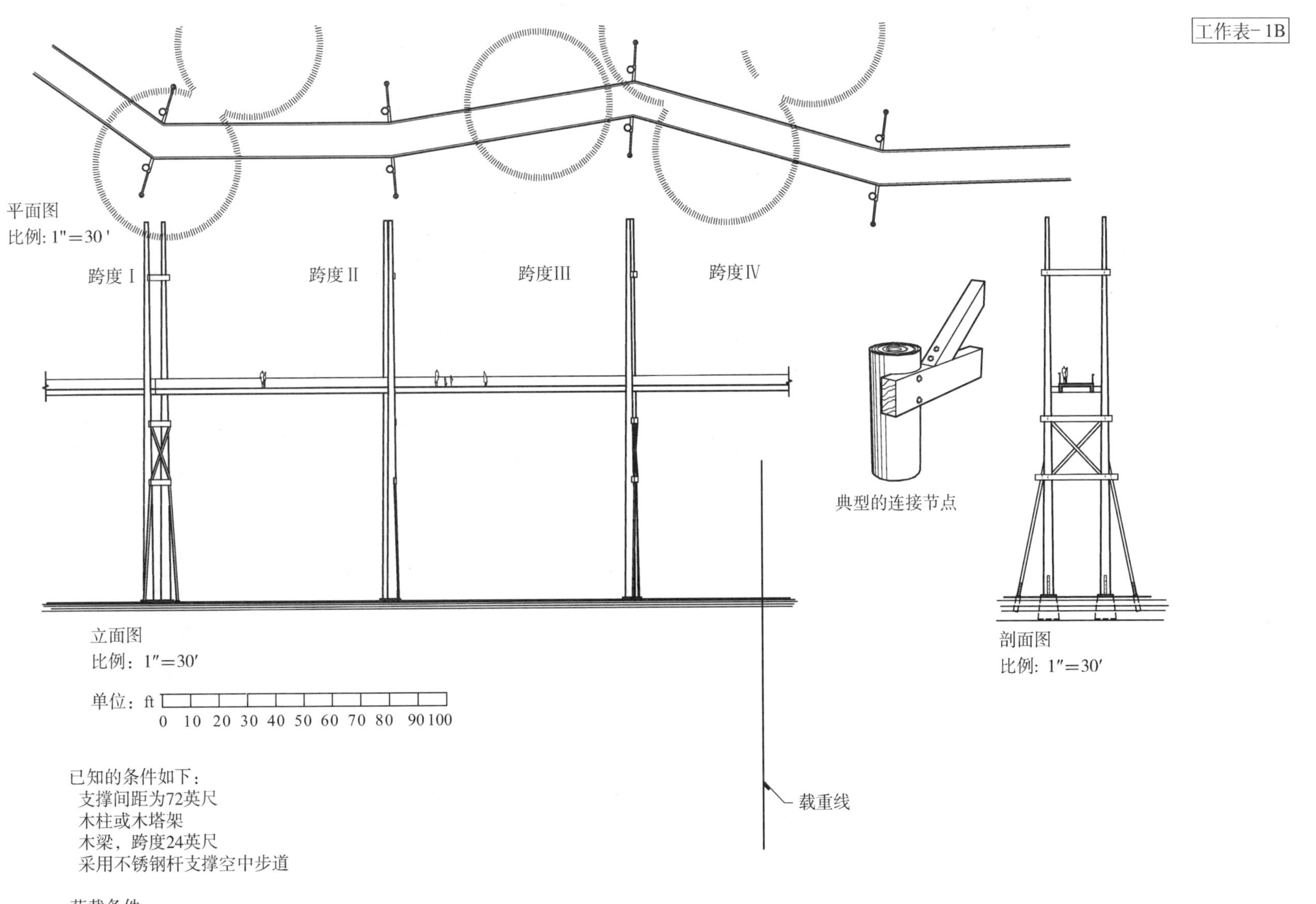

已知的条件如下：
支撑间距为72英尺
木柱或木塔架
木梁，跨度24英尺
采用不锈钢杆支撑空中步道

荷载条件：
活荷载100磅每平方英尺
恒荷载24磅每平方英尺

图 1. 49　此组图为某生态公园中空中步道的设计任务，这张图只是示意图，您可以在参考网站上下载到全尺寸的图。

曲折的空中步道会产生一个问题，对大多数塔架来说，两个相邻跨距的悬挂钢杆不在同一平面内。如果它们在一个平面内，其水平拉力就会相互抵消，然而在这种非正交的空中步道中，这些力的分量有可能使塔架产生横向变形。请设计一种简单方法来抵抗这种变形，并绘制出来。图 1.50~图 1.53 是一些悬索结构和悬挂结构的案例。

▶图 1.50　梅奈桥，建于 1818 年到 1826 年间，由托马斯・特尔福德设计。这座桥跨越梅奈峡谷连接了伦敦到霍利希德的道路，桥梁的跨度约为 580 英尺，是当时世界上跨度最大的桥，这座桥在两个世纪之后依然正常使用。悬索链杆之间的连接眼杆是由锻铁制成的，锻铁的抗拉性能比铸铁好，在钢材出现之前曾经被大量使用。这座桥的相关信息在特尔福德简介中有更多的介绍。
图片来源：凯尔・甘恩（Kyle Gann）提供

◀图 1.51　德国巴德温莎海姆某步行桥，采用斜拉杆支撑，1988 年建成。由结构工程师施莱希・伯格曼（Schlaich Bergermann）与建筑师埃伯哈德・舒恩克（Eberhard Schunck）共同设计。
图片来源：SBP 公司提供

◀图 1.52　德国达施威格某工厂屋顶，由 SBP 公司设计，结构工程师采用了与图 1.51 相似的钢杆布置方式，完成了大跨度屋顶的建造。这种有效的结构形式提供了醒目的外观，树立了企业的形象。这张照片拍摄于 1993 年该建筑的施工现场。
图片来源：SBP 公司提供

▶图 1.53　洛瑞桥是英国索尔福德码头曼彻斯特运河上的一座步行桥，由帕克曼公司（现为穆切尔公司）设计，于 2000 年建造完成。其跨度为 92 米，桥面板由悬挂在拱上的钢杆和钢索支撑，巧妙的结构布置形式有效防止了桥梁的变形以及振动。
图片来源：大卫・福克斯摄

托马斯・特尔福德（Thomas Telford，1757—1834）

托马斯・特尔福德 1757 年出生于苏格兰。他开始是石匠和建造工人，很快就转型为工程测量师。之后他在什罗普郡设计和建造了数十座公路桥梁。

他参与设计建造了埃斯米尔运河，其中包括 1797 年的庞西西尔特渡槽（Pontcysyllte Aqueduct），该渡槽修建在迪伊河上方 126 英尺处，由铸铁制成可供通航。

1811 至 1826 年间，他设计并建造了跨度为 580 英尺的梅奈桥（图 1.50），方便了伦敦到霍利希德港口之间的交通。这座早期建造的悬索桥对其后的英国结构工程师产生了重大的影响。这座桥在锚固设计、曲率深度、链杆拼接而成的锻铁索链以及塔架设计等方面都具有创新性。尽管诗人罗伯特・绍塞（Robert Southey）开玩笑地称其为“道路上的庞然大物”，但是在近两个世纪之后这座桥仍然能够正常使用。事实上除了公路、运河、桥梁工程以外，特尔福德涉猎的领域还包括码头、铁路、建筑工程等，他还出版过游记和诗集。1820 年开始，他担任英国土木工程师协会的第一任主席直到 1834 年去世，死后被安葬在威斯敏斯特大教堂。

关键术语

span 跨度
deck 桥面板
suspension bridge 悬挂桥/悬索桥
stainless steel 不锈钢
grout 灌浆
jaw 连接头
fork 叉形连接头
clevis U 形夹
steel fabricator 钢构件制造商
washer 垫圈
jam nut 防松螺母
plate 板
anchor plate 锚固板
load 荷载
dead load 恒荷载
live load 活荷载
total load 总荷载
pound 磅
tributary area 从属区域
force 力
push, pull 推力，拉力
stress 应力
deformation 变形
magnitude of force 力的大小
direction of force 力的方向
line of action of force 力的作用线
point of application of force 力的作用点
scalar quantity 标量
vector quantity 矢量
tension 拉力
compression 压力
principle of transmissibility 力的可传递性原则
concurrent forces 共点力
nonconcurrent forces 非共点力
free-body diagram（FBD）隔离体
graphical methods 图解法
numerical methods 数值法
node 节点
static equilibrium 静力平衡
parallelogram law 平行四边形法则
resultant 合力
equilibrant 平衡力、反力
antiresultant 合力的反力
tip-to-tail addition of vectors 矢量首尾相接
force polygon 力多边形/力图
graphical solution 图解法解决方案
numerical solution 数值法解决方案
Bow's notation 鲍氏符号标注法
load line 载重线
clockwise reading of member names 顺时针读取构件名称
buckling 屈曲
yield strength 屈服强度
factor of safety 安全系数
threads 螺纹
upset end 端部放大
right-hand and left-hand threads 右旋螺纹和左旋螺纹
cold heading 冷加工
clearance 间隙
ultimate load 极限荷载
stay rods 撑杆
funicular 索
funicular form 索线形
axial force 轴向力
bending force 弯曲力
restraining funicular structures 悬索结构的约束
character of a force 力的特征
gravity forces 重力
lateral forces 侧向力
diagonals 斜撑
truss 桁架
uplift forces 拔力
hanger 悬吊
winch 绞车
tag line 基准线

参考资料

Abel Chris. Renault Centre, Norman Foster. London: Architecture Design and Technology Press, 1994.

第2章 2 一个悬索结构的屋顶设计

- ▶ 悬索结构的屋顶设计
- ▶ 特定性能的索线设计
- ▶ 索线系列
- ▶ 静力平衡
- ▶ 力的分量
- ▶ 钢索的节点与紧固
- ▶ 横向支撑
- ▶ 调节桅杆和后拉索中的力

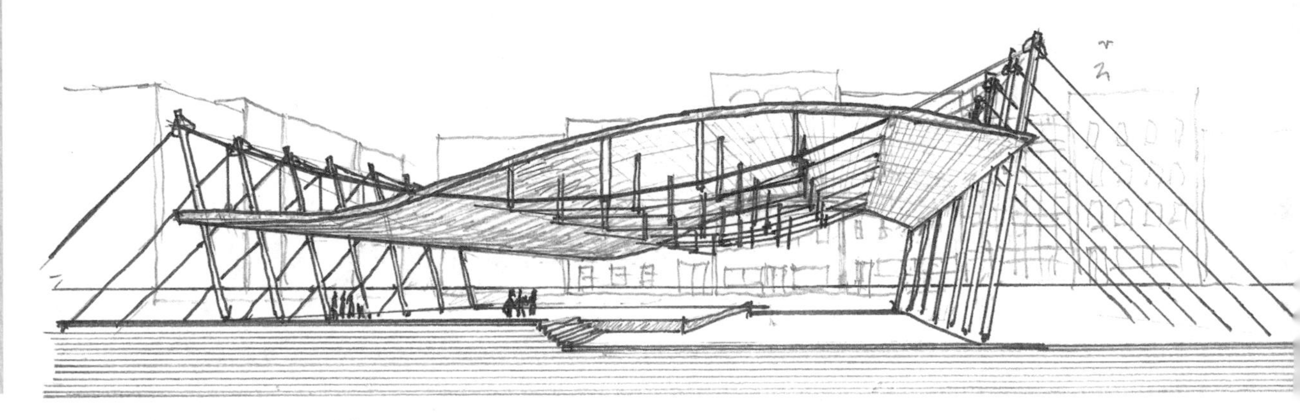

图 2.1　巴士服务总站屋顶的设计草图

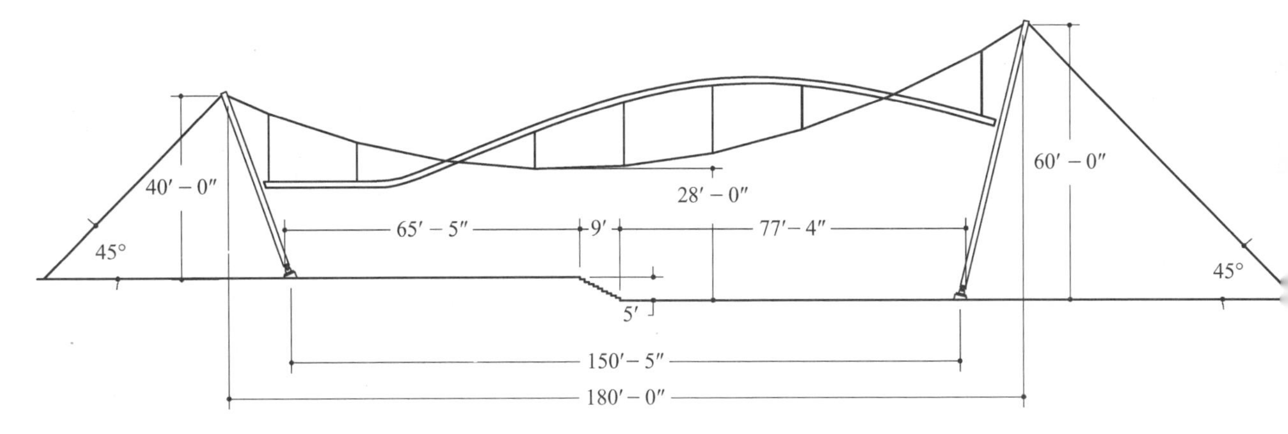

图 2.2　巴士服务总站屋顶的剖面图

这两张草图是某城际高速巴士服务总站的屋顶设计（图 2.1 和 2.2）。城际高速巴士是在相邻城市之间专门开设的列车，采用自动控制系统，时速可达到 200 多英里。它在浅埋的专用隧道中行驶，不会穿越公路和铁路，不受天气状况的影响，运行安全可靠。最重要的是城际高速巴士可以全天候运行，而且巴士站设于市中心，所以对于大多数乘客来说，搭乘城际巴士比乘坐飞机更加方便。

设计团队经过研究后决定采用悬索结构的屋顶以及波纹钢板屋面，以体现出这种新型出行方式的时尚感。为了在有限的空间中创造出自由的动感，将波纹钢板屋面曲线与悬索结构曲线分开（图 2.2）。在屋顶的边缘，围护结构位于悬索结构的下方，屋面荷载通过钢吊杆传递给结构。在屋顶的中部，围护结构高于悬索结构，屋面荷载通过钢支柱传递给结构。悬索结构的两端由高大的钢桅杆支撑，右侧的桅杆比左侧高 20 英尺。倾斜的后拉索可以防止桅杆因悬索的拉力而向内倾塌。从屋面形态和建筑空间合理性的角度出发，悬索结构的跨度应为 180 英尺，此外悬索结构的最低点至少应高出巴士站负一层地面 28 英尺。

首先需要估算屋顶所承受的荷载，恒荷载约为 40 磅每平方英尺，雪荷载约为 20 磅每平方英尺，合计为 60 磅每平方英尺，主跨结构之间的间距为 20 英尺。其次假设后拉索的倾斜角度为 45°，主结构完成后再对桅杆和后拉索的倾斜角度进行研究，以最大限度地提高结构效能。

材料商可以提供一批价格低廉的库存钢索，直径为 2.125 英寸，出于经济的考虑，设计团队决定采用这种规格的钢索作为悬索结构的材料。

面临的挑战

目前的挑战是已知悬索结构中最大的力等于钢索的容许强度，需要找出悬索结构在给定荷载条件下的形状。采用第 1 章学习的图解法，

图解静力学

所有的结构分析都是建立在静力学的基础之上的，即研究静止状态下物体的受力和力在物体中的分配。静力分析有数值法和图解法两种，图解法也就是图解静力学。图解静力学最早可以追溯到达·芬奇（Leonardo da Vinci）和伽利略（Galileo Galilei）对力的合成的研究。荷兰数学家西蒙·斯蒂文（Simon Stevin）开创了用矢量表示力的先河。他在 1608 年出版的一本书中对力的平行四边形法则进行了阐释。牛顿（Isaac Newton）关于力和运动的三大定律奠定了静力学和动力学的基础。法国的瓦里农（Varignon，1654—1722）发表于 1725 年的作品中提到了力图和形图的概念。乔瓦尼·波莱尼（Giovanni Poleni，1683—1761）在 1748 年发表了对罗马圣彼得大教堂穹顶砖石结构的图解分析。19 世纪初，法国和德国的研究文章里出现了许多有关图解静力学基本原理的内容，同时期的克劳德·纳维尔（Claude Navier，人物简介见本书第 371 页）1826 年在巴黎出版了第一本关于数值法结构分析的书。1864 年，英国的詹姆斯·麦克斯韦（James Clerk Maxwell）和泰勒（W. P. Taylor）发表了关于一种用于分析桁架的图解法的论文，但直到 1873 年罗伯特·鲍（Robert H. Bow）解释并阐述了这一方法之后，图解法才得到普遍的认识和接受，鲍还发明了间隔标记法，也被称为鲍氏符号标注法。1872 年，路易吉·克雷莫纳（Luigi Cremona）在米兰出版了一本针对桁架图解分析的书，这与之前在英国发表的关于分析桁架的图解法的论文没有关联。

德国结构工程师卡尔·库尔曼（Karl Culmann，1821—1881，详细介绍见本书第 113 页）被公认为是图解静力学之父。1866 年，库尔曼的《图解静力学》首次在苏黎世出版，书中对图解法进行了全面的阐释。他介绍了许多今天仍然适用的图解法，并解释说明如何运用这些方法解决各种各样的结构问题。库尔曼的研究工作由他的学生和他在苏黎世联邦理工学院（ETH）所担任教职的继任者威廉姆·里特尔（Wilhelm Ritter，1847—1906）继续推进。奥托·莫尔（Otto Mohr，1835—1918）对其进行了多次改进和补充。

图解静力学的先驱们对现代结构形态的发展影响巨大。埃菲尔铁塔的共同设计师之一莫里斯·科希林（Maurice Koechlin）是库尔曼的学生。罗伯特·马亚尔（Robert Maillart）师从里特尔。克里斯蒂安·梅恩（Christian Menn）孩童时期就熟知马亚尔的事迹，并和里特尔的学生皮埃尔·拉迪（Pierre Lardy）一起在苏黎世学习结构。奈尔维（Pier Luigi Nervi）和里卡多·莫兰迪（Riccardo Morandi）是克雷莫纳思想的继承者和发扬者。西班牙的建筑师安东尼·高迪（Antoni Gaudi）以及高迪的结构工程师马里亚诺·贝尔维（Mariano Rubió Bellvé）、建筑师拉斐尔·古斯塔维诺（Rafael Guastavino）、结构工程师爱德华多·托罗加（Eduardo Torroja）和菲利克斯·坎德拉（Felix Candela）都曾经系统学习过图解静力学。20 世纪 70 年代，西班牙建筑师圣地亚哥·卡拉特拉瓦（Santiago Calatrava）到苏黎世联邦理工学院学习图解静力学和桥梁工程，师从克里斯蒂安·梅恩。

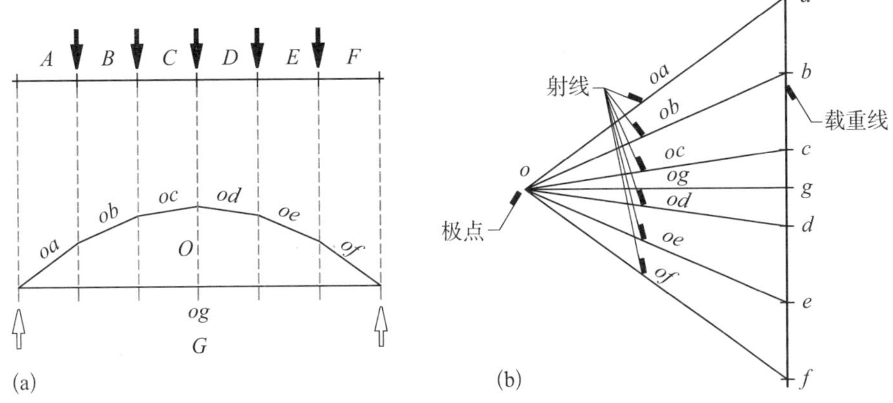

◀图 2.3　索线形结构的力图呈扇形

即绘制出形图以及与之相关的力图，从而找到悬索结构的形式与力。在这之前，我们需要对这种方法进行较为深入的了解。

悬索结构的力图

在第 1 章中，通过力图可以求解出钢杆中力的大小。随着桥梁支撑点数量的增加，力图越来越趋近于扇形。斜拉结构、树状结构、悬索结构和拱结构的力图都呈现出扇形的特征（图 2.3）。垂直的载重线代表作用在结构上的外力，悬索中力的大小和方向用射线表示。

极点可以位于载重线的左右任何一侧，这主要取决于与之相关的形图，以及外力的性质。假如忽略重力实际作用于结构中的位置，把重力当作是从上面对结构施加的压力的话，那么拱结构力图的极点总是位于载重线的左侧，而悬索结构力图的极点总是位于载重线的右侧（图 2.4）。

▼图 2.4　从上方施加荷载，极点在载重线左侧的为拱结构，极点在载重线右侧的为悬索结构。

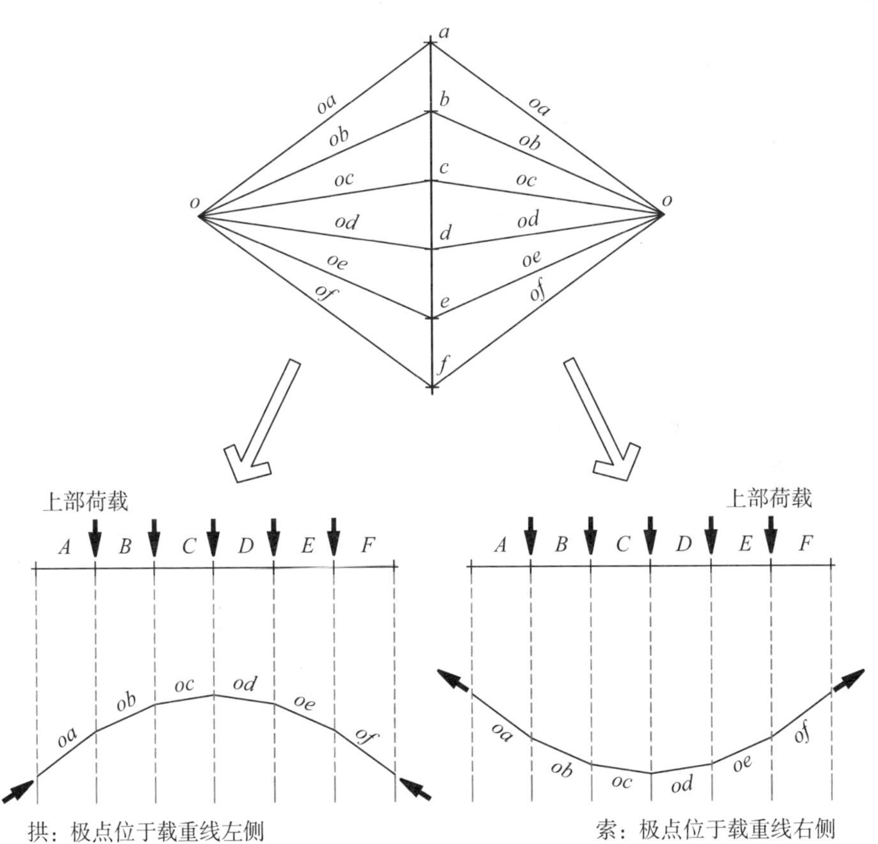

以上研究的是对称荷载作用下悬索结构的形图与力图，图解法对于不对称荷载也同样有效。作用在结构上的荷载大小用载重线上线段的长短表示（图 2.5），作用在结构上的荷载位置用形图上的荷载间距表示。

如果所有的恒荷载和活荷载都是重力荷载，那么载重线将是垂直的，因为地球对物体的引力是垂直于大地的。风荷载的载重线不一定是垂直的，具体则取决于作用在结构上的风荷载的方向，载重线可以包含倾斜的线段（图 2.6）。

悬索结构或拱结构的力图可以拆解成多个力的三角形，每个三角形都代表了结构中一个节点的三力平衡（图 2.7）。当这些三角形彼此独立时，力图中的每条内射线均表示两个大小相等、方向相反的力，也就是合力为零［图 2.8（a）］。出现这种现象的原因在于，每一段悬索结构在左右两个节点上产生的拉力相等。如果将这些合力为零的内射线从力图中移除，则只会剩余三个力即载重线、首射线和尾射线，它们之间必须保持静力平衡。这三个力分别表示外部施加的荷载和两个支座反力的大小和方向。支座反力指的是施加在拱结构或悬索结构的两端保持结构静力平衡的力［图 2.8（b）］。

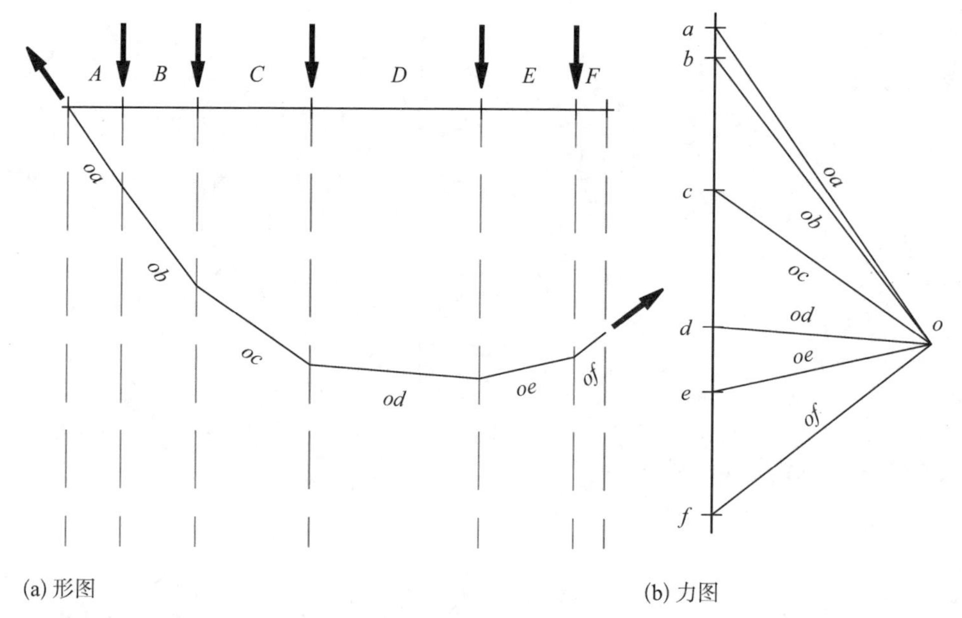

(a) 形图　(b) 力图

图 2.5　不对称荷载作用下悬索结构的形图与力图

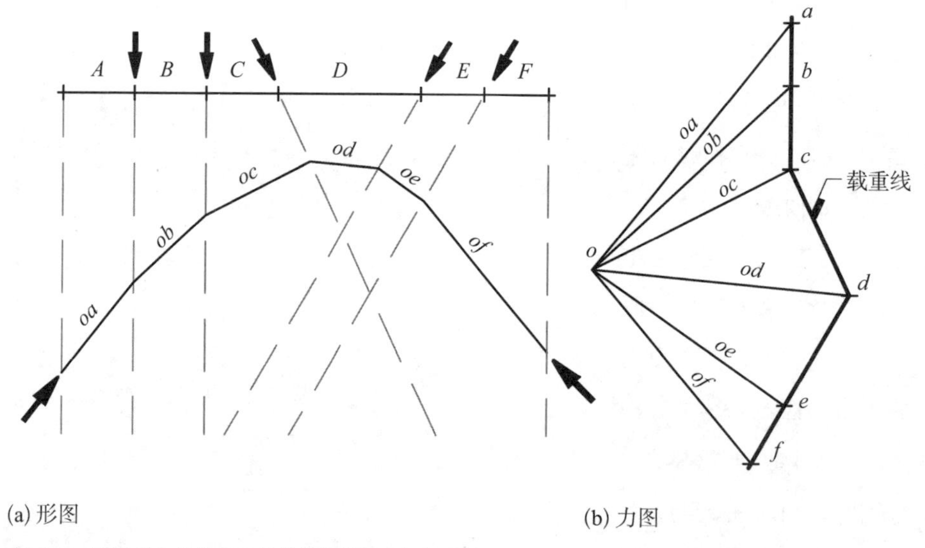

(a) 形图　(b) 力图

图 2.6　承受斜向荷载作用的拱结构的形图与力图

极点位置

同一条载重线的极点位置会有无限多个。这表明同样的荷载作用下的悬索结构的形态有

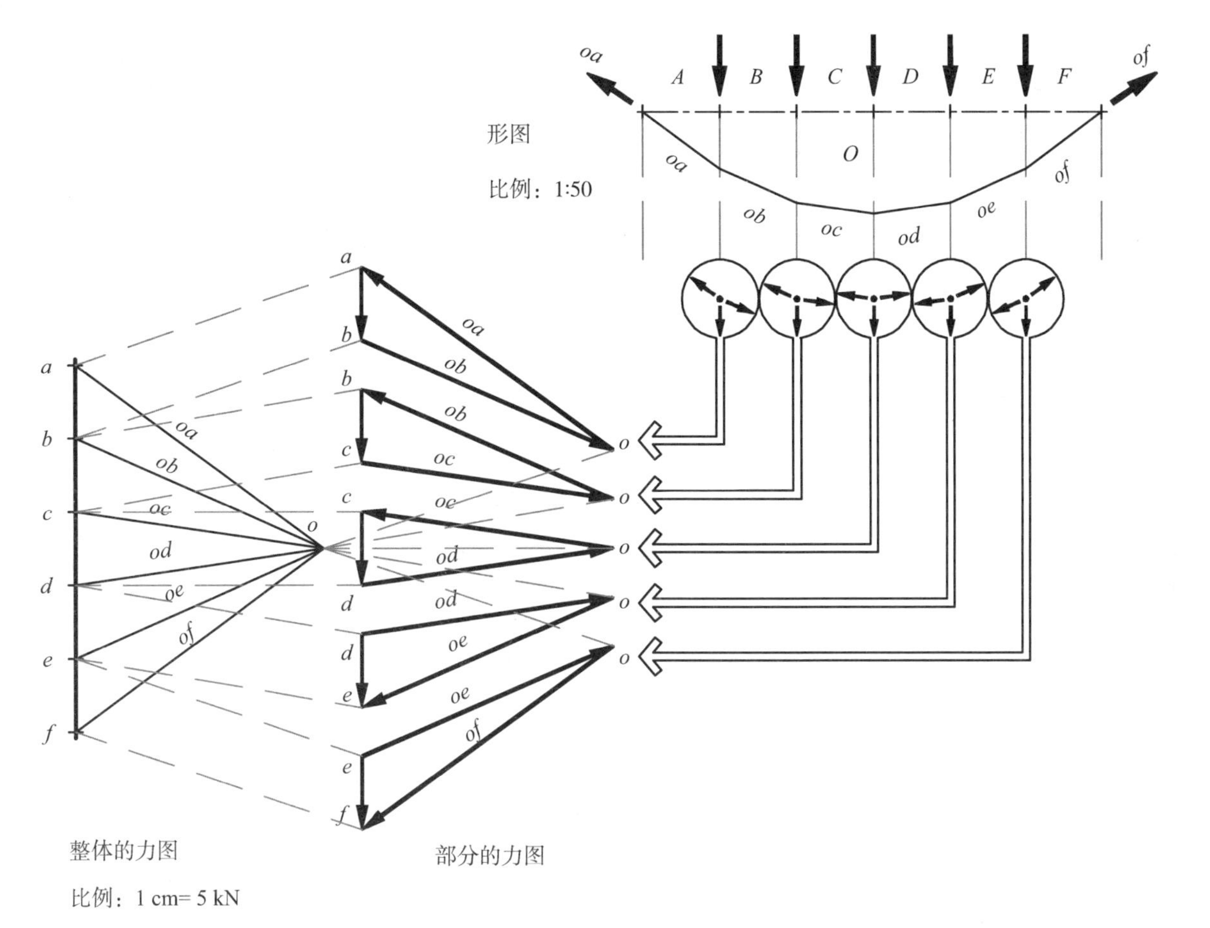

图 2.7　悬索结构的力图由多个独立的三角形组成，每一个三角形都对应形图中的一个节点。

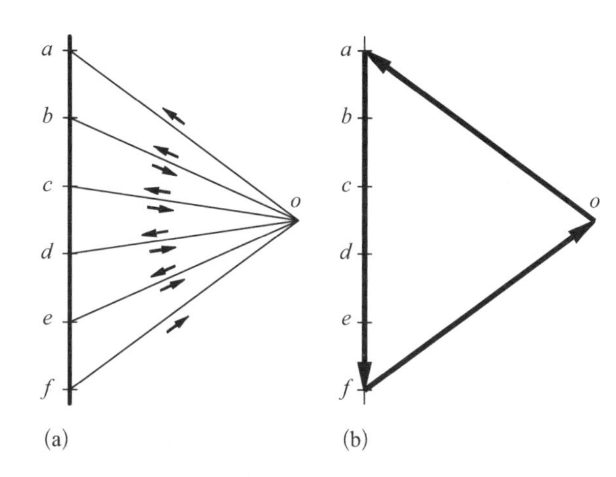

图 2.8　(a) 每条内射线均表示两个大小相等、方向相反的力，处于静力平衡状态；(b) 载重线、首射线和尾射线表示作用在结构上的外力，分别为外部荷载和悬索结构端部的支座反力，这三个力处于静力平衡状态。

无限多个。假设所有施加在结构上的力大小相等且间距相同，方向为垂直方向。若极点位于载重线中心的垂直线上，则相关形图的两个端点将在同一条水平线上（图 2.9）。若极点在载重线中心垂直线的上方或下方，则形图的一端会高于另一端（图 2.10）。若极点向载重线靠近，则形图中索线的曲率变大，结构中的力变小。若极点远离载重线，则形图中索线的曲率变小，结构中的力增大（图 2.11）。

根据前面的研究可知，形图和力图这对组合功能强大、用途广泛，它们能表示任意方位上的荷载作用，并生成良好的结构形态，而且求解结构中的力的方法比较简便。对于结构工程师来说，要想在具体项目中有效利用这对组合，生成符合要求或限制条件的形图，关键在于找到极点的位置。要求或限制条件包括几何方面的，如对悬索结构的跨度和垂度的要求、支座标高的规定等；也有可能是结构方面的，如给定悬索结构中最大的力等；也可能综合结构和几何方面的要求做出规定。本书的前几章将会介绍寻找极点位置的几种方法。

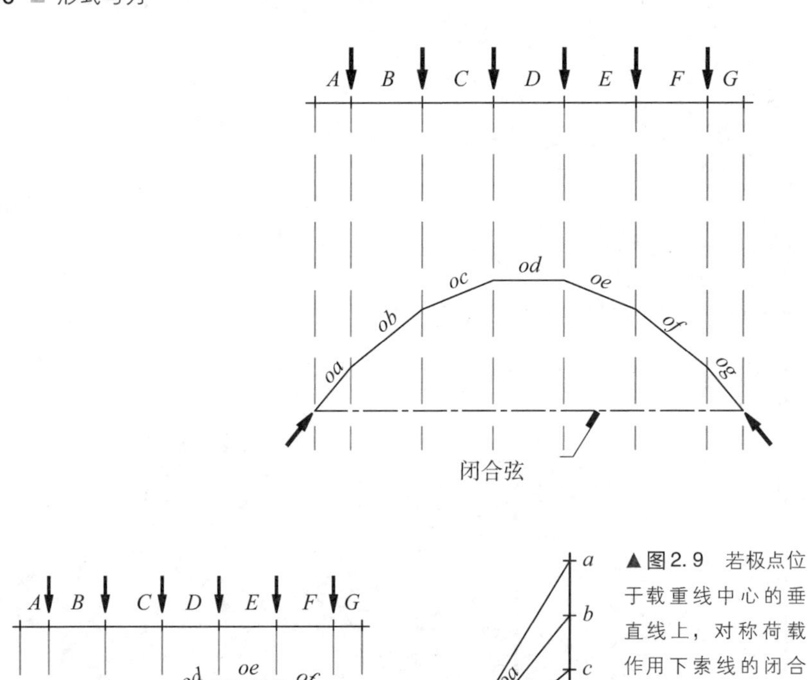

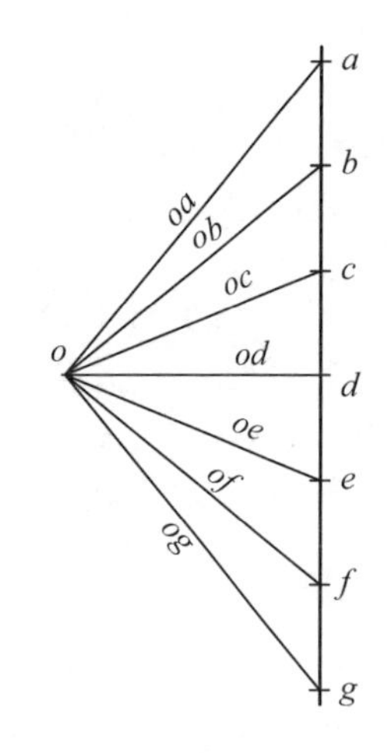

▲图 2.9 若极点位于载重线中心的垂直线上，对称荷载作用下索线的闭合弦是水平的。

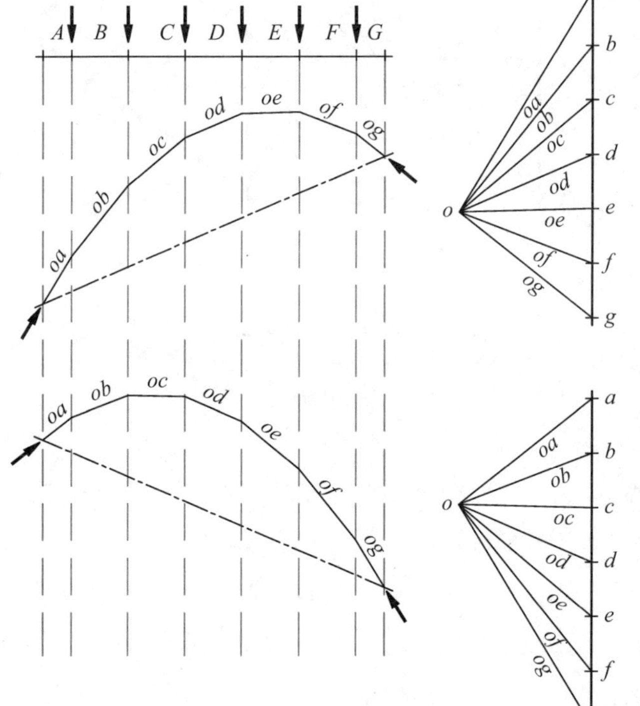

◀图 2.10 力图中极点的升高和降低会改变形图中索线端点的相对标高。

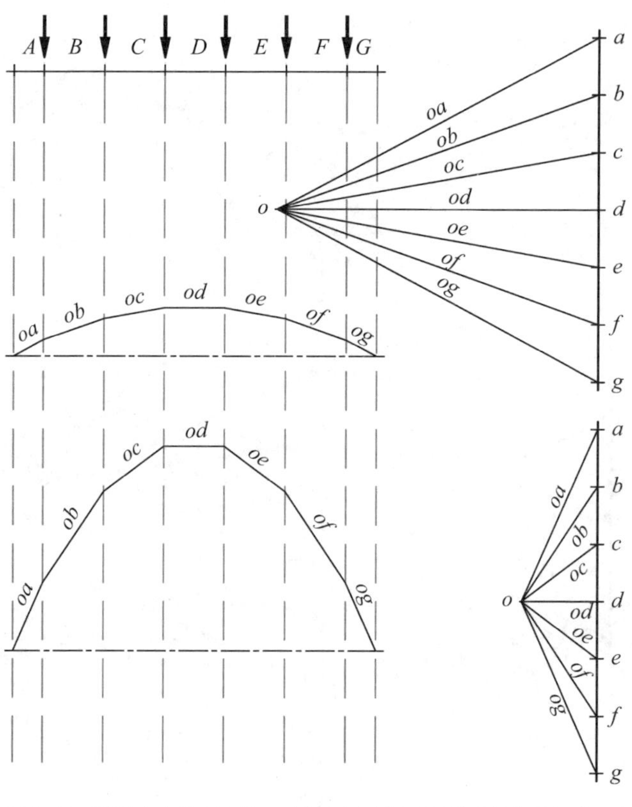

图 2.11 形图中索线顶点的高度与力图中极点到载重线的距离成反比。

索线系列

悬索结构具有很大的灵活性，它通过内部的张力来抵抗荷载。为达到这一目的，索线会根据外部荷载的情况而改变形状，使索线上的每一个点都只承受轴向力。也就是说对于特定的荷载和支撑条件，悬索结构的形态是固定的。

如果保持跨度和荷载不变，但是改变索的长度或支撑点的高度，索线将为这些变化重新匹配形态，这些索线的集合即索线系列（图 2.12）。索线系列中有无数种形态，可以通过形图和力图更好地了解它们。

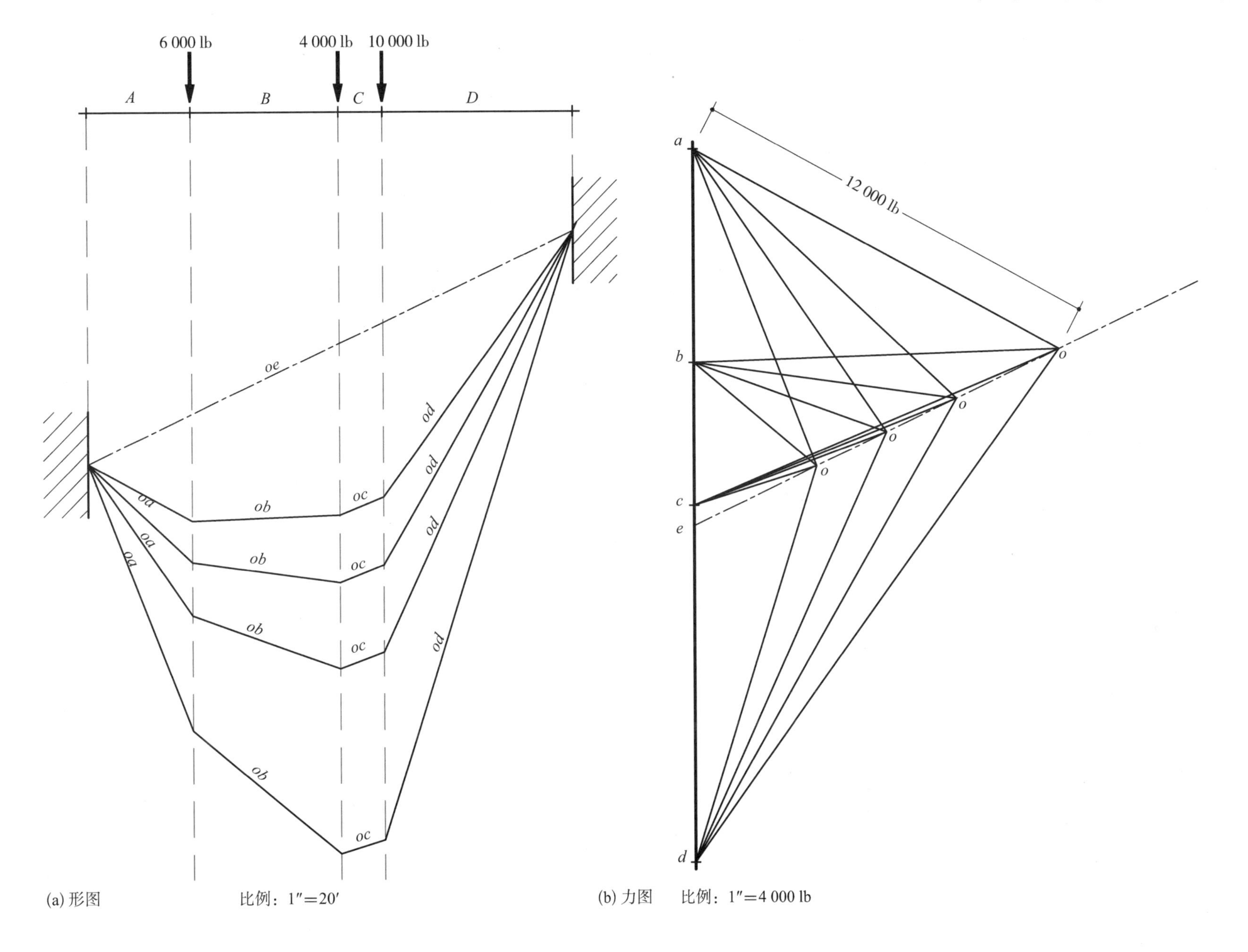

(a) 形图　　比例：1″=20′　　(b) 力图　　比例：1″=4 000 lb

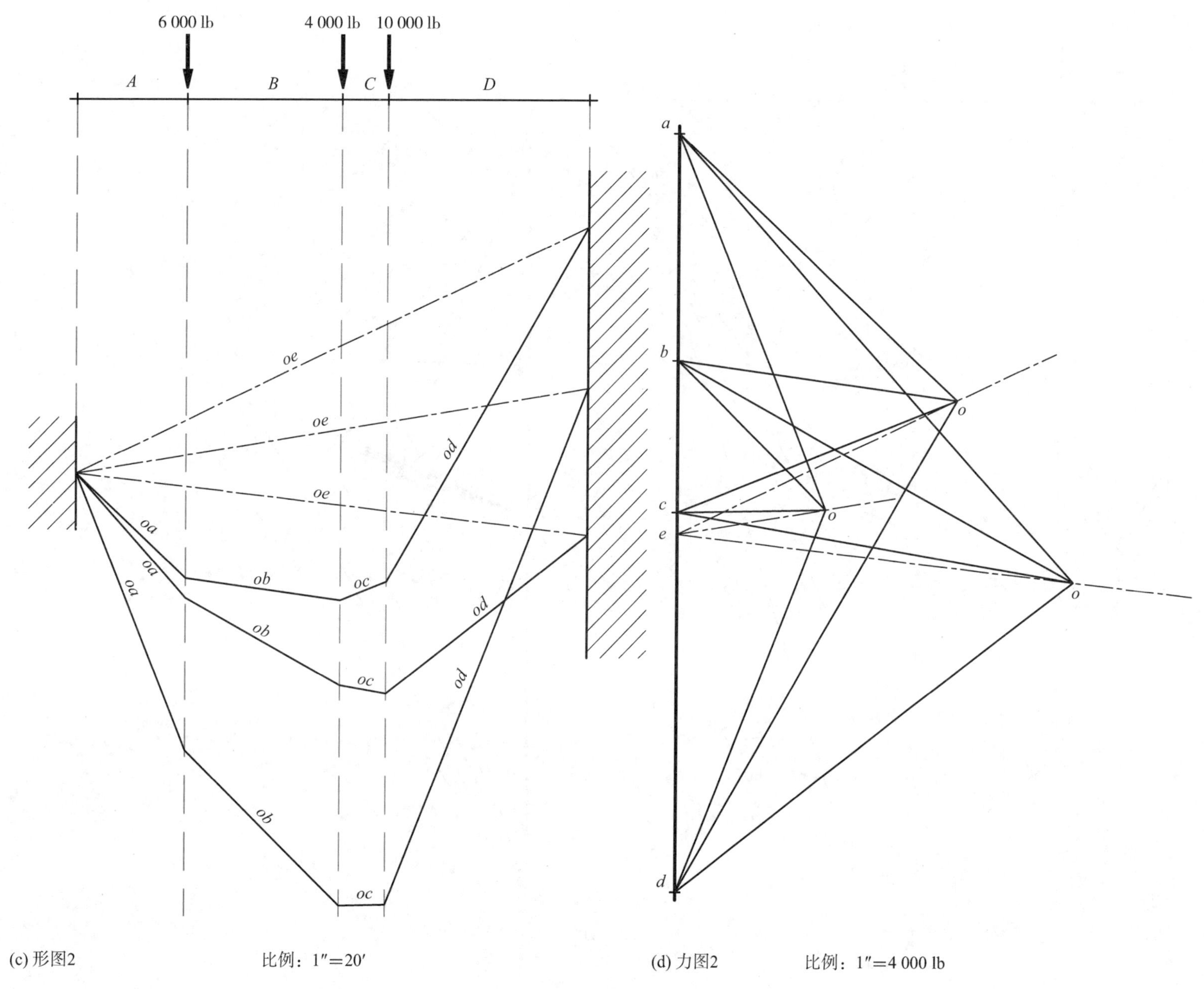

(c) 形图2　　比例：1″=20′

(d) 力图2　　比例：1″=4 000 lb

图2.12　同一索线系列中的形图与力图，上页的形图具有相同的闭合弦，本页的形图闭合弦不同，但它们都属于同一索线系列。

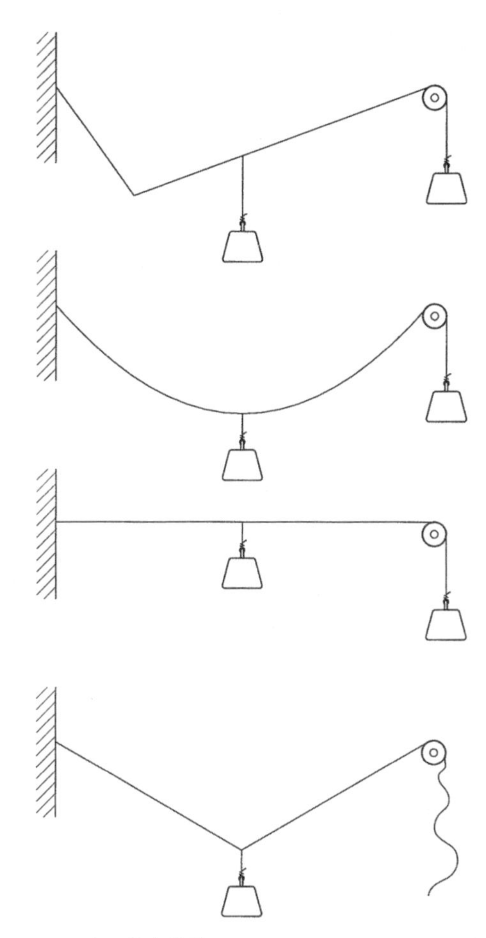

图 2.13　不合理的索线形

索线不会形成不符合其自身特性的形状（图 2.13），当某个索线形极度不合理时，人们能够马上辨别出来，因为我们自孩童起就从日常经验中学习到绳、线或索在承受荷载时会呈现出什么样的形状。如果要采用不符合索自身特性的形式，那么就应该放弃悬索结构，而应该采用能抗弯的较粗的构件，如用钢材、钢筋混凝土或胶合木制作出的梁构件。因此在设计悬索结构时，我们的任务不是发明一种索线形，而是利用形图和力图去找到索线在给定荷载和支撑条件下的最合理的形状。

力的分量

在第 1 章中学习了两个或两个以上的力的合成，合力作用与其分力的共同作用的效果一样。反过来可以将一个力分解为等效的两个或两个以上的力，例如通常将倾斜的力分解为水平和垂直方向上的两个分力（图 2.14）。这两个力称为合力的水平分量和垂直分量。力的分解使我们能够将各个方向的力转换成易于计算的水平和垂直坐标系上的力。

举个例子来深入解释一下力的分量的概念，想象我们正站在纽约或芝加哥的城市中心，

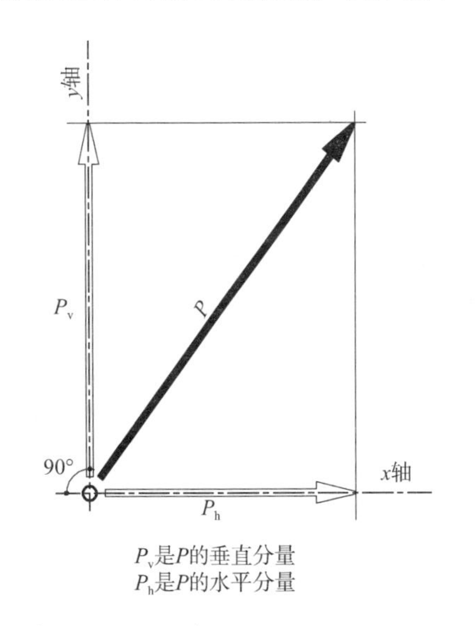

图 2.14　力的垂直分量和水平分量

城市的街道构成了街区网格（图 2.15）。如果我们想从 *A* 点到 *B* 点，有很多条路可以选择。不管选哪一条路，所要走的净距离总是对角线 *d*。如果将向北和向东的步行路程视作正（因为朝这个方向更接近目的地），将向南和向西的步行路程视作负，把所有走过的南北方向的街区和东西方向的街区加起来的结果总是向北四个街区和向东三个街区，即从 *A* 点到 *B* 点的正交分量。

如果在一个具有垂直载重线的扇形力图上绘制一个矩形框，其水平尺寸就是所有射线的水平分量（图 2.16）。这个结果告诉我们，在只有竖向荷载的索线中，所有节点的力的水平分量是恒定的，但垂直分量不同。

静力平衡

当设计一个结构时，我们总希望它是静态的，也就是希望它保持静止（“静态”这个词源于拉丁语 staticos，意思是“使站立”）。当物体受到很多不同的力的作用时，要使物体保持静力平衡，需满足以下两个条件：

1. 水平方向的力的分量之和等于零。

2. 垂直方向的力的分量之和等于零。

上述条件可用符号表示为：

$$\sum F_h = 0 \tag{2.1}$$

$$\sum F_v = 0 \tag{2.2}$$

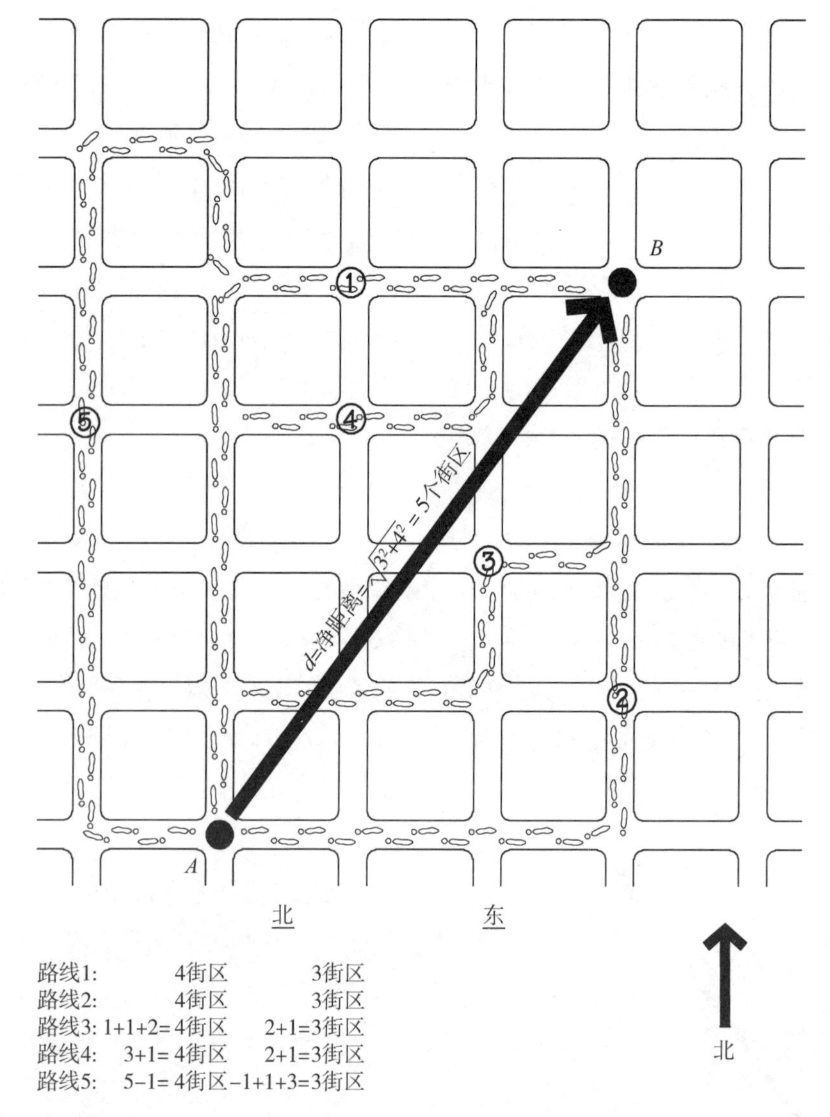

图 2.15　力的分量与力的合成类似于城市正交街区网格中两点之间的不同路径。所有路径的净距离都为 d，其长度为 5 个街区，从 A 点到 B 点，人们步行的净距离都相同，为 7 个街区。

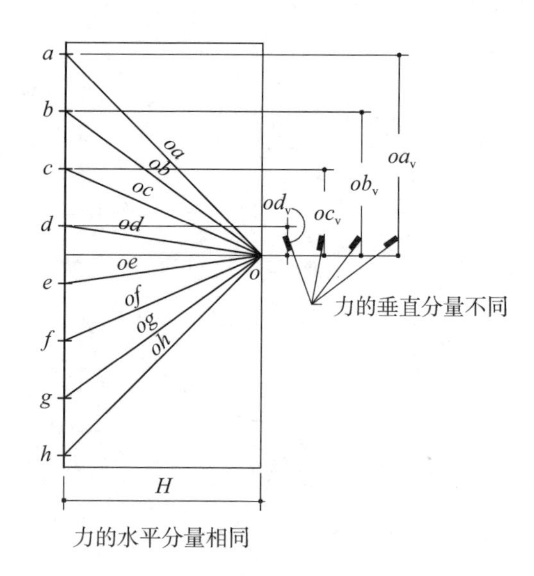

图 2.16　该悬索结构的力图中所有射线具有相同的水平分量，但它们的垂直分量不同。

“力的水平分量之和等于零”和“力的垂直分量之和等于零”这两个表达式成立的前提是假设系统中的所有力都位于同一平面上，且都已经分解为水平和垂直两个方向上的分量。经证实如果任意两个方向上的力的分量之和均为零，结构即处于静力平衡状态，而这两个方向没必要相互垂直。

悬索结构的屋顶设计

现在运用以上的知识找出巴士服务总站悬索结构的形式与力，并检验是否可以使用直径为 2.125 英寸的钢索。

预估每平方英尺的屋面荷载为 60 磅，这是沿着屋顶的水平投影面而不是沿着屋顶的实际轮廓测得的（图 2.17）。主索之间的间隔为 20 英尺，将屋面荷载传递到悬索的支柱和吊杆之间的间隔也为 20 英尺。因此每根支柱或吊杆的从属面积为 20 英尺乘 20 英尺，即 400 平方英尺。悬索结构的节点上的荷载是从属面积乘

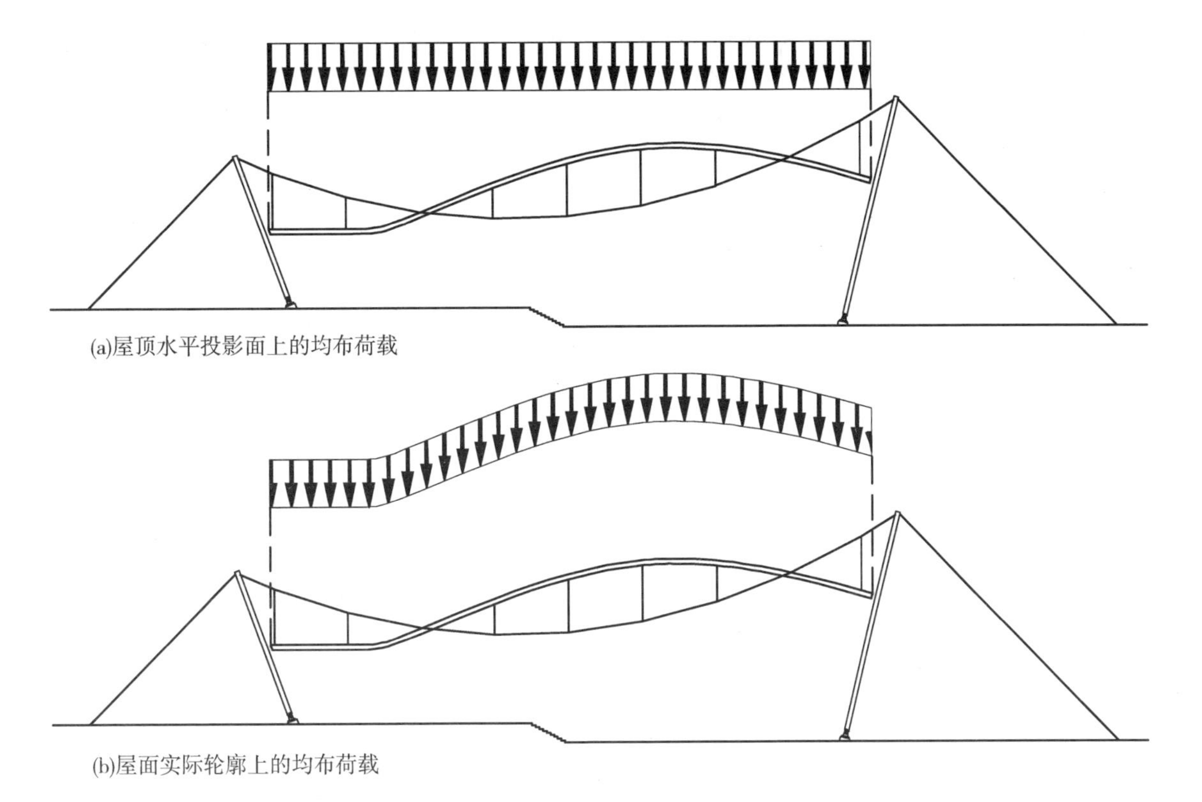

图 2.17　悬索结构上荷载分布的两种假设

60 磅每平方英尺的单位荷载，即 24 千磅。采用鲍氏符号标注法，在形图上外力之间的空白处标注大写字母，主索下方的空白处标记字母 *O*（图 2.18）。

根据给定的荷载绘制出载重线，载重线由九个垂直线段组成，每条线段表示由支柱或吊杆施加于悬索结构的荷载。根据鲍氏符号标注法，采用与剖面图上大写字母相对应的小写字母标记这些线段，例如剖面图中 *AB* 之间的 24 千磅的荷载变为载重线上的线段 *ab*。

找出极点

限制条件如下：

- 索线端点与桅杆顶点重合，桅杆相距 180 英尺，高度差 20 英尺。
- 索线与巴士总站负一层地面高度差最小为 28 英尺。
- 索线中最大的力等于或小于给定钢索的容许强度。

钢索

钢索是由钢丝制成的韧性张拉构件，制作索的钢丝首先热轧成细杆状，然后在室温下将这些冷却的细杆拉过带有一连串越来越小的圆孔的钢板模具，从而使其直径减小 65% 到 75%。通过这种冷拔过程改变钢丝的晶状微观结构，增加钢丝的强度。由此制成的钢索的容许拉力比普通结构钢高 6 到 7 倍。钢索有以下 3 种类型，其中两种在工厂中生产，还有一种在施工现场组装（图 2.19）：

（a）钢绞线，将钢丝围绕一个中心钢丝螺旋缠绕制成。

（b）钢丝绳，由多股绞线围绕一个中心绞线缠绕而成的。钢丝绳比绞线更加灵活，经常用于施工吊装作业当中，例如起重机和升降机等设备中。绞线比相同直径的钢丝绳抗拉强度更高，更适用于一般的结构当中，例如这个巴士站的屋顶。

（c）平行钢丝索，仅用于超大型悬索桥当中。它通过索滑移法在桥梁施工现场制造，在每个索道上铺设两条或两条以上的平行钢丝，当所有的钢丝铺设完成后，将这些钢丝夹紧成结实的束捆，然后用小直径的钢丝进行缠绕包裹。

制作钢索的钢丝表面会镀锌防止锈蚀，镀锌层有 A、B、C 三级，最厚的镀锌层为 C 级，能对钢材提供最大的保护，采用 C 级镀层的钢索可用于跨海大桥中。对于给定直径的钢索来说，厚重的镀层就意味着钢索中的钢丝会减少。因此在面积相同的情况下，采用较薄的 A 级镀锌层的钢丝制成的钢索强度最大。

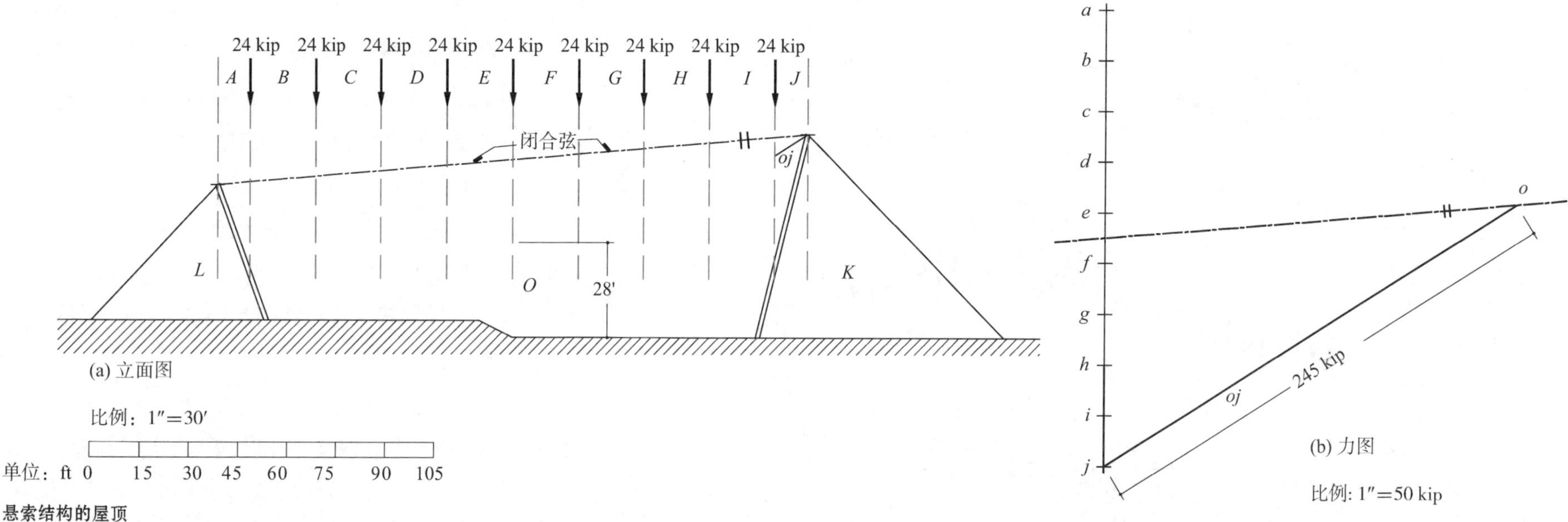

悬索结构的屋顶

根据以下条件，采用图解法找出索线的形式。

屋顶水平投影面的均布荷载为60磅每平方英尺

主索间距为20英尺，将屋面荷载传递到主体结构的支柱或吊杆之间的间隔为20英尺

每个支柱或吊杆的从属面积为20×20=400（平方英尺）

索线上每个点的荷载等于从属面积乘60磅每平方英尺，即24千磅

采用鲍氏符号标注法，在外部荷载之间标注大写字母，在主索下方的空白处标注字母 *O*

图2.18　若想找出悬索结构屋顶的形式与力，请参阅本章结尾处的网站。

在生产绞线的过程中，首先，用重型机械将有镀层的钢丝扭转缠绕成绞线；然后，将绞线穿过圆形模具，这个过程对绞线进行了抛光并使绞线紧紧地挤压在一起，形成绞线最终的直径；最后，将其盘绕在卷筒上运输到现场。

如表2.1所示，结构用绞线有多个标准直径，从而有多种强度可供选择，该表显示的是绞线的断裂强度，在使用这些数据设计结构之前，需要除以一个安全系数。悬索结构的安全系数是2.2，安全系数可以保证钢索中的应力远低于钢索的断裂强度，当遇到暴雪等突发状况导致结构的外荷载过大时，钢索也不会被破坏或产生永久变形。

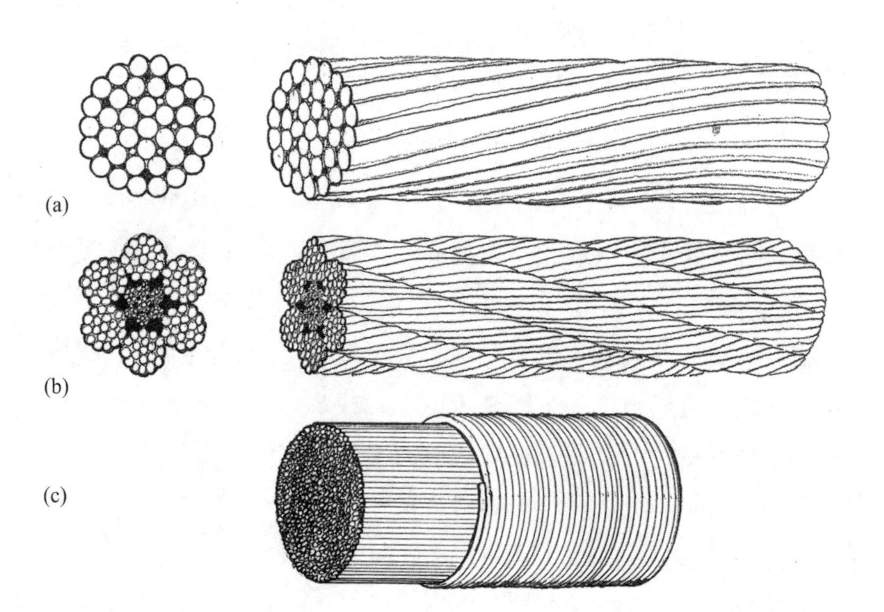

图2.19　钢索的三种类型：（a）绞线，（b）钢丝绳，（c）平行钢丝索，仅用于大型桥梁中。

表 2.1　镀锌绞线的产品参数表

标准直径/in	钢丝全部 A 级镀层的断裂强度/t	内层钢丝 A 级镀层、外层钢丝 B 级镀层的断裂强度/t	10kN 内层钢丝 A 级镀层、外层钢丝 C 级镀层的断裂强度/t	截面面积/in^2	重量/(lb/ft)
$\frac{1}{2}$	15.0	14.5	14.2	0.150	0.52
$\frac{9}{16}$	19.0	18.4	18.0	0.190	0.66
$\frac{5}{8}$	24.0	23.3	22.8	0.234	0.82
$\frac{11}{16}$	29.0	28.1	27.5	0.284	0.99
$\frac{3}{4}$	34.0	33.0	32.3	0.338	1.18
$\frac{13}{16}$	40.0	38.8	38.0	0.396	1.39
$\frac{7}{8}$	46.0	44.6	43.7	0.459	1.61
$\frac{15}{16}$	54.0	52.4	51.3	0.527	1.85
1	61.0	59.2	57.9	0.600	2.10
$1\frac{1}{16}$	69.0	66.9	65.5	0.677	2.37
$1\frac{1}{8}$	78.0	75.7	74.1	0.759	2.66
$1\frac{3}{16}$	86.0	83.4	81.7	0.846	2.96
$1\frac{1}{4}$	96.0	94.1	92.2	0.938	3.28
$1\frac{5}{16}$	106.0	104.0	102.0	1.03	3.62
$1\frac{3}{8}$	116.0	114.0	111.0	1.13	3.97
$1\frac{7}{16}$	126.0	123.0	121.0	1.24	4.34
$1\frac{1}{2}$	138.0	135.0	132.0	1.35	4.73
$1\frac{9}{16}$	150.0	147.0	144.0	1.47	5.13
$1\frac{5}{8}$	162.0	159.0	155.0	1.59	5.55
$1\frac{11}{16}$	176.0	172.0	169.0	1.71	5.98
$1\frac{3}{4}$	188.0	184.0	180.0	1.84	6.43
$1\frac{13}{16}$	202.0	198.0	194.0	1.97	6.90
$1\frac{7}{8}$	216.0	212.0	207.0	2.11	7.39

标准直径/in	钢丝全部 A 级镀层的断裂强度/t	内层钢丝 A 级镀层、外层钢丝 B 级镀层的断裂强度/t	10kN 内层钢丝 A 级镀层、外层钢丝 C 级镀层的断裂强度/t	截面面积/in^2	重量/(lb/ft)
$1\frac{15}{16}$	230.0	226.0	221.0	2.25	7.89
2	245.0	241.0	238.0	2.40	8.40
$2\frac{1}{16}$	261.0	257.0	253.0	2.55	8.94
$2\frac{1}{8}$	277.0	273.0	269.0	2.71	9.49
$2\frac{3}{16}$	293.0	289.0	284.0	2.87	10.05
$2\frac{1}{4}$	310.0	305.0	301.0	3.04	10.64
$2\frac{5}{16}$	327.0	322.0	317.0	3.21	11.24
$2\frac{3}{8}$	344.0	339.0	334.0	3.38	11.85
$2\frac{7}{16}$	360.0	355.0	349.0	3.57	12.48
$2\frac{1}{2}$	376.0	370.0	365.0	3.75	13.13
$2\frac{9}{16}$	392.0	386.0	380.0	3.94	13.80
$2\frac{5}{8}$	417.0	411.0	404.0	4.13	14.47
$2\frac{11}{16}$	432.0	425.0	419.0	4.33	15.16
$2\frac{3}{4}$	452.0	445.0	438.0	4.54	15.88
$2\frac{7}{8}$	494.0	486.0	479.0	4.96	17.36
3	538.0	530.0	522.0	5.40	18.90
$3\frac{1}{8}$	584.0	575.0	566.0	5.86	20.51
$3\frac{1}{4}$	625.0	616.0	606.0	6.34	22.18
$3\frac{3}{8}$	673.0	663.0	653.0	6.83	23.92
$3\frac{1}{2}$	724.0	714.0	702.0	7.35	25.73
$3\frac{5}{8}$	768.0	757.0	745.0	7.88	27.60
$3\frac{3}{4}$	822.0	810.0	797.0	8.44	29.53
$3\frac{7}{8}$	878.0	865.0	852.0	9.01	31.53
4	925.0	911.0	897.0	9.60	33.60

注：以 1 吨 2 000 磅计。

约翰·罗布林（John Augustus Roebling，1806—1869）

著名的德国结构工程师约翰·罗布林在桥梁设计方面的贡献卓著，他设计的桥梁切实可行且经济适用。罗布林在大学里主修土木工程专业，并完成了一篇关于悬索桥设计的论文。他还与哲学家乔治·黑格尔（Georg Wilhelm Hegel）一起学习过。1831 年，他从战火纷飞的家乡德国移民到经济突飞猛进的美国，那时的美国到处兴建铁路、运河和桥梁。1841 年罗布林为了改善运河运输的问题，在他位于宾夕法尼亚州萨克森堡的工厂里发明了钢丝绳。1844 年，他将这款钢丝绳应用于渡槽设计中，随后又将其应用于匹兹堡市附近的一系列铁路桥中。1867 年，他设计了跨度为 1 057 英尺的辛辛那提·科温顿桥，这座桥现在以他的名字命名。1869 年，罗布林设计了跨度更大的布鲁克林大桥，桥梁施工初期，他在监督施工时脚趾被渡轮压伤，需要截肢。他拒绝接受进一步的治疗，不久便死于破伤风。罗布林的儿子华盛顿和查尔斯，以及华盛顿的妻子艾米莉，共同监督指导完成了这座桥梁的建设。他们继承了罗布林的事业，延续了桥梁设计研究以及钢丝绳的创新性应用。

根据这张表可查找到 2. 125 英寸的绞线的断裂强度。与供应商沟通后得知，绞线的内层钢丝采用 A 级镀层，外层钢丝采用 C 级镀层。因此这种绞线的断裂强度为 269 吨，即 593 千磅。那么绞线的容许拉力等于 593 千磅除以安全系数 2. 2，即 270 千磅。

除了钢以外，其他的新型材料正逐渐被应用于悬索结构之中，随着人们在工程方面的经验越来越丰富，这些新型材料也会逐渐地普及。在直径相似的情况下，玻璃纤维索比钢索的强度大，但缺点是在承受荷载后容易变松。碳纤维索和芳纶纤维索比钢索或玻璃纤维索更坚固、弹性变形更小，但是目前的成本过高（截至本书撰写时）。

迎接挑战：找出悬索结构的形式与力

闭合弦

悬索结构的找形（form-finding method）部分建立在闭合弦特性的基础上，闭合弦指的是连接形图的两个端点的线段。在这个结构中，闭合弦为连接点两根桅杆顶点的线段。在图 2. 20 上绘制出这条线，闭合弦可看作是索线的基线。

在只承受竖向荷载的悬索结构的形图和力图中，通过极点的平行于闭合弦的射线将载重线划分为两段，这两段分别代表了悬索结构两个支座反力在载重线上的投影。在这个结构中，悬索结构上的外部荷载是对称的，这意味着两个支座反力是相同的，等于总荷载的一半。因此通过载重线的中心点绘制一条与闭合弦平行的线，则极点一定位于这条线上（图 2. 20）。

根据已知条件，索线上的力不能超过 245 千磅。最大容许应力在力图上用最长射线的长度表示。通过力图可以得出，平行于闭合弦的射线是倾斜的，所以射线 oj 将是最长的射线。以 j 为顶点，以 245 千磅的长度为半径做弧线，弧线与平行于闭合弦的射线相交，交点 o 就是极点。

完成在力图上所有射线的绘制（图 2. 21）。根据平行线法则完成形图的绘制。

鲍氏符号标注法可以确保每条绘制出的索线段都是准确的，如索线段 oa 与射线 oa 平行，且处在形图的空间 A 当中。如果以正常的精度来绘制，形图的最后一段将会准确地与左边桅杆的顶部连接。

根据力图可以得出索线中力的大小，将这些力的大小在形图上表示出来。根据形图可知索线最低的高度距离地面大于 28 英尺，如果不满足这个条件，就要减少跨度、增加桅杆的高度，或者使用强度更大的绞线。

索线与闭合弦之间的最大垂直距离称为垂度 s，垂度 s 和跨度 L 的水平投影距离的比值是垂跨比 n：

垂跨比 = 垂度/跨度

$$n = s/L \tag{2.3}$$

这个悬索结构的垂度约为 23. 5 英尺，跨度为 180 英尺，因此：

$$n = 23.5/180 \approx 0.13$$

悬索结构的最小垂跨比为 0. 05，巴士服务总站的屋顶的垂跨比是最小垂跨比的两倍多，因此这个悬索结构的形态稳定，且切实可行。悬索桥的垂跨比通常在 0. 8 到 0. 125 之间。

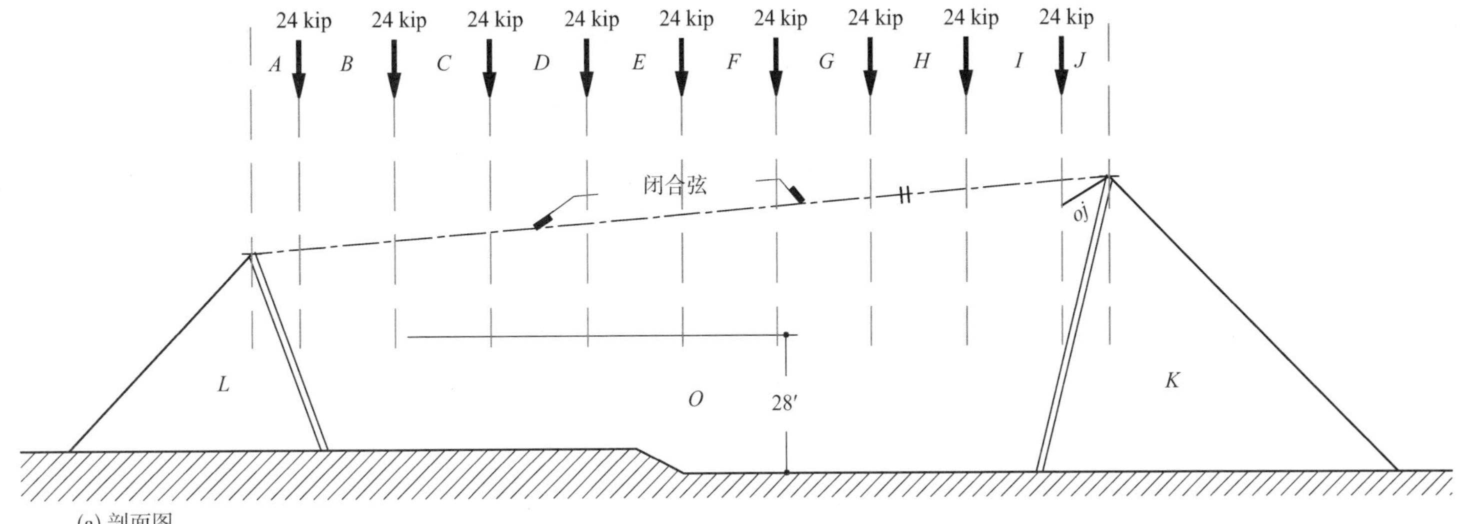

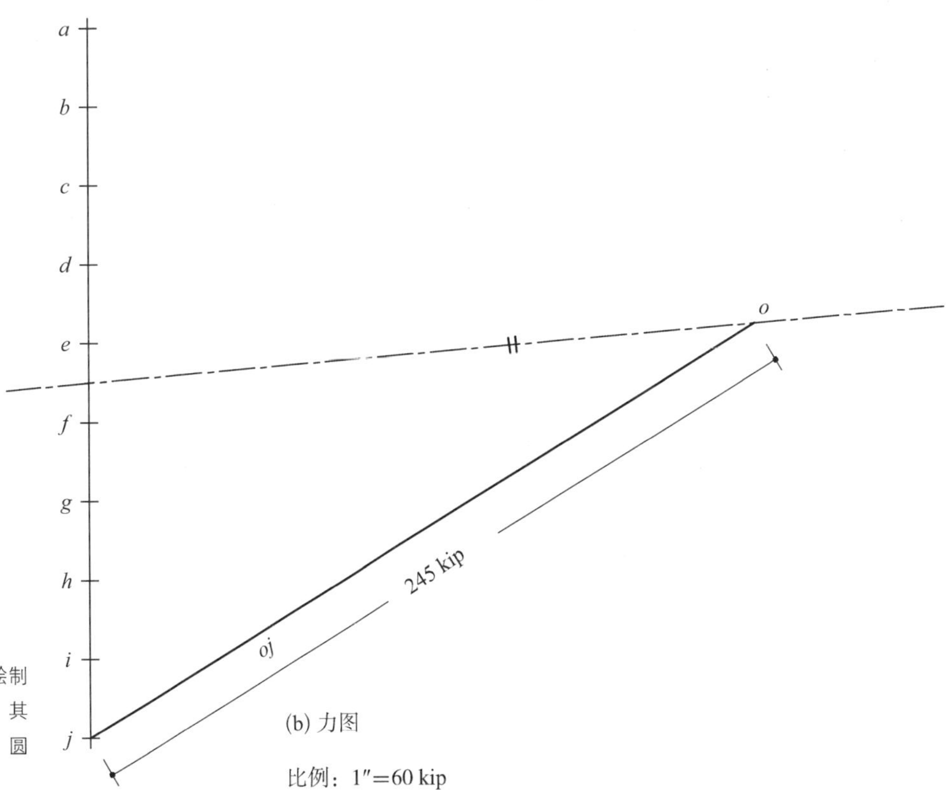

图2.20　找出悬索结构的形式与力，首先，绘制出穿过载重线中心点且平行于闭合弦的线；其次，通过点 j，以 245 千磅为半径绘制圆弧，圆弧与平行于闭合弦的线相交于点 o。

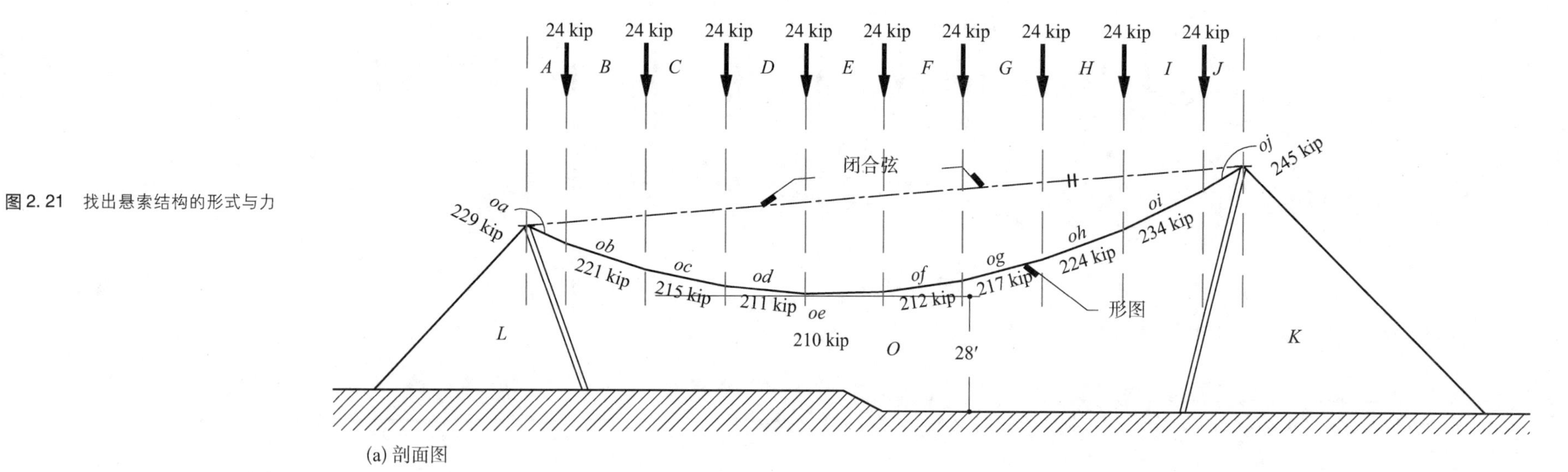

图 2. 21　找出悬索结构的形式与力

(a) 剖面图

比例：1″=40′

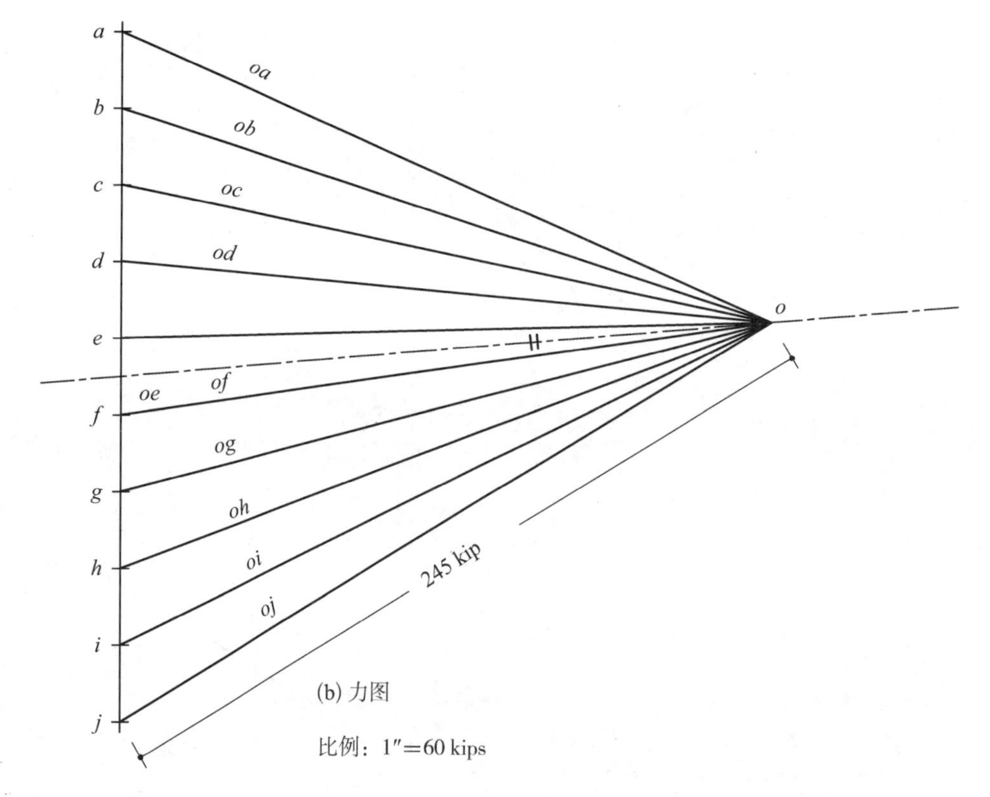

(b) 力图

比例：1″=60 kips

形图由直线段组成，每条直线段在水平面上的投影是 20 英尺。

形图和力图

如果您想更深入地了解本章所使用的图解法，请在参考资料网站上学习形图与力图的第二课“混凝土拱桥”。如果您想熟练掌握图解法，或者在结构设计中运用与图解法相关的知识，请学习网站上的课程“悬索结构和拱结构的主动静力学 2”。

求解桅杆和后拉索中的力

为了完成悬索结构的设计，还需要求解桅杆和后拉索中力的大小。

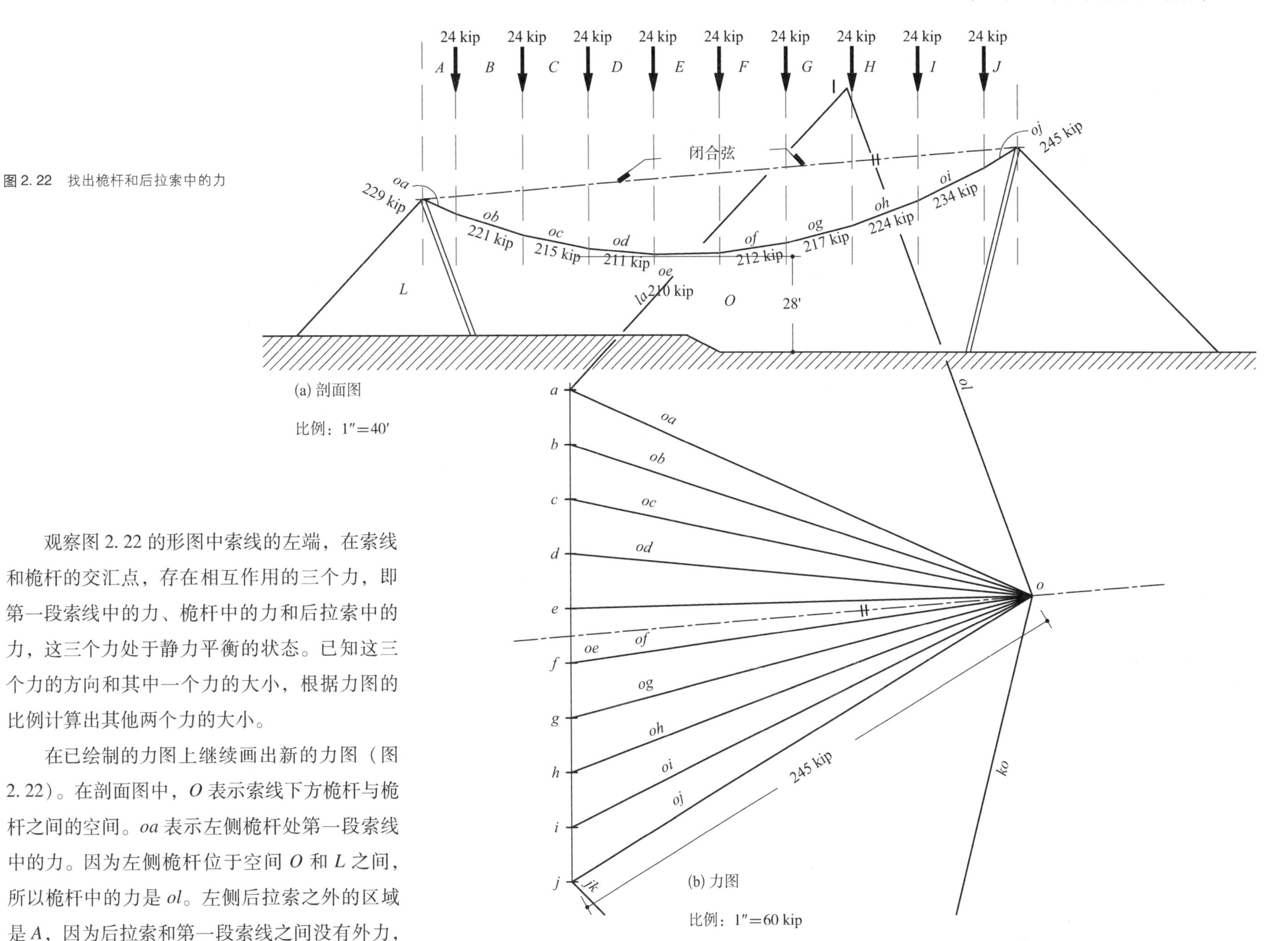

图 2.22　找出桅杆和后拉索中的力

观察图 2.22 的形图中索线的左端，在索线和桅杆的交汇点，存在相互作用的三个力，即第一段索线中的力、桅杆中的力和后拉索中的力，这三个力处于静力平衡的状态。已知这三个力的方向和其中一个力的大小，根据力图的比例计算出其他两个力的大小。

在已绘制的力图上继续画出新的力图（图 2.22）。在剖面图中，*O* 表示索线下方桅杆与桅杆之间的空间。*oa* 表示左侧桅杆处第一段索线中的力。因为左侧桅杆位于空间 *O* 和 *L* 之间，所以桅杆中的力是 *ol*。左侧后拉索之外的区域是 *A*，因为后拉索和第一段索线之间没有外力，那么后拉索中的力是 *la*。

在图 2.22 的力图中已经标注出字母 *a* 和 *o*。桅杆中的力 *ol* 由穿过点 *o* 并与桅杆平行的向量表示。后拉索中的力 *la* 由穿过点 *a* 并与后拉索平行的向量表示，这两个向量相交于点 *l*。测量 *ol* 和 *la* 的长度，得出后拉索中力的大小约为 175 千磅，桅杆中力的大小约为 230 千磅。采用同样的方法求解出另一个桅杆 *ok* 和后拉索 *jk* 中的力。

通过调整力图可以减小桅杆和后拉索中的力。观察 *la* 和 *ol*，如果将后拉索底部向左移动以缩小后拉索与地面之间的角度，力图上的线段 *la* 将围绕点 *a* 顺时针旋转，从而减小后拉索和桅杆中的力。也就是说左侧桅杆 *la* 远离屋顶向后倾斜，桅杆中的力会降低。当后拉索与 *oa* 段索线在同一条直线上时，后拉索中的力与 *oa* 段索线中的力相等。但是值得注意的是，有些方向上可能对桅杆和连接点有特殊的要求，从而导致造价的增加。

悬索结构的建造

接下来我们将思考如何建造这个悬索结构的屋顶。

钢索的连接

采用标准的连接件将钢索固定在基础、桅杆或其他结构构件上，所用的连接件与钢索的强度一样。连接件主要分为两种：旋压式连接件和承插式连接件。

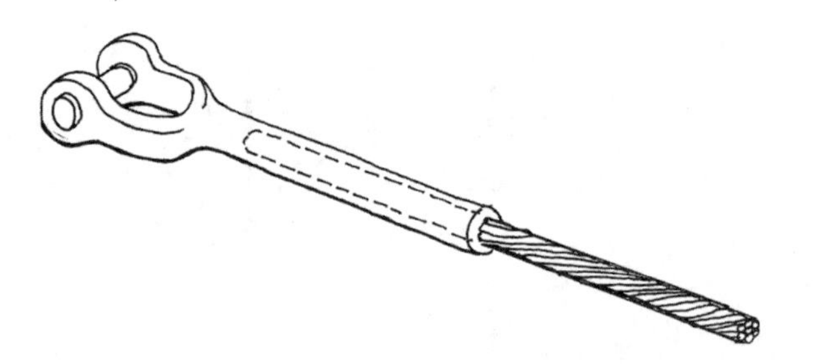

图 2.23　旋压式 U 形夹连接件，先将钢索插入套管，然后在液压机上对其进行挤压，完成连接。

旋压式连接件适用于直径超过 1.375 英寸的绞线和直径超过 2 英寸的钢丝绳。先将钢索末端插入连接件的套管，然后将接头放入液压机的成型模具中，紧紧挤压或旋压后使接头包裹住钢索，钢索和连接件靠摩擦力结合在一起（图 2.23）。

承插式连接件适用于任何尺寸的钢索连接，钢索末端散开成一条条钢丝，然后将末端插入连接件的锥形接头中［图 2.24（a）］。将熔融的锌液倒入接头中，使钢丝牢牢地嵌固在一起，从而实现连接［图 2.24（b）］。

本项目中采用承插式连接件，承插式连接件与钢板之间采用销子连接，从而将钢索中的力传递给钢板。图 2.25 和表 2.2 给出了一些适用的承插式连接件的示意图及尺寸。

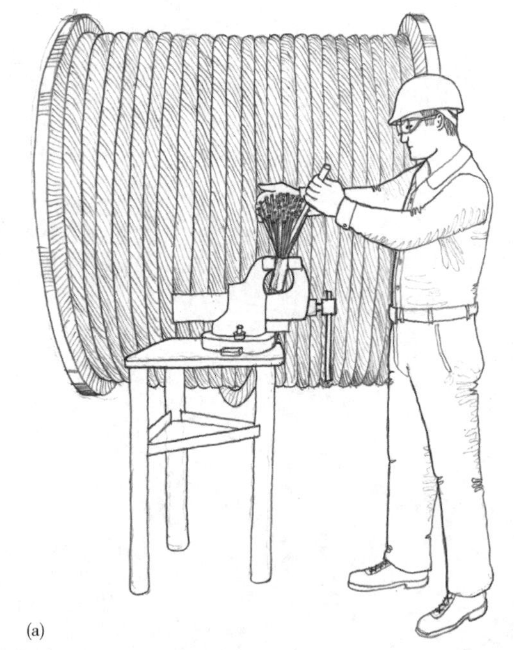

(a)

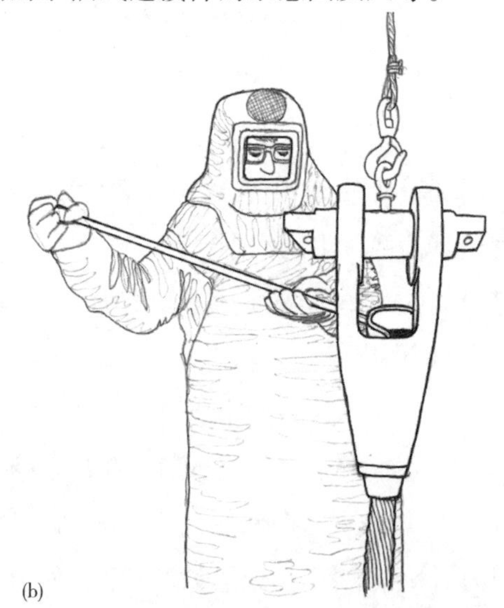

(b)

图 2.24　（a）使钢索的末端散开，将分开的钢丝插入承插式连接件的锥形接头中。（b）倒入熔融状态的锌液。

从表 2. 2 中可以发现，与直径为 2. 125 英寸的钢索相匹配的承插式连接件长 25. 5 英寸，重 252 磅。连接件与钢板连接处的开口宽 5 英寸。这就意味着桅杆顶端的钢板最好为 4 英寸厚，以便于安装。固定连接件和钢板的销子直径为 4. 75 英寸，钢板上预留孔洞的直径应为 5 英寸。

悬索结构的建造成本主要由连接件的价格决定而不是钢索的价格决定。跨度为 500 英尺的悬索结构与跨度为 100 英尺的悬索结构成本相差不大，因为它们所需的连接件的数量一样。明智的做法是设计跨度尽可能大的悬索结构，从而将连接件的费用分散到尽可能大的使用面积中，并且在设计初期就思考连接件的设计（图 2. 26）。

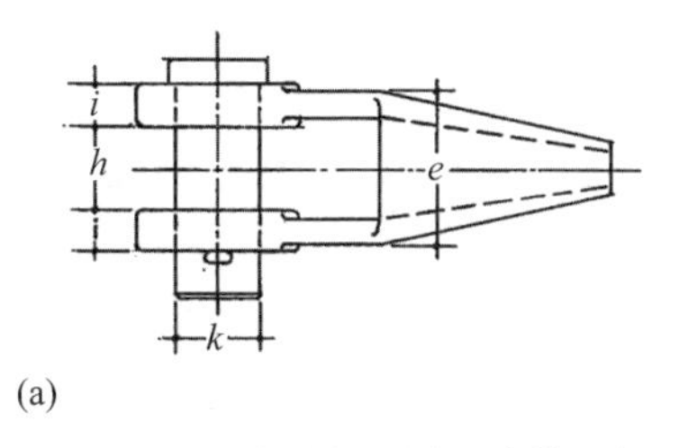

(a)

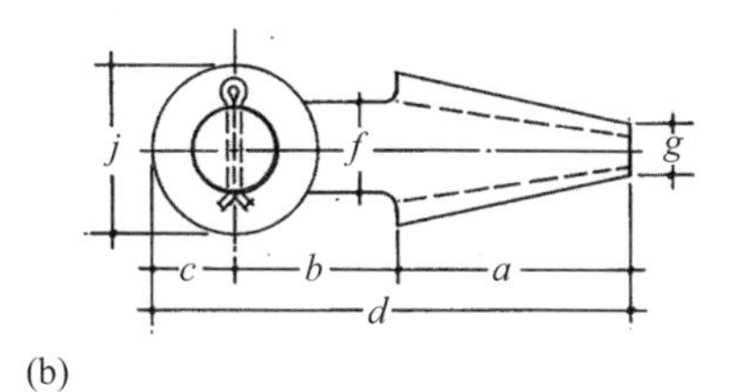

(b)

图 2. 25　承插式连接件的产品参数示意图

表 2. 2　承插式连接件的尺寸和重量

标准尺寸/in	a/in	b/in	c/in	d/in	e/in	f/in	g/in	h/in	i/in	j/in	k/in	重量/ (lb/in)
$\frac{1}{2}$	3	2. 5	1. 25	6. 75	2. 25	1. 25	1. 125	1. 25	0. 563	2. 25	1. 188	4
$\frac{9}{16}\sim\frac{5}{8}$	5. 5	3	1. 438	9. 938	2. 625	1. 5	1. 25	1. 5	0. 675	2. 625	1. 375	8
$\frac{11}{16}\sim\frac{3}{4}$	6	3. 5	1. 75	11. 25	3. 125	1. 75	1. 5	1. 75	0. 75	3. 125	1. 625	13
$\frac{13}{16}\sim\frac{7}{8}$	6	4	2. 063	12. 063	3. 625	2	1. 75	2	0. 875	3. 75	2	19
$\frac{15}{16}\sim1\frac{1}{8}$	6	5	2. 688	13. 688	4. 625	2. 75	2. 25	2. 5	1. 125	4. 75	2. 5	35
$1\frac{3}{16}\sim1\frac{1}{4}$	6	6	3. 125	15. 125	5. 25	3	2. 75	3	1. 188	5. 375	2. 75	47
$1\frac{5}{16}\sim1\frac{3}{8}$	6. 5	6. 5	3. 25	16. 25	5. 5	3. 25	3	3	1. 313	5. 75	3	55
$1\frac{7}{16}\sim1\frac{5}{8}$	7. 5	7	3. 75	18. 25	6. 375	3. 875	3. 125	3. 5	1. 563	6. 5	3. 5	85
$1\frac{11}{16}\sim1\frac{3}{4}$	8. 5	9	4	21. 5	7. 375	4. 25	3. 75	4	1. 813	7	3. 75	125
$1\frac{13}{16}\sim1\frac{7}{8}$	9	10	4. 5	23. 5	8. 25	4. 375	4	4. 5	2. 125	7. 75	4. 25	165
$1\frac{15}{16}\sim2\frac{1}{8}$	9. 75	10. 75	5	25. 5	9. 25	4. 625	4. 5	5	2. 375	8. 5	4. 75	252
$2\frac{3}{16}\sim2\frac{7}{8}$	11	11	5. 25	27. 25	10. 75	4. 875	4. 875	5. 25	2. 875	9	5	315
$2\frac{1}{2}\sim2\frac{5}{8}$	12	11. 25	5. 75	29	11. 5	5. 25	5. 25	5. 75	3	9. 5	5. 25	380
$2\frac{3}{4}\sim2\frac{7}{8}$	13	11. 75	6. 125	30. 875	12. 25	5. 75	5. 75	6. 25	3. 125	10	5. 5	434
$3\sim3\frac{1}{8}$	14	12. 5	6. 75	33. 25	13	6. 25	6. 5	6. 75	3. 25	10. 75	6	563
$3\frac{1}{4}\sim3\frac{5}{8}$	15	13. 5	7. 75	36. 25	14. 25	7	7. 25	7. 5	3. 5	12. 5	7	783
$3\frac{3}{4}\sim4$	16	15	7. 75	38. 75	15. 25	8. 5	7. 75	8	3. 75	14	7. 25	1 018

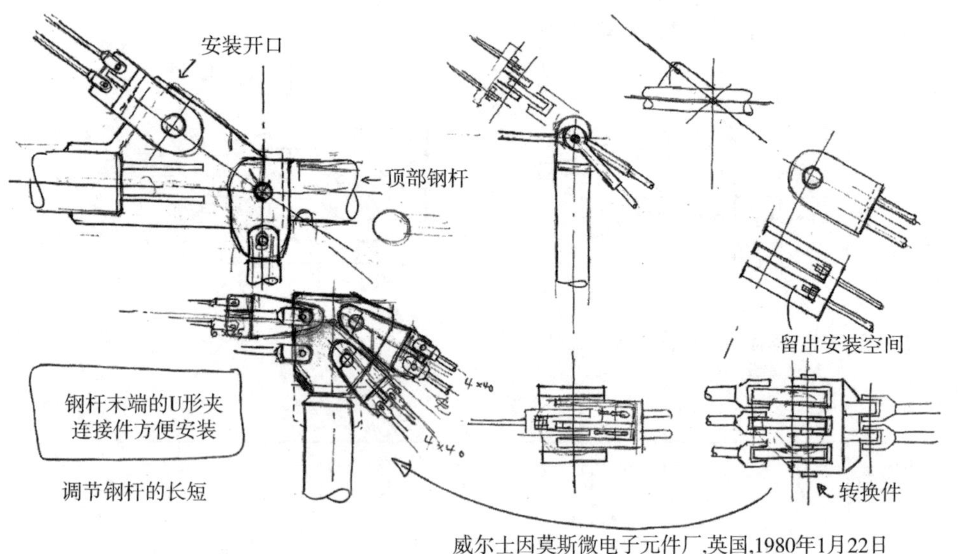

◀图 2.26　结构工程师安东尼・亨特为威尔士因莫斯（Inmos）微电子元件厂绘制的细部草图。高质量的结构细部设计是亨特设计的特征，而且这些细部在设计初期就开始构思了。

图片来源：托尼・亨特著，于清等译，托尼・亨特的《结构学手记 2》，北京：中国建筑工业出版社，2007：44。

桅杆

每根桅杆上的力、主索中的力与后拉索中的力三者相平衡，通过测量力图上的线段 *ol* 和 *ok* 的长度，可以求得桅杆中的力。在本书的第 12 章会介绍，桅杆适合采用钢管来建造，这种形状比较耐屈曲。根据结构工程师的估算，巴士服务总站的桅杆直径需要约 16 英寸。

桅杆和后拉索的草图如图 2.27 所示，图中绘制出了两根索线和桅杆的中心线。这三条线在同一个平面内且共点，这个点即作用点。

桅杆由钢构件厂生产，钢管由轧钢厂提供。首先，将规定直径和壁厚的钢管送到钢构件厂；然后，用金刚石刀锯将钢管切割成需要的长度，并调整钢管的垂直度；最后，将连接钢板焊接在钢管两端，从而把连接件上的力分散到钢管壁上。

▼图 2.27　钢索、桅杆和基础连接的细部草图

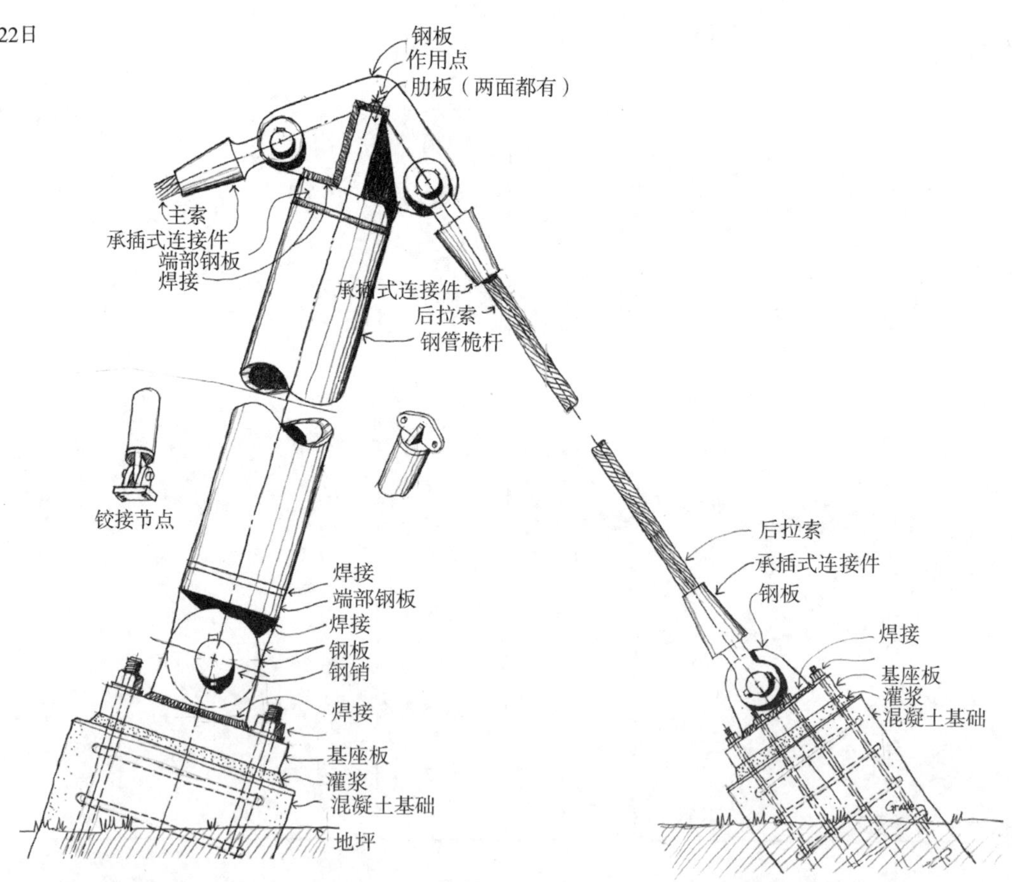

采用承插式连接件将主索和后拉索与 4 英寸厚的钢板连接。为了防止钢板在力的作用下发生变形，钢板的两侧须焊接三角形的肋板。

在桅杆的底部，钢管端部钢板与焊接在基座板上的两块钢板通过钢销连接，将桅杆中的力传递给基座板。基座板将桅杆中的力分散到面积足够大的混凝土基础上，基座板与混凝土基础采用长螺杆、垫圈和螺帽连接，混凝土基础将力传递到地基中。混凝土材料的容许应力比钢的容许应力要低，因此需要增大受力面积使混凝土中的应力不会超出容许范围。岩土工程师根据地质勘察报告设计出适合桅杆和后拉索的混凝土基础形式，包括独立基础、桩基础以及箱型基础等。混凝土基础设计还需要防止桅杆和后拉索被风掀翻。

桅杆底部的销子和钢板构成了铰接节点，铰接可以让桅杆在索线的平面内稍微转动。当钢索承受风荷载、不均匀的雪荷载或温度作用时，桅杆上不会产生弯曲应力。

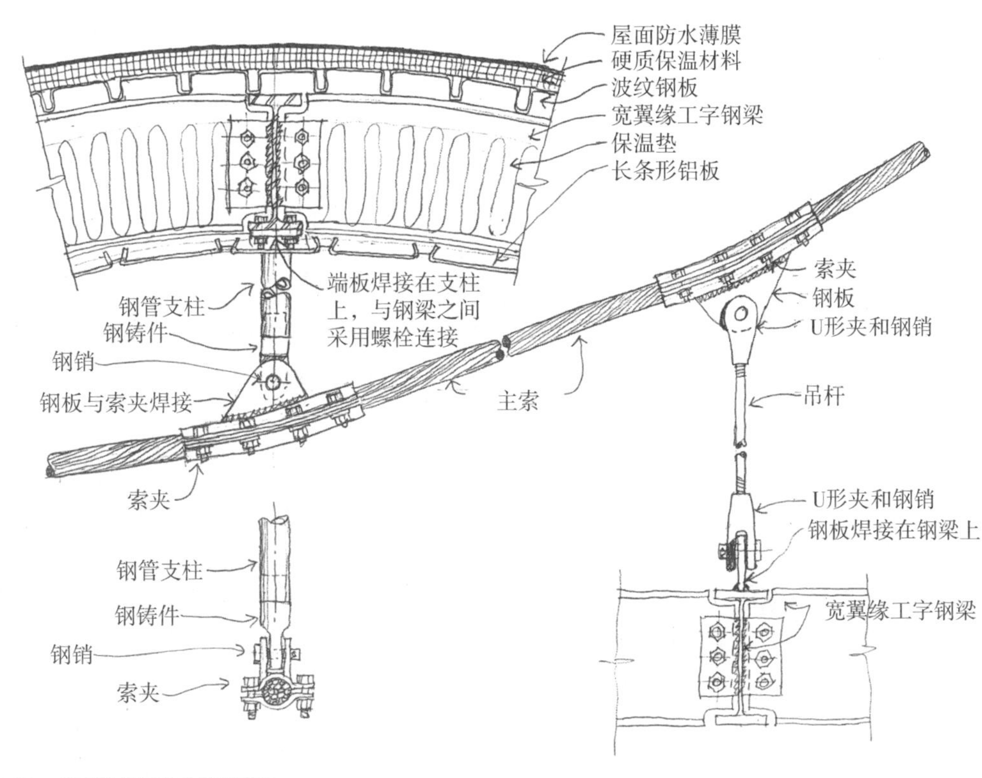

图 2.28　悬索结构屋顶的细部草图

屋面板

图 2.28 是结构工程师手绘的钢索和屋面板连接的细部草图。在深化设计过程中，结构工程师会绘制出节点的精确尺寸，以便指导施工。屋面板采用大尺寸的波纹钢板，由宽翼缘工字钢梁支撑（宽翼缘工字钢梁常常被称作“工字钢”，但这是不准确的，“工字钢”适用于早期的钢梁形状，现在已经被淘汰，“工字钢”梁利用钢的效率不如宽翼缘工字钢梁）。

根据《国际建筑规范》，交通类建筑被划分到民用建筑 A-3 的装配式建筑当中的杂项类，针对本项目的规模，如果建筑物内部安装了自动喷淋灭火系统，屋顶的钢结构可以不必采用防火措施。

宽翼缘工字钢梁的弯曲加工由带有三个大滚轴的重型机械完成，将宽缘工字钢梁穿过其中，从而弯曲成符合屋顶形式的曲率（图 2.29）。

采用焊接或栓接的方式将屋面板与钢梁连接，其上铺设硬质保温板和防水薄膜。为了节能，在天花板安装之前，会在钢梁与钢梁之间铺设玻璃纤维保温垫。天花板采用长条形铝板，在长条形铝板与钢梁之间加入隔声材料以减少噪声。

钢梁上的荷载通过钢管支柱或吊杆传递到主索上，具体是通过支柱还是吊杆取决于屋面板与索线之间的关系。支柱和吊杆与主索之间的连接采用特殊的索夹。

图 2.29　滚轴之间的宽翼缘工字钢梁，在这个方向上钢梁的抗弯性能比较弱。

图片来源：新泽西州纽瓦克市尼尔森公司（RECO Nelson）提供

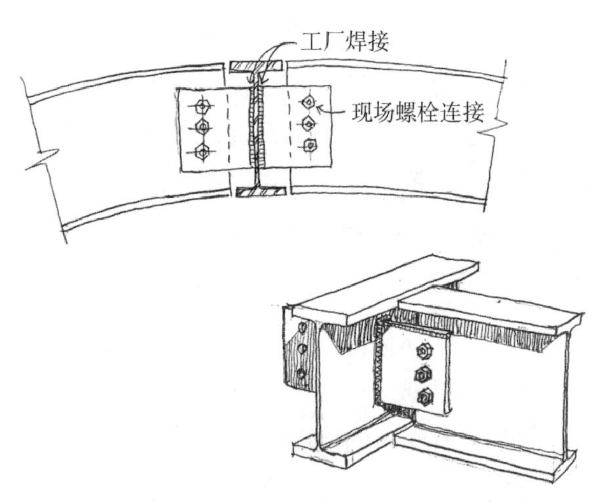

图 2.30　钢梁与钢梁之间的连接

钢梁与钢梁之间的常用连接方法是将其中一个钢梁的翼缘末端切掉，然后将这根钢梁插入另一根钢梁的翼缘之间。考虑到屋顶有大量的连接，需要切割的钢梁的数量很多，导致施工的成本较高。为了降低成本，可以在工厂中将连接钢板与其中一个方向上的钢梁焊接，之后在现场再与另一个方向上的钢梁用螺栓连接（图 2.30）。

侧向稳定性

结构需要抵抗风荷载以及地震作用带来的横向荷载，以维持侧向稳定性，因此巴士总站在长边和短边两个方向上都需要支撑。在建筑的短边方向上，后拉索、主索和桅杆构成一个稳定的三角形系统，除了可能发生一些结构构件的微小移动以外，这个系统可以很好地抵抗侧向力。在建筑的长边方向上，到目前为止并没有设计抵抗侧向力的措施。图 2.31 提供了几种解决方案。在本书的后续章节中将会继续探讨其他抵抗侧向力的方法。

建造过程

抛物线形的主索长度可以近似为：

$$l=L\times(1+2.6n^2) \tag{2.4}$$

其中：

l 是主索的长度；

L 是水平投影面的跨度；

n 是垂跨比，之前计算得出 n 为 0.13。

因此：

$$l=180\ \text{ft}\times(1+2.6\times0.13^2)$$
$$\approx187.91\ \text{ft}$$

从表 2.1 和表 2.2 中可以得知，钢索的每根绞线的重量是长度 188 英尺乘 9.49 磅每英尺即 1 785 磅，钢索两端的两个承插式连接件各重 252 磅，因此一根钢索的总重量约为 2 290 磅。

根据结构工程师的估算，桅杆的重量约为 100 磅每英尺，这意味着，较长的桅杆每根重约 6 000 磅，铰接节点处用来连接的钢销也重达 80 到 90 磅。由这些数据可知，桅杆、钢索和连接件不能依靠人力搬运和安装。虽然这个结构与很多其他结构类型相比已经很轻了，但是相对于人的尺度来说仍旧很大，其结构构件也很重。

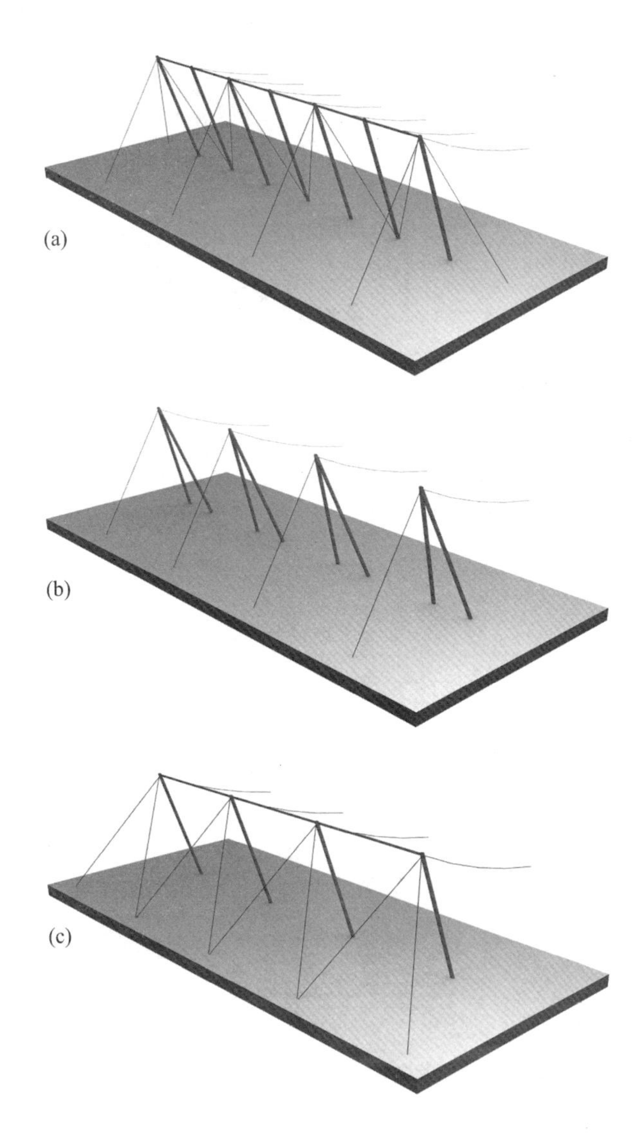

图 2. 31　抵抗侧向力的措施：（a）在桅杆间增加斜杆或斜拉索等对角支撑；（b）采用人字形桅杆；（c）增加后拉索的数量使每根桅杆的顶端在空间的三个方向上受拉。

悬索结构的建造过程如图 2. 32 所示，其中（a）部分，桅杆已经完成安装，并由临时支柱支撑。接下来安装后拉索和主索，主索的索夹先安装到位，再由起重机将主索放置在两个桅杆之间，工人站在临时脚手架上将钢销插入桅杆顶部的连接钢板上完成连接。

图 2. 23 的（b）和（c）两部分显示了钢梁与屋面板的安装过程，在钢索上方搭建临时通道，方便工人顺利地到达连接处。当每个钢构件安装到钢索上时，钢索都会发生变形，只有当全部构件安装到位后，钢索才会呈现出最终的形态。因此结构工程师需要提前考虑各个构件安装到钢索上的顺序，以及已安装到位的构件如何适应钢索形状的变化。

侧立面

巴士服务总站的侧立面采用玻璃幕墙系统，该系统需要自承重并且可以抵抗风荷载。由于侧立面的面积比较大，因此玻璃幕墙需要采用热钢化玻璃，这种玻璃坚固且不易破碎，即使破碎也只会碎裂成边缘光滑的小颗粒而非锋利的玻璃碴子。对于大面积玻璃幕墙来说，作用于其上的风荷载远远大于竖向荷载。针对本项目，我们发明了一种悬挂玻璃幕墙系统，将玻璃悬挂在顶部钢梁上，细长的钢管柱支撑着钢梁的同时也是玻璃幕墙的竖龙骨（图 2. 33）。为了更好地抵抗风荷载，在钢管柱的两侧采用不锈钢杆加强，小直径的不锈钢杆能帮助玻璃幕墙抵抗不均匀荷载，使玻璃幕墙系统能够更好地承受风荷载作用引起的压力和拉力。

悬索结构在风荷载或雪荷载的作用下会发生轻微的位移。如果玻璃幕墙与屋顶之间的连接非常牢固，那么屋顶的位移会在接合点处产生较大的力，由此对玻璃幕墙造成损坏。因此采用允许轻微位移的连接设计，玻璃幕墙的底部与地面铰接，上部通过铰链将钢管柱和钢梁连接，铰链的两头均用铰接。风荷载产生的侧向力经过玻璃幕墙底部和上部的铰接节点传递到地面和屋顶上。玻璃幕墙和屋顶可以各自独立互不干扰，铰链的缝隙为这种移动提供了可能性，缝隙最后由弹性橡胶密封。

后续工作

以上是对巴士服务总站悬索结构屋顶设计的初步探索（图 2. 34）。在确定建造之后，我们会对该结构进行更加详细的分析，进一步调整图解法计算出的结果。通过结构分析软件研究不同荷载作用对结构的影响，包括风荷载、雪荷载、气压变化、可能的振动以及地震引发的横向荷载等。还需要对施工现场的土壤进行检测分析，完成基础设计。从可行性、经济性和实际强度等方面对所有的连接节点进行校核验算。

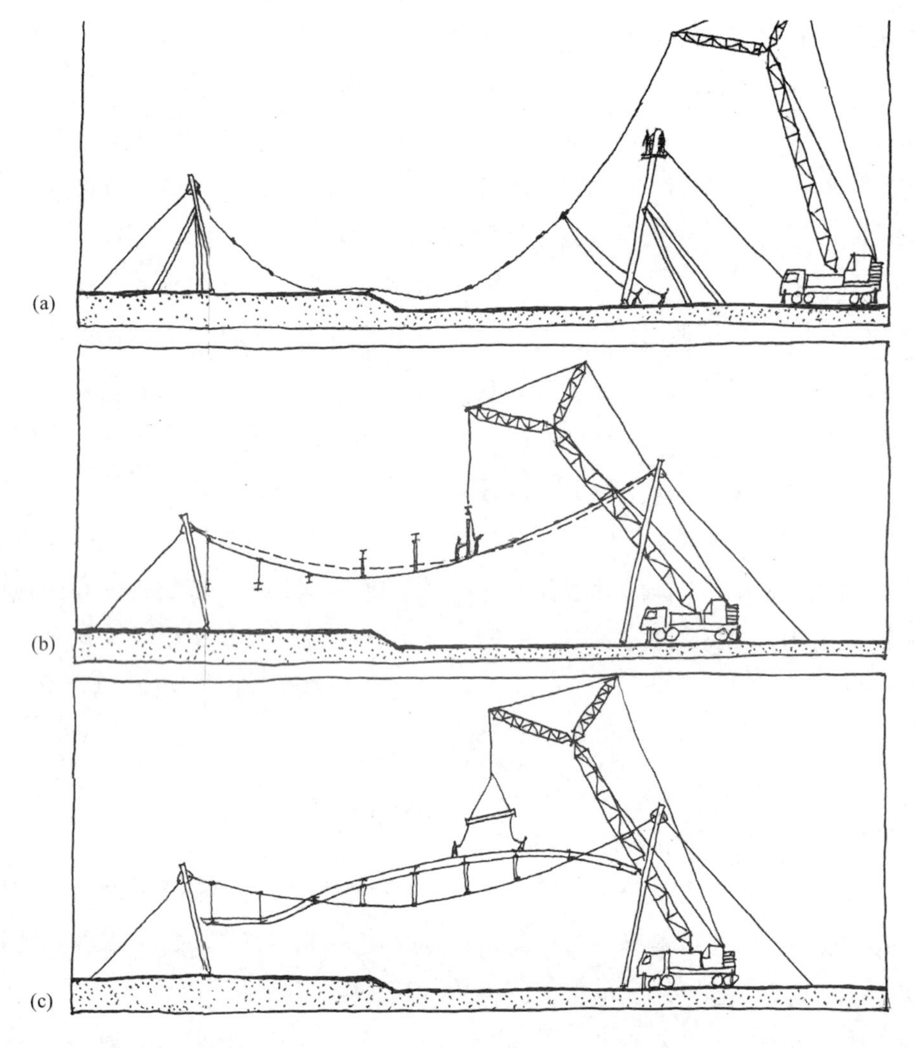

图 2.32　巴士服务总站悬索结构的建造过程

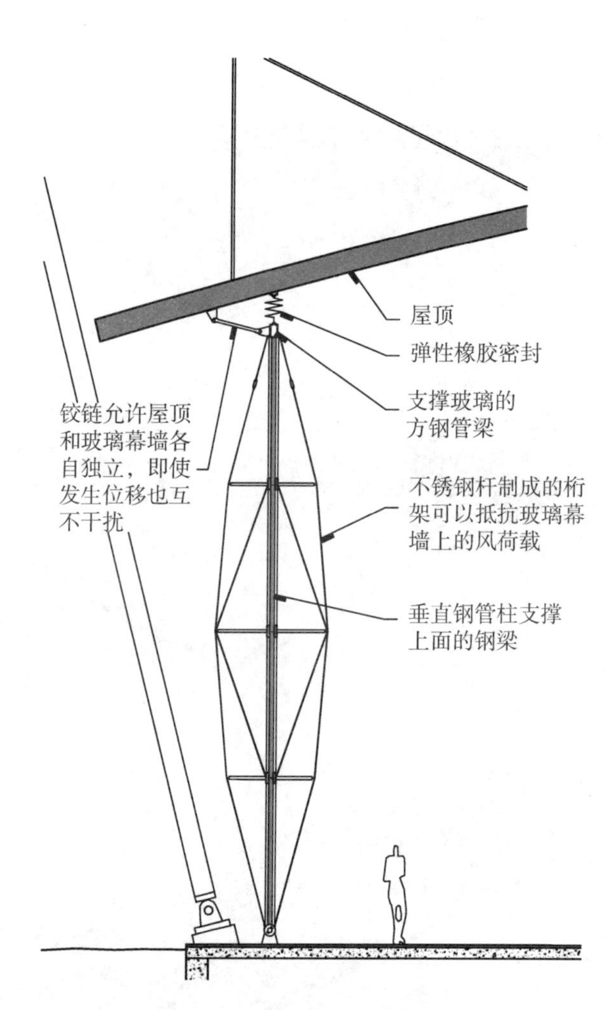

图 2.33　玻璃幕墙与地面和屋顶连接的细部构造

还需要对结构系统、墙体、门、地面、窗、供暖和制冷设备、照明系统、消防系统、公共标识、扩音系统等进行详细设计，并研究它们之间的相互关系。

图 2.35 至图 2.40 是一些已建成的悬索结构的作品，与这些已建成的结构相比，这个巴士服务总站的屋顶设计是否令人满意呢？作为读者的您是否会运用本书给出的方法找到这些已建成结构中的形式与力呢？这些结构是否存在不好分析或者不好建造的部分呢？

图 2. 34　巴士服务总站悬索结构屋顶的透视图
图片来源：波士顿结构组设计与绘制

▶图 2. 35　2000 年德国汉诺威世界博览会 26 号展馆，悬索结构的屋顶由宽翼缘工字钢制成的 A 字形框架支撑，A 字形框架同时支撑着大型侧高窗，使展览大厅宽敞明亮。
结构设计：SBP 公司
图片来源：迪特尔・莱斯特纳（Dieter Leistner）提供

◀图 2. 36　葡萄牙某体育馆，由爱德华多・莫拉（Eduardo Souto de Moura）设计，悬索结构从一侧看台的后方跨越到另一侧看台的后方，只有座位上方的钢索上铺设有屋面板，运动场上方的钢索是裸露的。这个悬索结构的力图会是什么样子呢？
图片来源：克里斯蒂安・里希特斯（Christian Richters）提供

▲图 2. 37　德国阿尔根河悬索桥，为了降低塔架的高度，结构工程师将桥面板设计在主索线中间。
结构设计：SBP 公司
图片来源：罗兰・哈尔伯（Roland Halbe）摄

▶图 2. 38　美国匹兹堡市大卫・劳伦斯会议中心，由拉斐尔・维诺里（Rafael Vinoly）设计。悬索结构的屋顶提供了无柱的展示空间。相比于桁架或梁，悬索结构大大降低了钢材的使用量，因此这座建筑获得了美国 LEED（能源与环境设计先锋）金奖认证。
图片来源：布拉德・芬克诺夫（Brad Feinknopf）提供

图2.39 爱尔兰都柏林芬戈郡市政中心，弧形中庭面向大公园，玻璃幕墙将风荷载传递给后面的支撑结构，支撑结构是悬索结构水平方向的运用。
建筑师：布霍尔茨·麦克沃伊（Bucholz McEvoy）
结构设计：ARUP 公司
幕墙设计：RFR 公司，关于 RFR 公司的更多资料请参见彼得·莱斯的相关介绍
图片来源：迈克尔·莫兰（Michael Moran）提供

彼得·莱斯（Peter Rice，1935—1992）

彼得·莱斯是一位极具创造力的爱尔兰结构工程师，从20世纪60年代至今，他与国际知名建筑师合作设计了许多著名的地标性建筑物。他毕业后在英国伦敦奥雅纳公司担任结构工程师，参与了悉尼歌剧院的结构计算工作。因为悉尼歌剧院的屋顶形式非常特殊，所以设计人员花费了几年时间设计出一种建造上可行的结构形式，在这过程中莱斯起到了关键作用。

在康奈尔大学进行了为期一年的访问学习之后，莱斯与伦佐·皮亚诺以及理查德·罗杰斯合作设计了巴黎蓬皮杜艺术中心，由此在业界名声大噪。20世纪80到90年代期间，他在“光明城”（City of Lights）以及伟大的国家工程（Les Grands）等许多项目中发挥了重要作用。很多游客对巴黎蓬皮杜艺术中心、卢浮宫扩建工程、拉·维莱特公园、新凯旋门以及其他的一些巴黎建筑很熟悉，并且能够说出这些项目的建筑师，但是几乎没人知道这些项目都是得益于彼特·莱斯的参与才能实现。他发明了由不锈钢受拉构件和抗拉抗压的玻璃组成的透镜式垂直桁架玻璃幕墙体系（vertical lenticular truss），使得幕墙结构轻盈且透明。

莱斯在奥雅纳公司从结构工程师晋升为主管之后，与伊恩·里奇（Ian Ritchie）和马丁·弗朗西斯（Martin Francis）一起组建了跨学科的顾问公司 RFR。他们设计了英国斯坦斯特德机场、法国鲁瓦西机场（即戴高乐机场）以及日本关西国际机场的结构，还设计了弗兰克·斯特拉（Frank Stella）雕塑的内部结构。在他的整个职业生涯中，莱斯始终强调他不是一个建筑师，而是在结构工程专业领域内为大型国际设计团队做贡献的创造者。理查德·罗杰斯评价道：“就像他伟大的爱尔兰前辈伊桑巴德·布律内尔（Isambard Kingdom Brunel）以及菲利波·布鲁内莱斯基（Fillippo Brunelleschi）一样，彼得·莱斯能够冲破他的专业藩篱，将技术问题转化为具有美感的解决方案。”RFR 公司在巴黎和都柏林都设有工作室，通过与他人合作设计了诸如戴高乐机场的玻璃采光顶、巴黎国立图书馆附近的步行桥、可动幕墙，以及其他一些工程项目和基础设施。

图2.40 美国布鲁克林大桥，由罗布林父子共同设计建造。
图片来源：大卫·福克斯摄

思考题

1. 采用与本章的悬索结构相同的载重线和整体条件，以相同的两个端点绘制出 3 到 5 条索线形。根据形图，在力图中找到这些索线的极点，极点位于与闭合弦相平行的射线上，所有索线同属于一个索线系列。这些极点的位置有什么共同点？移动极点的位置，观察力图和形图的变化并写出结论。
2. 直径为 1.75 英寸的钢索锚固在截面为 10 平方英寸的钢管柱上。钢索与钢管柱的交角为 45°，设计并绘制出 1∶8 或 1∶10 的连接构造图。根据表 2.2 中承插式连接件的尺寸，给出连接板的厚度，并指出需要焊接的部位。
3. 在两棵直径为 3 英尺的道格拉斯冷杉之间设计一座悬索步行桥，桥的起点和终点需高于地面 30 英尺，两棵树中心之间的距离为 110 英尺。假设均布荷载为 60 磅每英尺，请求解出所需钢索的尺寸，并绘制出这座桥的连接细部构造。

关键术语和公式

strut 支柱

hanger 吊杆

mast 桅杆

column 柱

pylon 塔架

backstay 后拉索

funicular polygon 形图

load line 载重线

ray 射线

pole 极点

reaction 支座反力

family of funicular forms 索线系列

nonfunicular 非索线形

resolution of a force 力的分解

horizontal component 水平分量

vertical component 垂直分量

static 静态的

static equilibrium 静力平衡

$\sum F_h = 0$

$\sum F_v = 0$

horizontal projection 水平投影面

cable 索

drawing of wire 冷拔钢丝

die 模具、压模

cold-working 冷加工

strand 绞线

wire rope 钢丝绳

parallel wire cable 平行钢丝索

breaking strength 断裂强度

allowable strength（f_{allow}）容许强度

factor of safety 安全系数

glass fiber，carbon fiber，aramid fiber 玻璃纤维，碳纤维，芳纶纤维

closing string 闭合弦

sag 垂度，s

sag ratio 垂跨比，n

$n = s/L$

swaged 旋压式

socketed 承插式

broomed out 裂开

open socket 承插式连接件

working point 作用点

stiffener plate 肋板

base plate 基座板

hinge 铰接

wide-flange beam 宽翼缘工字钢梁

coped connection ，见图 2.30 工厂预制的连接件

single plate connection 连接钢板

lateral stability 侧向稳定性

求解索线长度的公式 $l=L\times(1+2.6n^2)$

mullion 龙骨

lb/in^{2}磅每平方英寸

kip/in^{2}千磅每平方英寸

graphic statics 图解静力学

参考资料

Rice Peter，Hugh Dutton. Structural Glass. London，UK：E. and F. N. Spon，1995.

《玻璃结构》这本书深入探讨了通用型玻璃幕墙设计，如同本章所介绍的巴士服务总站的玻璃幕墙，不锈钢杆与玻璃共同作用形成垂直桁架抵抗风荷载。正如第 62 页中介绍的那样，彼得·莱斯作为一名结构工程师，他的研究促进了当代玻璃幕墙的快速发展，玻璃幕墙的光亮和透明使结构更加轻盈。

Scheuermann Rudi，Keith Boxer. Tensile Architecture in the Urban Context. Oxford，UK：Butterworth Architecture，1996.

这本书详细介绍了悬索结构及其细部构造。

Vandenberg Maritz. Cable Nets. Chichester，UK：Academy Editions，1998.

这本书介绍了较为复杂的索网结构设计。

第3章 3 一个单曲薄壳拱顶设计

- 索线形拱和拱顶设计
- 结构找形：悬链线、抛物线、圆
- 增加拱顶结构的刚度以抵抗屈曲和不对称荷载
- 单曲薄壳拱顶的细部构造与建造

美国西南部的一座小城决定为当地高中兴建新的体育馆，可以容纳篮球、排球、体操、摔跤等室内体育活动。拟建场地位于城郊附近（图3.1），场地一侧是自然斜坡地，只需稍微改造就可以成为看台（图3.2），体育馆的其他三面将使用移动看台。

在考虑了这个地区的材料费用和承建商的能力之后，我们决定采用钢筋混凝土拱顶结构。首先需要明确拱顶的形式和力。

屋顶的主要荷载是其自身重量，它均匀地分布于拱顶表面。预估拱顶的构件、保温层、防水薄膜等材料的总重量大约为75磅每平方英尺。当地降雪很少，因此活荷载也相对较少，仅为10磅每平方英尺。

抵抗均布荷载的理想形式是悬链线形，这种曲线在自身重力下形成悬链或悬索，悬链线可以由一个数学方程式描述：

$$y=\cos h(x)$$

因为双曲函数相对比较复杂，初步找形拟采用在数学上比悬链线简单但在形式上非常接近的抛物线。抛物线是理想的替代曲线，特别是当拱的升起高度小于跨度的四分之一时，抛物线与悬链线的相似度很高（图3.3）。假设荷载是均匀分布在拱顶的水平投影面上，水平投影是一个矩形，其长度和宽度与拱顶的长度和跨度一致。

采用图解法生成抛物线之后，再在拱顶曲面而不是水平投影面上重新分配荷载，然后从这个加载模型中生成第二个抛物线曲线。将这个曲线与第一次生成的抛物线进行对比，可以发现它们有相当高的相似度。

在早期的设计草图中，我们手绘了拱顶的形式，拱顶经过 X、Y、Z 三点，点 Y 处于跨度的中间（图3.4），绘制出闭合弦 XZ，测量 Y 在闭合弦上的升起是43英尺，水平跨度是200英尺。拱的高跨比为42∶200，比值为0.21，小于0.25。高跨比值为0.25是抛物线近似于悬链线的临界值。大于0.25，则两者之间的近似程度

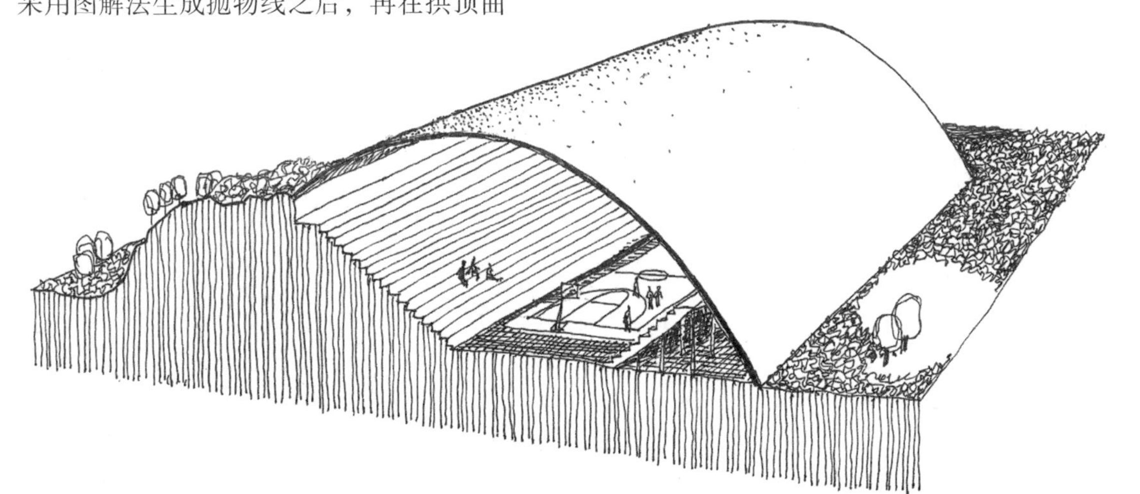

图3.1　拟建场地与体育馆拱顶的设计草图

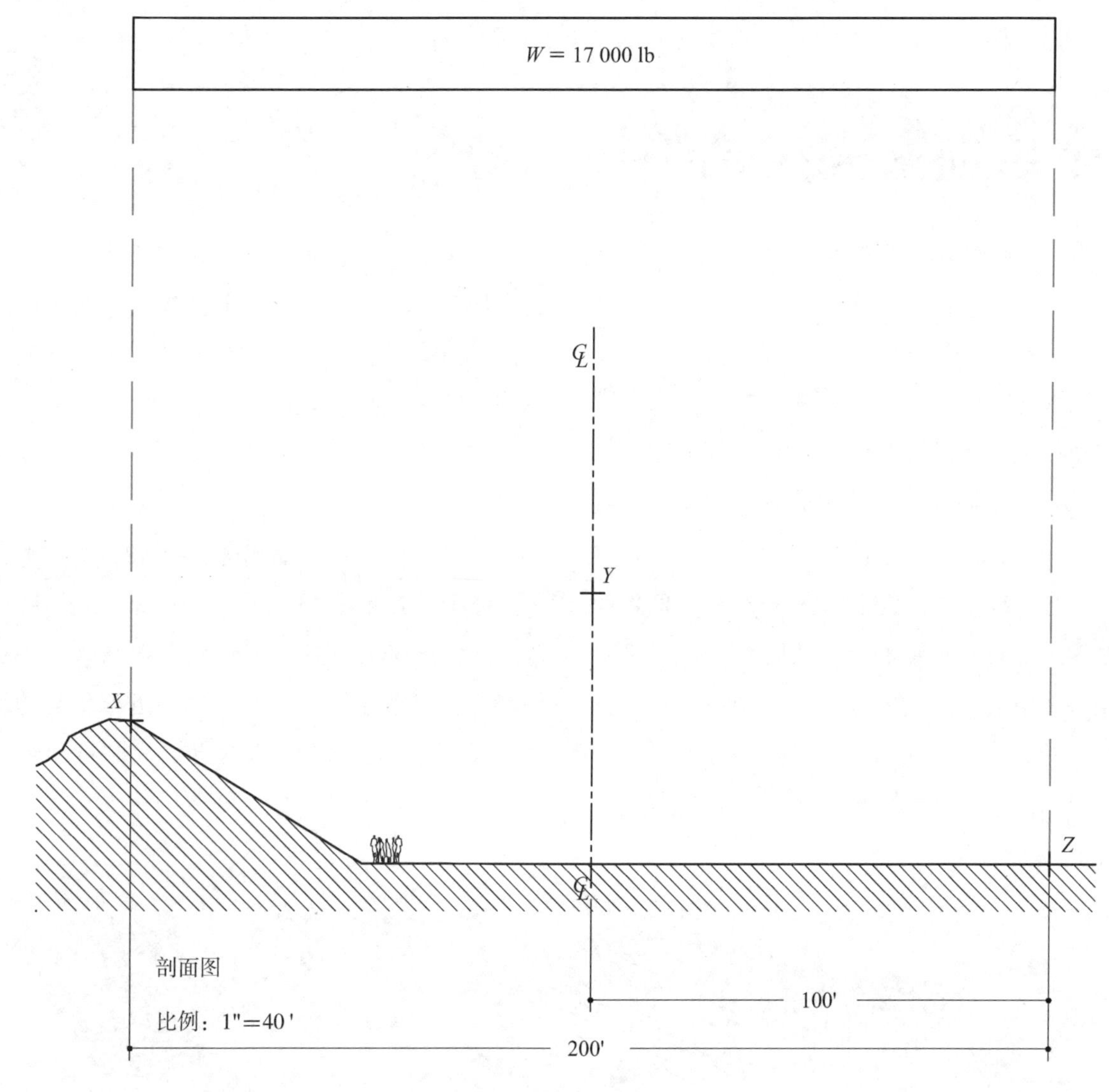

图 3.2　拟建场地的剖面图

开始降低（图 3.3）。值得注意的是，测量的起始点是拱的闭合弦而不是体育馆的地面，地面标高与拱顶曲线之间不存在直接的几何关系。

为了方便起见，我们将会基于 1 英尺宽的拱条进行图解分析。假设加载在拱条上的重力荷载为 17 000 磅，而拱条的水平投影面积为 200 平方英尺，则每平方英尺的荷载为 85 磅。沿跨度方向将拱条平均分成 10 份，则每部分的水平长度为 20 英尺。这样的份数既可以得出相对平滑的曲线，同时又可以避免产生更多的工作量。为了简化分析，假设每部分的重量为 1 700 磅，也就是拱条总重量的 1/10。

为了图解的方便，进一步将每部分的均布荷载替换为作用于其中心的、大小为 1 700 磅的集中荷载。将集中荷载的作用线向下延伸至地面，并采用鲍氏符号标注法标记（图 3.4）。接下来按比例绘制出力图的载重线，即 10 个 1 700 磅的力。

找到极点

我们需要找到极点的位置并绘制出能通过三个指定点 *X*、*Y*、*Z* 的形图。根据抛物线的几何属性，首先画出穿过点 *Y* 的垂直线，接下来画出闭合弦 *XZ*。

关于近似值

高度精确的结构设计并不常见，最主要的原因是结构所能承受的荷载以及荷载以哪种形式进行分布无法准确地计算出来。我们可以计算出结构中的应力和变形，并精确到小数位，但是在实际工程中这些数值可能会因为风荷载、雪荷载以及人员多少的变化而上下浮动，有时甚至高达计算结果的 50%。还有其他的各种因素会带来不确定性，如结构材料的不同、施工水平的差异、部分被假定为铰接点的刚性节点等。再如在桁架的建造中，弦杆通常是连续的整根构件，但是在桁架计算中会假设弦杆是不连续的。

就像所有的结构计算那样，本书使用的都是近似值。在本章的方案中，为了便于找到形式，因而假定作用在拱顶水平投影上的荷载是均布荷载，然而实际情况是恒荷载会均匀分布于拱顶曲面，而活荷载会因为风向和风力的变化而不同，并不存在一个可以满足所有荷载条件的理想形式。

对于天体物理来说，如果可以确定物体在空间中的运动轨迹，在完全没有复杂因素的情况下，高度精确的计算是可能的。但是结构是坐落在地球上的，其作用模式就像人的行为一样复杂，是不可能被完全预测和量化计算的。正如最伟大的结构工程师们提醒我们的那样，结构计算是用来验证设计者判断的近似值，而不是精确到小数位的解决方案。

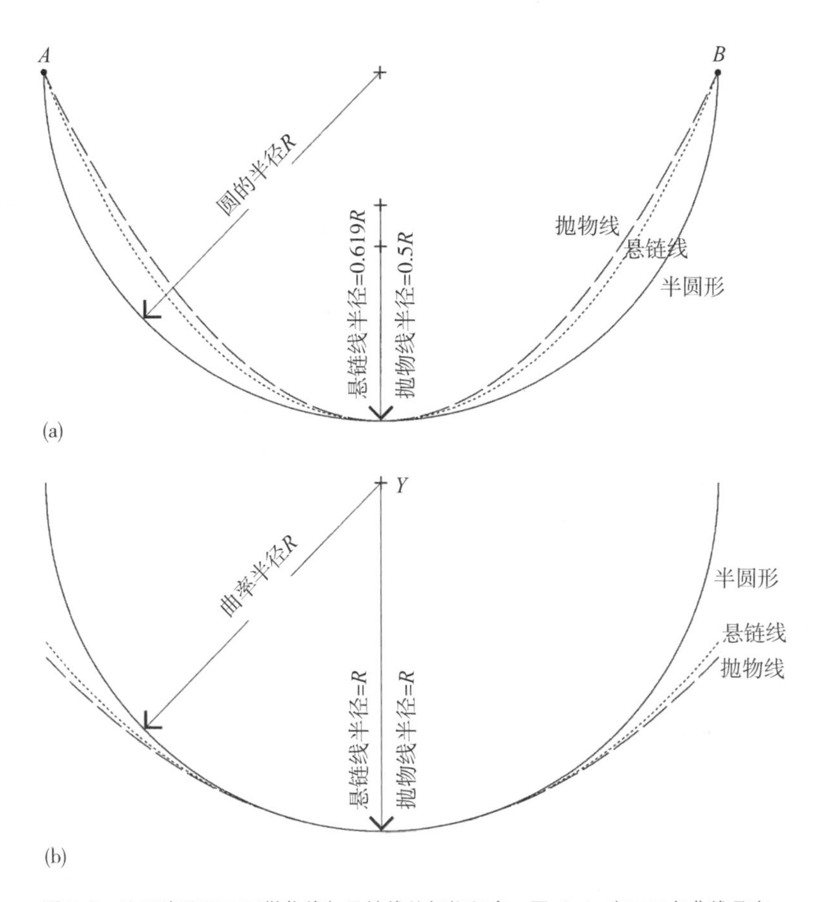

图 3.3　这两张图显示了抛物线与悬链线的相似程度。图（a）表示三条曲线具有相同的端点，图（b）表示三条曲线具有相同的曲率半径，两种情况下都可以得出抛物线与悬链线的线型相似程度较高，而半圆形与悬链线的线型差距较大。

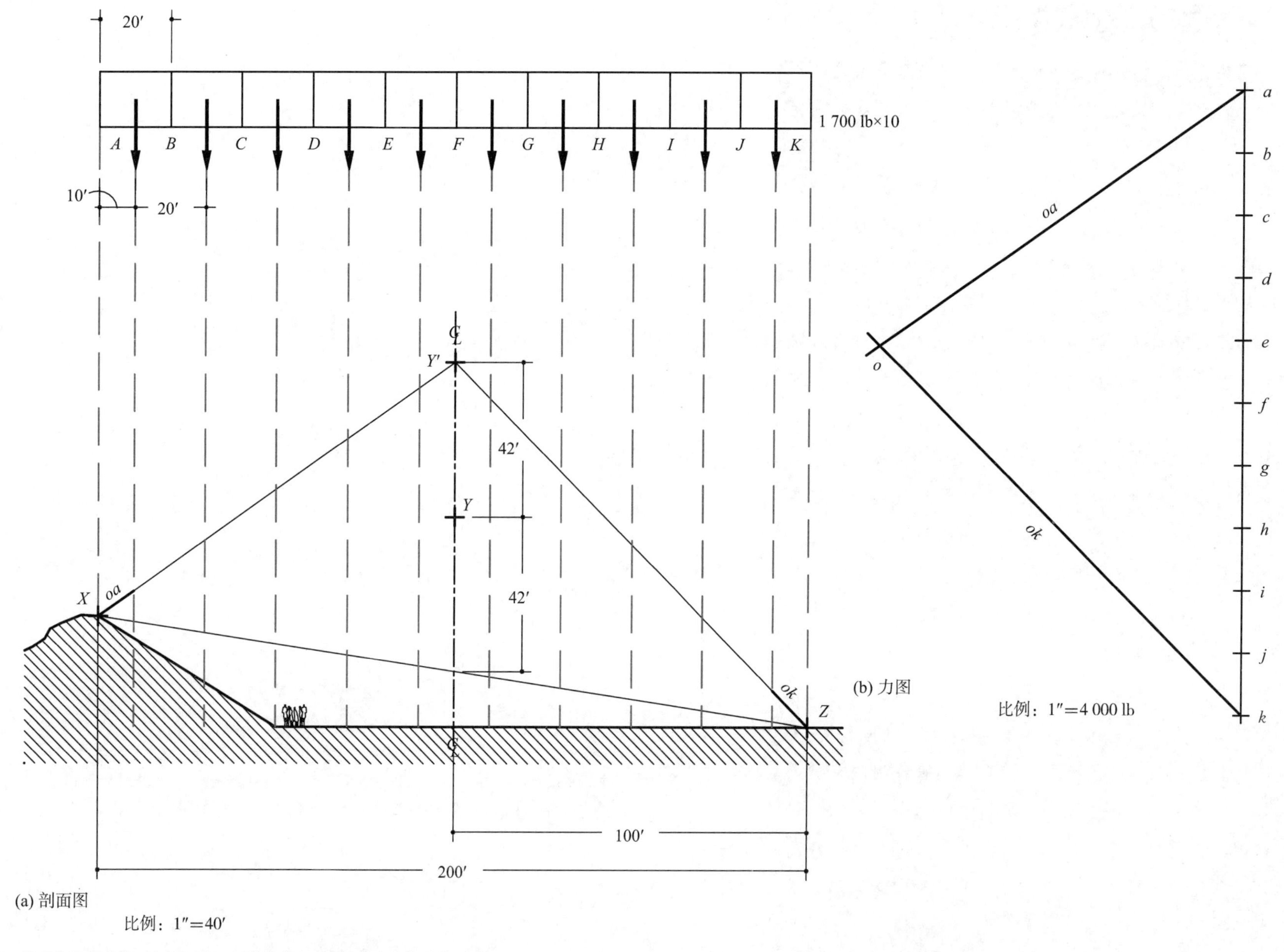

图 3.4　拱顶曲线经过 X、Y、Z 三点，沿拱的跨度方向将拱条平均分成 10 份。

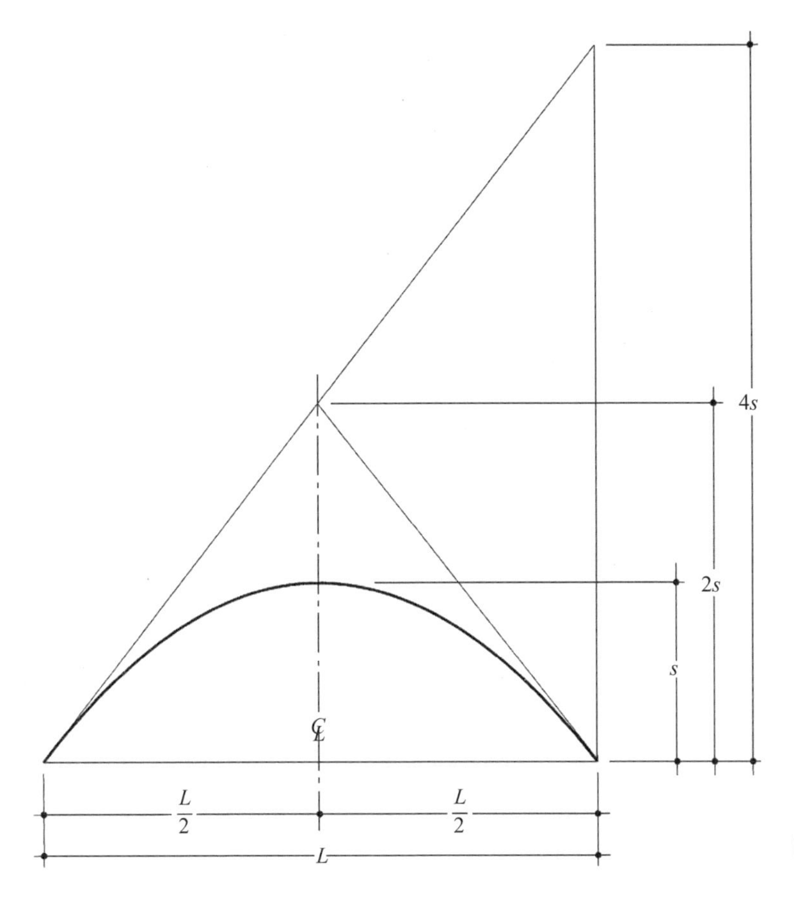

图 3.5　抛物线的几何属性

每个被闭合弦打断的抛物线，无论闭合弦是水平的还是倾斜的，都具有如下的属性：经过闭合弦的端点，并与抛物线相切的两条线在经过闭合弦中点的垂直线上彼此相交，且该点到闭合弦的高度，是抛物线与垂直线交点到闭合弦高度的两倍，如图 3.5 所示。这意味着，我们可以通过图 3.4 和图 3.6 中所示的步骤，找到体育馆拱顶曲线的极点。（请查阅参考资料网站中的课程“形式与力的图解技术 3”）

1. 在形图的垂直中线上，测量出从闭合弦到 *Y* 点的高度。

2. 在垂直中线上找到 *Y′*，*Y′* 到 *Y* 的距离等于之前测量出的高度，拱顶两端的切线在 *Y′* 处相交。

3. 连接点 *X* 与点 *Y′*，*XY′* 与抛物线相切于点 *X*。*XY′* 在 *A* 区域的线段 *oa* 即为拱顶曲线的一部分。

4. 连接点 *Z* 与点 *Y′*，*ZY′* 与抛物线相切于点 *Z*。*ZY′* 在 *K* 区域的线段 *ok* 为拱顶曲线的一部分。

5. 在力图中，以 *a* 点为端点，绘制与形图中 *oa* 平行的线，长度任意。

6. 在力图中，以 *k* 点为端点，绘制与形图中 *ok* 平行的线，长度任意。

7. 力图中两条线的交点就是极点 *o*。

8. 在力图中，绘制出射线 *ob*。在形图的 *B* 区域中，以 *oa* 线段的端点为起点，绘制与力图中与射线 *ob* 平行的线，得到线段 *ob*。

9. 从 *oc* 开始依次重复步骤 8，完成形图的绘制。形图应通过点 *Y*，并与点 *Z* 重合。如果没有重合，就需要重新检查每一步的工作，是否存在累积的绘图错误。

钢筋混凝土拱顶曲线是一条顺滑的抛物线，与绘制出的形图中的各线段中点相切。因为假设集中荷载位于每段拱顶的中心，*A* 区段和 *K* 区段只有其余各区段长度的一半，所以拱顶曲线穿过形图的两个端点。

力图中最长的射线 *ok* 代表了 1 英尺的拱条最大的力，约为 13 800 磅。

虽然我们绘制了拱顶曲线的垂直中线，但是拱顶的最高点不一定在这条线上。实际拱顶最高点位于垂直中线的左边。图 3.6 显示了找到最高点的几何作图方法，经过测量得知拱顶曲线的最高点位于垂直中线左侧 18 英尺处。

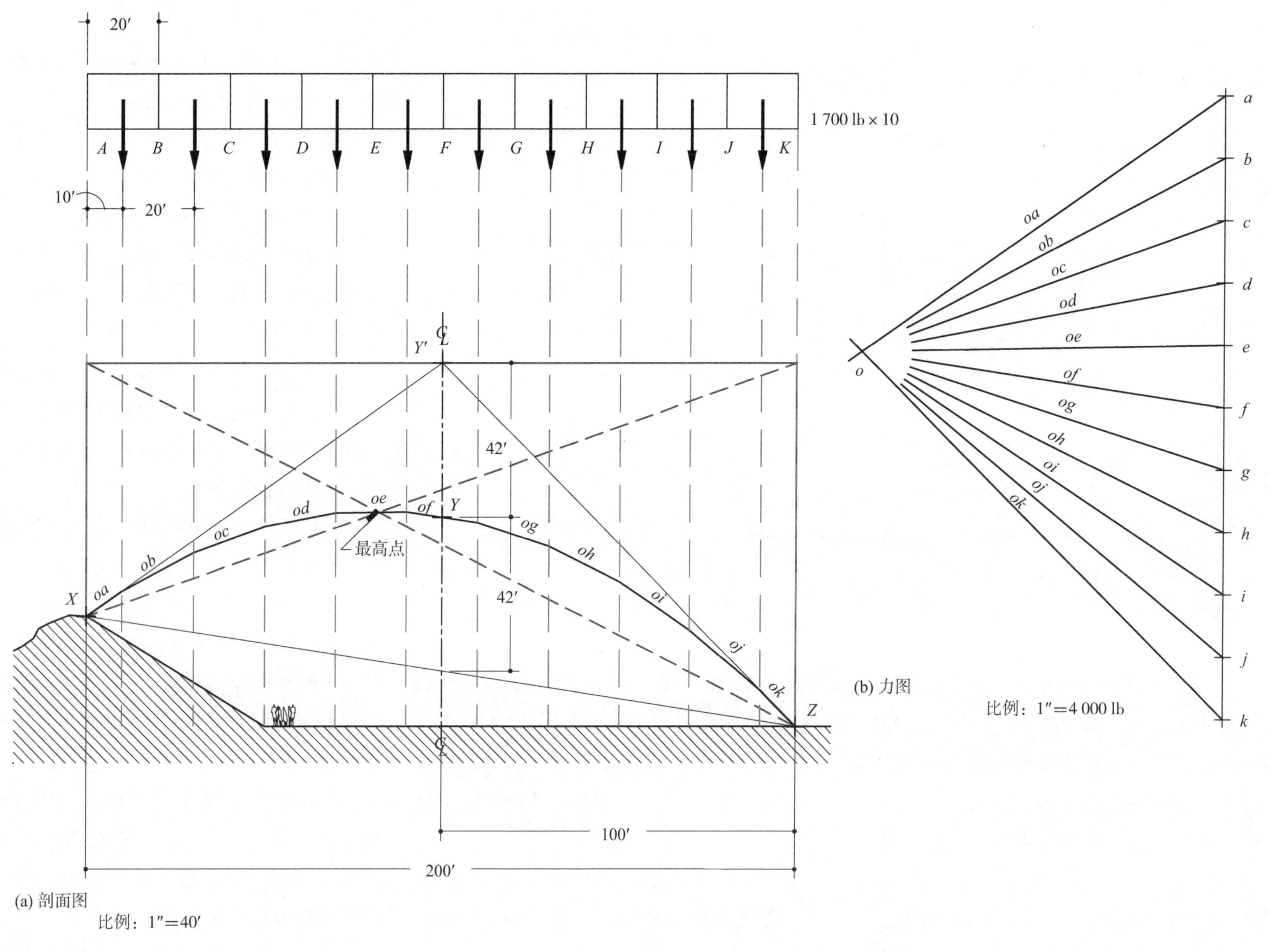

图 3.6　找到拱顶曲线并绘制出力图，找出拱顶的最高点。

求出拱顶的厚度

在继续下一步之前，我们需要估算拱顶的恒荷载，也就是计算出拱顶曲线所需要的钢筋混凝土的厚度。

钢筋混凝土薄壁或薄壳拱顶的容许应力通常比较低，以减少发生屈曲的危险，其代表值大约只有 600 磅每平方英寸。在这样的容许应力下，拱顶应该要多厚？

应力等于力除以作用面积：

$$f=P/A$$

其中：

f 是应力；

P 是力；

A 是截面面积。

由力图可知这个跨度 200 英尺的混凝土拱顶中力的最大值 P 为 13 800 磅。f 在这里等于容许应力 f_{allow}，即 600 磅每平方英寸。以 1 英尺（12 英寸）宽的拱条为计算对象，所以截面面积 A 的大小为 12 英寸乘拱顶的厚度 t，计算过程如下：

$$f_{allow}=\frac{P}{A}$$

$$600\ \text{lb/in}^2=\frac{13\ 800\ \text{lb}}{12\ \text{in}\times t}$$

$$t=\frac{13\ 800\ \text{lb}}{12\ \text{in}\times 600\ \text{lb/in}^2}$$

$$t\approx 1.92\ \text{in}$$

注意

刚刚绘制拱顶曲线的方法是最简单的方法之一，但是这个方法并不是万无一失的，根据给定的三点可能会得出不同的结果（图 3.7）。这种方法不适用于下列情况：

1. 荷载是不均匀的。作用于结构上的荷载大小不同，作用于结构区段上的荷载分布不均匀。

2. 荷载沿跨度方向的作用面积不同。

3. 拱顶最左端和最右端采用了一整个区段而不是半个区段。

如果荷载平均分布于沿拱顶跨度方向的水平投影面上，那么形图就是抛物线，拱顶被分为任意数量的等份，每个部分由一个作用于其中心的集中荷载替代。这可以推导出拱顶的两端占有半个区段，在中间是一整个区段。如果要进一步研究拱顶结构，可以学习本章后面参考资料网站中“主动静力学课程”（Active Statics Program）中关于悬索结构的设计案例。将极点移动到载重线的左侧，可以更好地理解和掌握本章相关的拱和拱顶的研究。

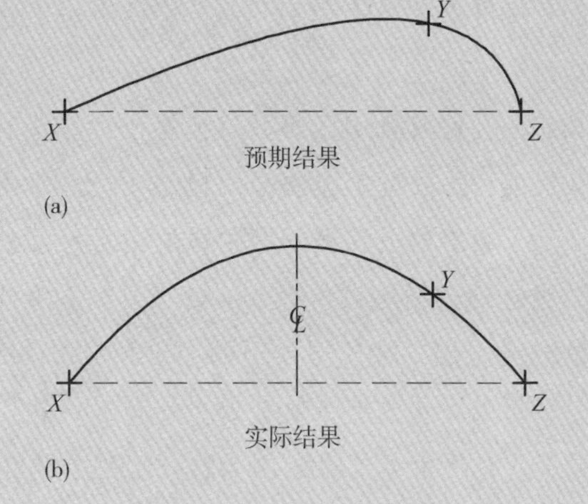

图 3.7 由三个给定点得出不同的抛物线的例子

(a) 抛物线形状与三个点相吻合

(b) 抛物线形状经过这三个点

计算结果表明跨度 200 英尺的混凝土拱顶厚度只需要 2 英寸。

这个拱顶厚度在理论上是可行的，由图解法求出的拱顶形状是根据假定荷载得出的，荷载作用在拱顶内只产生轴向压力，使得结构材料的利用非常高效。

然而实际工程中存在几个原因导致拱顶不可能这么薄：

1. 拱顶需要用十字钢筋网加固。假设采用 4 号钢筋，也就是直径 0.5 英寸的钢筋。由于钢筋表面上的凸起螺纹，它们实际的外径约为 0.562 5 英寸。十字交叉的地方会重叠，所以它们在拱内需要 1.125 英寸的厚度。

2. 钢筋的外侧需要一定厚度的混凝土保护层，用来防止火灾和防止钢筋的锈蚀，这个厚度也可以确保钢筋与混凝土黏结成为一个整体共同抵抗荷载。在这个项目中，屋顶会覆盖防水薄膜，起到保护钢筋混凝土拱顶的作用。根据计算得出的 2 英寸的总厚度，减去钢筋本身的厚度，也就是钢筋的上下表面只覆盖约 0.5

英寸厚的混凝土，这是不现实的。因为钢筋网的铺设并不是理想中的平整和精确，只有 0.5 英寸厚的混凝土很难掩盖住钢筋铺设时的误差。假如其中任何一根钢筋发生轻微弯曲，或者它从模板中的支撑点上稍稍凸起，它就有可能在浇筑混凝土的过程中露出混凝土的表面，导致拱顶表面装修装饰很困难并且损害拱顶结构的防火性能。另外这个厚度的模板制作也非常困难。为了留出模板和钢筋网制作的正常尺寸公差，更合理的做法是在钢筋两侧各覆盖 2 英寸厚的混凝土层，这使得拱顶的厚度达到 5.125 英寸，可以简化为 5.5 英寸或者 5 英寸，我们通常优先选择大的尺寸，因为这样可以在施工期间进一步减少以上提到的问题。

3. 如果拱顶遭遇强风、积雪或是风带来的沉积物等额外荷载，拱顶的荷载作用模式将不再均匀，拱顶的压力线（pressure line），也就是内力合力的路径很可能偏离拱顶曲线的中心线，所产生的弯曲应力会引发拱顶的坍塌。采用 5.5 英寸厚度的拱顶可以降低这种风险。

找到理想的拱顶曲线

刚刚找到的抛物线形已经接近理想的拱顶曲线形状，但它是不是最理想的呢？下面我们会根据已有条件找到理论上的理想拱顶曲线。

首先，测量每段抛物线拱条的实际长度，通过这些长度得出每段的恒荷载，加上活荷载后，找到符合这些荷载大小并穿过点 X、Y 和 Z 的拱顶曲线；最后，比较新找到的拱顶曲线与之前的拱顶曲线之间的差别。

荷载估算

一个 5.5 英寸厚的混凝土板重约为 69 磅每平方英尺，附加保温层和防水层后的重量约为 75 磅每平方英尺。荷载均匀分布在屋顶表面上，而不是水平投影面上。而建筑规范规定的活荷载设计值是基于屋顶的水平投影面，而不是实际拱顶表面。在结构设计初期，一般忽略横向荷载和不对称荷载的作用。

在图 3.8 中，测量每段抛物线拱条的实际长度，最小为位于顶端处的 241 英寸，最大为右侧支座处的 324 英寸。列表 3.1 表示出每段抛物线拱条的长度、恒荷载、活荷载和总荷载。恒荷载为 75 磅每平方英尺乘每段抛物线拱条的面积。每段抛物线拱条的活荷载相同，为 20 平方英尺乘 10 磅每平方英尺，总荷载是恒荷载与活荷载之和。可以看出每段的总荷载最小为 1 705 磅，最大为 2 225 磅，变化幅度约 30%。

找到拱顶曲线

已知荷载的大小以及拱顶上的三个点，通过绘制力图来找出拱顶曲线。因为荷载不均匀分布，无法通过之前的方法来确定极点的位置。我们需要一种适合任意荷载模式的通用方法，来找出极点以及通过三个指定点的拱顶曲线。

在本章后面的参考资料网站上课程“形式和力的图解技术 4”中介绍了一种方法，下面是它的工作原理：

1. 根据表格中的总荷载重新绘制出载重线，每段长度变化范围约在 30% 之内。

2. 按照适当的间距绘制出荷载的作用线，作为形图的底图，每个荷载的作用线延伸到场地剖面图的底部。

3. 选择任意点作为极点，暂时命名为 o'，绘制出力图，并在荷载作用线上绘制与之匹配的形图 $X'Y'Z'$（图 3.9）。注意形图 $X'Y'Z'$ 是找到最终形图的一个必要的中间步骤。

4. 绘制出形图 $X'Y'Z'$ 的一部分闭合弦 $x'y'$（图 3.10）。

5. 通过极点 o'，绘制平行于 $x'y'$ 的射线，该射线与载重线相交于点 m。

6. 在场地剖面图上绘制出闭合弦 xy，$x'y'$ 是现有形图 $X'Y'Z'$ 的一部分闭合弦，而 xy 是我们需要找到的形图 XYZ 的一部分闭合弦。

7. 以载重线上的点 m 为起点，绘制平行于 xy 的射线，则极点 o 必然在这条线上。

8. 重复步骤 4～6，找出另一部分闭合弦 yz（图 3.10），在力图上的 xy 和 yz 的交点即为极点 o。

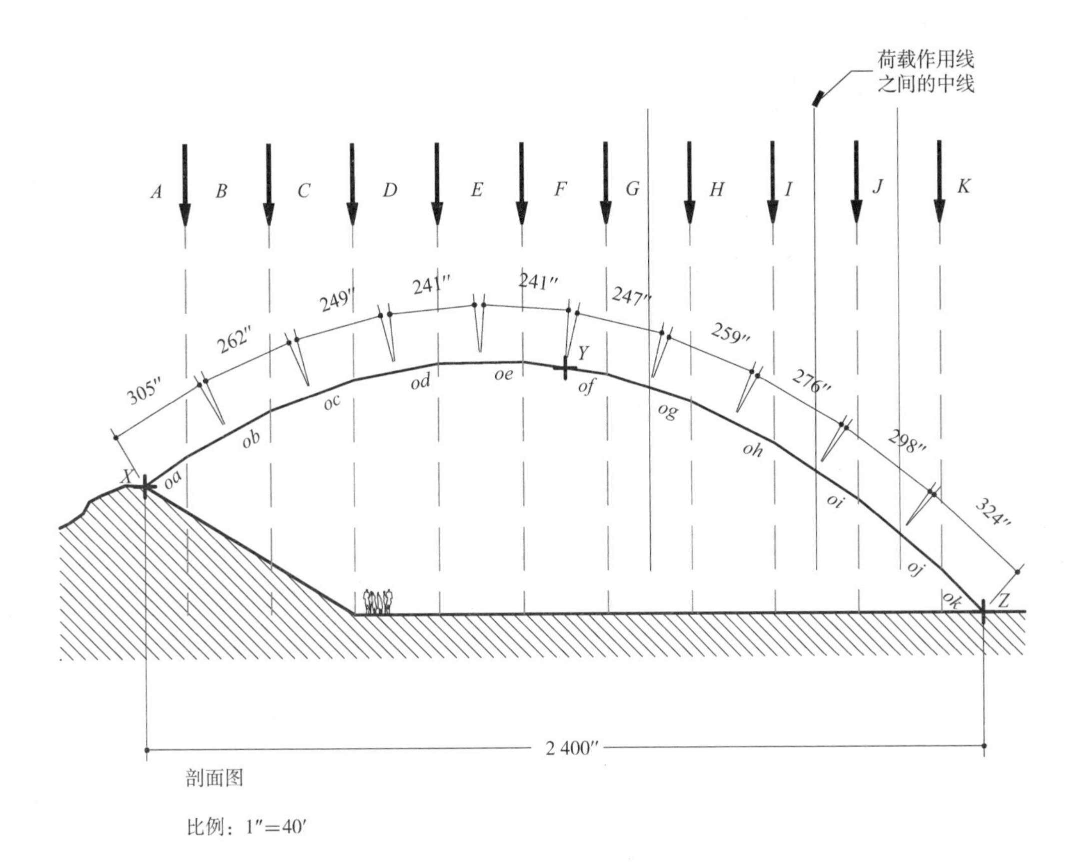

图 3.8　沿着抛物线测量每段长度

表 3.1　每段抛物线拱条的长度、恒荷载、活荷载和总荷载数值

荷载	长度/in	恒荷载/lb	活荷载 lb	总荷载/lb
ab	305	1 755	200	1 955
bc	262	1 640	200	1 840
cd	249	1 555	200	1 755
de	241	1 505	200	1 705
ef	241	1 505	200	1 705
fg	247	1 540	200	1 740
gh	259	1 620	200	1 820
hi	276	1 725	200	1 925
ij	298	1 860	200	2 060
jk	324	2 025	200	2 225

9. 在力图上，以极点 *o* 为起点绘制出一组新的射线，*oa* 到 *ok*（图 3.11），绘制出与之相匹配的形图 *XYZ*，*X*、*Y*、*Z* 通过三个指定点。

这种找到极点的方法虽然比较复杂，但是它适用于任意的荷载分布模式，因此也是结构设计的一个有效工具。因为共享同一条载重线的索线系列中，具有相同荷载分量的闭合弦，在力图中，与这些闭合弦平行的射线会通过载重线上相同的点。

在本方案中，我们为形图建立了两条闭合弦 *xy* 和 *yz*，它们有一个共同的端点，即点 *y*。这一索线系列中，闭合弦 *xy* 与 *x′y′*、*yz* 与 *y′z′* 享有同等的荷载分量，则力图上平行于它们的射线会通过载重线上同一个点。通过两条射线即可以确定极点，已知极点之后便可以绘制出完整的力图。

两条拱顶曲线的比较

图 3.12 展示了新绘制的拱顶曲线，在本方案预估的荷载作用下，它非常接近理想的拱顶曲线。将之前找到的简化的拱顶曲线与之叠加后，发现它们之间差别不大，这样的区别可以在电脑绘图中察觉到，因为图纸在电脑上可以被无限放大，但在实际建造中很难区分。因此采用抛物线形进行初步设计，在大多数情况下是可行的。如果拱的升起高度小于其跨度的四分之一，那么采用圆弧形状也是适用的。需要谨

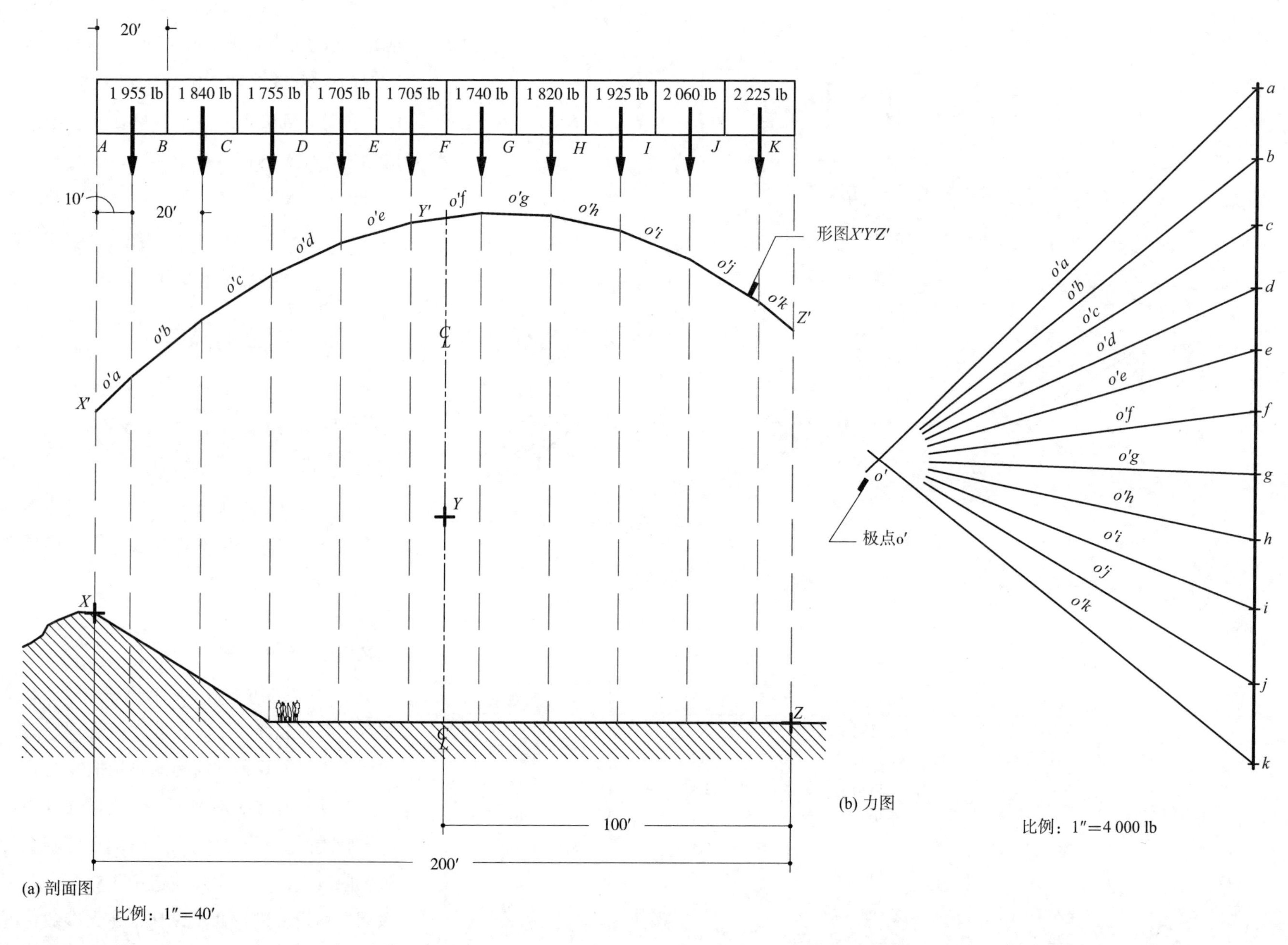

图 3.9　绘制一个任意点作为极点 o'，并根据力图绘制形图。

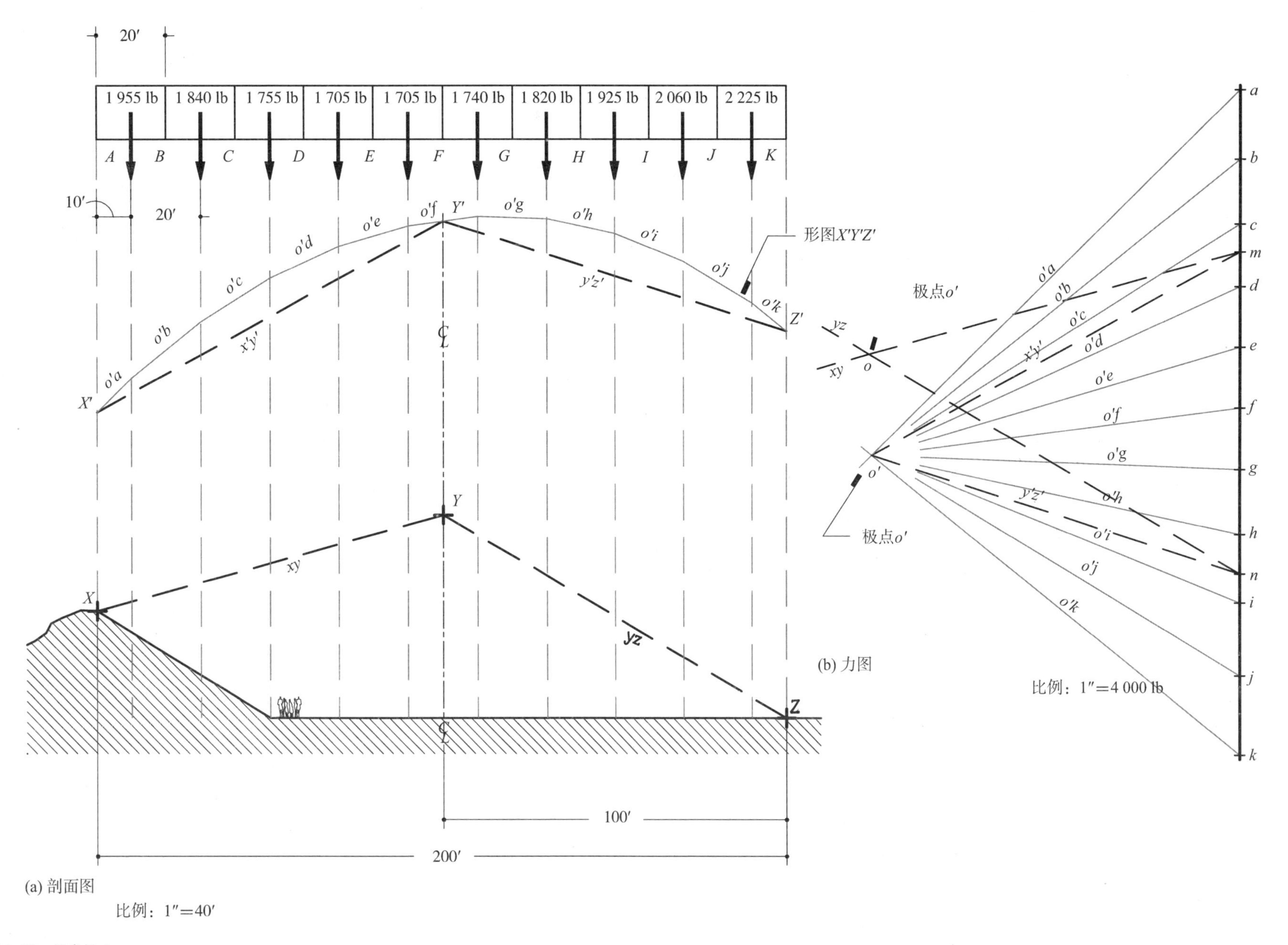
20′
1 955 lb
1 840 lb
1 755 lb
1 705 lb
1 705 lb
1 740 lb
1 820 lb
1 925 lb
2 060 lb
2 225 lb
A B C D E F G H I J K
10′
20′
X′ Y′ Z′
形图X′Y′Z′
x′y′
y′z′
X Y Z
xy
yz
100′
200′
(a) 剖面图
比例：1″=40′
极点o′
极点o′
(b) 力图
比例：1″=4 000 lb
a b c m d e f g h n i j k

图 3. 10　找出极点 o

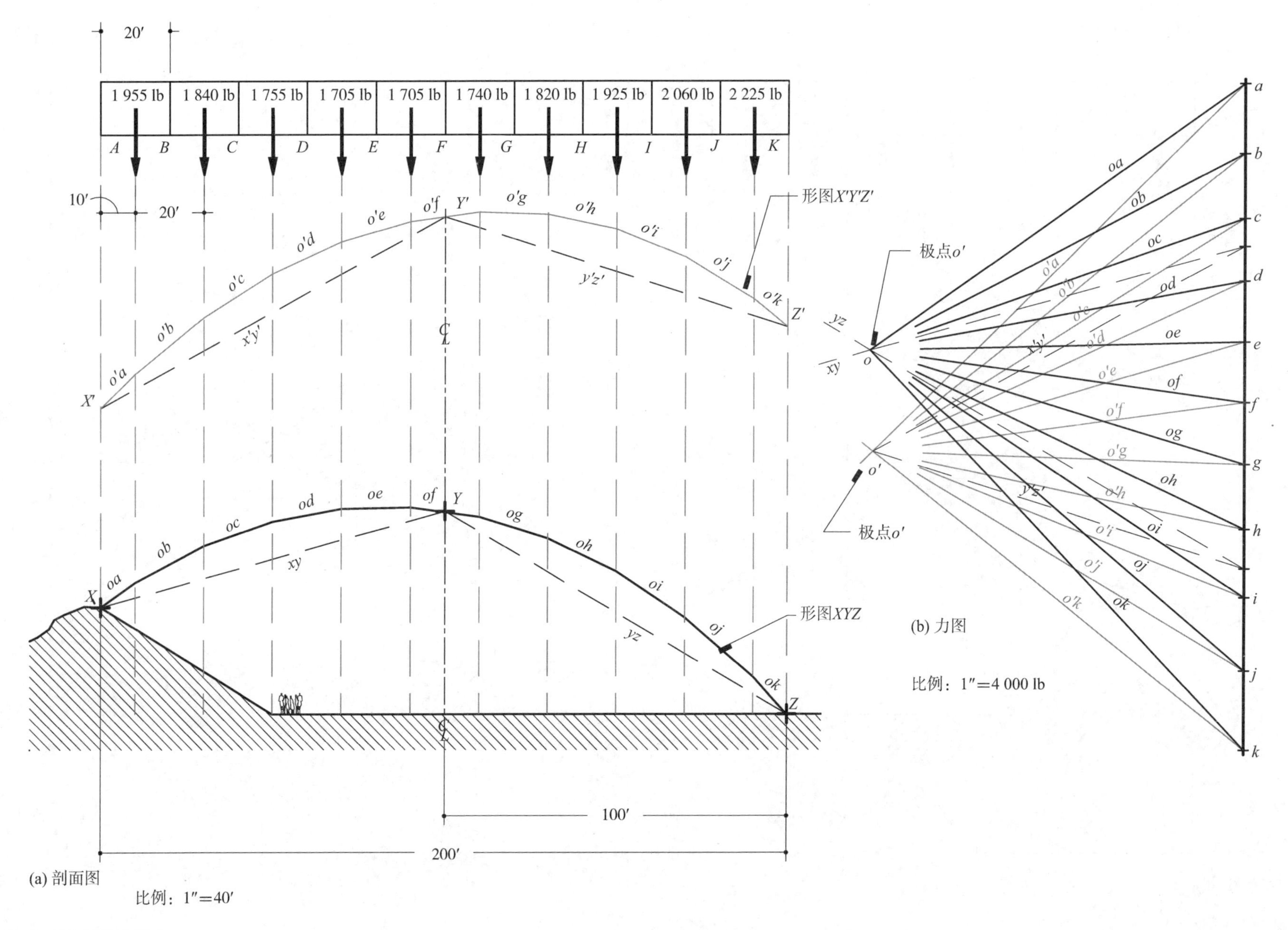

图 3. 11　绘制出形图 *XYZ*

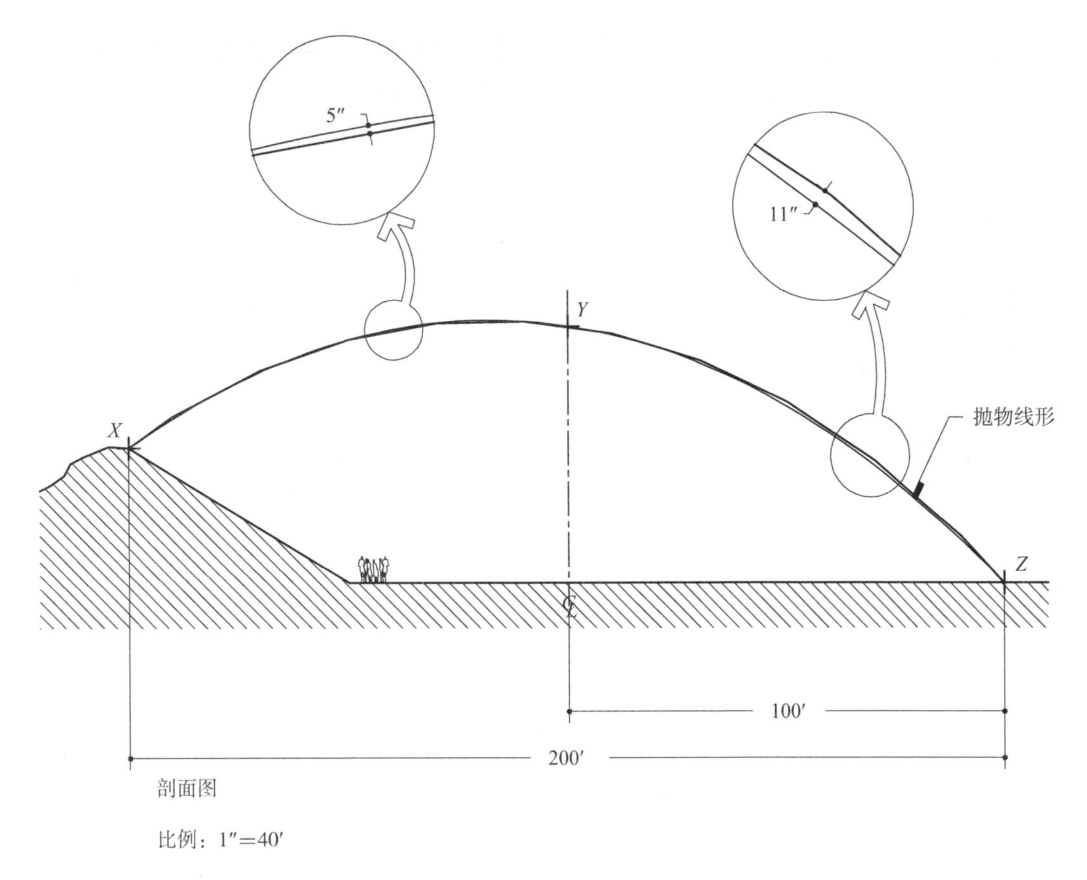

图 3.12　当拱的高跨比值小于等于 0.25 时，抛物线和悬链线的相似度很高。

记的是，风荷载和不对称的雪荷载作用会在拱顶内产生非轴向力，这种情况下找出精确适配的拱顶曲线几乎不可能。正确的工作方法应该是通过找到近似的拱顶曲线，然后加强拱顶结构的刚度来抵抗弯曲作用，以此来抵抗风荷载和雪荷载。

增加拱顶的刚度

本方案的拱顶曲线跨度超过 200 英尺，而设计的拱顶厚度不足半英尺，也就是说拱顶跨度是厚度的 400 倍以上。这种薄壁的受压结构很可能会在比理论值低得多的荷载作用下发生屈曲或坍塌。

可以通过增加拱顶的厚度和钢筋的数量来抵抗屈曲和不均匀的荷载，但是这种方法可能使拱顶厚度达到几英尺。更加科学的解决方法是增加拱肋。拱肋可以设置在拱的上方或下方，沿着拱顶曲线的方向（图 3.13），如同梁一样间隔 25~35 英尺均匀布置。也可以设计成交叉的拱肋，其图案效果也极具吸引力（图 3.14）。

另一种抵抗屈曲和不对称荷载的方法是采用折叠的拱顶或波纹状拱顶（图 3.15）。例如一张纸折叠后的刚度明显优于折叠前（图 3.16）。拱顶表面的折叠或波纹在增加少量材料的基础上极大地增加了拱的结构作用高度。假设折叠段宽 20 英尺，起坡面与拱顶平面成 30°角，则折叠后拱顶板的整体高度为 5 英尺，大约是跨度的 1/40。而未折叠的拱顶的高度大约是跨度的 1/400。折叠拱顶只需增加约 12% 的混凝土，而拱顶的结构高度增加了近 9 倍。

图 3.17 展示了几种拱顶的设计，其中两种还与拱顶采光相结合。最终我们决定采用波纹状拱顶，这样的设计在阳光下会产生渐变的阴影，使建筑层次丰富，看起来优雅美观且赏心悦目。为了防止产生眩光影响球场上的运动员，拱顶不开设天窗。

波纹状拱顶设计增强了拱顶的刚度，同时也是在垂直于拱顶曲线的方向上起二级拱，起拱后会使拱顶在纵向上产生水平侧推力，中间的拱的水平侧推力可以互相抵消。在拱顶的两端，可以继续向上起拱（约二级拱跨度的四分之一），作为边梁来抵抗这个侧推力（图 3.18）。边梁应比拱顶更厚并根据需要采用钢筋加固。

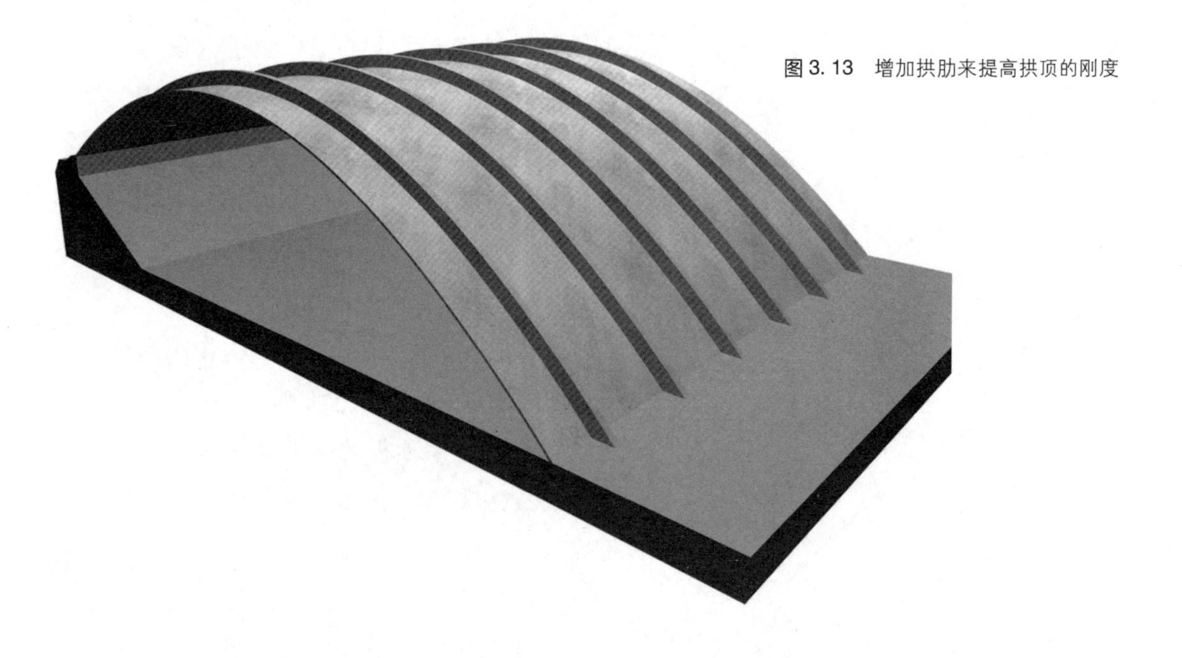

图 3.13　增加拱肋来提高拱顶的刚度

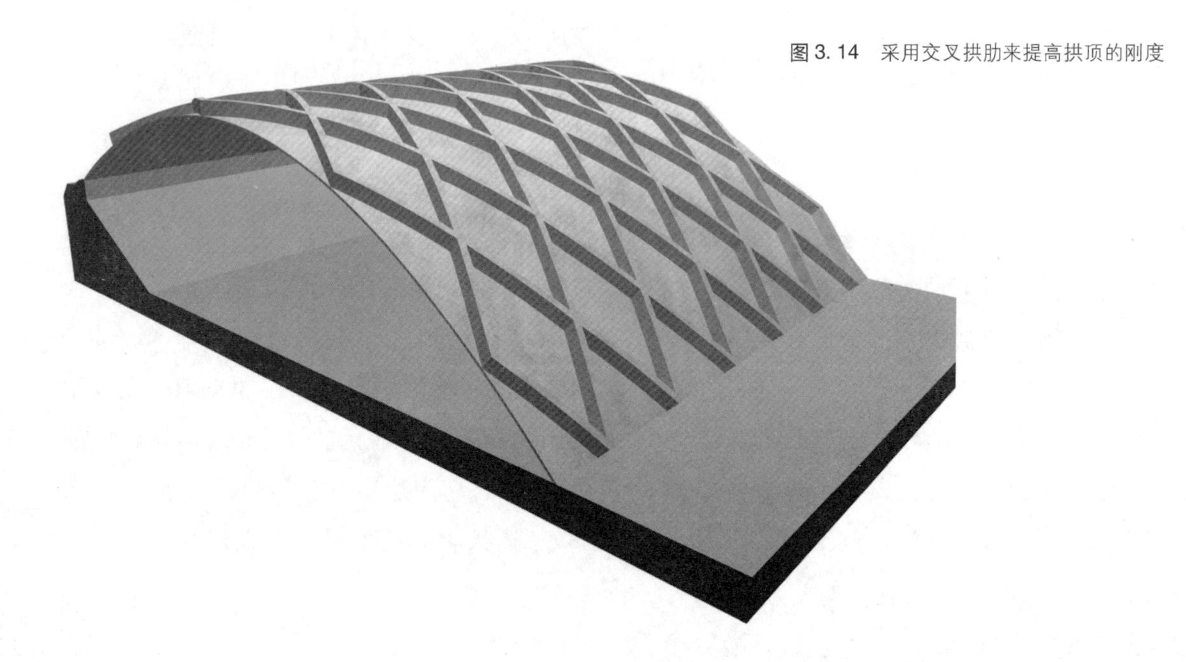

图 3.14　采用交叉拱肋来提高拱顶的刚度

埃拉蒂奥·迪亚斯特（Eladio Dieste, 1917—2000）

埃拉蒂奥·迪亚斯特是乌拉圭结构工程师，在漫长的职业生涯中，他设计了很多加筋砖砌体的拱顶和拱壳结构。代表作品有1960年完成的阿特兰蒂达工人基督会教堂（Church of Christ the Worker，Atlantida），加筋砖砌体构成有规律起伏的建筑表皮，以及1971年完成的折板结构的杜拉斯诺圣佩德罗教堂（Church of San Pedro，Durazno）。

迪亚斯特在乌拉圭设计了大量低成本的工厂以及仓库建筑，这些建筑的结构大都以抛物线形或悬链线形为基础，结构形式美观且轻盈。他说："在多数情况下结构因其神秘性而感动和吸引我们……我们不仅要用眼睛去看，还要用心灵去感知这些结构，它们揭示了准确控制物质平衡的规律……赋予结构以形式……就像同样是跨越一个空间，可以是如同完美飞行一样的跳跃，也可以是简单的跌落。……需要记住的是，没有无科学根据的艺术，而要获得这种跳跃的能力需要很多理性的努力。"[①]

① Eladio Dieste. La Estructura Ceramica. Bogota：Escala，1987：152.

图 3.15　乌拉圭蒙得维的亚某体育馆的屋顶，由埃拉蒂奥·迪亚斯特设计，加筋砖砌筑的狭长拱条弯曲成 S 形，增加结构刚度的同时与屋面采光相结合。为了不影响室内空间的整体性，迪亚斯特将支撑的柱子延伸至室外并高于屋面，在柱子顶部设置了水平拉杆。

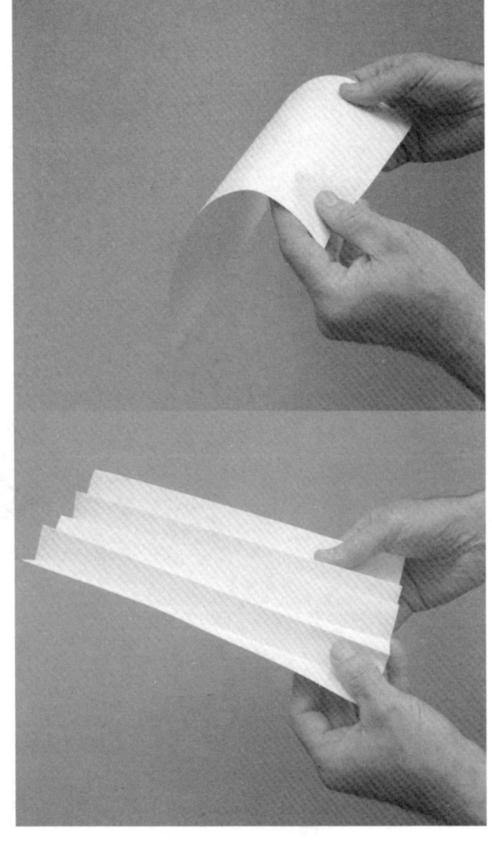

图 3.16　折叠的纸比展开的纸刚度更大

图 3.17　几种拱顶设计

图 3.18　将拱顶的边缘继续起拱或适当加厚形成边梁

图 3.19　建造拱顶的模板以及脚手架

拱顶的建造

钢筋混凝土拱顶的建造需要使用模板，模板按照拱条单元设计，可以沿轨道升高、降低以及横向移动，以便重复使用（图 3.19）。模板表面涂有防止混凝土粘黏的涂料，并被抬升到拱顶相应的位置。钢筋铺设在塑料或金属的支架上（也叫马凳），这些支架使钢筋与模板表面间隔适当的距离，以保证钢筋保护层的厚度。钢筋交叉焊接形成钢筋网，使其在混凝土浇筑过程中不发生位移。混凝土浇筑后，钢筋和支架会牢牢地嵌入混凝土当中。小测试试件会与每批次混凝土同时浇筑，并放置在拱顶旁边，以便与拱顶在相同的条件下硬化。拱顶的上表面用镘刀抹平。

可以在混凝土拱顶表面覆盖不透水塑料膜或在混凝土拱顶表面喷洒硬化剂形成防水膜来促进混凝土的硬化。上述方法都可以将水长时间地保留在混凝土中，使混凝土中的矿物晶体充分水化进而使混凝土达到应有的强度。需要注意的是在浇筑后一个月内避免混凝土干燥或冻结。

混凝土拱条硬化一段时间后才足以支撑其自身重量。小测试试件每隔几天从现场运输到实验室进行材料强度测试。当测试显示混凝土拱顶已经达到所需的强度时，拱条可以承受自身的重量，就可以降低模板的高度。将模板沿轨道平行移动到下一个拱条的位置，清理模板并再次涂覆防止混凝土粘黏的涂料，抬升到位后以备浇筑混凝土。根据需要，如此重复多次，以建造出规定长度的拱顶。

形式是结构的根本问题，结构的耐久性取决于它们的形式，结构因形式而稳定，而不是因为材料的无意义堆积。从学术的角度来看，没有什么比这更高贵更优雅的了——通过形式来实现结构的耐久性。

——埃拉蒂奥·迪亚斯特

当拱顶曲线接近地面时，会变得越来越陡峭。陡峭的角度会使未硬化的混凝土因为重力而错位流动，为了防止流动需要调整拱顶的几何形状与混凝土的材料性质。在混凝土中加入聚丙烯纤维或化学添加剂降低含水率，增加未硬化的混凝土的黏度和稠度。如果拱顶表面过于陡峭，以上策略都无法使混凝土不发生错位，就需要采用双面模板（图 3.20），这将大幅度增加施工复杂程度和成本。图 3.21 是使用双面模板施工的陡峭拱顶的案例。

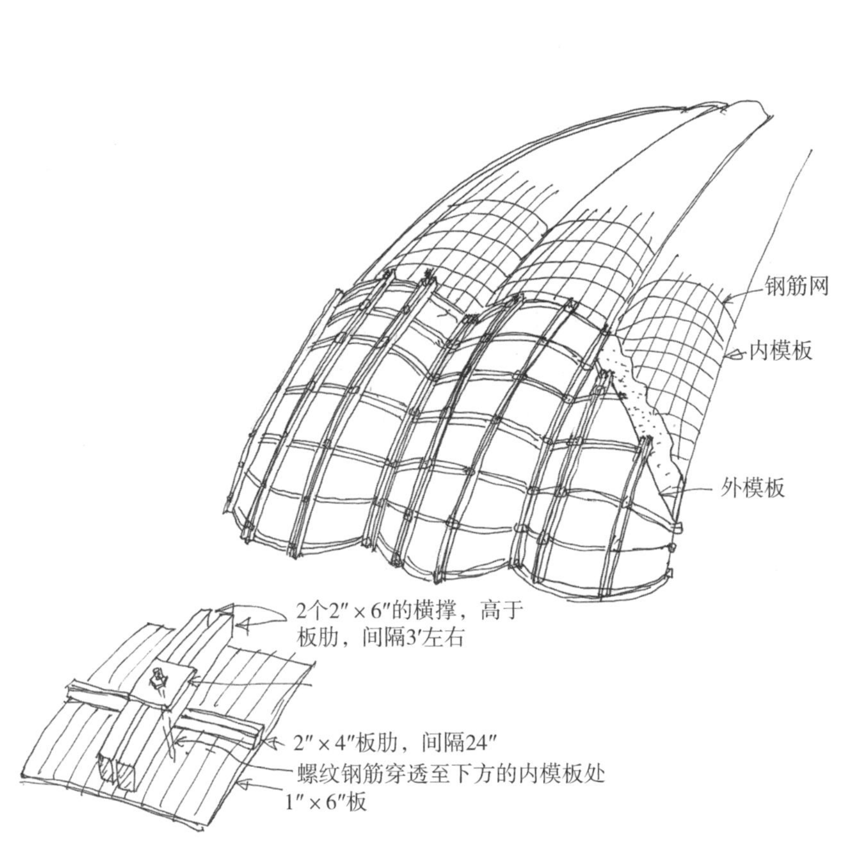

图 3.20　双面模板的草图

(a)

(b)

图 3.21　图（a）为 1916 年至 1923 年建造的巴黎奥利机场飞机库，由法国工程师尤金・弗雷西内设计（Eugene Freyssinet）。图（b）显示了在拱顶陡峭部分使用的外模板。从底部的门的大小可以感受到建筑的尺度，每条机库混凝土拱顶的厚度都小于 100 毫米，而拱顶跨度约为 75 米。在拱顶波纹处沿纵向设有拉杆，用来加强拱顶结构的整体稳定性。

图片来源：Eugene Freyssinet, Jose Fernandez-Ordonez, 1979

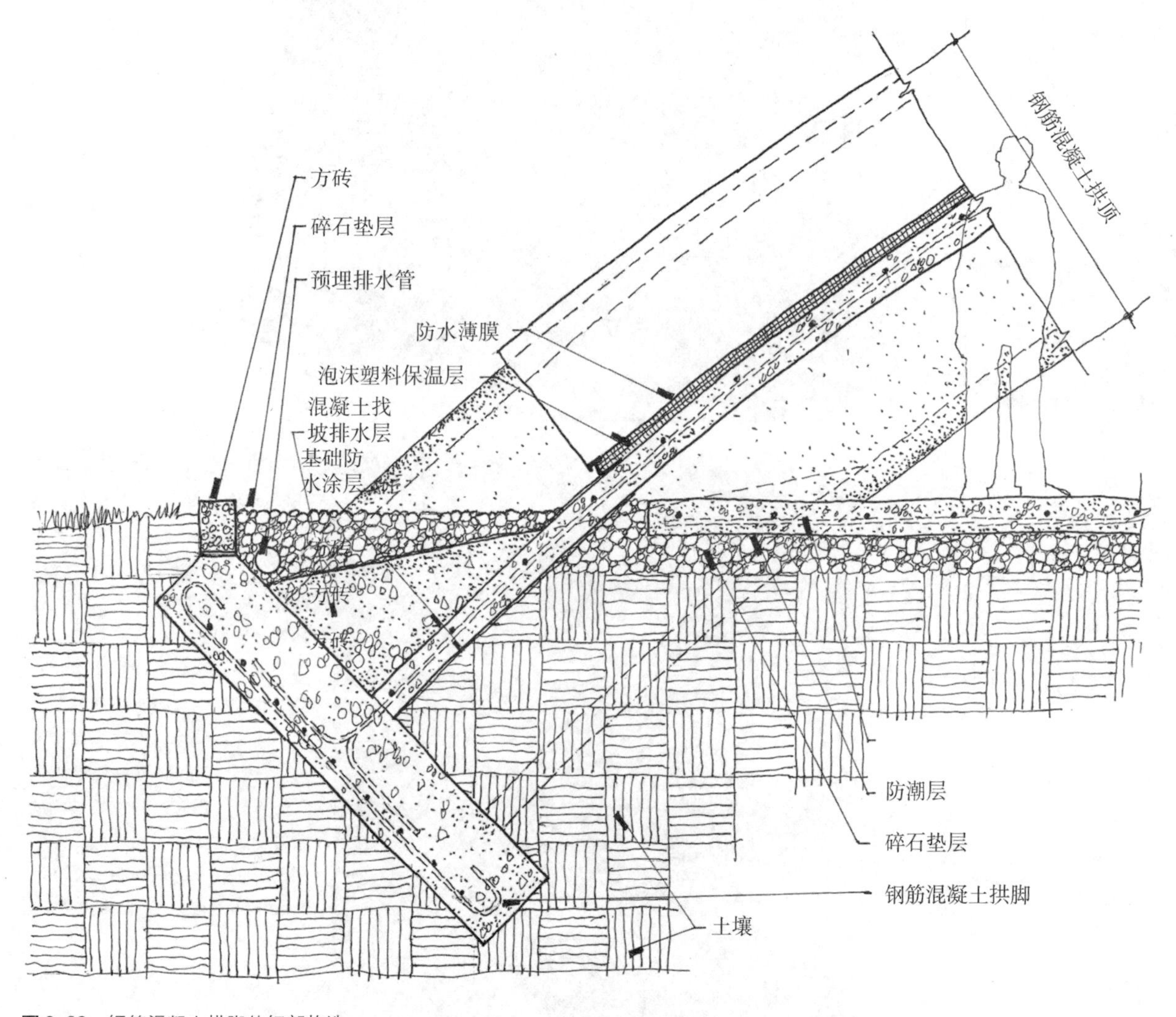

图 3.22 钢筋混凝土拱脚的细部构造

拱顶的细部构造

拱顶的构造相对比较简单，拱脚处的细部构造如图 3.22 所示。钢筋网沿模板运动的方向从每个拱条边缘伸出，当放置下一个拱条的钢筋时，将它们与伸出的钢筋绑扎在一起，从而将各个拱条牢固地连接在一起。

整个拱顶对基础形成较大的水平侧推力。如果拱顶建造在平坦的地面上，这种侧推力可以通过向内的拉力来平衡，拉力可以来自置于地板内部的连接拱顶两个拱脚的钢杆（图 3.23）。在本方案中，拱顶的一端建在陡峭的斜坡上，另一端建在地面上，如果把钢杆放置在地板和看台下方，那么拱顶的侧推力就会倾向于将它们拉成直线，这将对地板和看台造成破坏并导致拱顶向外展开。可以在斜坡与地面的交接处安放基础，给钢杆增加约束来解决这个问题。

平衡水平侧推力的另一种方法是将拱脚锚固到地基里，前提是地基要坚固而稳定，这个项目的地基为岩石，符合这个条件。可以将拱脚垂直于拱顶的推力线，或者采用带有垂直面的水平基础（图 3.24）。

完成拱顶的建造

钢筋混凝土拱顶的保温和防水材料有很多种选择，在这个项目中采用带有涂层的泡沫塑

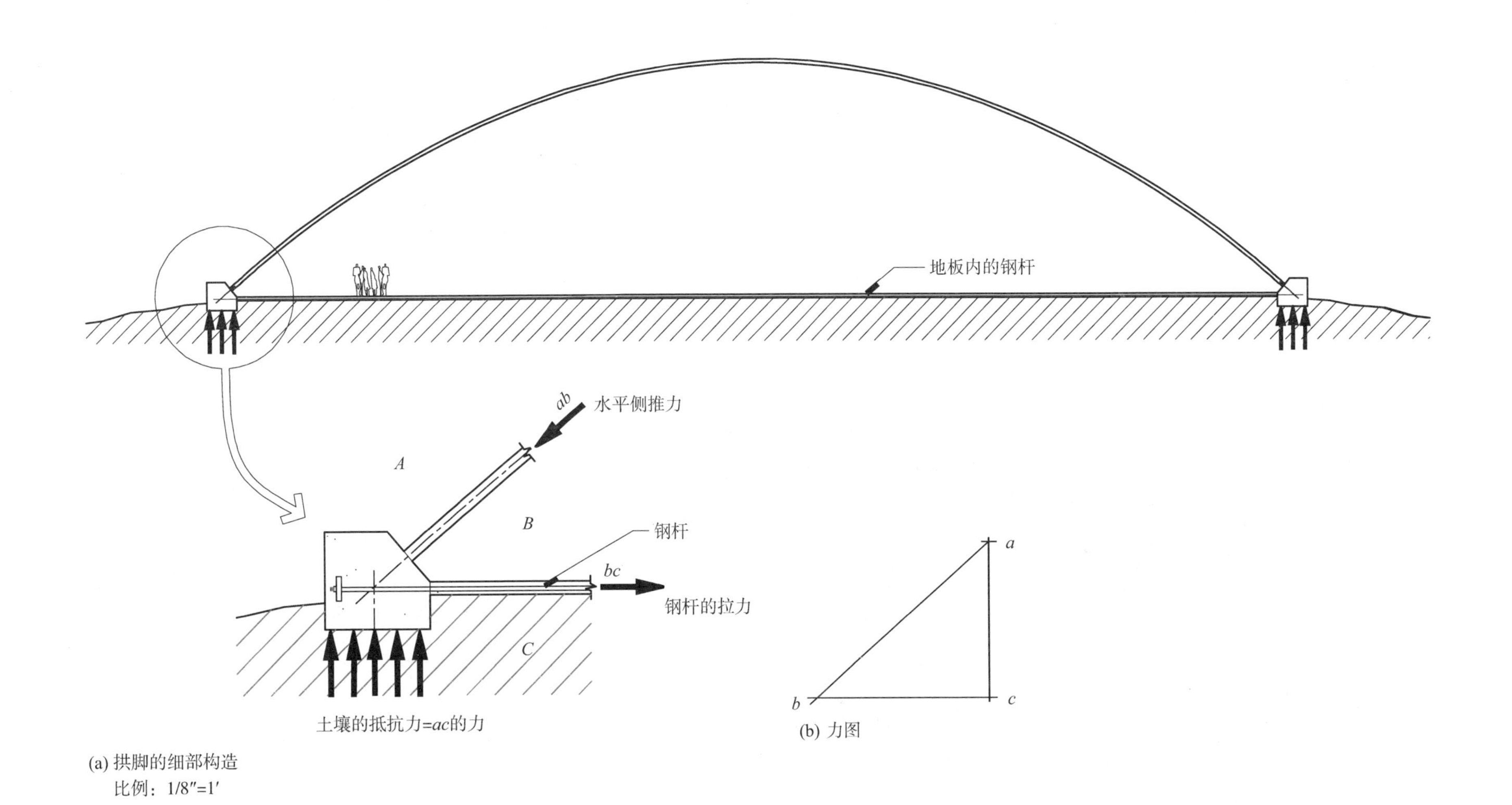

图 3.23　平地上的拱顶抵抗水平侧推力的方法

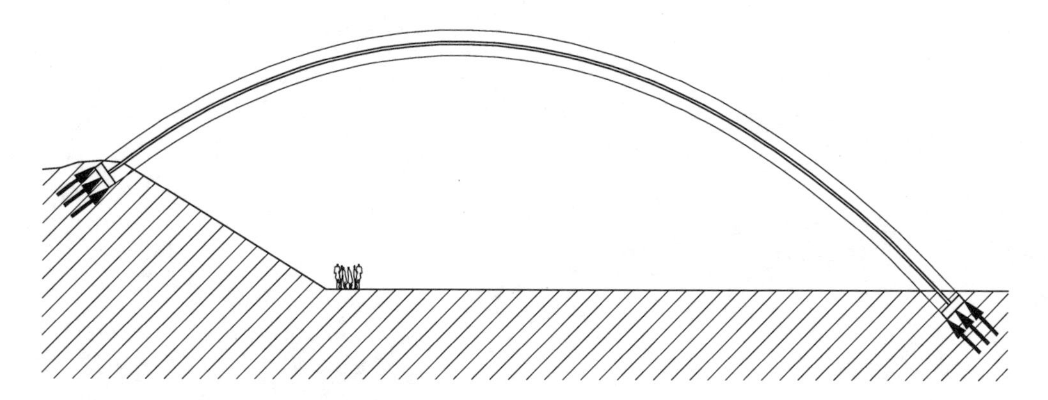

图 3.24 拱脚示意图

图 3.25 侧墙构造示意图

料作为保温层。保温层和保护膜的下端由特殊模具制成尖锐封闭的防水边缘，并与混凝土拱顶的形状相契合。保温层表面经平整处理后，喷涂液体橡胶防水涂料作为防水层。

侧墙设计

不适宜的侧墙设计会影响拱顶的优雅和美观。为了产生和谐之美，建议采用厚约 10 英寸的加筋砌体建造，并在侧墙上重复拱顶表面的波纹起伏（图 3.25）。典型的做法是先建造出一面非结构性的砖砌墙体作为表层或装饰层，留出 2 英寸的空腔，防止墙体本身结露。然后建造混凝土砌块的内层。钢筋穿过混凝土砌块的内部在垂直和水平两个方向上对墙体进行加固。最后在其中灌入水泥砂浆包裹住钢筋。

保温层安装在混凝土砌块墙体的内侧，通常的做法是在墙体附近安装轻钢龙骨，轻钢龙骨不接触墙壁，然后在龙骨之间填充玻璃棉保温层，表面采用石膏板饰面。

侧墙顶部的倾斜玻璃天窗给室内带来天然采光（图 3.26、图 3.27）。这些天窗是工厂预制的铝合金玻璃窗，运输到现场后由起重机吊装到位，用螺栓固定到侧墙的顶部。深化设计阶段需确保这些天窗不会产生眩光。

图 3.26　入口处的透视图

图片来源：波士顿结构组设计和绘制

图 3. 27　体育馆剖透视图，可见侧墙上的侧高窗采光。

其他材料

以上是现浇钢筋混凝土拱顶结构的初步设计，这种形式和方法也适用于其他建筑材料。图3.28展示了其他四种材料的拱顶设计：(a) 主体为钢桁架拱，采用波纹钢板屋面；(b) 宽翼缘工字钢拱和檩条构成整体结构，采用波纹钢板屋面；(c) 胶合木拱和檩条构成整体结构，采用企口板屋面；(d) 预制混凝土拱和檩条构成整体结构，采用预制混凝土空心屋面板。

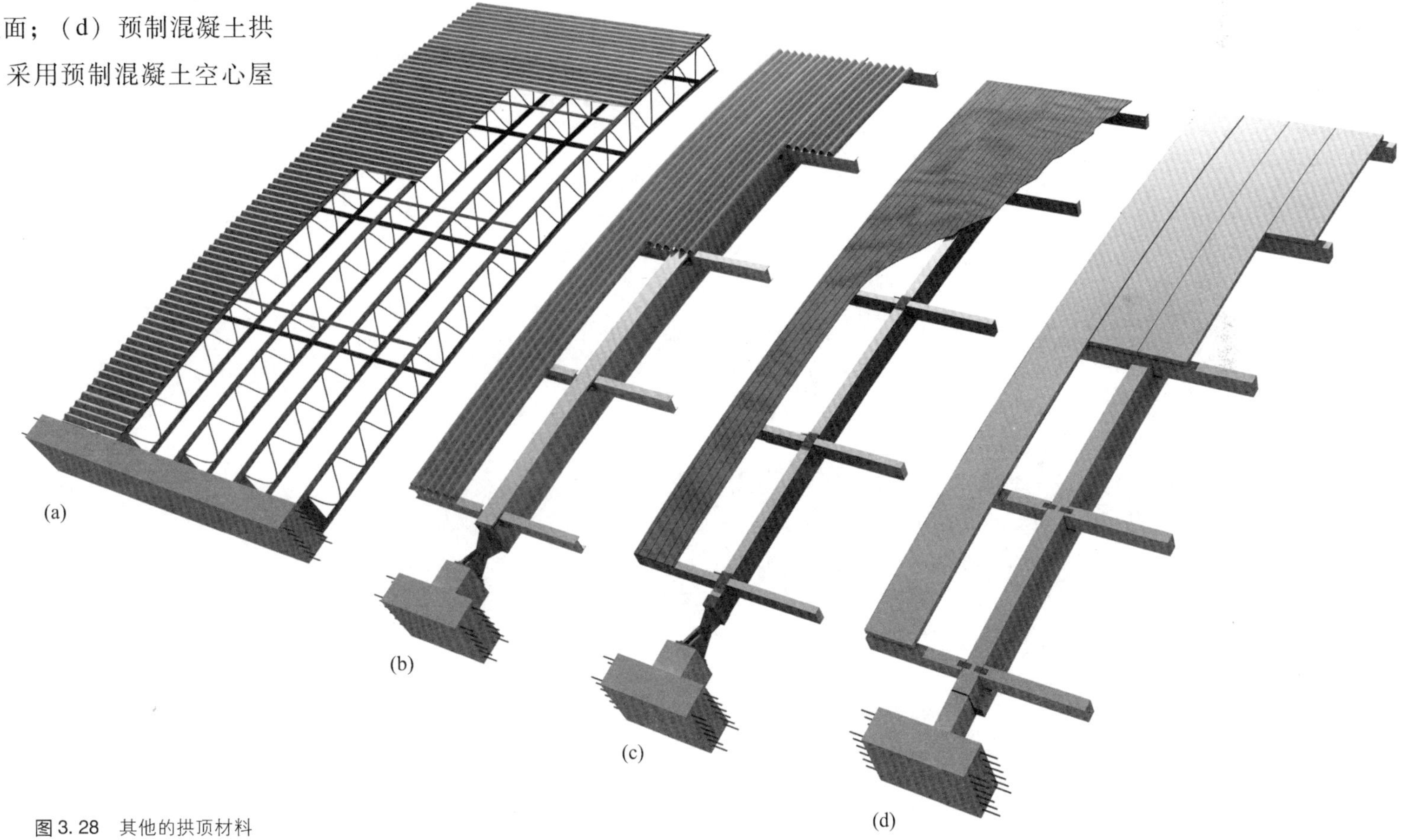

(a)

(b)

(c)

(d)

图3.28 其他的拱顶材料

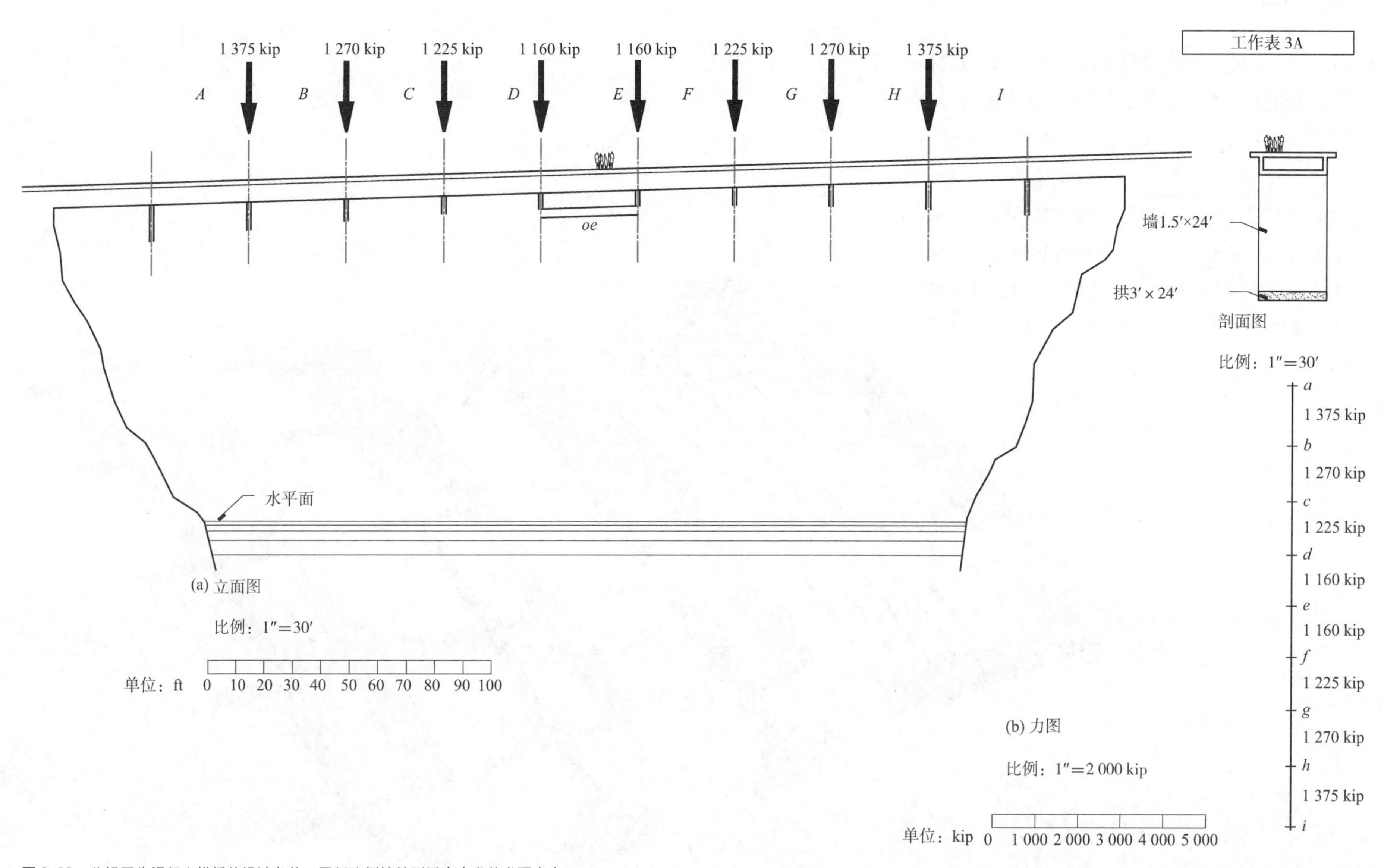

图 3. 29 此组图为混凝土拱桥的设计条件，图纸比例缩放到适合本书的书页大小。

另一项任务

图 3.29 是工作表 3A 的简化版本，该工作表可以从附在本章之后的参考资料网站上下载和打印。该任务是一座建在峡谷上的双车道钢筋混凝土拱桥设计，桥的跨度是 324 英尺，桥面板倾斜 3%（每 100 英尺抬升 3 英尺）。

桥面板由八个等间隔的钢筋混凝土竖墙支撑，竖墙将荷载传递到钢筋混凝土拱上。由于竖墙到拱的距离不等，它们自身重量的差别就较大。预估每段竖墙的高度得到近似的自重，每段墙的总荷载（包括车辆和桥面板的重量）标记在形图上，同时也被绘制在力图的载重线上。

钢筋混凝土拱厚 3 英尺、宽 24 英尺，能够承受 800 磅每平方英寸的应力。为了设计出一个简单而自然的外观，将钢筋混凝土拱的中心部分 *oe* 与桥面平行。请找出这个拱的形状，并求出在给定荷载下拱段中的力的大小。

图 3.30~图 3.35 为一些拱结构的案例。

如何推进设计

根据上述条件可知桥面板是倾斜的，荷载是不均匀的，混凝土拱也是倾斜的，这似乎是一个非常复杂的问题，但是采用图解法就会相对比较容易解决。在找到形图之前，首先需要找到力图中正确的极点位置。因为不均匀荷载作用无法使用抛物线的特性来确定极点，可以采用之前介绍的方法，通过任意三点找出拱的曲线，但这样做比较麻烦，而且拱的中心线不一定与桥面板平行。

另一种定位极点的办法是：

1. 已知拱中心 *oe* 部分的倾斜角度，力图的 *oe* 射线必须与其平行。

图 3.30、图 3.31　瑞士的赖谢瑙（Reichenau）大桥，由结构工程师克里斯蒂安・梅恩（Christian Menn）设计，这个案例与给出的任务相似。值得注意的是拱在节点之间有轻微的弯折，这是为了适应其自重。采用后张法对拱和桥面板施加预应力，增强它们的刚度来抵抗不均匀荷载，有效减少了将桥面板的荷载传递到拱所需要的竖墙的数量。
图片来源：爱德华・艾伦提供

2. 已知拱的横截面尺寸为 3 英尺×24 英尺，以及混凝土的容许应力为 800 磅每平方英寸。将横截面面积乘容许应力可以得到拱可以承受的最大荷载。这个最大荷载将由力图上最长的射线表示。

有了上述两个条件，就能够找到极点，生成拱的形状，并确定每段拱中的力的大小。确定了拱的中心线后，按照偏离 3 英尺的尺寸绘制出拱在每段上的上下边缘，并绘制出将桥面板的荷载传递到拱上的竖墙，这样就可以完成桥梁的设计（本章后面的参考资料网站中有关于“混凝土拱桥设计”的课程）。

◀图 3.32　英国谢菲尔德的冬季花苑，由普林格尔・沙拉特建筑事务所设计（Pringle Richards Sharratt Architects）。它是英国最大的胶合木建筑之一，建筑的结构高 21 米，宽 22 米，长 70 米。建筑安装了通风和温度传感器系统，可以预测室内温度的变化，在最大限度地降低能耗的同时防止温度的剧烈变化。

图片来源：大卫・福克斯摄

▲图 3.33　1958 年建成的法国密格罗大坝（Migöelou Dam），由法国电力公司和科恩与贝利尔公司（Coyne et Bellier）共同设计建造，采用了 9 个富有诗意的拱壳结构形式，拱壳高为 147 英尺，跨度为 82 英尺，厚度为 39 英寸，相比于水坝底部的超过 9 000 磅每平方英寸的压力，这个厚度非常薄。拱壳的轴线向外倾斜，与倾斜的扶壁一起抵抗荷载。请问这个拱壳的理想曲线是什么？

图片来源：阿利克斯（Alix）提供，刊于 1964 年现代艺术博物馆（MoMA）出版的《二十世纪的工程项目》一书中。

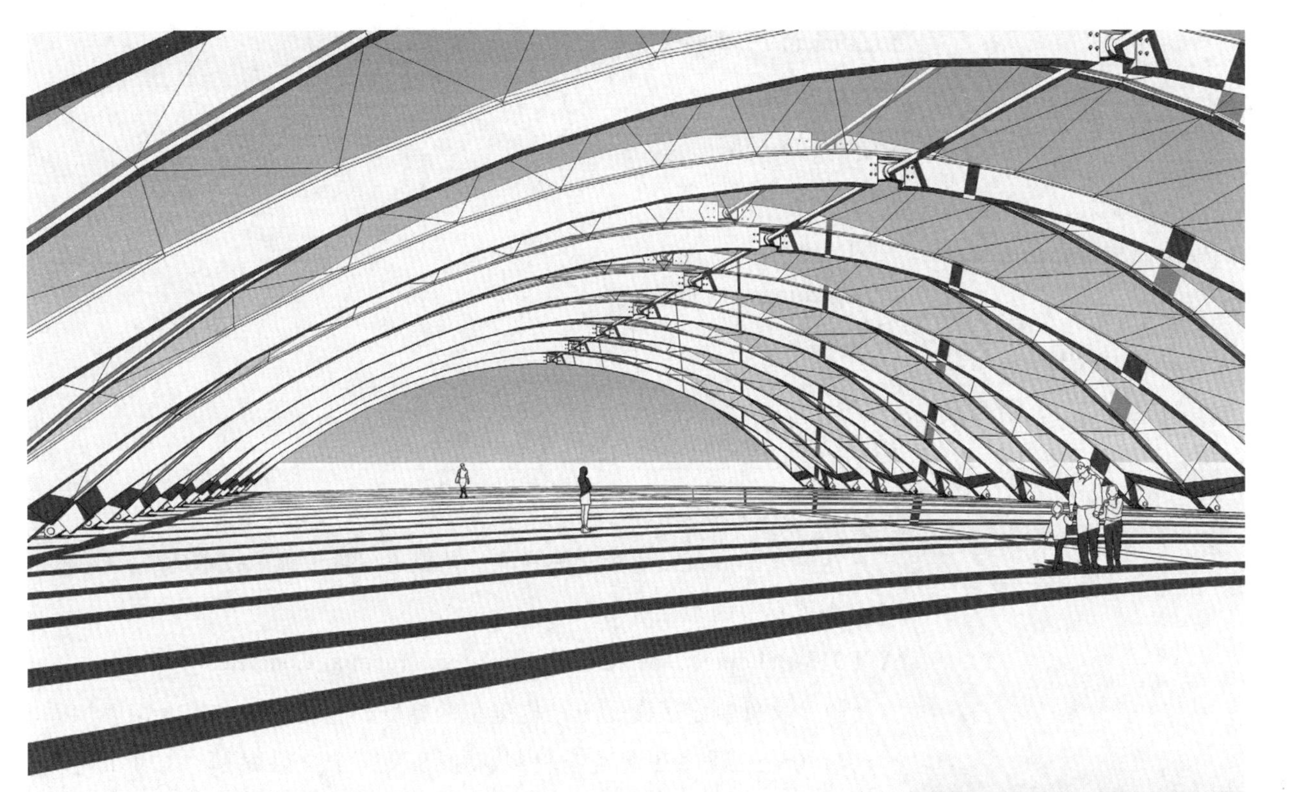

◀图 3.34　某市场的拱顶设计，这是卡里·哈兰（Karri Harlan）在波士顿建筑学院学习时的第一个结构课程作业。
图片来源：卡里·哈兰提供

▶图 3.35　加拿大卡尔加里的奥林匹克椭圆形场馆里设有一座滑冰场，采用预制混凝土交叉拱结构。拱的端部留出空心槽，槽内突出钢筋，将两个相邻拱的钢筋绑扎在一起后，向槽内浇筑混凝土，使交叉拱连接成一个刚性整体。
图片来源：GEC 建筑提供（GEC Architecture）

思考题

1. 改变工作表 3A 的任务中拱的厚度，使每个拱段都承受 800 磅每平方英寸的应力，这样是否会改善桥梁的外观？
2. 再绘制两条拱曲线，采用钢筋混凝土材料，一个容许应力为 600 磅每平方英寸，另一个为 1 000 磅每平方英寸，请问钢筋混凝土的强度与拱的厚度之间有什么关系？
3. 在工作表 3A 的任务中，假设这条河的实际运输航道位于河中心偏左侧的 80 英尺处，拱的最高点需要改变位置，以免影响船的航行，请绘制出满足这个要求的拱的形式。

关键术语

shell 壳体

catenary 悬链线

parabola 抛物线

vault 拱顶

stress 应力

allowable stress 容许应力

pressure line 压力线

bending stress 弯曲应力

pole 极点

trialfunicular polygon 试验形图

buckle 屈曲

edge beam 边梁

formwork 模板

chairs 马凳

curing compound 固化剂

grout 灌浆

参考资料

www. concrete. org

这是美国混凝土研究所的网址，刊载了混凝土施工技术标准，本章应用了其中两本出版物。

ACI 318-Building Code Requirements for Structural Concrete.

这个文件制定了混凝土结构施工的标准，包括模板加工、钢筋加固、现场施工顺序和混凝土材料标准等，这个文件每隔一段时间就会修订。

M. K. Hurd. Formwork for Concrete.

这本书对钢筋混凝土模板进行了丰富而详细的介绍，最后几页涉及钢筋混凝土穹顶和拱顶的模板制作。

第 4 章

研讨课：一个桁架屋顶设计

- 三维结构概念的生成
- 桁架图解分析：桁架形式以及高度对杆件内力的影响
- 结构设计的创作空间以及建筑师与结构工程师的互动

“这是我画的一份桁架草图，请帮我做结构设计吧！”布鲁斯指着会议桌上的一张图说（图 4.1），“这个桁架是罗德岛海岸上一座海员教堂的屋顶结构，这座教堂可以俯瞰纳拉甘西特湾，它建于 19 世纪，最早是用木头修建的，后来被一把火烧成了灰烬。最近，看管这座教堂的公益信托基金准备重建这座教堂，他们要求摒弃原来的风格而采用现代风格。”

戴安娜看着草图，问道：“剪刀桁架？木制的？”

“是的，木制的，下面是石砌的承重墙。我很喜欢抬高桁架的下弦塑造教堂空间的这种方式。桁架跨度不大，只有 22 英尺，但我想让屋顶结构成为整个建筑的亮点，而且看起来这种方法还不错。”布鲁斯回答道。

“桁架是不错，你画的桁架非常纤细，上下构件之间的角度很小。”

“是的，我想让它看起来修长优雅一点。”

“那么这个桁架的受力点在哪里？”

“我目前的想法是以 2 英尺为间隔用木椽支撑起屋顶。椽子下端搁置在墙上，一般情况下我会在底部加上水平拉杆或龙骨，以防止椽子的下端散开，但这会破坏教堂的室内空间，所以我想利用屋脊梁支撑椽子上端，然后以 8 英尺间隔的剪刀桁架支撑屋脊梁。”

“可以，这个想法可行。桁架只有顶部节点承重，也就是尖端的部分。”

“这是我的假设。”

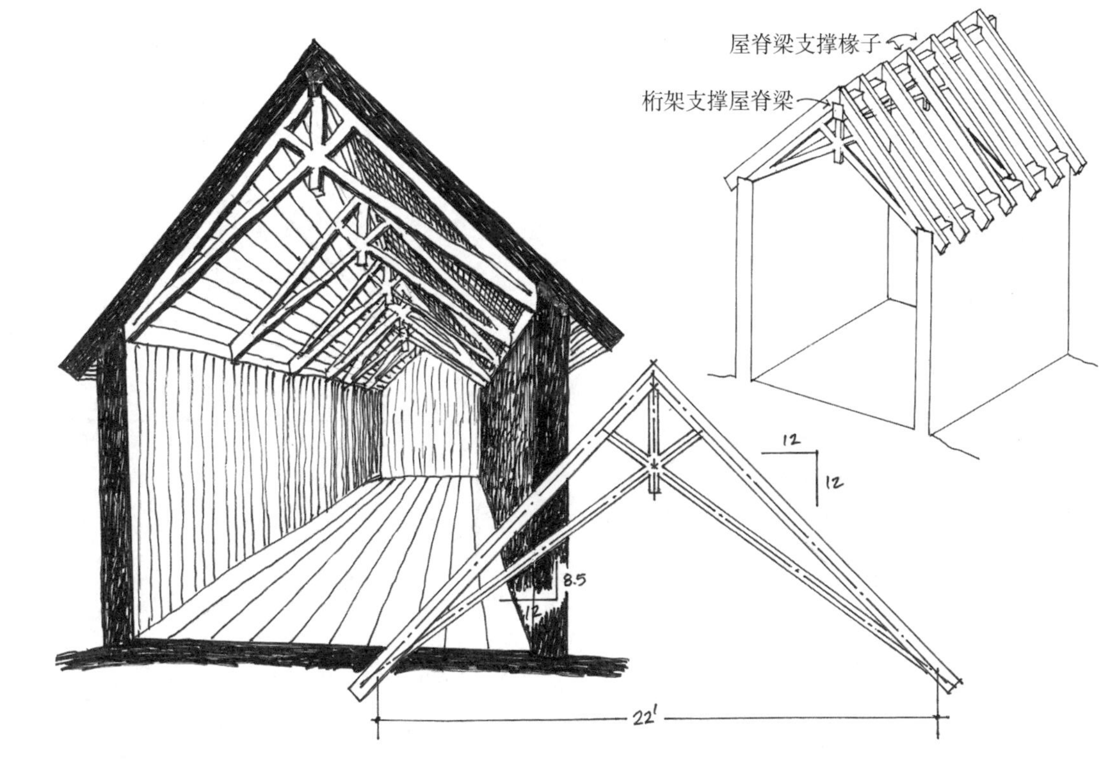

图 4.1　布鲁斯绘制的桁架草图

戴安娜研究了一会儿图纸说："关于桁架的几何形状让人着迷，我认为一方面原因是当你漫步在桁架下面时，桁架构件的交叠重复产生了韵律，另一方面是因为桁架的形式与其受力的完美对应。你画的这些桁架形式优美，并且创造出了品质良好的室内空间。但是在深化设计之前，我想先给你介绍一些关于桁架的知识，这有助于你对这个项目的理解。接下来我们设计一个简单的三角桁架。"

一个简图在戴安娜的笔下诞生了（图4.2）。

"没有剪刀桁架有趣。"

"我同意，这看上去一点意思都没有，但是我想通过桁架设计的几个方面，理性地与你讨论一下剪刀桁架的问题，而简单的三角桁架是一个很好的切入点，让我们看看它的杆件受力情况。"

戴安娜用卷尺绘制了三角桁架的形式，并用箭头表示了顶点的受力以及下部两个端点的支座反力。

"我用图形来表示一下，这比数值计算快很多。把字母 A、B、C 放在外力之间，把数字1放在桁架的内部空间（图4.3）[①]。"

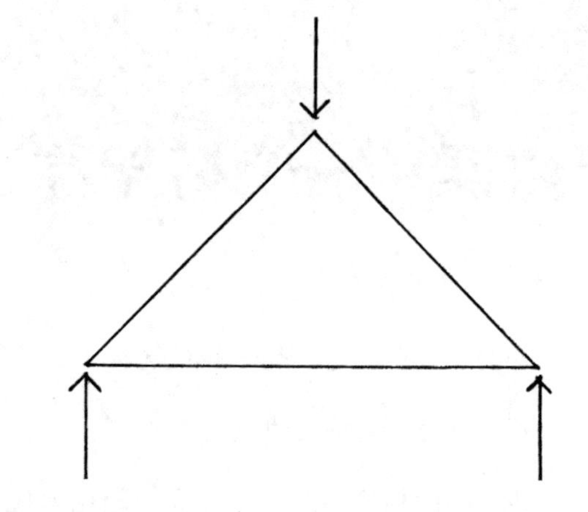

图4.2　简单的三角桁架

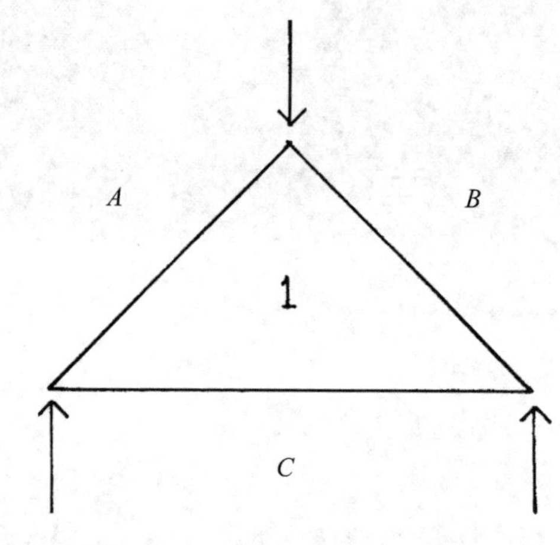

图4.3　采用鲍氏符号标注法标记

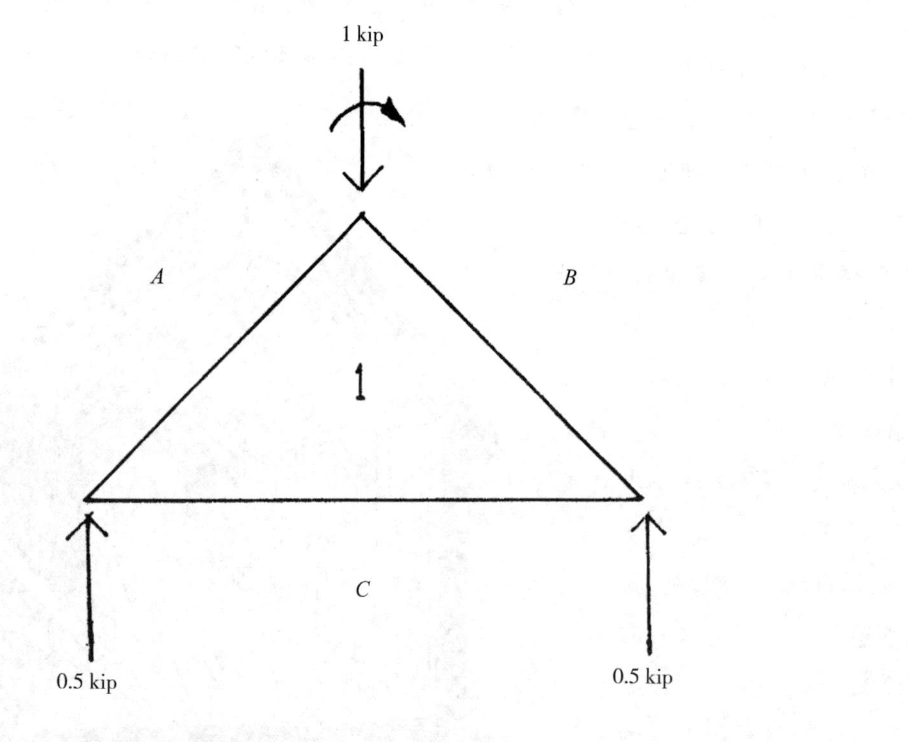

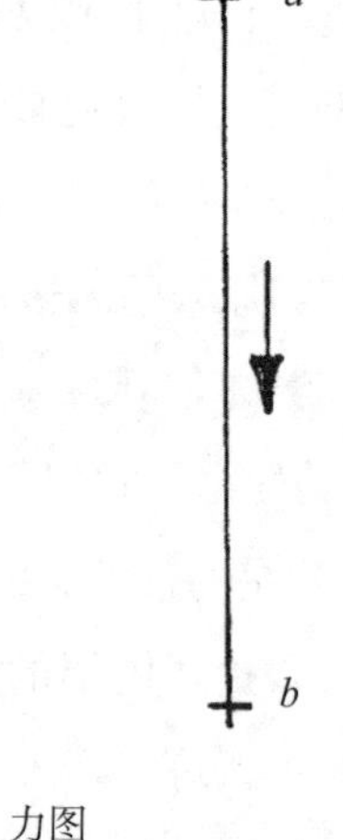

力图

比例：1″=0.5 kip

图4.4　绘制力图的载重线

① 参考资料网站中的"形式与力的图解技术"的课程中，第一个桁架案例与这个桁架相似。

“好吧，但我没看出来研究这些的意义。”

“就给我几分钟，我向你保证花的这一点时间绝对是值得的。目前，我画出了一个准确的桁架图形，这就是形图，现在开始画出力图，找出桁架上所有杆件中的力，力图上线段的长度表示力的大小。在这个例子中，用 1 英寸表示 0.5 千磅。1 千磅是 1 000 磅，千磅可简写为 kip。为简单起见，假定桁架顶点的荷载 *P* 为 1 千磅。

“用载重线表示桁架所受的外力（图 4.4）。首先画出载重线 *ab*，这条垂直线段表示桁架顶部节点所受的力，线段的长度表示力的大小，根据比例画 2 英寸长的线段代表 1 千磅的力。再看形图，顺时针绕着桁架顶点即外力的作用点，从 *A* 旋转到 *B*，这意味着外力为 *AB*，而不是 *BA*。外力向下传递，所以 *a* 在载重线的上端，*b* 在下端，表示该力的方向向下，可以理解吗？”

“是的，但你为什么把小写字母用在载重线上而把大写字母用在形图上？”

“这是传统的做法，它有助于提醒我们小写字母表示的是矢量，代表荷载和力，而大写字母表示的是形图并不是矢量。现在继续按顺时针读取力的名称，右下角支座反力是 *BC*，它的方向是向上的，这意味着载重线上从 *b* 到 *c*，是向上移动的。因此在载重线上绘制 *bc* 时，*c* 是在 *b* 之上（图 4.5）。由于桁架结构是

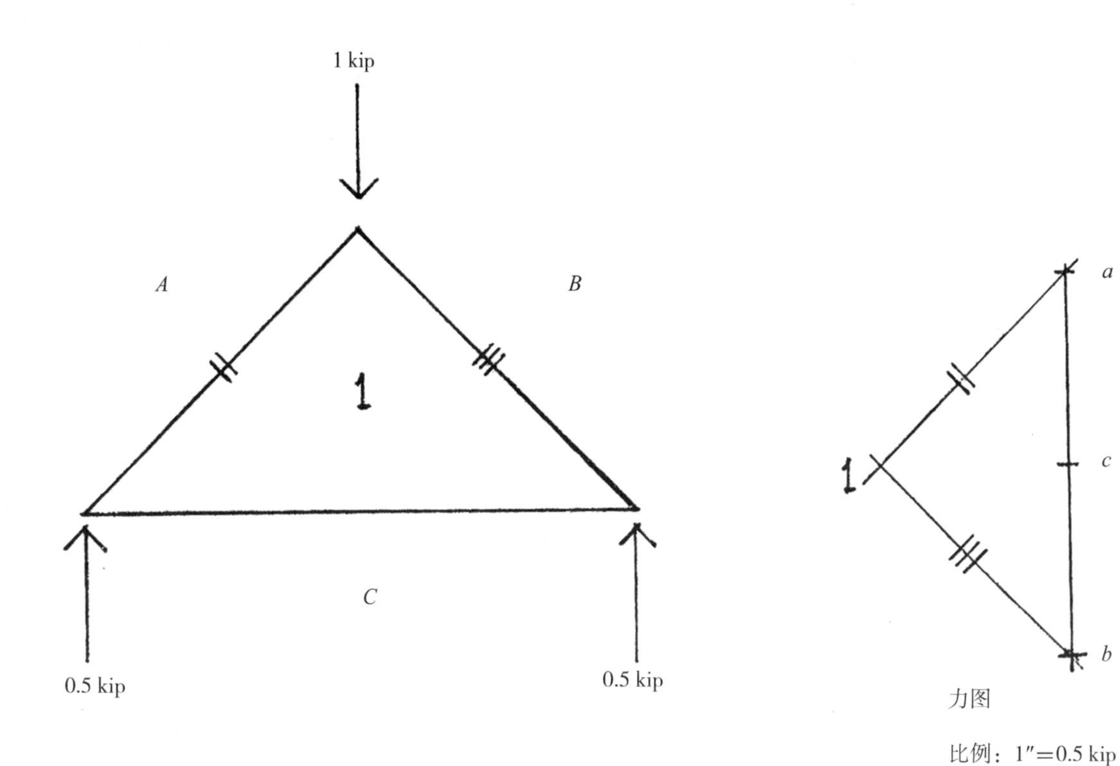

图 4.5　绘制力图 1

对称的，外力也是对称的，所以两个支座反力大小相等，因此 *bc* 是 *ab* 的一半，即 *c* 在载重线的中心。*ca* 是另一个支座反力，方向也是向上的，这意味着在载重线上从 *c* 到 *a*，是向上移动的，*a* 必须在 *c* 之上，也就是说当我画出 *bc* 和 *ca* 后，我们又回到了 *a* 点，载重线开始的那个点。”

“我理解了，但是……”

“现在我要在力图上绘制代表杆件中力的线段。在力图上绘制出与形图杆件平行的线，这些线的起点都在载重线上。形图中杆件 *A*1 和 *B*1 相交（图 4.6），以载重线上的 *a* 点为起点，画平行于 *A*1 的线，再以 *b* 点为起点，画平行于 *B*1 的线。在 *A*1 和 *a*1 上添加两根细线提醒我们它们俩是平行的，同样的在 *B*1 和 *b*1 上绘制三根细线。力图上 *a*1 和 *b*1 的交点是 1，你还跟得上我的讲解吗？”

“嗯，我有点困惑。比如，能再讲一下当你在力图上画一条平行于 *A*1 线的时候，你怎么知道应该连接到载重线的哪一点呢？”

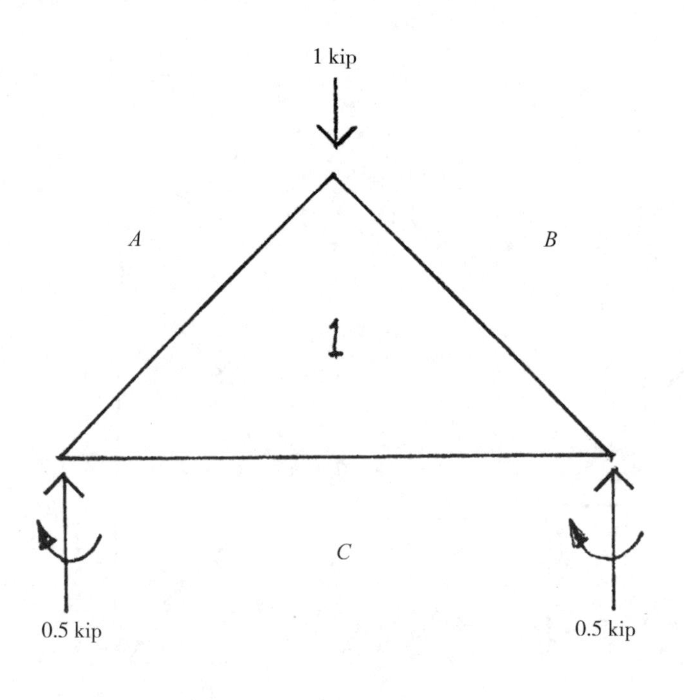

▼图 4.6 绘制力图 2

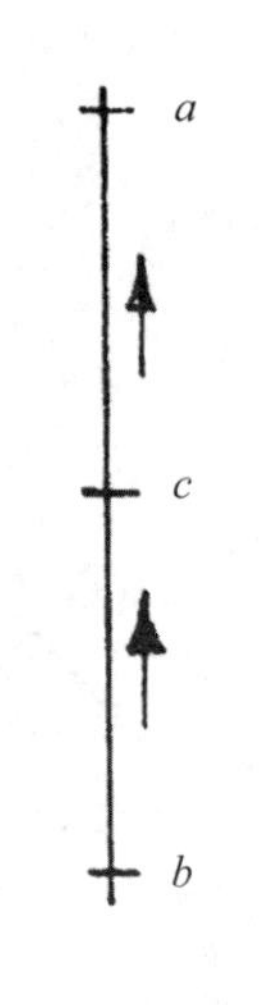

力图

比例：1"=0.5 kip

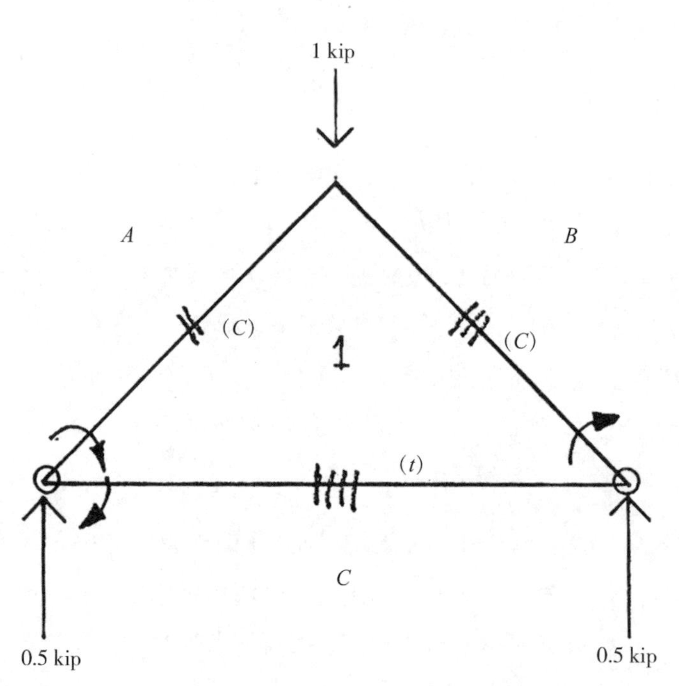

▼图 4.7 绘制力图 3

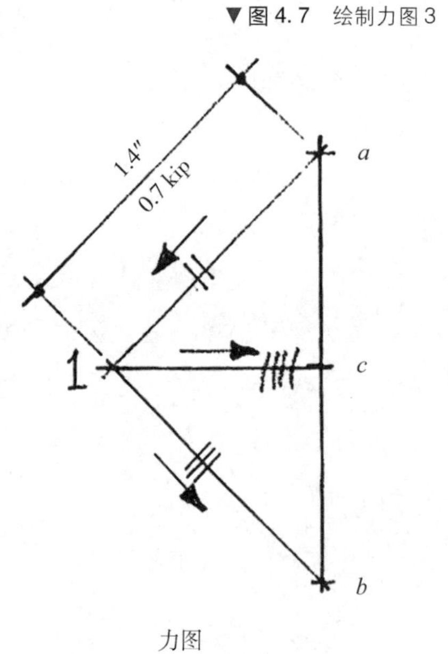

力图

比例：1″=0.5 kip

“$a1$ 是杆件 $A1$ 中的力，因为它的名字里有字母 a，则它一定经过载重线上的点 a。而 $b1$ 中包含字母 b，则它一定经过载重线上的点 b。”

“好的，这再简单不过了，请继续吧。”

“到目前为止，我们已经绘制了两根斜杆上的力，还剩下一根杆件的力没有绘制即 $c1$。它由一条平行于杆件 $C1$ 的线表示，杆件 $C1$ 是水平的，所以在力图上画一条通过 c 点的水平线，这条线必然经过我们刚才绘制的点 1，这意味着力图闭合了，也就是说我们之前绘制的都是正确的（图 4.7）。”

“‘它闭合了’是什么意思？”

“就像载重线一样，力图的最后一部分与其他的点完美连接就意味着力图闭合了，刚才所绘制的最后一条线必须水平，而且必须经过点 C 和点 1，就是这个意思。”

“如果力图不闭合呢？”

“那就得搞清楚为什么没有闭合。当分析一个复杂的桁架时，最后一条线如果偏离节点一小部分，有可能是因为积累了制图的误差造成的，如果它偏离的距离只有力到节点的 1% 到 2%，那么这个误差是被允许的，可以继续使用绘制出的力图求解其中力的大小，因为 1% 到 2% 的误差比预估活荷载的误差还要小。但是如果误差超过 5%，就最好回过头去重新仔细地开始绘图。”

“好吧，那么这个力图到底展示了什么呢?”

“它展示了这个简单三角桁架中所有杆件中的力。通过测量力图上线段的长短，可以得知桁架杆件上的力的大小，例如线 *a*1 长 1.4 英寸，这意味着这个力大约为 700 磅。但我对数字并不感兴趣，因为我主要目的是比较不同形式桁架的受力情况，把这个三角桁架作为一个例子与其他桁架形式相比较。在做比较之前，先了解一下桁架杆件中力的性质，哪些是拉力哪些是压力。我们用一个简单的方法来回答这个问题，选择形图上的任一节点，就以最左边的节点为例，把手指放在这个节点处，按顺时针绕节点读出斜杆件的名字 *A*1，然后在力图上从 *a* 读到 1，方向是指向左下，这个方向上的力正在推动我的手指，这意味着杆件 *A*1 中的力是压力。于是就可以在桁架图中 *A*1 线下标注字母 *c* 来代表压力。

“在形图上以顺时针方向围绕手指读取水平杆件是 1*C*，在力图上从 1 读到 *c*，方向是向右，在这个方向上的力正在拉我的手指，因此杆件 1*C* 中的力是拉力。再将手指移到形图右边的节点，按顺时针方向读取斜杆是 1*B*，在力图上从 1 读到 *b*，方向是右下，在这个方向上的力正在推动我的手指，因此杆件 1*B* 中的力是压力。继续用这个节点重新判断水平杆件中力的性质，按顺时针方向读取水平杆件为 *C*1，在力图上从 *c* 读到 1，是从右边移动到左边，这个力正在拉动我的手指，因此 *C*1 中的力是拉力。”

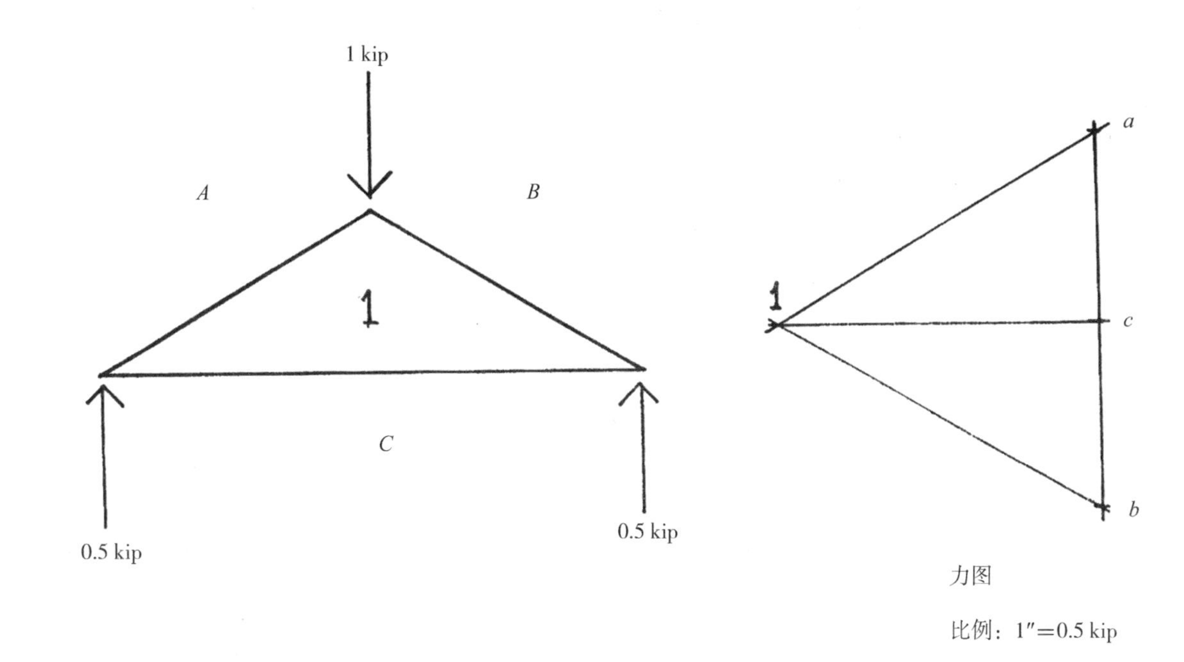

图 4.8　另一个简单的三角桁架的形图和力图

“非常聪明！但是这些说明了什么呢?”

“它还没有说明任何东西，它只是建立一个基本的情况，用来与其他一些简单桁架的性能相对比。例如如果我们降低桁架的高度会发生什么呢?”

戴安娜画了另一个简单的三角桁架的形图，这个桁架比第一个更矮（图 4.8）。随着卷尺来回移动，一个新的力图就在白纸上出现了。

“画好了，我按同一个比例画了两个桁架的力图。将这两者比较，就可以看出矮桁架杆件中的力更大。”

结构并不是科学，科学通过研究特定的事件来发现一般规律，结构设计则利用这些规律来解决特定的问题。从某一角度来说它与艺术或工艺的关系更为密切，比如艺术，它的问题在于很难定义，有许多解决方案，好的、坏的或中性的。艺术是通过综合目的和手段，得到一个很好的解决方案。这是一个创造性的过程，需要想象、直觉和深思熟虑的判断。

——欧文 · 阿鲁普

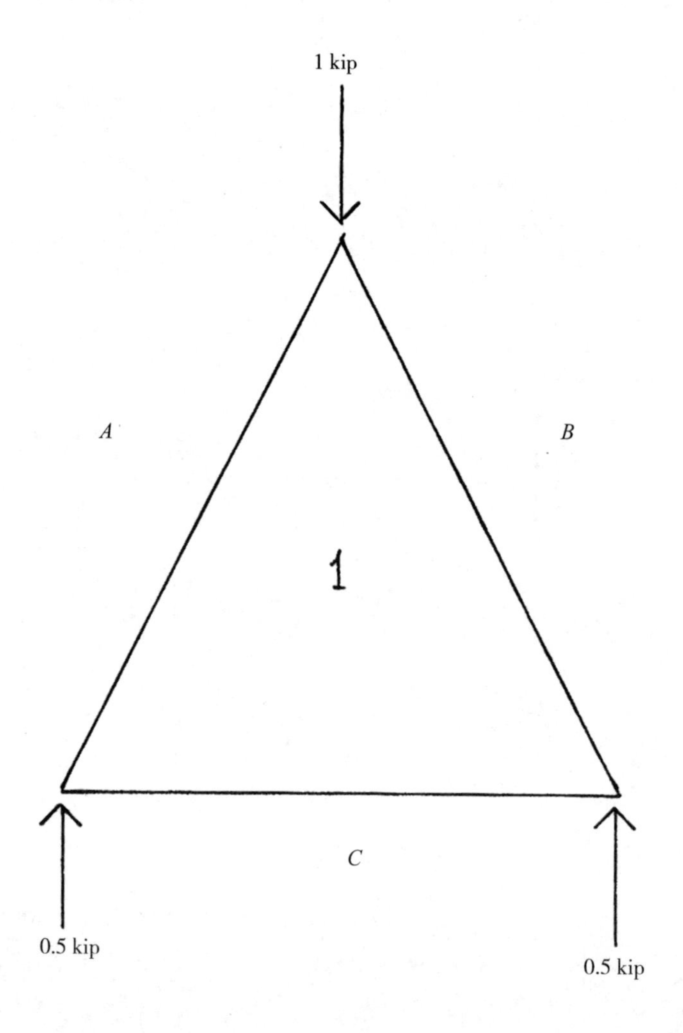

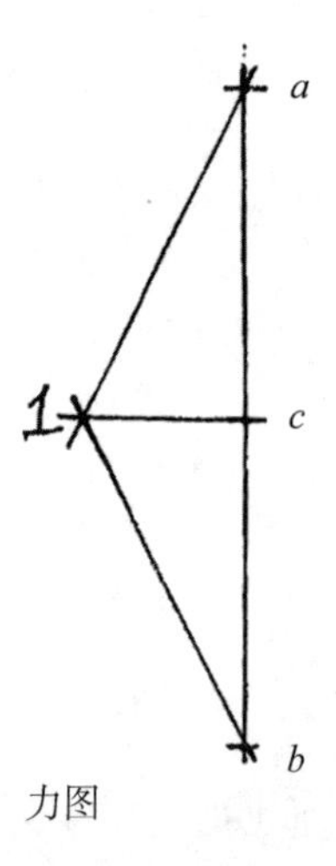

图 4.9　第三个简单的三角桁架的形图与力图

"是的，这是显而易见的，但是……"

戴安娜已经画好了第三个例子。

"现在我画了一个比原来更深的桁架，你可以从它的力图中看出，这个桁架杆件中的力要比其他两个桁架小得多（图 4.9）。所以我们了解到的第一个规律就是杆件中的力和桁架的高度成反比例。

"既然如此，让我们来看看如果把原来的桁架倒置会发生什么，倒置过来的同时保持外力的大小和方向不变。"

戴安娜快速绘制出新的形图和力图（图 4.10）。

"力图看起来没有变化，让我们检查一下力的性质。在形图上绕节点 *AB*1 按顺时针方向读取左边的斜杆是 *B*1，在力图上从 *b* 读到 1，方向是向左上方，这个方向的力在形图上远离节点 *AB*1，因此杆件 *B*1 中的力是拉力。同样杆件 1*A* 中的力也是拉力，而杆件 *C*1 中的力是压力。当我们倒置桁架后，所有的杆件中的力都扭转了性质，受拉杆变成受压杆，反之亦然。如果外力的大小和方向保持不变，当一个桁架或其他的任何结构被倒置后，也会发生同样的情况。"

"好吧，这很有趣，但我只是想让你帮我设计剪刀桁架，你为什么给我展示这些呢？"

"因为我想借此更充分地讨论剪刀桁架的问题。"

布鲁斯感到困惑，说道："讨论什么呢？桁架的形式在我给你带来的图纸上一目了然。"

"我想和你探讨一些可以改进剪刀桁架的方法，再给我几分钟的时间，你会明白我的意思，你会很高兴我这样做。"

"好吧，再多几分钟。"

"现在，如果我们在原来的桁架上添加一根中柱，你觉得会发生什么变化（图 4.11）？"

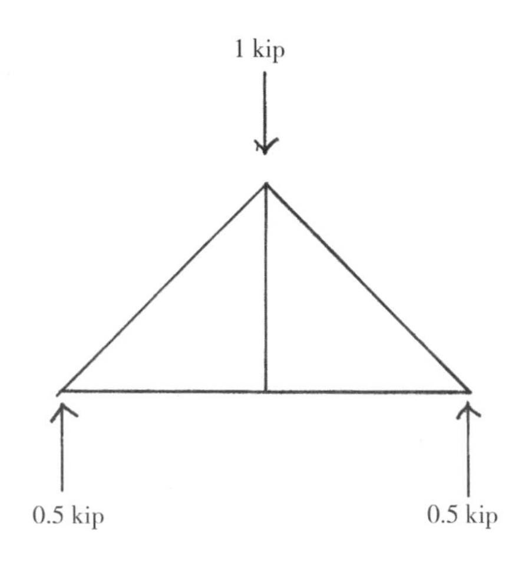

图 4.11 在简单的三角桁架上添加一根中柱

"嗯，既然多出一根构件来分担力，杆件中的力肯定会减少。"

"让我们了解一下带有中柱的桁架的受力情况（图 4.12）。有中柱的桁架中有 2 个内部空间，所以用数字 1 和 2 来标注。在力图上 *a*1 和 *c*1 相交于点 1，根据形图绘制出 *b*2 和 *c*2，找到点 2。可以发现点 1 和点 2 重合，这是什么意思？"

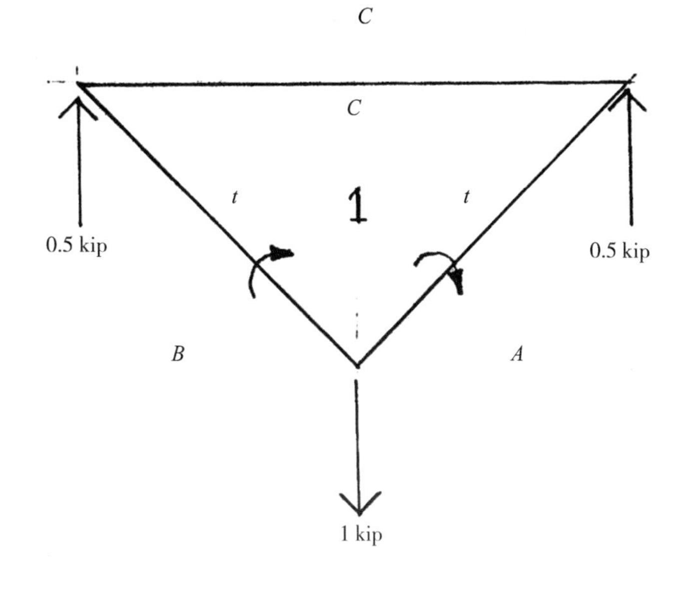

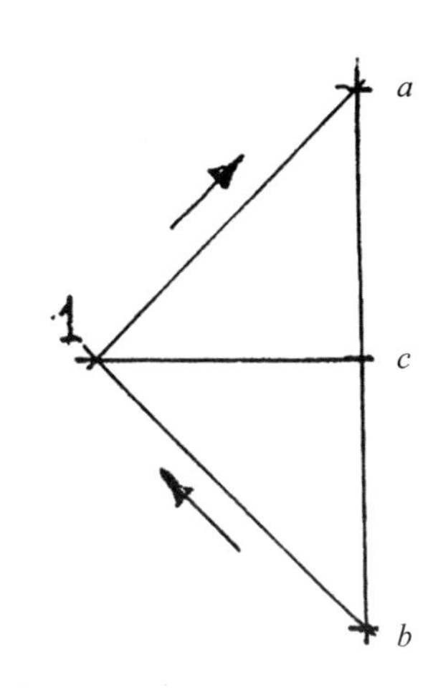

▼图 4.10 倒置的三角桁架的形图与力图

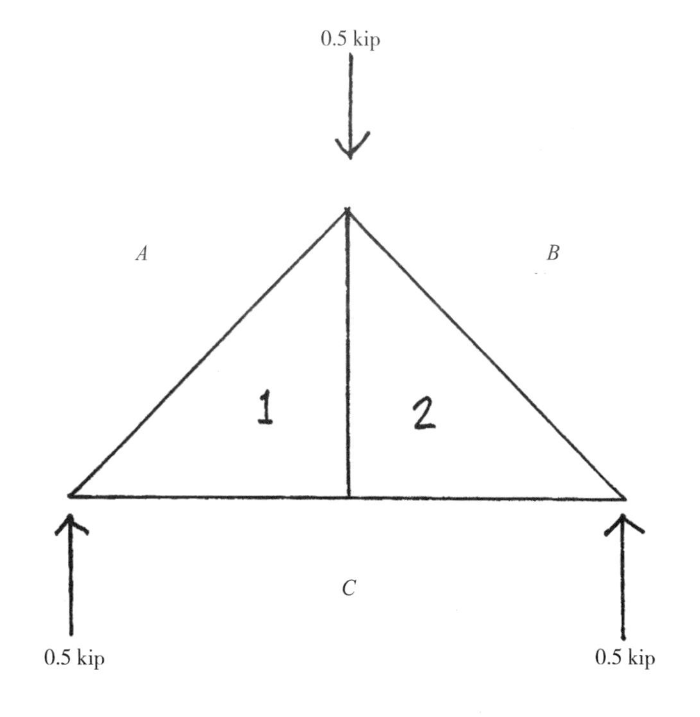

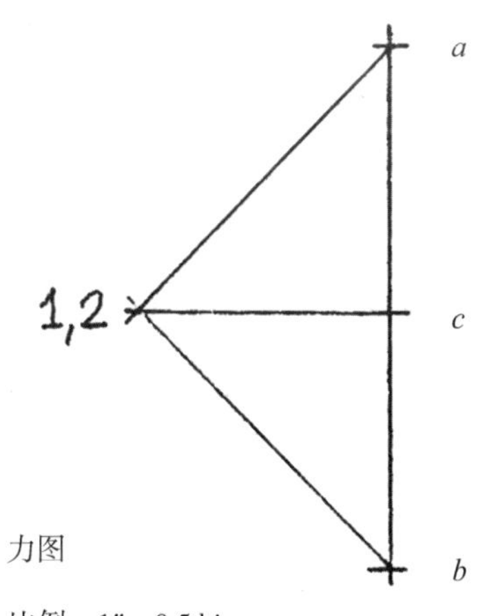

▼图 4.12 带有中柱的三角桁架的形图与力图

布鲁斯想了一会说："如果 1 和 2 在力图上的位置重合，则力图上的线 1 到 2 没有长度，所以杆件 1-2 也就是中柱的受力为零。"

"对，中柱不起任何作用，然而在实际建造中还是会使用中柱，主要是为了防止下弦杆的下垂，同时也起到美观的作用。注意其他杆件中的力与没有中柱时一样。"

"原来是这样的。"

"但是，如果我们把外力施加在中柱的下端而不是顶端，会发生什么呢？"

戴安娜画了一个新的力图（图 4.13）。

"现在这个中柱开始起作用了，但是其他杆件的受力不变。"

"是的！中柱在这种情况下起的作用就是把底部的外力传递到桁架的顶部。

"让我们继续探讨，如果把外力放回顶部，使下弦杆成为两个构件，并沿两个支撑点向中柱倾斜。"

戴安娜画出了另一个形图和力图（图 4.14）。

"中柱上也产生了力，并且是压力，但这一次上弦杆上的力减小了。"

"是的，实际上我们增加了桁架的高度，所以受力减少了。现在让我们把这两个下弦杆沿着中柱向上推（图 4.15）。"

▼图 4.13　受力情况改变后的力图

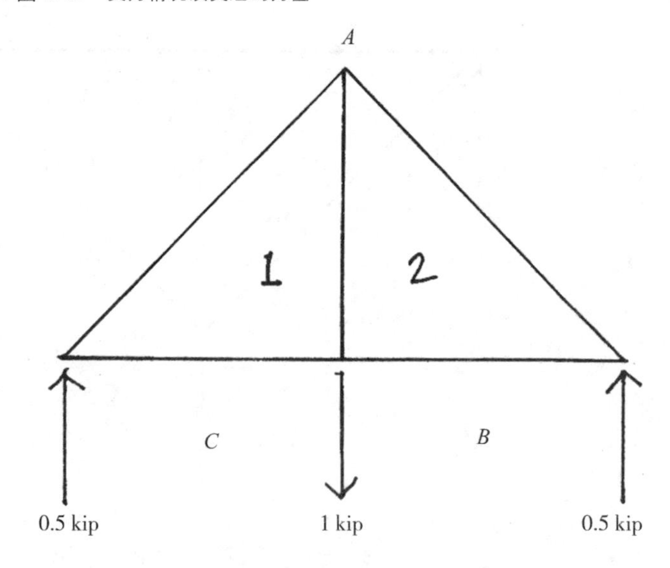

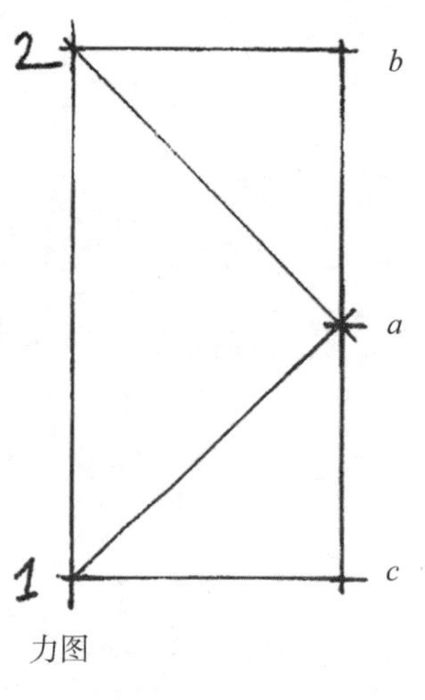

▼图 4.14　下弦杆改变后的三角桁架的形图与力图

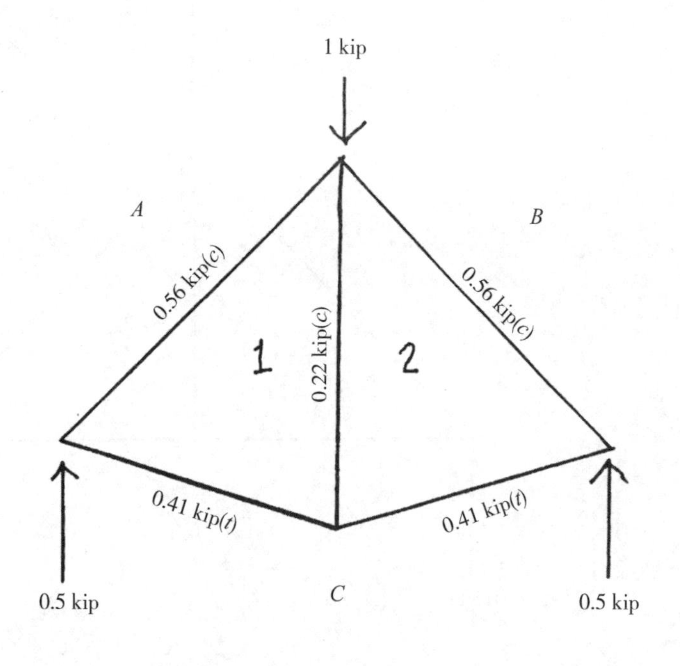

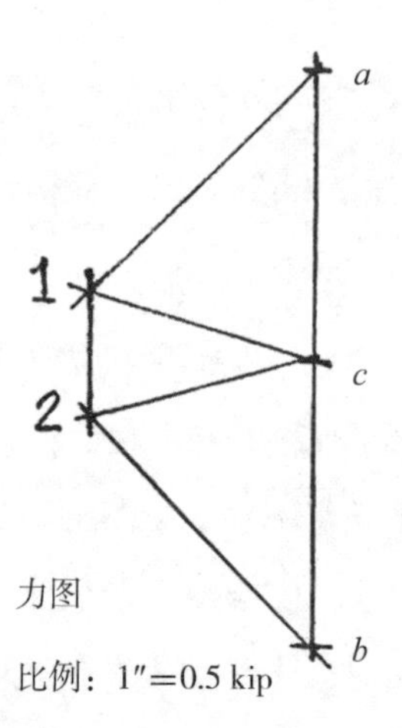

“哇！上弦杆中的力大大增加了，事实上，它们几乎翻了一番。”

“它们增加是因为桁架高度减小了，现在让我们回到剪刀桁架设计，我先根据形图画出它的力图（图 4.16）。”

“我想我知道……”

“看看这个桁架中杆件的受力情况，杆件 1-2 和 3-4 中的力为零，不需要测量就知道所有其他杆件中的力都非常大，如此大以至于很难找到足够强度的螺栓用以连接两个构件，保证构件之间力的传递。这个桁架在跨中需要更高的高度，你想让这个桁架变得纤细而简洁，但是减少高度的做法却需要为此付出更大的代价。高度是结构工程师的朋友，一个结构设计要保证足够的结构高度以减小杆件中的力，这是一个值得追求的目标。”

“现在很明显，你已经向我证明了，我要把底部的中心节点向下拉，这将减小下弦杆的倾斜角并减少杆件中的力。”

图 4.16　布鲁斯绘制的剪刀桁架的形图与力图

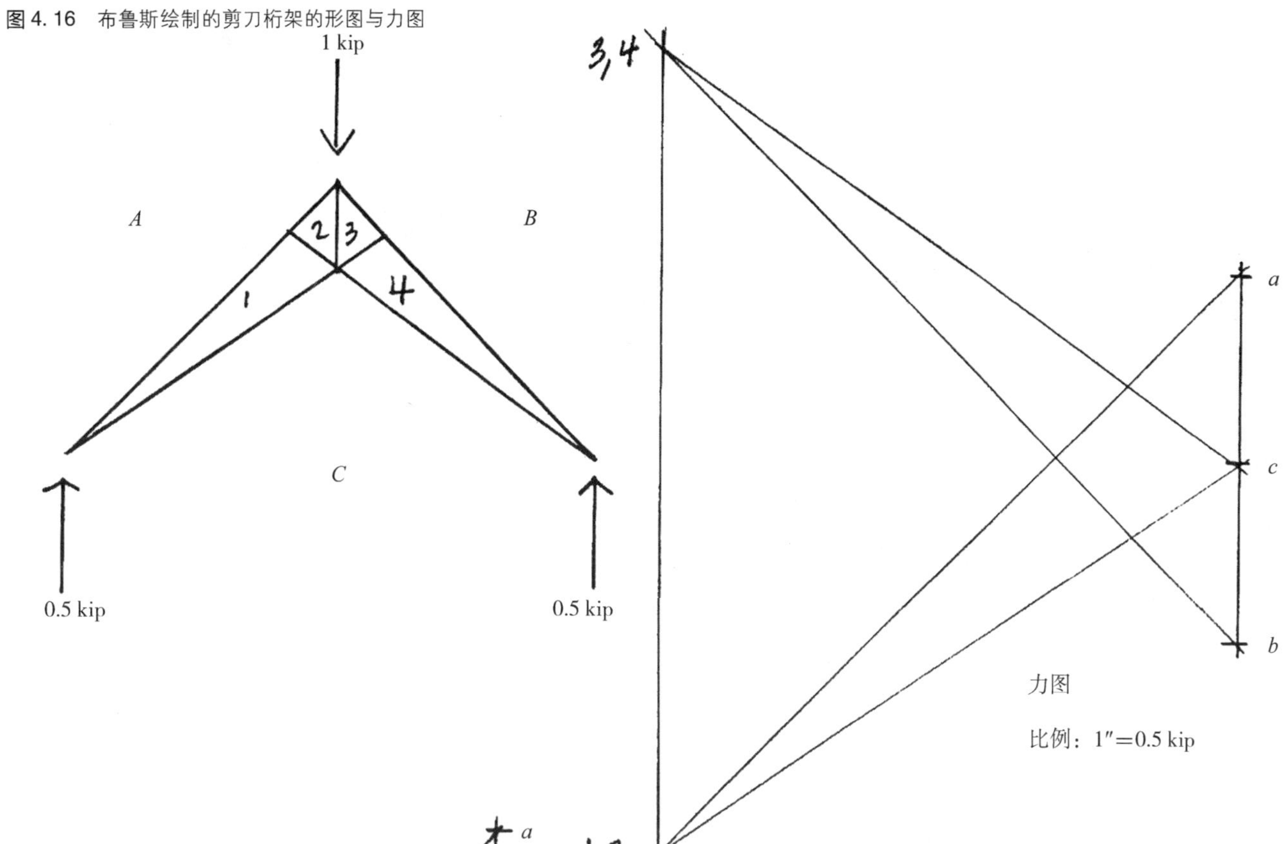

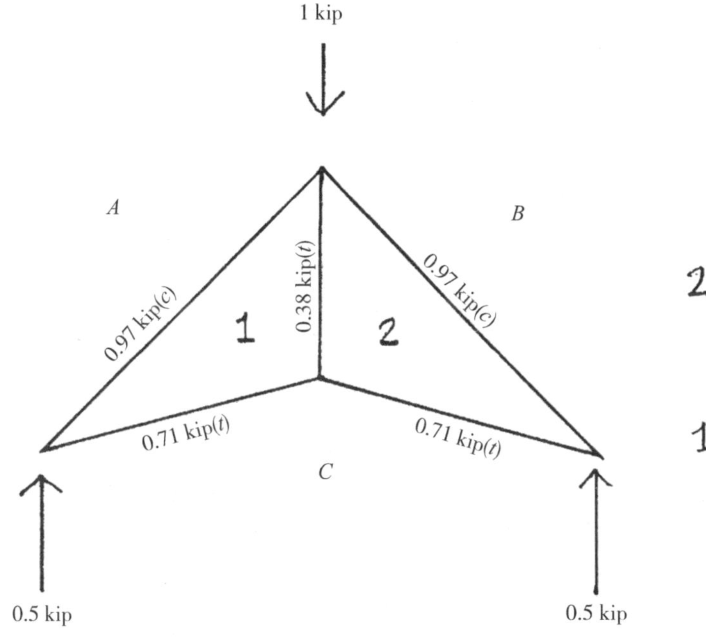

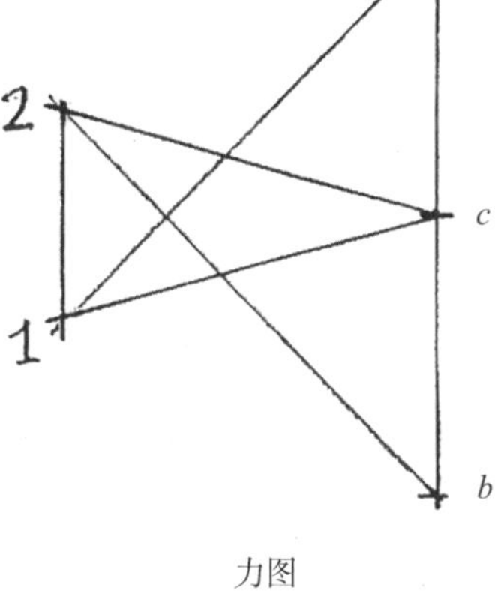

▲图 4.15　下弦杆改变后的三角桁架的形图与力图

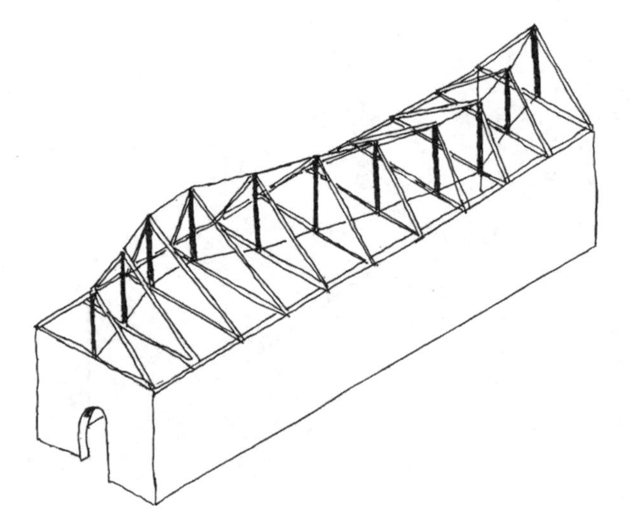

图 4.17　屋顶桁架的变化 1

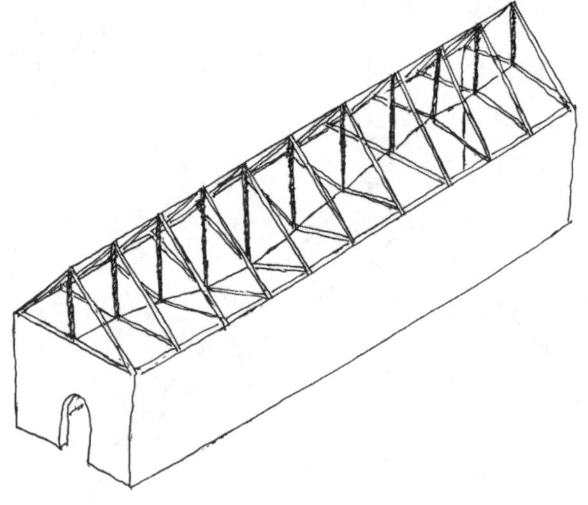

图 4.18　屋顶桁架的变化 2

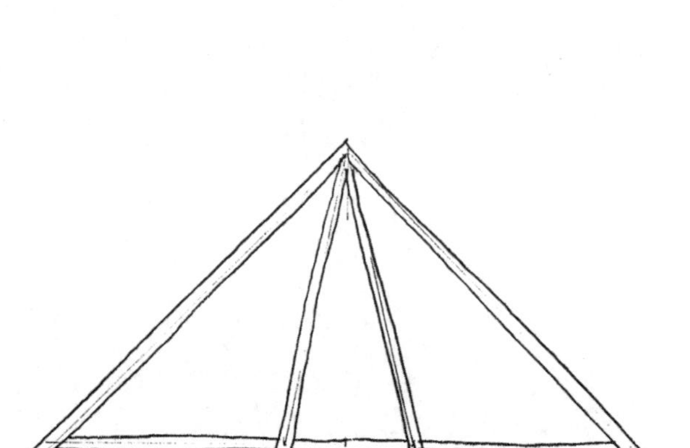

图 4.19　含有两根内部杆件并在顶点相交的桁架

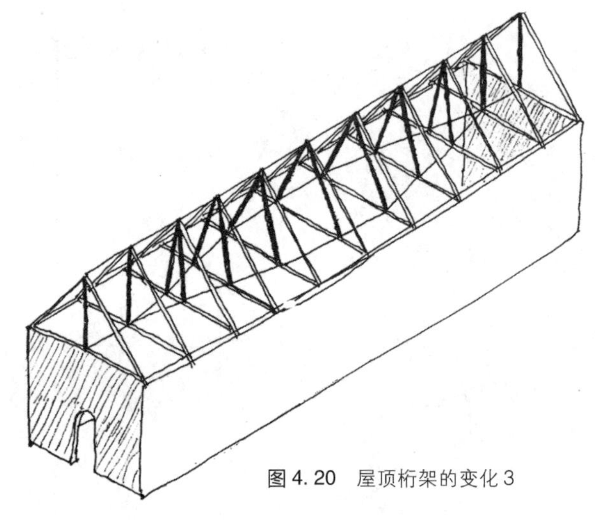

图 4.20　屋顶桁架的变化 3

“这样做会起作用的。”“但是，布鲁斯，在你开始设计这个剪刀桁架前，让我们头脑风暴一下，看是否能找到其他的想法。”

“比如什么？我喜欢这个剪刀桁架的形式，即使它要比之前胖一点。”

“但是，为什么不尝试看看其他的想法呢？也许可以得到一些意想不到的创意。”

“例如呢？”

“如果我们让桁架彼此不同呢？采用简单的带有中柱的三角桁架，让中柱偏离中心沿特定路径从教堂的一端到另一端（图 4.17）。这个效果有点像是动画电影，嗯……这有点难画！”

戴安娜画了一系列桁架，它们的中柱连续且有序地变换位置，形成波浪形的屋顶结构。

“视觉效果上不仅是中柱在移动，屋顶也在以有趣的方式变形。”

“好吧，这是一个绝妙的想法，我喜欢这个概念，即桁架在室内空间的美学中扮演更积极的角色，但我想让屋顶保持对称和简单。”

“我们还可以尝试把下弦杆的中心节点向下或者向上移动一点，移动的幅度不足以显著改变杆件的受力（图 4.18）。”

“那就更好了，屋顶是简洁而对称的。我可能会更倾向于这种情况。”布鲁斯默默地研究了一会儿手绘图，然后他伸手拿起铅笔画了起来。

“这个怎么样？”

他画了含有两根内部杆件并在顶点相交的桁架（图 4.19）。

“有两个杆件相比一个中柱有什么优势吗？”

“从一个桁架到下一个桁架它们都是对称的。给我一分钟画出我的想法，它有点难以在纸上呈现，所以你要用想象力去理解它，我会加粗变化的杆件，这样你就可以更好地看到它们，这个想法如何？”

布鲁斯画了一个屋顶桁架，桁架内部开始时是一根杆件，在中间渐渐分离成两根杆件，杆件的距离也逐渐加大，然后再慢慢变回一根杆件，在做礼拜者的头顶上呈现出一个类似透镜的形状（图 4.20）。

"这是一个引人入胜的想法！所有的桁架都有合理高效的形式，并且视觉效果很震撼。如果我们把中间的下弦杆提高一点，使结构显得更轻，但不用提高太多以免增加杆件中的力，效果可能会更好（图 4.21）。"

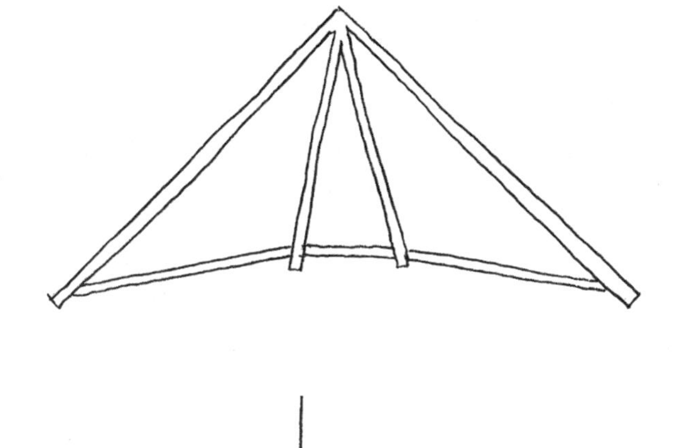

◀图 4.21　改变桁架的下弦杆

"是的，这确实看起来更好。让我试着自己做这些桁架的分析。"布鲁斯说道，"我将做两个极端情况的分析（图 4.22、图 4.23）。第一个桁架的内部杆件相邻较近。"

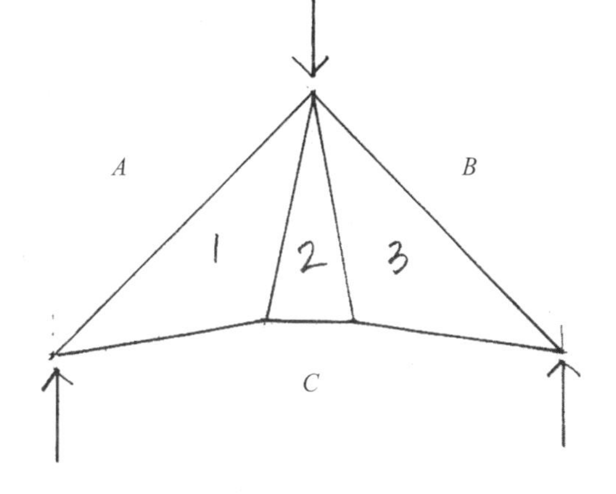

▼图 4.22　桁架的形图与力图 1

布鲁斯慢慢地画出力图。

"现在是另一个极端情况……"他的速度变快了，"这两个桁架的受力是一样的！"

"非常棒，我们只是从力图的形状就可以看出这两个桁架杆件中的力都很小。那么你能找出哪些杆件受拉力和哪些杆件受压力吗？"

"啊，戴安娜，当设计越来越有趣，你就想让我花时间去弄清楚……"

"别担心，这很容易，根本不需要太久时间，它可以帮助我们改进设计。只要把你的手指放在形图上面的顶点处，围绕这一点顺时针读取杆件名称，首先读出杆件 *B*3，然后在力图

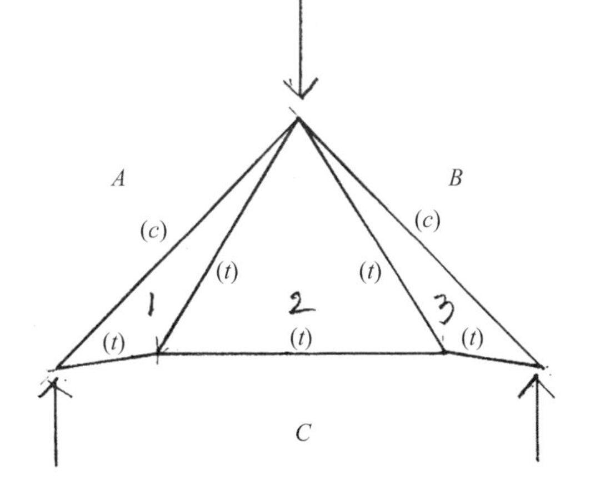

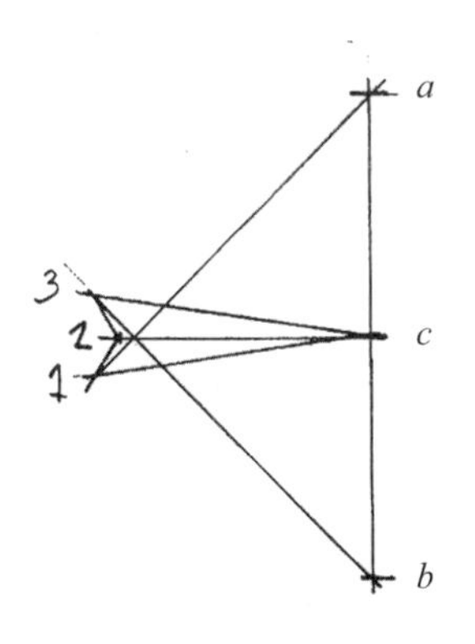

▼图 4.23　桁架的形图与力图 2

上从 b 读到 3，这个力从右下到坐上正在挤压你的手指。”

“这是压力。”

“然后，我们绕着这一节点顺时针方向读下一个杆件 3-2。”

“力图上从 3 到 2 的力在远离我的手指，因此 3-2 是拉力，2-1 也同样是拉力。”

布鲁斯快速地确定了其余杆件的受力性质，他的神情变得豁然开朗。

“嘿，你刚刚帮我理出的东西真有用。我发现只有顶部的两个上弦杆受压，其他的杆件都受拉。我是否可以采用链条代替木材来制作这些杆件？它会给桁架带来特别的形式和个性，并且会让观察者清楚杆件的受力状态。”

“使用链条会产生令人兴奋的视觉效果，但我必须看看屋顶在风荷载作用下会发生什么情况，风会在屋顶表面上产生拉力，并因此改变桁架杆件中的力的性质，我需要确保桁架杆件力的性质不变。目前这种桁架形式搭配其下坚硬的砖石墙体似乎没有什么结构上的问题。我们可以使用最好的链条，那种用于吊索和起重机的链条。

“刚刚对桁架上的荷载进行了粗略的估算，每个桁架的顶点大约承受 3 千磅的荷载，最大杆件的力约为 2 千磅，这个值并不高，意味着我们可以采用 2 英寸的木材作为上弦杆，但是我建议采用 4 英寸的木材，这样桁架会更坚固。我们还需要考虑一下桁架的细部连接，是否要使用标称 4 英寸木材并外加螺栓和钢板连接？”

“我希望采用两层 2 英寸的木材，将钢板夹在两层木材之间，钢板的大部分被隐藏起来，在日常照明条件下，只会看到外部的螺母。”

布鲁斯勾勒出了桁架顶部的连接构造（图 4.24）。

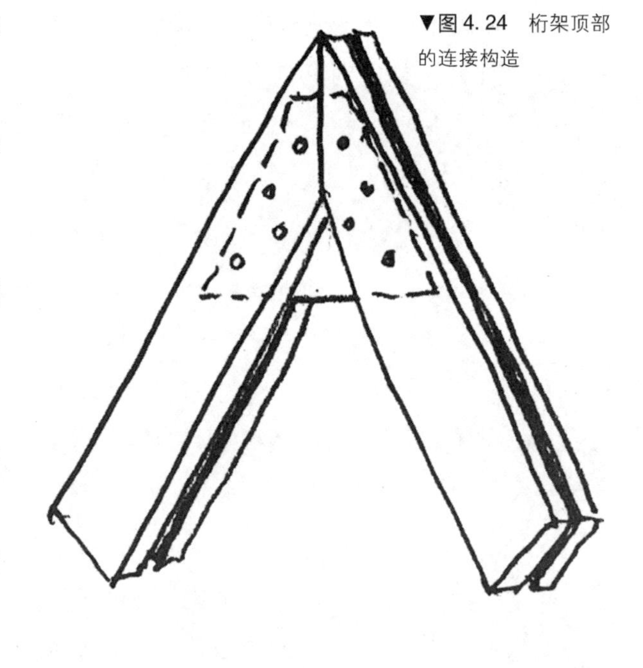

▼图 4.24　桁架顶部的连接构造

“好的，由于力图上杆件中的力相对较低，因此在节点处只需要两个或三个螺栓，这让事情更简单了。

“还有件事情要考虑一下，桁架之间需要横向连接，以防止它们的位移，你有什么想法吗？”

不搞清楚事物是如何组合在一起的，是不可能做出好的设计的。

——瓦克劳·扎列夫斯基

布鲁斯从一堆草图中拉出其中的一张，说：“如这幅草图所示，在水平面上采用两条大的船形链条如何？（图 4.25）也可以称其为弓形链条。链条与

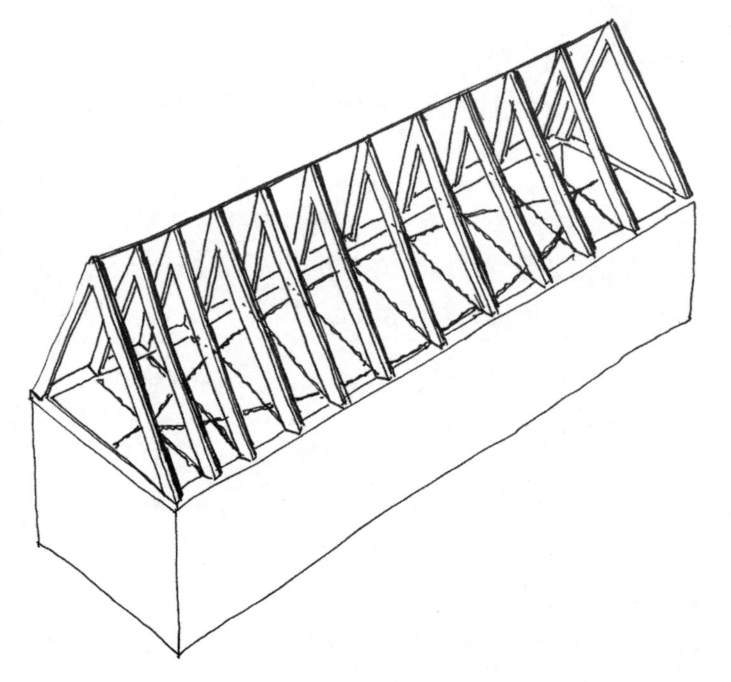

▶图 4.25　采用两条弓形链条的屋顶桁架

桁架内部链条的下端连接，加强桁架下弦的同时，帮助塑造空间的形状。”

“真令人兴奋！我们开始吧。”

“我还需要协调桁架与照明装置的关系，它们可能是罩着裸露灯泡的大玻璃球。它们可以悬挂在弓形链条与下弦链的连接处，强调出弓形链条。”

“好主意，那么你如何考虑自然采光呢？”

“嗯，我希望在屋顶和墙壁之间能有一排清晰的高侧窗，这样可行吗？”

“也许可行，但是我得仔细看看整个结构的横向荷载是如何传递的。”

两位设计师都沉默地看着草图，找寻未被解决的设计点，突然布鲁斯拿出一卷新的硫酸纸并开始画了起来。

“看看这个方法是否会奏效，”他说，“是否可以取消每个桁架中下弦的中间部分，而采用弓形链条来提供最初由下弦链提供的水平拉力？两条弓形链条的每一边都像悬索桥的主索那样。”（图 4.26）

戴安娜马上就明白了。

“非常棒的想法！你刚刚完全把结构三维化了！会起作用的，这会是塑造中央空间的一个非常有力的方法。让我们来看看弓形链条中的力的大小，首先快速估算一下荷载，桁架的跨

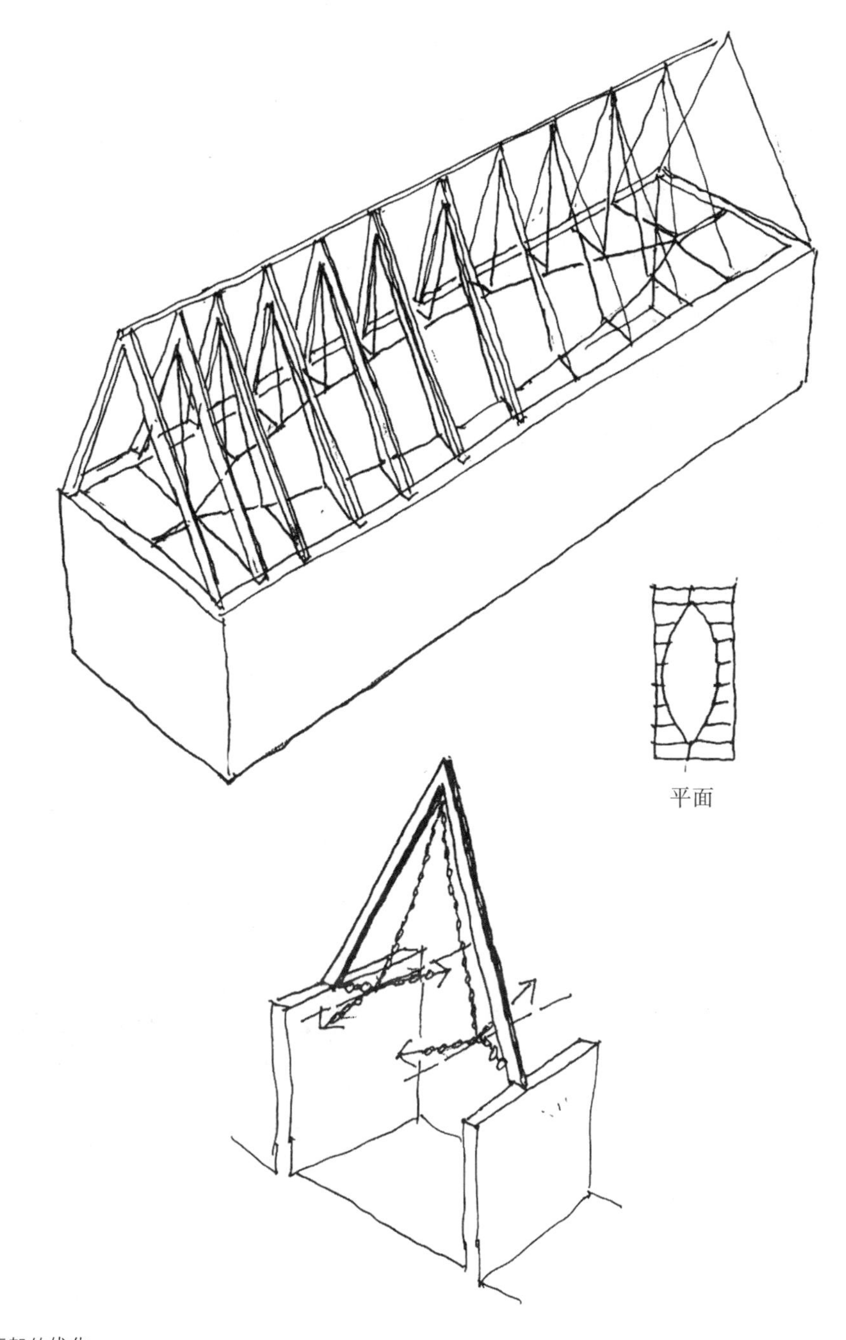

图 4.26　屋顶桁架的优化

度为22英尺，桁架间隔为8英尺，每个桁架需要承载的总屋顶面积，以水平投影面测量，为22英尺乘8英尺，即176平方英尺。但椽子将该区域的一半荷载传递到墙壁，另一半传递到由桁架支撑的脊梁，所以直接由每个桁架支撑的从属面积为176平方英尺的一半，即88平方英尺（图4.27）。

“这个区域的活荷载约为20磅每平方英尺，木结构屋顶的自重相对较轻，估计约为15磅每平方英尺。桁架顶点的总荷载就是20加上15的和乘88平方英尺，大约3 100磅即3.1千磅。”

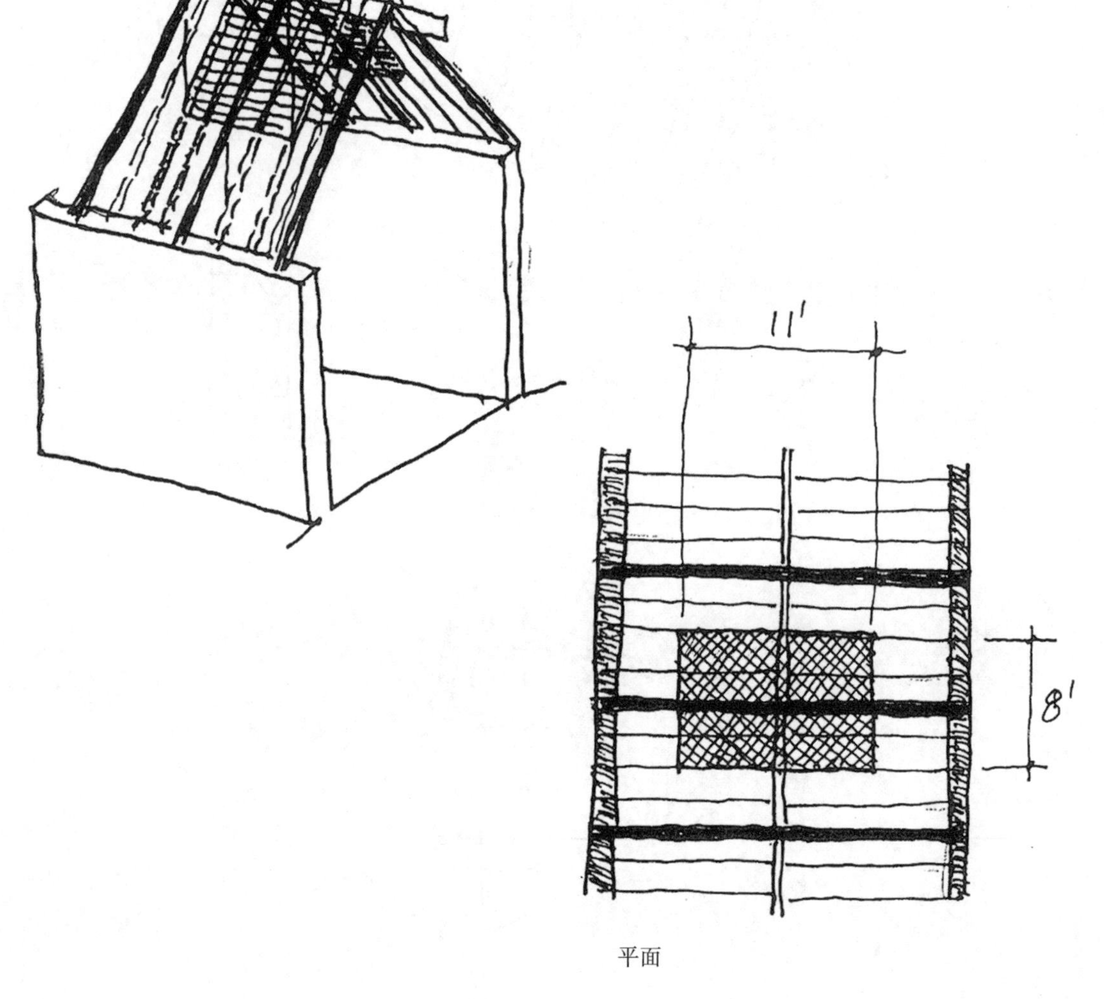

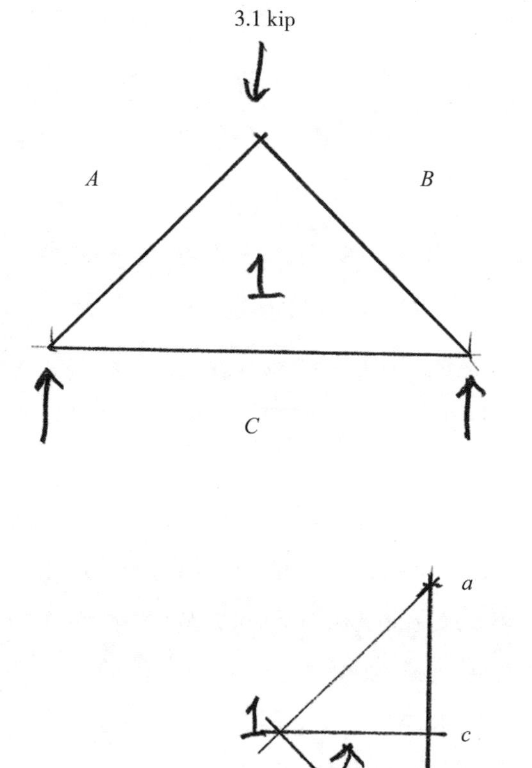

图4.27 屋顶桁架所承受的荷载

“然后我们对桁架中的力进行分析，在图纸上用 2 英寸的长度代表桁架顶部的荷载 3.1 千磅。桁架的水平下弦中的力，在力图上的尺寸为 1.15 英寸。这意味水平下弦中的力为 1.15 英寸除以 2 英寸再乘 3.1 千磅，结果大约为 1.8 千磅。也就是说每个弓形链条必须在每个节点处提供约 1.8 千磅的水平力以替代被取消的下弦链所提供的力。

“我会采用图解法找出弓形链条的形式和力。每个链条的曲线类似抛物线，所以可以像找出悬索结构中的力那样，找到弓形链条中的力。”

戴安娜用滚尺画了几分钟。(图 4.28)

“好吧，弓形链条中最大的力约为 10 千磅。找出弓形链条的形状并不困难，但是如何支撑弓形链条的端部呢？那里传递到教堂侧墙的水平拉力达到近 17 千磅。”

“厚重的砖石墙体难道不足以抵抗水平侧推力吗？我们还可以在砖石内添加钢筋。”

“我是觉得侧墙需要抵抗的弯矩太大了，但是也许可以设计一种方法将弓形链条锚固在建筑物的角部，在那里侧墙被横墙加强。”

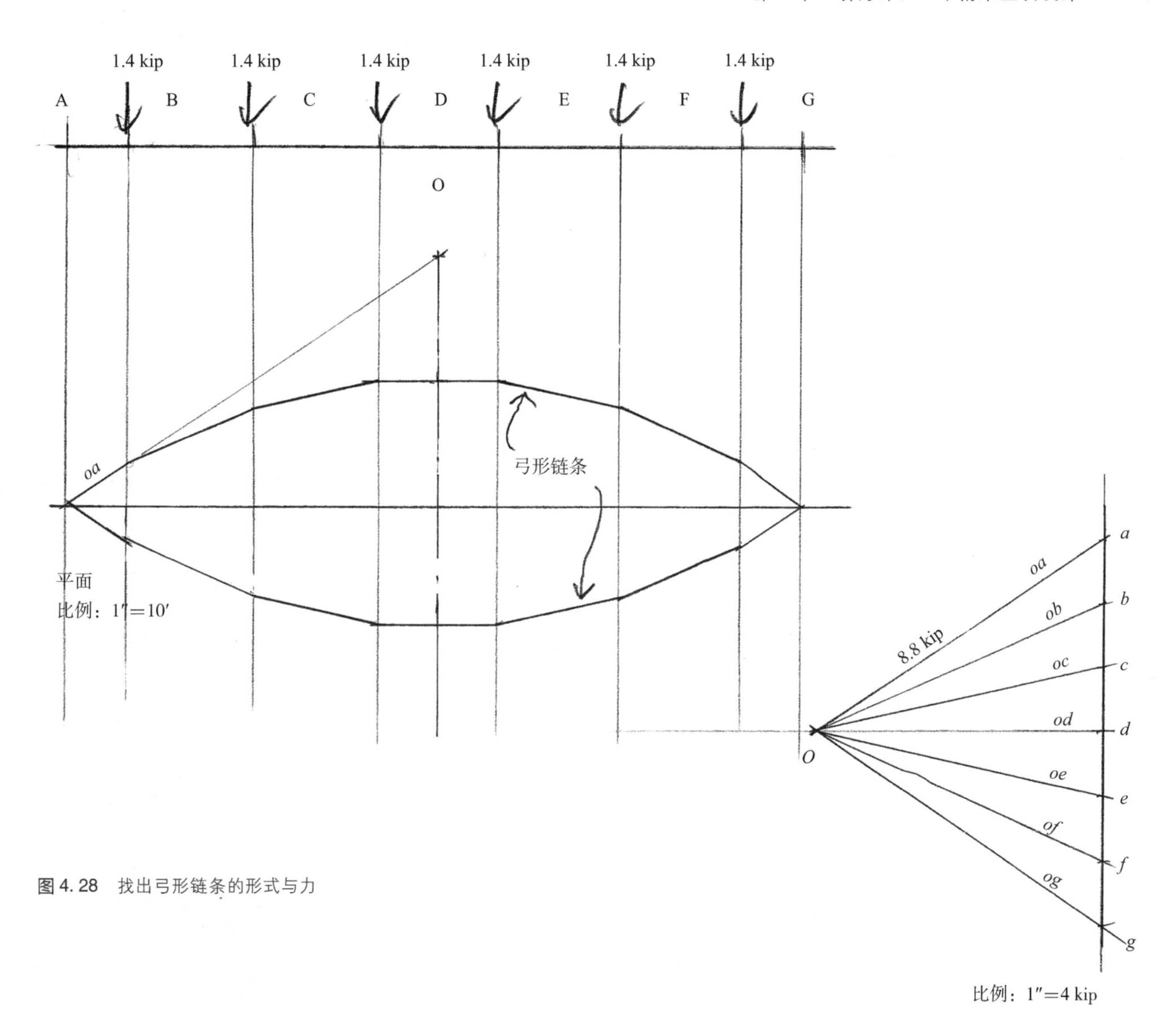

图 4.28　找出弓形链条的形式与力

“我将在平面上调整几何形状，看看是否可行。稍后我要去一个施工现场，让我们下周再接着讨论，届时我会准备一些精确的图纸。”“今天稍晚些时候能告诉我一些关于锁链的尺寸信息吗?”

“当然可以，下周同一时间在你的工作室碰面?”

“没问题。”

一周之后，布鲁斯拿出了两张新的教堂图纸（图 4.29、图 4.30）。

“你已经加入了很多灵感在里面!”戴安娜感叹道，“多么令人激动的空间啊！而且你已经重新设计了教堂的两端，以抵抗两个弓形链条的水平侧推力，这看起来很棒!”

“我给墙的转角设计了一定的角度，使得弓形链条可以锚固在墙角，墙因为此形状也更坚固。”

“就应该这么做。”

“正如上周提到的，我把整个屋顶抬高，留出空间创造出一系列清晰的高窗。我还打算将椽子的底端连接到方钢管上，方钢管绕高窗的顶部一圈。两个弓形链条的端部也将连接到该方钢管上。假设方钢管的所有节点都是焊接，它就像水平拱那样来抵抗链条的水平拉力。这样做是否可行?”

“我认为可行，我建议高窗的所有框架——底框、竖框到顶框都采用矩形方钢管。大截面

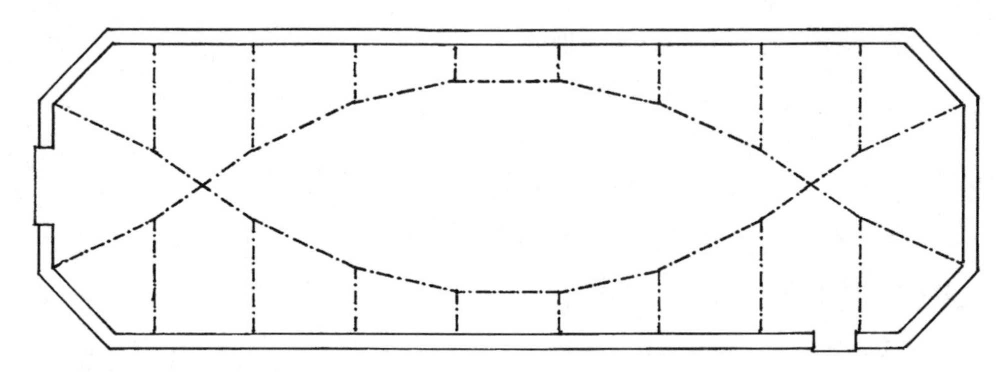

图 4.29　下弦与弓形链条的平面布置

图 4.30　教堂的室内空间效果图
图片来源：波士顿结构组设计与绘制

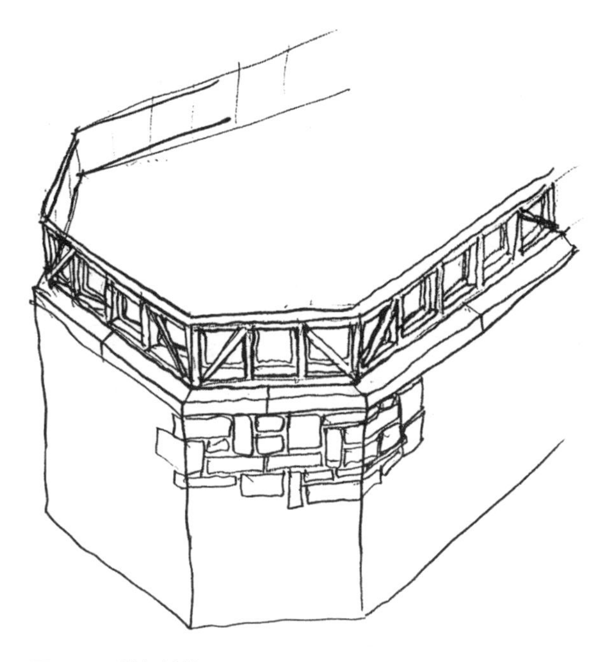
图 4.31　增加斜撑

的方钢管可以在钢制造厂中焊接在一起，这些钢构件用卡车运输到现场，用起重机吊装到位，与嵌入砖石中的锚固螺栓连接固定，然后彼此之间焊接。如果焊接节点不够牢固，不足以抵抗需要从屋顶传递到墙壁的风荷载，则可以在一些窗口中焊接较小截面的方钢管制成的斜撑。在对窗户进行细部设计时，注意将玻璃安装在斜撑的外面。”

戴安娜把斜撑添加到布鲁斯的草图中（图 4.31）。

“那也是我的想法。我画了一些细部构造，但是对于如何处理链条与方钢管的连接以及链条与链条之间的连接还不够清楚。”

“我花了一些时间了解链条及其连接，链条不是常见的结构构件，而且我之前没有使用过它们。考虑使用等级为 100 的链条，这是链条强度最高的级别。在桁架内部，链条中最大的力是 1 800 磅。通过查看链条制造商提供的容许荷载表（表 4.1），可以得到 9/32 英寸的等级为 100 的链条可以相对安全地抵抗 4 300 磅的拉力，这远远超出了我们的需要，但它是该强度等级里面尺寸最小的链条。它的安全系数为 4，这说明该链条的工作负荷达到其容许荷载 4 300 磅的大约 4 倍之后才会断裂。

表 4.1　强度等级为 100 的链条的尺寸和容许荷载限值

尺寸/in	容许荷载限值/lb
9/32	4 300
3/8	8 800
1/2	15 000
5/8	22 600

注：链条尺寸近似于链条生产厂家所生产的钢杆的直径。

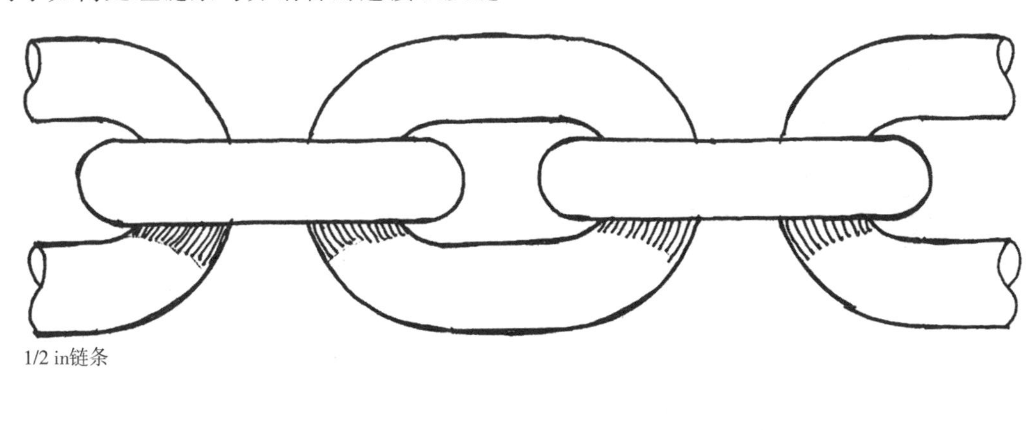

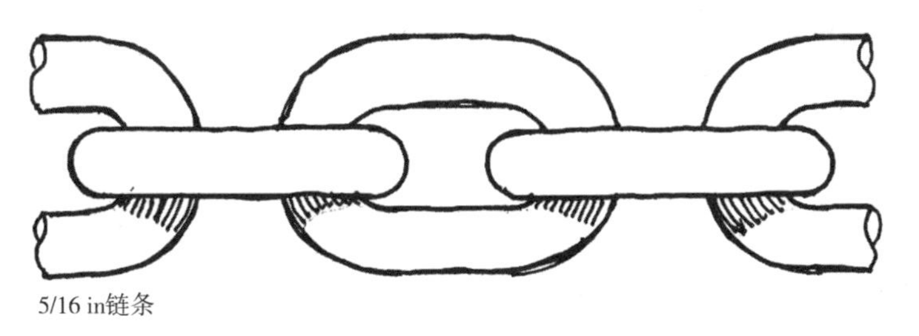

图 4.32　链条

“弓形链条中最大的力约为10 000磅，能够相对安全地抵抗这个力的最小链条尺寸是1/2英寸，链条强度等级为100，容许荷载为15 000磅，安全系数为4。这表明弓形链条的安全保障是足够的。我画了一张链条图（图4.32），这对我们的细部连接设计可能会有所帮助。

“链条连接通常采用连接链，它由两个相同的配件组成，它们被插入链条的两个链节中，也可以插入眼环螺栓或者连接钢板上的孔洞中（图4.33），通过重锤敲击连接链上一体化的铆钉将两个匹配件铆接在一起。

“虽然链条本身有很大的强度余量，但是其连接部位还需要仔细设计。对于桁架内部的链条，可以采用5/16英寸的连接链，其容许荷载为1 900磅（表4.2），比桁架内链条中的拉力大100磅。对于弓形链条，没有足够强度的连接链可以传递10 000磅的力，这意味着弓形链条必须保持完整而不能拼接。

“这是一个焊接节点的初步草图，用于将弓形链条锚固到建筑角部的矩形方钢管上（图4.34）。它使用大直径钢销将链条固定到两个水平钢板之间。钢板被焊接到高窗顶部的方钢管上。为了保证钢板和方钢管之间的连接牢固，将方钢管的边缘倾斜并使用全穿透熔透焊缝，使其达到方钢管的强度。”

“方钢管的切割和焊接都在施工现场完成吗？”

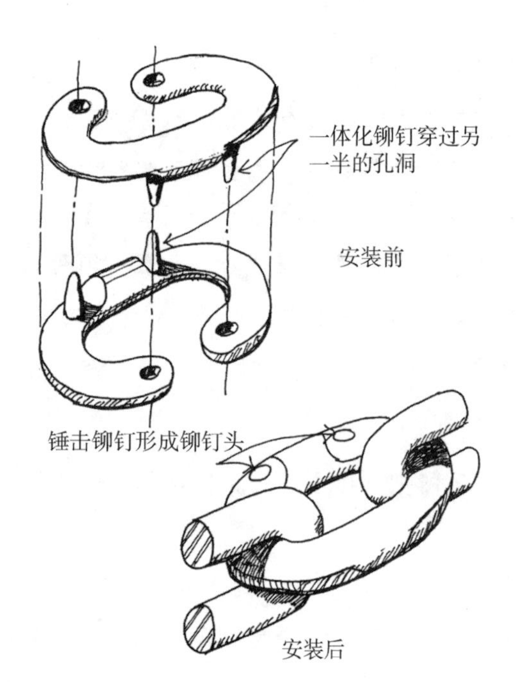

图4.33　连接链

表4.2　连接链的尺寸与容许荷载

尺寸/in	容许荷载限值/lb
3/16	750
1/4	1 250
5/16	1 900
3/8	2 650
1/2	4 500
5/8	6 950

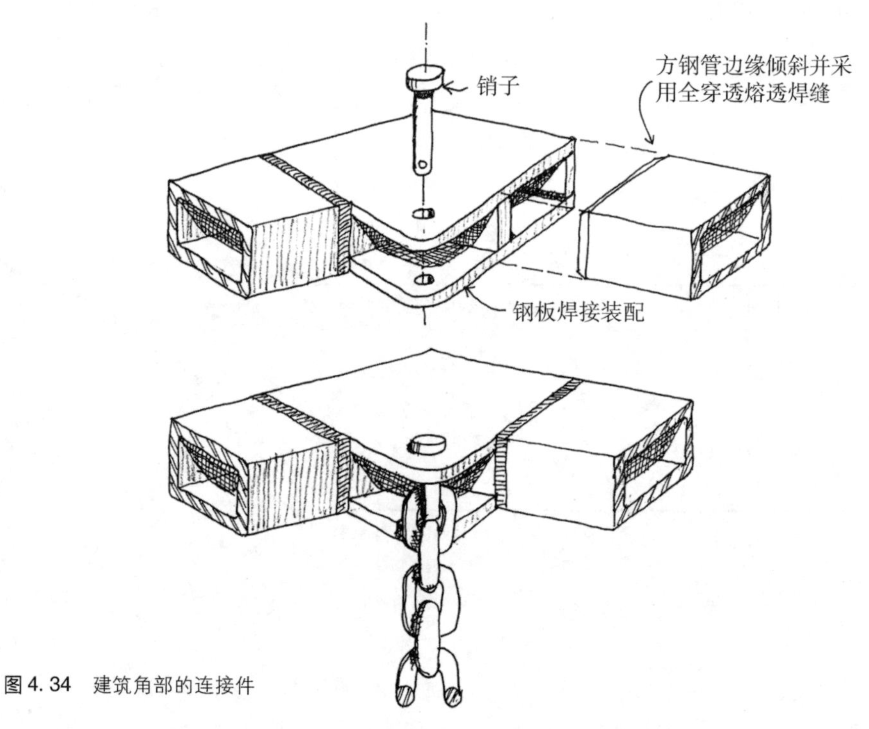

图4.34　建筑角部的连接件

“不是的，这些需要在钢制造厂里完成，工厂里环境可控且工具精良，方便工人快速地完成这些工作。大部分高窗的框架包括锚固部分都将在工厂内完成，我们会按照公路运输允许的最大尺寸制作这些构件。链条与木制上弦杆的连接是将常规的钢板夹在 2 英寸厚的木杆件里面，预先在钢板上切出螺栓孔洞，再用螺栓将木杆件和钢板固定。然后用连接链将链条连接到钢板上（图 4.35）。

“为了将脊梁连接到桁架的顶点，我设想了一个定制的连接件，如图 4.35 左上角所示。倒置的 T 形钢支撑着脊梁，它们被焊接到用来连接上弦杆的钢板上。

“链条与链条之间的连接是最困难的。如果我们只是将一个较小的链条固定到较大的弓形链条上，可以使用 3/8 英寸的卡锁，其容许荷载为 2 000 磅（表 4.3、图 4.36）。

“但是在每一个这样的连接点处，上部还有一条链条需要连接。上部链条中的内力不是很大，可以用一个眼环螺栓代替卡锁中的销子（图 4.37）。在实际建造之前，我会在实验室中对这个连接节点进行试验。

“最后一个问题是如何使整个链条网的各部分可以根据拉力和位置进行微调。解决的方法是在每个下弦链中增加花篮螺栓（图 4.38）。花篮螺栓的每一端都有一个类似于卡锁的钩环，方便将其连接到链条中。”

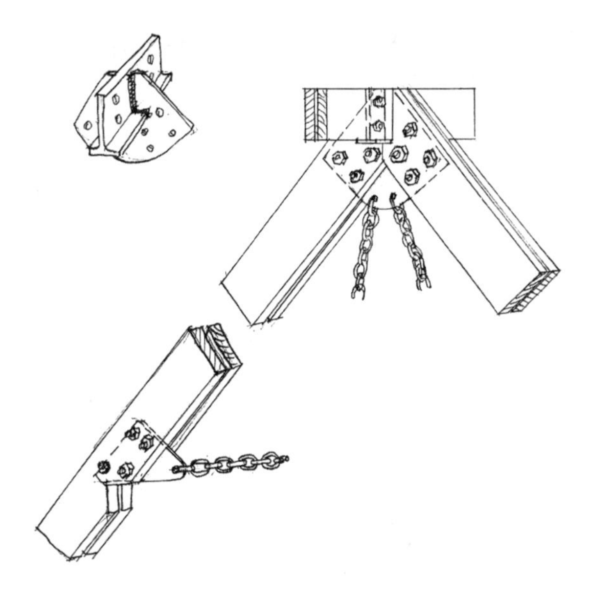

图 4.35　木杆件与链条连接的细部构造

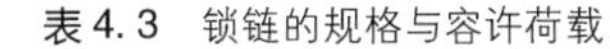

表 4.3　锁链的规格与容许荷载

尺寸/in	容许荷载限值/lb
9/16	670
1/4	1 000
5/16	1 500
3/8	2 000
7/16	3 000
1/2	4 000
5/8	6 500
3/4	9 500
1	17 000

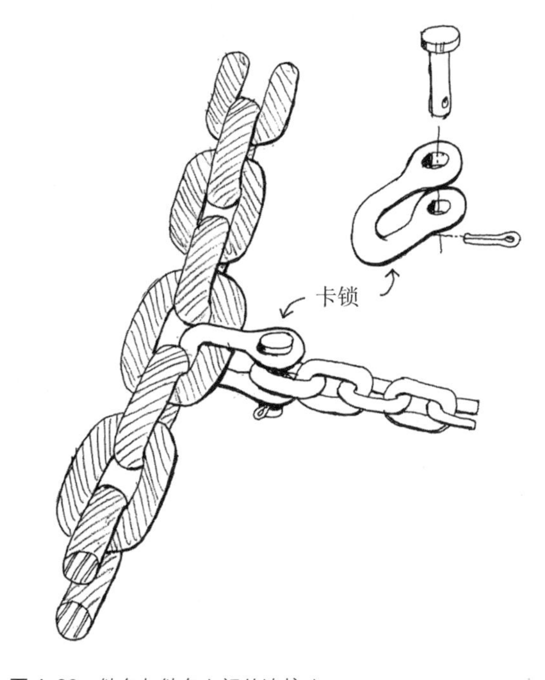

图 4.36　链条与链条之间的连接 1

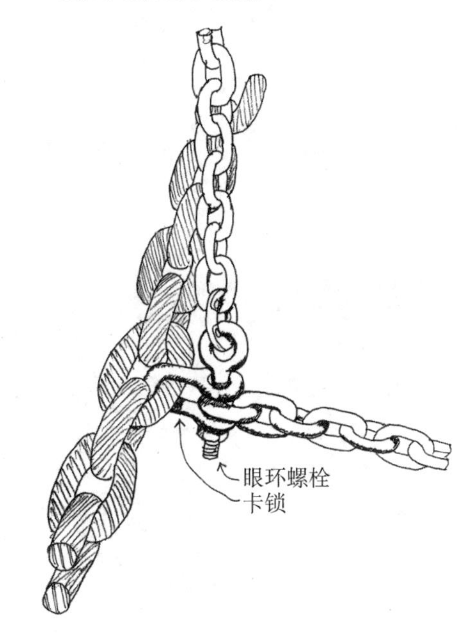

图 4.37　链条与链条之间的连接 2

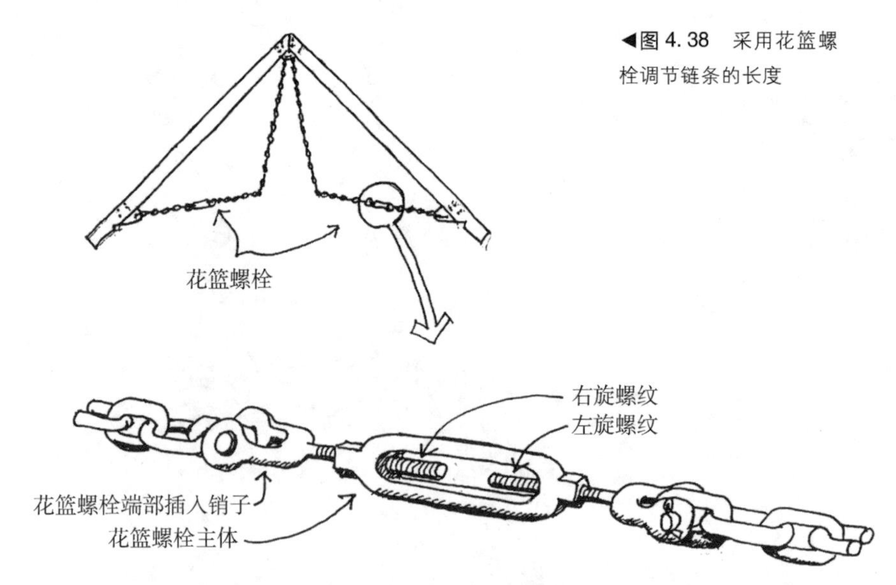

◀图 4.38 采用花篮螺栓调节链条的长度

"花篮螺栓两边的杆具有相反方向的螺纹，一个是右旋螺纹，另一个是左旋螺纹。用扳手转动花篮螺栓时，就可以拧紧或松开链条。

"太好啦，我喜欢你提出的所有细部设计，使这个设计具有深度以及美学方面的思量。"

"这将是一个令人震撼的屋顶，是我们两个人共同思考的结晶。上周你把第一张草图放在桌子上，我就知道我们可以把设计改得更好，但我从来没有想过会变得这么好！"

"必须承认我不知道我们最终是否会完成设计，但我发自内心地喜欢这个表达教堂内部空间的结构形式（图 4.39）。"

布鲁斯笑了起来。

"但是戴安娜，为什么你花了那么长的时间解释剪刀桁架这种充满悲剧感的结构形式？是什么让你觉得很难放弃它？"

说着他捡起了被风吹落的皱巴巴的硫酸纸草图。

图 4.39 教堂内部空间的效果图

卡尔·库尔曼（Karl Culmann，1821—1881）

卡尔·库尔曼是德国著名的结构工程师和教育家，出生于巴特贝格察伯恩附近。他在卡尔斯鲁厄理工专科学院接受教育，并于1841年加入巴伐利亚行政部门，其间以工程学徒的身份参与了铁路桥的设计。与此同时他还继续在施努尔莱茵学习数学。1847年，他开始在慕尼黑学习英语，为之后在英国和美国的研究考察做准备。经过三年的学习考察之后，他开始用图解法对桁架进行分析和比较，并于1865年出版了《图解静力学教程》。作为教育家，他于1855年开始就职于苏黎世联邦理工学院，担任土木工程系主任，直到1881年去世。受到让·维克多等人数学思想的启发，他开创了很多图解分析技术和设计方法。库尔曼培养了大量优秀的土木工程人才，并影响了之后几代教师的思想。例如罗伯特·马亚尔的老师里特教授，以及教导克里斯蒂安·梅恩的拉蒂教授。他的学生莫里斯·科希林与古斯塔夫·埃菲尔（Gustave Eiffel）共同设计了300米高的巴黎埃菲尔铁塔（本书286～288页）。由于他的突出成就，库尔曼被广泛认为是图形静力学之父。

第 5 章 5 悬崖边的观景亭设计

- 力矩
- 非共点力的平衡
- 非共点力的图解分析
- 特殊地点的钢框架结构的建造与细部构造

爱达荷州的深河峡谷因其多种多样的鸟类品种而闻名，时常可以见到不同类型的鹰群，如猎鹰、鹗、秃鹰和白头鹰等在空中恣意飞翔，并以捕捉小型哺乳动物和爬行动物为食。我们受委托设计一个鸟类观景亭，拟建在峡谷的垂直崖壁上，方便对下方悬崖上的鸟类及其巢穴进行观察（图 5.1）。观景亭通过一条开凿在岩石中的通道进入，通道内部设有楼梯和电梯。观景亭的平面是一个等腰三角形，20 英尺的短边靠近悬崖，顶点到短边的垂直距离为 30 英尺（图 5.2）。屋顶外檐悬挑用来遮阳，所以屋面面积远大于楼面面积。

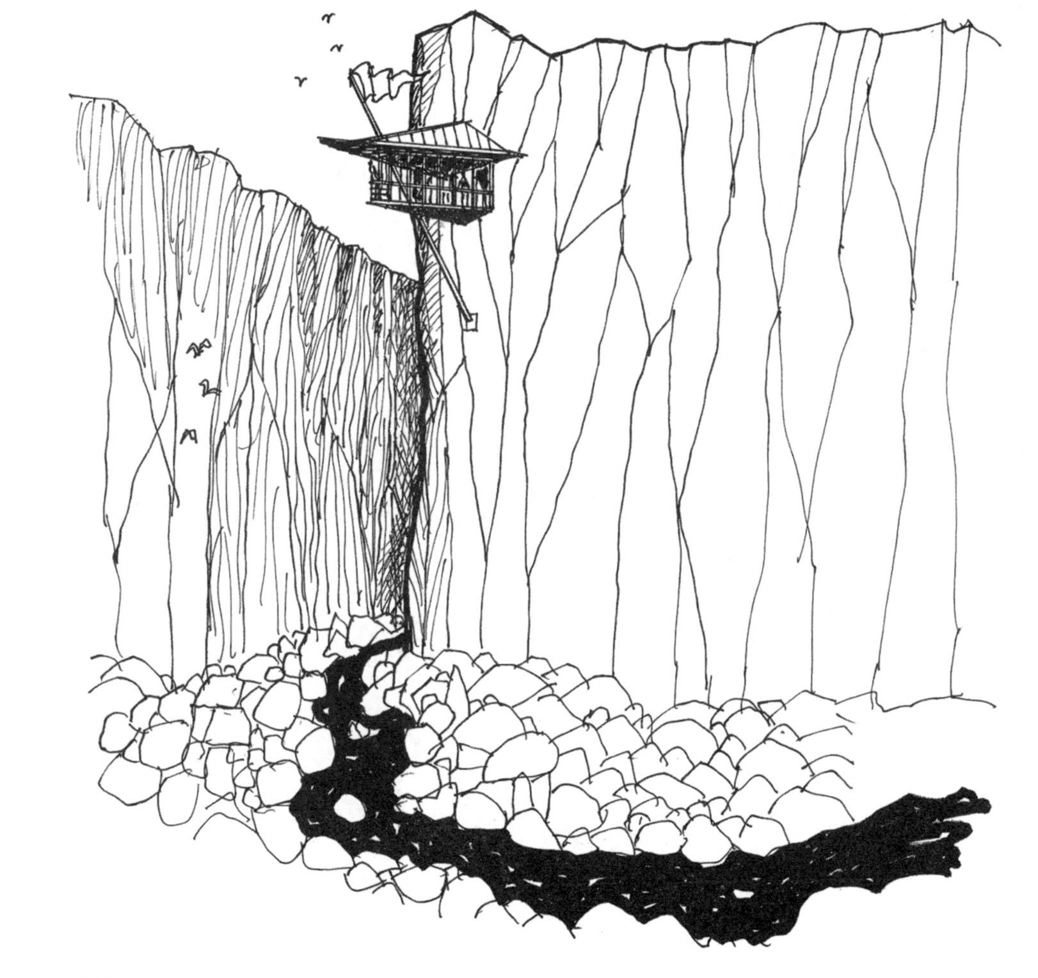

图 5.1　观景亭草图

结构材料的选择

通过比较我们决定采用钢框架结构作为观

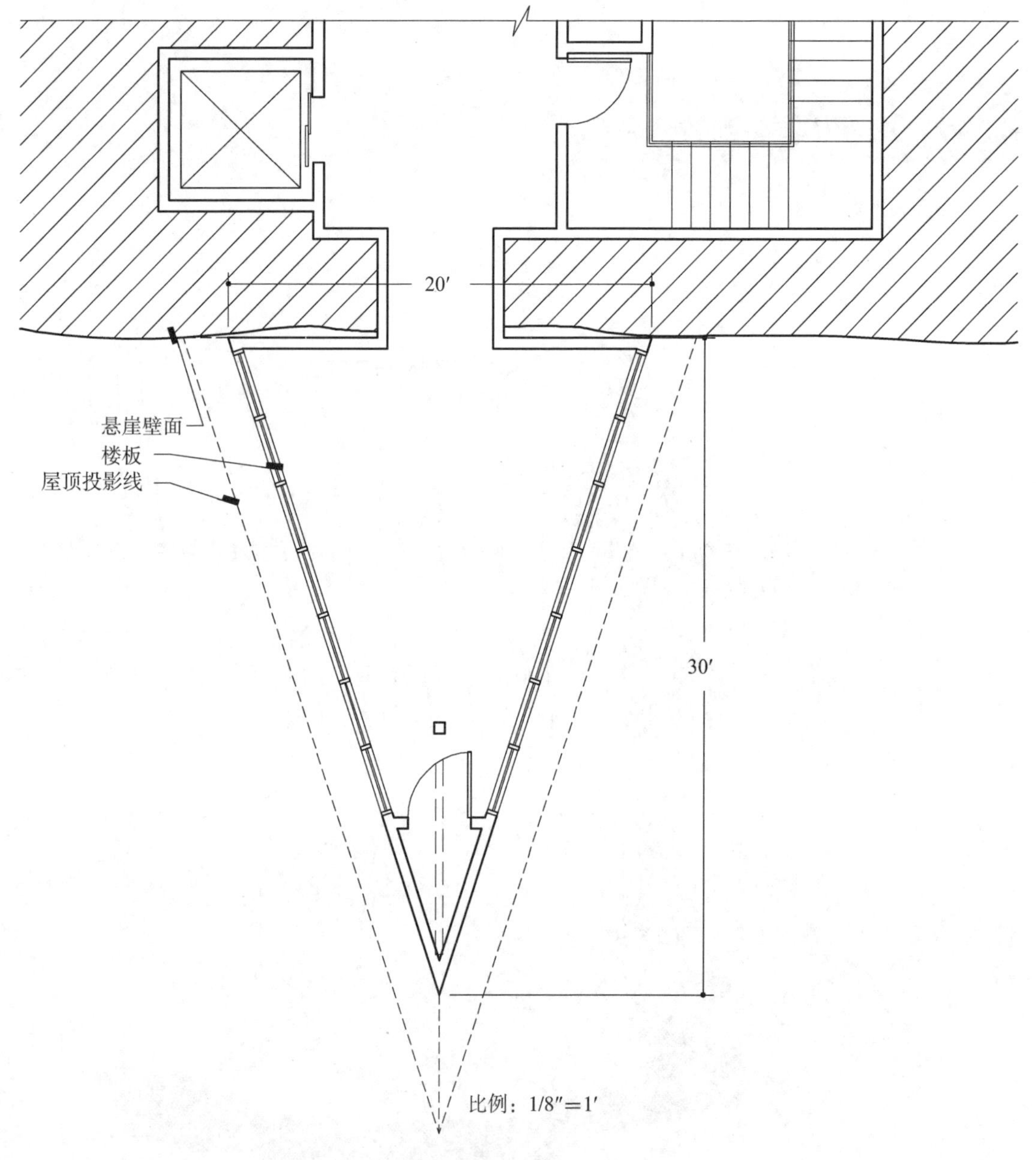

图 5.2 观景亭的平面图

景亭的主体结构。木结构重量轻且易于建造，但防火性能和耐腐蚀性能较差。钢筋混凝土结构在垂直的悬崖壁面上难以施工，而且相比于木材或钢材，混凝土材料的自重比较大，需要更坚固的基础。而且钢筋混凝土结构在施工过程中耗能也比较大。钢结构构件可以通过喷涂隔离层或膨胀型防火涂层来阻燃，膨胀型防火涂层遇热会膨胀，形成较厚的绝缘层来阻燃。钢框架结构可以在悬崖顶部的平地上组装，然后通过起重机将组装好的大尺寸构件安装到悬崖壁面上，从而减少在垂直崖面上的施工工作量。

观景亭的设计方案

如图 5.3 所示，我们思考了几个观景亭的设计方案。方案（a）的设想是将钢框架结构在悬崖顶部的平地上组装完成，同时在悬崖壁面上安装预制的基础，然后通过起重机将钢框架吊装到位。钢框架与悬崖相接的两个底角铰接到基础上，铰支座在提供支座反力的同时不限制结构的转动。两个顶角固定在水平链杆支座上，每个链杆支座都能够提供水平支座反力。这种组合可以避免悬崖和钢框架结构之间的热膨胀差异所引起的内力对结构或基础产生的影响。这种方案相对容易建造，但是钢框架结构中需要增加斜撑。

方案（b）钢框架结构的两个底角与基础铰接，采用外部斜撑代替框架内部的斜撑，从下

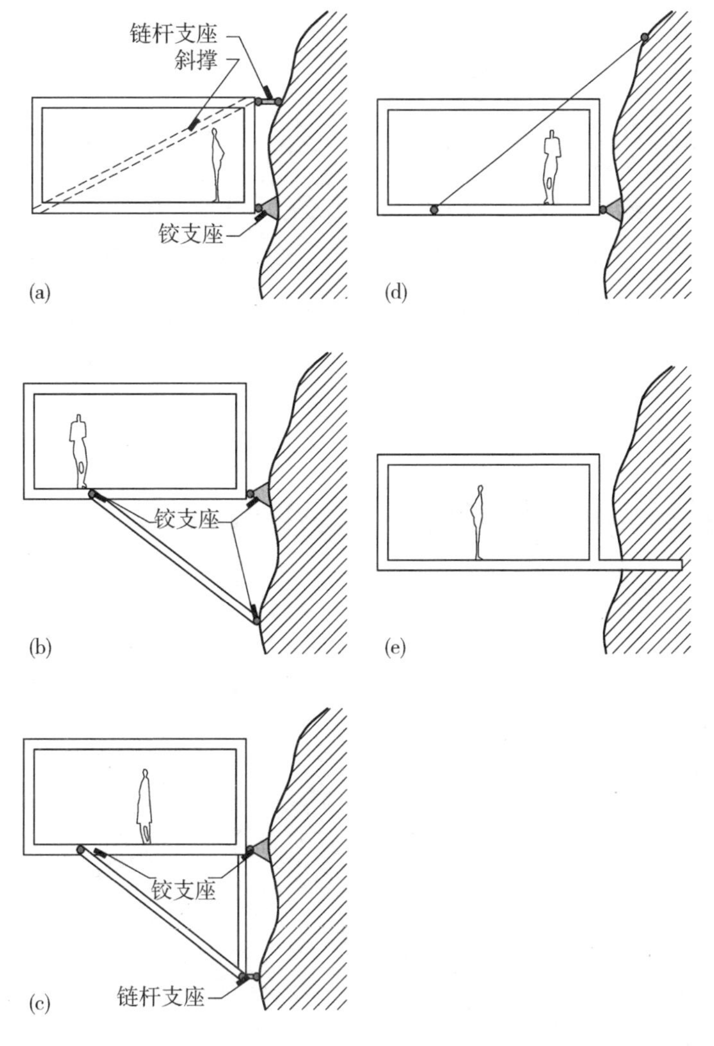

图 5.3　几种观景亭的设计方案

面支撑框架的外边缘。此方案比方案（a）更难以建造，因为它需要悬空进行外部斜撑的连接，而未连接形成整体的框架结构的强度相对较低。方案（c）与方案（b）相似，只是在悬崖壁面附近增加了垂直杆件，以支撑斜撑的底端。当起重机将钢框架吊装到指定位置，每侧只需要两次连接操作，施工步骤因而得到了简化。然而，因为钢构件需要定期喷漆维护，并且这些钢构件都位于难以到达的位置，增加垂直杆件意味着维护成本的提高。

方案（d）也与方案（b）相似，不同之处在于钢框架下方的斜撑替换成了上方的斜拉杆。方案（e）需要在悬崖壁面挖掘两个水平基坑，将钢梁插入基坑之中，并进行灌浆。这在纸上看起来很简单，但它涉及很多重型机械的操作以及对悬崖进行精准的勘察工作，因此不仅危险而且花费较高。

深化设计

在思考了很多方案之后，我们决定在方案（b）的基础上进行深化。由于基地的特殊性，我们在设计初期就对方案的细部构造有所思考，以便设计可以顺利地展开（图 5.4、图 5.5）。图 5.6 是楼板框架以及斜撑的示意图，一根长的斜撑从下方的悬崖向外伸出，并与观景亭的钢框架相连，以支撑钢框架的外端，斜撑采用方钢管制造。钢框架的底角与悬崖壁面的连接节点如图 5.7 所示，斜撑与楼板梁的连接节点如图 5.8 所示。图 5.5（a）的楼板框架显示了梁的分布，这四根梁的最大间距由其支撑的波纹钢板的最大尺寸决定，波纹钢板上面会浇筑混凝土，形成一个平坦的楼面。屋顶采用轻型钢结构，其上覆盖防火胶合板，然后钉合直立锁边式铜质屋面板。屋顶的所有重量都通过竖向钢构件以及窗户之间的立柱传递到楼板框架上。

图 5.4　观景亭的透视图
图片来源：波士顿结构组设计与绘制

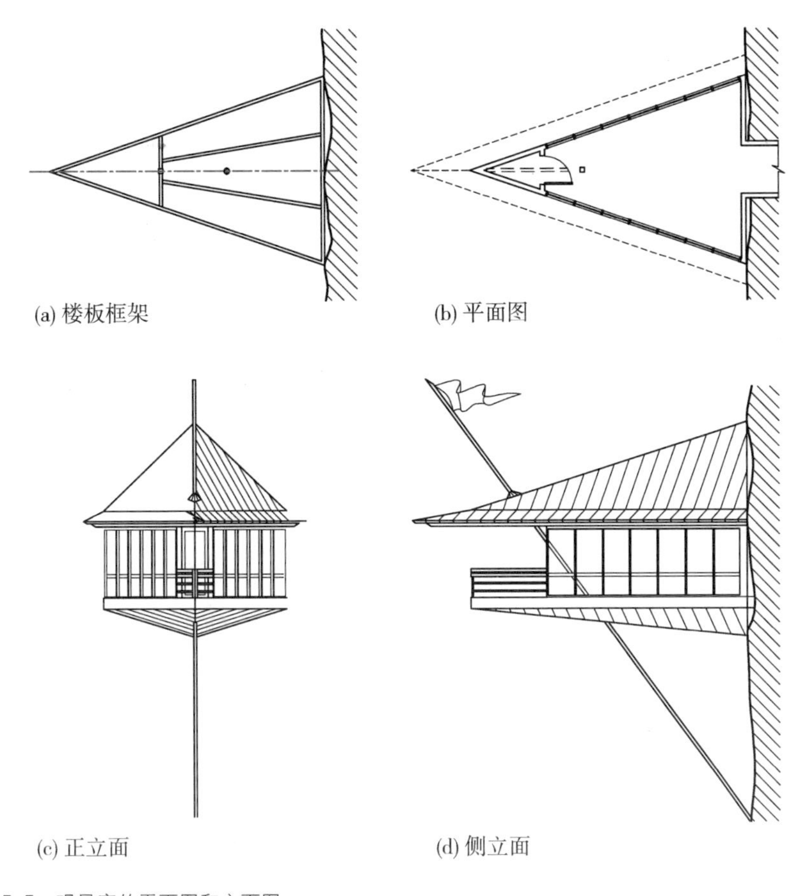

图 5.5　观景亭的平面图和立面图

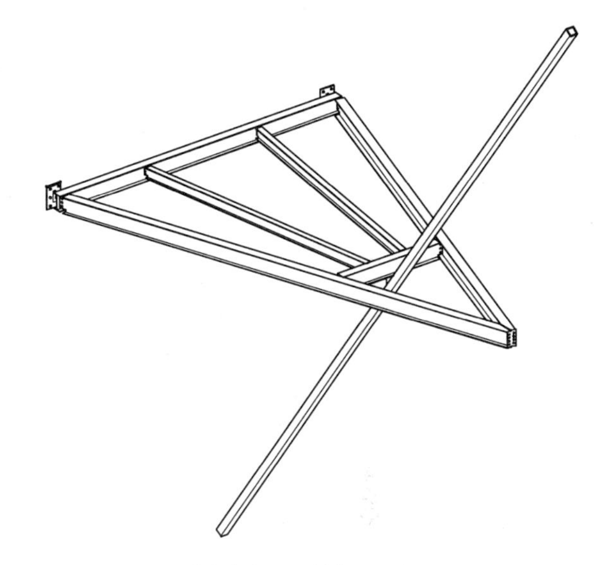

图 5.6　观景亭楼板框架以及斜撑的示意图

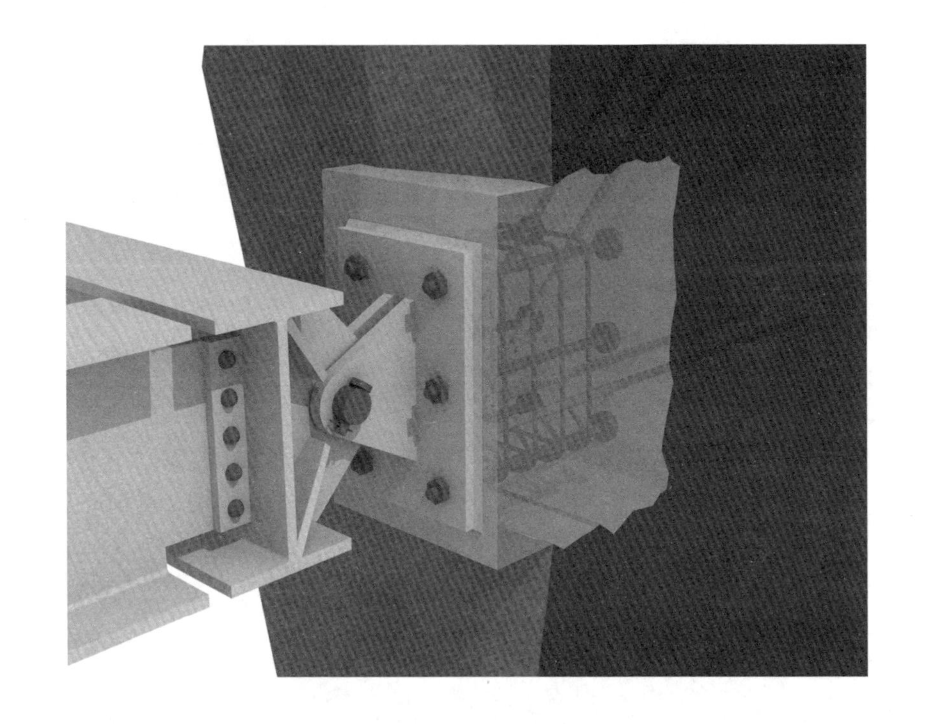

图 5.7　楼板框架与锚固在悬崖上的钢板铰接。首先在悬崖上开凿出一个长方形的坑口，然后从这个坑口里钻几个深入悬崖内部的孔洞，将钢筋插入洞中，然后将孔洞灌浆填实。使钢筋穿过锚固钢板上的预留孔洞，用螺栓固定，将锚固钢板固定在木模板中，然后将长方形的坑口灌浆填实。当水泥砂浆硬化后，力从螺栓传递到钢筋，然后传递到悬崖内部的岩石中。由于温度变化会引起钢材的热胀冷缩，导致结构中会产生多余的内力，而铰支座可以避免多余内力对基础的影响。

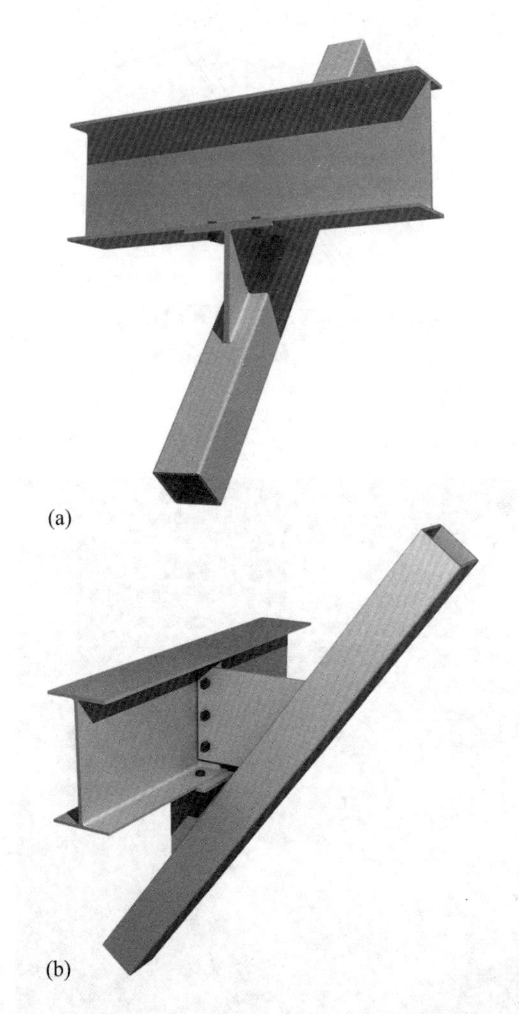

图 5.8 斜撑由方钢管制成，采用焊接和螺栓连接将斜撑与楼板梁固定在一起，这个节点对抵抗梁的扭转所起的作用很小，因此这个节点被认为是一个铰接节点。

要进一步深化设计，必须首先确定支撑建筑物所需的外力大小。观景亭的总重量约为 71 千磅，包括约 26 千磅的屋顶重量和约 45 千磅的楼板重量，这些数值包含了恒荷载和活荷载。楼板比屋顶重很多是因为楼板需承受更大的活荷载，根据建筑规范，活荷载的预估值为每平方英尺 100 磅，也就是观景亭挤满了人的情况。

楼板的重心与楼板平面的形心重合，因为楼板平面是三角形，所以重心位于在从悬崖壁面到观景亭尖端距离的三分之一处。在图 5.9（a）中，将均布荷载替换成作用于重心的集中荷载。位于悬崖壁面的支座对楼板施加向上的支座反力，这两个力不共线，即力的作用线不在同一条直线上，所以该结构不是平衡的，具有向下旋转的趋势，需要采取措施使之达到平衡。在图 5.9（b）中增加了斜撑，使结构整体达到稳定平衡。

图 5.10 中，取观景亭楼板为隔离体，存在两个竖向荷载分别为屋顶荷载和楼板荷载，它们的作用线相距很近。因为屋顶向外悬挑了一部分，所以屋顶的重心距离悬崖壁面比楼板的重心距离悬崖壁面更远。已知斜撑的位置和方向以及铰支座的位置，可以采用数值法求解出其他未知量。

在第 2 章中介绍了静力平衡方程中的两个表达式，可以用它来求解支座反力：

$$\sum F_v = 0$$

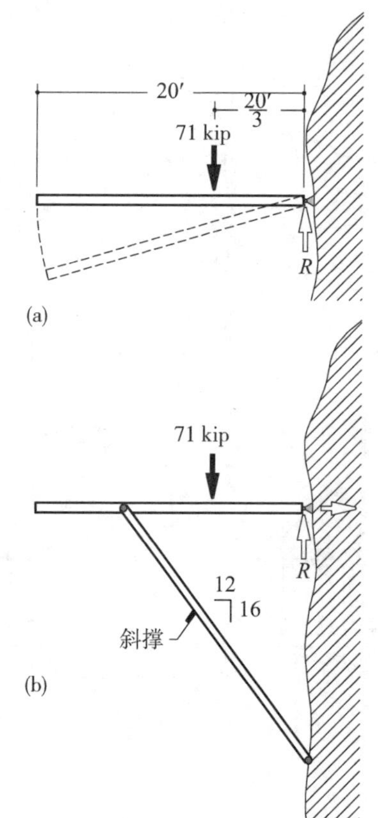

图 5.9 用斜撑稳定观景亭的楼板框架

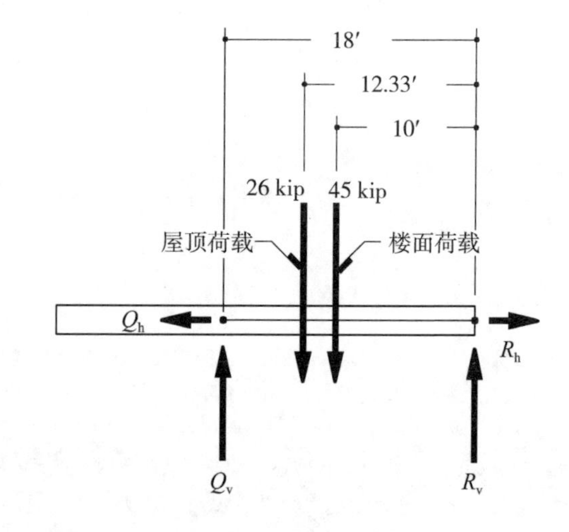

图 5.10 取观景亭的楼板为隔离体

$$\sum F_h = 0$$

两个水平方向的力 Q_h 和 R_h 相互平衡，它们大小相等方向相反。在垂直方向上，两个竖向荷载和两个支座反力的垂直分量之和等于零。假设向下的力为正，垂直方向上的力的和等于零：

$$\sum F_v = 0 = 26\ \text{kip} + 45\ \text{kip} - Q_v - R_v$$

两个方程无法求出三个未知量，所以需要引入静力平衡方程的第三个公式。

儿童游乐场中的启发：力矩平衡方程

儿童用相等但相反的力推动转盘的把手，这些力不共点，因此就产生了力矩，转盘也随之转动了起来（图 5.11）。力矩是表示一个力造成物体围绕某一个固定轴旋转能力大小的物理量。一个力的力矩 M 等于这个力的大小 P 乘旋转轴到这个力的作用线的垂直距离 d，公式如下：

$$M = Pd \tag{5.1}$$

图 5.11　游乐场中的转盘

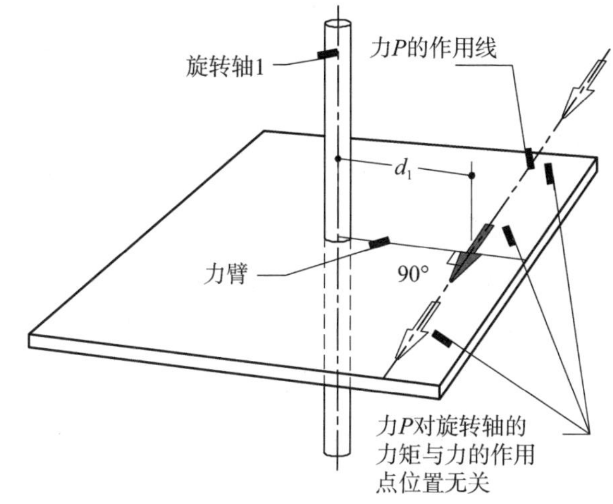

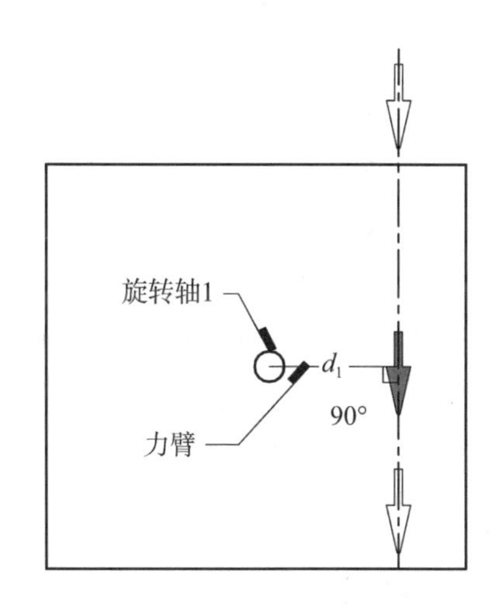

图 5.12　力臂的定义，$M = Pd$，图（a）为透视图，图（b）为顶视图，旋转轴在顶视图中表现为一个点。

垂直距离 d 是旋转轴与力的作用线之间的最短距离，称为力臂。在图 5.12 中，力 P 的作用点不同，但是相对于特定的旋转轴形成了同样大小的力矩 Pd。

旋转轴被假设为一根穿过旋转轴的中心线，或者是机械的一个轴承。当我们在一张纸或者电脑屏幕前绘制隔离体时，这个旋转轴常常垂直于这张纸或者是垂直于电脑屏幕，因此旋转轴就是一个点。当一个力相对于一个“点”产生力矩时，我们会默认把这个“点”理解为一个旋转轴。

图 5.13 中的力 P 围绕旋转轴 a 顺时针旋转，所产生的力矩为：

$$M=Pd$$

$$M_a=750\ \text{lb}\times 3\ \text{ft}$$

$$M_a=2\ 250\ \text{lb}\cdot\text{ft}$$

力臂是点 a 到力 P 的作用线的垂直距离。

力矩的单位是力的单位乘长度的单位，一般情况下是磅英尺，其他常用的单位有磅·英寸、千磅·英寸、千磅·英尺以及牛顿·米等，

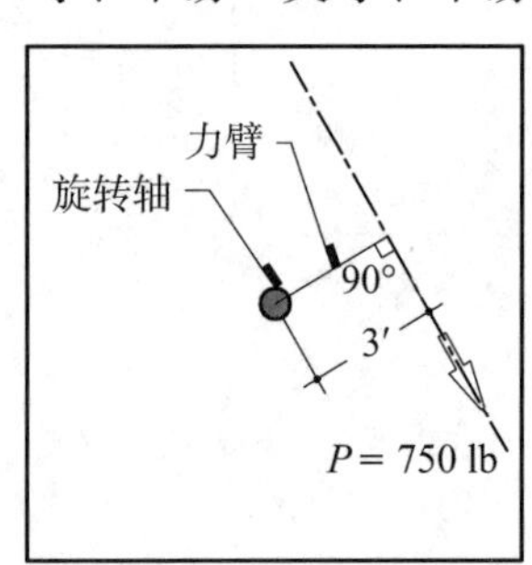

图 5.13　力臂垂直于力的作用线

这些不同的单位都可以用来度量力矩。关于力矩的单位，美国通常会把距离的单位放在力的单位前面，如磅·英寸，会被写成英寸·磅。

通常情况下，把顺时针的力矩规定为正，逆时针的力矩规定为负。这种规定是人为的规定，在同一个计算中，关于力矩正负的规定一定要统一。图 5.14 中，力 P 相对于点 b 产生的力矩与相对于点 a 产生的力矩是不同的。

$$M_b=-750\ \text{lb}\times 4.5\ \text{ft}=-3\ 375\ \text{lb}\cdot\text{ft}$$

这里的负号意味着力 P 相对于点 b 的力矩是逆时针的。

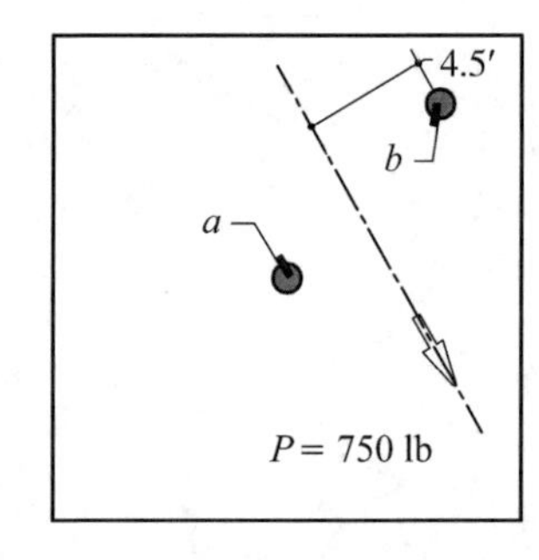

图 5.14　如果将顺时针方向的力矩定义为正，那么力 P 相对于点 a 的力矩为正，相对于点 b 的力矩为负

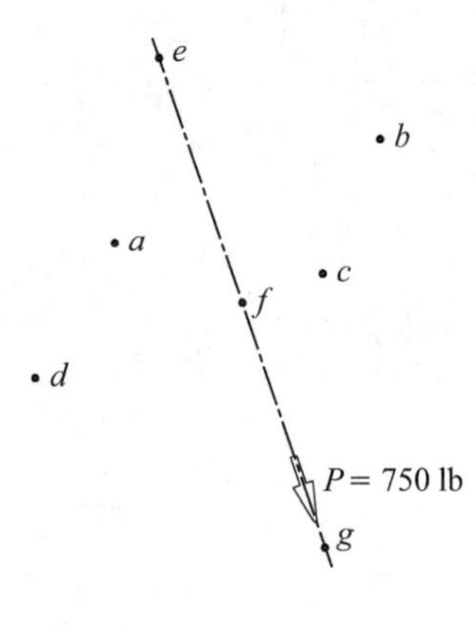

图 5.15　相对于平面中的任何点，都可以计算力 P 对该点的力矩

图 5.15 中，力 P 相对于点 e、点 f 和点 g 的力矩为零，因为力臂为零。这意味着力 P 相对于这几个点不会产生力矩。

力矩的平衡

静止的物体没有发生转动，意味着作用在物体上的合力矩为零：

$$\sum M=0 \qquad (5.2)$$

这是静力平衡的第三个公式，静力平衡方程可以总结为：

- 水平方向的合力为零
- 垂直方向的合力为零
- 相对于任一点的力矩为零

公式为：

$$\sum F_h=0$$

$$\sum F_v=0$$

$$\sum M=0$$

对于任何一个结构来说，如果作用在上面的力是不共点的，那么就需要运用上面三个方程来验证。方程式（5.2）中的旋转轴是人为选择的，可以是任意的。对于处于静力平衡的结构来说，如果一组力相对于某点的力矩为零，那么这组力相对于其他任意点的力矩也为零。

游乐场中的跷跷板

儿童在玩跷跷板时，可以从中了解到力矩平衡的原理。如果要让一个稍重的孩子和一个稍轻的孩子在跷跷板上保持平衡，只需要把稍轻的孩子放在离跷跷板的旋转轴稍远一点的地方，而把稍重的孩子放在离旋转轴稍近一点的地方，使两个孩子对于旋转轴产生的力矩相同。在图 5.16 中，一个孩子重 100 磅，而另一个重 50 磅，如果这个重 50 磅的孩子坐在离旋转轴 8 英尺的地方，那么重 100 磅的孩子需要坐在离旋转轴多远的地方，跷跷板才能平衡呢？

在这个力系中，不存在水平方向的力。垂直方向上的力平衡，则跷跷板的旋转轴所提供的向上的支座反力与两个小孩的重力相等，为 150 磅。根据力矩平衡方程，可以确定稍重小孩的位置。

力系中所有的力对跷跷板的旋转轴的力矩之和为零，即稍重孩子的体重 100 磅乘力臂 h 所产生的逆时针力矩，与稍轻孩子的体重 50 磅乘 8 英尺所产生的顺时针力矩之和为零，方程如下：

$$\sum M = 0$$

$$-100\ \text{lb} \times h + 8\ \text{ft} \times 50\ \text{lb} = 0$$

$$h = \frac{8\ \text{ft} \times 50\ \text{lb}}{100\ \text{lb}} = 4\ \text{ft}$$

计算可得稍重的小孩需坐在离旋转轴 4 英尺的地方才能够平衡。

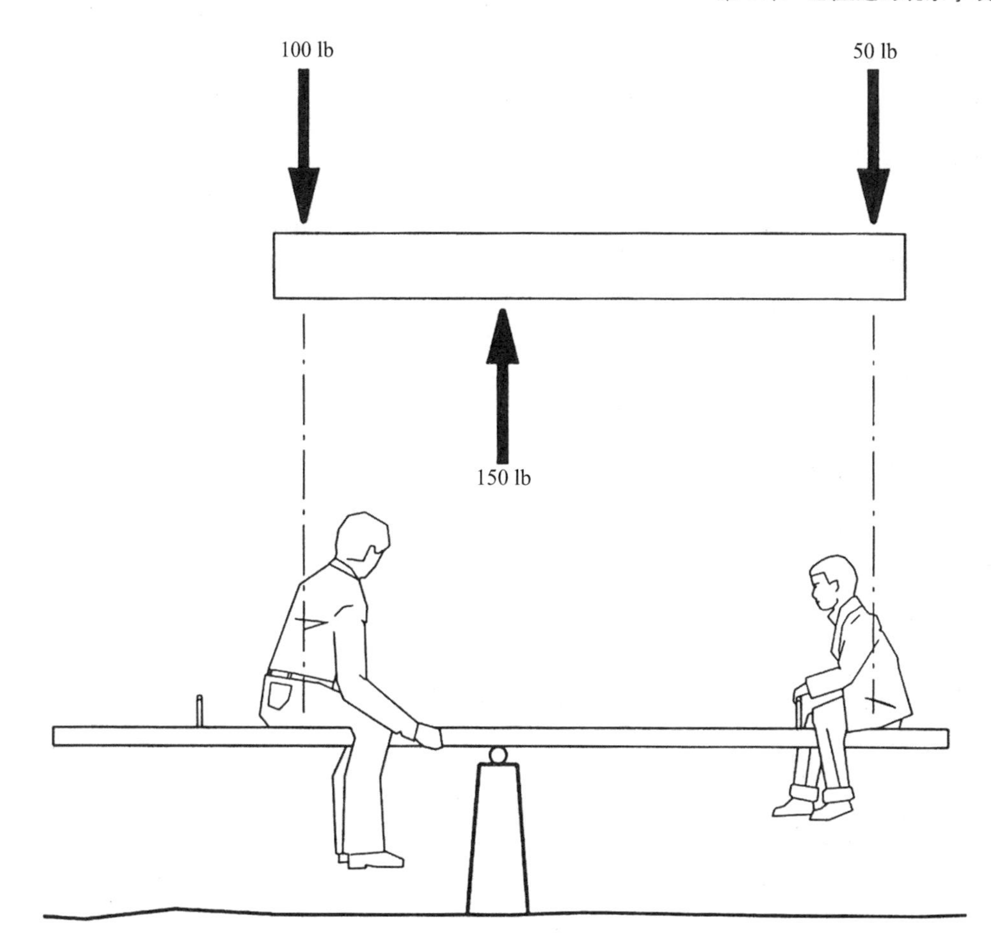

图 5.16　跷跷板上的儿童

如果以稍轻孩子的位置为参考，所有的力对该点的力矩为零，假设两个孩子之间的距离为 h'，则方程为：

$$\sum M = 0$$

$$150\ \text{lb} \times 8\ \text{ft} - h' \times 100\ \text{lb} = 0$$

$$h' = \frac{150\ \text{lb} \times 8\ \text{ft}}{100\ \text{lb}} = 12\ \text{ft}$$

稍轻孩子与旋转轴的距离为 8 英尺，所以稍重孩子与旋转轴的距离为 12 英尺减去 8 英尺，即 4 英尺，与之前计算的结果相同。

在计算观景亭的结构之前，先通过几个例子来加强对力矩的理解。

求解静定梁或静定桁架的支座反力

运用力矩平衡方程可以求解出静定梁或静定桁架的支座反力。支座反力是与施加在结构上的与外部荷载相平衡的力。图 5.17 中，一根两端有支撑的木梁受到一个 150 磅集中荷载的作用，这个荷载距离右侧支座为 4 英尺，两个支座之间的距离为 12 英尺，请求出两个支座反力的大小，假设梁的重力为 0。

通过静力平衡方程可知，水平方向的力的合力为零，因此水平方向没有外力的作用。垂直方向的力的合力为零，则 R_1 与 R_2 之和等于 150 磅，假设向下的力为正，向上的力为负，则：

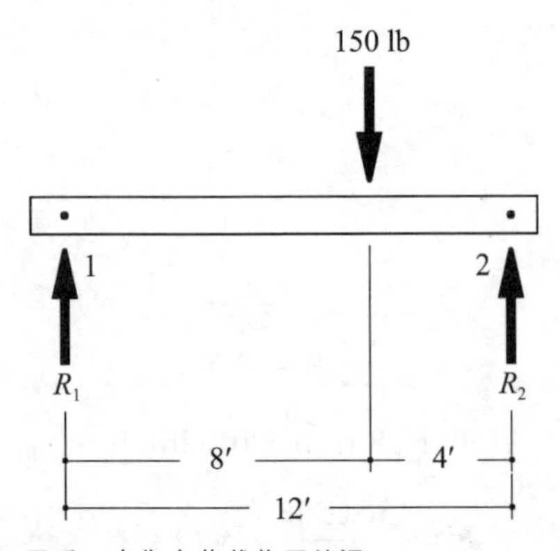

图 5.17 承受一个集中荷载作用的梁

$$\sum F_v = 0$$

$$150\ \text{lb} - R_1 - R_2 = 0$$

$$R_1 + R_2 = 150\ \text{lb}$$

再以点 1 为旋转轴，所有的力相对于点 1 的力矩之和为零，又建立了一个方程，两个方程、两个未知数，就可以求解出两个支座反力的大小。

$$\sum M_1 = 0$$

$$150\ \text{lb} \times 8\ \text{ft} - 12\ \text{ft}\ R_2 = 0$$

$$R_2 = \frac{1\,200\ \text{lb} \cdot \text{ft}}{12\ \text{ft}} = 100\ \text{lb}$$

如果以点 2 为旋转轴，则方程为：

$$\sum M_2 = 0$$

$$12\ \text{ft}\ R_1 - 150\ \text{lb} \times 4\ \text{ft} = 0$$

$$R_1 = \frac{150\ \text{lb} \times 4\ \text{ft}}{12\ \text{ft}}$$

$$R_1 = 50\ \text{lb}$$

将垂直方向的力相加，来检验计算是否正确，假设向下的力为正，则：

$$\sum F_v = 0$$

$$150\ \text{lb} - 100\ \text{lb} - 50\ \text{lb} = 0$$

这是上页跷跷板例子的倒置，选择以哪个点作为力矩平衡方程的旋转轴是有效解决问题的关键。如果将旋转轴放置在某个力的作用线上，就可以在方程中消除掉这个力。

求解复杂荷载作用下梁的支座反力

真实的梁所承受的荷载往往是十分复杂的，图 5.18（a）中，在梁的右端存在一个 2 000 磅的集中荷载，在梁的左半跨度上存在一个 6 000 磅的均布荷载，同时在梁的整个跨度上存在一个 1 600 磅的均布荷载，需要求解出 R_a 和 R_b 两个支座反力的大小。

首先将均布荷载转换为等效的集中荷载，集中荷载的作用点为均布荷载的中点［图 5.18（b）］。

接下来可以通过建立平衡方程，求解出两个未知的支座反力。以点 a 为旋转轴，则：

$$\sum M_a = 0$$

$$6\,000\ \text{lb} \times 4\ \text{ft} + 1\,600\ \text{lb} \times 8\ \text{ft} +$$

$$2\,000\ \text{lb} \times 16\ \text{ft} - 12\ \text{ft}\ R_b = 0$$

$$R_b \approx 5\,733\ \text{lb}$$

$$\sum M_b = 0$$

$$12\ \text{ft}\ R_a - 8\ \text{ft} \times 1\,600\ \text{lb} - 4\ \text{ft} \times 1\,600\ \text{lb} +$$

$$4\ \text{ft} \times 2\,000\ \text{lb} = 0$$

$$R_a = 933\ \text{lb}$$

验证：

$$\sum F_v = 0$$

$$6\,000\text{ lb}+1\,600\text{ lb}+2\,000\text{ lb}-3\,867\text{ lb}-5\,733\text{ lb}=0$$

$$0=0$$

通过验证可知上述计算是正确的。

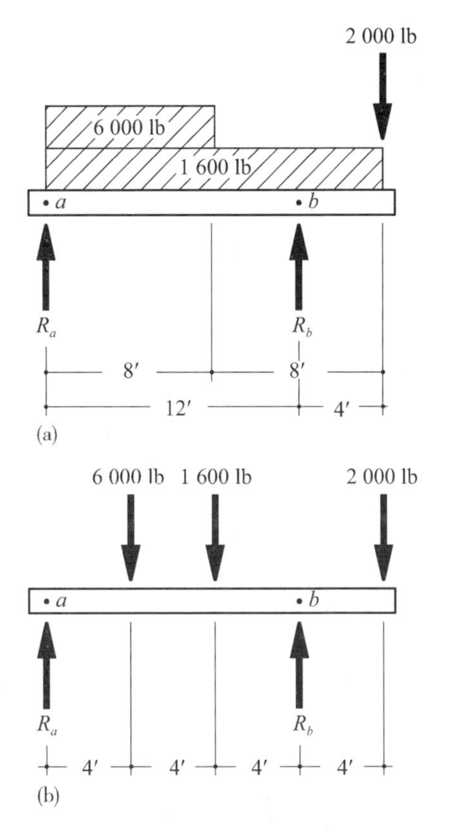

图 5.18　(a) 梁所承受的荷载；(b) 将均布荷载转换为集中荷载，求解支座反力。

一个结构工程师如果认为结构设计的过程仅仅是计算过程，就像网球运动员在比赛时盯着计分板而不看球，或者飞越山峰的飞行员只看仪器而不看山一样可笑。

——迈克尔 · 德图佐斯（Michael Dertouzos）

支座*

对于桁架、拱或者梁来说，支座形式所提供的支座反力对整个结构中内力的分布具有重要的影响（表 5.1）。

- 链杆支座（1.1）或链杆连接节点（1.3）只能限制结构构件沿链杆中心线方向的运动，不能限制结构构件的转动以及沿支承面的运动。活动铰支座（1.2）只能限制结构构件沿支承面垂直方向的运动，不能限制结构构件的转动以及沿支承面的运动。滑动支座（3.1）可以限制结构构件沿链杆方向的运动以及结构构件的转动，不能限制结构构件沿支承面的运动。
- 固定铰支座（2.1）可以限制结构构件在平面内任意方向的运动，不能限制结构构件的转动。
- 固定支座（4.1）可以限制结构构件在平面内任意方向的运动以及转动。

一端由固定铰支座支撑，另一端由链杆支座支撑的桁架或梁，就是静定的简支桁架或简支梁（图 5.19）。链杆支座的支座反力是垂直方向的，铰支座的支座反力是任意方向的，那么简支梁的问题就可以通过静力平衡方程来求解。静定结构在遭受温度变化或者基础沉降时，结构中不会产生多余的内力。

---

* Wacław Zalewski, Edward Allen. Shaping Structures: Statics. New York: John Wiley and Sons, 1998.

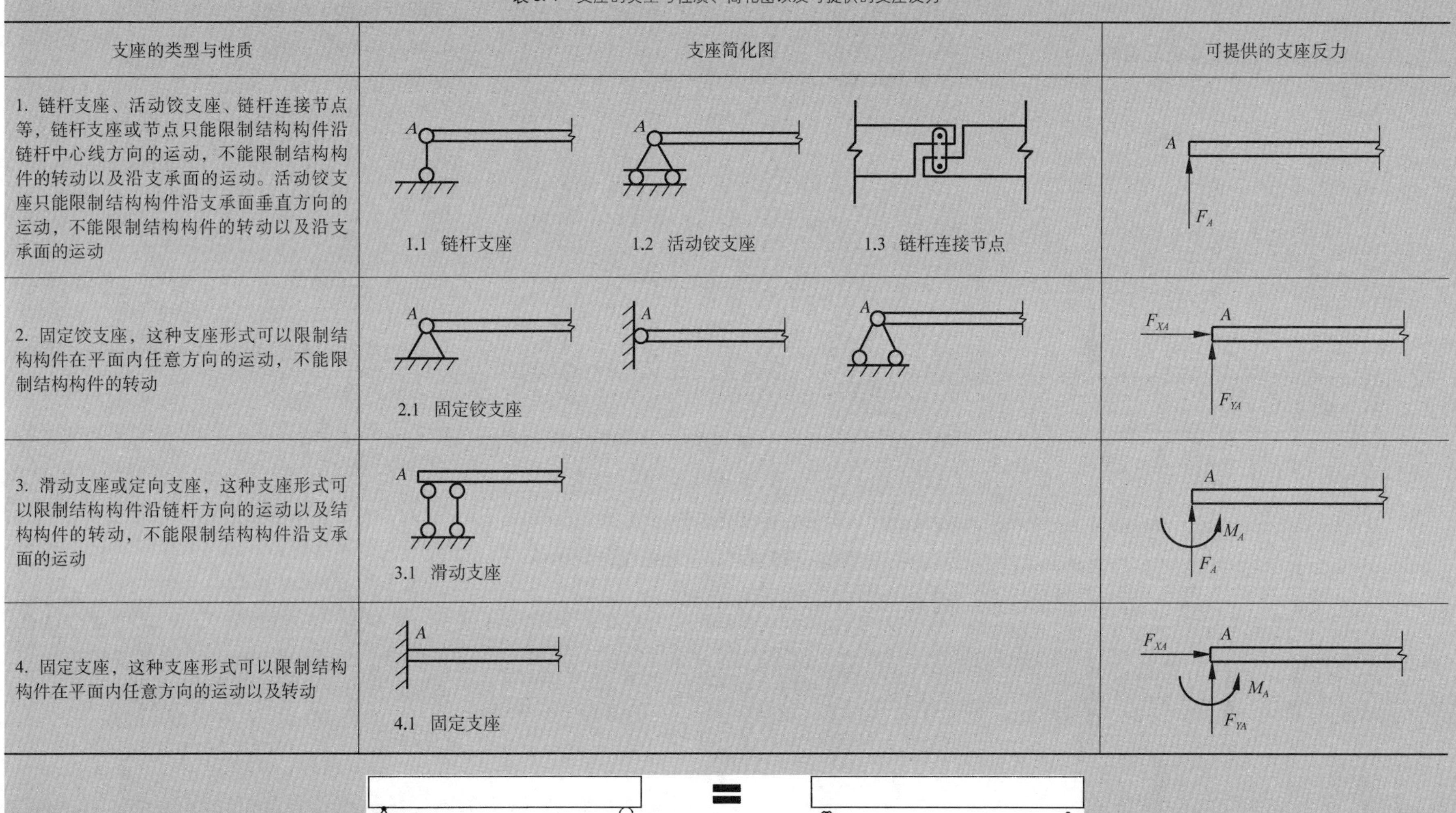

表5.1 支座的类型与性质、简化图以及可提供的支座反力

支座的类型与性质	支座简化图	可提供的支座反力
1. 链杆支座、活动铰支座、链杆连接节点等，链杆支座或节点只能限制结构构件沿链杆中心线方向的运动，不能限制结构构件的转动以及沿支承面的运动。活动铰支座只能限制结构构件沿支承面垂直方向的运动，不能限制结构构件的转动以及沿支承面的运动	A；1.1 链杆支座；A；1.2 活动铰支座；1.3 链杆连接节点	A；F_A
2. 固定铰支座，这种支座形式可以限制结构构件在平面内任意方向的运动，不能限制结构构件的转动	A；2.1 固定铰支座；A；A	F_{XA}；A；F_{YA}
3. 滑动支座或定向支座，这种支座形式可以限制结构构件沿链杆方向的运动以及结构构件的转动，不能限制结构构件沿支承面的运动	A；3.1 滑动支座	A；M_A；F_A
4. 固定支座，这种支座形式可以限制结构构件在平面内任意方向的运动以及转动	A；4.1 固定支座	F_{XA}；A；M_A；F_{YA}

图5.19 静定的简支桁架或简支梁

运用于桥梁结构或者大跨度结构中的桁架或者梁的支座，通常也会被设计成铰支座（图5.20）和链杆支座。由于支座处所承受的力很大，因此通常采用钢材来制作。如果你注意观察桥梁结构或者其他结构，就会发现很多技术细节。图5.21即为马亚尔设计的梅特拉拱桥的钢筋混凝土铰支座的构造图，其主要结构功能是通过高强度的受压钢筋来实现的。位于铰支座内部的交叉钢筋的抗弯能力几乎为零。

在砖石结构中，梁的一端被插入质量很大的砖石中，就构成了一个固定支座或刚性节点［图5.22（a）］。在钢结构中，钢梁的翼缘常常被焊接到钢柱上，也形成了固定支座或刚性节点［图5.22（b）］。在钢筋混凝土结构中，连续的钢筋也形成了梁的固定支座或刚性节点［图5.22（c）］。一端为固定支座或刚接的悬臂梁是静定结构，拥有多个固定端或刚性节点的梁是超静定的，超静定梁的计算和分析是复杂的。静定悬臂梁常常使材料的利用效率更高，并在总体上缩减工程造价。

图5.20　铰支座

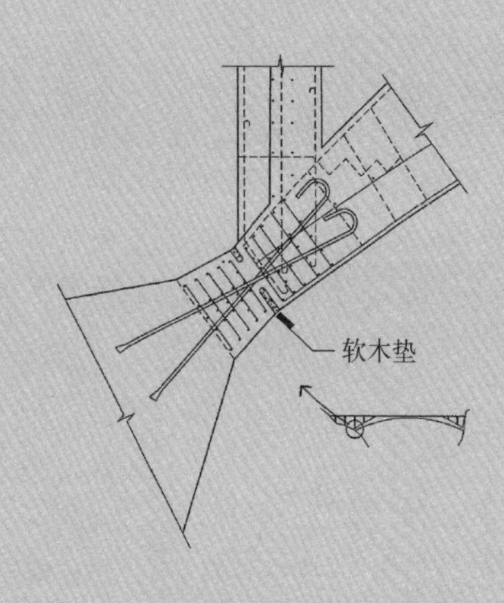

图5.21　马亚尔设计的梅特拉拱桥的钢筋混凝土铰支座的构造图

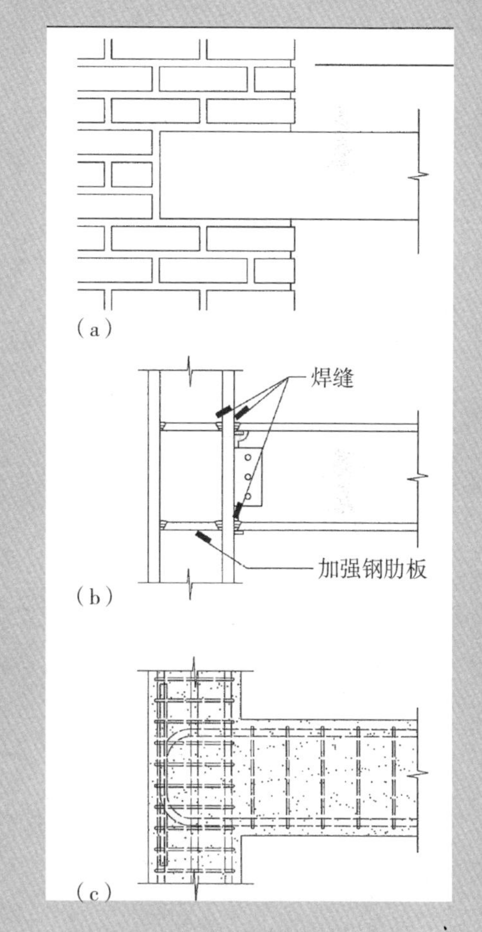

图5.22　砖石结构、钢结构、钢筋混凝土结构中形成的固定支座或刚性节点

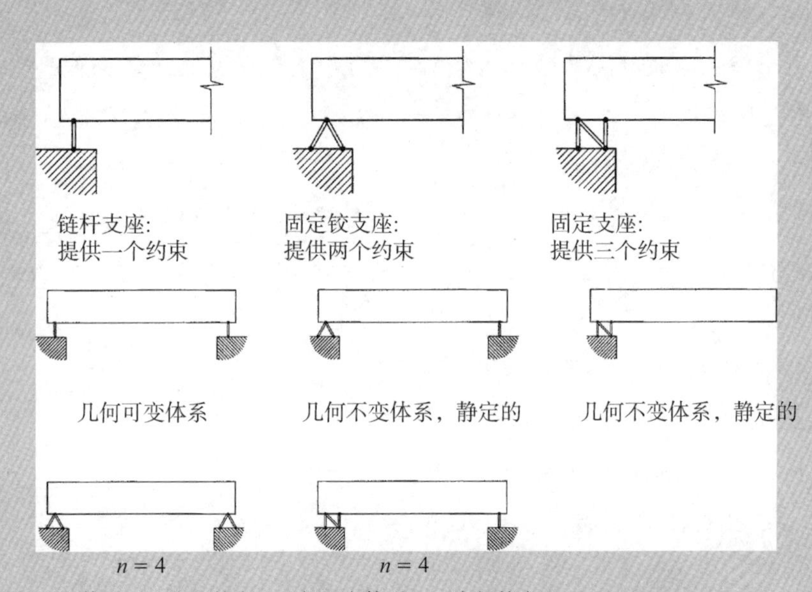

图 5.23　所有的支座都由链杆制成的示意图

可以设想所有的支座都由链杆制成（图 5.23）。链杆支座或活动铰支座相当于一个链杆，固定铰支座相当于两个链杆，固定支座相当于三个链杆。一个几何不变的结构至少需要三个链杆约束。如果结构由三个不平行且不相交于一点的链杆支撑的话，那么这个结构就是稳定的静定结构。如果链杆的个数超过三个，且这些链杆都是有效的，那么这个结构就是超静定的。

建筑物中的大多数梁、托梁、椽子和檩条通常都是通过简单的螺栓连接固定在支撑结构上的，严格来说这些连接不是铰支座也不是链杆支座，但是这些连接节点的共同特点是不限制转动，其作用类似于固定铰支座，采用铰支座可以避免这些结构构件中产生过大的内力。

图解法求解支座反力

支座反力也可以通过图解法来求得。当施加于桁架或者梁上的荷载很复杂时，采用图解法求解支座反力会更加快捷。其步骤如下：

1. 精确地绘制出桁架或者梁的隔离体。
2. 以适当的比例绘制出载重线，载重线由施加在桁架或者梁上的外力构成。
3. 选取一个合适的极点，绘制出射线，在形图上沿着外力的作用线，绘制与力图上的射线平行的线，由此完成形图的绘制。
4. 绘制出形图的闭合弦，形图可能是索形，也可能是拱形。
5. 通过力图的极点绘制平行于形图的闭合弦的射线，这条射线将载重线分成两部分。

在图 5.24 中，采用图解法求解图 5.18 中的梁的支座反力。

任意选取极点 *o*，用来构建力图和形图。*C* 区域从 1 600 磅的荷载到悬挑端的 2 000 磅的荷载，*D* 区域从 2 000 磅的荷载到右侧的支座反力。形图的 *oc* 段一直延伸到梁的末端，*od* 段从悬挑末端反向翻转到右侧的支座反力。形图的闭合弦 *oe*，连接了多边形的端点。以力图上的极点 *o* 为起点，绘制平行于形图的闭合弦的射线 *oe*，点 *e* 将载重线分成 *ae* 和 *ed* 两段，大小分别为 3 900 磅和 5 700 磅。这个值与之前

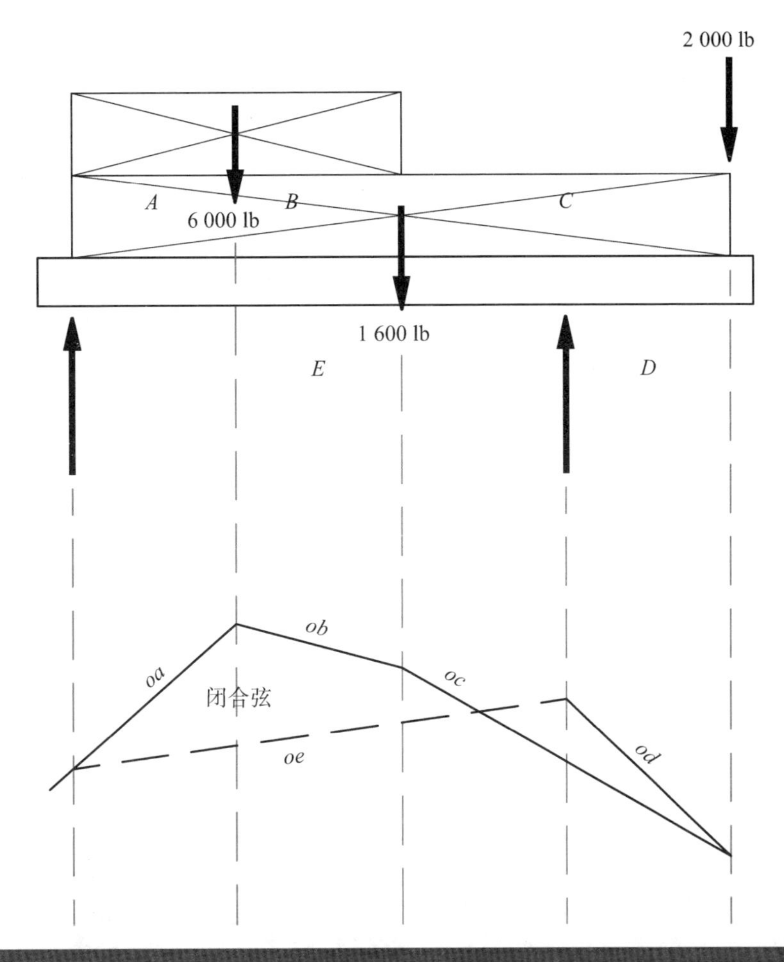

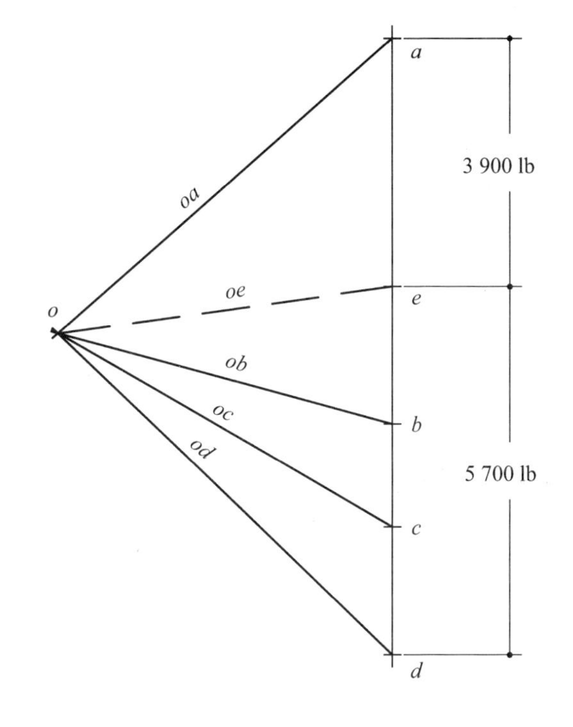

图 5.24　用图解法来求图 5.18 中梁的支座反力

三角函数*

正弦函数、余弦函数和正切函数的公式如下：

$$\sin\theta = y/r$$

$$\cos\theta = x/r$$

$$\tan\theta = y/x$$

如果一个力与水平方向的夹角为 θ，那么这个力的垂直分量就等于这个力的大小乘 $\sin\theta$，而这个力的水平分量等于这个力的大小乘 $\cos\theta$*。

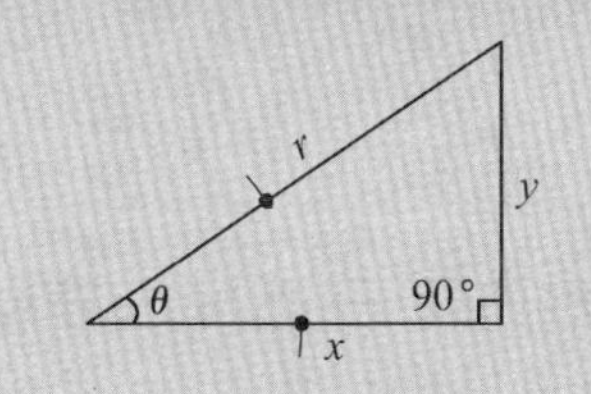

* Wacław Zalewski，Edward Allen. Shaping Structures：Statics. New York：John Wiley & Sons，1998.

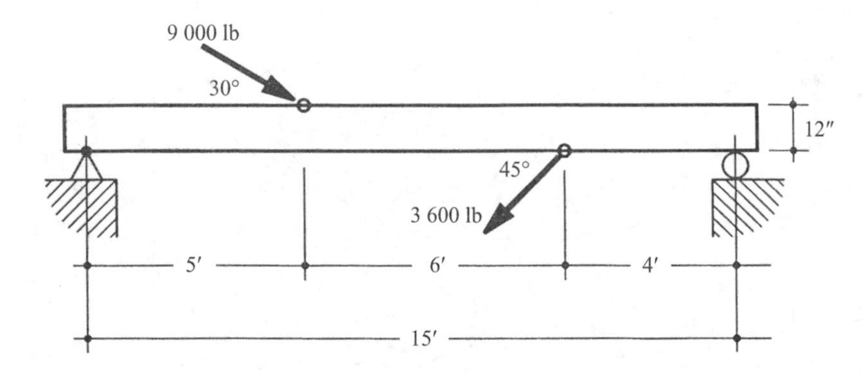

图 5. 25　承受斜向荷载作用的梁

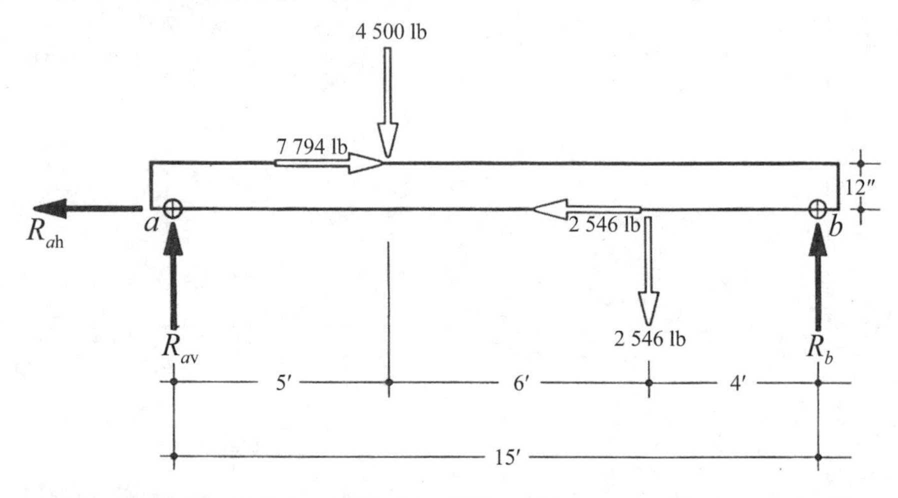

图 5. 26　将斜向荷载分解为水平分量和垂直分量

数值法求解结果的误差在 1% 以内，如果用 CAD 作图，两个结果会更加接近。

求解斜向荷载作用下的梁的支座反力

图 5. 25 为一根承受了两个斜向荷载的梁，一个作用在梁的顶部，一个作用在梁的底部，这个梁高 12 英寸。其中一个支座为链杆支座，只能提供垂直方向的支座反力，另一个支座为铰支座，可以提供任意方向的支座反力。

有两种方法可以求解出支座反力：一种方法是计算出相对于某个特定点的这些斜向荷载的力臂；另一种方法是将每一个斜向荷载分解成为水平分量与垂直分量，再分别计算分力形成的力矩，最后再相加求和。两种方法计算出的结果是相同的，这里采用第二种方法，因为这样容易确定力臂的大小。

图 5. 26 为梁的隔离体图，其中已经将斜向荷载分解为水平分量和垂直分量了。9 000 磅荷载的水平分量为 9 000 磅乘 30 度的余弦值，9 000 磅荷载的垂直分量为 9 000 磅乘 30 度的正弦值。3 600 磅荷载的水平分量和垂直分量也是通过相同的方法求得。左侧的支座反力，也被分解成了水平方向和垂直方向的分力。

以点 a 为旋转轴，建立力矩平衡方程，方程中仅有一个未知数，即：

$$\sum M_a = 0$$

$$4\,500\ \text{lb}\times 5\ \text{ft}+7\,794\ \text{lb}\times 1\ \text{ft}+$$

$$2\,546\ \text{lb}\times 11\ \text{ft}-15\ \text{ft}\ R_b=0$$

$$R_b\approx 3\,887\ \text{lb}$$

$$\sum M_b = 0$$

$$-4\,500\ \text{lb}\times 10\ \text{ft}+7\,794\ \text{lb}\times 1\ \text{ft}-$$

$$2\,546\ \text{lb}\times 4\ \text{ft}+15\ \text{ft}\ R_a=0$$

$$R_{av}\approx 3\,159\ \text{lb}$$

另一个未知量 R_{ah}，可以通过水平方向的力的平衡方程求得，为 5 248 磅，方向向左。将垂直方向的力相加来检验计算的准确性。

$$\sum F_v = 0=-3\,159\ \text{lb}+4\,500\ \text{lb}+2\,546\ \text{lb}$$

$$-3\,887\ \text{lb}=0$$

$$0=0\quad 正确$$

力矩平衡方程的应用

如果一个结构处于静力平衡状态，那么它的任何一个部分也都应该处于静力平衡状态。接下来将通过例题来解释这一原则。图 5.27 为某钢桁架，请求解出桁架内部杆件 m 中的力的大小。

如图 5.28 所示，截取桁架的一部分作为隔离体。可以选择截面左侧为隔离体，也可以选择截面右侧为隔离体，这对于计算结果没有影响。

在这个隔离体中，已知截面处的力的方向，但是力的大小未知。首先假定这些力是拉力或者压力，这种假设对最后的结果没有影响。

在这个问题中有三个未知量，F_j 和 F_k 的作用线相交于节点 1，所以以节点 1 为旋转轴，建立力矩平衡方程，方程里只有一个未知量 F_m，则杆件 m 中的力是：

$$\sum M_1 = 0$$

$$100\,000\ \text{lb}\times 36\ \text{ft} - 100\,000\ \text{lb}\times 12\ \text{ft} +$$

$$16\ \text{ft}\ F_m = 0$$

$$F_m = -150\,000\ \text{lb}$$

假定力 F_m 是向左的，负号表明这个力与假定的方向相反，是向右的，杆件 m 是一根拉杆。

用同样的隔离体来求解杆件 j 中的力 F_j，以点 2 为旋转轴建立力矩平衡方程，可以得出：

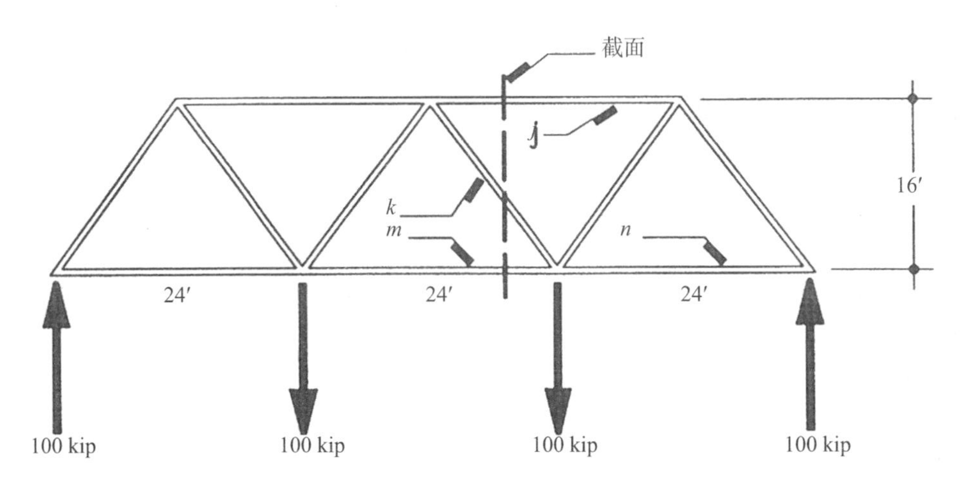

图 5.27　某钢桁架

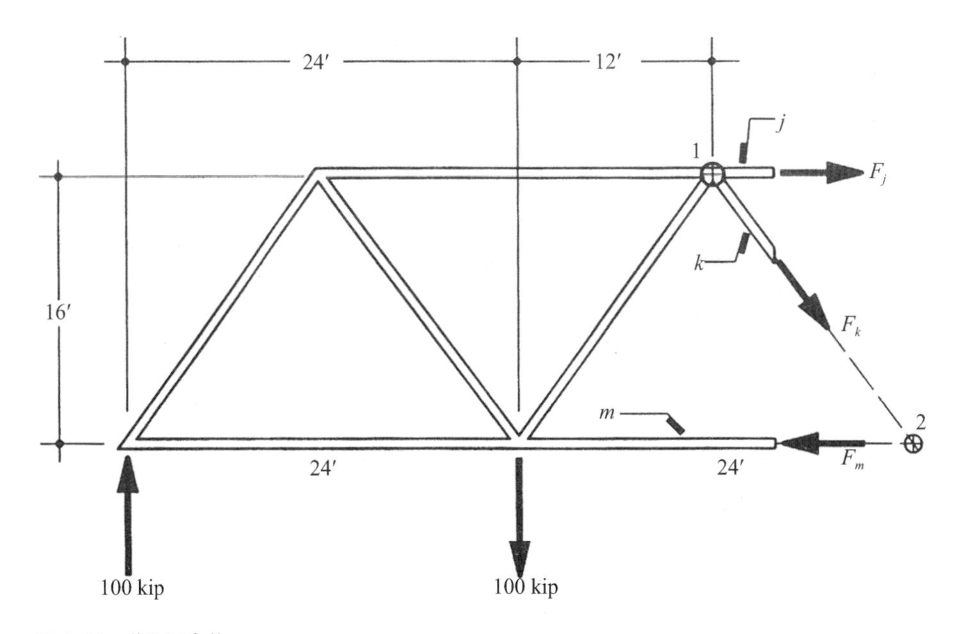

图 5.28　截取隔离体

$$\sum M_2 = 0$$

$$100\ 000\ \text{lb}\times 48\ \text{ft}-100\ 000\ \text{lb}\times 24\ \text{ft}+$$

$$16\ \text{ft}\ F_j=0$$

$$F_j=-150\ 000\ \text{lb}$$

负号说明 F_j 的方向与假定的方向相反，杆件 j 是压杆。

通过这种方法，可以求解出桁架中任意杆件中的力。选取某点为旋转轴建立力矩平衡方程，这个方程中只有一个未知量。这种求解桁架杆件内力的方法也被称为截面法，截面法也可以应用到其他结构形式中。

图 5.29 找出观景亭的重心

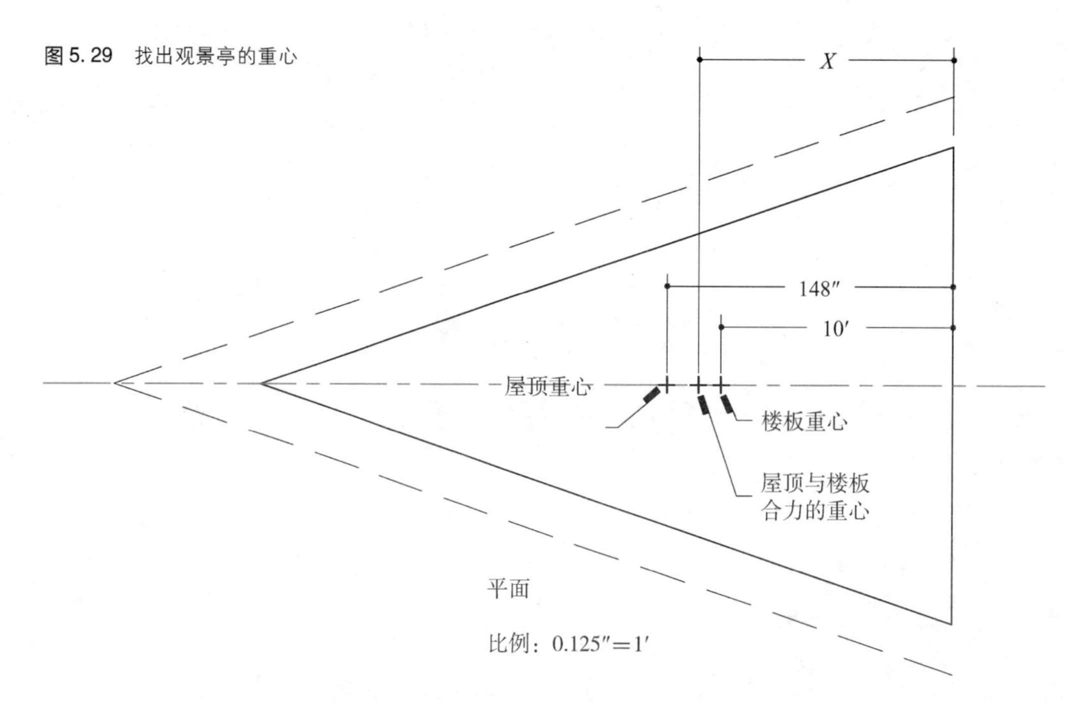

求解观景亭结构中的力

力矩平衡方程是求解作用于观景亭上的支座反力的重要公式。在此之前还需要找出楼板和屋顶合力的重心，重力的作用点在重心处。

找出重心

一个等厚均质的三角形的重心与形心重合，即三角形中线的交点，位于距离其中一个顶点到对边中点连线的三分之二处。则楼板的重心位于距离悬崖 10 英尺的中线上，屋顶的重心位于距离悬崖 148 英寸的中线上（图 5.29）。

将屋顶和楼板作为一个整体，找出其合力的重心（图 5.30）：

1. 计算出屋顶的重量和楼板的重量，以三角形中线与悬崖的交点为旋转轴，计算出屋顶重力的力矩和楼板重力的力矩。

2. 将这两个力矩相加。

3. 这两个力矩之和等于合力产生的力矩，合力矩等于屋顶与楼板的总重力乘一个未知的力臂 x，即

$$M_{\text{roof}}+M_{\text{floor}}=M_{\text{total}}$$

$$26\ \text{kip}\times 12.33\ \text{ft}+$$

$$45\ \text{kip}\times 10\ \text{ft}=71\ \text{kip}\times x$$

$$x=\frac{26\ \text{kip}\times 12.33\ \text{ft}+45\ \text{kip}\times 10\ \text{ft}}{71\ \text{kip}}$$

$$\approx 10.85\ \text{ft}$$

整个结构的重心在两个三角形共用的中线上，距离悬崖 10.85 英尺处。

求解支座反力

图 5.31 是观景亭结构隔离体的侧视图，整个结构看起来就像一根梁。观景亭的总重量为 71 千磅，作用点在距离悬崖 10.85 英尺处。斜撑在距离悬崖 18 英尺处施加一个大小为 Q 的力，将 Q 分解为垂直方向的分量与水平方向的分量，分别为 Q_v 和 Q_h，将 Y 处的支座反力分解为垂直分量 Y_v 和水平分量 Y_h。

力 Q 与水平方向的夹角为 θ，表示角度的直角三角形水平距离为 12 英尺，高度为 16 英尺。

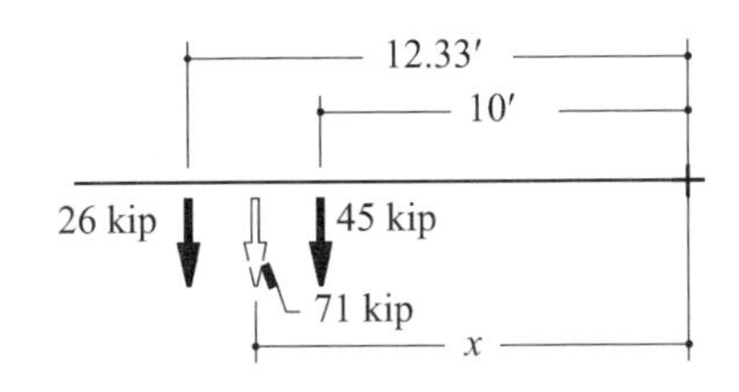

图 5.30　找出整体结构的重心

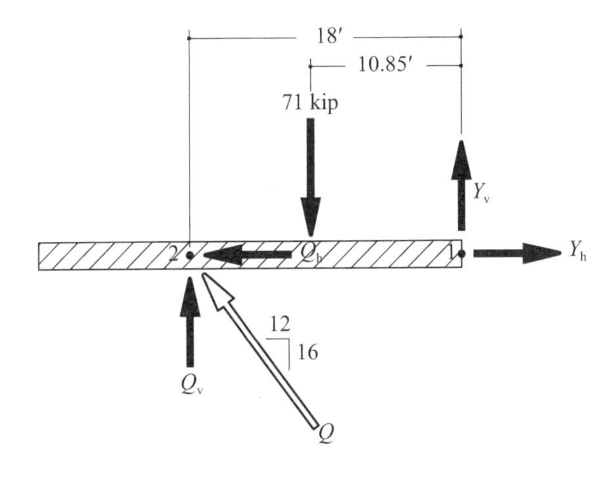

图 5.31　求解支座反力

则斜边长度为：

$$斜边=\sqrt{12^2+16^2}=20$$

得到的 sin θ 为 16/20，也就是 0.8，cos θ 等于 12/20，也就是 0.6，tan θ 等于 16/12，也就是 1.33，通过正切函数值 1.33 计算出角 θ 的大小为 53.06°。

在图 5.31 的隔离体中，以点 2 为旋转轴建立力矩平衡方程，这样可以从方程中消去三个变量。

$$\sum M_2=0=7.15\ \text{ft}\times 71\ \text{kip}-18\ \text{ft}\ Y_v$$

$$Y_v=\frac{7.15\ \text{ft}\times 71\ \text{kip}}{18\ \text{ft}}\approx 28.2\ \text{kip}$$

求解出点 1 处的支座反力的垂直分量，这个力在悬崖边上共有两个支撑点，则每个支座承担垂直分量大小的一半，为 14.1 千磅。以点 1 为旋转轴，可知：

$$\sum M_1=0=-10.85\ \text{ft}\times 71\ \text{kip}+18\ \text{ft}\times Q_v$$

$$Q_v\approx 42.8\ \text{kip}$$

将垂直方向上的力相加来检验计算的准确性：

$$\sum F_v\stackrel{?}{=}0=71-42.8-28.2=0\quad 正确$$

为了确定点 1 和点 2 处的力的水平分量和垂直分量，可以利用三角函数求解，也可以通过平衡方程求解。

$$Q_h=\frac{-Q_v}{\tan\theta}=\frac{-42.8\ \text{kip}}{1.33}\approx 32.2\ \text{kip}$$

因为在隔离体中只有两个水平方向的力，为了达到静力平衡，则 Y_h 和 Q_h 必然大小相等、方向相反，它的值都是 32.2 千磅，点 1 的位置在悬崖处有两个支撑点，则每个支座反力的水平分量大小为 16.1 千磅。

力 Q 可以根据勾股定理计算出来：

$$Q=\sqrt{Q_v^2+Q_h^2}=\sqrt{42.8^2+32.2^2}\approx 53.56\ \text{kip}$$

点 1 处两个支座反力也可以通过相同的方法求得：

$$Y=\frac{\sqrt{Y_v^2+Y_h^2}}{2}=0.5\sqrt{28.2^2+32.2^2}\approx 21.4\ \text{kip}$$

图解法

采用图解法求解结构的支座反力则更加简单直接（图 5.32）。屋顶和楼板的合力用一条向下的大小为 71 千磅的线段表示，该线段的作用点位于屋顶和楼板合力的作用线上。为了确定这个作用点的位置，首先需要绘制出载重线，选取一个合适的极点，并绘制出射线来完成力图（b）。在形图上绘制平行于这些射线的线，完成形图（c），两个重力之间的距离为 2 英尺 4 英寸，将形图上的 *op* 和 *or* 延长，直至它们相交，这个交点就是合力的重心。该点位于距离地板重心 10 英寸的地方。

在图 5.32（d）的隔离体中，只存在三个外力的作用，已知其中一个力即重力荷载的大小和方向，斜撑中的力的作用方向，重力荷载的作用线与斜撑中力的作用线相交，那么悬崖壁面铰支座处提供的支座反力必然经过这个交点。如果这三个力中的任意一个力没有经过另外两个力的交点，整个力系就不会平衡。

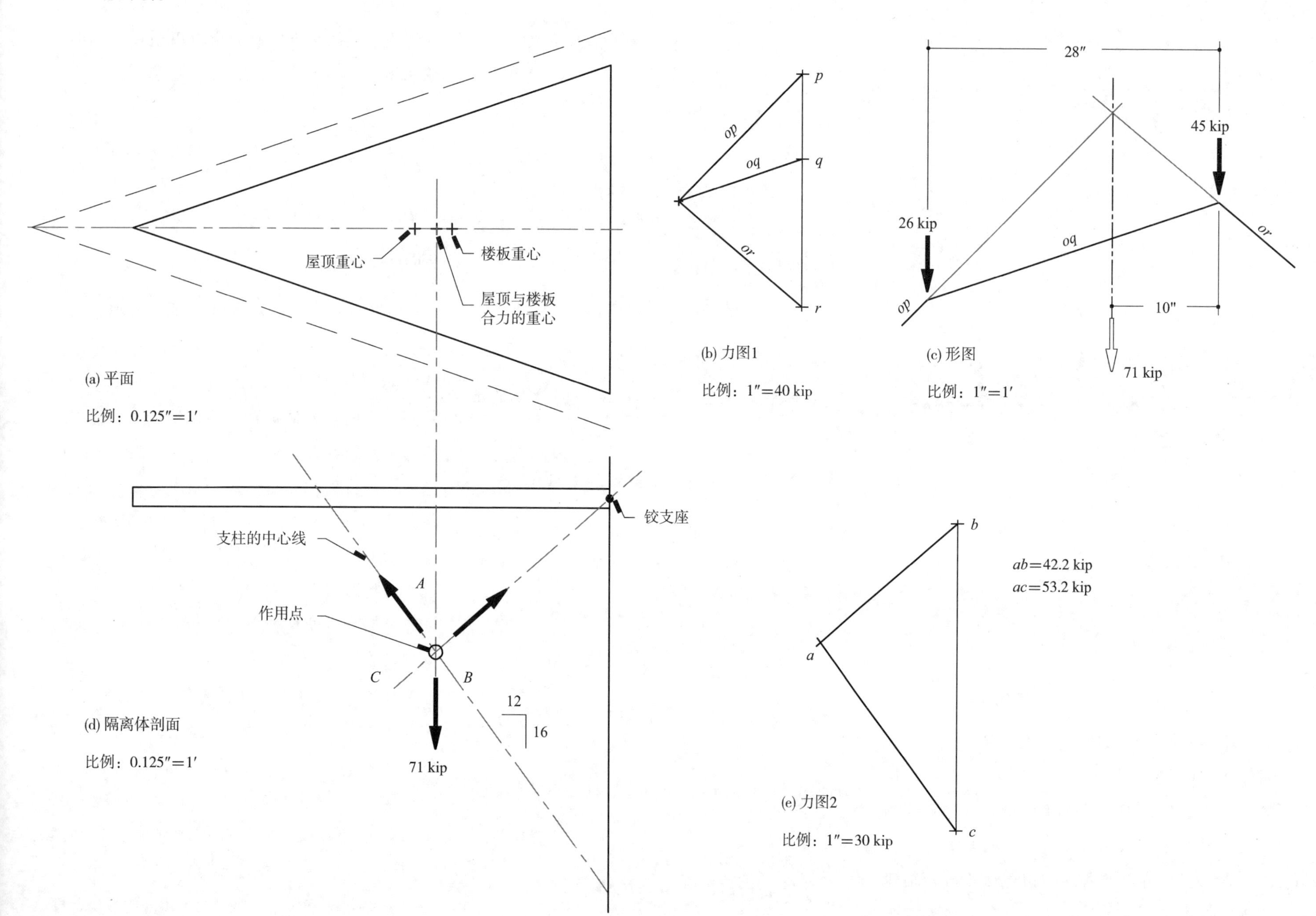

图 5. 32　图解法求解支座反力

采用鲍氏符号标注法将大写字母标记在外力之间的空间中，顺时针读取力 *bc* 为 71 千磅的重力荷载，按比例绘制出载重线（*e*），点 *b* 在上，点 *c* 在下。通过点 *b*，绘制平行于 *AB* 的线 *ab*，通过点 *c*，绘制平行于 *CA* 的线 *ca*，*ca* 和 *ab* 两条线在点 *a* 处相交。由此便可以通过测量这几条线段的长度来求得这三个外力的大小，即斜撑中的力 *ca* 是 53.2 千磅，铰支座处的支座反力 *ab* 是 42.2 千磅，方向是外力交点到铰支座连线的方向［图 5.32（e）］。图解法所求得的结果与数值计算得到的结果的误差不会超过 1%。

确定斜撑和梁的截面尺寸

根据经验法则可知：楼板钢梁的高度约为跨度的 1/20，屋顶钢梁的高度约为跨度的 1/24。两者区别之处在于，楼板比屋顶承受了更多的荷载，所以需要控制梁的挠度和变形。然而两个主楼板梁外边缘承托着墙体的重量，同时也承担着部分屋顶的重量，因此并不能凭借经验直接应用 1/20 或者 1/24 的比例来确定梁的截面，而且梁的悬臂端的高度也可以适当减小，关于梁的截面设计将在本书第 16 章和第 17 章中学习。先假设楼板主梁的近似高度为其长度 32 英尺的 1/20，即为 19 英寸。根据《钢结构手册》所提供的钢梁的标准尺寸可知：钢梁以 2 英寸的标称增量从 8 英寸增加到 18 英寸，然后以 3 英寸的标称增量从 21 英寸增加到 36 英寸。其中没有 19 英寸的钢梁，因此选用 21 英寸的钢梁。两个楼板次梁的跨度约为 20 英尺，所以它们大约为 12 英寸高。斜撑所承受的力非常大，因此不能用经验的方法来确定其截面，先假设斜撑截面高 18 英寸。

《钢结构手册》中有方钢管相关产品参数的列表，对于 30 英尺长的方钢管来说，所承受的荷载需要大于 63 千磅（计算出的斜撑中的力乘一个安全系数），适合的截面面积为 6 平方英寸。虽然计算证明这个截面面积是安全的，但是为了防止其他不可预知的情况以及受压构件的屈曲变形，适当增加截面面积至 8 平方英寸。

多余约束

观景亭的结构是静定结构，由斜撑和位于悬崖面的两个铰支座构成，如果其中任何一个支撑点失效，结构就会发生坍塌，进而危及人的生命安全。故而需要额外的措施来增强结构的安全性和稳定性。

经过多次讨论之后，结构工程师决定在观景亭楼板的两侧增加两根斜钢杆，连接固定到悬崖壁面上。如果斜撑发生屈曲或以其他方式失效，这两根斜钢杆会将荷载传递到悬崖壁面的基座上。这些新添加的斜钢杆对于结构来说是多余的约束，使静定结构变成超静定结构。多余约束在结构发生破坏时可以提供额外的支撑，从而增强结构的安全性，避免产生严重的事故。非常重要的国家机构办公楼，为了防止恐怖袭击，会增加结构的多余约束，如果结构的局部或某些结构构件被破坏，整体结构框架也不至于倒塌。

观景亭的建造

由于观景亭是在垂直的悬崖峭壁上建造，因此施工起来比较复杂。如果缺少必要的安全防护措施，任何失误都可能导致施工工具、建筑构件、施工工人甚至是整体结构跌落到悬崖下。因此需要在结构下方放置安全网，这个安全网由固定在悬崖壁面和钢梁上的悬索来支撑。施工过程中要求每个工人都佩戴好安全带，安全带紧固到结构上方的岩壁上。根据《美国职业安全与健康法案》的规定，每根楼板梁都需要配备一个齐腰高的水平缆索，缆索安装在临时的垂直支架上，既可以作为施工工人的扶手，也可以作为连接工人安全带的连接线，采用简单的夹子就可以将安全带固定到缆索上。

大部分观景亭结构的组装尽可能在悬崖顶部的平地上进行，然后用起重机吊装到相应位置。图 5.33 表示了可能的建造过程。在图 5.33（a）中，用缆绳从上方放下工人，将三个基座安装到悬崖上的岩石中，一个用于支

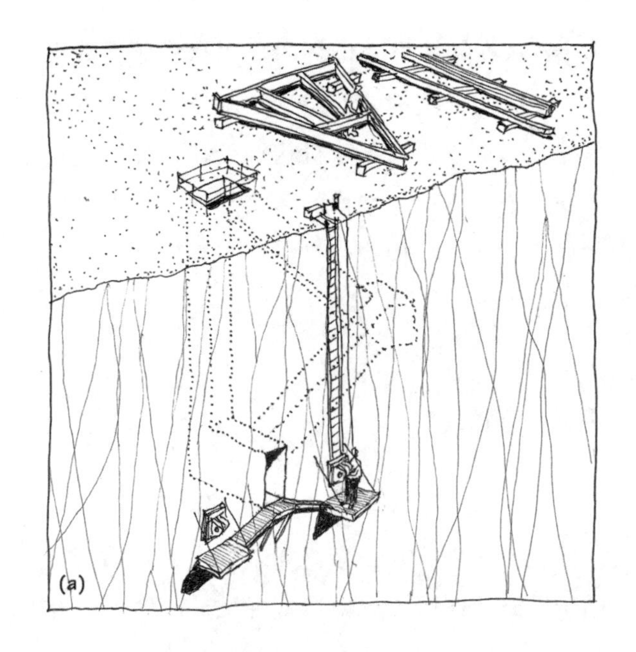

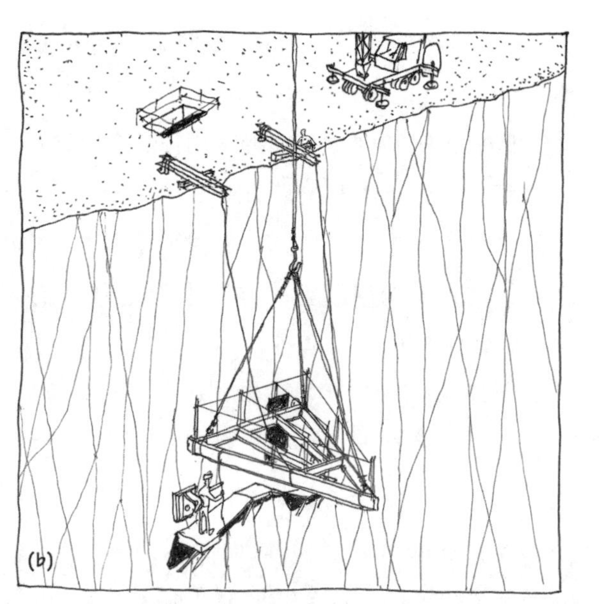

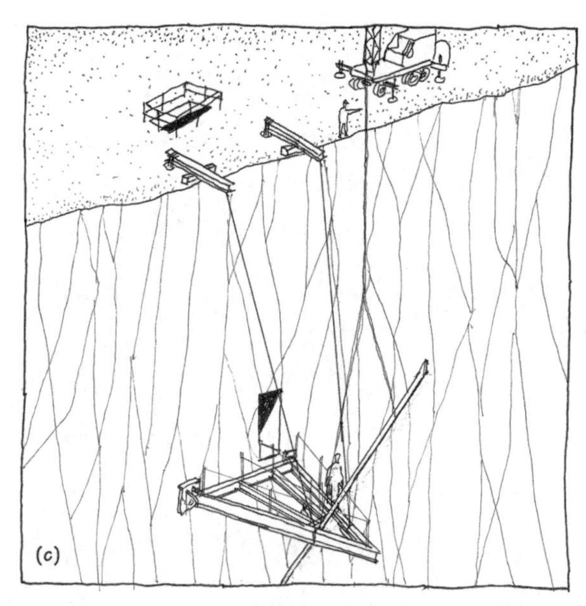

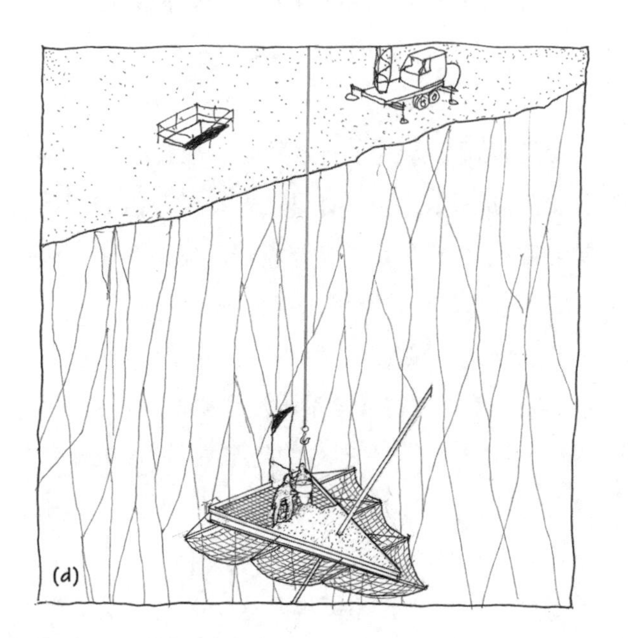

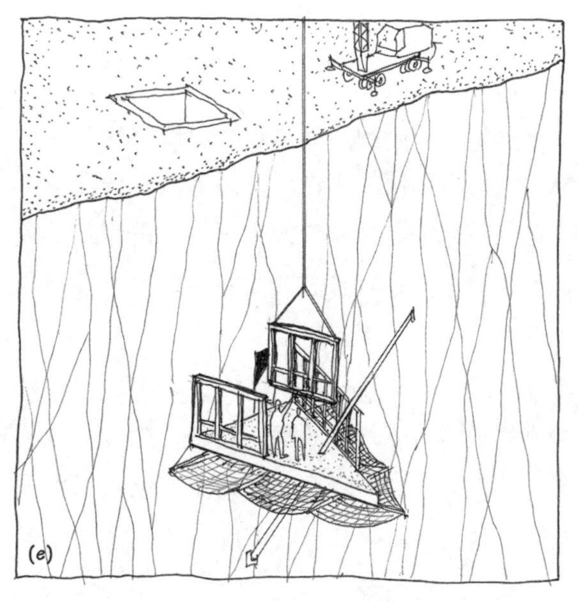

图 5.33　观景亭的建造过程

图 5. 34　位于纽约的罗马斯坦威克斯堡国家纪念馆的收藏管理与研究中心由 EYP 设计。该中心的屋顶采用了悬挑的形式，在当地多雪的气候条件下其屋顶会承受较大的荷载，设计团队采用了斜撑来支撑向外悬挑的屋顶，这些斜撑中的力是通过力矩平衡方程计算求得的。

图片来源：伍德布朗建筑摄影公司提供

撑斜撑，另外两个用于支撑楼板（图5.7）。工人进出施工现场可以通过临时扶梯或者山体中的隧道。图5.33（b）为整个楼板框架的吊装，框架上还安装了临时扶手用于防护。在斜撑安装完成之前，锚固在悬崖顶部的两根临时缆绳负责支撑楼板框架的外侧，防止其倾覆，如图5.33（c）所示。在楼板框架外安装安全网，直至施工完成后再进行拆除，如图5.33（d）所示。

楼板上铺设波纹钢板，然后焊接好钢筋网片，用起重机吊装起大桶的混凝土，浇筑混凝土并抹平表面，完成楼板的施工，并为后续的施工提供一个平坦、安全且便利的平台。图5.33（e）为墙板的安装，图5.33（f）为屋顶的安装。

图5.34的案例采用了斜撑来支撑向外悬挑的屋顶。

思考题

在求解下列习题之前，先确定采用图解法还是数值法，并按步骤进行求解。

1. 图5.35为其他四种支撑观景亭的方法：在方案（a）中，采用内部拉杆来代替斜撑，方案（b）展示了三种不同倾斜角度的斜撑，方案（c）和（d）将支撑柱子放置在悬崖下方的不同位置。请求解出这些方案中的支座反力和支撑杆件中的力。
2. 请求解出图5.36中每根梁的支座反力，梁的自重已包含在均布荷载中。
3. 请求解出图5.37中某剧院屋顶桁架中杆件 a、b 和 c 中的力。
4. 图5.38中的隔离体为一个公园花棚的横截面，2 250磅的向下的力表示花棚的重力荷载，1 600磅的水平力则表示预估的最大风荷载。请求解出该花棚的支座反力。
5. 图5.39为某体育馆看台，悬挑屋顶的恒荷载与活荷载之和为21千磅，请求解出支座反力 R_1 和 R_2 的大小。
6. 请计算图5.40中悬臂刚架上 a 处和 b 处的支座反力，刚架的重量忽略不计。
7. 在图5.41中，12英尺的悬臂梁的一端嵌入了6英尺宽、重量为30 000磅的混凝土中。请问均布荷载 W 为多大时，混凝土才会发生倾倒？

关键术语和公式

intumescent coating	防火涂层
mullien	龙骨/竖框
centroid	重心
monend of force	力矩
monrent	力矩的
$M=Pd$	
moment arm	力臂，d
$\sum M = 0$	
reaction	支座反力
sin	正弦函数
cos	余弦函数
tan	正切函数
method of sections	截面法
redundancy	多余约束

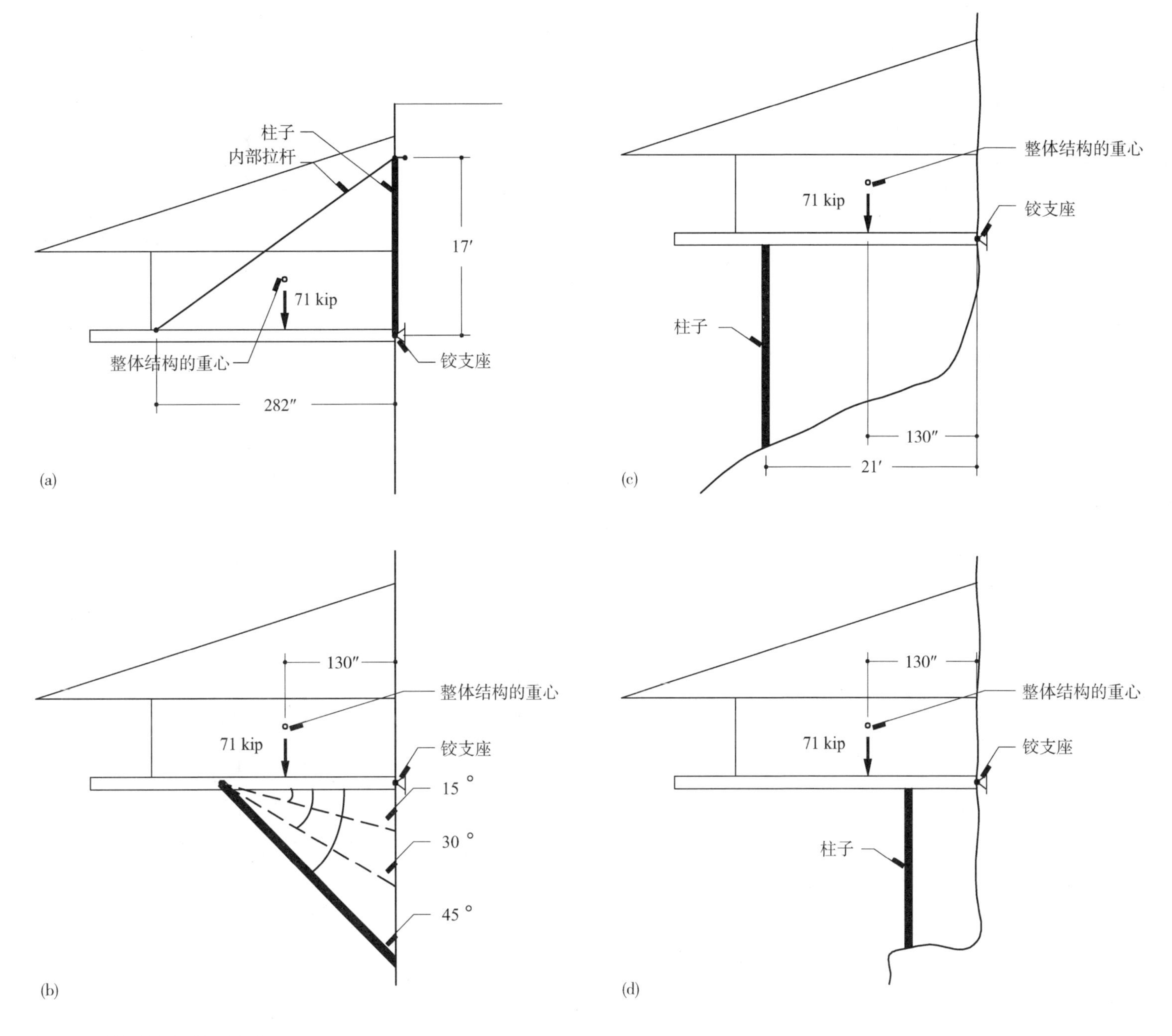

图 5.35　其他的观景亭设计方案

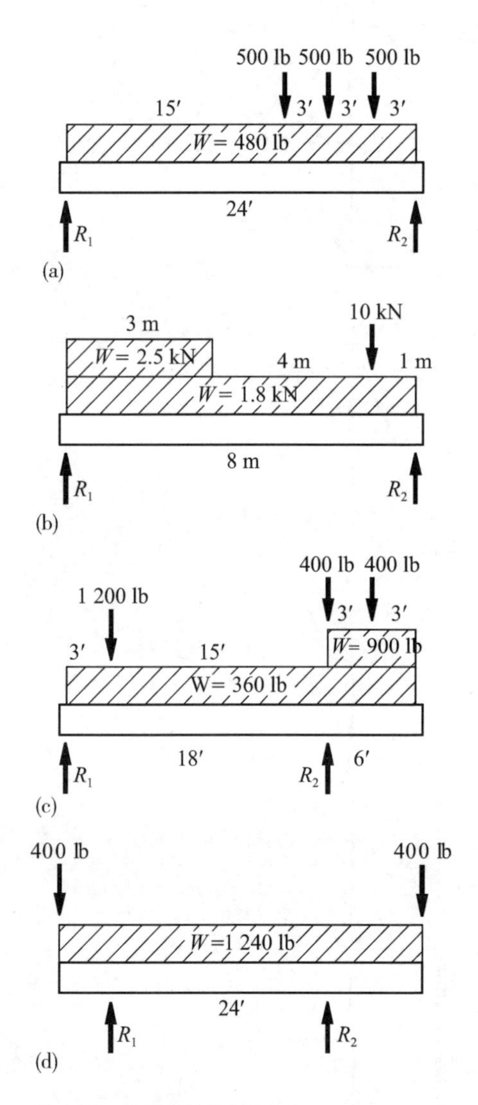

图 5.36　求解各梁的支座反力

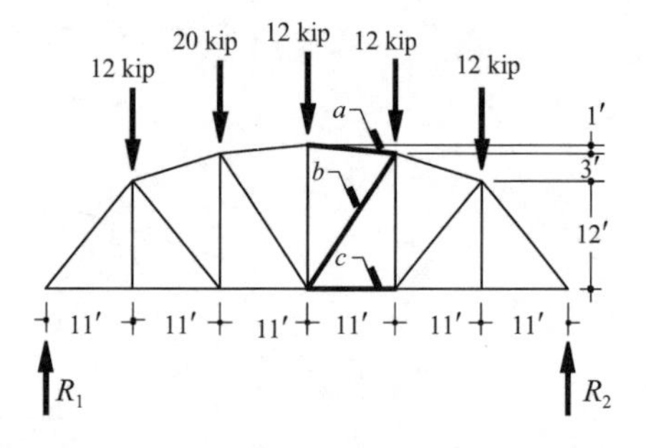

图 5.37　某剧场的屋顶桁架

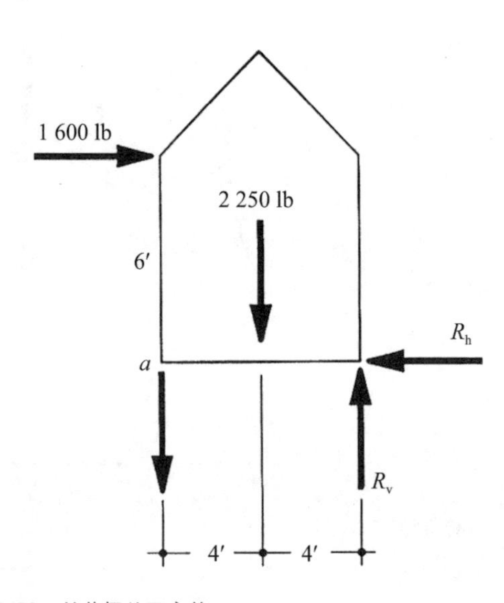

图 5.38　某花棚的隔离体

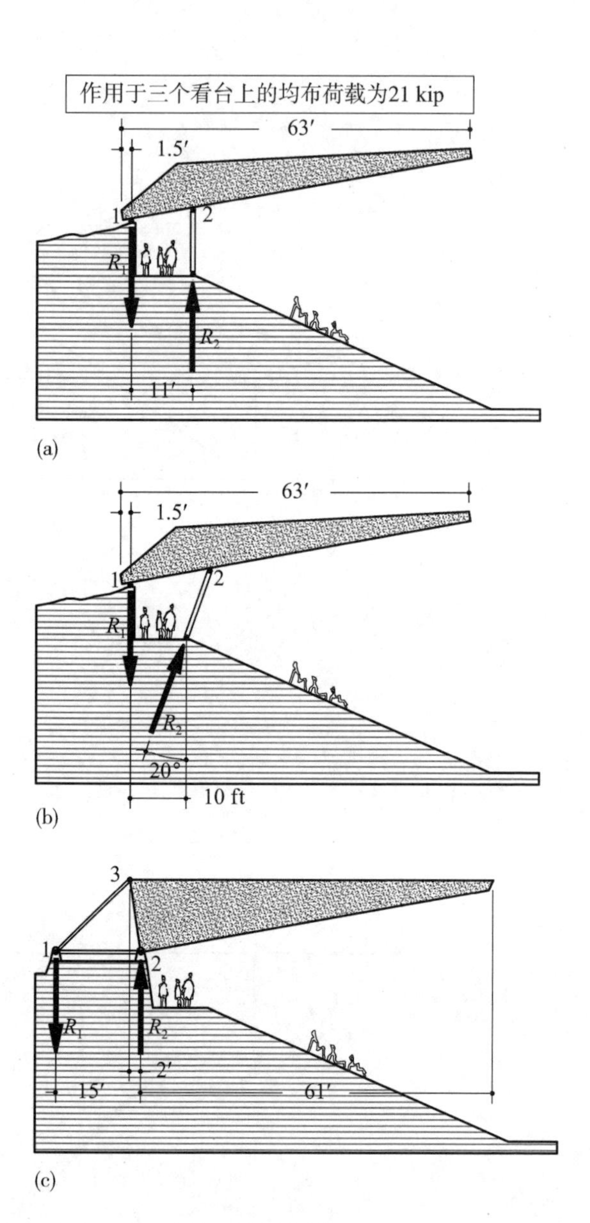

图 5.39　某体育馆三个看台设计

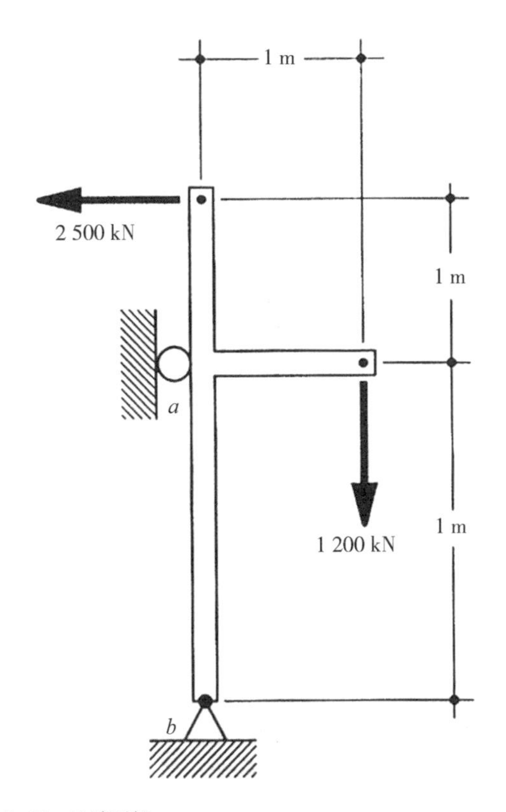

图5.40 悬臂刚架

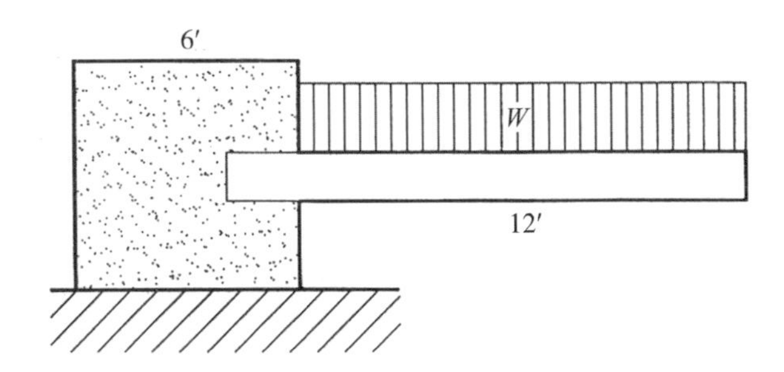

图5.41 悬臂梁的一端嵌入混凝土中

女性结构工程师

随着时代的进步，女性开始慢慢地进入建筑设计行业。一个世纪以前，玛丽安·格里芬(Marion Mahony Griffin，1871—1961）开始在芝加哥弗兰克·劳埃德·赖特事务所从事一些建筑设计工作，以及朱莉娅·摩根（Julia Morgan，1872—1957）逐渐成长为加利福尼亚的著名建筑师，从此之后建筑行业不再是男性的天下。玛丽安·格里芬是第二个在麻省理工学院获得建筑学学位的女性，也是第一个在伊利诺伊州拿到从业资格的女性。而朱莉娅·摩根毕业于土木工程专业，随后在巴黎美术学院学习建筑学，她设计了六百多个工程项目，最著名的是位于加利福尼亚州的威廉·赫斯特的圣西蒙城堡。

时至今日，许多建筑院校的女性入学率基本与男性持平。虽然在诸如大跨度桥梁或是摩天大楼等标志性建筑中仍然缺少女性作品，但是一些女性从业者的表现却十分亮眼。

女性结构工程师比女性建筑师要少得多。在大学学习土木工程专业的学生仍以男性为主。首位在桥梁结构设计中表现突出的女性是艾米莉·罗布林（Emily Warren，1844—1903）。在布鲁克林大桥的建造过程中，她的丈夫华盛顿·罗布林（1837—1926）因病残疾后，她承担了重要的职责，每天去工地数次指导施工。她虽然没有学过土木工程，但是具备从事桥梁工程的天赋，她对布鲁克林大桥的顺利建成有很大的贡献。当时的一份报纸称她是这项工程的“总工程师”，并特别提到她受到与这个项目有关的所有人的钦佩和尊敬。

琳达·费格（Linda Figg）是一位具有国际声誉的女性结构工程师，她于1981年从美国奥本大学土木工程系毕业后，与她的结构工程师父亲基恩·费格（Gene Figg，1938—2002）一同工作了20年，并在她父亲去世后接管了费格工程公司。该公司在创始之初的25年间，建造了约60亿美元的项目，还获得了二百多个设计奖项。其中最著名的项目包括佛罗里达州的斜拉高架桥、田纳西州的纳奇兹公路以及北卡罗来纳州的蓝岭公路等。

数十年以前，研究建筑或结构的女性可能会受到教师或男学生的敌意和歧视，现在这种无理的歧视行为基本上已经消失了。女性完全可以和男性一样自由地从事建筑设计的相关工作。

第 6 章 6 一个多节间桁架设计

- ▶ 多节间桁架的图解分析方法
- ▶ 常见的桁架形式及其用途
- ▶ 基于受力与连接的复杂桁架的设计与优化
- ▶ 重型木桁架的细部构造与建造

宾夕法尼亚的波科诺山附近需要设计一座装配式房屋，作为孩子们的夏令营场地。甲方的设想是采用简单的木框架和混凝土地面，房屋一侧是抬高的木制舞台，便于拆卸和储藏，其余部分是一个面积约 40 英尺宽、60 英尺长的无柱空间（图 6.1）。这栋房屋将用于开展各种不同的活动，包括会议、座谈、戏剧表演、电影放映、室内爬绳运动等功能。很多活动都需要把设施如运动器材、舞台照明设备等固定在天花板上。为此我们和甲方一致认为屋顶应该采用桁架而不是实心梁，因为桁架创造的室内空间比实心梁更丰富、更引人注目。

与桁架相关的术语如图 6.2 所示。

- 上部和下部的杆件是弦杆。
- 连接弦杆的杆件是腹杆，腹杆可以进一步划分为竖腹杆和斜腹杆。

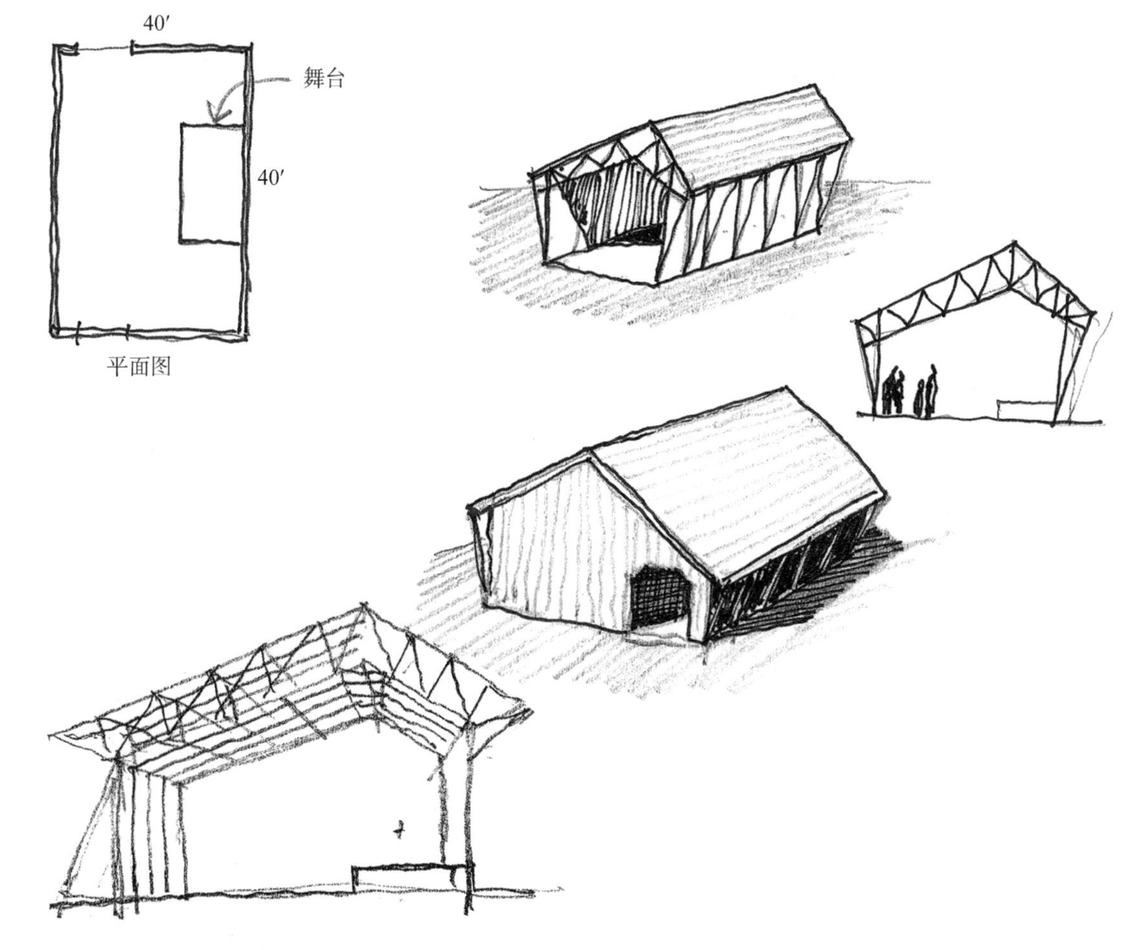

图 6.1　夏令营建筑的概念草图

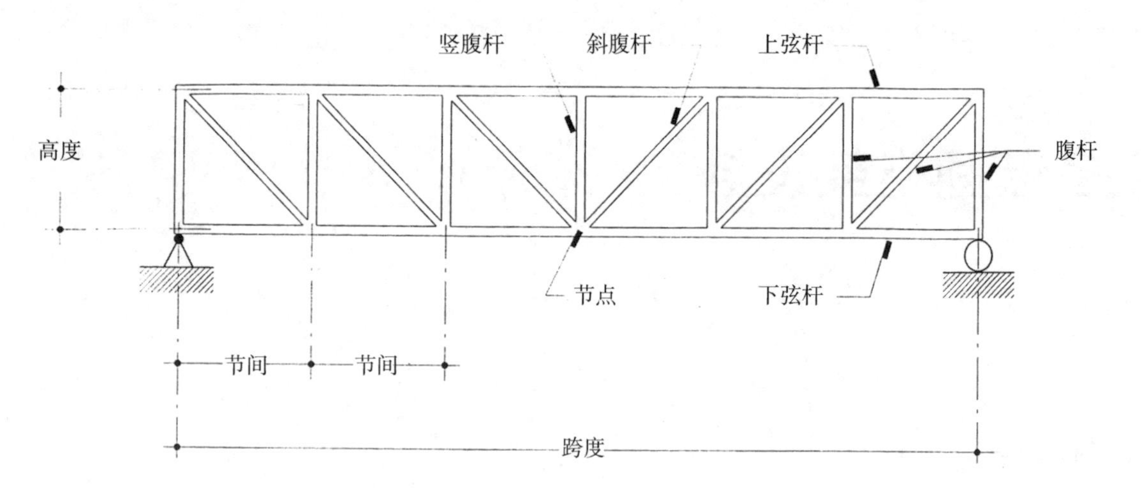

图6.2 桁架的相关术语

- 受压杆件可以称为压杆，而受拉杆件则称为拉杆。
- 相邻竖腹杆之间的桁架部分称为节间。
- 杆件相交的点可以称为接头、节间节点或节点。

国际建筑法规将该房屋用途归类为住宅组A-3：装配组装房——其他。在此分类中，采用外露木材、轻型框架修建的单层建筑最大允许建筑面积为6 000平方英尺，本项目的建筑面积为2 400平方英尺，满足要求。

在与业主和夏令营组织者沟通后，我们设想出一些建筑概念。这些概念包括采用不对称的人字形平行桁架，在舞台上方营造一个较高的空间，其他区域则逐渐降低。同时设想柱子采用三角形支撑，使桁架到柱子的过渡更加和谐［图6.3（a）］,但是这样整个结构体系会形成类似两铰拱或两铰刚架的超静定结构，这意味着凭借三个平衡方程不足以计算出杆件中的力，同时也意味着在潮湿的夏季，木材本身正常膨胀会在桁架中形成不可估计的内力。因此改用三个铰节点来连接桁架，使整体形成静定结构。图6.3中(b)、(c)、(d)为三种不同的静定结构的方案。

在概念草图阶段，设计将端部桁架向外悬

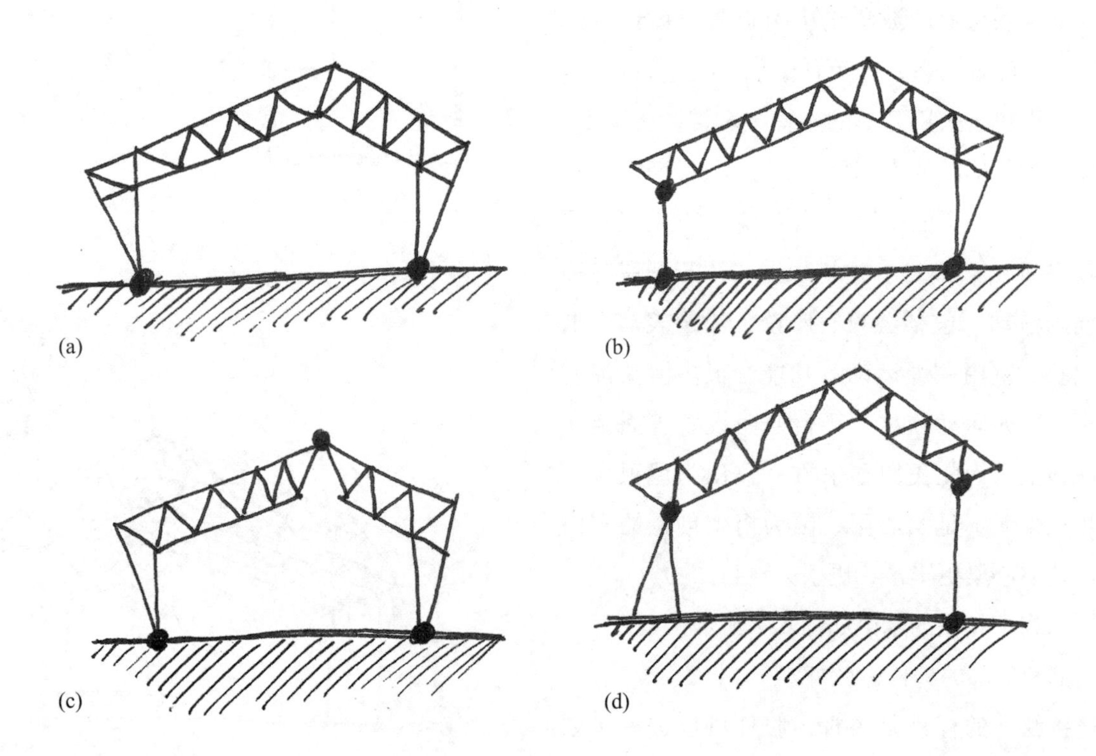

图6.3 夏令营建筑的概念草图：（a）为超静定二铰刚架，（b）、（c）、（d）为静定三铰刚架。

挑一部分，从而可以保护立柱和外墙免受雨淋，这种好的想法在深化设计阶段予以保留。

深化设计

桁架的比例

桁架的高度与桁架跨度之间具有大概的比例关系，如表 6.1 所示：

表 6.1　桁架的最小高跨比

	钢	木
平行桁架	1：10	1：9
人字形或三角桁架	1：6	1：4
弓弦或透镜式桁架	1：8	1：7
轻型桁架	1：20	1：16

对于木制平行桁架来说，为了确保桁架中的内力较低，可以采用 1：9 的高跨比，也就是对于 40 英尺的跨度来说，桁架高度大约为 4.5 英尺，四舍五入取 5 英尺。这些指导值可以让桁架杆件的内力更合理，使挠度控制在可接受的范围内。

结构设计

按照自上而下的荷载累积，最后传递到基础的逻辑来进行结构设计。最顶层的结构构件是屋面板，本方案的屋面板采用的是榫槽铺装的厚木板（图 6.4）。互锁的榫头和凹槽使厚木板能够将荷载传递到相邻的木板上，从而省去了龙骨。

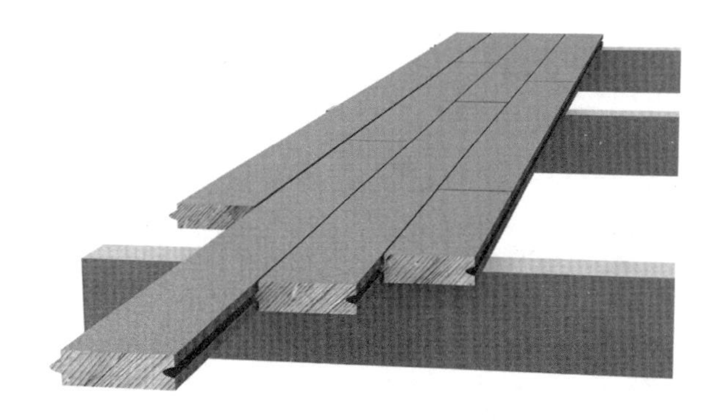

图 6.4　榫槽铺装

本方案决定采用标称 2 英寸厚（实际厚度为 1.5 英寸）的木板，这个厚度的木板跨度可达到 5 英尺左右，木板的支撑梁就是桁架上面的檩条（图 6.5）。5 英尺的宽度适合作为桁架的节间宽度，40 英尺的桁架跨度需要 8 块 5 英尺宽的屋面板。

确定桁架与桁架之间间距的因素包括：

- **檩条高度**：相对较高的檩条可以使桁架间隔更远，从而减少桁架的数量。
- **强度和自重**：较宽的间距会增加荷载计算的从属面积，需要桁架的强度更大，从而增加桁架的自重及其制造难度。
- **视觉因素**：通过减小桁架的间距和增加桁架的数量，保持视觉上的结构密度和美感。

木檩条的高度通常为跨度的 1/20，也就是实际高度为 5.5 英寸的 4×6 木檩条的最大跨度约为 9 英尺。根据檩条的跨度限制并综合视觉因素等需求，决定桁架的间距为 8 英尺。这样的间距也便于固定运动器材、绳索以及舞台照明等设备设施，方便夏令营活动的开展。

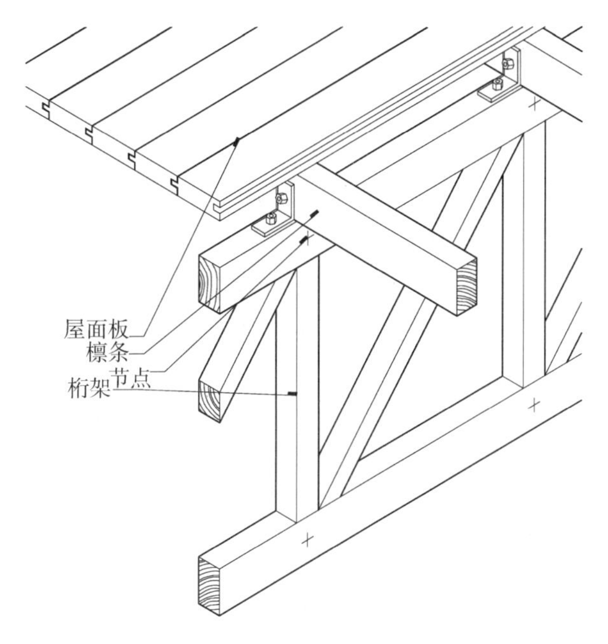

图 6.5　檩条将屋面荷载转移到桁架上弦的节点处

桁架造型

屋顶坡度通常用垂直高度与水平距离的比值来表示，这种坡度的规定方法方便建筑工人用角尺快速而准确地确定构件的坡度和坡长（图 6.6），而用角度规定坡度则需要复杂的测量仪器或大型的量角器。本方案的屋顶坡度暂定为 6∶12，稍小于 30°。

为了防止孩子们爬到桁架上，桁架需要建造在一定的高度上。如果在桁架跨中弯矩最大的位置增加桁架的高度，可以减少材料的消耗，但是会增加制作和建造的成本。因为构成桁架的杆件尺寸不同，会使切割和组装工序复杂化。因此本方案采用统一的桁架高度，使桁架杆件尽可能地标准化。

采用 1∶96 的比例绘制出桁架的形状，桁架节间的宽度为 5 英尺，高度也取 5 英尺，那么桁架节间趋近于正方形，以获得最大的结构效率。在图纸上绘制出间隔 5 英尺的平行的垂直线，代表桁架竖腹杆的中心线。然后用铅笔绘制出上弦和下弦的中心线，它们的垂直间距也是 5 英尺，坡度为 6∶12。通过改变桁架的形状和比例，比选出美观又易于修建的方案。在这一过程中，将代表人体尺度的人像绘制在图上，以便对桁架的尺度有清晰准确的判断。

我们从图 6.7 的两个方案中选择了方案（b），因为方案（a）的屋顶过高。同时，通过调整桁架与地面的距离，选出在图纸上相对于人体尺度最为舒适的一种。

与此同时，还研究了桁架内部杆件的不同布置方式［图 6.8 中的(a)、(b)］。木桁架适合受压的斜腹杆，同为受拉杆件的连接节点比较难施工。将竖腹杆从垂直于地面调整为垂直于弦杆，这样可以缩短斜腹杆的长度，降低其出现屈曲的可能性［图 6.8 中的(b)、(c)］。这种形式还使桁架更易于布置和组装。

每榀静定桁架有三个铰接节点，第一个铰接节点在三角支撑的顶端，三角支撑的底部两点固定在基础上，以抵抗风荷载［图 6.8(c)］。第二个铰接节点在另一边柱子的顶端，第三个铰接节点在柱子的底部。在实际结构当中，这三个位置不会设计真正的铰接节点。因为维持平衡所需要的位移很小，而且螺栓连接中螺栓与木构件之间形成的“间隙”可以轻松地满足这一要求。

将桁架端部的节间延长，形成适当的屋面悬挑，保护墙体的同时还能够降低桁架主跨上的弯矩。桁架最终形式的确定需要经过长时间耐心研究。桁架顶部节间的下弦杆采用水平弦杆，可以降低该节间中杆件和节点的受力，不仅增加了桁架顶部节间的高度而且简化了节点。然后确定桁架的支撑，最终得到一个简单但符

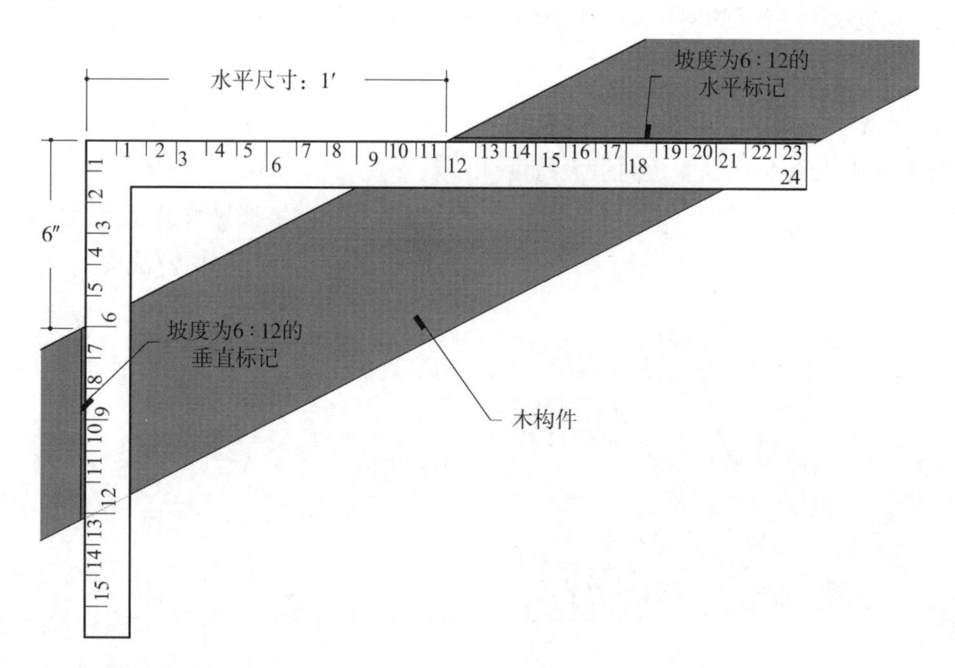

图 6.6　使用木工角尺测定坡度和坡长

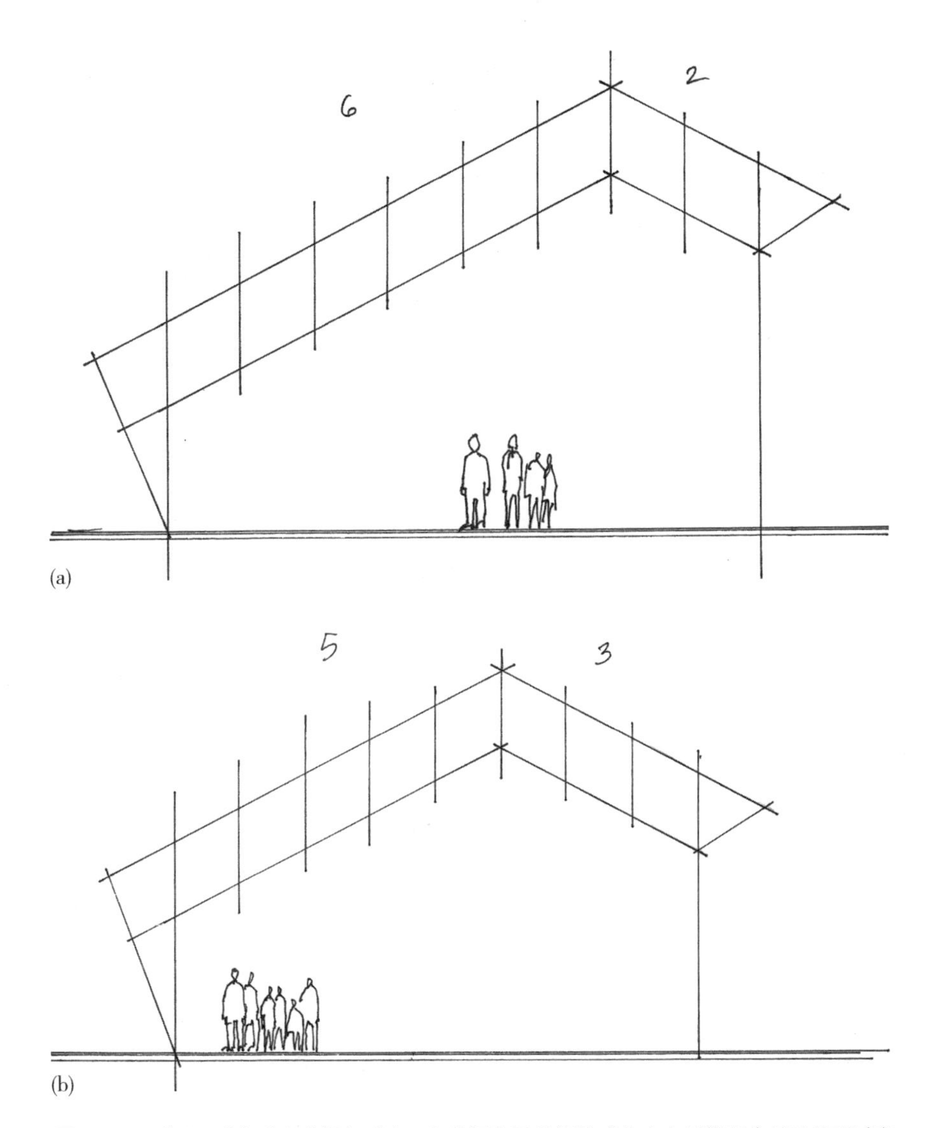

▲图 6.7　两种不同节间分布的桁架对比：六节间和两节间构成的人字形桁架会导致屋顶过高，所以选择五节间和三节间的人字形桁架（b）。

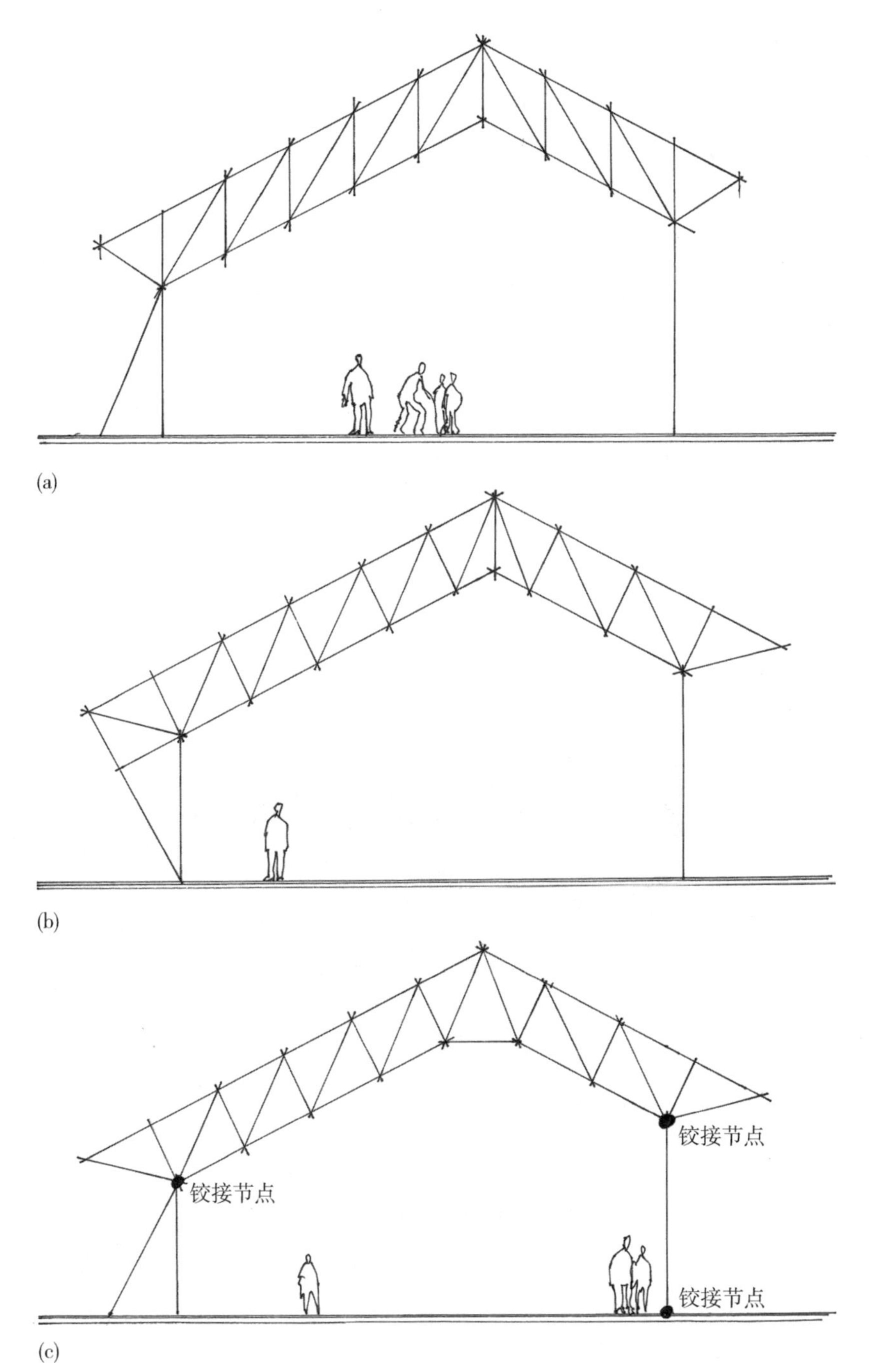

▶图 6.8　方案（a）中的竖腹杆和斜腹杆为压杆。方案（b）中的竖腹杆垂直于弦杆，则斜腹杆的长度缩短，但桁架顶部节间的杆件增多，空间变得拥挤。进一步完善得到方案（c），桁架顶部节间采用一个下弦水平的三角形，这样使桁架结构更加稳定，接下来确定三个铰接节点的位置。

合逻辑的方案［图 6.8（c）］。按比例绘制出这个桁架方案，只绘制出桁架杆件的中心线即可。根据绘制出的图形计算桁架结构中杆件的受力，以便确定杆件的尺寸和节点。

桁架

桁架是由短的线性杆件拼接组成的一个或多个三角形以支撑整个跨度上的荷载。这些桁架杆件通常都位于同一个平面内，也就是二维的平面桁架，有时也会对其进行立体排列以形成空间桁架，或称为网架（图 6.9）。无论是二维桁架还是三维桁架，其中的每个杆件（受拉杆件或受压杆件）都只承受轴向力的作用。因此桁架可以用较少的材料跨越较大的距离。桁架的跨度大于梁和刚架，但远不如索和拱。它的跨度通常为 20 英尺到 300 英尺不等，也可能超出这个范围。桁架一般用于承担重型荷载以及不对称荷载。一般来说，桁架的用料少于同等作用的梁。但是，在考虑材料成本节约的同时也必须考虑施工中劳动成本的增加。

相比于悬索结构和拱结构，桁架结构能够承受各种不同的荷载分布情况而不需要明显地改变其形状。因此桁架经常被用作悬索桥的桥面结构，用来将桥面荷载均匀分配到悬索上，防止悬索由于荷载分布情况的变化而产生形状变化。拱结构也经常采用桁架形式来增加结构刚度，防止屈曲和形状变化（图 6.10）。

如本章的夏令营建筑方案，桁架是专门设计的，这样可以保证其形状和结构特性适用于特殊的桥梁或者建筑功能。同时也有很多用于楼板和屋顶的“现成的”标准桁架类型，例如用于工业、商业、办公建筑的空腹钢托架，也被称为轻钢托架，以及用于住宅建筑中屋顶和楼板的轻型木桁架（图 6.11～图 6.14）等。标准桁架只适用于荷载较轻或荷载分布较均匀的建筑。

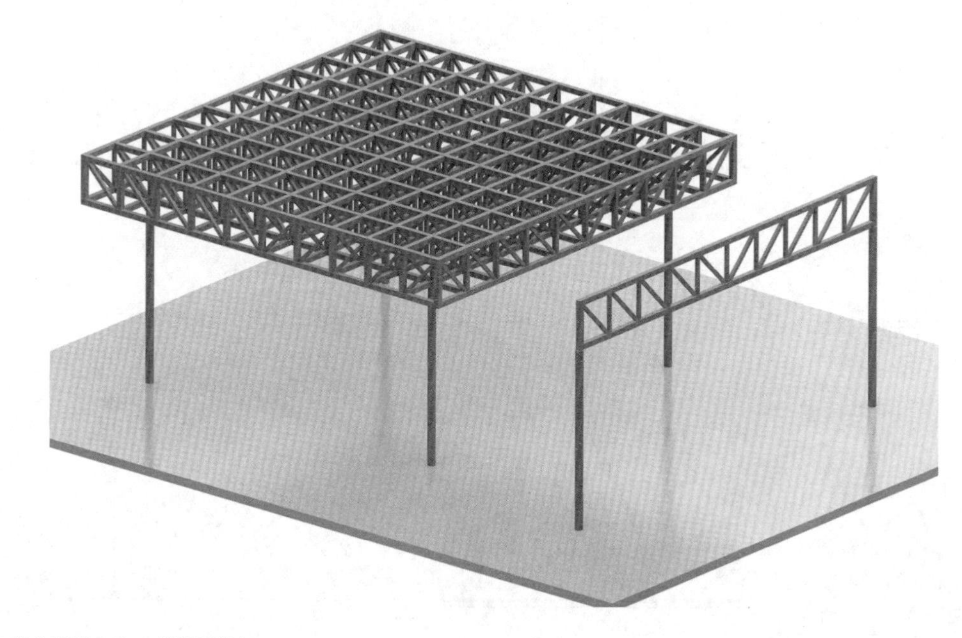

图 6.9　三维空间桁架和二维平面桁架

桁架在桥梁中的应用

应用于桥梁结构的桁架类型有很多（图 6.15），下承式桁架桥是桥面板位于桁架的下弦位置，车辆或行人在桁架之间的开放式通道中穿行。在半穿式桁架桥中，两个桁架之间的顶部不连接。上承式桁架桥的桥面板位于桁架的上弦，桁架完全位于桥面板的下方。

◀图6.10　连接新泽西贝永与纽约史坦顿岛的贝永大桥，采用钢桁架拱建造，桥面板的厚度很小。桥的跨度为 520 米。结构工程师为阿曼和达纳。
图片来源：纽约和新泽西港务局提供

▲图 6.12　建筑工人将重型钢桁架安装到柱子上。
图片来源：纽柯钢铁卢卡夫特分公司提供

◀图 6.11　空腹钢托架由重型钢桁架支撑，重型钢桁架将荷载传递到柱子上。
图片来源：纽柯钢铁卢卡夫特分公司提供

◀图 6.13　该照片为某停车场的楼面桁架，桁架中的杆件由齿板连接而成，桁架两端采用定向刨花板（OSB）作为腹板，使工人能够用锯子调整桁架的长度。桁架的高度比木托梁高，但是跨度更大。桁架的中空空间也方便布置各种管道系统。
图片来源：美国木桁架协会提供

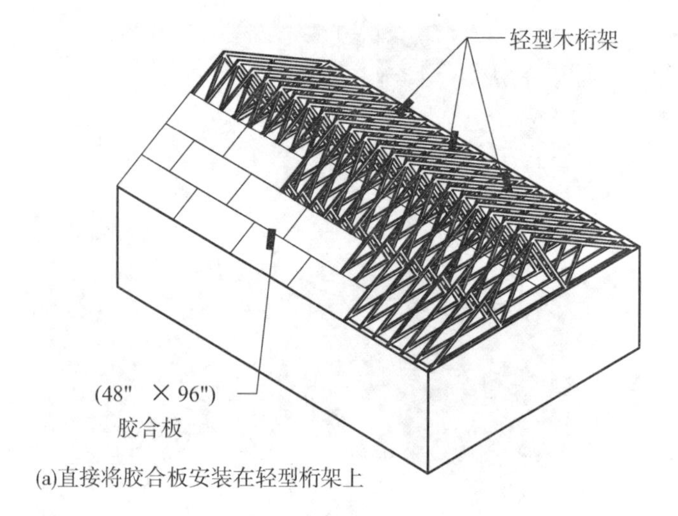

(a)直接将胶合板安装在轻型桁架上

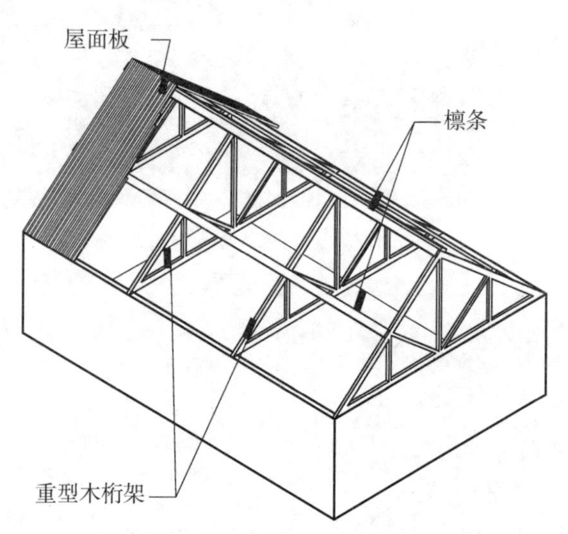

(b)在檩条上安装屋面板

图 6.14 轻型木桁架和重型木桁架：（a）紧密排列的轻型木桁架上可以直接铺装屋面板。（b）大间距的重型木桁架上采用檩条支撑屋面板。

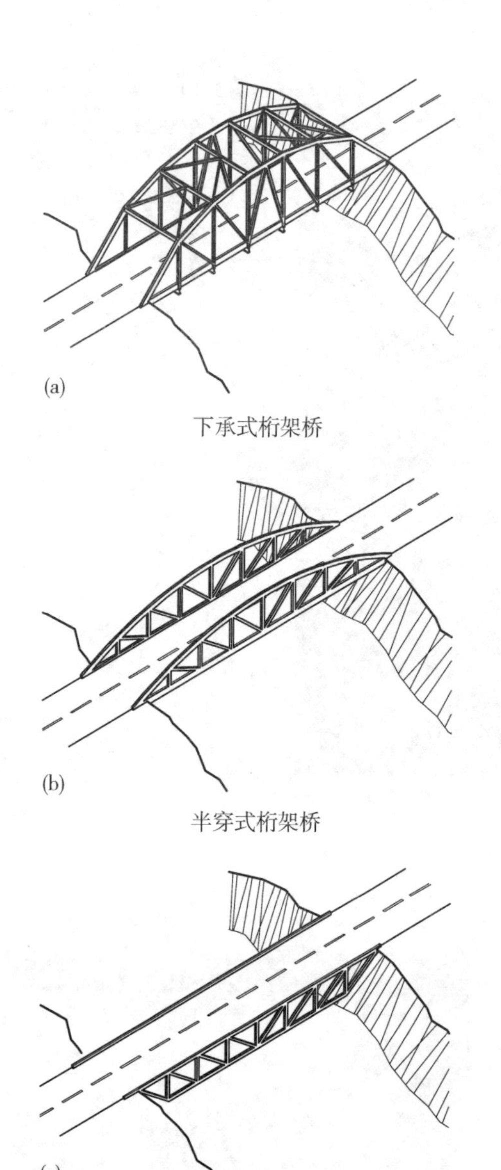

图 6.15 应用于桥梁结构中的三种常用的桁架：（a）下承式桁架桥。（b）半穿式桁架桥。（c）上承式桁架桥。

桁架在建筑中的应用

大型桁架在建筑物中有几种不同的用途（图 6.16）。首先，桁架通常直接被用于支撑楼板或屋面板，有时候也与其他结构形式相结合用于某些大空间的屋顶结构中，例如礼堂、游泳池的屋顶，或音乐厅中的悬挑看台等。其次，桁架也经常用于建筑的结构转换层中，结构转换层是在建筑竖向承重构件分布改变时起到转换作用的结构层。例如在底层为较大开间的开放式办公，而上层为小开间公寓的高层建筑中就需要做结构转换层。作为结构转换层的桁架承载大、结构高度高、占用空间较大，既沉重又昂贵，因此除了特殊情况之外应予以避免。

桁架的形式

桁架选型

在过去的两个世纪中，结构工程师创建了很多桁架形式。大多数情况下，我们都可以从这些标准化桁架中选择一个合适的桁架形式进行设计应用，也可以按照项目需要重新设计一个桁架形式。图 6.17 展示了一些常见的桁架形式，每种都有其优缺点。含有受拉斜腹杆的平行桁架被称为普拉特平行桁架，由其发明者托马斯和迦勒 · 普拉特（Caleb Pratt）的名字命名，

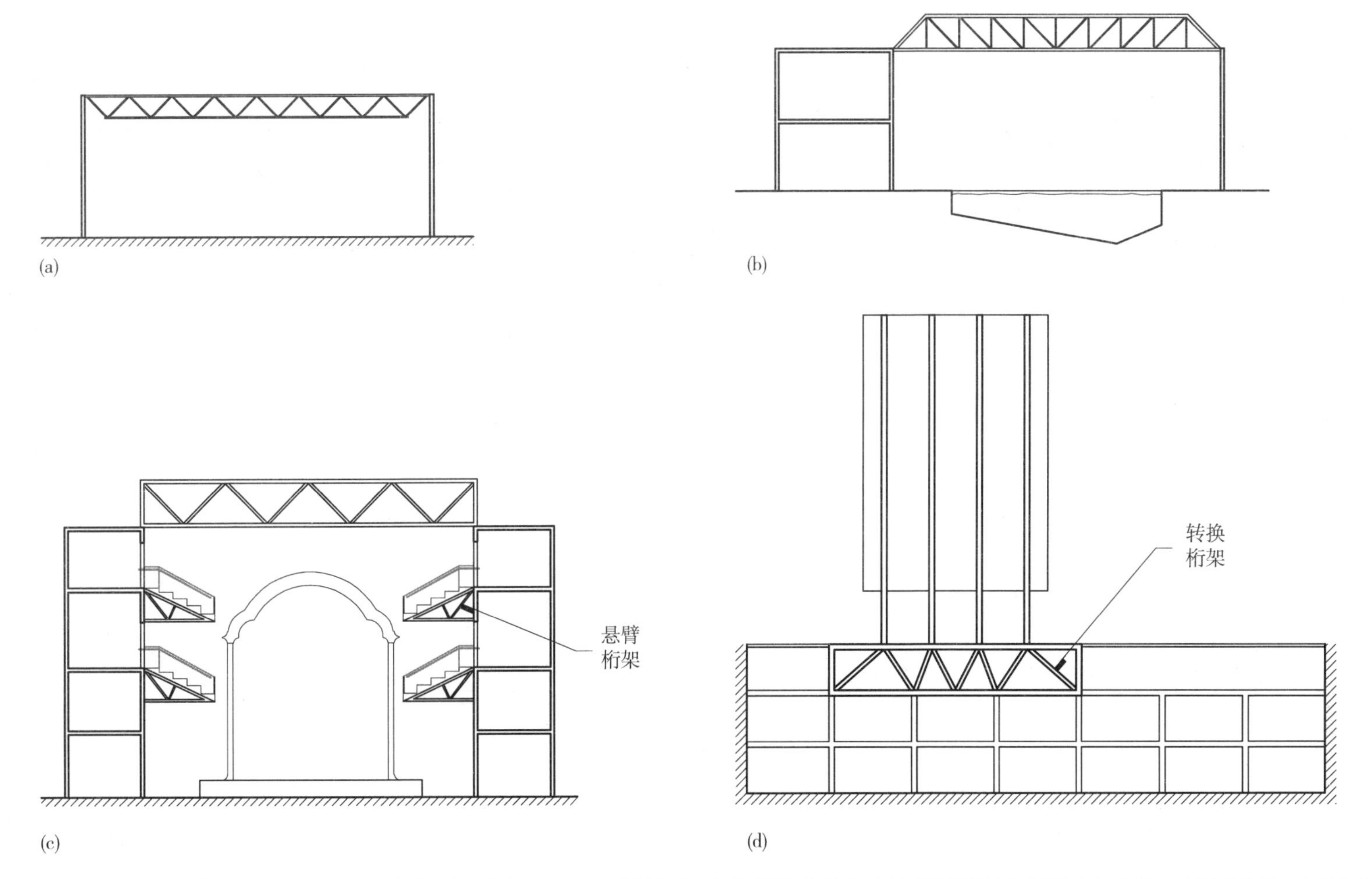

图 6.16　桁架在建筑中的应用：（a）仓库的屋顶。（b）游泳池或运动场地的屋顶。（c）某剧场采用华伦式桁架的屋顶，以及采用悬臂桁架支撑包厢。（d）下层为停车场，上层为公寓的高层建筑，在停车场与上方建筑之间采用桁架作为结构转换层。

这款桁架发明于 19 世纪 40 年代左右。普拉特平行桁架适合采用钢材建造，它的杆件可以做得比较纤细，因为它的斜腹杆承受拉力，不会产生屈曲，而竖腹杆相较于斜腹杆来说比较短，其中的力也较小，因而产生屈曲的可能性也较小。此外，钢制的受拉杆件可以采用螺栓或者焊接连接，而木制的受拉杆件对连接节点要求较高，即使是采用螺栓连接也会相对较弱。含有受压斜腹杆的平行桁架被称为豪威式平行桁架，一般适用于重型木桁架中，因为木杆件的截面通常比较大，产生屈曲的可能性低于钢制杆件。豪威式桁架同样发明于 19 世纪 40 年代，并按照其发明者命名。该桁架中的斜腹杆能够将力传递到竖腹杆和弦杆中。华伦式桁架和简式芬克桁架的中空空间非常适合用于铺设各种管道设备。华伦式桁架外观优雅，并且其腹杆的尺寸和形状相同，连接方式也相同，因此施工装配也比较简单。芬克桁架允许沿上弦以

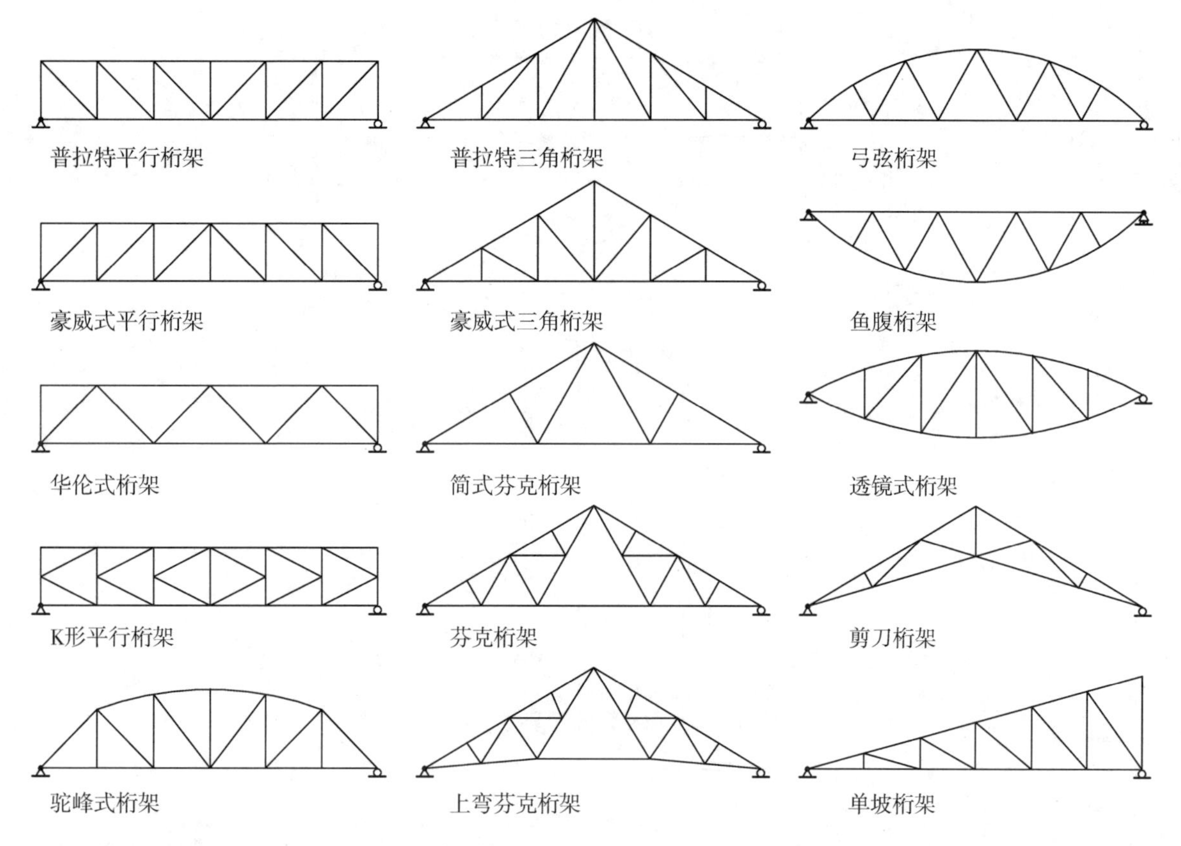

图 6.17　常见的桁架形式

较小的间隔布置屋面檩条。上弯芬克桁架可以提供更高的内部空间，但是它比普通的芬克桁架中的力更大。

剪刀桁架由于可以形成较大的室内空间而深受建筑师们的喜爱，但是正如第 4 章分析的那样，支撑点处上弦与下弦之间的锐角使弦向分力偏大，从而需要更粗壮的桁架杆件，使外观看起来更加笨重，节点也不易建造。弓弦、鱼腹、透镜式以及驼峰式桁架都属于高效的桁架形式，在理想的荷载分布情况下，这四种桁架中的斜腹杆受力很小甚至不受力，上下弦的受力特点类似于悬索或者拱，在第 10 章中会深入介绍这些高效的桁架形式。K 形桁架也是一种结构效率很高的桁架，在第 17 章中会将其与梁的性能进行对比。

桁架的形式选择是根据其具体的功能用途决定的。平行桁架适用于支撑地板、平屋顶以及上承式桁架桥当中。驼峰式桁架主要用于下承式桁架桥以及较高的屋顶结构当中。弓弦桁架适用于拱形屋顶的建筑当中。三角桁架、单坡桁架以及剪刀桁架适用于坡屋顶建筑当中。

桁架的形式也可以根据建筑的具体形状来设计（图 6.18）。设计中注意桁架整体应由三角形组成、采用正确的高跨比、按间隔要求布置檩条，以及避免杆件以过小的角度连接等问题。过小的连接角度会在杆件和节点中产生非常大的力。

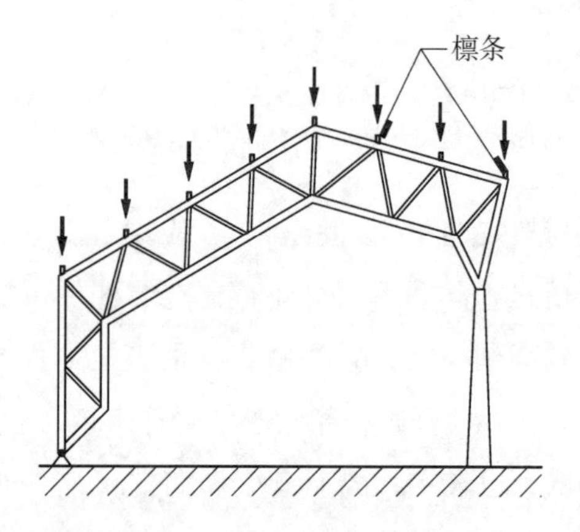

图 6.18　根据建筑的具体形状来设计桁架

不同材质的桁架

在具体的设计中，桁架的材料通常都是约定俗成的，木结构建筑一般建议采用木桁架，钢结构建筑则采用钢桁架。但是在很多情况下，材料选择主要依据与消防安全相关的建筑法规。例如轻型木桁架一般采用标称 2 英寸的木杆件，杆件很纤细，不防火，因此轻型木桁架只允许在小型建筑中使用，市中心地区、高层建筑或者楼面面积较大的建筑中均不得使用。杆件尺寸满足或超出法规规定尺寸的重型木桁架可以用于大型建筑物当中，因为大尺寸木杆件燃烧慢，在火灾中保持强度的时间较长。

钢材不会燃烧，但是钢材在一定温度下会丧失大部分强度。因此钢桁架在建筑中的使用受限于建筑用途、建筑高度、楼面面积以及顶层距离屋面的高度。如果在钢桁架外表面涂抹上适当厚度的防火隔离材料，也被称为防火层，则钢桁架的应用可以不受限制。

如果要求桁架结构轻量化并且耐腐蚀，可以采用铝材。铝具有耐腐蚀的特点，并且重量只有钢材的三分之一，但是它的缺点是强度以及刚度不如钢材，并且成本较高。

木桁架的连接

轻型木桁架可以采用齿板连接，齿板连接器被压入木构件的节点中完成连接（图 6.19）。齿板上密集的插脚能够穿透构件，将木材的纤维微观结构互相锁定，从而加固连接。

重型木桁架（在美国也被称为木桁架或者重木桁架）可以用钉子、螺钉、螺栓或者专用连接件连接。例如多层木桁架可以采用钉子或者螺栓穿透所有重叠层进行连接（图 6.20），这种连接方案要求仔细规划各层木构件之间的关系。采用螺栓连接的木桁架，对螺栓之间的间距有严格的规定，如果节点受力大且节点的实际尺寸不足以容纳所有的螺栓，这样的连接就不能够安全地转移荷载。对于钉子间隔的规定比较宽松，但是钉子转移荷载的能力较弱，通常只适用于承载较小的小型桁架之中。

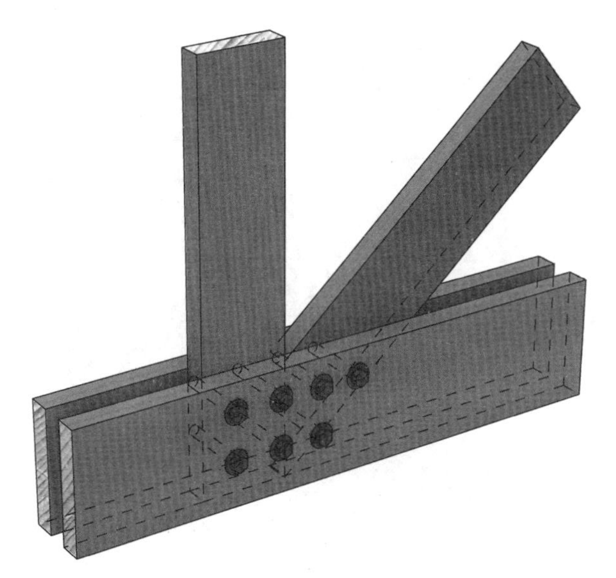

图 6.20　标称 2 英寸的木构件组成的三层桁架，采用螺栓连接。

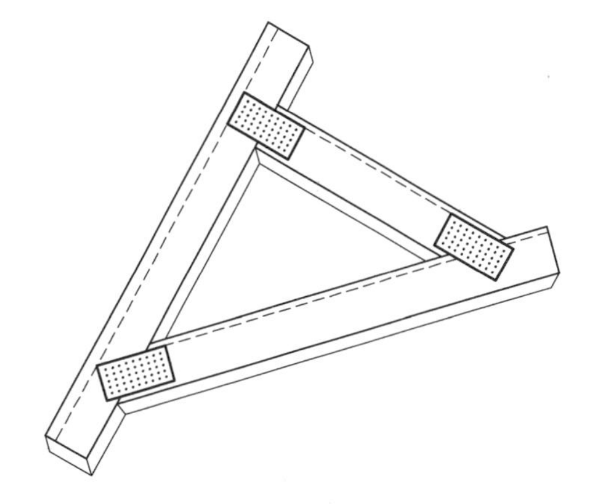

图 6.19　采用液压机将钢齿板压入轻型木构件节点的两侧

重型木桁架通常为单层桁架（图 6.21），标称 4~8 英寸厚。两侧采用钢侧板，螺栓穿过钢侧板的预留孔和木构件进行连接。也可以将钢板内置于木构件的凹槽中，在外观上只能看到螺栓，形式更为简洁（图 6.22）。还可以采用专用的销子连接，销子穿透钢板和木构件，并最终留在该位置不能取出（图 6.23）。这些销子的直径介于螺栓与钉子之间，销子的钻头能够钻透至少半英寸的钢板。

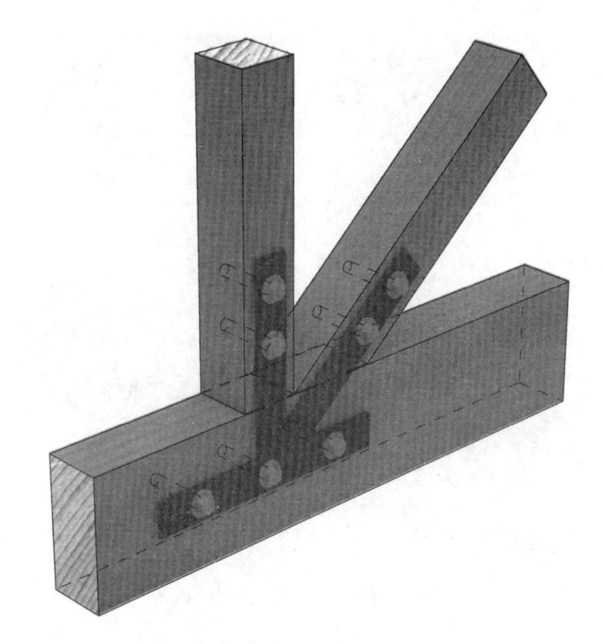

图 6.21　两侧放置钢板并用螺栓连接的单层重型木桁架

图 6.22　将钢板内置于木构件的凹槽中，采用螺栓连接。

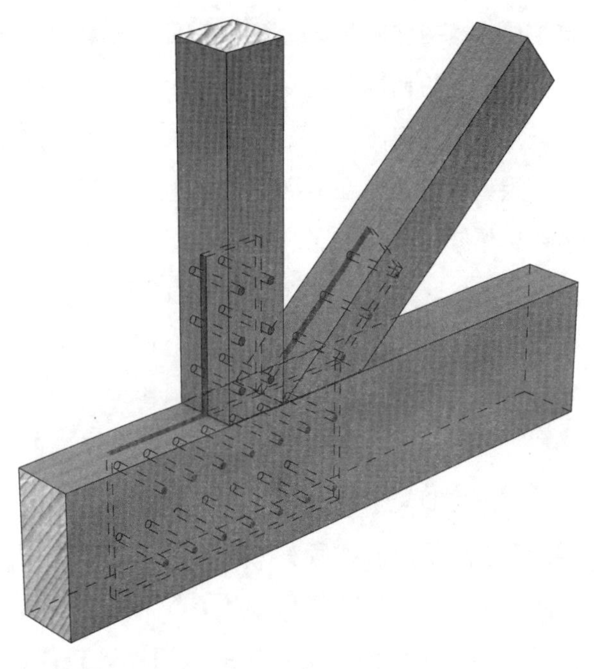

▲图 6.23　采用定位销连接，钢制定位销穿透木构件和钢板并留在原位。

成品连接钢板大部分情况下都可以在市场上购买到，但重型木桁架的连接节点通常根据结构工程师绘制的节点图专门定制，将钢板切割并焊接成所需的形状和尺寸后，在其上打孔，然后采用螺栓连接。

传统重型木桁架的下弦杆和与斜腹杆的连接会采用齿连接 [图 6.24（a)]，采用钢杆代替木拉杆可以避免节点处的抗拉强度过低 [图 6.24（b)]。

(a)

(b)

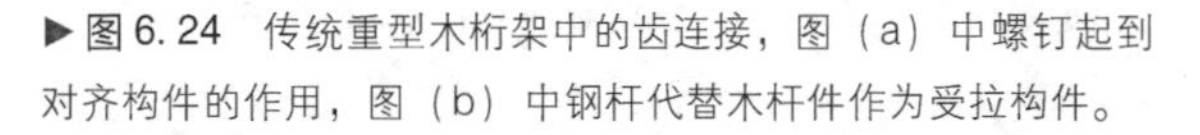

▶图 6.24　传统重型木桁架中的齿连接，图（a）中螺钉起到对齐构件的作用，图（b）中钢杆代替木杆件作为受拉构件。

钢桁架的连接

钢构件的截面形式多种多样，所以由不同钢构件组合而成的钢桁架的连接也就多种多样。例如由背对背的角钢构成的钢桁架可以将连接钢板放在角钢之间，然后采用螺栓连接或焊接［图 6.25（a)］。大型钢桁架可以采用槽钢代替角钢。

承载较大的钢桁架，可以采用宽翼缘工字钢，两侧增加钢侧板进行焊接或螺栓连接［图 6.25（b)］。也可以将宽翼缘工字钢斜切后直接焊接［图 6.25（c)］。

采用圆钢管或方钢管的桁架可以直接焊接［图 6.25（d)］，用自动切割机切割好钢构件的接头，焊接后将焊缝打磨光滑。还可以采用连接钢板焊接［图 6.25（e)］。

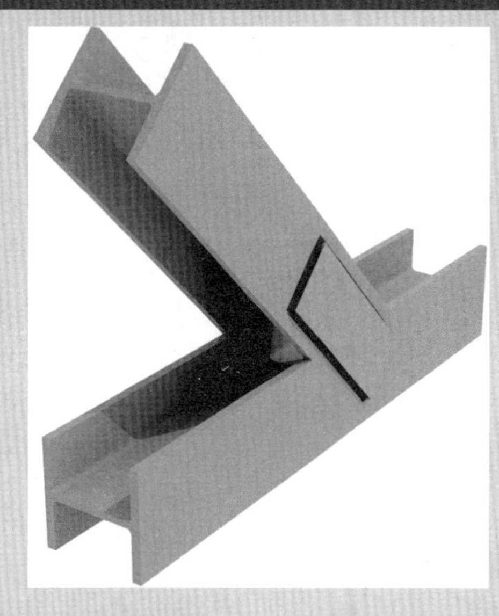

（b）采用钢侧板焊接连接

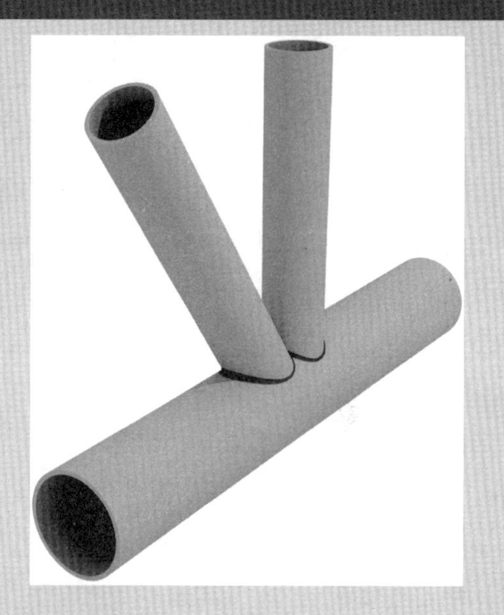

（d）钢管构件斜切后直接焊接

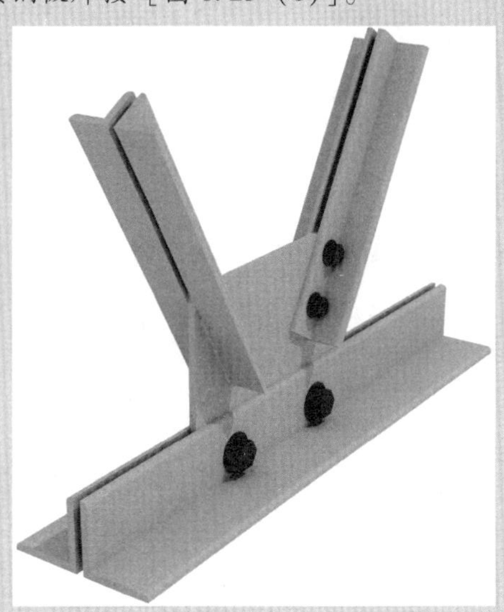

（a）两个角钢之间放置钢板，然后采用螺栓连接

（c）宽翼缘工字钢构件斜切后直接焊接

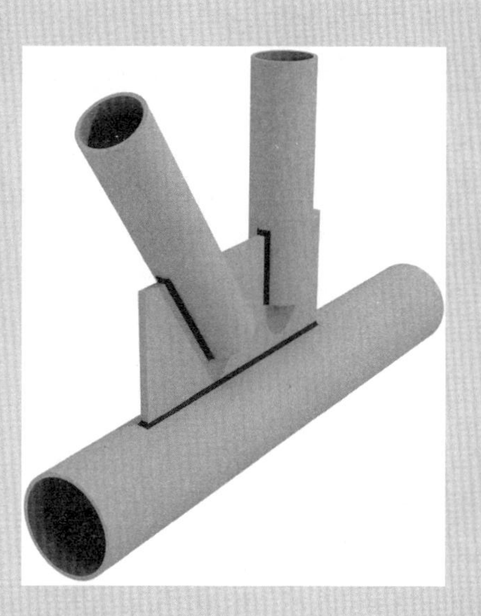

（e）在钢管上开槽，在槽中放置钢连接板后焊接

图 6.25　钢桁架的连接示意图

桁架的受力计算

桁架杆件中的力可以采用数值法或图解法求解。数值法见标题为“桁架杆件受力的数值计算——节点法”的教程。请在参考资料网站上学习关于桁架的图解分析课程：

- “形式与力的图解技术”第 1 课
- “主动静力学”的案例 2、案例 4 和案例 6

我们此处采用图解法求解，相比于数值法，这种方法具有以下优点：

- 更简单快捷，特别是对于不规则形状的桁架中杆件力的求解。
- 图解法比数值法更清晰，可以一目了然地解读出桁架中的受力模式。
- 图解法更易于对桁架的形式进行评估，并提出改进的方法。
- 采用图解法，可以找出结构性能更加高效的桁架形式，这一部分内容将在第 10 章中进一步探讨。
- 在第 14 章会介绍采用桁架模型分析和计算实体构件中的力，进而了解梁、柱子、承重墙以及板等实体结构构件的受力情况。
- 如果采用 CAD 绘图，理论上图解法会非常准确。如果以合理的比例手工绘图，误差值通常在 1% 以内，这个误差比活荷载预估值的误差或由节点和杆件异常引起内力变化产生的误差还要小得多。

> 概念先行，计算随之。
>
> ——安东尼 · 亨特

求解六节间平行桁架中的力

以斜腹杆倾斜角度为 45° 的简支六节间平行桁架为例，对上弦的每个节间节点施加 1 600 磅的竖向荷载，桁架跨度为 48 英尺。

采用图解法（读者可以通过参考资料网站上的《多节间桁架》课程深入学习），首先按比例绘制出准确的桁架形图（图 6.26），然后绘制出桁架上的外部荷载。

接下来求解出桁架的两个支座反力，并将其标注到形图中。因为本示例的桁架为对称结构和对称荷载，所以两个支座反力大小相等，为总外部荷载的一半。把形图当作隔离体，顺时针从左到右依次根据鲍氏符号标注法标记，外部荷载之间的空间用大写字母标注，内部空间用阿拉伯数字标注。标注时跳过字母“I”，避免与数字“1”发生混淆。

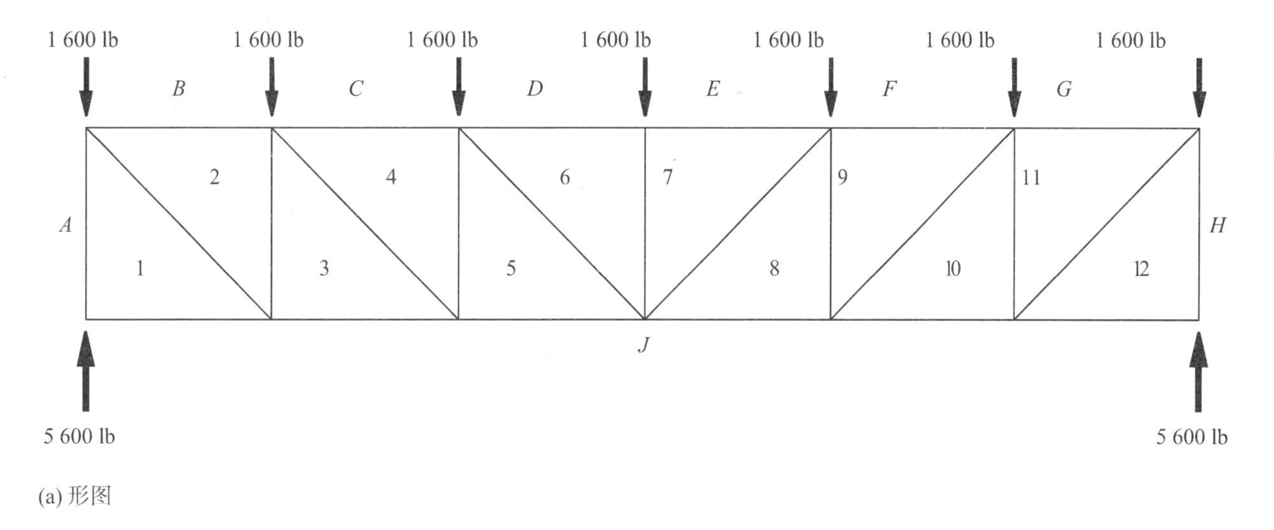

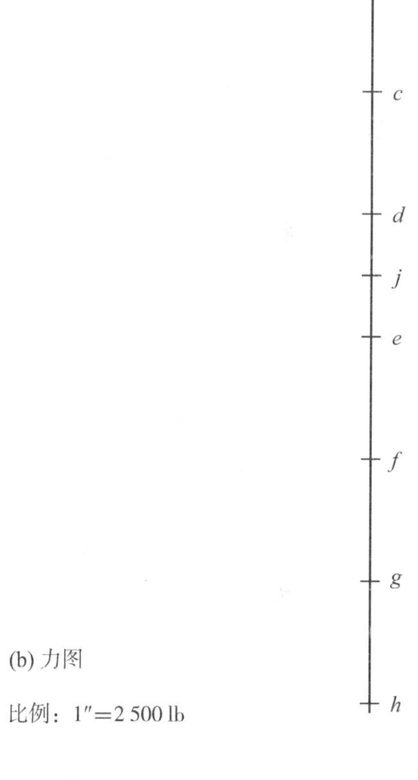

图 6.26　六节间普拉特平行桁架

在形图的右侧，采用适当的比例绘制出载重线用以构建力图（图 6.27）。根据鲍氏符号标注法，在载重线上用小写字母表示出所有外部荷载，从 *ab* 到 *gh*，以及支座反力 *hj* 和 *ja*。重新检验载重线中的 *ja* 的大小是否为 5 600 磅，如果不是就表示载重线画错了，必须在下一步绘图之前找出错误并改正。避免载重线出现累积误差的一个方法是从线的起始开始测量每一个力的大小，而不是单独测量某一段线段，测量并标记 *ab* 为 1 600 磅、*ac* 为 3 200 磅、*ad* 为 4 800 磅等，以此类推。

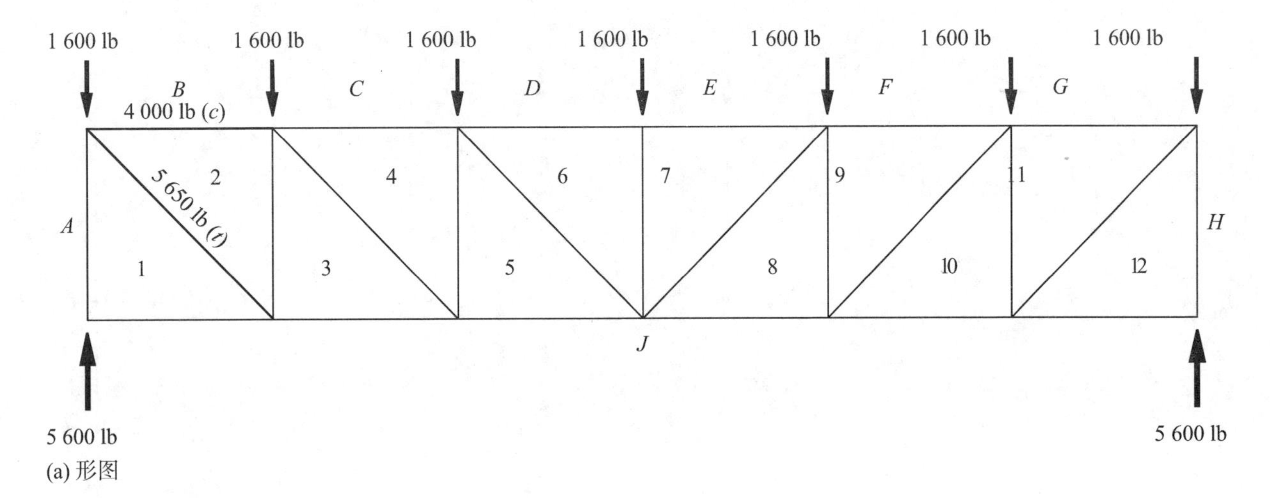

(a) 形图

比例：0.125″=1′

图 6.27　绘制六节间普拉特平行桁架的力图 1

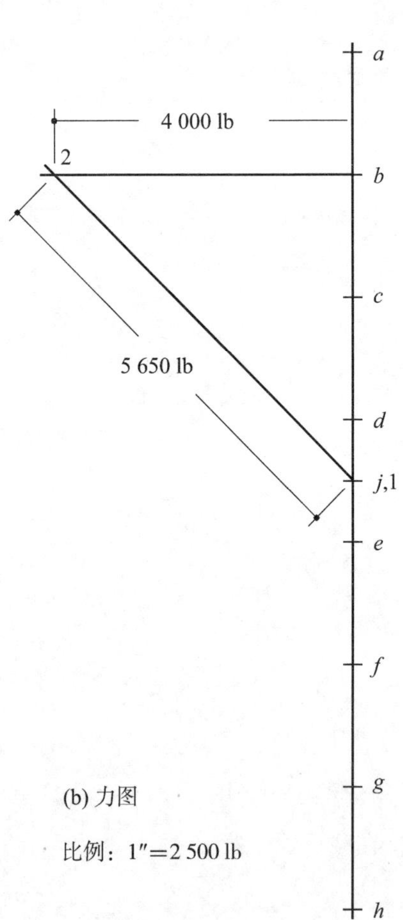

(b) 力图

比例：1″=2 500 lb

形图上桁架受力少于三个的节点是 A1J 和 12HJ，从节点 A1J 开始对桁架杆件进行分析（图 6.27）。在力图上的线段 a1 和线段 1j 分别代表杆件 A1 和杆件 1J 中的力，杆件 A1 是垂直的，线段 a1 必须垂直通过 a 点，这意味着 a1 与载重线重合，杆件 1J 是水平的，那么力图上的线段 1j 必须水平通过点 j。只有当点 1 与点 j 完全重合时，才能满足这些条件。因此，1j 是一个点而不是一条线段，长度为零，也就是说 1J 杆是一根零杆，可以从桁架上取消。然而在实际结构当中需要保留这根杆件，以便保持桁架的侧向稳定性以及为悬挂吊顶或天花板提供支撑。

a1 的长度已经确定，也就是 A1 杆中的力已知。接着求解左上方的节点 AB2-1 的受力。在这个节点处有两个未知力 B2 和 2-1，在力图上绘制与这两根杆件平行的线段 b2 和 2-1，b2 是通过点 b 的水平线段，2-1 是通过点 1 的斜线段，这两条线段的交点就是点 2。测量力图上 b2 和 2-1 线段的长度，就可以得出这两根杆件中力的大小。

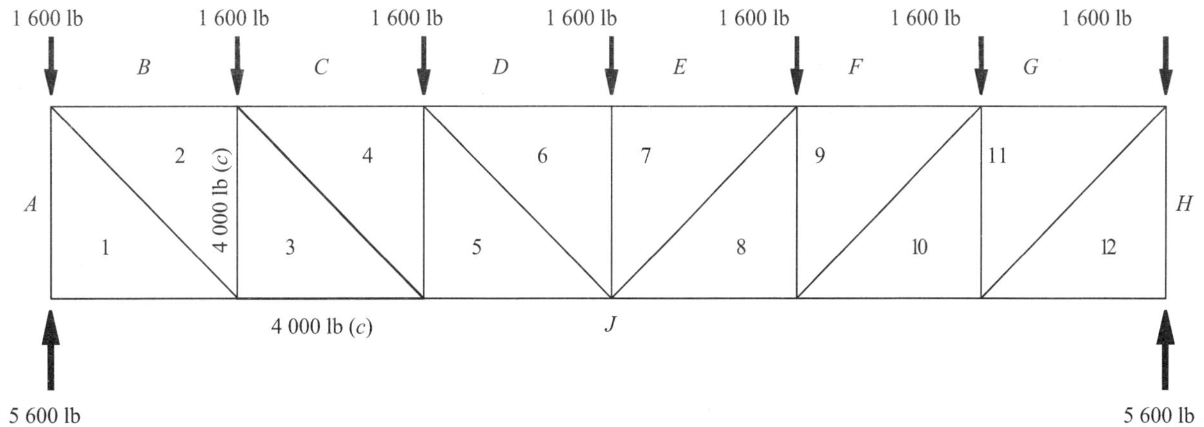

(a) 形图

比例：0.125″＝1′

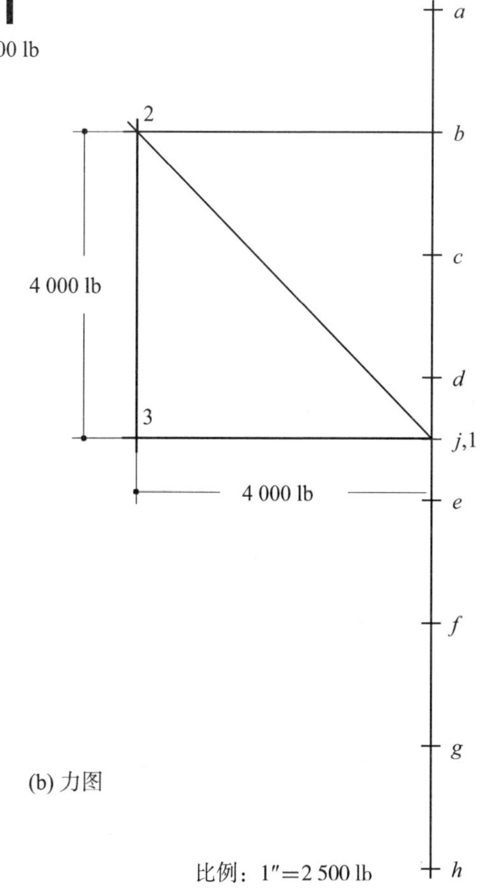

(b) 力图

比例：1″＝2 500 lb

图 6. 28　绘制六节间普拉特平行桁架的力图 2

在图 6. 28 中，根据之前的方法接着求解节点 1-2-3*J* 的受力，在力图上绘制线段 2-3 和 3*j*，两条线段相交于点 3。

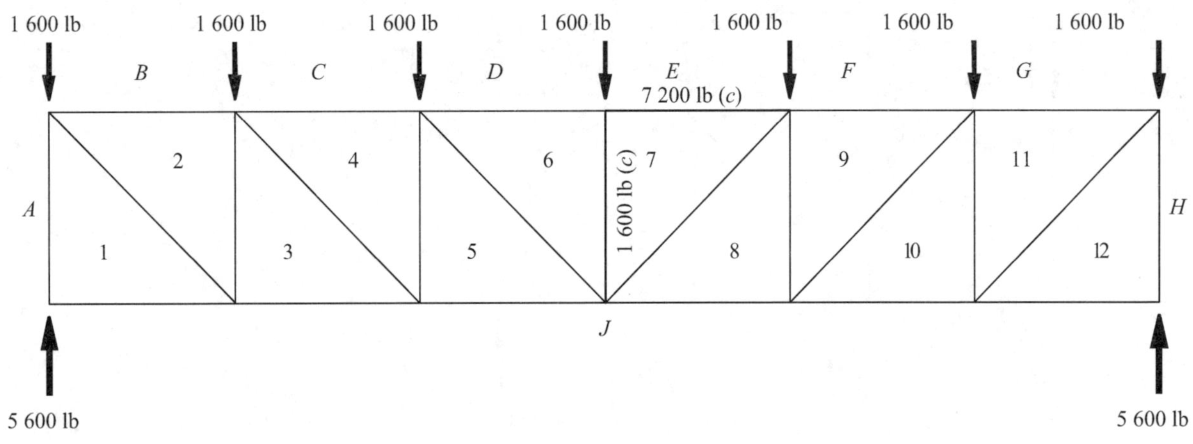

(a) 形图

比例：0.125″=1′

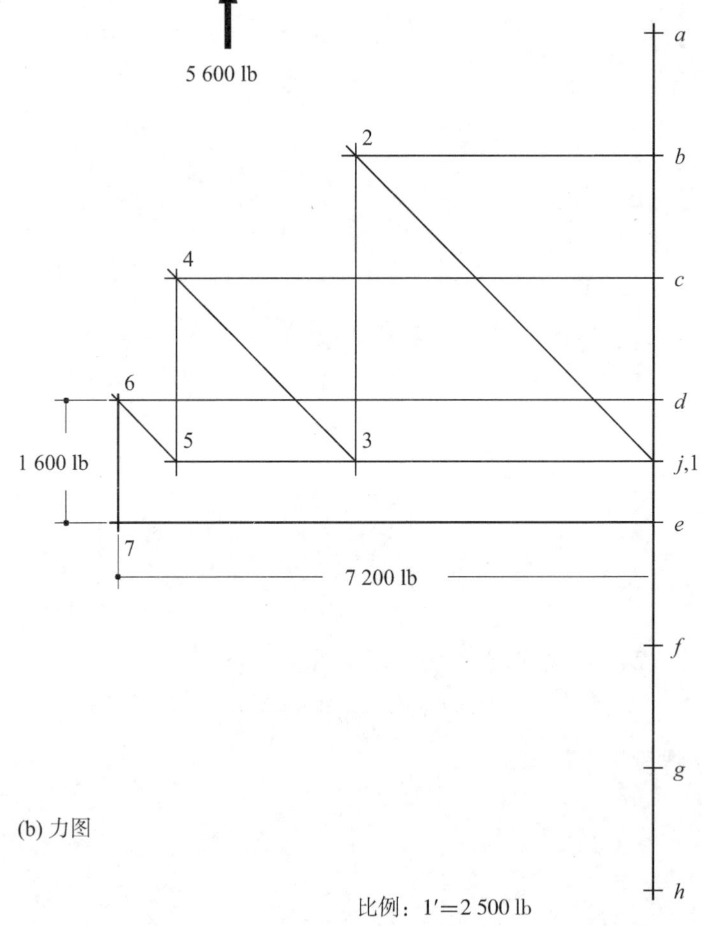

(b) 力图

比例：1′=2 500 lb

图 6. 29　绘制六节间普拉特平行桁架的力图 3

重复这个过程以求解出桁架中每个节点上的力。腹杆名称中的第二个数字始终与弦杆名称中的数字相同。如果形图上是依次标注数字的，那么力图上的每一个步骤中，两根杆件名称中重合的数字比上一个步骤中的重合数字增加 1。以图 6. 29 中数字 6 为例，下一步要绘制的杆件是 6−7，而下一个弦杆的名称中含有 7，即 *E*7。在力图上绘制代表这两个力的线段时，交点用重合的数字标注。这样标注好的鲍氏符号就能够引导我们按照正确的顺序对桁架进行分析。

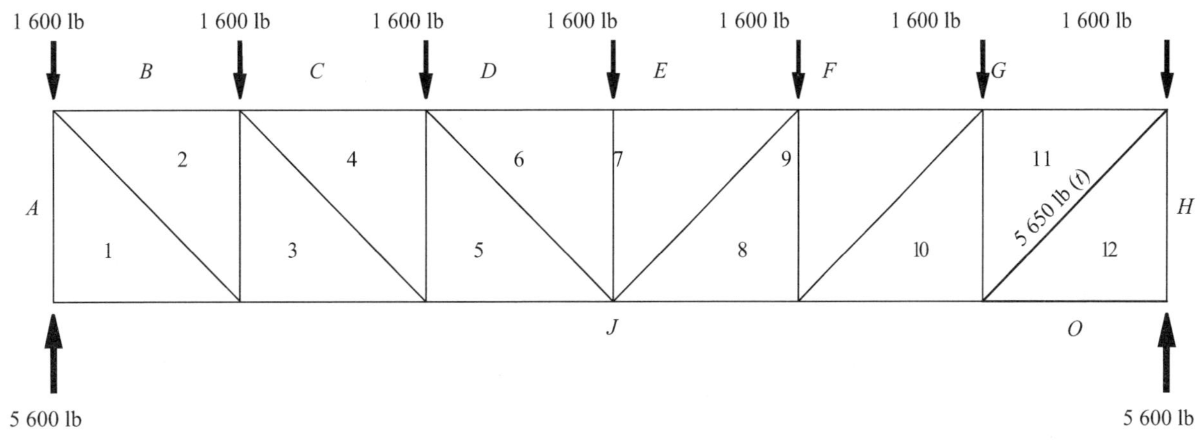

(a) 形图

比例：0.125″=1′

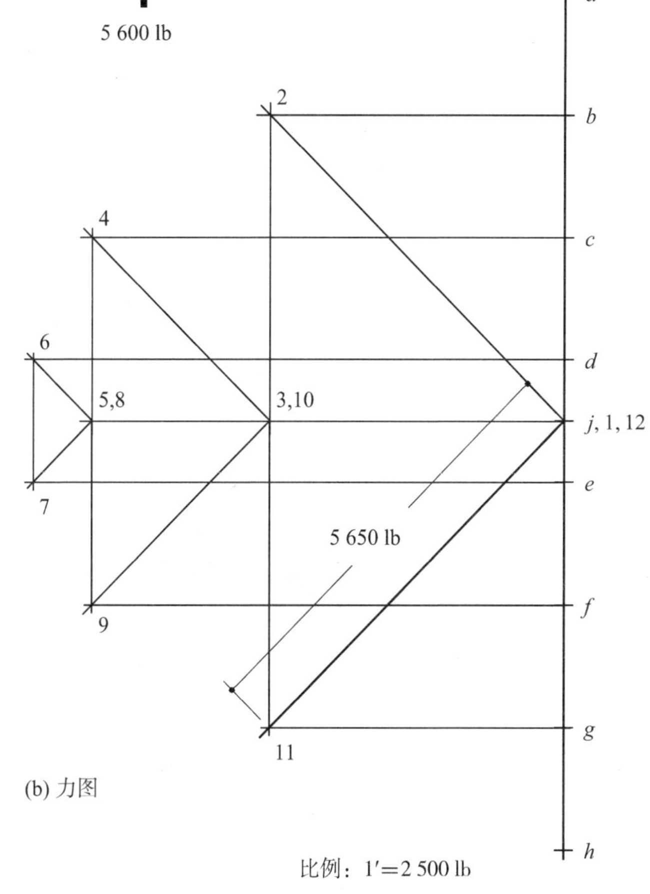

(b) 力图

比例：1′=2 500 lb

图 6.30　绘制六节间普拉特平行桁架的力图 4

图 6.30 是绘制完成的力图。其中点 5 和点 8、点 3 和点 10 以及点 J、点 1 和点 12 分别重合。12-J 杆与 1J 杆相同，都是零杆。力图在点 j 处闭合，表明绘制出的力图是正确的。

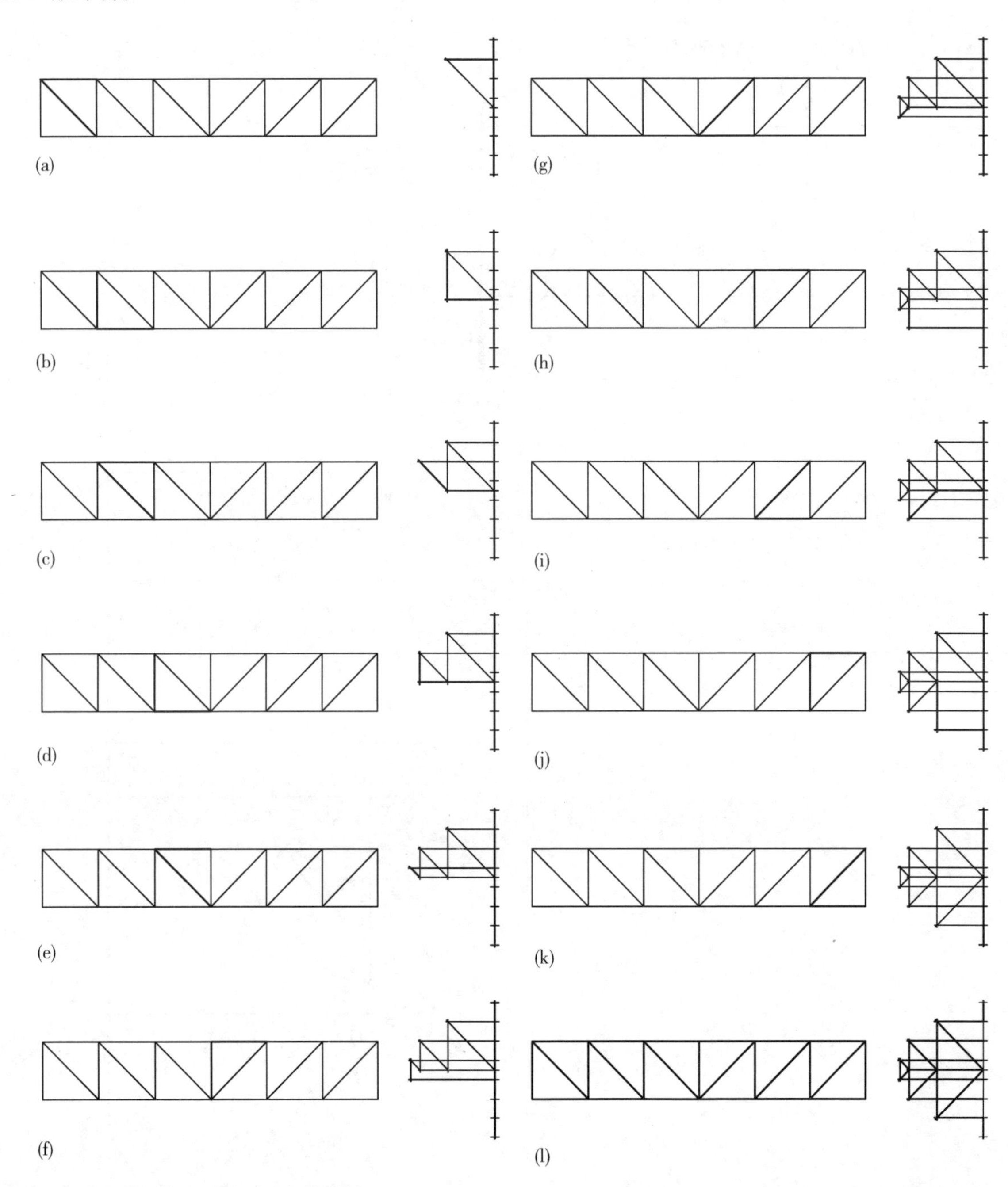

图 6.31 六节间普拉特平行桁架力图的绘制步骤

图 6.31 按顺序把之前绘制的每个步骤展示出来，帮助我们更好地对六节间普拉特平行桁架进行分析。

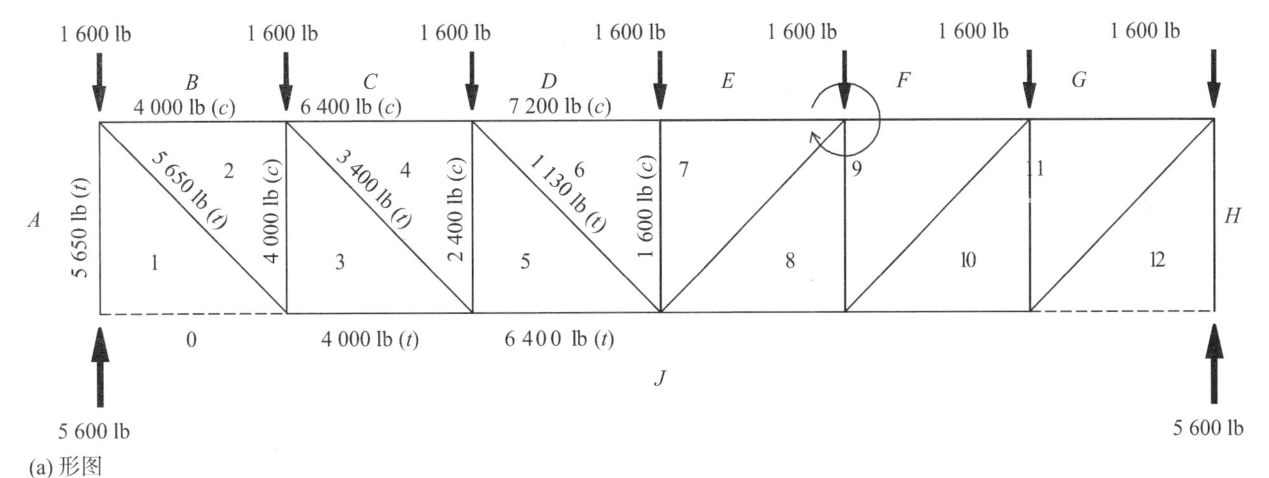

(a) 形图

比例：0.125″=1′

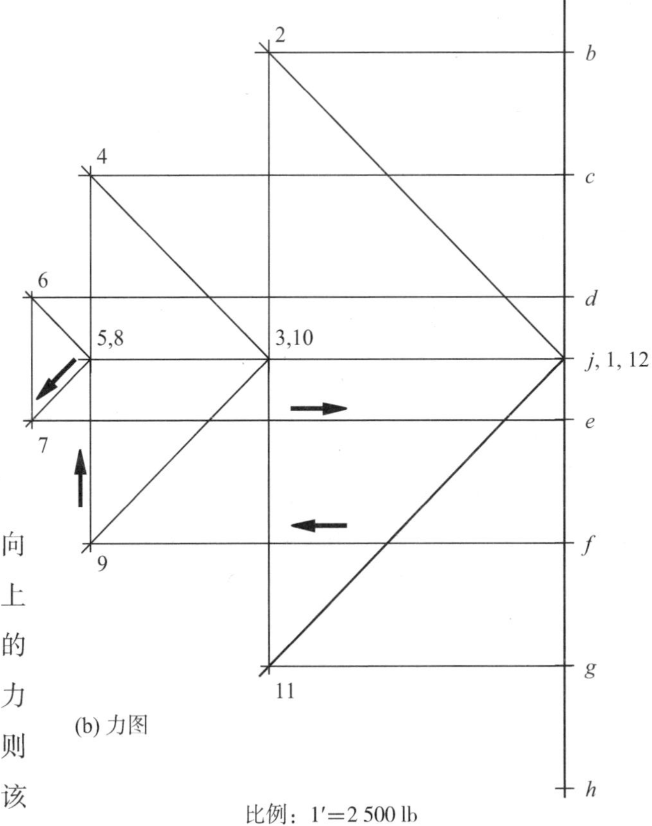

(b) 力图

比例：1′=2 500 lb

图 6.32　杆件中的力以及力的性质

分析的最后一步是测量力图中的线段长度得到力的大小，并按照第 4 章的方法利用鲍氏符号来确定杆件的受力性质。图 6.32 中，标注了左半边桁架杆件中力的大小，右半边桁架杆件中的力的大小与左半边的杆件对称。

以节点 *EF*9–8–7 为例，将左手食指放在形图上的这个节点处，沿着顺时针方向读取节点，节点右侧的弦杆为 *F*9，力图上点 *f* 到点 9 是向左的，这意味着杆件 *F*9 中的力是向左的，指向左手手指，那么该力为压力。同样的，力图上从点 9 到点 8 的移动是向上的，杆件 9–8 中的力向上指向左手手指，那么该力也是压力。力图上从点 8 到点 7 的移动方向为向左下方，则杆件 8–7 中的力向左下方，远离左手手指，该力为拉力。

六节间普拉特平行桁架的内力分布

通过求解六节间普拉特平行桁架杆件中的力可知，上下弦杆中的力在端部节间中最小，逐渐递增，在中间节间达到最大。腹杆中的力的变化情况正好相反，中间节间腹杆中的力最小，在端部节间中达到最大。这种内力分布特点是承受均布荷载的简支桁架的典型特征。实心梁的内力分布模式与桁架相似，这将在第 16 章和第 17 章中进一步讨论。

图 6.33 是桁架中荷载通过路径的可视化分析，上图为一个两节间桁架，支撑着跨中 1 600 磅的荷载，桁架杆件中的力如图 6.33 所示，粗线表示压杆，细线表示拉杆。

图 6.33 的中间图，两节间桁架的末端支撑在竖杆上，该竖杆同时承受 1 600 磅的外部荷载。这两根竖杆由两根斜向拉杆和一整根水平拉杆支撑，所有杆件组成了一个四节间桁架。四节间桁架再由另外两根竖杆支撑，两根竖杆由斜向拉杆和水平拉杆支撑，这样就形成了下图中的六节间桁架。

这一系列嵌套桁架腹杆中的力与之前六节间平行桁架杆件中的力相同。三层嵌套桁架的上下弦杆的力叠加就可以得到之前桁架弦杆中的力的大小。即桁架中间节间下弦杆受力是 2 400 磅加上 4 000 磅，为 6 400 磅。中间节间的上弦杆受力为 4 000 磅加上 2 400 磅再加上 800 磅，共计 7 200 磅，其余节间的弦杆受力也可以依法求得。

下弦杆的中间节点，除了受到两个方向的 6 400 磅的水平拉力外，还承受两个 1 130 磅的斜向拉力。1 130 磅斜向拉力的水平分量为 800 磅，将该分量加入下弦杆的受力中，下弦杆中间节点处所承受的总水平拉力为 7 200 磅，等于上弦杆所承受的最大压力。

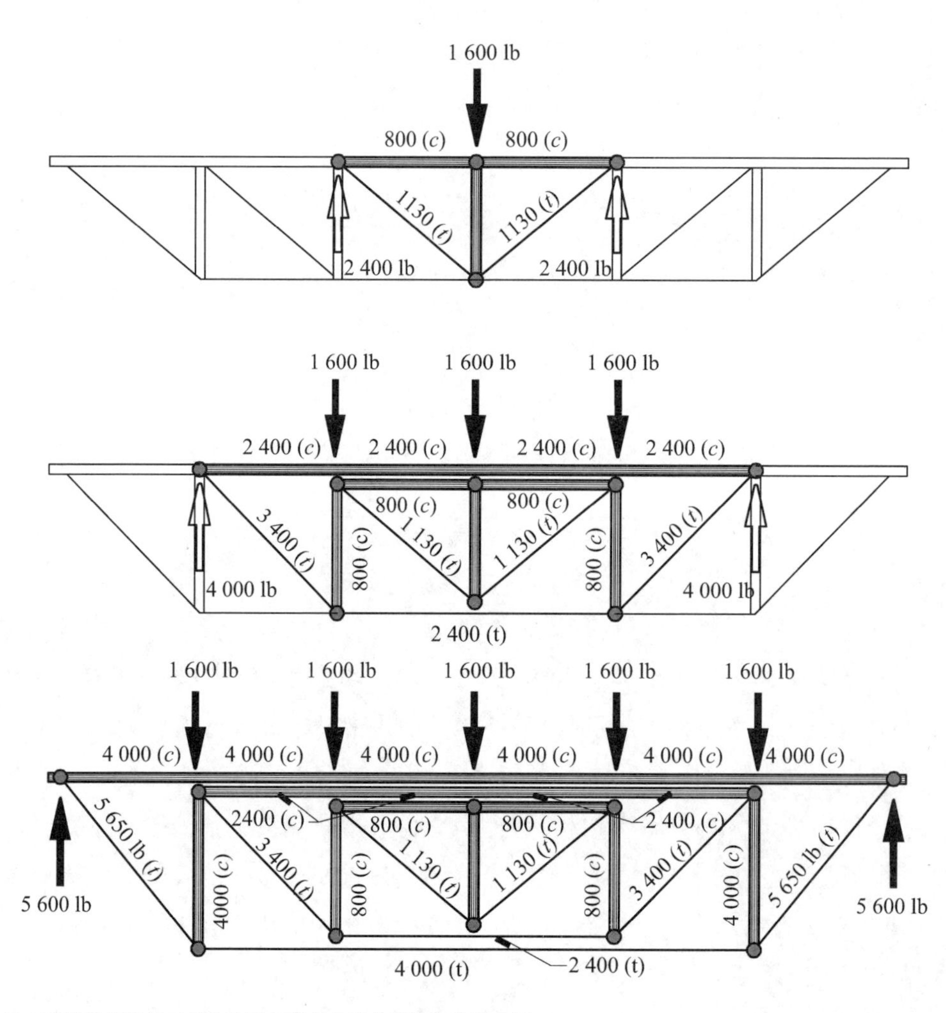

图 6.33　采用一系列嵌套桁架对普拉特平行桁架中的荷载路径进行分析

转变普拉特平行桁架中斜腹杆的方向

如果转变六节间普拉特平行桁架中斜腹杆的方向，会出现什么情况？图 6.34 给出了答案。在形图中，将受压杆件用粗线表示，受拉杆件用细线表示，零力杆件用虚线表示。当斜腹杆方向转变时，所有腹杆（包括斜腹杆和竖腹杆）中的力的性质都发生了转变，但是力的大小保持不变。

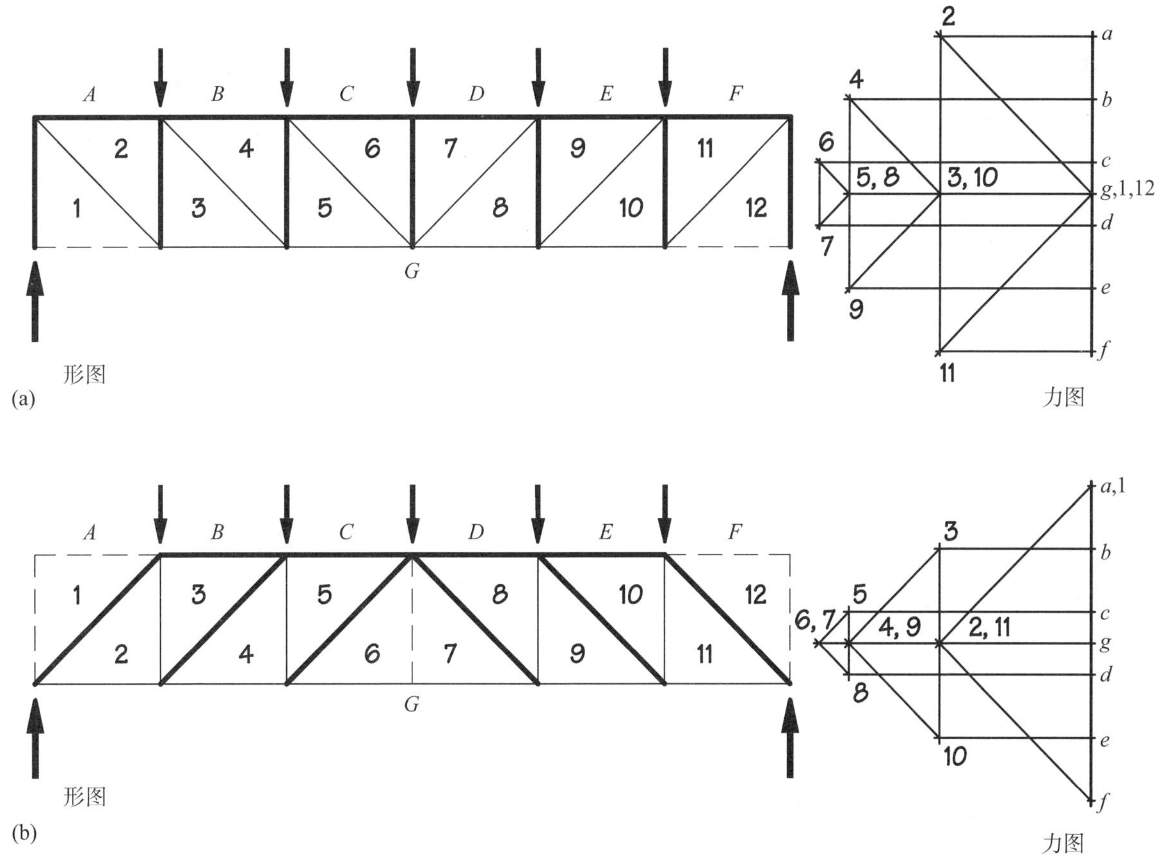

图 6.34　斜腹杆方向转变后，图（a）是普拉特平行桁架，图（b）是豪威式平行桁架。

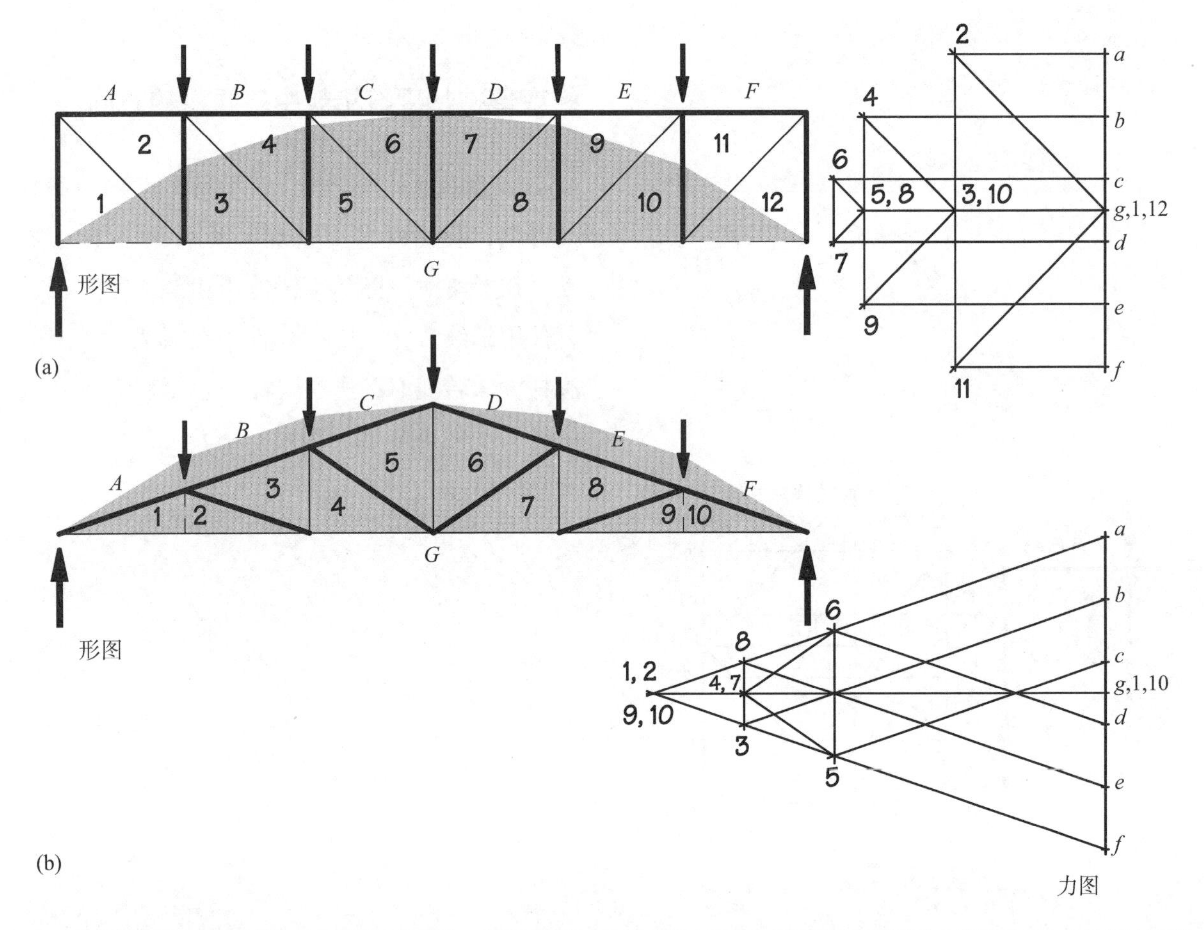

图 6. 35　平行桁架和三角桁架中杆件受力的比较，阴影区域表示的是在图中荷载作用下的索线形结构，腹杆的受力性质取决于桁架形状是否超出该阴影区域。

平行桁架与三角桁架

支撑屋顶的桁架通常采用三角桁架，并按照屋顶的坡度设计桁架上弦杆的坡度，三角桁架有时候也被称为人字形桁架。图 6. 35 中对结构高度、外部荷载条件以及斜腹杆方向均相同的三角桁架与平行桁架进行了对比。从图 6. 35 中两个力图的轮廓可以直观地看出，三角桁架杆件中的力明显更高，这种情况可以通过增加结构高度来改善。根据形图中对于受拉杆件和受压杆件的标注可知，即使斜腹杆的倾斜方向相同，它们的腹杆中力的性质仍然是相反的。这导致桁架的命名不同，桁架的命名取决于受力特点而不是斜腹杆的方向。该图中所示的平行桁架是普拉特平行桁架，三角桁架是豪威式三角桁架。普拉特三角桁架斜腹杆的倾斜方向与普拉特平行桁架斜腹杆的倾斜方向相反。本书的第 14 章到第 18 章在利用桁架模型对实心梁中的力流进行可视化分析时，会进一步研究并找出斜腹杆受力性质不同的原因。

降低平行桁架的高度

图 6. 36 为三个六节间豪威式平行桁架的左半部分的形图和力图，这三个桁架均由胶合木制作而成。三个桁架上弦的节间节点处均承受 1 600 磅的荷载。按照上下弦杆中心线的间距测量得知，上面桁架的高为 3 英尺，中间桁架的高为 2 英尺，下面桁架的高为 1 英尺。每个桁架杆件中的力可以通过右侧的力图来求得。假设所有杆件的容许应力均为 1 500 磅每平方英寸，每根桁架杆件的截面大小根据其中力的大小而定，忽略受压杆件产生屈曲的可能性，桁架杆件的中心线与形图保持一致。

从三个力图可知，桁架高度越小，杆件截面面积越大。高度最小的桁架的杆件受力是最高桁架杆件受力的几倍。随着桁架高度趋近于零，杆件中的力增长的速度会越来越快。如果高度最小的桁架的弦杆必须完全处于 1 英尺的高度内，则该桁架只有做成实心木梁，才能满足要求。

以上分析说明，桁架需要具备足够的高度才能有效发挥作用。一般来说，在承受相同荷载的条件下，相同跨度的桁架要比梁更高，但是桁架的优点在于，用料比梁少，可跨越的距离也远远大于梁。

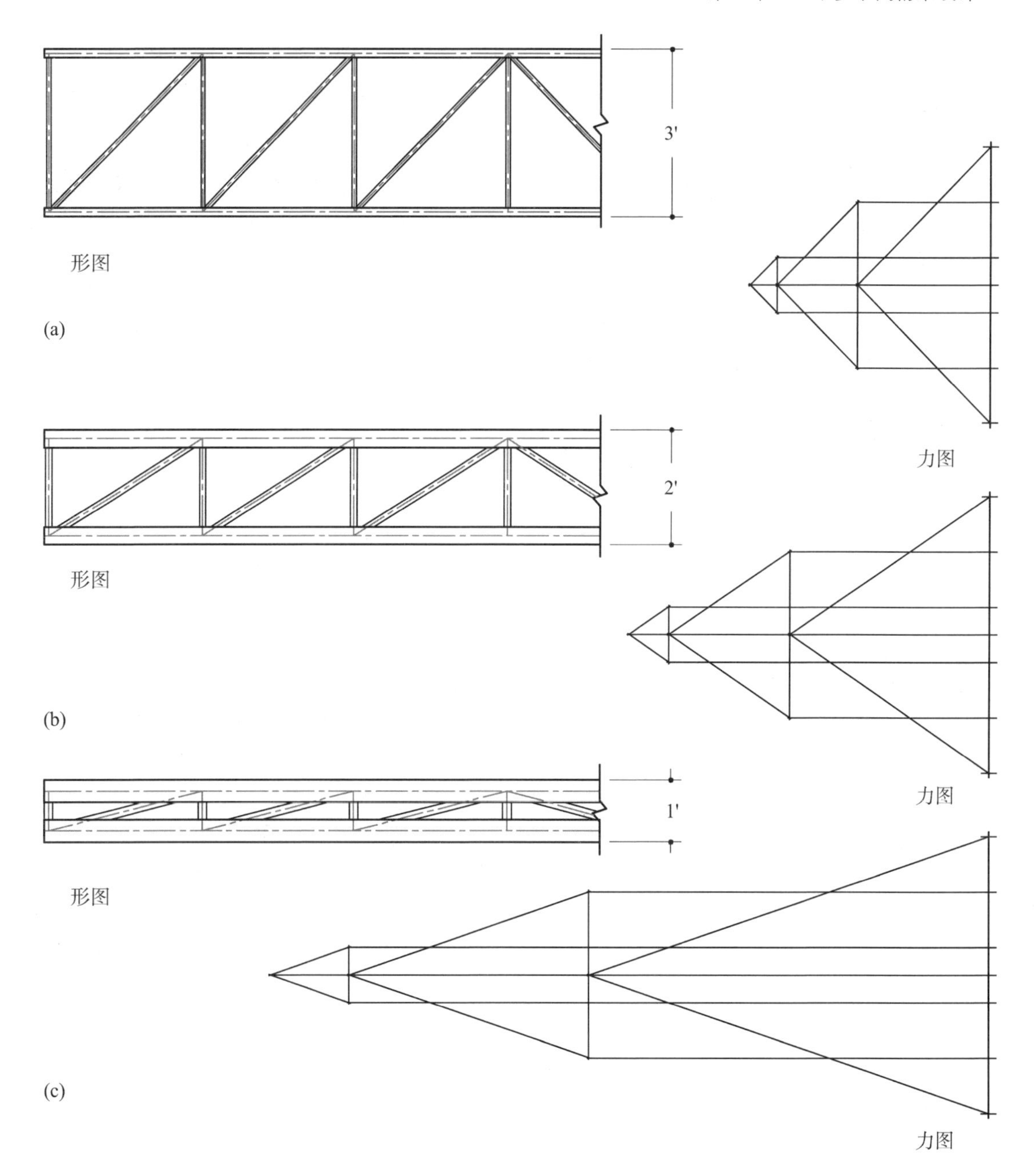

图 6. 36　降低桁架的高度会增加桁架杆件的受力，杆件受力可以从力图的对比中得出。

奇数节间的桁架

到目前为止，我们学习了偶数节间的桁架。图 6. 37 为上弦节点承受相同荷载的五节间桁架的受力分析。这个桁架的特点是中间节间的斜腹杆 5-6 是一根零杆，在图中显示为虚线。如果荷载恒定且均匀，并且桁架节点的刚度很大即上下弦杆为一整根构件时，则中间节间的斜腹杆可以省略。支撑楼板的木桁架或钢桁架，如果采用奇数节间的桁架，中间节间处可以用来铺设大型通风管道系统。也可以采用装饰化的手法对桁架中间节间进行设计，增加其视觉效果而不需要考虑太多的结构功能，例如中间节间的腹杆可以设计成圆形或者椭圆形。

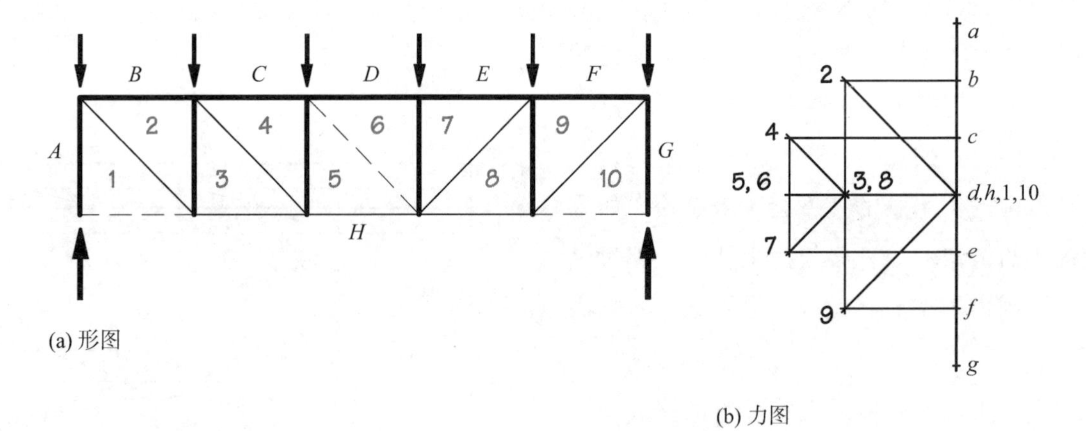

(a) 形图

(b) 力图

图 6. 37　奇数节间桁架

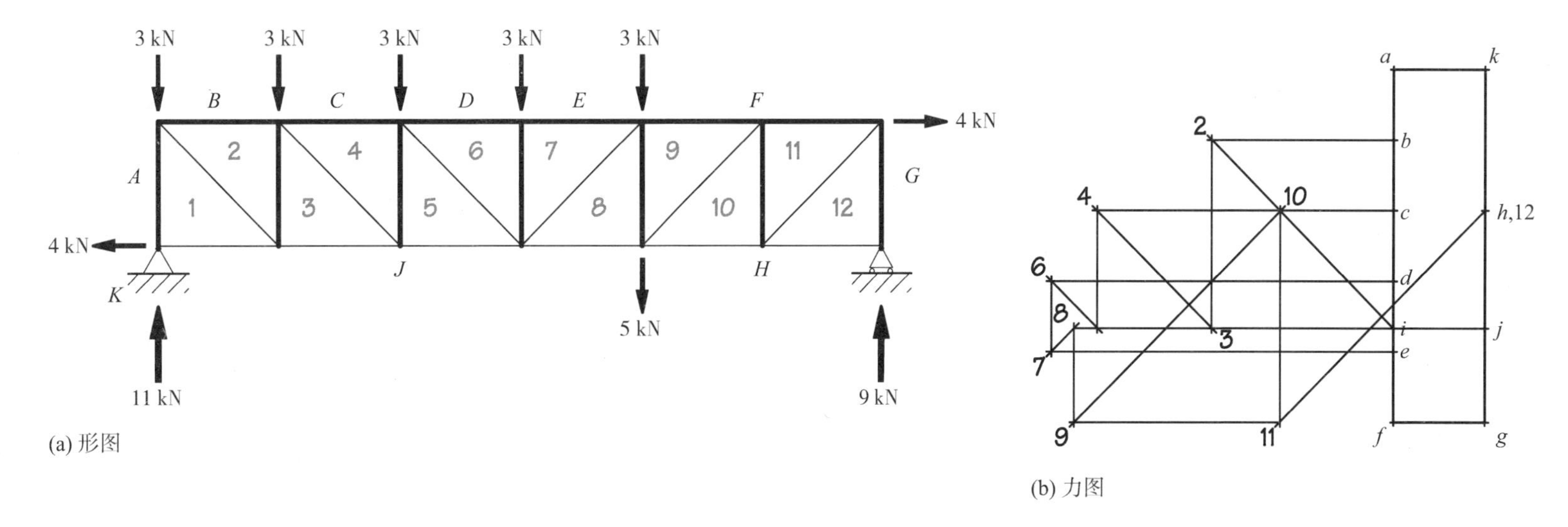

(a) 形图

(b) 力图

图 6. 38　承受不对称荷载的桁架

不对称荷载

图 6. 38 中的桁架所承受的外部荷载不对称，有上部荷载、水平荷载和作用在桁架下弦的悬挂荷载。简支桁架一侧为铰支座，另一侧为链杆支座，根据静力平衡方程计算出支座反力。该桁架的载重线为矩形 *akgf*。力图虽然不对称，但是并不难绘制，最后以线段 12 − *g* 闭合。这个例子表明，采用图解法求解桁架中的力适用于任意荷载模式。倾斜的荷载可以将其分解成水平和垂直分量，或者直接将其以斜线段的形式绘制在力图上，如第 5 章的案例中所示。

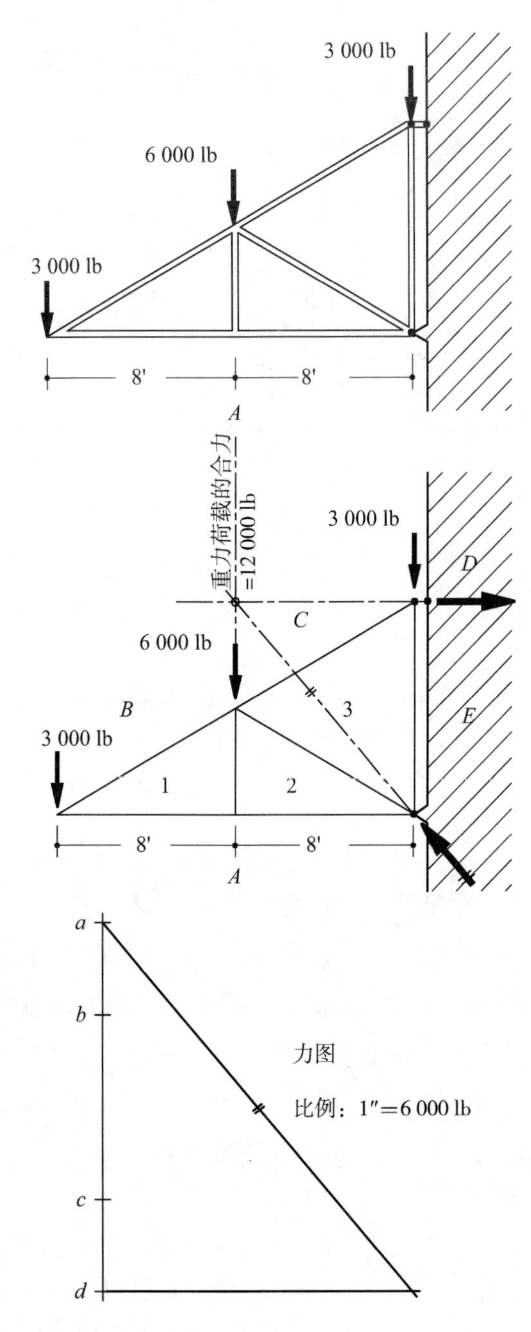

图 6.39　求解悬臂桁架的支座反力

悬臂桁架

到目前为止，我们已经研究了简支桁架的图解计算。图 6.39 是一个用于支撑音乐厅内包厢的悬臂桁架。它的一端由刚性墙体或立柱支撑。上支座是一个两端铰接的水平链杆支座。下支座是铰支座。这个桁架中杆件的受力如何？支座反力的大小和方向如何？

首先绘制出桁架的隔离体，标注出所有作用于桁架上的外部荷载（图 6.39）。采用鲍氏符号标注法来标记这些荷载，*AB*、*BC* 和 *CD* 是包厢倾斜楼板梁的荷载，*DE* 是上支座的支座反力，由于链杆支座的特点，*DE* 一定是水平的，但力的大小未知。*EA* 是下支座的支座反力，因为是铰支座，所以 *EA* 可以是任意方向的，该支座反力的大小和方向都未知。

除了数值法之外，也可以采用图解法来求解支座反力的大小和方向。首先以适当的比例绘制出载重线，垂直线段 *ab*、*bc* 和 *cd* 表示桁架上的荷载。已知 *de* 是水平的，通过点 *d* 绘制一条水平线，暂时还无法确定点 *e* 的位置。可以确定的是载重线不是一条垂直线段，而是一个三角形。

三个重力荷载合力的作用线通过桁架的中间的竖腹杆。水平反力作用线 *DE* 与合力的作用线相交于点 *n*。因为桁架处于静力平衡状态，则 *EA* 的作用线必然通过点 *n*，由此得出力图上线段 *ea* 的方向，完成载重线 *ade* 的绘制。

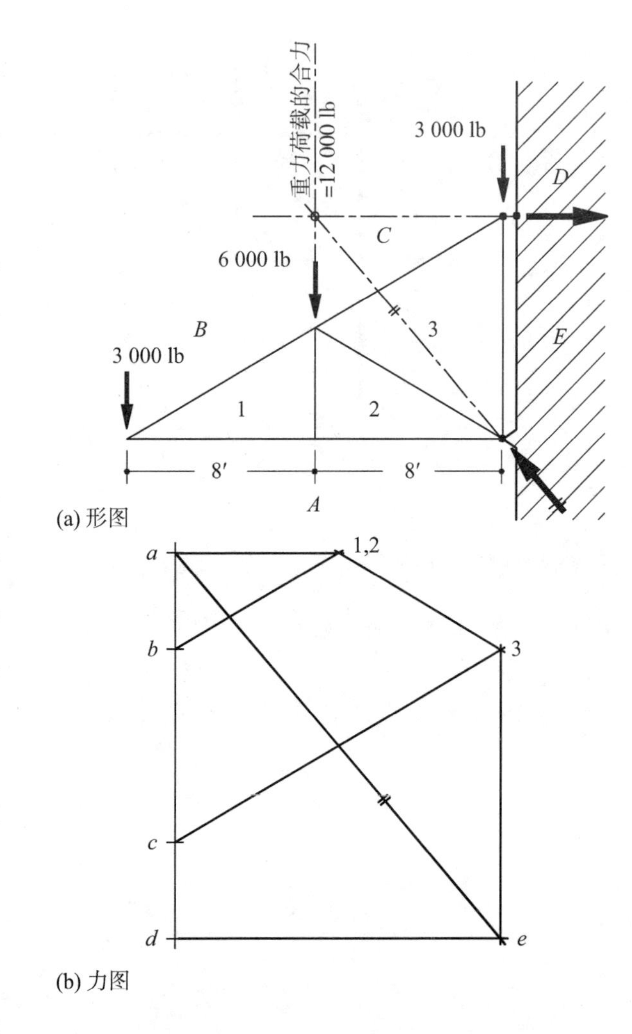

图 6.40　悬臂桁架的图解分析

按步骤完成力图的绘制（图 6.40），测量力图上线段的长度，在形图上标记出杆件受力的大小和性质。

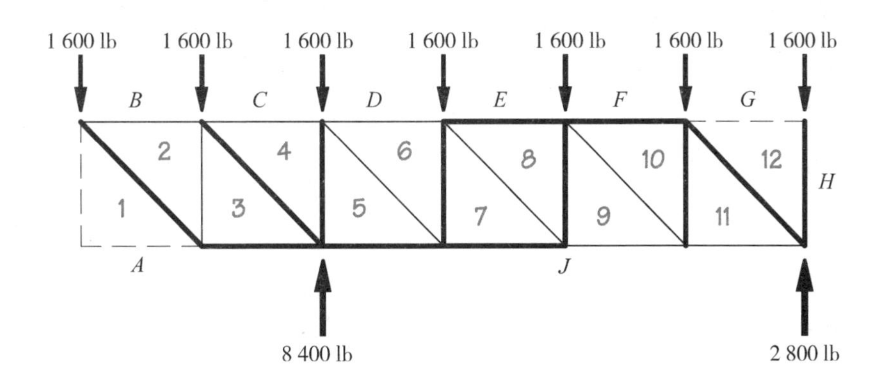

(a) 形图

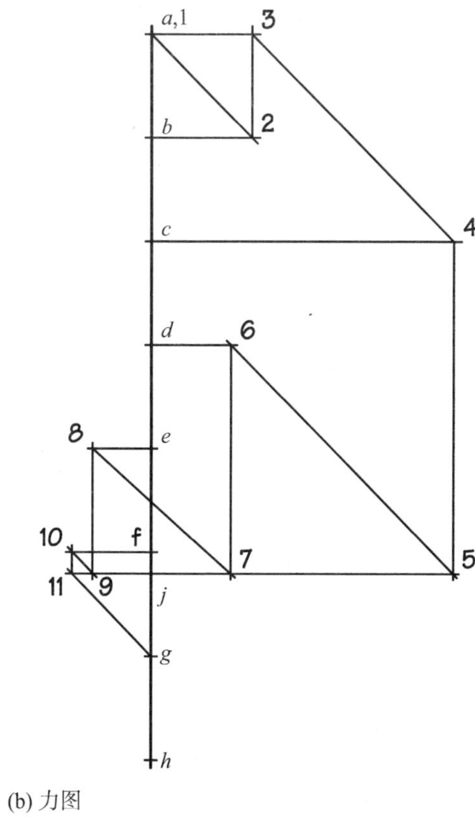

(b) 力图

图 6.41　悬挑桁架的形图与力图，压杆用粗线表示，拉杆用细线表示。

悬挑桁架

图 6.41 为一个悬挑桁架的图解分析，该桁架在一个方向上悬挑，相应的力图分布在载重线的左右两侧，斜腹杆 7-8 与载重线相交。形图中的斜腹杆 7-8 的周围均为压杆，如图中粗线所示。该节间的右侧下弦杆受拉，该节间的左侧上弦杆受拉。这表明悬挑桁架在均布荷载作用下，杆件的变形方向发生了反转。力图非常紧凑，说明桁架杆件中的力较小，也说明悬挑可以有效降低桁架中杆件的力。

数值法求解桁架杆件中的力：节点法

采用数值法也可以计算出桁架杆件中的力，第5章已经介绍了截面法的应用。节点法与图解法类似，按照桁架形图从左到右逐个计算出每一个节点中的力。

1. 数值法一般不使用鲍氏符号标注法，而是标注桁架的节点（图6.42）。杆件按照其两端节点命名，例如最左端的上弦杆称为 *AB* 或 *BA*。

2. 用平衡方程计算出桁架上的支座反力。例子中的外部荷载是对称的，所以很容易确定两个支座反力均为5 600磅。与图解法一样，在进一步分析之前检查支座反力是否正确。

3. 从桁架的左端开始，找出含有不超过两个未知力的节点。例如示例中的节点 *N*，绘制出该节点的隔离体（图6.43）。

按照惯例，将向右和向上的力规定为正，根据平衡方程可知：

$$\sum F_h = 0 = NM \quad \cdot NM = 0$$

$$\sum F_v = 0 = -NA + 5\,600\ \text{lb}$$

$$NA = 5\,600\ \text{lb}$$

NA 为正值，表示隔离体中预设的力的方向是正确的。*NA* 的方向指向节点，表明力 *NA* 是压力。如果预设 *NA* 的方向向上，将会得到一个负值，表明该力的方向与预设方向相反，矢量箭头需要反转。

4. 确定了杆 *NA* 的力之后，节点 *A* 就只剩下两个未知力 *MA* 和 *AB*（图6.44），将 *MA* 分解成水平分量和垂直分量，再根据平衡方程计算：

$$\sum F_v = 0 = -1\,600\ \text{lb} + 5\,600\ \text{lb} - MA\cos 45°$$

$$0.707MA = 4\,000\ \text{lb}$$

$$MA = \frac{4\,000\ \text{lb}}{0.707} \approx 5\,658\ \text{lb}$$

$$\sum F_h = 0 = 5\,658\ \text{lb} \times \cos 45° - AB$$

$$AB \approx 4\,000\ \text{lb}$$

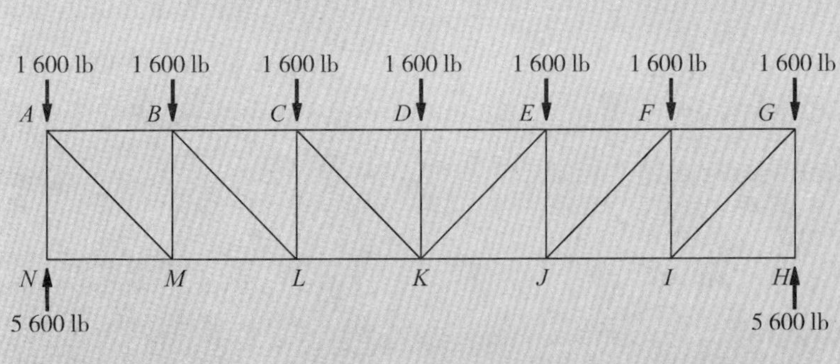

图6.42 桁架的形图

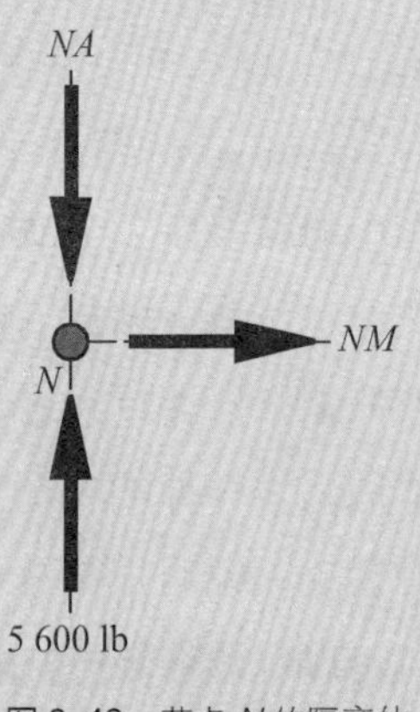

图6.43 节点 *N* 的隔离体

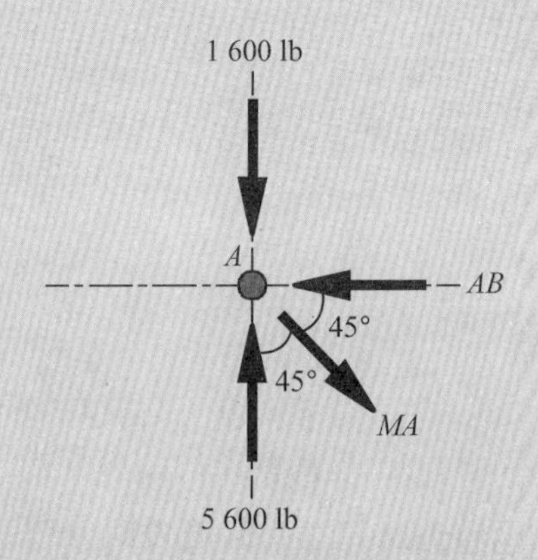

图6.44 节点 *A* 的隔离体

5. 接下来计算节点 M 的受力（图 6.45）：

$$\sum F_v = 0 = 5\,658 \text{ lb} \times \cos 45° - MB$$

$$MB \approx 4\,000 \text{ lb}$$

$$-5\,658 \text{ lb} \times \cos 45° - ML = 0$$

$$ML = -4\,000 \text{ lb}$$

负号表示 ML 与预设方向相反，实际上 ML 的作用方向应该向右。

6. 计算节点 B 的受力（图 6.46）：

$$\sum F_v = 0 = -1\,600 \text{ lb} + 4\,000 \text{ lb} - LB\cos 45°$$

$$LB = (-1\,600 \text{ lb} + 4\,000 \text{ lb}) / 0.707 \approx 3\,395 \text{ lb}$$

7. 接着计算节点 L 的受力（图 6.47）：

$$\sum F_v = 0 = 3\,395 \text{ lb} \times \cos 45° - LC$$

$$LC \approx 2\,400 \text{ lb}$$

$$\sum F_h = 0 = LK - 4\,000 \text{ lb} - 3\,395 \text{ lb} \times \cos 45°$$

$$LK \approx 6\,400 \text{ lb}$$

8. 重复此步骤直到计算出所有节点的受力。最后的节点上将会受力平衡，如果受力不平衡，则之前的计算中肯定存在错误，需要检验整个过程找出错误。

采用节点法的计算结果与前面通过图解法得出结果不完全一致。例如杆件 MA 中的力，节点法得出的结果为 5 658 磅，而图解法的结果为 5 650 磅，杆件 LB 中的力，采用节点法得出的结果为 3 395 磅，而图解法为 3 400 磅。两者的误差值远远低于理论值的 1%。

节点法有以下几个缺点：工作量大且进度慢，特别是在桁架形状不规则的情况下；而且这种方法得出的数值结果很难说明桁架内部的实际情况，或帮助找出改进桁架结构的方法；节点法看起来很精准，而实际上计算总是基于一定的荷载模式，这是一种假设，实际情况中桁架所承受的实际荷载很可能与假设的荷载模式相差甚远。

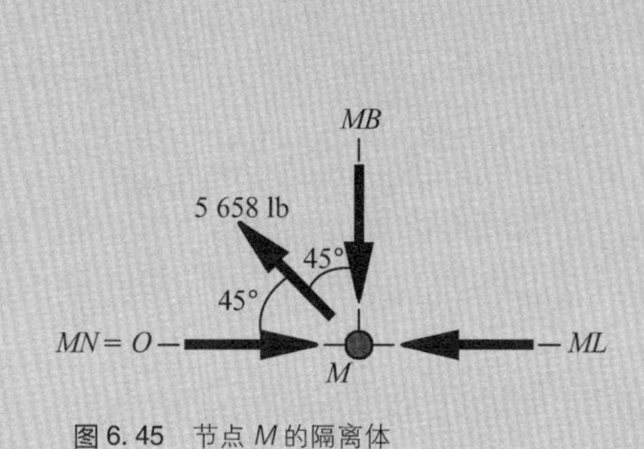

图 6.45　节点 M 的隔离体

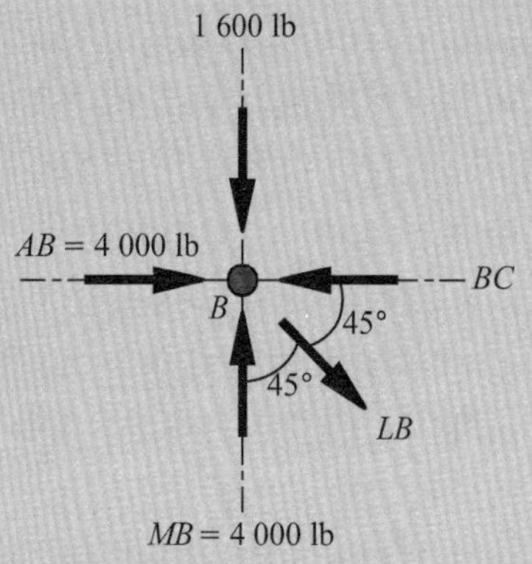

图 6.46　节点 B 的隔离体

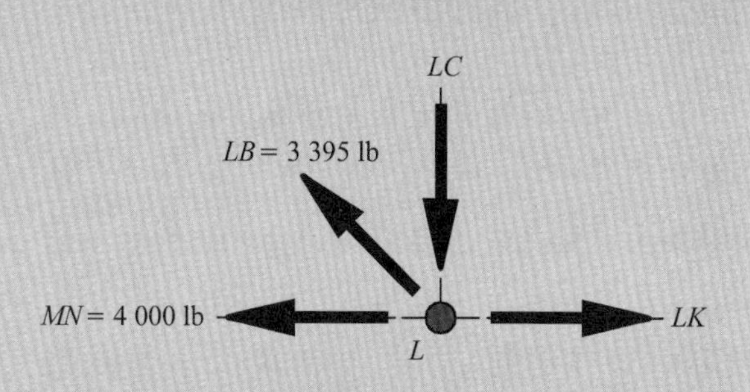

图 6.47　节点 L 的隔离体

图 6.48　重力荷载作用下桁架中杆件力的计算

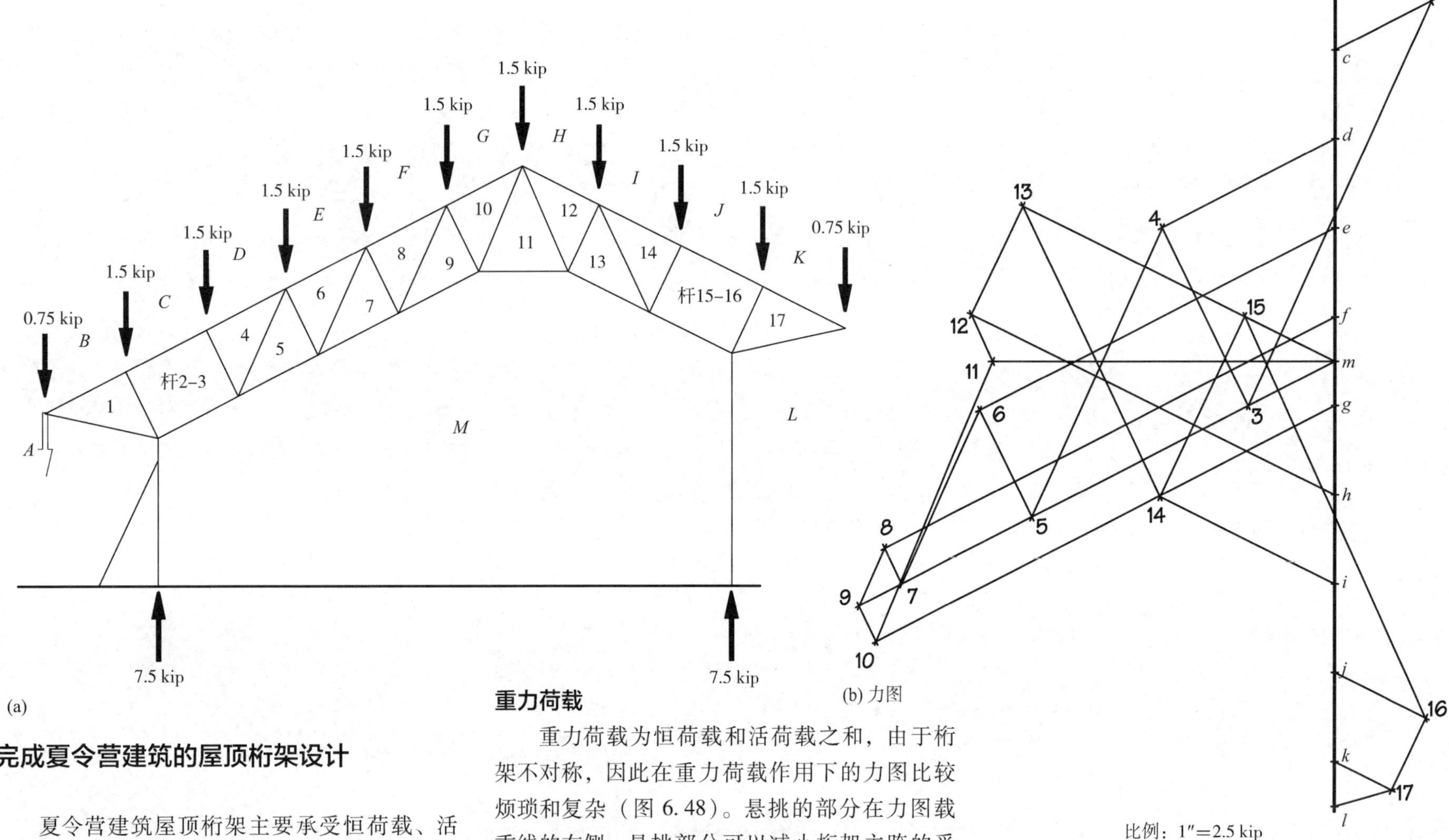

完成夏令营建筑的屋顶桁架设计

夏令营建筑屋顶桁架主要承受恒荷载、活荷载以及某一方向的风荷载。在图 6.48 中，恒荷载加上活荷载的预估值均匀分配到桁架上弦节点为 1.5 千磅。两端的节点所承担的从属面积为中间节点的一半，其荷载大小为 0.75 千磅。

重力荷载

重力荷载为恒荷载和活荷载之和，由于桁架不对称，因此在重力荷载作用下的力图比较烦琐和复杂（图 6.48）。悬挑的部分在力图载重线的右侧，悬挑部分可以减小桁架主跨的受力。力图相对紧凑表明杆件中的力不是很大，这与桁架高度以及桁架悬挑有关。如图 6.49 所示，最大的弦杆力出现在压杆 *F*8 中，为 8.7 千磅；以及拉杆 *M*9 中，为 9.2 千磅。斜腹杆中的最大受力出现在杆 15–16 和杆 2–3 中。

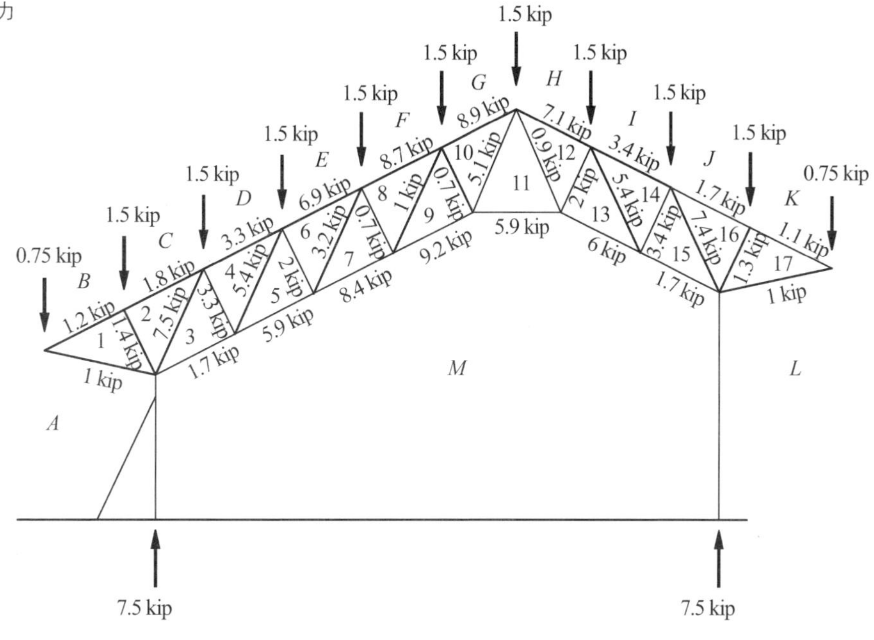

图 6.49　在形图上标注出杆件力的大小，粗线表示压杆。

风荷载

桁架上风荷载的作用非常复杂且不断变化。建筑规范中给出了建筑设计中风力计算的简化模型，但仍然很复杂，规范要求结构工程师根据多个不同的风向进行分析，并检查向外压力（吸力）以及向内压力的作用效果。如果要完全分析这一过程需要整整一章的内容，这里我们仅简单地示范其计算过程。图 6.50 分析了右侧垂直施加于屋顶迎风面的风荷载，以及垂直作用于背风面的吸力。在不考虑重力荷载的情况下分析风荷载的作用。

1. 作用在两个屋顶坡面 R_1 和 R_2 上的风荷载合力的作用线如图 6.50 所示，这两条线相交于点 *y*。

2. 这两个力在力图中用左下角的线段 *g′l* 和 *g′a* 表示，其合力为 *la*。

3. 作用在桁架上的外部荷载有三个，即左侧支座反力、右侧支座反力以及风荷载的合力 *la*。右侧支座反力的位置和方向以及左侧支座反力的位置是已知的。由于右侧支座为链杆支座，则右侧支座反力的作用线必然与右侧立柱的纵轴线重合。

4. 形图上，屋顶风荷载合力的作用线 *la*，经过点 *y* 与右侧支座反力的作用线相交于点 *z*。

5. 左侧支座反力的作用线 *am* 必然通过点 *z*，以及左侧铰支座。

通过以上步骤，可以得到桁架上三个外力的作用线。右支座反力为 *lm*，左支座反力为 *am*，风荷载的合力为 *la*。已知风荷载合力的大小，根据力图可以求出两个支座反力的大小。右支座反力 *lm* 为 120 磅的拉力，左支座反力 *am* 为 2 350 磅的拉力。如果不采取任何措施降低风荷载，则作用于屋顶上的风荷载可能会掀翻屋顶。

三个外力构成三角形载重线，用于计算风荷载作用下桁架杆件中的力。将屋顶两个坡面上的风荷载细分为各个节点的受力，并标记鲍氏符号，然后系统地完成力图的绘制。通常情况下桁架杆件所承受的风荷载为重力荷载的三分之一，并且它们的力的性质相反。

如果对风荷载作用进行全面的分析，还需要分析相反方向的风荷载。将桁架的所有杆件所承受的风荷载和重力荷载相加，其中重力荷载仅取恒荷载部分，假设最大的风荷载为吹落屋顶积雪所需要的力。然后根据恒荷载与风荷载的最差组合情况设计各个杆件的尺寸与节点。

杆件尺寸的确定

通过前面的计算已知桁架中受压弦杆和受压斜腹杆的最大受力，可以据此确定杆件的尺寸。桁架杆件中的容许应力根据采用木材种类和等级的设计值确定。设计值是对大量木材样品进行强度测试的统计结果，根据构件长度以及发生屈曲的可能性调整设计值的取值（第 19 章会深入讨论这部分内容），再根据荷载持续时

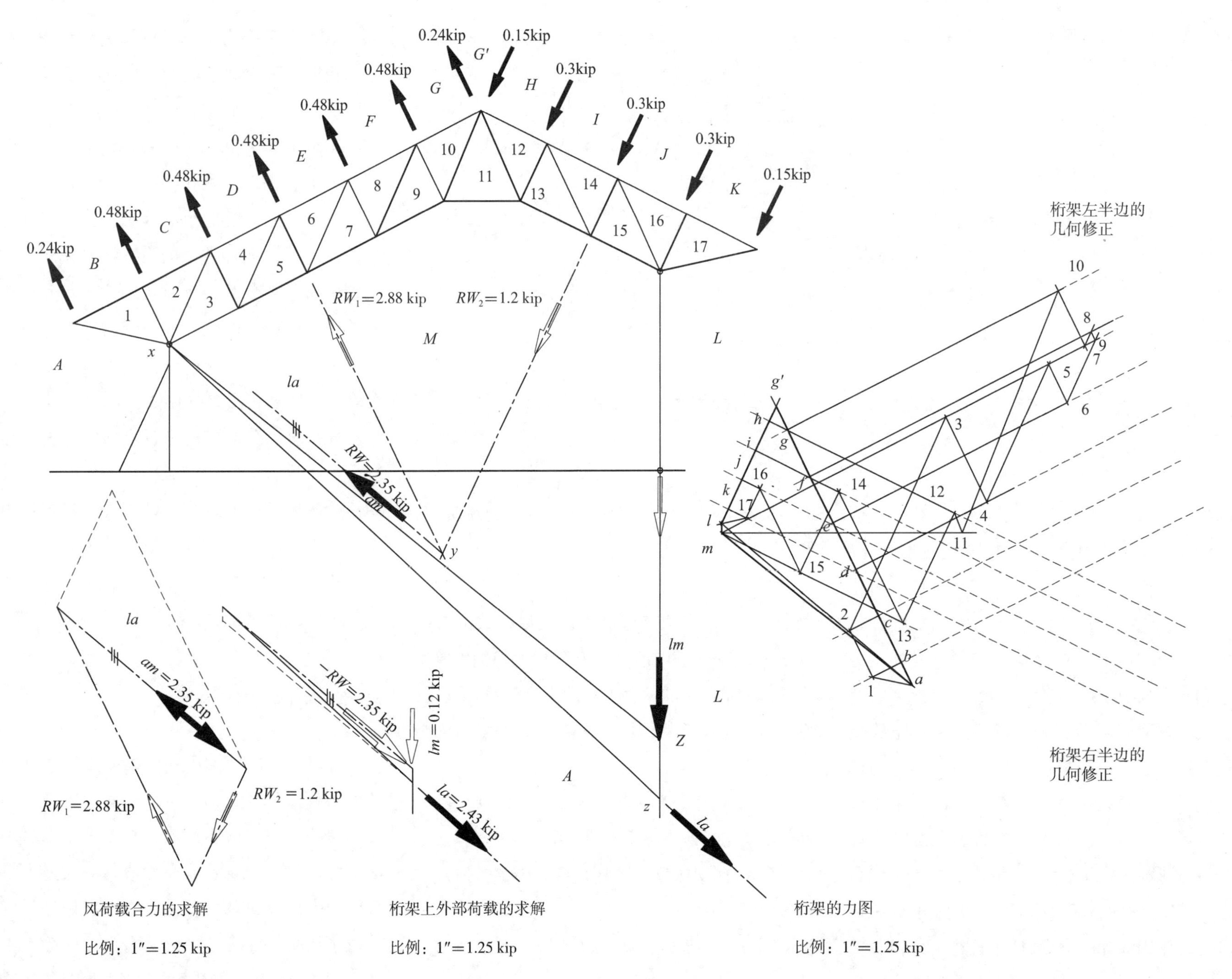

图 6.50　特定风荷载作用下桁架杆件的受力分析

间、温度、湿度等使用条件进一步地调整容许应力的取值。

本方案中采用容许应力为 900 磅每平方英寸的木构件，木构件横截面积的计算公式为轴向力除以容许应力：

$$A_{\mathrm{req}}=\frac{P}{f_{\mathrm{allow}}} \tag{6.1}$$

则桁架中承受最大压力的杆件的横截面面积为：

$$A_{\mathrm{req}}=\frac{8.8\ \mathrm{kip}}{900\ \mathrm{lb/in^2}}\approx 9.78\ \mathrm{in}^2$$

检验 4 英寸×4 英寸（实际按 3.5 英寸计算）的方形木构件，其横截面积为 12.25 平方英寸，该值大于计算得出的最小横截面面积，因此整个桁架的构件均可采用 4 英寸×4 英寸的木构件作为受压构件，包括所有的受压弦杆和受压腹杆。

木材的抗拉强度低于抗压强度。但是承受拉力的木构件不需要考虑屈曲的问题，因而设计值可以有所调整。假设容许拉应力为 600 磅每平方英寸，则承受最大拉力的杆件（前面计算得出的 9.2 千磅）的横截面积应为 15.3 平方英寸。4 英寸×4 英寸构件的横截面面积不满足要求，需要采用 4 英寸×6 英寸的木构件，其横截面面积为 19.25 平方英寸，大于 15.3 平方英寸。

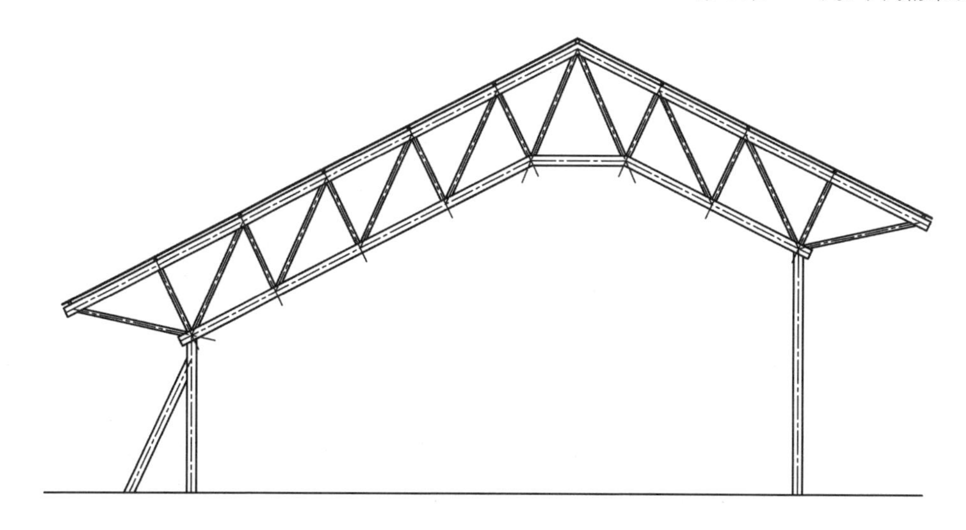

图 6.51　夏令营屋顶桁架立面图，其中杆件尺寸按比例绘制。

如果根据力图的计算结果，针对每根杆件受力采用最合适的尺寸和截面的木构件，虽然会减少材料的用量，但是会增加施工连接的劳动量。为了简化装配工作，所有桁架杆件均使用标称 4 英寸的木构件，腹杆采用 4 英寸×4 英寸木构件，弦杆采用 4 英寸×6 英寸木构件，使桁架既美观又坚固，并且可以在吊装过程中保持稳定性。

细部构造

手绘或采用 CAD 绘制出更大比例的图纸，如图 6.51 所示。所有杆件按其中心线绘制，中心线的交点称为工作点。如果桁架的每个节点都与工作点重合，理论上会得到只有轴向力的桁架。但由于种种原因，这种假设并不完全正确。

- 上弦杆和下弦杆采用长而连续的整根构件，与由短杆件构成的桁架有所不同。长杆件因自身的强度和刚度增加了桁架的强度和刚度。
- 桁架的力学模型是假设节点处为完全铰。实际建造中每个节点都有两到三个螺栓，这些螺栓产生的张力与木材之间的摩擦力作用在一定程度上限制了转动。
- 桁架的建造很少能达到理论上的理想状态。各根杆件的长度或切割角度都会有些许偏差，而且螺栓的安装位置也可能不尽如人意。
- 不对称的雪荷载和风荷载会使桁架上出现特殊的荷载模式。

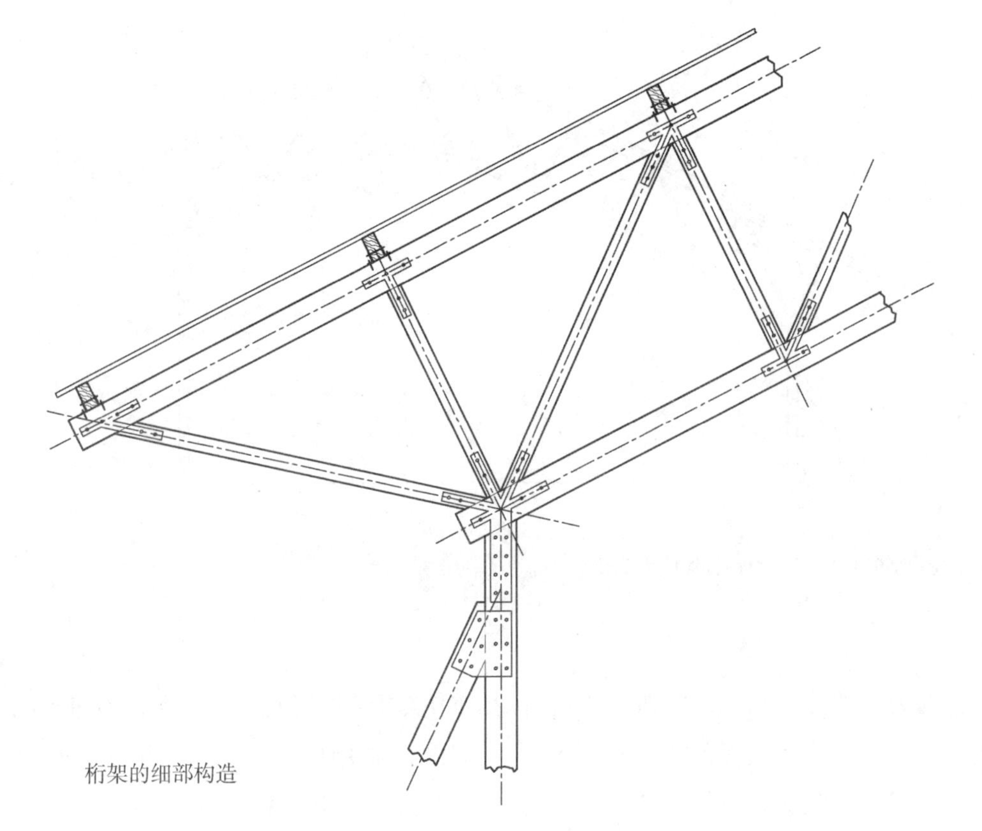

图 6. 52　按比例绘制出桁架左端的细部构造图，将杆件中心线交汇到工作点，以避免产生偏心荷载。

通常允许节点位置或者紧固位置与工作点的误差在 1/4 英寸以内。如果难以将一个节点上所有杆件的中心线汇集到工作点也关系不大，因为弦杆的连续性和节点的刚性连接大大增加了桁架的强度。

尽管研究表明 4 英寸×6 英寸的弦杆具有足够的承载力，但它们在图纸上看起来仍旧过于单薄。结构设计不仅要考虑计算结果，还要考虑建筑的使用功能以及对空间的作用。经讨论设计团队决定弦杆采用 4 英寸×8 英寸的木构件，腹杆仍旧采用 4 英寸×4 英寸的木构件。大比例绘制出细部构造图（图 6. 52），在节点两侧采用钢侧板和螺栓连接。螺栓数量和直径取决于以下因素：

- 木材的密度：密度大的木材中螺栓传递力的能力大于密度小的木材。
- 螺栓的直径：直径大的螺栓传递的力更大。
- 螺栓通过的剪切面（杆件之间的连接面）的数量：穿过两个剪切面的螺栓所传递的力是穿过一个剪切面的螺栓的两倍。
- 木构件的截面尺寸：截面较大的木构件中有更多的木纤维与螺栓相接触，因此能传递更多的力。
- 桁架上预期活荷载的持续时间：木桁架在抵抗风荷载等短期荷载时的强度高于抵抗雪荷载或者家具等长期荷载时的强度。
- 木材的含水率：干木材比湿木材强度更大。

确定每个节点中螺栓的数量和间距并不困难，螺栓通常对称于构件中心线布置，以防止螺栓对建筑物的立柱或墙体施加弯矩。有关螺栓固定的更多信息，请查阅本章末尾的参考资料。

横向支撑

桁架的跨度为 40 英尺，垂直于桁架平面的桁架宽度只有 3. 5 英寸。说明桁架在垂直方向上抵抗竖向荷载的能力很强，但对平面外的力和横向荷载的抵抗能力很弱。横向支撑也被称为桥接，是安装在桁架之间的支撑用来增强桁架抵抗横向荷载的能力。横向支撑不如桁架本身那样坚固，其结构作用是为了防止桁架产生横向位移。我们设计了一个简单的横向支撑方案（图 6. 53），用螺钉将横向支撑垂直于桁架杆件安装到檩条上。螺钉的标准直径范围在 0. 25 英寸与 1. 25 英寸之间（当不能采用螺栓时，可以用螺钉代替螺栓）。通常横向支撑的斜杆下端会高于桁架的下弦杆，以维持桁架的视觉美感。

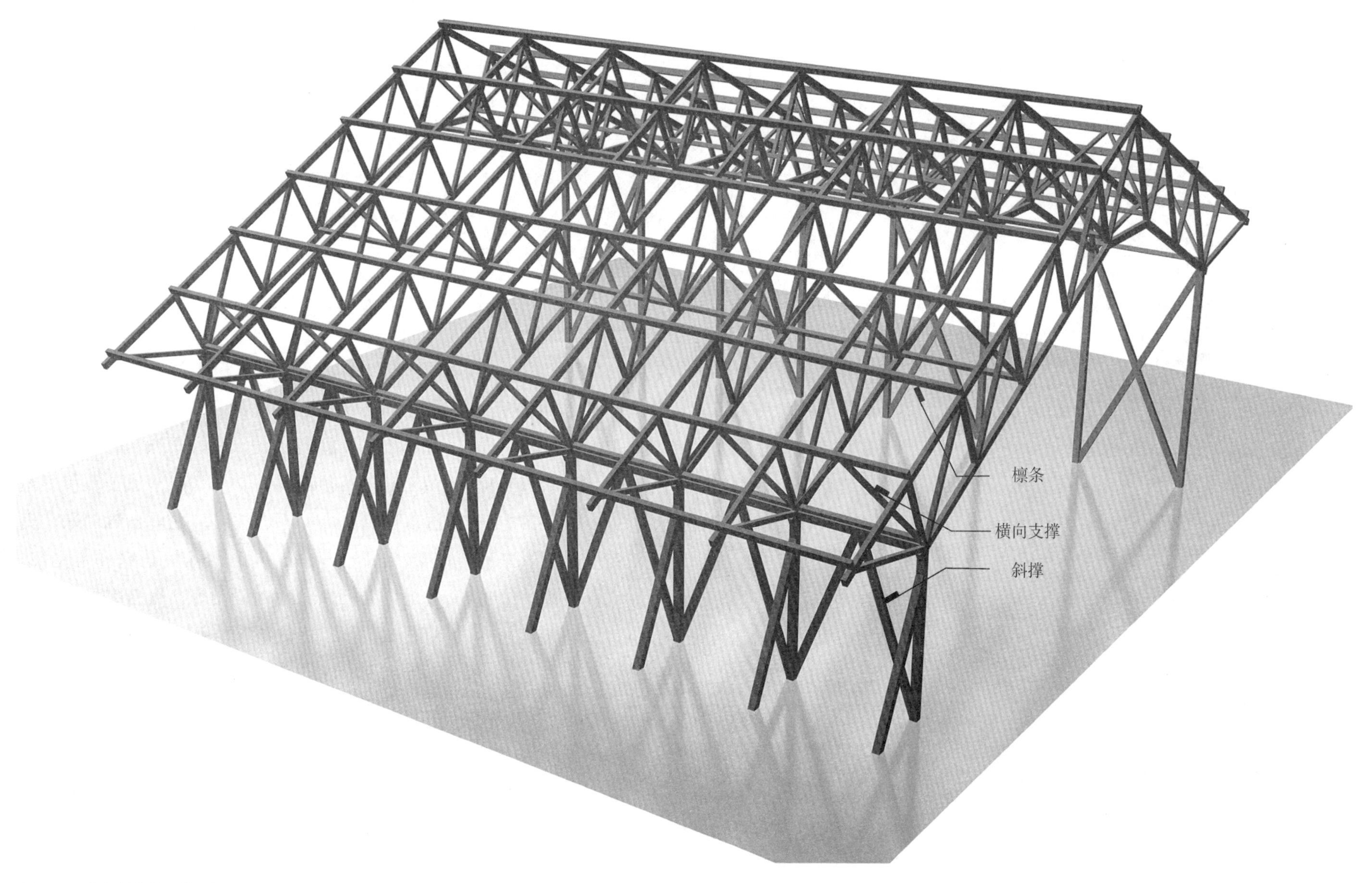

图 6.53　桁架结构的三维透视图

图片来源：波士顿结构组设计与绘制

图 6.54　墙体的细部构造

墙体构造

墙体以及屋面板是建筑物的围护结构，保护建筑空间不受雨雪侵袭的同时保护桁架结构不被气候侵蚀或是雨水淋湿。本方案中的墙体构造为在柱子之间增设水平龙骨，然后用钉子在水平龙骨上固定竖向的榫槽木盖板（图 6.54）。由于该夏令营建筑只在夏季使用，不需要采暖或制冷，因此不用考虑围护结构的保温和隔热以及墙体的气密性等性能。木盖板的内表面、水平龙骨及立柱直接对室内可见。

桁架的轮廓除了满足结构需求之外，还需要满足室内空间的视觉美感要求。桁架的纵向可以延伸到无限长。四周的墙体并不承担屋顶荷载，所以对墙体设计的限制很少，可以充分利用桁架的跨度，自由设计门窗洞口。对于端部墙体，可以结合桁架结构的特点以及外墙板的划分情况进行深入设计，也可以参考第 3 章案例所示的侧墙的设计方法。

桁架的侧向稳定性

为了抵抗风荷载或地震作用引起的横向荷载，桁架结构需要增强侧向稳定性。桁架之间的横向支撑可以帮助桁架抵抗横向位移，但仅仅如此还不足够，还需要在建筑物的两侧增加人字形斜撑和交叉斜撑（图 6.53）。外露的结构构件成为建筑的装饰，同时让使用者了解到建筑是如何抵抗外部荷载的。

由于屋面板也是长条状的榫槽木板，无法起到隔板作用将横向荷载传递到竖向支撑上。解决方法是在屋面板内部钉上胶合板，或者增加斜撑，形成与屋顶平面平行的抗风桁架。但是胶合板的热胀冷缩小于屋面板，这可能导致胶合板在温湿度变化时产生鼓胀。

桁架的制造与安装

桁架构件通常在工厂生产制造，所有施工作业都可以在地面或者工作台上便捷且高效地完成，从而得到一套干净、干燥、精度高，且做工精美的预制构件。工厂制造加工环境的温湿度适宜，木材不会在组装之前出现膨胀，钢连接板不会生锈，同时螺栓钻孔精度也更高。每个桁架可以分成两段制作，然后在施工现场组装成整体，这样可以方便用平板拖车将桁架运输到工地现场。

桁架的重量相对较轻，但是也都超出了人力手工操作的重量。施工现场采用汽车吊装桁架，使桁架结构的组装更加快速和方便。首先吊装柱子，将柱子用螺栓固定到基座上。然后吊装桁架，由工人引导就位，用螺栓将桁架固定到柱子的顶部。每个桁架都由脚手架临时支撑，增加桁架的强度，防止结构吊装过程中或施工完成前发生屈曲变形或破坏。最后安装屋面板和外墙板，完成整体建筑的施工。

图 6.55　19 世纪某芬克桁架铁路桥，背景中的桥梁采用木拱支撑，桥上的屋顶和墙体，可以使木结构保持干燥，防止其腐烂。

图片来源：史密森学会提供，图片编号：41、436

另一项任务

该任务是为某公园设计一个舞台的屋顶，为演出的音乐家遮风挡雨，并结合声学设计，更好地扩散舞台的声音。舞台的面积为 600 平方英尺，呈宽度大于纵深的矩形。木地板距离地面 4 英尺高，请根据要求设计出一个兼具美观和实用的桁架结构屋顶，绘制出支撑形式和桁架形状。假设活荷载为 20 磅每平方英尺，不考虑风荷载的情况下计算出桁架各个杆件的受力情况，并确定所有杆件的尺寸，思考结构的整体稳定性。可以考虑采用木桁架或者钢桁架来完成这个设计。图 6.56 为华伦式桁架支撑的实例。

图 6.56 巴黎蓬皮杜中心的楼板和屋顶采用高 2.5 米、跨度 45 米的华伦式桁架支撑。桁架的上弦是一对直径为 419 毫米的钢管，下弦采用一对直径为 225 毫米的实心钢杆。建筑师为皮亚诺与罗杰斯，结构设计由 ARUP 公司完成。

图片来源：大卫·福克斯摄

思考题

1. 请为一个宽 24 英尺、长 36 英尺、高 11 英尺的艺术展厅设计一个双坡屋顶桁架。采用木材建造，屋顶的一侧需设计天窗。假设水平投影面积上每平方英尺的恒荷载与活荷载之和为 50 磅。
2. 计算并比较图 6. 57 中两个桁架中杆件的受力。
3. 图 6. 58 为一个倾斜的钢桁架步行桥，计算其中杆件的受力。
4. 计算图 6. 59 中华伦式桁架在水平和竖向荷载作用下，杆件的受力。
5. 计算图 6. 60 中悬臂桁架中杆件的受力。
6. 请设计一座跨度为 42 英尺的步行桥，桥面宽 44 英寸，采用方钢管制成的桁架结构，预估的恒荷载与活荷载之和为沿跨度方向上 300 磅每英尺。根据《钢结构手册》，确定各个杆件的尺寸，桁架中所有节点均采用焊接方式。

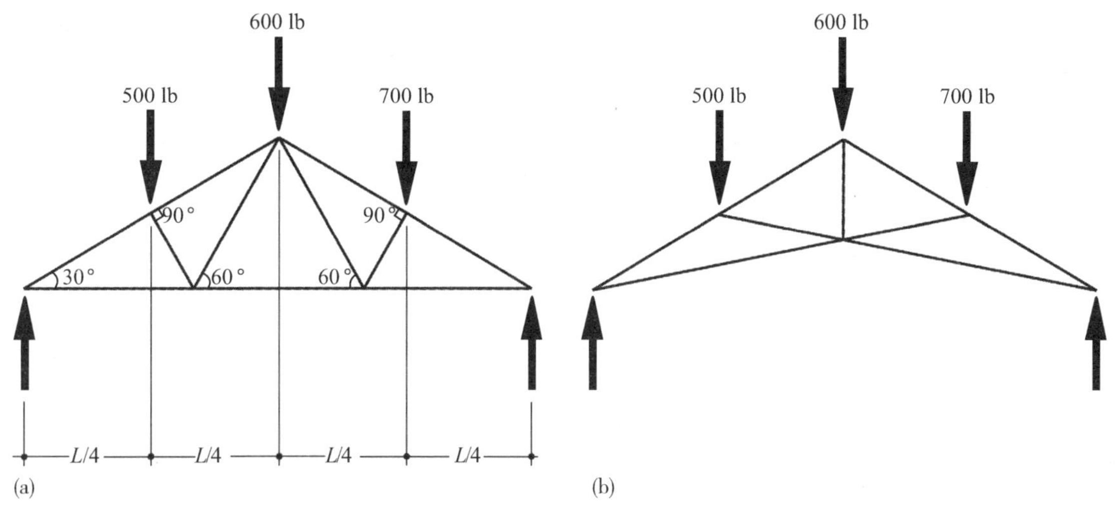

图 6. 57　跨度相等、荷载条件相同的三角桁架和剪刀桁架

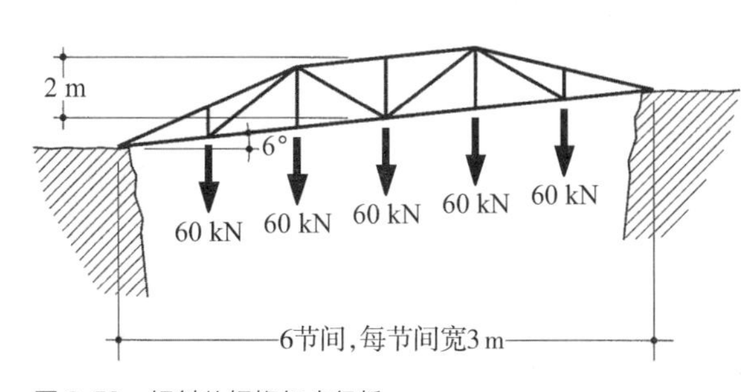

图 6. 58　倾斜的钢桁架步行桥

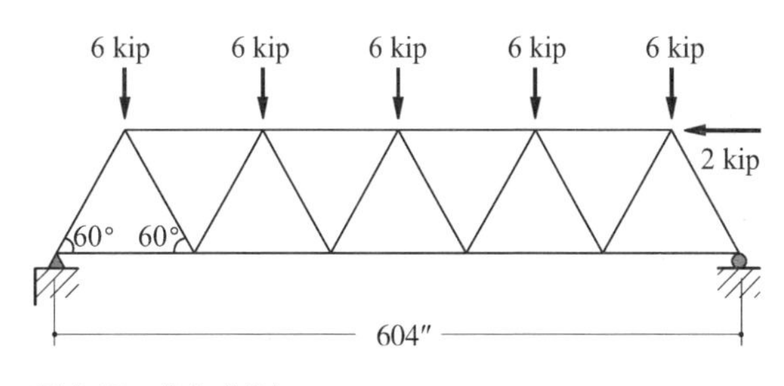

图 6. 59　华伦式桁架

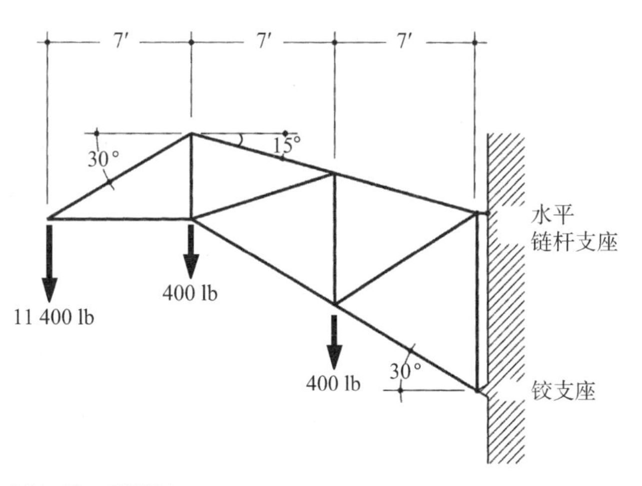

图 6. 60　悬臂桁架

关键术语

truss 桁架
chord 弦杆
web member 腹杆
vertical 竖腹杆
diagonals 斜腹杆
struts 支柱
ties 拉杆
panel 节间
joint 连接节点
panel points 节间节点
nodes 节点
International Building Code 国际建筑规范
parallel chord truss 平行桁架
hinge 铰接
indeterminate 超静定的
statically determinate 静定的
depth-to-span ratios 高跨比
decking 盖板
purlins 檩条
pitch 坡度
rise 升起
run 跨距
framing square 木工角尺
planar truss 二维平面桁架
space truss 空间桁架
space frame 框架
axial loading 轴向力
open-web steel joists 空腹钢托架
bar joist 轻钢托架
joist girder 托梁
roof and floor trusses 支撑屋顶和楼板的桁架
through truss 下承式桁架
pony truss 半穿式桁架
deck truss 上承式桁架
transfer truss 桁架转换层
Pratt truss 普拉特桁架
Howe truss 豪威式桁架
Warren truss 华伦式桁架
simple Fink truss 简式芬克桁架
Fink truss 芬克桁架
cambered Fink truss 上弯芬克桁架
scissors truss 剪刀桁架
bowstring truss 弓弦桁架
inverted bowstring truss 鱼腹桁架
lenticular truss 透镜式桁架
camelback truss 驼峰式桁架
K-truss K 形桁架
triangular truss 三角桁架
shed truss 单坡桁架
fireproofing 防火
toothed plate 齿板
heavy timber 重型木结构
side plate 侧板
dowel 销子
gusset plates 连接板
simply supported truss 简支桁架
flat truss 平面桁架
overhanging truss 悬挑桁架
wind forces 风力
outward/inward pressures 向外/向内压力
allowable stress 容许应力
working point 工作点
shear planes 剪切面
out-of-plane forces 平面外的力
bridging 横向支撑
lag screws 拉力螺钉

参考资料

Goetz Karl-Heinz，Dieter Hoor，Karl Moehler，and Julius Natterer. Timber Design and Construction Sourcebook. New York：McGraw-Hill，1989. 这本书汇集了很多具有创新性的木结构建筑案例。

Goldstein Eliot W. Timber Construction for Architects and Builders. New York：McGraw-Hill，1999. 这本书全面介绍了木结构的施工与建造，有助于启发创新性设计以及对木结构细部构造的研究。

www. strongtie. com：辛普森众泰公司，主要生产和制造木材施工用的钢连接件。

第7章 7 一个树状结构的屋顶设计

- ▶ 斜拉结构和树状结构的图解分析
- ▶ 斜拉结构和树状结构的形式与力
- ▶ 钢管树状结构的细部构造与建造

某市场需要设计一个可以遮风避雨的屋顶，方便市场内的商贩出售鱼肉果蔬奶酪等零售商品。图 7.1 是一些市场屋顶的概念设计草图，其中第二和第三列为富有魅力的树状结构。经过思考后我们决定采用钢管材料来建造这个树状结构的市场屋顶。为了实现这个想法，需要找到合理的分支结构形式、计算杆件中的力、确定钢管的尺寸、进行结构细部设计以及构思建造方案等。树状结构是扇形结构中的一种，而扇形结构实际上是一种特殊类型的桁架。

> 当力流合乎逻辑时，美丽的桥就诞生了。
>
> ——米歇尔·维洛热（Michel Virlogeux）

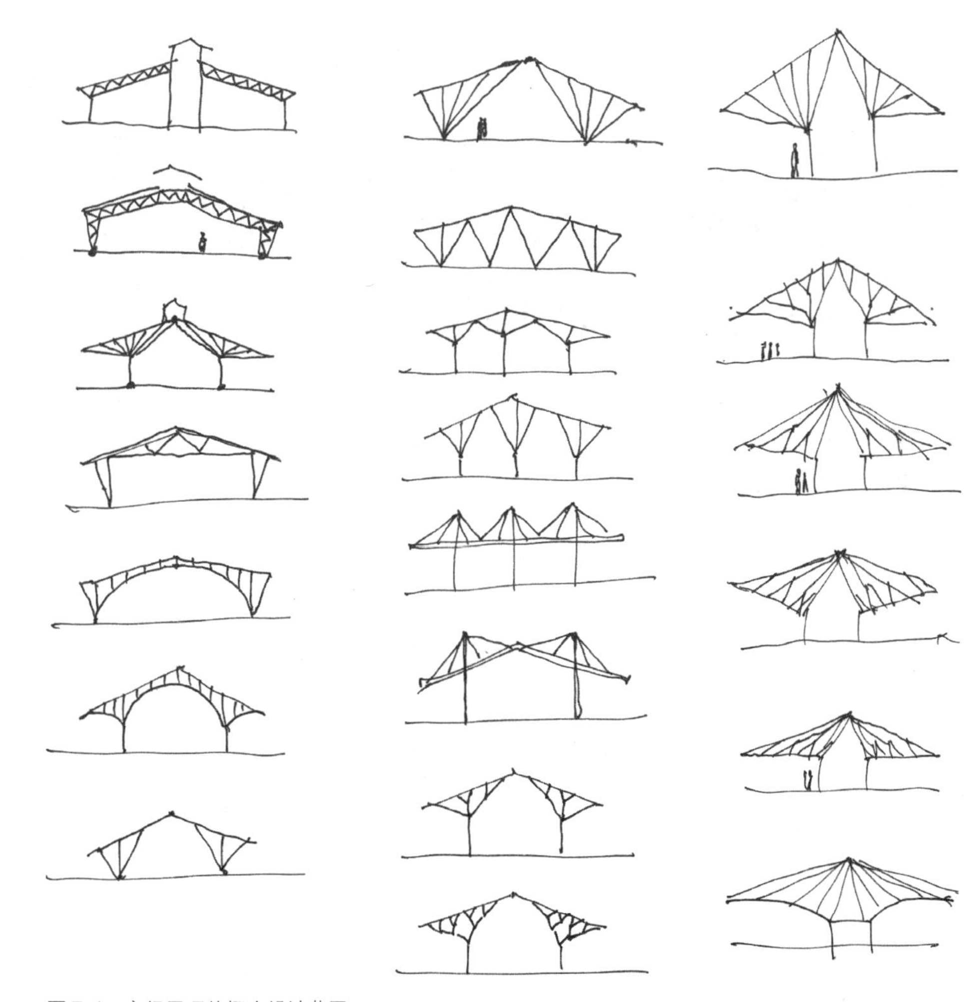

图 7.1　市场屋顶的概念设计草图

图 7.2　法国南部的米洛高架桥于 2004 年建成并投入使用，工期历时 38 个月。它是一条略微弯曲的公路，长 2 460 米，高出山谷 343 米，设计团队包括法国结构工程师米歇尔・维洛热、英国建筑师诺曼・福斯特以及 RFR 公司。
图片来源：本・约翰逊（Ben Johnson）提供

扇形结构

扇形结构因为与传统的手持式风扇相似而得名，扇形结构包含受拉和受压两种类型。受拉的扇形结构比较常见，也被称为斜拉结构，被广泛用于桥梁和屋顶结构当中（图 7.2、图 7.3）。受压的扇形结构也被称为树状结构，由于细长构件受压容易产生屈曲，因此受压的扇形结构相对较少且结构跨度受到限制。

扇形结构中所有的辐射状杆件都汇聚到一处，但现实中节点处杆件过多会带来连接的困难，采用半扇形或半竖琴式、竖琴式的杆件布置可以避免这个问题。采用图解法分析比较这些结构中杆件的力（图 7.4），当荷载条件相同时，扇形分布的杆件中的力最小，而竖琴式分布的杆件中的力最大。树状分支的形式自然独特，也常常以受拉或受压的方式被应用于结构设计中。参考资料网站上的“主动静力学”课程（Active Statics program）和“形式与力的图解技术”课程都包含了一些扇形结构的思考题，这些练习十分有益且具有启发性。

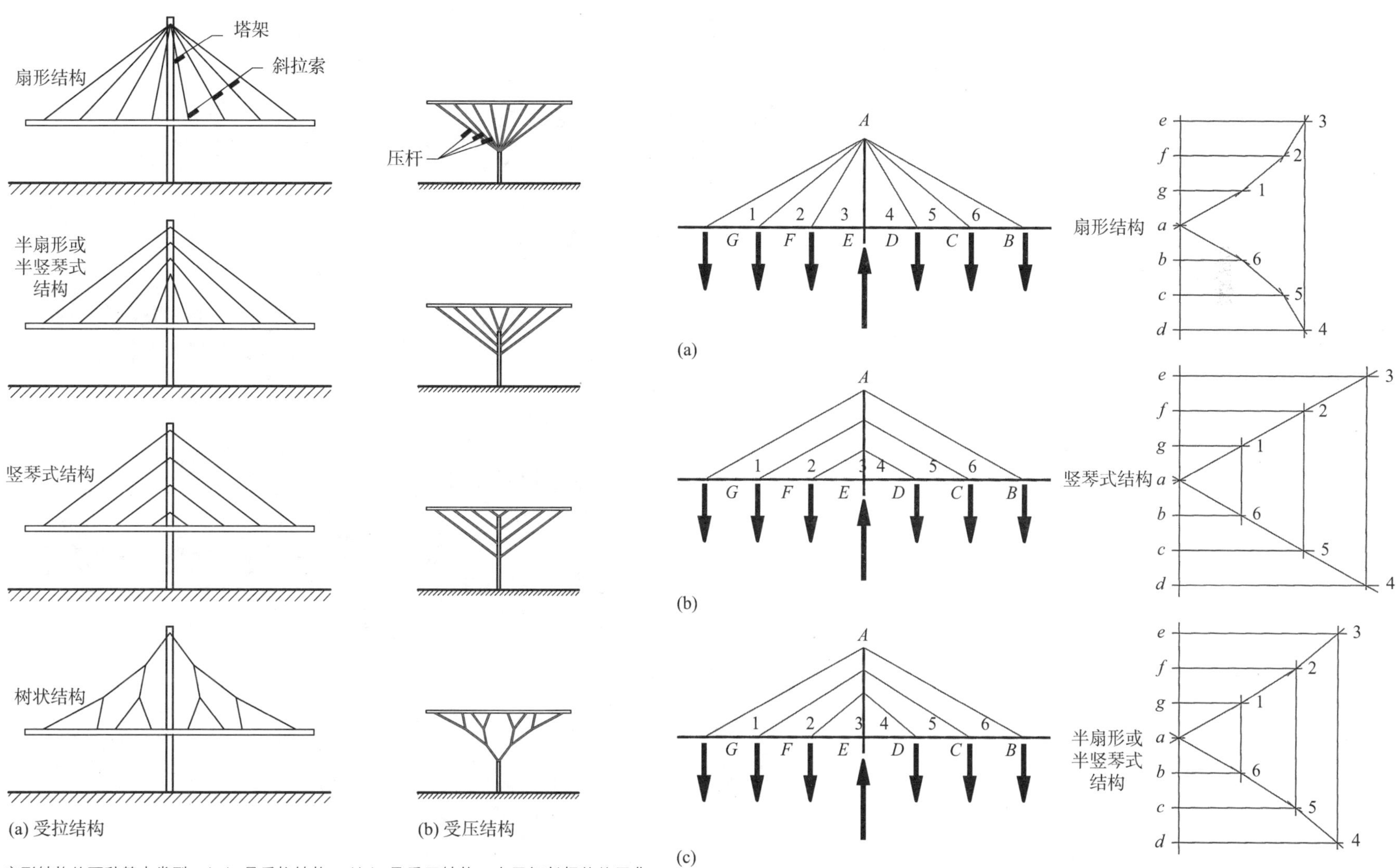

图 7.3　扇形结构的两种基本类型，(a) 是受拉结构，(b) 是受压结构。由于细长杆件的屈曲问题，受压的扇形结构的尺度不能像受拉时那样大，这种差异比这幅图表现的状况更为明显。

图 7.4　假设这三种结构处于静力平衡状态，在相同的荷载作用下，力图显示了这三种结构中杆件力的大小。

斜拉结构

采用斜拉结构的屋顶和桥梁的设计案例很多（图7.2、图7.5、图7.6），尽管跨度上不及悬索结构，但斜拉结构的跨度相对于其他大跨度结构来说也比较大。在这本书编写过程中，中国南通建成了一座跨度长达1 088米的斜拉桥，这个跨度大约是目前世界上最长的悬索桥跨度的一半。当跨度小于500英尺时，斜拉结构相对于其他结构形式来说更加经济和实用。较为经济的塔架高度是跨度的$\frac{1}{5}$~$\frac{1}{4}$（塔架也可以称为桥塔或桅杆）。初步设计中通常假设斜拉结构完全由倾斜的杆件支撑，结构的端部传递到相邻结构中的力基本没有或很少。实际工程中会将桥或屋顶的端部互相连接起来。在深化设计过程中，也要考虑端部连接点处的力。小型的斜拉结构常采用钢杆，钢杆比钢索更便宜，也便于连接。第1章中介绍的关于钢杆的连接细部，也适用于斜拉结构中。在图7.4的力图中，水平线代表了积聚在斜拉结构的水平面板中的力，塔架两侧的水平面板中的力最大，而且靠近塔架的斜拉杆的水平夹角越小时，水平面板中的力越大。斜拉桥的桥面板通常由钢或混凝土箱形梁制成，箱形梁的抗弯和抗扭性能较强，可以承受较大的压力而不产生弯曲。

图7.5　威尔士英莫斯微处理器工厂，屋顶桁架由钢管桁架柱上伸出的斜拉杆支撑。建筑设计由理查德·罗杰斯建筑事务所完成，结构设计由安东尼·亨特事务所（Anthony Hunt Associates）完成。图片来源：帕特·亨特（Pat Hunt）提供

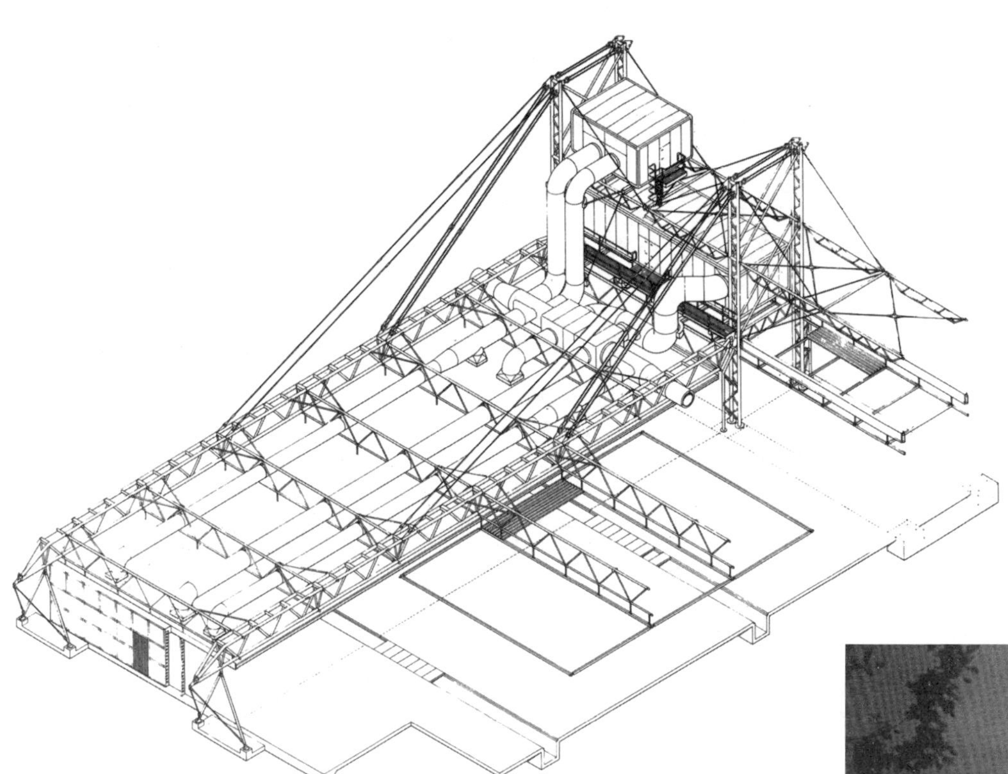

◀图 7.6　英莫斯微处理器工厂屋顶轴测图，每个主桁架有四处支撑，左侧端部由倾斜的柱子支撑，右侧由钢管桁架柱支撑，其余两处由斜拉杆支撑。

图片来源：Chris Wilkinson. Supersheds：The Architecture of Long-Span，Large-Volume Buildings. Oxford：Butterworth-Heinemann，2nd ed，1996.

▼图 7.7　2000 年德国汉诺威世博会哥伦比亚展馆，采用倒金字塔形的树状结构，由丹尼尔・博尼拉（Daniel Bonilla）设计。

图片来源：Alejandro Bahamon，Sketch. Plan，Build：World Class Architects Show How It's Done. New York：Harper Collins，2005：152.

当道路只有一侧荷载较大时，箱形梁也有利于抗扭曲。在较小规模的桥梁和屋顶当中，可以通过斜拉普通的木梁、钢梁或混凝土梁来支撑桥面板或屋面板。图 7.7、图 7.8 案例中则采用了树状结构。

斜拉结构的设计比较复杂，并不像力图中分析的那么简单。斜拉杆或索在荷载作用下的伸长量与作用其上的力以及它的长度成正比。斜拉桥中的斜拉杆或索的长度不同，当重型车辆通过时，远离塔架的桥面板上产生的变形比靠近塔架的桥面板的变形大得多。当桥承受均

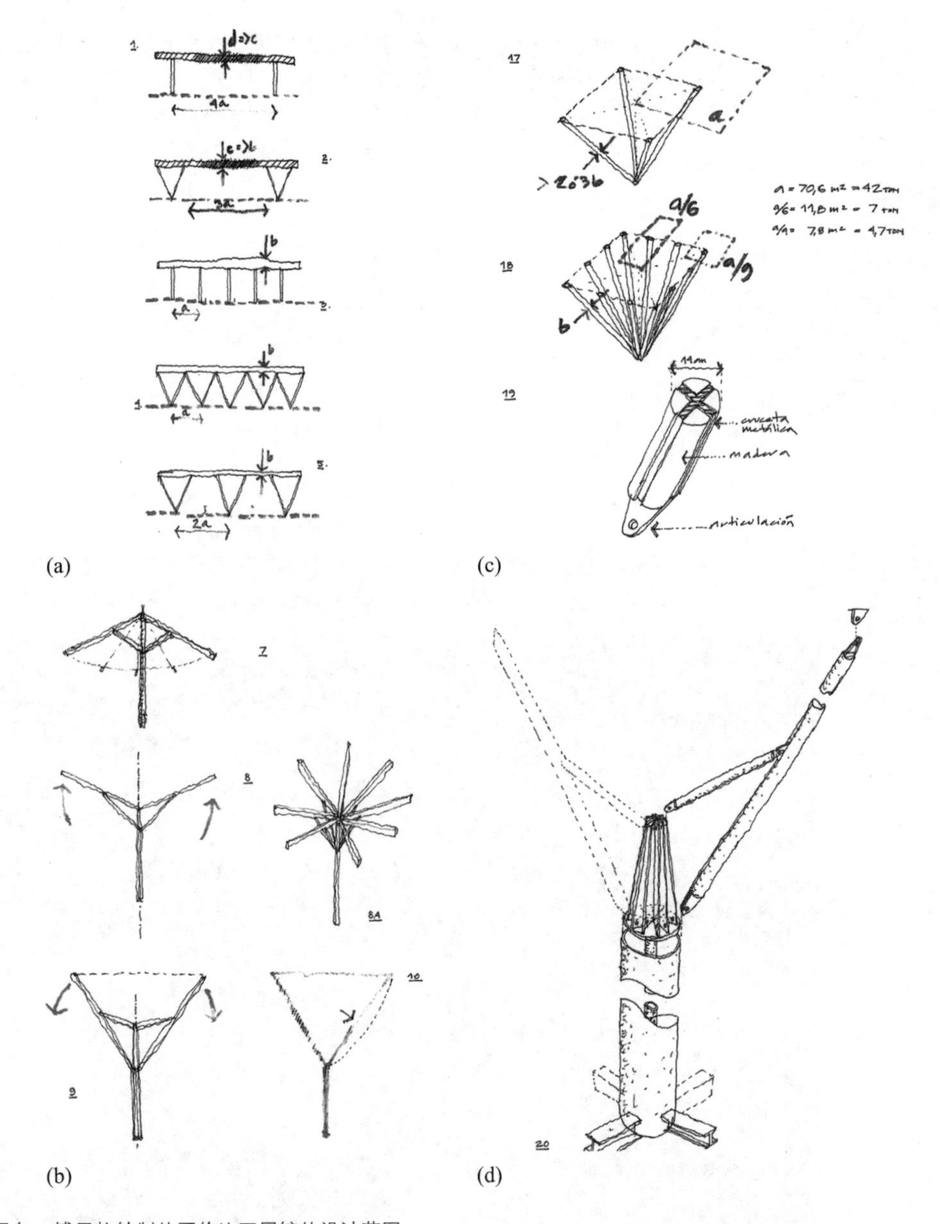

图 7.8 丹尼尔·博尼拉绘制的哥伦比亚展馆的设计草图

图片来源：Alejandro Bahamon. Sketch，Plan，Build：World Class Architects Show How It's Done. New York：Harper Collins，2005：152.

米歇尔·维洛热（Michel Virlogeux，1946—）

法国的结构工程师米歇尔·维洛热在巴黎完成学业之后，到突尼斯工作了一段时间。1974 年到 1995 年间，他受聘于法国高速公路建设机构（SETRA），之后成为独立的设计顾问。他设计了 100 多座桥梁，其中最著名的是 1995 年建成的连接翁弗勒尔和勒阿弗尔的诺曼底大桥，跨度超过 2 800 英尺，是当时世界上最长的桥。他也担任了米洛大桥的设计顾问。2003 年他被国际桥梁与结构工程学会授予国际结构工程功勋奖。颁奖词这样写道："他在外部预应力、斜拉桥以及组合结构方面的杰出贡献推动了结构工程的发展。"

布荷载作用时，远离塔架的桥面板比靠近塔架的桥面板的下垂更大。在设计初期，这些因素可以忽略不计，但在深化设计中必须予以考虑。

为了保证斜拉杆或索在意外断裂时斜拉结构的安全，以及方便斜拉杆或索的维修和更换，斜拉结构应设计成任何一根斜拉杆或索断裂时都能够安全地工作，还应当考虑移动荷载以及风荷载的作用。

斜拉结构屋顶通常会采用较多的斜拉结构单元，使屋面板的跨度保持在合理的范围内。而斜拉桥可以由少量的斜拉单元支撑，这主要根据桥的宽度以及结构工程师的判断而定。通常情况下将塔架设置在桥面板的中央，也就是正反方向的车道之间，这样可以缩减塔架和斜

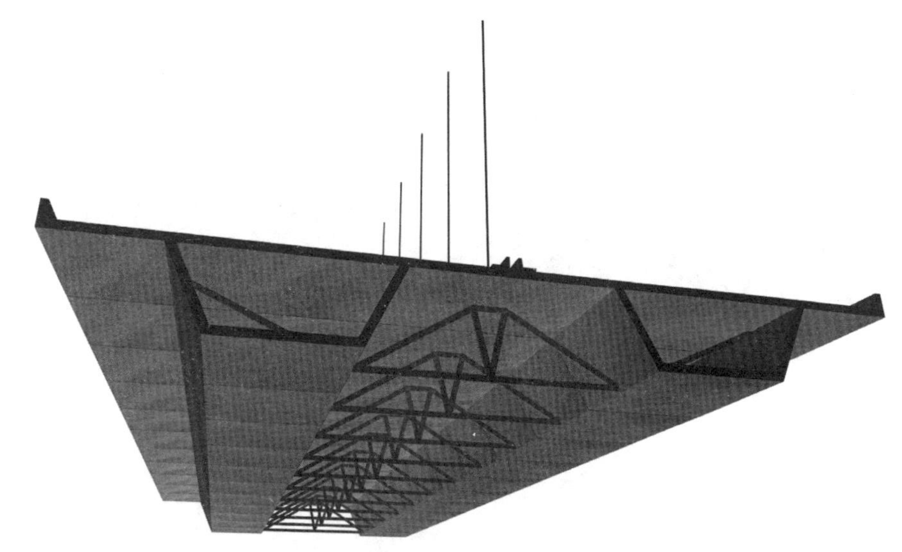

▲图 7.9　美国切萨皮克湾特拉华运河大桥桥面板的剖透视图，由菲格工程集团设计（Figg Engineering Group），1994 年建成。桥的主跨度为 750 英尺，桥中心由一个斜拉单元支撑，桥面板宽 127 英尺。预制混凝土箱形梁高 12 英尺，采用后张法预应力钢筋将箱形梁构件纵向连起来。预制混凝土桁架将道路的荷载传递到斜拉索上。

拉杆或索的数量，使桥显得纤细而富于创新。图 7.9 就是由一个斜拉单元支撑 127 英尺宽的桥面板的示意图，桥面板从斜拉单元两侧悬挑出 60 英尺左右。为了抵抗扭曲变形，箱形梁的高度通常是桥面板宽度的十分之一左右。

斜拉桥在施工过程中可以采用平衡悬臂法自支撑（图 7.10）。斜拉桥的桥面板宽度通常为 20 至 25 英尺，桥身长度与斜拉索的间距相协调。在施工过程中为了抵抗由风荷载和不对称荷载引起的翻转和扭曲，塔架需具有足够的刚度，桥面板需对称地安装到塔架的两侧以使塔架保持平衡。在特殊情况下可能需要临时脚手架支撑（图 7.11）。

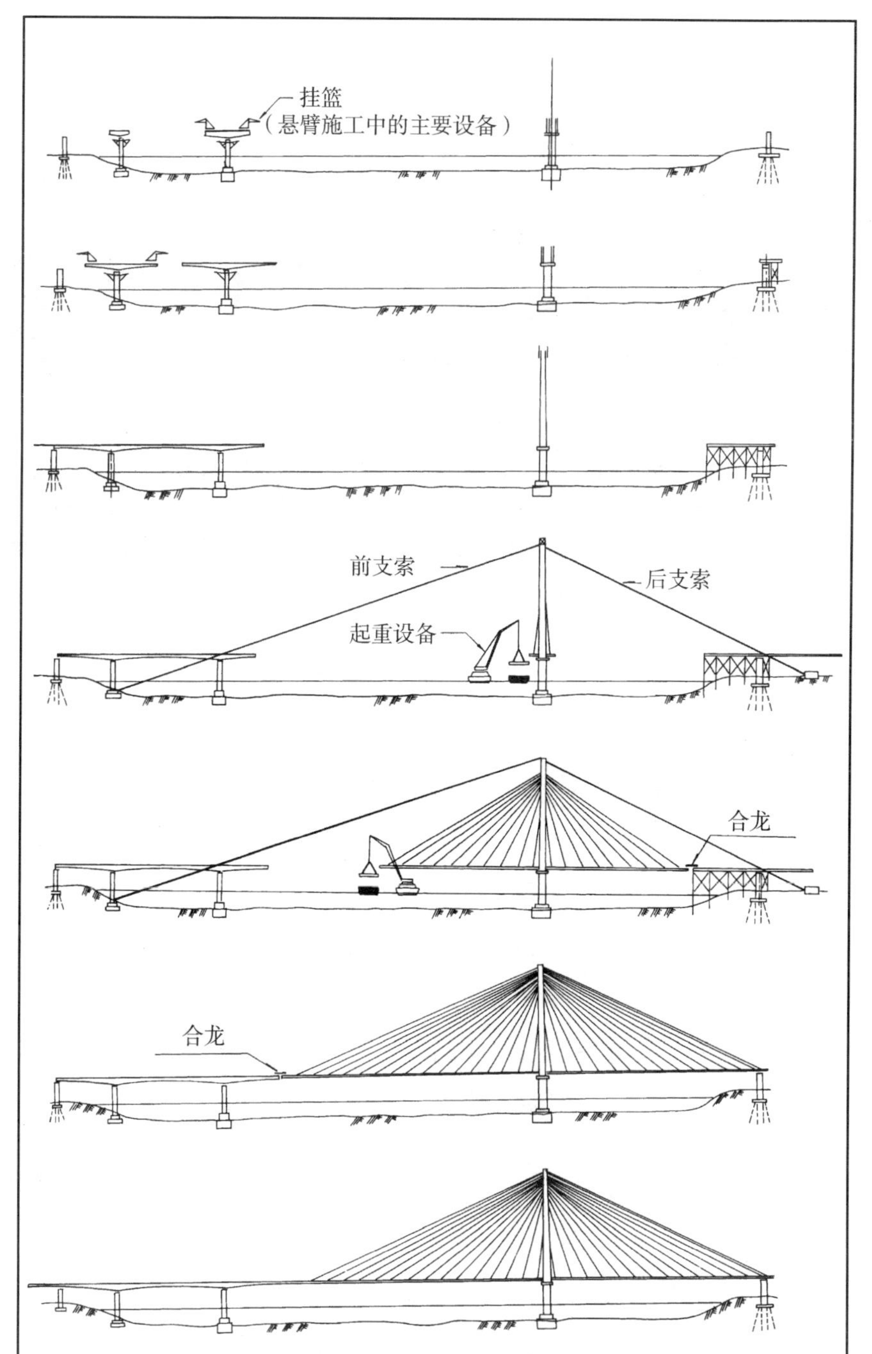

▶图 7.10　连接美国西弗吉尼亚州与俄亥俄州的东亨廷顿桥，建于 1987 年，采用平衡悬臂法建造，主跨度为 900 英尺。由阿维德·格兰特及其合伙人设计（Arvid Grant and Associates）。图片来源：伊利诺伊州芝加哥预制混凝土协会杂志

▲图 7.11　米洛高架桥建造时的临时支撑
图片来源：本·约翰逊（Ben Johnson）提供

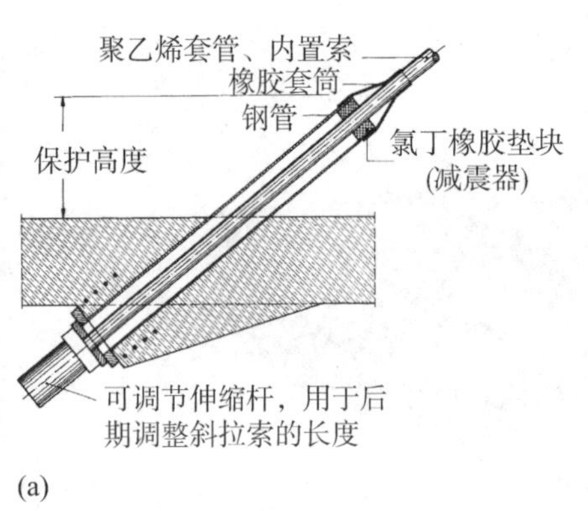

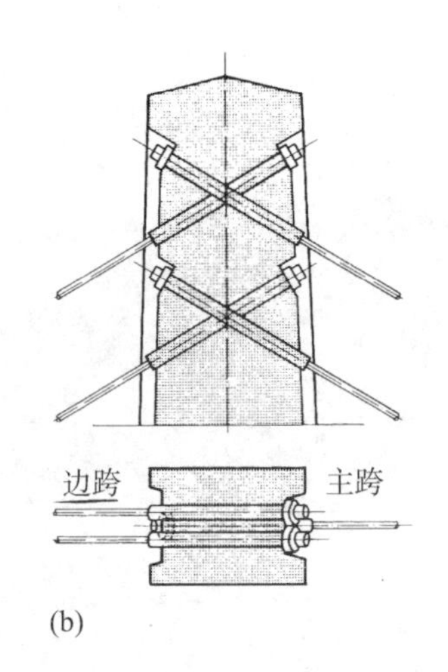

▶图 7.12　斜拉桥混凝土塔架的典型细部构造
图片来源：伊利诺伊州芝加哥预制混凝土协会杂志

图 7.12 所示为斜拉桥混凝土塔架的典型细部构造。桥面板通常在工地附近的工厂中分段预制，在现场吊装到位后采用预应力钢筋对桥面板进行纵向连接，也可以现场浇筑桥面板。斜拉索通常采用高强度的钢索，内置在塑料或金属套中，然后向其中灌浆以防腐蚀。斜拉桥会在锚固点或塔架处留有微小的调节空间，安装完成后可以根据设计人员的要求进行微调。

斜拉桥的平衡

西班牙塞维尔的阿拉米洛桥采用斜向的塔架和单向竖琴式斜拉索（图 7.13、图 7.14）。塔架承担的力可以用图解法求得，如图 7.15 所示。基于桥梁的实际几何形状绘制出形图［图 7.15（a）］，先假设有四条斜拉索将桥面板以及塔架四等分，四条斜拉索分别固定在每个桥面板的中心，假设桥面板右端的滑动支座没有支座反力。采用鲍氏符号标注法标记，绘制出表示桥面板重量的载重线，再绘制出表示桥面板上每个节点的力多边形，完成桥面板部分的力图［图 7.15（b）］。斜线的四个部分表示四根斜拉索中的拉力，水平线表示桥面板中的轴向压力。

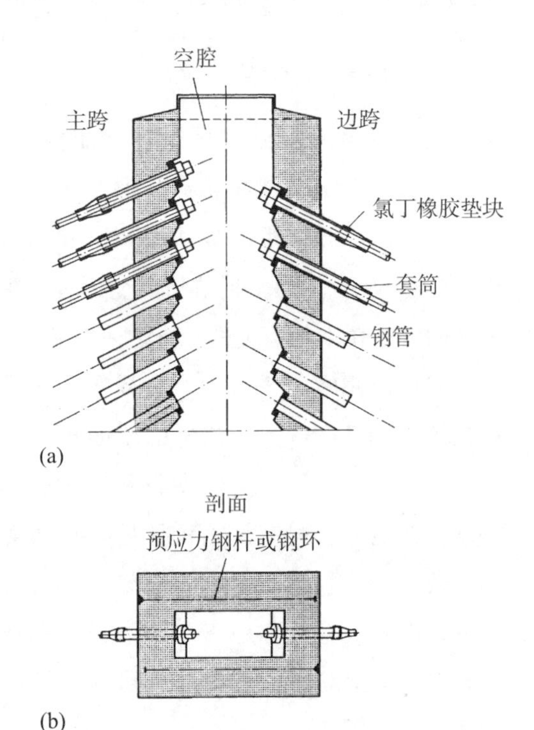

（c）

◀图 7.13　西班牙塞维尔的阿拉米洛桥，由圣地亚哥·卡拉特拉瓦设计。
图片来源：爱德华·艾伦提供

▼图 7.14　阿拉米洛桥的分析图，在对称的斜拉桥中，两边相互平衡［图（a）］。如果一边向上倾斜，由于力臂减小，需要增加配重以保持平衡［图（b）］。在阿拉米洛桥中，塔架与配重结合为一体［图（c）］。

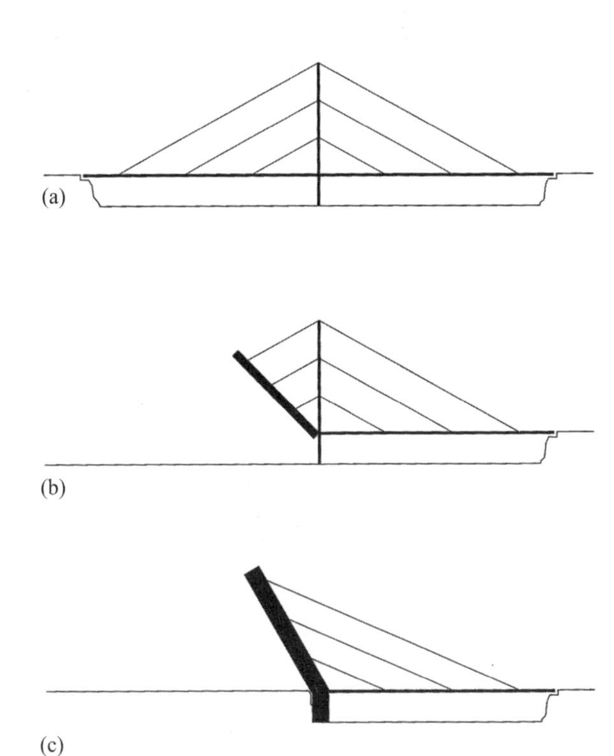

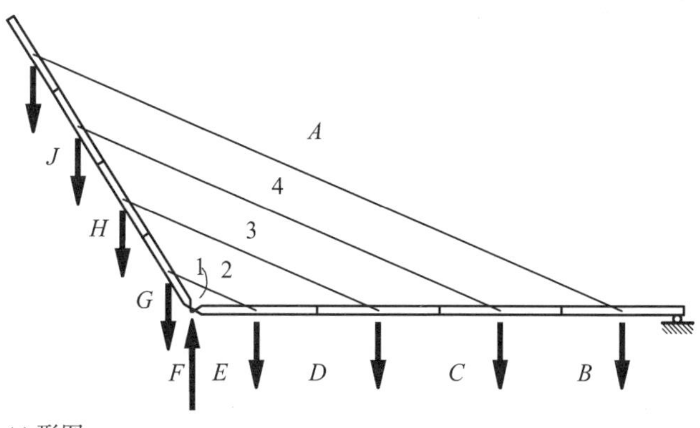

(a) 形图

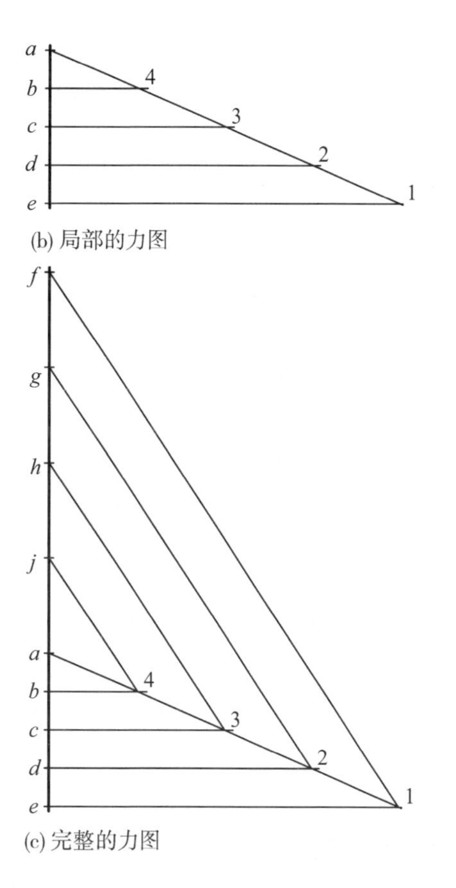

(b) 局部的力图

(c) 完整的力图

图 7.15　简化的阿拉米洛桥图解分析

接下来绘制塔架的力图，斜线 $f1$ 至 $j4$ 为平行于塔架的线段，表示塔架中该段的压力，将载重线延长，与桥面板的力图结合，得到完整的力图［图 7.15（c）］。

圣地亚哥·卡拉特拉瓦（Santiago Calatrava，1951—）

圣地亚哥·卡拉特拉瓦在西班牙巴伦西亚学习艺术和建筑学，并于1981年在苏黎世联邦理工学院取得土木工程学博士学位。他的很多创作源自解剖学与自然的启示以及对力的图解，并融合了可动、变形以及动态瞬间等元素，不只是解决结构工程的问题，更是对结构形式的引人入胜的表达。在1983年完成苏黎世火车站的设计之后，他设计和建造了很多位于西班牙的巴塞罗那、塞维尔、毕尔巴鄂等地的步行桥，以及瑞士的卢塞恩、葡萄牙的里斯本和法国的里昂火车站。他将人体的各种姿势进行抽象化和扭曲变形，并将这些形式运用到了最近的一些项目当中。就像达·芬奇的多才多艺一样，卡拉特拉瓦既是建筑师也是结构工程师，他运用解剖学的知识激发建筑形式以及连接设计的灵感，甚至延伸到建筑附属物如遮阳设施以及建筑入口的设计中。他在美国的第一个项目是2001年建成的密尔沃基艺术博物馆扩建工程，其结构表现主义的设计思想以及如动态雕塑般的建筑引起了广泛关注，并为他赢得了从达拉斯到曼哈顿区的许多项目。“卡拉特拉瓦认为即使没有接受过建筑学或土木工程学培训的人也能对建成环境有直观的理解……他启发人们运用常识来阅读建筑中潜在的力和运动，引导人们去推敲和深思，并激起创造性的联想。”（Alexander Tzonis. Santiago Calatrava：The Poetics of Movement. New York：Universe Publishing，1999：230）。

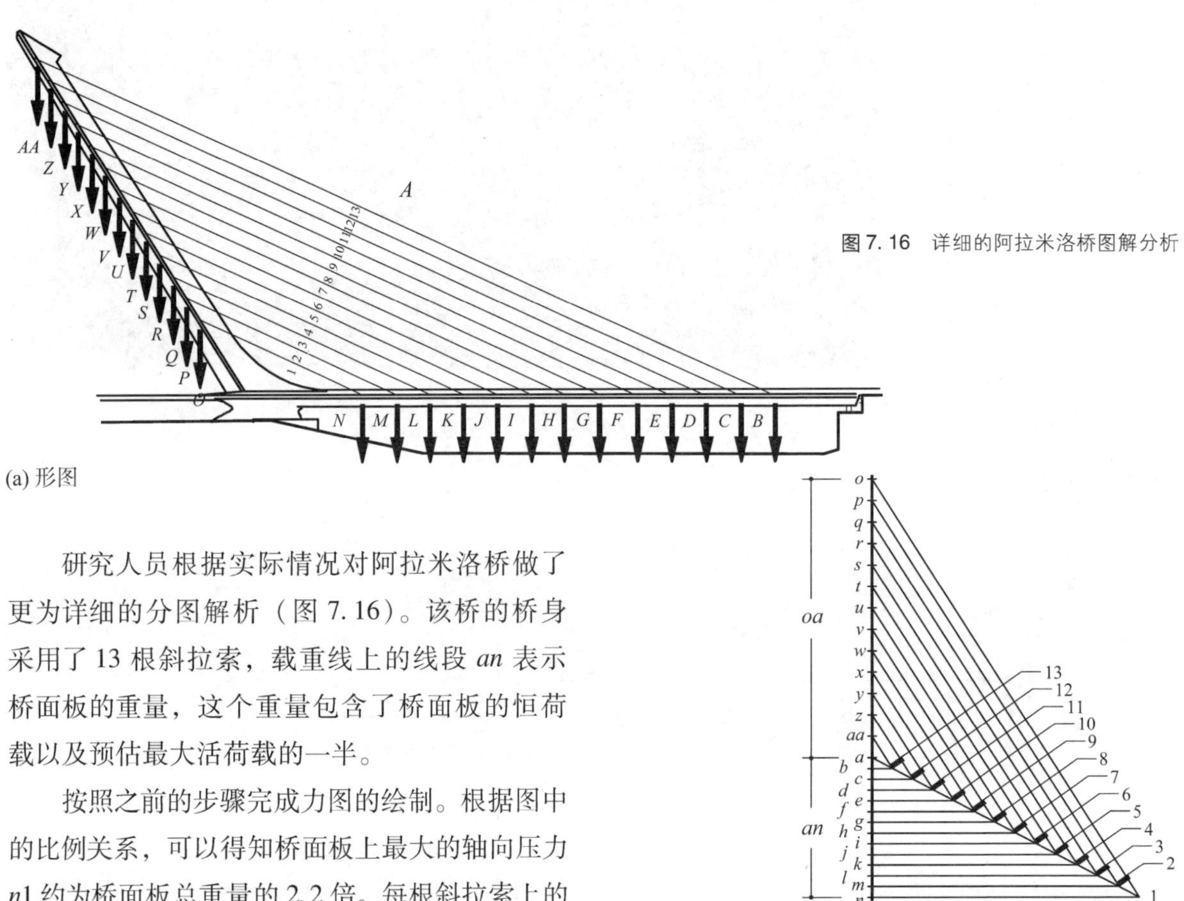

(a) 形图

(b) 力图

图7.16　详细的阿拉米洛桥图解分析

研究人员根据实际情况对阿拉米洛桥做了更为详细的分图解析（图7.16）。该桥的桥身采用了13根斜拉索，载重线上的线段 *an* 表示桥面板的重量，这个重量包含了桥面板的恒荷载以及预估最大活荷载的一半。

按照之前的步骤完成力图的绘制。根据图中的比例关系，可以得知桥面板上最大的轴向压力 *n*1 约为桥面板总重量的2.2倍。每根斜拉索上的拉力约为桥面板总重量的$\frac{1}{5}$。塔架的总重量 *oa* 约为桥面板总重量的2.5倍。塔架中最大的力为 *o*1，位于塔架的底部，约为桥面板总重量的4.2倍。

以上的结论是在假设活荷载取桥面板上最大活荷载的一半的前提下得出的，整个桥在铰接节点1*no* 处平衡。然而现实情况比较复杂，为了保持道路的平稳以及交接处在同一水平面上，桥面板的右端需要与相邻的桥台连接，塔架则需要刚接到基础上，而且塔架的截面面积需要足够大，可以在桥面活荷载变化的情况下起到稳定桥梁的作用。如果塔架的重量被设计成可以平衡桥面板上的恒荷载和最大活荷载的一半，那么当桥面上没有车辆通行时，塔架将会往一个方向稍稍弯曲。当桥面活荷载达到最大时，塔架就会往另一方向适度弯曲。可以采用图解法对不同的荷载条件、不同的塔架倾斜角度、不同的塔架高度以及不同的塔架重量等进行验证。

阿尔卑斯山上的两座桥梁

瑞士阿尔卑斯山地区的甘特桥（图 7.17），采用内置于三角形的混凝土墙体中的斜拉索支撑，混凝土墙可以保护钢索免受气候变化的影响。高大细长的塔架、桥面板下方微微拱起的曲线以及斜拉索的紧固连接构造等设计，使这座桥在外观上显得高耸且轻盈。

瑞士阿尔卑斯山地区的另一座桥梁（图 7.18）由受压的钢筋混凝土扇形构件支撑。如果把这张照片颠倒过来，可以看出这个结构本质上是甘特桥的倒置。由于长的受压构件容易发生屈曲，受压的扇形结构（树状结构）的跨

(a)

(b)

▶图 7.17　瑞士辛普朗山口的甘特桥，由克里斯蒂安・梅恩设计，1980 年建成。桥身主跨度为 174 米，中间的塔架高 150 米。

图片来源：克里斯・吕布克曼博士（Chris H. Luebkeman）提供

▶图 7.18　瑞士加尔施塔特的锡姆河桥，由罗伯特・马亚尔设计，1940 年建成。

图片来源：苏黎世联邦理工学院提供

克里斯蒂安・梅恩（Christian Menn, 1927—）

克里斯蒂安・梅恩开始在瑞士的库尔读书，后来到苏黎世联邦理工学院学习，并于 1950 年获得土木工程学的相关学位。在服过兵役以及担任过工程学徒后，他受聘为苏黎世联邦理工学院皮埃尔・拉迪（Pierre Lardy）教授的研究人员。1971 年梅恩成为教授，并于 1992 年退休。1957 年他在库尔开设了工程公司，专注于桥梁设计。他延续了苏黎世联邦理工学院图解静力学的传统，进一步发展了马亚尔开创的设计策略。梅恩在 1958 年完成的克雷斯塔瓦尔德桥梁和 1959 年完成的克罗埃特桥梁中，设计了曲线的和分段的索拱结构。在完成了著名的瑞士赖谢瑙大桥和意大利比亚夏纳的双层高架桥后，1980 年他在瑞士辛普朗山口设计了具有创新性的斜拉结构的甘特桥，桥面板由斜向上的拉索支撑。在超大跨度桥梁的设计中，他建议采用斜拉结构和悬索结构相结合的设计策略。除此之外，他的主要贡献还在于研究解决工程实践中出现的问题和挑战，例如降低材料的风化和腐蚀问题等。他被认为是保持和延续瑞士桥梁设计的优良传统的结构工程师。2003 年他担任了美国波士顿的扎金大桥的设计顾问。

图 7.19　瑞士瓦尔斯地区的莱茵大桥是对树状结构的创新性应用的典型代表。该桥由结构工程师约格·康策特设计。他毕业于苏黎世联邦理工学院，目前在瑞士从事多种实践工作。图片来源：米歇尔·拉梅吉（Michael Ramage）提供

度比受拉的扇形结构（斜拉结构）的跨度小很多，但是这两种结构的设计原理是相似的。同样在这一地区，近年又建成了一座木制树状结构桥梁（图 7.19）。

采用树状分支的斜拉结构

位于美国新泽西州普林斯顿的帕特中心制造工厂，其屋顶由 A 字形刚架伸出的钢管与一系列钢杆支撑（图 7.20）。钢杆和钢管采用圆环形钢板连接，在对该建筑的图解分析中（图 7.21），中央的 A 字形刚架的最外面的杆 A1 和 A9，与柱子相连接，因此它们中的力为零。只有跨中附近的钢杆 1-2、2-3、7-8 和 8-9 支撑着屋顶梁，在照片中较长的钢杆直径较小，也印证了这个推论。其他杆 A1、A9、3-4 和 6-7 限定了圆环形钢板的位置，保证了圆环形钢板的稳定，同时防止风荷载或雪荷载等不对称荷载作用使屋顶梁发生位移。钢杆的端部采用 U 形夹与圆环形钢板连接。钢杆的长度可以通过旋转螺丝来调节。A 字形刚架的高度足够高，也就是结构的高度足够大，使得力图相对紧凑，杆件中的力保持在较低的范围内。

▶图 7. 20　美国新泽西州普林斯顿的帕特中心制造工厂，建筑师为理查德·罗杰斯，助理建筑师为凯尔博（Kelbaugh）和李（Lee），结构工程师为 ARUP 工程顾问有限公司首席工程师彼得·莱斯。
图片来源：照片由凯尔博和李提供

▼图 7. 21　帕特中心屋顶的图解分析

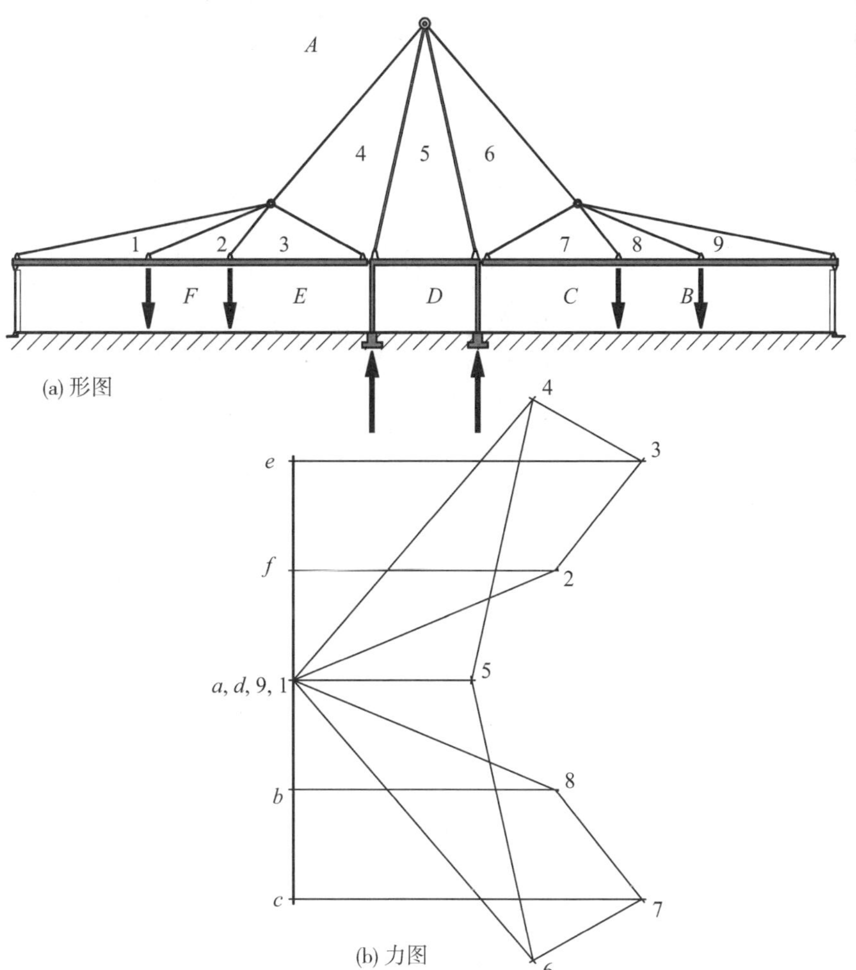

三维的斜拉结构

斜拉结构并不局限于二维平面之中，图 7. 22 所示的屋顶结构由两个柱子伸出的三维的斜拉索支撑，可以容纳 1 000 名人员用餐。屋顶结构由相互垂直的交叉钢梁构成。屋顶结构之下的拉索和建筑四周的柱子可以帮助抵抗风的拔力以及不对称荷载，起到增强结构整体稳定性的作用。

拉克桥（Ruck-a-Chucky）是一项著名的未建成项目，桥梁位于崎岖狭窄的峡谷之中，横跨加州河（图 7. 23）。桥身呈 U 字形弯曲，斜拉索锚固在两岸悬崖的岩石峭壁上，不需要塔架。在这个精妙的设计中，结构工程师林同炎（T. Y. Lin）对斜拉索的角度和位置进行了精心设计，使它们沿桥面板产生的纵向力与桥面曲

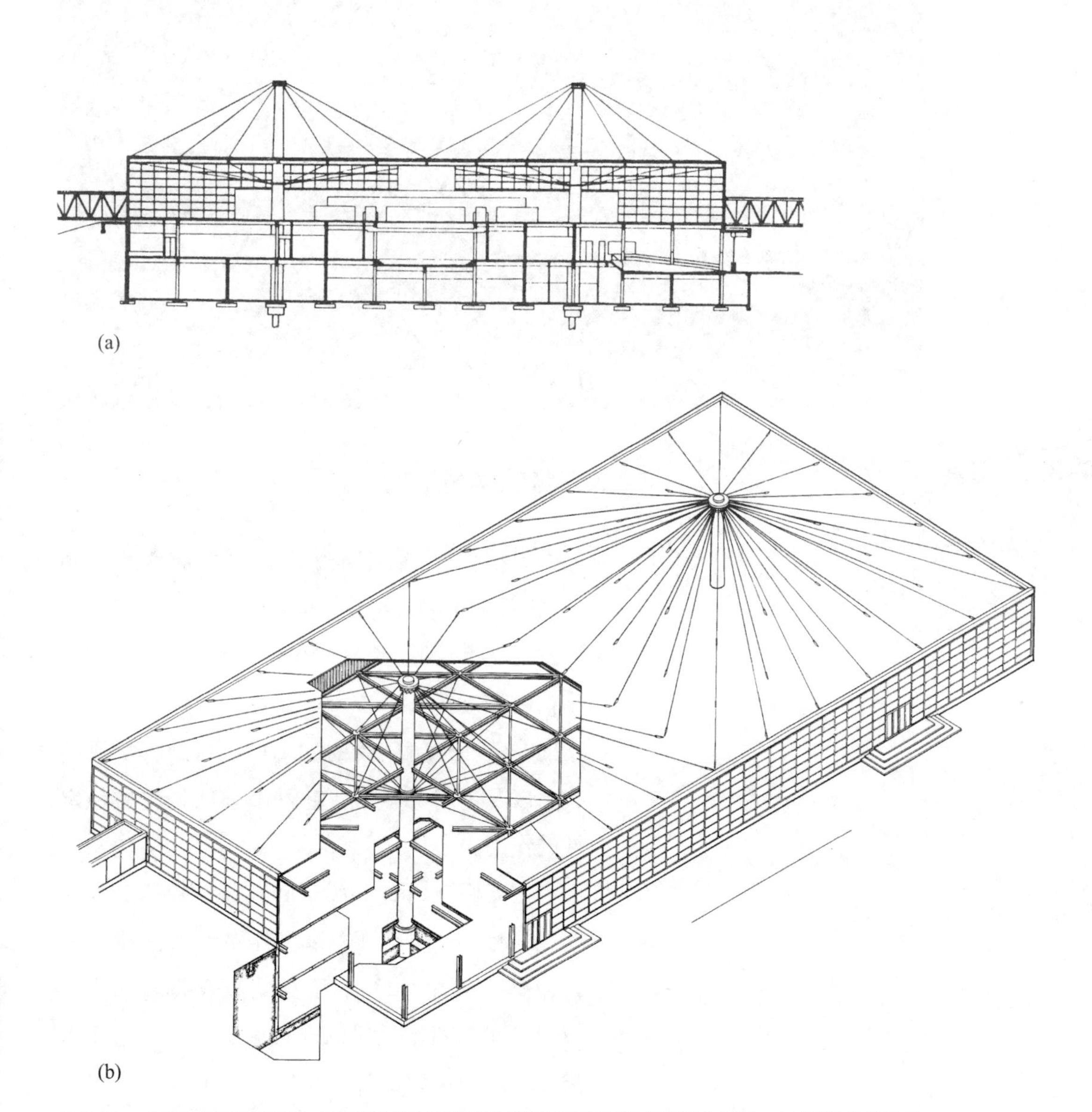

图 7.22　美国伊利诺伊州德尔菲尔德的巴克斯特实验室餐厅的剖面图和轴侧分析图，由 SOM 公司设计。
图片来源：Andrew Orton. The Way We Build Now：Form，Scale，and Technique.

图 7.23　拉克桥的模型
图片来源：林同炎提供

线的轴线相对应，并顺利将桥面板上的力传递到岩石基础。因为所有斜拉索都不在一个平面内，所以无法用图解法来分析这座桥梁，但是通过前面对扇形结构的图解分析可以帮助我们了解这座桥梁的设计原理。

斜拉结构以其自身特点向人们展示了其中的力学逻辑（图7.24）。塔架和斜拉索这些结构构件以清晰可见的方式构成了具有表现力的、令人满意的形式。

树状结构

阿尔瓦·阿尔托（Alvar Aalto）在芬兰珊纳特赛罗市政厅设计中采用了小型的树状结构

▲图7.24　雅典奥林匹克体育场，2004年，圣地亚哥·卡拉特拉瓦设计，看台上的屋顶由纵向的拱架伸出的斜拉索支撑。

图片来源：英格·维特（Inge Kanakaris-Wirtl）提供

◀图7.25　芬兰珊纳特赛罗市政厅的小型树状结构，由阿尔瓦·阿尔托设计。

图片来源：EYP建筑与工程公司的实习建筑师斯科特·沃德尔（Scott Waddell）提供

图 7.26 19 世纪英国的木结构铁路桥，由布律内尔设计。
图片来源：英格兰史云顿大西部铁路博物馆提供

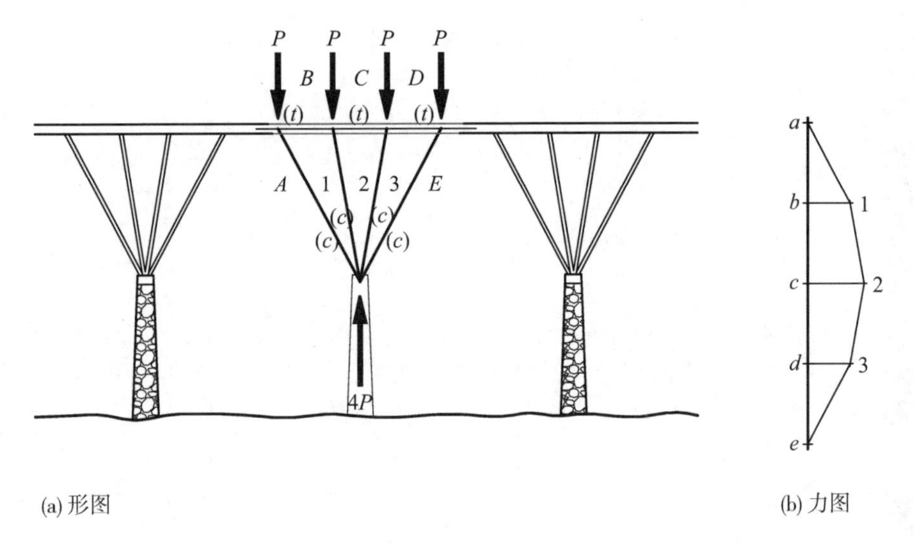

图 7.27 对铁路桥其中一个跨度的图解分析

（图 7.25）。其实早在 19 世纪，英国结构工程师布律内尔（Isambard Kingdom Brunel）在建造铁路桥梁时就采用了树状结构，图 7.26 中石砌桥墩顶部的木制树状结构支撑着桥面板。其本质是斜拉结构的倒置，图解分析如图 7.27 所示。根据拉压状态的判断可以确认树状结构中所有木杆件都处于受压状态。因为木杆件角度比较陡峭且跨距较短，所以杆件中的力比较小。

参考资料网站中的“扇形结构设计”课程，介绍了在如何创造优雅的结构形式的同时最大限度地减小构件的受力。结构优化的过程并不复杂，也有助于同学加深对本章内容的理解。

市场设计

在介绍了扇形结构的背景知识之后，继续回到市场设计中来。该项目在本章开头的概念设计草图中已经进行了探讨。市场所处的小镇提供了一块平整的场地，100 英尺宽、288 英尺长。这部分面积都需要被屋顶覆盖。市场内部是没有隔断的单一空间。厕所设置在邻近的一个小建筑内。甲方要求室内要有自然采光和通风，以最大限度地提高舒适性以及减少能源消耗。为了降低市场摊位上堆放的纸箱发生火灾的可能性，消防部门建议采用带有自动喷淋的钢结构。

建筑规范的要求

根据《国际建筑规范》的规定，市场被分类为 M 组：商业建筑。该市场为单层建筑，占地面积为 28 800 平方英尺。对于这种规模带有自动喷淋灭火系统的建筑，规范允许采用重型木结构或裸露的钢结构，也可以采用预制混凝土结构或现浇混凝土结构。由于市场建筑没有采暖措施，因此自动喷淋灭火系统必须是“干”系统，防止在寒冷的天气下管道被冻结后破裂。火灾发生时，附近连接自动喷淋灭火系统的水管会自动启动。

市场是小镇上重要的小型公共建筑，平民化的售价以及独特的购物空间是城镇活力的来源。为了室内空间的灵活性，还需要尽可能减少室内柱子的数量。

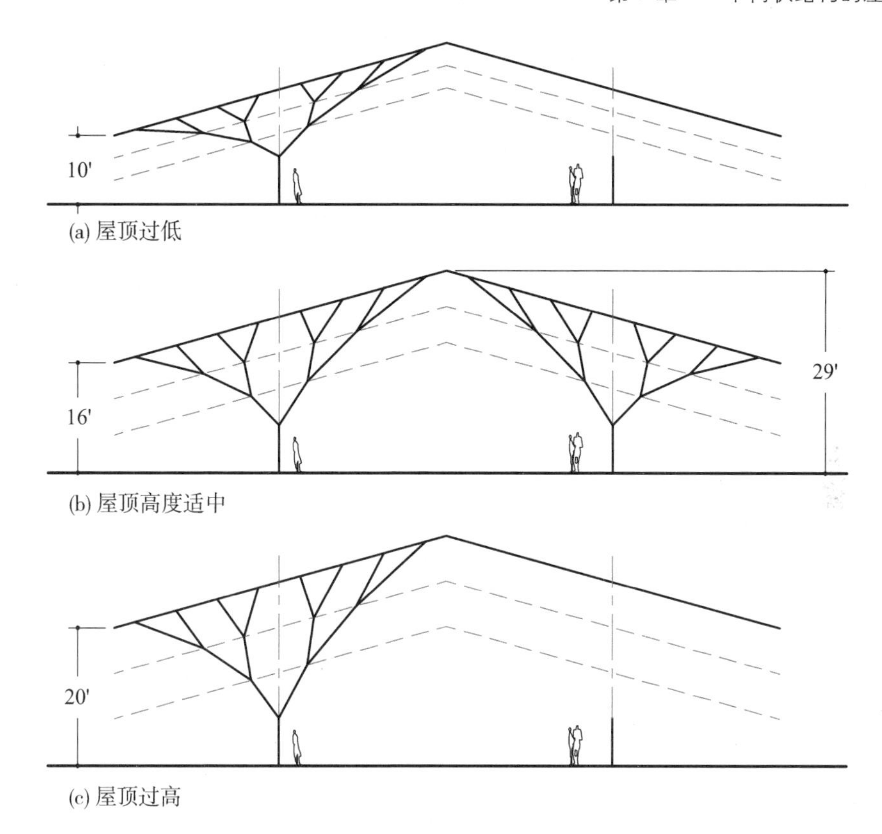

图 7.28　室内空间的比例和尺度研究，按比例绘制人的高度。

市场屋顶的形式

在尝试了多种方案之后，我们决定深化树状结构的方案（图 7.1）。从简化的树状结构模型到酷似自然树木的精心设计的多重分支结构，树状结构也包含了多种形式。但这些形式都是二维的。19 世纪以来，市场建筑多数采用金属波纹板屋面，该建筑受此启发，亦采用波纹钢板的屋面。此处还决定采用有利于排水的双坡屋面，双坡屋面在屋脊处相交。

树状结构的高度研究

二维的树状结构为每个椽子提供了 8 个支撑点（图 7.28）。如果在每个点上都放置 1 根檩条，檩条间的距离为 8 英尺多。通过查阅波纹钢板的产品目录，这样的跨度需要波纹钢板的厚度为 2 英寸，这个厚度指的是算上波纹起伏后的厚度，钢板自身壁厚很薄。

通过绘制草图可知，大约需要三层的分支才可以实现比较美观的树状结构形式（图 7.29）。对三层的分支结构、室内空间的比例尺度以及屋顶坡度等进行综合研究，如果屋檐较低，就可以最大限度地遮风挡雨，但是低矮的屋顶不适合排布三层的分支结构。在比较分析的过程中，按比例绘制的人体高度给了我们真实的尺度感（图 7.28）。最终决定屋檐处高 16 英尺，屋脊处高 29 英尺。为了避免垂直高度上树状结构的分支过于拥挤，屋檐比预想的要高一些。树状结构的第一个分支高于地板 7 英尺，这个高度是成年人举起手臂可以触摸的高度，同时可以防止行人撞伤头部以及小孩子的攀爬。

树状结构的形式研究

为了使树状结构的分支杆件只承受轴向力，需要使每个杆件的轴线穿过其支撑的从属面积的中心。这个过程如图 7.29 所示：

1. 绘制出左半部分的结构剖面［图 7.29（a）］，绘制地面水平线和坡度为 15°的屋面坡度线。屋面坡度线也代表了椽子的位置。添加平行于屋面坡度的 3 条辅助线，将树状结构分成 3 个等高的层级。在这几层下方是树干所在的区域。该图的宽度是 50 英尺，左侧屋檐高度为 16 英尺，中间屋脊高度是 29 英尺，树干高度为 7 英尺，树干的延长线与屋面相交的交点 *C*，就是屋面重力荷载的重心，树干占据的地面区域很小。

2. 从树干的顶部开始增加分支的数量［图 7.29（b）］。树干在下层分成两个分支，这两个分支在中层又分为四个分支，到了上层则分成八个分支。也可以在每个层级分成三个、四个或更多的分支。本方案选取两个分支的原因是，每层两个分支可以呈现出适当的视觉复杂性而不会造成分支过多的拥挤感，同时节省了成本。沿着左半部分结构的中心线找出两边的椽子的中点，将中点与树干的分支点相连，取这两条线段位于下层区域的部分作为下层的分支结构。

3. 继续对椽子进行划分，使椽子被分成八个相等的部分［图 7.29（c）］。将中点与中层的分支点相连，取四条线段中位于中层的部分，作为中层的分支结构。

4. 对上层进行类似的操作，得到上层的八个分支结构［图 7.29（d）］。

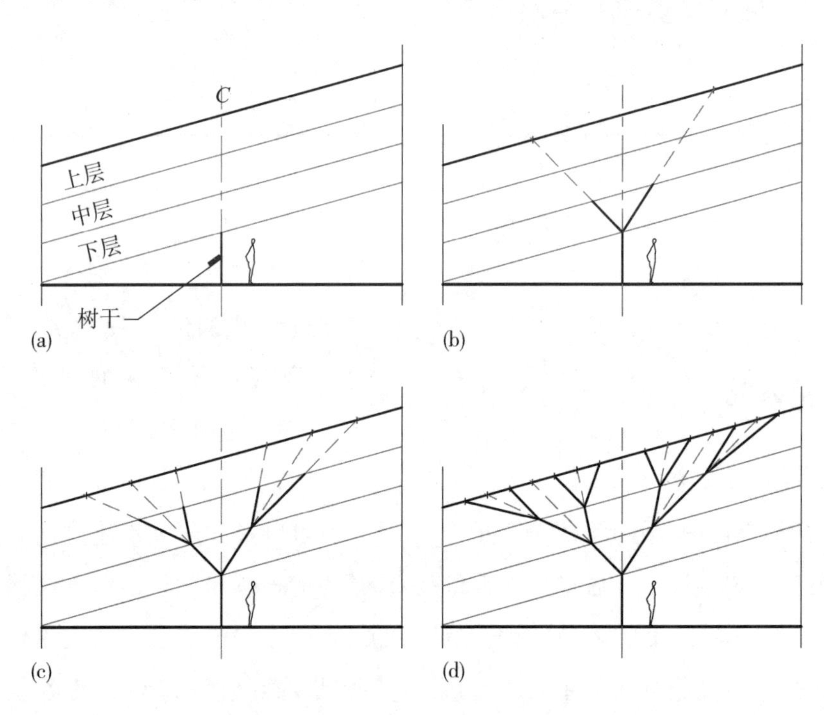

图 7.29 树状结构的形式研究，使分支处于静力平衡状态。

所得出的树状结构的形式令人满意，首先，其尺度和比例比较合理。其次，树状结构的分支受力逻辑清晰且具有一定的视觉复杂性。最后，树状结构的分支角度不会导致杆件中的力过大，这一点还需要进一步通过图解分析来确认。

一个树状结构为 50 英尺宽，则 8 个支撑点的从属面积的宽度为 50 英尺除以 8 等于 6.25 英尺宽。对于檩条来说，相对经济的跨度是深度的 24 倍，如果檩条使用的是 12 英寸高的宽翼缘工字钢，则檩条跨度应为 24 英尺，这是两个树状结构之间的距离，这个距离在深化设计中可能因为其他技术原因而调整。每个支撑点的从属面积为 6.25 英尺乘 24 英尺，即 150 平方英尺。初步设计中假设恒荷载为 30 磅每平方英尺，活荷载为 20 磅每平方英尺，则总荷载为 50

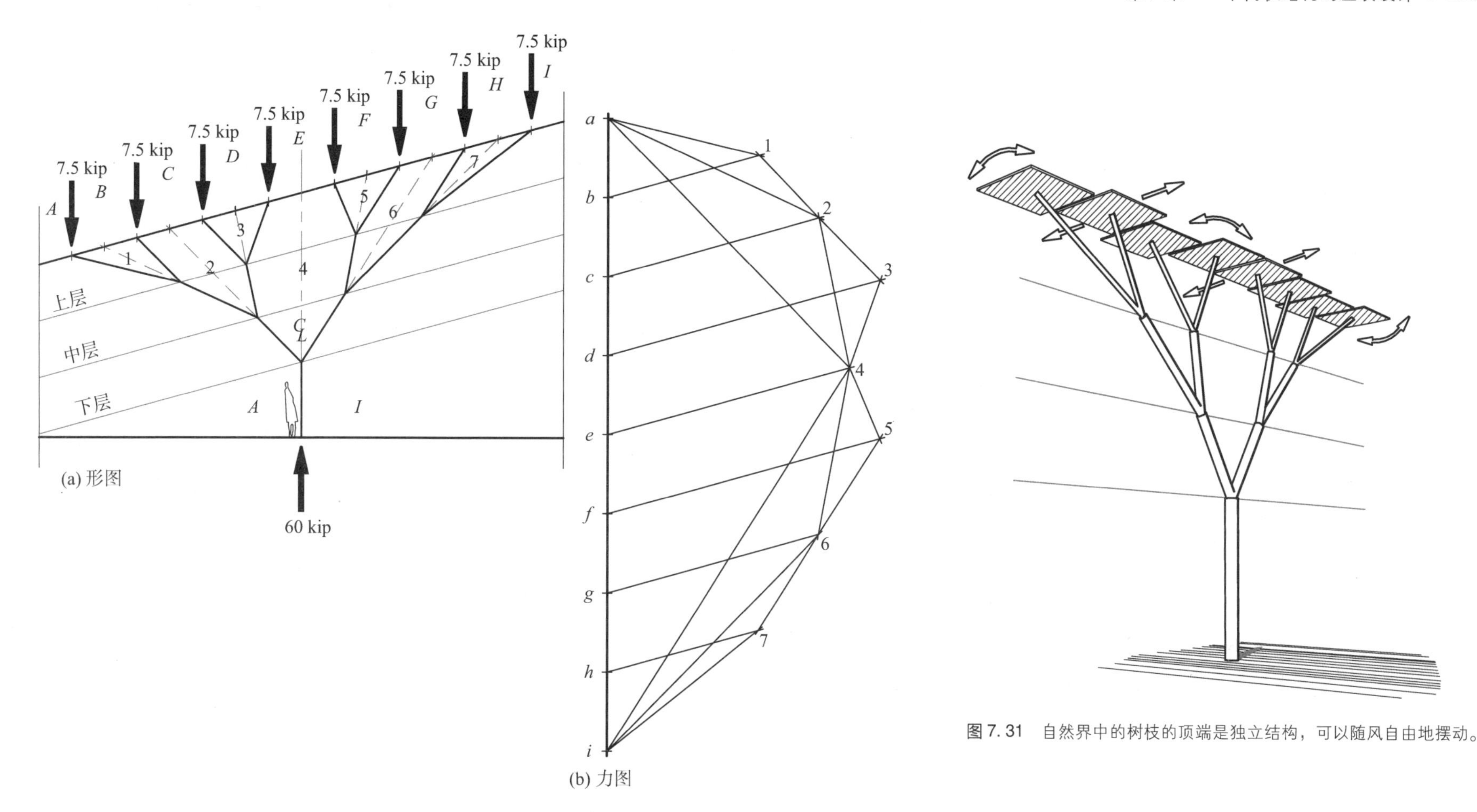

图 7.31　自然界中的树枝的顶端是独立结构，可以随风自由地摆动。

图 7.30　图解法求解树状结构杆件中的力

磅每平方英尺。每个支撑点需要支撑的总荷载为 150 平方英尺乘 50 磅每平方英尺，为 7 500 磅。将树状结构看成普通的桁架，找出分支杆件中的力（图 7.30）。采用鲍氏符号标注法标记并绘制出力图。这个过程涉及三层分支的力图的叠加。线 a-1-2-3-4-5-6-7-i 表示上层的所有分支的力图，线 a-2-4-6-i 表示中间层的所有分支的力图，而线 a-4-i 表示下层的两个分支的力图。这三个力图精确嵌套重叠在一起表明由重力荷载引起的杆件力都是轴向力。

树状结构从根本上说还是一个桁架，如果加入额外的杆件，使树状结构变成完整的三角桁架，那么在假定的荷载模式下，这些额外的杆件将会是零力杆。从力图比例来看，杆件中的力较低，这在测量力的大小之前就可以直观地看出来。

树状结构看起来像一棵树，但它的结构原理与自然的树并不相同，因为树状结构分支的顶端是连接在一起的。如果树状结构的每个顶端都支撑着一块独立的矩形屋面板，树干固定在地板上，那么这个结构就会像一棵树那样，

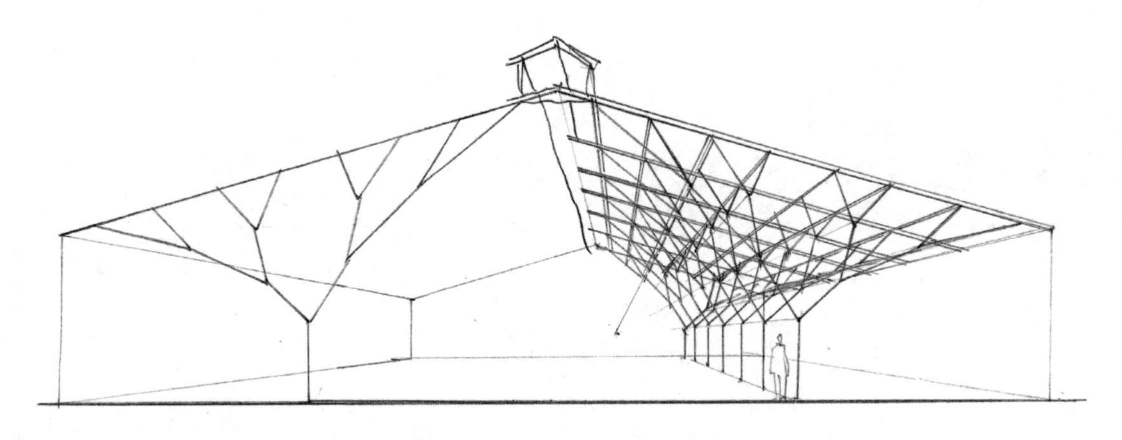

图 7.32　市场建筑的整体剖透视研究

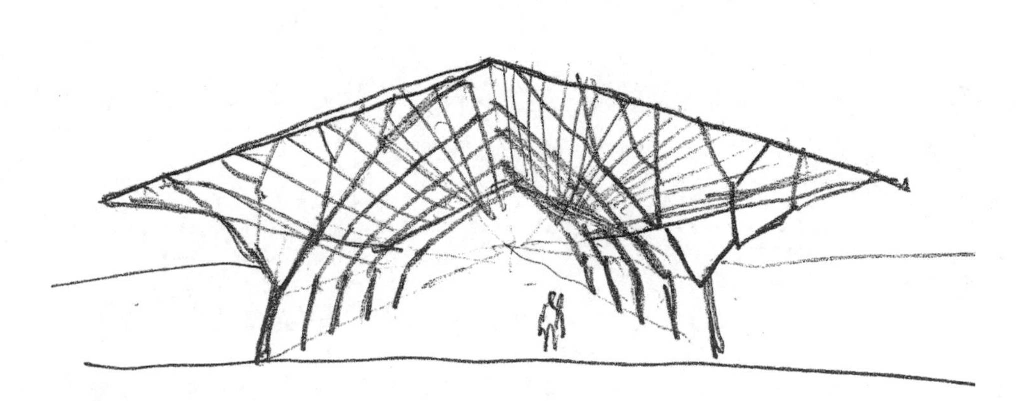

图 7.33　树干倾斜的设计草图

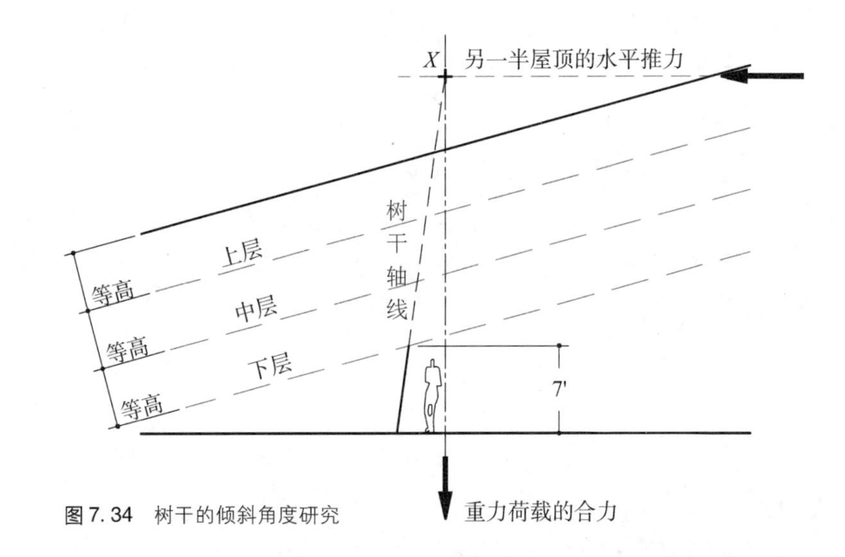

图 7.34　树干的倾斜角度研究

每个分支都可以在风中自由移动（图 7.31）。但这样的屋顶容易漏水，而且上层分支的偏移会非常大。对于自然的树木来说，容许较大的偏移是必要的，这样可以防止树木在较大的风荷载和雪荷载作用下不发生折断。但采用这种方式来建造建筑是不可取的，因为结构的变形会导致地板抖动和家具移位，屋顶则会像手帕那样在风中飘舞。

深化设计

市场建筑的屋顶的剖透视呈现出的视觉效果并没有设想中的那样有活力（图 7.32）。经过研讨后设计团队决定将每对树干稍微向彼此倾斜（图 7.33），随之而来的问题是树干倾斜角度是多少？如何平衡倾斜产生的水平侧推力？为了简化问题，采用位于分支杆件顶部的铰接节点来传递水平侧推力，如果选择用椽子的末端来传递水平力的话，则会在系统中产生非轴向力。首先，绘制出重力荷载合力的作用线，这条线会通过左半部分结构的中心（图 7.34）。

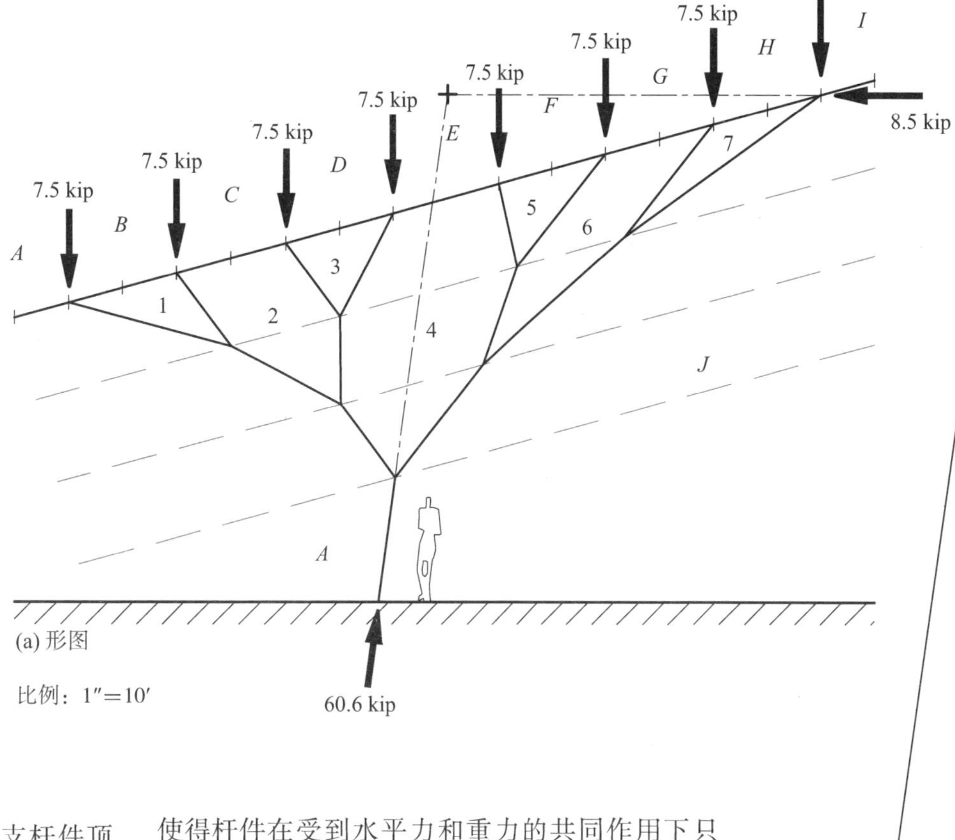

图 7.35　倾斜的树状结构形式研究，力求分支处于静力平衡状态。

右半部分结构的水平力会通过最高分支杆件顶端的铰接节点。接着，绘制出水平力的作用线。该系统中只有三个外力，为了使该系统处于平衡状态，树干轴向力的作用线必然通过其他两个外力的交点。最后，绘制出准确的形图，并对其进行图解分析（图 7.35）。载重线是三角形 *aij*，力图绘制完成后发现它并没有闭合。依次检查力图的求解过程，发现没有考虑到顶部铰接节点的水平力。树干右侧的分支杆件会受到水平力的影响，因此需要有恰当的形式布置，使得杆件在受到水平力和重力的共同作用下只会产生轴向力。力图的三角形载重线中已经包含了水平侧推力 *ij*（图 7.36）。树干轴线的左半边不受水平力影响，其分支的分布还是按照之前的方法绘制。力图中树干轴线的右半边应当相交于点 *j*，形成闭合的力多边形（图 7.36）。在形图上，按照与力图当中的分支方向平行的方法重新绘制出树状结构的右半边分支，其中虽然有两个分支的交叉点高于分层线，但是得到的树状结构的形式仍然适用。

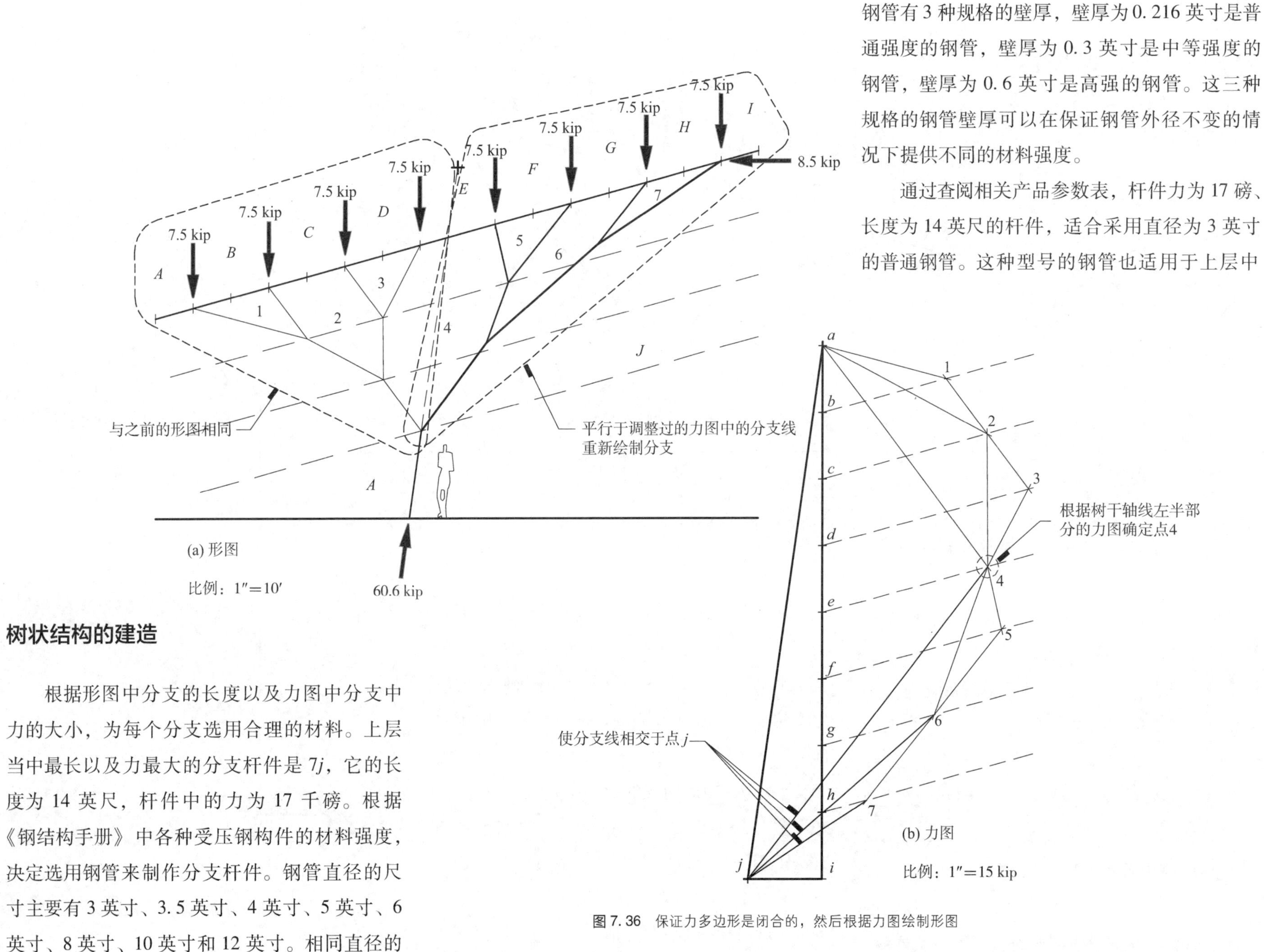

图 7.36　保证力多边形是闭合的，然后根据力图绘制形图

树状结构的建造

根据形图中分支的长度以及力图中分支中力的大小，为每个分支选用合理的材料。上层当中最长以及力最大的分支杆件是 7j，它的长度为 14 英尺，杆件中的力为 17 千磅。根据《钢结构手册》中各种受压钢构件的材料强度，决定选用钢管来制作分支杆件。钢管直径的尺寸主要有 3 英寸、3.5 英寸、4 英寸、5 英寸、6 英寸、8 英寸、10 英寸和 12 英寸。相同直径的钢管有 3 种规格的壁厚，壁厚为 0.216 英寸是普通强度的钢管，壁厚为 0.3 英寸是中等强度的钢管，壁厚为 0.6 英寸是高强的钢管。这三种规格的钢管壁厚可以在保证钢管外径不变的情况下提供不同的材料强度。

通过查阅相关产品参数表，杆件力为 17 磅、长度为 14 英尺的杆件，适合采用直径为 3 英寸的普通钢管。这种型号的钢管也适用于上层中的所有其他分支杆件。考察中层和下层的杆件长度和杆件力，发现 3 英寸的普通钢管也同样适用。越往下的分支当中的力越高，但因为杆件长度较短，因此发生屈曲的可能性也就较小。

树干长 7 英尺，需要承载 61 千磅的力。根据相关产品参数，需要选用一根直径为 3 英寸的高强钢管或两根直径为 3 英寸的普通钢管。在实际工程当中，钢管中的力通常会大于简化计算后的力，而且树状结构也会受到不对称的风荷载和雪荷载的影响，此外还需要进一步研究长分支杆件例如 4j、6j 和 7j 发生屈曲的可能性。详细设计后可能需要在节点处增加一些横向支撑，也可能需要采用其他的加强措施或改用高强的钢管。

细部构造

钢管的建造通常会采用定制的钢铸件作为连接件，但是这样做成本较高。自然当中的树木，从树枝到树干直径逐渐增加，受此启发从上层的八根支撑檩条的钢管开始，设计人员将它们在中层两两连接形成四对钢管，每对钢管平行地焊接在一起。在下层继续两两连接形成两组钢管，每组有四根平行的钢管。最后在树干处连接成八根平行的钢管。在钢管改变方向的地方，以适当的半径将钢管弯曲，弯曲部分会产生弯矩，在施工图设计阶段会详细分析每根钢管的承载力。这种建造方式使结构具有清晰的几何肌理，也比单根钢管更加坚固（图 7.37）。对于钢材制造商来说，这些小直径钢管的弯曲加工也并不困难。

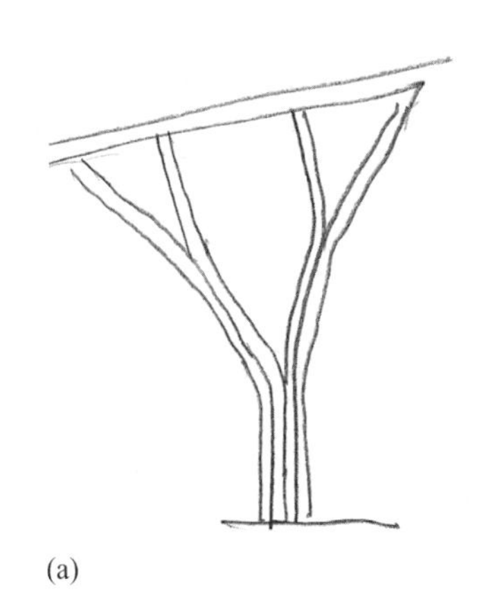

(a)

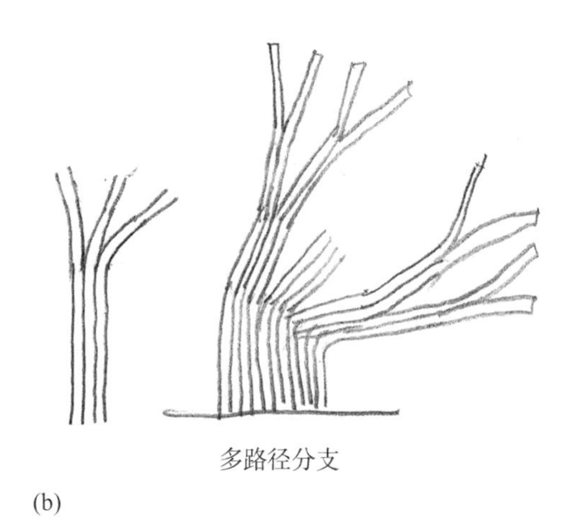

(b)

▶图 7.37　将钢管逐层平行叠加

如果平行的钢管紧密地焊接在一起，则钢管本身的任何轻微不规则都会使钢管之间的空隙宽窄不一，从而影响美观。为了避免这个问题同时方便钢管的组装，可以在相邻的钢管之间采用间隔件连接，从而使钢管与钢管之间产生约 1 英寸宽的间隙。这样钢管的微小不规则就不易辨别，并且光线通过 1 英寸宽的间隙产生的图案效果显著美化了结构的外观。间隔件采用 1/2 英寸厚的钢板，1 英寸宽、2 英寸长，间隔件之间的距离约 2 英尺。在组装之前需要绘制出精确的图纸，按图施工建造（图 7.38）。树状结构单元在工厂中预制，预制构件的模板包括使钢管保持在同一平面内的竖向板片或垫块，以及使间隔件在被焊接前保持位置不变的支撑件。一个树状结构单元的尺寸过大无法用卡车运输，所以与生产商合作，将树状结构分割成满足运输尺寸的预制构件，运输到现场后组装。

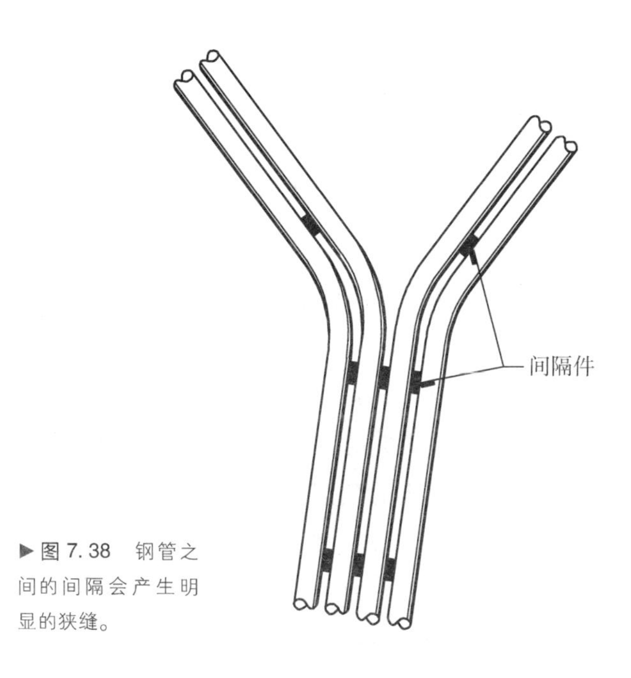

▶图 7.38　钢管之间的间隔会产生明显的狭缝。

▼图 7.39 增加可以使整体结构稳定的斜撑

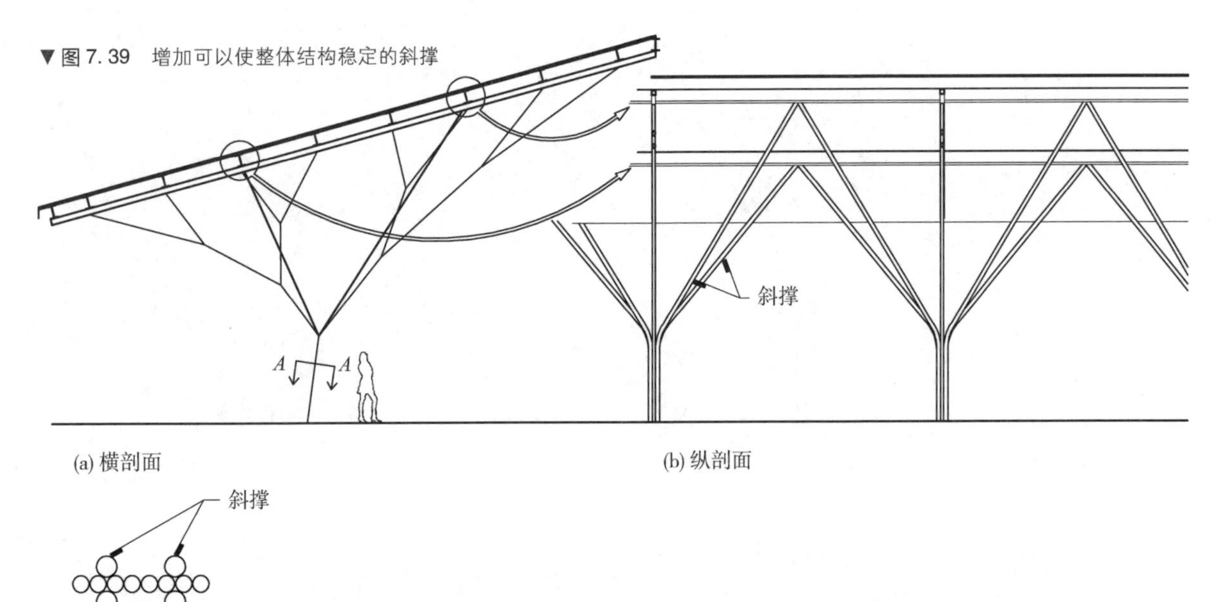

一对树状结构互相依靠形成的类似三铰拱的结构，可以有效地抵抗建筑短边方向上的横向荷载。但是在建的长边方向上还需要加强，比较和谐统一的方法是继续使用树状结构的形式，而不是重新选择一个几何主题。经过反复研究，设计团队决定从树干的下层两侧开始增加斜撑，使斜撑的顶部与檩条的中心相连，在纵向上形成 K 字形支撑（图 7.39）。目前斜撑设置在从檐口开始向上的第三根檩条和从屋脊开始向下的第三根檩条上。这样可以限制树状结构顶部的横向位移，同时防止树状结构在纵向上的变形。不需要在每根檩条上都设置斜撑。

如果仍选用直径 3 英寸的钢管作为斜撑，则会过于纤细。为了防止斜撑发生屈曲，暂定采用直径 6 英寸的钢管，放置在树干的两边。

围护结构在遮风避雨同时，还要满足自然采光和通风的要求，该设计将围护与结构一体化考虑，在屋脊处设计一个带有百叶的通长且透明的矩形天窗保护。外墙采用钢管支撑的波纹钢板（图 7.40），保护市场边缘的商贩免于暴露在户外天气当中。

屋顶采用了约几英寸厚的刚性保温板隔热，防止屋面过热导致市场内部空间的温度过高。为了更加准确地感受到树状结构的空间尺寸，运用计算机建模绘制出市场内部空间的效果图（图 7.41），通过调整人视角度，最终得到了令设计组成员满意的较为真实的模拟效果。

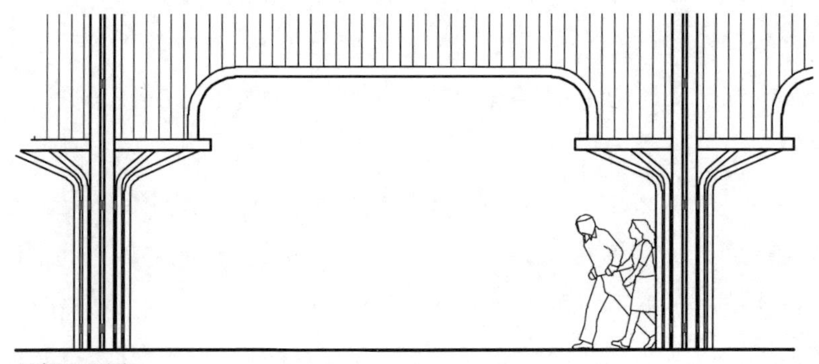

局部立面图

比例：1/8″=1′

▶图 7.40 围护墙体采用圆钢管以及波纹钢板建造。

图 7. 41　市场内部透视图
图片来源：波士顿结构组设计与绘制

图 7.42　斯图加特机场支撑屋顶的三维树状结构，由 GMP 公司设计。
图片来源：爱德华・艾伦摄

三维的树状结构

目前已经完成了一个平面的树状结构设计，只要再发展一下方案，就可以得到像斯图加特机场那样的三维的树状结构（图 7.42）。首先绘制出一个二维的树状结构，然后生成足够多的辅助视图来确定树状结构每个分支的真实尺寸和形状（图 7.43），这为二维图解法分析和确定三维的杆件受力奠定了基础。

另一项任务

如果你是该市场建筑设计的主创建筑师，并确定了采用斜拉结构来设计这个市场屋顶，可以采用诸如木材、混凝土、钢材中任何一种材料作为受压构件。请将你的设计结果与本章完成的树状结构相比较，并说明每种方案的优势与劣势。图 7.44 为一个斜拉结构的案例，可以在本章提供的案例当中寻找灵感，也可以采用具有创新性的形式。

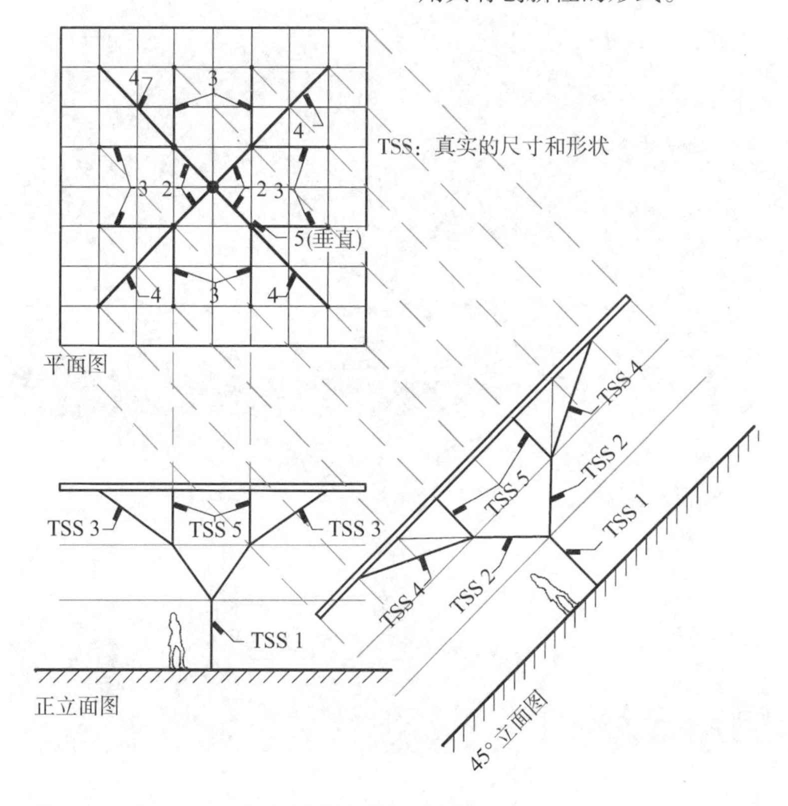

图 7.43　采用 45°视图帮助确定树状结构的形式

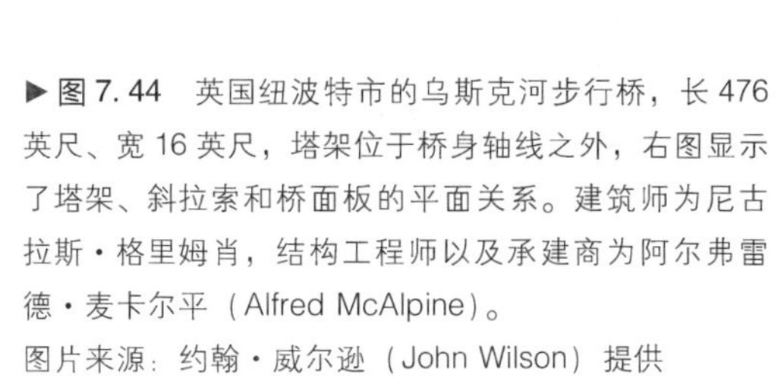

(a)

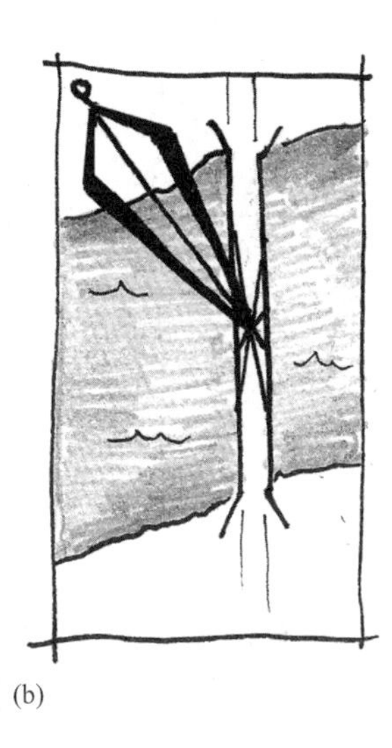

(b)

▶图 7. 44　英国纽波特市的乌斯克河步行桥，长 476 英尺、宽 16 英尺，塔架位于桥身轴线之外，右图显示了塔架、斜拉索和桥面板的平面关系。建筑师为尼古拉斯・格里姆肖，结构工程师以及承建商为阿尔弗雷德・麦卡尔平（Alfred McAlpine）。

图片来源：约翰・威尔逊（John Wilson）提供

思考题

1. 在图 7. 21 中，杆件 3-4 和杆件 6-7 限制了圆环形钢板的位置。如果去掉这些杆件，结构会产生什么样的趋势？去掉这些杆件的优点和缺点分别是什么？
2. 假设第 1 章中的国家公园管理局要求在峡谷观景步道的入口处设计一座跨度为 120 英尺的标志性步行桥，设计草图如图 7. 45 所示，地形限制了塔架和后拉索的安装空间，而且峡谷很深，无法在桥中间建造塔架。采用半扇形斜拉结构，5 对斜拉杆支撑着 2 个边梁，斜拉杆的间隔为 24 英尺，边缘斜拉杆距离桥的端部为 12 英尺，如图 7. 46 所示。目前的形式是凭直觉绘制的，请对其进行图解分析并确定最终的形式，并进一步明确是否需要对形式进行改进以及如何改进。

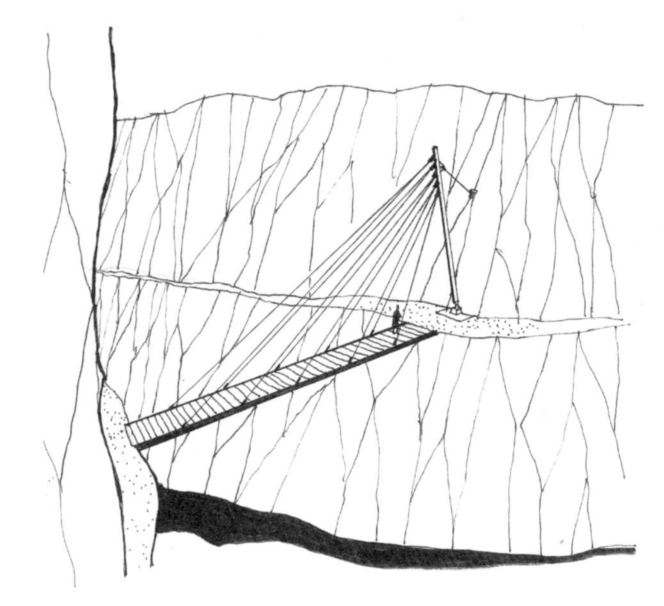

图 7. 45　斜拉步行桥的设计草图

图 7.46 所示的初步图解分析中，桥面板 *cd* 中的力比较大，需要传递到桥梁右侧的基础当中。塔架中的力 *cb* 和后拉索中的力 *ab* 比桥的总荷载 *da* 高很多。如参考资料网站上的工作表 7A 所示，在不影响外观效果的情况下，改变塔架和后拉索的倾斜角度或高度，降低结构构件当中的力。

该步行桥采用方钢管、钢杆、钢索等材料进行建造，塔架、梁在基础处与悬崖岩壁的连接构造如图 7.47（a）所示。离塔架最远端的连接点不向岩壁传递任何荷载，只起到限制步行桥的横向位移和向上位移的作用。请思考并设计出其他抵抗侧向力以及风的拔力的方法。

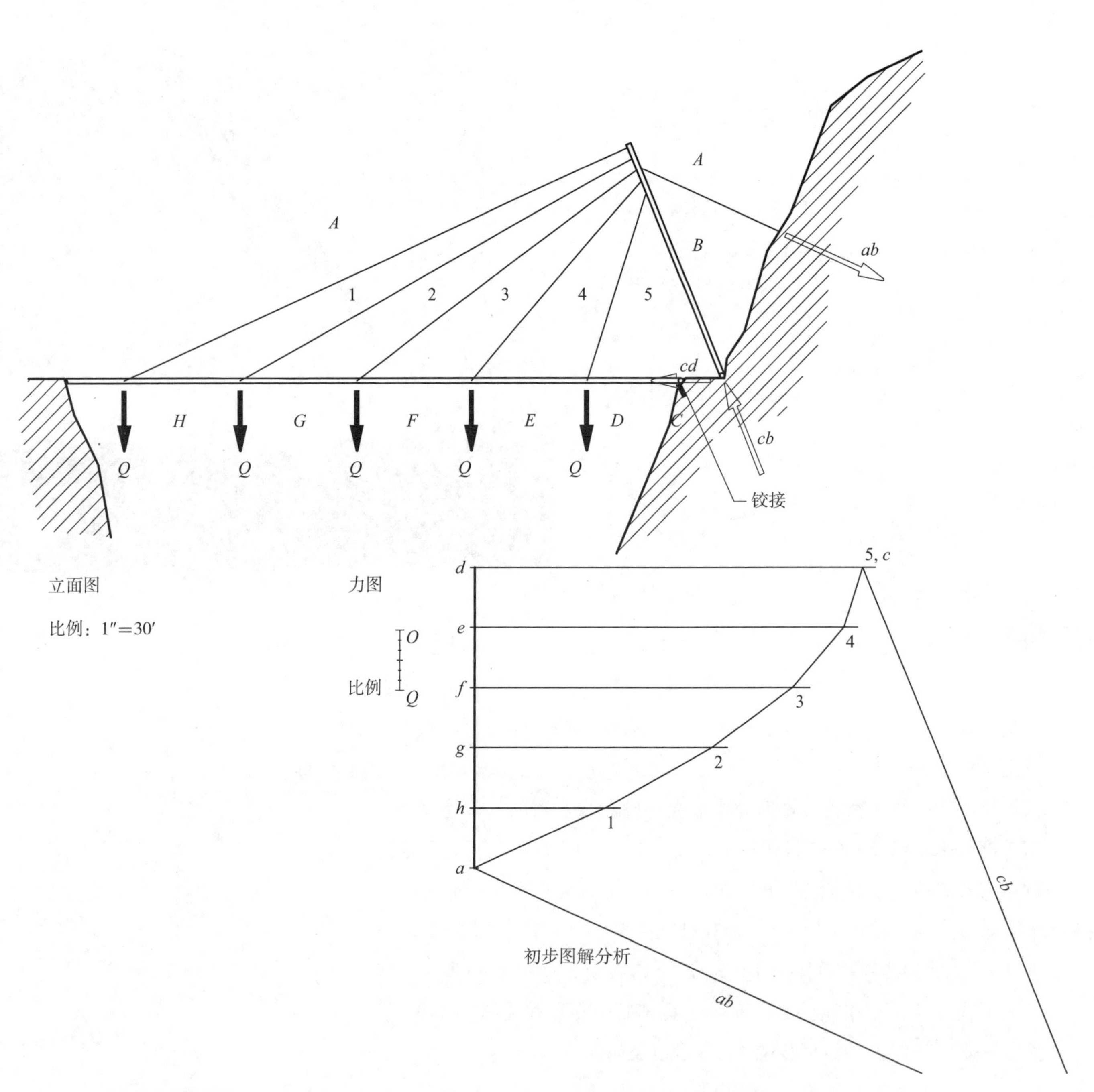

图 7.46　步行桥的图解分析

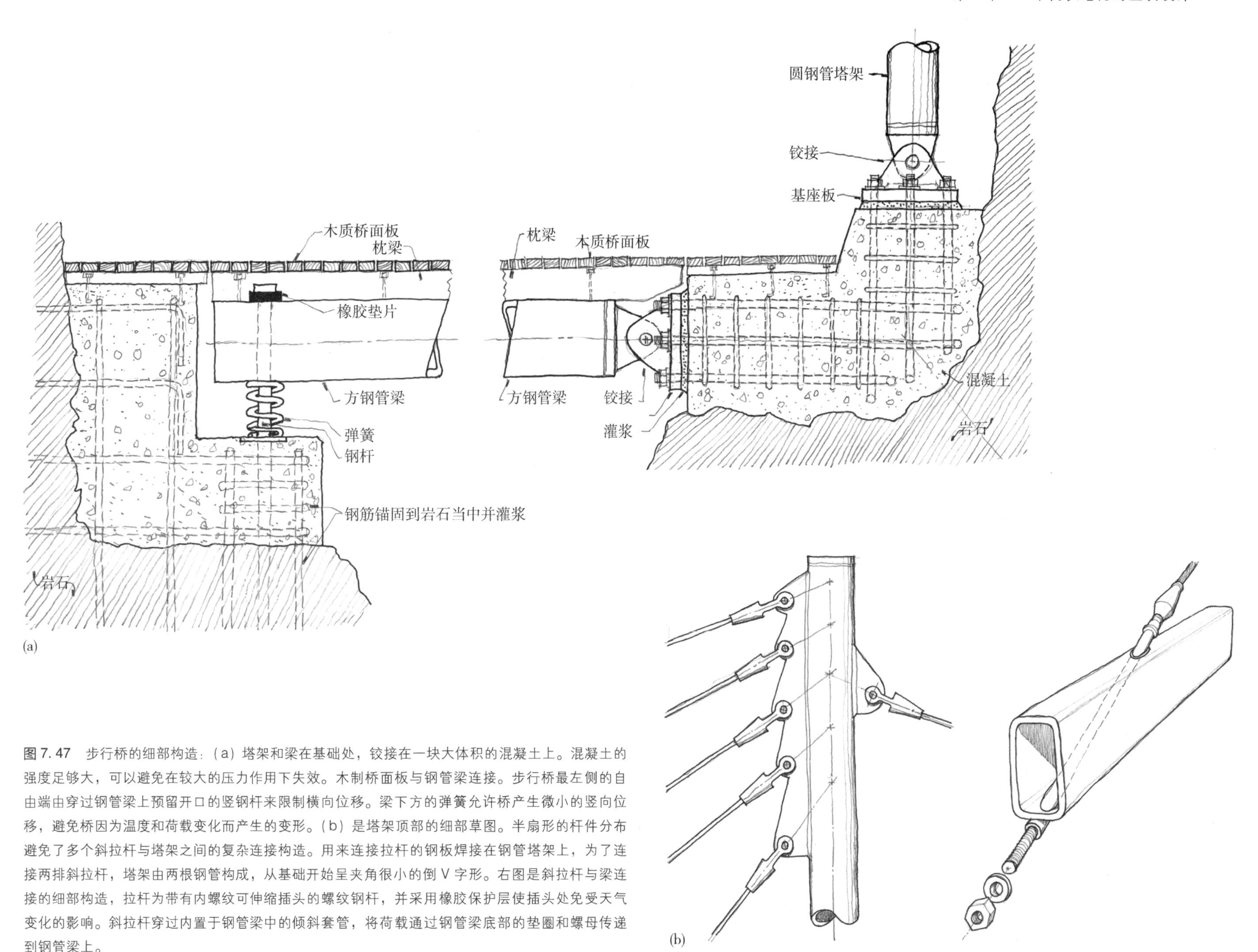

图 7. 47　步行桥的细部构造：（a）塔架和梁在基础处，铰接在一块大体积的混凝土上。混凝土的强度足够大，可以避免在较大的压力作用下失效。木制桥面板与钢管梁连接。步行桥最左侧的自由端由穿过钢管梁上预留开口的竖钢杆来限制横向位移。梁下方的弹簧允许桥产生微小的竖向位移，避免桥因为温度和荷载变化而产生的变形。（b）是塔架顶部的细部草图。半扇形的杆件分布避免了多个斜拉杆与塔架之间的复杂连接构造。用来连接拉杆的钢板焊接在钢管塔架上，为了连接两排斜拉杆，塔架由两根钢管构成，从基础开始呈夹角很小的倒 V 字形。右图是斜拉杆与梁连接的细部构造，拉杆为带有内螺纹可伸缩插头的螺纹钢杆，并采用橡胶保护层使插头处免受天气变化的影响。斜拉杆穿过内置于钢管梁中的倾斜套管，将荷载通过钢管梁底部的垫圈和螺母传递到钢管梁上。

关键术语

fanlike structures 扇形结构
cable-stayed structure 斜拉结构
fan 扇形
semifan 半扇形
harp 竖琴式
half-harp 半竖琴式
dendriform 树状分支
tower 桥塔
mast 桅杆
pylon 塔架
stay 支柱
box girder 箱梁
balanced cantilever erection 平衡悬臂法
compressive fan 受压的扇形结构
counterweighted structure 带有配重的结构

参考资料

Harris James B, and Kevin Pui-K Li. Masted Structures in Architecture. Oxford, UK: Butterworth Architecture, 1996. 这本书介绍了大量的斜拉结构的设计案例。

Menn Christian (English translation by Paul Gavreau) . Prestressed Concrete Bridges. Basel: Birkh a User, 1986. 这本书是关于桥梁设计的专著，其中的大量篇幅介绍了斜拉桥的设计。

Pollalis Spiro N. What Is a Bridge? The Making of Calatrava's Bridge in Seville. Cambridge, MA: MIT Press, 1999. 这本书的作者在卡拉特拉瓦事务所工作期间，参与设计和建造了阿拉米洛桥。

以下是一些实际项目的网址：

www. bridgepros. com/projects/Millau_ Viaduct：该网址含有米洛高架桥的相关资料。

第 8 章 8

无筋砖石砌体结构设计

本章作者：约翰·霍森多夫（John A. Ochsendorf）和菲利普·布洛克（Philippe Block）

- 传统无筋砖石砌体结构的设计与建造
- 采用拉杆和飞扶壁的砖石拱顶的稳定
- 荷载路径与断面核
- 预定几何形状的拱的图解分析
- 悬链线拱和拱顶的设计与建造

法国南部鲁西荣（Roussillon）地区的考古人员在一栋古罗马别墅里发现了一块保存完好的马赛克地板。当地政府希望在该场地上建造一个屋顶，保护马赛克地板的同时也能够作为游客服务中心。鲁西荣地区的砖石拱顶建筑历史悠久、形态雅致，是优秀的设计范本。在参观了建筑师塞萨尔·马丁内尔（Cèsar Martinell）设计的西班牙塔拉戈纳某酒厂的砖石拱顶之后（图 8.1），我们对无筋砖石砌体结构形成的高耸的空间产生了信心，并决定采用这种方式来建造这个屋顶，它优雅的形式必然会为马赛克地板提供独特的庇护场所。屋顶的跨度大约为 12 米，该地块的建筑场地如图 8.2 所示，建筑的一侧紧邻一个土坡。

主要的建筑材料——砖由当地生产，这样做的好处在于可以减少运输成本，同时可以雇

图 8.1 西班牙塔拉戈纳某酒厂的砖石拱顶，1919 年建成，由塞萨尔·马丁内尔设计。图片来源：米歇尔·拉梅吉提供

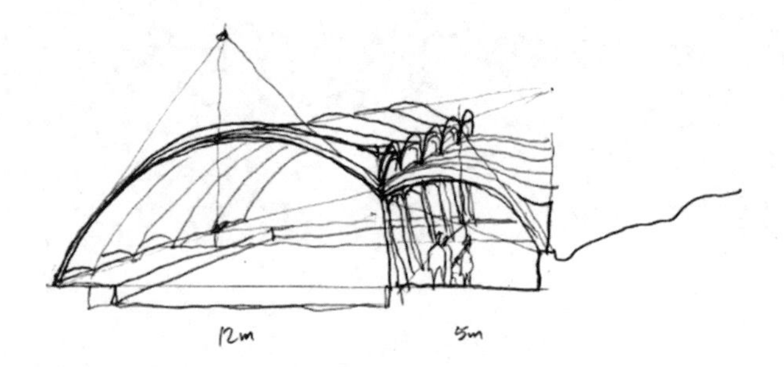

图 8.2　无筋砖石砌体结构设计草图

用当地的劳动力进而促进地区经济的发展，而且由惰性、无污染材料制成的黏土砖的整体耗能较低。砖砌体结构迷人的色彩和肌理同时可以成为室内空间的装饰，从而降低装修成本，以及减少对环境的影响。此外，采用无加筋砖砌体结构，可以避免钢筋的锈蚀对砖的不良影响。避免因钢筋与砖之间的连接不当造成的砖块崩裂，只采用砖块建造可以增加结构的耐久性，并降低后期的维护成本。

人类建造砖石建筑的历史已有数千年，在开蒙之初，人类的祖先就开始使用泥土和砖石来造房子，目前世界上保留的大多数的伟大建筑也都是由砖石建造的。砖石结构中的内力非常低，因此造成结构不稳定的因素主要是结构形式问题，而不是砖石的抗压强度问题。传统的设计方法是基于一定的比例和几何规则，这种方法适用于内力较低的结构。

无筋砖石砌体结构的形式必须符合力学逻辑，避免结构在任何荷载条件下以任何方式产生拉应力，从而导致建筑物的倾覆。找出合理的无筋砖石砌体结构形式的方法有两种：悬链模型和图解静力学。

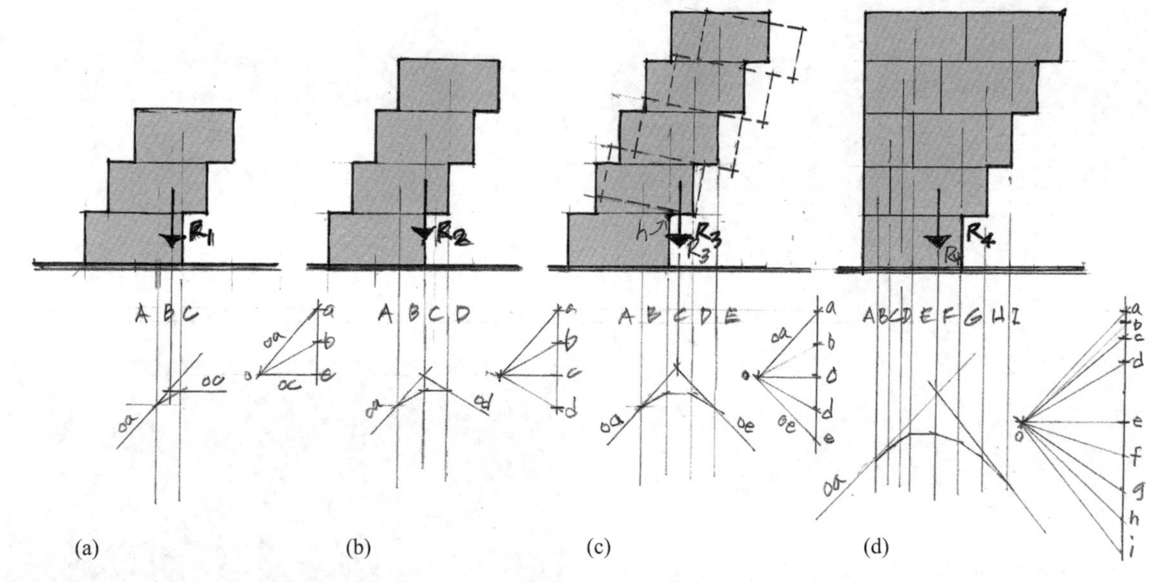

图 8.3　叠涩结构的稳定性：（a）三个砖块的叠涩可以保持平衡；（b）四个砖块的叠涩达到了平衡的极限；（c）五个砖块的叠涩会产生倾覆；（d）增加砖块配重以保证稳定性。

> 最好的建筑都是在限制条件最多的情况下建造出来的，建筑设计需要想象力，限制条件似乎一直是建筑师最好的朋友。
>
> ——弗兰克·赖特

叠涩和穹窿结构

叠涩是砖石结构实现跨越的最简单和最原始的方法，将每一层砖块或石块向外突出一小段距离就可以实现（图 8.3）。理论上，突出距离最多为砖石单元长度的一半，超过这个距离，该砖石单元将在边缘产生倾斜。然而实际中为了最大限度地减小拉应力，使泥瓦匠的劳作更加容易，通常砖石单元的突出距离不超过砖石单元高度的一半，这将会产生一个与水平面大约成 65°角的叠涩开口。

为了保持开口的结构稳定性，使其在任何情况下都不会失稳，必须对多层叠涩结构增加配重。在图 8.3（a）中，三个砖块的合力的作用线 R_1，位于底部砖块的内部，表明该结构是稳定的；在图（b）中，砖块合力的作用线位于

图 8.4　叠涩形成的砖石墙体的开口

(a)

(b)

图 8.5　（a）美国马萨诸塞州纳提克的某建筑物上的叠涩装饰；（b）西班牙巴塞罗那某建筑，支撑屋顶角部的墙垛以及突出于墙面的窗檐，都采用了叠涩的建造方式。
图片来源：爱德华・艾伦摄

底部砖块的边缘，所以结构也是稳定的；在图（c）中，所有砖块的合力作用线位于底部砖块之外，形成了不稳定的结构；在图（d）中，通过在后面增加砖石配重，使得合力作用线调整到了底部砖块的内部，恢复了结构的稳定性。以上这四种情况，重心的位置是由图解法求得的，具体的求解方法请参见本书第 132 页。

如图 8.4 所示的砖石墙体的开口是由两侧叠涩形成的，这种结构通常不会产生水平侧推力，所形成的叠涩拱也通常被称为“伪拱”。然而在配重不足的情况下，两侧叠涩彼此依靠，平衡了水平侧推力，这种伴随有水平侧推力的叠涩拱实际上就是真正的拱。叠涩这种建造方法跨越的距离较小，常用于建造砖石结构的装饰性线脚（图 8.5）。

将叠涩结构按圆锥体进行建造就可以形成一个穹窿结构，如图 8.6（a）所示，但实际上的穹窿结构比这个要复杂得多。由于穹窿结构没有配重，因此它会沿径向产生向外的推力。穹窿结构本身倾向于往中心倾覆，每层砖石结构的环向力都在抵抗这种倾覆的趋势。其中的任一块砖石在平面上两侧起拱，通过挤压产生向内的力，从而平衡了向外的推力。叠涩的穹窿结构可以采用干砌法，也可以采用湿砌法。最知名的叠涩穹窿结构是一座建造于公元前 1250 年的希腊古墓，其跨度达到了 14.5 米。

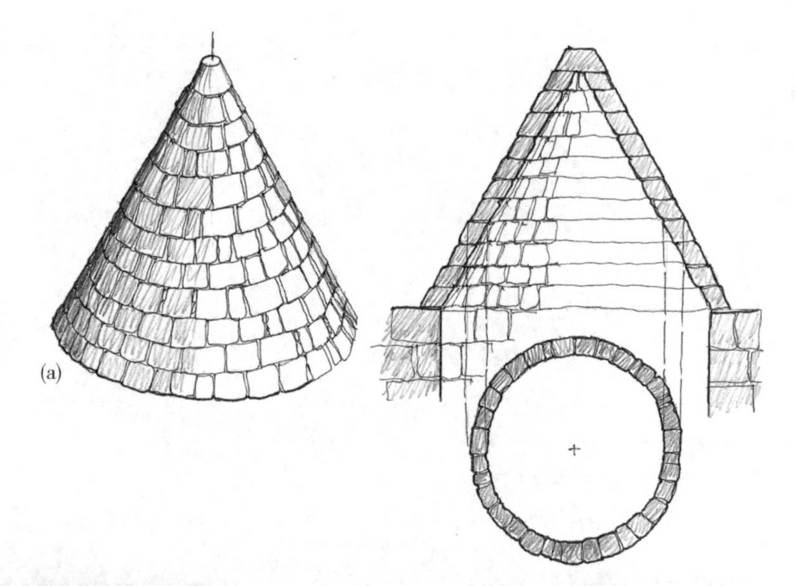
(a)

(b)

(c)

图 8.6 （a）穹窿结构中每层砖石的环向力可以阻止砖石向内倾覆；（b）意大利南部的特鲁利圆屋的穹顶由小型不规则石块砌筑而成；（c）部分倒塌的穹顶显示出了特鲁利圆屋的结构。
图片来源：爱德华・艾伦摄

砖石拱结构：胡克定律

砖石结构采用拱而不是叠涩的方式可以跨越更大的距离。1675年，英国科学家罗伯特·胡克（Robert Hooke，1635—1703）发现了拱结构的数学原理，他用一句话来总结："悬挂着的柔性悬链线，倒过来就是坚硬的拱。"胡克描述了悬链线与拱之间的关系，悬链线在其自身重量下呈受拉的悬垂状，而拱则处于受压状态（图8.7），悬链线和拱都处于静力平衡状态。通常情况下，胡克定律意味着将某种荷载条件下的悬链线倒置就是承受同样荷载条件的拱结构的理想形状。这个简单的想法在接下来的几个世纪里被用来分析和设计了许多重要的结构。

图8.8就是胡克定律的一个应用，图中的拱结构由不规则石块构成，砖石只能抵抗压力，只有当推力线（压力的路径）完全处于砌体内部时，拱结构才能成立。拱结构中的每块砖石的重量和重心都已知，拱结构可以用一条悬挂着一系列小沙袋的弦来模拟，小沙袋代表每块砖石的重量，这条弦的形状就是支撑这些沙袋的拉力路径，倒置后就是拱结构的推力线。对弦的端部施加不同的水平力，就可以找到无数的弦的形状，这一系列弦的形状都对应着同一个荷载条件。相当于水平移动力图中的极点，以适应不同的水平力。砖石拱结构的平衡可以

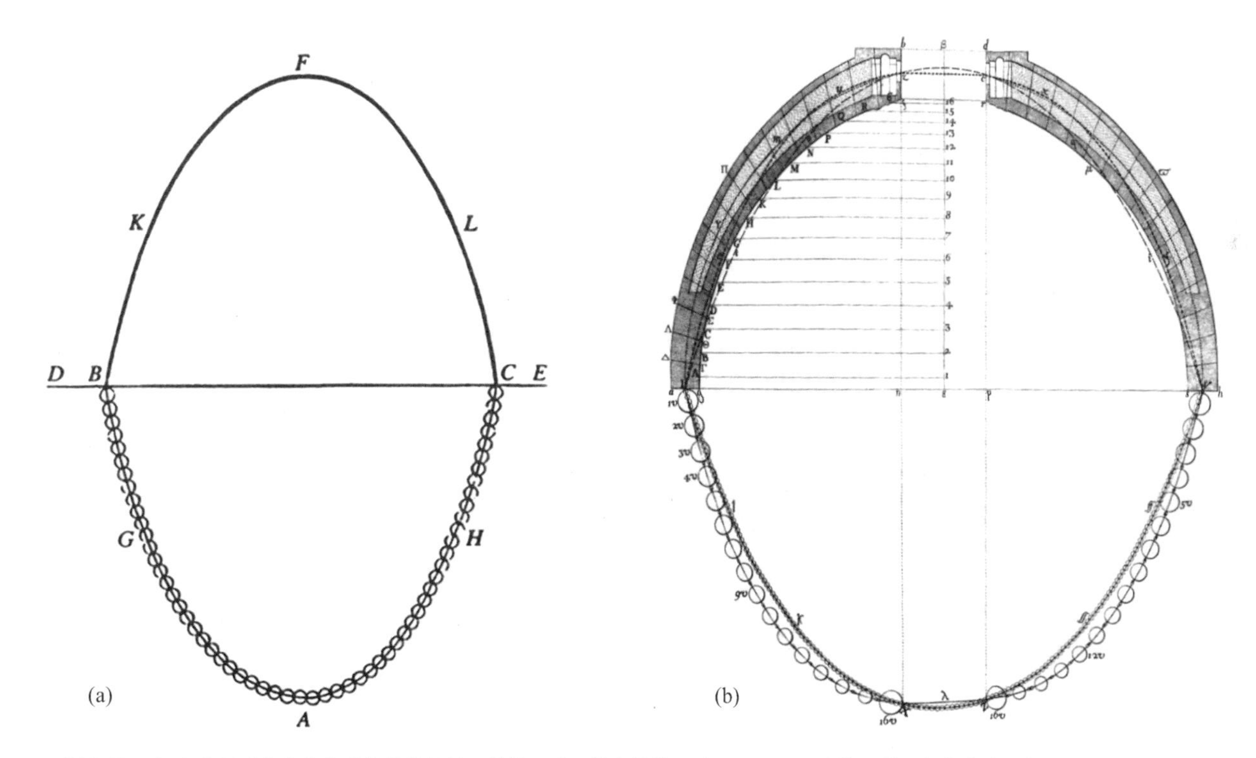

图8.7　（a）处于受拉状态的悬链线就是倒置的处于受压状态的拱；（b）乔瓦尼·波莱尼利用胡克定律分析罗马圣彼得大教堂的穹顶。
图片来源：1747年波莱尼的手稿

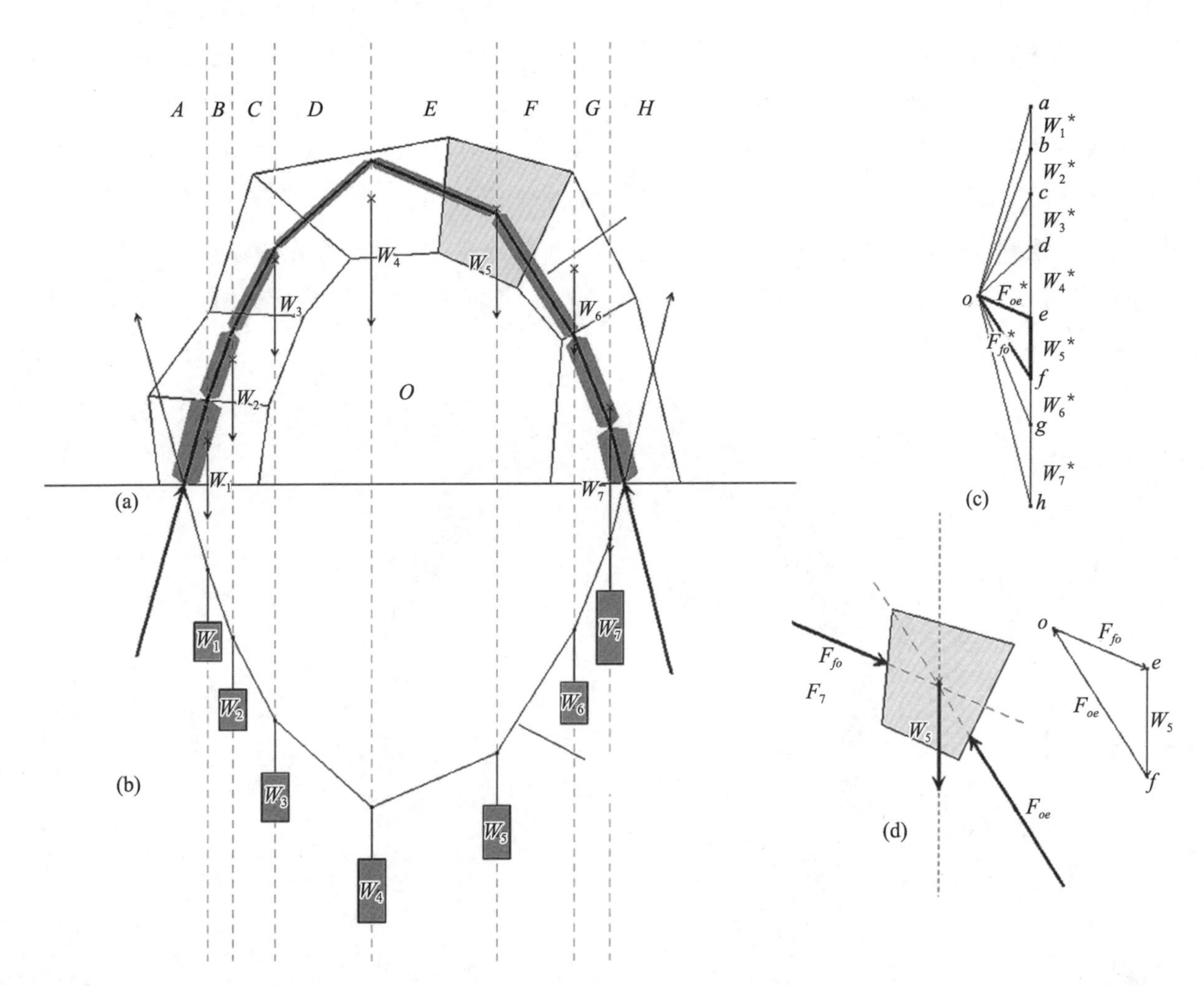

图 8.8 (a) 不规则石块砌筑的拱的内部可能的推力线;(b) 承受与拱石相等重量的悬链线;(c) 拱结构的力图;(d) 单个拱石的力图是一个闭合三角形。

直观地通过推力线来表示,推力线代表了结构中的压力路径。

如果推力线游离在拱结构的截面之外,压力将作用在空气当中,只有在材料能够抵抗拉力时,这种情况才可能实现。虽然图 8.8 中只绘制了一条推力线,但这个拱结构具有无数种可能的推力线,它们都位于砌体之内。拱结构是超静定结构,也就是可能存在多种稳定平衡,每种都对应着砌体内部不同的推力线。

任何拱的推力线都可以通过悬链模型或图解静力学的方法找到,这两种方法都可以求解出推力线的形状以及拱中的压力。每个拱段都承受着相邻拱段传递来的压力以及自身的重力,这三个力相互平衡,如图 8.8 (d) 所示。拱中心的石块也被称为券心石,相比于边缘的石块,券心石所承受的压力最小,它通常最后被建造。

虽然砖石拱中存在无数个推力线,但拱的几何形状已经确定了拱内最小的和最大的水平推力 [图 8.9 (a)]。如果要对一个传统拱结构进行结构安全评估,分析人员不需要计算出确切的水平推力值,只需要推定可能的水平推力值的范围,因为确切的水平推力值只发生在拱结构的内部。对于不同的荷载作用模式,拱结构会形成不同的推力线使其保持稳定。在图 8.9 (b) 中,如果推力线与拱基座的交接点即支撑点向拱内部移动,可以求得拱结构内的最小水平推力。如果交接点向拱外部移动,则可以求得拱结构内的最大水平推力 [图 8.9 (c)]。最小推力

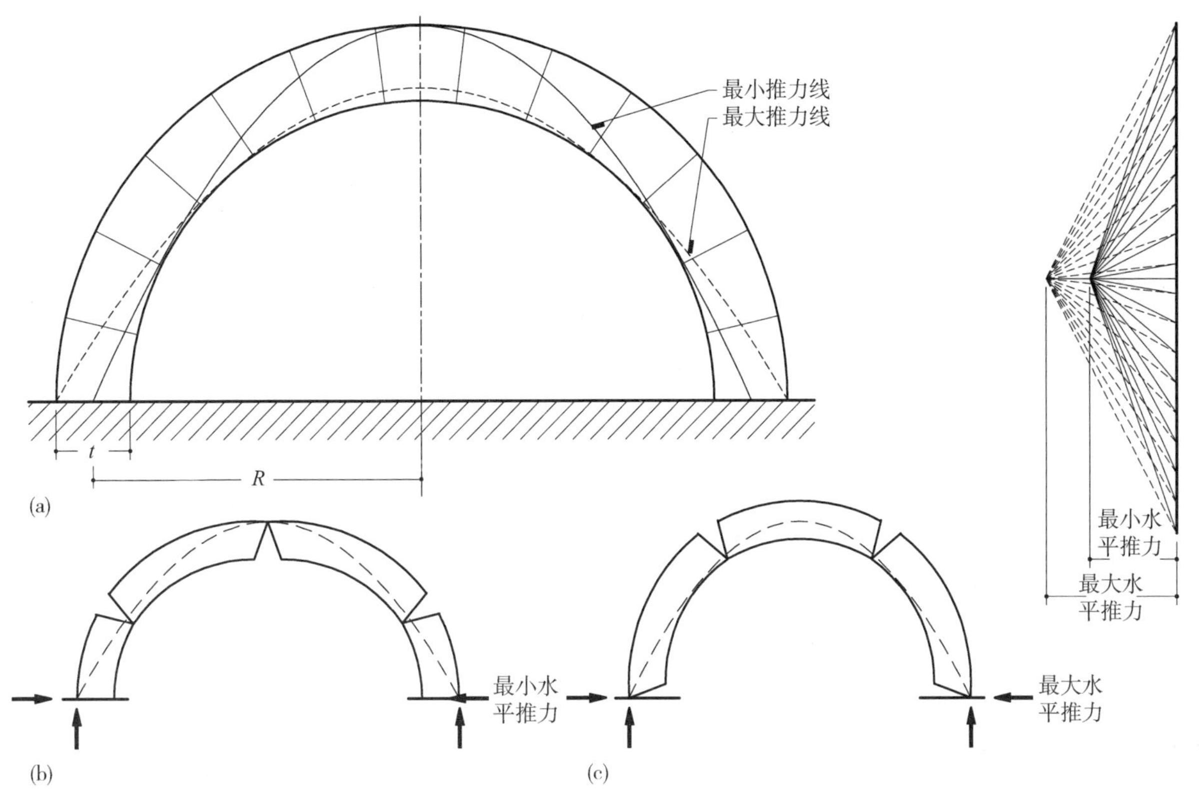

图 8.9　（a）半圆形砖石拱中的最小和最大推力线；（b）交接点向拱内部移动会得到最小水平推力；（c）交接点向拱外部移动会得到最大水平推力。

图 8.10　压力作用于拱段的位置与拱段内部压应力分布之间的关系：（a）当压力作用于拱段中心时（$x=b/2$），压应力均匀分布。（b）当压力向边缘移动时（$b/3<x<b/2$），压应力开始呈斜线分布。（c）干砌砖石结构中，由于表面的不平整可能会出现局部应力集中的情况。（d）当压力作用在拱段的三分之一处时（$x=b/3$），较远一端的应力值为零。（e）当压力继续向拱段边缘移动时（$x<b/3$），在拱段部分区域上会出现较高的应力。（f）当压力作用在拱段的边缘时，应力高度集中导致拱段与基座之间的连接趋近于铰接。

注：断面核

（被动）指的是为了维持拱的自身形状，拱结构支座需提供的最小水平推力。最大推力是指拱结构支座所能提供的最大水平推力。砖石拱的稳定就是确保推力线位于拱结构的内部，从而将拱段中的压力安全地传递到地面。

对于砖石拱结构来说，每个拱段都承受三个作用力，即重力以及来自两侧拱段的压力，这三个力构成了一个闭合三角形，两个压力的垂直分量之和等于拱段的重力，推力线就是压力的作用线。如果压力施加在拱段的中心，则拱段内部的压应力呈均匀分布［图 8.10（a）］。如果压力施加在远离拱段中心的位置，拱段内压应力的分布就会发生变化，其中一侧要比另一侧承受更大的压力。假设砂浆处于弹性变形的状态，那么压应力呈斜线分布［图 8.10（b）］。在干砌砖石结构中，拱段之间的接触面比较粗糙，可能会出现局部应力集中的情况［图 8.10（c）］。如果压力作用于拱段截面的三分之一处［图 8.10（d）］，则拱段较远的边缘处压应力将减小到零，也就是说该边缘处的材料不承受力的作用。随着压力接近拱段的边缘，拱段的部分区域出现较高的应力［图 8.10（e）］。如果压力作用到拱段的边缘，则会出现应力集中的现象，导致拱段与基座的连接趋近于铰接［图 8.10（f）］。稳定的砖石拱结构允许出现三个铰接节点，但是四个或更多的铰接节点会导致拱结构的坍塌。

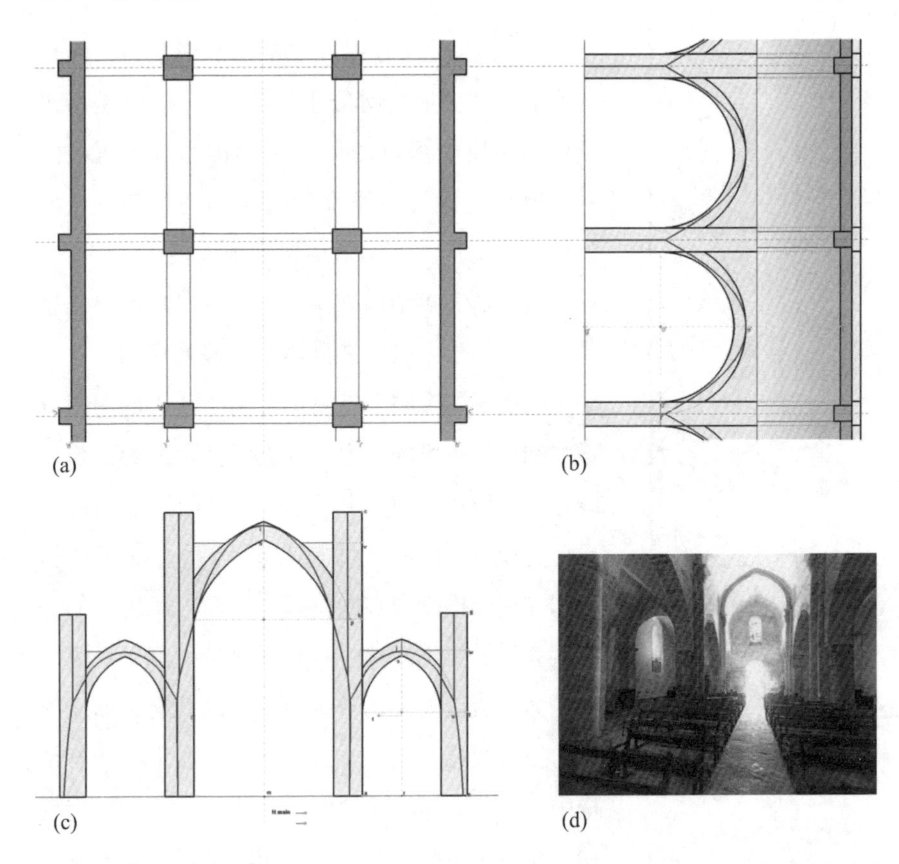

图 8.11 法国中部某罗马式教堂：（a）教堂平面的一部分；（b）教堂的纵剖面中可能存在的推力线；（c）教堂横剖面中可能存在的推力线；（d）教堂内部透视图。
图片来源：安德鲁·塔隆（Andrew Tallon）提供

图 8.12 19 世纪时期，建筑理论家勒·杜克（Viollet-le-Duc）绘制的法国弗泽莱修道院剖面，左侧为修道院未变形时的状态，右侧为变形后的状态。

宏伟的拱结构

几千年前埃及古建筑就已经采用了拱结构形式，但这种结构形式却在罗马帝国时期得到了发扬光大。罗马人将拱结构拓展到了三维方向，建造了由墙和扶壁支撑的筒拱结构。11 世纪以来，欧洲各国开始借鉴筒拱这种结构形式建造教堂等重要公共建筑。随着建筑越盖越高，飞扶壁这种具有创新性的支撑方式应运而生。

相比于木结构，砖石拱结构更加坚固，并且防火性和耐久性更好，因此在罗马时期建造了大量的砖石拱结构（图 8.11）。在典型的中间主殿两边侧廊的教堂建筑中，主殿的跨度越大，其中的水平侧推力就越大。侧廊的跨度通常较小，其中的水平侧推力也较小。在这种情况下，主殿常常处于最小推力状态，而侧廊则处于最大推力状态，这种状况从著名的法国弗泽莱修道院的剖面分析中可见一斑（图 8.12、图 8.13）。

哥特时期的砖石拱结构继续进行了大胆的创新，形成了透明的、崇高的、神圣的且具有韵律感的室内空间。

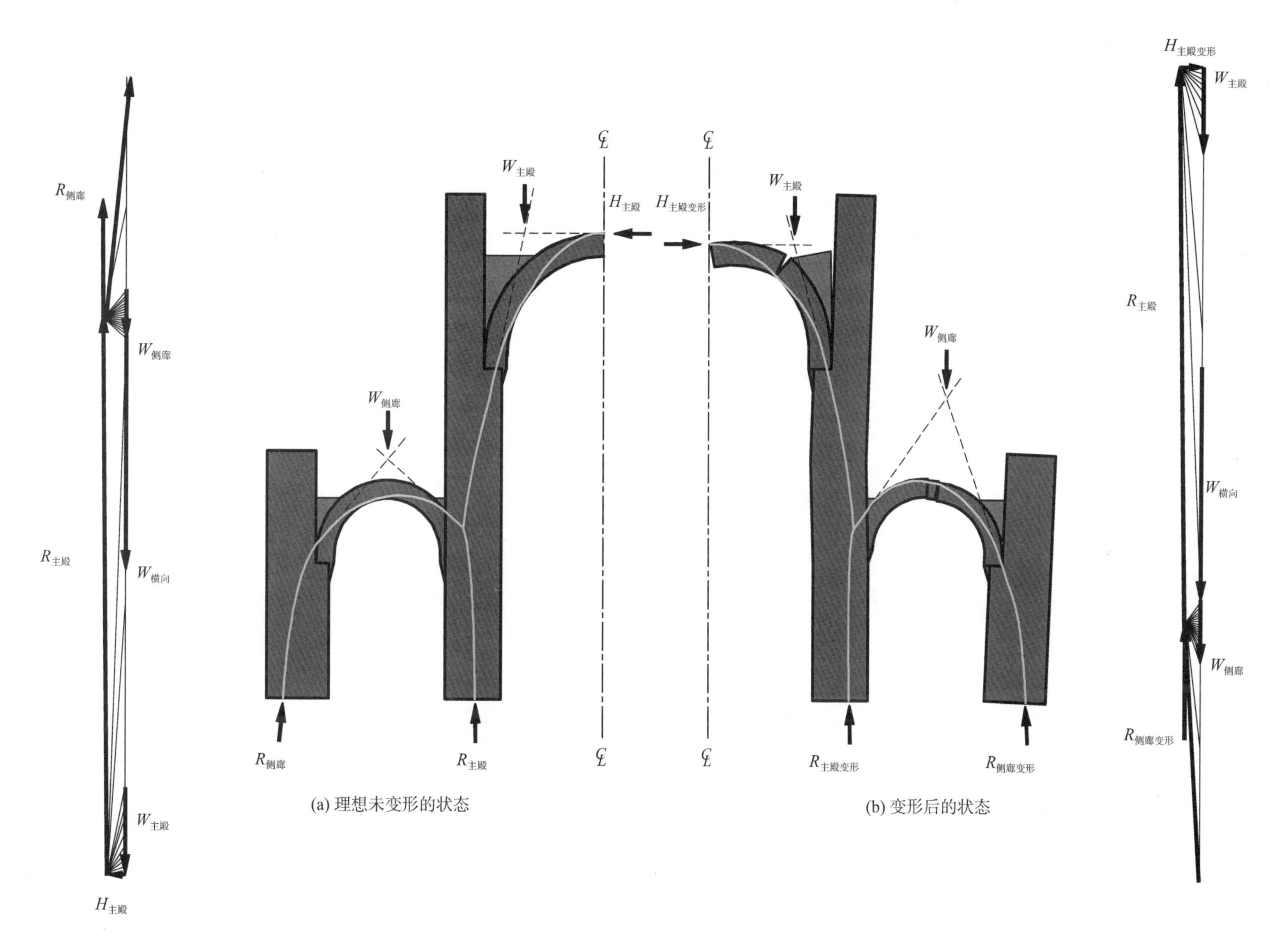

图 8.13　弗泽莱修道院结构中可能存在推力线以及相应的力图：（a）理想未变形的状态；（b）由于基础沉降等作用带来的结构变形，力图表明结构中的竖向力占主导地位，而水平侧推力则相对较小。

注：H 为水平侧推力、W 为荷载、R 为支座反力

飞扶壁、斜拱、墙垛等建筑要素被创造出来支撑高耸的哥特式拱顶，这些要素灵活且不占空间，大量的自然光线透过彩色玻璃花窗洒进主殿，实现了教堂空间的透明。同时这些要素也将拱中的压力向下传递至地面（图 8.14）。教堂越高，所承受的风荷载也就越大，飞扶壁同时也起到抵抗横向荷载的作用。相对于半圆形拱来说，哥特式尖拱更接近于悬链线形，其中的水平侧推力也随之减少，同时支撑的柱墩也变得更加纤细，由此为墙面提供了更大的开窗面积（图 8.15）。哥特式拱结构中精致的石头骨架是建筑意匠的智慧结晶，是对几何与结构

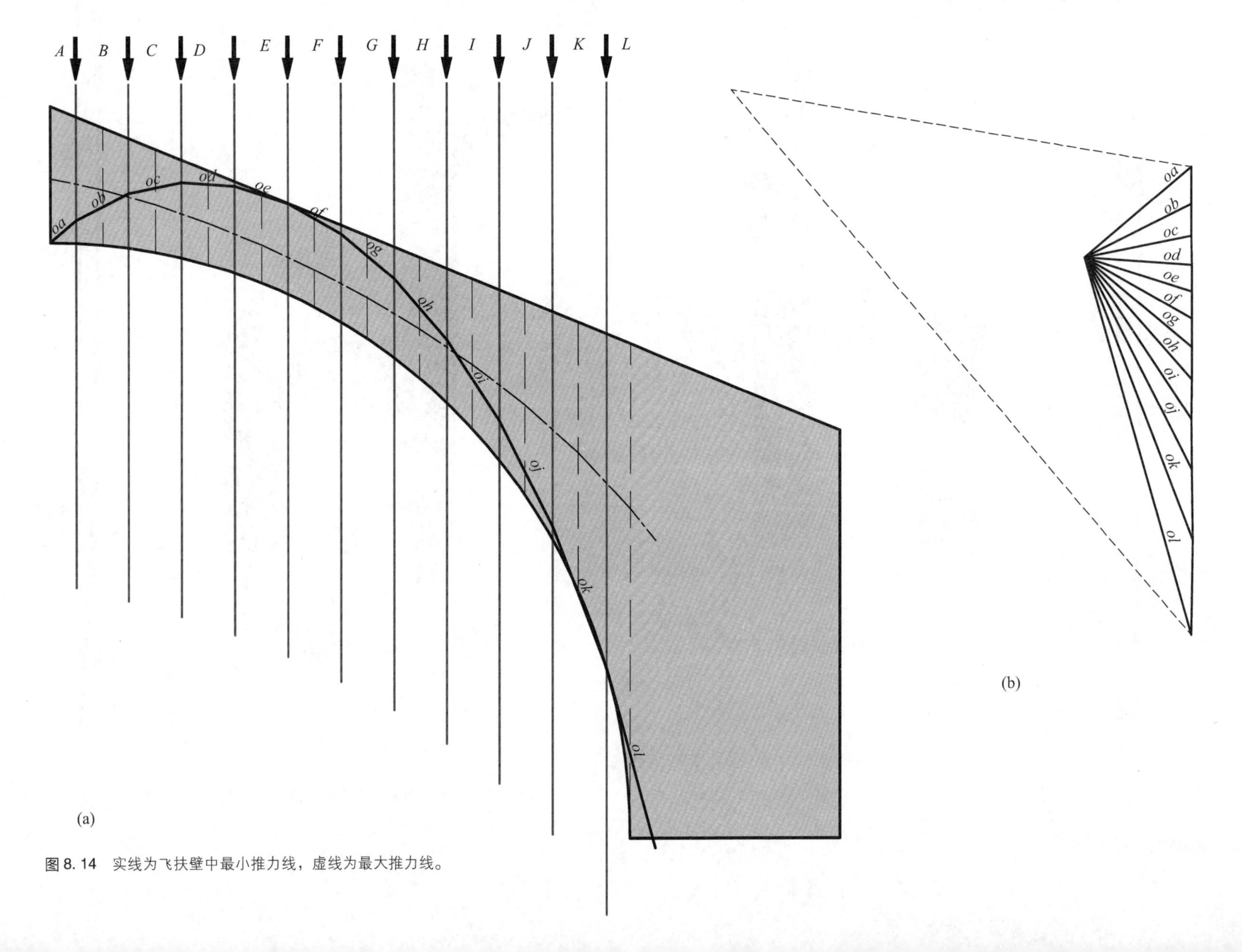

图 8.14　实线为飞扶壁中最小推力线，虚线为最大推力线。

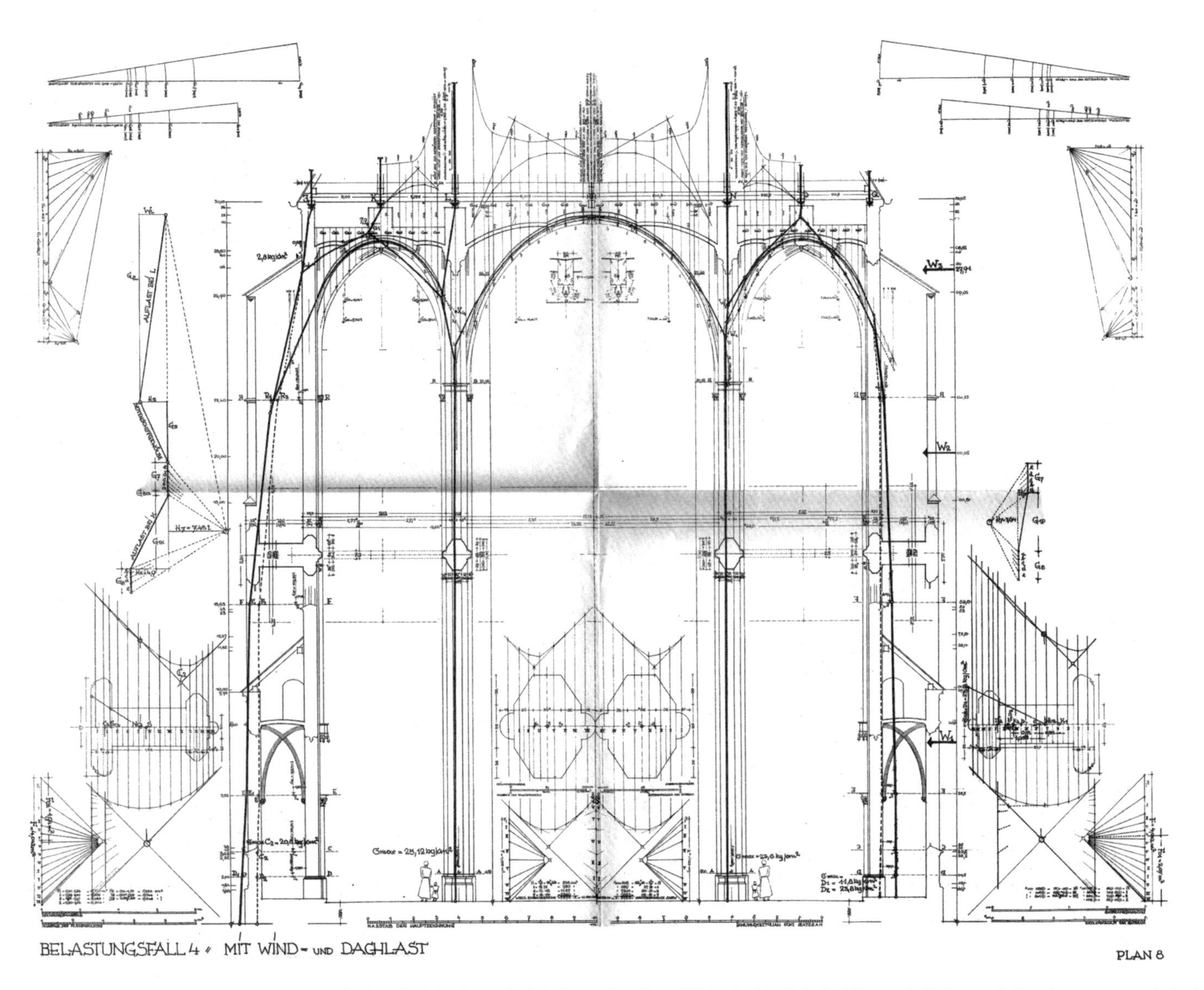

图 8.15　1933 年德国慕尼黑大学佐恩的博士学位论文对某哥特式教堂的图解分析，横剖面中的粗线为该结构在重力荷载和风荷载的作用下可能的推力线。

图片来源：Zorn E. Statische Untersuchung der St Martinskirche in Landshut. PhD dissertation，Universität München，Germany，1933.

形式内在关联的极致探索。

墙垛

传统的砖石砌体结构通常由柱子支撑，但纤细的柱子无法抵抗拱券或拱顶中巨大的水平侧推力，可以采用钢拉杆来抵抗和平衡这种水平推力，但是这种方式不仅带来了构造上的难题而且造成了视觉上的不协调。对于传统砖石拱结构来说，更合理的方式是增加墙垛，改变和调整结构内部推力线的路径，使水平推力安全平稳地传递到地面。

图 8.16 是对墙垛的图解分析，图中的墙垛形式并不符合哥特式建筑的比例，但是为了简化问题，避免繁冗的分析线条，所以假定墙垛是由三个矩形石块构成。

图左边的拱结构将 15 000 磅的推力传递到垂直的墙垛上。找出墙垛中的推力线，如果推力线处于截面的断面核之中，那么水平推力就不会在墙垛中产生拉力。断面核指的是截面形心附近的区域，对于矩形截面来说，断面核为截面中心三分之一的区域，在图中用虚线和灰色表示。在图 8.16（a）中，已知拱结构推力的大小和方向，以及组成墙垛的三个矩形石块的重量，可以绘制出载重线 *ad* 和水平推力 *oa*，然后依次绘制出 *ob*、*oc* 和 *od*。在形图上，已知 *oa* 与第一个石块的重力作用线相交，因为 *ob* 是 *oa* 与第一个石块重力 *ab* 的合力，所以在形图上，*ob* 必然穿过 *oa* 与第一个石块重力作用线的交点。以该交点为起点，绘制与力图上 *ob* 平行

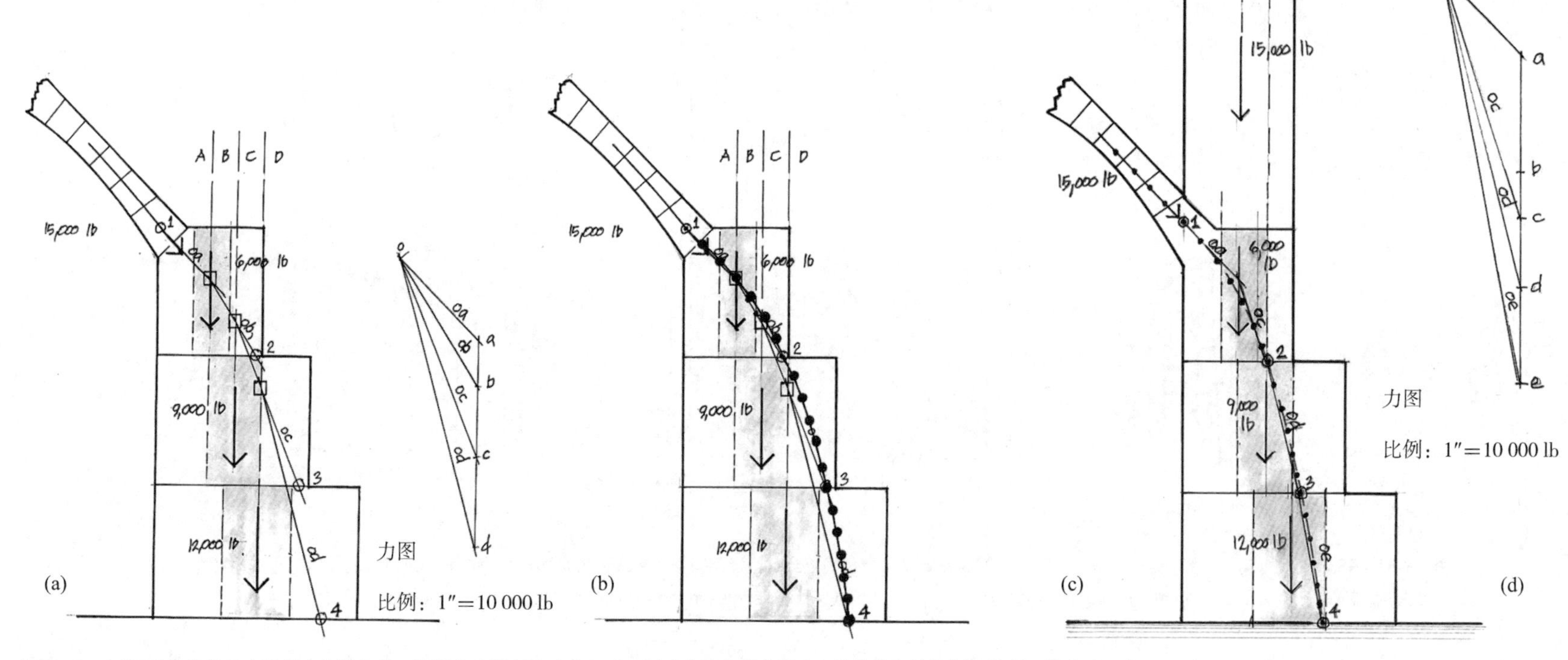

图 8.16　采用图解法推导出墙垛中的推力线，墙垛的尖塔所产生的配重可以改变推力线的轨迹，使其位于墙垛剖面的断面核范围之内。

的线，该线段与第二个石块的重力作用线相交，将这条线段延伸到第一个石块与第二个石块的交接面，得到点 2。依此方法类推，得到点 3 和点 4。点 1 是已知的，位于与墙垛交接的拱石上。

采用平滑的曲线连接点 1 到点 4，如图 8.16（b）中连续的黑点所示，即可得到拱结构推力在墙垛当中的推力线。由图可知这条推力线几乎完全位于墙垛的三个石块的断面核之外，并且非常靠近砖石的角部，这会导致石块中远离推力线的部分产生拉应力。

针对这个问题，哥特式建筑的解决方法是在墙垛上增加尖塔，由于尖塔仅承受自身的重量，因此通常被认为只起到装饰性的作用，但实际上尖塔起到了非常重要的配重作用。图 8.16（c）是对尖塔结构作用的图解分析。尖塔 *ac* 的重量纠正了 *oc* 射线的角度，从而调整了推力线的最终曲线形状，这条推力线比没有尖塔时更加陡峭，并且基本处于墙垛石块的断面核范围之内。由此可见，增加的尖塔纠正了结构设计当中的缺陷。

对哥特教堂飞扶壁和墙垛的图解分析也可以参照上述步骤，但是需要细致且耐心的求解，因为实际的飞扶壁和墙垛的形态细长，图解中的线条会非常密集且复杂。

从拱券到拱顶

随着建造工艺的成熟，哥特式建筑的工匠们创造性地发明了肋拱，肋拱之间的拱顶由轻薄的砖石壳体填充，减少了拱顶的重量和水平推力的大小，使拱顶更加轻盈。肋拱如同拱顶的骨架，拱顶的重量和水平推力通过肋拱传递到柱子或墙垛上。

交叉拱是由两个高度相同的半圆形筒拱垂直相交形成的，带有肋拱的交叉拱是由对角线拱肋和每边的拱共同支撑着四个拱壳构成。肋拱是交叉拱顶上最陡的下降线，也就是说交叉拱顶上的雨水会沿着肋拱流下。拱壳将力传递给肋拱，肋拱将力传递到四角的立柱上。拱壳中的水平推力的合力必然沿着肋拱的方向。对

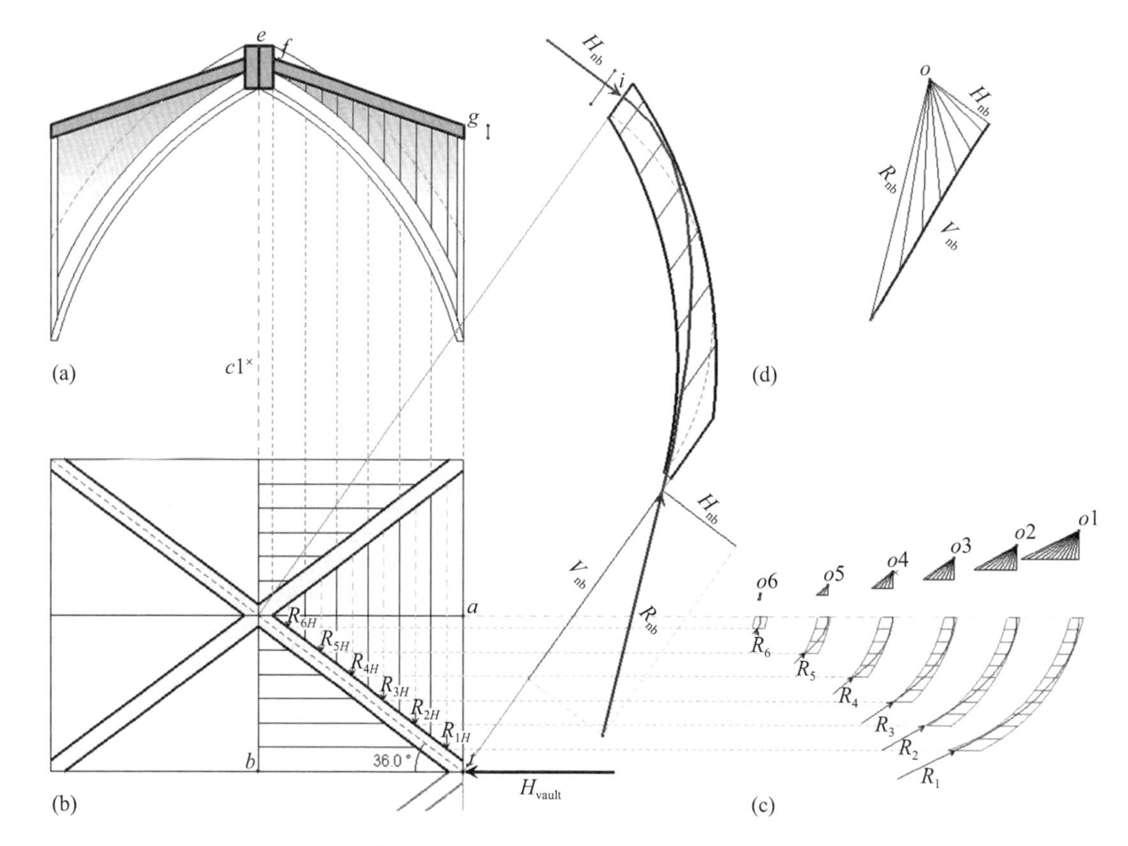

图 8.17　带有肋拱的交叉拱的图解分析：（a）拱顶剖面图；（b）拱顶平面图；（c）肋拱与肋拱之间的拱壳的图解分析；（d）肋拱剖面中可能的推力线以及相应的力图，拱壳的推力作用在肋拱上。

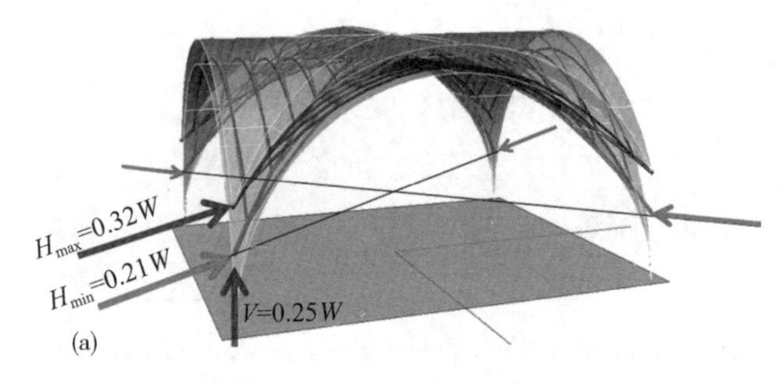

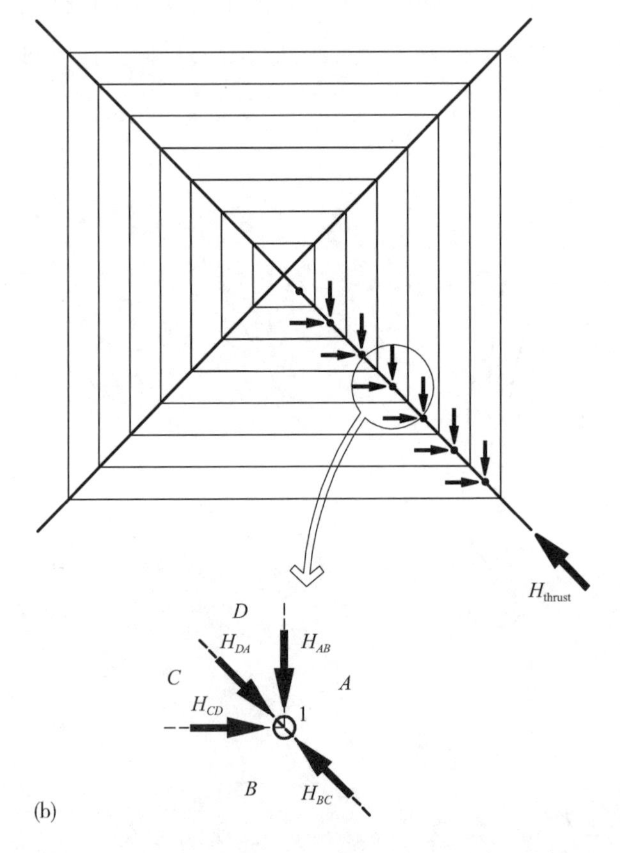

图 8.18　交叉拱的图解分析：（a）交叉拱中的最小水平推力和最大水平推力；（b）拱顶平面，以及拱顶中任一节点的力的平衡。

于交叉拱顶的图解分析需要将拱壳部分等分，并把它看作一系列相交的拱券（图 8.17）。

由于交叉拱是稳定的，那么组成交叉拱的所有拱的水平推力在平面图上的投影也必然保持静力平衡。图 8.18 是对拱顶的图解分析，虽然它忽略了三维力的作用，但仍然安全可行。交叉拱的每个角所承受的重量为拱顶总重量的四分之一，与拱券一样，拱顶在其截面范围内会包含一系列可能的推力线。对于图 8.18（a）的拱顶来说，每个角的水平推力为拱顶总重量的 21%~32%，这是通过图 8.18（b）中节点处力的平衡求得的。

砖石穹顶

历史上有很多宏伟、壮观、绚烂的砖石穹顶建筑。对于砖石穹顶的图解分析通常忽略环向力，沿径向将穹顶等分成一系列的楔形拱（图 8.19）。这种方法可行但很保守，因为穹顶的每个方向都有力的作用，可以合理地把这些力近似地分解到径向和环向。以穹顶中心垂直线大约 52°为分界线，上部穹顶的环向力是压力，下部穹顶的环向力是拉力。

1921 年威廉·沃尔夫（William S. Wolfe）在他撰写的《图解分析：图形静力学的教科书》中对砖石穹顶进行了图解分析（图 8.19）。其中环向力起到了将推力线向穹顶内表面移动的作用，图解法可以求解出环向力的大小。

首先绘制出砖石穹顶的剖面并将其划分成多个拱段，再将穹顶平面划分成类似蛋糕切片的相等的楔形拱。根据平面和剖面相对应的每段砖石的体积算出砖石的重量，根据重量绘制出载重线 *AS*，在剖面中找出每段砖石的重心，然后将各个重心用线段连接起来。以载重线顶部点 *A* 为起点绘制一条向右的水平线。再分别以 *B*、*C*……*S* 为起点，绘制平行于穹顶剖面中重心与重心连线的线段，这些线与水平线相交，得到点 1、2、3……以点 *A* 和点 1 为起点，绘制平行于穹顶平面楔形拱的平行线 P_1 和 P'_1，两者相交得到点 a'，则 P_1 和 P'_1 的长度就是穹顶顶部砖石所受到的环向力。继续这一步骤，就可以求解出穹顶中每段砖石中的环向力。

由图 8.19 可知，在穹顶剖面的第 10 段拱段中，环向力减小到零，第 10 段之下的拱段中的力，在力图上变为负值，反映了穹顶中环向力的性质在与中心垂直线成角约 52°处发生了转变，如图 8.19 中截面 *Y*-*Y* 所示。截面 *Y*-*Y* 之上，环向力是压力，截面 *Y*-*Y* 之下，环向力是拉力。

如果任意移除二维拱券中的拱石，拱券就会坍塌。但是在穹顶结构中，力流路径是三维的，在二维传力之外存在额外的荷载路径。这也就意味着允许在穹顶上设置开口，但是开口的

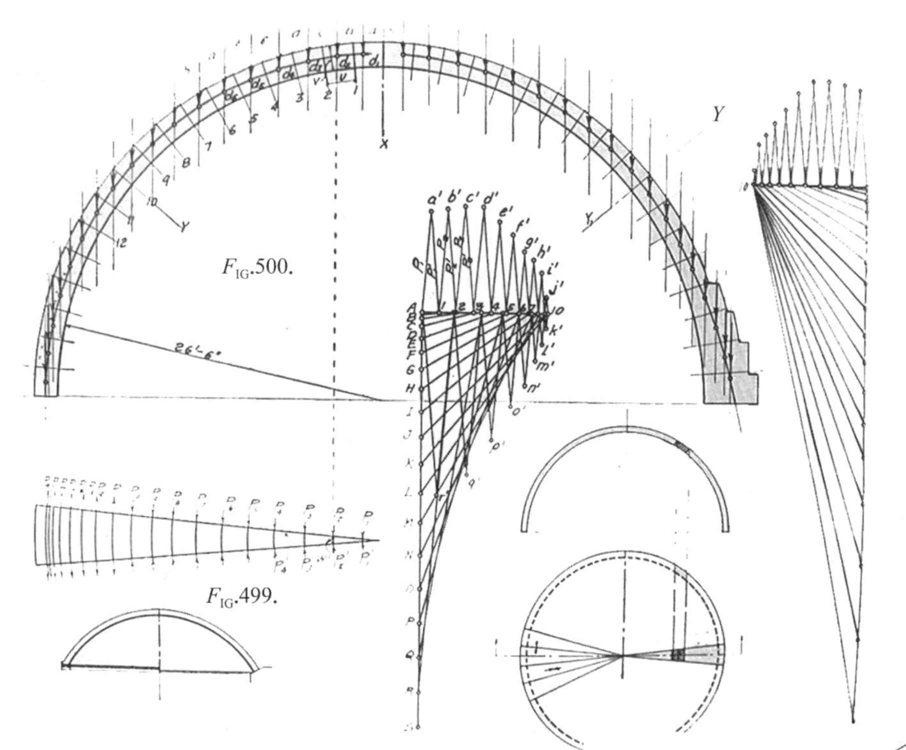

◀图 8.19　沃尔夫 1921 年对砖石穹顶的图解分析

▼图 8.20　（a）罗马万神庙穹顶结构的轴测图；（b）穹顶和扶壁剖面中可能存在的推力线。图片来源：琳恩·兰卡斯特（Lynne Lancaster）提供

大小受到限制。例如有些传统砖石穹顶会在底部设置一系列的小拱形窗，也有些砖石穹顶在较高的位置设置窗户。著名的意大利罗马万神庙在顶部留有圆形开口，这个无筋砖石穹顶跨度为 43 米，圆孔的直径为 8.3 米（图 8.20）。穹顶中的力在“圆孔”周围的局部压缩环中流动，圆形孔洞符合径向荷载传递的形式。

进入 20 世纪以后，古斯塔维诺（Guastavino）公司运用图解法设计了数百座砖石薄壳穹

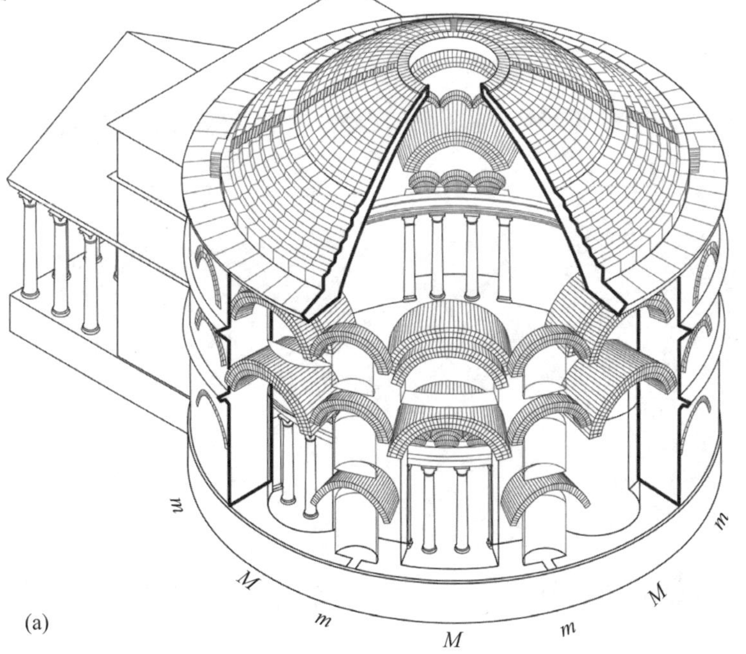

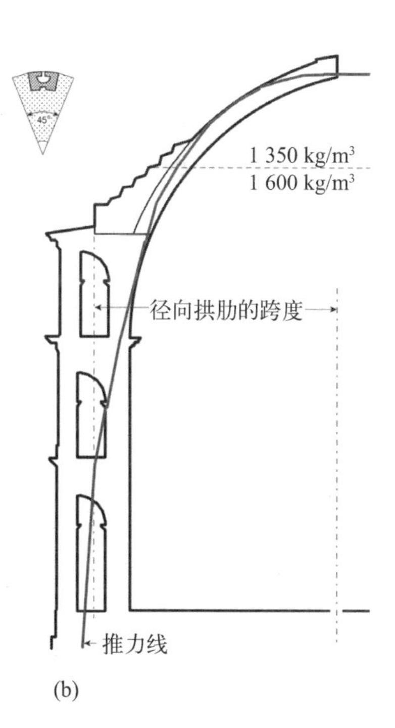

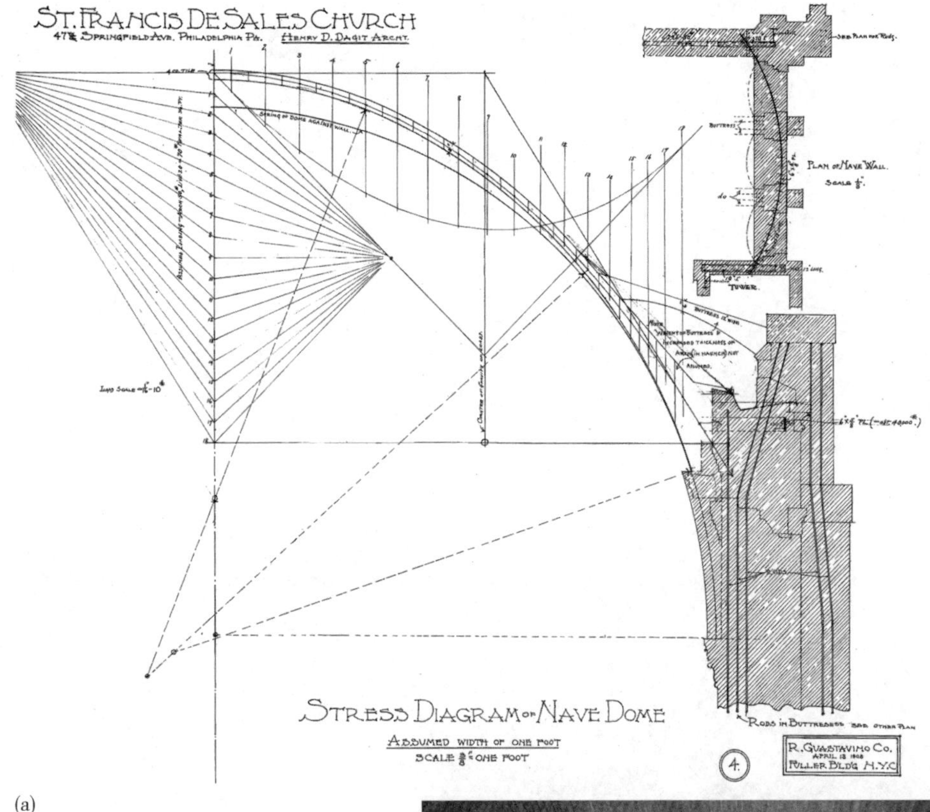

(a)

(b)

图 8.21 古斯塔维诺公司设计建造的两个砖石穹顶建筑：（a）费城圣弗朗西斯教堂，1908 年；（b）布朗克斯动物园大象屋，穹顶上设有许多允许自然光进入的开口，1909 年。
图片来源：古斯塔维诺公司迈克尔・弗里曼（Michael Freeman）提供

顶结构的建筑，在某些特殊情况下，这些建筑可通过增加扶壁来抵抗穹顶的水平推力，例如美国费城圣弗朗西斯教堂等［图 8.21(a)］。在美国纽约布朗克斯动物园大象屋中，整个穹顶室内采用瓷砖饰面，穹顶上还设有圆形窗洞，有效改善了室内的光环境［图 8.21(b)］。

传统砖石拱与悬链线拱

无筋砖石结构的设计关键是找到合理的结构形状，以便在所有可预见的荷载条件下，结构中的所有材料都可以保持受压状态。要做到这一点，设计师有两个选择，一种是使用经典的几何结构，也就是具有恒定半径的圆弧组成的拱券、拱顶或穹顶，由垂直的柱子或扶壁支撑；另一种是使用符合推力线形式的悬链线拱（图 8.22）。经典几何形状的砖石拱易于设计与建造，但是它需要耗费更多的材料使推力线符合预定的几何截面。悬链线拱可以将所有材料定位在靠近推力线的位置，减少材料的用量，但是悬链线拱的角度和半径一直在变化，并不恒定，因此相比于传统砖石拱来说，它更加难以建造。

西班牙巴塞罗那的建筑师安东尼・高迪（1852—1926）以及其他在该地工作的建筑师，依据当地丰富的砖石拱建造的经验，发展出以悬链模型和图解静力学为基础的复杂的悬链线拱。这些悬链线拱所营造的空间令人振奋且富于表现力，符合力学逻辑且具有内在张力。由于砖石结构的主要荷载就是其自重，悬链线与符合自重的推力线高度一致，因此在本案例中决定采用悬链线拱。

悬链模型

采用金属链条进行悬链模型试验找出悬链线拱的形状。尽管金属链条不能代表作用在拱结构上的实际荷载，但是其形式与具有均布荷载的拱结构形式很接近，也可以通过增加小重物的方式来模拟任意实际的荷载。具体操作就是把一张纸粘贴在墙面或黑板上，将金属链条悬挂在纸上，然后在纸上描绘出金属链条的形状，悬链模型试验有助于快速找出不同支撑条件下的拱结构形式。

找形试验

图 8. 23 为本方案所需的悬链线拱的找形试验。如图（a）所示，一根悬链线对应单一的悬链线拱，其中支撑点可以在同一条水平线上，也可以不在同一水平线上，支撑点较高的一侧由于链条中的力较小而形成较高的拱形状，而支撑点较低的一侧由于链条中的力较大而形成较低的拱形状。接下来可以尝试将这个拱分成两个相等的跨度，在中间增加一个垂直支撑，

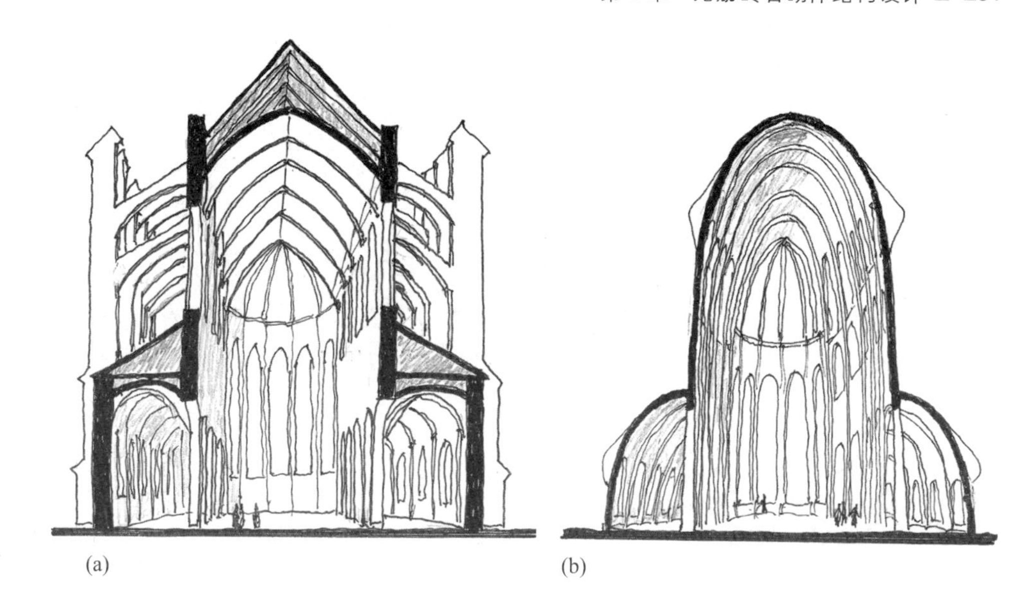

图 8. 22　传统砖石拱与悬链线拱

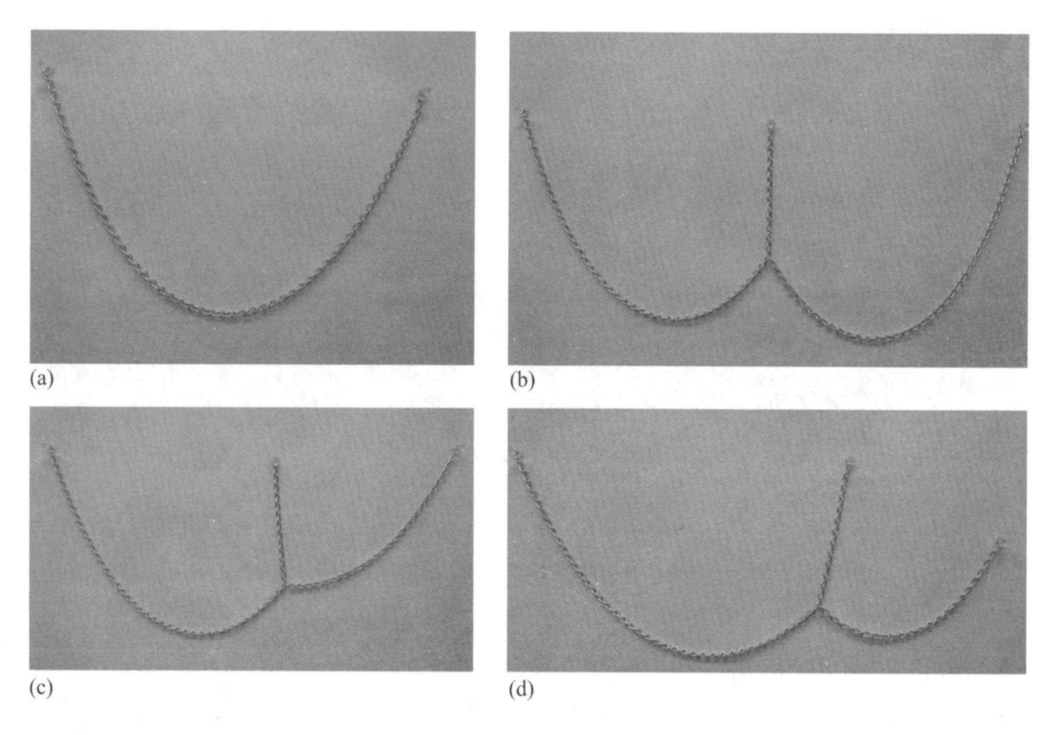

图 8. 23　悬链线拱的找形试验　图片来源：菲利普・布洛克提供

如图（b）所示。对于本案例来说，覆盖马赛克地板的空间是主要空间，观赏空间是次要空间，两部分的跨度不等，通过调整中间支撑的倾斜方向，以及利用场地一旁的土堤，从而生成符合空间需要的结构形式，如图（c）和图（d）所示。两个跨度不等的悬链线拱在不对称的布局中彼此平衡稳定，一方面为马赛克地板提供了一个展厅，另一方面为相关文物展示和遗址介绍提供了一个展廊。这个试验模型比例恰当、曲线优美，接下来的工作将在此基础上继续优化。

砖石拱顶设计

采用图解静力学的方法对悬链模型进行详细分析。首先需要预估荷载，假设拱顶的厚度是相等的，拱顶总跨度为 20 米，根据悬链模型，主要跨度和次要跨度之间的比例为 12∶5，也就是说需要将总宽度划分成 17 段。假设拱顶的厚度为 14 厘米，那么每段拱顶的重量大约为 330 千克，计算公式如下：

$$0.14\ \mathrm{m} \times 2\,000\ \mathrm{kg/m^3} = 280\ \mathrm{kg/m^2}$$

$$280\ \mathrm{kg/m^2} \times 1\ \mathrm{m} \times (20/17)\ \mathrm{m} \approx 330\ \mathrm{kg}$$[①]

将悬链线的形状描摹到纸上，倒置之后就得到悬链线拱。从主跨度开始，通过控制节点 1、2 和 3 的位置绘制出更加准确的形图（图 8.24）。根据第 3 章的经验，悬链线与抛物线非常相似，但是相对于悬链线来说，抛物线的构建更加容易，根据第 2 章中的方法绘制出这条曲线。

主拱确定后，通过节点 2 处支撑的倾斜度以及节点 3 来确定次跨拱的形状。因为结构整体是平衡稳定的，所以支座反力与两个拱的重力（$W_{主}$ 和 $W_{次}$）作用线相交，同时三个支座反力的作用线与总重力（$W_{总}$）作用线相交。由此可以确定两个拱的力图的极点，结合已知支座反力的方向，从而绘制出拱的形图。

以上是通过图解静力学的方法确定了悬链线拱在重力作用下的形式。还需要考虑不对称活荷载的作用，例如雪荷载、风荷载以及偶然的集中荷载等。有以下四种解决方法：第一种是假定拱截面为初始厚度，检验在所有荷载作用下，拱的推力线是否保持在截面的中间三分之一处，以确保拱始终处于受压状态；第二种方法是增加钢筋或钢板，为推力线提供更大的深度，使推力线保持在截面的中间三分之一处，这种方法相比于第一种方法，拱壁可以设计得更薄，但是局部突出的钢筋可能影响拱的视觉观感；第三种方法是验算所有可能荷载作用下的推力线，然后用安全的包裹线覆盖全部的推力线，形成具有不同厚度的拱；第四种是使拱成波浪形，创造出可以容纳所有荷载作用下的推力线所需的深度。

采用第三种和第四种方法所设计出的结构形式更加具有感染力和表现力，但是需要对推力线的包裹方式做出规定，可以选择跨中较薄的截面，规定所有可能的推力线都经过跨中的某点。关于不对称荷载的作用，可以在结构的局部施加荷载来模拟现实中风荷载或雪荷载的影响。对于拱结构来说，最不利的不对称活荷载情况为作用于拱顶跨度一半的活荷载，相当于在拱的四分之一处施加一个集中荷载。关于地震作用的水平加速度，可以通过对倾斜面上的干砌砖石模型来进行模拟。倾斜角度的正切值等于可预计的最强地震作用的水平加速度。不过本案例所在的鲁西荣地区基本不会受到强烈地震的影响，也就是说设计中可以对地震作用忽略不计。

满足以上各种荷载条件的拱顶形式有很多，采用前面提到的第三种方法找出合理的悬链线拱的形状，即在恒荷载和不对称活荷载作用下，推力线都可以保持在拱顶厚度 14 厘米的中间三分之一处，并使推力线穿过节点 3。

---

① 此处四舍五入为 329.4 kg，根据需要，此处取 330 kg。关于力的单位，目前国际上有两种常用惯例，一种是力的单位是千克，距离的单位是毫米、厘米和米。另一种是将质量乘重力加速度才能得到力的单位，即牛或千牛，距离单位为毫米或米。本章使用的是前者。

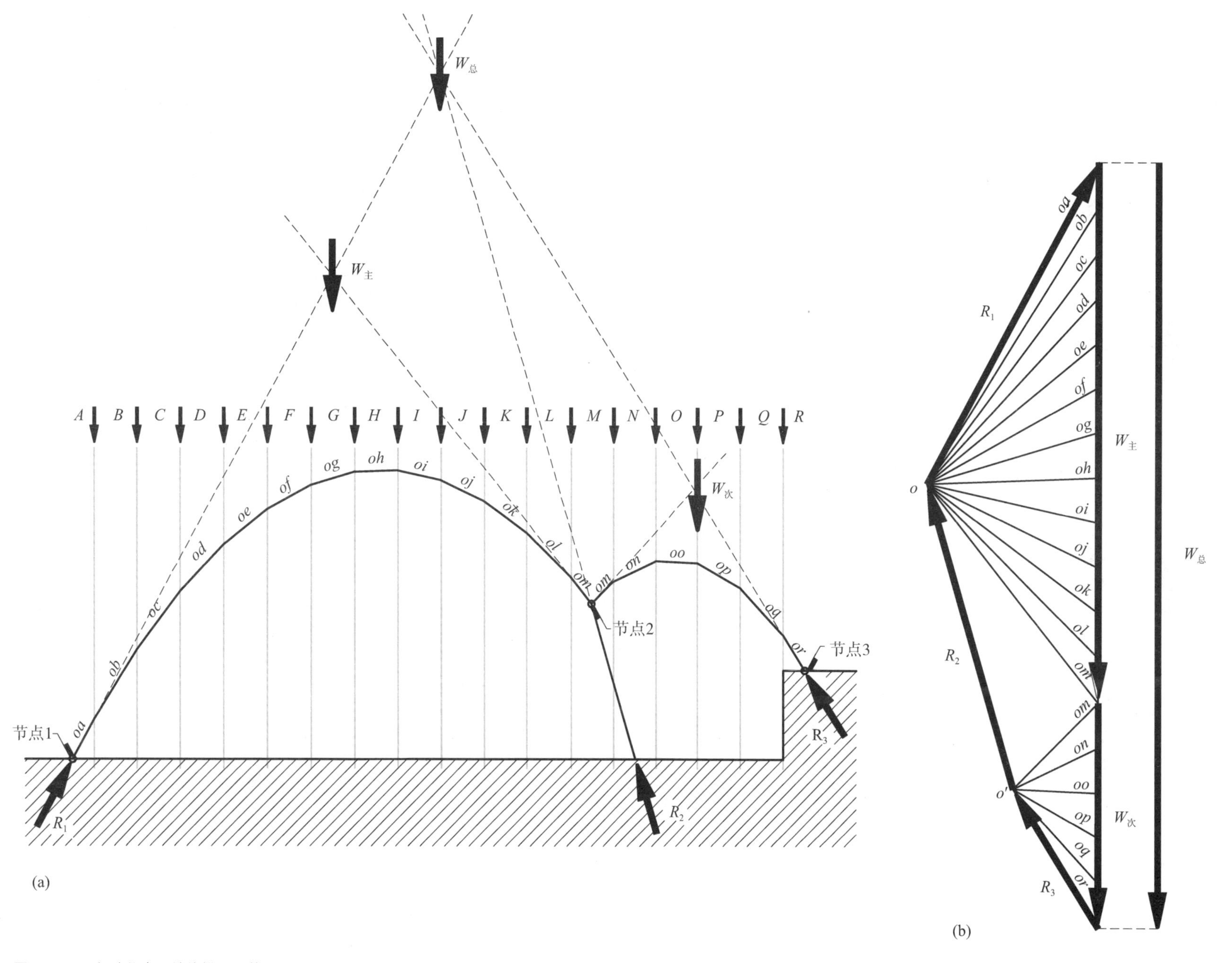

图 8. 24　图解法找出悬链线拱的形状

图 8.25（a）和（b）分别对主跨的左半部分和右半部分承受均布荷载作用进行了图解分析，这两种情况是最不利的不对称活荷载分布情况。综合上述情况，对于 1 米宽的拱条来说，叠加了活荷载的总荷载为：

$$(280+150)\ \text{kg/m}^2 \times 1\ \text{m} \times (20/17)\ \text{m} \approx 506\ \text{kg}$$

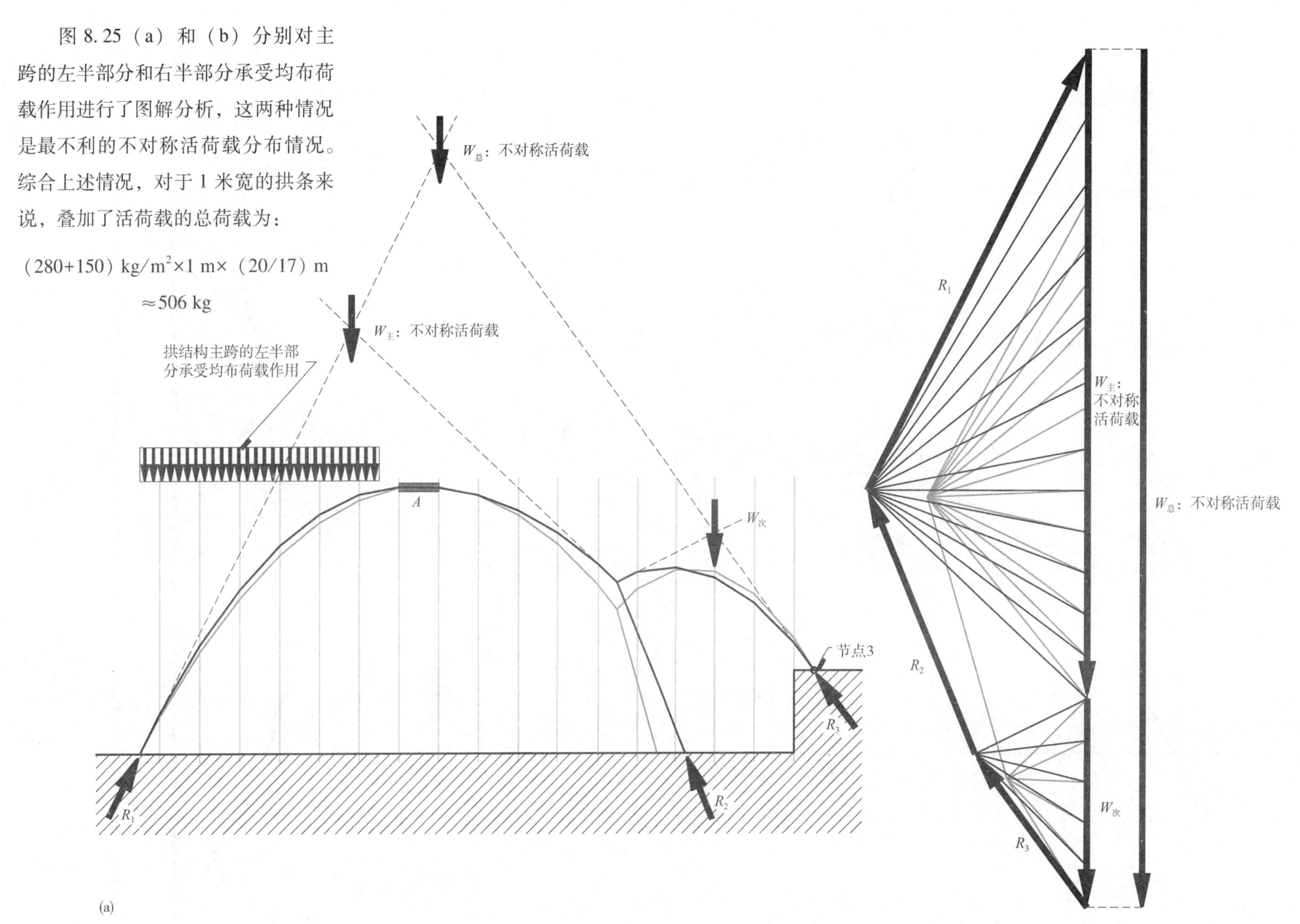

图 8.25　当主跨的左半部分承受均布荷载作用时，图解法找出拱顶曲线的形状，将活荷载叠加在恒荷载上。

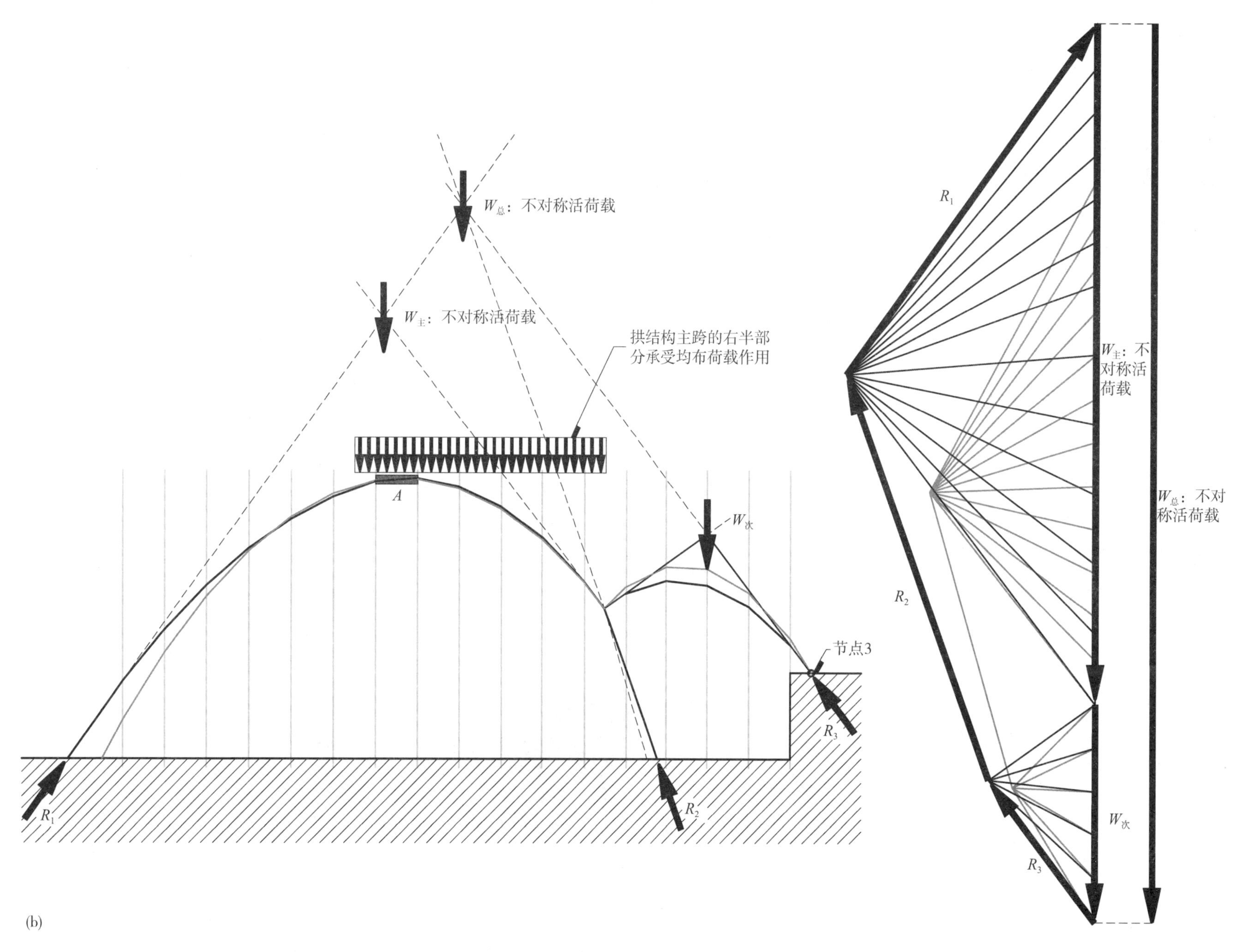

图 8.25　当主跨的右半部分承受均布荷载作用时，图解法找出拱顶曲线的形状，将活荷载叠加在恒荷载上。

相比于主跨上的不对称荷载分布情况，次跨上的不对称荷载分布可以忽略。而且次跨的拱顶深度较大，足以承担各种不利的荷载状况。图 8. 26（a）为不同荷载作用下所有可能的推力线情况，通过控制推力线在截面中心的三分之一处，可以找出包裹线的轮廓。

图 8. 26（c）和（d）中，拱顶在纵向呈波纹状，使拱顶的结构深度（计算所有翘曲部分）达到包裹线的深度，但是拱顶厚度则保持 14 厘米不变。

著名的乌拉圭结构工程师埃拉蒂奥 · 迪亚斯特设计了一系列可以称为“结构艺术”的建筑作品，就是采用拓展空间维度的办法来增加结构深度（图 8. 27）。

为了确保结构安全，还需要验算结构中的材料应力。从图 8. 25（a）可以看出，当活荷载作用在主跨的左半部时，最大的力在节点 1 处，通过测量力图中线段的长度，得到力的大小约为 3 960 千克。也就是作用在 1 米宽的拱条上的应力为：

$$3\,960\ \mathrm{kg}/(14\ \mathrm{cm}\times 100\ \mathrm{cm})\approx 3\ \mathrm{kg/cm^2}$$

这个值远低于普通烧结砖的抗压强度 150 $\mathrm{kg/cm^2}$，所得的安全系数大于 50，说明拱结构中的材料应力非常低。

（作者这里用质量单位“千克”代表了力的单位，忽略了常数 g）

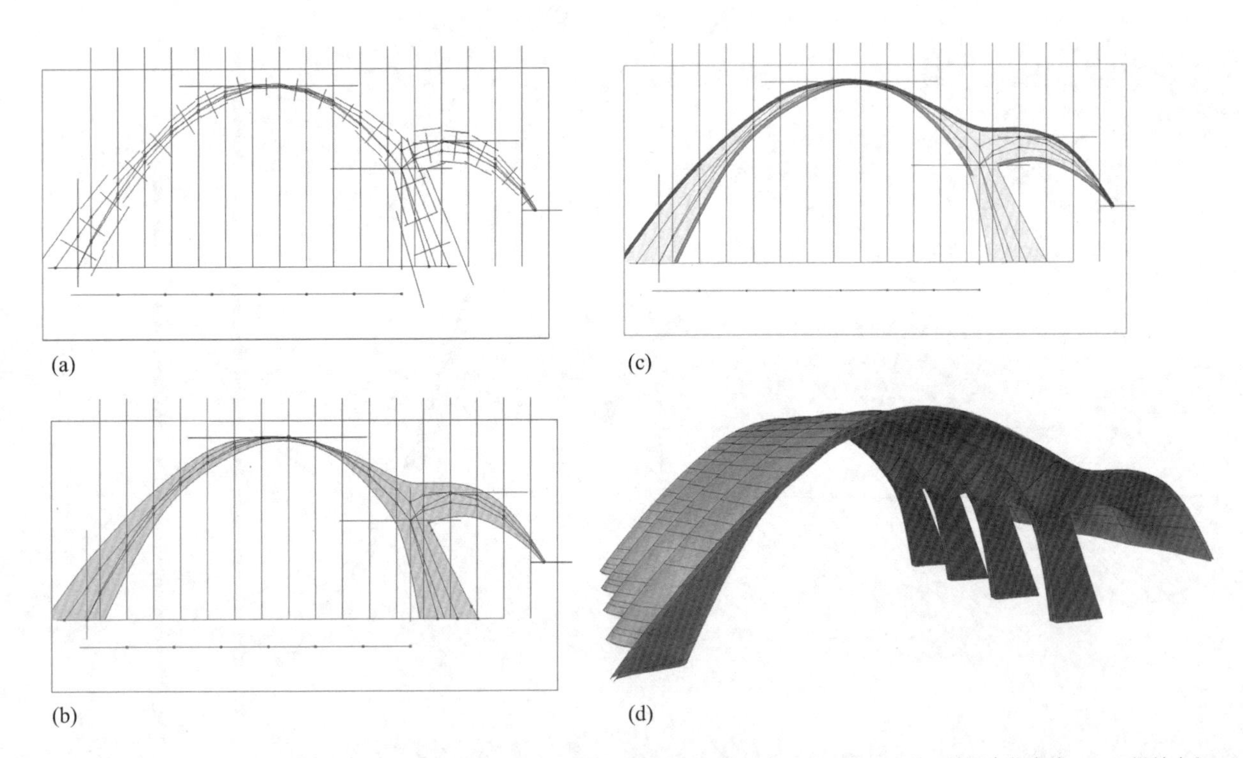

图 8. 26　（a）所有可能荷载作用下的推力线情况；（b）确保推力线在拱顶截面中心的三分之一处，绘制出包裹线；（c）描绘出包裹线轮廓；（d）采用波纹状拱顶以满足必要的深度需求。

三维拓展

以上的操作主要针对的是悬链线拱的剖面，之后需要将其拓展到三维空间。第一种方法是直接将剖面形式纵向延展得到一个筒拱，如图 8. 28（a）所示。筒拱所营造的内部空间封闭黑暗，且空气流通不畅。第二种方法是，由于材料中的应力较低，可以沿拱顶纵向增加符合力流逻辑的开口，改善室内通风和采光的状况，如图 8. 28（b）所示。这种方法可以使结构本身更加轻盈，建筑空间更加生动，但是在施工建造时需要使用大量的模板支撑，而且在不对称荷载作用下可能导致结构失稳。第三种方法是使拱顶表面呈波纹状，如图 8. 28（c）和图 8. 26（d）所示。

图 8.27　迪亚斯特设计的乌拉圭贝尔加拉谷仓采用了悬链线拱，拱顶仅有一块砖那么厚，拱顶呈波浪状起伏，还可参见图 11.44 和图 11.45。
照片来源：爱德华·艾伦提供

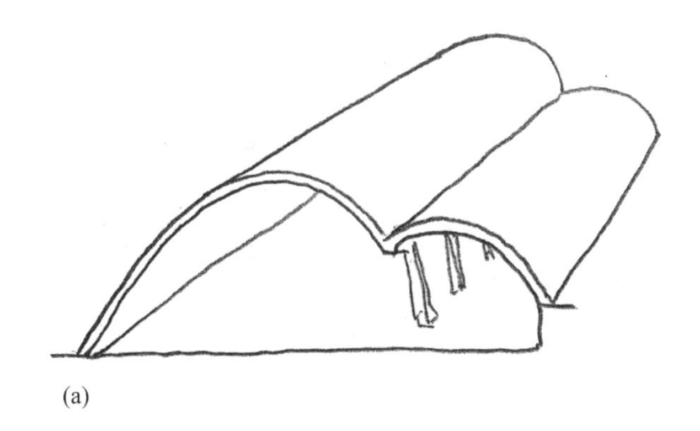

(a)

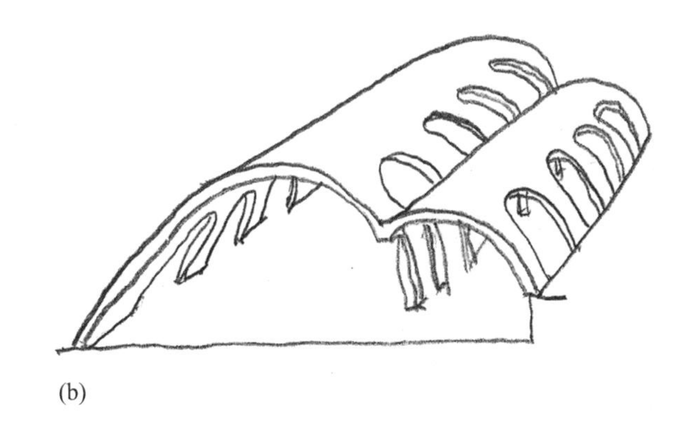

(b)

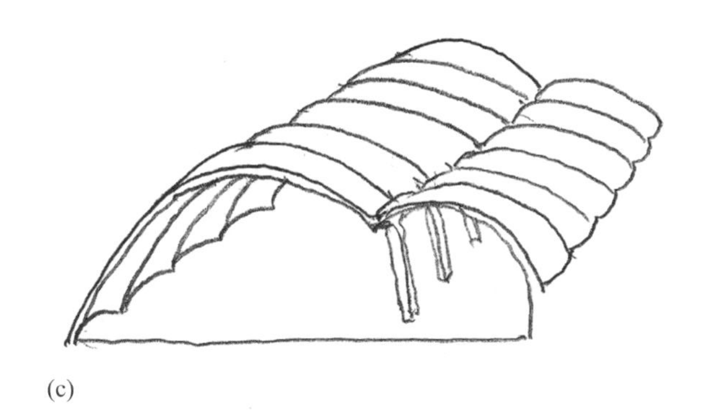

(c)

图 8.28　拱顶三维拓展的几种方法

如图 8.29 所示，砖石拱顶的建造方法有三种，其中地中海地区的多层薄砖拱顶的建造方法也曾盛行于中世纪的西班牙和法国鲁西荣地区。这种方法模板用量少，在当地有悠久的技艺传承，有利于复兴当地砖石拱建造的传统。在本案例中，采用多层薄砖拱顶的建造方法适用于建造复杂弯曲的形式，有利于构造建筑必需的采光和通风开口部分，也有利于形成具有雕塑感的结构形式。

还需要考虑横向荷载例如风荷载的作用，在拱顶的两端，拱顶的推力不会被相邻的拱所平衡，需要增加辅助支撑。可以采用钢拉杆来平衡拱顶中的水平侧推力，但是拉杆可能破坏拱顶纯粹的外观，并且需要定期维护使钢材免受腐蚀。另一种解决方法是在拱顶的端部增设扶壁，图 8.30 是增加支撑的几种方法。还可以将拱顶端部继续起一小段拱，形成类似肋拱的受力边缘，只是这种方法建造起来比较复杂。

图 8.31 是本案例基于图解法生成的悬链线拱的最终效果图。

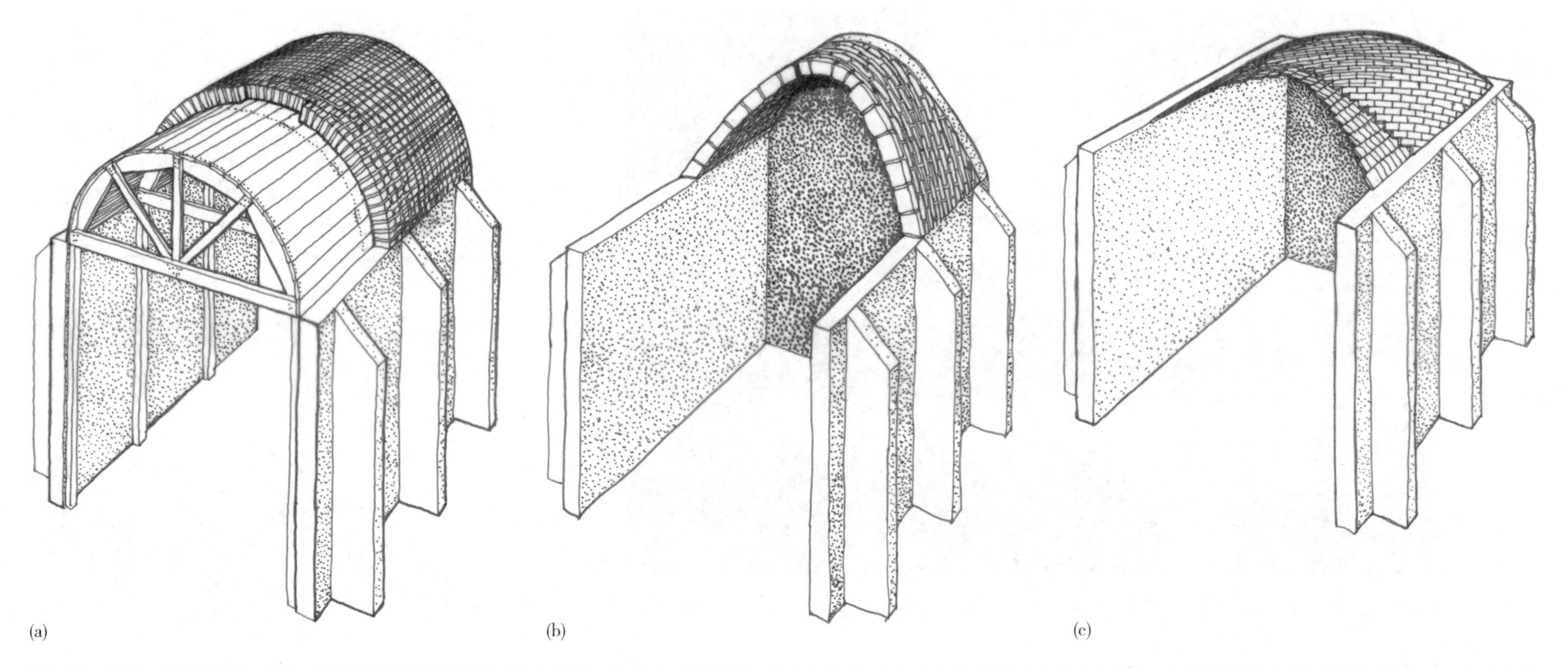

图 8.29　砖石拱顶的三种建造方法：（a）建造过程中采用大量木模板来支撑和定位，北欧地区常用这种方法建造拱顶；（b）无需模板的斜砌砖拱顶，北非和中东地区常用这种方法建造拱顶；（c）只需少量模板的多层薄砖拱顶，地中海地区常用这种方法建造拱顶。
图片来源：爱德华·艾伦提供

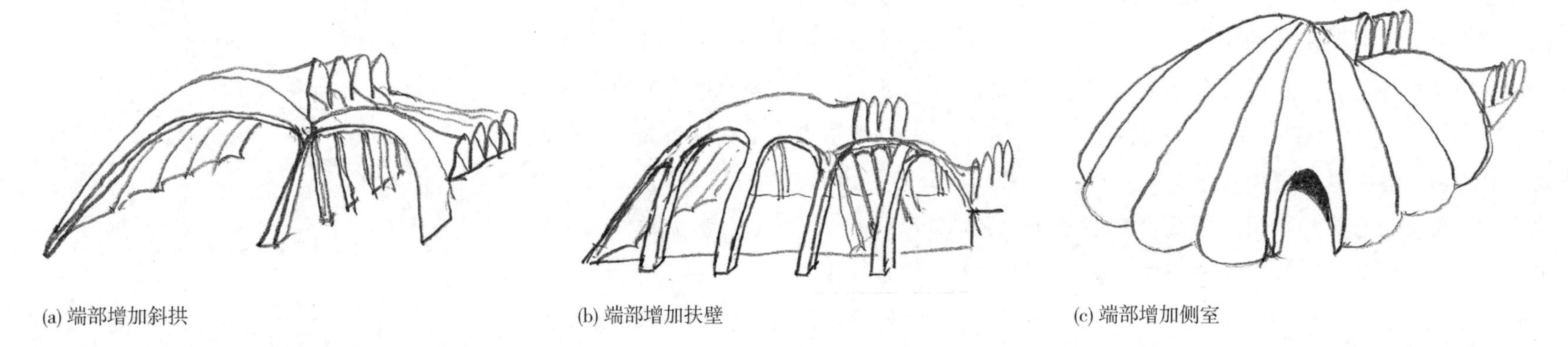

图 8.30　拱顶端部增加支撑来抵抗水平侧推力的几种方法

图 8.31　基于图解法生成的悬链线拱的最终效果图
图片来源：波士顿结构组设计与绘制

完成设计

结构设计是建筑设计工作的一部分，建筑形式的生成不一定源自结构设计，但是结构与建筑协调设计有助于形成一个精致、整洁和富于装饰性的建筑整体。到目前为止，这个建筑还有许多方面需要进行深化设计，例如拱顶凸起的天窗部分需要与拱顶平滑过渡，以便于排水；倾斜的柱子也需要建造得更加坚固美观；砖缝方向需要与压力方向垂直，防止发生剪切作用；还需要考虑使用者的触感等。砖和瓦等小尺寸的构件单元都可以创造出具有织理性表达的纹理、图案以及阴影效果等（图 8.32），从而赋予建筑强烈的装饰性效果。

因为复杂形式的砖石拱顶建造需要较高的劳动力成本，所以近年来砖石拱顶在美国没有得到很好的应用。但是在劳动力成本较低的国家，例如墨西哥以及其他拉丁美洲国家，建筑师和结构工程师一直在尝试设计和建造传统的无筋砖石拱顶，并且这些尝试都非常成功。当代也有一些砖石拱顶创新性应用的优秀案例，如图 8.33～图 8.37 所示。

图 8.32 西班牙塞维利亚某建筑的窗户，采用叠涩和拱券两种方式在砖墙上形成窗洞，拱券上方凸出的砖块可以保护窗洞免受雨水的侵蚀。

图片来源：爱德华・艾伦摄

◀图 8. 33　为纪念比约神父而修建的意大利圣乔瓦尼・罗通多教堂，其屋顶由石拱券支撑，意大利建筑师伦佐・皮亚诺设计，2004 年建成。
图片来源：爱德华・艾伦摄

▶图 8. 34　英国多佛某砖穹顶建筑，赫利・奥尼克斯设计，2006 年建成。
图片来源：米歇尔・拉梅吉提供

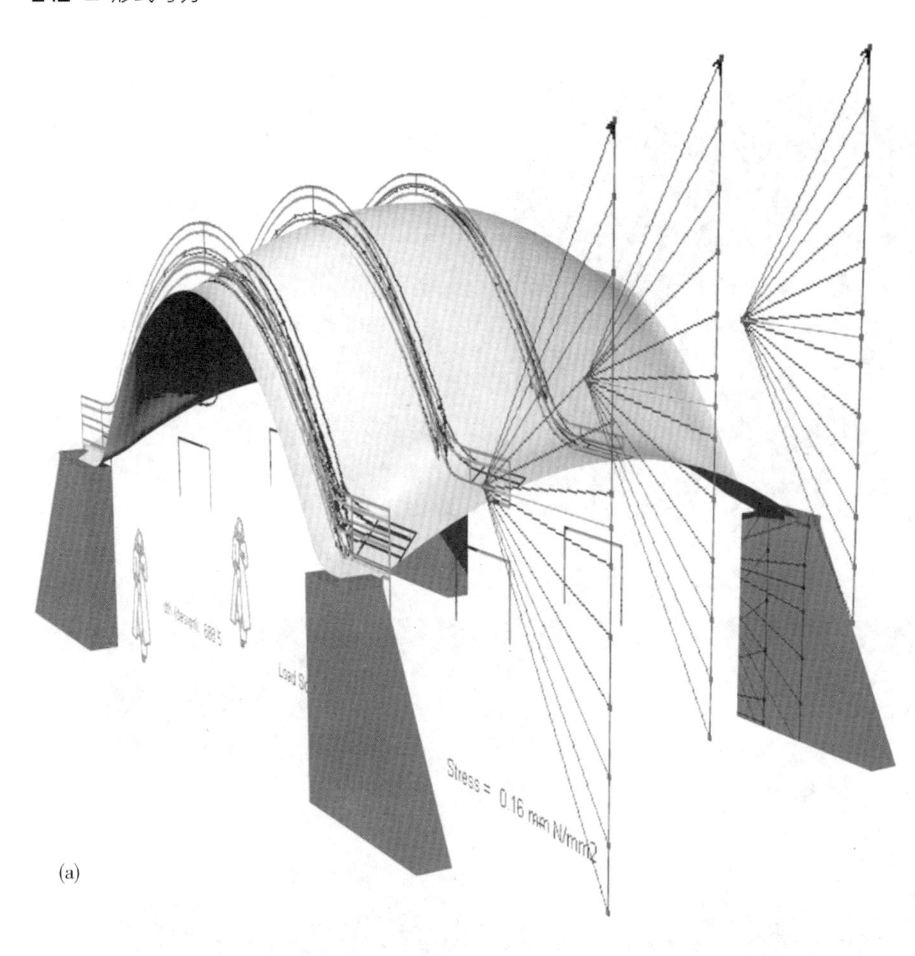

(a)

(b)

(c)

图 8. 35　南非马蓬古布韦世界文化遗产公园博物馆，屋顶采用多层薄砖拱顶，由建筑师彼得・里奇设计，建于 2009 年。（a）拱顶的形图和力图。（b）在拱顶的建造过程中，拱顶的四周由临时模板支撑。左侧的拱顶已经建造完成，右侧的拱顶正在建造，模板主要是用来定位。在建造过程中，拱顶是自承重的。第一层砖石的黏结采用快凝的石膏砂浆，如照片中的白色部分所示。拱顶的四周在建造完成后，为拱顶提供了两条相邻的边，然后从拱顶的角部开始建造。多层薄砖拱顶在建造完成后，再在上面涂抹一层防水砂浆，然后用水泥砂浆抹面。（c）拱顶的内部。

图片来源：詹姆斯・贝拉米（James Bellamy）提供

▶图 8. 36　采用三维图解静力学方法设计的自由曲面的石拱顶，由菲利普・布洛克设计，埃斯科贝多公司建造。

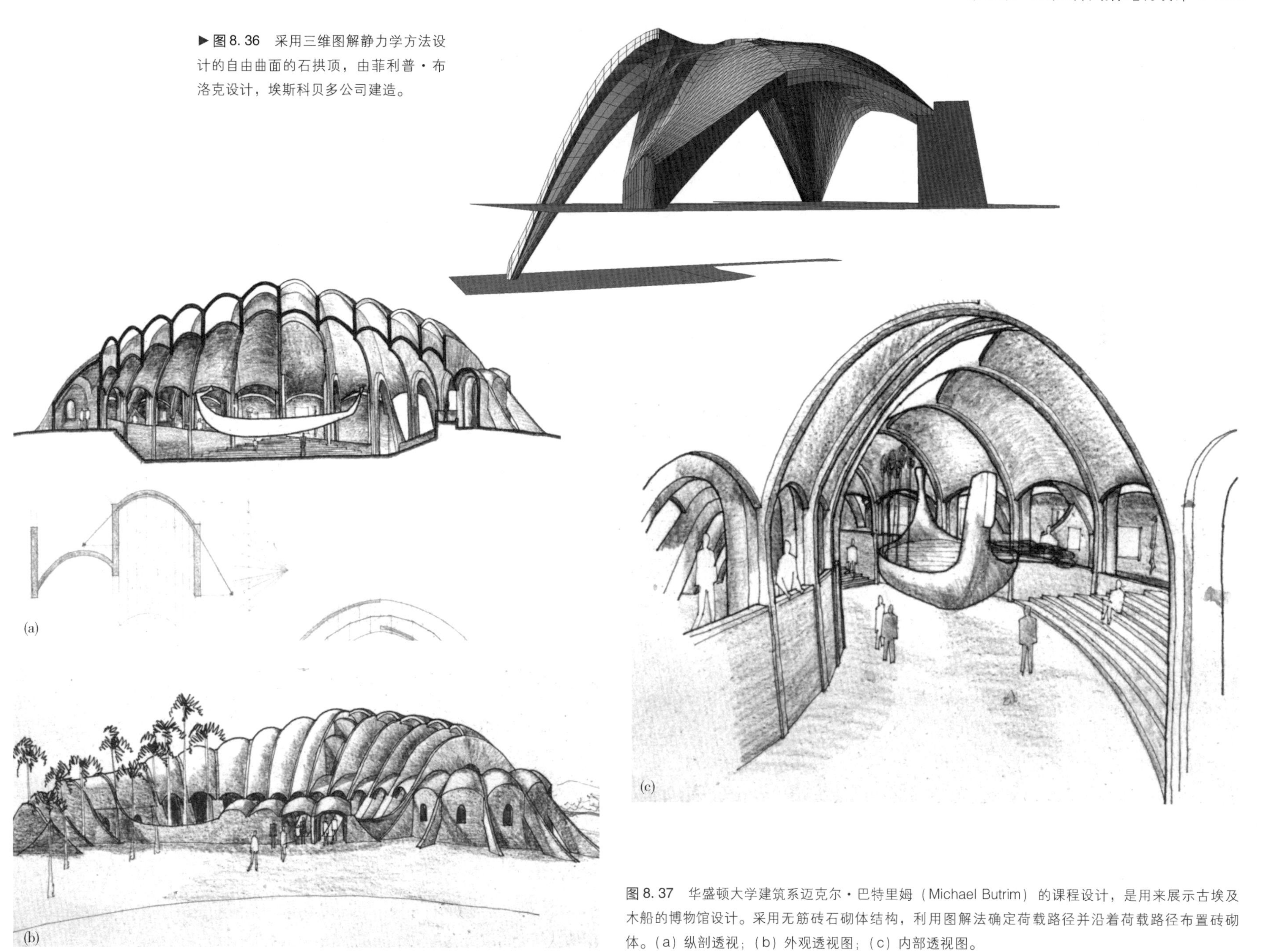

图 8. 37　华盛顿大学建筑系迈克尔・巴特里姆（Michael Butrim）的课程设计，是用来展示古埃及木船的博物馆设计。采用无筋砖石砌体结构，利用图解法确定荷载路径并沿着荷载路径布置砖砌体。(a) 纵剖透视；(b) 外观透视图；(c) 内部透视图。

安东尼·高迪（Antoni Gaudi，1852—1926）

安东尼·高迪是一位加泰罗尼亚建筑师，他曾在西班牙巴塞罗那及其周边地区工作。在其设计生涯中，他创造了无数复杂且装饰绚丽的拱顶，这些形式的灵感来自加泰罗尼亚砖石建筑的传统，其中一项旷世杰作——西班牙圣家族大教堂至今仍然在建造中。从 1884 年到 1926 年，他将流行的新哥特风格进行了创新性的改进，主张采用符合力学逻辑的结构形式，而不是类似哥特式扶壁那种先验的几何形式，这也是他提倡的“自然建筑”的真正意义。高迪通过图解静力学和悬链模型的方法来设计倾斜的拱顶和扶壁，他曾在一个采访当中说道：“我用一种图解法发现了圣家族教堂的索线形，并通过悬挂模型实验找到了古埃尔领地教堂的索线形。这两种方法的原理是一样的，它们的关系就像兄弟。”后来的西班牙建筑师约瑟夫·塞特在他的曲面研究中，也发现了图解静力学这种方法的巨大潜力。塞特写道：“我们现在居住的城市大多是用盒子堆砌出来的，这些盒子建筑是基于梁柱体系的……随着建筑的不断发展，现代建筑也很可能走向高迪所赞颂的‘自然建筑’的道路。”（M. Ragon. History of Architecture. Rome，1974（1）：266-267）

思考题

1. 自罗马时期以来，小跨度桥梁常采用填土石拱桥的形式，这种桥遍布世界各地。拱券通常呈半圆形，由石头砌筑而成。两侧的拱肩墙从拱券一直砌筑到桥面，形成一个巨大的砖石容器，内部填土夯实。在这种填土石拱桥的结构分析中，我们必须考虑土的荷载，土的荷载在整个拱券上变化很大。在图 8.38 所示的拱桥中，假设均布活荷载为 100 磅每平方英尺，每立方英尺的石砌体和土的重量是 130 磅，请找出拱桥在恒荷载和活荷载作用下的推力线。判断半圆形拱是否为合理的形式？拱石之间的挤压力是否有结构作用？是否还有其他更合适的形状？
2. 在参考资料网站上下载工作表 8A，设计出题目 1 中的砖石拱顶。

关键术语

unreinfoced masorry 无筋砖石砌体
corbel 叠涩
course 砖石层
backweight 配重
dome 穹顶
Hooke’s principle 胡克定律
voussoir 楔形拱石
arch 拱券
line of thrust 推力线
key stone 券心石
minimum thrust 最小推力
maximum thrust 最大推力
buttress 扶壁
aisle 侧廊
nave 主殿
flying buttress 飞扶壁
kern 断面核
pier 柱子
rib vault 肋拱
classed and funicular geometry 传统砖石拱和悬链线拱

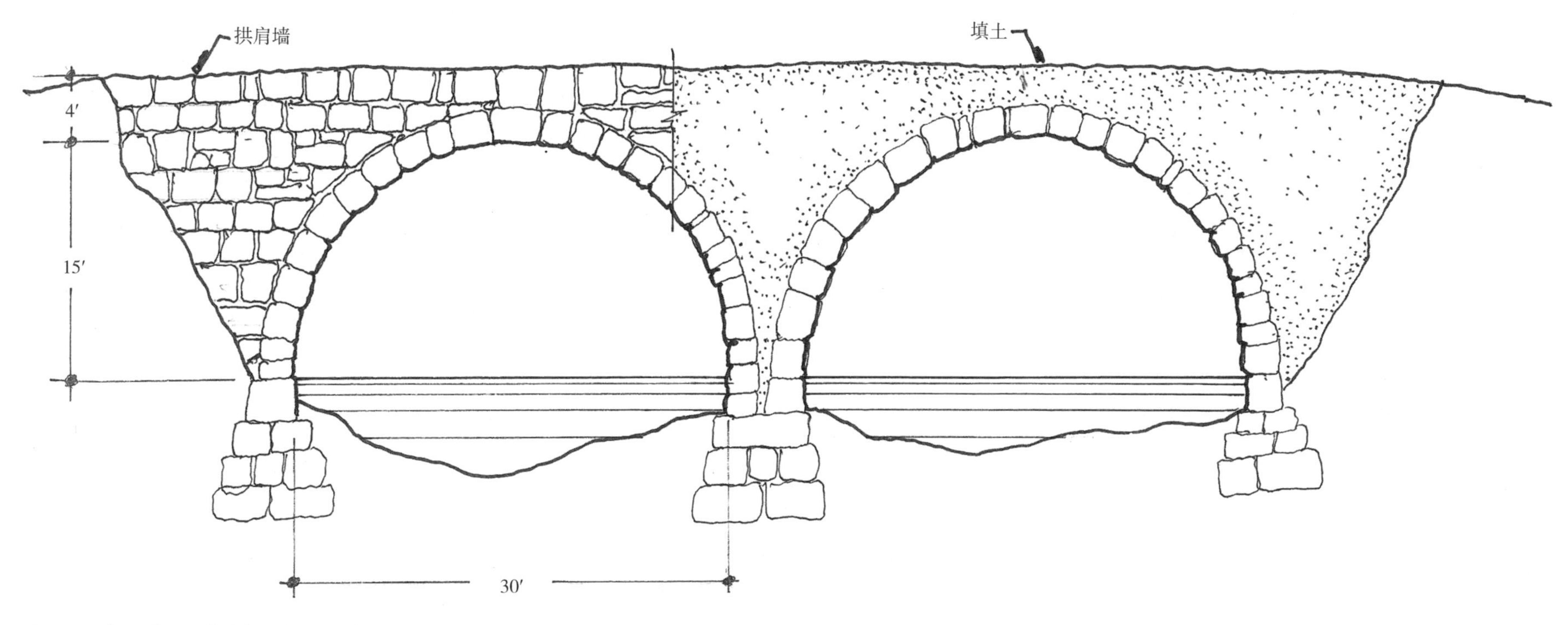

图 8.38　填土石拱桥，左半部分为立面，右半部分为剖面。

参考资料

Anderson, Stanford (ed.). Eladio Dieste: Innovation in Structural Art. New York: Princeton Architectural Press, 2004. 这本书详细介绍了埃拉蒂奥·迪亚斯特的加筋砖石结构设计，书中有大量精致的图片。

Heyman J. The Stone Skeleton: Structural Engineering of Masonry Architecture. Cambridge, UK: Cambridge University Press, 1995. 这本书主要介绍了传统砖石结构及其应用，由相关结构工程师撰写。

Huerta S. Arcos, bóvedas y cúpulas: geometría y equilibrio en el cálculo tradicional de estructuras de fabrica. Madrid: Instituto Juan de Herrera, 2004. 这本书全面介绍了传统砖石结构的理论和设计方法，这本书目前还没有英文版本。

Lancaster L. Concrete Vaulted Construction in Imperial Rome. Cambridge, UK: Cambridge University Press, 2005. 这本书介绍了建造罗马拱顶和穹顶的材料、结构和施工技术。

Ochsendorf J. Guastavino Vaulting: The Art of Structural Tile. New York: Princeton Architectural Press, 2009. 这本书介绍了古斯塔维诺公司的工程案例，该公司所建造的砖石拱顶富于视觉感染力和技术张力。

http://web.mit.edu/masonry 麻省理工学院砌体结构研究所的网站。

www.guastavino.net 古斯塔维诺公司相关砖石结构项目的网站。

第9章 9 研讨课：混凝土壳体结构的看台设计

- 组合结构的三维平衡：索线形拱和桁架的结合
- 在设计和建造过程中建筑师与结构工程师的协同合作
- 使用 SI（国际）单位

戴安娜很兴奋地给布鲁斯打电话说："布鲁斯，我刚刚收到一封来信，邀请我参加西班牙维德海岸的结构设计竞赛。目前工作比较轻松，我希望你能和我一起参加。"

"是什么类型的建筑设计？"

"是他们国家的新足球场的看台设计。规模不大，要求也比较简单，这就意味着除了重力和风荷载，几乎没有什么其他限制。而且他们想要通过令人耳目一新的设计赢得更多的关注。这意味着这个设计也会成为设计师的有力宣传。"

"参加竞赛的团队很多吗？竞争应该很激烈吧？"

"主办方只邀请了6个团队参加，我们是其中之一。他们看到了我们发表在杂志上的水手教堂设计，非常喜欢，因此把我们列入邀请名单。"

"考虑到你的设计能力，六分之一确实是一个好机会。好的，我参加，来我的办公室还是去你的办公室？"

"我就在你办公室的门外，我本想来找你面谈，但你办公室的门是锁着的，所以才打电话给你，你办公室怎么没开门？"

"我们五点半下班，现在已经晚上八点了，没关系我现在赶过来。"

戴安娜一边走进办公室一边表示歉意。

"如果你工作到很晚，就会太忙而无暇顾及这个竞赛了。"

"对于这样有趣的项目，再忙也会抽出时间参加。它激起了我的设计热情，我们一定会很好地完成并树立声誉，跟我介绍一下这个项目吧。"

"很简单，在直跑的看台座位上方建造一个内部无柱的屋顶，保护观众免受日晒雨淋。屋顶悬挑约17米，长度大约在120米。"

"就这么多要求吗？没有厕所、售卖厅或是贵宾座席等功能？"

"竞赛要求就是设计屋顶，座位直接靠在场地的斜坡上。"

"好的，是否有初步概念的草图？"

"暂时还没有，设计的可能性很多，所以我想和你一起开始工作。"

初步概念

"屋顶采用什么材料比较好呢？钢材、混凝土还是合成纤维织物材料？"

戴安娜拿起一支笔和一卷纸。

"应该对每一种材料都予以考虑，纤维织物材料和索结合是一个不错的想法，因为悬索结构的跨度很大，甚至可以跨越看台的整个长度（图9.1）。"

"也可以将桅杆向内移（图9.2）。"

"这样索可以自平衡，从而取消后拉索。另一种方法是采用悬臂钢桁架结构，使桁架在靠近塔架处截面最大（图9.3）。"

"对塔架和屋顶进行整体设计可能会更有趣。"

图 9.1　看台的设计草图 1

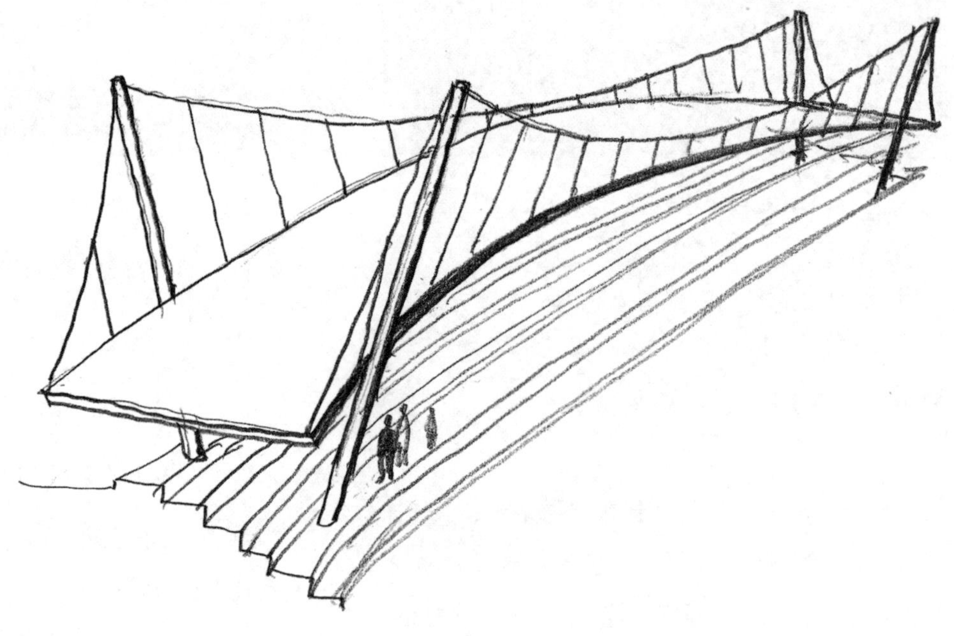

图 9.2　看台的设计草图 2

图 9.3　看台的设计草图 3

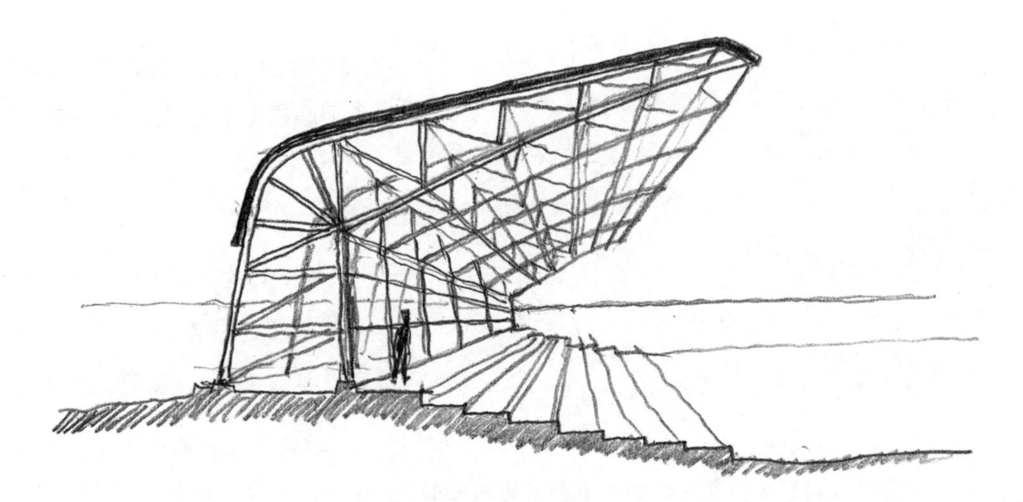

图 9.4　看台的设计草图 4

图 9.5　看台的设计草图 5

布鲁斯画了一幅透视图表达想法（图 9.4）。

“也可以采用桁架跨越整个看台长度的形式（图 9.5）。”

“大跨度结构的柱子会影响人们的视野，也会影响看台未来的扩建。悬臂结构似乎是唯一的解决办法。”

“也可以试一试采用混凝土壳体结构，五十年前在墨西哥，由坎德拉设计，来自维德海岸的工匠建造了很多颇为壮观的混凝土薄壳结构（图 9.6），因为他们有采用低廉的价格建造高质量混凝土壳体结构的优秀传统。”

“听起来似乎是一个难得的建造混凝土壳体结构的机遇，但是混凝土壳体结构的建造只有在劳动力低廉的地方才具有经济性，我们也采用这种结构形式可行吗？”

布鲁斯用铅笔绘制了一个采用桅杆和索支撑的单曲面混凝土壳体结构（图 9.7）。

图 9.6　乌拉圭证券交易所屋顶的施工照片，菲利克斯・坎德拉设计，建于 1955 年。
图片来源：Colin Faber. Candela the Shell Builder. New York：Reinhold Publishing，1963.

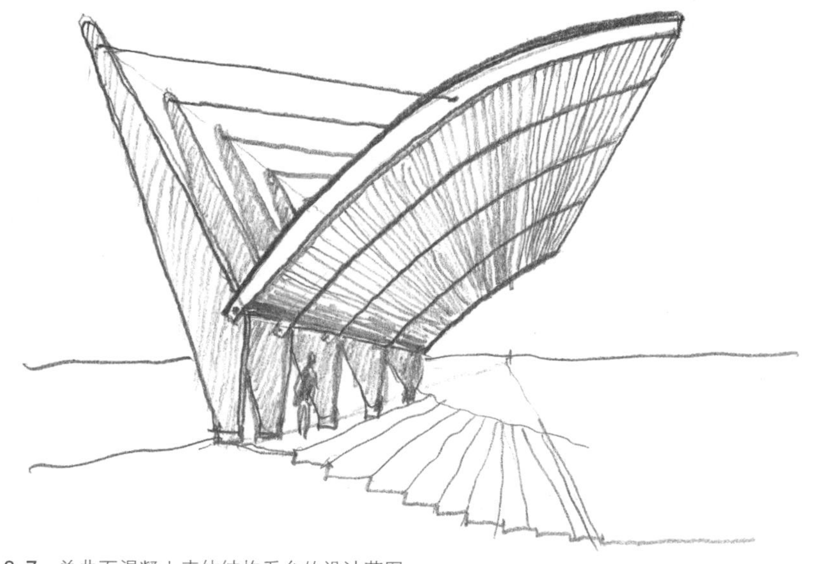

图 9.7　单曲面混凝土壳体结构看台的设计草图

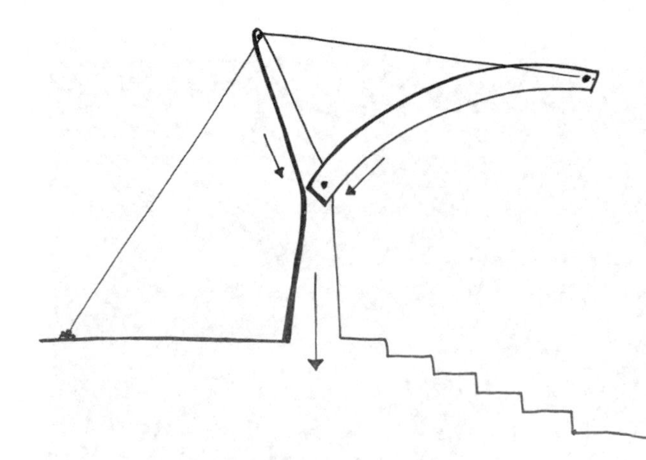

图 9.8　将下部桅杆的轴线与合力作用线重合

“可以在这个基础上进行修改。索的方向要与混凝土壳体表面相切，否则会导致壳体内部产生弯矩，混凝土壳体也要加厚，混凝土壳体的下端对桅杆施加了巨大的弯矩，在交叉点处找出桅杆和混凝土壳体合力的作用线，并将下部桅杆的轴线与合力作用线重合来抵消弯矩（图 9.8）。”

结构分析的过程应该简单明了，使人们可以快速了解结构作用的机制。

——哈代·克劳斯（Hardy Cross）

“单曲壳体屋面需要比较厚的材料来抵抗沿纵向上的变形，如果采用折叠的方法，或者采用双曲面壳体（图 9.9），就可以使屋面更加轻薄。”

“是这样的吗（图 9.10）？”

“大致如此，看台在纵向上增加了连续的筒拱，但横向上并没有弯曲。”

布鲁斯开始一边绘制草图一边喃喃自语（图 9.11）：“这些壳体悬挑出 17 米，那么在纵向上的拱会窄一些，可能只有 5 米或 6 米。”

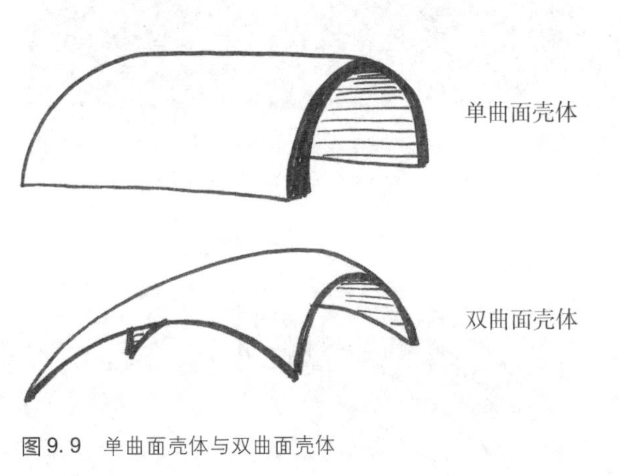

图 9.9　单曲面壳体与双曲面壳体

图 9.10　采用双曲面壳体的看台设计草图

“如果筒拱的宽度很窄，就会需要更多的支撑，其实可以在纵向上采用较大的跨度，例如 40 英尺，也就是大约 12 米。这个跨度对于壳体结构来说并不算大，而且减少了支撑的数量，如图 9. 12 所示。”

“筒拱的升起高度是多少?”

“采用跨度的 15% 作为它的升起高度，横向上悬臂拱也采用同样的比率作为升起高度，将悬臂拱作为一个半拱，则拱的跨度是现有半拱跨度的 2 倍也就是 34 米。筒拱的升起高度约为 2 米，悬臂拱的升起高度约为 5 米。”

戴安娜接着画了一张带有标注的草图。布鲁斯在戴安娜的图上加上了人作为尺度参照。

“我总是喜欢在草图中加上人，这样我就可以感受到空间的真实大小。这个图不是按比例画的，我就以 2 米的拱顶升起高度作为人高度的标准。”

“这个比例说明看台结构巨大而壮观，你觉得这个方案怎么样?”

“非常喜欢，你呢?”

“我想说它至少值得进一步去推敲和完善，如果完善后它仍然如此简洁又轻盈，我就会赞同将它作为竞选方案。天快亮了，你还想继续讨论吗?”

“我很想和你一起继续工作，但明天必须邮寄工资税的表格，我现在还没填好数据，所以我们今天就先到这里吧。”

“我最近恰好工作不多，有时间深化方案，我会先推敲这个壳体的尺寸、形状等方面，然后我们再接着讨论。”

“如果可以的话，我想要全程参与，我很好奇你是怎么工作的，而且我们也可以一边思考一边做决策，我明天上午十点钟以后有空。”

“非常好，那就上午十点在我办公室碰面，晚安，布鲁斯!”

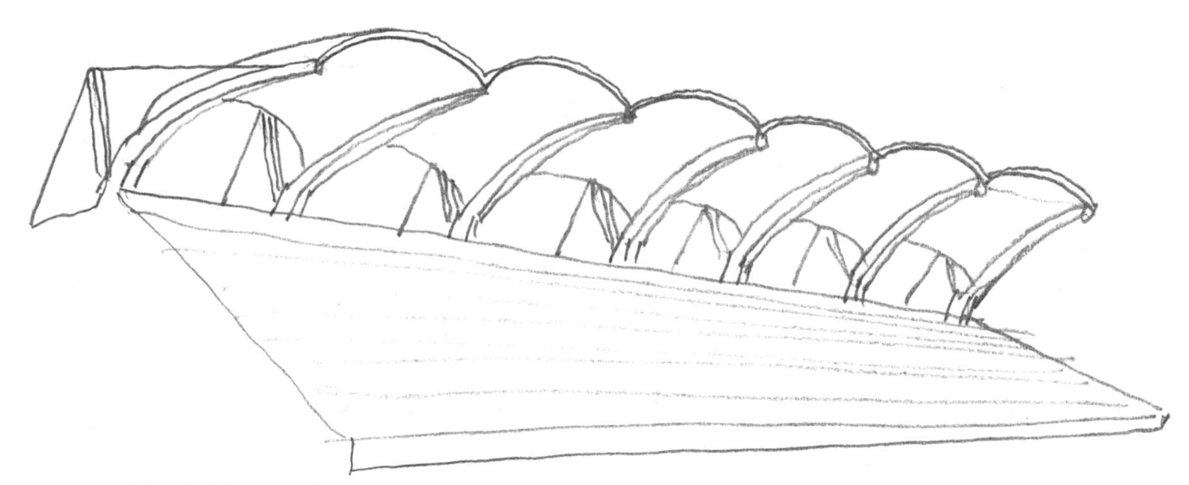

图 9. 11　纵向连续的混凝土筒拱

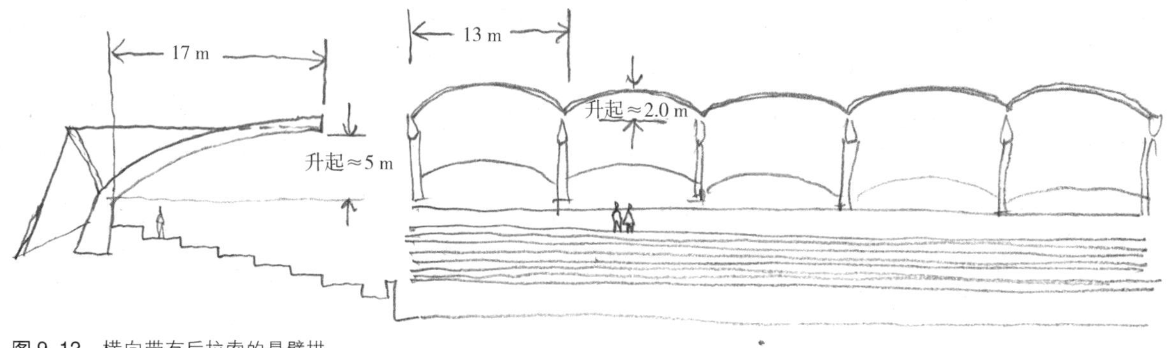

图 9. 12　横向带有后拉索的悬臂拱

度量的国际单位制

美国这个现代化国家仍然在使用着传统的度量单位，这些度量单位是英格兰文化遗产。世界上的大部分国家都已经采用国际单位制，这是最新的具有公共约束力的公制度量单位。为了促进建筑工业采用国际单位制，美国政府要求在所有联邦政府的建筑项目中使用国际单位。国际单位制中的基本单位有：长度单位米（m）和毫米（mm），质量单位千克（kg），时间单位秒（s）。为了避免混淆，厘米不在国际单位制中。面积用平方米（m^2）或平方毫米（mm^2）为单位，加速度以米每二次方秒（m/s^2）为单位。力的国际单位是牛顿（N），简称为牛。在国际单位制中，由两个单位相乘得到的单位会用圆点分隔，例如 kg · m。

在结构计算中，国际单位常用的三个标准前缀是千分之一（milli-），千（kilo-）和百万（mega-）。建筑结构中的力通常很大，会用千牛（kN）或兆牛（MN）为单位。1 千牛是 1 000 牛顿，1 兆牛是 1 000 000 牛顿。因为数值过大，通常会将三位数划分成一组，用空格隔开。本书的单位在传统单位制和国际单位制之间互相转换，为了避免产生歧义，也会采用空格作为分隔符。

国际单位制中的压力单位是帕斯卡（Pa），1 帕斯卡等于 1 牛顿的力作用在 1 平方米上。结构计算中常用千帕（kPa）或兆帕（MPa）为单位。在传统单位制中，力的单位是磅，磅既可以表示力也可以表示质量，这样容易引起歧义。国际单位制在这个问题上不会产生歧义，重力施加在物体上的力等于质量与重力加速度的乘积。物理学中，这个关系表示为公式 $P=Ma$，P 代表力（压力或拉力），M 代表质量，a 代表重力加速度。地球表面的重力加速度近似为 9.8 米每二次方秒（m/s^2）。国际单位和传统单位的近似换算如下：

长度

100 毫米约为 4 英寸，这个数值便于记忆同时也很实用，因为 100 毫米和 4 英寸都是建造时常用的基本模数。1 英尺是 3 倍的基本模数，大约为 300 毫米。一块标准胶合板的尺寸是 4 英尺宽 8 英尺长，也就是 12 倍的基本模数乘 24 倍的基本模数，大约为 1 200 毫米乘 2 400 毫米。1 米大约是 40 英寸，或 3 英尺 4 英寸。1 毫米的尺寸非常小，大约为十美分硬币的厚度，通常在精密制造中作为单位。在设计和建造房子时，最常用的尺寸为 50 毫米，大约是 2 英寸。在国际单位制中没有厘米，只有毫米和米。构造图纸的尺寸单位通常为毫米，数值为 44 500 的尺寸会被当作 44 500 毫米或 44.5 米。

面积

1 平方米约为 10.76 平方英尺，可以简化记忆为 10 平方英尺，误差约为 7%。如果在计算中将 1 平方米当作 11 平方英尺，则误差约为 2%。

质量

1 千克约为 2.2 磅，如果将千克转换成磅，也就是千克的数值乘 2 之后再增加 10%。要把 1 450 千克转换成磅，首先乘 2 得到 2 900 磅，然后给这个数值增加 10%，即 290 磅，最后得到 3 190 磅。如果将磅转换成千克，则要把磅的数值乘 0.45，或者除以 2 再减去 10%。

力、重量、荷载

1 牛顿大约是一个苹果的重量，如果把牛顿的万有引力理论和坠落的苹果联系起来，就很容易记住。1 磅的力约等于 4.5 牛顿，也就是 4 到 5 个苹果的重量。本书中也会用千磅（kip）为单位来表示力，约为 4.5 千牛。

应力、压强

1 帕斯卡可以被形象地看作是 1 个苹果的重量分布在 1 平方米的面积上。这个压力非常小，1 个苹果的重量不到四分之一磅，而 1 平方米接近于 11 平方英尺。1 张纸对桌子产生的压力略小于 1 帕。1 本 300 页的书，如果平摊在桌面上的话，会对桌子施加约 200 帕的压力，结构计算常用的单位是千帕或兆帕。1 千帕（kPa）相当于 5 本精装小说对桌面产生的压力，约 0.145 磅每平方英寸，1 兆帕（MPa）是它的 1 000 倍，约为 145 磅每平方英寸（lb/in^2），海平面上的大气压接近 100 千帕。

深化设计

第二天早上布鲁斯走进戴安娜的会议室。

“你依然喜欢昨晚提出的方案吗？”

“是的，我迫不及待地想要推进这个方案，看看它是否可行。这需要结构知识，所以你来主导，我就作为旁听者和啦啦队员，顺便提出疑问。”

“我在工作时会边做边说，这样你就可以跟上我的节奏，也不会有复杂的步骤。”

“听起来不错，那就开始吧！”

“首先重温一下竞赛要求，维德海岸的国家体育场的看台上方需要建造一个可以遮风挡雨的屋顶。基址地下一米左右是坚固的石灰岩层，可以为任何结构提供稳定坚实的基础。座位可以直接建造在倾斜的岩土坡面上。我们设想的屋顶结构是悬臂混凝土拱壳结构（图 9.11、图 9.12）。每个悬臂拱顶端的侧推力由水平拉杆平衡，水平拉杆的一端固定在混凝土斜向支撑上。后拉杆的一端同样固定在斜向支撑上，另一端锚固在基础上。悬臂拱壳和斜向支撑中的压力通过支柱传递到基础。

“假设建造时使用的混凝土的极限强度为 25 兆帕，混凝土拱壳和斜向支撑的容许强度取极限强度的 40%，也就是 10 兆帕。这是初步设计中钢筋混凝土适用的平均值。

“确定这个结构形式的顺序依次为纵向的筒拱、悬臂拱、拉杆、斜向支撑，最后是基础。这个找形顺序是遵循荷载传递的路径，从顶端的构件开始，中间经过一系列构件连接直到基础。

“筒拱最小的厚度为钢筋加上混凝土保护层的厚度。配筋的最小标准尺寸为直径 11.3 毫米的 10 号钢筋。钢筋会沿纵向和横向交叉布置，形成正交的钢筋网，这样可以减少因温度等因素而导致的混凝土的变形，降低裂缝产生的可能。钢筋也用来抵抗不可预见的不对称荷载，例如在建造筒拱时局部堆积了过多的材料所产生的荷载。

“钢筋交叉处的总厚度为 22.6 毫米（图 9.13）。我们还不知道维德海岸需要遵守的规

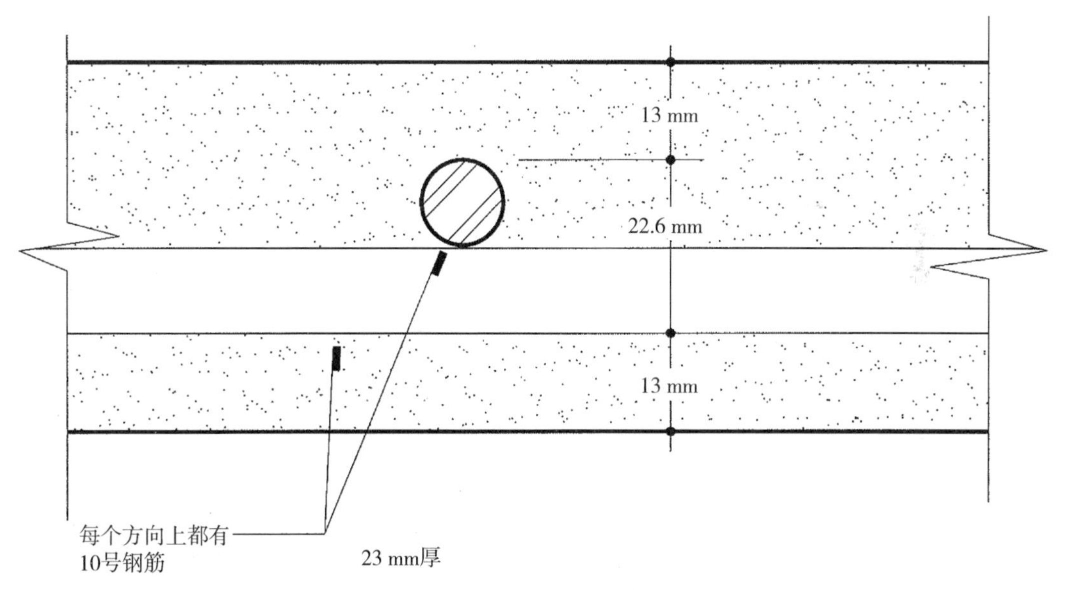

图 9.13 混凝土壳体的厚度

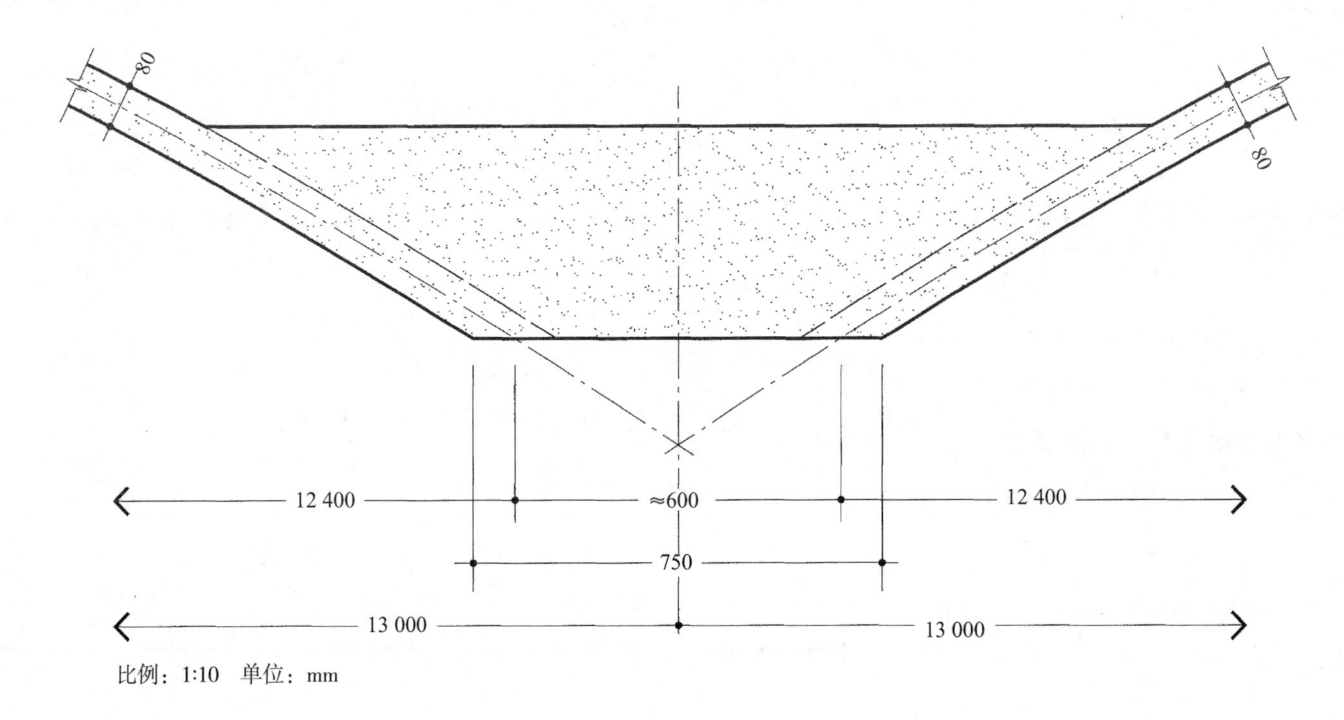

图 9.14　两筒拱交接处的剖面草图

范，但是很可能与美国混凝土协会的标准化建筑规范差不多。这个规范中规定了混凝土壳体结构的配筋直径，钢筋两边的混凝土保护层厚度至少为 13 毫米。混凝土拱顶可能的最小厚度为双向钢筋的厚度加上最小混凝土保护层的厚度，约为 50 毫米，也就是 2 英寸。但是这么薄的混凝土壳体结构很难建造，钢筋弯曲度或壳体结构曲率的微小误差都会导致结构厚度的增加，产生不符合预想的几何形状。

"从经验来看，混凝土壳体结构的厚度通常采用 60 毫米，在这个方案中为了防止施工缺陷，我们采用 80 毫米的厚度。虽然使用了更多的混凝土材料，但降低了施工难度，从而节省了费用。"

"即便这样，混凝土拱壳的厚度也只有 3 英寸！"

"我们再回顾一下混凝土拱壳的尺寸吧！"

"筒拱的跨度是 13 米，升起高度为 2 米。悬臂拱出挑 17 米，升起高度为 5 米。"

"悬臂拱不需要加肋，可以将筒拱的交接处简单地加厚，形成一体化的拱肋。"

"该怎么做呢？"

"像这样。"

戴安娜绘制了一张两筒拱交接处的剖面草图（图 9.14）。

"只要增加筒拱与筒拱之间的混凝土材料，就可以形成简洁、平滑、价格低廉的拱顶。这样做同时也取消了筒拱交接处尖锐的下边缘，取而代之的是一个 750 毫米宽的平直的表面。"

"这样看起来更简洁，尖角在施工过程中容易遭受破坏，很难保持完美。"

"加厚交接处还有一个好处，就是有效地将筒拱的跨度减小到 12.4 米。"

“2 米的升起高度可以保持不变，因为它形成了一个良好的视觉比例。”

“我同意。这些筒拱实际上是双曲的，因为支撑它们的悬臂拱在原有曲率的垂直方向上产生了二次曲率。这些曲率给筒拱增加了额外的强度和刚度，有必要对它们进行深入分析。在初步设计中，可以先保守地假设每个拱仅在一个方向上起作用。”

找出筒拱的形式与力

“为了确定拱顶的形式和厚度，需要以 1 米宽的拱条为研究对象做初步分析。把这个拱条简化为拱，拱条表面水平投影面积上每平方米的荷载为恒荷载与活荷载之和。恒荷载是拱条的自重，与混凝土的密度有关。单位面积上的活荷载先以美国温带地区建筑的活荷载计算为准。”

戴安娜在一张坐标纸上工整地记录下一些数字。

$$\text{恒荷载} = 0.08\ \text{m} \times 2\,400\ \text{kg/m}^3 = 192\ \text{kg/m}^2$$

$$\text{假定的活荷载} = 120\ \text{kg/m}^2$$

$$\text{总荷载} = 312\ \text{kg/m}^2$$

$$\text{总荷载产生的力} = 312\ \text{kg/m}^2 \times 9.8\ \text{m/s}^2 \approx 3.06\ \text{kN/m}^2$$

“这是每平方米的总荷载，并不是作用在整个拱上的总荷载。荷载均匀分布在拱的表面，但为了便于分析，把它们看作 10 个集中荷载。12.4 米除以 10 得到每个拱条单元的跨度是 1.24 米。用单元中心的集中荷载代表均布荷载，第一个集中荷载距离拱的左端为 0.62 米，最后一个集中荷载距离拱的右端为 0.62 米，其他荷载之间的距离是 1.24 米。每个荷载的大小为：

$$P = 3.06\ \text{kN/m}^2 \times 1.24\ \text{m} \times 1\ \text{m} \approx 3.8\ \text{kN}$$

“然后采用图解法确定拱顶的形式和力。”

戴安娜在电脑上仔细地绘制出力图和形图（图 9.15）。已知筒拱曲线是一条抛物线，以闭合弦中点为起点，以升起高度的两倍为长度，绘制出垂直于闭合弦的线段，将得到的点与点 X 和点 Z 相连，就可以得到在区域 A 和区域 K 的形图，在力图中绘制平行于形图中这两条线段的平行线 oa 和 ok，得到极点 o，接着绘制出完整的力图。

根据力图可知 1 米宽的拱条所承受的最大压力是 35 kN，水平推力为 29.3 kN。

布鲁斯专注地看着整个过程。

“那么筒拱中的最大应力为 1 米宽的拱条内部所受到的最大的力除以截面面积：

$$f = \frac{P}{A} = \frac{35\ \text{kN}}{1\ \text{m} \times 0.08\ \text{m}} \approx 0.44\ \text{MPa}$$

“也就是说混凝土筒拱中的最大应力为 0.44 兆帕，仅仅是容许强度的 5%，它怎么可能这么低？”

“基于索线形的结构中的力都很小，如果拱的形式是正确的，那么其中所有的力都是轴向力并且很小。尽管结构中的应力很小，但是根据经验仍然要加强筒拱的边缘，以便抵抗由风、雪、施工以及温度变化等因素产生的局部荷载。当局部荷载施加在筒拱的中间某处而不是筒拱的边缘时，筒拱的形式可以将荷载扩散，而且局部的弯曲倾向会被拱周围表面的刚度所抑制，而筒拱的边缘缺乏扩散荷载的能力。通常来说钢筋混凝土筒拱边缘肋的厚度是中间筒拱厚度的 3 倍，在本方案中应为 240 毫米。”

“拱壳的形式如此轻薄，而现在却不得不在它上面加上一个笨重肥硕的边缘肋，真让人扫兴。”

“可以将边缘肋进行处理避免下方的观众感知到，可见部分的筒拱边缘仍然轻薄典雅（图 9.16）。将边缘肋倾斜 30°并向内缩进半米左右，使得边缘肋和筒拱之间的衔接更加平滑，同时也便于施工过程中混凝土的浇筑，还有助于屋顶防水卷材的铺设。如果是单曲筒拱，则筒拱

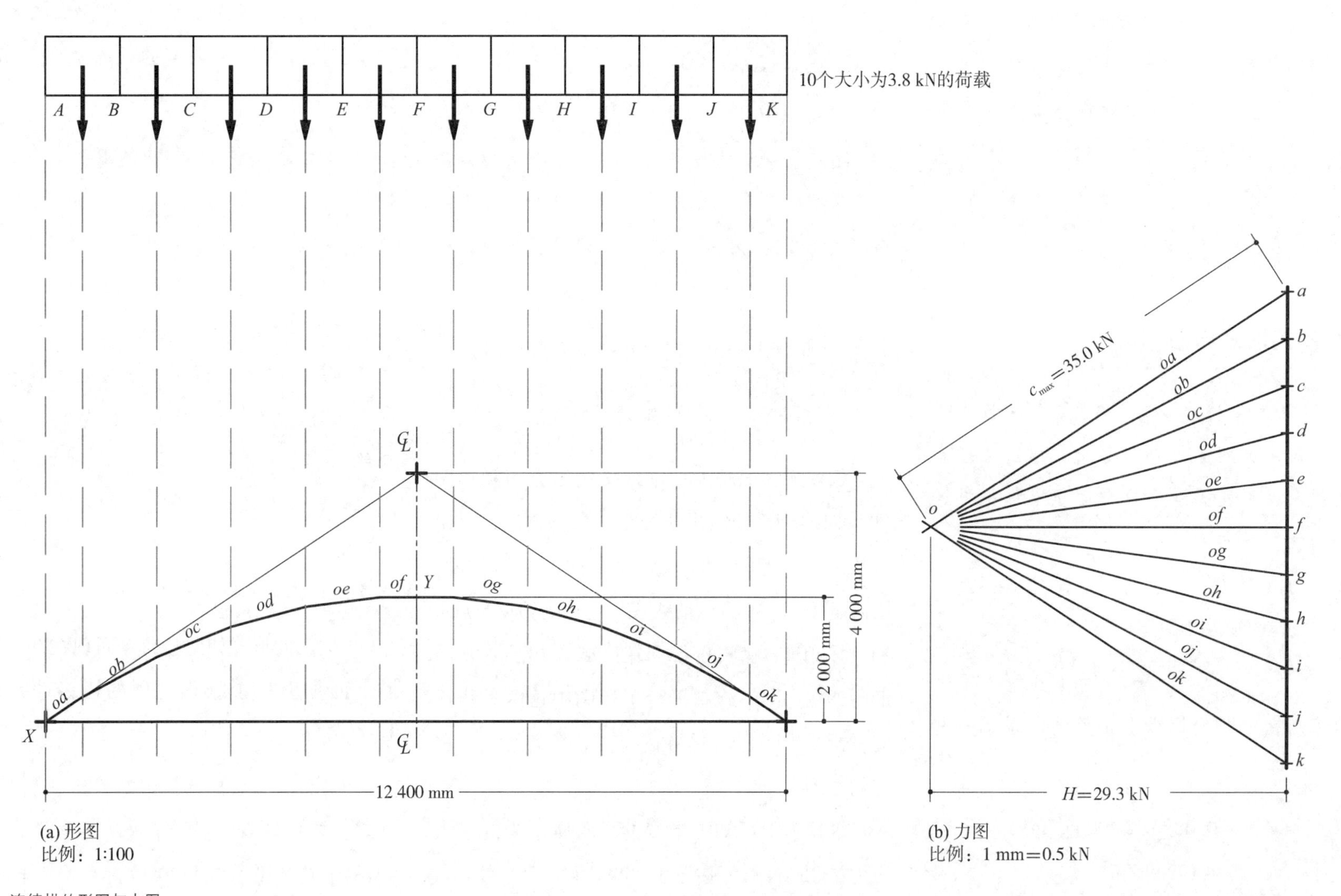

图 9.15　连续拱的形图与力图

的内部还需要加强肋，但是双曲筒拱可能就不需要了。

“还需要处理筒拱的水平侧推力，根据力图，1 米宽的拱条会产生约 29 千牛的水平侧推力。”

“筒拱之间的水平侧推力是可以相互抵消的，在交接处产生了向左和向右的水平推力，它们之间相互平衡。”

“但结构的两端的水平侧推力必须采取某种方式来平衡。通常情况下最简单经济的做法是采用水平拉杆。这些拉杆需要从屋顶的一端延伸到另一端，以平衡结构两端的水平侧推力。”

“这些拉杆会使结构变得糟糕，而且它们也会影响模板的铺设和拆除。”

戴安娜微微一笑。

“我同意你的观点，但我们可以在屋顶的两端各增加半个筒拱，将水平拉杆放置在筒拱的顶部，这样拉杆就不会被看见了（图 9.17）。

这样做可以使筒拱的厚度很薄，降低造价。而且翼状的半拱也使屋顶看起来更加轻盈。”

“戴安娜，你总是让我刮目相看！”

“如果在筒拱上设置 5 根水平拉杆，则每一根水平拉杆需要抵抗 17 米的五分之一也就是 3.4 米宽拱条的水平侧推力。拉杆采用低碳钢，

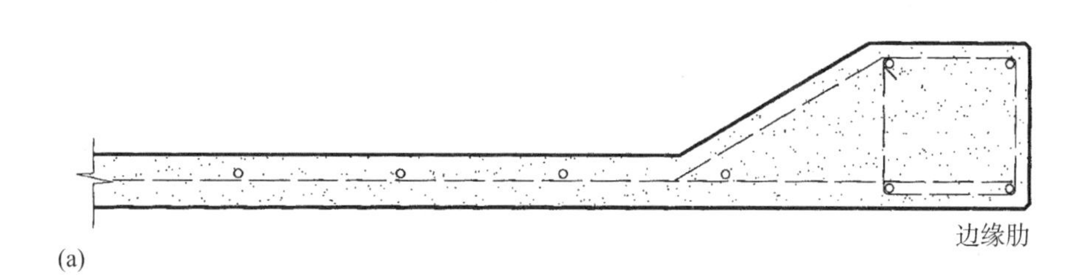

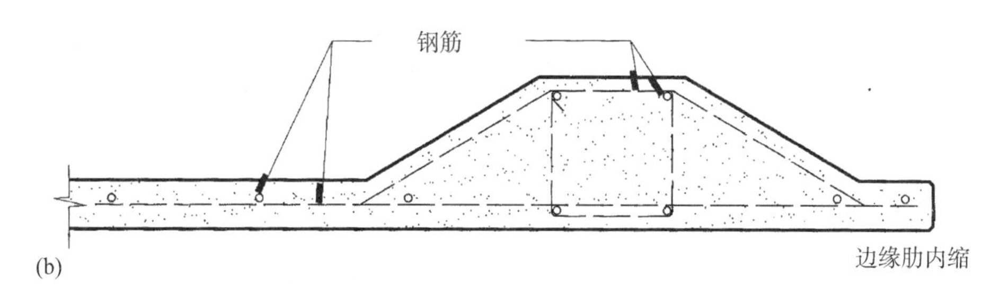

图 9.16　连续拱的边缘设计

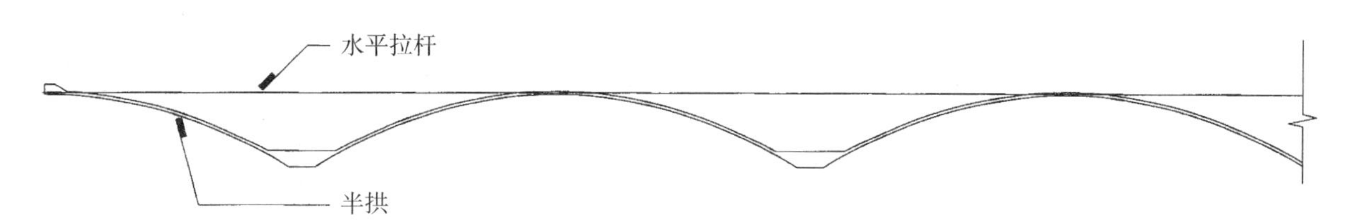

图 9.17　连续拱的水平拉杆

容许抗拉强度 F_t 为 150 兆帕，拉杆的尺寸计算如下：

$$每根拉杆的拉力\ t=\frac{17\ \text{m}}{5}\times 29\ \text{kN/m}\approx 99\ \text{kN}$$

$$拉杆的截面面积\frac{t}{F_t}=\frac{99\ \text{kN}}{150\ \text{MPa}}=6.6\times 10^{-4}\ \text{m}^2=660\ \text{mm}^2$$

根据钢杆的规格标准，选择截面面积大于 660 平方毫米的最小规格为 30 号的钢杆，它的直径为 29.9 毫米，截面面积为 700 平方毫米。”

“直径大约是 1.2 英寸，你解释得通俗易懂。”

“最简单的方法通常是最好的方法。”

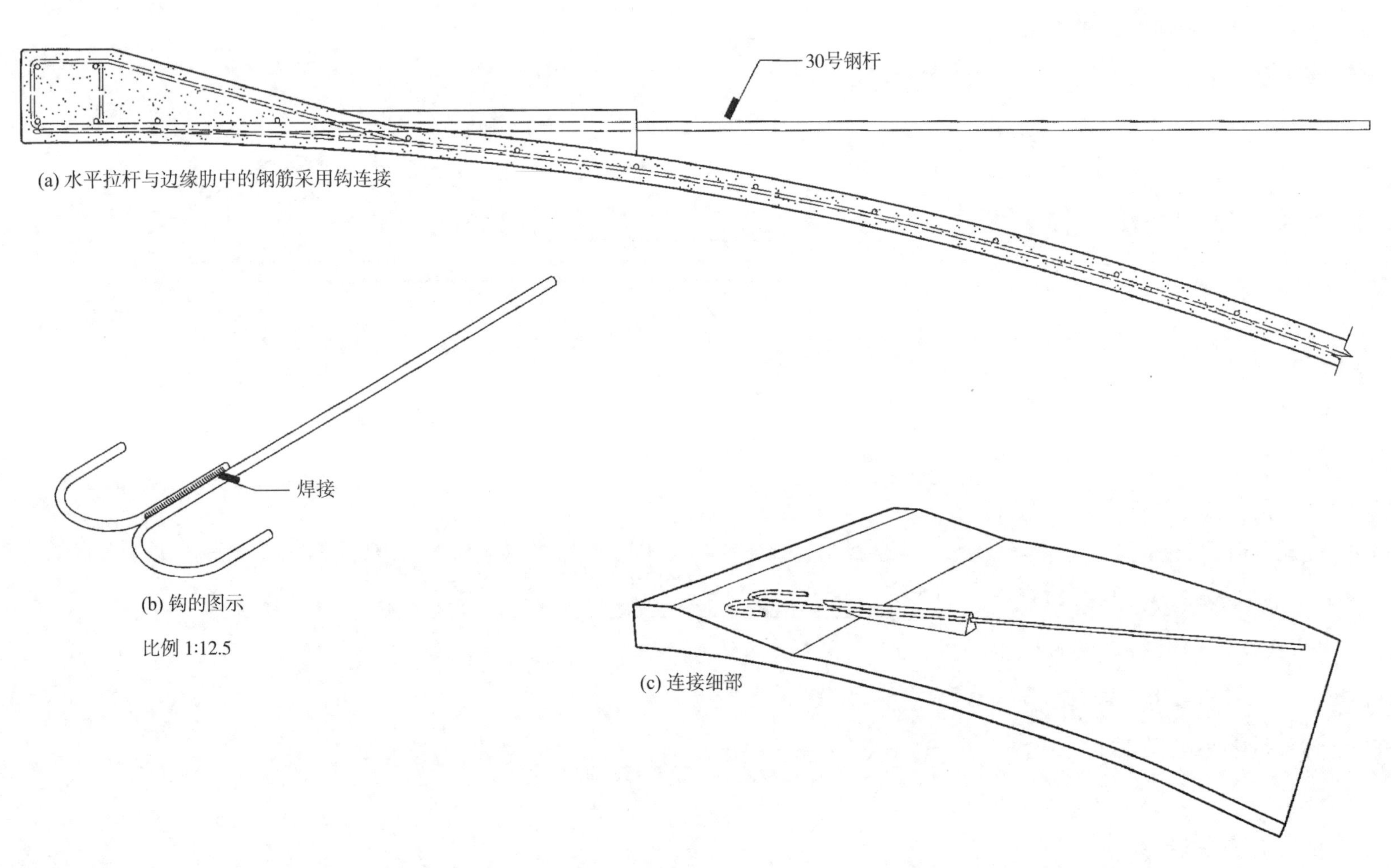

图 9.18　水平拉杆的细部

戴安娜重新回到座位上，把速写本和笔记本拉到面前。

“来进一步完善水平拉杆的细部吧，水平拉杆必须锚固在筒拱的边缘。筒拱中间部分的厚度为 80 毫米，边缘肋厚度为 240 毫米，在图上按比例绘制出来（图 9.18）。为了避免拱顶产生弯矩，水平拉杆需锚固在筒拱的中间。水平拉杆干扰了边缘肋中一些纵向钢筋的布置，可以将这些钢筋稍微向上移动使它们从水平拉杆的上方穿过，增加边缘肋的高度，使混凝土能包裹住这些钢筋。

“锚固水平拉杆的常用做法是将它们与内置于筒拱中的钢板连接。本案例中的筒拱太薄，难以嵌入一块足够大的钢板，因此把水平拉杆的端部弯成 U 形，将水平拉杆中的力转移到混凝土拱壳中。为了避免产生弯矩，U 形钩应水平放置在筒拱的中心面内。为了在水平拉杆上形成对称的拉力，将钩子镜像焊接在一起形成锚状的钩子。”

“怎样防止暴露在外的水平拉杆的锈蚀呢？”

“采用防锈漆的话，就需要每隔几年维护一次，因此为了减少后期维护和提高耐久性，可以采用带有镀锌保护层的水平拉杆。”

找出悬臂拱的形式与力

“接下来需要找出悬臂拱的形式和力，你想要试一下吗？”

“好的，假设悬臂拱是抛物线拱的一半。”

“是的，请继续。”

“接下来采用图解法，将 17 米跨度的悬臂拱按 1.7 米的间隔分成 10 段，并且估算每段的荷载（图 9.19）。之前的计算中已经确定 1 米宽的拱条的总荷载是 38 千牛，由筒拱两端的边缘肋支撑，则每个悬臂拱承载着两边筒拱的总荷载的一半，仍然是 38 千牛每米。也就是说沿着悬臂拱的长度方向的筒拱荷载为 38 千牛每米，还需要加上悬臂拱本身的自重。根据图 9.14，悬臂拱的横截面面积约为 0.44 平方米。则 1.7 米长的拱条上的荷载计算为：

筒拱的荷载：D. L. +L. L. ：

$$38\ \mathrm{kN/m}\times1.7\ \mathrm{m}=64.6\ \mathrm{kN}$$

悬臂拱的自重：

$$0.44\ \mathrm{m}^2\times1.7\ \mathrm{m}\times2\,400\ \mathrm{kg/m}^3\times9.8\ \mathrm{m/s}^2\approx17.6\ \mathrm{kN}$$

悬臂拱的宽度大约是 0.6 米，则活荷载为：

0.6 米宽的悬臂拱上的活荷载为：

$$120\ \mathrm{kg/m}^2\times0.6\ \mathrm{m}\times1.7\ \mathrm{m}\times9.8\ \mathrm{m/s}^2\approx1.2\ \mathrm{kN}$$

1.7 米的悬臂拱上的总荷载为：$64.6\ \mathrm{kN}+17.6\ \mathrm{kN}+1.2\ \mathrm{kN}=83.4\ \mathrm{kN}$

约为 84 千牛。

“我想这个值是正确的。”

“做得好，接着找出悬臂拱的形式与力吧！”

“首先以 1∶100 的比例绘制悬臂拱的侧立面图，然后将 17 米跨度的悬臂拱分成 10 段，在每一段的中心绘制出 84 千牛的集中荷载以及荷载的作用线。”

布鲁斯仔细地画了几分钟。

“然后绘制出了载重线（图 9.19）。悬臂拱的上端是水平的，这意味着形图中 *K* 区域中的线段应该是水平的，标记为 *ok*（图 9.20）。因为悬臂拱是抛物线拱，所以经过点 *X* 的切线也必然经过中心线上两倍于悬臂拱升起高度的点 *Z*，连接 *XZ*，得到 *A* 区域的线段 *oa*。在力图上绘制与 *oa* 和 *ok* 平行的射线并找出极点，从而绘制出完整的力图（图 9.20）。”

根据力图完成形图，当布鲁斯找出悬臂拱的形式后，他在图中加上了人体尺度作为参照。

“令人震撼！想象这个人就是我自己。这个空间使人感到伟大，屋顶仿佛在空中展翅飞翔。”

戴安娜忍不住笑起来，然后开始测量布鲁斯刚刚完成的力图。

“测量可知悬臂拱中最大的力 *oa* 为 1.66 兆牛，水平拉杆中的力大约为 1.44 兆牛。还可以在形图上测量得出每段拱的升起。”

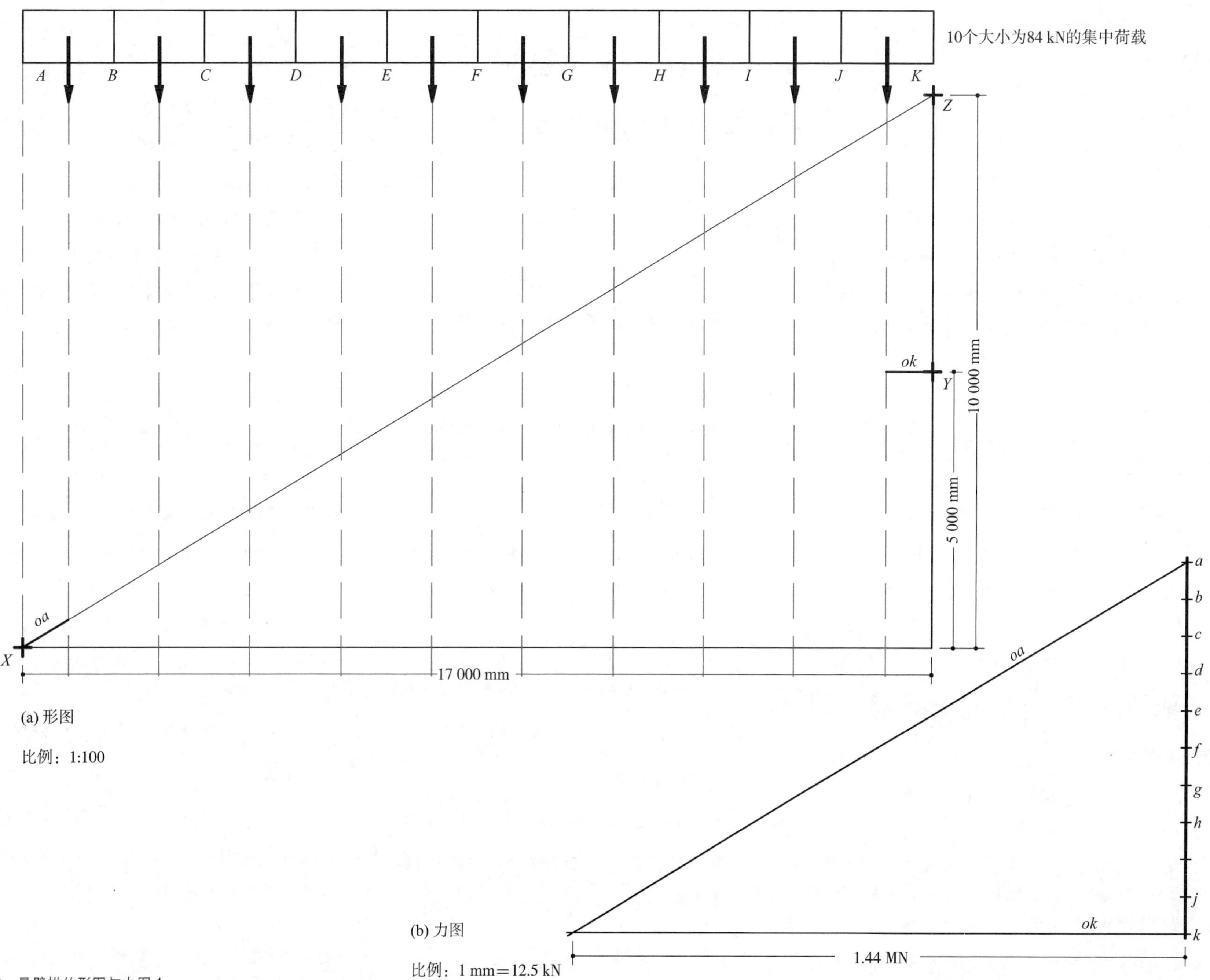

图 9. 19　悬臂拱的形图与力图 1

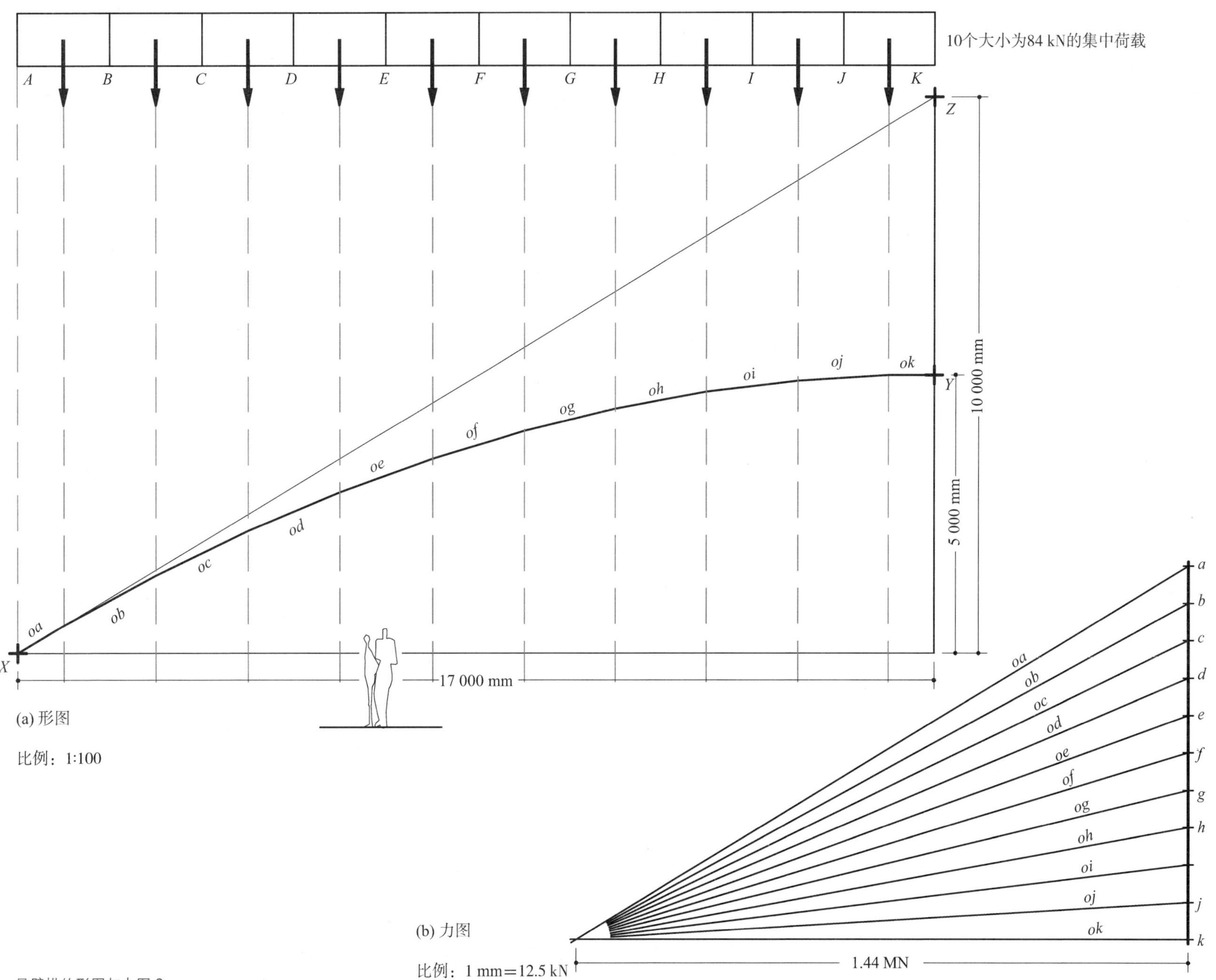

图 9.20　悬臂拱的形图与力图 2

悬臂拱的尺寸

“当采用容许强度为10兆帕的混凝土时，所需的悬臂拱的横截面面积为：

$$A_{req}=\frac{P}{F_c}=\frac{1.66\ \text{MN}}{10\ \text{MPa}}=0.166\ \text{m}^2$$

图9.14中假定悬臂拱的横截面面积约为0.44平方米，是上述结果的两倍以上。另外0.4米的深度对于17米跨度的悬臂拱来说太小，可能会使悬臂拱产生屈曲。不过在这个方案中，拱的两边带有V形截面，可以防止屈曲的发生。”

斜向支撑和后拉杆的设计

“根据力图得知水平拉杆中的力为1.44兆牛，这是非常大的，可以采用高强钢筋作为后拉杆。”

“事实上最好采用普通的低碳钢，后拉杆会因为屋顶活荷载的增加或减少而伸长或缩短，为了保护结构免受破坏，就应该尽量减少这种变化。不论钢的容许强度如何，钢的伸长量与作用在其上的应力大小成正比。如果采用高强钢筋作为后拉杆，虽然钢杆的直径相对较小，但是在相同的荷载作用下，截面较小的钢的伸长量会大于截面较大的钢。为了减少拉杆的伸长量，采用容许拉应力为150兆帕的低碳钢，钢杆的截面面积计算如下：

$$A_{req}=\frac{P}{F_c}=\frac{1.44\ \text{MN}}{150\ \text{MPa}}=0.0096\ \text{m}^2$$

拉杆的端部设有螺纹，通过螺帽与内置于混凝土中的钢板连接，钢板将力分散到混凝土中，避免应力集中导致超出混凝土的容许强度。端部的螺纹允许在施工期间和施工后对拉杆的长度进行调节。端部螺纹降低了拉杆的有效工作面积，所以需要在计算结果的基础上增加约15%的截面面积，结果为0.0110平方米即11 000平方毫米。可以采用一根直径为120毫米的钢杆，或者两根直径为90毫米的钢杆。”

“尺度太大了，戴安娜！一根直径约为5英寸的钢杆，或者两个直径大于3.5英寸的钢杆，必须这么大吗？”

布鲁斯用手比画着这些尺寸的大小。

“是的，但是它们的尺度大小要以筒拱和悬臂拱的尺度为参照。一对90毫米的钢杆在桌子上会显得很大，但是对于一个出挑17米的悬臂拱和跨度13米的筒拱来说，就显得微不足道了。”

“我想你是对的。”

“现在需要找出斜向支撑和后拉杆中的力。斜向支撑与水平拉杆和后拉杆相连，如果斜向支撑与水平拉杆的夹角以及与后拉杆的夹角相同，则两个拉杆中的力就是相同的。”

“如果力是相同的，就可以使用相同直径的钢杆。”

“如果斜向支撑的倾斜角度为45度，那么后拉杆将垂直于地面，这可能看起来不错。”

布鲁斯很快绘制出草图，与此同时戴安娜按比例绘制出了屋顶的形图和力图（图9.21）。

“你是怎么做到的？”

“这只是一个简单的桁架图解分析，是非常通用的技术，即使它看起来并不是桁架结构，但在节点处可以看作是一个平衡的桁架。”

“840千牛的力是怎么得到的？”

“这是悬臂拱中的总荷载，它作用于跨度的中间。也就是说，这是悬臂拱上所有荷载的总和。”

“明白了，通过这张图可以得出两个基础的力，以及主要构件中的力。图解也验证了之前找出的力的大小。但如何将1.44兆牛的拉力从垂直杆传递到地基中呢？”

“石灰岩层非常坚固，可以在其中钻一个深孔，将后拉杆插入孔中，灌浆使拉杆和岩石融为一体，从而将力从后拉杆传递到岩层。如果我们赢得比赛，将会聘请专业的岩土工程师做地

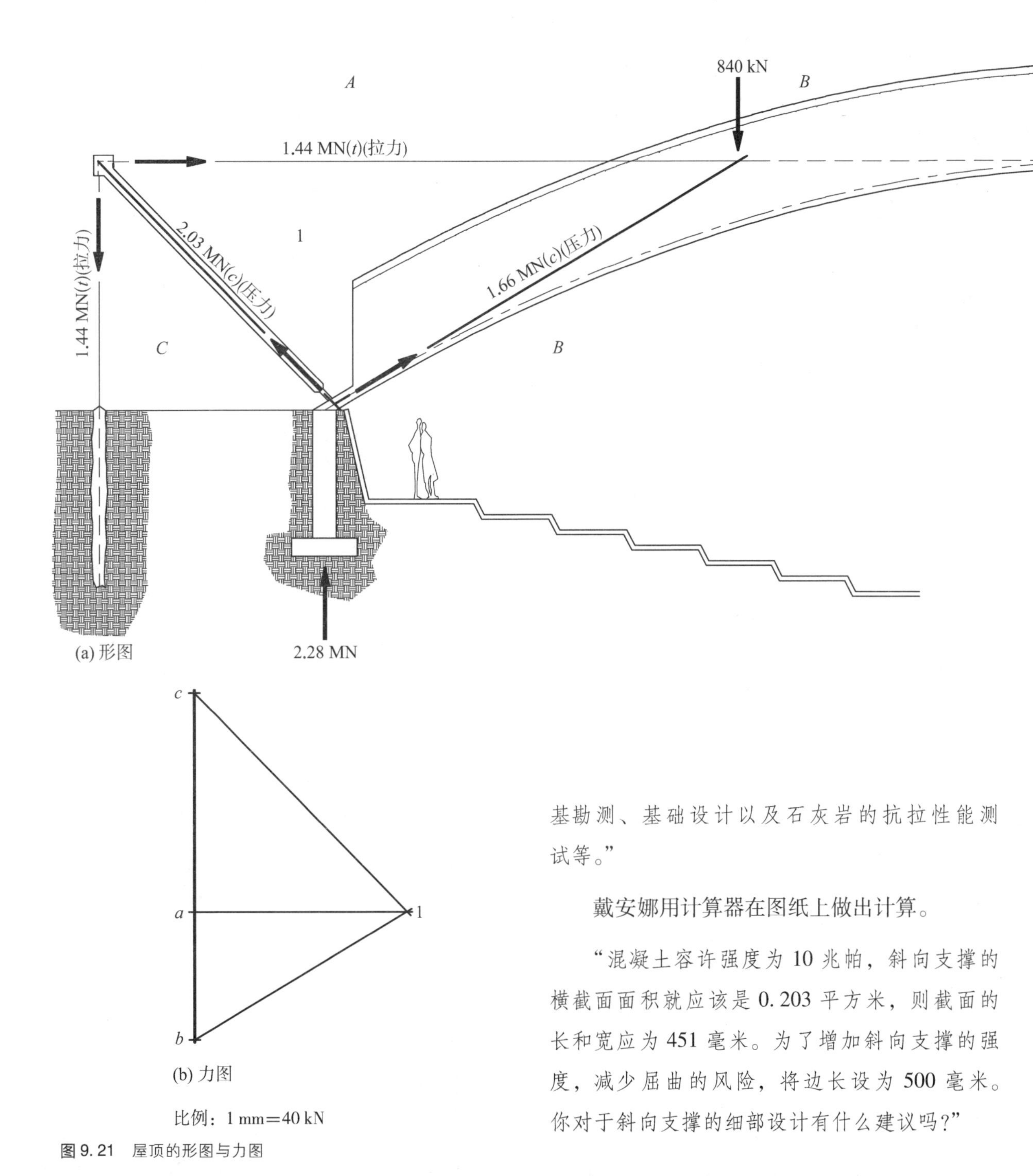

图 9.21　屋顶的形图与力图

基勘测、基础设计以及石灰岩的抗拉性能测试等。”

戴安娜用计算器在图纸上做出计算。

“混凝土容许强度为 10 兆帕，斜向支撑的横截面面积就应该是 0.203 平方米，则截面的长和宽应为 451 毫米。为了增加斜向支撑的强度，减少屈曲的风险，将边长设为 500 毫米。你对于斜向支撑的细部设计有什么建议吗？”

两个人先开始各自独立工作，绘制草图和做简单的计算，完成结构的初步设计和形式设计，然后继续进行讨论。

“我绘制了这些斜向支撑的细部草图（图 9.22）。这些构件的位置实际上已经确定了，斜向支撑的截面边长为 500 毫米，倾斜角度为 45 度。它与水平拉杆和后拉杆的连接处的长度和宽度分别为 900 毫米，连接处与水平拉杆和后拉杆垂直相交。因为后拉杆容易遭受破坏，所以采用直径为 120 毫米而不是 90 毫米的钢杆。为了简化斜向支撑顶端连接处的节点，使用一对直径为 90 毫米的水平拉杆，避免水平拉杆与后拉杆在连接处的互相干扰。水平拉杆穿过内置于混凝土中的钢管套管，后拉杆位于两根水平拉杆的中间。水平拉杆和后拉杆的末端采用垫圈和钢板将拉杆中的力分散到较大面积的混凝土上，以免局部应力集中，超过混凝土的容许应力。”

布鲁斯拿出一张写有工整计算的草稿纸，说道：“通过增加钢板的面积来补强因为拉杆穿过而导致的混凝土材料减少。”

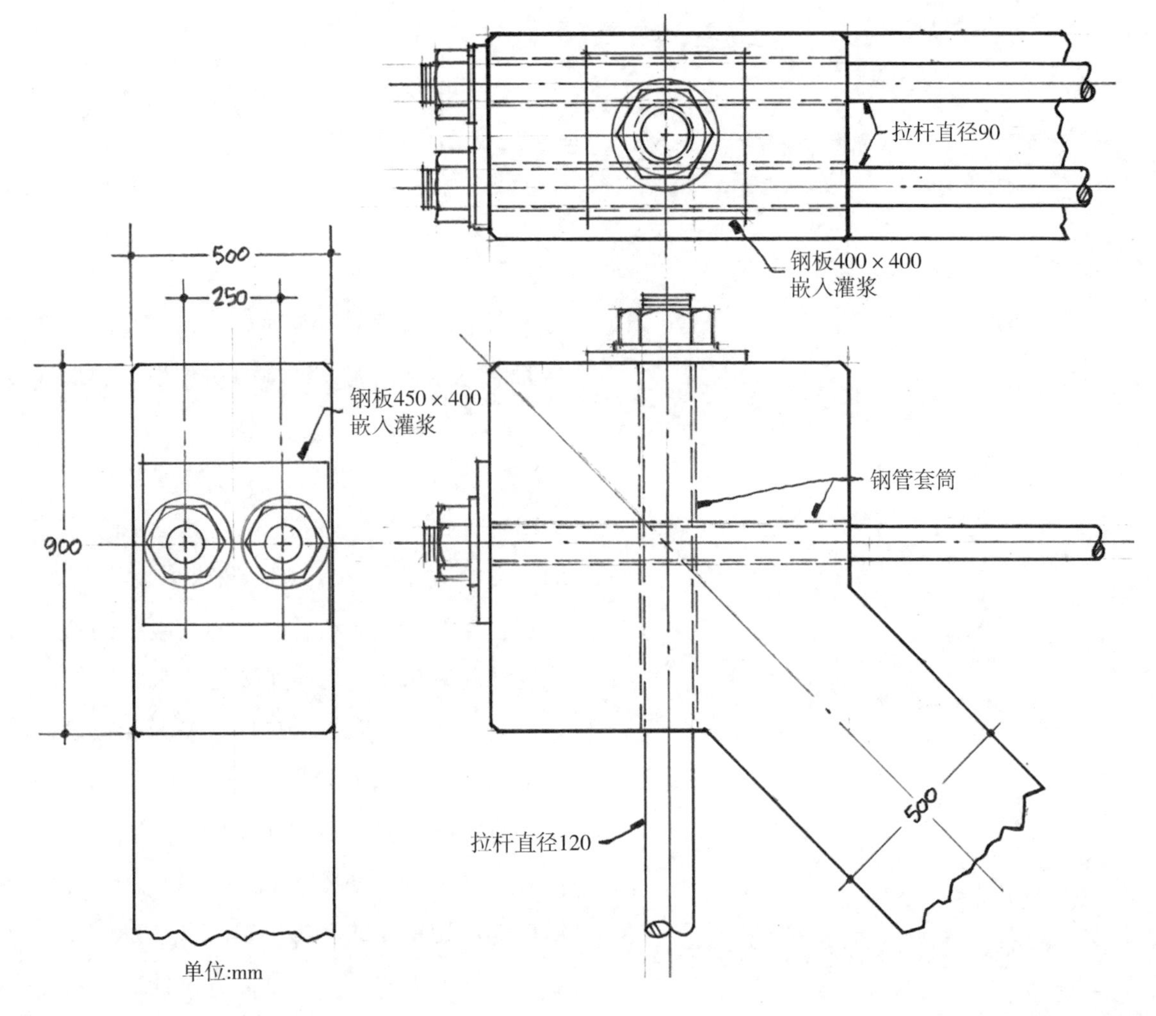

图 9.22 斜向支撑的细部草图

$$A_{gross}=144\,000+2\pi r^2$$
$$=144\,000+2\pi\times50^2=159\,700\ (\mathrm{mm}^2)$$

“采用半径为 50 毫米而不是 45 毫米的拉杆，考虑到钢管套管和拉杆之间的间隙。为了确保钢板和混凝土之间的充分接触，钢板将嵌入混凝土中。在斜向支撑的底部采用铰接节点，允许斜向支撑因为温度和荷载变化而有稍许移动。也可以采用罗伯特·马亚尔在 20 世纪早期的很多瑞士桥梁实践中所使用的简单做法，例如瑞士萨尔基那山谷桥的连接节点（图 9.23）。钢筋在铰接节点处彼此交叉，降低了抗弯性能，但是仍然可以抗压。在这个方案中也可以采用这个方法，同时增加橡胶垫代替部分混凝土，使连接的节点更加灵活（图 9.24）。”

“很棒的细部处理！尤其是在斜向支撑的顶端采用两根水平拉杆和一根后拉杆来避免相互干扰。可以采用相似的处理将水平拉杆锚固在悬臂拱的外端（图 9.25）。这种连接可以暴露在外，也可以用灌浆的方式隐藏在悬臂拱中。”

水平拉杆会因为自重而下垂，可以用下述的方程来估算下垂量：

$$S=\frac{wL^2}{8t} \tag{9.1}$$

其中：

S 是拉杆因为自重的下垂量；

w 是 1 米长的拉杆的自重；

L 是拉杆的净长度；

t 是拉杆中的拉力。

“直径是 90 毫米的钢杆自重是 490 牛每米。每根拉杆的净长度约为 20 米，拉力为 0.72 兆牛。由此可以得出，拉杆的总下垂量是：

$$S=\frac{490\ \mathrm{N/m}\times(20\ \mathrm{m})^2}{8\times0.72\ \mathrm{MN}}\approx0.034\ \mathrm{m}=34\ \mathrm{mm}$$

“下垂量不到杆件直径的 40%，如果只在恒荷载作用下，拉力将会降低约 40%，因为拉杆中

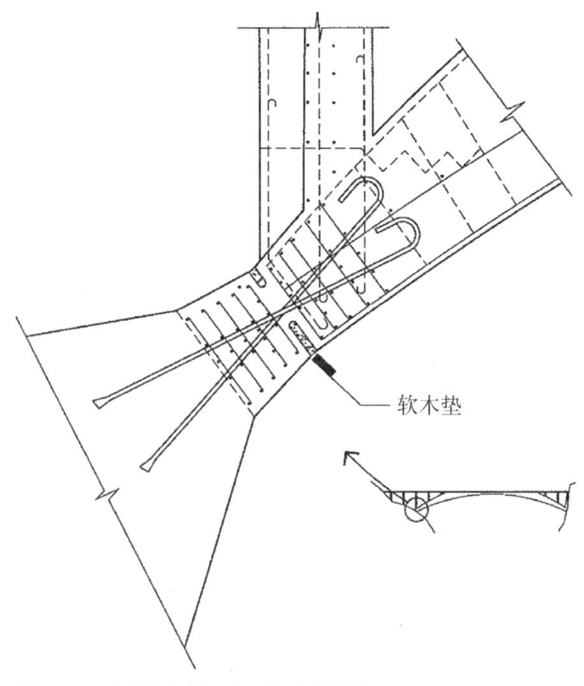

图 9.23　瑞士萨尔基那山谷桥的连接节点

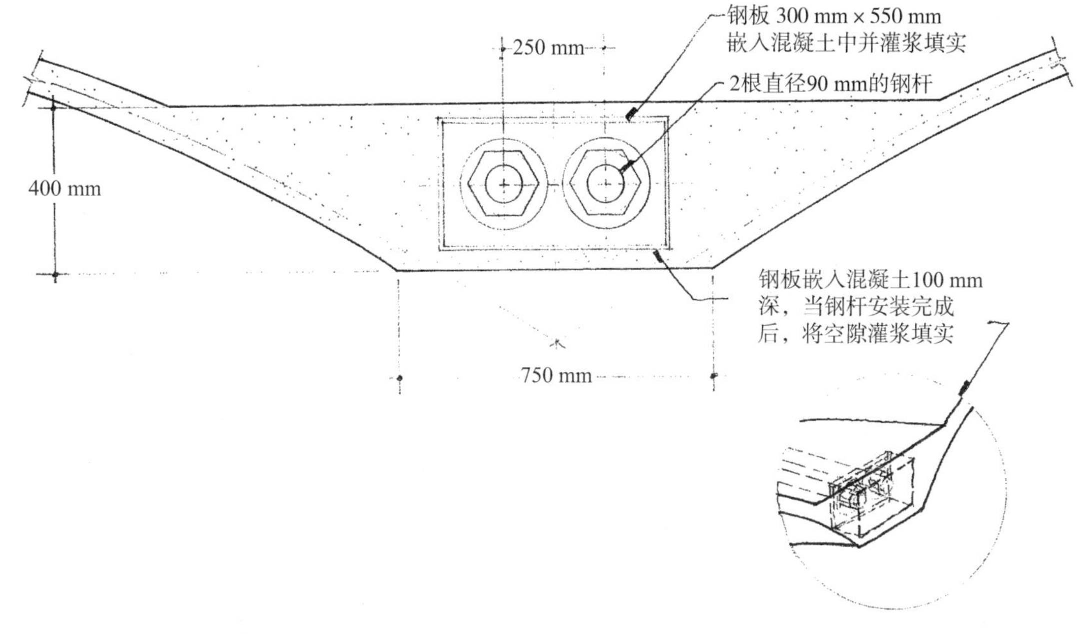

图 9.25　将水平拉杆锚固在悬臂拱的外端

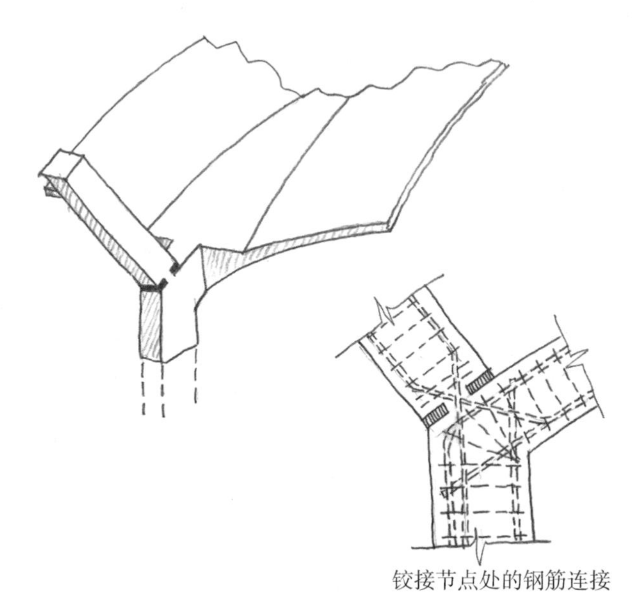

图 9.24　铰接节点的细部草图

的拉力减小，其下垂量就会相应增加约 40%，合计 48 毫米。这个数值并不大，所以没有问题。”

戴安娜继续解释说，基础柱将拱壳结构和斜向支撑中的力传递到地基，根据图 9.21 所示，基础柱中力的大小为 2.28 兆牛。计算得出基础柱的长和宽均为 477 毫米，这个尺寸过小甚至很难与截面边长为 500 毫米的斜向支撑连接。将基础柱的长和宽的尺寸调整为 500 毫米，这样可以与混凝土拱壳以及斜向支撑顺利连接，而且也更加坚固（图 9.22）。戴安娜使用了经验法则来确定地基的尺寸，根据建筑规范规定的软质石灰岩层的容许应力值为 1.0 兆帕：

$$A_{req} = \frac{P}{F} = \frac{2.28\ \text{MN}}{1\ \text{MPa}} = 2.28\ \text{m}^2$$

$$\sqrt{2.28\ \text{m}^2} \approx 1.51\ \text{m}$$

计算得出基础应为约 1.5 米见方的混凝土块。

“如果我们赢得竞赛，就可以要求岩土工程师计算和设计基础的深度、尺寸和细部构造，包括为了锚固后拉杆在岩层中钻孔和灌浆的施工方法。”

“如果地下土层是黏土而不是岩石该怎么办?”布鲁斯问。

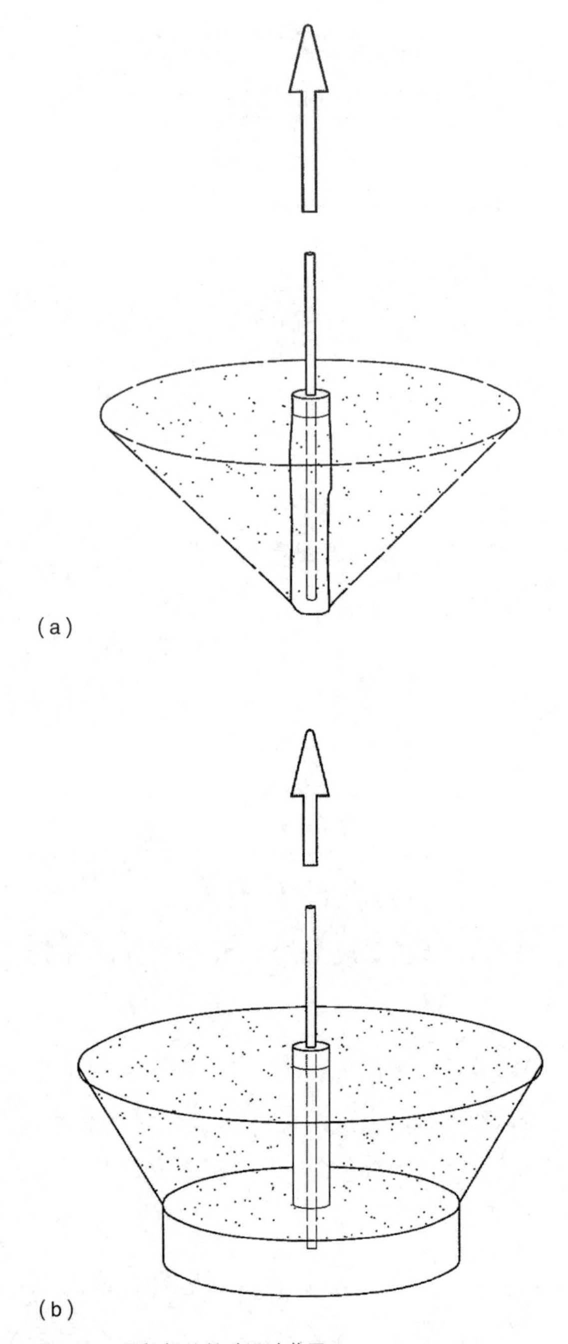

图 9.26　后拉杆的基础设计草图

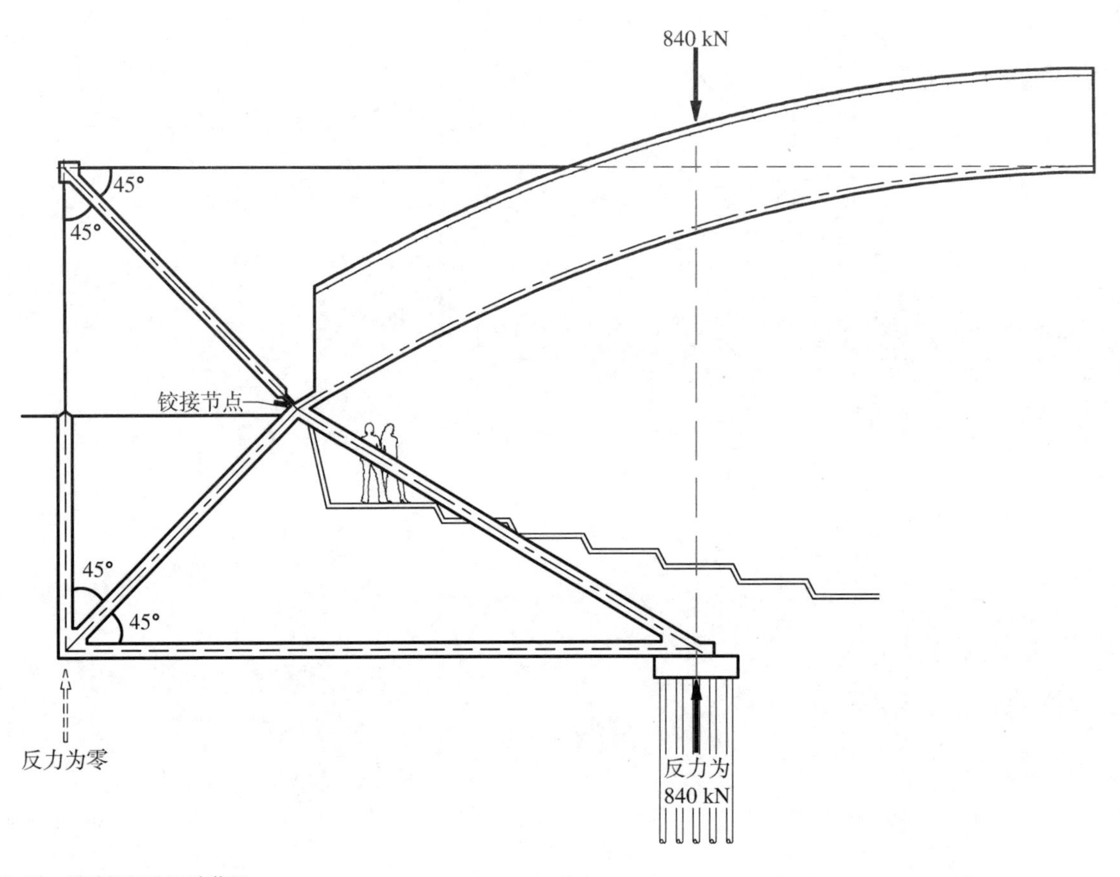

图 9.27　基础桁架的设计草图

“在黏土层中钻孔和灌浆锚固后拉杆是不可行的［图 9.26（a）］。一种解决方法是采用支撑锚，即混凝土圆盘，圆盘的直径越大锚固作用越好［图 9.26（b）］。混凝土圆盘顶部的倒锥台体形状的土壤起到主要承载作用。

“另一种解决方法是采用拉压杆组成一个基础桁架。根据结构中所有荷载的合力作用线将结构中因为拉力和压力所产生的荷载都传递到一个单一基础上（图 9.27），然后通过图解分析桁架中各构件的力。也可以设计出不妨碍看台顶部走道空间的方案（图 9.28）。但是这样可能会导致基础复杂并且昂贵。”

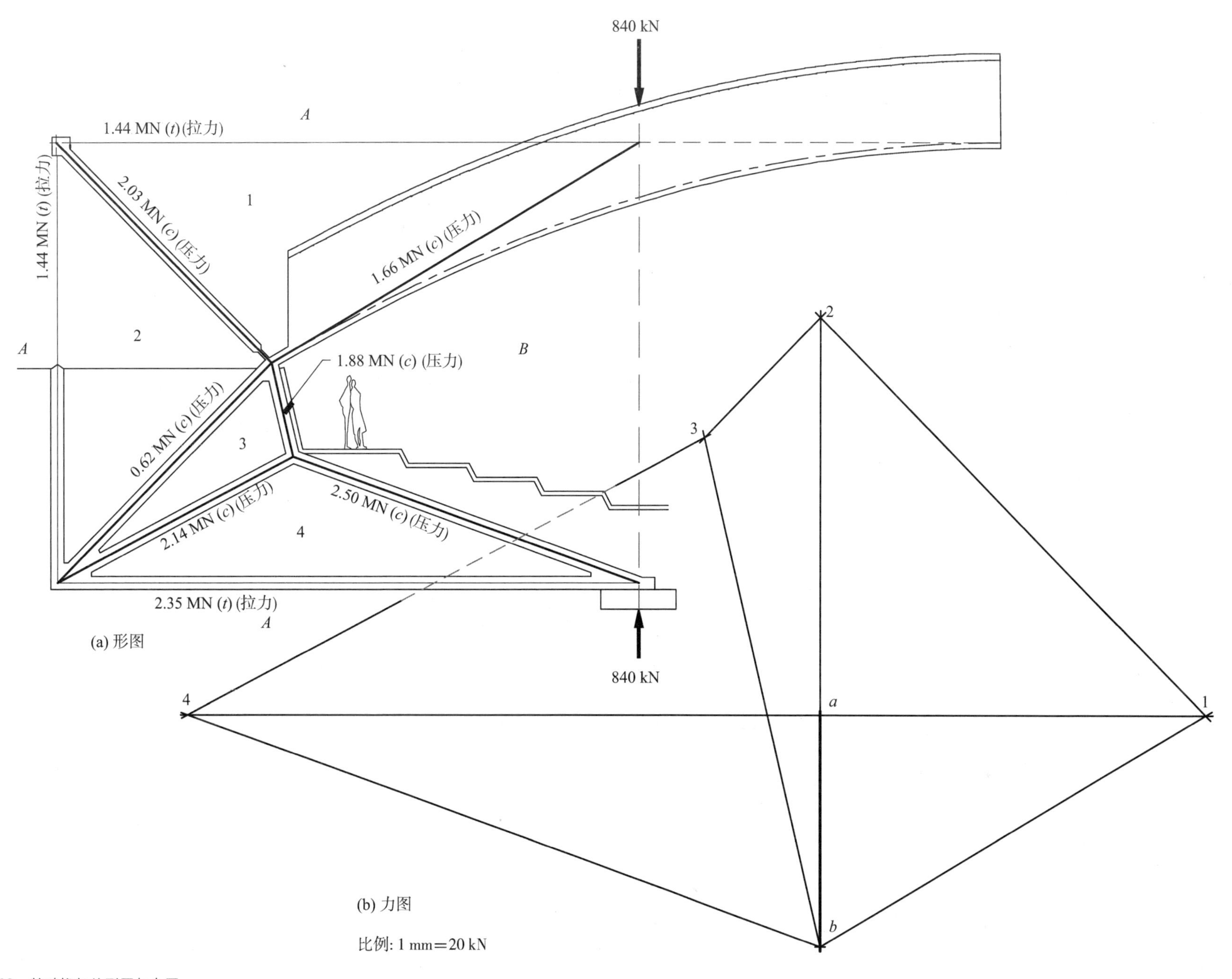

图 9.28　基础桁架的形图与力图

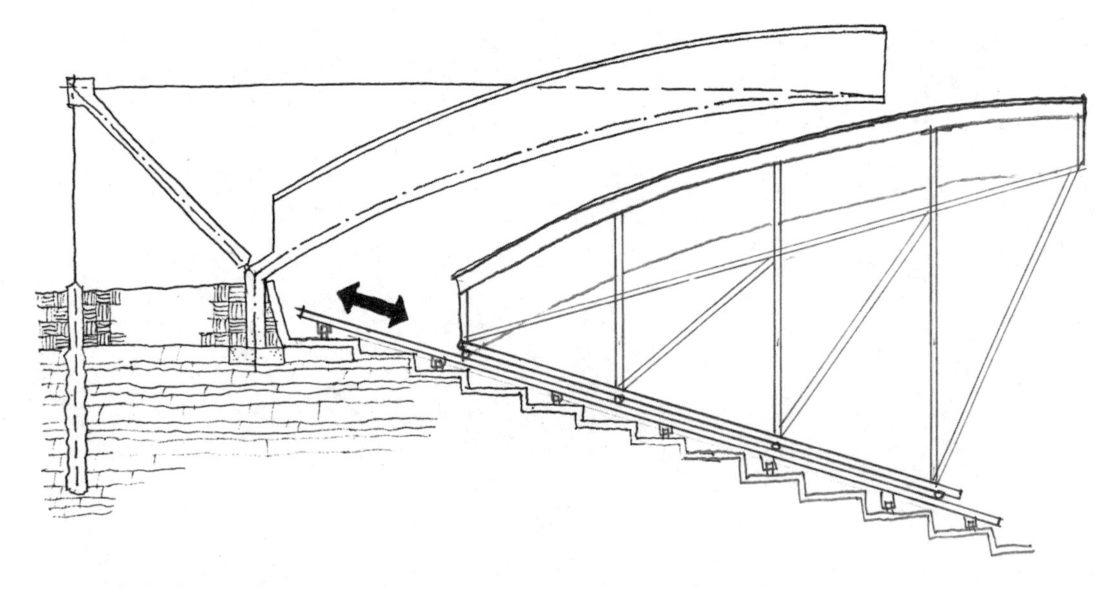

图 9.29　建造拱壳单元的模板 1

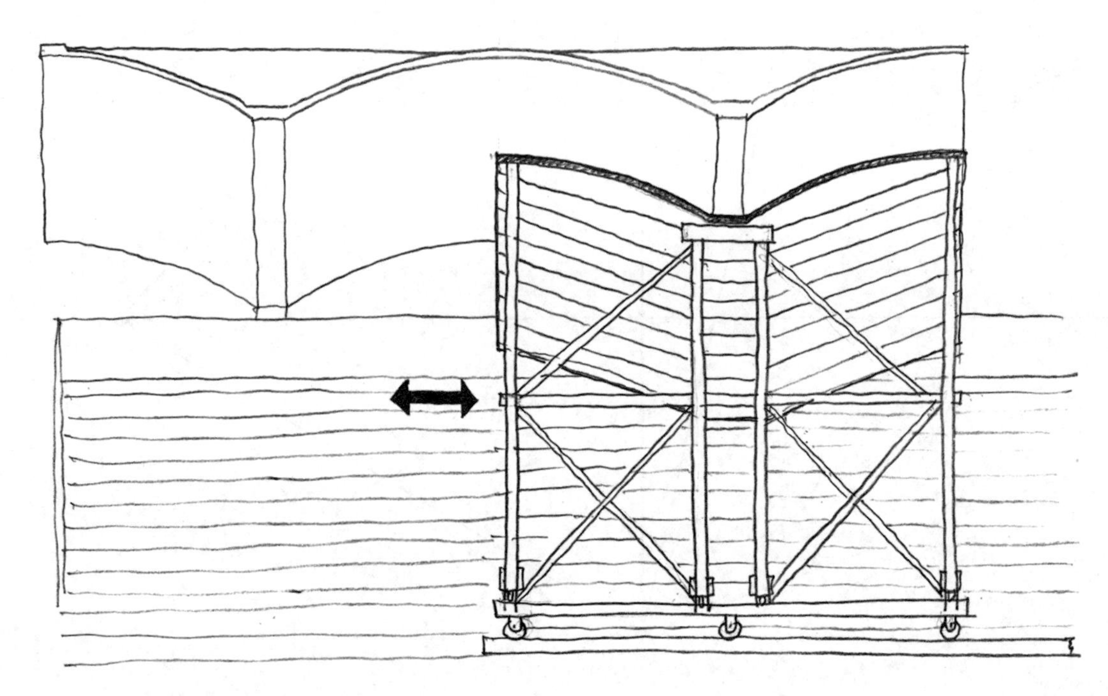

图 9.30　建造拱壳单元的模板 2

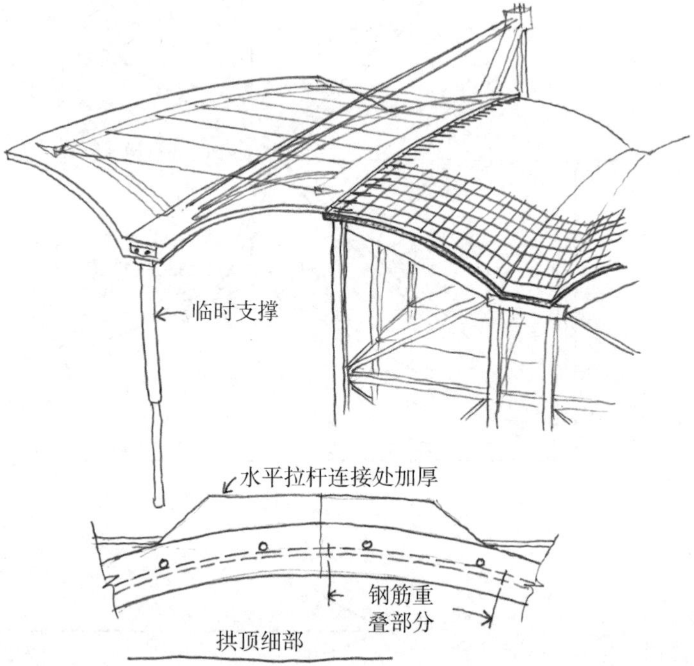

临时支撑

水平拉杆连接处加厚

钢筋重叠部分

拱顶细部

图 9.31　拱顶细部构造

屋顶的建造

布鲁斯说：“我一直在考虑如何建造这个屋顶。因为它在形式上是重复的，从经济的角度考虑可以制作一个可重复使用的模板架。模板架下部带有轮子（图 9.29、图 9.30），在看台座位的轨道上从一个拱壳单元移动到下一个拱壳单元。模板架还可以沿着看台倾斜向下滑动，在混凝土浇筑完成后，模板架向下滑动进行脱模，然后平移到下一个拱壳单元，再次向上滑动使模板架就位。根据这个建造方案，将拉杆设计在拱壳的上方是明智的选择。”

“与我设想的一样，因为每次只建造一个单元，所以筒拱的拉杆应该锚固在每个拱壳单元之中，而不是连续贯穿整个屋顶。每个拱壳单元中的钢筋会在边缘突出，以便与下一个拱壳单元中的钢筋重叠相连，然后浇筑混凝土，使拱壳单元形成一个统一的整体（图 9.31）。”

接下来的工作

“戴安娜，我想我们已经确定了参赛方案，它的形式高效且优雅，构件尺寸符合其中力的大小，并且找到了实用的方法来建造它。这个屋顶轻盈壮观，一定可以博得评委的好感。”

“我同意，它也是对维德海岸混凝土薄壳结构传统的传承和发扬，这也会成为竞选中的关键要素。

“如果赢得比赛，我们需要在拱壳结构被建造之前做很多细致的工作。完善混凝土构件的形状和尺寸，使它们只承受压力，不承受或是尽量少地承受拉力。但拱壳结构中的钢筋网是必不可少的，用来抵抗因为温度变化、混凝土收缩和额外荷载所引起的混凝土开裂。同样在柱子中也会设置纵向钢筋，纵向钢筋被截面较小的箍筋围绕，防止柱子受压而导致混凝土在纵向上的膨胀和扩散（图 9.32）。

“还需要验证风的拔力对屋顶结构的影响。混凝土拱壳的重力足以抵抗风向上的拔力，但是不同的风速和风向可能导致屋顶产生摆动和扭转。还要验证垂直于悬臂拱平面上屋顶倾覆的可能，防止发生多米诺骨牌效应。屋顶的刚度足够大的话可以防止以上情况发生，可以通过加固基础、增加斜撑或是竖墙等方式来加强屋顶的刚度，但如果无法达到要求，就需要使屋顶结构具有一定的柔性。”

第二天布鲁斯走进戴安娜的办公室，展开了看台的效果图（图 9.33）。

“这张图是方案汇报的关键，我很喜欢这个设计，相信评委们也一样。”

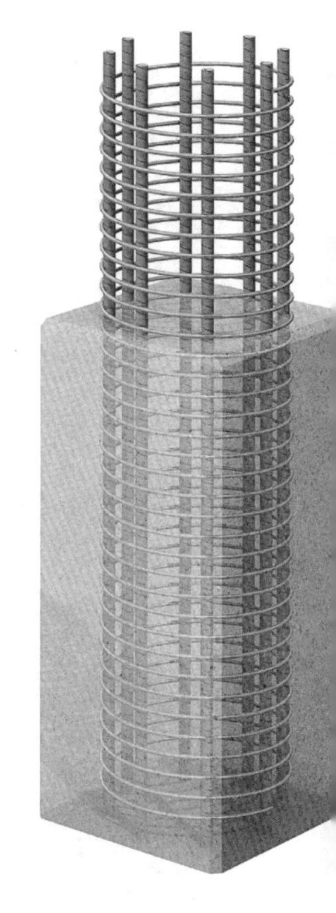

图 9.32　钢筋混凝土柱子的配筋
图片来源：美国钢筋混凝土协会提供

“真是一个令人愉快的方案！你的西班牙语怎么样？”

“如果我们赢得比赛，将会改变……”

图 9.34、图 9.35 为意大利佛罗伦萨市某体育场看台的效果图和剖面图。

图 9.33 看台的效果图
图片来源：波士顿结构组设计与绘制

图 9.34　意大利佛罗伦萨市某体育场的看台，奈尔维设计，建于 1929 年到 1932 年间。
图片来源：Pier Luigi Nervi. Structures. New York：F. W. Dodge Corporation，1956.

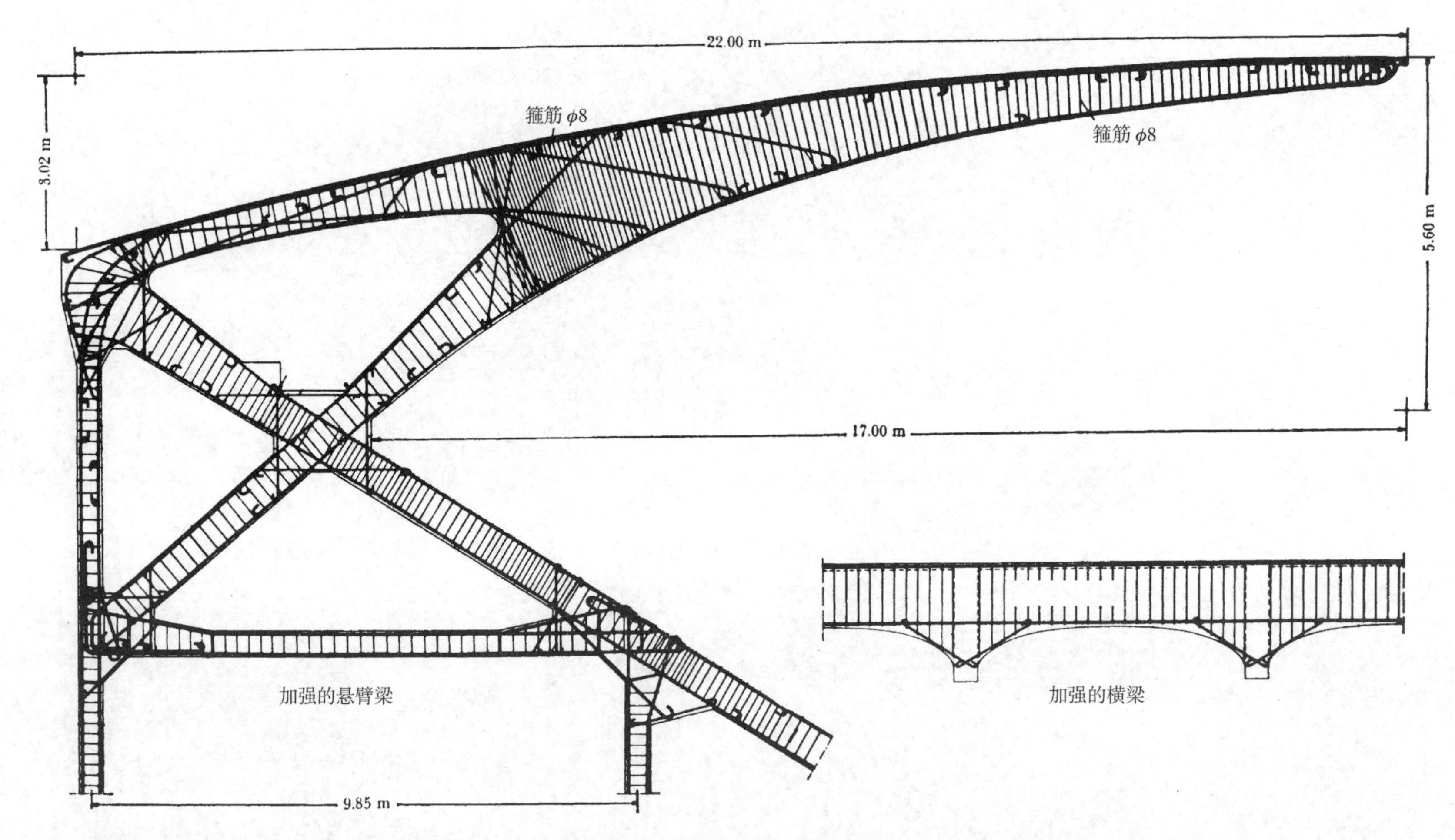

图 9.35 图 9.34 中体育场看台的剖面，该图显示了混凝土中钢筋的布置情况，向右倾斜的构件在支撑看台座位的同时也构成屋顶结构的一部分。

图片来源：Pier Luigi Nervi. Structures. New York：F. W. Dodge Corporation，1956.

爱德华多·托罗加（Eduardo Torroja， 1889—1961）

爱德华多·托罗加是西班牙的结构工程师，他以创新性的混凝土壳体结构设计而闻名。他的父亲是专门从事投影几何研究的数学家。托罗加年轻时受到加泰罗尼亚砖石拱顶结构的启发，并将此技术应用于钢筋混凝土拱顶的建造当中。他最著名的两个早期作品为1933年的阿尔赫西拉斯市场屋顶设计和1935年的萨苏埃拉体育场看台设计（图9.36），技艺精湛的混凝土壳体结构代表了那个时代的辉煌成就。他还设计了钢框架等其他结构形式。1949年他创立了混凝土建筑技术研究所，50年代他设计和建造了许多教堂和其他类型的建筑。在他的整个职业生涯中还完成了很多渡槽的设计和建造。托罗加因为在西班牙本土的实践而成名之后，曾经担任普林斯顿大学、哈佛大学、麻省理工学院和北卡罗来纳州立大学的客座教授。

(a)

图 9.36 （a）西班牙马德里萨苏埃拉体育场看台，1935 年建成，由爱德华多·托罗加设计。悬臂出挑距离约为 13 米，拱顶上端的厚度为 50 毫米。屋顶后方设有垂直的后拉杆。托罗加将拱顶设计成双曲面来抵抗沿拱顶方向上的拉力，从而取消了水平拉杆。（b）看台建造时的照片以及托罗加绘制的结构内部拉应力线的草图，照片显示钢筋沿着拉应力线布置。在本书的第 14 章和第 17 章中将介绍绘制力流的方法。

图片来源：Eduardo Torroja. Structures of Eduardo Torroja. New York：F. W. Dodge Corporation，1958.

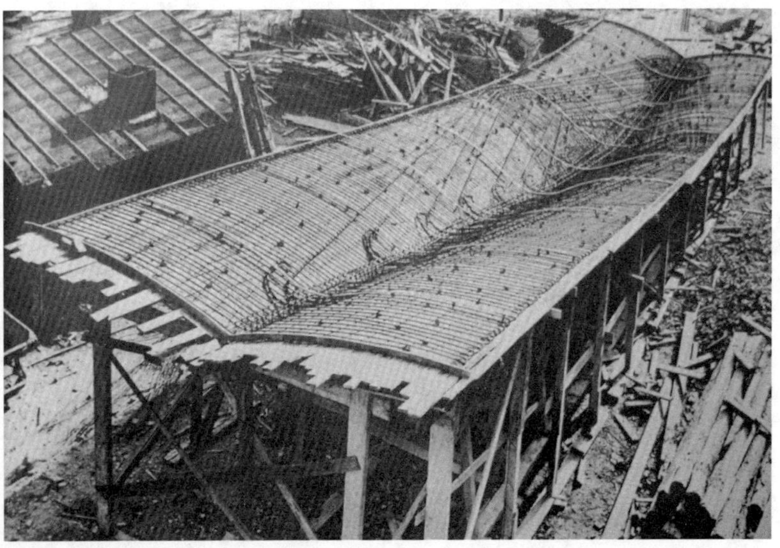
(b)

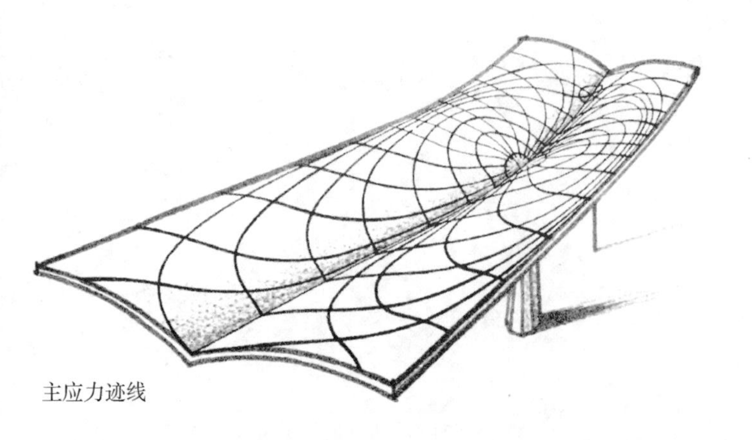

第 10 章 10 一个高效的桁架设计

- ▶ 逆向图解法找出恒力桁架和恒力拱的形式
- ▶ 通过力图快速判断桁架的效率
- ▶ 恒力桁架的典型形式

某科学博物馆展厅需要设计一个钢结构屋顶，因为桁架形式本身产生的科技感可以与展厅的功能完美匹配，所以我们决定采用桁架结构（图 10.1）。屋顶跨度为 90 英尺，支撑桁架一端的砖石墙体比另一端的墙体高 9 英尺，如图 10.2 所示。

当人们漫步于桁架下方的空间时，桁架的杆件相互交织和重叠，构成规则又富有变化的几何形态，这正是桁架结构的视觉魅力所在。如果桁架之间的间距较小，这个效果就会被加强（图 10.3）。该博物馆展厅长 125 英尺，沿长度方向将其划分成 10 等份，则桁架与桁架之间的间距为 12.5 英尺。通过研究不同的桁架形式，进一步判断这个间距是否能产生博物馆所需要的视觉效果，然后根据需要去调整间距（图 10.4）。

本案例中我们试图找出一种高效利用材料的桁架形式而不是采用既定的桁架形式。方法

图 10.1　英国曼彻斯特皮卡迪利火车站的大厅屋顶，2002 年建成，单坡屋顶由轻盈的恒力桁架支撑，阳光透过半透明的 ETFE 屋面板洒向室内，改善了车站的形象，加强了建筑与城市的联系。
建筑设计：BDP. 公司
结构设计：URS. 公司
照片来源：大卫・福克斯摄

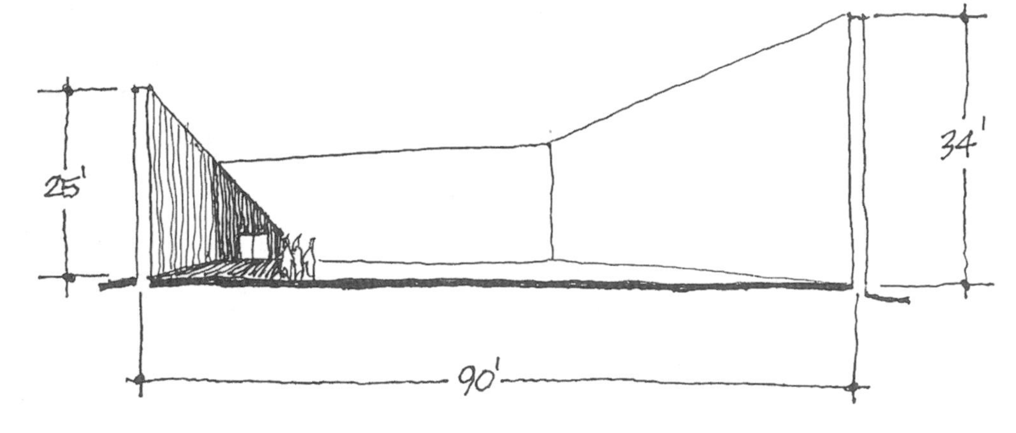

图 10.2　某科学博物馆展厅

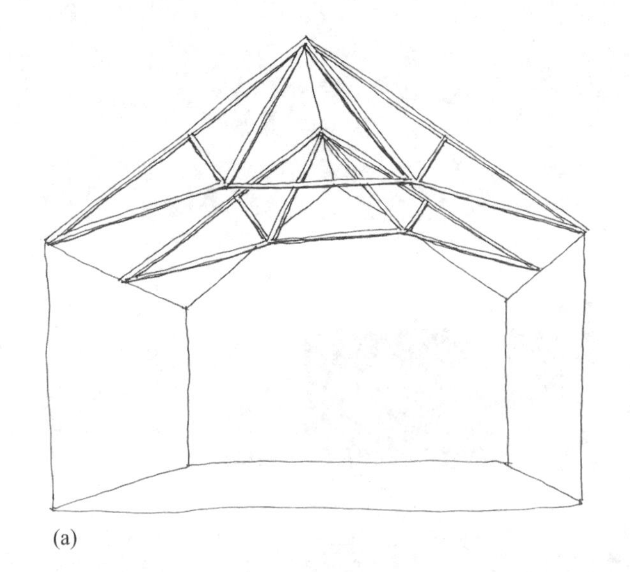

(a)

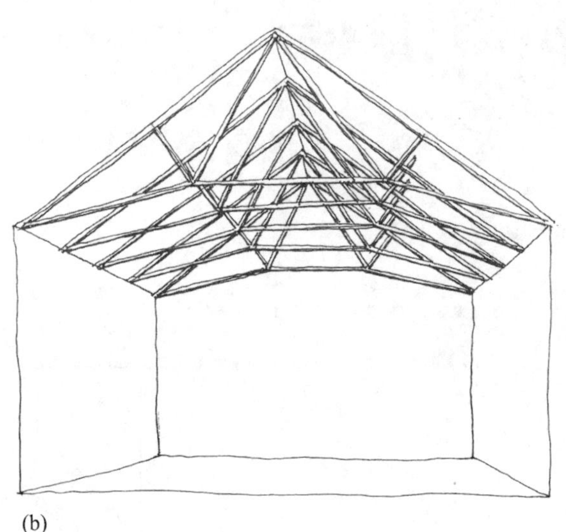

(b)

图 10.3　桁架之间的间距及其视觉效果

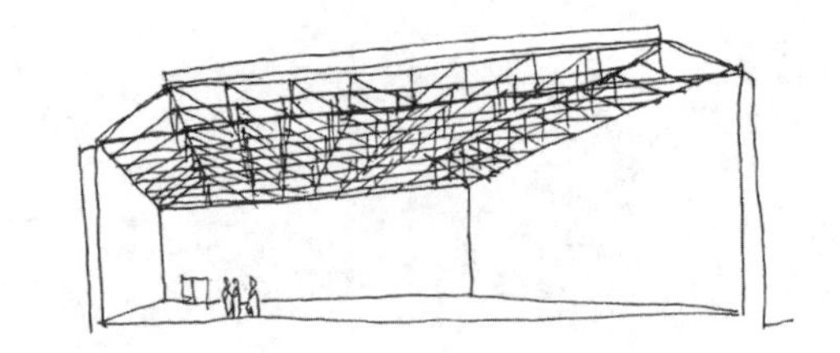

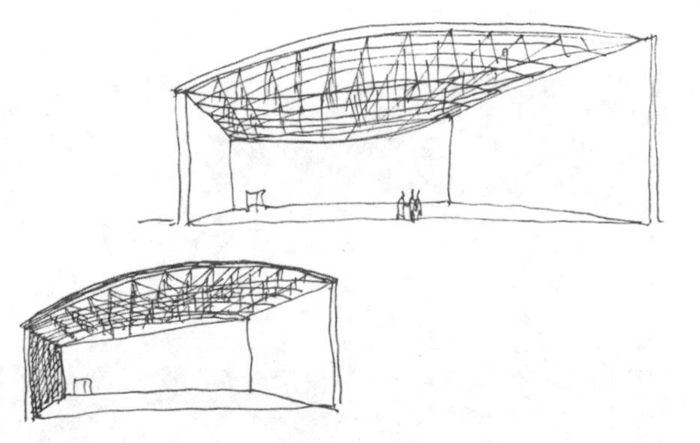

图 10.4　不同桁架形式的设计草图

是对桁架进行塑形，让桁架的上弦或下弦在预定荷载作用下，沿整个长度上的力恒定。当桁架承受预定的最大荷载时，具有恒定力的弦与腹杆一样可以充分地利用材料，不具有恒定力的弦，其中的力变化不会太大，而且在大多数情况下可以去掉斜腹杆。这种高效的桁架形式比传统的桁架形式更加节省材料。

在该展厅设计中，可以采用这种方法使桁架下弦的力恒定，采用钢杆作为桁架的下弦，使钢杆在预定荷载作用下达到容许强度。那么如何推导出这种高性能的桁架形式？它的形式会具有吸引力吗？

找出桁架的形式

首先从参考资料的网站上取得工作表 10A，将桁架的上弦分成 9 份，每份 10 英尺长（图 10.5）。上弦的每个节点都会支撑一根檩条，已经计算出桁架的每个顶部节点所要支撑的从属面积，再乘预估的单位面积总荷载，得到每个节点需要承担的荷载为 7.5 千磅。假设下弦由两根直径为 1.5 英寸的钢杆构成，这两根钢杆很细。钢杆由普通低碳钢制造，容许拉应力为 24 000 磅每平方英寸。

拱形桁架

为了使桁架形式更加合理，设计将上弦向上拱起，这样也会使桁架下方的空间更加舒适。经过反复推敲，确定上弦拱的升起高度为跨度的 1/36，即 30 英寸。拱的形式选择优美的抛物线形，已知抛物线在闭合弦上的升起高度，通过一个简单的数学公式，就可以求出距离抛物线左端点 x 位置上的抛物线高度：

$$Y_x = 4s\left(\frac{x}{L} - \frac{x^2}{L^2}\right) \tag{10.1}$$

Y_x 是距离抛物线左端点 x 位置处的抛物线高度，s 是抛物线到闭合弦的最大垂直距离，L 是闭合弦的水平距离。

工作表-10A

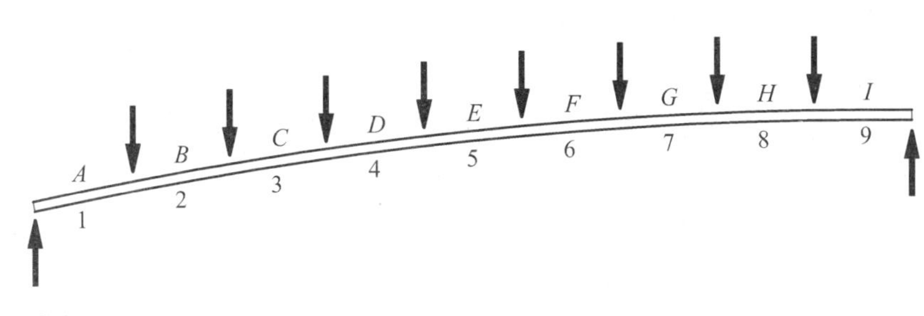

形图

比例：1:96

a
b
c
d
e,j
f
g
h
i

图 10.5 工作表 10A 的缩小版

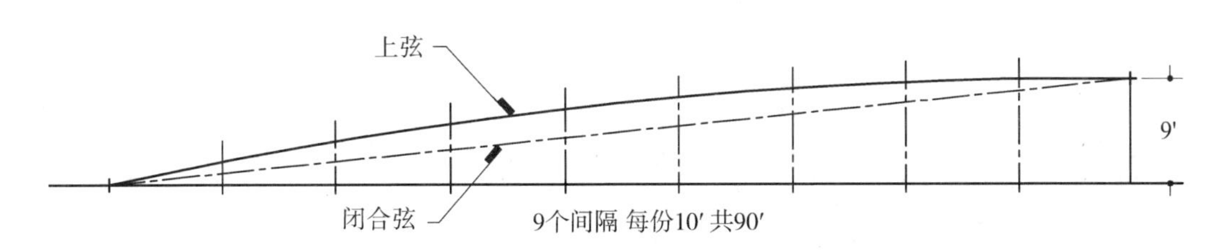

图 10.6 上弦为一个平缓的抛物线拱

运用上述公式定位出抛物线的弧度，如图 10.6 所示。这些数据也可以提供给钢材制造商用于桁架上弦的制造，桁架的上弦可以采用分段的构件，也可以采用整根弯曲构件，之后我们会比较分析这两种建造方式的优缺点。

找出桁架的形式似乎是一个相当复杂的问题，因为桁架的两端处于不同的高度，上弦是一条抛物线拱，下弦的形式还要符合恒定力的要求。但是解决方法很简单，同时可以创造出精妙又高效的结构形式。首先通过一些简单的示例来了解这个方法。

图解法找出恒力桁架的形式

图 10.7（a）中显示了上弦受力桁架的荷载模式，假设上弦杆中的力沿长度方向是恒定的，大小为 26 000 磅，则可以采用尺寸统一的材料制作上弦杆。上弦杆是水平的，腹杆是垂直的，下弦的形式未知。

采用鲍氏符号标注法标记形图，绘制出载重线。在载重线的左侧相距 26 000 磅的水平距离处，绘制一条与载重线平行的线。按步骤（a）到（d）绘制出力图，力图中所有代表上弦杆力的水平线段都以这条垂直线为终点。这些终点确定了下弦杆的倾斜角度，根据力图绘制出桁架的形图。其中所有下弦杆的名称中都带有字母 *G*，相应的力图上所有代表下弦杆中的力的线段都通过载重线上的点 g。在这个过程中，力图中具有恒定力的上弦杆成为找形的依据。

所有斜腹杆都是零力杆，因为下弦杆中的力不是恒定的，如果斜腹杆中有力，则它的水平分量将传递到上弦杆，导致上弦杆中的力不再恒定。

桁架中其他杆件的力可以通过测量力图中的相应线段得出。这个桁架可以称为恒力桁架，它对材料的利用效率很高，当桁架满载时，上弦杆可以100%地利用材料。还可以根据力图调整桁架内部杆件的尺寸，使每根杆件都可以100%受力，下弦杆中最小的力是最大力的87%。

日本的盐井步行桥（图10.8）和美国得克萨斯州圣安东尼奥的阿拉莫穹顶（图10.9、图10.10）都采用了这种恒力桁架的形式。这种

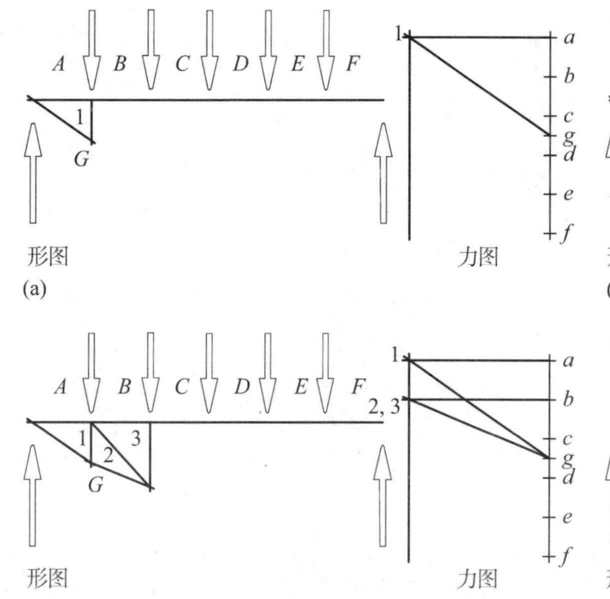

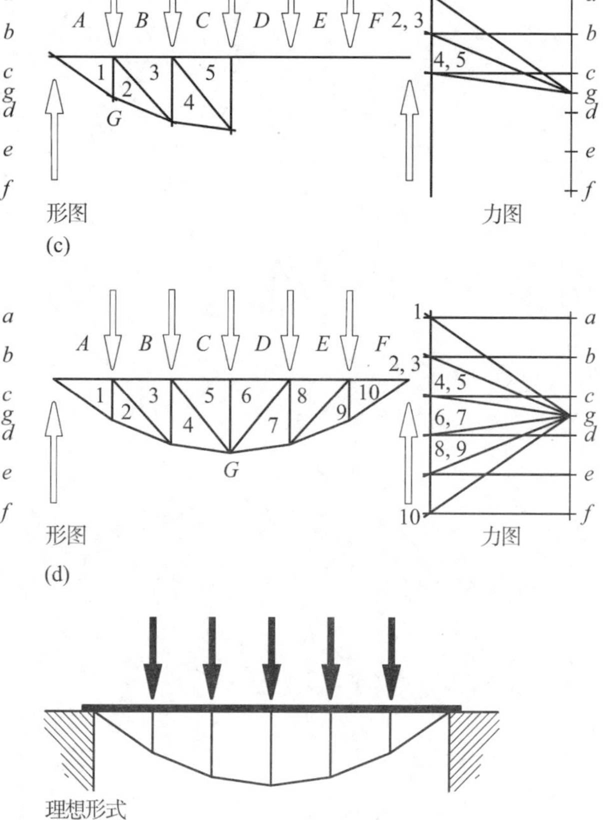

▲图10.7　上弦杆中的力恒定时，桁架的形图与力图。

图10.8　日本盐井步行桥，宽3米，最长跨度为61米，该桥取消了斜腹杆，采用后张法预应力混凝土建造，承建商为住友建设株式会社。
图片来源：日本静冈县政府提供

▶图 10.9　美国得克萨斯州圣安东尼奥的阿拉莫穹顶，建于 1993 年，可容纳 65 000 人观看足球比赛。照片中央的屋顶主桁架跨度为 378 英尺，上弦由 3 英尺高的宽翼缘工字钢构成，下弦由索构成。桁架支撑着体育场左右两侧座位上方倾斜的平行桁架，桁架高 10 英尺，照片拍摄时右侧平行桁架还未安装到位。结构工程师为马蒙·莫克（Marmon Mok）。

图片来源：纽柯钢铁公司的钢构件部门提供，这家公司也是照片中平行桁架的制造商。

▲图 10.11　日本大阪关西国际机场的玻璃幕墙龙骨，采用垂直恒力桁架的形式，外弦由索构成，使玻璃幕墙能够抵抗风荷载。玻璃幕墙的内部也采用了垂直恒力桁架，屋顶的三角桁架由钢管焊接而成。建筑由伦佐·皮亚诺建筑事务所设计，结构由 ARUP 公司设计。

图片来源：约翰·林登（John Edward Linden）摄

▼图 10.10　阿拉莫穹顶的主桁架悬挂在 4 根斜拉索上，斜拉索由八角形的混凝土桅杆支撑，桅杆高为 300 英尺，直径为 15 英尺，位于建筑的 4 个角落，后拉索中的力经由支柱垂直传递到基础。

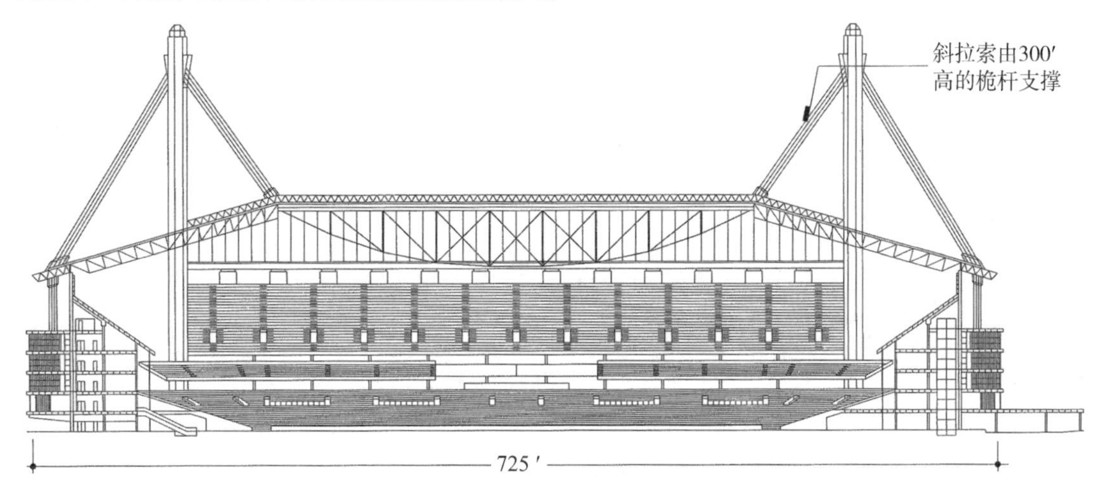

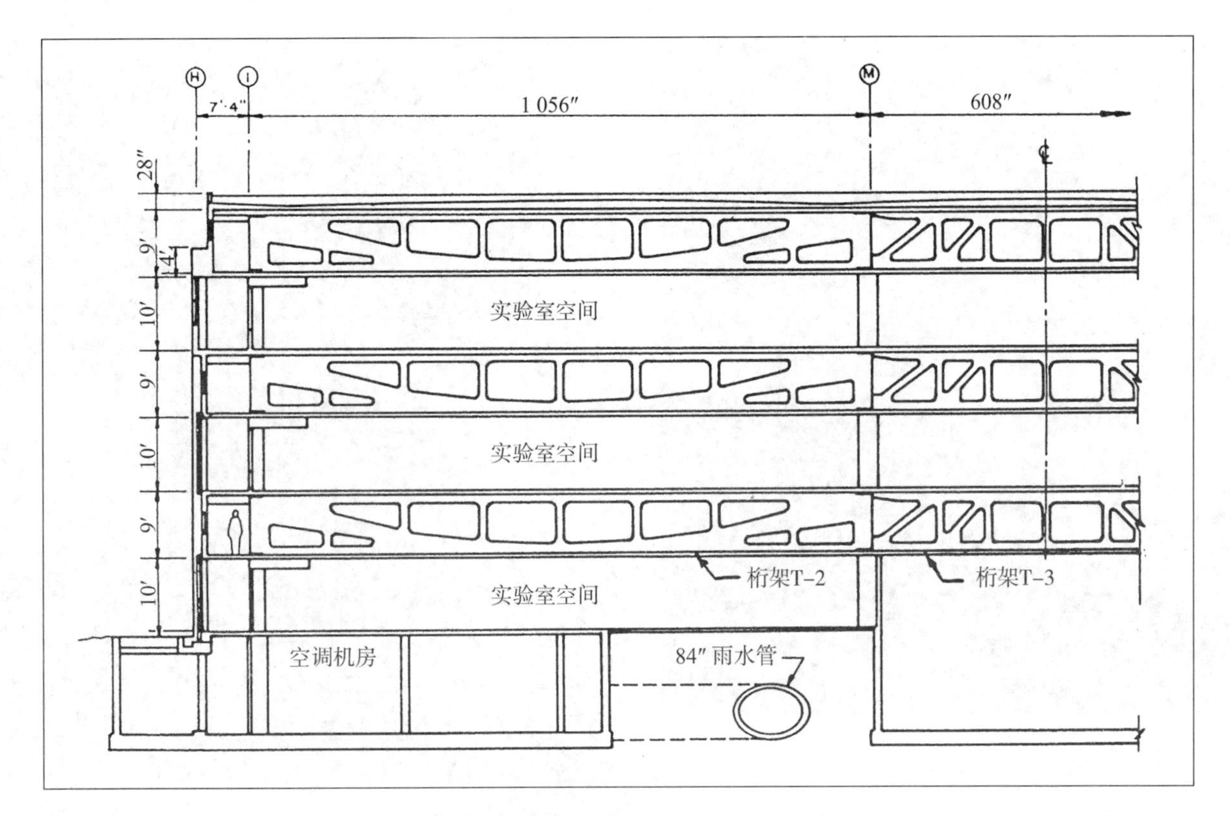

图 10.12　美国新泽西州萨米特市的汽巴生命科学实验楼，建于 1992 年，楼板由预制混凝土恒力桁架支撑。桁架的下弦由包裹在混凝土中的钢筋构成，采用后张法施工。下弦下方悬挂着水平的混凝土构件，用于支撑天花板。桁架 9 英尺高、88 英尺长，为实验室提供了无柱的空间，桁架内放置了各种设备管线。

图片来源：纽约维德格林公司提供

图 10.13　汽巴生命科学实验楼的桁架施工现场，照片中束状光滑的塑料套管沿着下弦布置，待混凝土浇筑完成后再插入预应力钢筋。

图片来源：纽约维德格林公司提供

形式也被用于大面积玻璃幕墙的龙骨，主要抵抗玻璃幕墙上的水平力（图 10.11）。

以上的例子中，有的采用了斜腹杆，有的取消了斜腹杆，采用斜腹杆可以更好地抵抗不均匀荷载。汽巴生命科学实验楼（图 10.12～图 10.14）以及盐井步行桥的恒力桁架中都取消了斜腹杆，它们主要依靠钢筋混凝土构件连接处的刚度来抵抗不均匀荷载。汽巴生命科学实验楼的恒力桁架采用了水平下弦，主要用来支撑水平的天花板，这种形式对桁架的整体强度和刚度没有太大的影响。

上弦的力恒定、下弦受力的恒力桁架

如果将相同的荷载施加在桁架的下弦，使桁架的上弦具有恒定力，则桁架中的腹杆均为

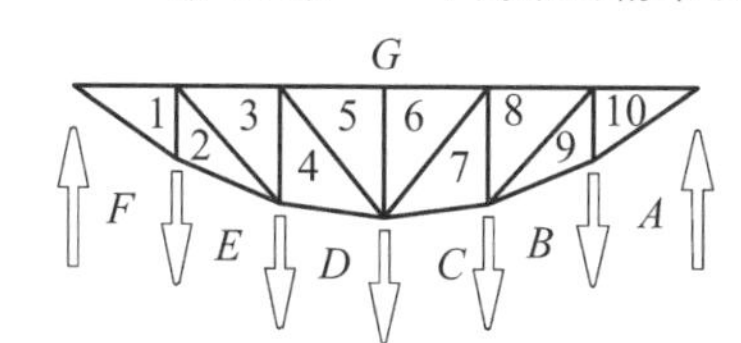

(a) 形图

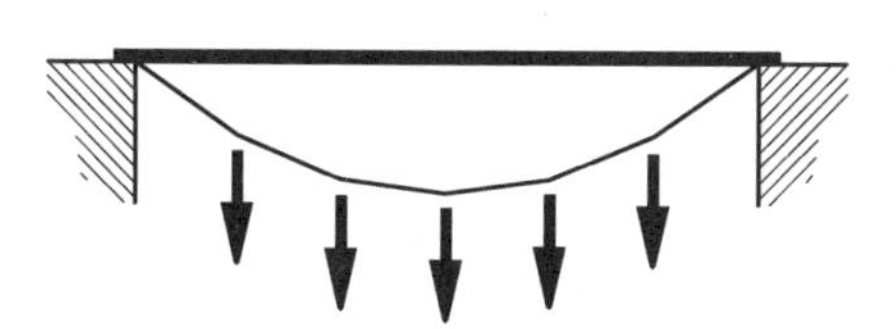

(b) 理想形式

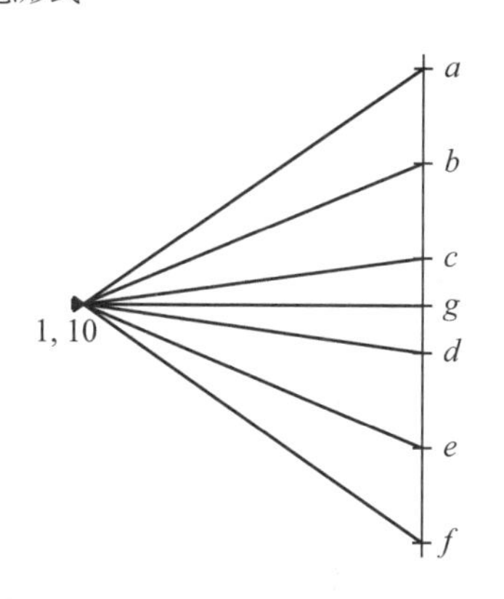

(c) 力图

图 10.15　桁架的上弦具有恒定力，下弦受力时的桁架形式。

图 10.14　桁架重 43 吨，桁架边缘伸出的钢筋与地板、天花板以及柱子中的钢筋搭接，然后浇筑混凝土，将所有构件连接成整体。建筑师为米切尔和朱尔古拉，结构由纽约维德格林公司设计。

图片来源：纽约维德格林公司提供

零力杆（图 10.15）。桁架的理想形式是受压的上弦和悬索状下弦一起抵抗水平拉力。如果将力图左右镜像，可以应用于悬索结构的找形。

如果图 10.15 中的桁架高度逐渐减小，使受拉和受压杆件的尺寸与它们的受力成正比，则可以得到一根含有受拉索的纵向受压梁（图 10.16），这与承受均布荷载的后张法预应力混凝土梁的设计相类似。图解法也可以应用于分析和理解预应力混凝土梁。

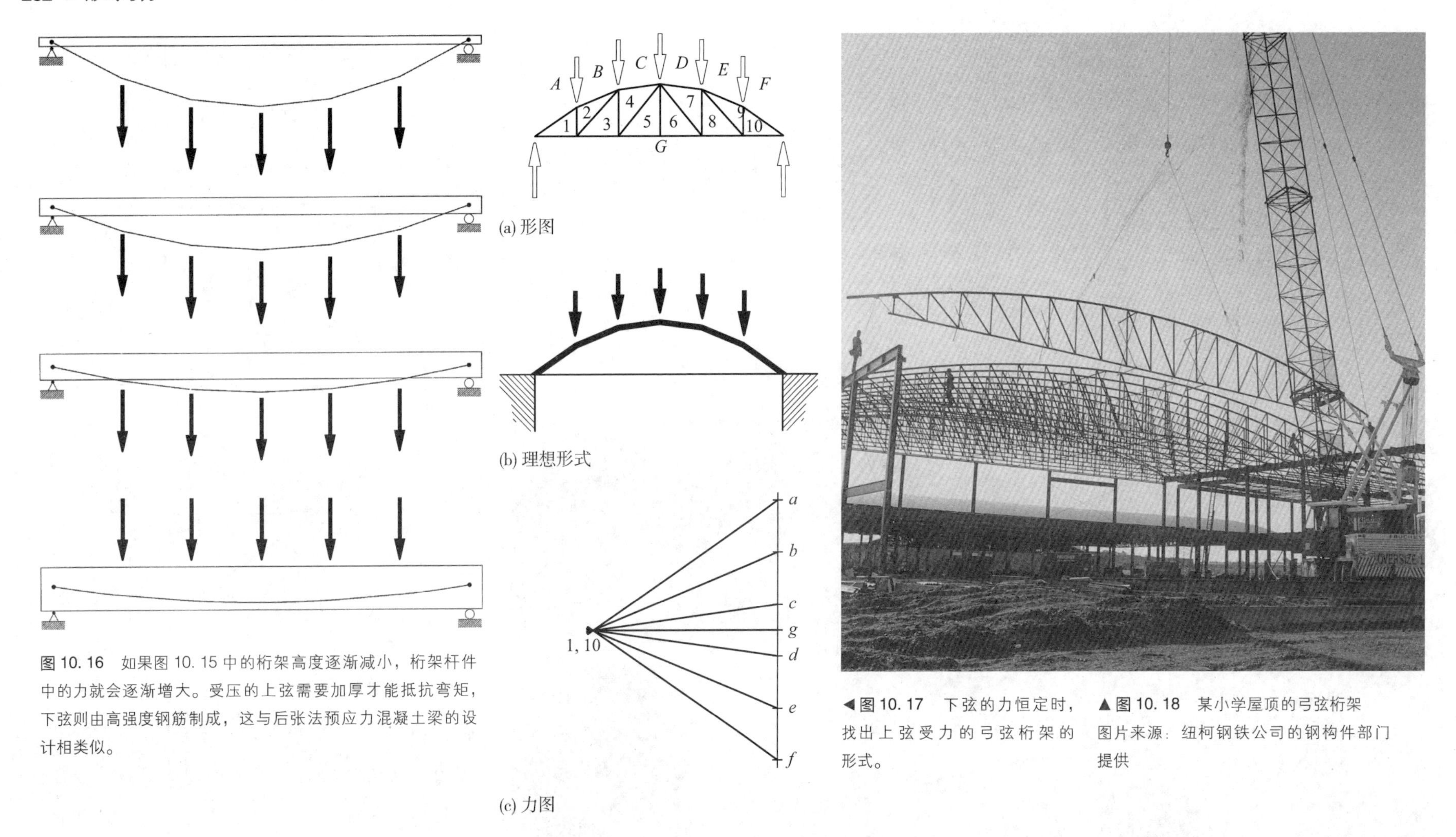

(a) 形图

(b) 理想形式

(c) 力图

图 10.16　如果图 10.15 中的桁架高度逐渐减小，桁架杆件中的力就会逐渐增大。受压的上弦需要加厚才能抵抗弯矩，下弦则由高强度钢筋制成，这与后张法预应力混凝土梁的设计相类似。

◀图 10.17　下弦的力恒定时，找出上弦受力的弓弦桁架的形式。

▲图 10.18　某小学屋顶的弓弦桁架
图片来源：纽柯钢铁公司的钢构件部门提供

图 10.17 与图 10.15 的桁架形状相反，这是一种简单且优雅的桁架，其理想形式是带有水平拉杆的拱。尽管在形图上分别对应不同的字母，但是这两个桁架的力图是相同的。加入斜腹杆之后，就成为广泛应用于工业建筑和商业建筑中的弓弦桁架，弓弦桁架可以采用木材或钢材建造，价格经济又实惠（图 10.18）。为了便于建造，弓弦桁架通常采用圆弧形而不是抛物线形作为上弦的形状，区别在于采用圆弧形上弦的弓弦桁架在均布荷载作用下，腹杆中会产生微小的力，但是这种微小的力可以忽略不计。

图 10.19 中的桁架下弦受力，下弦被设计为具有恒定力的水平杆件，由此生成的形式可以看作是带有水平拉杆的拱，拱主要承担荷载，水平拉杆用于抵抗水平侧推力。这种形式被广泛地应用于桥梁设计当中。

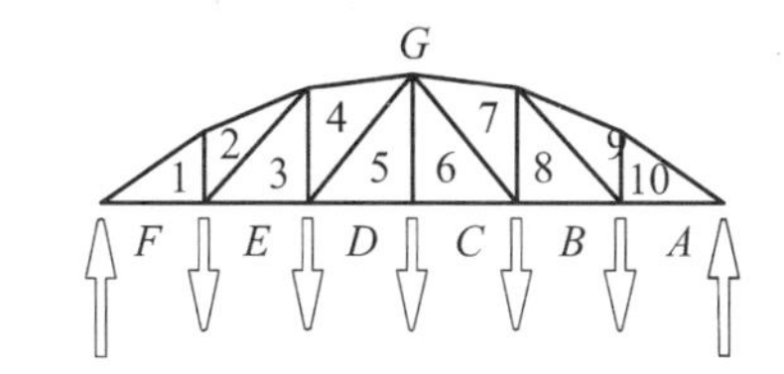

(a) 形图

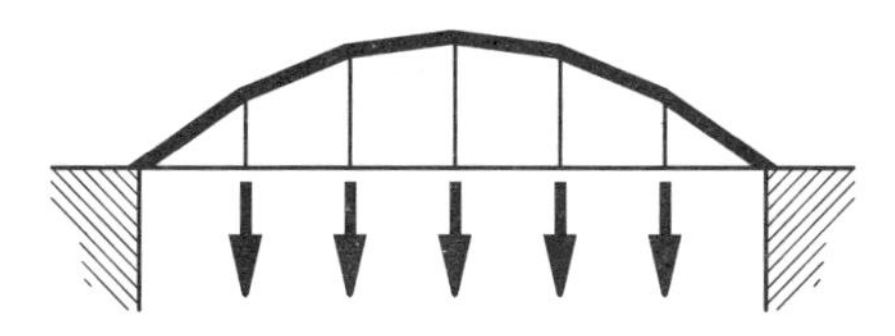

(b) 理想形式

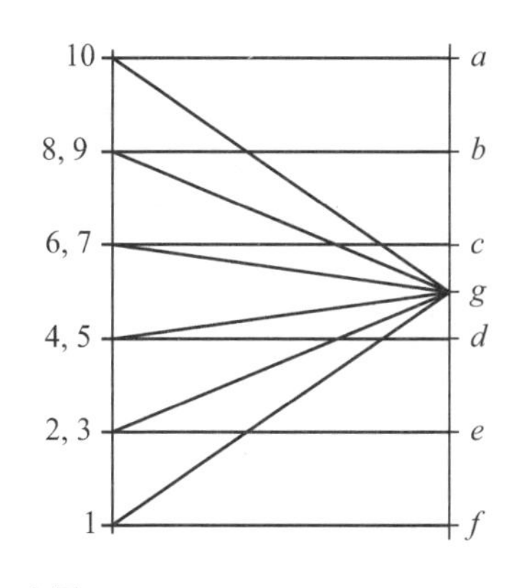

(c) 力图

图 10. 19　下弦力恒定时，下弦受力的桁架形式，这种形式可以看作为带有水平拉杆的拱

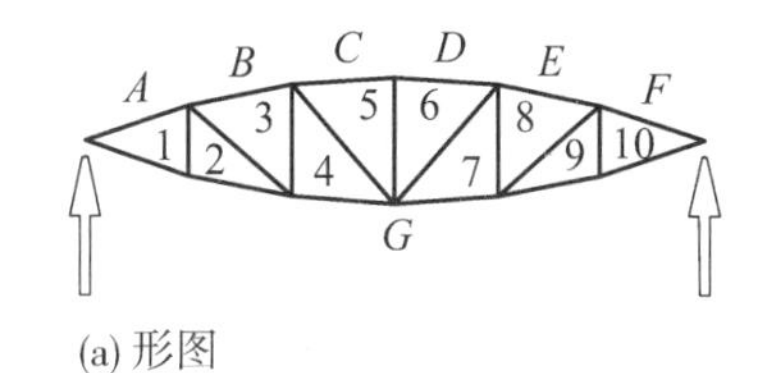

(a) 形图

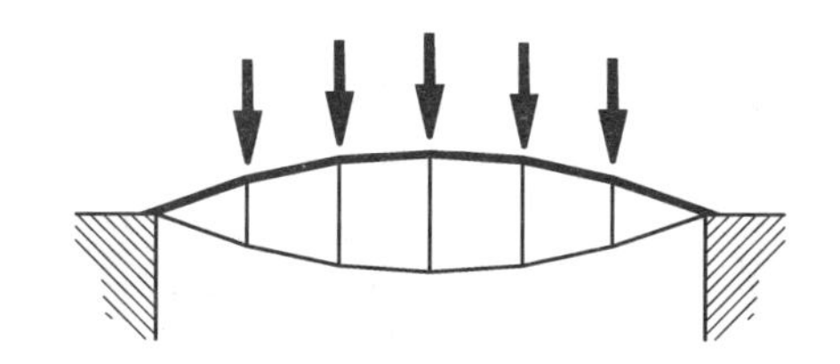

(b) 理想形式

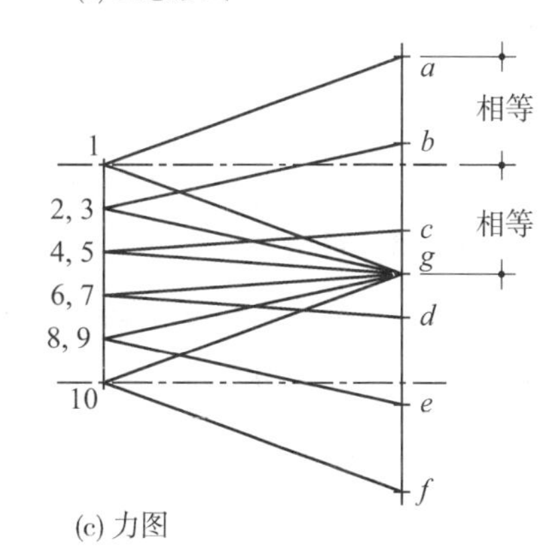

(c) 力图

图 10. 20　找出透镜式恒力桁架的形式

▶图 10. 21　英国索尔塔什的皇家阿尔伯特桥，1859 年建成，由伊桑巴德・布律内尔设计。这是早期采用透镜式桁架的例子。每个桁架的跨度为 455 英尺，高度为 62 英尺。上弦由椭圆形铁管构成，采用锻铁板铆接在一起，下弦由通长的锻铁链构成。

图片来源：英国土木工程师协会提供

▲图 10. 22　美国马萨诸塞州西部某透镜式桁架桥，建于 19 世纪末，目前仍在使用中。

图片来源：爱德华・艾伦提供

伊桑巴德·布律内尔（Isambard Kingdom Brunel，1806—1859）

伊桑巴德·布律内尔生于1806年，他继承了他父亲的事业成为一名结构工程师，20岁便开始负责伦敦泰晤士河的隧道工程。但是因为施工困难，这项工程被推迟了很多年，最后布律内尔凭借专业的提案与成功的推销促使工程在1843年完工。在索尔塔什的皇家阿尔伯特桥的设计中，他创造性地采用了透镜式桁架。该桁架由单根受压铁管和成对的铁链构成。布律内尔是一名多产的结构工程师，他还设计建造了包括树状结构的木制高架桥、铁路客运站、蒸汽轮船、隧道等许多工程项目，并探索了预制建造技术的方法和应用。

透镜式恒力桁架

透镜式桁架的发明者是19世纪的德国结构工程师弗里德里希·保利（Friedrich August von Pauli），所以透镜式桁架又被称为保利桁架。它的特性在于两个相邻的腹杆之间的上弦杆和下弦杆中的力大小相等、性质相反。透镜式恒力桁架的形状由图10.20中的力图生成，在两个相邻的腹杆之间，上弦杆和下弦杆的倾斜角度相同。透镜式桁架被广泛应用于19世纪的公路桥和铁路桥当中（图10.21、图10.22），最近也被应用于多层建筑或高层建筑之中，用来支撑悬挂其上的多层楼板（图10.23）。

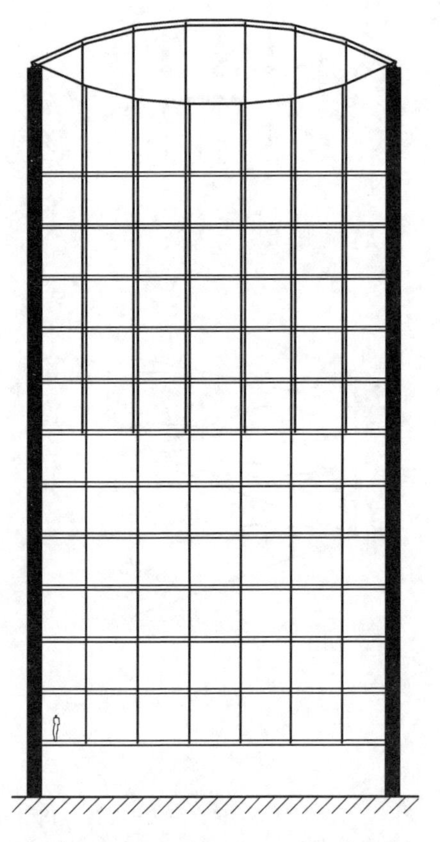

▲图10.23　透镜式恒力桁架由核心筒或剪力墙支撑，然后将一半的楼板悬挂在桁架的上弦，另一半悬挂在桁架的下弦，使透镜式桁架上下弦所承受的力大小相等，这种方式可以使多层建筑或高层建筑的建造更加经济。

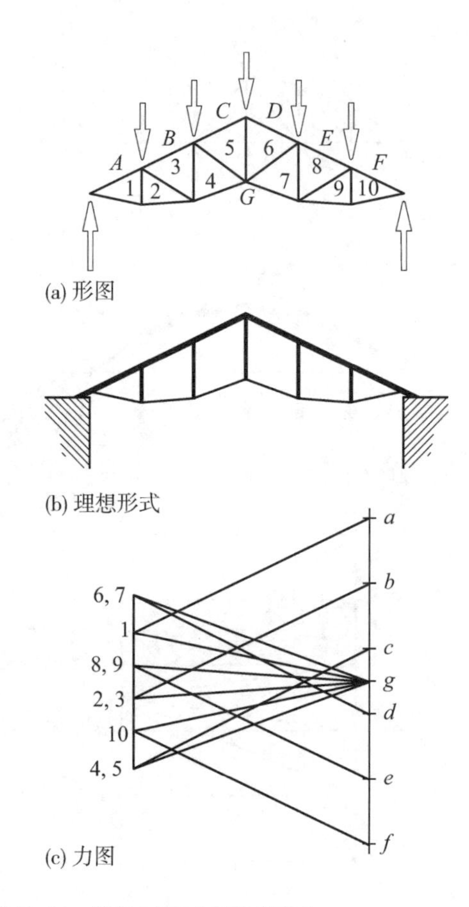

▲图10.24　找出三角恒力桁架的形式

三角恒力桁架

三角恒力桁架的优化找形方法与其他恒力桁架的找形方法相似，图10.24为一个三角恒力桁架的找形过程。使三角桁架上弦的力恒定，上弦的倾斜角度由屋顶坡度决定。在载重线的左侧绘制一条垂直线，垂直线与载重线之间的距离等于上弦杆中力的大小，这个距离是沿着线 *a*1、*b*3、*c*5、*d*6、*e*8 和 *f*10 测量，它们与上弦平行。下弦的形式由力图上 *g* 点出发的射线方向决定。在瑞士基亚索的吉尼拉利仓库中，马亚尔采用了这种没有斜腹杆的混凝土三角恒力桁架（图 10.25）。

悬臂恒力桁架

图 10.26 为悬臂桁架的找形过程，该桁架的上部节点承受了 6 个相同的荷载，同时水平下弦中的力保持恒定，与本章提及的其他桁架

图 10.25　瑞士基亚索的吉尼拉利仓库，建于 1924 年，由罗伯特・马亚尔设计。屋顶采用了三角恒力桁架，桁架之间的混凝土支撑限制了桁架的侧向位移，该建筑的屋面悬挑与柱子的细部构造也十分富有表现力。

图片来源：苏黎世联邦理工学院提供

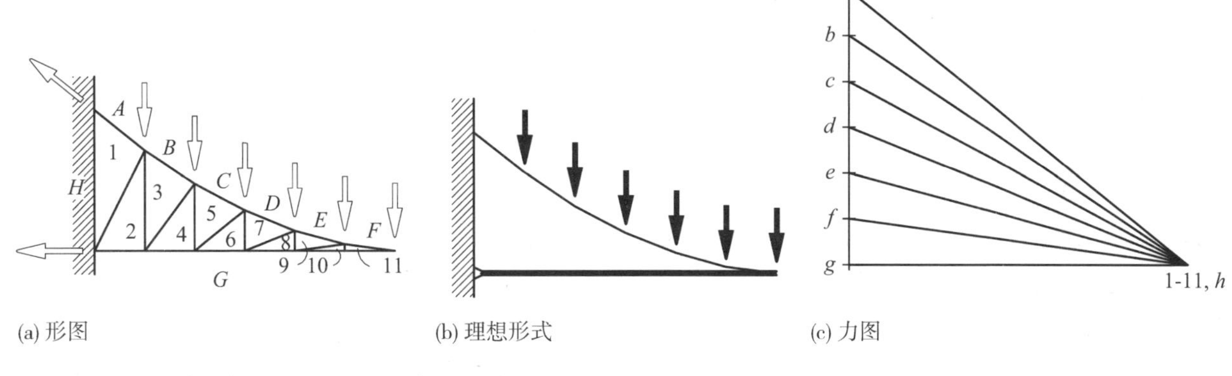

图 10.26　下弦力恒定时，上弦受力的悬臂桁架形式。

古斯塔夫・埃菲尔（Gustave Eiffel，1832—1920）

埃菲尔 1832 年出生于法国第戎，1850 年他从第戎来到巴黎的中央工艺制造学院学习，并获得了化学工程学位。之后从事了与冶金相关的工作，后来到法国铁路公司位于巴黎的工厂从事研究工作。1868 年他与年轻、富有的结构工程师西奥菲勒・塞里格（Theophile Seyrig）一起成立了工程公司。其间埃菲尔因为设计的经济性而博得赞誉，他设计的桥梁用材较少、造价经济。1875 年他设计了葡萄牙杜罗河上的新桥和匈牙利布达佩斯的一个火车站，同时设计了跨度更大、手法更大胆的加拉比高架桥和塔克德桥，以及由桁架结构支撑的自由女神像。以他的名字命名的巴黎埃菲尔铁塔，高 1 000 英尺，是 1889 年巴黎世博会的临时建筑。埃菲尔和他的首席设计师莫里斯・科希林为它构想了一个锥形桁架塔的形状，并在不同的高度平台上设置了升降电梯以及餐厅等服务设施。“二战”结束后的几十年里，埃菲尔铁塔一直是巴黎市中心唯一的高层建筑，成为巴黎城市文化的一部分，也是绘画、音乐等领域的灵感来源。其标志性的形象被制作成纸模型、纪念品以及其他模仿品等。埃菲尔退休后，致力于空气动力学、天文学和气象学等方面的科研和实验，这些实验大多是在埃菲尔铁塔塔顶的天文台完成的。

一样，桁架的形式是根据力图推导出来的。桁架的理想形式由轴向受压的下弦杆以及拉索构成，竖腹杆和斜腹杆均不受力。

图 10.27 中的桁架是承受水平风力作用下的透镜式悬臂桁架，埃菲尔铁塔就是采用了这种桁架形式。埃菲尔铁塔的形式是根据力图找形的结果（图 10.28~图 10.30），力图由左右两部分构成。两侧弦杆中的力在相邻的两个水平腹杆之间是相等的。这种形式在抵抗水平风力方面非常高效，因为它沿高度方向上保持着接近恒定的内力。

图解法找出恒力桁架的形式

以上大多数案例都是对称荷载作用下的对称结构，对于倾斜的、不对称的荷载作用以及支撑情况，图解法也适用。在不对称荷载作用下的倾斜桁架，其中一个荷载是斜向的，荷载之间的间隔也不同，如图 10.31 所示。采用图解法通过力图生成桁架的形式，使上弦具有恒定的力。由于存在斜向的荷载，铰支座所提供的支座反力也是倾斜的，由此产生的载重线是一个四边形。将力图中所有代表上弦杆中的力的线段绘制成相同的长度，得出的理想的桁架中没有斜腹杆。这个案例说明通过使用简单的图解方法，几乎可以找出任何符合既定荷载模式的桁架形式。

次优的桁架形式：驼峰式桁架

在很多情况下桁架形式会受到外部功能的限制，例如作为桥梁结构的桁架，两端连接杆

图 10.28　埃菲尔铁塔，1889 年建成，由埃菲尔和莫里斯·科希林设计，为 1889 年巴黎世博会而建，是当时世界上最高的建筑。因为埃菲尔铁塔的形式高效、用材较少，所以它的结构自重较轻。如果将所用的铁材料都融化成与铁塔占地面积一样大的固体，那么这个固体也只有 2.5 英寸高。如果在铁塔的周围建造一个刚好可容纳铁塔的圆柱体，则圆柱体内部的空气比铁塔还要重。

图片来源：大卫·福克斯摄

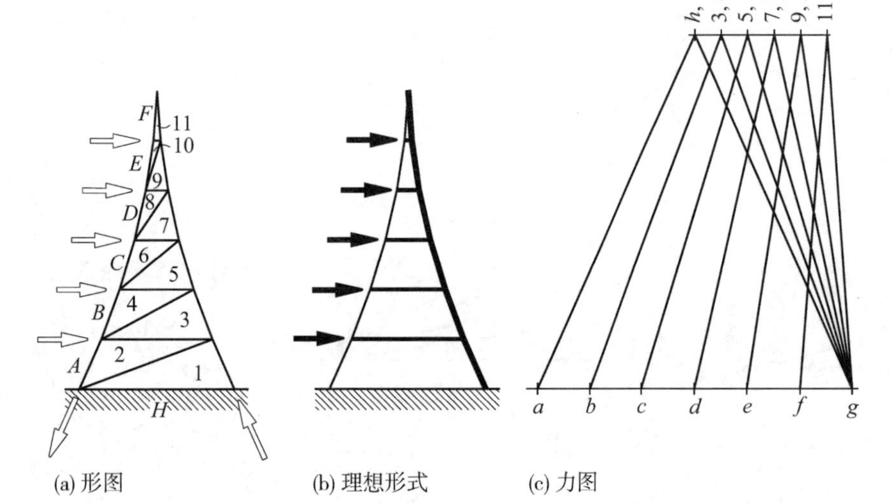

▶图 10.27　埃菲尔铁塔的形式为透镜式悬臂桁架。相邻两个水平腹杆之间的两侧弦杆在横向荷载的作用下具有同样大小的力。

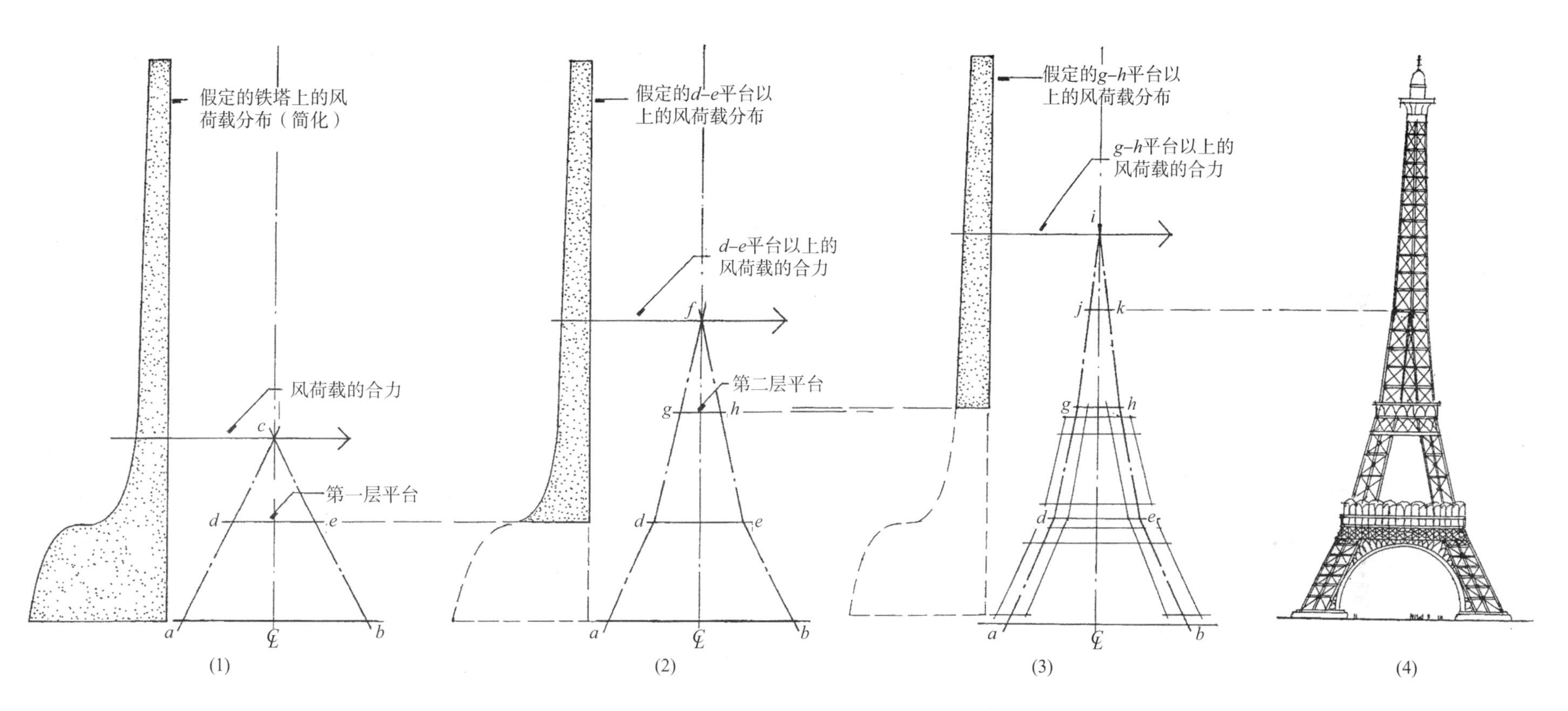

图 10.29　科希林有关图解法找形的过程，先假设的风荷载分布以及铁塔的有效作用面积。塔顶所承受的单位面积风荷载的大小比塔底要高得多，但是塔底支柱的截面面积大于塔顶支柱的截面面积。找形步骤如下：（1）使支柱的中心线与整个塔上风荷载的合力相交来保证整体稳定性，确定出第一层平台的高度。（2）只考虑第一层平台之上的风荷载，将支柱的中心线与风荷载的合力相交，确定出第二层平台的高度。（3）重复步骤（2），得到塔的形状。这种高效的桁架形式不需要采用斜腹杆。

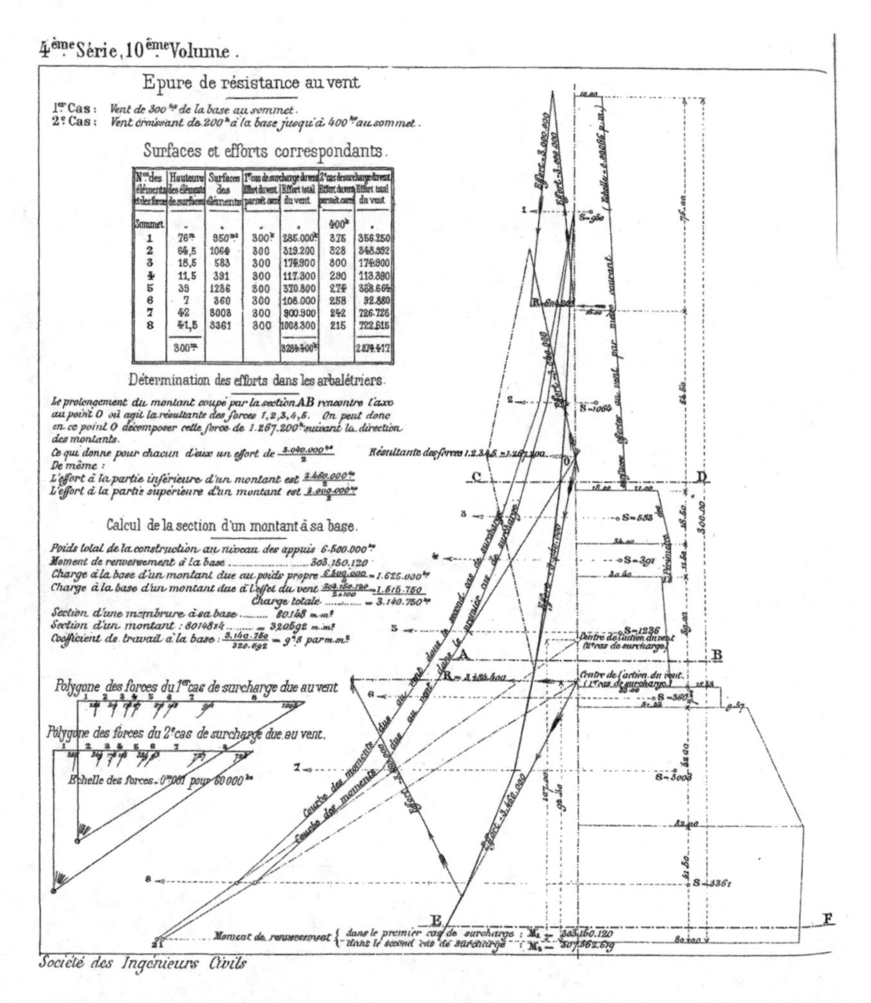

Nos des éléments et des forces	Hauteurs des éléments de surfaces	Surfaces des éléments	1er cas de surcharge du vent: Effort du vent par mèt. carré	1er cas: Effort total du vent	2e cas de surcharge du vent: Effort du vent par mèt. carré	2e cas: Effort total du vent
Sommet	.	.	.	.	400k	.
1	76m	950m²	300k	285.000k	375	356.250
2	64,5	1064	300	319.200	328	348.992
3	18,5	583	300	174.900	300	174.900
4	11,5	391	300	117.300	290	113.390
5	39	1236	300	370.800	274	338.664
6	7	360	300	108.000	258	92.880
7	42	3003	300	900.900	242	726.726
8	41,5	3361	300	1008.300	215	722.615
	300m			3284.400k		2.874.417

图 10.30　埃菲尔铁塔的图解计算草图，由科希林绘制，画面中心线右侧的轮廓是假定的铁塔上风荷载的分布，左边是底层支柱角度的找形过程。

图片来源：Gustave Eiffel. La Tour de trois cent metres, Chapter Ⅲ. Paris：Impremerie Mercier, 1900.

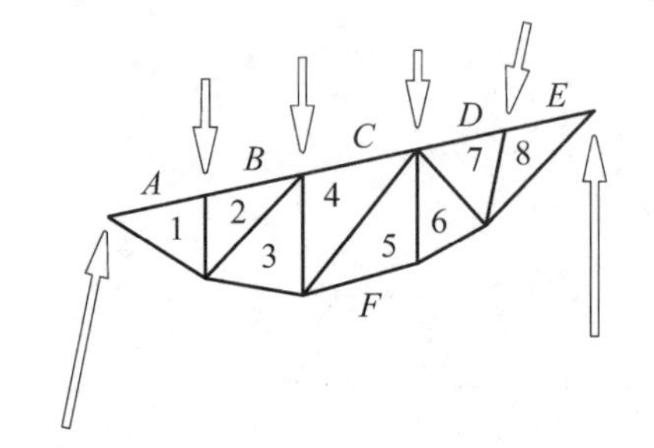

(a) 形图

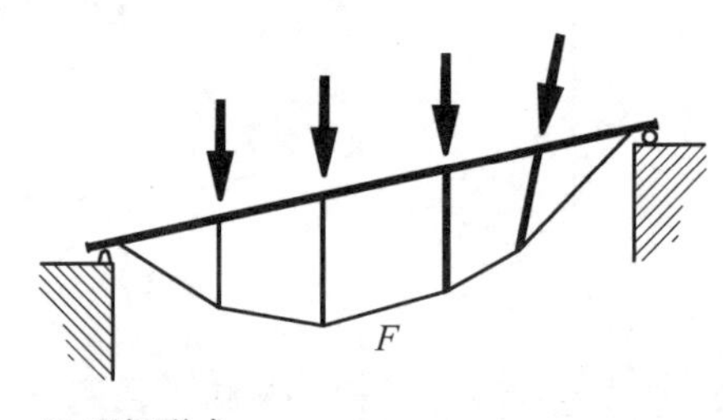

(b) 理想形式

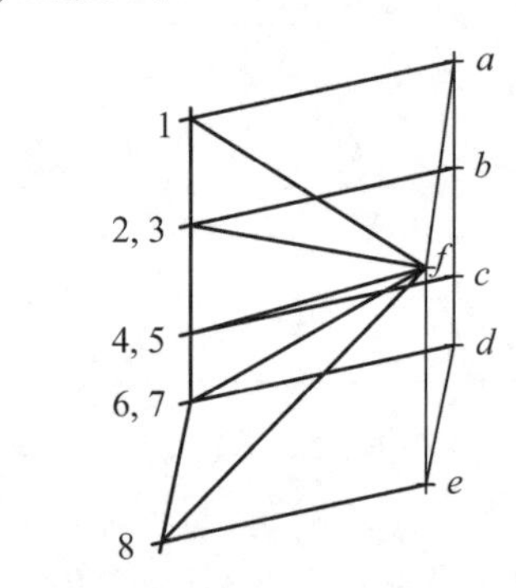

(c) 力图

图 10.31　不对称荷载作用下，上弦倾斜的恒力桁架形式。

的高度必须足够高，以免影响桥上车辆的通行。图 10.32 为驼峰式桁架的找形过程，驼峰式桁架是公路桥和铁路桥常用的结构形式。腹杆 1-2 和 9-10 的高度由车辆通行的高度要求来决定，由此确定了形图中上弦杆 G-1 和 G-10 的倾斜角度以及力图中线段 g-1 和 g-10 的倾斜角度。桁架的其余四根上弦杆的形状，是根据力图决定的。使代表四根上弦杆中的力的线段长度相同。这样四根上弦杆可以采用相同尺寸的构件，建造起来更加方便，同时提高了整体的结构效率。

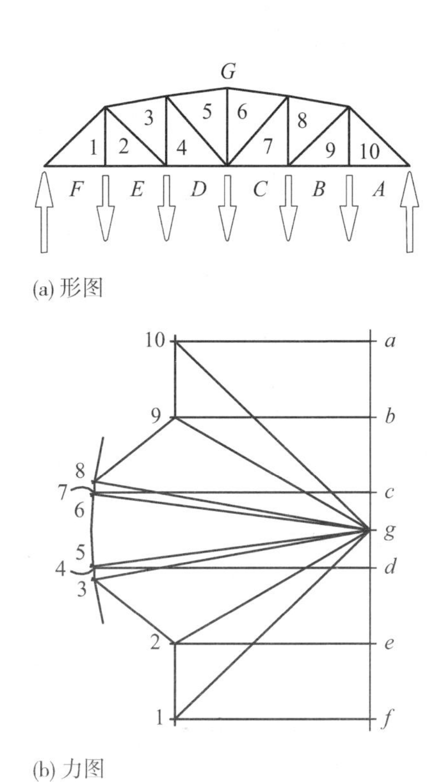

(a) 形图

(b) 力图

图 10.32　找出驼峰式桁架的形式

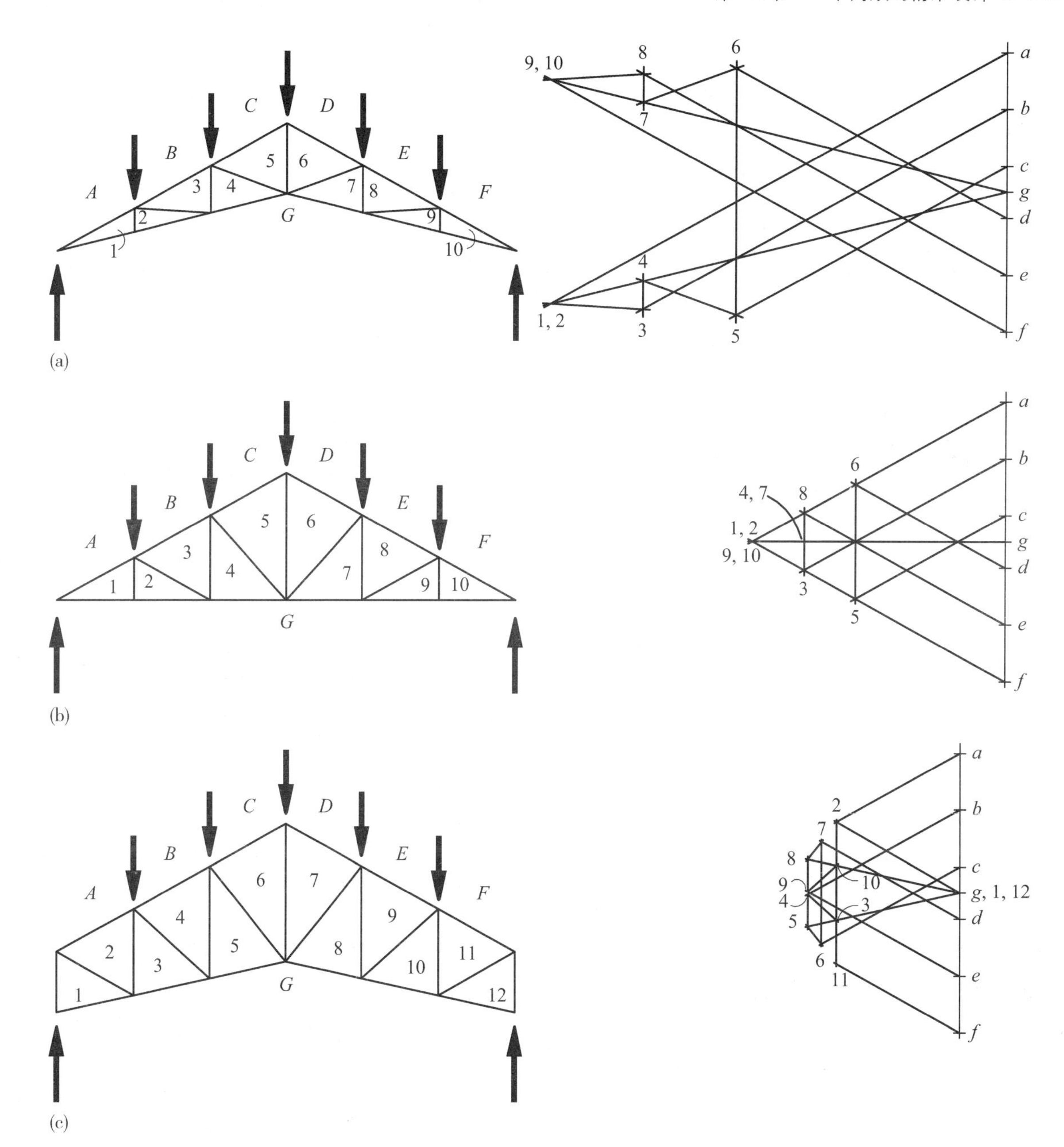

(a)

(b)

(c)

图 10.33　桁架形式的图解优化，相对紧凑的力图说明桁架的效率较高。

低效桁架形式的图解优化

与数值法相比，图解法的一个优点是在设计的初始阶段，力图提供足够多的、易于辨识的信息，可以帮助改进和优化任意的桁架形式。例如图 10.33（a）中的剪刀桁架，它支撑着双坡屋顶，同时增加了内部使用空间。由力图的比例可以得知，剪刀桁架杆件中的力大约是外部荷载的两倍。如果这是一个采用焊接节点的钢桁架，因为整体的刚性较大可以容许桁架杆件中的力较高。但是如果这是一个木桁架，那么杆件连接处就需要大量的螺栓或者钢连接件，从而有效地传递力，但是这很难实现。而且在力图中，杆件 a-1 和 g-1 中的力较大，在相对应的形图中，上弦杆 A-1 和下弦杆 G-1 以小角度的锐角相交，锐角交接也会大大缩减杆件的有效长度。

为了进一步优化这个形式，可以增加上弦与下弦之间的夹角，将下弦拉平，得到三角桁架［图 10.33（b）］。即使没有测量力图中线段的长度，也可以通过比较这两个力图，发现图 10.33（b）中最大杆件力已经减半。这种优化策略很实用，但是剪刀桁架所形成的高耸的室内空间效果却消失了。如何在保留这种空间品质的同时又不增加杆件中的力呢？从力图可知，最大的杆件力存在于桁架的两端，可以增加上弦和下弦之间的距离，并将下弦向上抬升，以便创造出如剪刀桁架一样的令人愉悦的室内空间［图 10.33（c）］。对比这三个力图，可以得知第三个桁架中的力是三个方案中最低的，相对来说它在经济角度是可取的。也可以尝试降低图 10.33（c）中桁架的整体高度，即使如此它的杆件力也不会超过三角桁架中的杆件力。

借由图解法的便利和快捷以及力图的紧凑程度来判断桁架的整体性能，从而对形式做出优化，这种尝试是结构设计的核心过程。数值法的求解过程耗时较长，而且分析的结果只有数字，对如何改进桁架的形式几乎毫无帮助。

下弦的力恒定、上弦受力的恒力桁架

如果桁架下弦中的力恒定，就可以采用拉杆或拉索来代替下弦杆件。找形过程如图 10.34 所示，因为所有的下弦杆在力图上都会经过载重线上的点 g，在力图 10.34（c）中，以 g 点为圆心，以下弦杆中力的大小为半径做圆弧，圆弧与代表上弦杆中力的水平线相交，水平线段的长度就是上弦杆中力的大小。根据力图绘制出形图，可以得知除了中间的腹杆是垂直的，其他腹杆都是倾斜的。取消零力杆的桁架理想形式如图 10.34（b）所示。

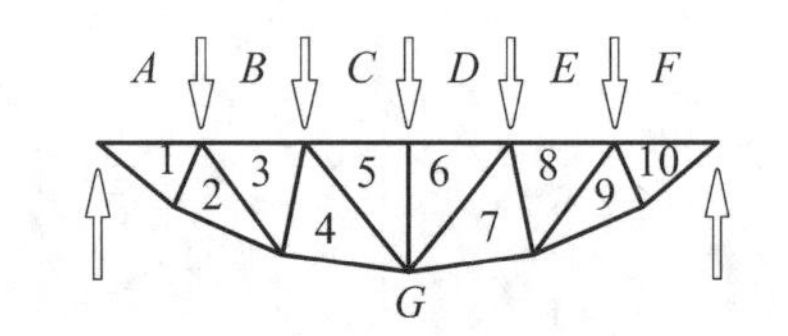

(a) 形图

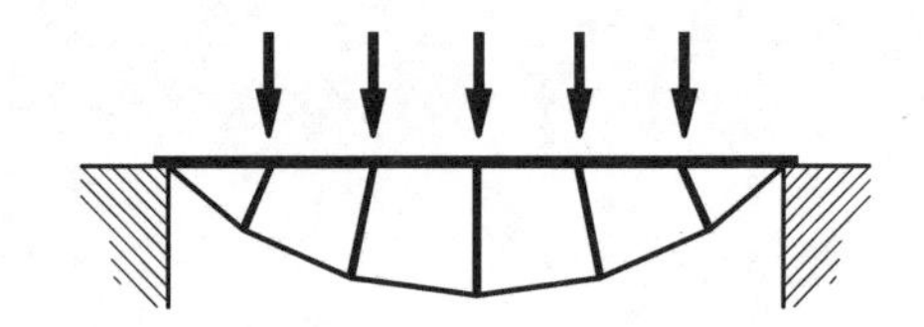

(b) 理想形式

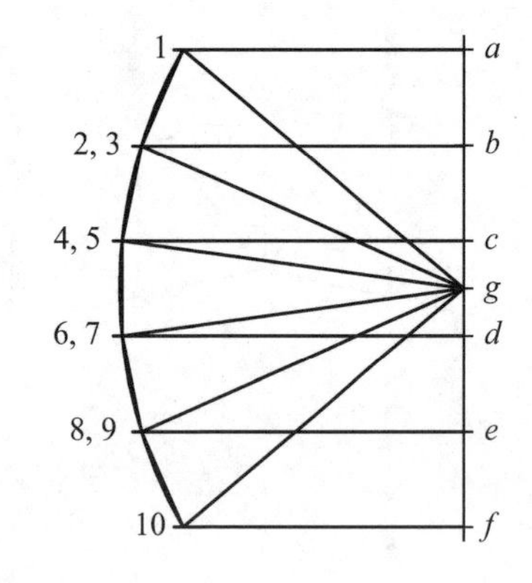

(c) 力图

图 10.34 桁架下弦的力恒定，上弦受力时的桁架形式。

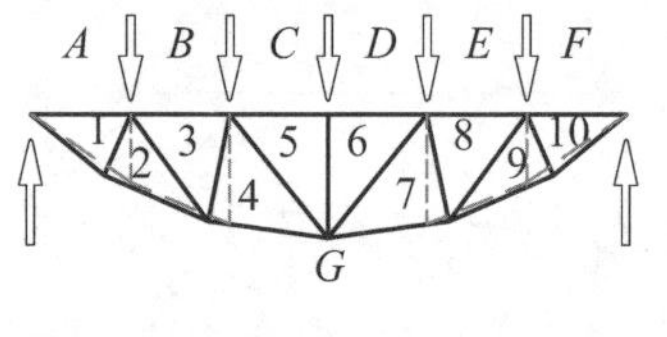

(a) 形图

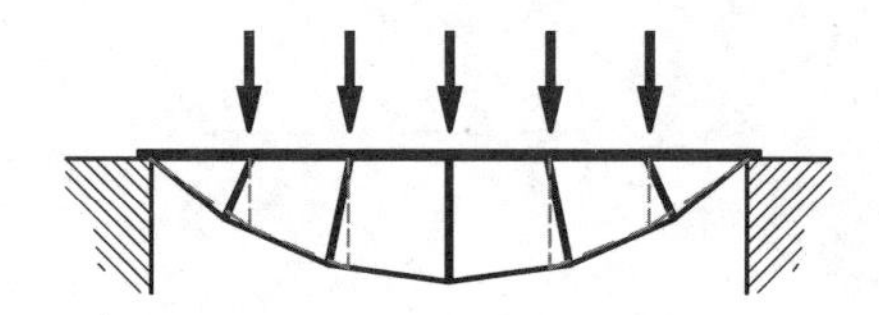

(b) 理想形式

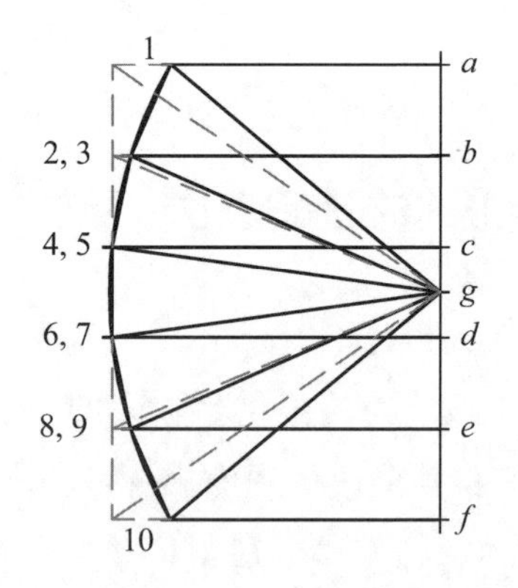

(c) 力图

图 10.35 两个恒力桁架的形图与力图的比较，在力图上，实线部分代表具有恒定力下弦的桁架，虚线代表具有恒定力上弦的桁架。

图 10.35 表明，在桁架高度相同的情况下，具有恒定力下弦的桁架要优于具有恒定力上弦的桁架。这种桁架形式的高效性是由美国结构工程师乔治·佩格拉姆（George Pegram）发现的。他在 1894 年将这种桁架形式应用于美国圣路易斯联合车站的屋顶结构中（图 10.36）。这个纤细而优雅的钢桁架跨度为 141 英尺，是当时世界上跨度最大的屋顶结构。图 10.37 到图 10.40 为其他一些恒力桁架的案例。

图 10.36　圣路易斯联合车站的屋顶桁架，1894 年建成，由乔治·佩格拉姆设计。

图片来源：爱德华·艾伦提供

图 10.37　结构工程师米歇尔·维洛热（Michel Virlogeux）在某桥梁设计中采用了具有恒定力下弦的桁架形式，V 形腹杆倾斜适当的角度，使下弦的四根钢索具有恒定的拉力，桥面板作为桁架的上弦承受压力的作用。

图片来源：米歇尔·维洛热提供

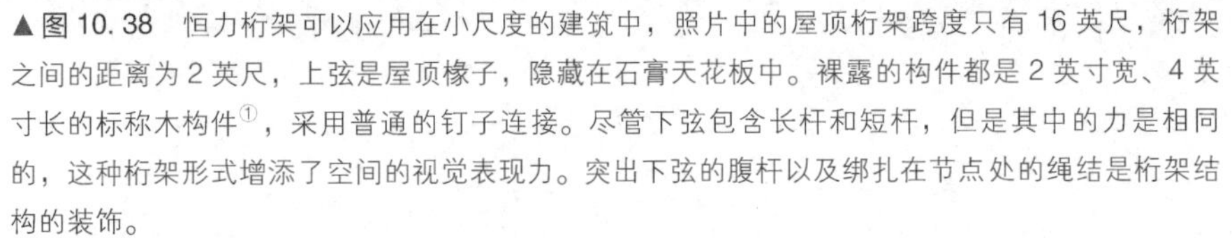

▲图 10.38　恒力桁架可以应用在小尺度的建筑中，照片中的屋顶桁架跨度只有 16 英尺，桁架之间的距离为 2 英尺，上弦是屋顶椽子，隐藏在石膏天花板中。裸露的构件都是 2 英寸宽、4 英寸长的标称木构件[①]，采用普通的钉子连接。尽管下弦包含长杆和短杆，但是其中的力是相同的，这种桁架形式增添了空间的视觉表现力。突出下弦的腹杆以及绑扎在节点处的绳结是桁架结构的装饰。

图片来源：爱德华·艾伦提供

▶图 10.39　恒力桁架也可以应用在大尺度的建筑项目中。图（a）中的钢桁架横跨于美国纽约曼哈顿的罗斯福大道上，支撑着上部 15 层的实验大楼。桁架上弦的形状与其承担的荷载以及荷载的间距相对应，因此这些桁架的形式各不相同。图（b）中的桁架杆件采用重型宽翼缘工字钢焊接而成，尽管这些构件的重量很大，但是相比于梁来说，这种桁架形式节省了价值约 100 万美元的钢材。桁架设计由维思平建筑设计事务所的伊斯雷尔·塞努克（Ysrael Seinuk）完成。

图片来源：伯恩斯坦公司提供

(a)

(b)

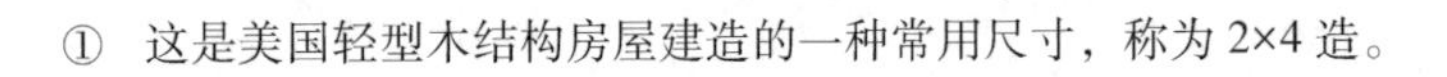

① 这是美国轻型木结构房屋建造的一种常用尺寸，称为 2×4 造。

图 10.40　荷兰埃因霍温的范阿贝博物馆中庭的恒力桁架，上弦呈微微向下的曲线形，由阿贝尔·卡恩（Abel Cahen）设计。图片来源：大卫·福克斯摄

展厅的屋顶桁架设计

以上的例子示范了如何找出恒力桁架的形式。然后回到展厅的屋顶桁架设计中来，采用与佩格拉姆设计的具有恒定力下弦的桁架本质上相同的方案，按照图 10.34 所示的方法找出恒力桁架的形式与力。参考资料的网站上包含恒力桁架设计的相关课程。

步骤 1：已知桁架跨度为 90 英尺，共 9 个节间，每节间宽 10 英尺。每个节点处的预估荷载为 7.5 千磅，上弦是微微向上弯曲的抛物线拱（图 10.41）。在形图上采用鲍氏符号标注法标记，桁架下方的空间标记为字母 J。已知在理想的桁架形式中斜腹杆为零力杆，因此取消斜腹杆，然后在桁架内的每个空间标记一个阿拉伯数字。可以在深化设计阶段增加斜腹杆，用来抵抗不对称荷载。

步骤 2：在力图上绘制平行于上弦的线，鲍氏符号标注法指出了上弦线段与载重线的连接点。初步估算后决定采用两根直径为 1.5 英寸，容许拉应力为 24 000 磅每平方英寸的钢杆作为下弦杆。则下弦杆的容许拉力为 2 乘 1.77 平方英寸再乘 24 千磅每平方英寸，也就是约 85 千磅。

步骤 3：在力图中，表示下弦杆中的力的线段都经过点 j。以点 j 为中心，以 85 千磅的力为半径做圆弧。

步骤 4：圆弧与线段 $a1$ 的交点为点 1，在力图上绘制出线段 $j1$，并在形图上绘制与 $j1$ 平行的线段。重复以上步骤绘制出 $j2$，连接线段 1-2，并在形图上绘制 1-2 的平行线，得到的腹杆 1-2 与下弦杆 $J1$ 相交，继而得到第一个桁架节间内的形图。依次重复上述步骤直至完成力图和形图的绘制。

步骤 5：根据从力图到形图的生成过程，桁架的形式已经确定，这个形式优雅且具有吸引力，桁架节间的间隔也比较恰当（图 10.42）。

桁架的细部构造如图 10.43 所示，桁架的尺

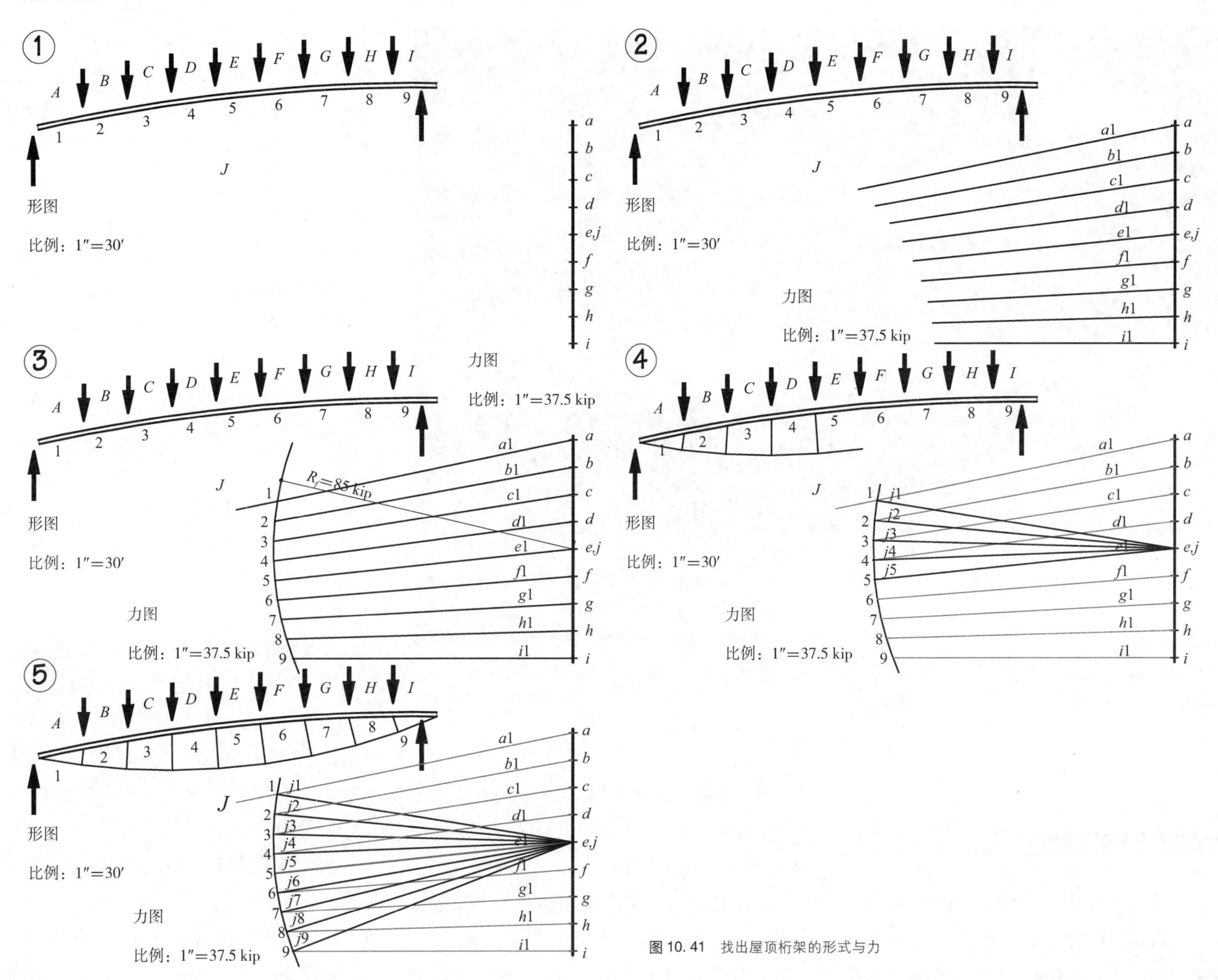

图 10.41　找出屋顶桁架的形式与力

图 10. 42　展厅的室内效果图

图片来源：波士顿结构组设计与绘制

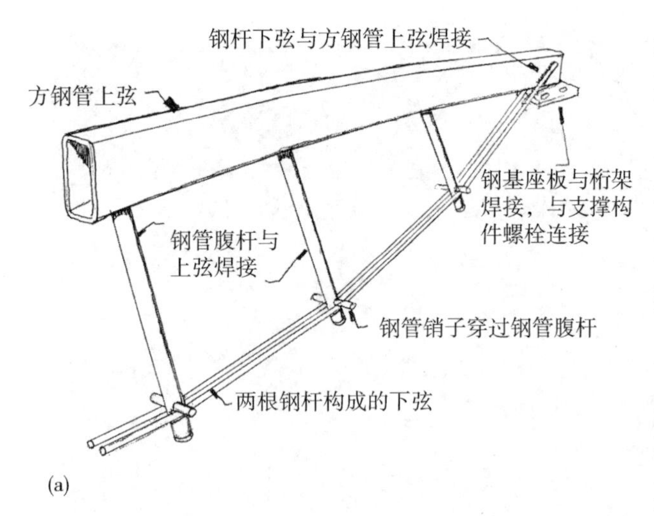

(a)

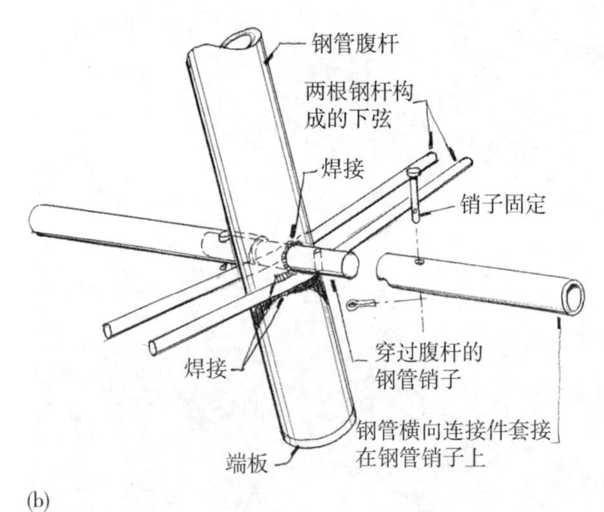

(b)

▲图 10.43　此图显示了桁架的细部构造，钢管销子具有两个作用：一是负责传递下弦杆与钢管腹杆之间的力；二是通过套筒连接的方法支撑着桁架与桁架之间的横向连接件，横向连接件可以保证桁架的侧向稳定性。

寸和比例与大型空腹梁相似，但空腹梁的各个构件之间是通过焊接连接在一起的，梁内部没有铰接节点来减少因为温度或结构变形引起的多余内力，也就是说这个桁架在实际建造中也不需要采用铰接节点来连接。对于桁架上弦的建造有两种不同价格的方案：一种是采用短的方钢管一段一段焊接起来形成一整根上弦杆；另一种是采用一整根弯曲的方钢管作为上弦杆。这两种方案都具有可行性，但是实际建造中更偏向于经济的解决方案。腹杆与下弦杆的连接采用钢管销子固定。

为了减少下弦杆的位移以及提高结构的侧向稳定性，需要在桁架之间设置横向连接。横向连接件由钢管销子支撑，两者之间采用套筒连接，并用销子固定［图 10.43（b）］。

根据桁架的尺寸与运输条件，桁架构件可能完整地在工厂中预制之后由平板运输车运送到现场，也可能将整个桁架拆解成两部分预制，然后在现场焊接成整体。在桁架吊装的过程中，需要采用临时脚手架固定桁架的上弦，防止上弦杆发生侧向屈曲变形。待屋顶桁架结构施工完成后，上弦杆开始受压，其所支撑的屋面板可以帮助上弦杆抵抗侧向屈曲变形，因此可以有效地减小上弦杆的截面面积。

另一项任务

本章所使用的找形方法也适用于桁架以外

▶图 10.44　恒力拱桥的效果图
图片来源：波士顿结构组设计与绘制

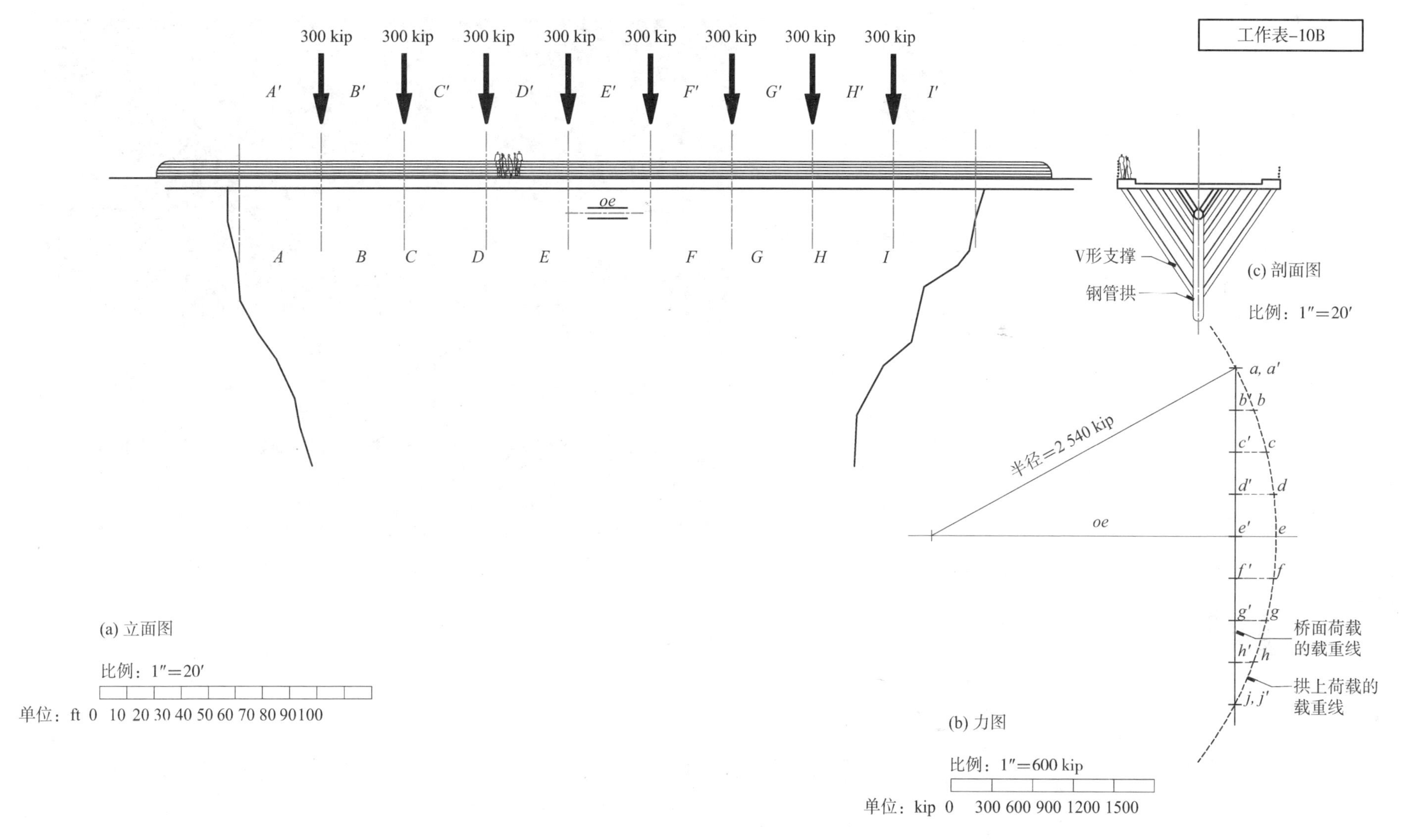

图 10.45 工作表 10B 的简化版本

的结构形式。假设某设计竞赛要求设计一个跨度为 180 英尺的双车道公路桥，初步构思采用拱支撑桥面板，拱由直径为 30 英寸的钢管分段焊接而成（图 10.44），再通过直径为 18 英寸的 V 形钢管支撑将荷载从桥面板传递到拱。为了使拱沿着整个长度方向上的力恒定为钢管的容许压力 2 540 千磅，请采用图解法找出拱的形状以及 V 形支撑的倾斜角度。竞赛要求如参考资料网站上的工作表 10B 中所示（图 10.45）。这座拱桥与第 3 章中的钢筋混凝土拱相比较，它们的主要区别在于钢筋混凝土拱两端的压力明显高于中部的压力，而这个拱桥中的力是恒定

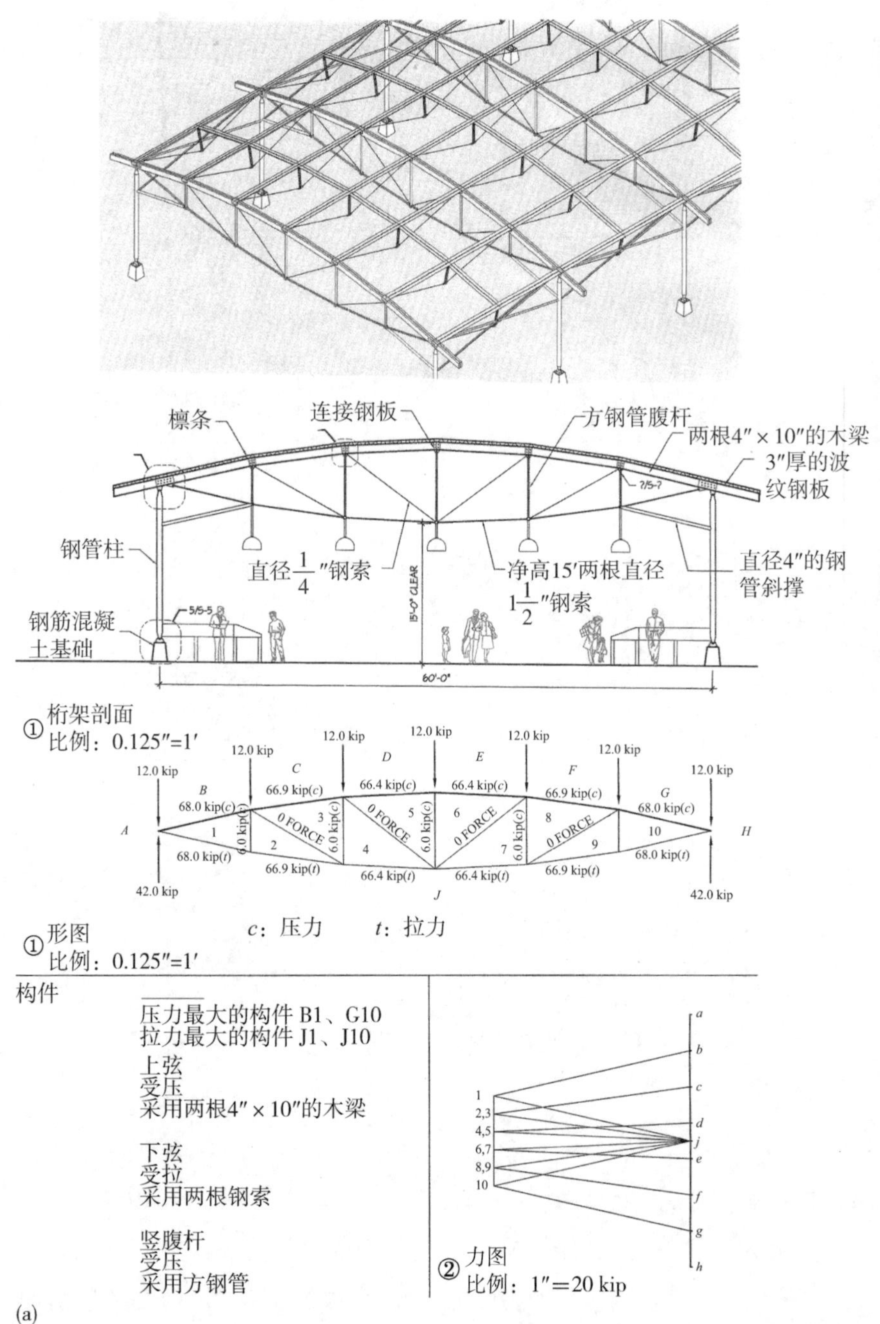

◀图 10.46　美国马里兰大学的学生布赖恩·沃金（Bryan Watzin）和艾利丝·里金（Alyse Riggin）设计的恒力桁架屋顶。柱子与桁架的连接处采用了斜撑来加强结构的整体稳定性。

图片来源：布赖恩·沃金和艾利丝·里金提供

的。图 10.46~图 10.48 为一些恒力桁架设计的案例。

工作表 10B 显示了包含外部荷载的桥的隔离体图，并采用鲍氏符号标注法标记。载重线 $a'j'$ 代表了桥上荷载 $a'b'$、$b'c'$、$c'd'$……$h'j'$ 的总和。拱的两端存在支座反力，已知钢管的容许压力为 2 540 千磅。拱左侧的支座反力 oa 为穿过载重线上的 a 点，长度为 2 540 千磅的线段。右侧的支座反力 oj 为穿过载重线上的 j 点，长度为 2 540 千磅的线段。分别以 a 和 j 为圆心绘制半径为 2 540 千磅的圆弧，两个圆弧的交点即为极点 o。因为钢管拱中的力恒定，以 o 为圆

◀图 10.47 美国亚利桑那州菲尼克斯大学体育场，其开合屋盖由两个巨大的透镜式桁架支撑，跨度超过 700 英尺。建筑设计由彼得·埃森曼和 HOK 体育建筑设计有限公司完成，结构设计由 TLCP 公司完成，承建商为亨特建筑工程有限公司。
图片来源：亚利桑那州格伦代尔市旅游局詹·里维尔（Jen Liewer）提供

▼图 10.48 西班牙塞维利亚的梅尔卡多·德拉恩卡纳西翁新城的某市场屋顶设计，由美国由俄勒冈大学的学生薇薇安·雷诺兹（Vivian·L. Reynolds）设计，她因为该项目获得了 1997—1998 年美国大学奖学金学会学生工程设计优秀奖。该设计在主要跨度方向上采用了三铰桁架拱结构，在三铰拱和两侧支撑之间采用了下弦恒力桁架来支撑檩条。支撑下弦恒力桁架的基座构成了悬索状的曲线形式，增加了整个结构形式的韵律感。
图片来源：薇薇安·雷诺兹提供

心，2 540 千磅为半径绘制圆弧。所得的圆弧即拱上荷载的载重线。

因为 V 形支撑是倾斜的，它们会对桥面板产生水平分力，水平分力在力图中由线段 $b'b$、$c'c$、$d'd$……表示。拱段中的力由 oa、ob、oc……表示，V 形支撑中的力由 ab、bc、cd……表示。然后根据力图绘制出完整的形图。

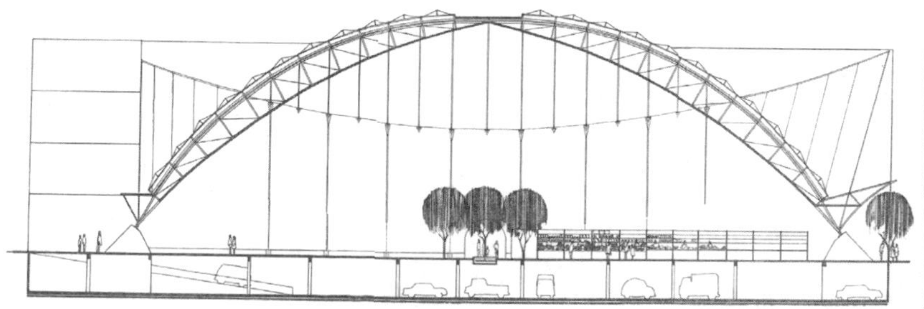

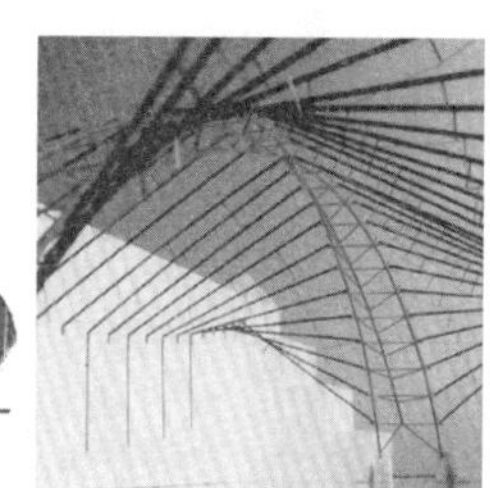

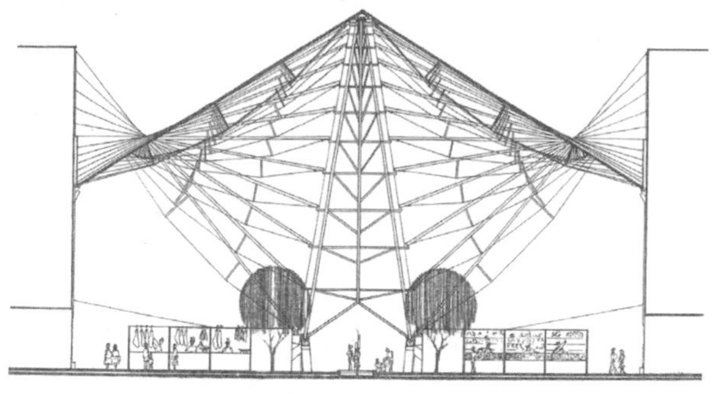

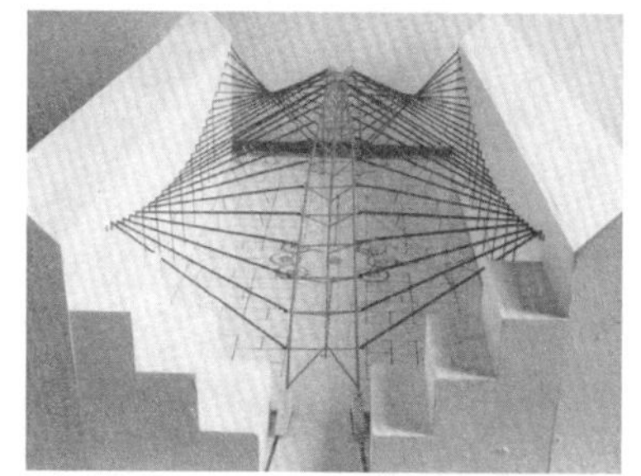

思考题

1. 一个六节间平行桁架的跨度为 12 米，在上弦的每个节点处承受 6 千牛的荷载，假设弦杆中最大的力为 36 千牛，请问这个桁架的高度是多少？
2. 一个七节间桁架在下弦的每个节点处承受着 1 000 磅的荷载。在靠近右侧支座的下弦节点上施加一个 4 000 磅的竖向荷载。如果该桁架的上弦在整个长度上的力恒定为 7 000 磅，请找出这个桁架的形式。
3. 一个八节间桁架在上弦的每个节点处承受 1 500 磅的荷载，下弦与水平面的夹角为 15°，如果该桁架下弦中的力恒定为 12 000 磅，请找出这个桁架的形式。
4. 一个五节间的悬臂桁架，每个节间的间隔相等，它的上弦与水平面的夹角为 15°，在下弦节点处施加 3 个 10 千磅的荷载，如果该桁架上弦中的拉力恒定 40 千磅，请找出这个桁架的形式。
5. 一个十节间的弓弦桁架，在上弦的每个节点处承受 9 个 6 千牛的荷载，如果该桁架下弦中的力恒定为 42 千牛，请找出这个桁架的形式。继续绘制出第二个桁架，上弦为一段圆弧，这个桁架与上一个桁架具有相同的高度以及相同的荷载作用条件，请比较分析这两个桁架中的力，它们之间的差异显著吗？

关键术语

bowstring truss 弓弦桁架
camelback truss 驼峰式桁架
constant-force arch 恒力拱
constant-force truss 恒力桁架
lenticular truss 透镜式桁架
Pauli truss 保利桁架
Pegram truss 佩格拉姆桁架（下弦的力恒定的桁架）
scissors truss 剪刀桁架
tied arch 带有水平拉杆的拱

第 11 章 悬索结构的约束设计

▶ 防止变形的约束设计策略

▶ 不对称荷载对结构的影响

通常情况下，人们凭直觉就能够判断悬索结构的形式与力之间的关系，图 11.1 是合理的悬索形式，而图 11.2 则是不合理的悬索形式，因为它们与悬索形式的自身特点相矛盾。人类历史上建造了许多由土、砖、石等具有地方特色的材料制成的索线形受压结构，这些建筑遍布世界各地，而且建造者并未受到过高等教育。它们生动地证明了人类利用力流分布来塑造结构的本能。索线形的结构无论是悬索结构、帐篷结构、拱结构、拱顶结构、穹顶结构或是其他组合结构，传递力的方式简单直接，不仅提高了结构效率而且带来了令人满意的优雅的外观（图 11.3）。

由于时代的发展以及技术的进步，现在结构材料的抗压强度相比于古代增加了很多倍，抗拉强度更是提高了数百倍。如今的建筑自重更轻、跨度更大同时承载更大。正如前面章节所介绍的那样，超大跨度的建筑适合采用高强度钢索构成的悬索结构。悬索结构巨大的承载

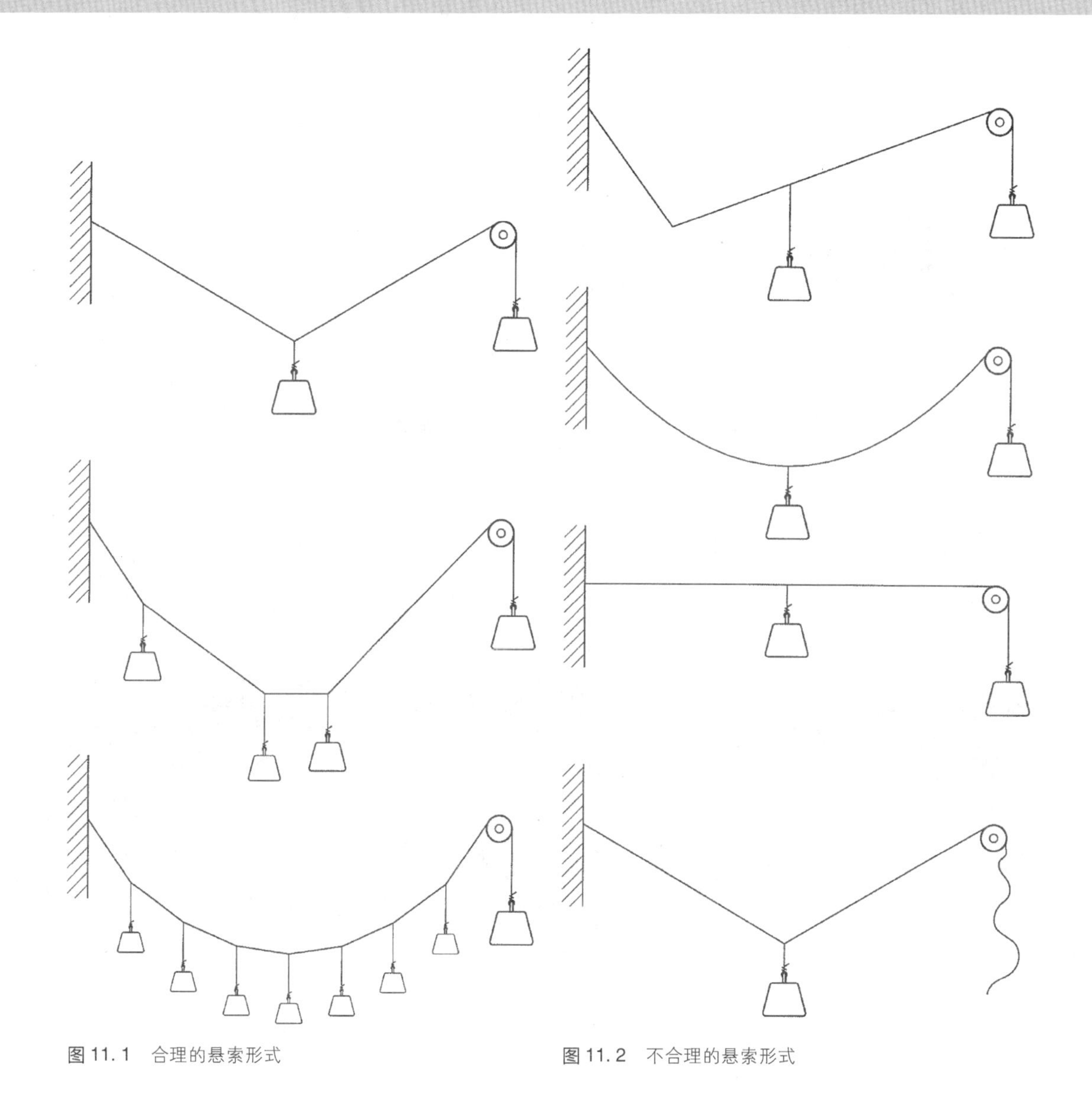

图 11.1　合理的悬索形式

图 11.2　不合理的悬索形式

能力不仅依赖于高强度的材料，还在于结构形式对于外部荷载的精准对应，悬索结构可以通过调整形式使内力皆为效率最高的轴向力。悬索结构中的所有材料都以轴向作用抵抗外部荷载。然而这种自调节的行为也带来了一些麻烦，就是随着荷载模式改变而改变的悬索结构形式不利于结构的正常使用，所以必须对悬索结构进行约束设计。当一辆重型货车行驶在悬索桥上时，如果不加约束，主索会不停地调整形状，使最大曲率出现在货车所在的位置（图 11.4）。这样会引起桥面板的起伏波动导致货车无法通行，甚至可能导致桥梁结构失效。

图 11.3 华沙山姆超市的波纹状屋顶，由同样曲率的拱结构和悬索结构构成，索的拉力与相邻拱的水平推力相平衡。也就是说屋顶可以由柱子支撑，而不需要后拉索或是其他斜撑。整个屋顶如同倾斜的桁架，可以抵抗由于不均匀荷载引起的结构变形。

图片来源：瓦克劳·扎列夫斯基提供

悬索结构的设计核心不在于找形，因为找到符合力学的基本形式并不困难，而是在于找出适当的方法例如由其他构件引起的合理荷载来限制索的变形和位移。但是并不存在符合所有荷载模式的理想悬索结构形状。风荷载会在建筑的迎风面产生压力，在背风面产生吸力，因为气流的变化风会随时改变方向，产生不断变化的荷载模式。风还会将屋顶积雪吹到某一个角落，使屋顶有些地方没有积雪，有些地方则堆积了过重的雪。楼面荷载也会因为家具的布置以及每天使用人群的多少而产生变化。桥面上有时没有车辆通行也就没有活荷载，有时是满载的状态，更多的时候是随机分布的活荷载。不均匀荷载可能是由于风荷载或地震作用引起的振动造成的。并不存在一种预先设定的

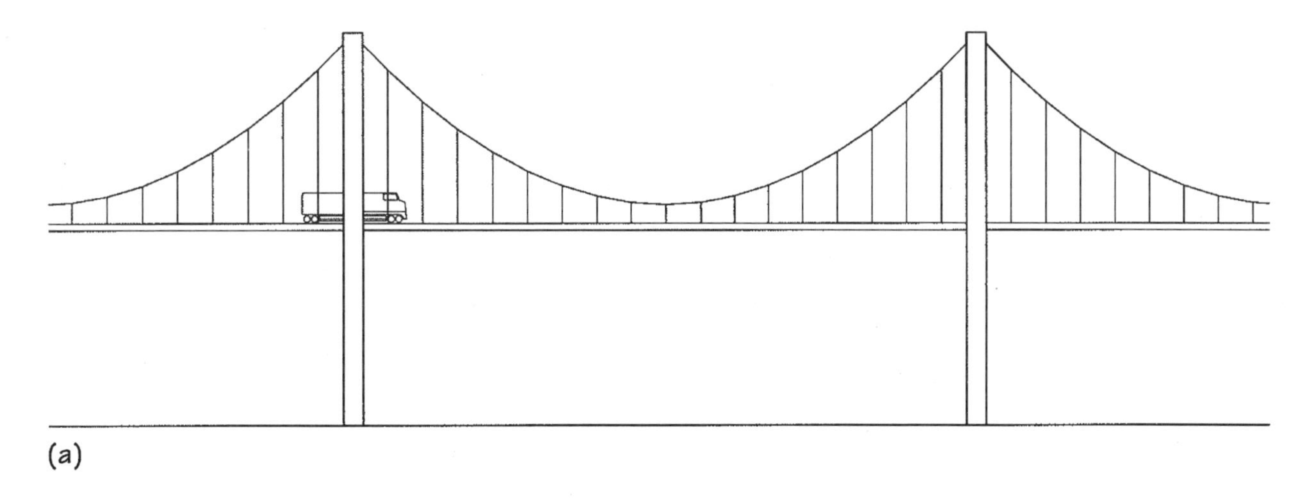

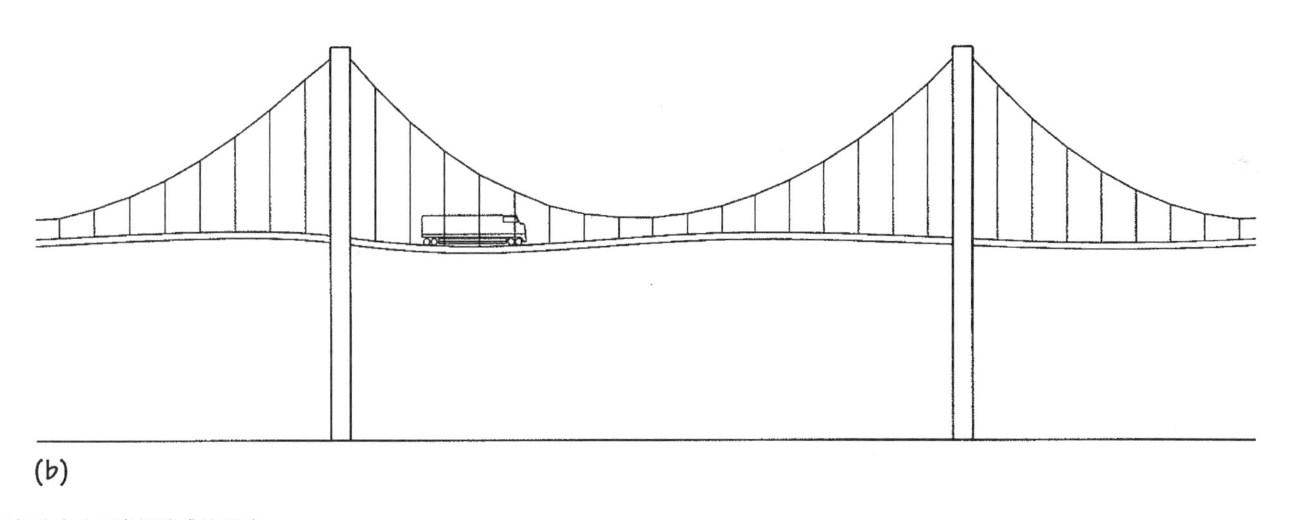

图 11.4　重型货车通行对不加约束的悬索桥造成的影响

形式可以满足上述所有的荷载条件，所以拱结构或悬索结构的形式设计应当基于主要的荷载条件，在此之上对悬索结构进行约束设计，帮助悬索结构抵抗其他的荷载条件。

之前的部分章节曾涉及这个问题，并给出了几种解决方法。本章会对悬索结构等结构形式的约束设计进行归纳和总结，并举例说明它们在实际项目中的应用。图 11.5 为采用辅助索来限制和约束悬索结构的几种方法。辅助索的目的在于当荷载模式改变时限制主索的变形。图 11.6 为采用索之外的构件来限制悬索结构的几种方法。图 11.7 为约束平面内拱结构的几种

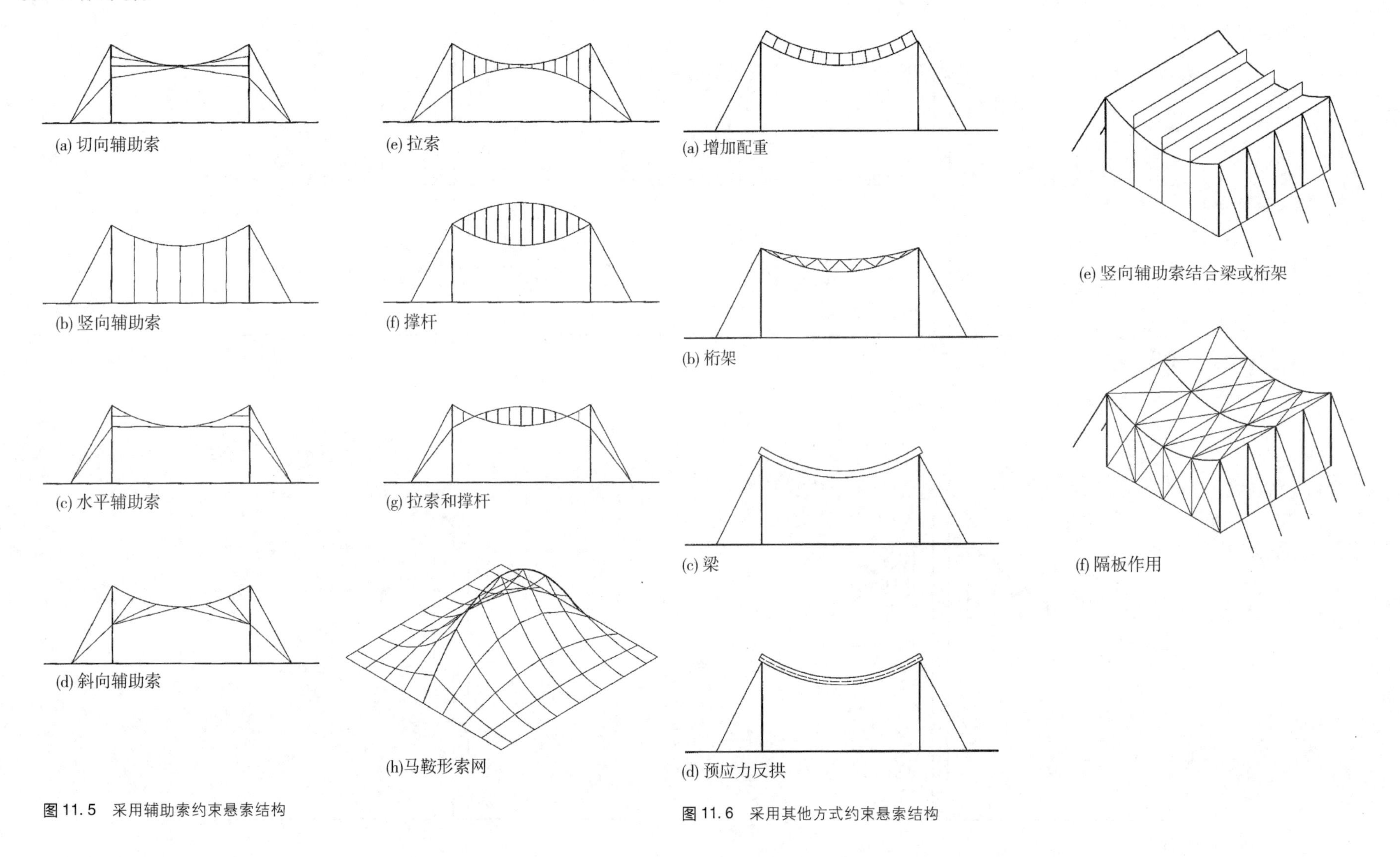

图 11.5 采用辅助索约束悬索结构

图 11.6 采用其他方式约束悬索结构

方法，图 11.8 为拱结构三维拓展成拱顶结构、穹顶结构或壳体结构，增加刚度来抵抗变形。

许多拱结构或悬索结构的设计将地板或屋面板与结构构件结合起来。这种方式进一步拓展了约束设计的手段。如图 11.9 所示的拱桥和悬索桥的约束设计中，可以采用加强索的方式，也可以采用加强桥面板的方式，还可以在桥面板和支撑构件之间采用桁架加强。

这些图为多种约束设计的解决方案，可以用来解决实际工程中遇到的问题。相比于抽象的讨论，考察它们在实际结构中的应用会更加富有成效。

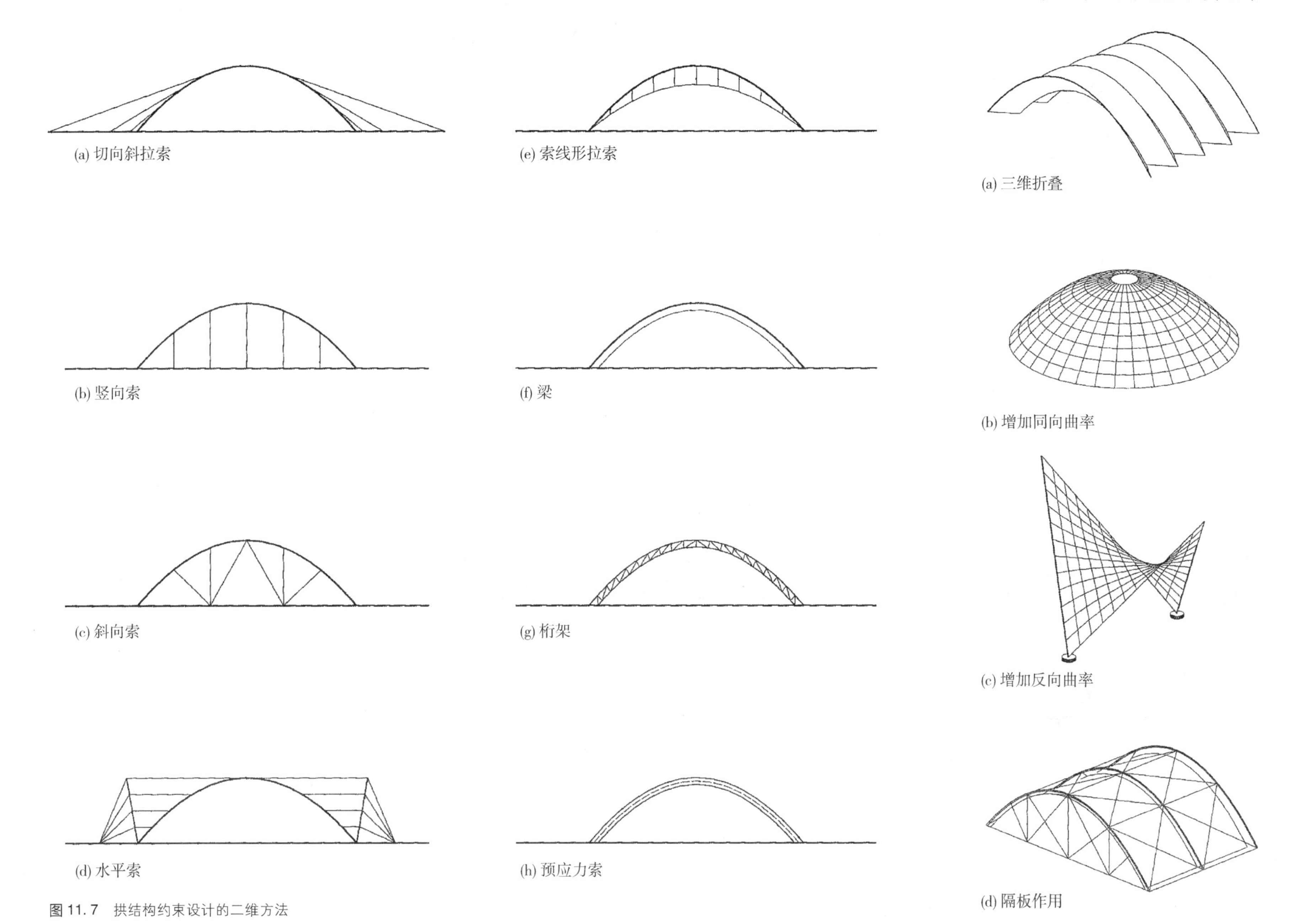

图 11.7　拱结构约束设计的二维方法

图 11.8　拱结构约束设计的三维方法

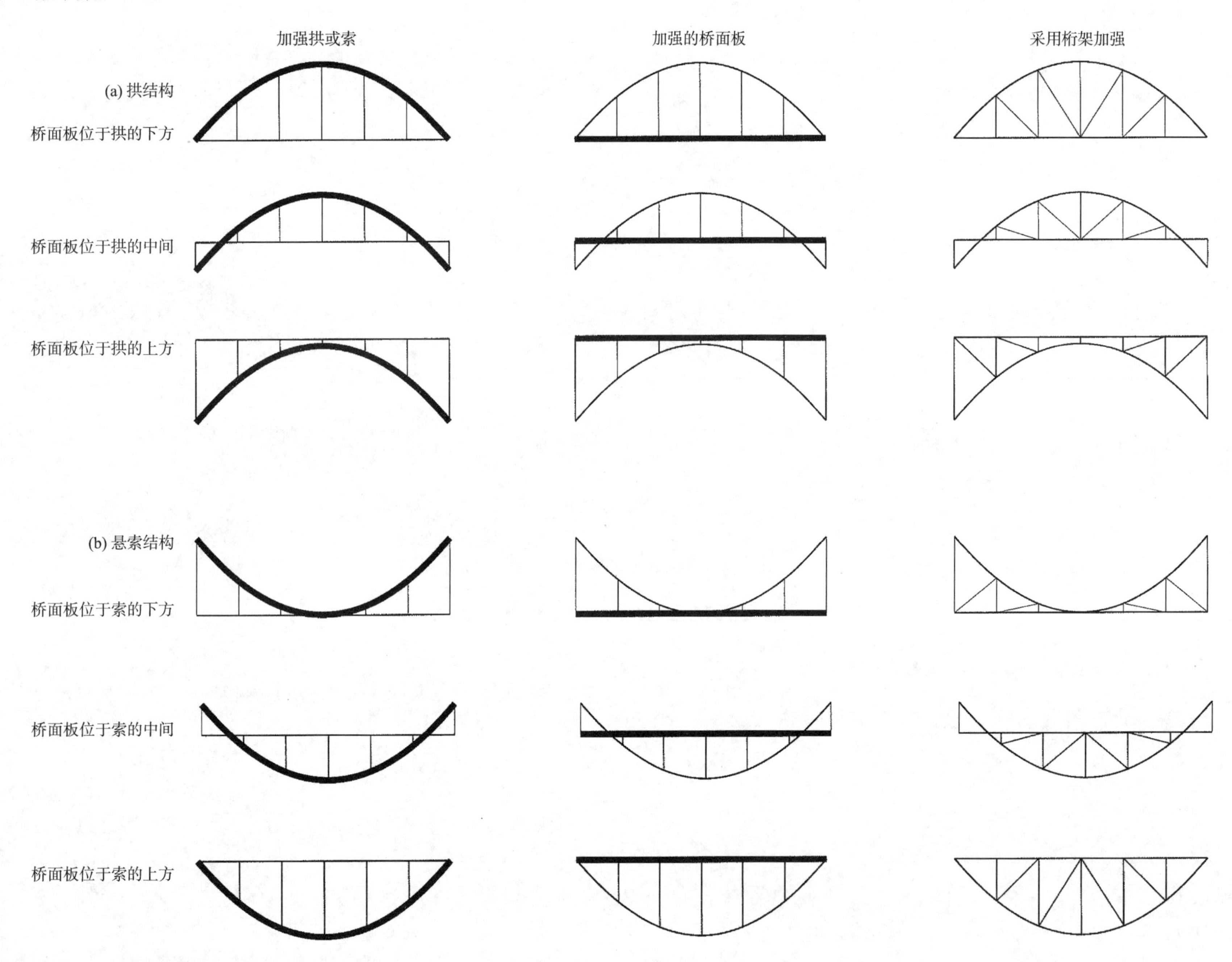

图 11.9 拱桥和悬索桥的约束设计

采用拉索或撑杆的约束设计

图 11.10（a）为索在均布荷载作用下的形状。如果只在索的左半部分施加荷载，如图 11.10（b）所示，索的右半部分会变得平直，左半部分的曲率比之前大，而跨度中点 C 向左移动。如果荷载施加在索的右半部分，如图 11.10（c）所示，则整个形状会水平镜像，跨度中点 C 点向右移动。其中一个解决方法是安装水平拉索，阻止中点 C 的水平位移，如图 11.10（d）所示。如果在主索左右两个部分分别施加不同的荷载，则较小荷载一侧的水平拉索中的拉力大小等于两侧荷载的差值。

虽然这种简单的约束设计很大程度上减少了主索在不均匀荷载作用下的变形，但它无法限制主索因为其他荷载模式而引起的变形。通过在整个跨度上以适当的间隔增加切向辅助索（图 11.11），主索可以在任何荷载模式下保持一定的刚度。当荷载模式与主索的形状相符合时，这些辅助索就不起作用，当荷载模式变化时，这些辅助索就会立即有所反应。

其他几种形式的拉索也可以用于约束悬索结构或拱结构，还可以用撑杆替代拉索。意大利太阳高速公路上的一座混凝土桥由索线形拱支撑（图 11.12）。拱的形状类似抛物线，但它实际上是由多段直线构成的多边形，多边形拱将

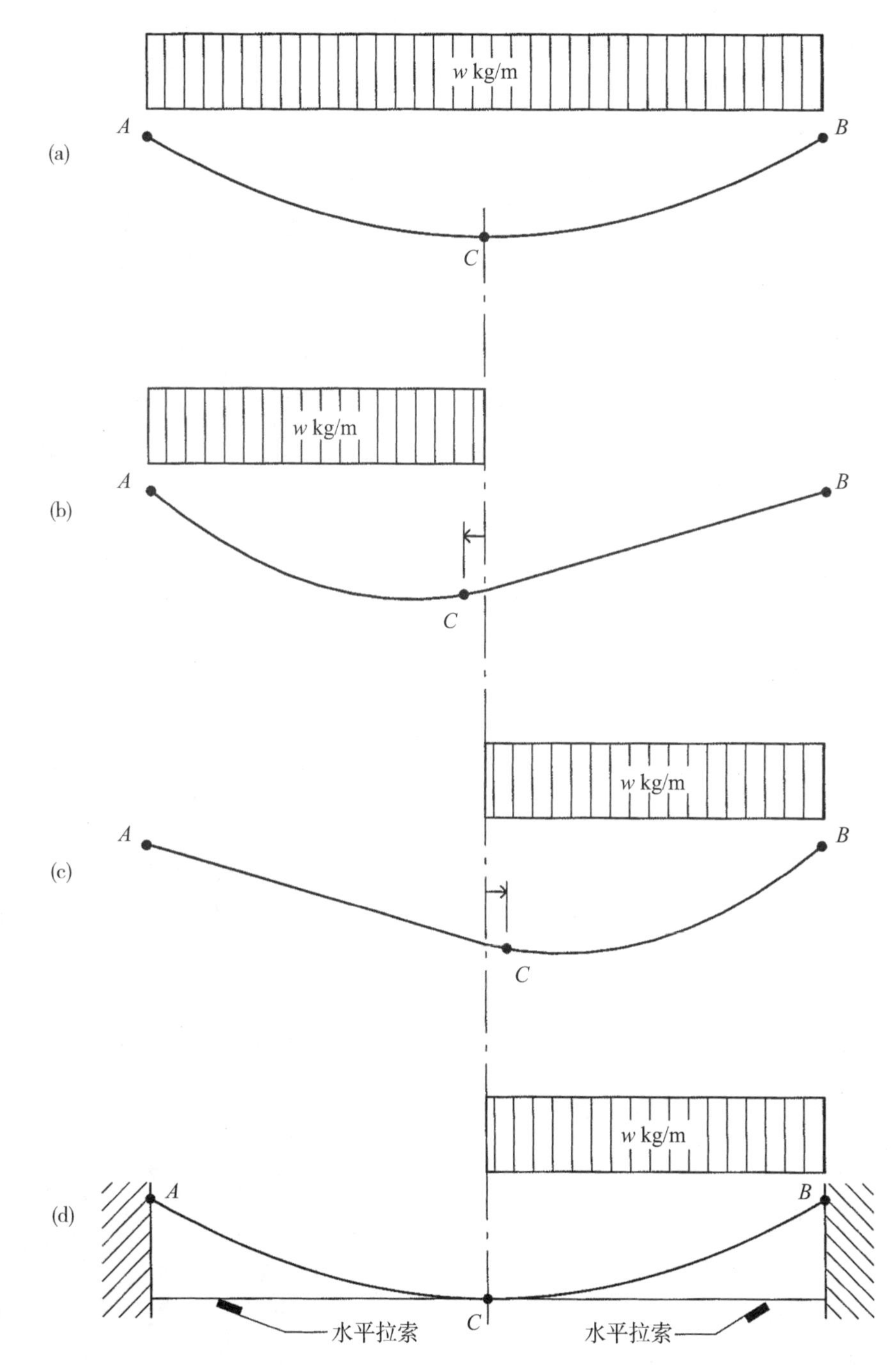

图 11.10　采用水平拉索约束悬索结构

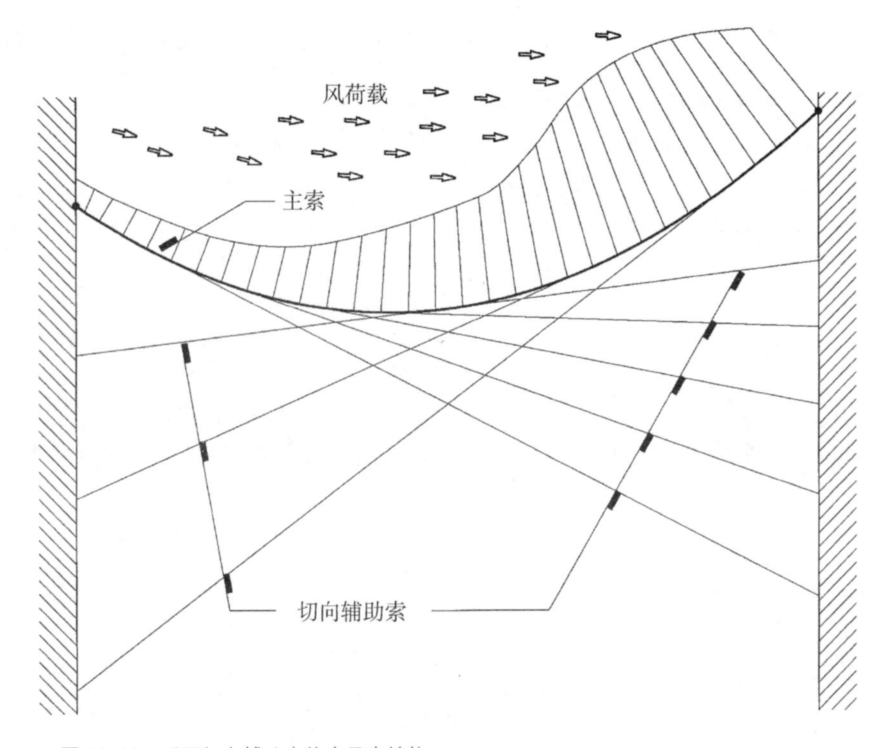

▲图 11.11 采用切向辅助索约束悬索结构

▲图 11.12 意大利博洛尼亚和佛罗伦萨之间的太阳高速公路，1960 年建成，结构工程师为阿里戈・卡尔（Arrigo Carè）和乔治・贾内利（Giorgio Gianelli）。
图片来源：弗里茨・莱昂哈特（Fritz Leonhardt）提供

桥面荷载传递到柱子。这些多边形顶点之间的钢筋混凝土板和支撑限制了拱结构因为重型车辆驶过而产生的变形。可以将这个案例中的拱与瑞士萨尔基那山谷桥的拱进行比较分析（P317）。伦敦布罗德盖特办公楼（Broadgate Office Building）由四个平行的钢拱支撑，每个钢拱分别由两个斜撑约束（图 11.13）。结构工程师分析后发现，两个斜撑加强后的拱的刚度足以抵抗任何预期荷载作用下的变形。美国明尼阿波利斯联邦储备银行所采用的约束设计与布罗德盖特办公楼类似（图 11.14），由建筑

▶图 11.13 伦敦布罗德盖特办公楼，巨大的钢拱横跨在铁路之上，由 SOM 公司设计。
图片来源：大卫・福克斯摄

图 11.14　明尼阿波利斯联邦储备银行的悬索呈抛物线形，跨度为 270 英尺，建筑师为冈纳·伯克茨，结构工程师为斯基林、海勒、克里斯蒂安森和罗宾逊。图片来源：巴尔瑟萨尔·科拉布建筑事务所提供

师冈纳·伯克茨（Gunnar Birkerts）和结构工程师斯基林、海勒、克里斯蒂安森、罗宾逊共同设计。悬索由两端的结构支撑，索上方的楼板通过支柱将荷载传递到索上，索下方的楼板悬挂在索上，顶部的桁架用来约束和限制悬索的变形，同时也平衡了悬索对两端支撑结构的水平拉力。

采用预应力索的约束设计

美国尤蒂卡市政厅的屋顶采用“辐轮式”的悬索结构（图 11.15），在中心受拉环和外部受压环之间，布置了放射状的上拉索和下拉索，两者之间通过钢管撑杆连接。外部受压环类似一个环状的水平拱，主要承受拉索施加的荷载。上拉索和撑杆有效限制了下拉索由于风荷载、地震作用和不对称雪荷载引起的位移和变形。上下拉索的下垂度不同，避免了屋顶结构的共振。尼日利亚索科托体育中心的屋顶采用了平行的主索（图 11.16），主索的约束方法与尤蒂卡市政厅的解决策略相似，上下拉索之间的

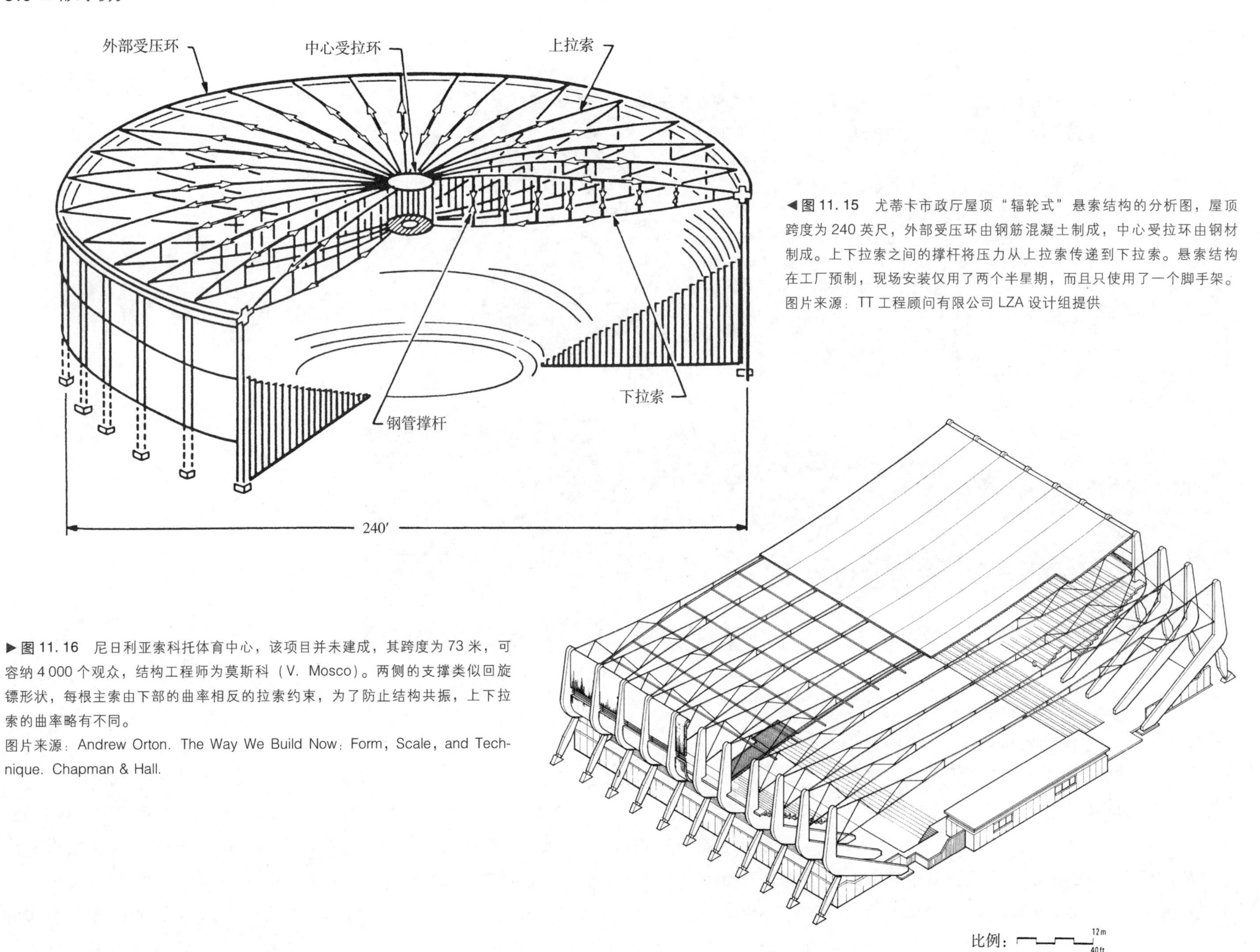

◀图 11. 15　尤蒂卡市政厅屋顶“辐轮式”悬索结构的分析图，屋顶跨度为 240 英尺，外部受压环由钢筋混凝土制成，中心受拉环由钢材制成。上下拉索之间的撑杆将压力从上拉索传递到下拉索。悬索结构在工厂预制，现场安装仅用了两个半星期，而且只使用了一个脚手架。
图片来源：TT 工程顾问有限公司 LZA 设计组提供

▶图 11. 16　尼日利亚索科托体育中心，该项目并未建成，其跨度为 73 米，可容纳 4 000 个观众，结构工程师为莫斯科（V. Mosco）。两侧的支撑类似回旋镖形状，每根主索由下部的曲率相反的拉索约束，为了防止结构共振，上下拉索的曲率略有不同。
图片来源：Andrew Orton. The Way We Build Now：Form，Scale，and Technique. Chapman & Hall.

连接采用的是拉索而不是撑杆。采用预应力索进行约束设计的另一种方法是三维拓展出反向曲率拉索。在美国耶鲁大学英格斯曲棍球场的屋顶悬索结构中（图 11.17、图 11.18），主索由纵向的钢筋混凝土抛物线拱与四周的曲面墙

▶图 11.17　耶鲁大学英格斯曲棍球场，建于 1956—1959 年，建筑师为埃罗·沙里宁，结构设计由 SEK 公司完成（Severud-Elstad-Krueger）。
图片来源：爱德华·艾伦摄

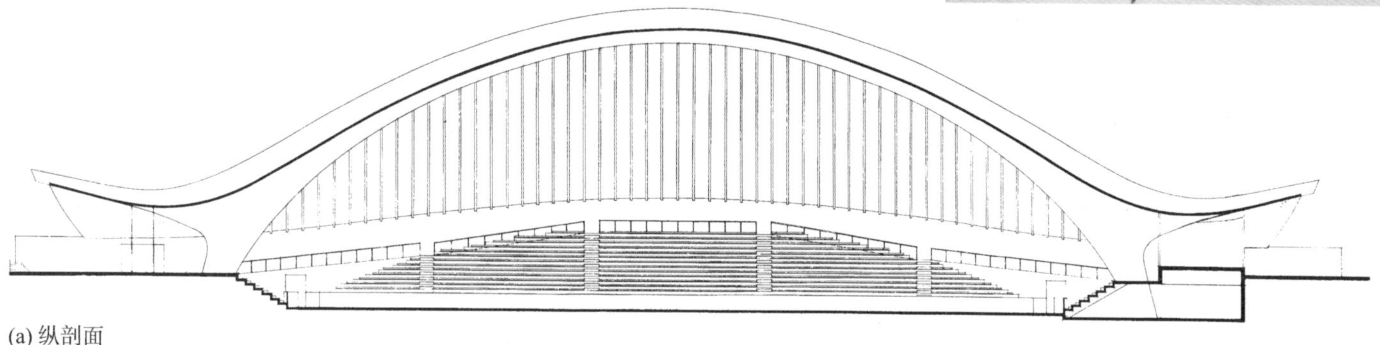

(a) 纵剖面

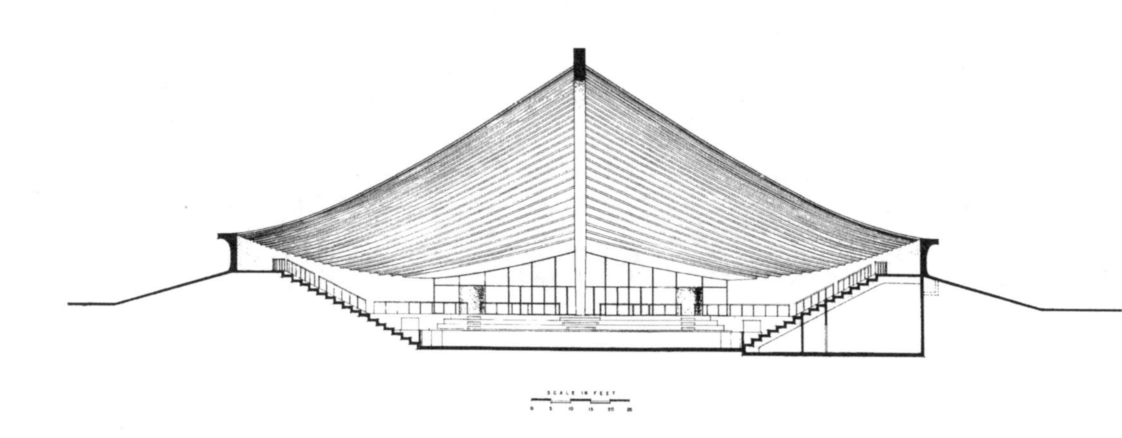

(b) 横剖面

◀图 11.18　耶鲁大学英格斯曲棍球场的剖面图，跨度为 230 英尺，最大宽度为 180 英尺。
图片来源：Eero Saarinen. Eero Saarinen On His Work. New Haven，CT：Yale University Press，1962.

体支撑，采用纵向拉索对主索进行约束。在委内瑞拉马拉开波体育馆中（图 11.19），也同样采用了两组拉索，在这个案例中两组拉索呈现的反向曲率更加明显。图 11.20 所示的美国巴尔的摩 6 号码头音乐厅，由索和膜构成的张拉膜结构屋顶，反向曲率的张拉膜表面呈现出富有诗意的结构形式。

▶图 11.19　委内瑞拉马拉开波体育馆，可容纳 8 000 名观众，1967 年建成，由瓦克劳・扎列夫斯基设计。
图片来源：瓦克劳・扎列夫斯基提供

(a)

(b)

▲图 11.20　巴尔的摩 6 号码头音乐厅，1992 年建成，
建筑设计由 FTL 建筑事务所完成，结构工程师为布罗・哈波尔德（Buro Happold）和迈凯伦（M. G. McLaren）。
图片来源：德斯顿・塞勒（Durston Saylor）摄

图 11.21　捷克布拉格与特罗哈之间的步行桥，1984 年建成。主跨度为 96 米，下垂度为 1.86 米，由结构工程师多普拉尼・斯塔夫比（Dopravni stavby）设计。
图片来源：吉里・斯特拉斯基（Jiri Strasky）博士提供

图 11.22　美国华盛顿杜勒斯机场，建于 1962 年，跨度为 49 米。建筑师为埃罗・沙里宁，结构工程师为安曼和惠特尼。
图片来源：巴尔瑟萨尔・科拉布建筑事务所提供

采用反拱的约束设计

理论上任何悬索结构都可以用反拱代替，与悬索结构的曲率一致的桥面板或屋面板可以看作是反拱，它与悬索结构一起形成了具有刚度的整体。布拉格与特罗哈之间的悬索步行桥（图 11.21），桥面板类似倒置的混凝土拱。该桥为了便于人们通行和避免桥面的过度倾斜而设计了较小的下垂度，导致索中的力很大，索的端部锚固也需要更为坚固。尼日利亚索科托体育中心（图 11.16）的屋顶悬索支撑屋面板的同时，屋面板也对索施加了预应力。华盛顿附近的杜勒斯机场航站楼屋顶的悬索结构采用了较大的下垂度（图 11.22），使索中的力大小适当，采用混凝土屋顶板对悬索结构进行约束，向外倾斜的巨大的混凝土柱子平衡了索中的拉力，结构的力与美创造出富有动感的视觉表现力。

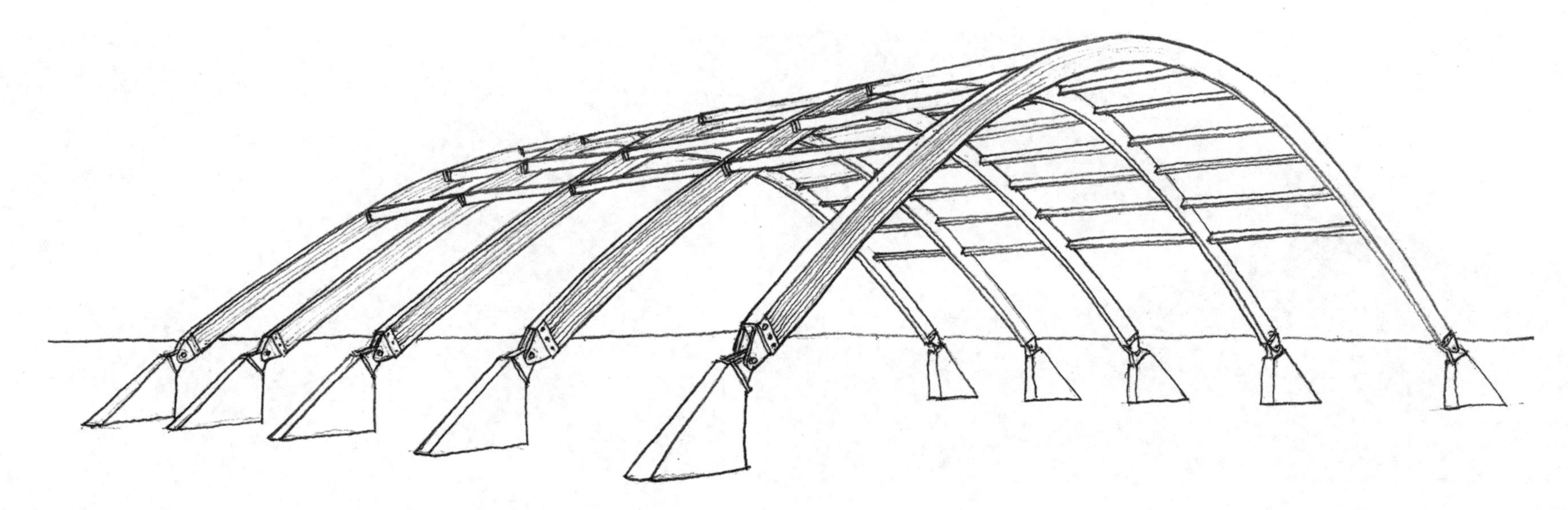

图 11.23 胶合木拱的草图

加强拱或索

大跨度拱结构一般采用胶合木、钢材或钢筋混凝土建造，这些都是良好的抗弯材料，可以形成较大的刚度来抵抗拱的变形。图 11.23 中的胶合木拱可以抵抗由不均匀雪荷载或风荷载引起的压力和弯矩。与第 3 章的内容相似，在美国陆军飞机库的设计中（图 11.24），抛物线形的钢筋混凝土拱顶非常薄，采用钢筋混凝土肋来加强整体结构以抵抗不均匀荷载。新河峡大桥采用了钢桁架拱来抵抗不均匀荷载以及振动产生的结构变形（图 11.25）。

图 11.24 南达科他州拉比德城的美国陆军飞机库，跨度为 104 米，钢筋混凝土拱顶的厚度从 125 毫米到 180 毫米不等，结构设计由罗伯茨和谢弗公司完成。
图片来源：SDSE 公司提供

图 11.26 为索在均布荷载作用下的形状以及荷载作用在左右任一侧时索的形状。如图 11.26（d）所示，增加直线段的辅助索，主索就能够在图中所示的荷载条件下保持其形状。在实际工程中，可以采用曲线形的辅助索而不是直线段的辅助索。伦敦塔桥就是将桥面板悬挂在曲线形的辅助索上（图 11.27），结构工程师还采用桁架来加强索。连接处的铰接节点允许结构在温度变化以及基础不均匀沉降时产生些许位移。

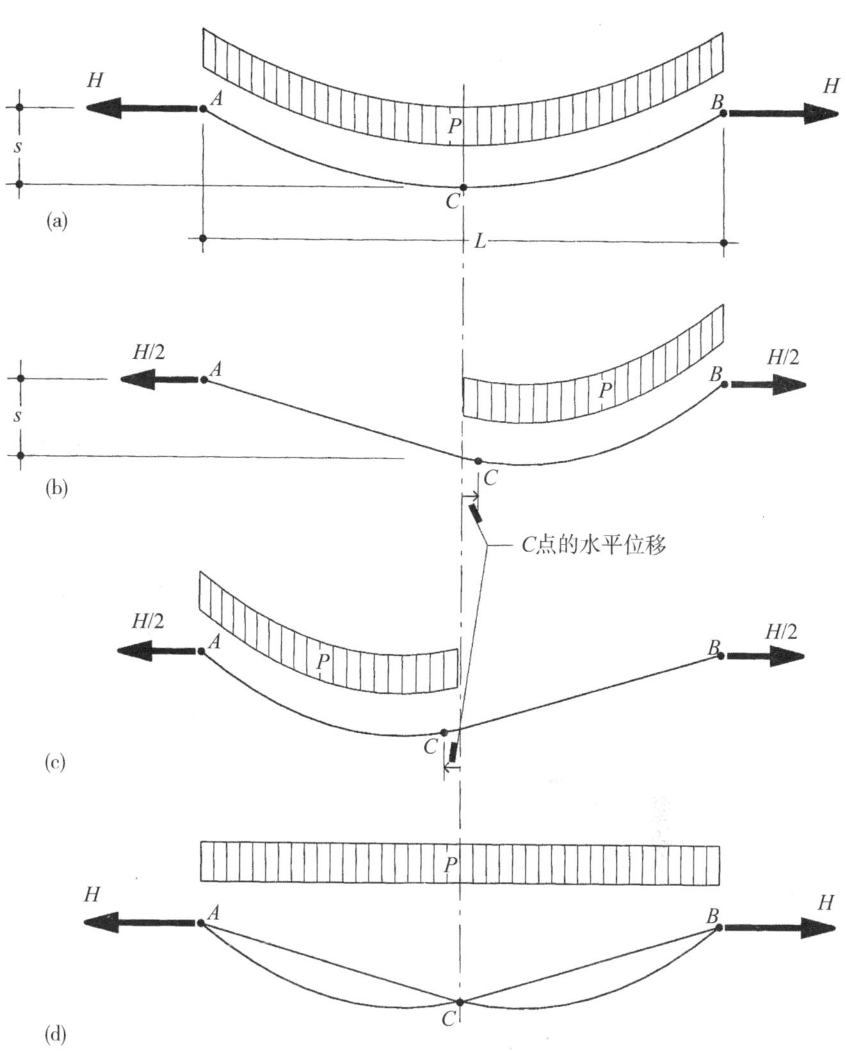

图 11.26　采用直线段辅助索的约束设计

图 11.25　西弗吉尼亚州的费耶特郡新河峡大桥，跨度为 1 700 英尺，建于 1977 年，是当时世界上最长的拱桥。桁架拱的高度与结构刚度较大，因而可以采用高度较小的桁架支撑桥面板。

图片来源：迈克尔·贝克公司提供

如果将伦敦塔桥倒置，它的形状就类似于著名的瑞士萨尔基那山谷桥（图 11.28），其优雅的形状也是约束设计的结果。结构工程师罗伯特·马亚尔采用了图解法进行设计（图 11.29）。位于三个铰接节点之间的新月形钢筋混凝土墙与拱结构是一体的，桥的整体如同倒置的双 T 形（图 11.30），这种形式通常被称为箱形拱。桥在均布荷载作用下的压力线如图 11.29 中的标黑虚线所示，位于新月形钢筋混凝土墙体高度的大约三分之一处。如果活荷载集中在桥的一侧，则这一侧的压力线会稍微上升，而另一侧的压力线则略微下降，但压力线始终位于在新月形钢筋混凝土墙体之内。由于优越的结构形式设计，桥中的应力在任何荷载模式下都非常低。建造桥所用的钢筋甚至没有人的拇指粗，并且只有在抵抗温度变化时才起到主要作用。

(a)

(b)

图 11.27　伦敦塔桥，主跨度为 82 米，建于 1886 年到 1894 年间，结构工程师为约翰·巴瑞（John Wolfe Barry）。
图片来源：威尔和丹尼·麦金泰尔摄

▲图 11.28　瑞士萨尔基那山谷桥，跨度为 90 米，1930 年建成，由罗伯特・马亚尔设计。
图片来源：苏黎世联邦理工学院提供

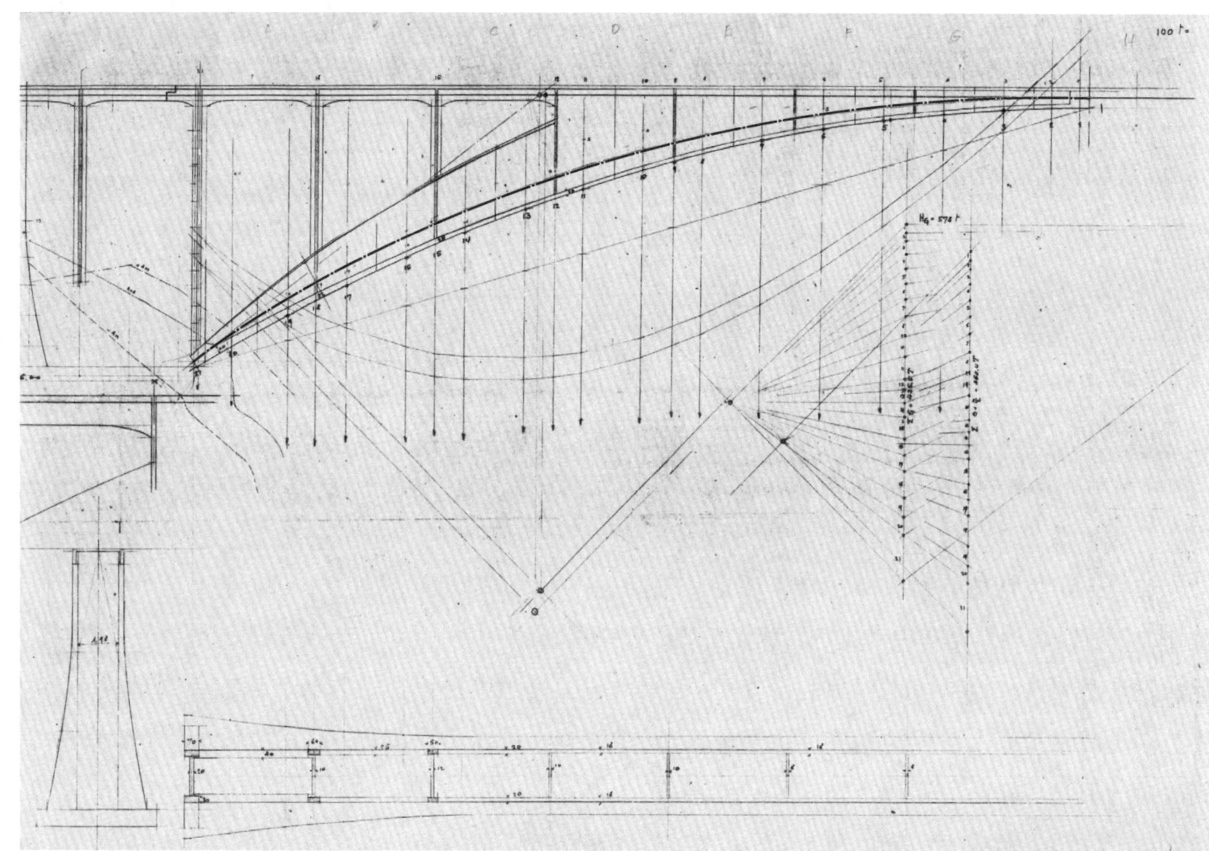

▶图 11.29　瑞士萨尔基那山谷桥的设计草图
图片来源：苏黎世联邦理工学院马亚尔档案馆提供

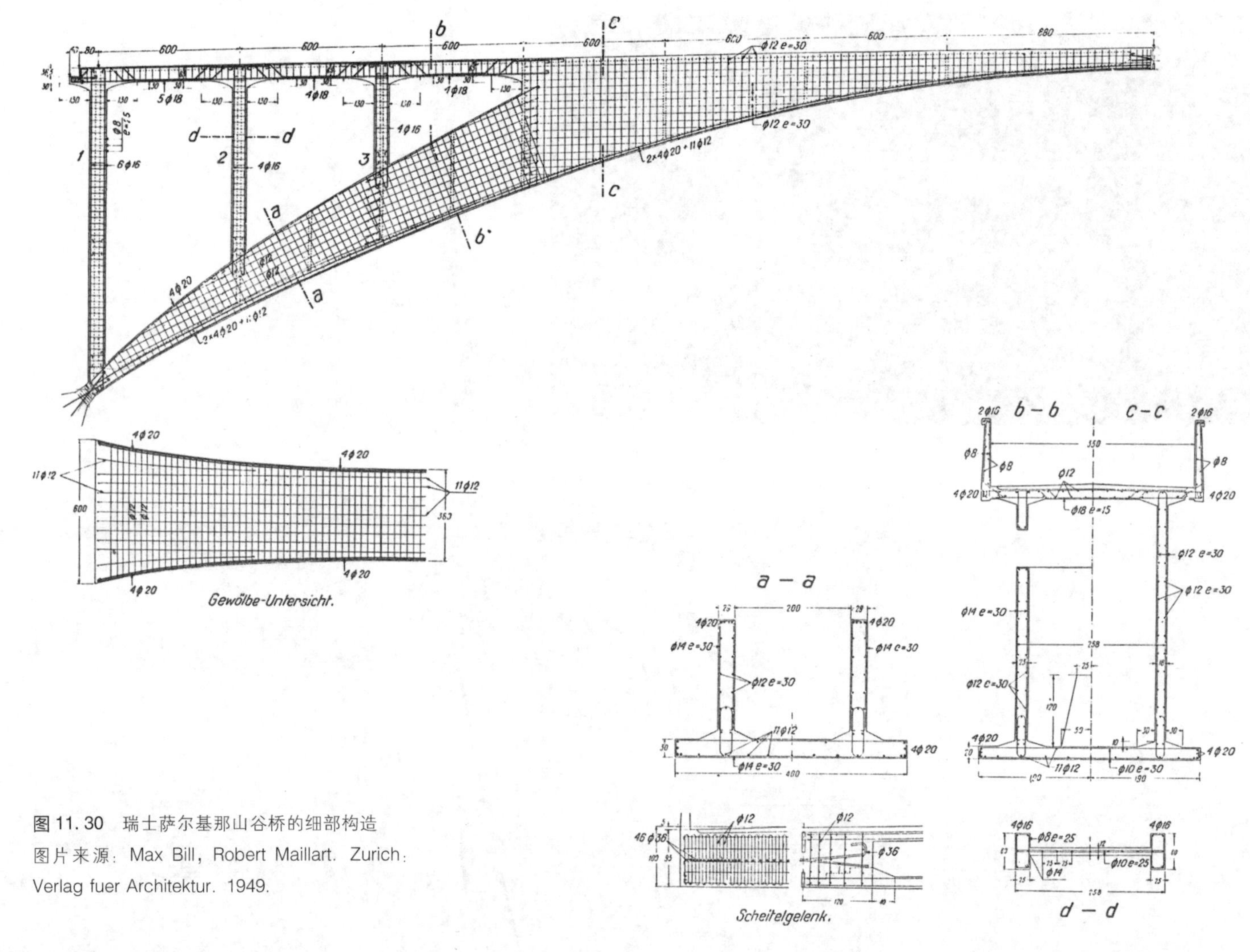

图 11.30　瑞士萨尔基那山谷桥的细部构造
图片来源：Max Bill, Robert Maillart. Zurich: Verlag fuer Architektur. 1949.

与马亚尔设计的其他桥梁一样，瑞士萨尔基那山谷桥是在设计竞赛中胜出的，为了获胜，他的设计必须比其他结构工程师的设计更为经济。瑞士萨尔基那山谷桥的经济性主要来源于其高效的形式，除此之外就是施工过程的造价控制。该桥的木脚手架由理查德·科雷（Richard Coray）设计（图 11.31），仅用于支撑混凝土拱的重量，并可以防止混凝土拱在施工过程中由于临时荷载作用而引起的变形。混凝土拱成型之后就可以为桥的其余部分建造提供临时支撑，减少了脚手架的用量，从而降低了成本。

加强桥面板或屋面板

悬索桥约束设计的常用方法是将桥面板做成刚性梁，大多数情况下会采用桁架形式。当桥上的荷载模式与索的形状不相符合时，梁的刚

图 11.31　瑞士萨尔基那山谷桥建造中用于支撑模板的脚手架
图片来源：苏黎世联邦理工学院提供

度就会起作用。当桥上的荷载模式与索的形状相符合时，索会承担所有的荷载，而且索的变形比梁更小。刚性梁的作用是将桥上某区域的集中荷载分散到更大的区域，使各个垂直索上的荷载相差不大，保证主索上的荷载分布均匀，与主索的抛物线形相符合。

图 11.32 是不考虑恒荷载的情况下，在悬索桥上施加一个集中荷载时，刚性梁对主索形状稳定性的影响。刚性梁将局部集中荷载转变为均布荷载，经由间隔相等的垂直拉索传递到

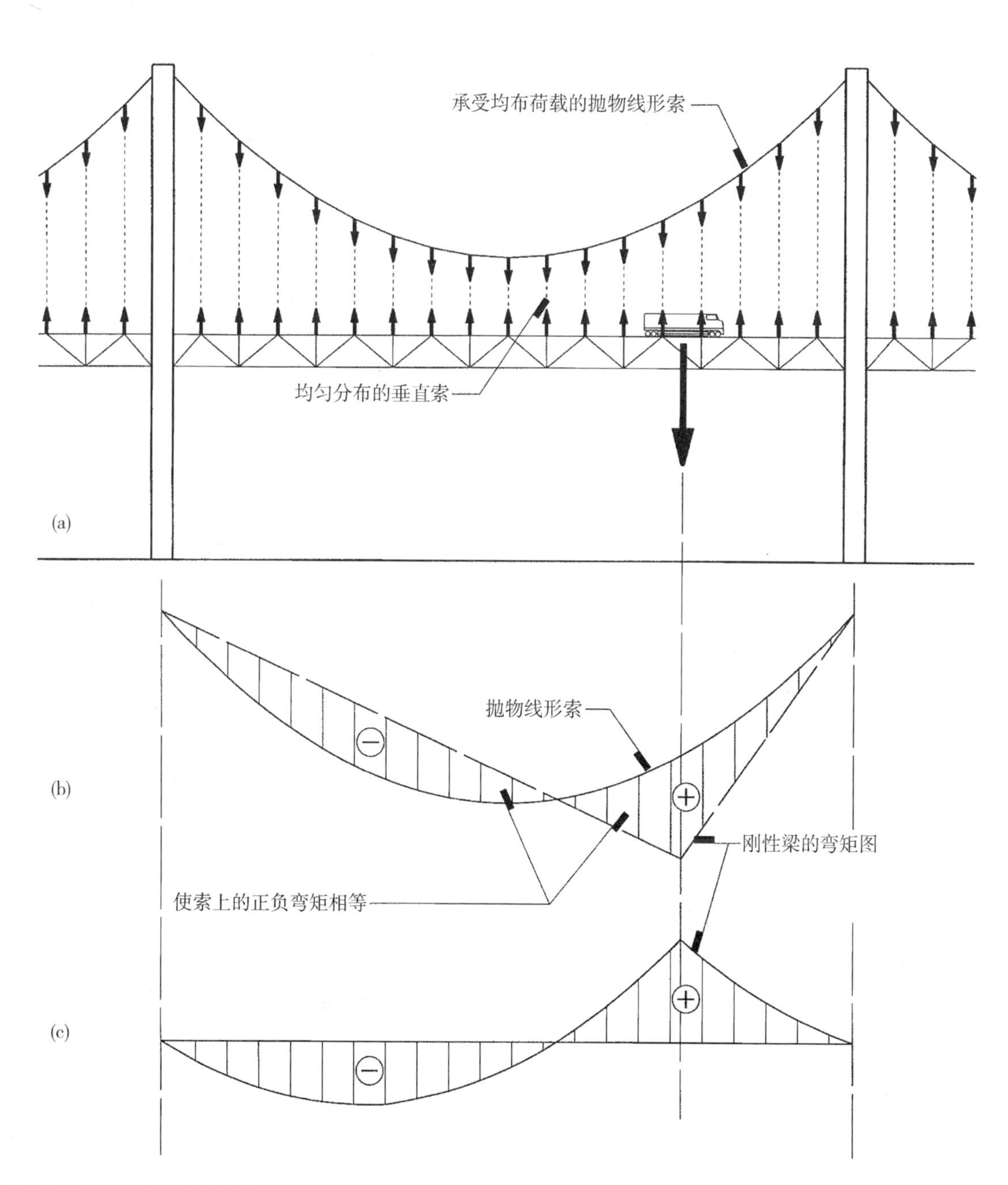

图 11.32　采用刚性梁的悬索结构

主索上。桥上的实际荷载分布与符合索形状的荷载分布之间的差异由刚性梁承担。梁的弯矩图可以通过将局部荷载施加在主索上，使主索上正弯矩和负弯矩相等而求出［图 11.32（b）、图 11.32（c）］。实际工程中桥面板的重力荷载足够大，这对于主索形状的稳定起到很大作用。

布尔戈造纸厂的悬索屋顶中采用了刚性桁架（图 11.33、图 11.34），工厂内可以放置大型的造纸机器，在工厂的后期扩建中会增加这样的大型机器，为了不影响工厂空间的使用，结构工程师奈尔维采用了悬索结构。经过设计的混凝土桅杆的顶部形式与主索的轴线方向垂直。

图 11.33　布尔戈造纸厂，由奈尔维设计。
图片来源：克里斯·吕布克曼博士提供

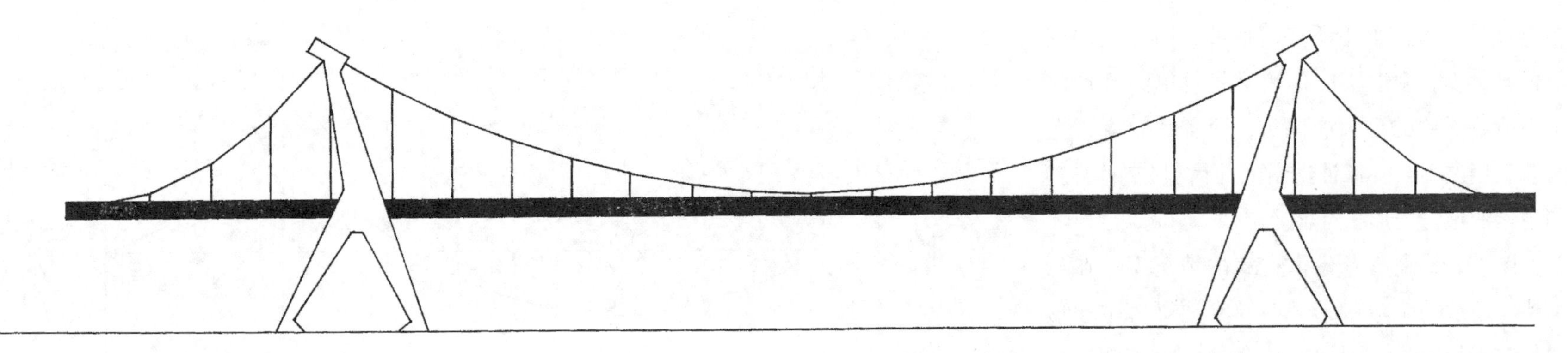

图 11.34　布尔戈造纸厂分析图，黑色粗线表示刚性桁架。
图片来源：爱德华·艾伦绘制

加强桥面板或屋面板这种方法同样可以应用于拱结构的约束设计中（图 11.35）。瑞士施万巴赫桥就是采用加强桥面板来增强拱结构的一个案例（图 11.36），在这座桥中，索线形的拱本身很轻薄，只承受轴向压力，桥面板由结构高度较大的钢筋混凝土刚性梁构成。

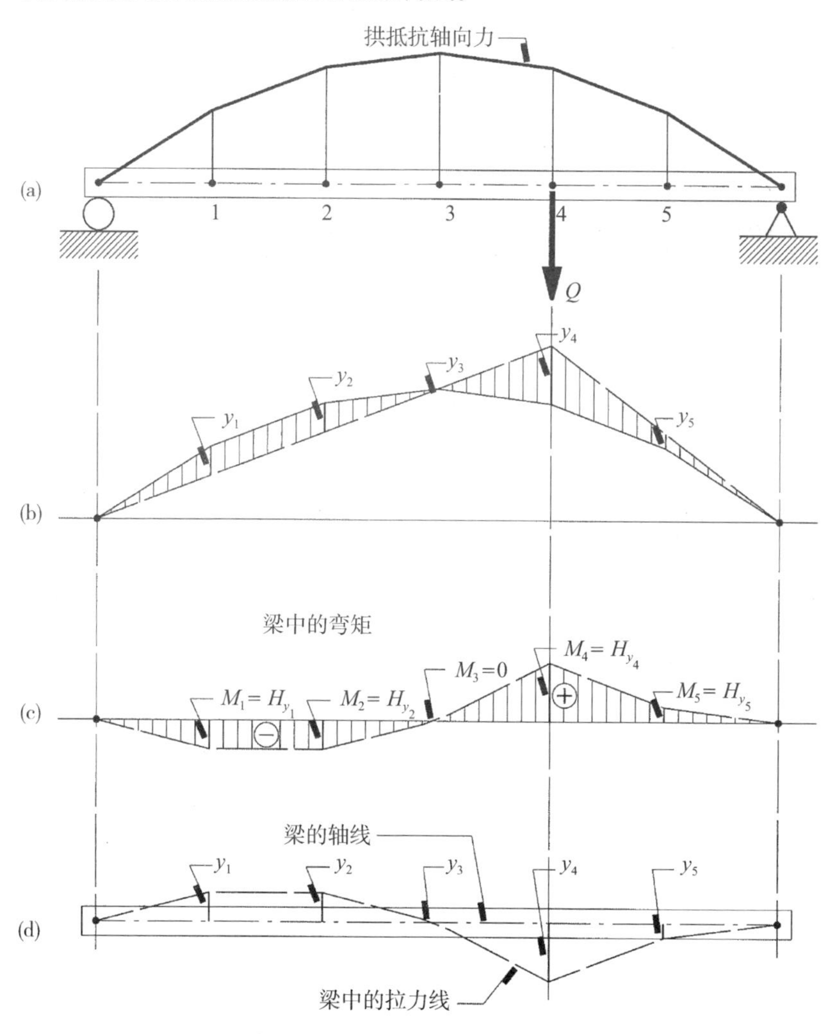

图 11.35　采用刚性梁的拱结构约束设计

图 11.36　瑞士施万巴赫桥，跨度为 37.4 米，拱的厚度只有 200 毫米，1933 年建成，由罗伯特・马亚尔设计。

照片来源：苏黎世联邦理工学院提供

采用桁架的约束设计

图 11.37 中的桥由纤细的钢构件制成的拱支撑，为了防止拱的变形，在拱与桥面板之间增加了斜腹杆，使两者成为刚性的整体，桥的两端与基础刚接，成为一个受约束的拱结构。该桥的结构逻辑非常清晰。如果把桥的一端改为滑动支座，那么拱的作用就会消失，桥就变成了一个拱形桁架。这种情况下最高效的形式就是抛物线形，桁架两端的高度最小，桁架跨中处的高度最大，与现在的形式正好相反。这样会带来一个问题，就是峡谷很深，没有条件从下面设置脚手架支撑，而且与峡谷壁面相接处的滑动支座以及高度很小的桁架建造起来都比较困难。也就是说对于这样的地形环境来说，采用桁架形式的拱与峡谷壁面刚接才是理想的选择。悬臂施工可以避免使用过多的脚手架，还可以从峡谷的两侧同时建造直到彼此相接，中间连接处可以采用铰接节点，使桥的整体成为拱结构。

图 11.37 亚利桑那州大峡谷的纳瓦霍桥，跨度为 188 米，1929 年建成，由结构工程师汉森（R. A. Hanson）设计。该桥前面的桥跨度为 221 米，1995 年建成，由卡梅伦及其合伙人结构工程有限公司设计。因为峡谷深度为 142 米，在施工过程中无法采用脚手架支撑，因此采用桁架形式的拱，使得桥可以采用悬臂方法施工。

图片来源：理查德·斯特兰奇（Richard Strange）提供

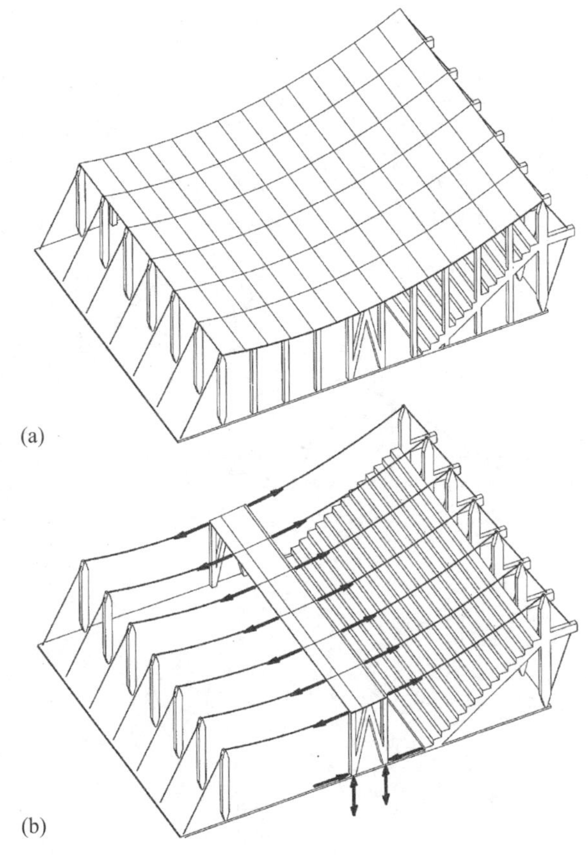

图 11.38 侧向支撑和屋面板的隔板作用对悬索结构屋顶的影响。两个主索之间的屋面板作为水平梁抵抗主索的横向位移。

隔板作用

图 11.38 所示案例就是隔板作用对于悬索结构屋顶的约束和限制。悬索结构支撑着薄的混凝土屋面板，混凝土屋面板的厚度较小，重

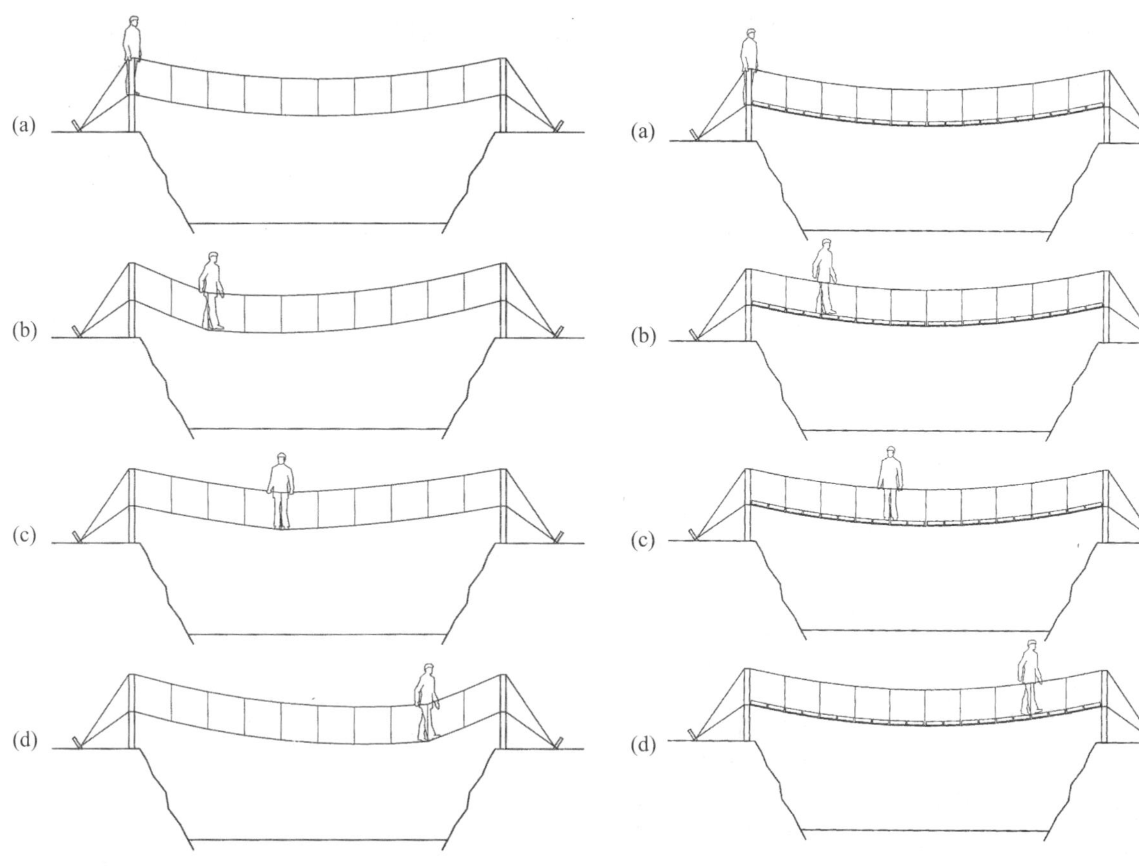

图 11.39　轻型悬索结构步行桥

图 11.40　增加桥面板的重量

力也就较小，在竖向上很难限制主索的位移，但是在横向上可以作为刚性的单元，构成一个整体刚性的梁。因此如果将混凝土屋面板固定在跨中的侧向支撑上，如图 11.38（a）所示，则混凝土屋面板的表面刚度将限制内置其中的索的横向位移，如图 11.38（b）所示。

隔板作用可以限制悬索结构的变形，尽管悬索结构在荷载大时比荷载小时所承受的拉力更大，但是因为侧向支撑和刚性屋面板的隔板作用使得主索的形状不会受到影响。为了实现隔板作用，屋面板必须是连续的，而不是彼此独立的板材，侧向支撑可以是柱子或者是剪力墙，也起到了对悬索结构约束和限制的作用。

增加配重也是悬索结构约束设计的常用方法。对于一个轻型悬索结构步行桥来说（图 11.39），人的体重很大，当人们穿过步行桥时，它的形状会随着人的每一步行动而变化，这种结构变形对于景观步行桥来说是可以接受的。但是在屋顶或是其他建筑结构中，如果采用类似轻型悬索步行桥这种方式，不对悬索结构做任何的约束设计，那么因为风荷载或雪荷载而引起的结构变形有可能就会导致灾难性的后果。假如步行桥的桥面板很重，人的体重相对于桥的重量来说就会比较小，那么当人们穿过步行桥时，桥的变形就会比较小（图 11.40）。

采用波纹形式的约束设计

奈尔维将都灵展览馆的钢筋混凝土拱顶设计成波纹状（图 11.41），采用三维折叠的方式有效地增加了拱顶的深度（图 11.42），整个拱顶没有采用钢筋混凝土肋。图 11.43 就是构成拱顶的预制构件单元，是奈尔维的独创性发明，这些预制构件单元宽 2.5 米，壁厚很薄，被奈尔维命名为加筋水泥预制构件，由细钢丝网、波特兰水泥和石膏浇筑而成。中间设置同样材料的横隔板防止薄壁构件单元的弯曲和变形。这些预制构件被放置在临时脚手架上后，将纵向钢筋安装在构件的顶部和底部，然后在这两个区域浇筑混凝土使得这些预制构件形成一个坚固完整的混凝土拱顶。

图 11.41　都灵展览馆，1949 年建成，由奈尔维设计。
图片来源：乔·维斯蒂（Joe Viesti）提供

皮埃尔·奈尔维（Pier Luigi Nervi，1891—1979）

奈尔维是操作钢筋混凝土材料的诗人。他 1913 年毕业于意大利博洛尼亚大学土木工程专业，在之后的职业生涯中，他创造出了许多优美的钢筋混凝土结构，改进了钢筋混凝土材料的力学性能并拓展了这种材料的应用。1920 年到 1932 年间，他在罗马开办了奈尔维和内比奥西公司，设计作品的经济性为他们赢得了很多设计竞赛。奈尔维在 1932 年成立了奈尔维和巴托丽建筑安装公司，该公司成功承建了许多他自己设计的项目，并在建造中大量采用自主研发的技术。奈尔维是研究预制混凝土的先驱，意大利有丰富的劳动力资源但是缺少钢铁资源，因此他在设计中尽可能减少钢筋的使用以实现建筑的经济性。他发明的厚度小于 2 英寸加筋水泥预制构件被用于著名的都灵展览馆的建造中，这座大厅历时 9 个月被建造完成，不论在视觉上还是空间上都表明了预制混凝土这种建造方式的无限可能。奈尔维是多产的结构工程师，他在与马塞尔·布鲁尔（Marcel Breuer）设计的联合国教科文组织总部以及与吉奥·庞蒂（Gio Ponti）设计的米兰倍耐力锥形摩天楼项目中，都发挥了至关重要的作用。他设计的罗马小体育宫于 1960 年建造完成。除了意大利本土的实践之外，他还完成了纽约市的华盛顿汽车站、加拿大蒙特利尔交易所等许多国际建筑项目。奈尔维的最后一项建筑作品是与意大利裔美国建筑师彼得罗·贝卢斯基（Pietro Belluschi）合作完成的旧金山圣玛丽大教堂。

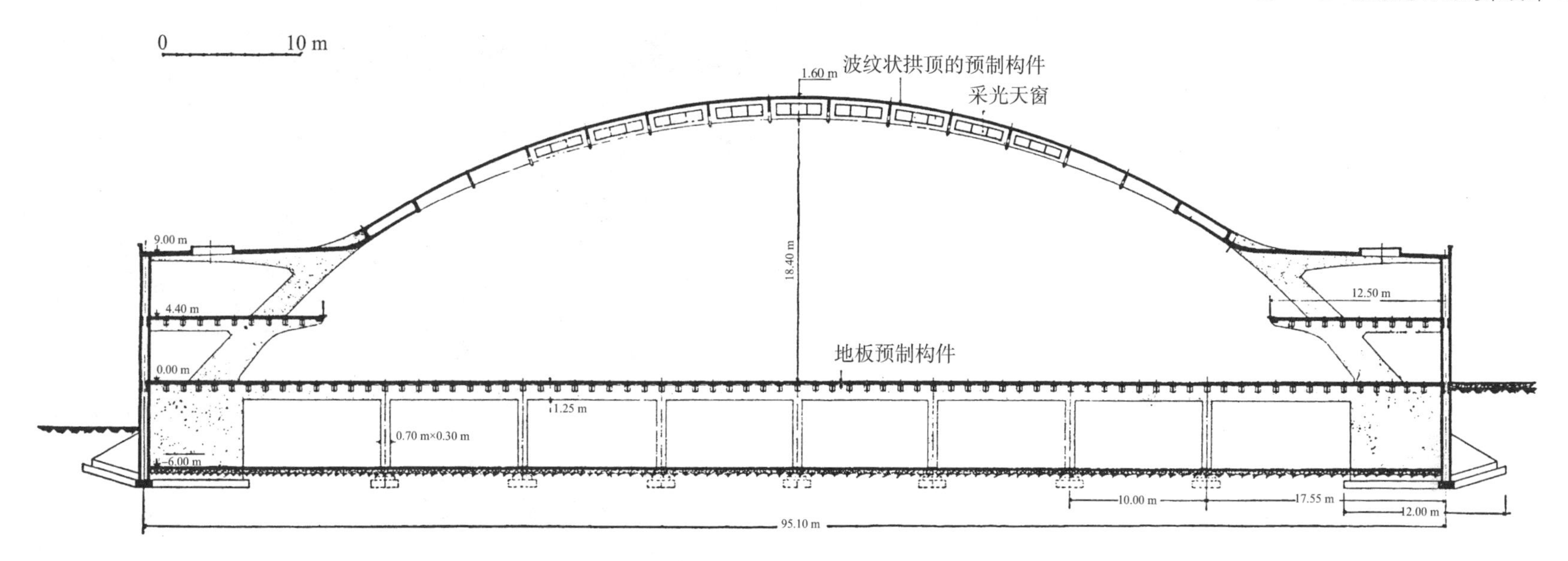

图 11.42　都灵展览馆的剖面图

图片来源：Pier Luigi Nervi. Structures. New York：F. W. Dodge Corp.，1956.

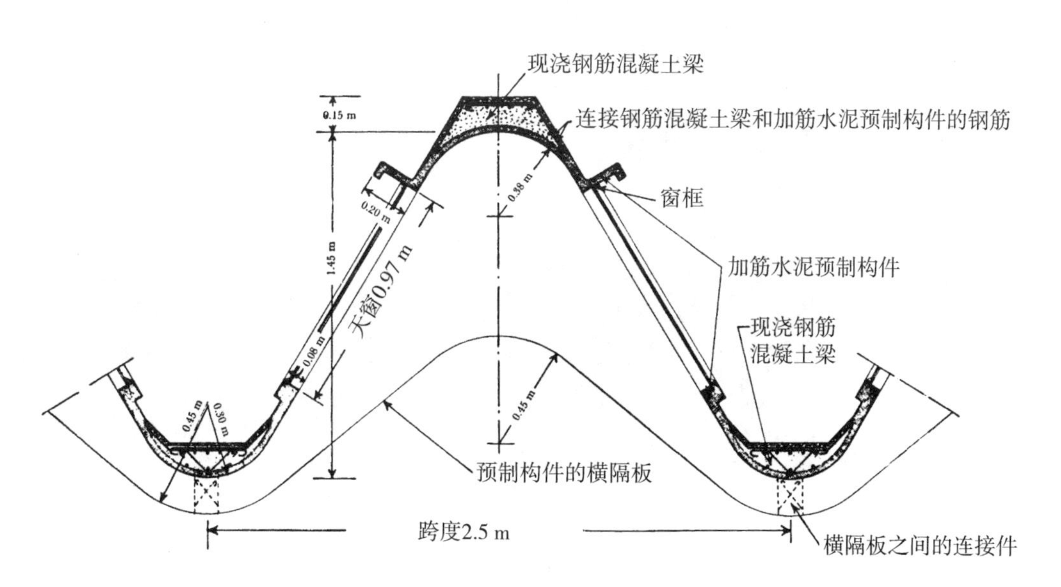

图 11.43　加筋水泥预制构件的细部构造

图片来源：Pier Luigi Nervi. Structures. New York：F. W. Dodge Corp.，1956.

埃拉蒂奥·迪亚斯特设计的乌拉圭贝尔加拉谷仓采用了波纹状拱顶（图 11.44、图 11.45），由中空黏土砖制成，钢筋放置在黏土砖之间，采用水泥砂浇筑，有效增加了拱顶的强度。波纹状的拱顶可以更好地抵抗外部风荷载和内部谷物的堆积荷载。

波兰华沙山姆超市建于 1962 年，采用了体系更为复杂的波纹状屋顶，其中受拉和受压的构件彼此平衡（图 11.3）。这座建筑在 2006 年到 2007 年间被拆除。图 11.46 分析了该建筑结构设计理念的演变。建筑的两侧分别为两个零售空间，中间是储存和食品制备区，两侧区域可以看作是两个悬索结构，如图 11.46（a）所

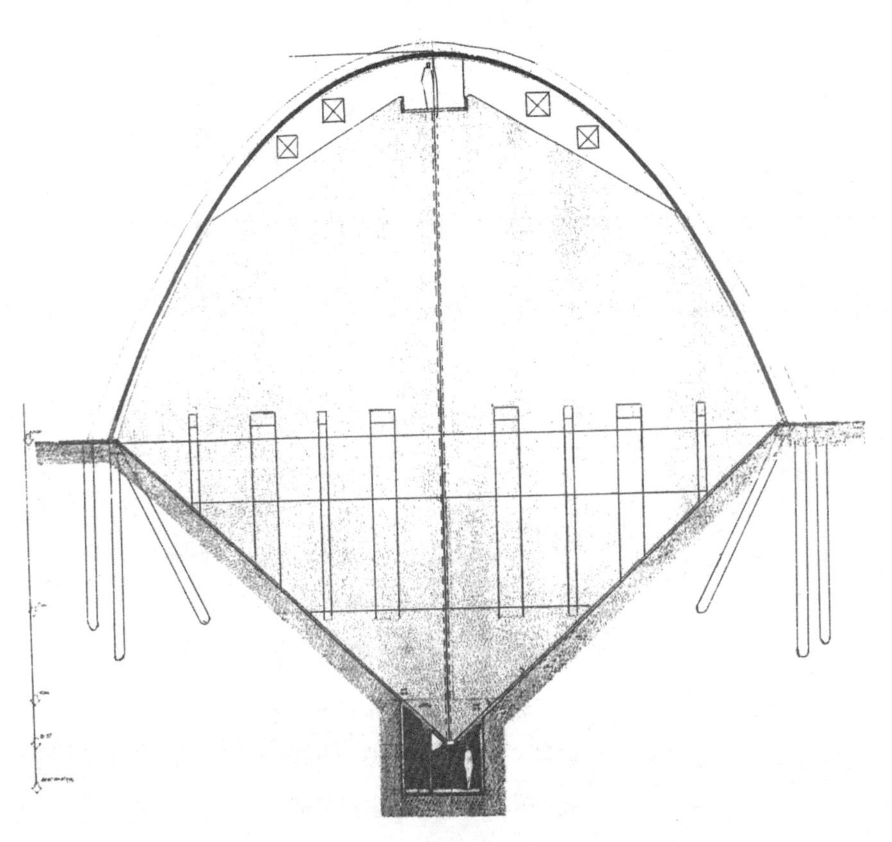

图 11. 44　乌拉圭贝尔加拉谷仓的剖面图，由埃拉蒂奥·迪亚斯特设计
图片来源：迪亚斯特蒙达内兹公司提供

图 11. 45　乌拉圭贝尔加拉谷仓施工时的照片
图片来源：迪亚斯特蒙达内兹公司提供

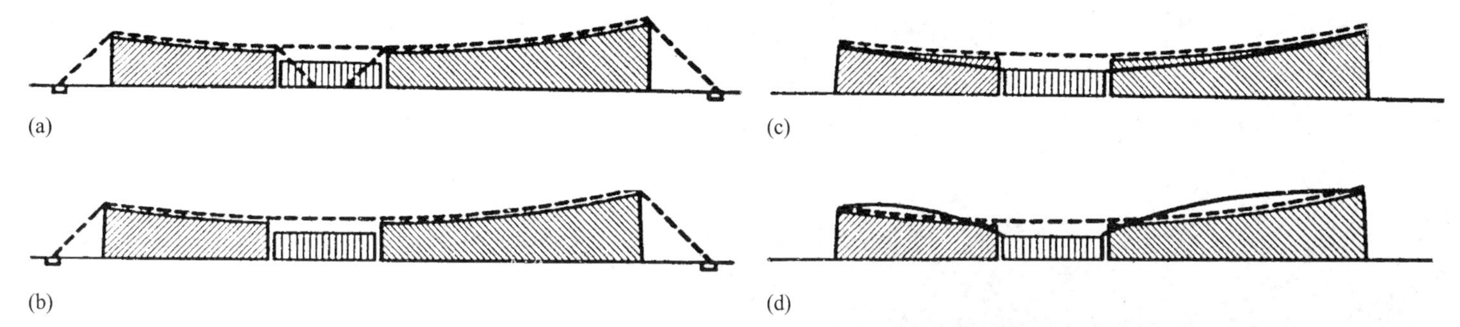

▲图 11. 46　华沙山姆超市屋顶的分析图
图片来源：瓦克劳・扎列夫斯基提供

▶图 11. 47　华沙山姆超市屋顶的施工照片
图片来源：瓦克劳・扎列夫斯基提供

示。取消中间的后拉索，将悬索结构设计成连续的整体，如图 11. 46（b）所示。建筑两侧的后拉索也可以取消，通过增加水平撑杆来平衡主索中的拉力，如图 11. 46（c）所示。水平撑杆可以弯曲成拱的形状，分别承受左右两侧屋顶的荷载，如图 11. 46（d）所示。索和拱的交替产生了波纹形状，它们之间用角钢制成的杆件连接（图 11. 47）。钢结构在工厂中预制，预制钢构件的尺度较大，现场采用起重机吊装以及临时脚手架支撑，待构件安装到位后，将索穿过框架内部，并用液压千斤顶张紧。建筑采用金属屋面板和木板条天花板（图 11. 48、图 11. 49），中间的框架柱限制了悬索结构在不对称荷载下的横向位移。图 11. 50、图 11. 51 为两个索线形拱结构的案例。

◀图 11.48　华沙山姆超市的室内照片，拍摄于建筑物被拆除前，照片显示了木板条天花板以及明亮的室内采光。
图片来源：大卫·福克斯摄

▶图 11.49　华沙山姆超市的屋顶，由索和拱交替形成波纹形状。
图片来源：瓦克劳·扎列夫斯基提供

◀图 11.50　西班牙马德里巴拉哈斯机场，2006 年建成，由理查德·罗杰斯设计。索线形的拱与波纹状起伏屋面相结合，可以有效抵抗不同荷载作用下的结构变形。

图片来源：乌苏里奥·巴塞克斯（Usuario Barcex）摄

▶图 11.51　巴伐利亚某步行桥，建于 1978—1986 年间，由理查德·迪特里克（Richard Dietrich）设计。由胶合木构成的索线形受压构件，可以抵抗不同荷载作用下的变形，同时获得了优雅大方的造型。如果将胶合木构件设计成水平的话，则现有的胶合木构件高度不足以抵抗外部荷载。

图片来源：尼古拉斯·詹贝格（Nicholas Janberg）提供

瓦克劳·扎列夫斯基（Wacław Zalewski）

波兰裔美国结构工程师和教育家瓦克劳·扎列夫斯基1917年出生于波兰，其出生地现位于乌克兰境内。1935年，他开始在华沙学习结构工程，但是因为1939年德国军队入侵波兰而中断。之后他加入了波兰的地下革命军，被迫躲藏了起来。在空闲的时间里，他思考并广泛阅读了大量的关于结构方面的书籍。之前在学校学习到的课程已经无法满足他旺盛的求知欲，他开始关注力流塑造结构形式的设计方法。1944年扎列夫斯基参加了反对纳粹的华沙起义，虽然幸运地逃脱了抓捕，但他的两名直系亲属被德军炸死。

1947年他获得了土木工程硕士学位，并开始作为结构工程师承接项目。他的早期实践项目包括壳体结构的屋顶以及一些市政设施等。在实践过程中他发展了注重经济性的工程哲学，包括降低施工难度、减少造价、遵循力流的结构形式设计以及实现高效的建造等，这些标准始终是扎列夫斯基学术和职业生涯的追求目标。截至1962年他完成了包括华沙山姆超市和卡托维兹体育馆初步设计在内的大量实践项目，这是波兰“二战”后最具代表性的两项设计作品。在获得华沙理工学院博士学位之后，他接受了委内瑞拉梅里达安第斯大学的邀请，在实践的同时开始从事教学和科研工作。1966年他被聘为麻省理工学院建筑系的终身教授，并于1988年退休。

在这期间他仍然保持着与委内瑞拉的联系，并继续在当地进行实践。他设计了1992年西班牙塞维利亚世博会的委内瑞拉馆。因为出色的专业成就，1998年他获得了华沙理工学院建筑与土木工程系的荣誉博士称号。

扎列夫斯基创新性的结构设计由本书作者整理，于2006年以来在麻省理工学院、罗杰威廉姆斯大学、马里兰大学、斯坦福大学以及波兰的一些大学中展出。在论及他的设计方法时，扎列夫斯基表示：“知识的愉悦性在于……与赋予结构以形状的喜悦相比，分析的过程更加困难……几何是富于结构想象的数学。”

思考题

1. 思考五种瑞士萨尔基那山谷桥混凝土拱的约束设计方法来抵抗不对称荷载的作用（图11.28）。评价每种约束设计方案的优缺点，并思考每个方案的建造过程。
2. 找出图11.21所示的步行桥在最大活荷载作用下结构中最小的力，假设有6根拉索，活荷载为4.0千牛每平方米，每块桥面板长3.8米、宽0.3米。
3. 采用图解法确定图11.33中造纸厂柱子的倾斜角度，使柱子在均布荷载作用下仅承受轴向力。
4. 思考4种混凝土筒拱的约束设计方案，筒拱厚6英寸，升起为40英尺，跨度为175英尺。

关键术语

anticlastic curvature 反向曲率
bicycle wheel structure 辐轮式结构
box arch 箱形拱
deck-stiffened arch 加强桥面板的拱
inverted arch 反拱
restraint by diaphragm action 采用隔板作用的约束设计
restraint by folded plate stiffening 采用波纹形式的约束设计
restraint by prestressing 采用预应力索的约束设计
restraint by trussing 采用桁架的约束设计
restraint of a funicular element 悬索结构的约束设计
restraint with stay cables or struts 采用拉索或撑杆的约束设计
rigidity beam 刚性梁
sag ratio 下垂度
stress ribbon 应力带
synclastic curvature 同向曲率
tangential stays 切向拉索

第12章 12

膜结构和壳体结构设计

本章作者：米歇尔·拉梅吉（Michael H. Ramage）

- 适用于壳体结构、充气膜结构和张拉膜结构的找形方法
- 材料的制约和挑战
- 轻型结构的细部构造

剑桥大学国王学院的礼拜堂是哥特式建筑的杰作（图 12.1）。每年春天，许多学生和他们的家人会聚集在这里参加毕业典礼。国王学院希望在礼拜堂附近建造一个室外展厅，除了服务于每年参加毕业典礼的师生及宾客之外，也可以给来这里参观的游客遮风避雨。

任务要求设计一座可供 200 人使用的膜结构展厅，并与礼拜堂的结构形式相协调。200 人大约需要 200 平方米的面积，再加上 100 平方米左右的餐饮区和音响舞台区，共约 300 平方米的使用面积。支撑屋顶的悬索和桅杆可以设置在使用面积之外，需要精心设计以防它们影响人们进出展厅。

膜结构

膜结构主要由柔性薄膜或织物等张拉材料构成（图 12.2）。

图 12.1　英国剑桥大学国王学院礼拜堂拱顶，建于 15 世纪到 16 世纪之间。
图片来源：米歇尔·拉梅吉提供

图 12.2　沙特阿拉伯利雅得市的法赫德国王体育场看台，张拉膜结构的屋顶就像一片片花瓣，覆盖着巨大的环状看台，桅杆高 58 米

建筑师：伊恩·弗雷泽（Ian Fraser）、约翰·罗宾森及其合伙人（John Robertson Partners）

屋顶设计、结构设计：美国盖格尔·伯格公司（Geiger Berger Associates）

图片来源：霍斯特·伯格（Horst Berger）提供

图 12.3　平面内绷紧织物

图片来源：大卫·福克斯摄

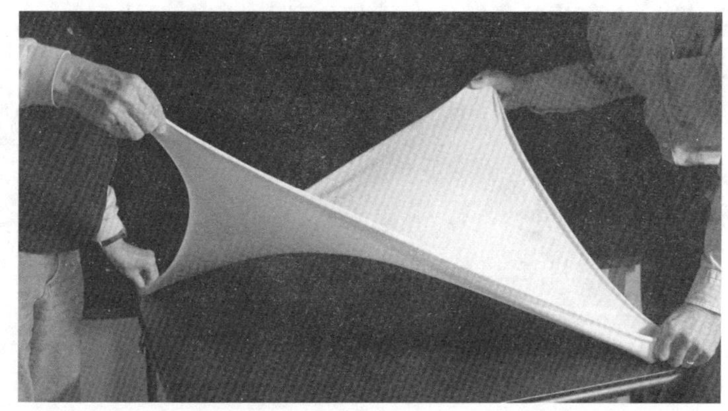

图 12.4　空间上绷紧织物

图片来源：大卫·福克斯摄

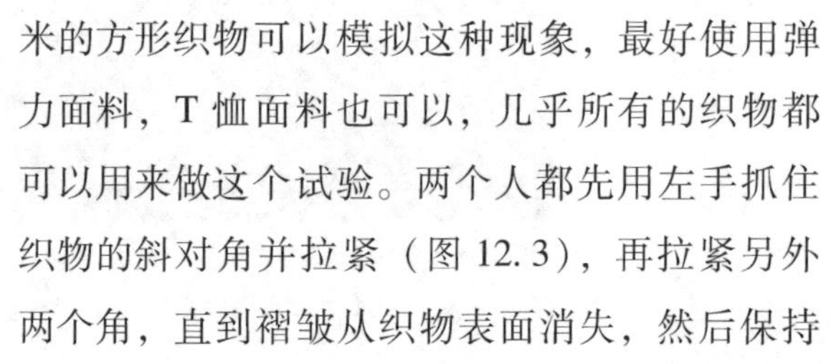

如同索一样，织物受到压力时会皱缩。如果只在一个方向拉伸织物，织物会在该方向上绷紧，但不会向外延伸形成张拉表面。为了形成一个有效的张拉表面，必须同时在两个相反的方向上拉伸织物。两个人用一块 20 至 50 厘米的方形织物可以模拟这种现象，最好使用弹力面料，T 恤面料也可以，几乎所有的织物都可以用来做这个试验。两个人都先用左手抓住织物的斜对角并拉紧（图 12.3），再拉紧另外两个角，直到褶皱从织物表面消失，然后保持对织物的拉力，两个人的左手同时向下移动，右手同时向上移动，就可以创造出一个简单而优雅的膜结构（图 12.4）。

图 12.5　由织物和线构成的最简单的膜结构模型，该模型具有两个高点和两个低点。

图片来源：米歇尔·拉梅吉提供

图 12.6　波兰罗兹纺织工厂的扇贝形屋面，由瓦克劳·扎列夫斯基设计，1960 年建成，2007 年被拆除。

图片来源：瓦克劳·扎列夫斯基提供

膜结构的构件

膜结构是由桅杆或者柱子、索以及张拉材料构成的结构形式（图 12.5）。织物表面上的

相反方向的曲率称为反向曲率，所构成的曲面被称为马鞍形曲面，大多数膜结构是马鞍形的，但是充气膜结构（本书第 350、351 页）或气承式膜结构除外。织物中的张力也被称为预拉应力，是在受到外力作用如风荷载或雪荷载之前施加到膜结构上的拉力。桅杆向上拉和索向下拉相结合，给膜施加预拉应力。

结构高度越大，构件中的力越小，结构高度越小，构件中的力越大。对于织物也是如此，曲率越低，织物中的力越大。预拉应力是为了在外部荷载施加之前保持织物的刚性，如果没有一定的曲率和预拉应力，织物会在风中呈褶皱状堆积。有了它们，织物才可以形成一个具有适当形状的、刚性的和优雅的轻型结构。

壳体结构

理论上说，将完全受拉的悬索倒置可以形成一个完全受压的拱，而完全受拉的膜结构倒置后可以形成完全受压的壳体结构。壳体结构主要依靠较薄的曲面去抵抗轴向压力（图 12.6）。与受拉结构一样，壳体结构在主要荷载一般为恒荷载的作用下，通常呈现出受压状态的索线形。不同于膜结构，壳体结构可以抵抗拉力、压力和弯矩。球面、双曲抛物面以及正多面体等几何形体也是常用的壳体结构形式，参见“完美”的几何形式中的介绍。

壳体结构通常由钢筋混凝土材料构成，但也可以由砖、钢材、木材、塑料以及玻璃等材料构成。千百年来，世界各地建成了无数的未加筋砖石壳体结构（见第 8 章），这些砖石壳体结构在轴向受压的情况下可以有效地传递荷载。

“完美”的几何形式

古希腊数学家将正多面体称为“柏拉图立体”，如正四面体、正立方体、正八面体、正十二面体、正二十面体等，正多面体一直是设计师和科学家非常着迷的研究对象（图 12.7）。随着柏拉图立体和其他多面体的面被进一步细分成三角形，这个过程被称为三角测量，所得到的形状开始接近球体。球体具有理想的几何特性，例如在给定表面积的情况下球体的体积最大，并且球体表面上的任意一个点在任意方向上都具有相同的曲率。20 世纪以来，巴特敏斯特·富勒（R. Buckminster Fuller）以及其他富有真知灼见的建筑师和结构工程师开始将球面网壳“测地仪球体”结构应用于建筑实践，例如 1967 年蒙特利尔世博会的美国馆（图 12.8）。

球体的空间效率以及柏拉图立体迷人的几何形状激发了许多建筑师尝试将这些形状应用于建筑物。除了某些大型球面网壳结构之外，很多尝试都失败了。20 世纪 70 年代很多小型房屋采用球面网壳结构建造，但它们的建造者发现，网壳的结构部分建造起来既快速又经济，但是除了结构框架之外其他部分的建造困难重重，切割和加工覆盖球面网壳的多边形板材成本高昂而且非常浪费，屋面防水很难做，窗户和门必须特殊定制。圆形地面以及倾斜的墙体不适合厨房的橱柜、浴室、床、冰箱等家具设施的摆放，而且房屋的扩建非常困难。在“柏拉图立体”形状的房屋中居住的体验并不一定

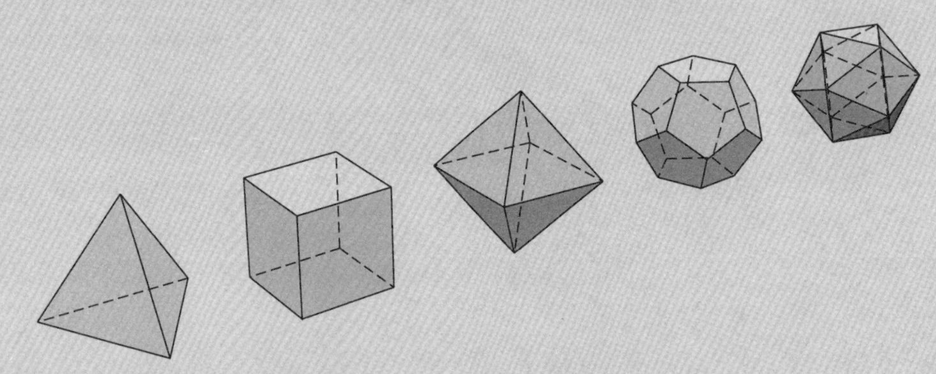

图 12.7　柏拉图立体

图 12.8　1967 年蒙特利尔世博会美国馆，由巴特敏斯特·富勒设计。
图片来源：用户体验设计师孙鹏帆（Penfan Sun）提供

好，以球面网壳结构房屋为家的居住者也面临类似的问题。

这些困难并不是这些几何形状所特有的，当我们试图将人类的居住和活动安排进预先设定好的形状和体积时，就会出现类似的问题。人们的生活和活动空间需求倾向于垂直的墙体、矩形的房间、正交的框架、通畅的连接以及更新和改扩建的方便。“柏拉图立体”具有许多优点，但不能就此认为它们适合作为人类居住空间环境的载体。从这几十年来对于各种规模的壳体结构、张拉膜结构和充气膜结构的实践来看，马鞍形张拉膜结构具有实践意义和应用价值。膜结构与球面网壳结构不同，不受严格的几何形状或是场地的限制，所以它们可以被选择并不断完善，与传统的结构体系一起，成为实现不同建筑用途的技术手段。

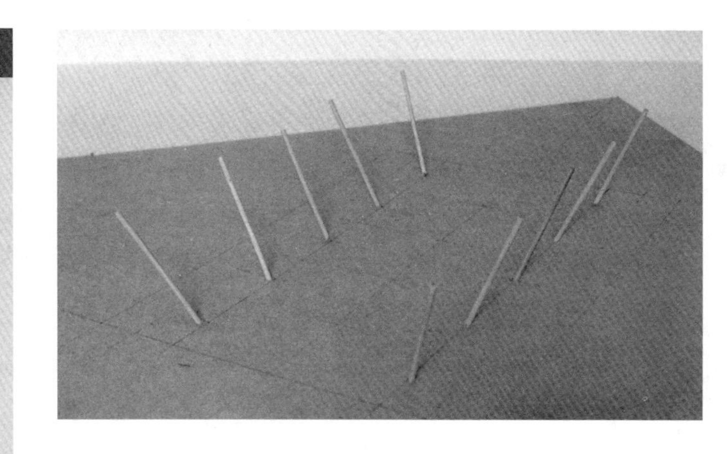

◀图 12.9 放置支撑杆并确定固定点

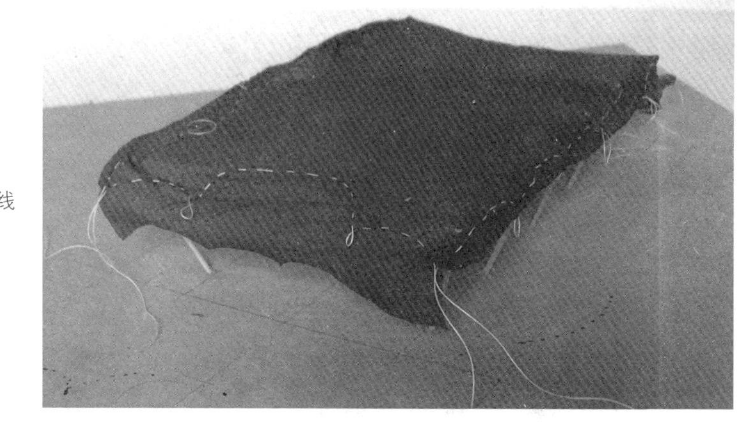

▶图 12.10 缝制边缘线

展厅的找形

张拉膜结构必须在两个方向上对织物施加拉力。国王学院的展厅形式可以从一个 10 米×30 米的矩形出发，使用桅杆撑起并固定织物的高点，索与织物的下边缘连接并将其固定在地面上。由于每年都会将展厅展开和收起，因此采用可重复的膜结构单元设计，每个单元宽 10 米、长 5 米，单元重复使建筑产生节奏感，同时这个单元尺寸便于建造和储存。

手绘膜结构的曲线比较困难，即使有经验的设计师也会依靠于实体或计算机模型。展厅主要依赖拉力传递荷载，国王学院礼拜堂的砖石拱结构是靠压力传递荷载，两者互为倒置，因此可以将礼拜堂作为展厅设计的灵感来源。将图 12.1 的形式翻转，采用类似的在节点处张紧的扇形曲面，创造出能够使人联想起礼拜堂的结构形式。排列规则的桅杆为织物提供了向上的拉力，外围的索为织物提供了向下的拉力，织物的边缘用索束紧，以便更好地汇聚和传递力。织物的裁剪方式也会对膜结构的形式产生影响。

为了制作展厅的实物模型，我们做了很多尝试，观察不同状态下织物对设定的相关参数的响应。最适合的模型材料是在两个方向上都容易拉伸的面料比如弹力袜。第一步是在纸板上放置支撑杆并确定固定点（图 12.9），接下来在织物上绘制边缘索的弧线，并沿着这些弧线

图 12.11　拉伸织物

图 12.12　模型制作完成

缝制出边缘线（图 12.10）。当织物模型表面张紧时，这条线将发挥边缘索的作用。然后将织物拉伸到支撑杆上，调整边缘索并向下施加越来越大的拉力，形式就会逐渐显现，可以根据给定的支撑杆和固定点评估所创建的膜结构形式（图 12.11）。调整模型直至找到最自然、比例最佳的形式（图 12.12），最后按照展厅单元裁剪织物并增加便于组装和拆卸的索。在整个过程中必须保证织物具有足够的曲率，以便用较少的力使织物维持刚度。如果曲率变小，织物内的力就会增加，风荷载引起的结构位移和振动也可能增加。

可以使用专门针对膜结构设计的软件比如“膜结构找形”（formfinder light）[①]，生成类

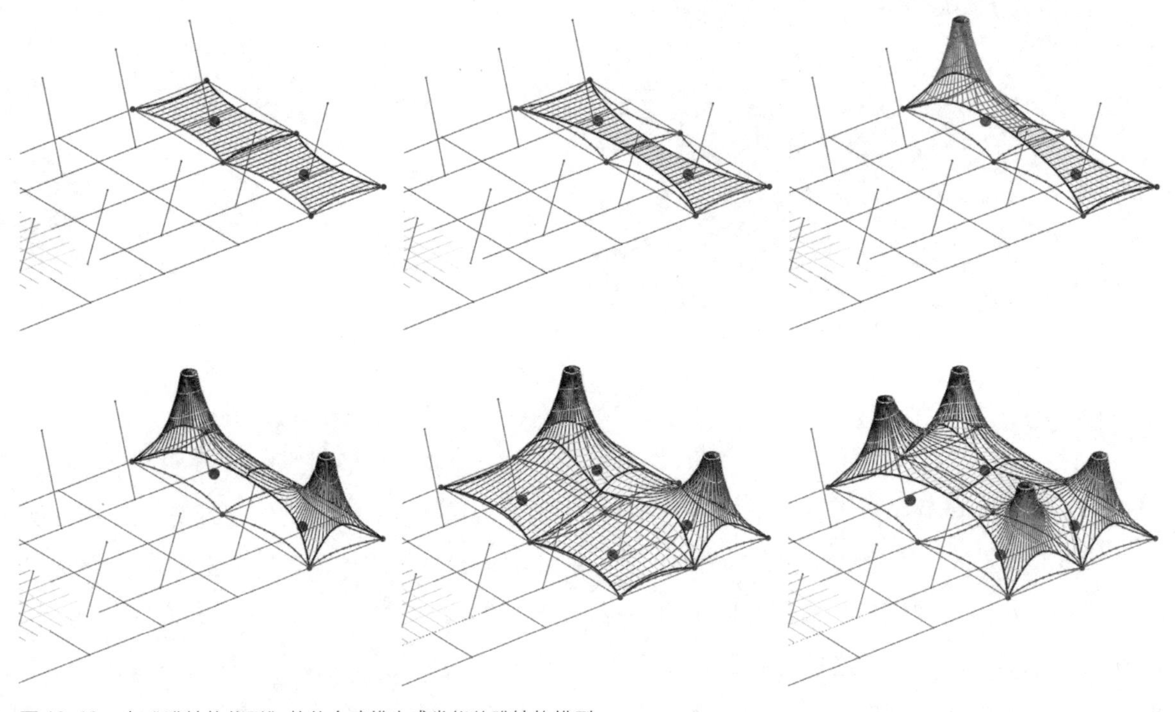

图 12.13　在“膜结构找形”软件中建模生成类似的膜结构模型

① 可以通过网站 http：//www.formfinder.at/main 获取，“膜结构找形”有免费的版本，也有功能更强大的付费版本。

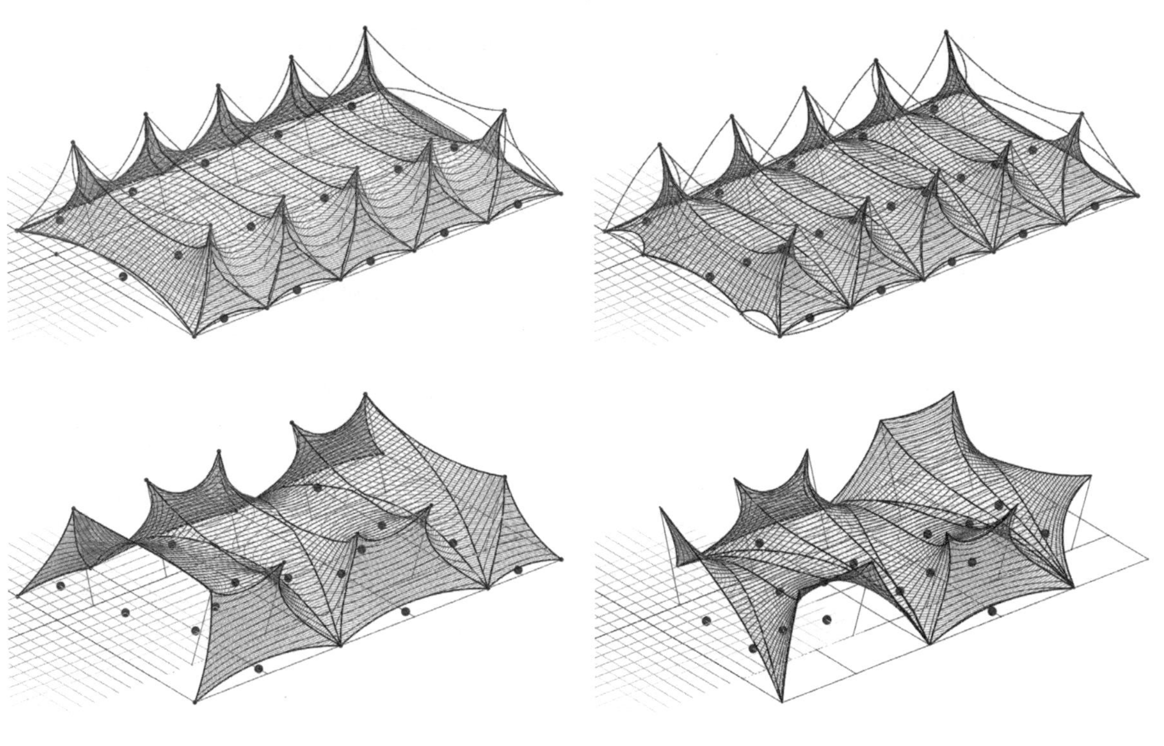

图 12. 14　支撑杆相同的情况下不同的膜结构形式

弗雷·奥托（Frei Otto，1925—2015）

弗雷·奥托是国际公认的结构创新大师，年轻时他作为一名飞行员被选入德国军队，后来在法国被监禁。回国后他在柏林工业大学学习建筑，1948 年本科毕业。1954 年他完成了关于悬挂结构的博士论文。1972 年，他与贝尼施（Behnisch）、施莱希（Schlaich）以及其他建筑师合作，共同完成了著名的慕尼黑奥林匹克体育馆设计。此外，他们还合作完成了许多永久性的、临时性的以及实验性的项目。他在斯图加特大学创立了轻型结构研究所，并于 1964 年到 1990 年在此任教。他反对“未来主义”倾向的设计，主张自然主义的设计，他认为整个自然界的结构是简单的，由“单一地包裹着流体的细胞”构成，他还曾说：“我只是单纯地对新事物感兴趣，如果成功的话，它总是指向未来的方向。”

似的计算机虚拟模型（图 12. 13）。与制作实物模型一样，首先确定支撑杆的位置，然后规定边缘索末端的固定点和支撑杆的高点，最后在支撑杆和索之间采用放射状的膜覆盖。根据已有的参数，“膜结构找形”软件可以快速生成多种方案，从而得到了在相同支撑条件下不同的膜结构形式（图 12. 14）。在评估这些方案时，需要再次确认膜结构的每个部分都有足够的曲率，以保证织物的紧实和织物内较小的预拉应力。

找出膜结构中的力

在膜结构中，桅杆受压、织物和索受拉。目前膜结构的形式已经确定，那么如何计算出其中的力呢？如图 12. 15 所示，将最初的模型简化为两条弦，这两条弦交叉绷紧形成了一个稳定的空间点。如果去掉四个弦段中的任何一个，这个点就会消失。

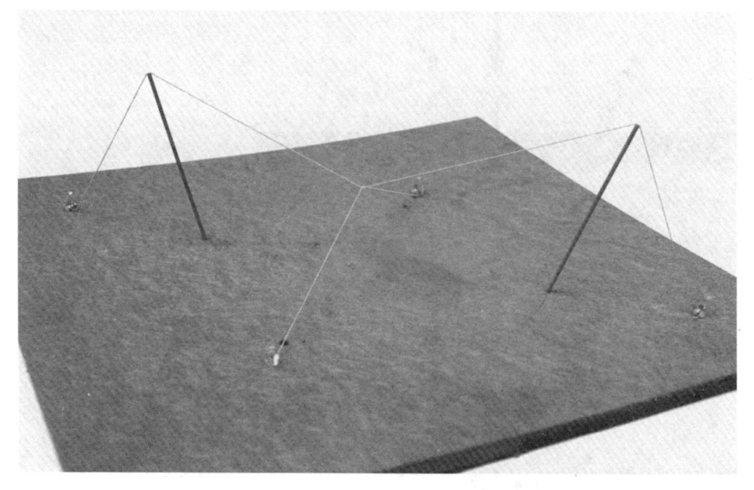

图 12. 15　两条绷紧的交叉弦形成了一个稳定的空间中的点

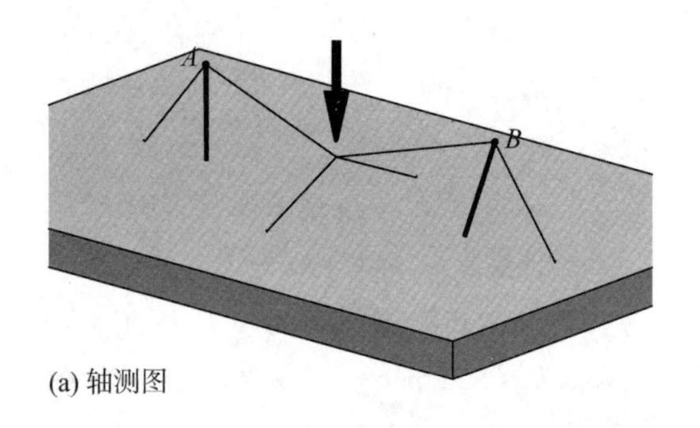

(a) 轴测图

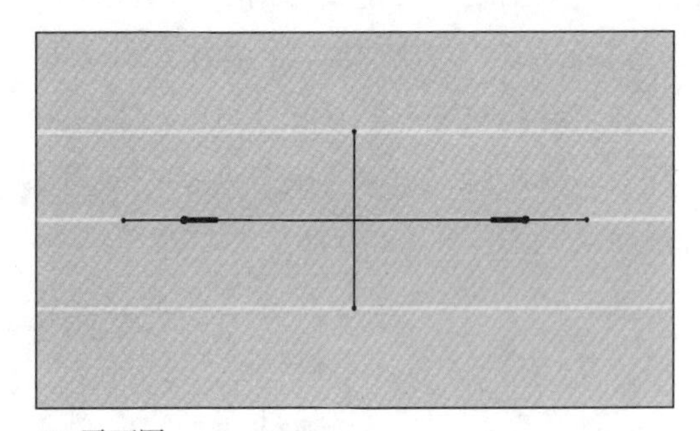

(b) 平面图

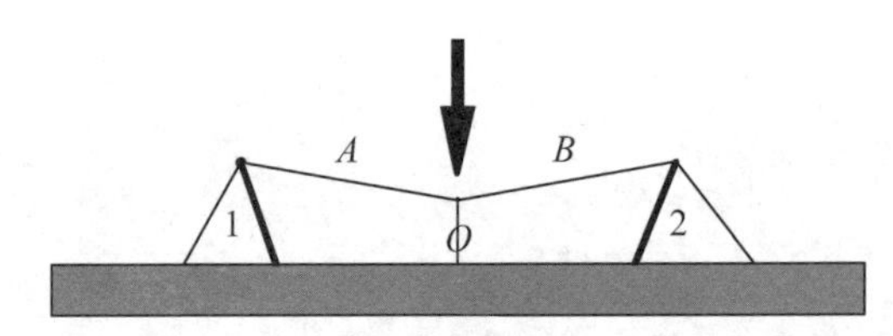

(c) 纵剖面

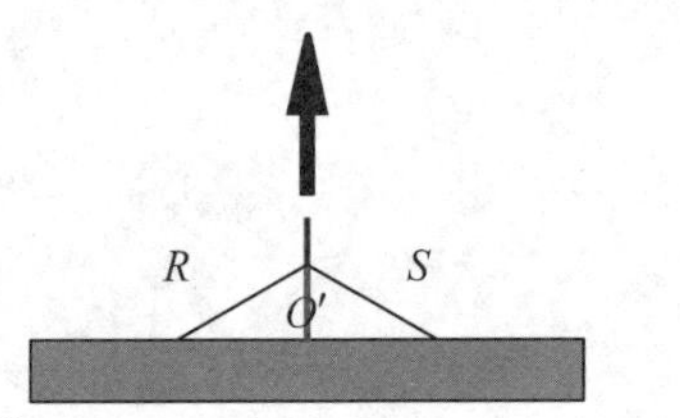

(d) 横剖面

图 12.16　简化模型的轴测图、平面图和剖面图

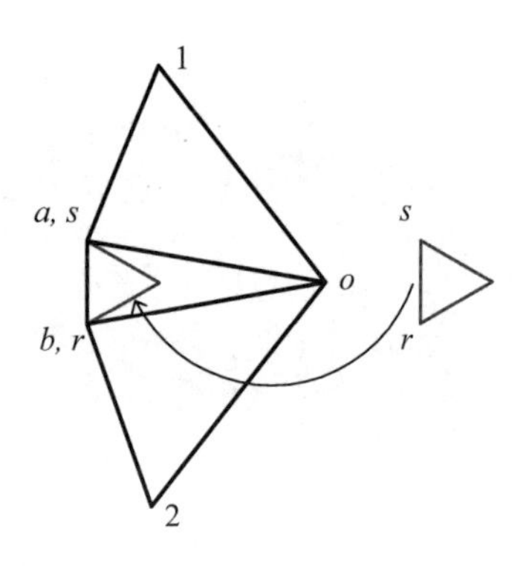

图 12.17　组合力图

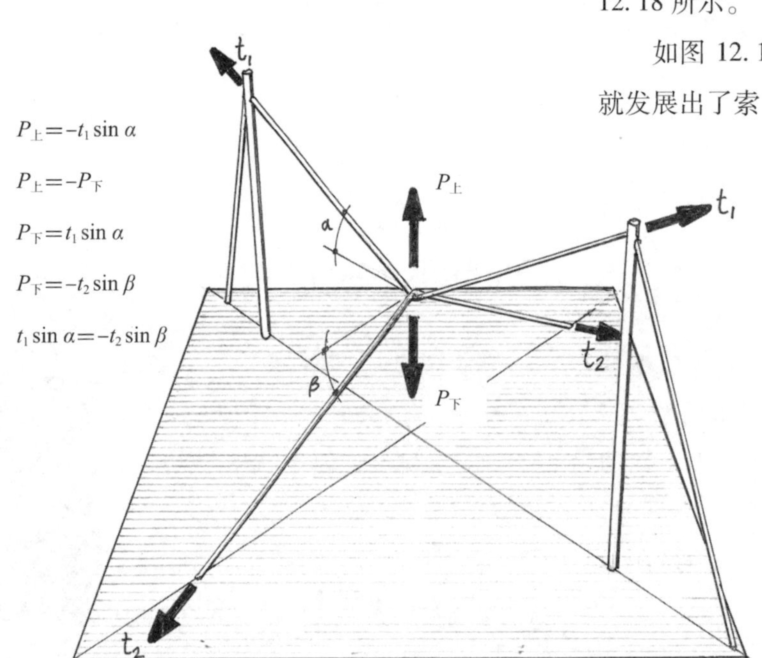

图 12.18　交叉点处的平衡方程

这个简化的结构模型必须满足静力平衡方程，即任意方向（通常取 X、Y 和 Z 坐标轴）的力之和为零。由于受拉结构中没有压力，因此不产生弯矩，不需要求解弯矩平衡方程。

在简化模型中，一条弦向上拉，另一条弦向下拉，在交叉点处垂直方向上产生了一对大小相等方向相反的力，这两个力分别作用在模型的横剖面和纵剖面上（图 12.16）。采用鲍氏符号标注法，根据形图绘制出力图，由于交叉点的两个力大小相等，因此横剖面和纵剖面的力图可以重叠组合在一张图上表示（图 12.17）。也可以针对交叉点建立平衡方程来求解，如图 12.18 所示。

如图 12.19 所示，在简化模型中增加弦，就发展出了索网结构，这是膜结构的前身。德国

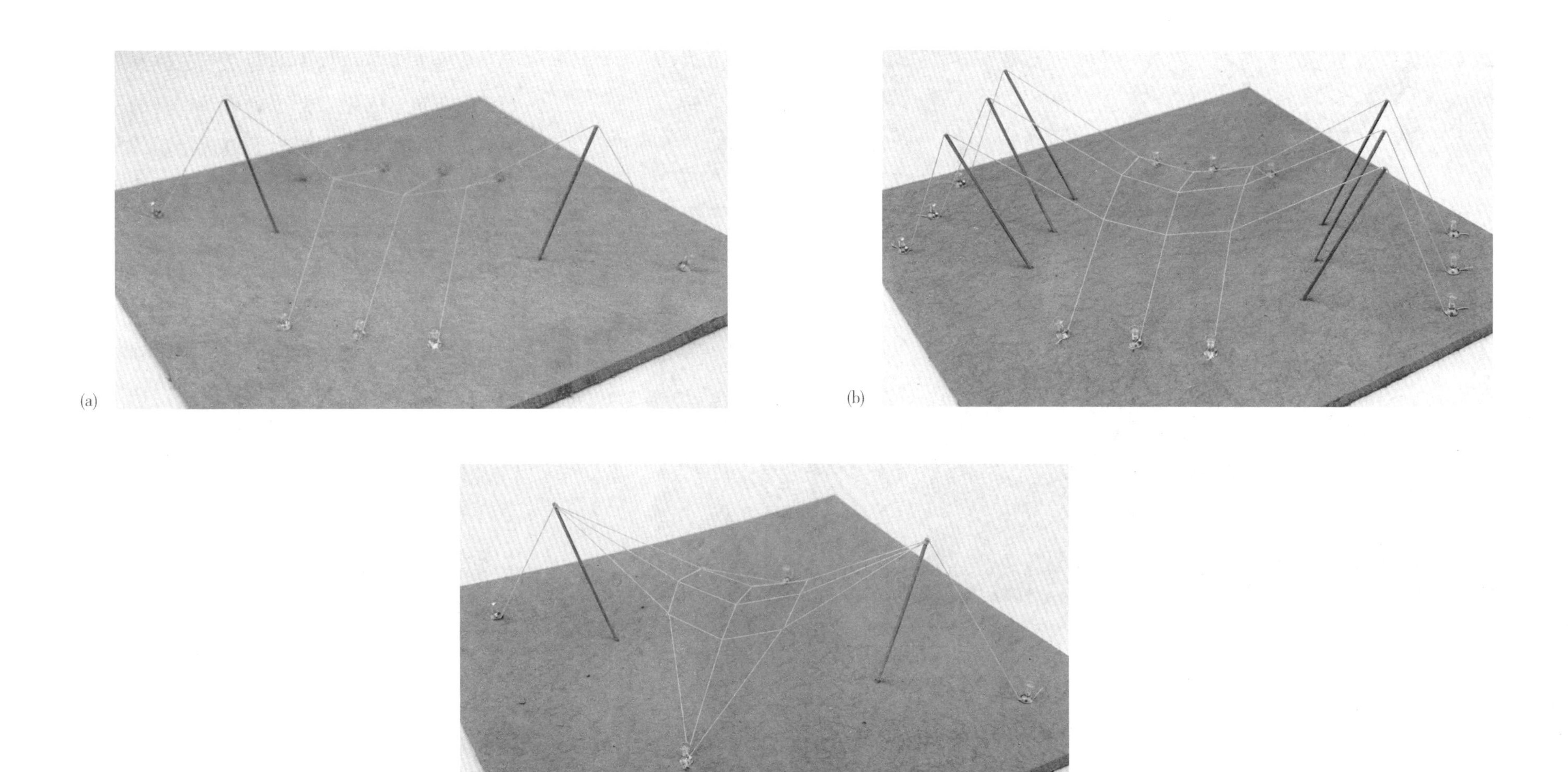

图 12.19　张拉弦发展成为索网结构，可以支撑屋面。(a) 一条上拉弦和三条下拉弦构成的索网；(b) 三条上拉弦和三条下拉弦构成的马鞍形曲面索网；(c) 三条上拉弦和三条下拉弦构成的索网，没有增加桅杆和固定点的数量。

图 12.20　慕尼黑奥林匹克体育场，屋顶采用了索网结构以及透明的丙烯塑料板材，通过左上角屋顶上的工人可以感知到建筑的尺度，建筑师为弗雷·奥托、埃瓦尔德·布伯纳（Ewald Bubner）和 SBP 公司。

图片来源：斯图加特轻型结构研究所提供

慕尼黑奥林匹克体育场就是早期规模较大、较著名的索网结构的案例（图 12.20）。

由于膜结构的反向曲率，膜表面上的每个点都存在向下的拉力和与之垂直的向上的拉力，就像简化模型中的空间点一样，它们处于平衡状态（图 12.18）。相互垂直的方向通常被称为 U 方向和 V 方向，沿着膜表面的点重复这种计算过程，就可以找出膜结构中的力。这些点的平衡方程是相互关联和高度互动的，如果手算会非常麻烦，因此需要计算机辅助计算。

找出支撑结构中的力

在确定了膜结构中的力之后，继续研究边缘索的布置、固定点的位置以及桅杆的材料选用等问题。膜结构中的力通过边缘索的拉力和桅杆的压力传递到基础。如第 2 章中所述，调整桅杆的高度会改变膜结构中的力的大小，采用膜代替后拉索，这样更有利于维持桅杆的空间稳定。根据受力特点，铝材、木材和钢材都可以作为制作桅杆的材料，但是考虑到结构的耐久性和后期的维护成本，最终决定选用铝制的桅杆，因为铝材相对较轻而且耐腐蚀（见第 13 章）。从力图上可知，桅杆所承受的力较大，它们需要承受重力、膜结构中的力以及后拉索中力的垂直分量。为了高效地利用材料，应尽可能使桅杆只承受轴向荷载。实物模型和计算机模型展示了织物的拉伸方向，以及桅杆的倾斜角度，角部的桅杆应该沿对角线向外倾斜，中间的桅杆则应该垂直于结构的主轴线向外倾斜。

膜材料

膜材料的种类包括标准机织布以及高度专业化的聚合物薄膜等。涂有合成材料的机织布是理想的膜结构材料，它不仅具有一定的结构强度，同时具有良好的气密性和防水性。最常用的三种膜材料是 PTFE 涂层玻璃纤维织物、PVC（聚氯乙烯）涂层聚酯纤维和 ETFE（乙烯-四氟乙烯共聚物）薄膜。PTFE 是一种含聚四氟乙烯的高分子材料，俗称特氟龙。沙特阿拉伯吉达朝觐航站楼就采用了这种材料（图 12.21）。它比其他膜材料更昂贵，但是具有表面光滑、使用寿命长、可以长时间保持清洁以及维护成本低等优点。

PVC 涂层聚酯纤维材料可以折叠，因而常用于有开合需求的季节性或临时性结构，它同时也被应用于永久性建筑项目中如德国马施维格体育场等（图 12.22）。PVC 涂层聚酯纤维也比其他膜材料便宜，但在本书撰写时，它尚不符合美国建筑规范对材料燃烧性能的规定，只能用于小型建筑项目当中。以上两种膜材料通常为白色，具有不同程度的透明度，可用于大型马鞍形张拉膜结构之中。ETFE 薄膜的膜片是透明的，可以在上面印刷颜色或图案，被广泛地应用于屋顶或外墙的充气面板之中，例如中国国家游泳中心的外墙就采用了这种材料（图 12.23）。由于本章节所设计的展厅需要反复拆装，故而选择可以适应多次折叠的 PVC 涂层聚酯纤维材料。

图 12.21 沙特阿拉伯吉达朝觐航站楼是目前世界上最大的膜结构，采用 PTFE 材料，在每年朝圣期间，广大穆斯林从世界各地汇聚于此，膜结构所覆盖的巨大空间有利于短时间集散人流。建筑由 SOM 公司设计，结构由盖格尔・伯格公司设计。

图片来源：霍斯特・伯格提供

图 12.22 马施维格体育场的膜结构，采用 PVC 涂层聚酯纤维材料，建筑和结构由 SBP 公司与 GMP 公司共同设计。

图片来源：www. oliverheissner. com

图 12.23 中国国家游泳中心的外墙采用了 ETFE 薄膜材料，由重复的多边形钢框架支撑。
图片来源：肖恩·麦高恩（Sean McGowan）提供

环境因素

单层膜材料的保温隔热性能较差，可以在其下方约 1 英尺处悬挂纤维衬垫来提高隔热性能，也可以采用不同透明度和反射率的材料来节省能源。半透明的膜材料可以提供间接的自然采光，冬季收集太阳热量，夏季夜间释放空间的热量。高反射率的膜材料可以减少太阳辐射从而节省空调能耗。

张拉的织物表面对声音具有高反射性，张拉膜的马鞍形曲率倾向于分散声音，充气膜结构以及其他同向膜结构则倾向于汇聚声音。因此可以通过安装隔音衬垫来控制声音的反射并帮助创造良好的室内声环境。

霍斯特·伯格（Horst Berger）

霍斯特·伯格是一位多产的结构工程师，他设计并建造了许多富有浪漫色彩的张拉膜结构。早期他与法兹勒·汗（Fazlur Kran）以及 SOM 合作完成了吉达朝觐航站楼设计，1994 年完成了丹佛国际机场设计。伯格设计的大型张拉膜结构安全又美观，很大程度上推动了膜结构技术的发展。他认为张拉膜结构可以追溯到采用动物皮毛和树枝搭建的帐篷结构。与所谓的“生产-能耗-废弃”的能源密集型的重型结构相比，利用索和桅杆锚固的轻型膜结构系统更加适应当下节能型社会的需求。他在 1996 年出版的《轻型结构》一书中总结了膜结构一体化设计方法：

根据科学规律，曲率是膜结构的一个关键因素，结构的形状不是任意的而是来自结构功能，形式与功能是一体的，艺术与工程也是不可分割的。连续的膜结构表面在发挥结构作用的同时也充当建筑的外围护，将室内空间与室外环境分隔开来，起到遮风挡雨、保温隔热、引进自然光、隔声吸声等作用。膜结构的形式清晰、目的明确，围合和定义了建筑空间，并赋予空间个性。这种一体化建筑设计方法与当今建筑设计中的高度专业化分工相反，专业分工是工业时代科学发展的结果，而一体化建筑设计主张集成与专业协同，它类似于前工业时代的设计模式。

Horst Berger. Light Structures-Lightures of Light. Basel/Boston：Birkhauser，1996：3.

膜材料的裁剪与组装

展厅由五个相似的膜结构单元构成，端部的两个单元互为镜像，中间的三个单元是相同的。每个单元都是由多个平面的膜片组装而成，平面膜片是将三维模型平面展开后得到的，图 12. 24 就是一个膜结构单元的示意图。这些平面膜片在工厂中采用焊接的方式组装起来，即利用高温使多层膜片连接成一个整体。在施工现场，膜结构单元与单元之间采用金属环扣连接，为了解决屋面排水的问题，在连接处的下方固定了一个膜材料的天沟（图 12. 25）。

展厅的建造过程为：首先在地面上连接五个膜结构单元；然后把边缘索锚固到基础上，将桅杆吊装到位；最后拉紧边缘索使膜结构中的预应力满足规定要求，以维持稳定的结构形式。

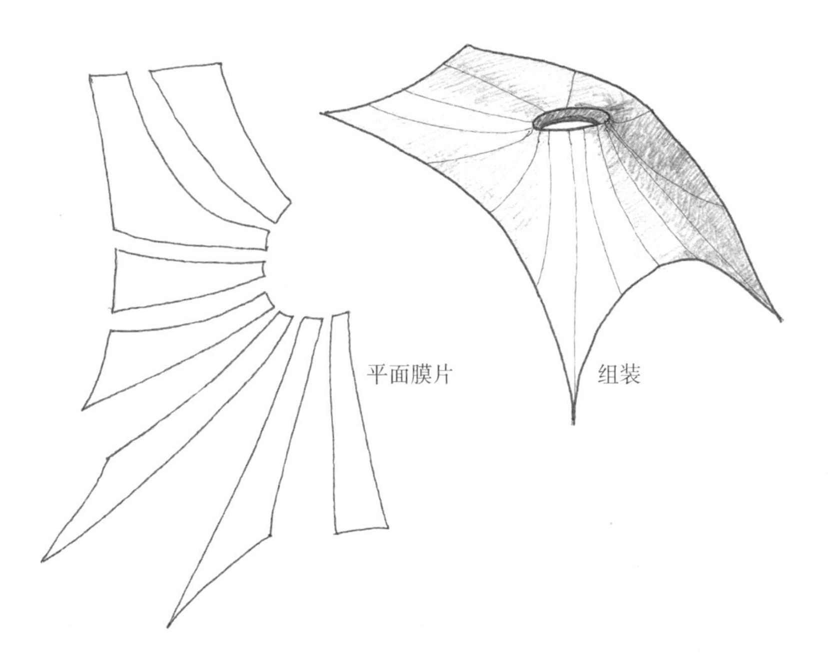

◀图 12. 24　膜结构单元的设计草图，将平面膜片组装成三维的膜结构单元。

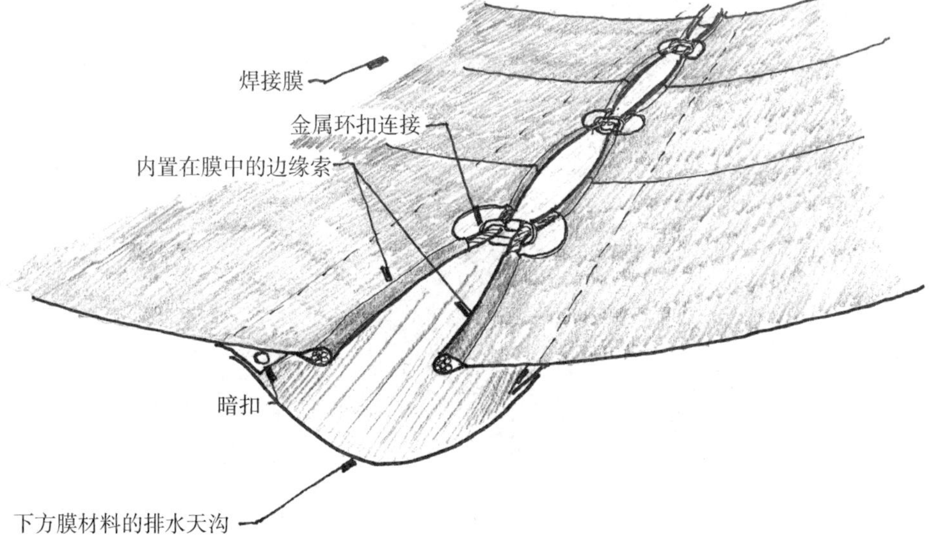

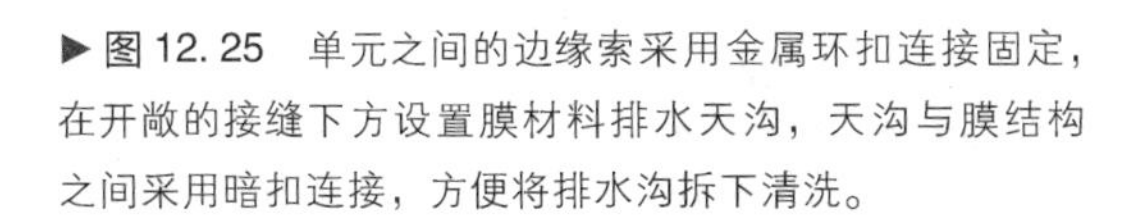
▶图 12. 25　单元之间的边缘索采用金属环扣连接固定，在开敞的接缝下方设置膜材料排水天沟，天沟与膜结构之间采用暗扣连接，方便将排水沟拆下清洗。

膜结构的细部构造

膜结构的桅杆顶部和边缘索的细部构造至关重要。桅杆顶部的应力很高，因为这里聚集了张拉膜中的力。如果将膜材料与桅杆顶部直接连接，那么过高的点应力会扯坏膜材料，因此采用环状连接件来分散集中应力，并将膜结构中的力传递到桅杆上。环状连接件附近通常需要采用多层膜材料加固（图 12.26）。

因为环状连接处是开放的，所以需要在此处安装一个圆顶封闭气候边界。可以参考阿克曼建筑事务所（Ackerman and Partner）与 SBP 共同设计的慕尼黑垃圾管理局卡车停放处的膜结构屋顶细部构造（图 12.27）。膜材料开孔的周围内置连续的环形索，环形索由环形铝管支撑，膜结构中的张力将环形索拉紧，环形索将膜结构中的力传递到钢管上，钢管再将力传递到桅杆，最后桅杆将所有的力传递到基础（图 12.28）。膜结构通过拉紧边缘索对膜材料施加预应力，也就是说膜结构的建造系统中需包含大量可调节的连接节点。同时，相比于其他的大跨度结构类型，膜结构在风荷载作用下的位移更大，风的拔力甚至会向上掀起桅杆，因此需要更为详细的结构设计。

桅杆之间的距离在沿着展厅跨度方向上大于沿着展厅长度方向，那么在跨度方向上膜结构的变形会更大，尽管如此仍需考虑其他方向上的膜结构变形。为了使桅杆在各个方向上都有较大的自由度，也为了适应展厅被反复拆装

图 12.26　桅杆顶部与膜材料采用环状连接件连接，在环状连接件周围应力较高处以多层膜材料加固。

图片来源：米歇尔·拉梅吉提供

图 12.27　慕尼黑垃圾管理局的卡车停放处，1999 年建成，占地 8 400 平方米。锥形膜被固定在桅杆的顶部，桅杆由拉杆支撑，这是一个张拉整体结构。

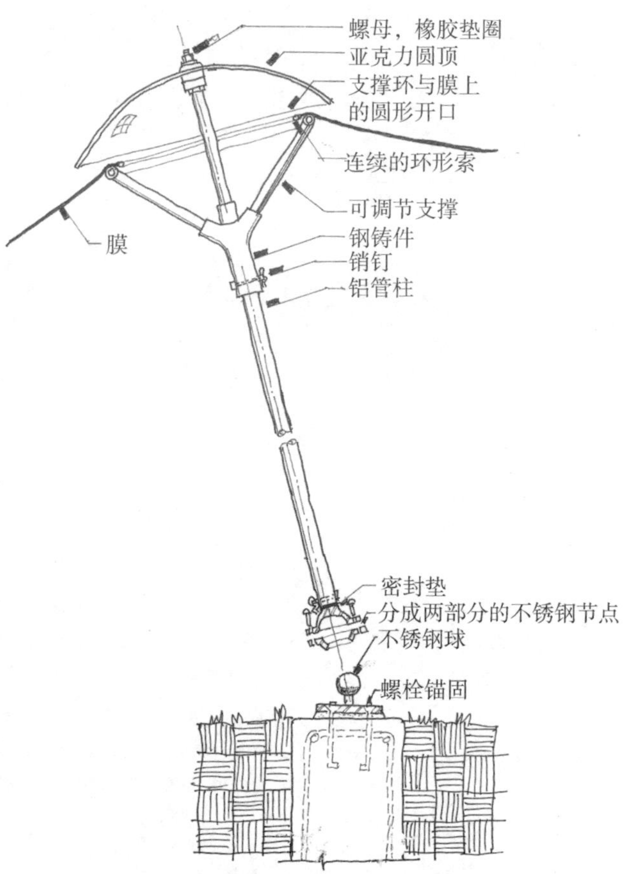

图 12.28　桅杆的细部构造，其中不锈钢节点的下部分可以限制桅杆在风的拔力作用下的向上位移。

图 12.29　角部采用螺栓将膜材料和边缘索固定到钢板上，扇形的钢板有利于将力分散到更大范围的膜材料当中，边缘索与钢板之间的连接采用 U 形连接件，U 形连接件与桅杆之间的铰接节点允许适当的转动，钢板中间孔洞内的螺母可以调节膜结构与桅杆之间的距离。

图片来源：米歇尔・拉梅吉提供

图 12.30　美国丹佛国际机场，马鞍形曲面和放射状屋面相结合的形式与周边山体形状相呼应。建筑由芬特雷斯与布拉德伯恩建筑事务所设计，结构由霍斯特・伯格主持的塞维鲁德结构工程公司设计。

图片来源：霍斯特・伯格提供

的需求，在桅杆与基础连接处采用球形铰接节点，由不锈钢球和分成两部分的不锈钢节点组成，在便于施工安装的同时还可以使桅杆在各个方向上都具有一定的自由度。

膜结构与边缘索之间通常采用夹具或套筒连接，为了使造型更加简洁，本方案采用了套筒连接，套筒预先缝制或焊接到膜材料上（图 12.29）。边缘索与基础之间的连接可参考第 2 章悬索结构与基础连接的细部构造，在本方案中需要适当增加索的可调节度。

膜结构的形式

膜结构的形式多种多样，有放射状的，也有马鞍形的。美国丹佛国际机场采用了两者相结合的屋顶形式（图 12.30）。膜结构可以与受压材料如钢或胶合木相结合，形成丰富多样的

图 12.31　英国剑桥斯伦贝谢研究中心，建筑从上方拉紧膜结构，由迈克尔・霍普金斯设计，建于 1979 年到 1981 年间。

图片来源：米歇尔・拉梅吉提供

张拉整体结构。也可以改变支撑点的位置，例如英国剑桥斯伦贝谢研究中心的建筑就是从上方拉紧的膜结构（图 12.31）。

锥形膜的图解分析

采用手绘的方式求解复杂膜结构的形式与力是非常困难的，但是可以采用图解法来分析一些简单的膜结构模型，例如放射状的锥形膜。首先确定桅杆的高度和边缘索的锚固位置，如图 12.32（a）所示，将膜沿高度方向上等分，等高的圆环中存在相同的向内的拉力。因为膜结构被施加了预应力，所以只需要考虑内力情况而不需要考虑外部荷载。放射状圆弧中的拉力等于单位长度的预应力乘半径。通常情况下膜结构的预应力为 1 千牛每米，则每个点向内的拉力为预应力乘 π，约为 3 千牛每米。

连接桅杆的顶点与边缘索的锚固点，得到形图的闭合弦，如图 12.32（b）所示。已知等高的圆环在闭合弦上的位置，首先绘制出水平的载重线，每个荷载为 3 千牛。然后选择任一点作为试验极点并绘制出射线，从而得到了一个试验形图。找出试验形图的闭合弦，以试验极点为端点，在力图上绘制与试验闭合弦平行的线，该线段与载重线相交，再以得到的交点为端点，绘制与形图的闭合弦平行的线，这条线与桅杆的垂直线的交点就是真正的极点位

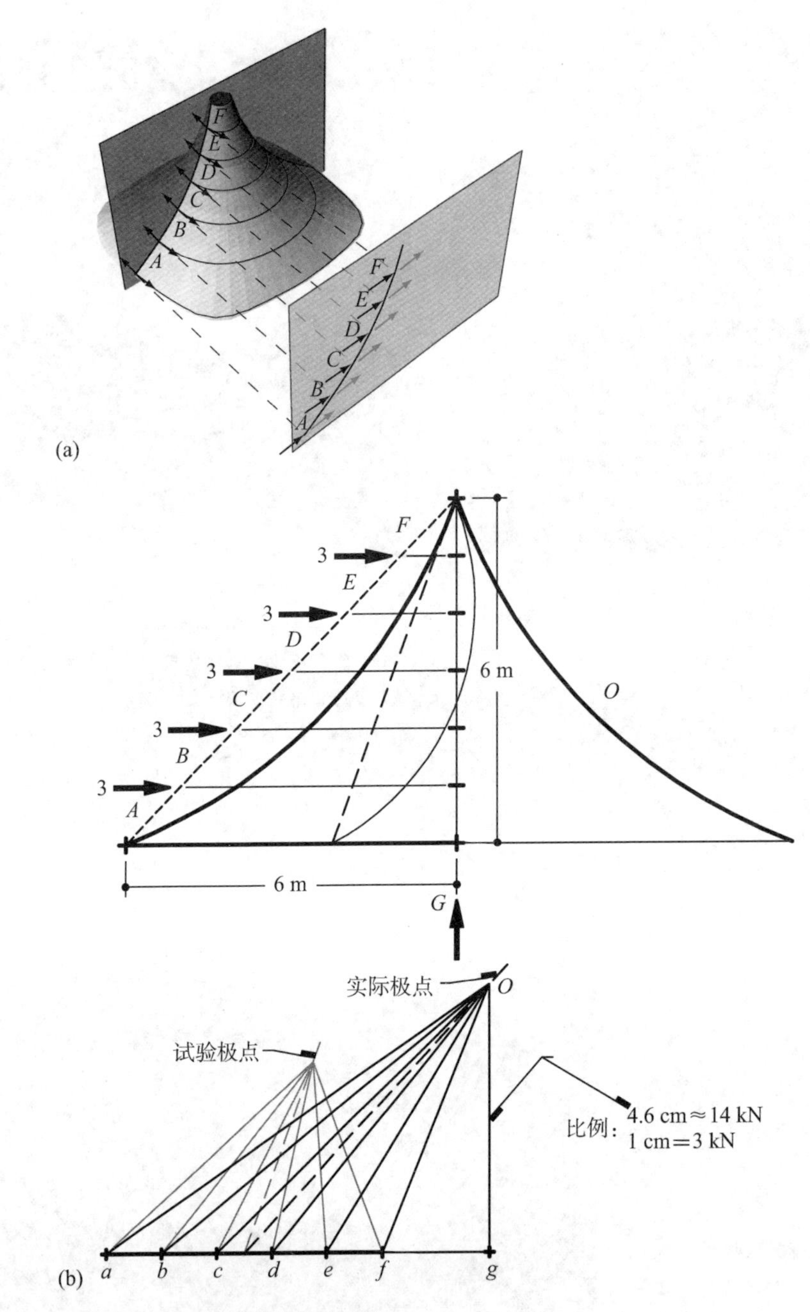

图 12.32 （a）锥形膜的示意图 （b）锥形膜的形图和力图

置。完成力图的绘制并由力图得到最终的形图。从力图可以得知桅杆中的力的大小约为 14 千牛，因为这个值只是代表了左边一半放射状圆弧中的力，这个值需要乘 2，也就是桅杆中的力应为 28 千牛。调整边缘索的锚固位置，可以了解到预应力的改变对桅杆中力的影响。

壳体结构

壳体结构是倒置的受压状态的张拉膜结构。壳体结构的主要材料为混凝土和砖石，钢材和木材主要构成网壳结构。壳体结构的形式很多，第 3 章所示的单曲面壳体结构在设计和建造方面都相对简单，但是比较容易发生屈曲，通常采用波纹状、折叠、增加肋等方式来提高单曲面壳体结构的刚度。

双曲面壳体结构为不同的荷载模式提供了更多可能的荷载路径。它还赋予结构更大的深度，为设计师提供了更多的自由度，但是在结构屈曲以及施工的难易程度方面仍有局限。图 12.33 展示了几种双曲面壳体结构的形式。结构工程师菲利克斯·坎德拉极富创造力和想象力，他设计了很多令人惊叹的壳体结构建筑。

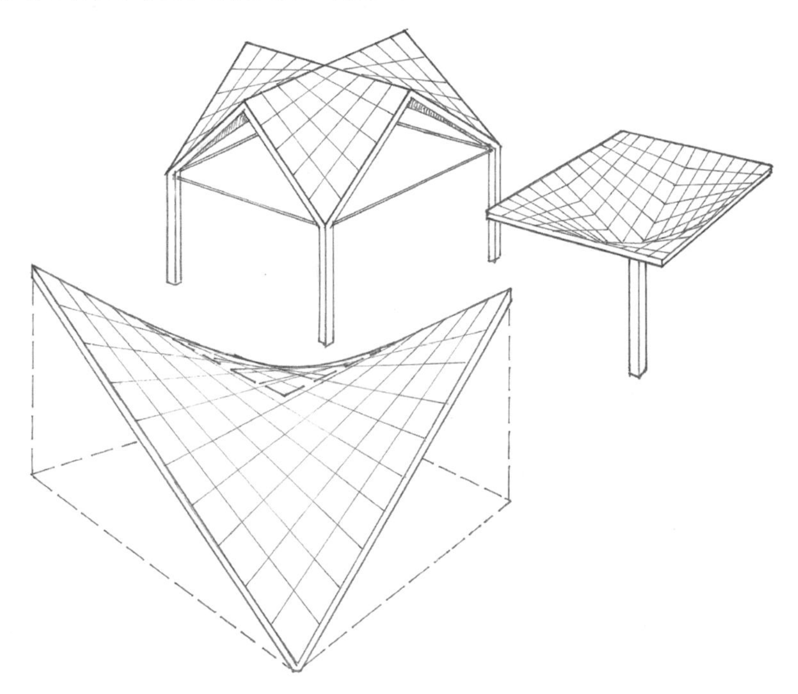

图 12.33 双曲抛物面由直线按一定规则生成，这有利于模板的搭建，双曲抛物面还可以组合形成许多不同的壳体结构形式。

菲利克斯·坎德拉（Felix Candela，1910—1997）

菲利克斯·坎德拉出生于西班牙，他年轻时曾经是滑雪冠军，他在马德里接受教育成为一名建筑师，在学校时他开始对结构计算和预测结构失效产生兴趣。他参加了西班牙内战而不幸被捕，于 1939 年被遣送到墨西哥，在那里他有机会将兴趣运用到钢筋混凝土材料上。他因钢筋混凝土薄壳结构设计而声名鹊起，并迅速成为当地的先锋建筑师。他早期的项目主要为厂房等实用性功能的建筑，之后开始设计复杂的公共建筑和教堂，1955 年他完成了墨西哥纳瓦尔的圣女米拉格罗萨教堂的建造（图 12.34）。坎德拉开创性地设计出以双曲抛物面为主的双曲壳体结构。他强调结构中力的传递应当简单直接，强调结构形式应当符合传力逻辑而不是随意的，主张先确定结构形式之后再匹配相应的建筑内容等设计理念。他的代表作是 1958 年建成的墨西哥霍奇米尔科餐厅（图 12.35），戏剧化的拱顶和旋转对称的形式展现了他的设计理念以及创作热情。坎德拉在 20 世纪 50 年代到 60 年代初完成了 300 多座建筑的建造。1978 年他移居到美国直到逝世。尽管坎德拉具有良好的数学功底，但他认为结构设计不是简单的计算，而是一种创造的过程。1963 年由科林·费伯撰写的《坎德拉传记》出版，书中有这样一段话：“科学重在分析……但艺术是综合的，它将各种事物聚集起来，以获得完整的认知。”

图 12.34　墨西哥纳瓦尔的圣女米拉格罗萨教堂，屋顶为双曲抛物面壳体结构，建于 1953 年到 1955 年间。

图片来源：Colin Faber. Candela/The Shell Builder. New York：Reinhold，1963.

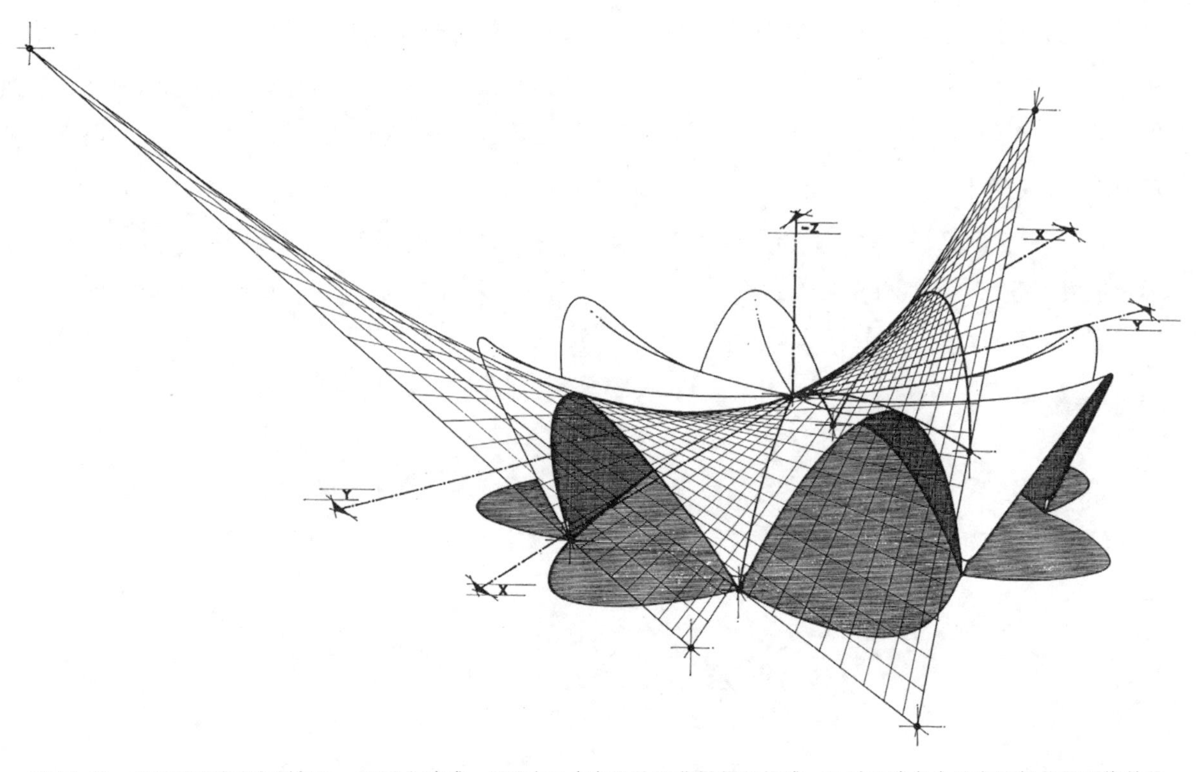

图 12.35　墨西哥霍奇米尔科餐厅，1958 年建成，屋顶由三个交叉的双曲抛物面构成，通过去除多余的交叉部分得到优美的壳体结构形式。

图片来源：哈维尔・图尔（Javier Yaya Tur）提供

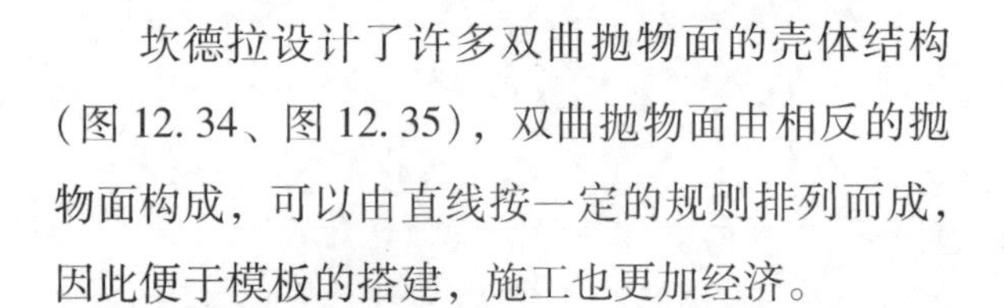

坎德拉设计了许多双曲抛物面的壳体结构（图 12.34、图 12.35），双曲抛物面由相反的抛物面构成，可以由直线按一定的规则排列而成，因此便于模板的搭建，施工也更加经济。

瑞士的结构工程师海因茨・以斯勒（Heinz Isler）最先采用悬挂织物模型来寻找混凝土壳体结构的形状和荷载路径（图 12.36）。他的很多项目都是以实物模型的测量结果为依据。以斯勒设计的壳体结构形式很难用直线形式去生成，因此建造起来比较困难，但是以斯勒通过设计重复使用的模板来实现建造的经济性。

壳体结构的分析

对于壳体结构的分析很重要，可以采用倒置的张拉模型来模拟受压的壳体结构，也可采用计算机建模模拟（图 12.37）。实体模型的方法很有趣而且可以提供丰富的信息。用于受压壳体结构找形的逆吊织物模型与张拉膜结构之间的重要区别在于，逆吊模型的形状是由恒荷载作用推导出来的，而张拉膜结构的形状是通过预应力的平衡找到的。目前膜结构设计已经发展成为结构工程的一个专业化分支，主要研究膜结构中的应力、弯矩和屈曲等问题。

图 12. 36　英格兰诺福克诺伊奇运动村酒店，1991 年建成，由海因茨・以斯勒设计，重复的混凝土薄壳拱顶单元的跨度约为 48 米。
图片来源：米歇尔・拉梅吉提供

图 12. 37　运用 Cadenary 软件按照弦或表面的方式模拟生成逆吊模型，利用这个软件可以快速生成不同的设计方案。

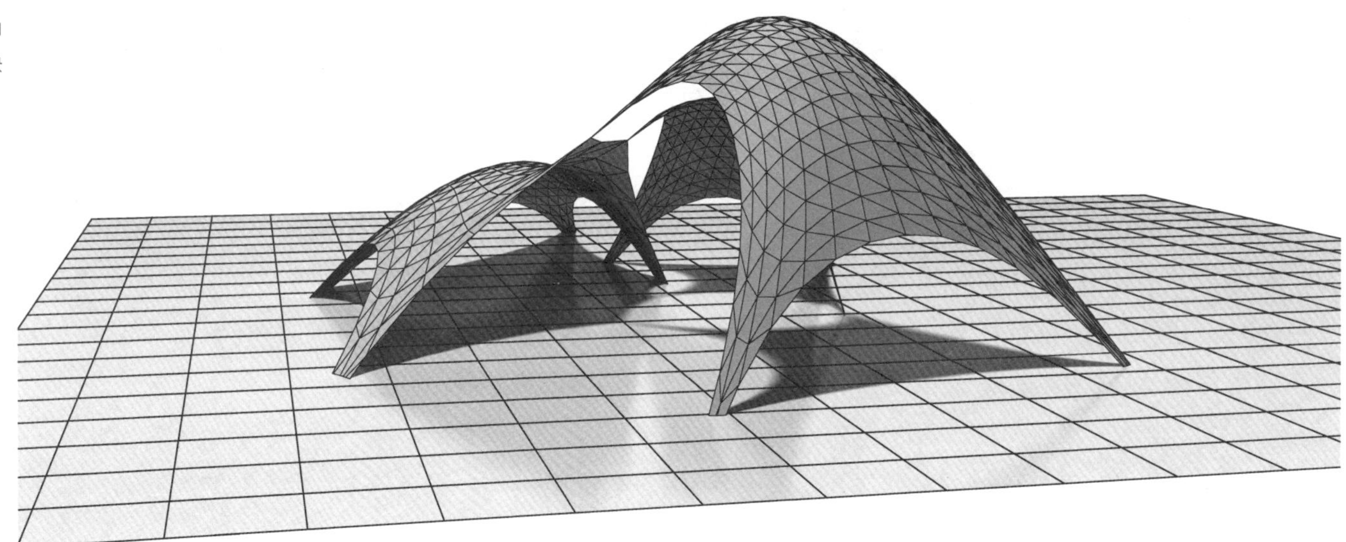

充气膜结构

充气膜结构由两个方向上拉伸的织物构成，织物由内部的空气压力支撑（图 12. 38）。空气压力由用来制热、制冷和通风的风扇提供。通常需要的空气压力为每平方英尺 5 到 10 磅，或 0. 25 到 0. 50 千帕，这个压力值会使普通的平开门无法正常打开，却不会使进出建筑物的人们感知。充气结构的建筑物通常使用旋转门，旋转门的开启和关闭不受内部空气压力的影响，而且旋转门可以防止室内空气的流失。

充气膜结构是通过内部气压给织物施加预应力，防止织物因为风荷载等外部荷载而发生振动。充气膜结构也会与向下拉的索网结构相结合，织物设置在索网之间，结构设计就是使织物和索中的总拉力等于内部空气压力乘加压区域的水平面积。风荷载还会对充气膜结构产生拔力，这些拔力会对织物和索网施加额外的拉力，因此充气膜结构的支撑构件和基础还需要抵抗向上的拔力。

风荷载或雪荷载也会对充气膜结构施加向下的力，这些力由内部的空气压力所产生的向上的力抵消。理论上来说织物和索网并不产生力，但实际上由于飘移的雪荷载以及动态的风荷载会使外部荷载处于变动之中，这会导致织物的破裂。当局部雪荷载大于内部压力时，必须将雪从屋顶清除，否则充气膜结构就会发生塌陷。

充气膜结构的跨度大小在理论上没有限制，但事实上由于结构振动以及向上拔力的影响，它的跨度被限制在几百米之内，即使这样，这个跨度也足够实现体育场等建筑功能了。为了安全起见，大多数充气膜结构的支撑点都会高于地板平面，假如结构由于风扇故障、除雪不当、漏气等原因而塌陷，织物会悬挂在地板的上方，而不会影响下方人的活动以及疏散（图 12. 39）。

本章小结

20 世纪建造了许多钢筋混凝土壳体结构和张拉膜结构的建筑，张拉膜结构仍然作为一种结构类型被应用于不同的建筑项目当中，但钢筋混凝土壳体结构却逐渐地销声匿迹了。一方面是因为钢筋混凝土薄壳结构的建造需要复杂的模板以及大量的劳动力，这些成本的增加远大于节省钢筋混凝土材料所带来的经济性；另一方面是因为张拉膜结构与其他结构形式，例如桁架结构、斜拉结构等相结合，可以组成丰富多样的临时性或永久性的建筑物。

总体来说，材料的革新是张拉膜结构蓬勃发展的另一个主要原因，膜材料有时也会被用作受压结构的外围护构件（图 12. 40）。相比于传统材料，膜材料在保温隔热以及节能等方面具有很大的优势，这种材料可以满足不同的透明度需求，更加轻盈并且易于加工和建造。

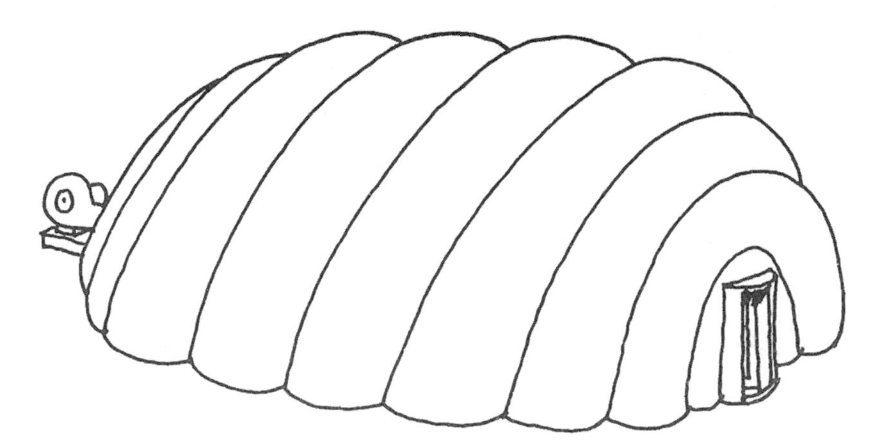

图 12. 38　充气膜结构就像是一个巨大的气泡，由内部的空气压力支撑。索将膜材料向下拉，从而生成双曲面来阻止充气膜结构的振动。

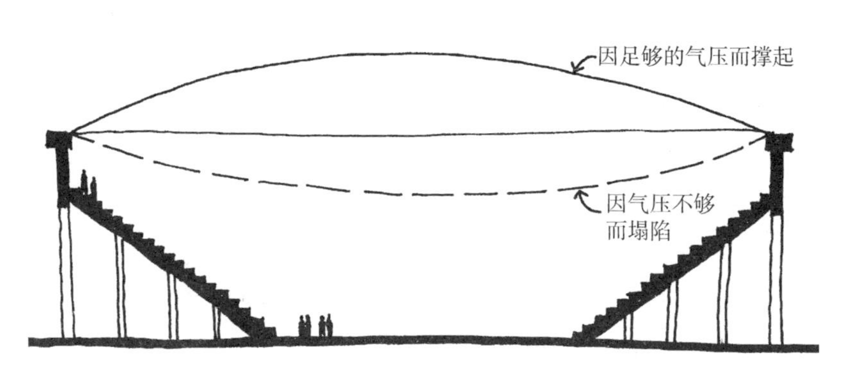

图 12. 39　充气膜结构会设置在较高的位置以确保使用者的安全。

图 12. 40　英国康沃尔的伊甸园工程，外表皮采用了 ETFE 膜材料。
图片来源：S. 穆雷（S. Murray）摄

思考题

1. 10 多年前在某城市公园准备建造一座音乐台，在项目开始不久就因为政治等问题而搁浅，留下了正五边形排列的 5 个钢筋混凝土柱子，五边形的半径为 16 英尺。如今该项目重新启动，需要为音乐台设计一个钢筋混凝土壳体结构的屋顶，屋顶由 5 个遗留的钢筋混凝土柱子支撑，请设计出钢筋混凝土壳体结构的形式，屋顶的高度需要满足正常的使用功能需求。采用图 12.33 中的方法绘制出壳体结构表面的生成线，并绘制出屋顶的平面图与剖面图。
2. 加勒比海海滨度假区需要设计一排沿着海滩的度假小屋，目前小屋的设计倾向于采用由单独桅杆支撑的膜结构屋顶。屋顶主要用于遮阳和挡雨，围护结构采用木结构，空间可以容纳卧室、浴室、厨房等。屋顶膜结构与木结构之间采用防蚊网连接。请使用连裤袜或 T 恤衫等材料做出这个小屋的实物模型，设计出膜结构与木结构之间的细部连接构造，并用计算机建模或手绘的方式绘制出小屋的外观效果图。

   制作大比例模型或足尺模型，采用弹力织物作为膜材料，结实的绳子作为索，用竹子、木头或钢管等材料作为支撑杆。可以购买也可以自己制作帐篷桩，还可以用椅子靠背、床脚或装满水的水壶固定。注意在制作模型的过程中要远离电器照明设备，为了找出适合居住功能的织物形状，需要进行反复试验和调整直到达到要求。实物模型制作完成后邀请朋友前来参观，最后对这个实物模型进行测量和记录。
3. 制作任意一个混凝土壳体结构的逆吊模型。将胶合板或 OSB 板固定在两个椅背中间，作为逆吊模型的底板，使用大头针将棉线或织物固定到底板下面。织物可以直接形成完整的曲面，棉线需要多方向调整或者相互交叉形成网格来生成曲面。可以在逆吊模型中插入一些火柴棍或竹签作为支撑杆，从而找到理想的形状。

   当逆吊模型的形状接近设计要求时，可以用电锯在底板上切割一个洞，用来调整织物的内表面以及织物所覆盖的平面区域，最后生成理想形状和高度的逆吊模型。

   可以采用以下的方式使柔性的织物定型：

   a. 如果您所在的区域冬季寒冷，可以用水浸湿织物或棉线，然后将其放在室外直至逆吊模型冻结。
   b. 先将胶水用温水稀释，用胶水浸透织物或棉线，织物或棉线在空气中会逐渐变硬，为了防止滴下的胶水弄脏地面，可以在下面铺上报纸或抹布。
   c. 用流动的熟石膏混合物浸透模型。熟石膏硬化的速度非常快，因此需要添加缓凝剂。

   当模型定型后，将它翻转过来，就形成了一个壳体结构。其中的受拉构件转变为受压构件，而所有的火柴棍等支撑件在翻转后处于受拉状态。

关键术语

membrane 膜
fabric 织物
taut 拉紧
mast 桅杆
cable 索
anticlastic curvature 反向曲率
prestress 预应力
pretension 预拉力
Platonic solids 柏拉图立体
triangulation 三角测量
cable net 索网
PTFE-coated fiberglass fabric 聚四氟乙烯涂层玻璃纤维
PVC-coated polyester fabric 聚氯乙烯涂层聚酯纤维

ETFE foil 乙烯-四氟乙烯共聚物薄膜
cutting pattern 裁剪方式
shell 壳体
hyperbolic paraboloid 双曲抛物面
pneumatic structures 充气结构
air-inflated structures 充气膜结构
air-supported structures 气承式结构

参考资料

Bechthold Martin. Innovative Surface Structures. New York：Taylor and Francis，2008. 这本书介绍了壳体结构和张拉膜结构的最新发展。

Horst Berger. Light Structures—Structures of Light. Basel/Boston：Birkhauser，1996. 这本书介绍了霍斯特·伯格的设计理念和设计策略，伯格是当代张拉膜结构设计的先驱[①]。

Faber Colin. Candela. The Shell Builder. New York：Reinhold，1963. 这本书全面介绍了菲利克斯·坎德拉关于壳体结构的设计实践。

Koch Klaus-Michael，Karl · J. Habermann. Membrane Structures. Munich/New York：Prestel Verlag，2004. 这本书全面介绍了张拉膜结构技术，并引用了大量的设计案例。

Lewis W J. Tension Structures：Form and Behavior. London：Thomas Telford，2003. 这本书介绍了适用于张拉膜结构的设计软件和计算方法。

www. birdair. com：伯德埃尔公司曾参与过多项重要的张拉膜结构的设计与建造。

www. cadenary. com：Cadenary 软件可以生成由线或表面构成的逆吊模型。

www. formfinder. at："膜结构找形"软件可以生成和分析张拉膜结构的模型。

① 简易张拉膜结构设计软件"surfaceform"可以从 www. HorstBerger. net 网站上获得。

第 13 章 13 结构材料

▶ 颗粒状材料
▶ 固体材料
▶ 材料的破坏方式
▶ 固体材料中力的传递
▶ 好的结构材料的特征
▶ 常见的结构材料
▶ 应力和应变的概念
▶ 安全系数

结构依赖于具备必要的承载能力以及相应特性的材料。大多数建筑和桥梁的结构由木材、砖石、钢铁以及混凝土等材料制成，而铝、不锈钢、各种塑料和玻璃等材料则发挥次要的结构作用。添加了玻璃纤维、碳纤维或芳纶纤维等纤维加强材料的新型材料正逐渐被应用于实际工程中。那么究竟是什么样的品质使得这些材料得以应用在建筑结构当中呢？我们必须了解每种结构材料的独有属性，并探索其中的奥秘，从而可以安全巧妙地将它们融入设计之中。

图 13.1　沙滩上的沙堡
图片来源：“希望”组织（JustHope. org.）的莱斯利·彭罗斯（Leslie Penrose）牧师提供

颗粒状材料：从沙堡中得到的启示

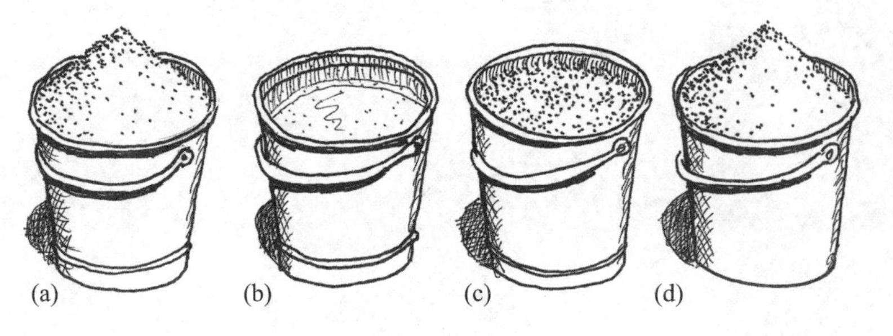

图 13.2　四桶沙子：（a）干沙；（b）浸润在过量水中的沙子；（c）湿沙；（d）没有桶底的水桶里盛着干沙。

通过总结在沙滩上建造沙堡的经验，我们可以从中学到一些关于结构材料的奥秘（图 13.1）。沙子一般由有棱角的细小石英颗粒组成。图 13.2 所示为四只盛着沙子的水桶。第一只桶里装着干沙。第二只桶里的沙子浸泡着过量的水。第三只桶里装着湿润的沙子。第四只桶里也是装着干沙，但是桶没有桶底。

当我们将第一只桶倒扣时，干燥的沙子会倾泻而出，形成圆锥形的沙堆，沙堆的倾斜面与水平面形成的倾斜角，即自然堆积角，也称为休止角，如图 13.3（a）所示。在到达自然堆积角之后，新添加到沙堆中的沙子都会诱发一次小型塌方，滑动停止后，沙堆与水平面的夹角恢复到自然堆积角。像沙子这样干燥的颗粒状材料都会存在内摩擦力，是由单个颗粒的粗糙表面和棱角产生的。内摩擦力抑制了斜坡上颗粒的滑动趋势，当摩擦力恰好与颗粒的滑动趋势相平衡时，堆积的颗粒状物质即可达到自然堆积角。对于材料来说，自然堆积角基本上是恒定的。材料的内摩擦力越大其自然堆积角就越大，内摩擦力很小的材料如小钢球，则会像水一样流动，永远都不能积聚成堆。

堆积的干沙可以承载重量。我们可以压平刚刚堆成的圆锥形沙堆的顶部，并在压平区域的中央摆放一只装满水的桶，对沙堆施加一个向下的压力。如果这个力不是太大，沙堆可以轻而易举地承受住这个水桶，而一旦这个力太大，沙堆就会因为这个压力而发生变形，水桶则会向下沉。

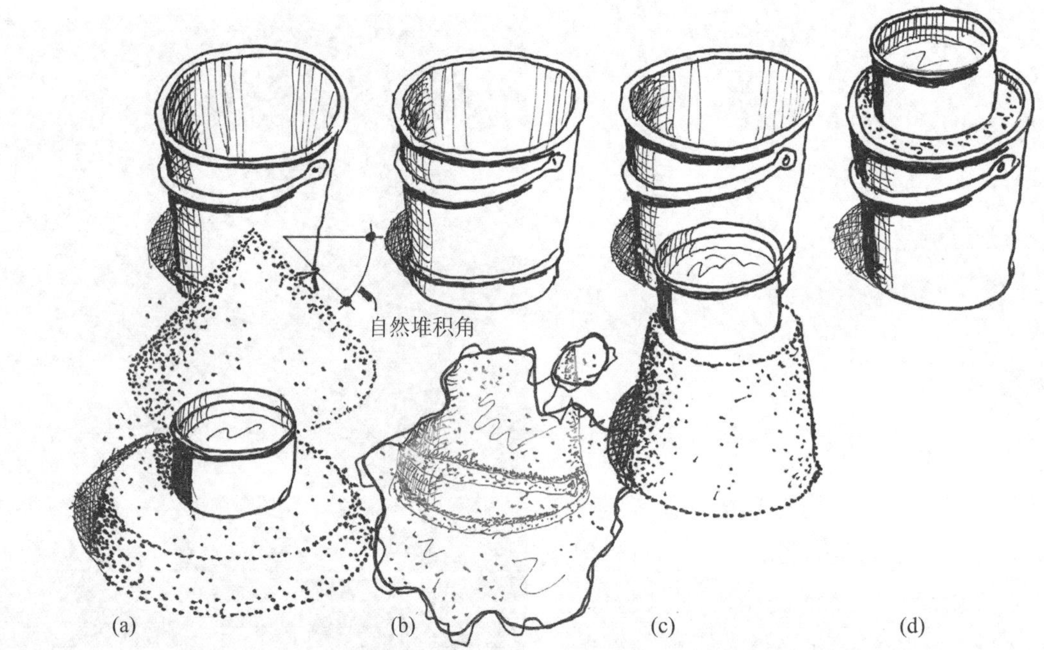

图 13.3　（a）当干沙从桶中倒出时，会形成具有特定自然堆积角的圆锥形沙堆。如果把沙堆压平，沙堆则可以承受一定的重量。（b）当把浸润在过量水中的沙子倒出来时，会形成一个满是沙子的水坑。（c）当把湿沙从桶中倒出时，潮湿的沙子会黏合在一起，保持水桶的形状。（d）无底的水桶壁对干沙施加压力，可以与沙子一起共同承受较大的荷载。

如果我们将第二只桶倒扣，被过量的水浸润的沙子会像清水汤一样散开，如图 13.3（b）所示。过量的水浸没了颗粒间的孔隙，在这个润滑剂的作用下，沙子变成了易流动的半液态悬浮液。被过多水浸泡过的沙子处于流动状态，表现得更像是液体而不像颗粒状固体。虽然这种沙子无法承受荷载，但是它提供了重要的参考，因为在建筑物基坑开挖的过程中，常常会遇到流沙，当地下水位上涨，水渗过沙子，沙子就会变成不稳定的胶状物质即流沙，挖掘机的振动会加剧流沙的形成。通过阻止水流动或进行基坑排水可以排出沙子中多余的水分，流沙问题就能得到改善。而一旦水分被排干，土壤的状态就会趋于稳定，从而可以承受较大的荷载。黏土同样能变成流动状态，它由比沙子粒径小很多的土颗粒构成。

如果我们小心地将第三只桶倒扣然后把桶拿开，原来桶中的湿沙会维持水桶的形状，如图 13.3（c）所示。而湿沙的倾斜角远大于干沙的自然堆积角。事实上，我们甚至可以用铲子或刀将湿沙堆的侧面切成直角，或者挪走部分底部的沙子从而开挖出一条从一侧到另一侧的通道，这就是湿沙成为建造沙堡首选材料的原因。湿沙之所以性能优越，是因为包裹颗粒并覆盖颗粒间隙的水薄膜具有内聚作用，能够让湿沙黏结在一起。水的表面张力让相邻的沙粒拉结在一起，使沙粒之间相互黏合，形成具有较大的抗拉强度的混合物。

第四只桶里面装着干沙，但没有桶底。如果我们把桶拿开，沙子会重新形成一个不稳定的圆锥形沙堆。但是在沙子外围有水桶壁包裹的情况下，沙子可以承受较大的荷载，如图

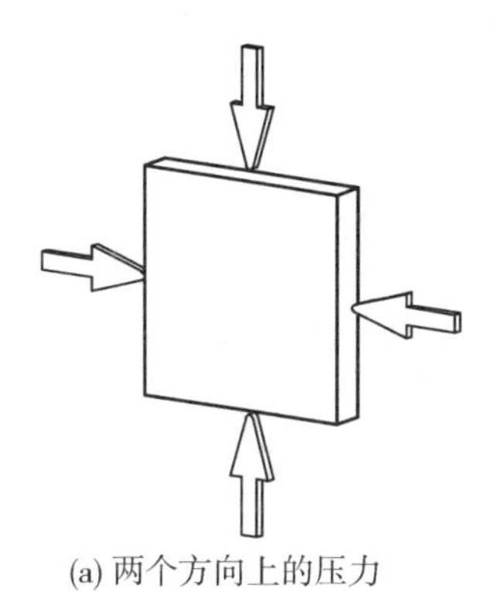

(a) 两个方向上的压力

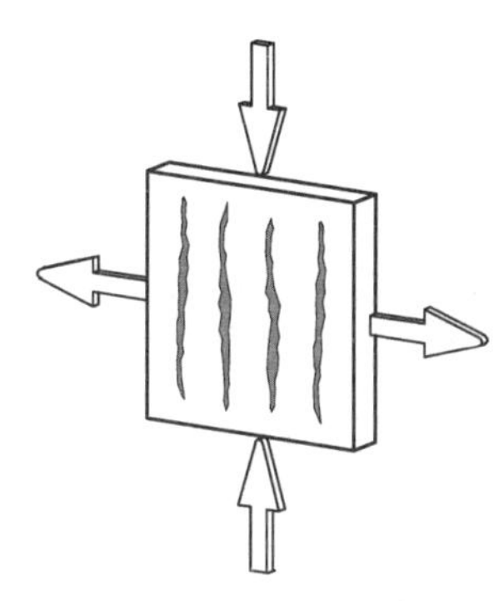

(b) 一个方向为压力，另一个方向为拉力

图 13.4　双向轴应力，沿着两个垂直轴的压力增加了材料的强度。如果将其中一对压力改为拉力，那么拉力会趋向于将材料拉开，从而削弱材料的强度。

13.3（d）所示，人们甚至可以站在沙堆上，此时沙子能够支撑人的体重，而且不会发生任何实质性的偏转或流动。这只桶里的干沙与第一只桶中倒出来的干沙没有区别，但是水桶壁提供了约束力，即一股从外向内的压力。

同时在两个方向上受到压力或拉力的材料承受着双向轴应力作用（图 13.4）。水桶对沙子的约束力同沙堆顶部承受的荷载共同作用，

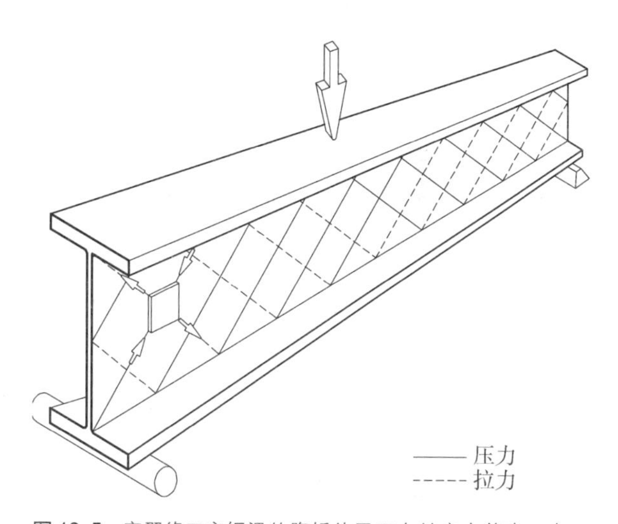

图 13.5　宽翼缘工字钢梁的腹板处于双向轴应力状态，在一个方向上受拉，另一个方向上受压。因此腹板中的容许应力约为仅承受一个轴向力的翼缘的三分之二。

进一步形成了多轴应力场，多轴应力场在各个方向上压紧沙子，由约束力引发的侧向压力增强了材料抵抗荷载的能力。这种效果与水的薄膜由内将一堆沙子拉结在一起的效果相同。这两种情况均阻止了沙粒的滑动，促使所有的沙粒共同支撑荷载。

桶壁的约束力比湿沙中的水所产生的微小的黏结拉力要强得多。如果把湿沙中的水替换成

环氧树脂或硅酸盐水泥等强力黏合剂，黏合剂一旦固化，就会产生一个接近甚至高于桶壁约束力的黏结拉力。

基础可以建立在受约束的沙子上面，这种沙子的容许应力相当大。在水不流动以及周围的土壤提供约束力的情况下，即使沙子被水完全浸透，其性能也可以几乎不受水的影响。

如果双向轴应力中的一对力是拉力，另一对是压力，那么材料的颗粒或晶体会被扯断，从而削弱材料的强度。这种状态存在于宽翼缘工字钢梁的腹板中，其中对角拉力和对角压力垂直相交，降低了腹板材料的强度（图 13.5）。这种双向轴应力在钢梁的支撑点附近达到最大值，同时在该位置，切应力最大，我们将在第 17 章中再次探讨这一问题。

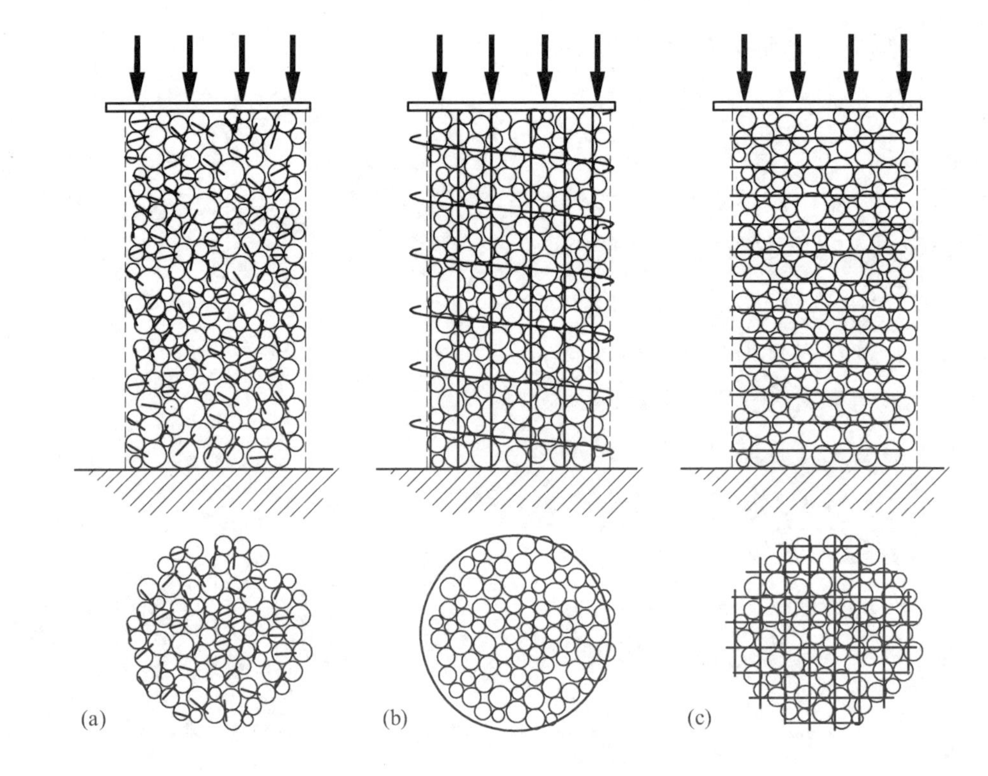

▶图 13.6　增加颗粒状材料强度的三种方法：（a）混入材料中的短纤维通过将颗粒拉结在一起增加抗拉强度；（b）通过包裹材料的外部笼子（例如一般混凝土柱子中的箍筋和纵向钢筋）来提供约束力；（c）通过网格层或织物层提供约束力，由此增强材料的强度。

◀图 13.7　西雅图某高层建筑核心筒中的柱子，由内部浇筑混凝土的钢管构成，每根柱子的直径为 7.5 英尺。虽然没有使用钢筋，但是每根钢管为内部的混凝土提供约束，同时混凝土增加了钢管的强度和抗弯性能。

图片来源：斯金・沃德・马格努森・巴克什尔（Skilling Ward Magnusson Barkshire）公司提供

钢筋混凝土柱子展示了颗粒间约束力和内聚力的影响（图 13.6）。硬化的硅酸盐水泥里的针状晶体让混凝土中的骨料颗粒紧紧地联结在一起，针状晶体向柱子内部施加拉力，如图 13.6（a）所示。如果在混凝土混合物中加入高强度的短纤维，这种作用力会得到增强。骨料颗粒还由纵向钢筋以及螺旋缠绕在纵向钢筋上

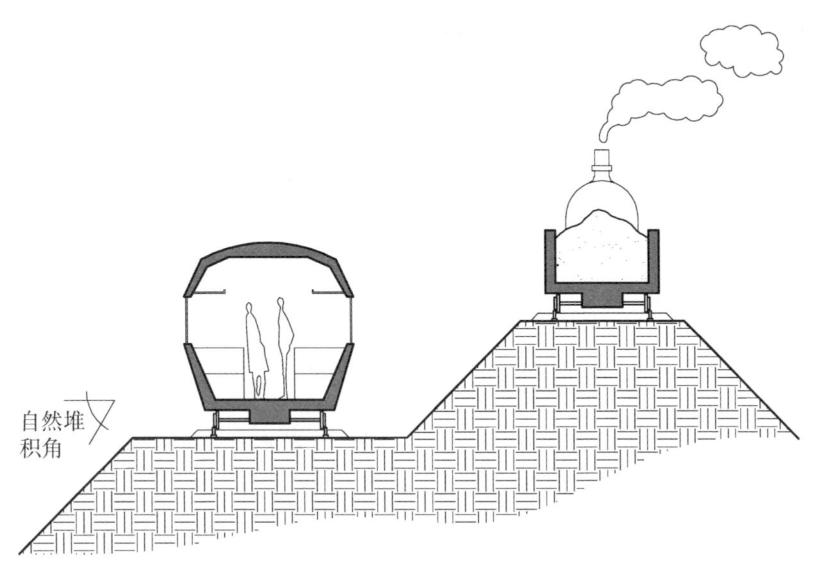

图 13.8　为了保持土壤稳定性，路堤的倾斜角应小于土壤的自然堆积角。

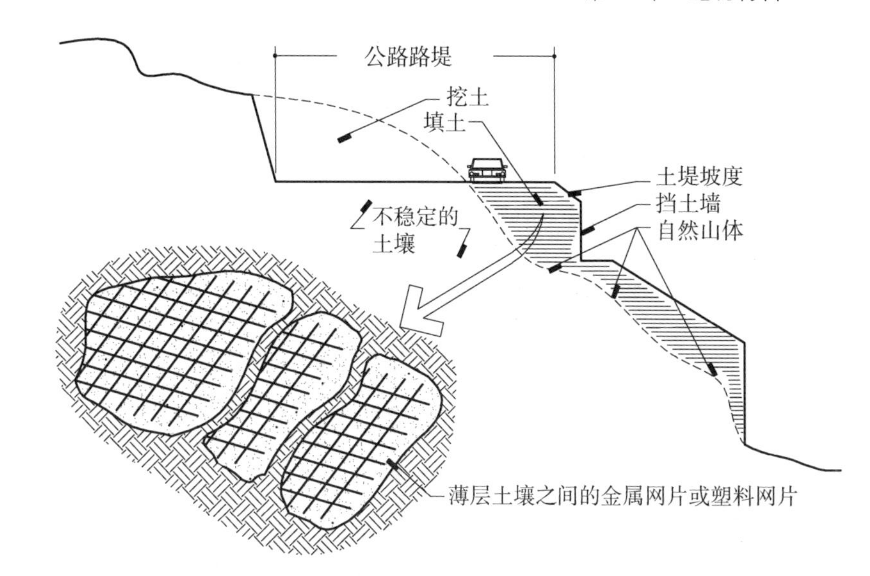

图 13.9　可以在压实的薄土层之间放置镀锌金属网片或耐用塑料制成的土工格栅，从而增强坡度较大处土堤的稳定性。

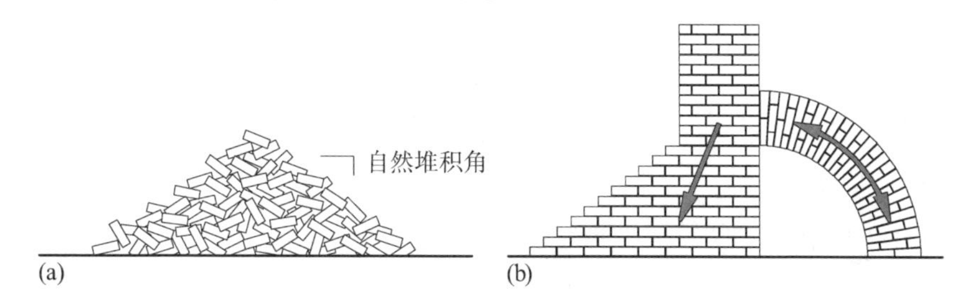

图 13.10　诸如砖块等材料在自然状态下的表现形式与干沙十分类似。层叠建造的砖块可以保持自身稳定，砖拱在某种程度上也是稳定的，因为它们的黏结面与压力线相垂直。

的箍筋的约束作用支撑，如图 13.6（b）所示。水泥晶体和约束钢筋共同作用，使钢筋混凝土柱子的强度比其中任一种材料强度都要大得多。层状的钢筋网能产生与箍筋和纵向钢筋约束力相类似的效应，可作为另外一种备选方案。箍筋和纵向钢筋从外向内施加压力，而钢筋网从柱子内部施加拉力，如图 13.6（c）所示。

一些高层建筑物的柱子由内部浇筑混凝土的圆钢管构成，被称为复合柱。当这种复合柱子的直径为 10 英尺时，可以用于建造约 60 层楼高的建筑物（图 13.7）。除了在与横向和纵向钢梁相连接的地方之外，复合柱子中不使用钢筋。复合柱的强度由混凝土的抗压强度和钢管壁的约束作用共同构成。

包括水的黏合力在内的内摩擦力和聚合力赋予了颗粒状材料以结构承载力，因此土壤可以用来建造路堤以及建筑物（图 13.8）。土壤的种类很多，而在工程项目中应尽量避免使用黏土，因为黏土在浸水后会变成半流体或流体的状态。图 13.8 中的路堤就是由土壤压实而成的，路堤的倾斜角度应小于土壤的自然堆积角。在某些坡度很大的路堤当中，可以在土层中放置金属网片或塑料网片来增强土层的稳定性（图 13.9）。金属网片的拉结作用可以对土层进行约束，如同树木的根茎一样增强土层的稳定性。

如果我们把一卡车的砖成堆地卸下，随机散落的砖会因为内摩擦力形成一个圆锥形砖堆，其自然堆积角是由砖本身的特性决定的，如图 13.10（a）所示。如果我们在把砖卸下之前用光滑的塑料袋包裹住砖块，或者把所有砖块的

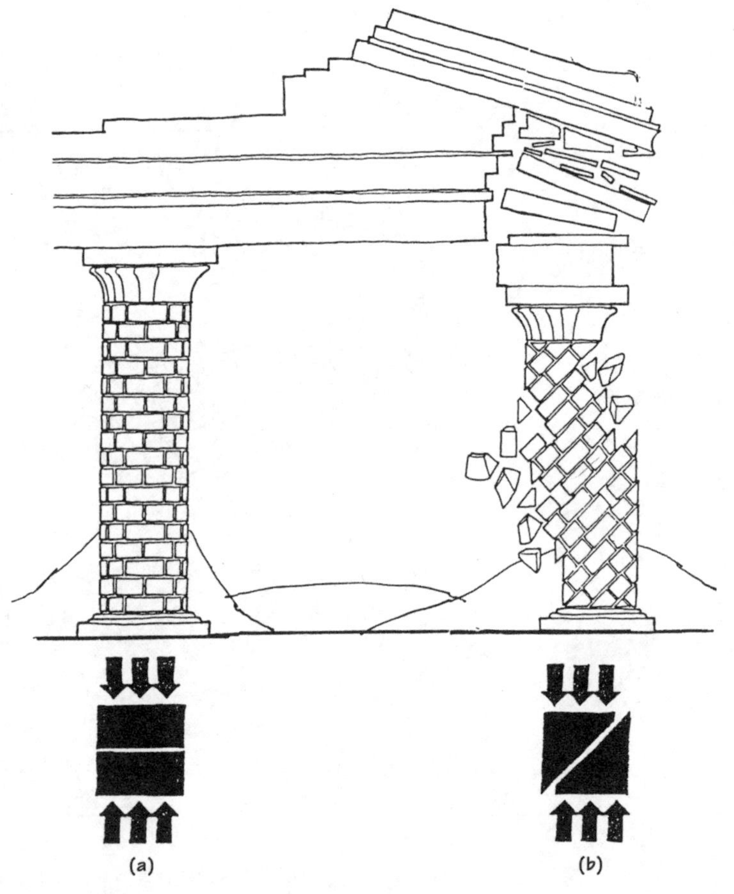

图 13.11　(a) 砖块的黏结面与压力方向垂直，则柱子坚固且稳定；(b) 砖块的黏结面与压力方向成45°角，则柱子会在压力作用下被破坏。

图片来源：AIA 的约翰·弗里曼绘制

尖锐边缘和角部都磨圆了，那么砖堆的自然堆积角就会变小。如果我们在砌砖墙时使砖块的最大表面与压力的方向垂直，那么即使不用水泥砂浆黏结，也可以建造出耐用的墙体，如图13.10 (b) 所示。因为在砌筑过程中保证砖块与受力方向垂直，能最大限度地减小或避免砖块之间相互错动的趋势。如果构成砖柱子的砖块沿倾斜45°的角度砌筑，那么这根柱子很容易在竖向荷载的作用下产生层间滑动，进而被破坏（图 13.11）。

不加维护的沙堡最终都会坍塌，坍塌的原因主要包括：人为的破坏如儿童跳到沙堡上嬉戏，这样会对沙堡施加额外的荷载，导致水膜的内聚力无法将颗粒黏合在一起；比如暴露在太阳下的沙堡会变得干燥，这会导致沙粒中水膜施加的拉力消失，沙堡也会塌陷成具有特定自然堆积角的圆锥形干沙堆；再比如沙堡经受风雨的侵蚀、海潮的冲刷等作用后沙粒变得湿滑，从而诱发沙堡坍塌。

固体材料

结构材料研究的都是固体材料，结构材料需要具备一定的强度，包括抗拉强度和抗压强度。沙子是颗粒状材料，可以加入硅酸盐水泥黏合剂进行硬化，硬化后的材料就成为固体材料。广泛应用于建筑中的混凝土就是固体材料，有些混凝土的材料强度较低，例如用于制作城市基础设施如污水管、排水管等的混凝土，它们的强度与周围土壤的强度差不多。低强度的混凝土硬化时间短、坍塌度较小，在之后设施或建筑物被改造或拆除时，低强度混凝土可以像普通土壤那样掩埋处理，因此这种材料也被称为可控低强度材料（CLSM）。另外，我们也可以生产出抗压强度接近结构钢的混凝土。即使是这种强度极高的混凝土，也容易出现裂缝，而裂缝一旦出现，该混凝土的抗拉强度就会变成零。石头、砖和混凝土砌块等材料都是由水泥砂浆黏结砌筑而成，也被称为砖石建造（masonry），这些材料的性能与混凝土相似。

木材由许多细小的纵向纤维素管构成，用木材本身的天然黏合剂木质素将这些小圆管黏结起来。在与这些纤维素管平行的方向，木材的抗压性能和抗拉性能都比较良好，而与这些纤维素管垂直的方向，木材的结构性能就会变得很脆弱。

像钢和铝这样的金属材料是由很坚固的微小晶体构成的，金属材料的抗拉强度和抗压强度都比较大。钢比铝更牢固、坚硬，而且也更便宜。因此钢材被广泛地应用于建筑和桥梁当中。

材料的破坏方式

尽管我们可以很容易地想象出由沙子和水构成的沙堡坍塌的各种方式，但是仍然需要了解材料的几种普遍机制，从而研究材料破坏的方式。格里菲斯（A. A. Griffith）在 20 世纪 20 年代研究了固体材料在荷载作用下是怎样失效的。格里菲斯认为材料的断裂机制是由散布在所有常见材料本身的不可见的微小裂缝的杠杆效应造成的。如图 13.12 所示，通过拉伸一片脆性材料并观察其内部发生的变化可以解释格里菲斯的断裂机制。材料中已有一处裂缝，这处裂缝为拉伸动作提供了强有力的杠杆作用。图 13.12（a）中，当材料受拉时，裂缝端部的内部黏合点所受到的拉力比周围的黏合点所受的拉力都要大。图 13.12（b）中，当这些黏合点在较大的拉力下破裂时，拉力便会立即转移到下一个黏合点上，连锁反应随即发生。由此会引发材料整体的断裂。图 13.12（c）中，随着该材料的裂缝不断变大，可抵抗拉力的材料就会越来越少，因而加速了连锁反应。

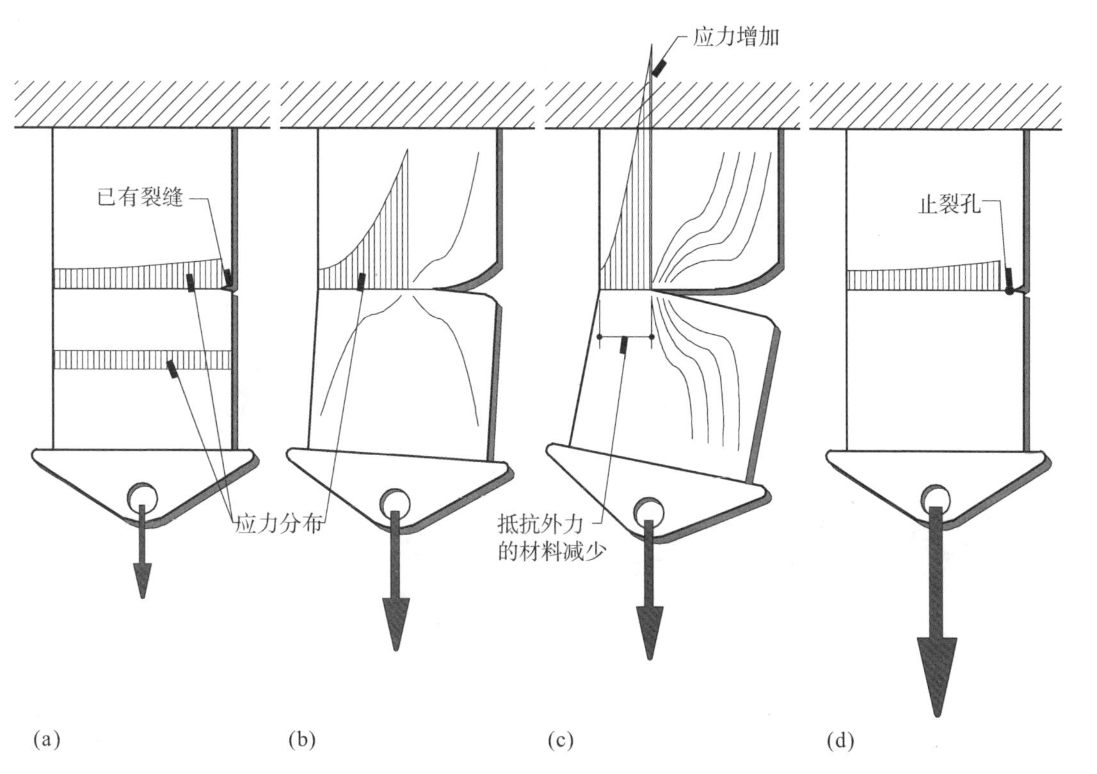

图 13.12　通过拉伸一片脆性材料来模拟格里菲斯的断裂机制：（a）已有的裂缝在边缘处产生了一个薄弱点，该薄弱点增加了裂缝周边的应力；（b）和（c）随着裂缝变大，应力快速集中，材料的裂口变大；（d）止裂孔，即位于已有裂缝端部的穿透材料的圆孔，该圆孔减缓了应力集中作用，进而防止材料继续发生断裂。

小裂缝的潜在分裂能力与其末端的锐度有关。如果在材料的凹口或裂口处钻一个小圆孔，就可以显著降低材料的破裂概率，如图 13.12（d）所示。因为钻出来的孔是圆形的，所以它能将裂缝端部的应力分散到较大块区域的材料上以及较多的内部黏合点上。同样的，如果在一块如石头一样的脆性材料上铣削凹槽时，凹槽最好呈圆形而不是方形。这种被称为止裂孔的操作设计被广泛地应用在工业中。第 14 章会进一步对固体材料中应力累积所引发的材料失效进行探讨。

固体材料中力的传递：球-簧模型

固体材料中的颗粒在外部荷载作用下的表现可以用简单的球-簧模型来模拟，该模型是由竖向、横向和斜向的弹簧连接的九颗硬质小球组成的立方体（图 13.13），这些弹簧可以受拉或受

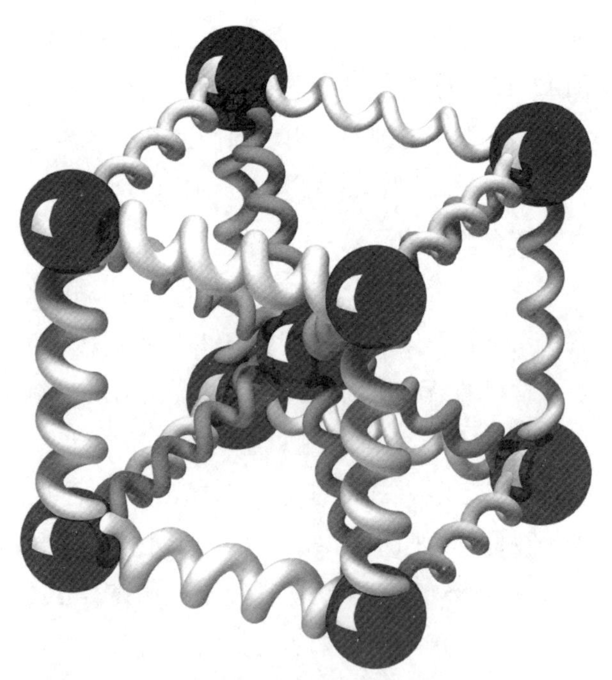

图 13.13　球-簧模型是代表材料结构性能的微观模型，小球代表了材料的硬度，弹簧反映了材料的弹性和变形能力。

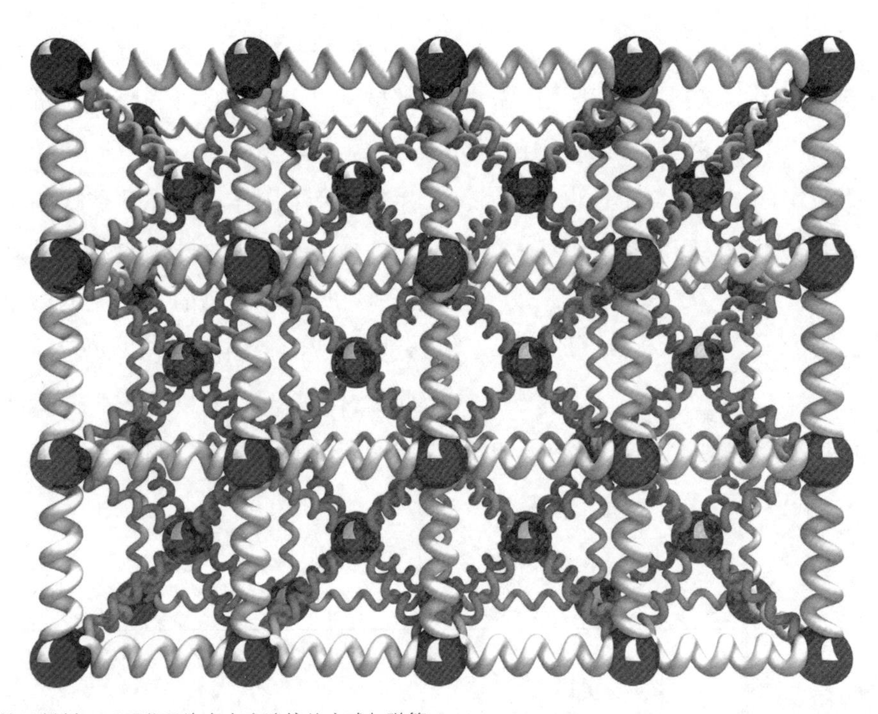

图 13.14　较大块的材料可以看作是许多有序连接的小球与弹簧

压。其中八颗小球分布在正立方体的角点，一颗位于立方体的中心。这些小球代表材料晶粒的硬度以及强度。连接弹簧则反映了材料的弹性和形变能力。任何材料都可以由小球与连接弹簧模拟出来（图 13.14）。当向下按压这个模型时，竖向和斜向的弹簧受压变短，横向弹簧受到斜向弹簧中的水平分力作用而变长。作用于模型上的竖向压力不仅会导致模型竖向变短，还会导致模型横向上扩张（图 13.15）。同样，作用于该模型的竖向拉力会导致模型竖向伸长和横向收缩。

这种作用就是泊松效应，泊松效应是以其发明者法国研究员泊松（S. D. Poisson，1781—1840）

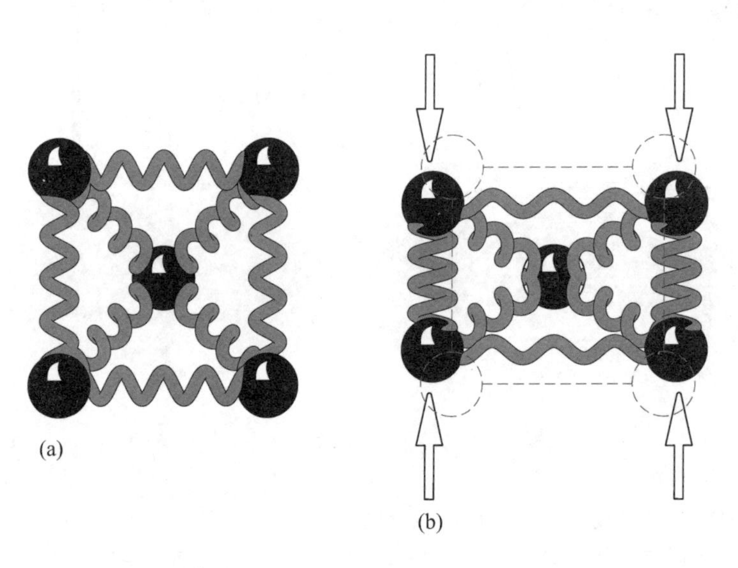

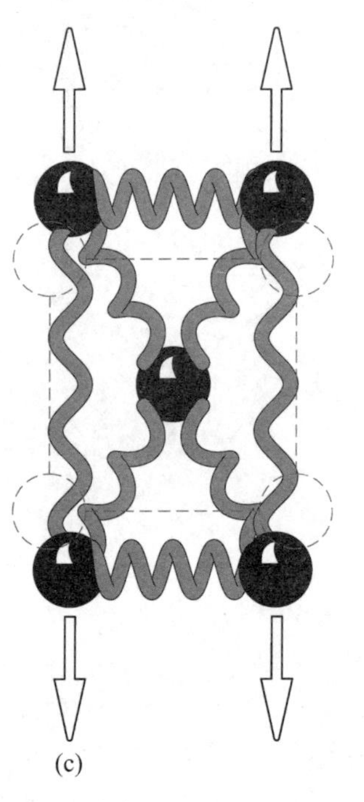

图 13.15　球-簧模型中的斜向弹簧引起泊松效应

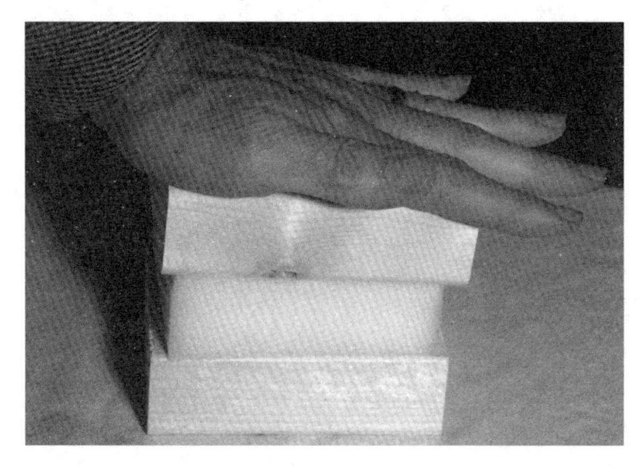

图 13. 16　对两个木块之间泡沫橡胶块进行挤压，泡沫橡胶块的侧面发生膨胀，证明了泊松效应。

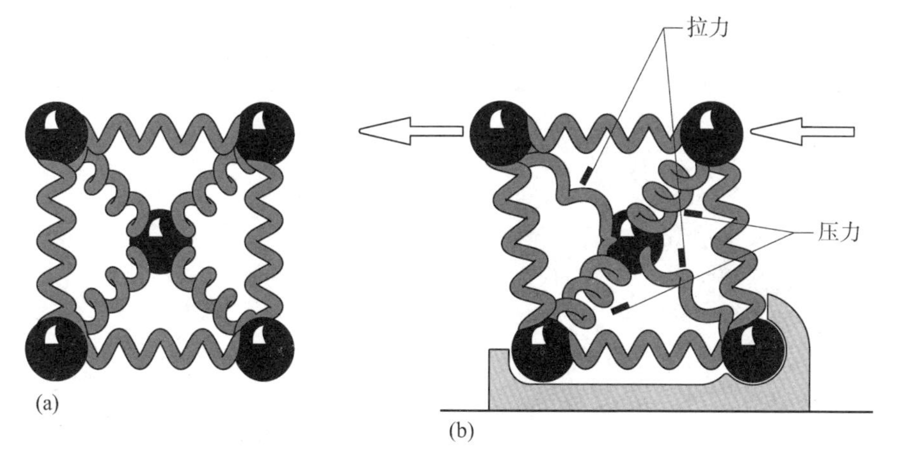

图 13. 17　当材料受到侧向力的作用时，斜向弹簧沿在一个方向上伸长，在另一个方向上缩短。

图 13. 18　当泡沫橡胶块受侧向力的作用时，橡胶表面的圆形会变成椭圆形。椭圆长轴的方向是主要拉力的方向，短轴的方向是主要压力的方向。

的名字命名的。当任意固体材料在一个方向上受压时，在垂直于该方向上也会相应地发生较小程度的伸长。当它在一个方向伸长时，那么在垂直于该方向上也会发生缩短。泊松效应可以通过按压泡沫橡胶块来观察到，当对泡沫橡

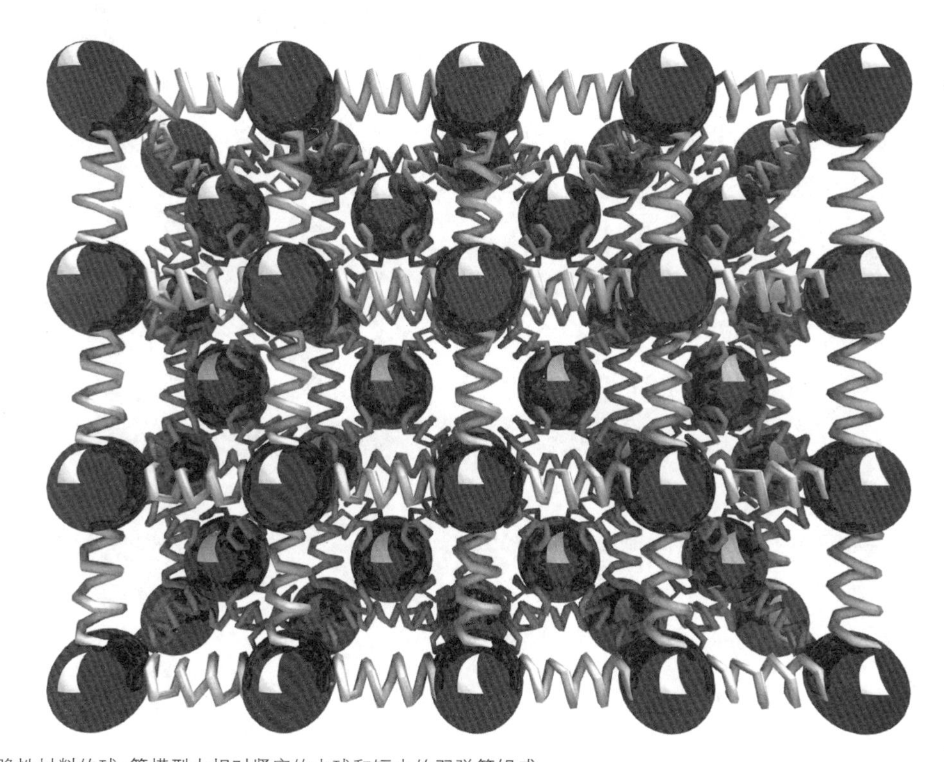

图 13. 19　脆性材料的球-簧模型由相对紧密的小球和短小的弱弹簧组成

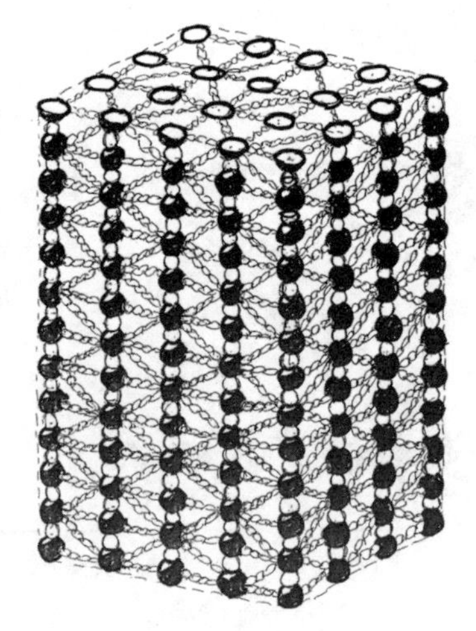

◀图 13.20　对于木材来说，平行于纤维素管的方向可以用分布紧密的小球和坚硬的弹簧模拟出来，垂直于纤维素管的方向可以用稀疏排列的小球和松散的弹簧模拟出来。

胶块施加压力时，泡沫橡胶块的侧面会发生膨胀（图 13.16），当对泡沫橡胶块施加拉力时，泡沫橡胶块的侧面会发生横向收缩。

同理，球-簧模型也能说明侧向力对斜向弹簧的影响。在侧向力的作用下，球-簧模型整体从一个立方体变形为一个菱柱体，而斜向弹簧有些伸长了，有些则变短了。在这种情况下，球-簧模型的侧面从原来的正方形变形为菱形，内部弹簧承受了拉力和压力的共同作用（图 13.17）。这种现象同样可以用泡沫橡胶块模拟出来（图 13.18）。

通过改变小球的尺寸、弹簧的刚度以及它们在模型中的排列方式可以相应地按照比例模拟出任何一种固体材料。图 13.19 是由短小的相对较弱的弹簧与小球组成的模型，弱弹簧的刚度在受压时比受拉时大得多。该模型与石材、混凝土等材料的结构特征类似，即具有较强的抗压能力，但抗拉能力较弱。在木材纤维结构的球-簧模型中，竖向弹簧采用非常坚硬的链环来模拟木材中的纤维素管，其他方向上的弹簧比较软，代表木质素的弱连接（图 13.20）。

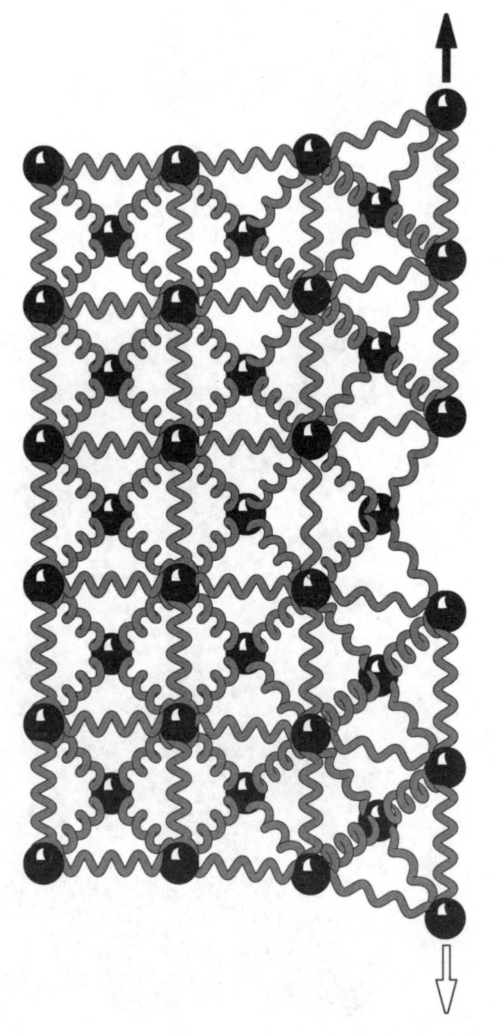

▲图 13.21　采用球-簧模型模拟格里菲斯断裂机制，材料主体边缘的断裂用缺少的连接弹簧替代。

球-簧模型用途广泛，它可以模拟橡胶、钢铁和玻璃等常见材料的结构特性，也可以模拟新型复合材料，如新型水泥基混合材料以及纤维加强混凝土等。球-簧模型是一个简化的机械模型，材料的实际分子结构可能会有所不同，然而我们的目的并不是真实反映每种材料的微观结构，而是更好地理解各种材料的结构性能。

格里菲斯的断裂机制也可以通过球-簧模型模拟出来（图 13.21），用边缘缺少连接弹簧的球-簧模型来模拟材料的已有裂缝，缺失的连接弹簧会对周围的其他连接弹簧产生很多额外的应力，从而引发连锁反应。

好的结构材料的特征

强度

结构材料需要具备足够的强度，也就是抗断裂的性能，以承受来自结构内部以及外部的恒荷载、活荷载、风荷载以及由地震作用引起的短期过载（short-time overload）等。理想的结构材料是诸如钢材或木材这种抗拉强度和抗压强度都比较高的材料。但是很多常见的结构材料并不具备这样的优点，例如被应用广泛的混凝土以及砖石，这两种材料只有在压力作用下才表现出高强度。可以将混凝土或砖石与钢筋相结合，形成既能抗压又能抗拉的高强度材料。也可以通过调整结构形式使结构内部只承受压力的作用，这在第 8 章的无筋砖石砌体结构中有详细的介绍。

刚度

除了具有强度之外，结构材料还必须具有一定的刚度，也就是抵抗变形的能力。例如钢材具有较高的强度和刚度，而橡胶只具有较高的强度。如果建筑物的结构构件承受荷载作用时变形太大，会导致玻璃、石膏等脆性非结构构件破裂损坏。梁的过度变形会导致屋面积水，从而使屋顶承受额外的荷载，积水长期累积可能会导致屋面倾斜。刚度较低的楼板虽然仍然可以安全地工作，但是楼面的凹陷或震动会使人感觉到不安全。因此建筑物的主要结构构件如梁、托梁（joists）、椽子（rafters）以及楼板等必须由刚性材料制成，这样它们在荷载作用下才不会过度变形或凹陷。这些问题会在第 17 章中进一步讨论。钢材的刚度很高，但是在承受过量的荷载时也会产生凹陷。混凝土和木材的强度以及刚度都不如钢材，因此当采用混凝土或木材建造时，必须使用更多的材料以达到和钢材一样的刚度。铝的刚度相对较低，成本也相对较高。但是铝具有耐腐蚀、易于固定、易加工成各种复杂的形状等优点，可用作装饰性外墙板、窗框、幕墙框架和非承重外墙的框架等。幕墙的铝框架的主要作用是支撑玻璃或其他幕墙材料，同时抵抗横向荷载。因此幕墙的铝框架需要具备一定的刚度，但不需要达到楼板所要求的刚度（图 13.22）。

有些类型的玻璃纤维的强度比钢材高，但是它们的刚度不如钢材，也就是它们可以承受更多应力而不断裂，但是会发生严重的变形。因此，由玻璃纤维增强塑料制成的结构构件的承载能力通常受到刚度而非强度的制约。

塑性

塑性是指材料因拉伸或挤压变形而不丧失其强度的能力。塑性能够使材料在更大面积上承受荷载的同时可以抵抗裂缝末端所出现的撕裂。也就是说同样的力作用在脆性材料的裂缝末端可能会使其发生断裂，却无法使塑性材料在同样位置上发生断裂。

脆性材料与塑性材料的特征差异最大。将一个坚硬的钢球放置在一块窗玻璃的表面，然后用液压千斤顶将钢球压入玻璃。玻璃是脆性材料，在钢球穿透它之前就会碎裂成很多个小片。如果用一块钢板进行相同的实验，钢板就会表现出塑性特征，随着作用力越来越大，钢球会越来越深地陷于钢板之中，由此留下一个永久性凹口，但钢板不会产生裂缝，也不会碎裂。

塑性特征可以让材料中的内力重新进行分布，从而使得材料中其他受力较小的部分也能参与抵抗外部荷载。因此材料的塑性性能不仅能预防结构失效，还能增强材料的承载能力。铝和钢是塑性材料，而混凝土和砖石是脆性材料，它们的抗拉强度很低，在拉力的作用下会发生突然断裂或倒塌。

如果结构承受过多的荷载会发生结构失效。我们希望在结构快要失效前收到提醒。如果钢梁或木梁过载，那么在破裂之前它们便会产生显著的凹陷以示警告。钢筋混凝土梁和板在配筋时要求少筋，这意味着结构设计有意地使受拉区弱于受压区。如果少筋梁承受过多的荷载，那么在受压区的混凝土失效之前，受拉区的钢筋会发生明显的拉伸变形，梁底就会出现一连串不断扩大的裂缝，由此警告人们钢筋混凝土梁即将失效。如果钢筋混凝土梁超筋，坚硬但脆性的混凝土将会先于钢筋失效，这样在梁坍塌之前就很难得到预警。有一个生动的比喻，超筋梁就像一块花生糖，而少筋梁就像一块焦糖夹心巧克力棒。当我们咬花生糖时，花生糖会立刻发生断裂，而且没有规律。当我们咬软巧克力棒时，巧克力棒会在口中逐渐裂开，而且这种断裂可以被预料到。

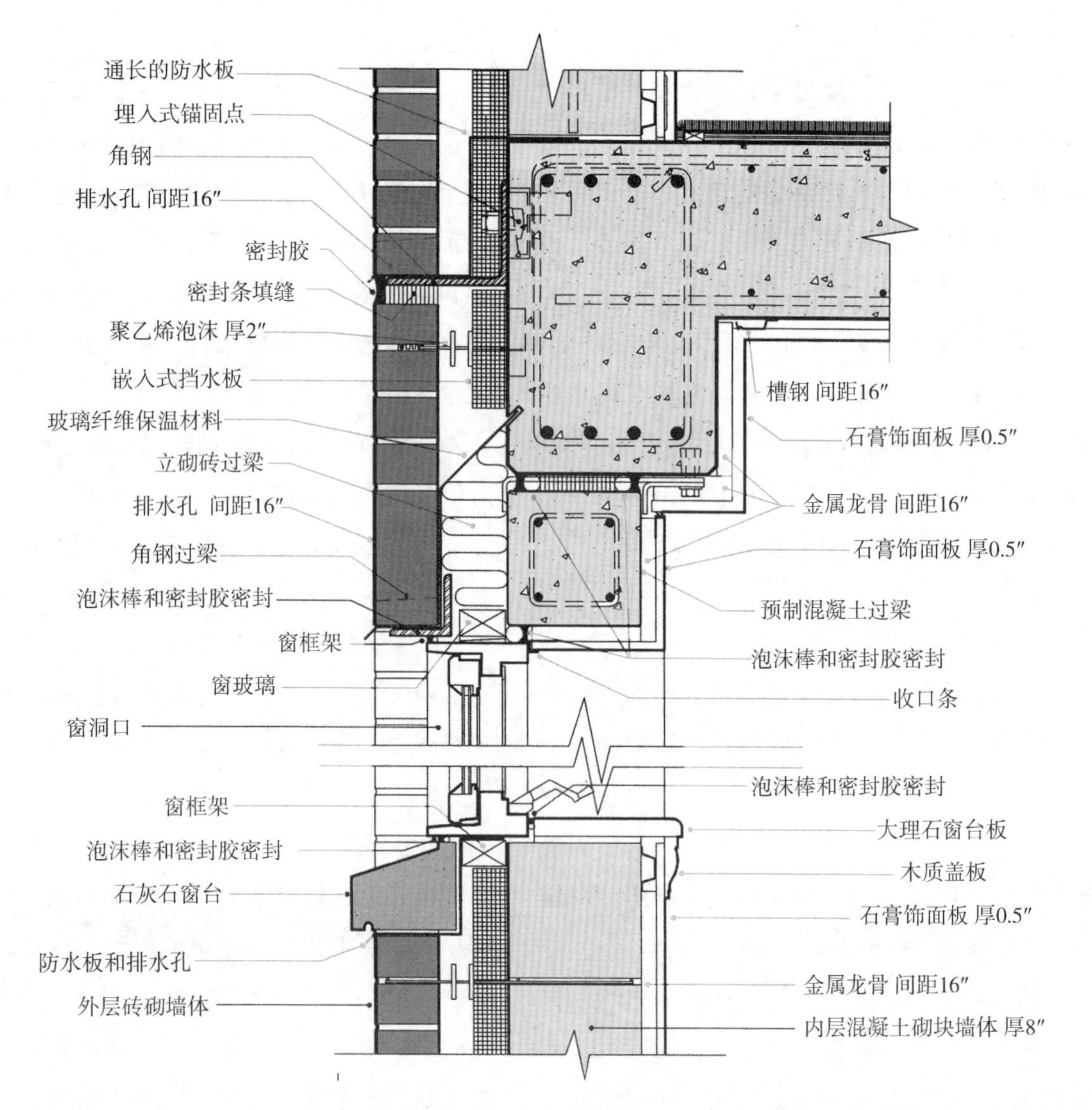

图 13.22 这张图展示了学校或者办公楼建筑的一个典型的外墙构造，其中应用了数十种材料。这些材料经过仔细的选择、排列和连接，形成了相对简洁的墙体外观。角钢作为过梁，其强度和刚度足以承受外层砖墙的重量。角钢占用空间少，在外观上几乎不可见。外层的饰面砖墙耐用、不可燃、不易褪色、色彩丰富，还可以吸收少量的水，砖墙体的使用寿命甚至可以达到上百年。传统的砖石结构的维护每隔 50 年到 100 年一次，需要将接缝处的旧砂浆铲除，然后再抹上新砂浆。钢材表面镀锌用来防锈。混凝土砌块墙体相比于砖墙体来说，成本更低、砌块体积更大、节省人力、抗压强度更大，可建造大体积的墙体。图中的承重墙采用了混凝土砌块墙体，支撑外层砖墙的同时抵抗风荷载。窗框架的材料采用的是覆乙烯基板材，这种材料具有一定的刚度，热传导率较低并且易于加工。乙烯基覆层（vinyl sleeves）可以保护木框架不褪色，使木框架在不涂漆的情况下也很美观。对乙烯基覆层进行角部焊接，防止出现裂缝而导致窗框架渗水。

抗徐变性能

木材、混凝土和塑料在长期的荷载作用下，会渐渐发生不可逆的变形，这种现象就叫作徐变。在正常荷载作用下，徐变会不断减小直至最终消失。高层建筑中的钢筋混凝土柱子会随着时间累积而变短。由于徐变作用，木楼板或者钢筋混凝土楼板在几年时间里会慢慢凹陷。通过将材料中的应力控制在相对较低的水平，可以最大限度地减小徐变。常温下的钢材不会发生徐变。

抗疲劳性能

如果我们反复弯折一根回形针，其金属丝就会断裂，这种现象就是疲劳现象，也就是在反复的外力作用下而产生的金属脆化现象。当某种金属在室温下反复发生变形时，这种金属的晶体结构会重塑成越来越小的单元，金属的强度会越来越高但也会变得更脆。即使在材料本身应力水平较低的情况下，金属被反复多次施加应力时，也会出现疲劳现象。建筑结构可以不考虑结构材料的疲劳问题，但是对于像桥梁这种每天需要承受数以千次的车辆荷载的结构，以及飞机这种不断遭受强气流冲击和机舱增压减压带来的周期性拉应力的结构，则必须考虑材料的疲劳问题。木材、混凝土和砖石等材料不易出现疲劳现象。

可靠性

构成墙、梁、板或柱这些结构构件的材料，必须能够实现预期的结构作用，要明确所选材料的性能可以实现预期效果。这意味着在制造和安装结构材料的过程中，必须对材料的质量进行检测，以确保其可靠性。例如木加工厂会对生产出来的同一批次的木材的强度和刚度进行检测，每根木材都会贴上一个等级标签，标明其强度和刚度。钢构件生产厂会对各个批次的熔融状态的钢进行选样，然后对样品进行化学分析，完成后的质检证书会附在每批已通过检测的钢构件上。混凝土和砖石结构通常是在施工现场建造的，当地实验室会对现场的材料样品进行强度测试。

可持续性

近年来环保的材料受到了越来越多的关注。低环境影响材料包括直接从自然界中获取的材料，如夯土、土坯、原木、粗石或稻草等。低环境影响材料还包括那些可循环利用或可再生的材料，例如大多数钢是由废旧的钢材制作而成，铝的循环利用率很高，废弃混凝土磨碎后可以制成骨料。

此外，用于制造和运输材料所需要的能量以及在这过程中释放的环境污染物也必须纳入考虑范围。例如在生产硅酸盐水泥即混凝土中的黏合剂的过程中会释放大量的二氧化碳和颗粒物，耗能较大。由矿石炼制而成的钢材也是一种能源密集型产品，炼制过程中所产生的副产品会对土壤、空气和水造成污染。目前美国使用的大多数钢都是由废钢制成的，这样消耗的能源和排放的污染物就要少得多。

木材是常用建材中能耗最低的一种材料。在它的使用年限结束时，遗留的木构件会腐烂并再次成为土壤的一部分，为新的木材生长提供能量和养分。

各向同性

钢材和混凝土本质上是各向同性材料，也就是说，不管它们在哪个方向上受到外力作用，其结构特性都一样。而木材和纤维增强塑料则属于各向异性材料，它们在与纤维平行和垂直的两个方向上的结构特性差异较大。例如常见的木材在平行于木纹理方向的容许压力是垂直于木纹理方向的三倍。木材垂直于纹理方向上的容许拉力非常小，因此没有将它列在木构件参数表中。这种各向异性的性质必须加以考虑，尤其是材料在不同方向上承受不同荷载作用的情况下，要确保各向异性材料可以发挥最优的结构性能。

耐火性

建筑火灾事故时有发生，我们至少要确保每座大楼能够在一段时间内抵御火灾引起的坍塌，从而为住户留出足够的时间安全逃离火灾现场，这一点很重要。采用轻型木结构的建筑物很容易着火，因此建筑规范规定，轻型木结构严禁用于超大型建筑或城市中心区的小型建筑当中。相对于轻型木结构来说，重型木结构不易起火，因为重型木结构的质量更大，即使起火了，烧起来也比较慢。因此建筑规范规定，大型建筑物可以使用重型木构件做结构。

钢材是不可燃材料，然而钢材在远低于其熔点的温度下就会开始失去强度，无法承担荷载。建筑规范规定小型钢框架结构可以暴露在外，但是大中型建筑的钢构件需要使用耐火绝缘材料予以保护，这类材料被统称为防火材料。

混凝土是不可燃材料，相比裸露的钢材可以更好地抵抗火灾的损伤，但是其中的水泥混合物的晶体结构在遇到火时会逐渐分解，最终导致混凝土破裂。砖是耐火性最好的材料，但是砖的灰缝是水泥基材料，在高温下会损坏，因此长时间在火的热力作用下，砖块也会开始碎裂。

烟雾以及其他燃烧产物大多具有很强的毒性，相关的建筑法规会对材料在火灾中产生的燃烧物数量以及毒性进行规定。

热稳定性

任何一种材料都会出现热胀冷缩的现象。热膨胀系数指的是温度变化 1 ℃时材料尺寸的相对变化量，它的单位是 1/华氏度，或 1/摄氏度。砌体材料的热膨胀系数相对较低，铝合金材料的热膨胀系数相对较高，塑料材料的热膨胀系数则非常高。钢材和混凝土的热膨胀系数中等，两者十分接近。木材的热膨胀很特别，湿度变化引起的尺寸变化要比温度变化诱发的尺寸变化大得多。因此对于木材来说，温度变化所引起的尺寸变化常常会忽略不计。任何一种结构材料，如果完全封闭在一个温湿度变化很小的空间中，通常会认为它的尺寸是稳定的。暴露在室外的结构构件则会随着温度的变化而产生膨胀或收缩。

经济性

诸如钨和钛这类金属的强度虽然比钢高，但是成本较高，所以很少被应用于建筑物或桥梁当中。红枫的强度和刚度均比道格拉斯冷杉高，但是它的价格要高得多。因为红枫较为罕见，且树干短小弯曲，而冷杉则比较常见，树干又长又直，易于加工成型。改变混凝土的配比可以使混凝土的强度接近钢材，但是这样会使得混凝土的造价比普通强度的混凝土高很多。当我们决定使用某种材料时，必须保证这种材料本身的成本以及在建筑中使用和安装这种材料的成本都合情合理。

耐久性

一种结构必须能经受得住水、化学药剂、紫外线波长、蛀虫、冻融循环等因素的侵害和腐蚀。钢材表面必须涂上防锈漆或镀锌来防止锈蚀。木材必须始终保持干燥状态，或者用化学防腐剂处理，又或者涂漆防止腐烂。完全浸没在淡水中的木材是不易腐烂的，如打入地下水位的木墩以及建造在河水中的基础桩等，这是因为水将致腐的有机物与空气隔离开来。暴露在室外的混凝土必须非常致密，这样才能够防止水渗入以及冻融循环所带来的破坏，也可以在混凝土表面喷涂保护层来防止侵害。海滨建筑和多雪气候区的道路桥这类会接触到盐水的地方，混凝土里的钢筋需要涂上环氧树脂以防止腐蚀。

常见的结构材料

木材取自树木的树干部分。先将树干锯成毛糙的木板，经干燥后去除多余的水分，再把它们刨平以保证表面光滑和尺寸精确。经外观检查后对每根木构件进行质量分级，或采用高速运转的连续测试机，将木材放入滚筒之间进行拉压测试并记录其抗力。最后木材的容许强度会在木结构手册当中按种类和等级列出。

随着老龄树被人们砍伐，越来越多的生长迅速的幼龄树成为建筑用木材的原料。相对于老龄树来说，这些幼龄树的树干直径较小、节疤较多。为了更好地利用这些较小的木材，并减少树木在锯木工厂中损耗的木屑和刨花，由木单板或长木条胶合而成的胶合木构件逐渐成为建筑用木材的首选。在放大镜下可以看到木材由一组组平行的硬纤维管构成，纤维管的长轴与每块木材的长轴平行，这就是木材的表观“纹理”（图 13.20）。有关木结构的相关问题请参见第 1 章、第 4 章、第 6 章和第 17 章中的探讨。

砌体结构是由砌块和砂浆砌筑而成的结构，本书第 3 章中所介绍的体育馆侧墙就是砌体结构。最常见的砌块包括石块、砖块和混凝土砌块（CMUs）。砂浆是砌块之间的黏结材料，起到找平、密封和黏结的作用。

结构钢指的是含碳量约为 0.3% 的铁，其塑性很强。钢构件是钢材在熔融状态下在车型轧辊之间挤压而制成的，如 H 形钢、槽钢、角钢等。结构钢可以直接用于钢框架结构，也可以作为木结构或者钢筋混凝土结构中的连接件，以及钢筋混凝土结构中的钢筋。在结构中，钢材已经完全取代了铸铁，铸铁虽然很早就被用于建筑当中，但是它含碳量较高且杂质很多，本身非常脆弱。锻铁的塑性很强，但制造时需要耗费大量的人力，成本较高。更多关于钢结构的信息请参阅第 5 章、第 18 章和第 22 章。

混凝土是由水、硅酸盐水泥和骨料配制而成的材料，其中占比例最大的是骨料。骨料由粒径较大的碎石或卵石构成的粗骨料与由沙子组成的细骨料组成。粗细骨料的直径和配比是固定的，细骨料刚好能填充粗骨料之间的缝隙。硅酸盐水泥在水化作用下硬化，形成一种黏合剂，这种黏合剂能完全包裹住所有的骨料颗粒，将它们黏结成结实的固体。我们还会在混凝土混合物中添加各种掺合剂，从而达到改善混凝土湿拌料的施工性能、加快混凝土的硬化反应、增强硬化后混凝土的强度等目的。

混凝土的抗拉强度很低，所以需要用钢筋来增强其抗拉强度。也可以采用预先施加拉力的预应力钢筋，将它们与混凝土黏结或锚固在一起，预应力钢筋会对混凝土施加压力。混凝土材料的相关内容可参见第 3 章、第 9 章、第 20 章和第 21 章。纤维加强混凝土是一种新型的混凝土材料，通过在混凝土的混合物中加入短纤维，增强材料整体的抗拉强度。

材料的不均质性

我们倾向于将结构材料视作连续的均质固体，但是在实际情况下，所有的结构材料都是由不同形状和大小的颗粒组成的，这些颗粒很小，几乎不可见。科学研究表明，任何一种材料，无论是气态、固态还是液态，都是由微小的基本粒子、原子或分子组成的，这些微粒靠静电引力结合在一起，粒子的直径约为 10^{-9} 米，比硬币小一千万倍。任意一种材料的基本粒子之间的黏合键都具有极高的强度，但是这种强度并不反映在材料的整体强度中。这是因为这些材料并不是由有序排列的基本粒子模型构成的，而是由随机聚集的相互独立的粒子簇形成的晶体、颗粒或纤维构成的。除了粒子簇自身的缺陷外，粒子簇之间的不连续性、杂质和相关各种材料缺陷也会影响材料的性能。一般来说，粒子簇之间的黏合键强度小于粒子簇内部的黏合键强度，而材料强度由这些强度不高的黏合键决定。

应力的概念

尽管结构材料反映了其组成粒子的特性，但是我们通常需要从宏观层面上对它们加以考虑。法国数学家和物理学家奥古斯丁·柯西（Augustin Cauchy，1789—1857）引入了应力的概念，由此简化了结构主体所承受的复杂作用力，便于对这些作用力加以研究。在本书的第 1 章，我们初步介绍了应力的概念，即作用在构件上的轴向力除以构件的截面面积：

$$f=\frac{P}{A}$$

已知结构材料的微观性能以及这个应力的公式，可知应力是作用在结构材料上小面积范围的实际内部作用力的平均强度的统计值。应力是合成应力，是结构主体中所有微粒间任意方向上的应力之和。图 13.23（a）表示了轴向受压构件截面上的实际应力分布，13.23（b）为截面上均匀分布的应力，均布应力以简化的形式再现了构件的实际受力状况。

也可以采用球-簧模型来理解应力的概念，假设一个球-簧模型在竖向上承受均布压力（图 13.24）。该模型的横截面 1-1 上所承受的微观应力可以用图 13.24（b）中的均布应力表示。同时在图 13.24（c）的垂直截面 2-2 上，水平弹簧中的拉力与斜向弹簧中压力的水平分力相抵消，所有水平方向的应力的合力为零。由此可见，材料在某一区域上应力为零，并不表示这个区域上不承受任何微观应力，可能是这些微观应力相互抵消了。泊松效应同样可以解释这个现象，在一个方向上的均布压力作用使材料内部产生均布应力，同时在该方向上材料会缩短，而与这个方向垂直的方向上，材料会伸长且应力为零。这些图有力地解释了为什么诸如混凝土、砖块、石头等脆性材料在失效时首先会在平行于主应力方向上产生裂缝（图 13.25）。

以上结果表明，脱离直观模型的数值法可能引发我们对许多重要结构现象形成错误的理解。虽然“应力”是一个基本概念，但它是对一系列复杂的物理作用的高度简化。

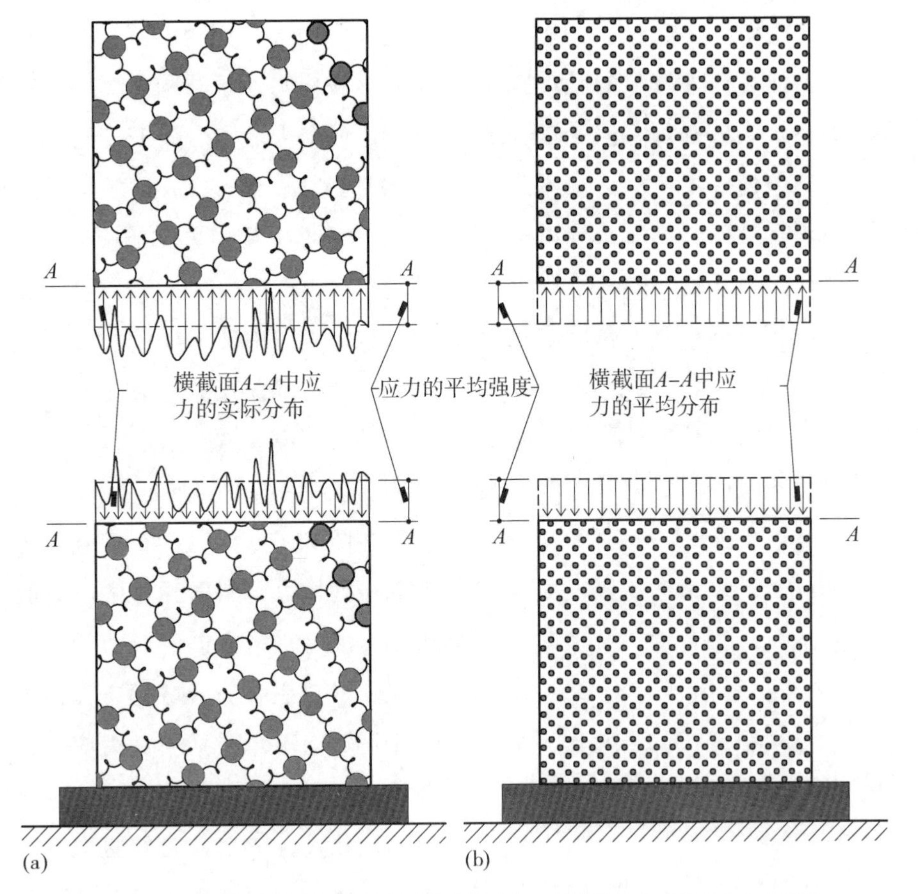

图 13. 23　假设微观层面上的应力分布为平均分布，结构设计中采用应力的平均值。

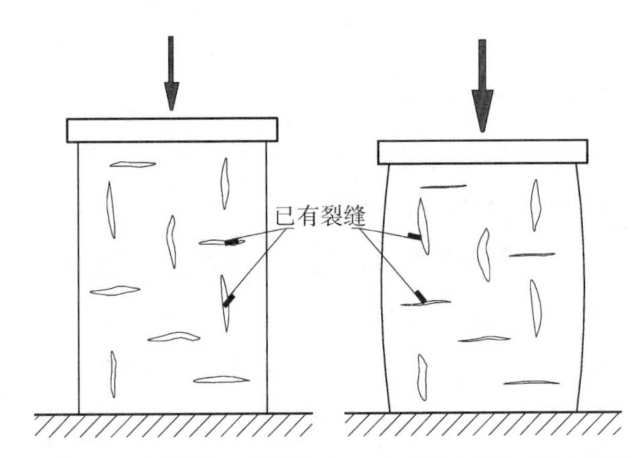

图 13. 25　在材料的强度测试时，一块材料中的已有裂缝会影响材料的失效方式。

应力与应变

固体材料承受力的作用总是伴随着一定的变形，由此引入应变这个概念，应变表示是材料的变形程度。应变（s）是结构构件的长度变化（ΔL）与该结构构件的原始长度（L）之间的比值（图 13. 26）：

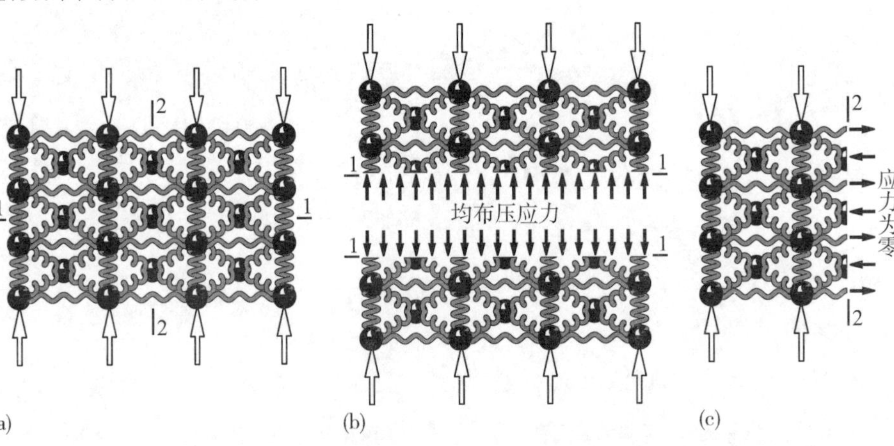

▶图 13. 24　当一块材料受到压力作用，斜向弹簧会产生垂直于主应力方向的微观应力。由于这些力一半是拉力，一半是压力，相互抵消之后只剩下主应力。

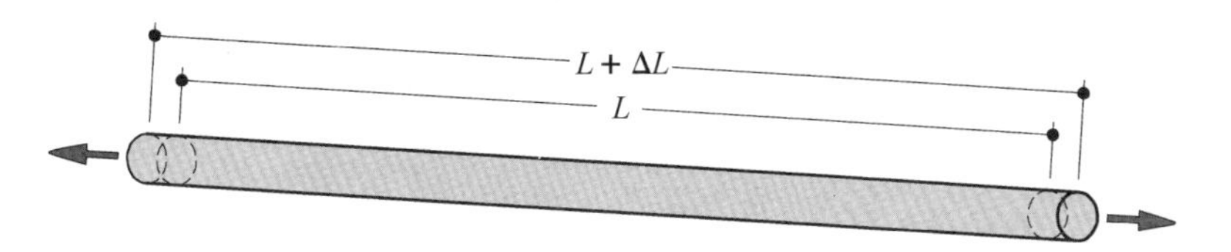

图 13.26　应变是构件在外力作用下的伸长量或缩短量与该构件原始长度之间的比值

$$s=\frac{\Delta L}{L} \tag{13.1}$$

应变是一个无量纲常数。

应力与应变之间的关系是由英国科学家罗伯特・胡克（Robert Hooke，1635—1703）和法国物理学家 E. 马略特（E. Mariotte，1620—1684）各自独立发现的。在研究弹簧和梁时，他们发现在结构主体中发生的变形与施加在结构上的力是成一定比例的。他们还发现当这个力消失时，变形也随之消失，结构主体恢复到原来的形状。胡克定律又被称为弹性定律，是应力与应变之间的线性比例关系：

$$E=\frac{f}{s} \tag{13.2}$$

在这个公式中：

E 是弹性模量；

f 是材料中的应力；

s 是在给定应力 f 作用下材料的应变。

弹性模量也被称为杨氏模量，对于某一特定材料来说是恒定不变的。杨氏模量是以英国科学家托马斯・杨（Thomas Young，1773—1829）命名的，托马斯对材料的弹性现象进行了研究。E 的单位是磅/英寸^2（lb/in^2）或帕斯卡（Pa），材料的弹性模量越高，材料硬度就越大。

测定材料的弹性模量的方法是在试验机上安装一个材料样本，然后给样本施加稳步增长的拉力或压力，同时记录下材料的变形程度（图 13.27）。根据测量结果，绘制出应力-应变曲线，其中竖轴表示应力，横轴表示应变（图 13.28）。弹性模量就是弹性变形阶段直线的斜率。

像钢或者铝这样的塑性材料的应力-应变曲线在达到屈服点之前是一条倾斜的直线。在弹性变形范围内，如果施加于材料的荷载消失，材料的应变也将随之消失，材料会恢复到原始的形状和尺寸。当应力逐渐增加直至超过屈服点，应变也不断增加，应力与应变之间的关系不再是简单的线性关系，材料开始发生塑性变形，这种变形是不可逆的，此时材料强度的增幅很小甚至为零。如果应力继续增加，应变也

克劳德・纳维尔（Claude Navier，1785—1836）

纳维尔是法国科学院院士，他的数学研究奠定了结构工程数值分析方法的基础。他的叔父埃米兰・高特（Emiland Gauthey）是一位重视传统经验方法的结构工程师。纳维尔由其叔父抚养，后来就读于巴黎理工学院，师从傅里叶（Fourier）等数学家。毕业后，纳维尔校订了他已故叔父的论文，通过学术研究和教学进而建立了基于数学理论的结构分析方法。与其同时代的结构工程师此时仍在致力于用实验法改善悬索桥设计，如美国宾夕法尼亚的芬利（Finley）和英国的特尔福德（Telford），纳维尔已经建立了正确的用于寻找悬索桥中的力的数学理论。他试图将以前无法预测的振动、弹性和温度变化等因素融入其理论中。在纳维尔的理论方法指导下，巴黎荣军院石拱桥（Pont des Invalides）设计的高跨比只有 1 : 17。但是这座桥因为施工困难导致工期延误，引发了合同和政治纠纷，已建好的部分于 1826 年拆除。就在同一年，基于库仑（Coulomb）、马里奥特（Marriotte）等数学家的研究，纳维尔首次出版了基本准确的关于数值法结构计算的书籍。他在工程领域和流体力学领域做出了巨大贡献。在尚且无法理解流体的物理性质的情况下，纳维尔已经建立了正确的数学公式也就是纳维尔-斯托克斯方程，该方程描述了流体动量与黏性之间的关系。

会增加，在达到材料的极限强度后材料就会断裂。与之相反的是脆性材料会在弹性范围的极限处直接断裂，没有预警。

一般情况下结构材料的变形肉眼不可见，但是我们可以用测试仪精确地测量出材料的变形程度。几种常见结构材料的应力-应变曲线如图 13.29 所示。

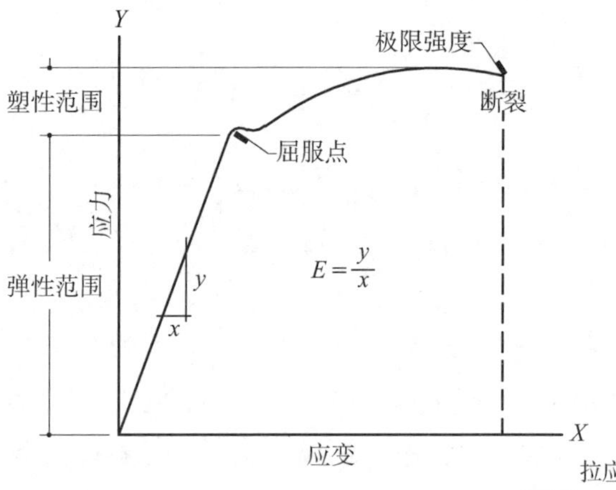

◀图 13.28　低碳钢抗拉强度的应力-应变曲线。钢材的弹性变化范围为大斜率的直线。如果在这个范围内将外力移除，材料样本会恢复到原始的尺寸和形状，体现出弹性变形的性能。当钢材达到屈服点，就开始发生塑性变形，在这之后材料将不能恢复原始的尺寸和形状。但是塑性变形可以使得材料更加坚固，能够承受比屈服点处更高的应力。继续对钢材样本施加拉力，材料样本会被拉断，从而失去强度。

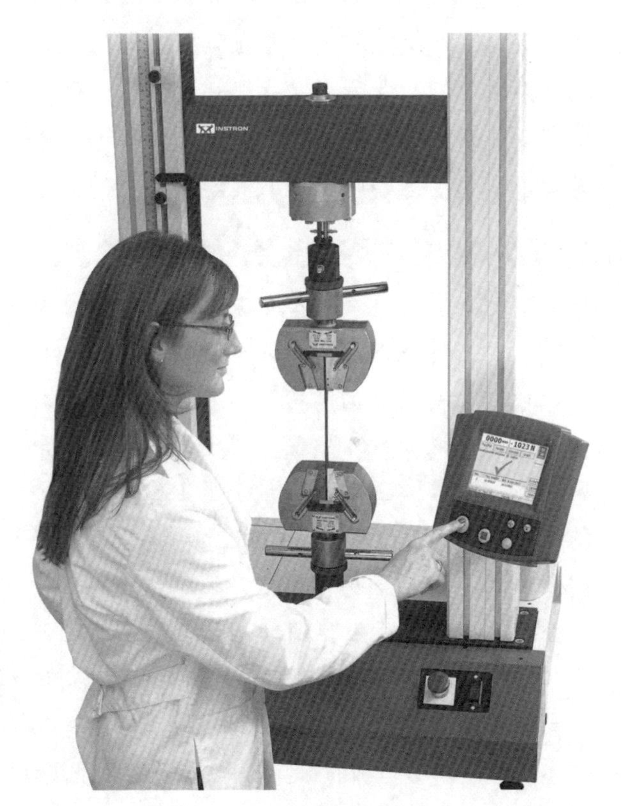

图 13.27　材料的抗拉强度测试仪器对材料样本施加不断增大的拉力，并绘制出应力-应变曲线。

图片来源：英斯特朗公司（Instron Corporation）提供

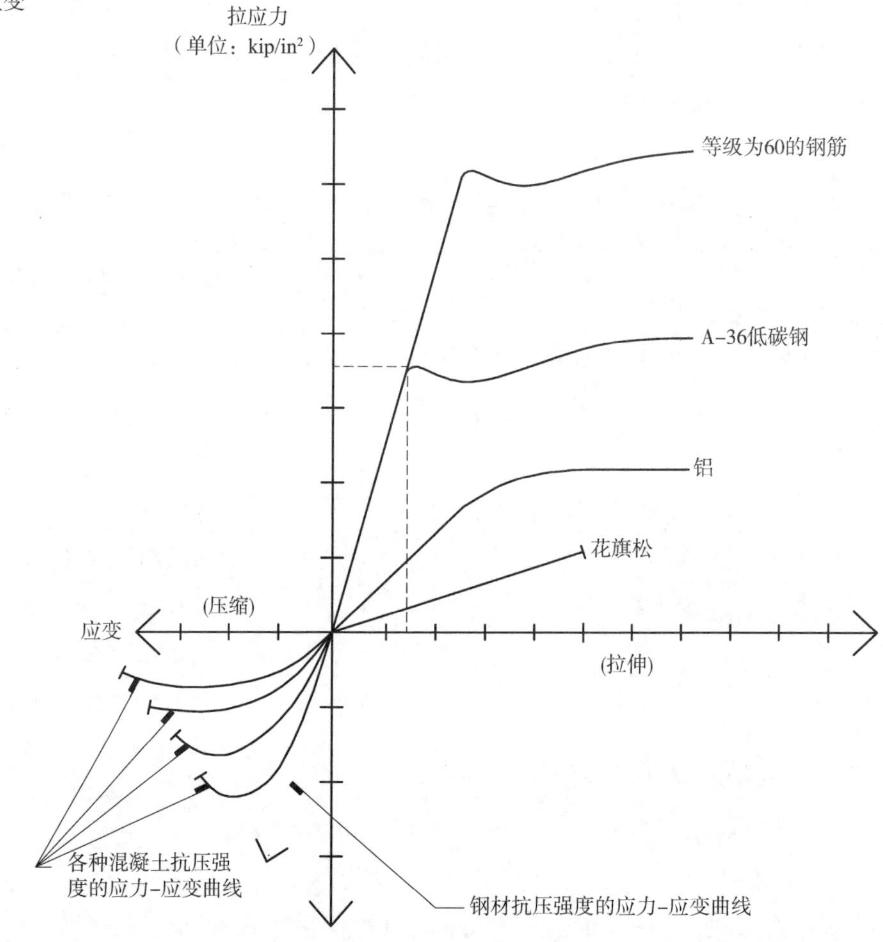

图 13.29　几种材料的应力-应变曲线，抗拉强度曲线位于第一象限，抗压强度曲线位于第三象限。

求出结构构件的应变

弹性模量能够帮助预判结构构件在荷载作用下的变形。例如一根 14 英尺高的柱子由弹性模量为 160 万磅每平方英寸的木材制成，那么这根柱子在 1 200 磅每平方英寸的压力作用下会缩短多少呢？根据式（13. 2）：

$$E=\frac{f}{s}$$

$$s=\frac{f}{E}=\frac{1\ 200\ \text{lb/in}^2}{1\ 600\ 000\ \text{lb/in}^2}=0.000\ 75$$

将实际数值代入式（13. 1）中：

$$s=\frac{\Delta L}{L}$$

$$\Delta L=sL$$

$$14\ \text{ft}=168\ \text{in}$$

$$\Delta L=168\times 0.00075=0.126\ (\text{in})$$

得出结论，在 1 200 磅每平方英寸的压力作用下柱子缩短了约 1/8 英寸。

如果 12 英尺长的钢杆承受等于其容许应力的拉力，那么该构件会伸长多少呢？

$$s=\frac{f}{E}=\frac{2.4\times 10^4}{2.9\times 10^7}\approx 8.28\times 10^{-4}$$

$$s=\frac{\Delta L}{L}$$

$$\Delta L=sL$$

$$12\ \text{ft}=144\ \text{in}$$

$$\Delta L=144\times 0.000\ 828\approx 0.12\ (\text{in})$$

安全系数

大多数结构设计会计算全部的活荷载，使材料应力大约为屈服强度的 40%～60%，具体多少则取决于材料的可靠性。与之相对应的安全系数则在 1. 67～2. 5 之间。这使得结构在弹性范围内有相当大的强度储备，能防止特殊情况的发生，例如撞车、龙卷风或施工过程中起重机的操作失误造成的额外荷载等。即便如此，大风或大地震也可能会对结构造成冲击，导致一部分结构构件可能会发生塑性变形。当这种情况发生时，建筑物将会发生一定程度的永久变形，但是在结构内力达到材料的极限强度之前，建筑物不会倒塌。因此材料的塑性特点，在容许应力已有的安全系数基础上，为建筑物提供了额外的安全保障。

在写这本书时，一些新的塑性材料如玻璃纤维、碳纤维以及芳纶纤维制作的结构构件已经被应用于人行桥或公路桥等实验性项目当中。从这些实际工程中，可以了解到这些新型材料的强度、刚度、耐久性、耐火性等性能表现，相信这些知识很快就可以帮助我们将这些超高强度的轻质材料应用于建筑当中。

总结

本章介绍了结构材料的一些基本概念，包括材料的各种性能以及材料强度产生的内部作用机制。我们探究了球-簧理论模型，该模型以简单的形式描述了固体和颗粒状材料的内部作用，以及这些作用的物理机制。我们还学习了用弹性模量来量化由应力引起的材料尺寸变化，并对常用的结构材料进行了比较。

在有生之年，我们很有可能会在建筑行业中接触到至少一种重要的新材料，这种材料可能尚未成型需要进一步完善，也可能是加工成型的产品。本章提供了一些初步方法帮助我们去认识新材料，并反思传统材料的创新性应用。

思考题

1. 已知一根木柱的横截面面积为 5.5 平方英寸，长度为 12 英尺。其弹性模量是 1.3×10^6 磅每平方英寸。请问在 36 000 磅的压力作用下木柱会缩短多少？
2. 已知一根高强度的钢杆直径为 0.45 英寸，长度为 25 英尺。请问在 16 000 磅的拉力作用下这根钢杆会伸长多少？
3. 根据以下每种材料的微观结构和特性，绘制出相应的球–簧模型：
   a. 泡沫橡胶（如床垫）
   b. 棉布（如纺织面料）
   c. 聚乙烯塑料（如弹性袋和薄膜）
   d. 石灰岩（如建筑的石材立面）

   解释说明每个模型是如何反映其材料特征的。
4. 假设你去地球上的某个角落担任志愿者。当地的主管让你利用当地有限的材料建造校舍，当地时常会发生小地震，且冬天气候寒冷，校舍的墙和屋顶必须能够抵御地震灾害，还必须具有保温性能。学校没有供暖设备，当地的钢材和水泥昂贵且稀有，可用的材料有：
   - 黏土和淤泥
   - 直径 6 英寸、长 22 英尺的竹子
   - 容易开采的层状石灰岩
   - 树干直径约 4 英尺、长度约 40 英尺的柏树

   可利用的简易加工工具有：铁锹、撬棍、各种锯子（包括可以将原木锯成木板的大锯）。

   利用以上的部分或全部材料建造出 24 平方英尺的校舍，绘制出设计图以及主要连接处的细部构造。

关键术语和公式

angle of repose 自然堆积角
internal friction 内摩擦力
slurry 悬浮液
quick condition 流动状态
surface tension 表面张力
multiaxial stress field 多轴应力场
confinement 约束
cohesion 内聚力、黏合力
composite columns 复合柱
flowable fill 流动性填料
controlled low-strength material 可控的低强度材料，CLSM
fissure 裂缝
Griffith's fracture 格菲斯断裂机制
crack stopper 止裂孔
ball-and-spring model 球–簧模型
Poisson effect 泊松效应
stiffness 刚度
strength 强度
curtain walls 幕墙
ductility 塑性
brittleness 脆性
reinforcing 钢筋
underreinforced, overreinforced conditions 少筋、超筋条件
creep 徐变
fatigue 疲劳
isotropy 各向同性
anisotropy 各向异性
heavy timbers 重型木材
noncombustible 不燃的
coefficient of thermal expansion 热膨胀系数
wood 木材

$$s=\frac{\Delta L}{L}$$

$$E=\frac{f}{s}$$

capillary action 毛细作用
biaxial stress 双轴应力
masonry 砖石建筑
structural steel 结构钢
structural steel shapes 钢结构型材
wide-flange 宽翼缘
channel 槽型
angle 角型
cast iron 铸铁
wrought iron 锻铁
concrete 混凝土
aggregates 骨料
portland cement 硅酸盐水泥
curing 硬化
admixtures 掺合剂
prestressing 预应力
strands 钢绞线
pretensioning 先张法
posttensioning 后张法
stress 应力
strain 应变
Hooke's law 胡克定律
law of elasticity 弹性定律
modulus of elasticity 弹性模量
Young's modulus 杨氏模量
yield point 屈服点
ultimate strength 极限强度
factor of safety 安全系数

第14章 14 研讨课：符合力流的墙板设计

- ▶ 应力迹线
- ▶ 拉压杆模型；桁架模型
- ▶ 力流的三种模式；基本模式在任意结构构件中的应用
- ▶ 图解法找出桁架模型中的力

“我找到你要的设计方法了！”

“是什么呢，戴安娜？”

“之前你带给我的图纸上显示了混凝土墙板的形状，你让我计算出墙板的临界应力处于哪个位置？还让我去找一下能计算出这些应力大小的公式，对吧？”

“是的。”

“我可以帮你，但是我没有找到对应的公式。”

“等等！”布鲁斯迷惑不解地说道，“你刚才说已经找到我需要的设计方法了，可是又说没有。”

“我是说没有找到对应的公式，但确实找到了一个十分巧妙的方法来做这个工作，这个方法还可应用于其他许多设计中。”

“还能适用于其他墙板设计？”

“这个方法能帮助你处理很多不同情况下的问题。它不仅能帮你找出混凝土材料的应力，还能应用于各种工程以及其他材料当中。它是塑形的工具，有了它，你就能知道结构中哪些地方需要增加材料，哪些地方可以减少材料，以及哪个位置可以开洞（图14.1）。这个方法有助于创造一些结构细部，这些细部将成为当今最优秀的结构中很巧妙的组成部分，它会帮助你更好地理解结构特性。”

“那以我当前掌握的数学知识，能使用这个方法吗？”

“完全可以，我们现在的数学知识就已经足够了。先从定性分析图开始，定量计算部分只在最后出现，并采用桁架模型分析完成。”

“桁架分析？你的意思是这些墙板中有桁架？它们可是坚固的混凝土块呀！”

“你可能从没想到墙板里会有隐藏的桁架吧，不过重要的是，我们可以证明墙板里确实存在桁架——每个结构主体中都有看不见的桁

图14.1　某预制混凝土墙板
图片来源：大卫·福克斯摄

图 14.2　预制混凝土墙板草图

架。你只需要找到这些桁架的形状和施加在上面的荷载，如果需要的话，你可以求解出这些桁架杆件中的力。在此基础上就可以塑造实体的形状，调整各个部分的比例了。”

“我还是很困惑，不过你成功地激发了我的好奇心，我们来试试看。我手里有一个不太常规的项目，需要你的帮助。你对立墙平浇式混凝土墙板施工了解多少？”

“不太了解，”戴安娜承认道，“实际上，我从来没设计过立墙平浇式建筑物，仅仅是大致了解其建造过程。”

“最近，我已经开始给格兰杰的立墙平浇式试验项目画草图了。

“该项目的甲方罗布·格兰杰（Rob Grainger）已经带我参观过他们的建筑了，有竣工的项目，也有在建的项目。他们主要负责建造仓库、工厂和购物中心，偶尔也会接一些学校、教堂或者办公楼等工程。”

“他要求你做什么？”

“他想让我构思一些新的建筑理念，借此扩大市场。大多数立墙平浇式建筑物的形式都很单调。通常建筑师和甲方会尝试采用瓷砖或者面砖等装饰材料给墙板增加一些色彩和图案，也会尝试采用具有创意的开窗方法，以赋予建筑物一些灵动的元素。格兰杰认为相比于表面装饰，采用全新的设计方法塑造墙板形状会更有趣。”

“这真是一个令人激动的挑战！你需要我做什么？”

“我正在构思一些非常规的墙板形状，比如不对称的 L 形墙板和 T 形墙板，以及一些带有很多不同形状孔洞的墙板，有些墙板边缘有切口。而且在多数情况下这些墙板需要承受较大的屋面荷载。”

布鲁斯将一叠草图展开，草图上绘制了不同的墙板形状（图 14.2）。

“我需要知道哪些方案可行，哪些不可行。如果可行的话，我需要知道配筋的量以及配筋的位置。”

“有些形状看起来十分复杂，建筑师似乎从来不喜欢简单直接的形状，到底是为什么呢？”

“这回可不能怪我——这是格兰杰的主意。不过我得承认，我喜欢尝试这种非常规但能拓展思维和能力的项目，格兰杰也能够欣赏这种创造。而且我和你也都喜欢去挑战一些跟这个差不多的不合常规的项目。”

“是的，你说得对，我喜欢。这些项目不仅有趣还能提升我们的能力。”

立墙平浇建筑法

“立墙平浇建筑法是不是在地面水平地制模浇筑成型的墙板，待墙板硬化后把它们吊装到位吗？”

“是，你已经说出了基本原理，这里有几张照片和示意图（图 14.3~图 14.6）表示了立墙平浇建筑法的常规施工过程。在准备好的场地上水平地浇筑墙板，然后在需要安装墙板的位置铺设条形基础，待浇筑好的墙板硬化后，再将墙板吊装到条形基础上。使用可伸缩的钢管斜撑使墙板保持直立。屋顶建造完成后，再将外墙板的基础

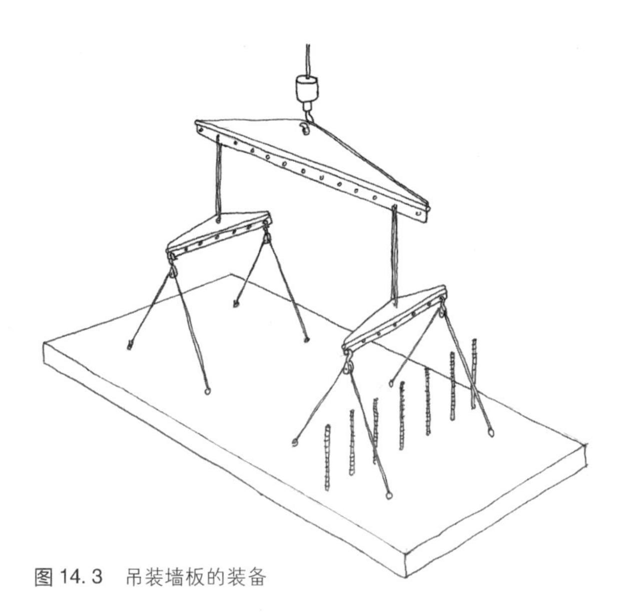

图 14.3 吊装墙板的装备

部分填实，并做抹平和饰面处理，最后拆除斜撑。”

“我知道了，墙板直接放置在条形基础上，墙板两侧有沟槽，墙板内表面伸出的钢筋将墙板与地板连接起来。那么这些墙板之间是怎样相互连接的呢?”

“一般是通过屋檐处的焊接板连接（图 14.6）。屋面板作为横向支撑使墙板的上端保持整齐，墙板之间的缝隙采用防水胶密封。”

“格兰杰的公司用立墙平浇法只能建造单层房屋吗?”

“不是，可以轻易地建造两层的房屋，甚至是三四层的房屋，但是目前大部分的项目都是单层的。”

◀图 14.4 立墙平浇建筑法的施工现场照片 1

图片来源：美国伊利诺伊州斯科基波特兰水泥协会（Portland Cement Association）提供

◀图 14.5 立墙平浇建筑法的施工现场照片 2

图片来源：缪斯混凝土公司（Muse Concrete）提供

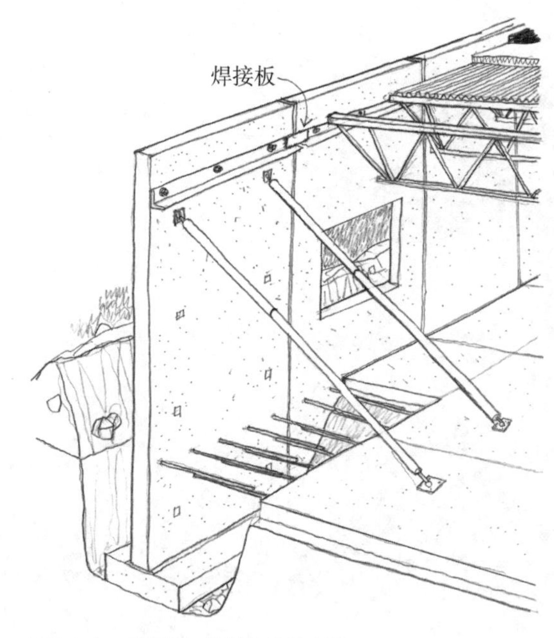

图 14.6　屋面板与墙板连接示意图

“墙板在浇筑时是不是外表面朝上，然后将它们立起来安装就位？”

“不是的，由于很多原因，大多数情况下墙板总是外表面朝下浇筑的。其中一个主要的原因是抹平墙板朝下的面比抹平朝上的面更容易一些。比如在一块光滑的钢模板上浇筑墙板，墙板会比较平整，这样就不用再处理了，节省了抹面的工序和成本。但是如果墙板浇筑时外表面朝上，就需要对其进行抹面处理。如果使用各种橡胶模板衬垫，墙板外表面还可以呈现出想要的图案或纹理。此外钢吊点需要朝上内植进墙板中（图 14.5），而吊点最好不要出现在墙板的外表面，以免影响美观。”

“有道理，那一般来说立墙平浇式墙板有多大？”

“较为经济的墙板面积在 400~500 平方英尺之间，高度在 22~30 英尺之间。但是已经有高达 80 英尺的墙板成功浇筑并安装的案例。”

“这个高度挺高的！那墙体应该很厚，以避免在吊装时断裂。”

“如果墙板很高或者开口很多，就需要采用宽翼缘工字钢制成的框架作为背板，吊装时墙板固定在背板上，这样可以加强墙板在吊装过程中的刚度。墙板就位并用斜撑固定后，就可以拆除背板，再将背板运用到下一块墙板的吊装上。一般来说这些墙板厚 5.5~7.5 英寸，高厚比在 1 : 40 至 1 : 50 之间。我们先看一下这些墙板的形状，然后再详细解答你的问题。”

“好的，先来看看你的图吧，我已经迫不及待地想知道你都有哪些创意。”

布鲁斯选了其中一幅草图。

“我们该如何将你找到的设计方法应用到这种墙板上？”

“首先绘制出墙板中的力流模式。”

“听起来很有趣，但这种模式很难预测。”

“事实上在大多数情况下并不难，基于不同的力流模式，可以塑造出具有最优结构性能的墙板形状，力流模式能提供一个很好的依据，同样也可以构建出一个类似的虚拟桁架，最后对虚拟桁架进行图解分析，从而确定墙板中的力。”

“通过‘图解分析’？你的意思是利用图？”

“是的，我会演示给你看的。”

绘制主应力迹线

戴安娜在布鲁斯的墙板设计图上铺上了一页拷贝纸，她用笔熟练地在拷贝纸上画了一些直线和曲线，有些是虚线，有些是实线（图 14.7）。

“这就是主应力迹线。”

布鲁斯仔细地看了看。

“这是怎么做到的？”

“我给你示范一下整个过程，这样你就可以绘制出任何形状的墙板的主应力迹线了。你会发现可以借助应力迹线了解开口、窄缝和切口周围的情况，同时大到水坝，小到连接板，应力迹线的应用范围非常广泛，而且它本身还很有趣。”

“你的意思是这个设计方法可以帮助我们找到任何实体结构的优化形式？比如桁架的角部连接板、桅杆顶部的连接板以及铰接节点等？”

“是的，这就是刚刚向你展示的主应力迹线所要达到的目的。首先把墙板形式作为一个隔离体图，施加外部集中荷载，思考外部荷载附近墙板边缘的反作用力。从力的作用点出发画出一个辐条状向外散开的扇形，对于外部集中荷载来说，这些线条表示散布到墙板中的力，它们共同作用将外部荷载传导出墙板。然后用穿过墙板主体的垂直线与各个扇形相连接，从而完成主应力迹线图。添加垂直于主应力迹线的次应力迹线，用实线表示压力，用虚线表示拉力。对此我再进一步详细解释一下。”

如果对这类问题的基本原则和解决方法有所思考，那么绘制出一个合乎逻辑的结构内力分布图并不困难。

——爱德华多·托罗加

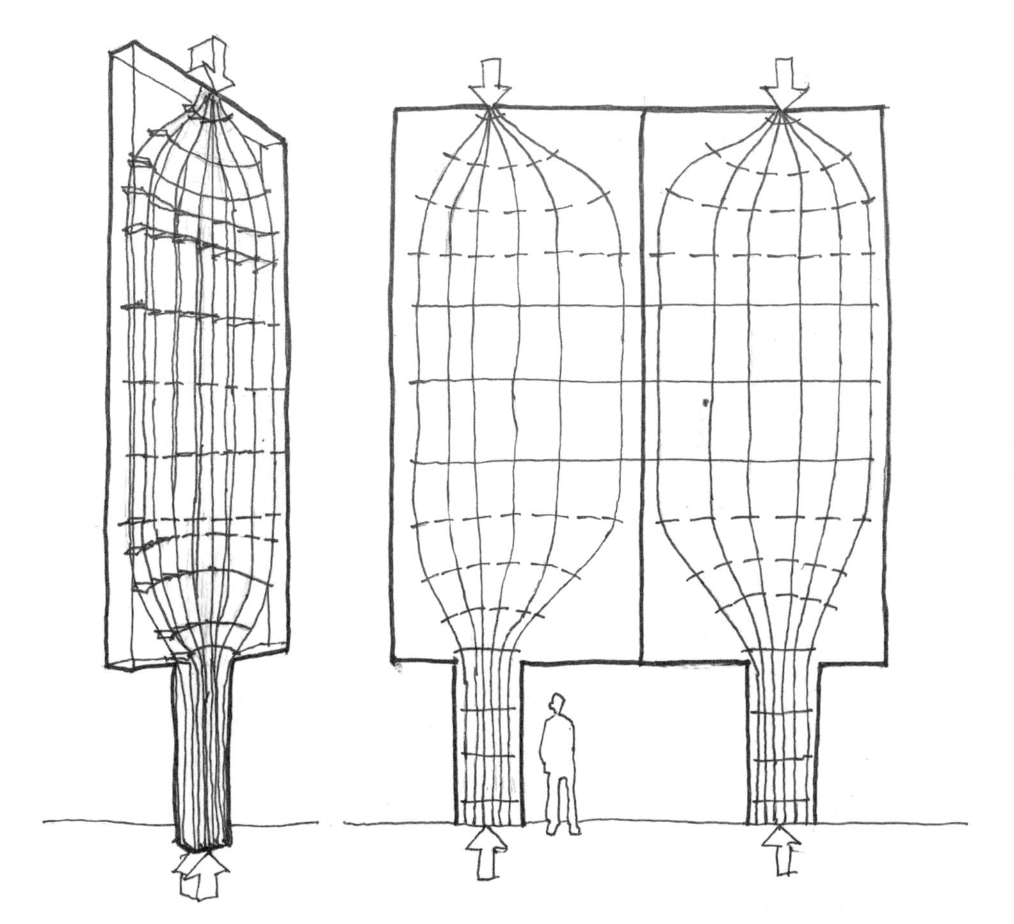

图 14.7　在墙板上绘制主应力迹线

水流与力流

戴安娜从她的书架上拿出一本插满了标签的活页夹。

“在闲暇之余，我会为我负责的结构课程绘制一些能够帮助解释力流现象的图，可以从水流中得到启示。”

“力在结构当中的流动真的与水在河中的流动一样吗?”

“不完全是，但是对于力流来说，水流是个实用的类比。建筑中的大多数的力是静态的，按照字面意思就是说，并没有穿过或流过材料主体的力流。但是这些力遵循的力流模式，就像流动的液体一样。当水流经过一个狭窄的水渠时，会平行流动。这与力流的平行模式很相似。”

戴安娜展示了一幅平行力流图，如图 14.8 (a) 所示。

“如果一条狭窄的水渠汇入大海，水流会如同手持折扇的形态向外散开，这与力流的扇形模式相类似。当一个集中力作用于大面积的材料主体时，力流会呈现出扇形如图 14.8 (b) 所示，这种模式具体被称为半扇形模式。

“如果水渠从一个角落汇入方形港口，水流将以四分之一扇形形态向外散开，水进入港口的切向流动使得水流沿着港口的岸壁产生涡流，这一现象类似于力的四分之一扇形模式，如图14.8（c）所示。两个‘半扇形’力流在运河的中心汇合就会形成一个全扇形力流，如图14.8（d）所示。”

戴安娜拿起一张纸，在纸上画了一个竖向的矩形。

“我们先把这些力流模式应用到一个更简单的例子上。首先把这个矩形看作是一块墙板，墙板顶部支撑着屋顶结构，屋顶给墙板的顶部施加了一个均布荷载，墙板底部置于混凝土条形基础上。你觉得力流是怎样经过这块墙板的呢?”

“显然力会平行地穿过墙板，但我觉得答案肯定不会这么简单。”

“答案是正确的，力流会呈现出平行模式（图14.9）。有一些由于材料不规则引起的非常微小的横向次应力，用垂直于主应力方向的线条来表示这些次应力。但是主应力的方向都是平行的。所谓的力流指的是材料中主应力的方向。主应力是结构体中某一给定点上出现的最大应力。所绘制的线条也称作主应力迹线或应力迹线。需要注意的是这些线条代表的是应力的方向，而不是应力的大小，应力的大小会沿着应力迹线变化。应力大小通常用应力迹线的间距表示，间距越小，应力越大。”

“是不是可以这样理解——假设我有一块磁罗盘，它可以指示结构体中任一点上最大应力的方向，沿着指针指示的方向一直走，从结构体的一边走到另一边，所经过的路径就形成了一条应力迹线。”

“说得对，需要明确这些线条或者说这些应力迹线，只代表结构中无数力流路径的一部分，它们不是力流的唯一路径。”

相比于结构计算，结构设计的范围十分广泛，它是一门艺术，而不仅仅是一系列的计算……必须在早期阶段就考虑力流或力的路径……使结构表现可视化以及使结构作用可识别是力流的显著特征。

——弗雷泽（D. J. Fraser）

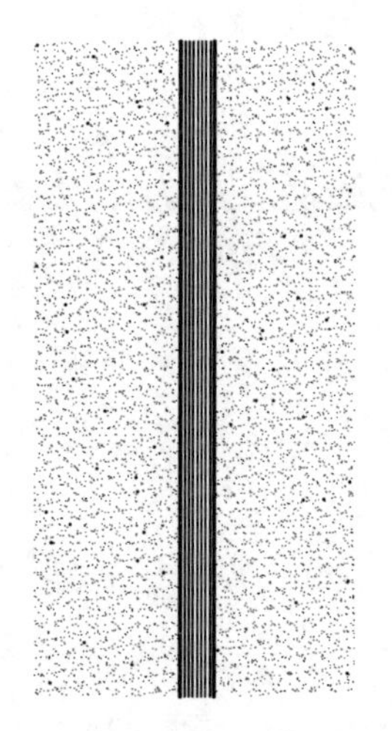
(a) 平行模式

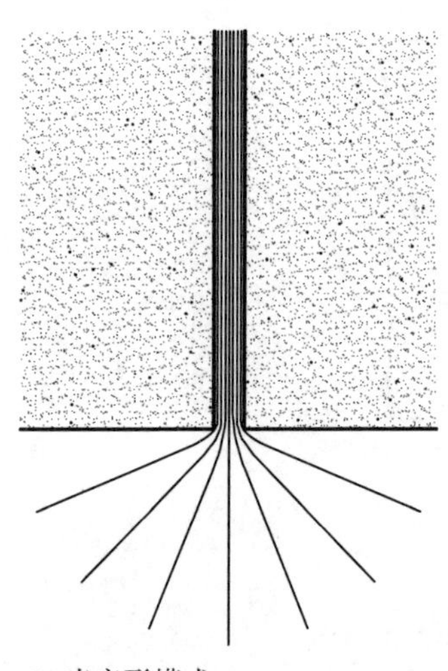
(b) 半扇形模式

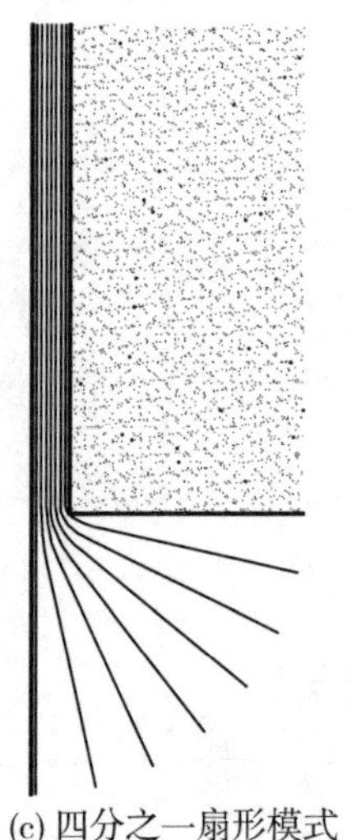
(c) 四分之一扇形模式

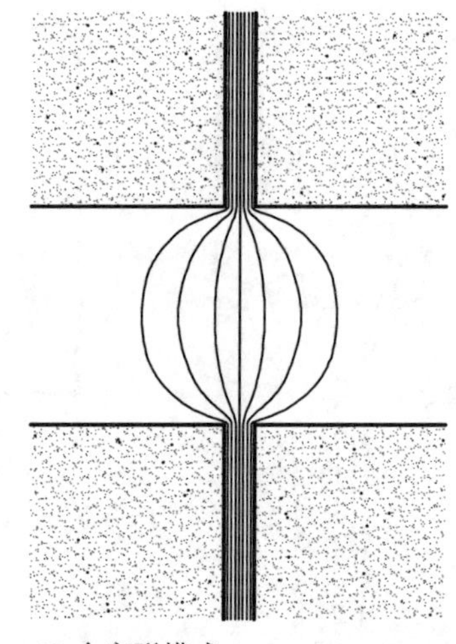
(d) 全扇形模式

图14.8　几种力流模式

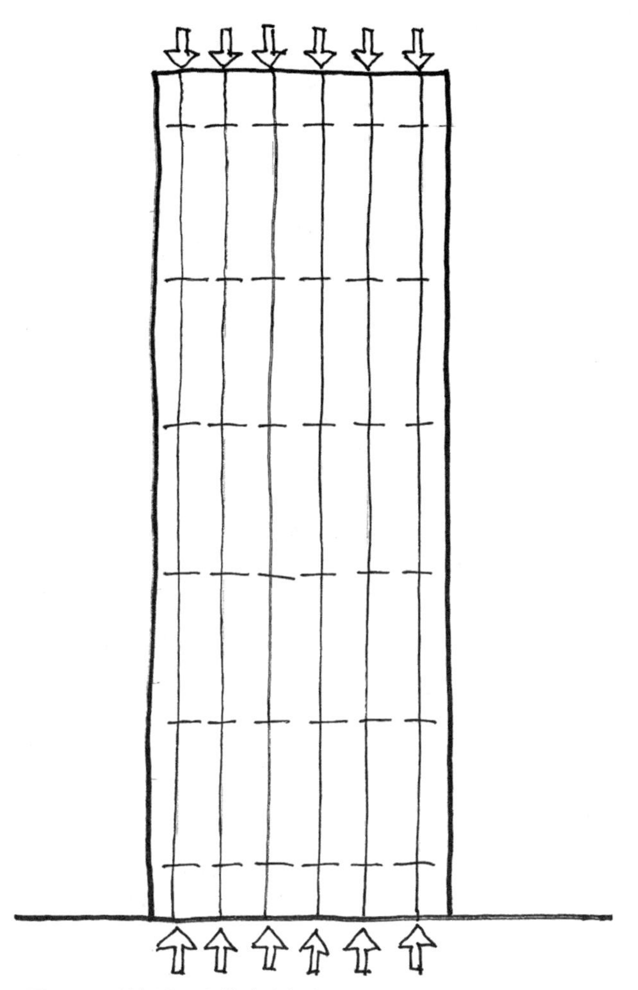

图 14.9　墙板中平行模式的力流

图 14.10　墙板上的外部荷载与支撑

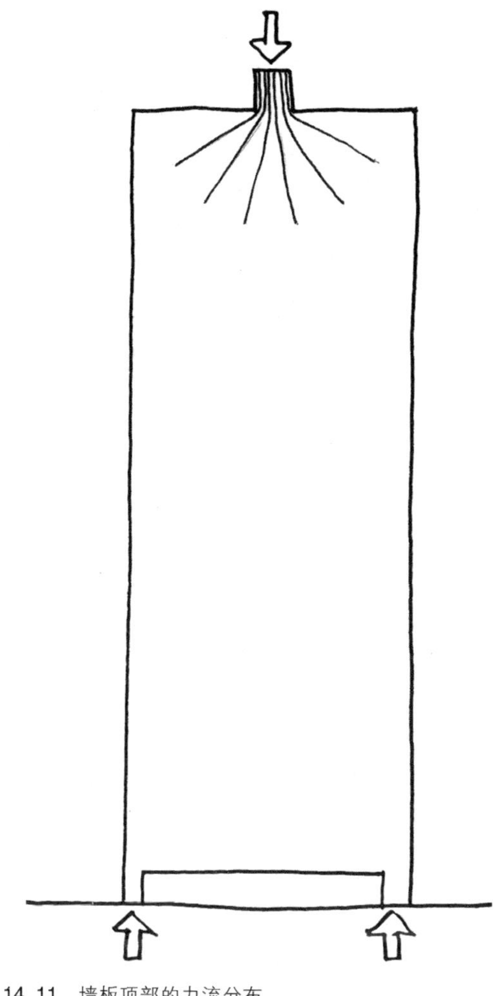

图 14.11　墙板顶部的力流分布

集中荷载作用下的力流模式

“现在假设这块墙板的荷载来自墙板顶部中间的横梁，而支撑位于墙板底部的两个角落处（图 14.10），这种情况下会发生什么呢？”

“荷载集中作用于墙板的顶部，力会从荷载作用点处向外散开，直到填满整个墙板。”

“对。”

戴安娜从墙板的顶部中间画了一些向外散开的线条（图 14.11）。

“这是力流的半扇形模式，如果将墙板材料设想为球-簧模型，就可以明白力是如何从作用点呈扇形散开的（图 14.12），这是压力和拉力综合作用的结果（图 14.13）。”

“需要学习的力流模式有很多吧？”

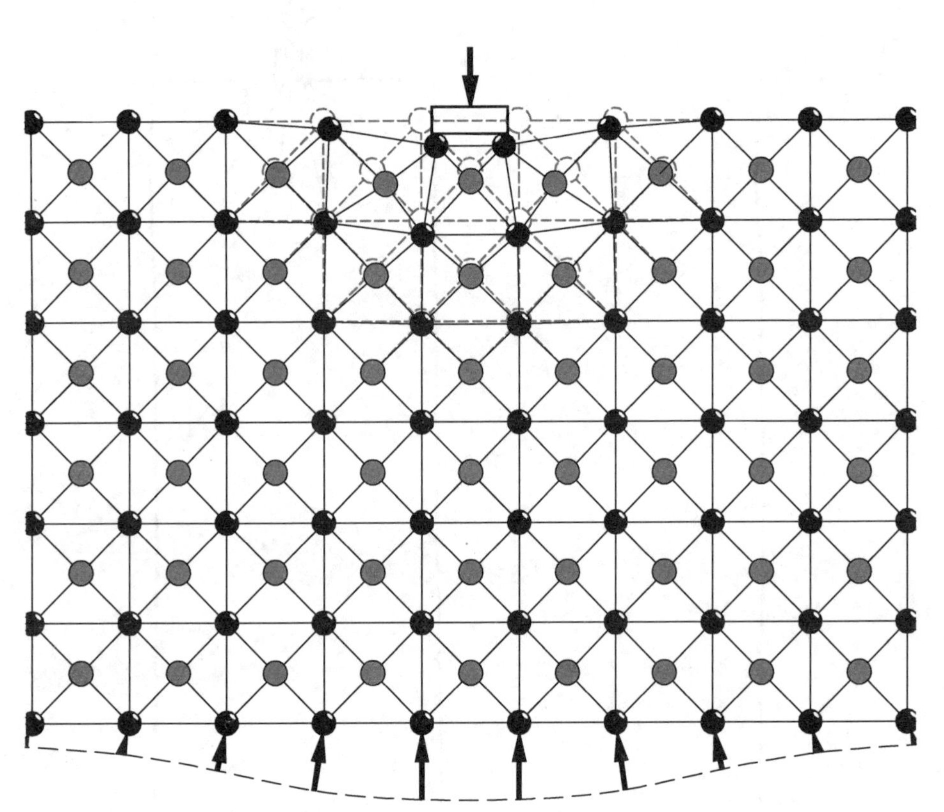

图 14. 12　模拟力流分布的球-簧模型

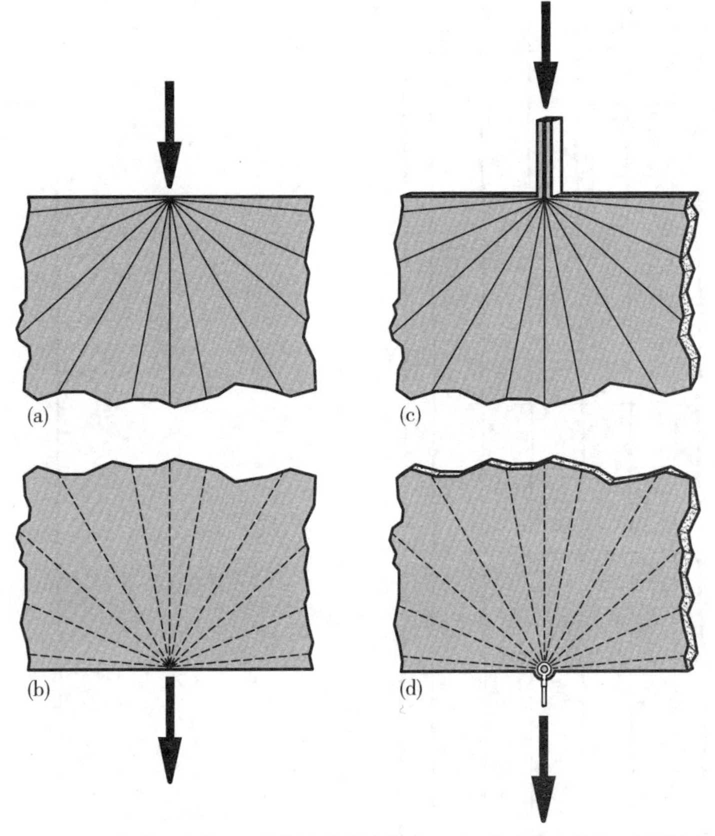

图 14. 13　集中压力作用下墙板中的力流模式，以及集中拉力作用下墙板中的力流模式
(a)、(c)为集中压力作用下的力流模式；(b)、(d)为集中拉力作用下的力流模式。

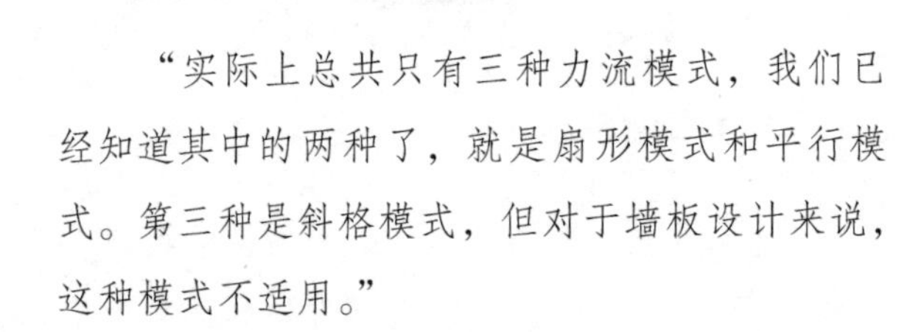

“实际上总共只有三种力流模式，我们已经知道其中的两种了，就是扇形模式和平行模式。第三种是斜格模式，但对于墙板设计来说，这种模式不适用。”

“你的意思是，只需要采用扇形模式和平行模式这两种力流模式就能理解力是如何在这些墙板中流动的了？”

“是的。”

“太棒了！没有想到会如此简单，我们继续讨论下一种类型的墙板吧。”

“先等一等，我还需要对这些墙板做更多的解释。这幅图展示了绘制墙板应力迹线的五个步骤（图 14. 14）。横梁顶部的向下的应力在墙板顶端呈扇形散开，要使这些应力从垂直方向分散到扇形的各个方向，就要有垂直于这些应力的次应力去施加压力或拉力，从而使它们改变方向。因为不存在任何外力来平衡墙体这个区域内的拉力，所以次应力是压力，以对称的方式向主应力施加向外的推力，从而达到自平衡。

“当扇形的力流接近墙板的垂直边缘时，会再次改变方向。如图 14. 14（c）步骤 3 那样朝下变成平行模式。要使这些力的方向朝下，就需要有自平衡的内力给它们施加拉力，拉动它们向墙体中心靠近。这与拱结构或悬索结构的原理一样，要使拱或索改变方向，就必须有位

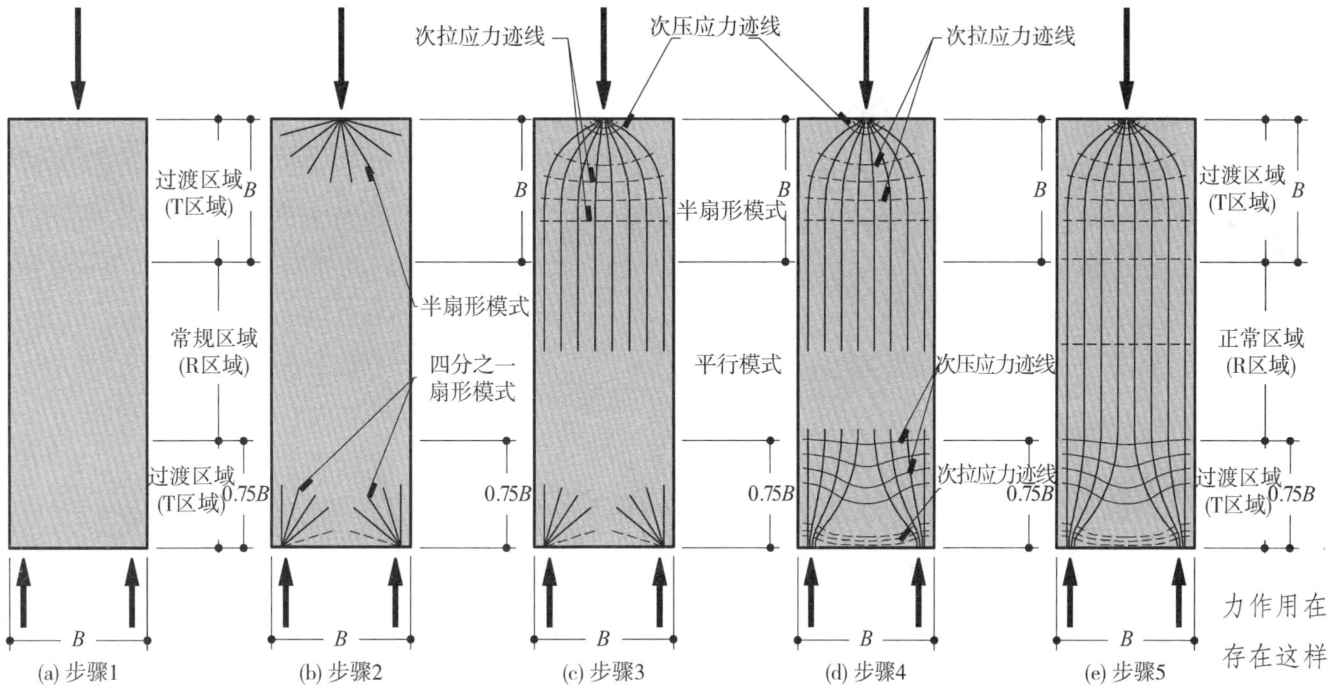

次拉应力迹线 次压应力迹线 次拉应力迹线

过渡区域 (T区域) B

常规区域 (R区域)

过渡区域 (T区域) 0.75B

半扇形模式

四分之一扇形模式

半扇形模式

平行模式

次压应力迹线

次拉应力迹线

过渡区域 (T区域) B

正常区域 (R区域)

过渡区域 (T区域) 0.75B

B

(a) 步骤1 (b) 步骤2 (c) 步骤3 (d) 步骤4 (e) 步骤5

图 14.14 绘制墙板中的应力迹线

于拱或索轴线之外的压力或拉力（图 14.15）。因此需要在主应力迹线的弯曲位置，添加垂直于主应力迹线的次应力迹线。”

“你是说由于次应力将主应力向内拉，力流才会从半扇形模式变成平行模式？为什么不会是一组压力将半扇形模式挤压成平行模式呢？”

“如果墙体中力流的半扇形模式之外存在向内推的压力，那么就需要有大小相等、方向相反的一组外力作用在墙体边缘以维持静力平衡，但是并不存在这样的外力。但墙体中部可以对两侧施加相等的拉力实现静力平衡，因此这个区域内的次应力一定是拉力。”

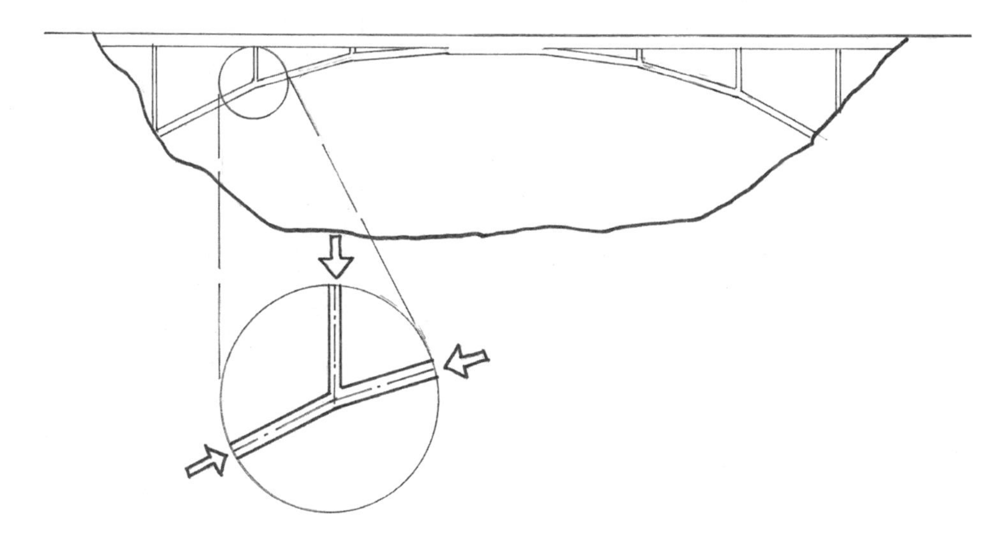

图 14.15 拱结构之外的压力使拱轴线改变了方向

圣维南原理（Saint-Venant's Principle）

“现在我们需要知道力流从半扇形模式到平行模式的转变是在墙体哪个位置发生的。半扇形模式到底是在墙体顶部突然发生的，还是延伸到墙体中很远才发生的呢？19 世纪中叶，一位名叫巴里·圣维南（Barre De Saint-Venant）的法国研究员找到了这个问题的答案，我来给你示范一遍他是如何找到的。”

戴安娜拿起一根海绵棒。

“我在大学里教授课程时就是用这根海绵棒演示了圣维南原理：如果我把海绵棒握在手中挤压，那么海绵棒只有在手握住的地方和跟手离得很近的地方才会发生变形，其他部分不受影响（图 14.16）。但是如果将海绵棒放置在两叠书上，书本支撑着海绵棒的两端，挤压海绵棒的中部，那么整根海绵棒将会发生变形。”

(a)

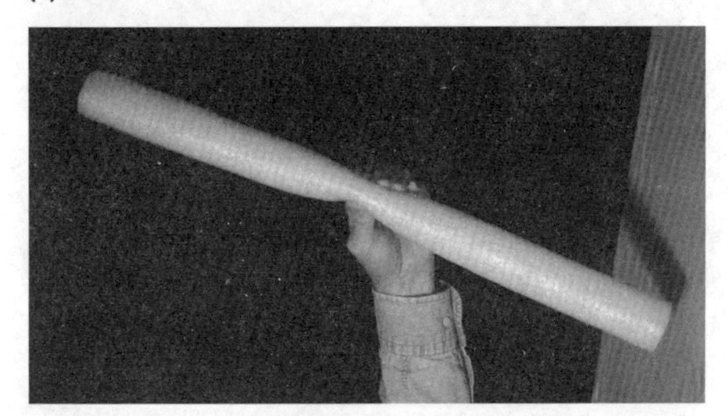

(b)

(c)

图 14.16　演示圣维南原理的海绵棒试验

图片来源：大卫・福克斯摄

“然后呢？”

“以上两种情况都给海绵棒施加了一组平衡力。当我的手挤压它的时候，平衡是由手指和拇指施加的作用力和反作用力形成的。当用两堆书支撑它时，平衡是由施加在中心的压力和海绵棒两端的反作用力形成的。在这两种情况下，受到平衡力系影响的材料尺寸不会大于力与力之间的最大距离 d，这就是圣维南原理。”

“请再解释一下吧！”

“当我挤压手中的海绵棒时，平衡力之间的最大距离是手的宽度，那么海绵棒只有这一小块区域受到了挤压。当用两叠书支撑海绵棒并挤压海绵棒的中心区域时，力与力之间的最大距离是两叠书之间的距离，整个海绵棒发生变形。”

“能举例说明一下吗？”

戴安娜打开了一张新的图纸（图 14.17）。

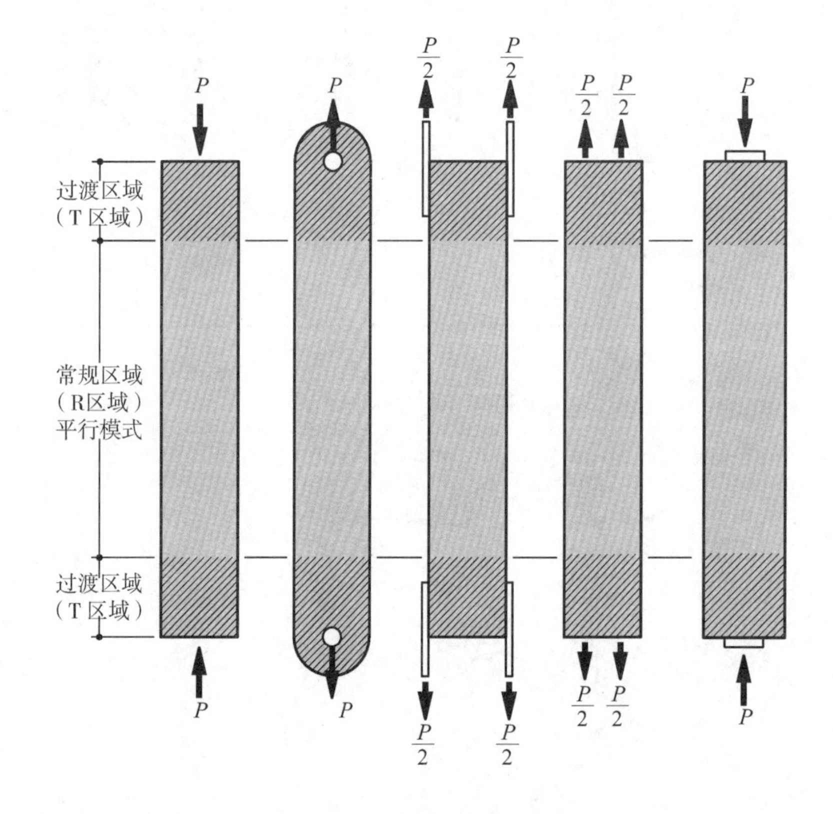

图 14.17　五种端部条件不同的金属棒在拉力或压力作用下，形成的不同力流区域

“这幅图展示了五种端部条件不同的金属棒，都受到了大小相等的轴向拉力或轴向压力的作用。每根金属棒的端部区域为过渡区域，简称为 T 区。T 区中不同的端部条件会对力流模式产生不同的影响。T 区外的力流模式为平行模式，不受端部条件的影响。所有过渡区域的长度都相等，等于端部自平衡力之间的最大距离，也就是金属棒的宽度。平行力流处于常规区域，简称为 R 区。

“在工程文献中，常规区域也简称为 R 区，但是过渡区域被称为 D 区，D 代表扰流的意思，但是这个区域的力流并没有受到干扰，为了不混淆概念，我采用‘过渡区域’的说法来替代‘扰流区域’的说法，代表力流从一种力流模式有序过渡到另一种力流模式。

“我也更改了关于线型的规定，工程文献中用实线表示拉力，用虚线表示压力。我觉得虚线看起来就像扯断的线条，所以用虚线表示拉力，用实线表示压力，我认为这样规定更直观也更方便记忆。”

“我很赞同你的观点，不过圣维南原理是如何应用于墙板设计中的呢？”

“顶端承受荷载的高墙板在常规区域的力流是平行模式。外部施加的荷载是集中荷载，所以力流在变成平行模式之前必须先呈扇形散开直至充满墙板的整个宽度。呈扇形散开的力流区域是 T 区，扇形力流使得墙主体的平行力流和外部集中荷载之间保持平衡。这些力之间的最大距离是墙板中平行力流的左右边缘之间的距离，等于墙板的宽度。根据圣维南原理，扇形力流所占据的 T 区的高度不会大于墙板的宽度。”

“知道扇形力流区域的大小有什么用呢？”

“因为促使力流从半扇形模式转变成平行模式的次拉力很大，所以必须在混凝土中加入钢筋以抵抗这种次拉力。圣维南原理指出钢筋需要配置的区域。同时已知扇形力流发生的区域尺寸就可以构造出力流的桁架模型，通过对桁架模型的求解进而得知墙体中应力的大小。”

“明白了！但是如何知道配筋的多少呢？通常情况下，为了抵抗在施工过程中的吊车荷载、风荷载以及其他不可预期的荷载，墙板会采用在两个方向上间隔 12~16 英寸的 4 号或 5 号钢筋网进行加固，这种加固通常可以应对大多数情况，但是这是如何确定的呢？”

“我们有专门的公式来解决这个问题！”

戴安娜打开活页夹，翻到公式以及附图的这一页（图 14.18）。

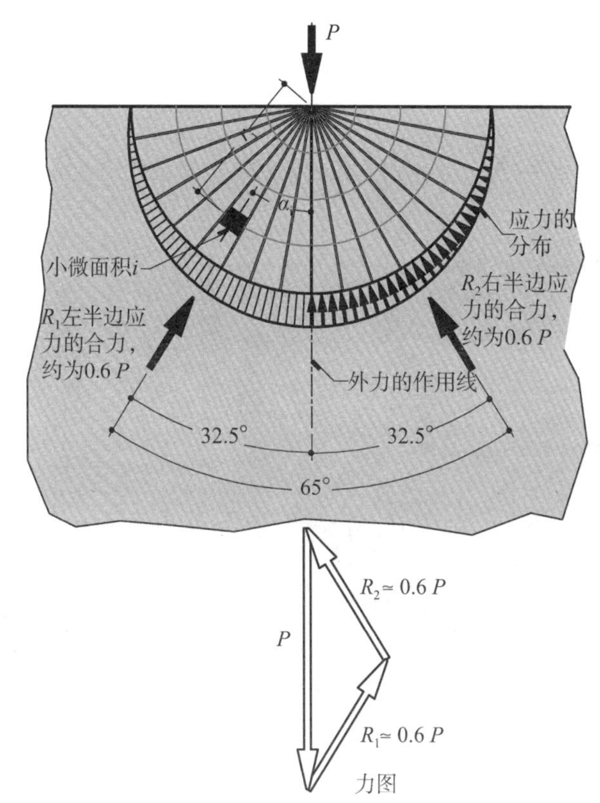

图 14.18 外力垂直于物体表面时，R 区中的应力分布

圣维南的学生约瑟夫·布辛尼斯克（Joseph Valentin Boussinesq）以及圣维南的同事阿尔弗雷德·弗莱曼特（Alfred-Aime Flamant）合作找出了扇形力流区域中力的大小，他们提出了“布辛尼斯克-弗莱曼特方程”，这个方程式给出了扇形力流区域上任意一点应力的计算方法：

$$f_{ri}=\frac{2P\cos\alpha_i}{\pi t r_i} \quad (14.1)$$

此式中：

f_{ri} 表示扇形区域中 i 点的应力值；

P 表示作用在扇形区域上的外力；

α_i 表示外力的作用线与经过 i 点的扇形的射线之间的夹角；

t 表示墙体厚度；

r_i 表示从外力的作用点到 i 点的径向距离。

“这个方程式表明，扇形力流区域某点的应力沿着外力的作用线达到最大值，并且应力值随着与外力作用线之间的夹角增大而减小，直到夹角为90°时应力值为零。当应力呈扇形向外散开时，应力也会随着与外力的作用点距离的增大而按比例减小。

“除了外力垂直作用于物体表面的情况之外，这个方程式还适用于外力成角度的作用于物体表面的情况（图14.19），甚至可以计算出外力与物体表面相切时扇形区域的应力大小（图14.20），不论外力的性质是拉力还是压力都适用。”

“通过这个方程式可以计算出扇形区域内任一点的应力值，但是如何求得促使扇形力流变成平行力流的次应力呢？”

“可以采用类似于力流模式的虚拟桁架。根据这个方程式可知，如果向下作用于扇形顶部的外力为 P 时，半个半扇形力流的合力大约是 $0.6P$（图14.18）。这半个半扇形力流的合力与另外一半的合力之间的夹角大约是65°。”

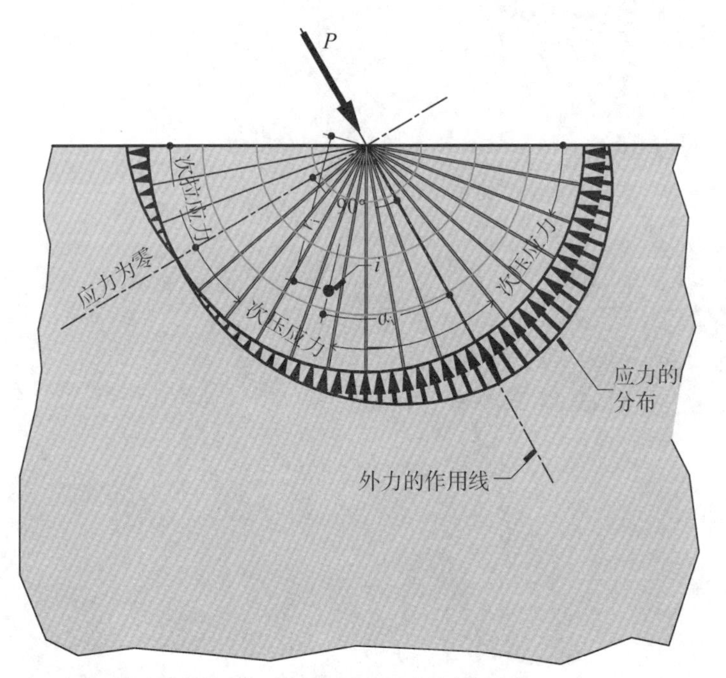

图14.19　外力与物体表面成角度时，R区中的应力分布

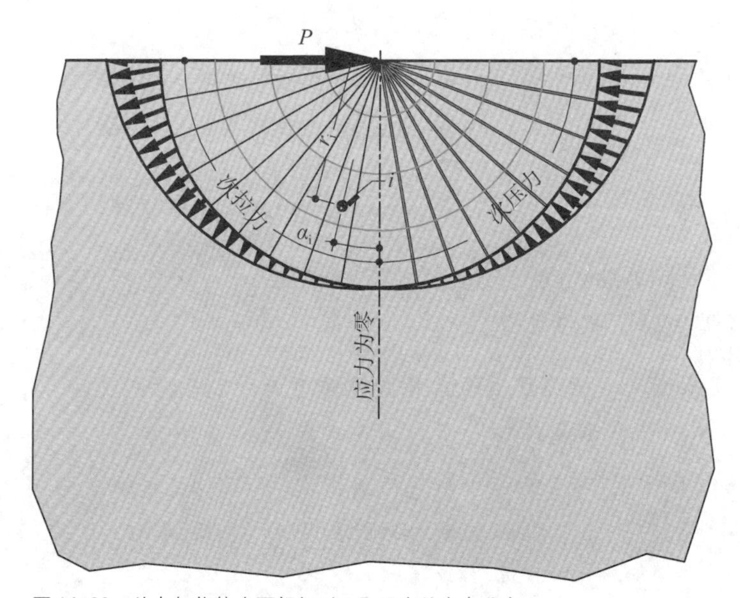

图14.20　外力与物体表面相切时，R区中的应力分布

戴安娜指着书上的一张插图说："在这个示意图中（图 14.21），用两根虚构的压杆代替半个半扇形的合力，两根压杆之间的夹角是 65°。"

"为了进一步简化分析，用两根压杆代替常规区域的平行力流，压杆位于半面墙体的重心处，也就是墙体总宽度的四分之一处，压杆中的力为半面墙体中平行力流的合力为 0.5P。为了使整个拉压杆模型达到平衡，还需要什么构件？"

"一根连接斜向压杆与竖向压杆的水平拉杆。"

"说得对！"

"这根水平拉杆表示的是使半扇形力流变成平行力流的次拉力吗？"

"是的！现在我们已经把墙板顶部的半扇形力流和平行力流简化成一个单节间桁架。根据合力的大小绘制出力图，可以得出桁架杆件中各个部分的力，这个方法适用于任何一种拉压杆模型（图 14.21）。测量力图中的线段 1−2，得出拉杆的应力值大约为 0.32P。可以近似为 0.3P 或是 1/3P。"

"非常有逻辑的推理过程，而且针对我们的问题给出了解答，但是整个过程是基于简化模型和近似计算，这是否影响解答的准确性呢？"

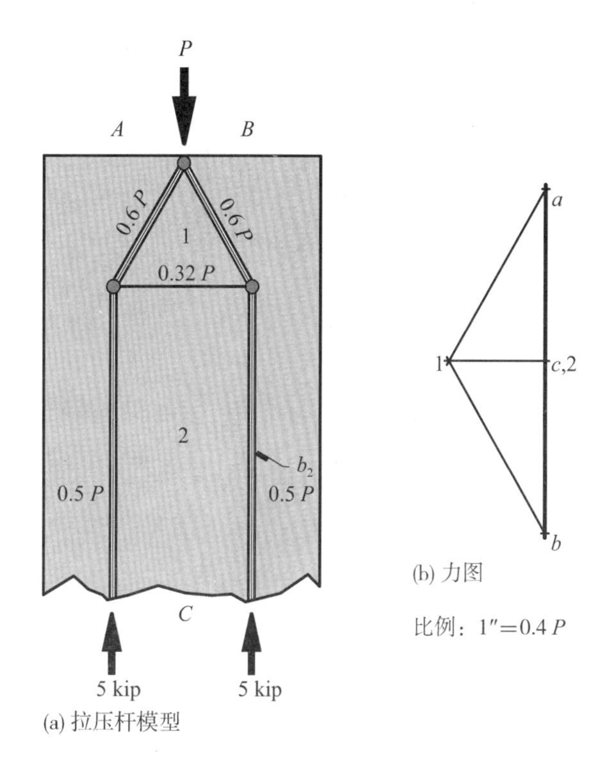

图 14.21　采用拉压杆模型分析墙板中的力流
(a) 拉压杆模型，(b) 力图，比例：1″=0.4P。

"基本上在任何情况下，采用这种方法计算出的值比活荷载估算的准确程度要高很多，因此无须采用更加精确的计算方法。在墙板设计的案例中，如果 P 是 100 千磅，那么墙内这个位置的次拉力约为 32 千磅。如果使用容许强度为 36 千磅每平方英寸的 60 级钢筋，则需要 0.9 平方英寸的钢筋面积，可以采用一根 9 号钢筋，也可以采用 3 根 5 号钢筋，3 根钢筋加起来差不多 0.9 平方英寸，就可以将力分散到墙板中的更大面积上。"

拉压杆模型

很多结构工程师为了识别、描述以及分析实体材料中的力流而开发了很多独立的计算方法，在深梁和其他混凝土构件中采用的桁架类比法就是其中的一种。它最早可以追溯到 1899 年发表的里特分析法，之后来自瑞士和德国的一批结构工程师以及理论家继续对这一方法展开了研究。20 世纪 50 年代，这个分析方法又被称为"力流法"在波兰流行起来。得益于约格·施莱希及其同事的努力，70 年代以来，这种能够使力流形象化以及采用桁架表示力的方法被称作"拉压杆模型（STM）"。此方法为越来越多的人所熟知。作为这一方法的主要支持者之一，施莱希及其斯图加特大学的同事库尔特·谢弗（Kurt Schafer）、马蒂亚斯·詹内维恩（Mattias Jennewein）发表了《混凝土结构的一致性设计》（PCI 杂志 1987 年 5/6 月版）一文。这篇论文追溯了拉压杆模型的历史，提出了设计和分析所有混凝土结构、混凝土结构的加固以及预应力混凝土的通用方法。现在拉压杆模型在结构理论和结构工程中被广泛应用。

“这种找出实体中的应力的简化方法被称作拉压杆模型，又被称为桁架模型。这个方法被广泛应用于求解任意一种实体材料例如墙板、连接板或基础中的力的近似值。同时在工程领域中，也经常用于确定那些无法用简单的数学公式推导出的结构当中的内力。”

找出墙板支座处的力

“现在来看一下墙板底部的情况，由图14.22可知，在墙底的两个支座处都出现了四分之一扇形的力流模式，如图14.8（c）所示。当对矩形墙板或连接板的角部施加荷载时，就会出现这种力流模式。它包含了带有次应力的很大一部分区域，这种次应力沿着外力作用线的垂直边缘分布。如同在距离基础开挖边界太近的地方驾车或在悬崖边上建房子一样，这种次应力十分危险，因为它会导致基础垂直边缘附近的脆性土壤或岩石崩塌。”

“非常精彩的比喻！”

“在墙板底部，四分之一扇形力流内的次拉应力会四下散开，所以需要在这个区域内加入横向钢筋。在更高一点的地方即四分之一扇形的上部区域，次压应力将力流向墙板的垂直边缘推动，让我们来弄清楚这些力的大小。”

“可以先完成墙板在这个区域的拉压杆模型，然后借此得出这些力的大小。但是该如何操作呢？”

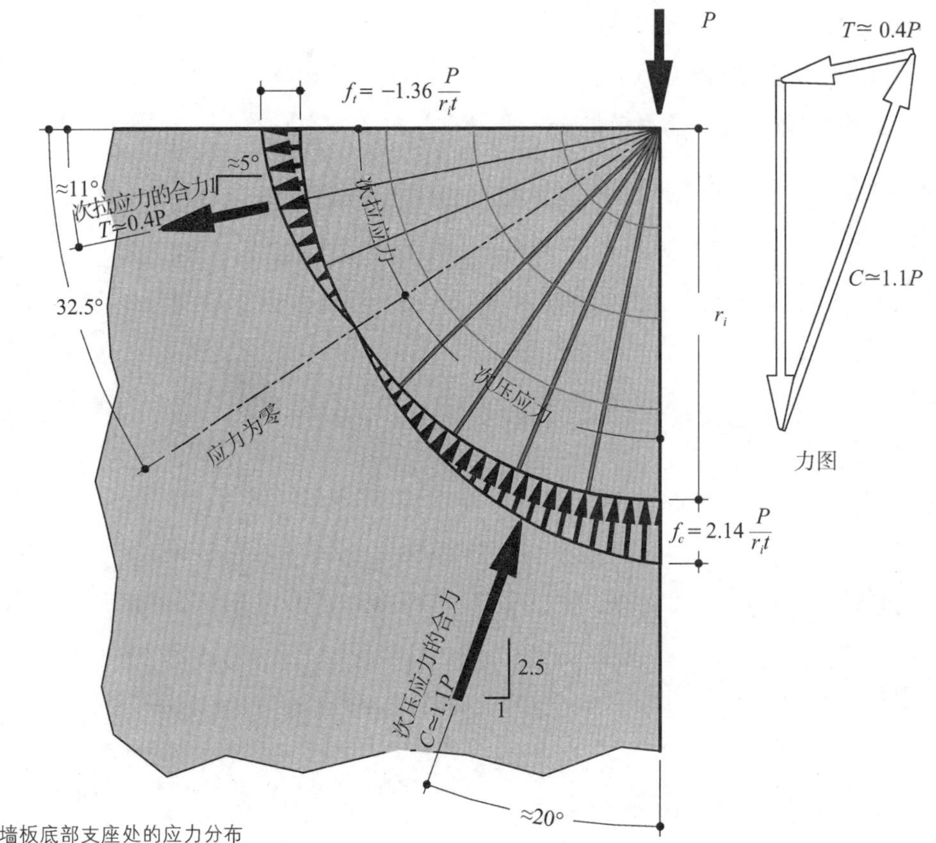

图14.22 墙板底部支座处的应力分布

“其实很简单，在四分之一扇形力流图示中使用大箭头表示合力。采用一根压杆和一根拉杆来表示两个主要的合力。根据四分之一扇形力流合力的角度，压杆与垂直方向成20°夹角，拉杆与水平方向成11°夹角。将压杆与已经画好的竖向压杆相连接（图14.23），拉杆朝着墙板中部向上倾斜，与另一半墙板的拉杆在中心线处相交。在这个交点的位置需要一个向上的力来保持力的方向不变，所以在节点处增加了两个斜向的拉杆来提供这个向上的力。”

找出拉压杆模型中的力

“现在可以在完整的力图中求出墙板中的力，墙板中的力流由扇形力流和平行力流组成，因此这个形式被称为瓶流型。如果墙板或连接

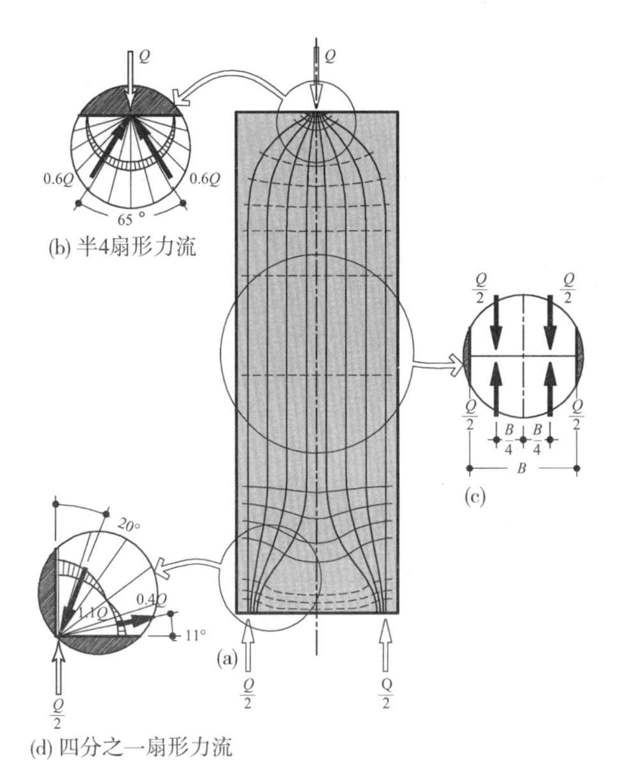

图 14. 23　墙板中的应力迹线

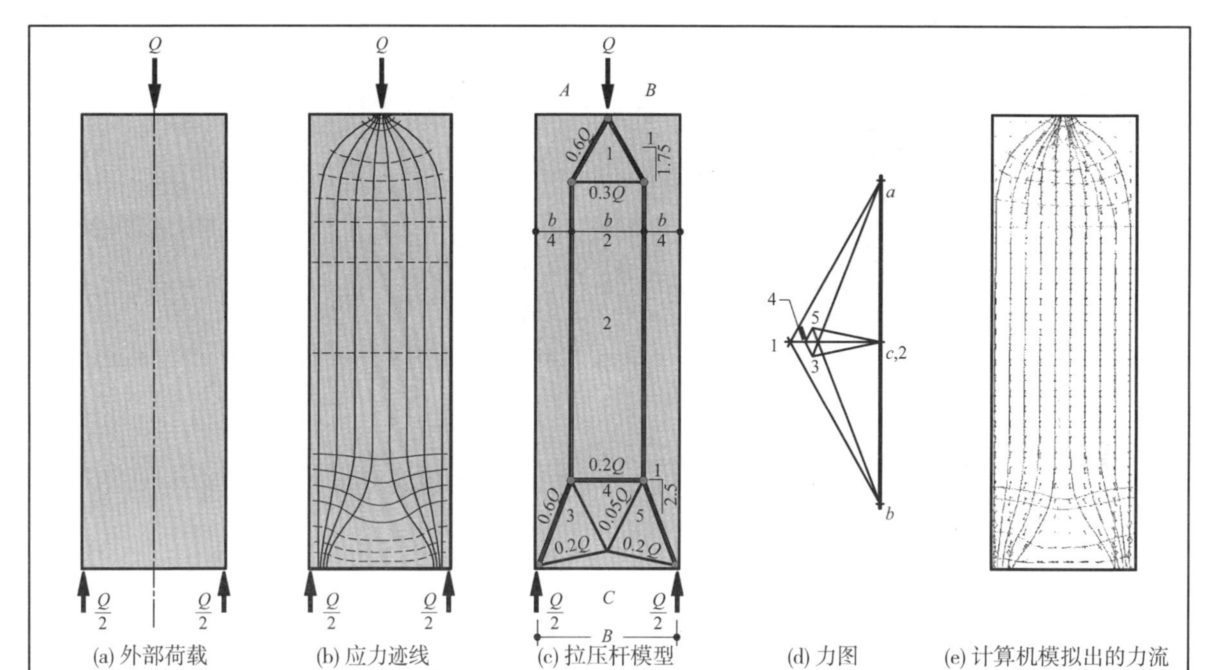

图 14. 24　墙板中的应力计算

板承受拉力而不是压力，那么结构内部的力流模式和次应力的形式不变，但是力的性质正好相反。

“图 14. 24（a）是墙板示意图及其外部荷载，图 14. 24（b）是墙板内的应力迹线图，图 14. 24（c）是力流的简化拉压杆模型，其顶部是根据半扇形力流的特性推断出来的，底部是从四分之一扇形力流的几何图形衍生而来的，其中拉压杆的角度是根据近似的力流平衡得出的。图 14. 24（d）是拉压杆模型的力图。通过改变图 14. 24（d）的尺寸大小，可以得出配筋的强度，进而可以确定每个位置配筋的规格和数量。图 14. 24（e）是采用计算机模拟墙板中的力流，是在 HNTB 公司的赞助下由巴沙尔·阿尔塔巴（Bashar Altabba）和尼古拉·米歇尔（Nicole Michel）共同完成的，他们用 ANSYS 软件对不同情况进行了多次模拟。计算机模拟出的力流用常规的网格表示，如果网格点上只有一个小圆点，那么这个区域就不存在力流。网格点上的刻度标记表示这一点上主应力的大小和方向。刻度标记的长度与这一点上应力的大小成正比，箭头的方向表示拉力或压力。通过图 14. 24（e）可知，ANSYS 分析证明手工绘制的力流图是正确的。也可以进一步将墙板内水平应力和竖向应力的分布情况看作是墙板内不同应力的累积（图 14. 25）。

“力流分析结果可以帮助设计结构主体的形状，例如在顶部中点承受集中荷载的高墙可以去掉墙板‘肩部’的材料。”

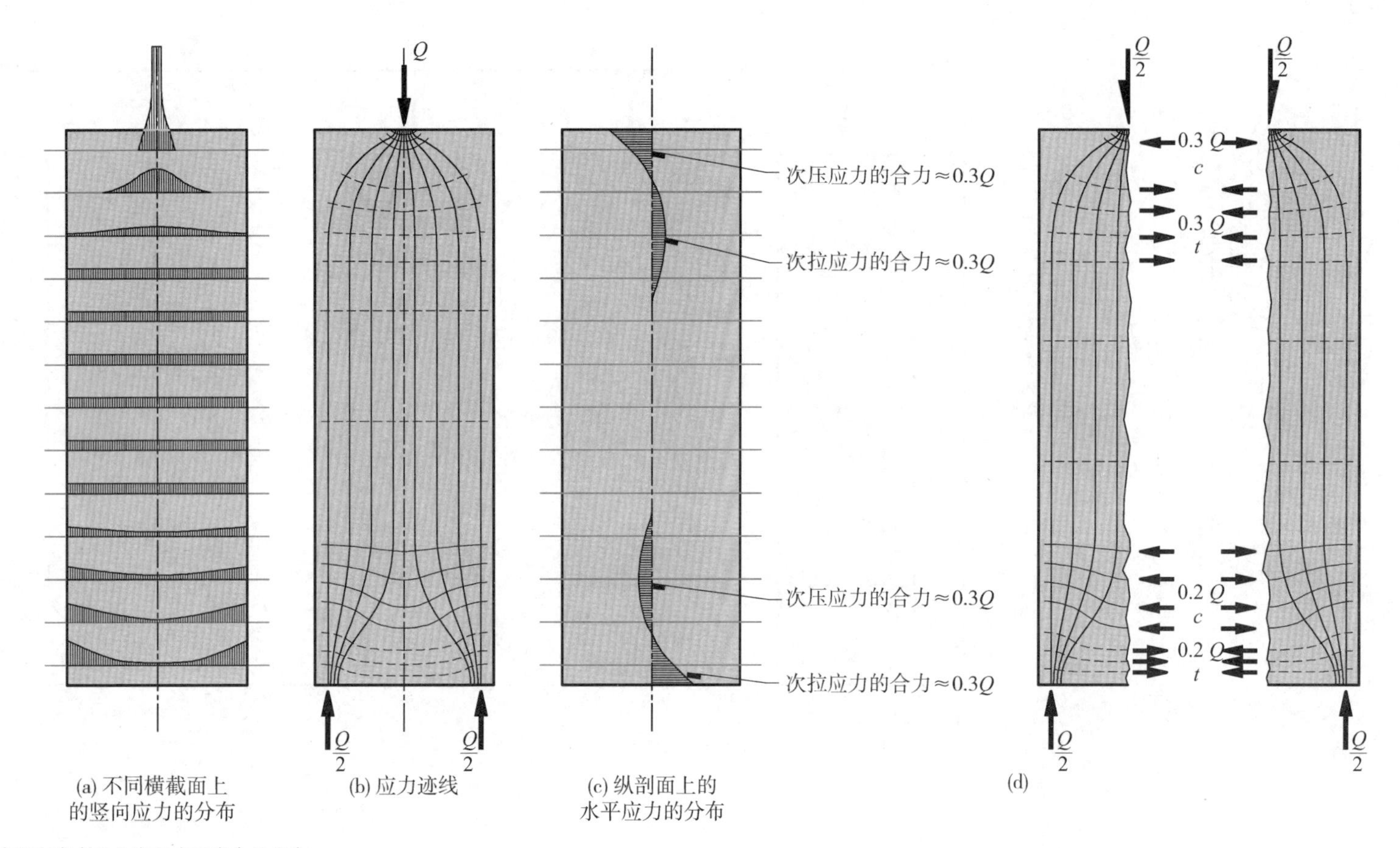

图 14.25　墙板内竖向应力的分布和水平应力的分布

偏心荷载作用下的高墙

布鲁斯提出一个问题：如果外部荷载施加在立墙平浇式的高墙板的顶部边缘而不是在中点呢？外部荷载也可能施加在墙板顶部的四分之一处或者角落处。

“那么情况会变得非常有趣！”

戴安娜翻到另一页，上面展示了高墙的另一种拉压杆模型（图 14.26）。

“这张图是墙板承受偏心荷载作用以及整个下边缘作为支撑时的应力迹线图，这种情形如同将墙板放置在条形基础上一样。由图可知离外力的作用线更近的一侧墙板中的应力更大，而墙板另一侧中的应力较低。R 区内的力流呈线性分布，在离外力作用线近的一侧力流间距较小，而在另一侧间距较大。墙板中的应力在离外力较远的边缘应力为零，在离外力较近的边缘应力为中点承受集中荷载的墙板中应力的两倍。

“如果集中荷载移动到墙板的左侧边缘，那么在离外力较远的一侧墙板就会承受竖向的拉应力（图 14.27）。在墙板顶部存在比较大的次压应力沿对角线方向将主应力推向墙板的另一

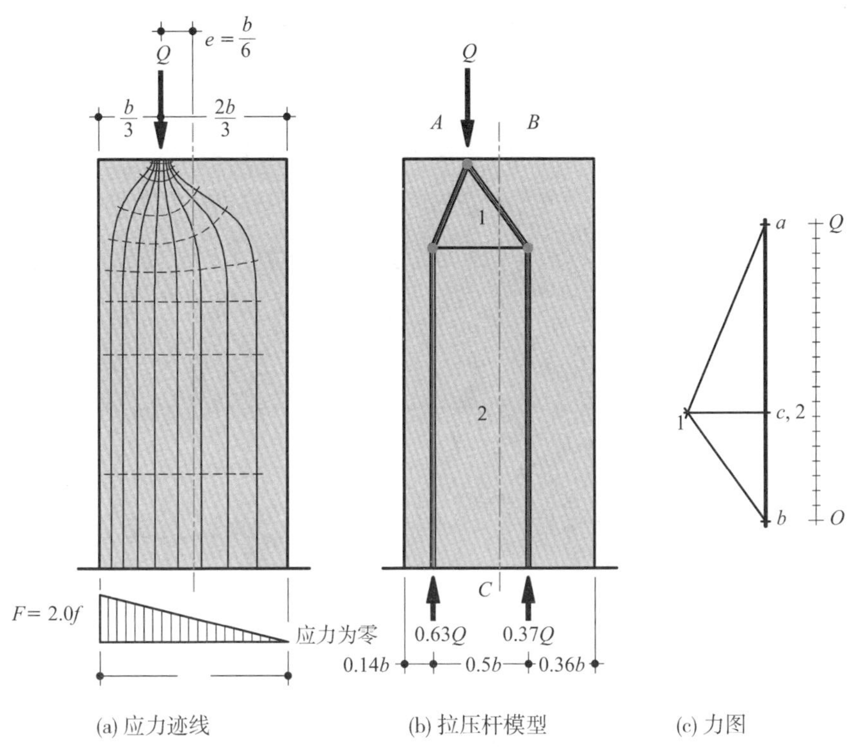

图 14.26　偏心荷载作用下，高墙中的拉压杆模型 1

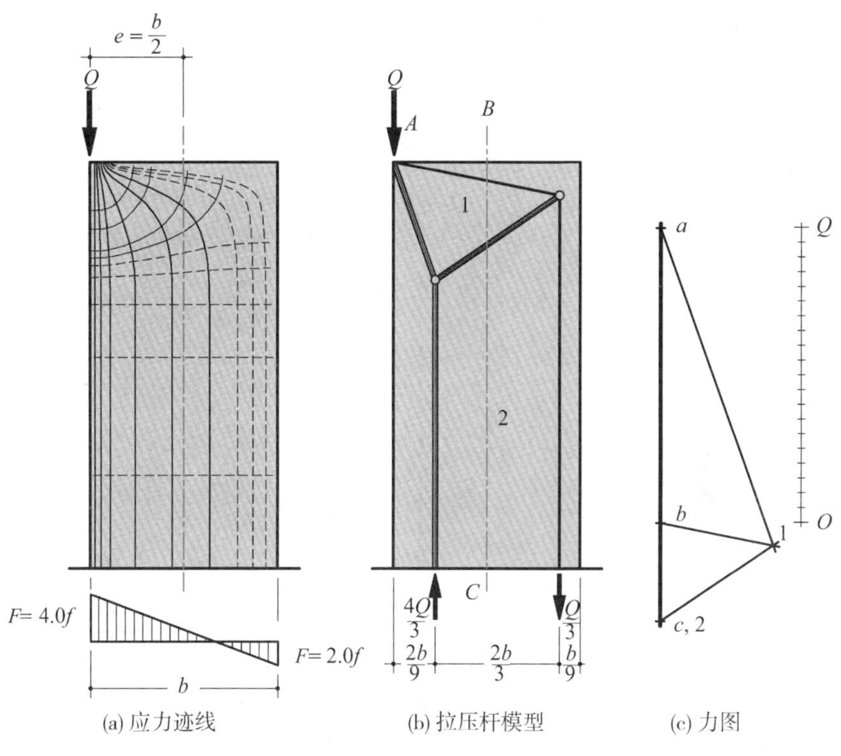

图 14.27　偏心荷载作用下，高墙中的拉压杆模型 2

个边缘。如果将整个拉压杆模型看作一个带有配重的大型履带吊车的悬臂和吊带，那么就可以比较容易地理解这种力流模式了（图 14.28）。”

“在这面墙板的受拉区需要加入纵向钢筋，同时也需要将墙板的受拉一侧固定在地面上，以免墙体产生倾斜。”

“是的。如果沿墙板纵向将其三等分，那么作用在中间区域的集中荷载会导致墙板在整个宽度上产生压应力，而在中间区域外的集中荷载会导致墙板产生拉应力。可以说绝大部分的实体都具有这种几何性质，而中间区域也被称为断面核。在墙体这个案例中，如果在断面核外施加压力，那么位于断面核另一侧的墙板中就会出现拉应力。

“在混凝土、砖石等结构中，断面核这个概念的用处非常大。可以设想如果外部集中荷载施加在砖石墙体断面核之外的区域，那么墙体另一侧就会出现裂缝。如果柱子位于基础的断面核之外，那么远离这根柱子一侧的基础就会向上抬升，基础可能发生翻转甚至会失效（图 14.29）。断面核的形状可以由几何方法推导出，很多结构参考书中罗列了这些断面核的形状

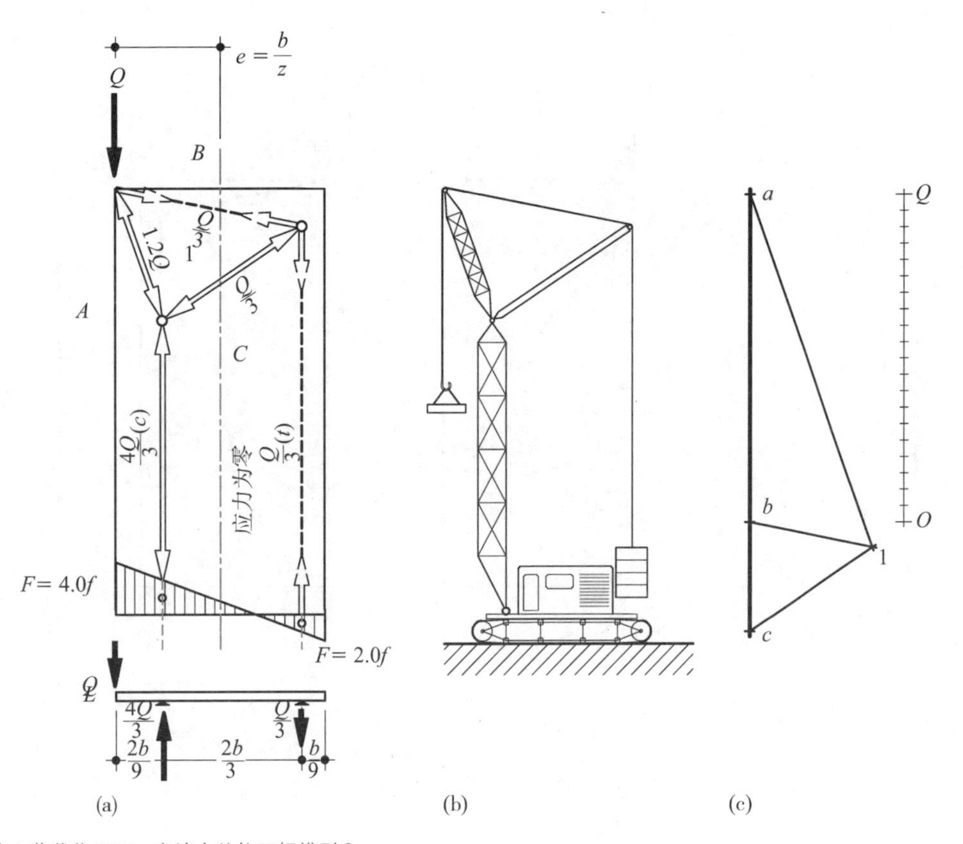

图 14.28 偏心荷载作用下，高墙中的拉压杆模型 3

(图 14.30)。还可以通过实验的方法找到某个实体的断面核形状。图 14.31 中采用一块海绵橡胶表示土壤，一块厚板表示基础，通过对厚板的不同位置施加力来观察它的表现，逐步找出断面核的形状。"

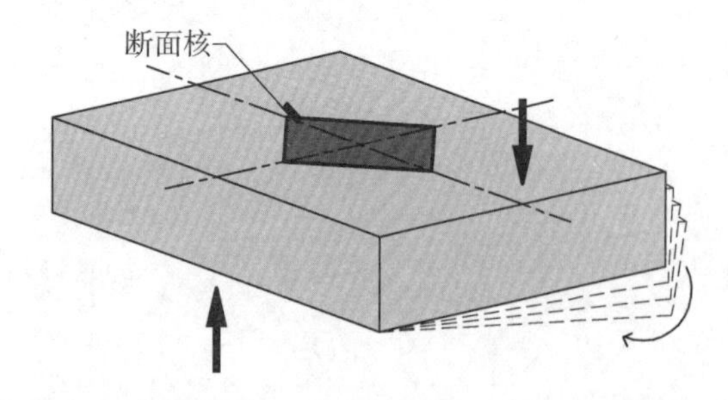

图 14.29 断面核 1

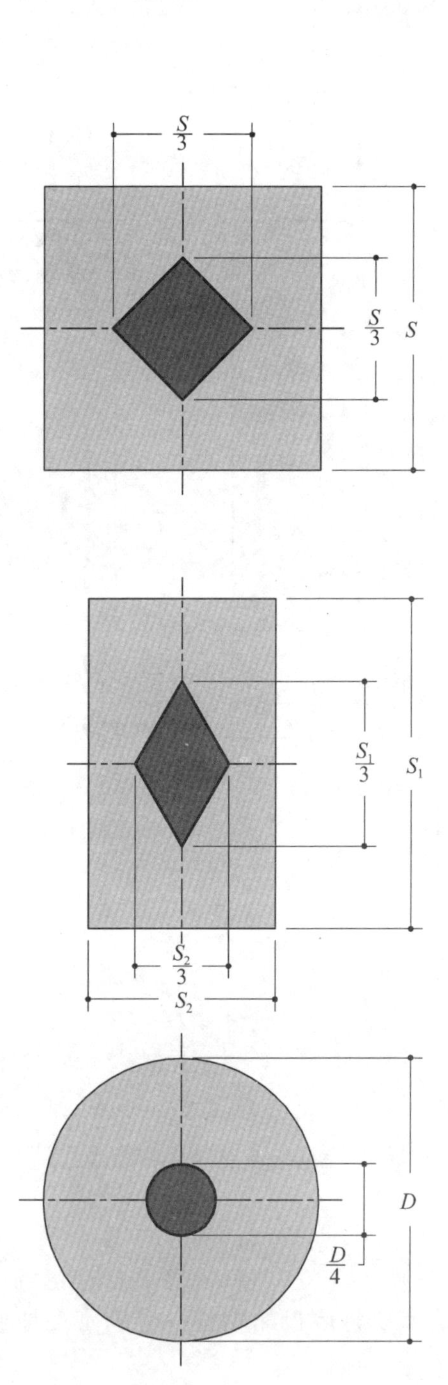

图 14.30 断面核 2

图 14. 31　通过试验找出断面核的形状
图片来源：大卫·福克斯摄

墙板的形式研究

“现在来探讨一下立墙平浇式墙板的设计吧。”

布鲁斯把草图放在了桌子上。

戴安娜简单地进行了分类，然后选择了其中一张草图（图 14. 32）。

“这张图虽然看起来简单，但是很有趣。这些墙板的顶部是全尺寸的宽度，向下逐渐变窄，墙板与墙板之间形成了尖塔状的洞口。你觉得这些墙板中的力流模式是怎样的？”

“墙板顶部会出现平行力流，然后在墙板的锥形部分呈现出扇形力流，最后在墙板底部又变成平行力流。”布鲁斯边说边画出了力流图（图 14. 33）。

“实际情况的确是这样，墙板底部应力迹线的间距较小，表明墙板底部的应力大于顶部的应力，通过墙板的断面尺寸的变小也可以得到这个结论。那么次应力又是怎样的呢？

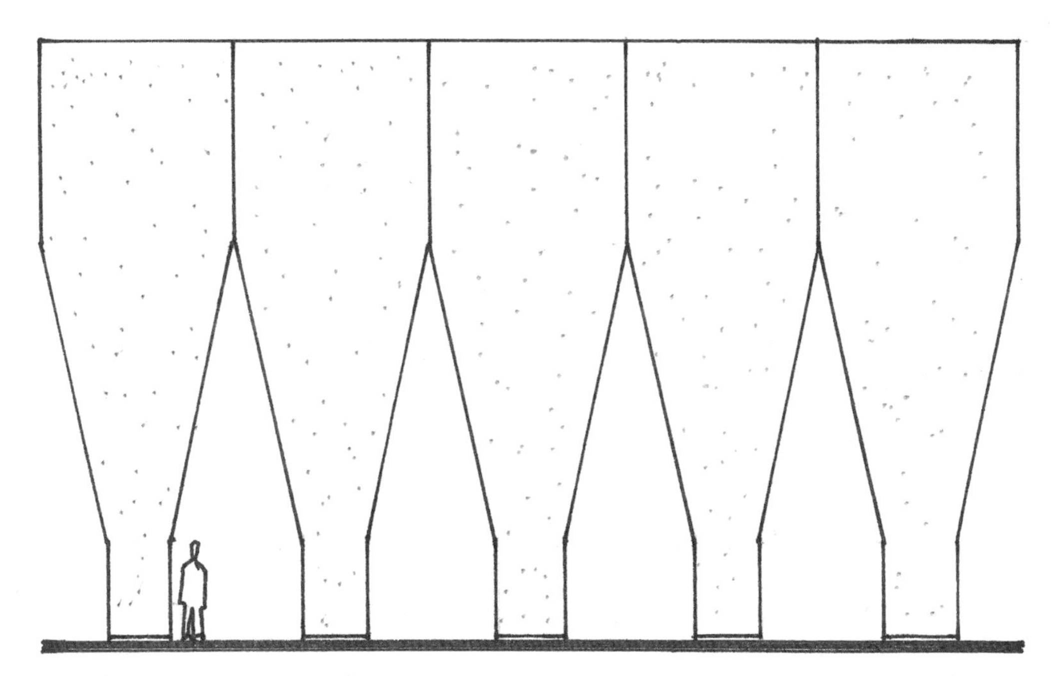

图 14. 32　预制混凝土墙板的设计草图

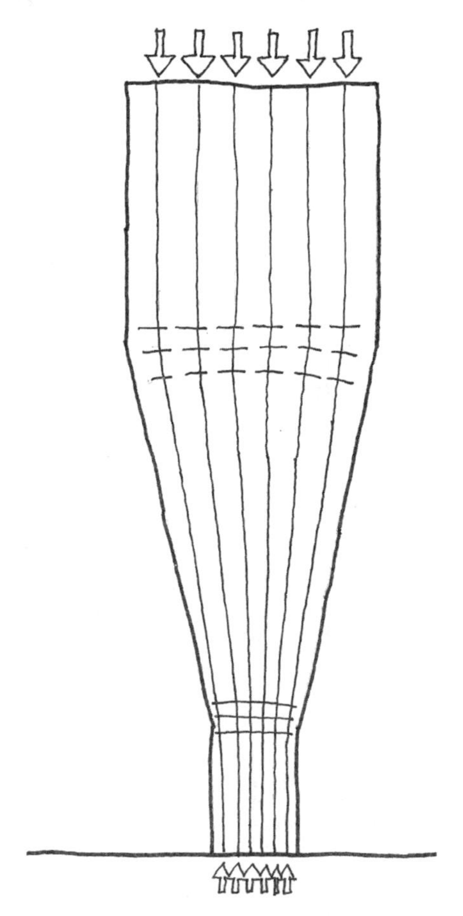

图 14. 33　绘制出墙板中的应力迹线

“在锥形部分的上端，一定存在次拉力使这些力流汇聚在一起，在锥形部分的下部存在次压力会推动力流向外散开，这样在墙板底部才能又变成平行力流。”

布鲁斯在图上加了几条线。

“是的，因为墙板的锥形部分比较平缓，所以这些次应力都不大，那么如何确定这些力的大小呢?”

“通过拉压杆模型，建立力图然后对其进行分析，你可以帮忙绘制出来吗?”

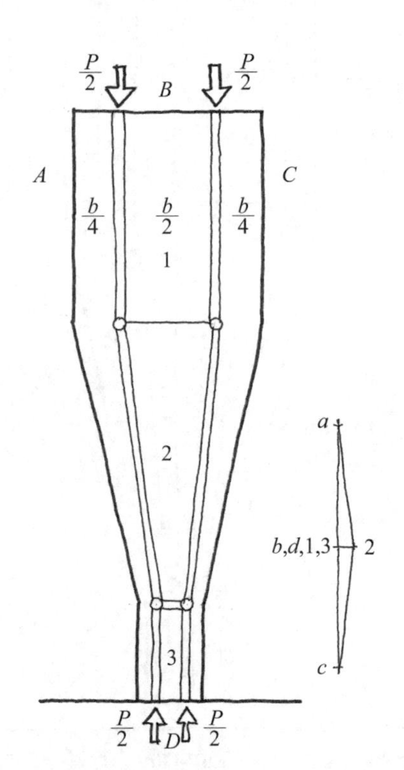

图 14.34　绘制出墙板的拉压杆模型

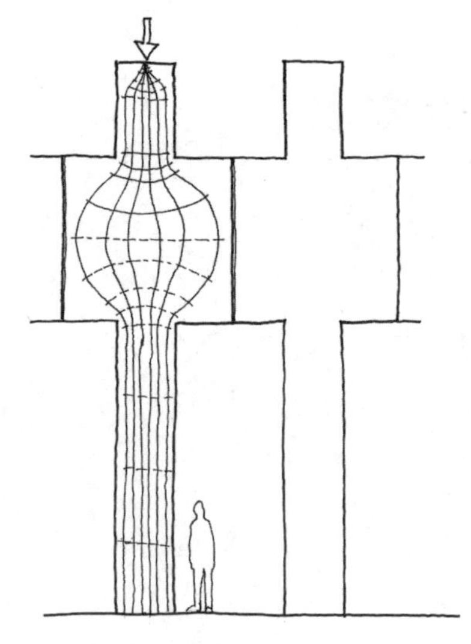

图 14.35　另一种墙板的设计草图

“当然可以，可以只用两根垂直压杆，虽然可以采用多根压杆，但为了更加简单，两根就足够了。”

“因为采用了两根压杆，那么每根压杆表示一半墙板中的力。把压杆放在半边墙板的中部，然后在锥形部分的顶部加上一根水平拉杆，在其底部加上一根水平压杆（图 14.34）。

“采用鲍氏符号标注法按比例画出力图，可以得出水平拉杆中力的大小约为墙上荷载的 1/8，水平压杆中的力与水平拉杆中的力大小相同，因为力图十分紧凑，说明这块墙板的形状比较合理。”

“的确如此，墙板中的应力很小，但另外一些墙板中的次应力会比较大。”

长墙中的力流

“再来看一下另一张墙板草图（图 14.35），在这张图上，墙板的顶部和底部都比较窄，中部较宽，其应力迹线如图所示。为了解这一类墙板为什么会出现这种力流，可以先看一个略微夸张的例子，比如之前展示的带有水平长窗的立墙平浇式墙板（图 14.36），长条形的墙板由狭窄的窗间墙支撑。”

◀图 14.36　带有水平长窗的墙板

“每块墙板的上方有两个集中荷载，下方有两个相对应的支座。那么你觉得这些墙板中的力是怎样的呢?”

“根据圣维南原理，墙板上下的力使其保持平衡，墙板受到作用力影响的面积在任何方向上都不会大于两个作用力之间的距离。此处两个力的距离即墙板的高度。所以对于这一对相反的作用力，墙板上受到影响的区域为一个正方形，如图 14.37（a）所示。

“在上下相对的窗间墙之间会形成两个‘半扇形’力流，如图 14.37（b）所示，这两个‘半扇形’力流在中间汇合，向外散开的力流需要弯曲以实现上下相交，如图 14.37（c）所示。”

“那么什么样的次应力才能促成这些主应力迹线弯曲呢?”

“在每个集中荷载附近存在水平压力推动主应力向外散开，在中间区域会出现水平拉力使主应力向内弯曲，如图 14.37（c）所示。”

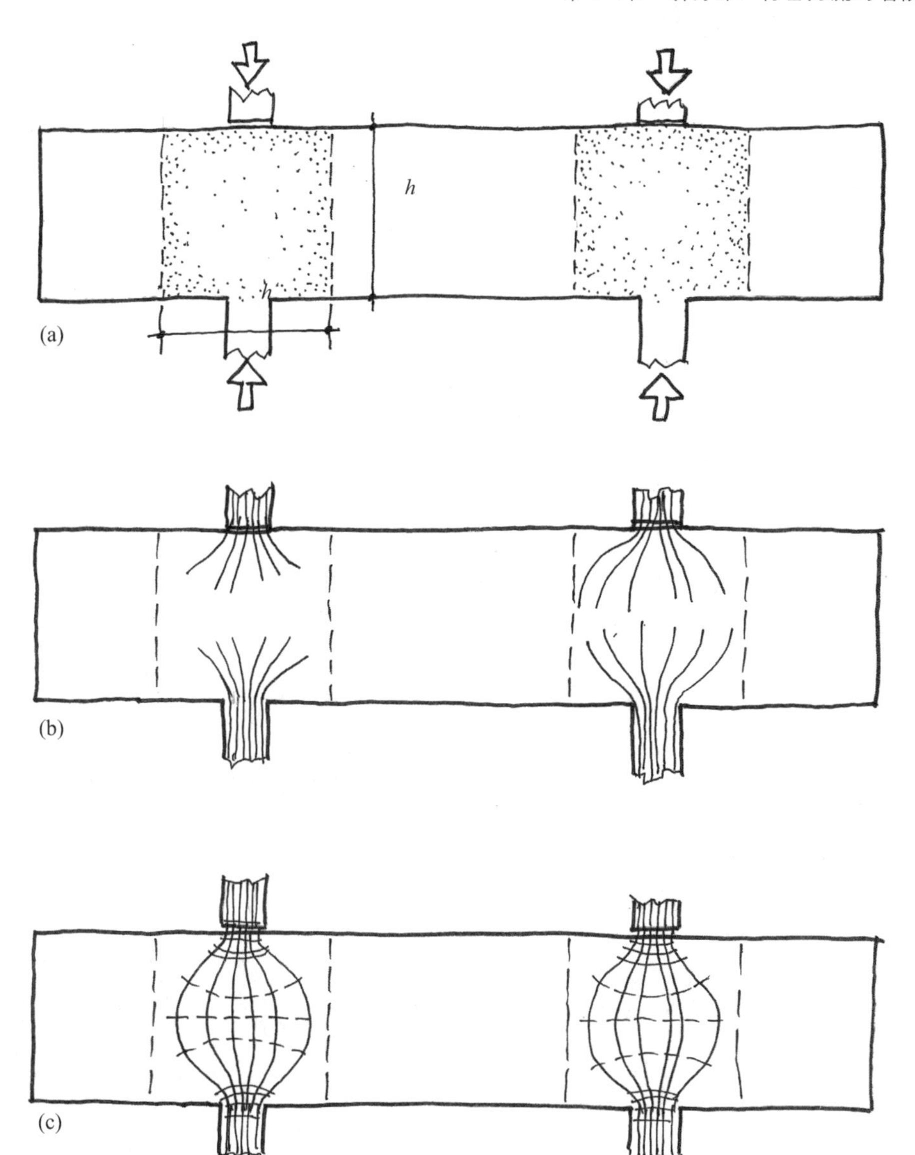

图 14.37 墙板中的应力迹线

戴安娜翻开活页夹里的另一页（图14.38）。

“这个力流是由两个‘半扇形’组成的，根据半扇形力流的几何特性，可以用两根压杆和一根拉杆做出这个力流的桁架模型。两根压杆的夹角为65°，从各自的集中荷载的作用点向外散开，水平拉杆位于中间。然后采用鲍氏符号标注法，绘制出载重线，完成力图。由力图得知，水平拉力大约为外力的64%，以此为依据为墙板配筋。”

布鲁斯观察后说：“全扇形力流看起来就像一个圆盘。”

“是的，在这个圆盘之外的力很小。我把这种力流称作长墙流型。在我的书中有很多关于这种力流的有趣变形（图14.39~图14.42）。例如在某些变形中，两个力与另外两个力相对应，或是一个力与另外两个力相对应。还有在墙体上下两侧各承受一个压力和一个拉力的情况（图14.41）。有趣的是，一些主应力迹线在到达另一半后变成了次应力迹线，这属于第三种力流模式，即斜格模式的力流。”

布鲁斯指着戴安娜活页夹里另一面长墙（图14.42）问道：“这种情况下力流是什么样的呢？”

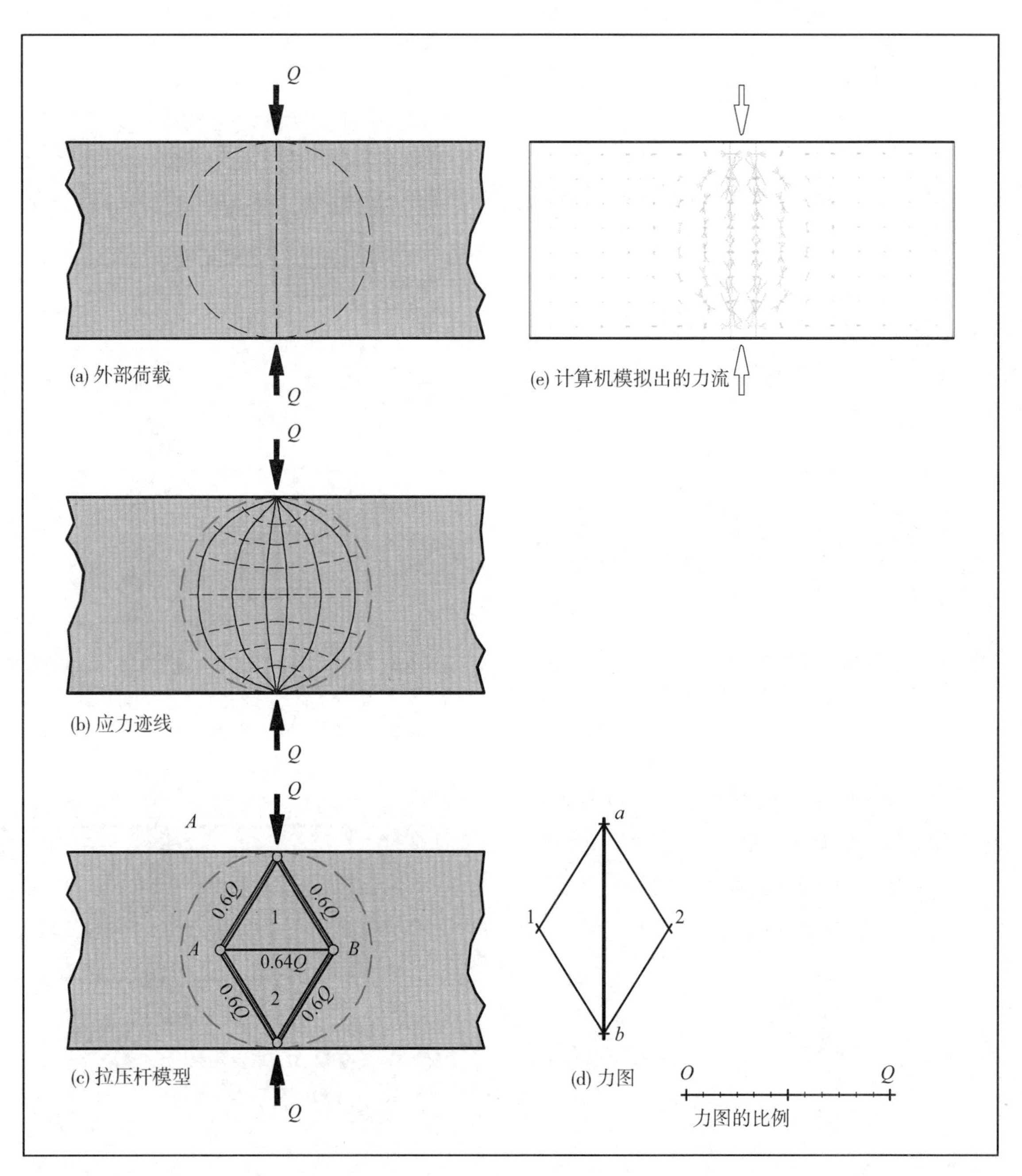

图14.38 墙板中的应力计算1

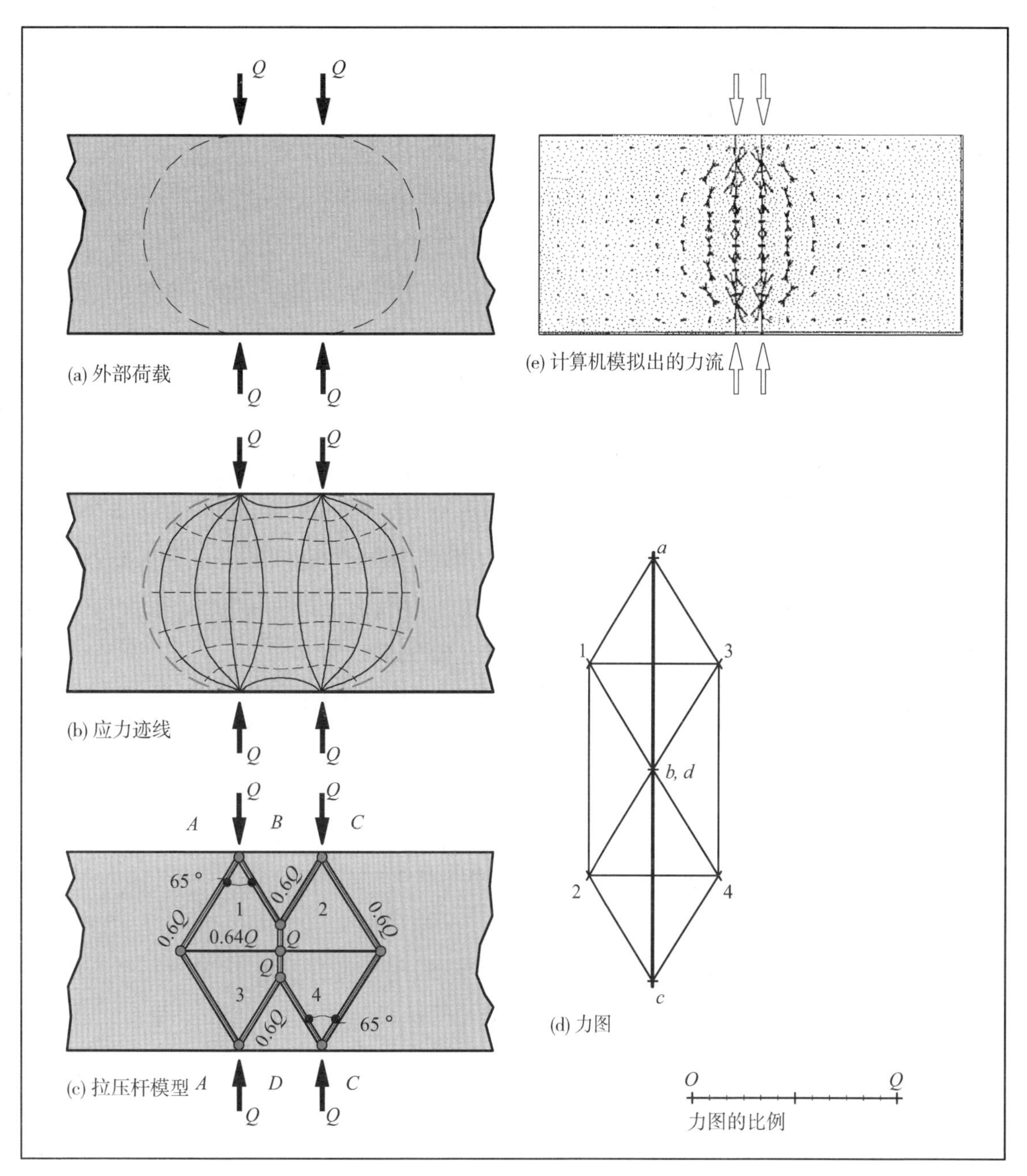

图 14. 39　墙板中的应力计算 2

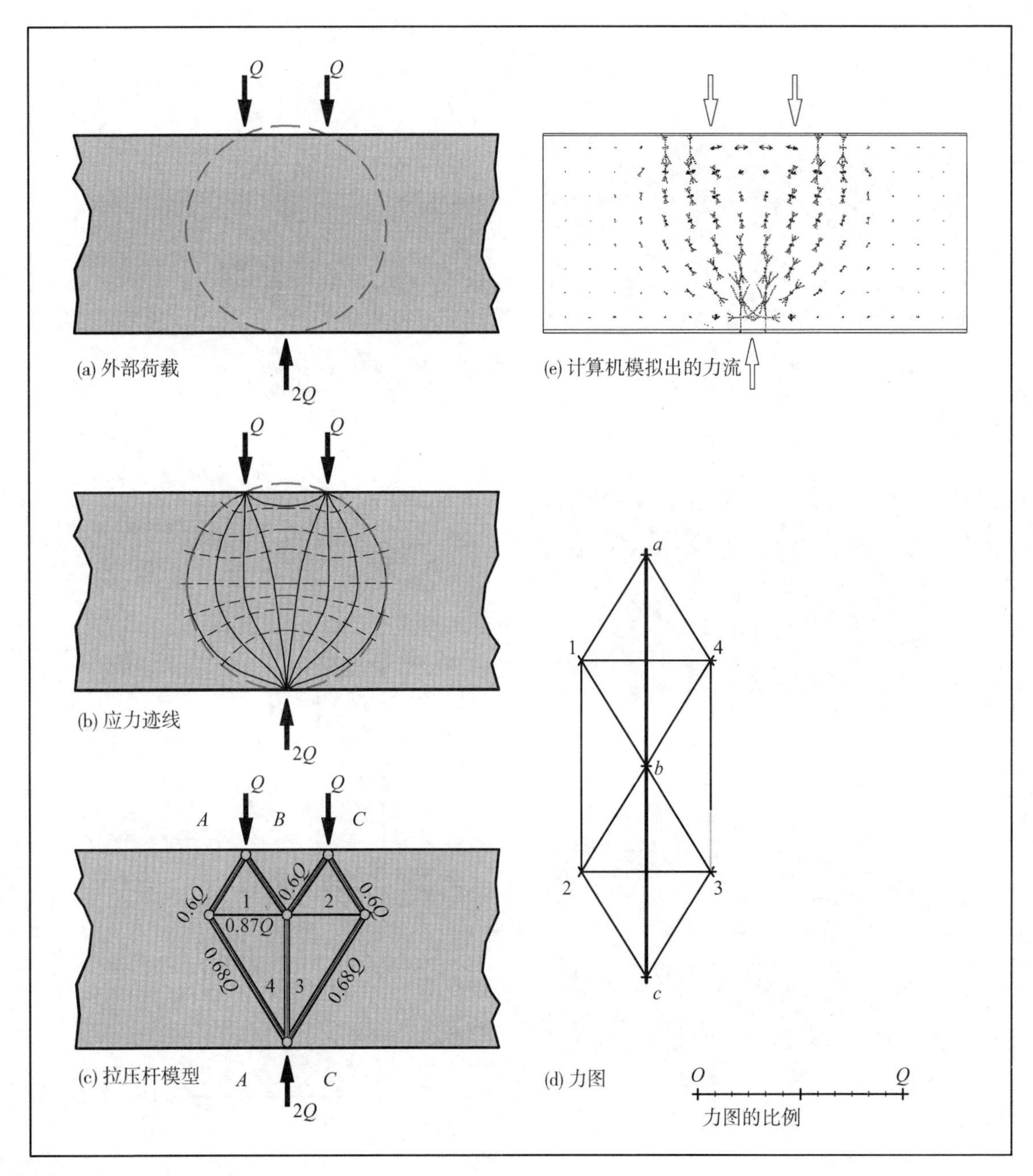

图 14.40　墙板中的应力计算 3

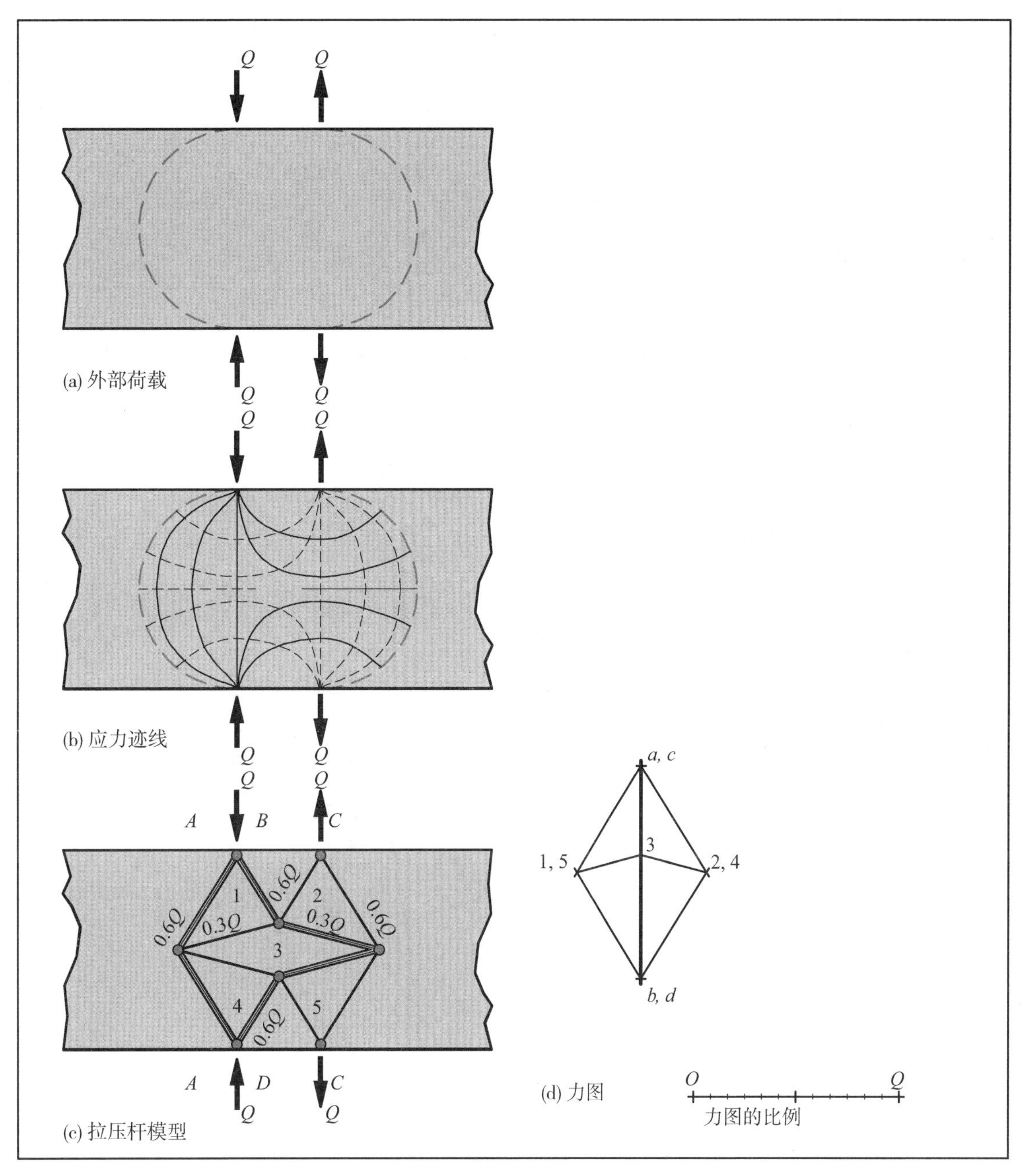

图 14. 41　墙板中的应力计算 4

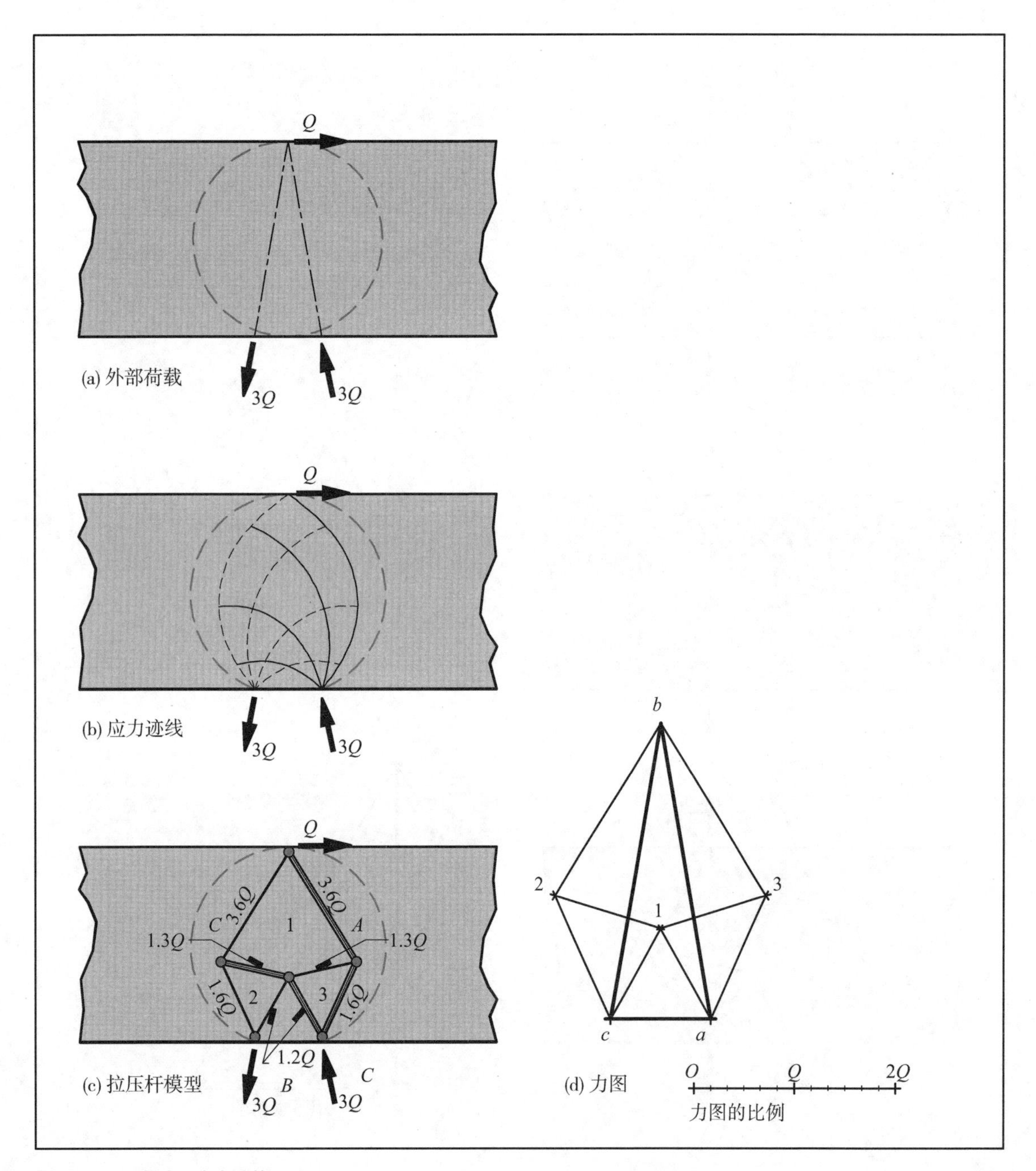

图 14. 42　墙板中的应力计算 5

“同样类似于斜格模式的力流。

“这种形式的确不常见，不过这种力流看起来很优美，而且具有与众不同的特质，它的力流模式类似于轻型悬臂桁架，这种桁架又被称为米歇尔桁架（见第 17 章）。”

“我已经知道墙板中部会呈现圆盘形的全扇形力流，尽管这种力流看起来有点奇怪。为什么力流不以平行模式穿过墙板较宽的部分呢?”

“结构总是会以做功最少的方式发生作用，这就是‘最小功原理’，但是结构做功很难被可视化。‘功’等于所有小的尺寸变化之和与导致尺寸发生变化的力之间的乘积。这个概念解释了结构的表现，一个结构总是以做功最少的方式对内力进行分布。在中部较宽的墙板中，相比较于圆盘形状，平行力流需要消耗的功更大（图 14.43）。”

布鲁斯给戴安娜看了另一张图（图 14.44），问道：“T 形墙板中的力流会如何表现呢?”

“这种形式的墙板大部分区域为力流的过渡区域，在 T 形墙板较窄的部分，力流呈现出平行模式，在 T 形墙板较宽的部分，力流开始可能是平行模式，但是很快会改变方向，这样才可以使力流聚集在墙板较窄的部分。比较形象的比喻是把这块墙板想象成一个水渠，水一开始在宽阔的河段里流淌，然后流进一个狭窄的河段。”

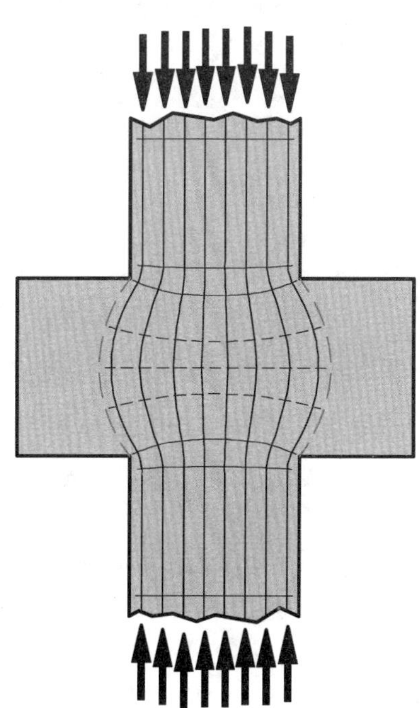

(a) 应力迹线

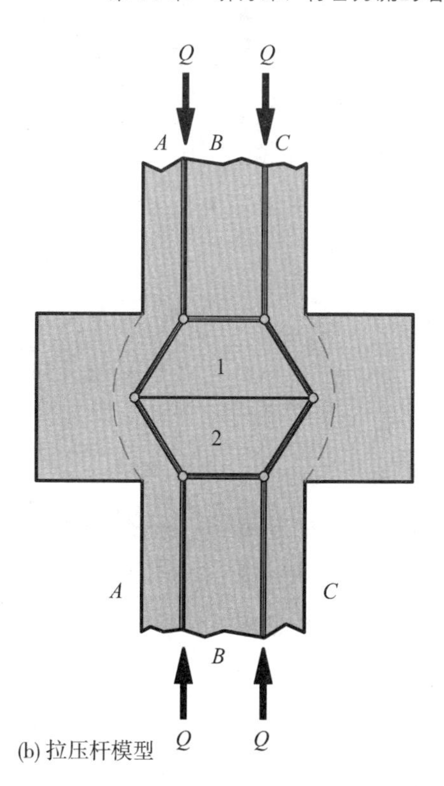

(b) 拉压杆模型

(c) 力图

图 14.43　墙板中的应力计算 6

戴安娜一边描述一边画出墙板的应力迹线。

“这样描述很清楚，但是你只画出了主应力迹线，还要加上次应力迹线，次应力迹线总是与主应力迹线垂直。在添加了次应力迹线后又呈现出斜格模式的力流了。”

“一个真正的斜格模式的力流差不多初现端倪了。T 形墙板的左右两端如同两根又粗又短的悬臂梁，大多数梁的力流是斜格模式。如果将 T 形墙板的两端加长，就能看到真正的斜格力流。主应力迹线在 T 形墙板的阴角周围聚集，这里的应力很高，如图 14.44（b）所示。可以将阴角设计得更加平滑，以缓解和降低应力的大小。”

布鲁斯从桌上一叠纸中找出了一张图给戴安娜展示。

“这是我在设计这种形状的墙板时所想的，添加上应力迹线之后，这张图就会更简单易懂了（图 14.45）。”

“这些阴角的半径比较大，极大地减小了这里的应力。同时也要注意墙板顶部的均布荷载，到达墙板底部时不一定是均匀分布的，要根据墙板的形状而定。”

(a)

(b)

图 14.44　T 形墙板中的应力迹线

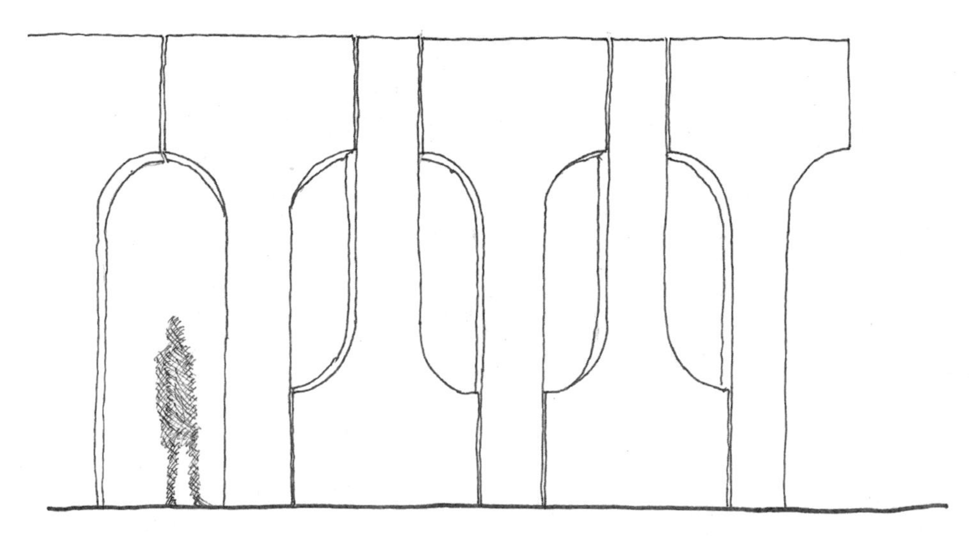

图 14.45　T 形墙板的优化

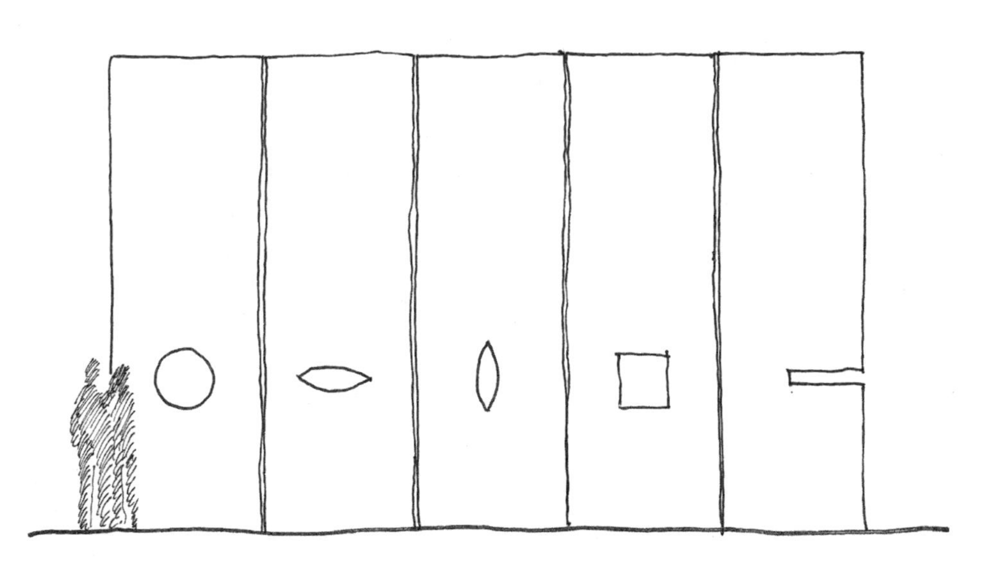

图 14.46　墙板上的开口

开口与切口

布鲁斯抽出最后一张图，放在戴安娜面前。

“这是一些比较普遍的墙上开口的例子（图 14.46），墙板上适合采用什么样形状的开口？”

“建筑师喜欢设计开孔和切口，那么你认为这五种形式的墙板开口中哪一个应力较小？”

“应该是中间那个如同橄榄球形状的开口。”

“你是怎么得出这个结论的？”

“我试着把所有的开口想象成溪流里的石头。当溪水流经橄榄球形状的缺口时发生的波动最小。”

“没错，这种想法很巧妙。”

“圆形的开口应当位列第二，横向的橄榄球形状开口很不利，这个形状不仅很宽，留出两侧的通道比较狭窄，而且两侧的转角都很尖锐。”

“矩形窗户也很不利，但是这种形状适合钢筋的铺设，钢筋可以抵消转角的高应力。最右边墙板边缘的狭孔是这五种开口中最不利的切口，这个狭孔深深切入墙板，转角很尖锐，它会使墙板中产生很大的应力。因此应该尽量避免采用这种形状。”

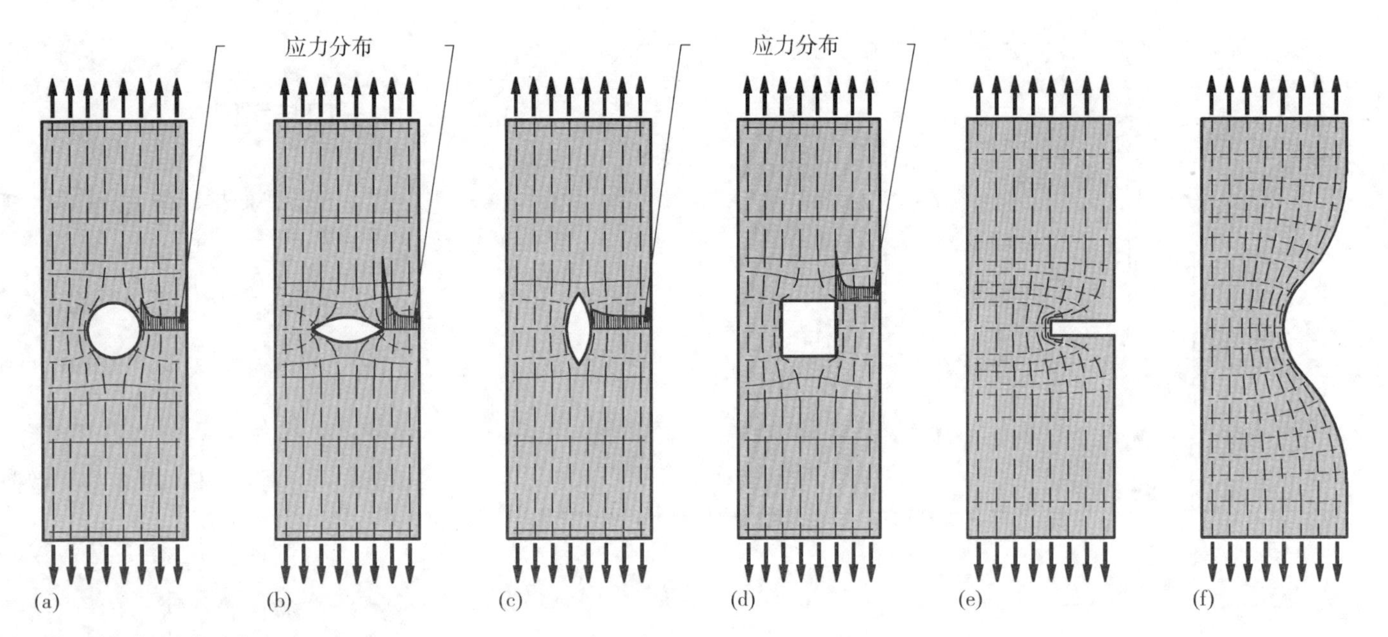

图 14.47　带有不同开口形状的墙板中的应力迹线

戴安娜拿出活页夹里的一组图，里面有类似开口形状的墙板的应力迹线图（图 14.47）。

"即使是一个嵌入墙板里的较为平缓的切口，也会产生很大的应力，如图 14.47（f）所示。

"墙板上任何形状的开口，都会排斥所有经过该开口的力。可以用水流来做类比，并根据圣维南原理确定过渡区域的面积（图 14.48）。

"但如果不在墙板上开孔，而是在浇筑混凝土墙板的过程中加入坚硬的花岗岩圆盘或钢圆盘，或者由其他任何一种比混凝土更坚硬的材料制成的圆盘，那么这种坚硬的材料会对力流产生吸引力而不是排斥力（图 14.49）。"

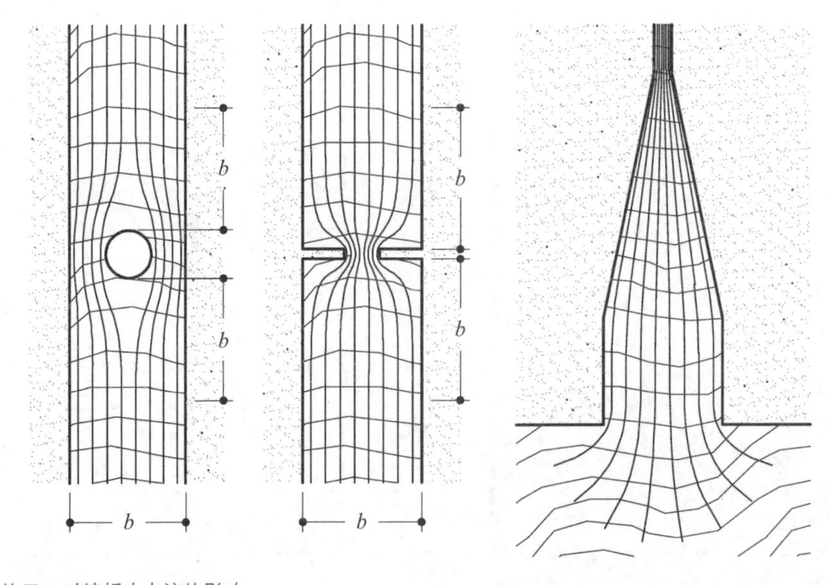

图 14.48　墙板上的开口对墙板中力流的影响

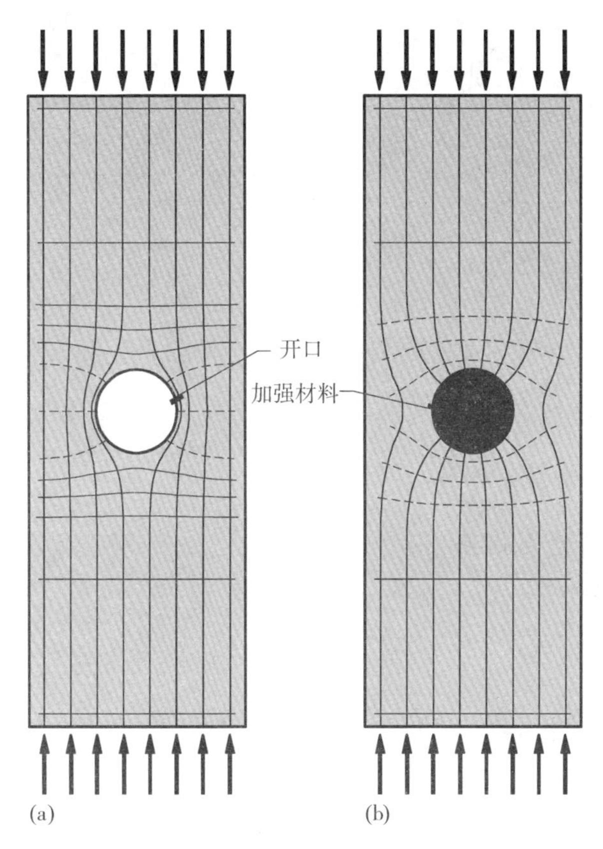

图 14.49　墙板上开口与墙板中加入坚硬材料后，墙板内力流的变化

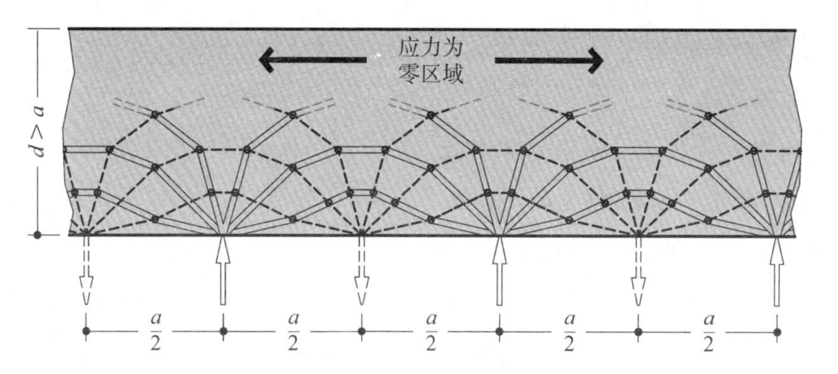

图 14.50　墙板上吊点的设置对墙板内应力迹线的影响

“如果在混凝土墙板浇筑前加入一根直径较大、壁厚也较大的钢管，上述情况就会在墙体中发生。这根钢管需要坚固得足以承受墙板传递下来的大部分荷载。”

“这种加强作用也可以应用于建筑构件的运输和吊装，而不仅仅在于加强构件本身的受力情况。”

结构工程师必须真正地、深入地了解所要设计的结构，并感知结构对外部荷载做出反应的方式。做到了这一点，结构工程师就可以凭直觉得知结构中危险区域的位置。

——雷蒙德·帕斯奎尔（Raymond Di Pasquale）

再次回到立墙平浇建筑法

“我在土木工程学院曾短暂地接触过立墙平浇建筑法，设计的关键是要考虑墙板吊装时的临界荷载，也就是使墙板离开地面时所需要的力。”

“墙板和地板之间存在局部真空，在吊起墙板的一瞬间，必须用空气填充真空部分。为了避免真空现象的产生，在墙板浇筑之前，会在地板上喷洒一种由油、蜡或者硅胶材料构成的防黏结混合材料，这样能够防止混凝土墙板粘黏在地板上。即便如此处理，还是会在短时间内产生较大的力。因此在起重机起吊之前，有时候会在墙板边缘下打入一些楔子，从而打破真空。也会在墙板上安装多个吊点，同时确保吊点均匀地分布在墙板上，使每个吊点具有相同

约格·施莱希（Jörg Schlaich）

德国结构工程师约格·施莱希出生于1934年，他的家乡离斯图加特很近。施莱希年轻时是一名木匠，后来学习了斯图加特技术学院（即现在的斯图加特大学）的土木工程与建筑课程。随后他到柏林跟随沃纳·柯普科（Werner Koepcke）学习土木工程。沃纳的教学方法与斯图加特大学不同，前者强调数学方法，而后者倾向于教授实用方法。施莱希接着又到克利夫兰凯斯技术学院攻读研究生，后师从弗里茨·莱昂哈特并获得了博士学位。他同莱昂哈特合作，设计了高层混凝土结构和双曲抛物面混凝土结构，并与建筑师甘特·贝尼施（Günter Behnisch）一起合作完成了慕尼黑奥林匹克体育场的项目。之后他跟随莱昂哈特在斯图加特大学教授混凝土结构。基于典型混凝土结构的数学计算，施莱希及其学生一起研究出了解释预应力混凝土和钢筋混凝土内部特性的理论方法。这种新方法也被称为“拉压杆模型”，它将结构构件划分为不同的力流区域，这些区域可以简化为由拉压杆构成的模型，并对模型进行图解分析。这种方法能够帮助我们形象化地理解本章所列举的结构构件的表现，还适用于深梁、承受复杂荷载作用的结构构件以及其他不连续的结构部分。

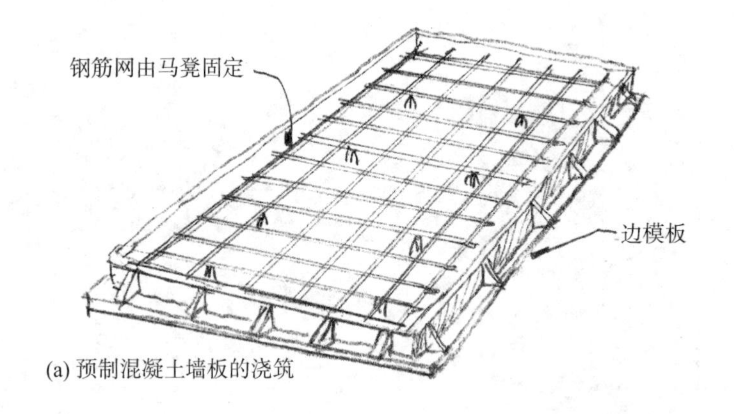

(a) 预制混凝土墙板的浇筑

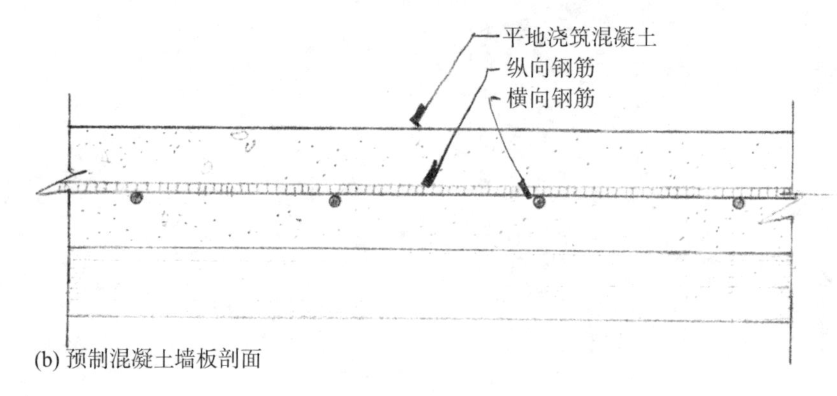

(b) 预制混凝土墙板剖面

图 14.51　预制混凝土墙板的构造

的从属面积（图14.50）。通过调控钢绞线和滑轮，每个吊点上的力完全相同（图14.3、图14.4），以最大限度降低吊装时墙板断裂的风险。”

“立墙平浇法的建筑通常采用什么样的屋面呢？”

“在美国西海岸常常采用木托梁和胶合板，在其他地方则常用空腹钢托梁和波纹钢板，也会使用预制混凝土板。”

“为什么立墙平浇法如此受欢迎呢？”

“因为这种方法的成本相对较低，通常制作墙板的模板只需要简单的边模而省略了上下两块模板（图14.51）。”

小结

布鲁斯说：“这是一次非常有意义的讨论，我现在了解了更多关于结构构件内部受力的情况。”

“这次讨论确实有助于加快这个课题的研究，也让我们了解到更多关于立墙平浇式墙板的知识。不过以上的分析并没有考虑墙板的自重。一块立墙平浇式混凝土墙板重约 20 千磅，具体重量则取决于墙板的大小和厚度。在墙体的顶部，自重很小，对集中荷载作用下的力流模式几乎不产生影响。但是到了墙板的底部，自重就会成为影响力流的重要因素，甚至会成为主要因素。”

“那应该如何把墙体自重考虑进去呢?”

“最简单的方法就是在墙体的某一特定高度上加上墙板的自重。假设一块墙板在顶部承受着 20 千磅的集中荷载，底部支撑在两个角落处。墙体的自重不会影响墙体顶部的扇形力流区域。但是底部两个四分之一扇形力流区域的受力应根据墙板受到的活荷载和恒荷载之和来计算。如果墙板的自重是 25 千磅，那么在墙角处的支座反力为 20 千磅加上 25 千磅，得到的和再除以 2，即 22.5 千磅。

“这些墙板中主要的力流由平行力流和扇形力流构成。第三种力流模式即斜格模式对于梁的弯曲作用的理解非常重要，但是在其他的结构构件中，这种力流模式并不常见。”

戴安娜看了看手表，然后从椅子上站起来。

“一上午的时间很快就过去了，我得继续去做其他的事情了。我们花了很多时间讨论如何绘制应力迹线，却没有提及为什么应力迹线如此重要?”

“对我来说，了解所设计的墙体的结构表现十分重要，而应力迹线分析是了解墙体构件的结构表现的一种方法。”

“它的确是这种方法的一个很重要的功能，另一个重要功能是通过应力迹线塑造结构构件的形状，描述材料的工作方式以及实现材料的高效利用，最终达到节省造价和节约资源的目的。更为重要的是对力流的表达是结构优雅性表现的一个关键方面，这一点在很多不同尺度的结构设计案例中都有体现（图 14.52 ~ 图 14.54）。”

拉压杆模型不仅可以将梁构件的力流模式转化为桁架模型，而且可以将同样的理念应用到其他难以进行数学计算的地方，例如承载处或支座处、框架的角部、悬臂处以及墙上的开口等。这种方法使整个结构都充满了活力并将其融为一个整体。

——大卫・比林顿（David Billington）

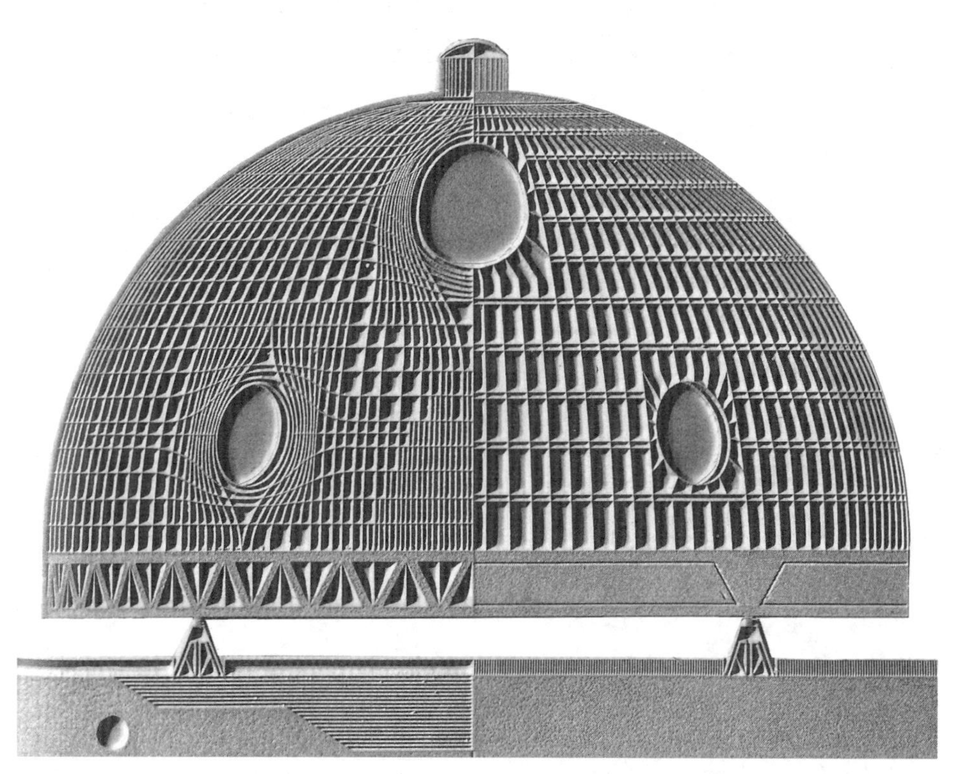

▶图 14.52　某穹顶设计
图片来源：爱德华多・卡塔拉诺（Eduardo Catalano）提供

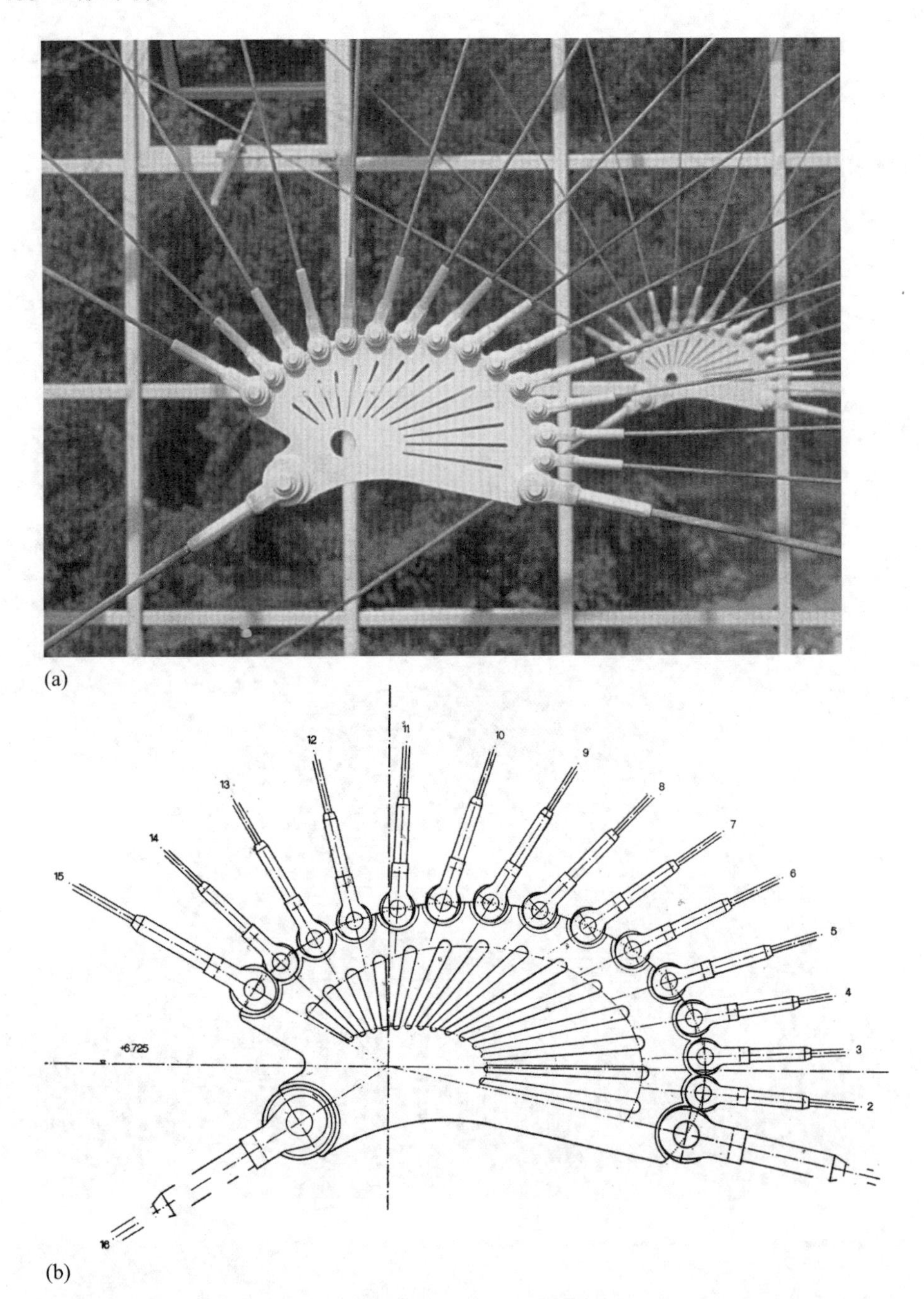

图 14.53　德国坎斯塔特矿泉浴场水疗会所屋顶张拉结构的连接板

图片来源：SBP 公司提供

图 14.54　都灵展览馆，其支撑结构顺应了力流的扇形模式，由奈尔维设计。

图片来源：Pier Luigi Nervi. Structures. New York：F. W. Dodge Corp.，1956.

思考题

1. 请绘制出第 1 章悬挂步行桥的圆环形连接板中的力流。标注出主应力和次应力，并区分拉力和压力。请设计出一种更为高效且富有结构表现力的圆环形连接板的形状。
2. 以第 2 章城际巴士总站的桅杆顶部的连接板为对象，重复第 1 题的练习。
3. 请绘制出图 14.1 中混凝土墙板中的力流，假设其顶部承受均布荷载。如果改变圆形开口的半径会产生什么影响？
4. 除了本章提及的墙板形状之外，请设计出其他类型的墙板形状，并分析和比较在不同的建筑类型、屋面荷载分布以及建筑功能等条件下，这些墙板形状的适应性。

关键术语和公式

tilt-up construction 立墙平浇建筑法
lifting points 吊点
lifting harness 吊具
strongback 背板
bond breaker 防黏结材料
flow of forces 力流
flow lines 流线
stress trajectories 应力迹线
parallel pattern 平行模式
fan pattern 扇形模式
lattice pattern 斜格模式
half-plane fan 半扇形模式
quarter-plane fan 四分之一扇形模式
Saint-Venant's principle 圣维南原理

$$f_{ri}=\frac{2P\cos\alpha_i}{\pi t r_i}$$

truss modeling 桁架模型
strut-and-tie modeling 拉压杆模型
deep wall 深墙
long wall 长墙
eccentric load 偏心荷载
kern 断面核
primary forces 主应力
secondary forces 次应力
principle of least work 最小功原理

参考资料

1. Schlaich Jörg, Kurt Schafer and Mattias Jennewein. Toward a Consistent Design of Structural Concrete, PCI Journal, May/June 1987, pp. 75−150. 这是一篇具有里程碑意义的论文，它首次介绍了一种绘制结构中应力迹线的简单方法。
2. Liang Qingquan. Performance-Based Optimization of Structures. London and New York：Spon Press, 2005. 这本书介绍了运用计算机自动生成结构主体的拉压杆模型的方法。
3. Menn Christian. Prestressed Concrete Bridges. Translated into English by Paul Gauvreau. Basel, Switzerland：Birkhauser Verlag, 1986. 在这本书中，一位著名的桥梁结构工程师探讨了有关混凝土桥梁的设计和施工，并且使用桁架模型来计算应力和进行加固设计。

第 15 章 15 框架结构的一个单元设计

- 框架结构的平面布置和三维布置
- 了解框架结构单元、楼承板、托梁、主梁、次梁、板、柱子和框架结构的材料
- 竖向荷载和横向荷载的荷载路径
- 采用斜撑抵抗横向荷载
- 横向荷载占主导地位的高层框架结构的设计要点

结构的主要目的是支撑和限定建筑空间，屋顶的作用是保护建筑物的内部空间不受气候变化的影响，地板的作用是提供干燥的水平面，这些水平面往往被逐层叠加以增加建筑物的使用空间，而墙体的作用则是封闭和围合建筑空间。大多数建筑物由梁柱系统支撑（图 15.1），由梁和柱构成的建筑结构被称为梁式框架结构（图 15.2），也被称为梁柱结构。如果其中起到跨越作用的是拱而不是梁，那么这种结构被称为拱式框架结构。

注：本书提出的框架结构，指的是由梁、柱等结构构件构成的规则的单元框架系统。木、钢及钢筋混凝土材料都适用于建造这种结构。狭义的框架结构指的是连接梁、柱等构件的节点都是刚接的单元框架系统。

图 15.1　某仓库的屋顶结构，采用了层压木材的梁柱结构，次梁和主梁之间通过金属连接件连接。照片右下角可以看到柱子和大面积安装完成的木板条屋面板，一些长木板条堆放在照片的左侧等待安装。

图片来源：美国木结构研究所提供

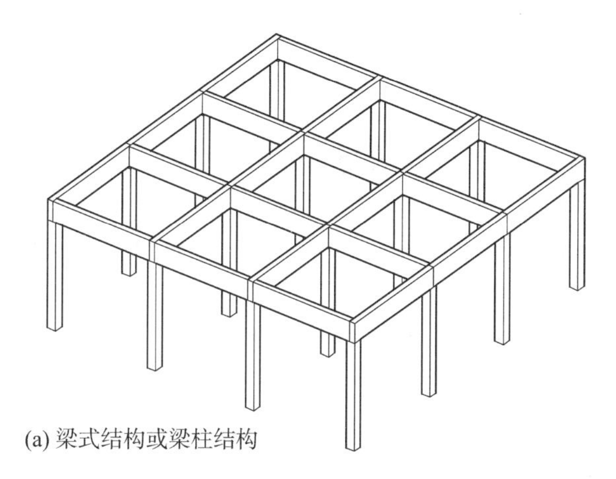

(a) 梁式结构或梁柱结构

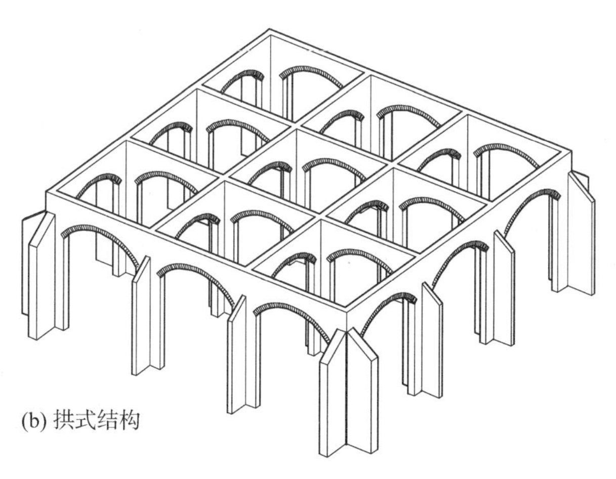

(b) 拱式结构

图 15.2　梁柱框架结构和拱式框架结构的轴侧图

柱子是承受竖向荷载的垂直结构构件（图15.3），它与结构中其他的竖向构件相似，主要承受轴向力，因此它在材料的利用上是高效的，可以做得比较纤细。但是在大多数情况下，柱子需要抵抗偏心荷载并且必须同时承受横向荷载和竖向荷载的作用。支撑结构重量的墙体通常被称为承重墙，它们可以被认为是在一个方向上很短，另一方向上很长的柱子，柱子和承重墙在本书第19章会进行详细的讨论。

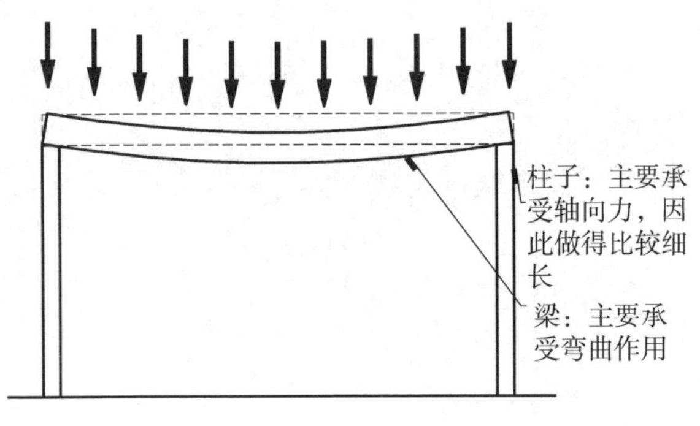

图15.3　两根柱子支撑一根梁

梁是通过弯曲作用来抵抗横向荷载的结构构件，横向荷载就是垂直于构件轴线方向的荷载（图15.3）。梁的内部力流是斜格模式的，不同于柱子中平行模式的力流，这种力流模式利用材料的效率较低，因此梁的截面会比支撑它的柱子的截面更深。

尽管对于材料的使用效率相对较低，梁仍然是主要的横向跨越构件，因为它有如下的优势：

- 在承受同样荷载的中小跨度结构中，采用梁作为横向跨越构件，比悬索、拱以及桁架等结构高度更小，所占据的内部空间更少，相应的建筑总高度、外墙材料及空调消耗等就会减少，从而节约建筑造价。
- 与桁架相类似，梁不会产生水平拉力或水平推力，而悬索结构和拱结构会产生水平拉力或水平推力。
- 与桁架相类似，梁可以承受较大范围的荷载变化而不产生明显的变形，而悬索结构和拱结构则不同。
- 梁是细长的线性构件，易于存放、运输和施工。
- 梁易于加工制造，它们的形状在整个长度上保持不变。不论采用木材、钢材或是混凝土材料，梁的形状都易于生产，无需二次加工。

我们会在本章中讨论一些常见的梁的形式，采用的主要材料有木材、钢材和钢筋混凝土，极少数的梁和有些柱子也可以由砖石砌筑而成。然而不论是什么材料，梁和柱子通常结合在一起形成框架支撑整个建筑。

现代城市生活促成了层叠建造的城市模式，而且在非水平的表面上工作和生活很不方便，因此相对于自然曲线形式来说，直角和直线的形式更加适用……大自然中的曲线形式是对结构连续性的表达，这种结构连续性的品质使大自然的设计独特而优越，我们应该去学习其中的构造原则，而不是试图去模仿大自然的外在形式。这些原则丰富多样，足以协助建筑师和结构工程师实现完美高效的形式设计。

——弗雷德·塞弗鲁德（Fred Severud），《乌龟和核桃，牵牛花和小草》，建筑论坛，1945年9月

框架单元

最简单的框架单元，是在给定的结构高度下，由四根柱子、两根梁以及横跨在梁之间的楼承板所限定的空间（图15.4）。较为常用的横向与竖向的框架尺寸大约都是12~14英尺之间，这样的尺寸跨度需要很厚同时非常昂贵的

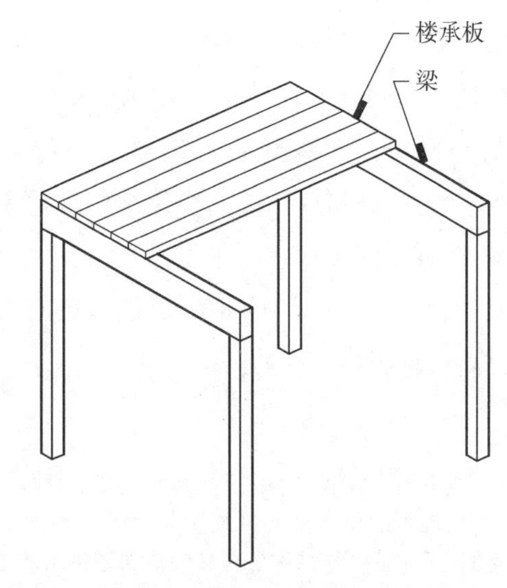

图15.4　采用厚楼承板的框架单元设计

楼承板。如图 15.5 所示，可以采用增加次梁的方法来减少楼承板的厚度，相对经济的楼承板所能跨越的空间距离决定了次梁的间距。次梁被搁置在主梁上，主梁将所有荷载传递到柱子上。

主梁是框架结构当中较大的梁，主要支撑次梁以及其他梁，而不直接支撑楼承板。另一种减少楼承板厚度的方法是采用间距较密的细长构件支撑，这种构件在楼板或平屋顶上被称为托梁（图 15.6），在坡屋顶上被称为椽子（图 15.7）。托梁由梁来支撑，梁可以由四根柱子直接支撑，也可以由主梁支撑。在单坡屋顶当中，椽子的两端都有支撑，这种情况下不会产生水平推力。当两根椽子相互依靠形成一个简单的拱时，就会产生水平推力（图 15.8）。

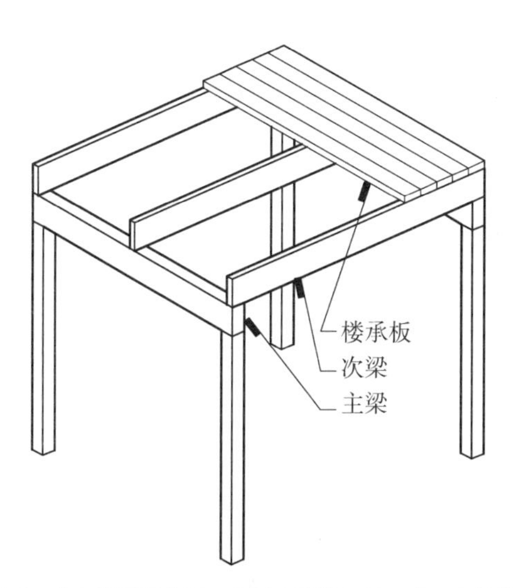

图 15.5　由主梁承托次梁，次梁支撑楼承板，从而调整楼承板的跨度，减少楼承板的厚度。

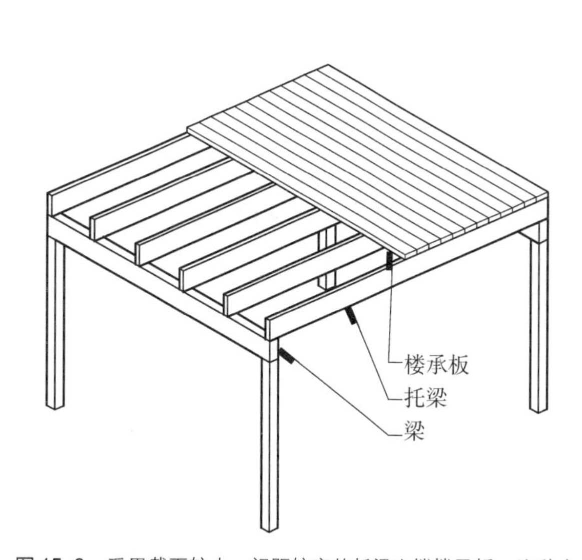

图 15.6　采用截面较小、间距较密的托梁支撑楼承板，这种方法允许使用很薄的楼承板。

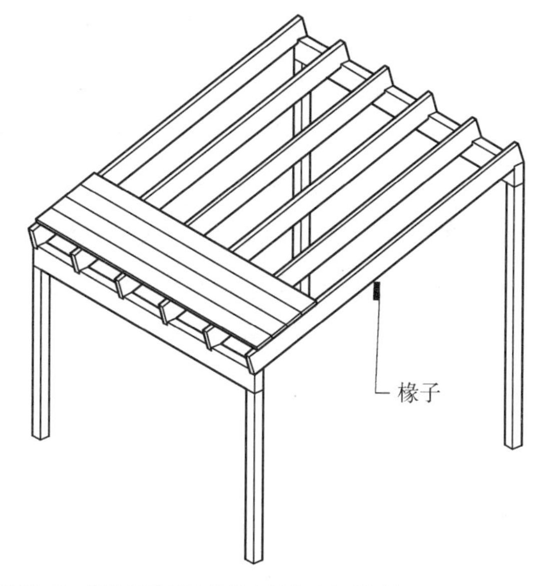

图 15.7　椽子是随着屋顶坡度的角度倾斜的托梁或梁。

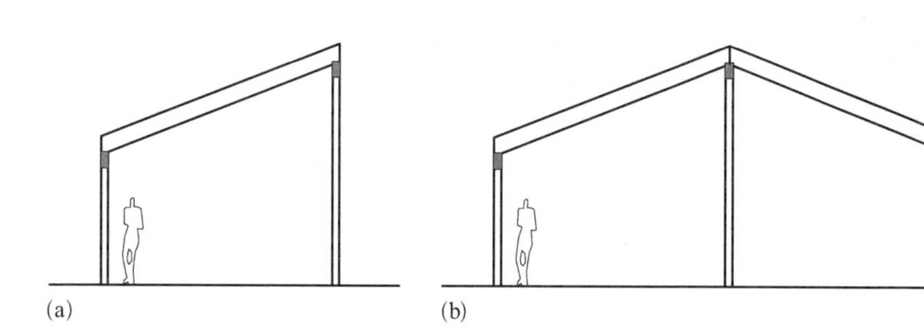

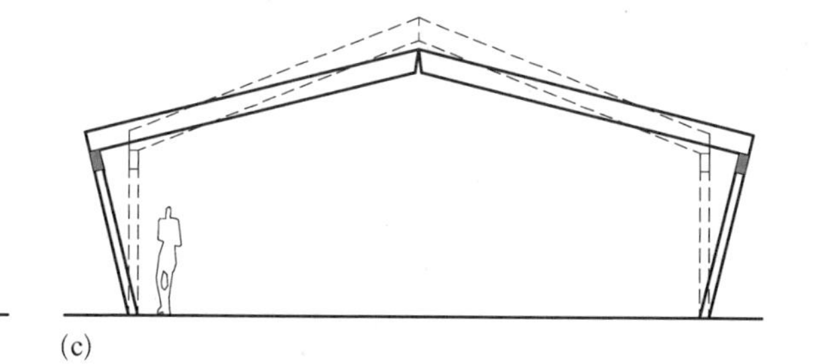

图 15.8　（a）和（b）中的椽子在两端都有支撑，不产生水平推力；（c）中的两根椽子相交构成了一个简单的拱，没有设置脊梁或是水平拉杆，会产生水平推力。

两根柱子和一根梁可以由一面承重墙代替（图 15.9），小型旅馆、宿舍等含有小尺度标准间的建筑，适用于采用承重墙建造。承重墙可以由砖墙或预制混凝土墙板构成，承托楼板和屋顶。相比于承重墙结构，柱子支撑的结构灵活性更强，便于后期的改造和调整。因为由柱子支撑的建筑内部空间是由不承重隔墙分割的。

轻型木结构与轻型钢结构相似，都是采用轻型板材、螺柱和托梁构成的承重墙体系。这些承重墙由细长螺柱紧密排列而成，螺柱受到板材的约束而不会发生屈曲。这种承重墙通常不会按照常规的标准单元布置，而是根据功能需要按照复杂且不规则的间距布置（图 15.10）。

荷载路径

一个框架单元的任务是将荷载安全地传递到建筑物的基础直至地基中。由两根柱子支撑的梁当受到单一的集中荷载时，每根柱子会承受集中荷载的一部分，并将其传递到基础上。如果集中荷载施加在梁的中间，则每根柱子会承受一半的集中荷载（图 15.11）。如果集中荷载施加在梁的其他位置，则可以通过对任意支撑点求力矩来确定柱子当中的力的大小（图 15.12）。结构当中力的传递路径被称为荷载路径。

在三维框架单元中，采用厚的楼承板例如

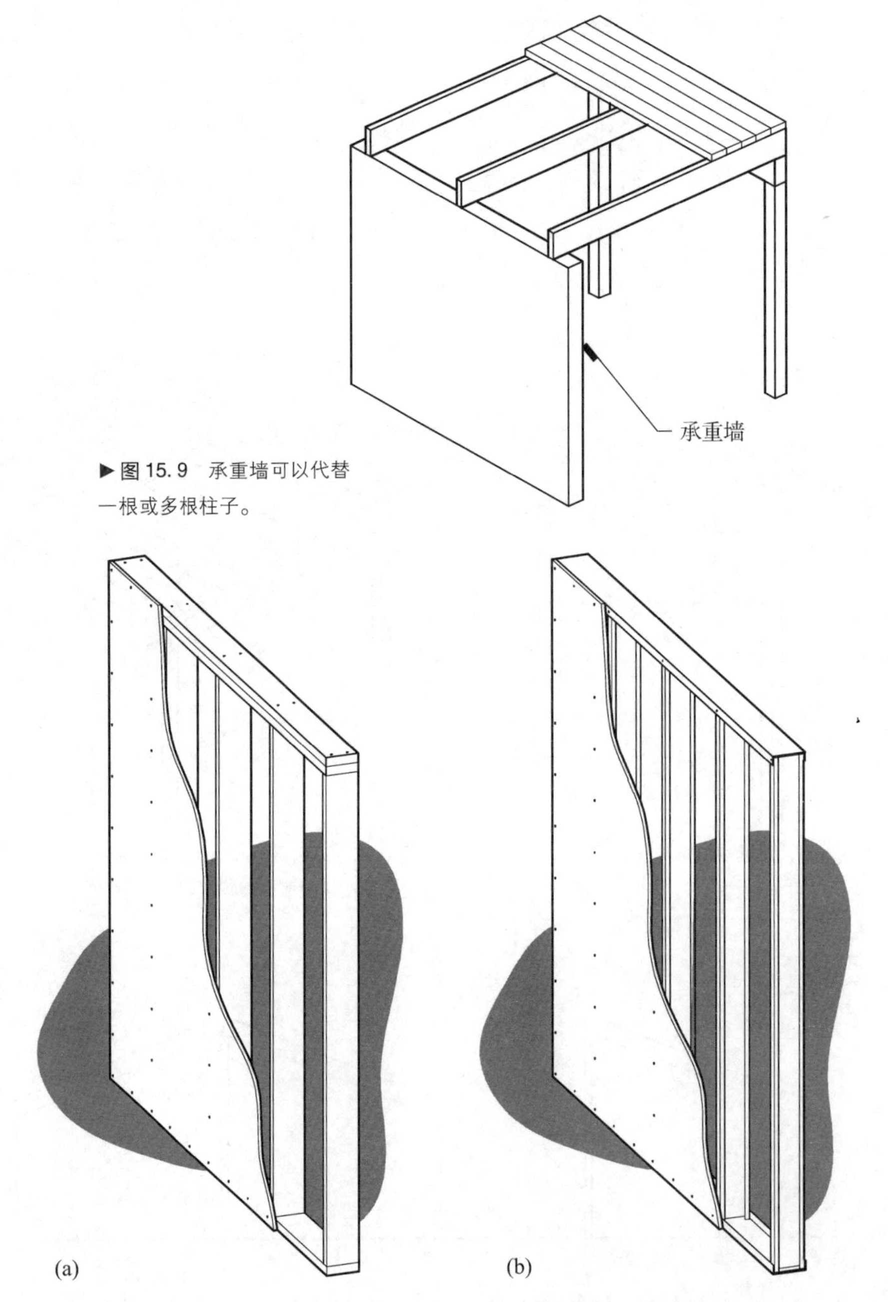

▶图 15.9 承重墙可以代替一根或多根柱子。

图 15.10 左侧为轻型木结构的承重墙，右侧为轻型钢结构的承重墙，这些承重墙都是由小截面的螺柱紧密排列构成，并由板材固定。

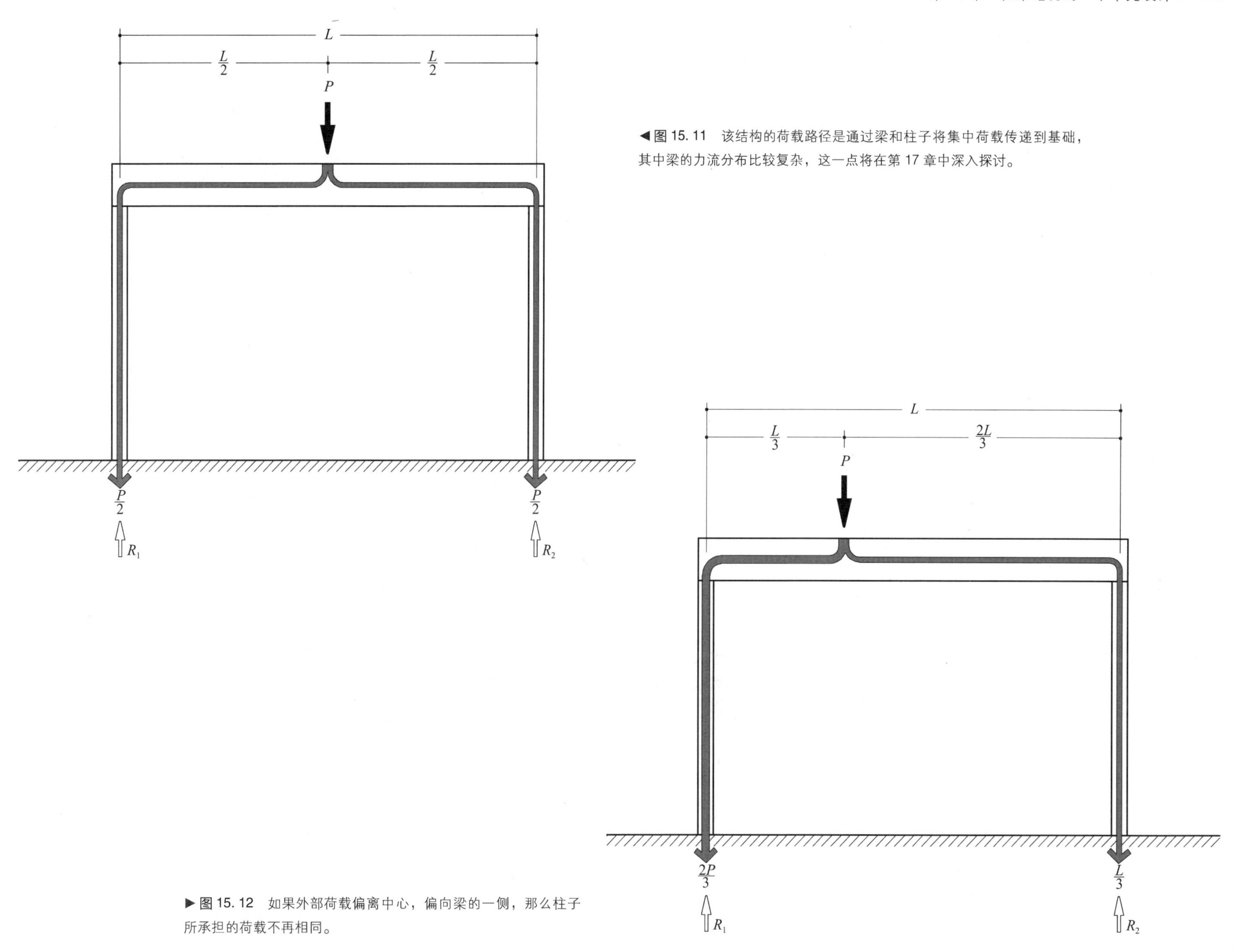

◀图 15. 11　该结构的荷载路径是通过梁和柱子将集中荷载传递到基础，其中梁的力流分布比较复杂，这一点将在第 17 章中深入探讨。

▶图 15. 12　如果外部荷载偏离中心，偏向梁的一侧，那么柱子所承担的荷载不再相同。

预制混凝土空心楼板的框架单元在承受荷载后，每根柱子所承受的力可以比较容易确定（图15.13）。但是在采用主梁、次梁与楼承板的框架单元中，每根柱子当中的力的分布会变得比较复杂（图15.14），荷载路径在次梁中分离，然后在主梁中重新汇合。参考资料的网站上工作表15A中的方法有助于分析框架单元中的荷载路径。

结构的目的是将建筑物上的荷载传递至基础，这种作用类似于水沿着管网流动。柱子、梁、悬索等结构构件就如同力流的管道。

——马里奥·萨尔瓦多里

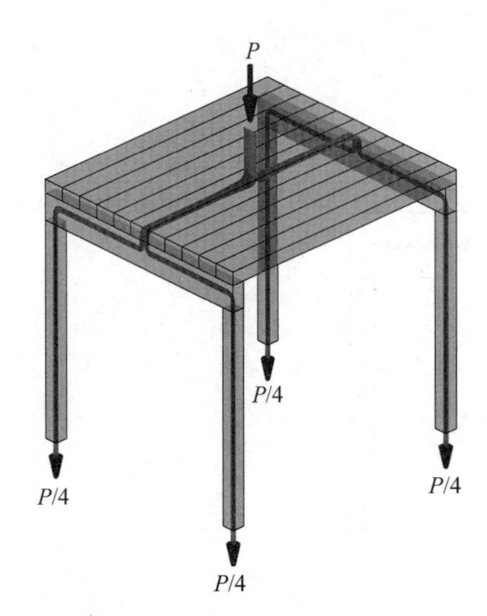

图15.13 中心集中荷载作用下，采用厚楼承板的框架单元中的荷载路径。

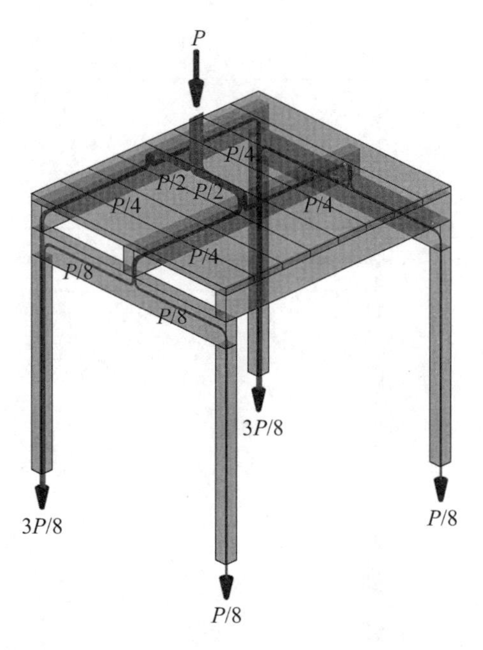

图15.14 不对称荷载作用下，主梁、次梁和楼承板形成的框架单元中的荷载路径。

横向荷载

以上是框架单元承受重力荷载的情况，除此之外它还需要抵抗由风荷载或地震作用引起的横向力或水平力。如果横向荷载施加在没有附加支撑的框架单元上，则框架会变形并倒塌（图15.15、图15.16）。如果在适当位置增加足够数量的斜撑，就可以抵抗横向荷载（图15.17）。人字形支撑是高效且方便地增加斜撑的方法，一是因为它的构件相对较短，相比于对角斜撑来说不容易发生屈曲。二是因为它与周围的梁和柱子一起构成了一个垂直的K形桁架，这种形式结构效率高且节省材料。

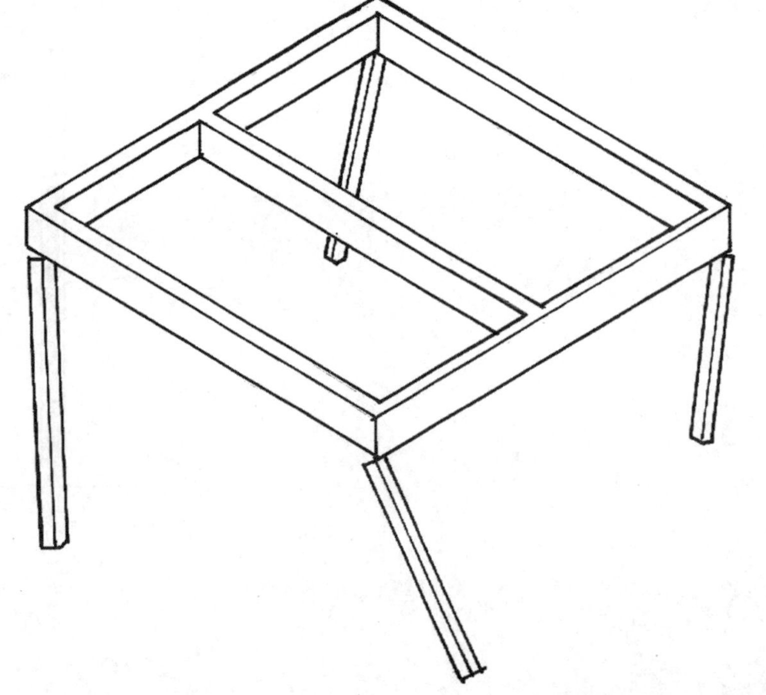

◀图15.15 无附加支撑的框架单元在横向荷载作用下会发生扭转进而倒塌。

人字形支撑对墙面开门或开窗的影响较小。采用人字形支撑的框架结构可以建造到约 45 层，如果存在其他抵抗横向荷载的措施，还可以建造得更高。

图 15.18 为一些常用的斜撑形式，图 15.18（a）为单独斜撑，虽然具有结构加强的作用，但是斜撑的长度较长，增加了受压时发生屈曲的可能，斜撑的角度也会妨碍入口或走道的设置。图 15.18（b）为交叉斜撑，可以由仅承受拉力的拉杆或拉索制成，当框架的左右任一侧有横向荷载作用时，其中一根拉杆或拉索处于张紧的状态，另一根拉杆或拉索则处于松弛状态。图 15.18（d）为八字形支撑，横向荷载会使梁发生弯曲作用。这是偏心支撑的一个例子，这种斜撑常用于地震多发地区的框架结构中，因为地震引起的梁的弯曲变形可以吸收一部分地震能量，有助于减少地震的破坏作用。图 15.18（e）为设置在框架角部的斜撑，也可以称为梁下的加腋。加腋的作用是使梁和柱子的连接更加牢固，通过柱子和梁的弯曲作用来抵抗横向荷载。这种方法通常还会增大柱子和梁的截面尺寸，使它们能够共同抵抗竖向荷载和横向荷载引起的弯矩。

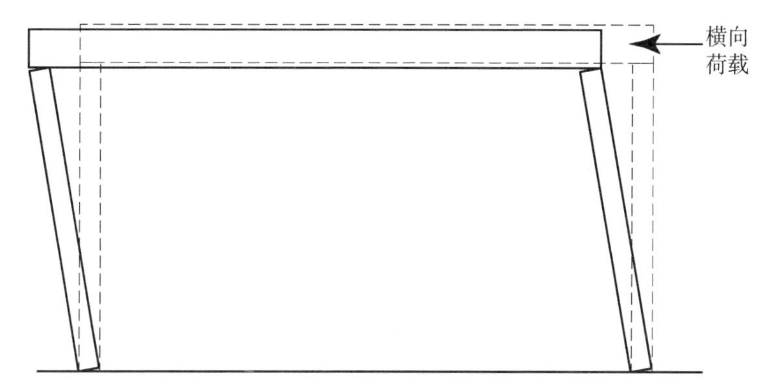

图 15.16　横向荷载对梁和柱子施加水平力

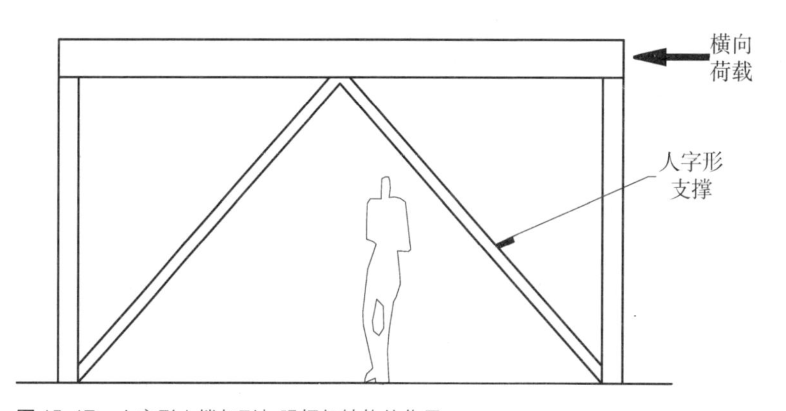

图 15.17　人字形支撑起到加强框架结构的作用

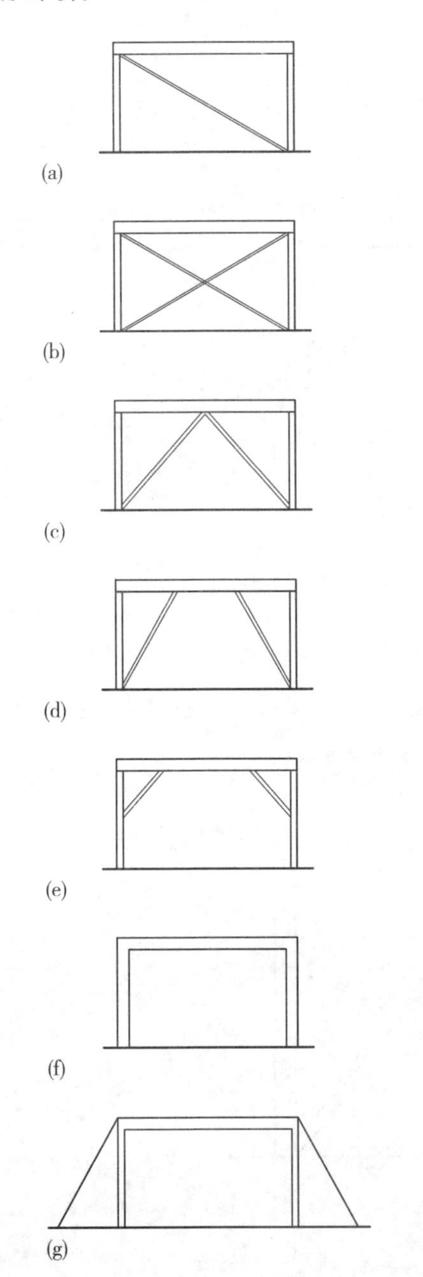

图 15.18 常见的斜撑形式：（a）单独斜撑；（b）交叉斜撑；（c）人字形斜撑；（d）八字形支撑；（e）加腋；（f）刚性节点；（g）外部斜拉索。

刚性节点

采用刚性节点连接的框架结构可以抵抗横向荷载［图 15.18（f）、图 15.19］。在钢框架结构中，梁和柱子通过焊接形成刚性节点，节点的强度与构件强度相同。在钢筋混凝土框架结构中，柱子和梁中的钢筋会相互绑扎在一起，然后浇筑混凝土，使结构成为一个整体。

木框架结构很难实现刚性连接，树木本身可以看作是一个具有刚性的连续结构，但是当树木被砍下之后，这种连续的刚性就被破坏

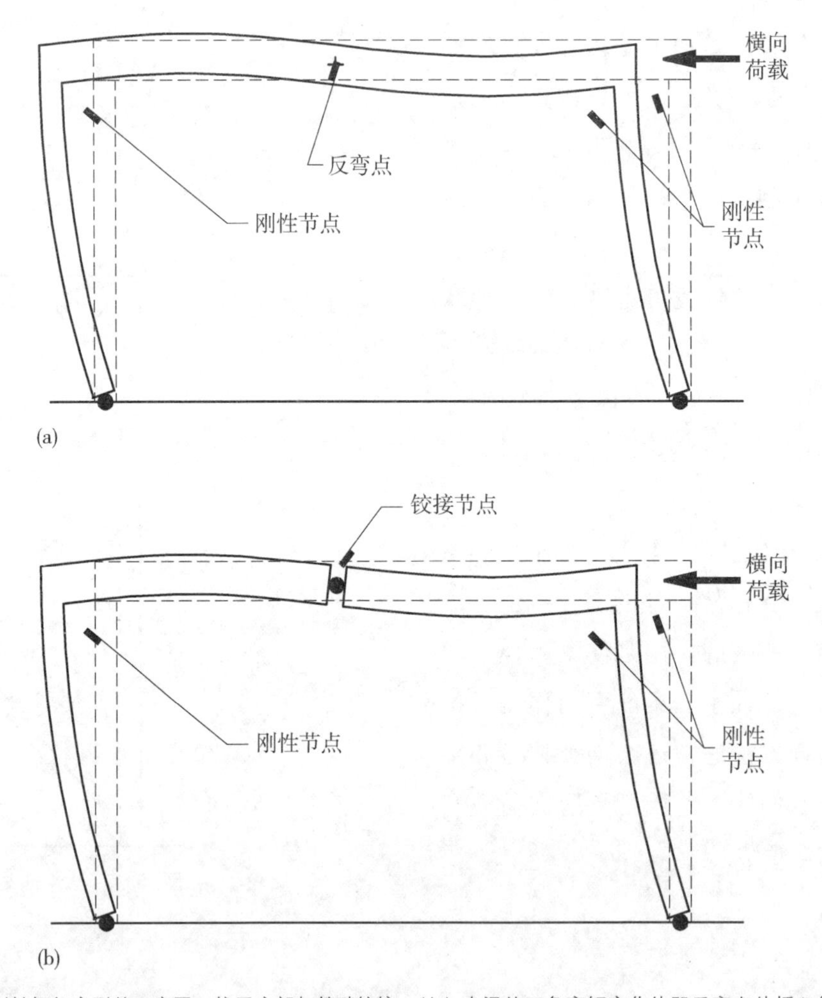

图 15.19 （a）刚性框架变形的示意图，柱子底部与基础铰接；（b）在梁的正负弯矩变化处即反弯点处插入铰接节点，并不改变框架的性能。

了。为了实现木框架结构的刚性连接，可以采用胶合木结构的连接节点，也可以采用相对复杂的紧固或粘接技术。

采用刚性节点的框架结构可以建造到 30 层。为了发挥刚性节点的优势，有必要使刚性节点的刚度与梁、柱构件的刚度相同。

外部支撑

图 15.18（g）所示的外部支撑在建筑中并不常见，在飞机库的设计中，为了不影响飞机的出入会采用这种外部支撑。外部支撑与第 2 章悬索结构的后拉索相似，也可以采用压杆代替拉索。这种形式有助于激发建筑师的想象力。

剪力墙

剪力墙是用来抵抗横向荷载的刚性墙体，与斜撑一样，是加强框架结构的有效措施。它可以由木材、钢材、钢筋混凝土或加筋砖石砌体结构构成（图 15.20）。剪力墙本质上是一个具有一定结构高度的垂直悬臂梁，因此剪力墙必须在每层刚性连接成为一个连续的整体。它通过墙体边缘的弦杆以及整体共同抵抗拉力和压力作用（图 15.21）。弦杆类似于宽翼缘工字钢梁的翼缘。第 17 章和 18 章会深入探讨宽翼缘工字钢梁中的力流分布等问题。

如果建筑物足够重的话，就可以阻止剪力墙与基础连接处因为较高的横向荷载而产生

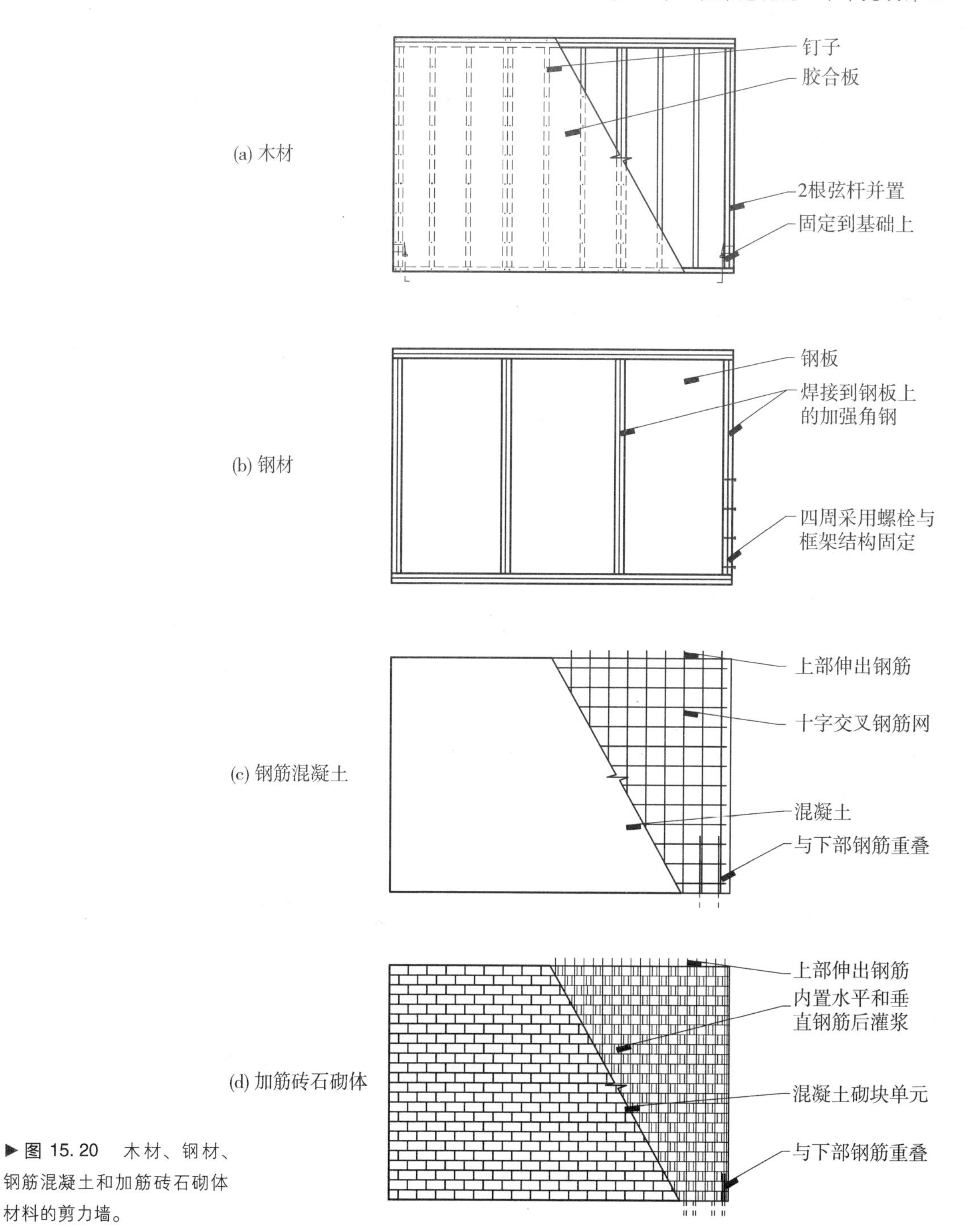

▶图 15.20　木材、钢材、钢筋混凝土和加筋砖石砌体材料的剪力墙。

破坏。如果建筑物比较轻，那么剪力墙的弦杆必须垂直于基础（图 15. 22）。采用剪力墙加强的框架结构可以建造到 50 层，但是如果建筑物过于细长，则还需要特殊的加强措施，这个问题在之后的章节中会详细地探讨。

楼板和屋面板作为隔板

采用斜撑、刚性节点或是剪力墙等方式加强框架结构的同时，楼板和屋面板作为隔板也起到加强结构的作用，它们可以被看作是一个

图 15. 22　木剪力墙与基础的连接

很高的宽翼缘梁（图 15. 23），倾斜的屋面板同样可以作为隔板。外墙板通过弯曲作用将风荷载等横向荷载传递到楼板或屋面板的边缘，楼板或屋面板将这些力传递到建筑物的竖向支撑上。

如同宽翼缘梁一样，隔板有腹板和翼缘，翼缘在隔板和剪力墙中被称为弦杆。腹板可以是

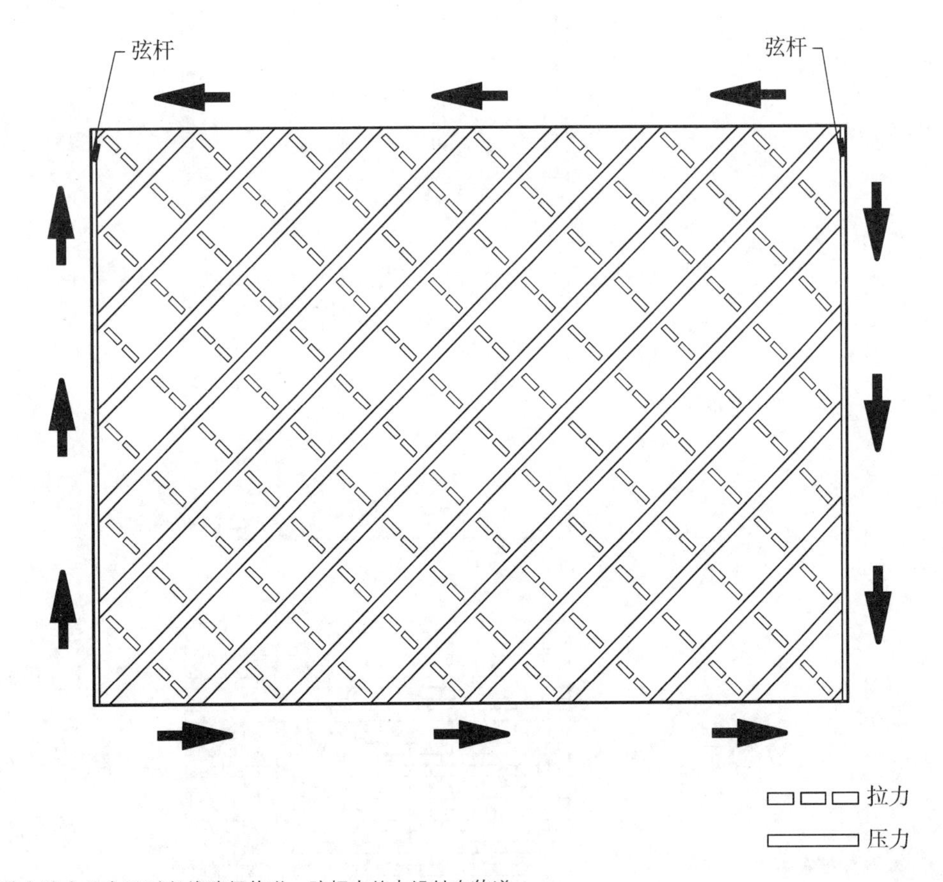

图 15. 21　剪力墙内的力沿对角线路径传递，弦杆中的力沿轴向传递。

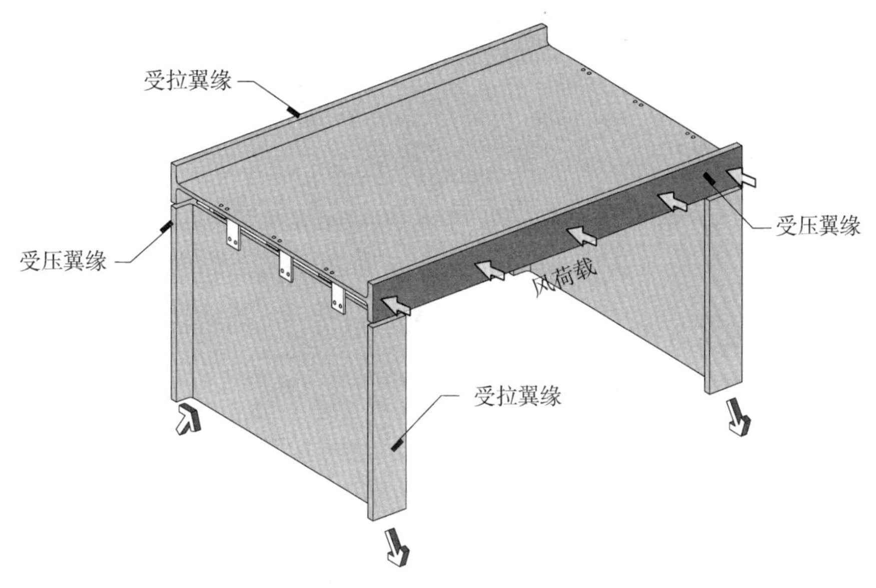

图 15. 23　剪力墙与屋面板可以看作是三个很高的带有短翼缘的梁。

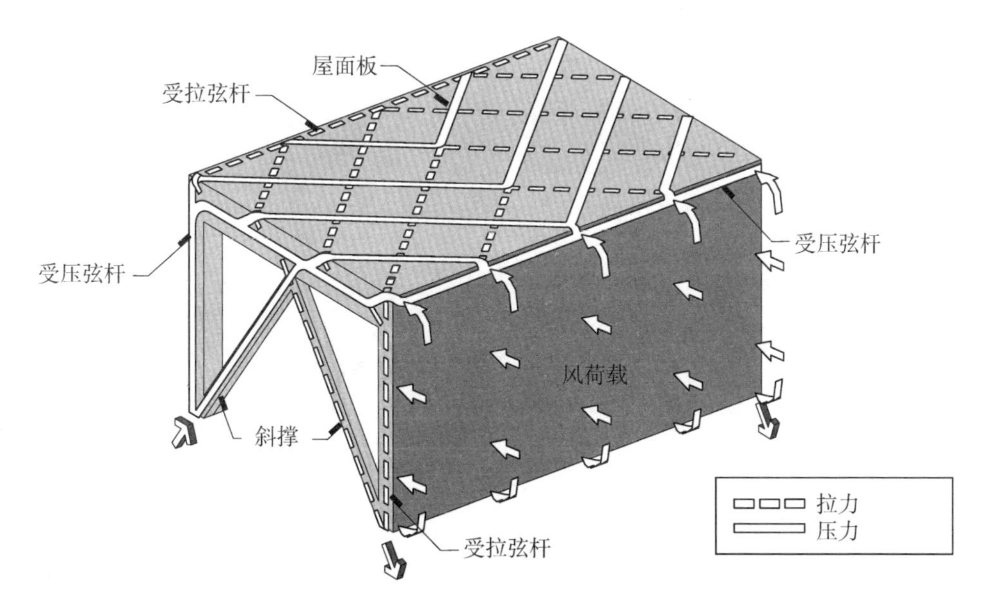

图 15. 24　在单层框架结构中，作用在墙上的风荷载的一半传递到地板的边缘，另一半传递到屋面板的边缘，屋面板通过斜格模式的力流分布将力传递到竖向支撑上。

钢筋混凝土楼板或屋面板，可以是焊接在一起的钢板，也可以是胶合木楼板或屋面板。由于隔板相对于跨度来说非常高，它与建筑的宽度相同，因此弦杆可以比较小，弦杆同时起到主梁或次梁的作用。在钢筋混凝土框架结构中，弦杆通常是楼板或屋面板边缘的钢筋混凝土梁。钢承板的弦杆通常是楼板或屋面板边缘的钢梁，钢梁可以由角钢制成。胶合木楼板或屋面板的弦杆通常为边缘的托梁。

对于建筑物来说，风可能来自任何方向，所以在楼板或屋顶板的各个边缘都需要设置弦杆。当斜向的风荷载作用于建筑物时，各个边缘的弦杆都承受荷载的作用，接近风荷载的弦杆中的力大于较远处的弦杆中的力。

为了达到加强结构的目的，隔板的细部构造需要保证其强度和刚度。例如在胶合木楼板中，通常会采用较厚的板材，在板材边缘附近会采用较大的钉子以及更密的托梁间距，以便将板材钉合在垂直于托梁的竖向构件上，防止胶合木楼板在较大的横向荷载下被掀起。胶合板与弦杆的固定更加关键，需要确保连接的坚固性与安全性。在其他材料的隔板中，也需要在关键部位采取相应的措施确保连接的稳固。

图 15. 24 和图 15. 25 为采用隔板、剪力墙以及斜撑来加强的单层框架结构。作用于建筑物墙面上的风荷载的一半传递到地板的边缘，另一半传递到屋面板的边缘，屋面板将力传递到

剪力墙、斜撑以及柱子当中，然后这些构件将力最终传递到基础。

在小型住宅等建筑当中，更多地采用带有螺柱和托梁的轻型木结构或轻型钢结构的剪力墙，而不是采用连续的胶合板材或其他板材。采用剪力墙和隔板的框架结构必须确保足够的剪力墙或隔板面积，它们之间的连接以及与基础的连接必须牢固，如果剪力墙或隔板上有较大的洞口或开口，则会导致结构整体的不稳定。

剪力墙的平面布置

包括剪力墙、斜撑或刚性连接等构成的垂直刚性面必须均衡地分布在建筑平面上。图15.26的右侧为剪力墙分布正确的平面布局，这种剪力墙分布足以抵抗建筑的横向荷载。左侧则是剪力墙分布错误的平面布局，在图15.26（a）中，建筑有一个面完全没布置剪力墙。如果建筑被紧紧地锚固在基础上，那么这种布置也是可行的，但是对称的剪力墙分布会更加可靠。图15.26（b）中的剪力墙过短，这会导致弦杆中的力过大，难以抵抗横向荷载。图15.26（c）中，由剪力墙构成的核心筒远离建筑物的中心，在这种情况下，风荷载合力的作用线会通过楼板的重心附近，而抵挡风荷载的主要阻力作用线远离风荷载合力的作用线，这一对力的作用会使建筑物发生扭转破坏（图15.27），这种情况被称为扭转的不稳定性。

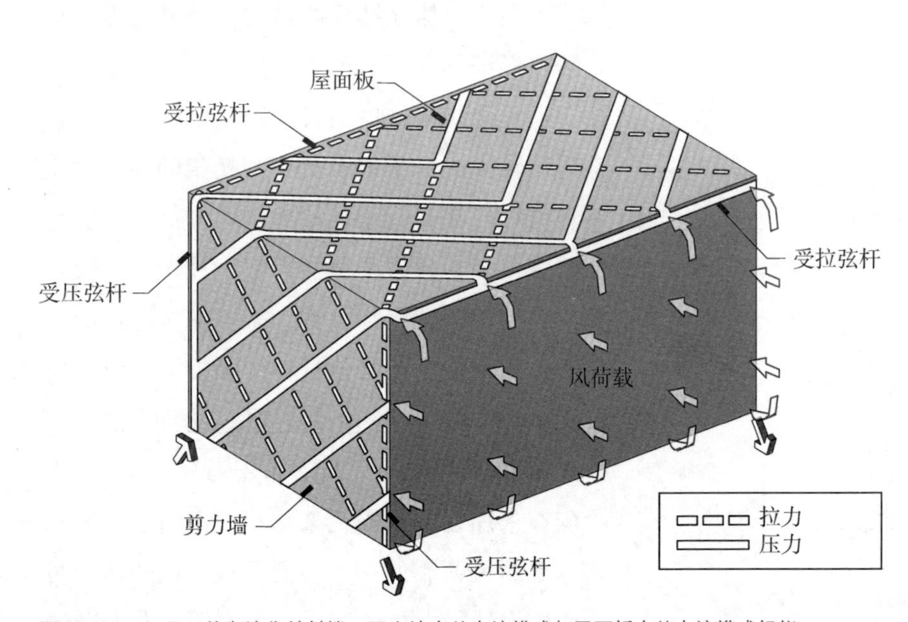

图15.25　如果用剪力墙代替斜撑，那么墙中的力流模式与屋面板中的力流模式相似。

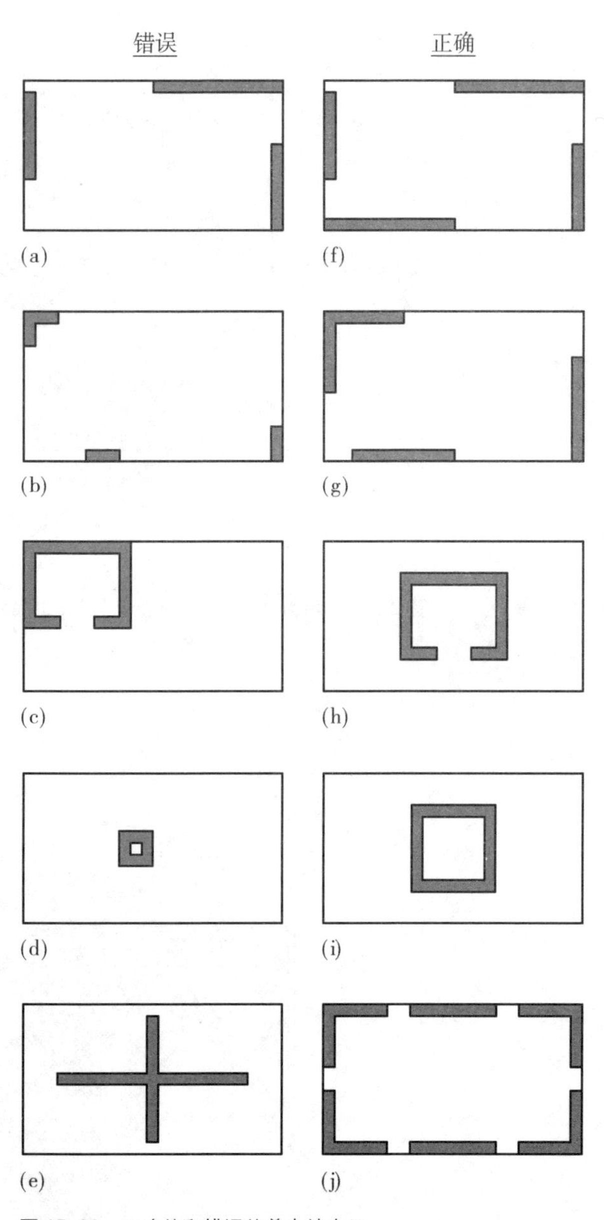

图15.26　正确的和错误的剪力墙布置

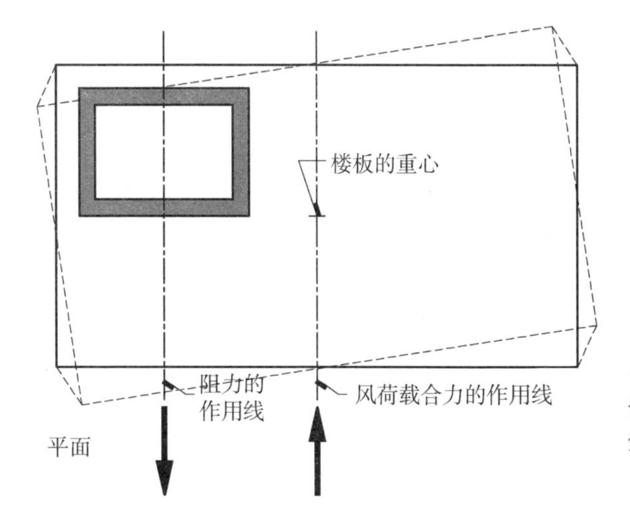

◀图 15.27　主要抵抗横向荷载的构件的不对称布置，此种布置会导致建筑物发生扭转变形。

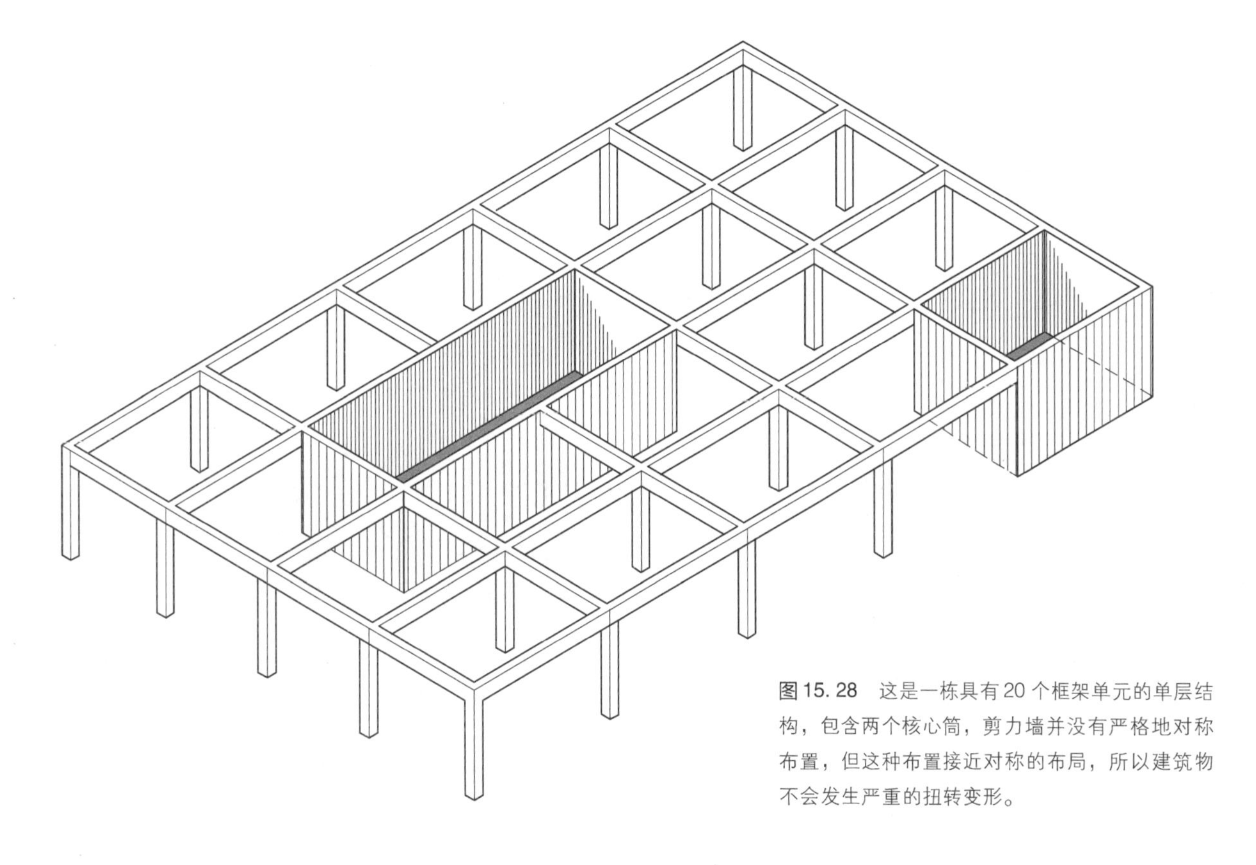

图 15.28　这是一栋具有 20 个框架单元的单层结构，包含两个核心筒，剪力墙并没有严格地对称布置，但这种布置接近对称的布局，所以建筑物不会发生严重的扭转变形。

图 15.26（d）中的剪力墙构成的核心筒面积过小，这会导致墙体上的应力过高，墙体的连接件及边缘等都会受到非常大的力。图 15.26（e）中，十字交叉的剪力墙布置不能阻止建筑物发生扭转变形。在墙体两端增加垂直方向的短的剪力墙就可以解决这个问题。

水平方向上增加框架单元

大多数建筑物都不会由单一的框架单元构成。图 15.28 的框架结构含有横 5 纵 4 的 20 个框架单元，核心筒的布置是不完全对称的，但是非常均衡。屋面板将作用于外墙上的风荷载传递到核心筒上。通常核心筒中会布置楼梯、电梯、卫生间、电线、管道系统的竖井以及存储空间等辅助空间。斜撑有时也会暴露在建筑之外，成为具有结构意义的建筑表皮。

图 15.29 同样是横 5 纵 4 的框架平面布局，在框架外围的每个主要方向上设置了两个人字形支撑，虽然人字形支撑的设置不完全对称，但是根据力的传递性原则，框架结构整体对横向荷载的抵抗作用是对称的。对于图 15.28 和图 15.29 的框架结构来说，屋面板都需要发挥隔板的作用。

建筑物的角部并不需要设置剪力墙，因为建筑物的角部承受的竖向荷载最小，所以角部的竖向支撑需要可靠地锚固到基础上，而远离建筑物角部的剪力墙承受了足够大的竖向荷载，因此往往不需要将墙体坚固地锚固到基础上。

垂直方向上增加建筑层数

如图 15.30 所示，将框架结构整体复制一层，上层框架的竖向荷载和横向荷载都保持不变，主梁、次梁和楼承板的受力也不受两层结构的影响，而下层框架的竖向承重构件需要承受的竖向荷载和横向荷载都加倍。也就是下层柱子所承受的荷载加倍以及下层斜撑需要抵抗的横向荷载也加倍。

将建筑增加到三层（图 15.31），所有水平构件的受力保持不变，但下层的柱子和斜撑需要承受和传递来自上面两个楼层的累积荷载。如果屋面荷载与楼面荷载相同的话，那么第一层柱子所承受的荷载是第三层柱子所承受荷载的三倍，第一层斜撑所承受的荷载同样也是从上到下累积的。

抗风桁架

框架结构中的人字形斜撑可以看作是从基础上悬挑出来的 K 形桁架，这个桁架的垂直弦是柱子，这些柱子还需要承受来自屋顶和每层楼板的竖向荷载。图 15.32 是对人字形斜撑构成的垂直抗风桁架的图解分析，包含了作用在其

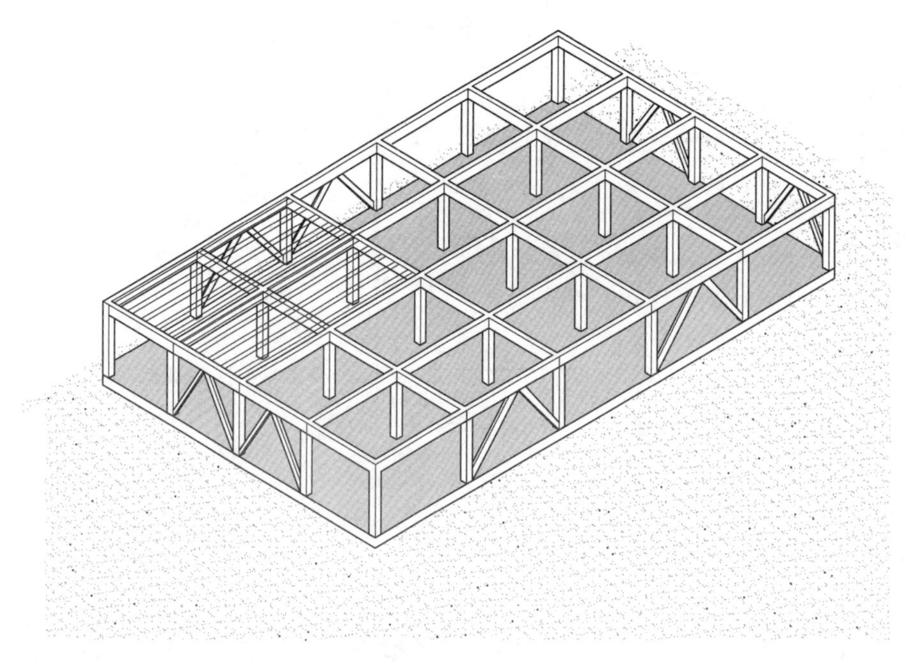

图 15.29　单层框架结构人字形斜撑的合理布置

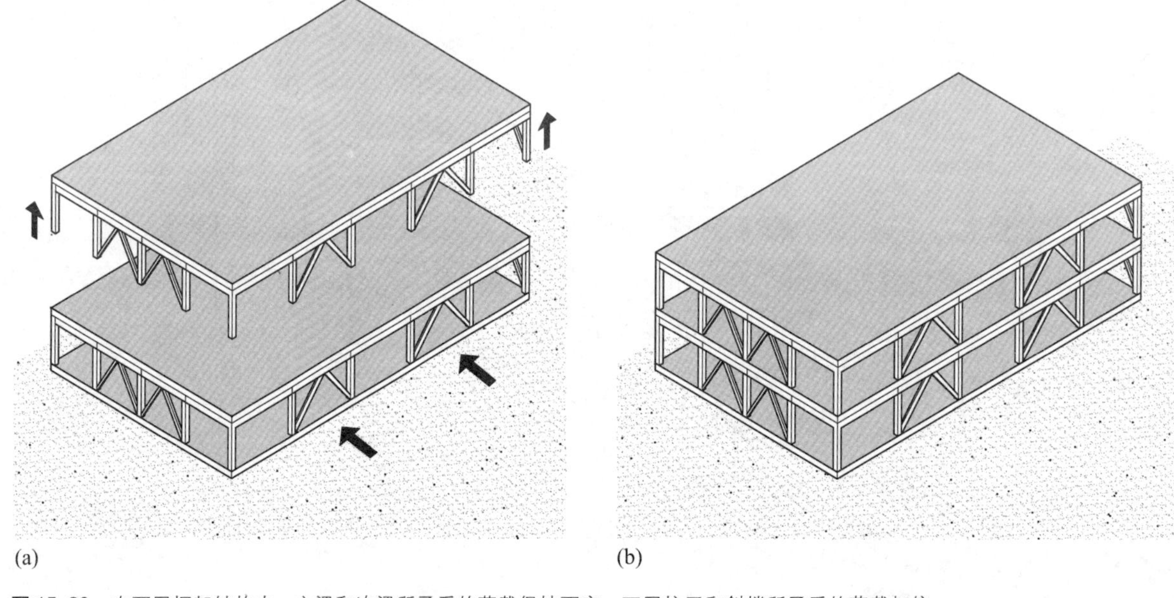

图 15.30　在两层框架结构中，主梁和次梁所承受的荷载保持不变，下层柱子和斜撑所承受的荷载加倍。

上的所有竖向荷载和横向荷载。采用鲍式符号标注法标记，形图上的粗线表示受压构件，细线表示受拉构件。根据构件中的力的大小可以得出以下结论：柱子所承受的竖向荷载从上到下累积，底层柱子中的轴向力高于顶层柱子中的轴向力，这个结论是之前就分析出来的。假设这些柱子只承受竖向荷载的情况，则顶层柱子中的力为 15 千磅，中间层柱子中的力为 30 千磅，底层柱子中的力为 45 千磅。由于风荷载的作用，远离风荷载一侧的构件中的力更大，靠近风荷载一侧的构件中的力较小，将这些力叠加到由竖向荷载引起的力当中，可知承受横向荷载和竖向荷载的柱子中的力比只承受竖向荷载的柱子中的力要大，相应的截面也需要增加。

如果继续增加建筑的层数到 10 层或 20 层，竖向荷载和横向荷载会从上到下累积，那么底层的柱子和斜撑就要比顶部大得多。而大部分水平构件例如主梁、次梁、楼承板、楼板和屋面板等，所承受的横向荷载与单层框架时相同，只有局部构件需要承受额外的横向荷载。

随着多层框架中竖向荷载的累积，框架结构的整体作用变得复杂。图 15.19 中采用刚性节点的框架结构在横向荷载的作用下变形，这种变形可以通过计算机建模模拟，也可以通过悬索或悬臂梁的作用来类比（图 15.33）。例如承受均布横向荷载的高层框架结构的变形方式类似于承受横向荷载作用的拉索，如图 15.33（a）和图 15.33（b）所示。剪力墙的变形类似于一根悬臂梁，如图 15.33（c）和图 15.33（d）所示。复杂的变形可以理解为两种变形的组合，如图 15.33（e）和图 15.33（f）所示，也可以通过实体模型来模拟这种过程（图 19.12）。对于多层框架结构的受力分析有助于强化设计师对多层框架结构的理解，增强平面布置的直觉思维。

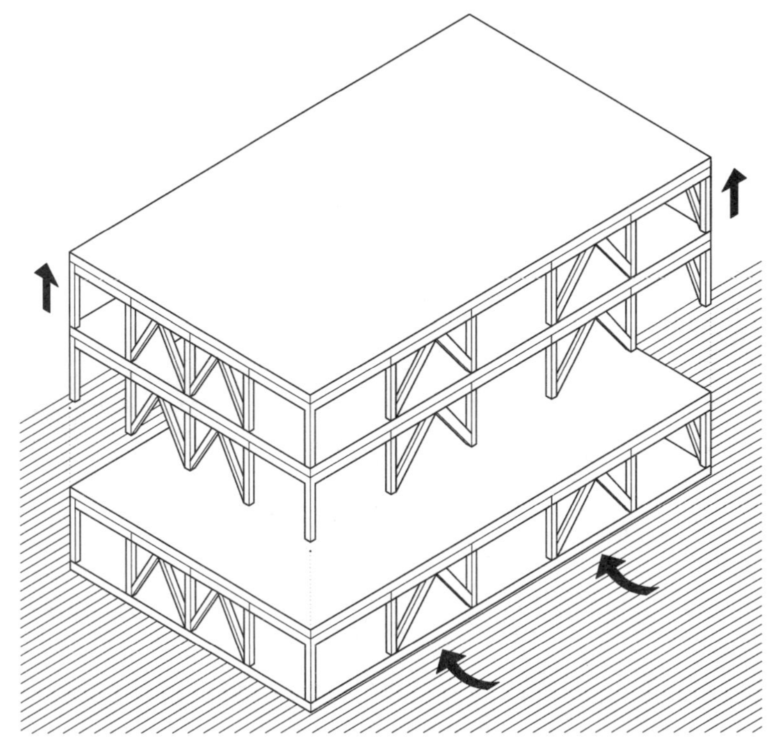

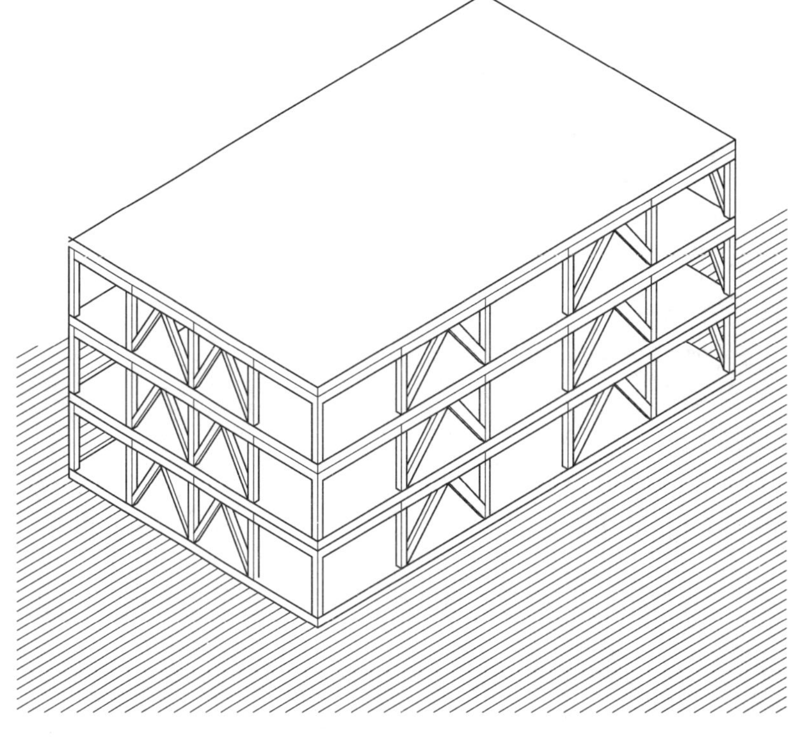

◀图 15.31　在不超出底层构件的承载能力范围内，建筑的层数可以一直增加。

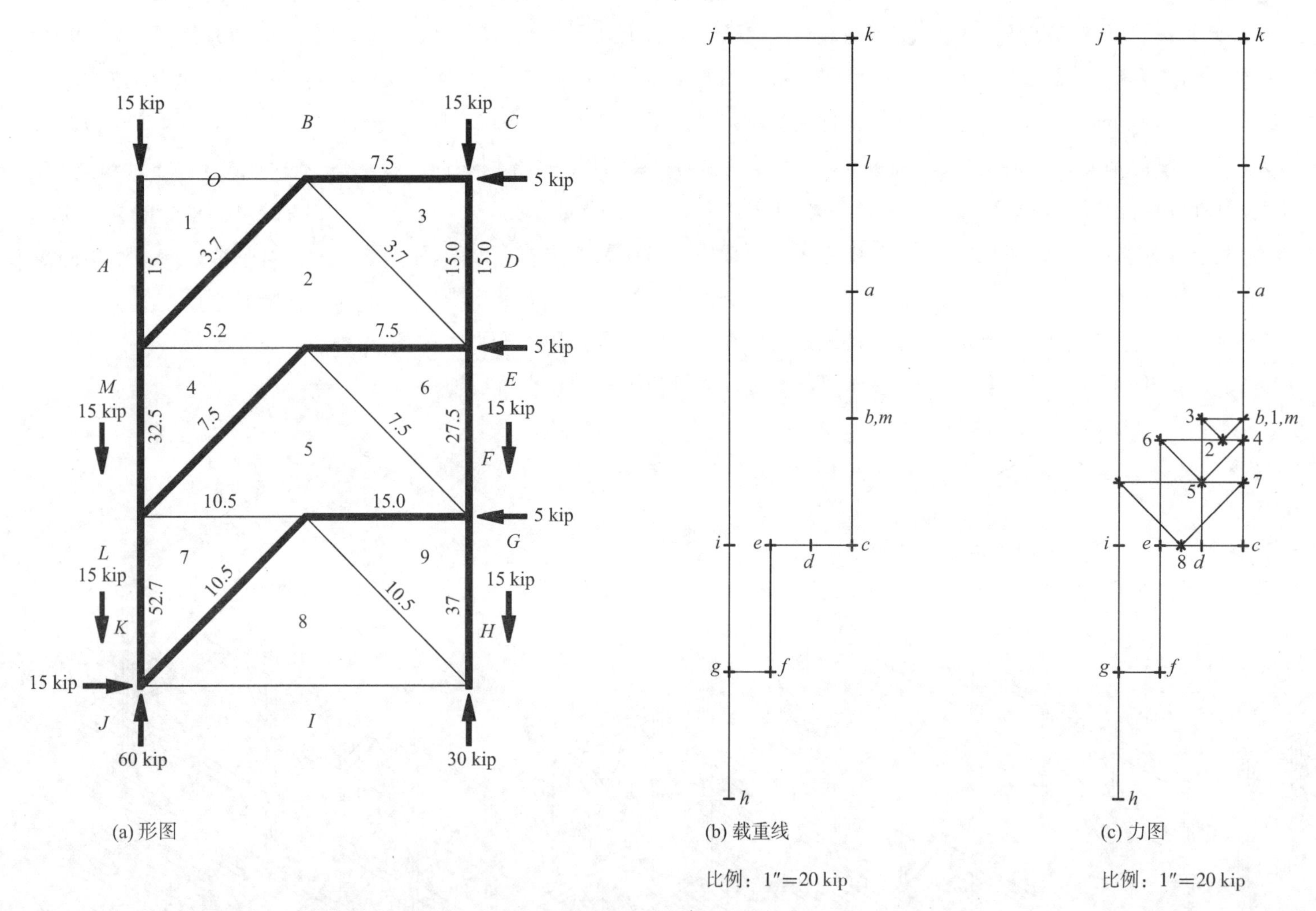

图 15.32　人字形斜撑构成的 3 层抗风桁架的图解分析，其中载重线被单独表达出来。

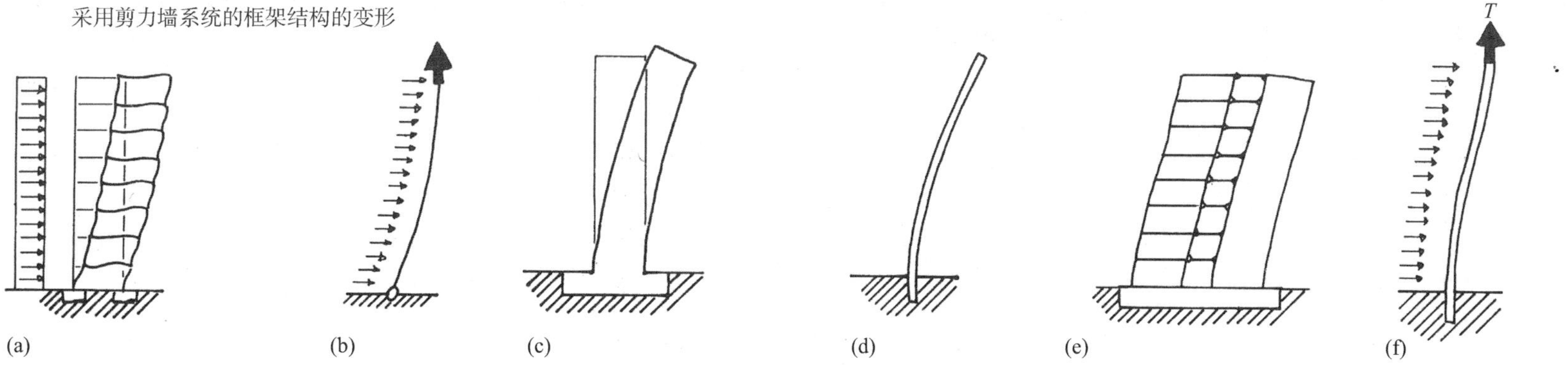

采用剪力墙系统的框架结构的变形

(a) (b) (c) (d) (e) (f)

图 15.33　采用拉索和悬臂梁来类比横向荷载作用下框架结构的变形，图 19.12 中则采用纸模型模拟了这种变形。

图片来源：Traum and W. Zalewski. Analogy to the Structural Behavior of Shear-Wall Systems. Journal of the Boston Society of Civil Engineers, October, 1970.

框架结构设计中的常见问题

威廉·托恩[①]（William L. Thoen）

近 50 年来，威廉·托恩为美国和中东地区的许多建筑项目提供了结构咨询服务，其规模尺度从小住宅到城市设计不等。前来咨询的大多数建筑项目的初步设计基本都可以做到合理布置柱子间距以及采用合适的梁高，并且可以在适当的位置去加强框架结构。这种初步设计工作使后期的方案深化过程变得顺畅，在了解了建筑师的设计意图之后，会顺理成章地发展出独特的结构布置。待建筑师将其融入自己的方案之后，就可以生成令人耳目一新的结构形式。

初步设计中的一些常见的问题：

- 结构稳定性与横向支撑
- 结构框架的竖向布置
- 结构框架与建筑围护结构之间的公差
- 现场条件和注意事项
- 地板振动与室内的舒适性

横向支撑

建筑师经常会说："请把用于抵抗横向荷载的支撑设置在建筑核心筒处。"似乎这样就可以解决问题了。如果只采用核心筒抵抗横向荷载，则不论建筑物多长或多宽，核心筒的宽度或深度将成为建筑物抵抗横向荷载的结构深度。对于高层建筑的允许摆动范围来说，细长的核心筒如同整个建筑物的桅杆。施加于建筑物上的偏心荷载可能会使建筑物产生扭转，即使建筑具备足够的抗侧强度，仅凭借核心筒本身也无法提供足够的扭转刚度，也会产生意想不到的结构位移。位移会导致电梯的电缆撞击侧墙、马桶里的水晃动、门的摆动、窗无法打开，人会因为这些晃动而产生眩晕感等现象。在大多数情况下更加经济有效的方法是将横向支撑设置在建筑的周边墙体中而不是核心筒中。这大大增加了横向支撑与基础的有效结构深度。

另一种常用的方法是将横向支撑设置在建筑物的角部，但是这种方法效率不高，建筑的转角处承担的竖向荷载最少，抵消向上拔力的竖向荷载也最小。

垂直对齐

框架结构垂直方向上的不连续是一个常见的问题。如果一个建筑物的上部几层是公寓，中间是商业办公，下部是零售空间，地下是停车场。每部分的建筑功能都有其最适合的框架

框架结构设计中的常见问题

单元尺寸，如果将其应用到建筑中来，在结构尺寸变化的地方就需要设置结构转换层，结构转换层通常由很高的梁或整层高的桁架构成，这样建造成本会很高。合理的方法是设计一套有效的框架单元去容纳各种不同的建筑功能。在上述功能中，停车场对于框架单元尺寸的要求最高，停车的经济性必须予以考量。

公差

在设计过程中，通常不考虑结构与建筑室内外围护结构之间的尺寸公差。钢柱子的完成面宽度可能比实际宽度大 2 英寸，隔板、连接节点、螺栓以及结构的防火处理等也会增加结构的横截面面积。钢柱子与基础连接处的基础钢板的尺寸通常会大于钢柱子的柱径，这也会占用部分地面空间。

钢筋混凝土框架结构通常要考虑公差，例如墙体平面位置的容许公差为 1 英寸，实际施工中经常会超出这个尺寸，而且混凝土的硬化时间不固定，还需要考虑墙体的错位以及锚固螺栓等导致的尺寸差异。

在初步设计中，建筑的细部设计应该在结构和建筑完成面之间留出足够的空间，特别是在上下层的连接处等关键部位。

现场条件

现场位置和条件也会影响结构设计。在一个地区从业的大多数建筑师都会了解该地区建筑的特殊要求，例如美国东南部的飓风、西部海岸地震、中西部的龙卷风、德克萨斯州的膨胀黏土、阿拉斯加州多年冻土以及中东部的极端温度和湿度变化等，都属于特定地区的特殊要求。其他的现场条件还包括材料的短缺以及熟练技术工人的缺乏等。同样的，场地约束或基地条件可能会极大地影响结构体系选型以及建筑形式。当地基条件良好时，建筑可以采用简单的基础，当地基含有机质土或软黏土时，建筑物就需要设计特殊的基础，而且必须考虑地基的不均匀沉降和地下水控制等问题。这些都会影响上层建筑结构的选择，例如柱间距尺寸的大小等，以实现最优的解决方案。

楼板振动和适用性

得益于现代材料技术的进步，相比于传统建筑，如今的建筑可以建造得更加轻盈。高强、复合、轻质的材料使得结构构件可以跨越更长的距离，但是决定结构深度的往往是材料刚度而不是强度。决定居住者舒适度的因素包括楼板振动、翘曲以及细微的挠度控制等方面，特别是在没有隔墙阻尼影响的大面积无柱空间中。通常情况下，楼板振动对于行走的人来说并不强烈，但对于下层坐着的人来说则无法忍受。长跨度的薄楼板是未来建筑发展的趋势，为了提高建筑的舒适性，就需要加厚楼板或者增加楼板的刚度和阻尼来抵抗楼板的过度振动。

框架结构设计

学习框架结构布置或者框架结构设计的一个有效方法是就近选择某个令你感兴趣的建筑并对它的结构进行研究。在这个建筑项目中，我们需要考虑：建筑师和结构工程师是如何协同合作的？它的横向支撑是由什么构成的？横向支撑的位置在哪里以及为什么位于那里？

如果该项目具备场地约束条件，我们要思考：场地约束条件是什么？它们是如何影响结构设计的？柱网尺寸是多少？与柱网尺寸相匹配的楼板厚度是多少？

建议每个学生每个学期研究两到三个建筑项目，每个建筑项目必须是某种常见的建筑类型的典型代表。通过做笔记和绘制草图来研究每个建筑项目的结构解决方案，这些案例的积累将会成为后期工程实践当中的有益参考。

---

① 威廉·托恩是美国新英格兰的一名结构工程师。他曾在勒梅萨里尔顾问公司担任多年的首席顾问，参与设计了沙特阿拉伯哈里德国王军事城、达拉斯-福特沃斯堡国际机场航站楼、阿拉斯加安克雷奇表演艺术中心以及迈阿密戴德郡办公楼等多个重要的地标性建筑项目。

思考题

1. 某企业需要建造一个单层仓库，仓库平面长 221 英尺、宽 117 英尺，框架单元的尺寸不能小于 30 英尺×33 英尺。请绘制出符合以上条件的柱网布置图。

   在这个项目中，如果采用最大跨度为 8 英尺的楼板。请绘制出包含主梁、次梁和楼板的框架单元。为了节约成本，应设计出尽可能多的相同的框架单元，并使次梁沿较长的柱跨设置，尺寸精确到 1/4 英寸。

2. 练习题 1 中，如果屋面板形成了隔板，采用剪力墙或横向支撑抵抗横向荷载，请绘制出仓库的平面图。

3. 在图 15. 34 中，在给定的荷载作用下，找出框架单元中的荷载路径，并计算出每个构件中力的大小与给定荷载的百分比。

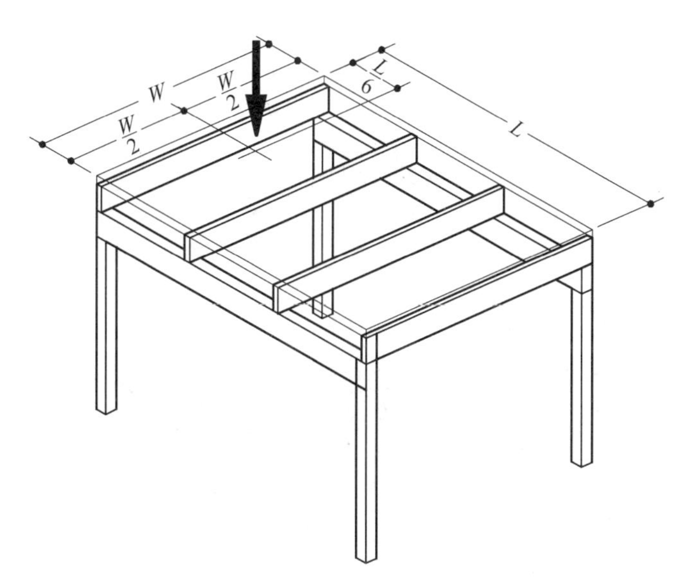

图 15. 34　作用于框架单元上的不对称荷载

4. 图 15. 35 是结构工程师安东尼·亨特为英国汉普斯特德某房屋绘制的草图，该房屋由建筑师迈克尔·霍普斯金爵士及其妻子帕蒂设计，这个草图显示了横向支撑的位置。请提出另外三种抵抗横向荷载的方法，说明每个方案的优点并找出用材最少的方法。

   这个建筑要求靠近玻璃幕墙的楼板和屋面板边缘要尽可能薄，这样可以使建筑显得更加轻盈。但亨特的草图中设计了相对较高的桁架，请提出两种缩小楼板和屋面板边缘尺寸的方法，并说明这两种方法的限制或约束条件是什么？为什么？

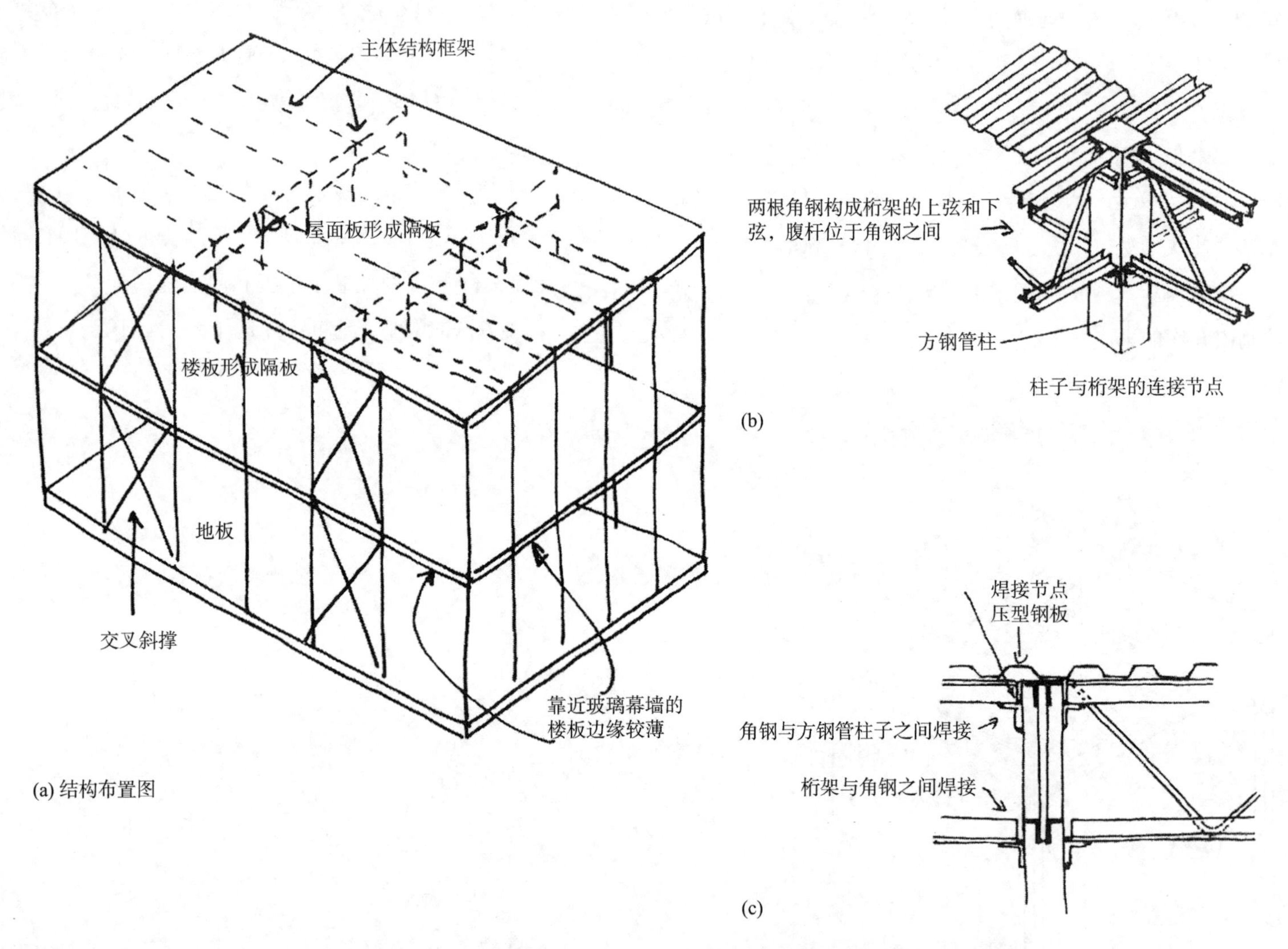

图 15.35 安东尼·亨特为英国汉普斯特德某房屋设计的草图，1976 年。采用不锈钢钉将胶合木板固定到压型钢板上形成隔板。

图片来源：安东尼·亨特事务所

关键术语

column 柱子

load-bearing wall 承重墙

beam 梁

bay 框架单元

trabeated 梁式框架结构

joist 托梁

rafter 椽子

load path 荷载路径

load tracing 荷载追踪

chevron bracing 人字形斜撑

knee bracing 加腋

cross bracing 交叉斜撑

arcuated 拱式框架结构

post 支柱

post-and-beam 梁柱结构

decking 楼承板

girder 主梁

external bracing 外部支撑

rigid joint 刚性节点

diaphragm 隔板

shear wall 剪力墙

chord of a diaphragm 隔板的弦杆

torsional instability 扭转失稳

wind truss 抗风桁架

参考资料

Guise David. Design and Technology in Architecture, Revised Edition. New York: Van Nostrand Reinhold, 1991. 这本书介绍了许多 20 世纪著名的框架结构摩天楼和办公楼，探讨了其中的结构设计策略以及结构与设备相协同的问题。

Ambrose James, Dimitry Vergun. Simplified Building Design for Wind and Earthquake Forces (3rd ed.). New York: Wiley, 1997. 这本书在前面几章中总结了建筑中抵抗横向荷载的方法，之后的章节中简单介绍了结构分析方法和结构设计过程。

第16章 16 梁的弯曲作用

▶ 外部荷载的作用模式分析；外部荷载的量化和简化

▶ 剪力 V 和弯矩 M

▶ 剪力图和弯矩图；形图和力图的关系

▶ 图解法和半图解法

一根梁需要设计成多大（图16.1）？这并不是一个容易回答的问题。在图16.2（a）所示的某小型建筑中，梁（1）到梁（6）的受力条件如图16.2（b）所示。梁（1）、梁（2）和梁（4）的主跨度相同。梁（1）承受着位于跨中的集中荷载 P 的作用。梁（2）承受着均布荷载 W 的作用，W 均匀分布在整个跨度当中。梁（4）向外悬挑了主跨度的25%，总荷载为1.25W。在这三种梁中，哪根梁的弯曲变形最大？为了得出结论，需要考虑荷载的大小、荷载的分布、梁的跨度以及梁的支撑方式等方面，本章将介绍求解梁的剪力值和弯矩值的方法。

图16.1 加拿大魁北克省圣埃德蒙·德·格兰瑟姆的类扎鲍住宅，包含很多不同承载条件的梁，由阿特利尔·蒂博（Atelier Pierre Thibault）设计。

图片来源：版权归阿兰·拉弗蕾斯（Alain LaForest）所有

建筑中具有许多不同承载条件的梁，不论是主梁还是次梁，除了承受外部荷载之外，都还要承受它们自身的重量。例如梁（2）所承受的均布荷载包括屋面板传递来的荷载以及它的自重，这些荷载均匀分布在梁的整个跨度上。

梁（3）所承受的荷载除自重之外，还有作用在跨度三分之一上的两个集中荷载。梁（5）是承受均布荷载作用的悬臂梁，只在一端有支撑。梁（6）为有三个支撑的连续梁，除了承受自重之外，还承受着每根横梁传递来的集中荷载。图16.2（b）把每根梁的外部荷载和支撑条件表达出来，这是为确定梁的截面尺寸和形状做准备，而这些梁只是建筑当中的一小部分。

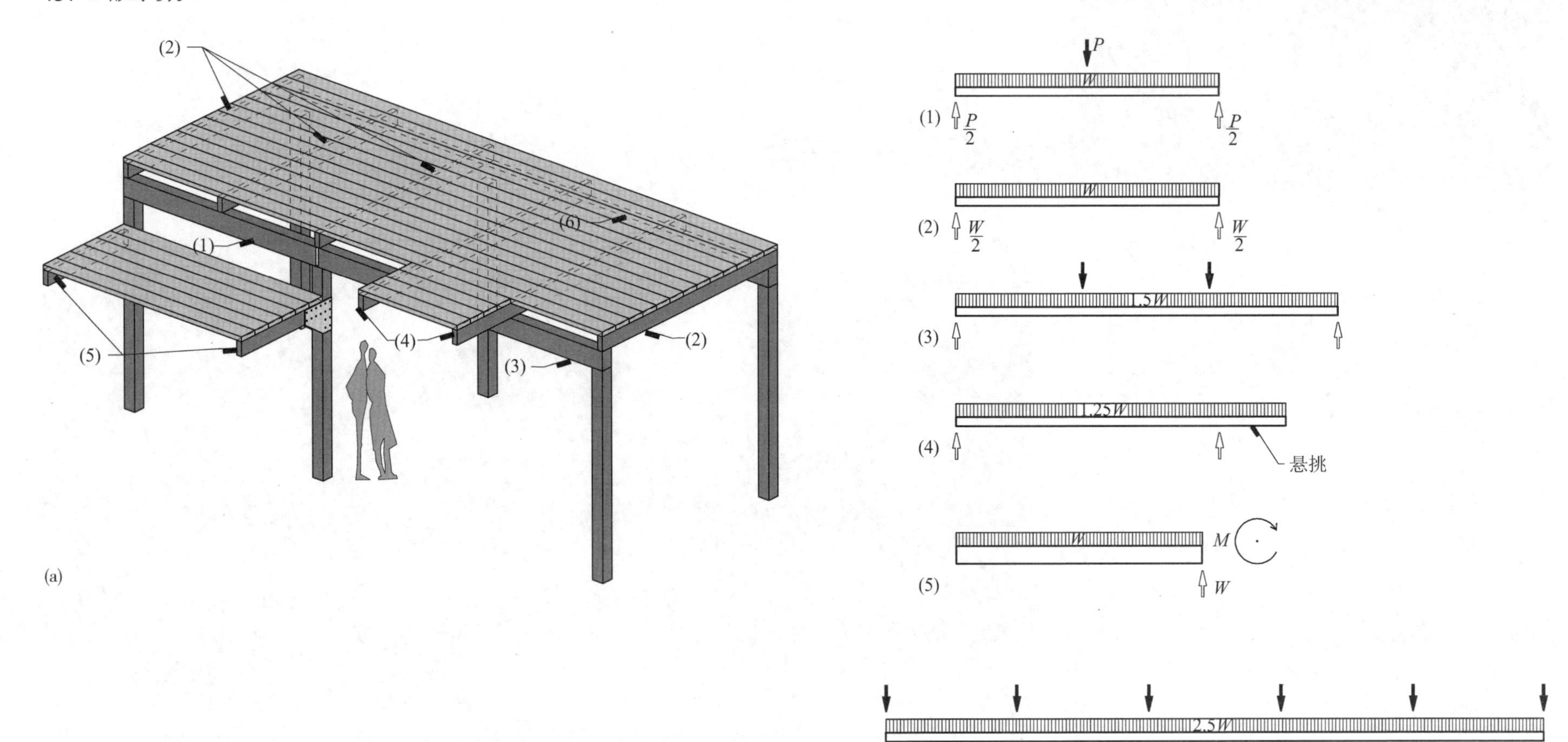

图 16.2 (a)：某简单的构筑物；(b)：图（a）中所有外部荷载和支撑条件不同的梁。

纵向荷载和横向荷载

纵向荷载和横向荷载是针对梁构件而言的。纵向荷载是沿着梁构件的轴线方向所施加的荷载，该梁构件处于受拉或受压状态，在保持其线性形状的同时伸长或缩短，如图 16.3（a）所示。横向荷载是垂直于梁构件轴线方向的荷载，在横向荷载作用下该构件会产生弯曲变形，如图 16.3（b）所示。

弯曲作用对于悬索结构、拱结构和桁架结构的影响相对比较简单，因为这些结构将弯曲作用转化为结构内部构件的轴向力。拱结构或悬索结构中的力可以通过构建形图及其相关的力图而得到，参见第 2 章和第 3 章的内容。而桁架结构中的力，也可以通过形图和力图的对应关系找到，参见第 4 章和第 6 章的内容。对于梁来说，弯曲变形的过程稍微有点复杂，它与剪力值和弯矩值密切相关。

剪力值和弯矩值的求解

在图 16.4 中，假设一个跨度为 L 的简支梁，受到一个跨中集中荷载 P 的作用。将梁沿

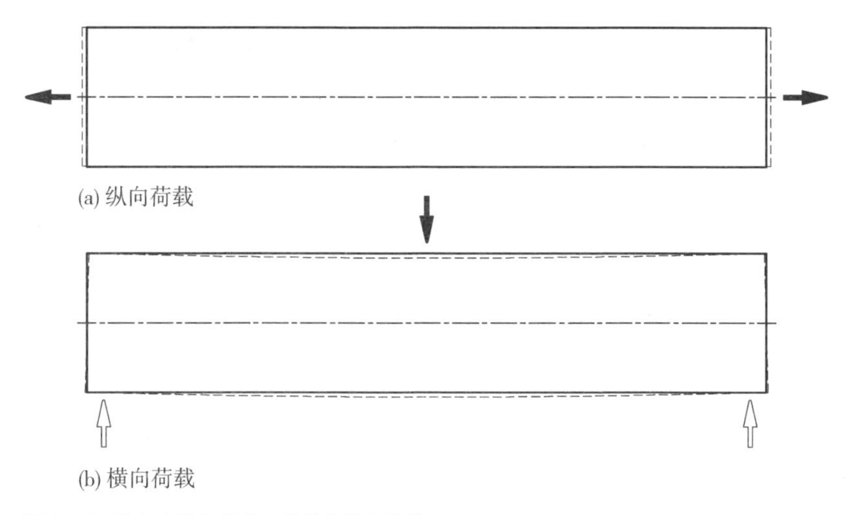

图 16.3　施加在梁上的纵向荷载和横向荷载

跨度方向分成 8 份，每份长度为 $L/8$，先忽略梁的自重。

在截面 0 处，承受一个大小为 $P/2$、方向向上的支座反力（图 16.4）。因为隔离体处于静力平衡状态，所以截面处一定会存在一个大小为 $P/2$、方向向下的力与之平衡。该截面处没有水平方向的力和弯矩。

在截面 1 处，因为隔离体处于静力平衡状态，所以截面处也一定会存在一个大小为 $P/2$、方向向下的剪力与支座反力平衡（图 16.5）。在截面 1 处，存在由支座反力和截面处的剪力这对力偶形成的顺时针的弯矩，弯矩的大小为

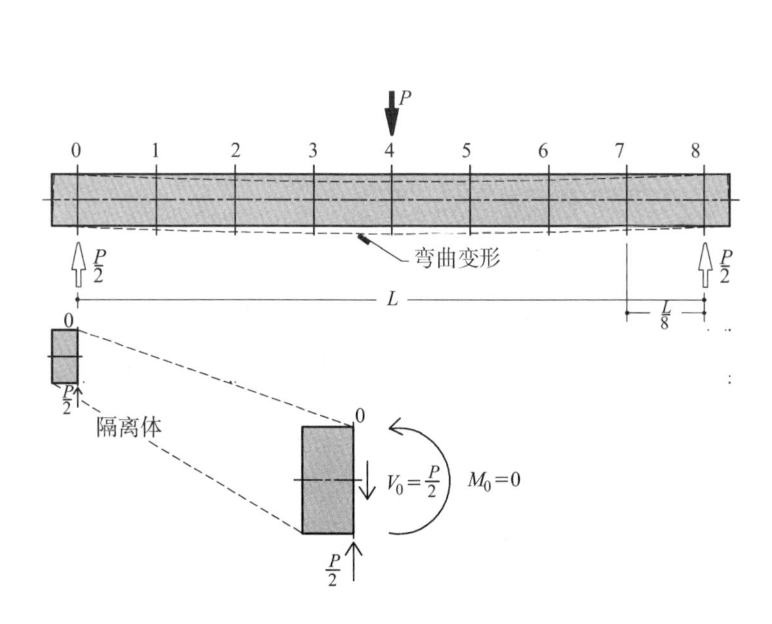

图 16.4　梁的受力分析：第 1 步。

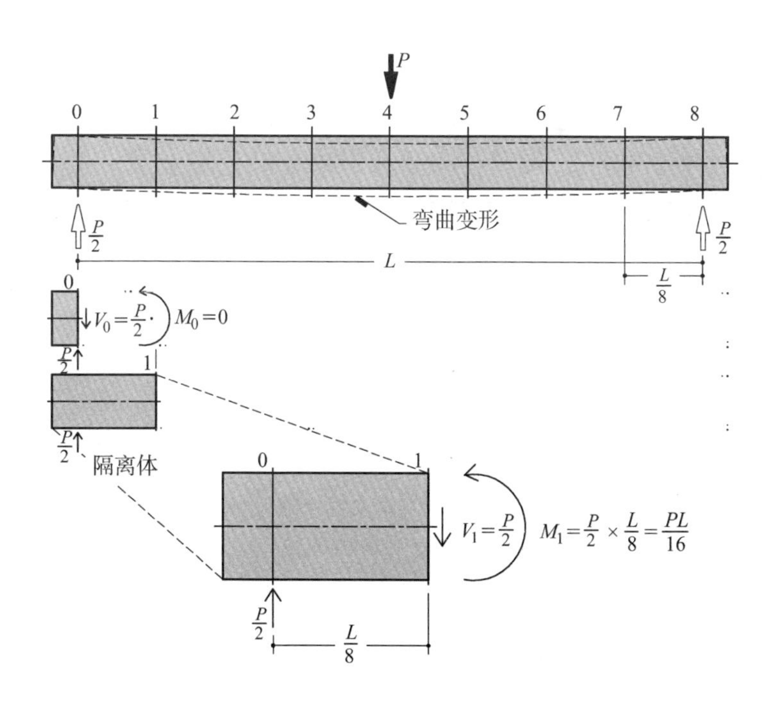

图 16.5　梁的受力分析：第 2 步。

$P/2$ 乘 $L/8$，即 $PL/16$。为了抵抗这个弯矩，必须有一个大小相同的逆时针方向的弯矩来平衡。

在截面 2 处，存在一个大小为 $P/2$、方向向下的剪力，同时存在一个大小为 $PL/8$ 的逆时针的弯矩。在截面 3 处，存在一个大小为 $P/2$、方向向下的剪力，同时存在一个大小为 $3PL/16$ 的逆时针的弯矩（图 16.6）。

在截面 4 处，有一个向下的集中荷载 P。为了保持隔离体的平衡，则该处存在一个大小为 $P/2$、方向向上的剪力，同时存在一个大小为 $PL/4$ 的逆时针的弯矩。

依次重复上述步骤，得出每个截面处的剪力值和弯矩值（图 16.7）。

在图 16.8 中，将已知的剪力 V 和弯矩 M 的数值绘制成图，并与隔离体图对齐。剪力的正负值在跨中转变了，跨中左侧为正，右侧为负。弯矩图在左侧支座处为零，呈线性增加，在跨中达到最大，然后呈线性减小，最后在右侧支座处再次减小到零。

梁中的剪力 V 和弯矩 M 都是因为外部荷载而产生的。对应在梁的任意截面当中都存在剪力和弯矩，弯矩是衡量弯曲作用强度的一个指

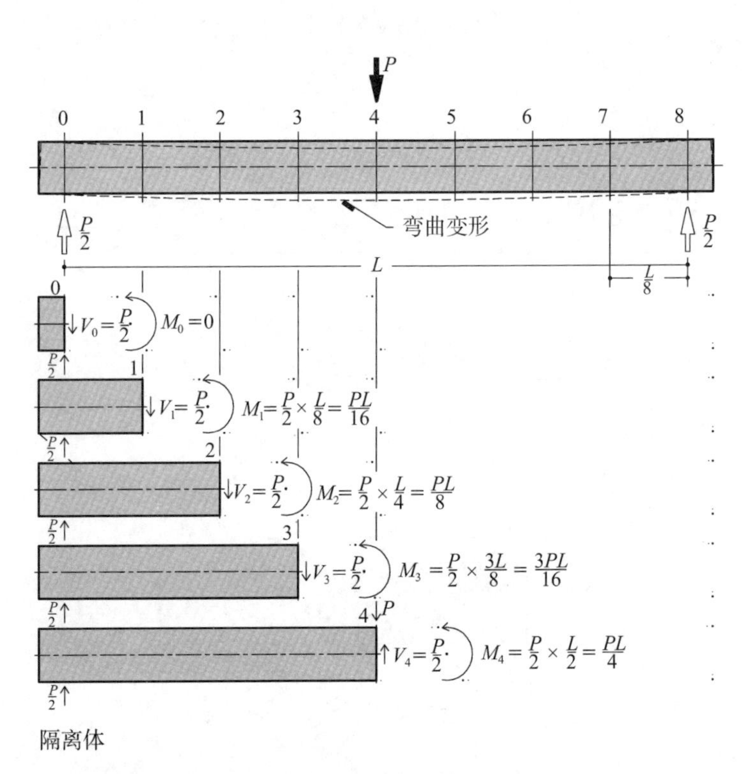

图 16.6　梁的受力分析：第 3 步到第 5 步。

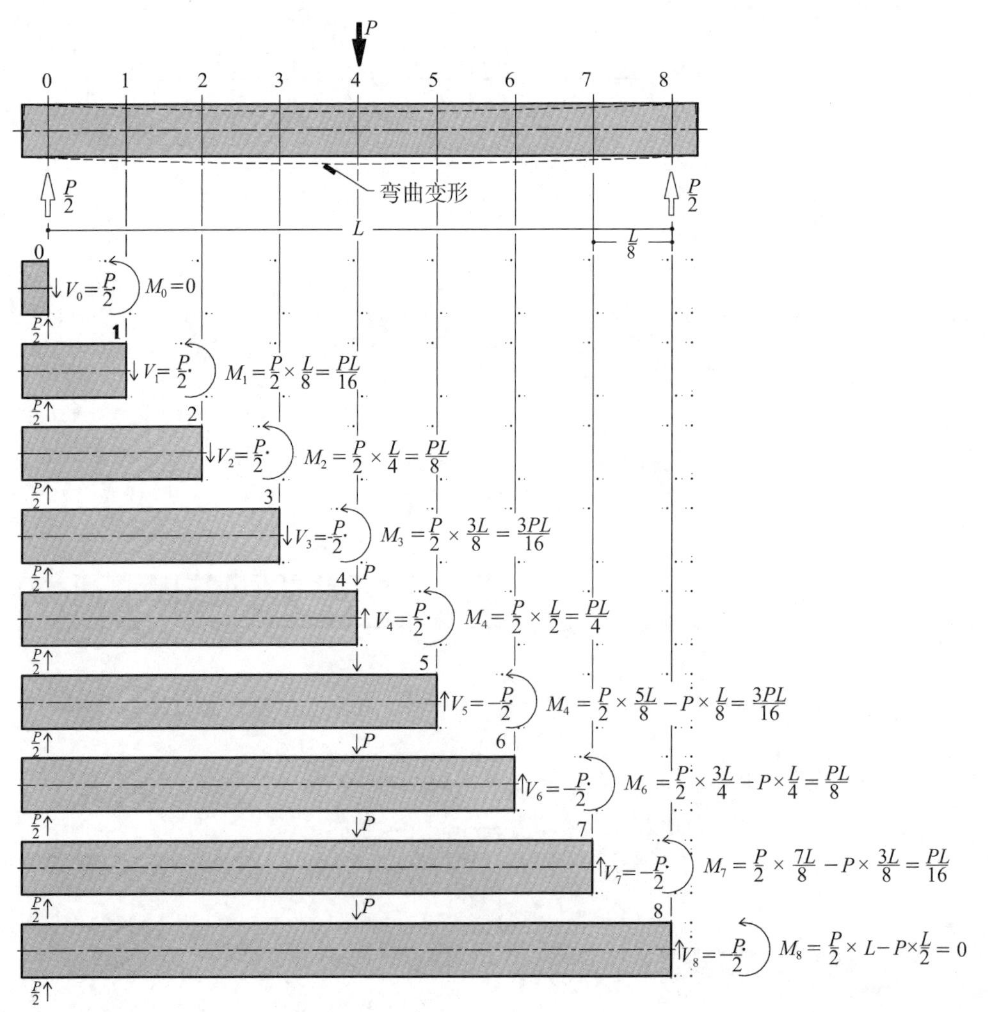

图 16.7　梁的受力分析：第 6 步到第 9 步。

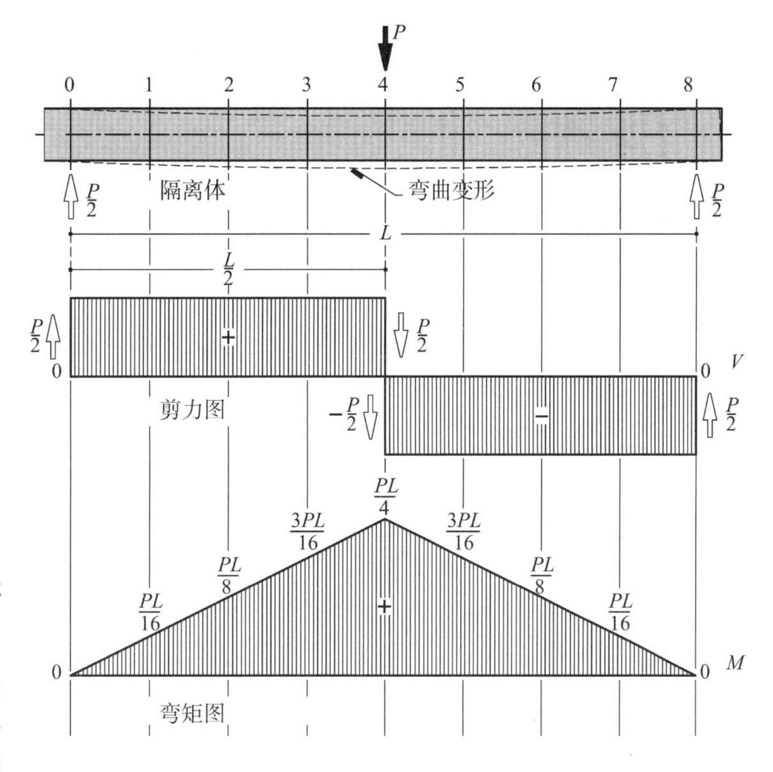

图 16.8　跨中集中荷载作用下，简支梁的剪力图与弯矩图。

注：我国规定，弯矩图需绘制在构件的受弯一侧，该图与我国规定相反。

标。剪力图和弯矩图表达了在外部荷载作用下梁的弯曲作用效应。[①]

在下一章中，我们将根据剪力值和弯矩值来确定梁的内力。

剪力并不是第三种基本的作用力，而是由于拉力和压力的综合作用而形成的。

——马里奥·萨尔瓦多里

① 本书作者提出“将字母 V 代表剪力，将 V 图称为剪力图”是不准确的，可参见本书第 469 页到第 470 页。正确的说法应该是切向力和切向力图。但是由于我国建筑结构教材中一直沿用这种称谓，使剪力和剪力图的说法深入人心，故而本书翻译中并未将 V 和 V 图翻译成切向力和切向力图，而是翻译成了剪力和剪力图，以避免不必要的歧义。

图解法绘制剪力图和弯矩图

上述求得剪力图和弯矩图的方法为截面法，这种方法比较烦琐，目前已经鲜少采用。

采用图解法绘制剪力图和弯矩图与绘制形图和力图相似。在图 16.9 中，梁在跨中有一个集中荷载作用，第一步是按照一定的比例将隔离体精确地绘制出来，并在隔离体的下方或旁边，按照适当的比例绘制载重线，隔离体的比例和载重线的比例可以不一致。隔离体图显示了梁上荷载的分布情况，载重线表示施加在梁上的外部荷载的大小。因为闭合弦是水平的，所以极点 o 位于穿过 c 点的水平线上，为了确定极点 o 的位置，我们先假定 oc 的大小与集中荷载 P 的大小相等。

接下来首先完成剪力图的绘制。在隔离体的下方，以 oc 为基准线，绘制一条水平线。根据鲍氏符号标注法，剪力的投影与载重线重合。从左侧支座反力的作用线开始，绘制穿过载重线 a 点的水平线，与集中荷载 P 的作用线相交。以穿过载重线 b 点的水平线与集中荷载 P 的作用线的交点为起点，绘制水平线，与右侧支座反力的作用线相交，从而得到剪力图。

在剪力图的下方绘制弯矩图（图 16.10）。依据平行线原则，绘制平行于力图上的射线 oa 和 ob 的线段，两条线段相交，从而得到弯矩图。

在刚刚绘制完成的弯矩图中，通过测量可知跨中的高度为 $L/4$，假定 oc 的大小为 P，因此跨中弯矩值是 $L/4$ 乘 P，即 $PL/4$。这与通过截面法获得的跨中弯矩值大小一致。图解法适用于求解任意荷载条件下梁的弯矩图。

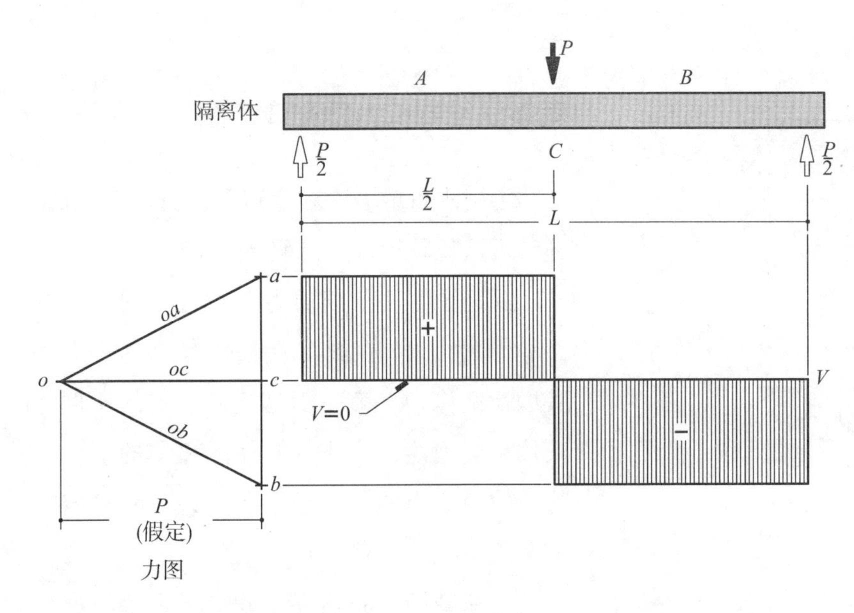

◀图 16.9　采用图解法绘制在跨中集中荷载作用下简支梁的剪力图。

弯矩图代表了沿着梁的纵轴线上弯矩的分布，根据弯矩图可知在梁的任意横截面上剪力和支座反力这对力偶所产生的弯矩大小。

跨中弯矩的大小等于该点到闭合弦的垂直距离与假定的 oc 大小的乘积。同时梁在跨度上任意一点的弯矩值也可以通过该点到闭合弦的垂直距离与 oc 大小的乘积得到。这么计算的基本原理是，在悬索结构中任意一点的弯矩等于该点到闭合弦的距离乘悬索中力的水平分量。悬索结构中力的水平分量是固定的，等于极点到载重线的垂直距离。弯矩的单位是磅·英寸、磅·英尺、千磅·英寸、千磅·英尺等。

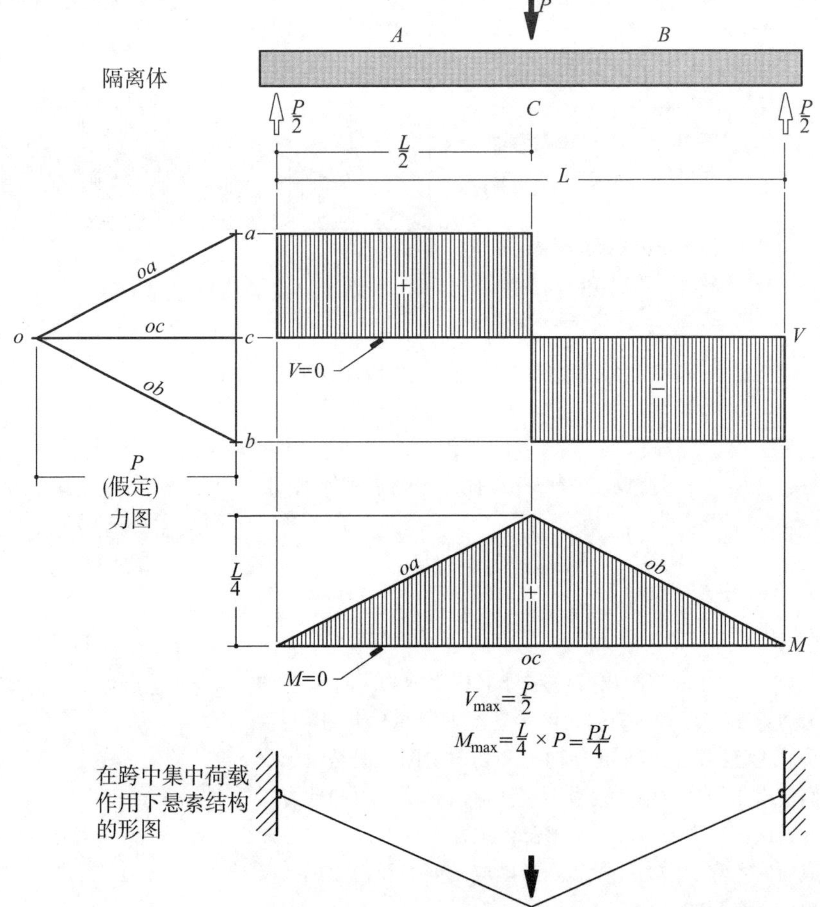

▶图 16.10　采用图解法绘制在跨中集中荷载作用下简支梁的弯矩图。

悬索结构和拱结构的剪力图和弯矩图

弯矩是由于施加在梁上的外部荷载（荷载作用情况和支撑条件）而产生的。不论是桁架结构、拱结构或悬索结构，在同样的跨度以及外部荷载作用的情况下，都会在截面上产生同样的弯矩。

如果采用截面法对悬索结构进行分段研究（图 16.11），就会发现截面中的力的水平分量与支座反力的水平分量是一对力偶，悬索中的弯矩就是由这对力偶产生。弯矩的大小等于水平分量的大小乘两个水平分量之间的距离，这种方法同样适用于拱结构中弯矩的求解。

对于跨度相同、矢高相同的悬索结构或拱结构来说，采用图解法求得的弯矩值与极点的位置以及闭合弦的水平或倾斜无关，图解法会自动补偿这些变量，并给出相同的答案。

采用图解法深入研究梁的剪力图和弯矩图

图解法便于求解梁的剪力图和弯矩图，下面通过更多的例子来进一步研究梁在不同荷载条件下的剪力图和弯矩图。

在图 16.12 中，梁在其长度的四分之一处受到一个集中荷载 P 的作用，忽略梁的自重。

在图 16.12 中的荷载作用下，悬索结构的形图通过平衡方程首先求出两个支座反力的大小，力图上的射线 oc 同时也是绘制弯矩图的基

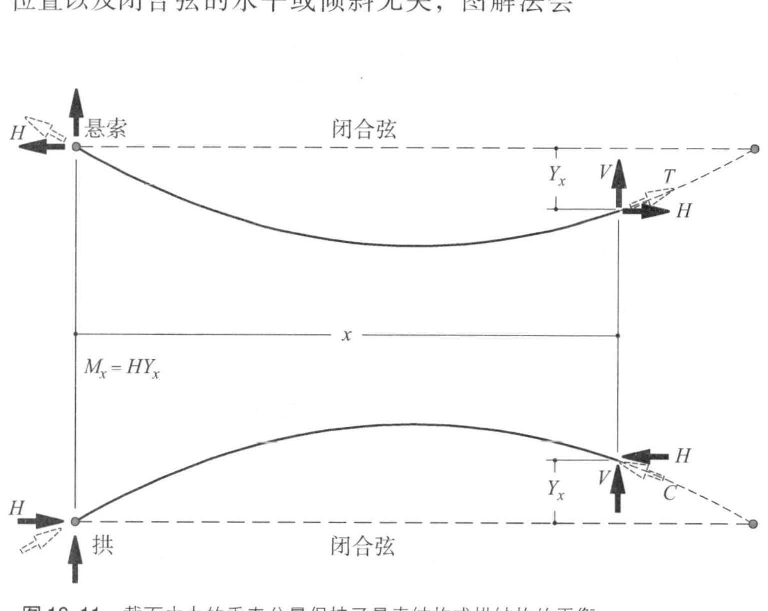

图 16.11　截面中力的垂直分量保持了悬索结构或拱结构的平衡。

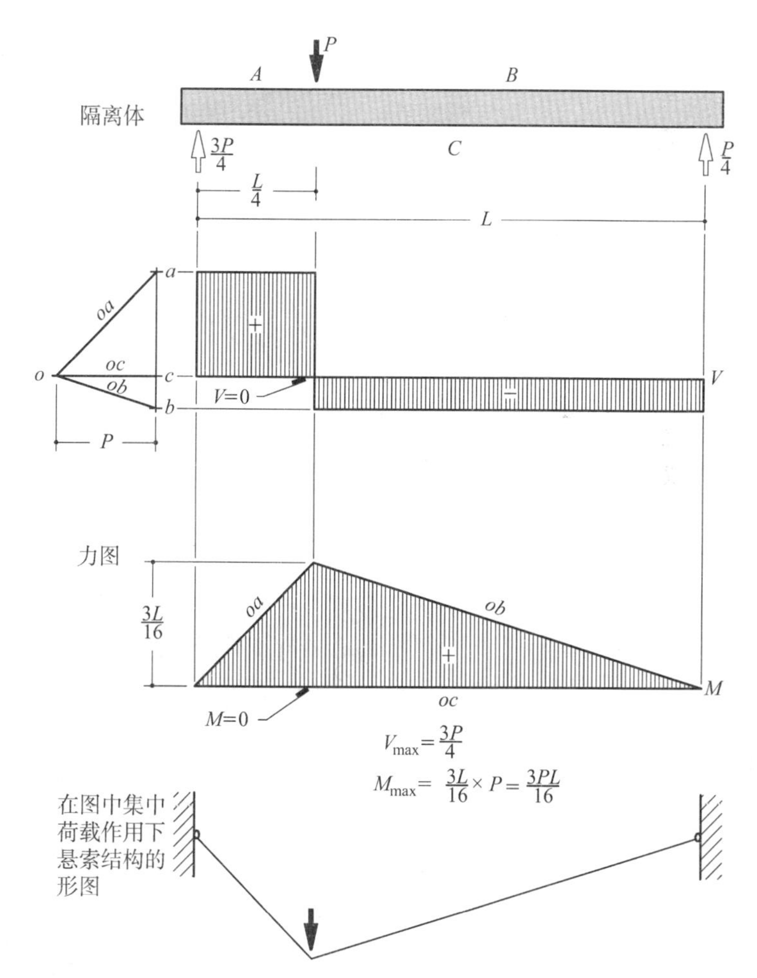

图 16.12　在图中的荷载作用下，简支梁在其长度的四分之一处的剪力图和弯矩图。

准线，代表了弯矩图的闭合弦，弯矩图的斜率与对应力图上的射线平行。

图 16.13 中的简支梁在三分之一跨度处承受对称的集中荷载作用，图中显示了采用图解法求解其剪力图和弯矩图的过程。在两个集中荷载之间，简支梁具有恒定的弯矩，并且没有剪力。这种荷载条件常用于实验室中对梁的强度的测试，因为在梁的较大长度上都会承受最大的弯矩，使得梁的断裂可能在多个点上发生，但是剪力并不是试验中梁发生断裂的因素。

在图 16.14 中，当悬臂梁的末端承受集中荷载作用时，为了保持平衡，固定支座处会产生支座反力 P 和弯矩 PL。闭合弦 ob 是水平的，假定极点 o 到 b 之间的距离为 P。梁上的弯矩值从零到 PL 呈线性变化。

图 16.15 显示了简支梁在均布荷载作用下，剪力图和弯矩图的求解过程。沿着梁的长度方向，将梁分成任意等份，每个等份所分配的荷

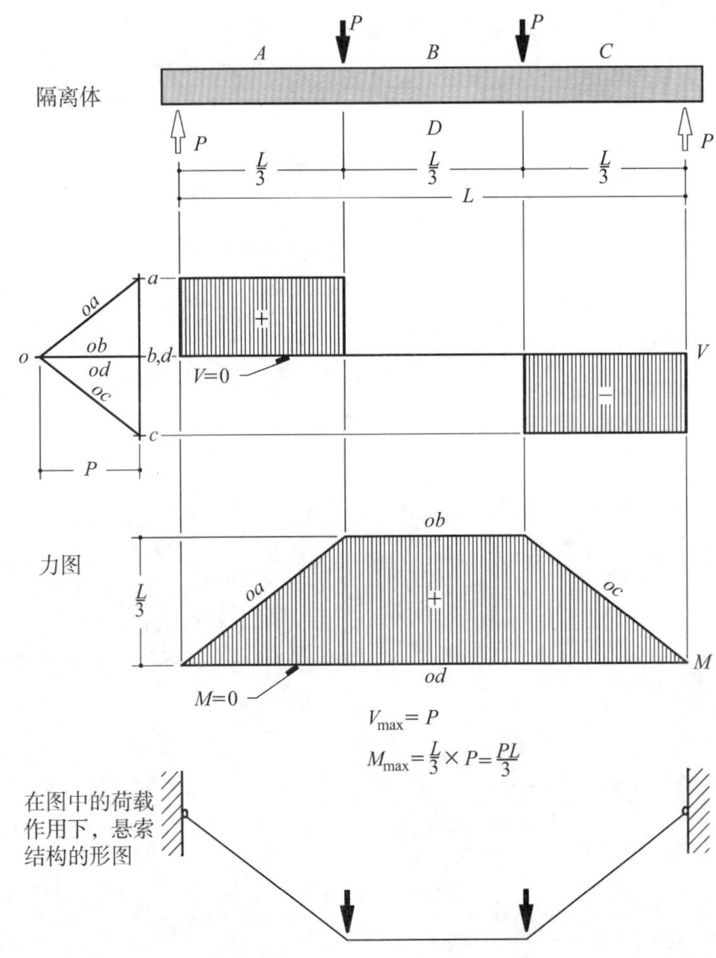

图 16.13　在图中的荷载作用下，简支梁在三分之一跨度处的剪力图和弯矩图。

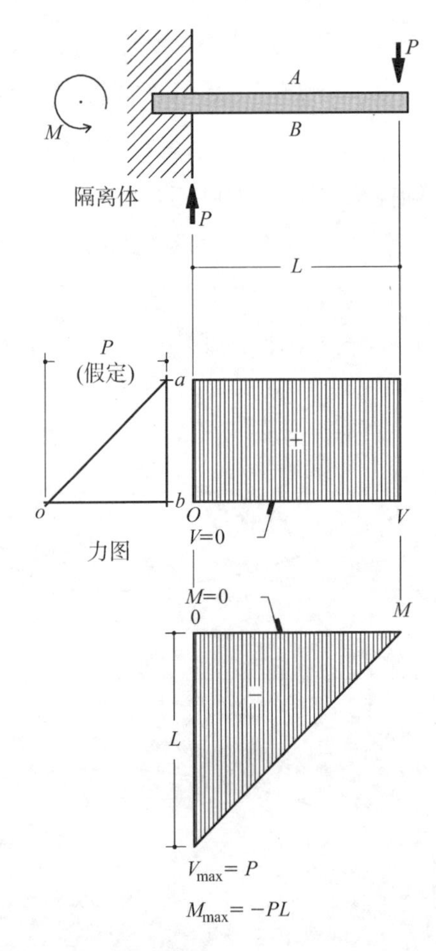

图 16.14　在图中的荷载作用下，悬臂梁的剪力图和弯矩图。

载由其重心处的矢量表示。

剪力图的绘制方法是从载重线上相应的点出发，水平投影出直线，与隔离体上相应的荷载作用线相交，将得到的点相连，便完成了剪力图的绘制。假设极点 o 到载重线的距离为 $W/2$，首先完成力图上射线的绘制，然后根据力图上的射线绘制出弯矩图。注意隔离体上标注的 A 区和 L 区，只有标准等份的一半。

在这种荷载条件下，简支梁的跨中最大弯矩为 $WL/8$，这相当于简支梁在跨中承受集中荷载时，跨中最大弯矩的一半。图 16.16 为悬臂梁在均布荷载作用下，剪力图和弯矩图的求解过程。在这种荷载作用下，悬臂梁中的最大弯矩为 $WL/2$，这相当于悬臂梁在承受集中荷载作用时梁中最大弯矩的一半。

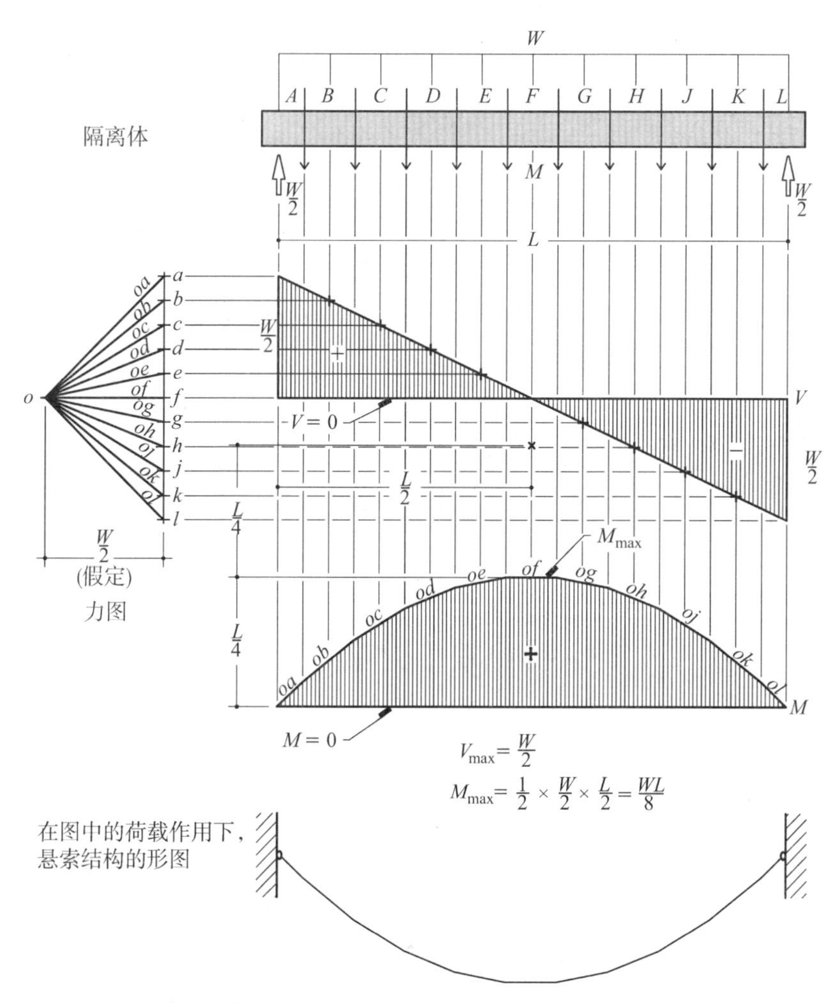

图 16.15　在图中的荷载作用下，简支梁在均布荷载作用下的剪力图和弯矩图。

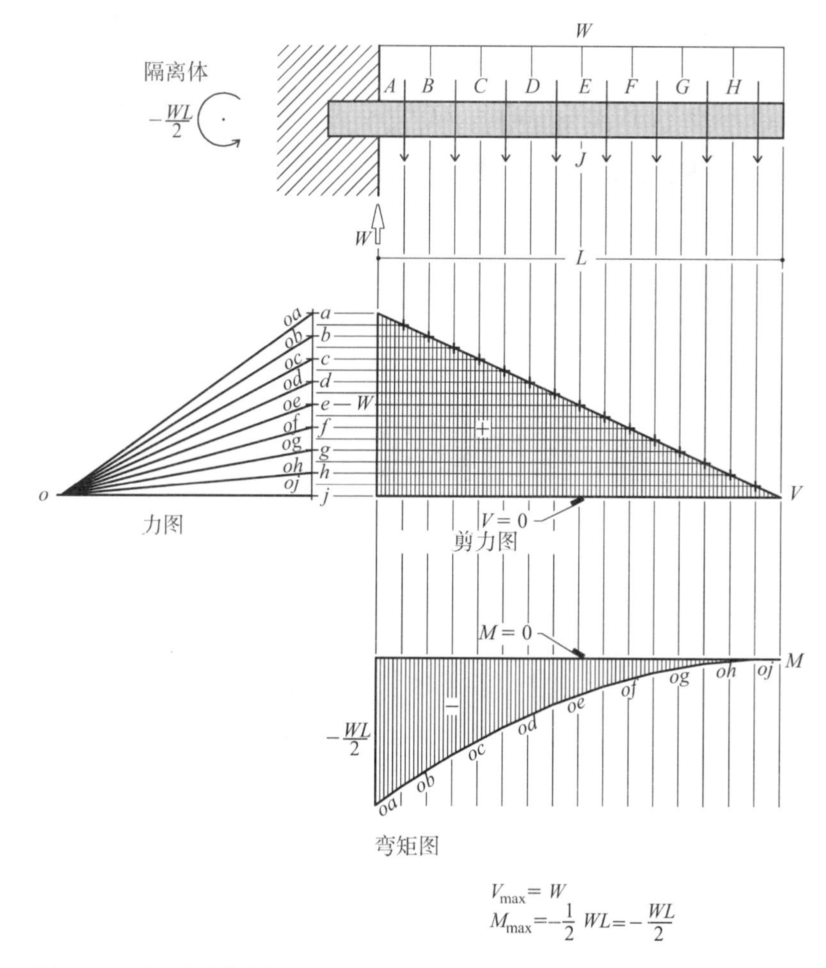

图 16.16　在图中的荷载作用下，悬臂梁在均布荷载作用下的剪力图和弯矩图。

半图解法

图解法求解剪力图和弯矩图相对来说比较复杂，实际情况中会采用更方便快捷的半图解法来求解。半图解法是将图解法已有的几何关系与数值计算相结合而得出的，以上的例子当中可以梳理出几何与数学的对应关系，半图解法就是以此为基础的。

隔离体、剪力图和弯矩图的对应关系

剪力图和弯矩图的曲线可以用数学函数表示，数学函数生成的曲线形态与它们的指数有关（图 16.17）。

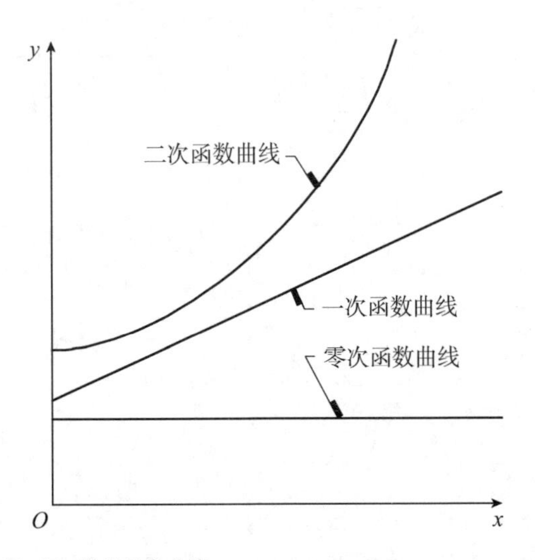

图 16.17　数学函数曲线

- 水平线对应的函数是一个常量，其指数为零，也就是零次函数曲线。
- 倾斜线对应的是一次函数，也就是一次函数曲线。
- 抛物线对应的是二次函数，也就是二次函数曲线。

大多数情况下，梁的剪力图和弯矩图都属于这三种曲线，总结如下：

$y=x^0=1$	水平线	零次函数曲线
$y=x^1+c$	倾斜线	一次函数曲线
$y=x^2+c$	抛物线	二次函数曲线

如图 16.17 所示，这些函数中可能包含常量，用 c 表示，这与函数相对于 x 轴和 y 轴的位置有关。

上述的总结有利于辨别隔离体、剪力图和弯矩图之间的关系。

1. 剪力图曲线总是比隔离体图曲线高一个幂次。弯矩图曲线比剪力图曲线高一个幂次，比隔离体图曲线高两个幂次。例如图 16.8 中的梁，当剪力图为零次函数曲线时，弯矩图为一次函数曲线。在图 16.15 中，隔离体图是零次函数曲线，剪力图是一次函数曲线，弯矩图是二次函数曲线。

2. 梁在任意截面上的弯矩值等于该截面左侧剪力图的面积之和。例如图 16.15 中，弯矩图在跨中的值等于剪力图跨中左侧部分的面积。跨中左侧部分剪力图的形状是三角形，所以面积为 $L/2$ 与 $P/2$ 乘积的一半，即 $PL/8$。

3. 梁在任意截面上的剪力值等于该处弯矩图的斜率。在图 16.15 中，跨中弯矩图的斜率是零，相应该点的剪力值也是零。从弯矩图测得的高度和抛物线的性质可知，左侧支座处弯矩图的斜率是 $L/2$，相应的这个位置的剪力大小是 $W/2$。

4. 在弯矩图中，曲线上升代表剪力值为正，曲线下降代表剪力值为负。在图 16.8 中，弯矩图的曲线上升，则剪力值为正，弯矩图的曲线下降，剪力值变为负值。

5. 除去梁的端部位置，当梁上剪力值为零时，弯矩值最大。上述所有的例子都可以验证这条定律的正确性。

6. 梁的弯矩图与相同荷载条件下的悬索结构的形图相类似（图 16.18）。美国的结构工程师习惯把弯矩图绘制在梁的受压一侧，这与弯矩值的正负相对应，正值绘制在上方，负值绘制在下方。但是很多欧洲和中国的结构工程师，习惯将弯矩图绘制在梁的受拉一侧，这与梁的变形一致，更加直观。不论弯矩图绘制在哪一侧，通过绘制相同荷载作用下悬索结构的形图可以检验弯矩图绘制的是否正确。

到目前为止，学过微积分的读者已经可以推导出剪力图是隔离体图的积分，弯矩图是剪力图的积分。如果对弯矩图进行一次求导，可以得到剪力图，如果对弯矩图进行二次求导，

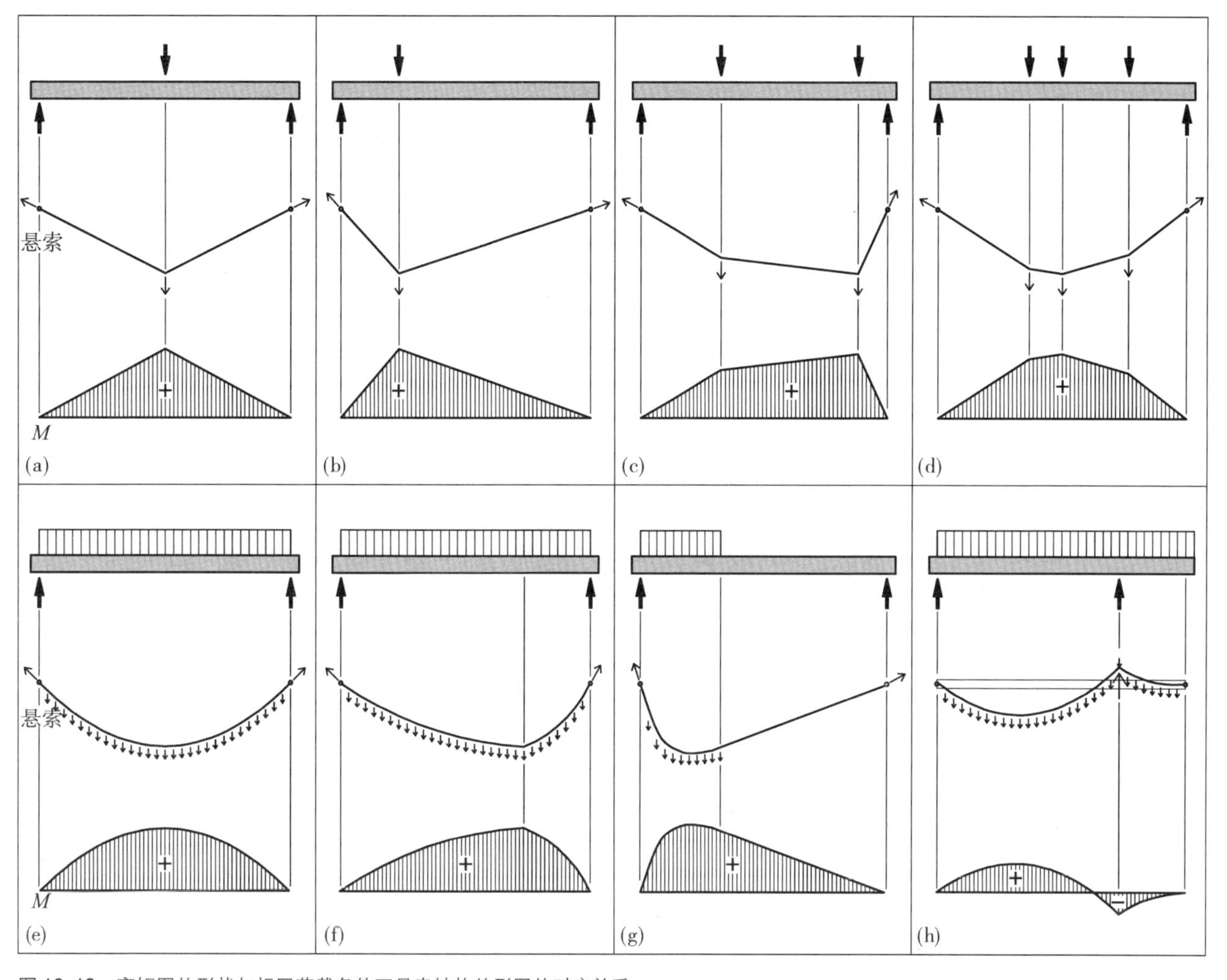

图 16. 18　弯矩图的形状与相同荷载条件下悬索结构的形图的对应关系

就会得到隔离体图。剪力图是弯矩图的一阶导数，而隔离体图是弯矩图的二阶导数。

半图解法绘制梁的剪力图和弯矩图

图 16. 19 中的梁的左半跨承受大小为 1 000 磅每英尺的均布荷载，梁的自重为 100 磅每英尺，那么梁上的最大剪力值和最大弯矩值分别是多少？它们分别位于梁的什么位置？

首先通过平衡方程求得两个支座反力，左侧的支座反力为 8 500 磅，右侧的支座反力为 3 500 磅。如果支座反力求解错误，那么之后的步骤就会毫无意义，所以在进行下一步求解之前要反复检查支座反力的大小是否正确。

按照从左到右的顺序绘制剪力图。在左侧支座处，梁中的剪力与支座反力大小相等、方向向下。在基准线上按照一定的比例绘制一条垂直线，标注数值为 8 500 磅。

剪力图曲线为一条斜线即一次函数曲线。由于均布荷载的方向向下，大小为 1 100 磅每英尺，那么剪力图曲线从左侧支座处开始下降，斜率为 1 100 磅每英尺。这条斜线与剪力图的基准线相交，交点位于距离左侧支座 x 处，x 等于 8 500 磅除以跨度 1 100 磅每英尺：

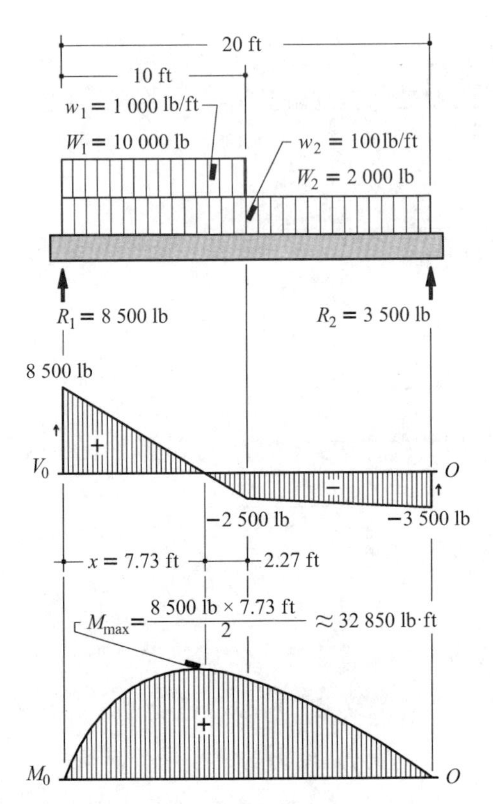

图 16.19　在图中的荷载作用下，采用半图解法绘制梁的剪力图和弯矩图。

$$x=\frac{8\ 500\ \mathrm{lb}}{1\ 100\ \mathrm{lb/ft}}\approx 7.73\ \mathrm{ft}$$

剪力图曲线的斜率到梁的跨中后开始变化，从 1 100 磅每英尺变为 100 磅每英尺，梁跨中的剪力值为 8 500 磅减去 1 100 磅每英尺乘 10 英尺，得到−2 500 磅，绘制出该点，并标注数值−2 500 磅：

$$V_{跨中}=8\ 500\ \mathrm{lb}-1\ 100\ \mathrm{lb/ft}\times 10\ \mathrm{ft}=-2\ 500\ \mathrm{lb}$$

在梁的右侧剪力曲线继续下降，斜率为 100 磅每英尺，在梁的右侧支座处剪力值为−2 500 磅减去 100 磅每英尺乘 10 英尺，即−3 500 磅。绘制出该点后并标注数值−3 500 磅。这个数值与右侧支座反力的大小相等、方向相反，证明绘制出的剪力图是正确的。通过半图解法可知，最大剪力值为 8 500 磅，位于左侧支座处。

弯矩图是剪力图的积分，是一条抛物线即二次函数曲线。它在剪力为零处达到最大值，即距离梁左侧 7.73 英尺的位置。最大弯矩值等于这个点左侧剪力图的面积：

$$M_{\max}=0.5\times 8\ 500\ \mathrm{lb}\times 7.73\ \mathrm{ft}$$
$$\approx 32\ 850\ \mathrm{lb}\cdot\mathrm{ft}$$

通过半图解法确定梁的最大剪力值和最大弯矩值的大小和位置，这两个数值可以帮助确定梁的截面尺寸，具体方法将在下一章进行阐释。

另一个例子

图 16.20 中的梁为一端悬挑的梁，悬挑部分是主跨的四分之一。整个梁承受包括自重在内的 0.8 千磅每英尺的均布荷载，请问梁中的最大剪力值和最大弯矩值分别是多少？它们分别位于梁的什么位置？

首先需要求得支座反力，通过平衡方程得出左侧的支座反力为 9 千镑，右侧的支座反力为 15 千磅。隔离体图是一条水平线即零次函数曲线，所以剪力图是一条倾斜线即一次函数曲线。剪力图曲线的起始点为左侧支座处，高于基准线 9 千磅的点。当剪力图曲线向右移动时，曲线向下倾斜的斜率为 0.8 千磅每英尺。用 9 千磅除以 0.8 千磅，得到剪力为零的位置为距离左侧支座 11.25 英尺处。剪力图曲线继续以相同的斜率下降，在右侧支座处达到最小值−10.2 千磅。右侧的支座反力为 15 千磅，说明该处还存在着向上的支座反力 4.8 千磅，在基准线上绘制出大小为 4.8 千磅的点。从这一点开始，剪力曲线以 0.8 千磅每英尺下降，直到悬挑梁的端部，剪力下降为零。

弯矩图是剪力图的积分，是一条抛物线即二次函数曲线。采用半图解的方法，弯矩曲线在左侧支座处为零，在剪力值为零处即距离梁的左侧支座 11.25 英尺处，弯矩值达到最大。

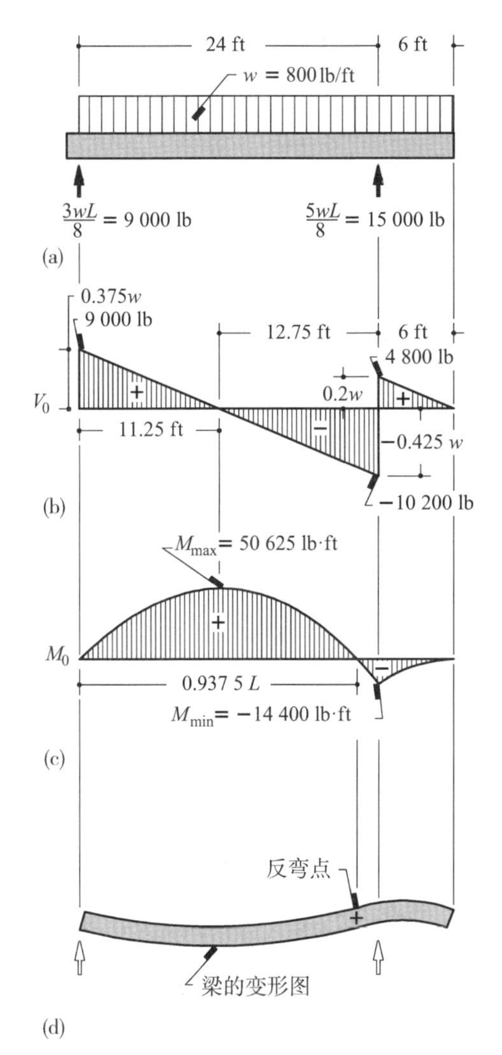

图 16.20　在图中的荷载作用下，采用半图解法绘制悬挑梁的剪力图和弯矩图。

关于均布荷载的单位

均布荷载可以用两种方式表达，一种是总荷载 W，另一种是单位长度的荷载 w，这两者容易混淆，在许多情况下小写的 w 也是剪力图的斜率，两者之间的关系为 $W=wL$。需要注意的是 w 所用的长度单位与 L 所用的长度单位保持一致。如果 L 的单位是英寸，那么 w 的单位就必须是磅每英寸或千磅每英寸。

受到均布荷载作用的简支梁的最大弯矩可以为 $WL/8$ 或 $\frac{wL^2}{8}$。同样，梁的挠度的计算公式中包含 WL^3 或 wL^4，如果 L 和 w 的尺寸单位是一致的，那么这两者是可以互换的。

之后弯矩图曲线相应对称地下降，在距离左侧 22.5 英尺处弯矩为零，通过计算剪力图的面积，得出右侧支座处弯矩值为-14 400 磅英尺，在图中绘制出该点。在这一点的右侧，剪力为正值，图形为三角形，这个三角形的最高点位于左端点处。当弯矩图曲线向右移动时，一开始上升得快，因为剪力图的面积增量大，之后弯矩图曲线上升的速度越来越缓慢，在梁的外侧悬挑端弯矩值下降为零。

最大弯矩值为 11.25 英尺乘 9 000 磅再除以 2，为 50 625 磅英尺。为了求证右侧支座处弯矩值是否正确，可以通过计算支座右侧梁的悬挑部分的剪力图面积来验算。计算结果是 4 800 磅乘 6 再除以 2，得到 14 400 磅英尺，该数值与之前计算出的弯矩值相等。

梁的跨度上弯矩为零的点为反弯点，是正弯矩和负弯矩的交界点。弯矩的反转可以有效降低梁在跨度上的弯曲变形以及最大弯矩的大小。一根跨度为 24 英尺的简支梁在 0.8 千磅每英尺的均布荷载作用下，梁中的最大弯矩值为 $WL/8$ 即 57.6 千磅英尺，这比图 16.20 的悬挑梁中的最大弯矩值高约 7 千磅英尺。

悬挑梁

悬挑的方式会减少梁主跨中的最大弯矩，这有利于减少梁的截面尺寸。图 16.21 是对不同悬挑长度的梁的最大剪力值和最大弯矩值的研究。

上面一行是一端悬挑的梁，下面一行是两端

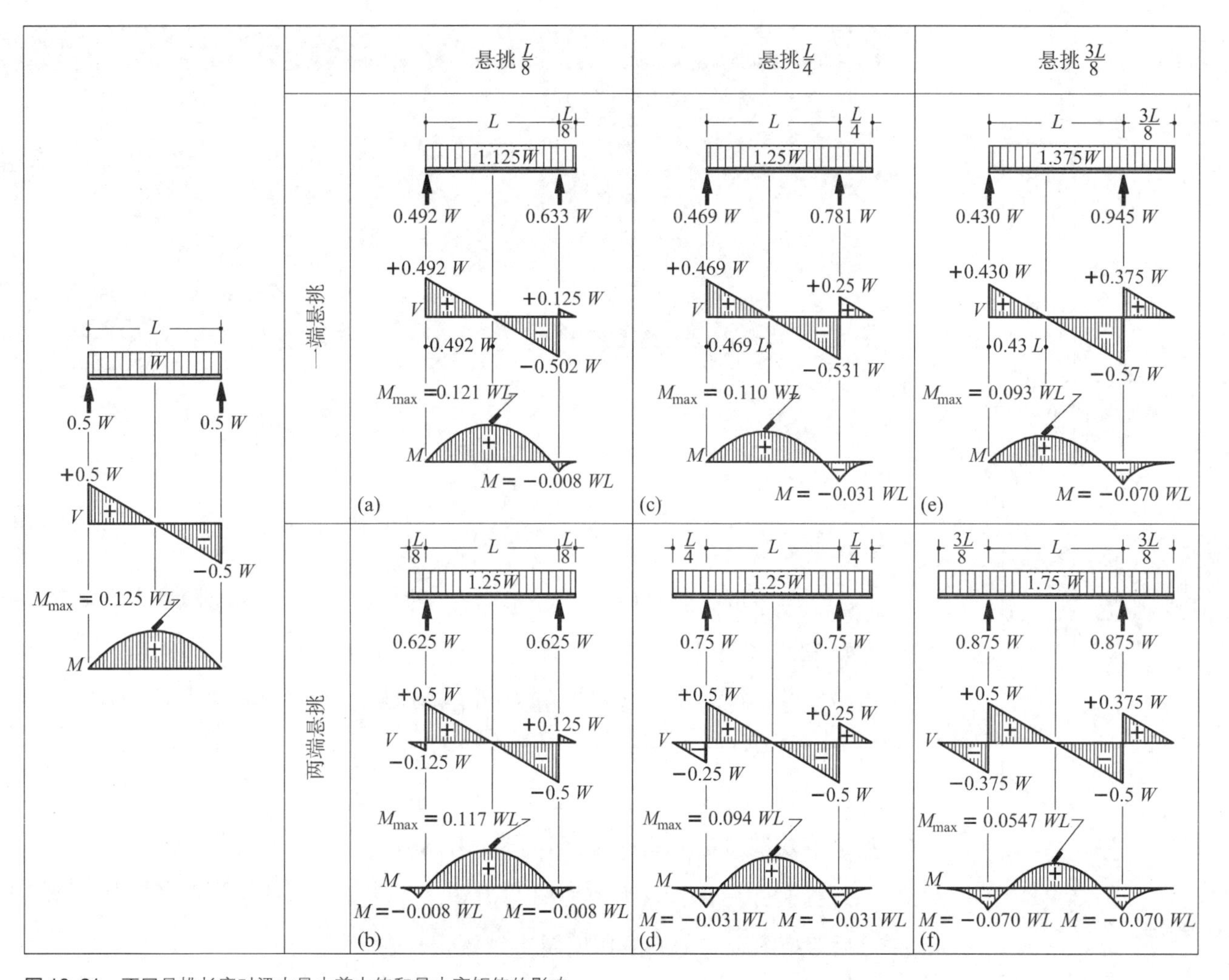

图 16.21　不同悬挑长度对梁中最大剪力值和最大弯矩值的影响

悬挑的梁。当梁中的最大正弯矩和最大负弯矩相等时，梁中的最大弯矩值最小，梁悬挑的距离达到最优，因为这样是最大化地利用了梁的材料，从而也最为经济。

对于一端悬挑的梁来说，最为经济的悬挑距离是略大于主跨的八分之三。对于两端悬挑的梁来说，最为经济的悬挑距离是略小于主跨度的八分之三。

连续梁

横跨三个或三个以上支座的梁被称为连续梁。由于连续梁在荷载作用下会发生弯矩反转，连续梁中的最大弯矩值比相同荷载条件下简支梁的最大弯矩值要低得多。相比简支梁，连续梁的截面尺寸更小，从而节约材料成本。

连续梁是超静定结构，仅仅通过平衡方程无法求得支座反力，还需要考虑连续梁的变形情况以及支撑条件。虽然求解超静定结构的弯矩值超出了本书的知识范围，但是我们可以通过对连续梁的研究而从中获益。

在图 16.22（a）中，两跨连续梁的最大弯矩发生在中间支座处，它比跨中最大正弯矩高出 70% 左右。在图 16.22（b）的三跨连续梁中，两端跨度中的最大正弯矩值与中间两个支座处的最大负弯矩值相对接近，而中间跨度的

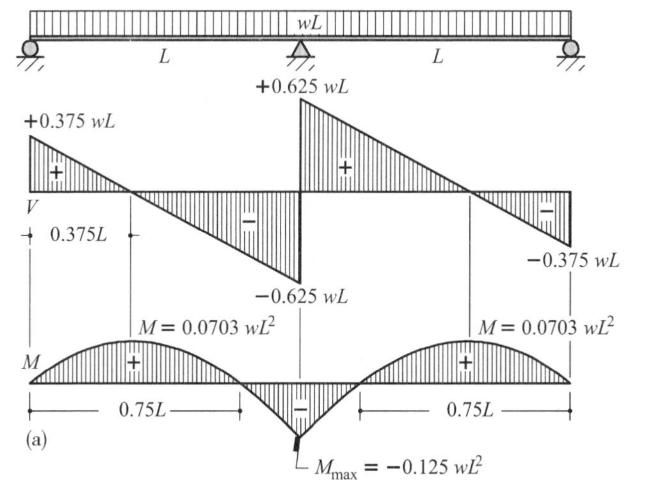

图 16.22　两跨连续梁和三跨连续梁的剪力图和弯矩图

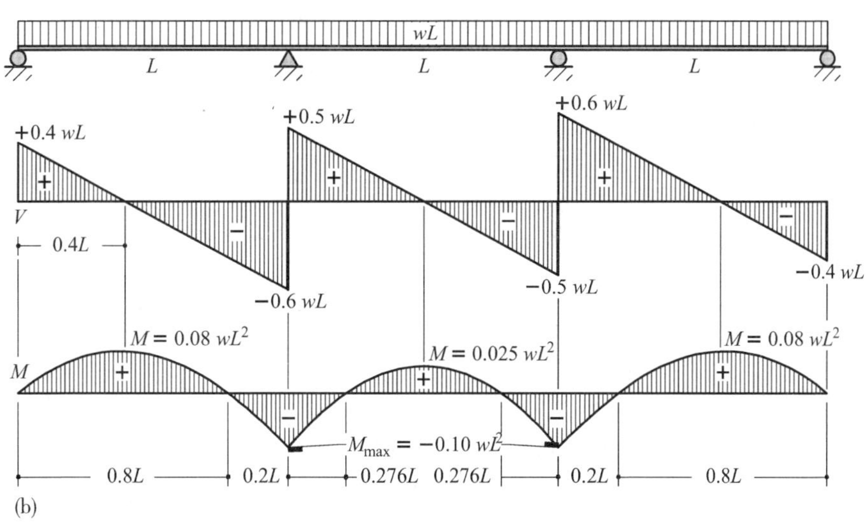

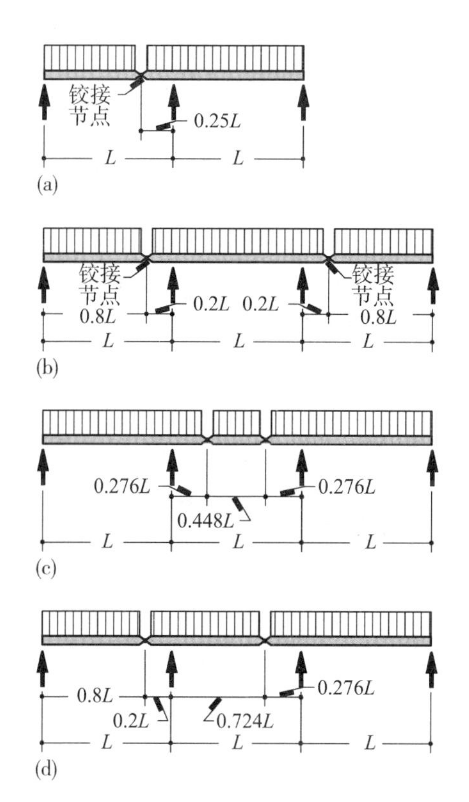

图 16.23　在图 16.22 中的两跨连续梁和三跨连续梁的反弯点处增加铰接节点，可以将超静定梁转变为静定梁，增加铰接节点后的静定梁与超静定梁的弯矩图相同。

最大正弯矩值比较小。

超静定梁转变成静定梁

图 16.23 中，在两跨和三跨连续梁的反弯点处增加铰接节点，就可以将超静定梁转变为静定梁。通过这种方法可以将超静定梁转变成一系列的静定梁。因为反弯点处的弯矩为零，增加的铰接节点不会改变梁中弯矩的分布。这种方法也常用于其他一些情形，例如在施工现场有些梁的长度过长难以施工，或者在保持梁连续性的同时使梁更直接地反映荷载分布的变化等情况。图 16.24 展示了一些设置在连续梁的反弯点处的铰接节点的细部构造。

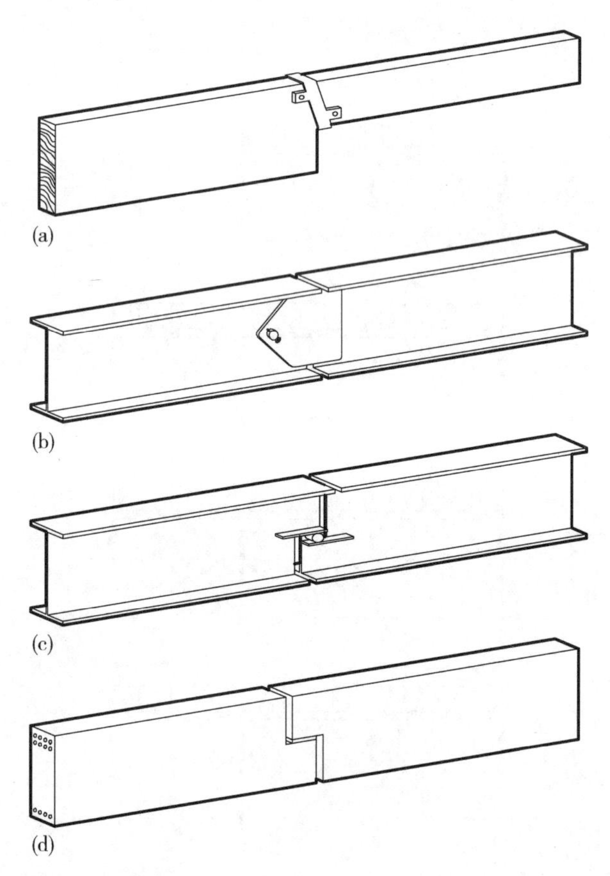

图 16.24 梁上铰接节点的细部构造：（a）为胶合木梁连接处的钢连接板。（b）和（c）为钢梁的连接。（d）为预制混凝土梁的铰接节点。

固端梁

梁的端部被深埋在混凝土或砖石中，被称为是固端梁。固定端限定了梁的位移和旋转。一端固定，另一端为自由端的梁为悬臂梁，悬臂梁可以从砖石或者混凝土墙上向外伸出，如图 16.14 和图 16.16 所示。还有一端固定另一端铰接的梁，以及两端都固定的梁，这两种情况下的梁都是超静定的（图 16.25）。固定端可以大幅度减小梁中的最大弯矩。

梁的剪力值和弯矩值

如图 16.26 所示，很多结构设计手册中都给出了在既定荷载模式和支撑条件下，梁的剪力图和弯矩图及其计算公式。

当两种或两种以上的荷载作用在同一根梁上时，一个节省时间的方法是，将两种荷载作用分别产生的剪力值和弯矩值相加即可得到梁中的剪力值和弯矩值。例如一根梁分别承受了

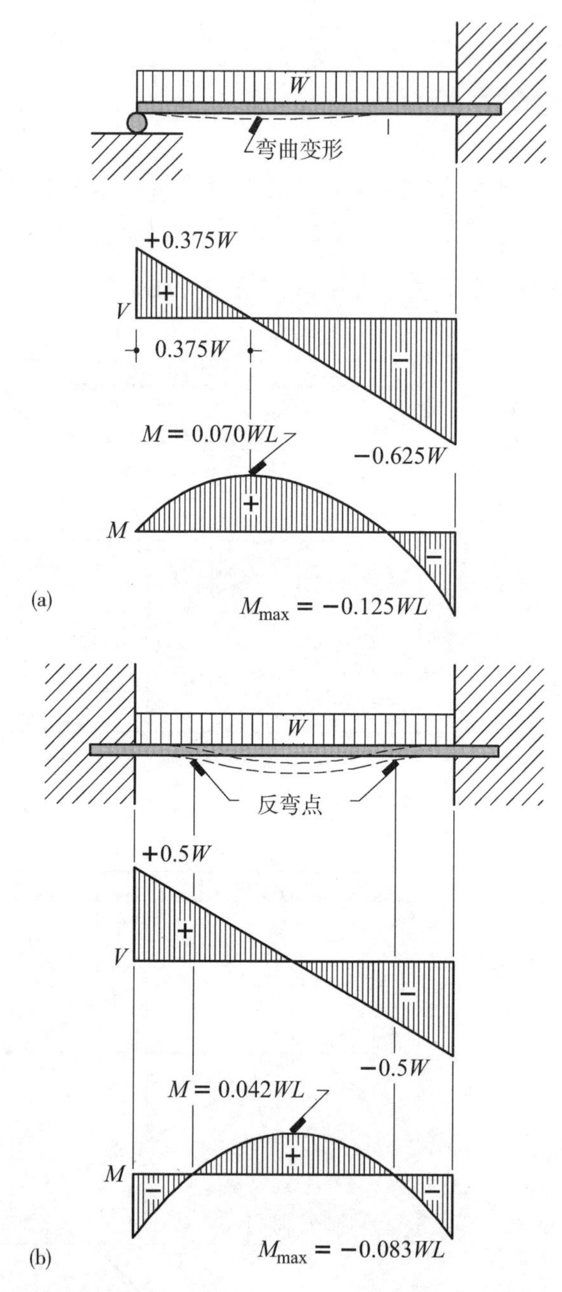

图 16.25 含有固定端的梁：（a）一端固定一端铰接的梁；（b）两端固定的梁。

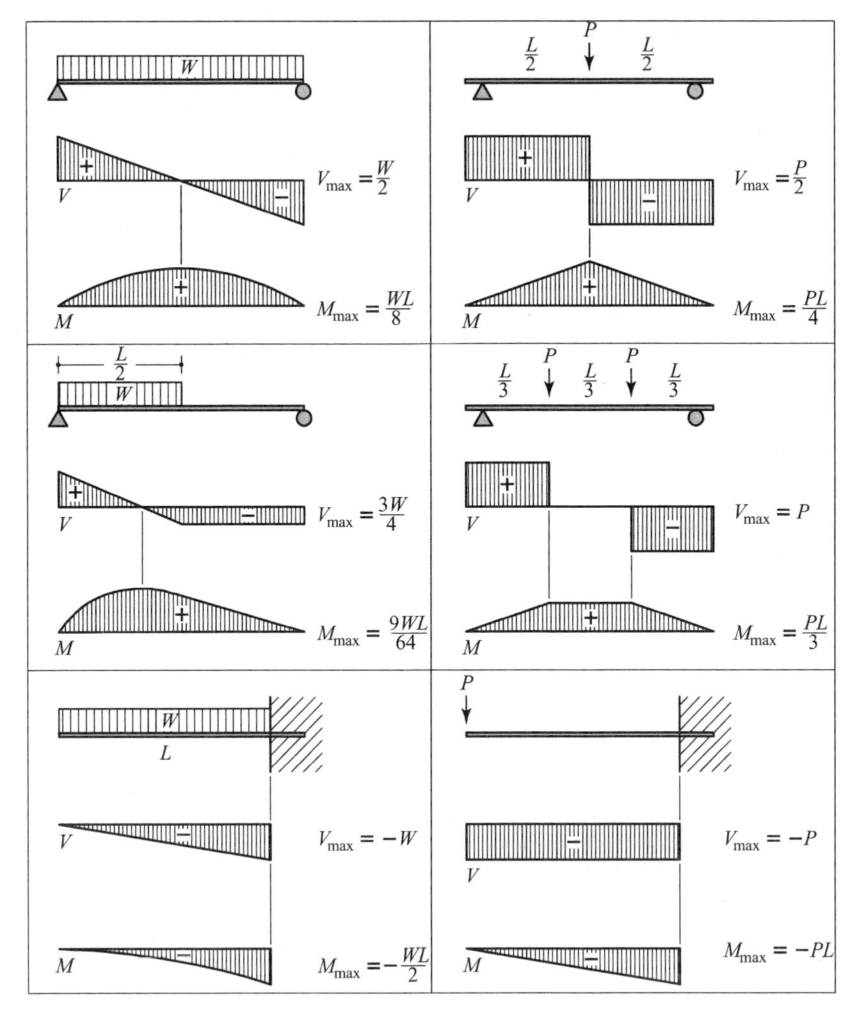

图 16.26　一些常见情况下梁的剪力图和弯矩图

均布荷载和跨中的集中荷载的作用，那么梁上的最大弯矩就是在两种荷载作用下最大弯矩值之和，即 $WL/8$ 与 $PL/4$ 之和。这种过程也被称为叠加，在对称的荷载作用下叠加的效果最好，也可以应用于不对称荷载作用的情形。

通过简单的计算就可以得到近似的结构构件尺寸以及构件中力的大小。但是现在许多结构工程师依赖大量的计算，忽略了对结构整体及其细部的清晰认知，这是不对的……

——弗里茨·莱昂哈特

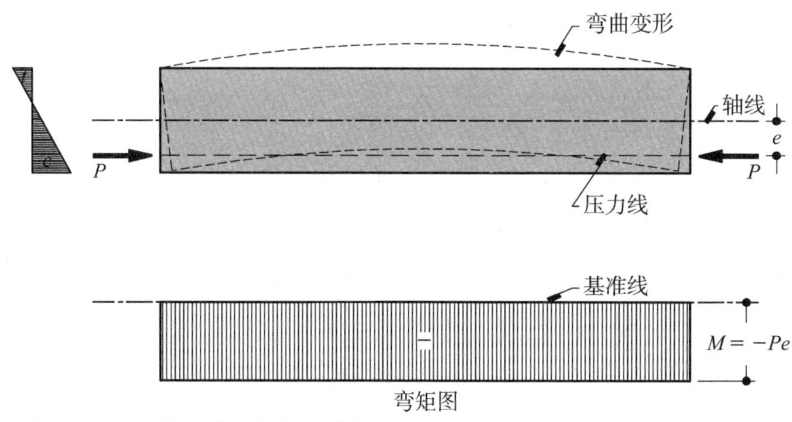

图 16.27　承受偏心纵向荷载作用的梁

纵向受力构件的弯矩

承受纵向荷载作用的结构构件也会产生弯矩。图 16.27 中，一根矩形截面的梁承受偏心纵向荷载 P 的作用，偏心距为 e。偏心荷载 P 的作用会导致梁偏离压力线，向一边弯曲变形。如果偏心距大于梁截面深度的 1/6，那么梁弯曲凸出的一面就会产生拉力。如果梁的横向变形非常小，那么由偏心荷载产生的弯矩在整个梁长度上是相同的。如果梁的横向变形很大，梁的弯曲会增加梁的偏心率，弯矩的增加与轴线的偏离距离成正比。

梁的弯曲变形在中心处最大、两端最小。梁的弯曲变形会导致偏心率迅速增加，最终导致梁构件发生屈曲。相反梁构件在纵向拉力作用下倾向于变直，从而降低偏心率以及最大限度地减小弯矩。

在第 2 章的悬索结构屋面以及第 3 章的钢筋混凝土拱顶设计中，悬索结构在荷载作用下会通过调整自身形态来适应荷载的变化，而拱结构需要在纵向上呈波纹状以增加结构的侧向稳定性，来抵抗横向荷载和偏心荷载。

图 16. 28~图 16. 30 显示了具有弯曲形状的纵向受力构件的变形过程。如果沿着构件轴线对构件施加相反的力，就会形成弯矩。这些弯矩值由弯矩图表示，弯矩图与构件自身弯曲轴线相一致。图中展示了弯曲的柱子、弯曲的压杆以及弯曲的桅杆存在的不足，这些构件即使在轴向荷载的作用下也会产生弯矩。

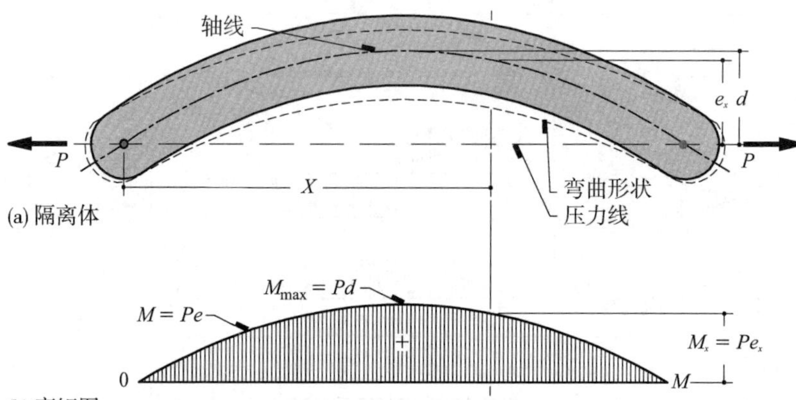

图 16. 28　具有弯曲形状的受拉构件中的弯矩。拉力倾向于拉直构件并降低其偏心率，这一过程是安全的。如果这些弯曲的构件受压，会导致构件的偏心率增加，从而增加构件内部的应力，这将进一步增加构件的偏心率，这一过程类似滚雪球，最终使得构件失稳从而丧失结构的作用。

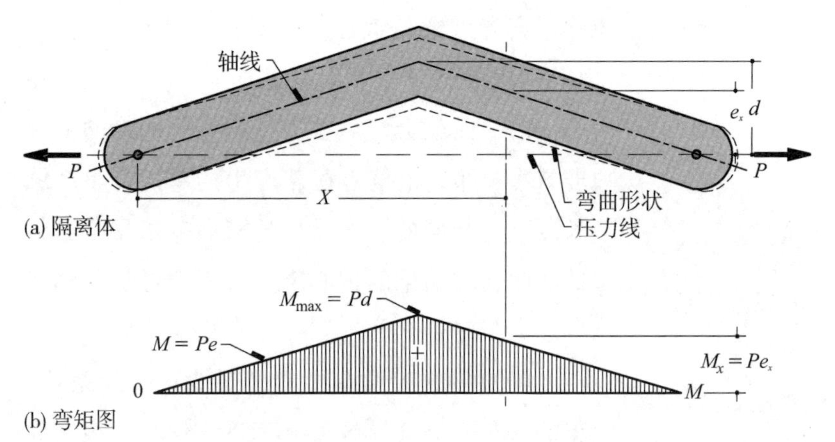

图 16. 29　弯曲形状的受拉构件中的弯矩

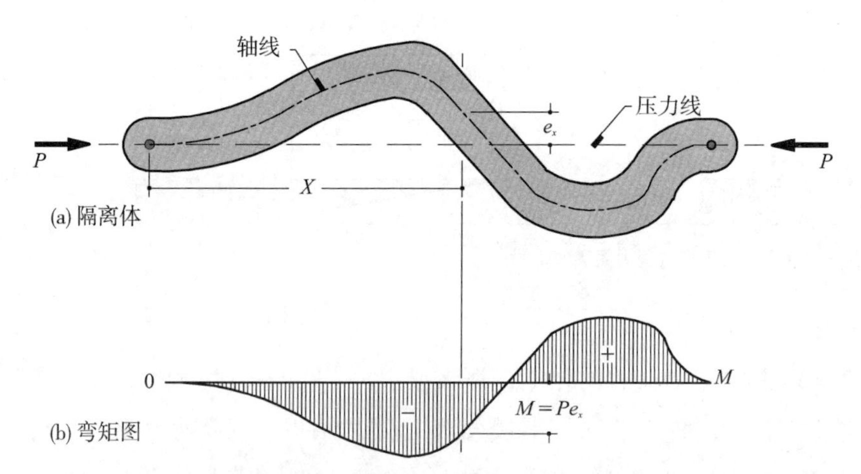

图 16. 30　具有不规则形状的压杆或拉杆中的弯矩与其自身弯曲形状相一致

展望未来

梁需要做多大？这是本章开篇提出的问题。目前为止，我们已经找到了部分答案：根据荷载大小、荷载作用模式、梁的跨度以及支撑方式的不同，通过绘制剪力图和弯矩图能够得知施加在梁上的弯曲作用的最大强度。在接下来的章节中，我们将根据这两个因素来确定梁的截面尺寸。图 16.31 和图 16.32 是两个有关梁设计的案例。

本章开篇提到的三种梁中，在相同荷载和支撑条件下，哪一种梁承受的弯曲作用最强？请根据剪力图和弯矩图求出每种梁中的最大剪力值和最大弯矩值。

图 16.31　纽约摩根图书馆中庭的玻璃屋顶，2006 年建成。玻璃屋顶的结构与原有结构相分离，支撑玻璃屋顶的连续梁放置在由四根角钢焊接而成的柱子的顶部。梁在柱子支撑处增设了加强板，以增强梁的抗弯能力。

图片来源：大卫・福克斯摄

图 16.32　法国里昂的国际城综合楼中的人行天桥，由伦佐・皮亚诺设计，1996 年建成。该人行天桥由一个简支梁支撑，梁的轮廓类似于它的弯矩图，这种设计方法会在本书的第 22 章中做进一步的探讨。

图片来源：大卫・福克斯摄

思考题

1. 采用图解法或半图解法绘制出图 16. 33 和图 16. 34 中所示构件的剪力图和弯矩图，并计算出它们的最大剪力值和最大弯矩值。

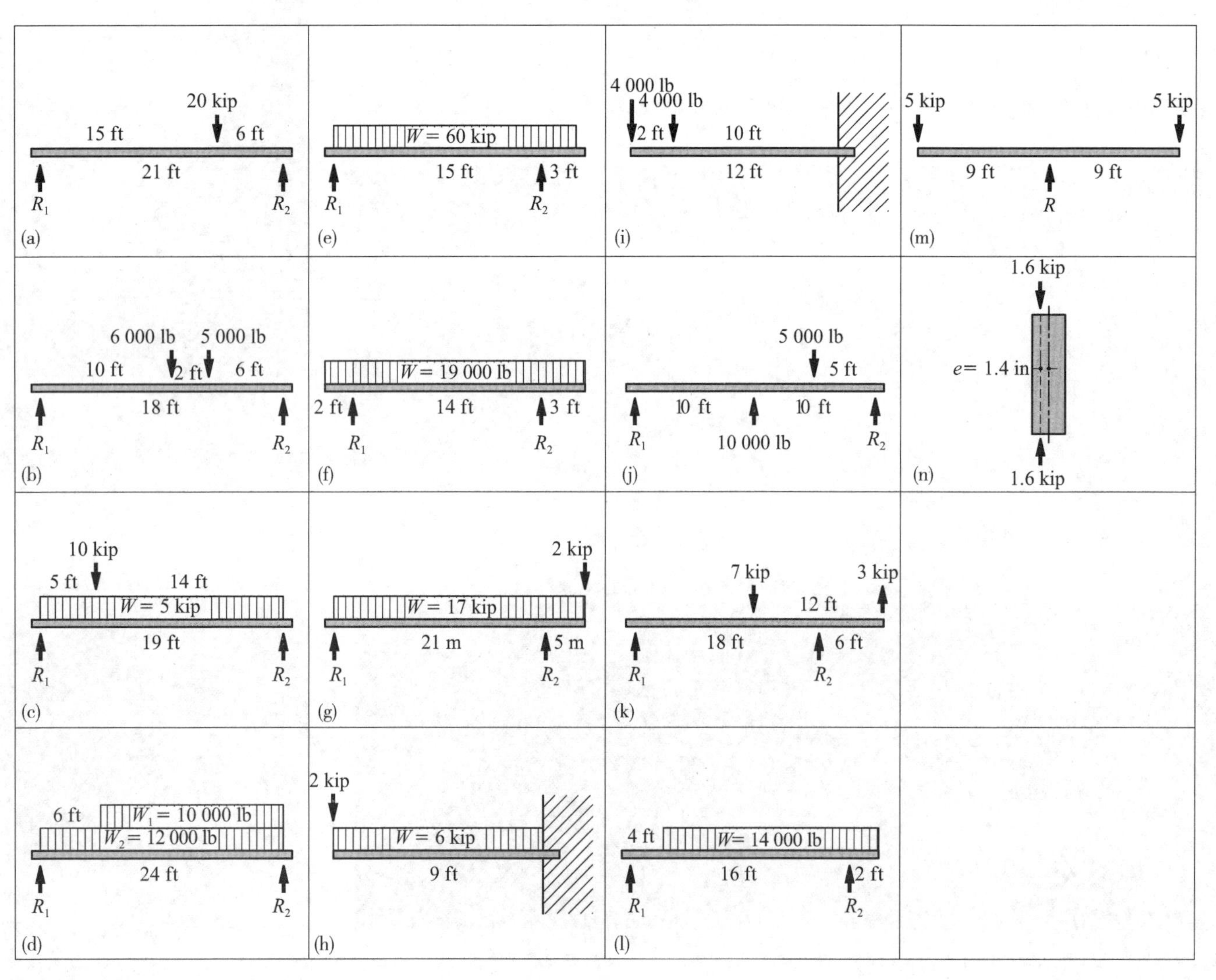

图 16. 33　练习题 1

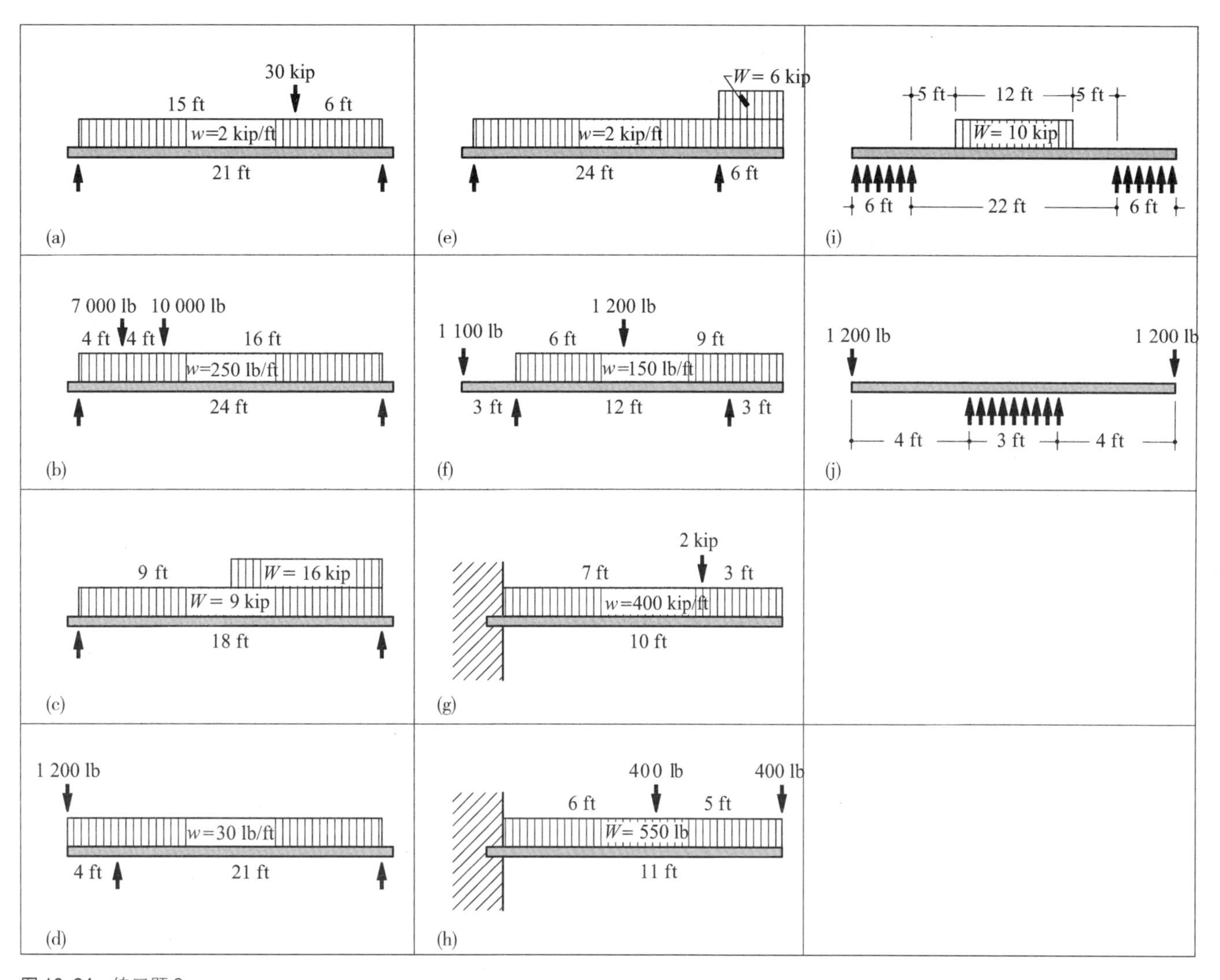
30 kip
15 ft
6 ft
w=2 kip/ft
21 ft
(a)
W= 6 kip
w=2 kip/ft
24 ft
6 ft
(e)
5 ft
12 ft
5 ft
W= 10 kip
6 ft
22 ft
6 ft
(i)
7 000 lb
10 000 lb
4 ft
4 ft
16 ft
w=250 lb/ft
24 ft
(b)
1 200 lb
1 100 lb
6 ft
9 ft
w=150 lb/ft
3 ft
12 ft
3 ft
(f)
1 200 lb
1 200 lb
4 ft
3 ft
4 ft
(j)
9 ft
W= 16 kip
W= 9 kip
18 ft
(c)
2 kip
7 ft
3 ft
w=400 kip/ft
10 ft
(g)
1 200 lb
w=30 lb/ft
4 ft
21 ft
(d)
400 lb
400 lb
6 ft
5 ft
W= 550 lb
11 ft
(h)

图 16.34　练习题 2

2. 绘制出图 16.35 所示的梁的剪力图和弯矩图，并说明这根梁的受力特点。

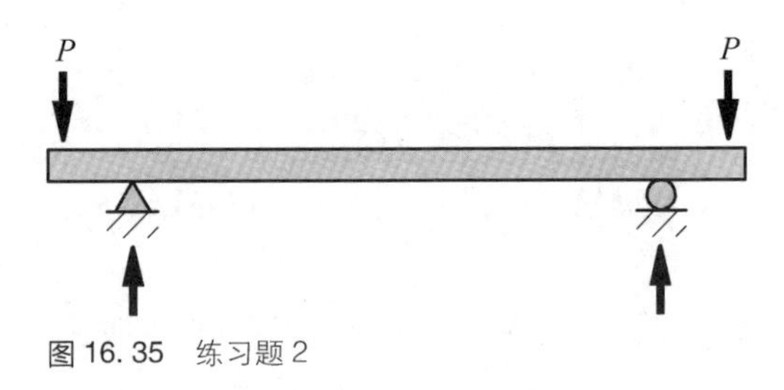

图 16.35 练习题 2

3. 找出图 16.36 中柱子的最大弯矩。

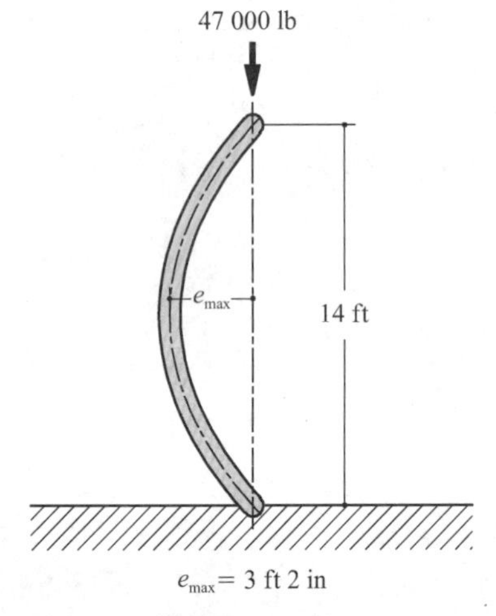

图 16.36 练习题 3

关键术语

vertical force 剪力，V

bending moment 弯矩，M

third points 三分之一处

overhanging ends 悬挑端

cantilever 悬挑梁

continuity of beams 梁的连续性

longitudinal and transverse forces 纵向荷载和横向荷载

moment diagram 力矩图

bending moment diagram 弯矩图

shear，shear diagram 剪力，剪力图

concentrated load 集中荷载，P

distributed load 均布荷载

distributed load per unit of span length 单位长度上的均布荷载，w

total distributed load 总均布荷载，W

semigraphical method 半图解法

indeterminate 超静定的

point of inflection 反弯点

encastered beam 固端梁

superposition 叠加

pressure line 压力线

eccentricity 偏心距

degrees of curves：zero，first，second，third 曲率：零次函数曲线、一次函数曲线、二次函数曲线、三次函数曲线

参考资料

American Institute of Steel Construction. Manual of Steel Construction. Chicago 这本钢结构手册中提供了目前绝大部分已知的钢构件的尺寸和强度等数据，这本书经常更新。

Goldstein Eliot W. Timber Construction for Architects and Builders. New York：McGraw-Hill，1999. 这本书着重介绍了建筑师戈尔茨坦·埃利奥特的工作，他以重型木结构的设计与建造而闻名。这本书是重型木结构的重要参考资料。

第 17 章 17 梁如何抵抗弯曲

- 梁抵抗弯曲作用的机制
- 应力迹线
- 挠度计算
- 求解矩形截面梁中弯曲正应力和切应力的公式
- 木框架结构的单元设计

◀图 17.1 拟建户外平台板的草图

图 17.1 所示为一个小木屋的户外平台板。为了建造这个平台板，需要设计一个支撑框架，并计算其中梁和托梁的截面尺寸，使这些构件既不会过度下垂变形，也不会在预期的荷载下断裂。在上一章中，介绍了梁在外部荷载作用下剪力图和弯矩图的绘制方法，从中可以求解出最大剪力值和最大弯矩值。本章主要介绍矩形截面梁如何抵抗剪力和弯矩，以及如何将最大剪力值和最大弯矩值等价于梁的内部抵抗力。这些可以帮助我们确定矩形截面梁的尺寸，包括室外平台板的梁以及图 17.2 所示的梁。在下一章中，我们将学习如何确定任意截面形式梁的尺寸，包括 H 形钢梁以及其他特殊定制的梁。

▼图 17.2 爱尔兰都柏林的伦斯特大楼迎宾室的屋顶结构，采用了胶合木梁，建筑师为布霍尔茨・麦克沃伊，结构设计由 RFR 结构工程公司完成。
图片来源：迈克尔・莫兰提供

化墙为梁

如图 17.3 所示，左半边图形是由 ANSYS 模拟出的墙内部的应力分布，右半边为手绘的应力迹线图。从图中可知当墙上的荷载作用和支撑条件相同，墙的高度减小、宽度增加时，墙内部的力流模式都是相同的。

图 17.3（a）所示的墙可以看作是一个非常高的梁，其高宽比为 2.5：1。当承受顶部的集中荷载作用时，其内部首先会形成一个半扇形力流区域，然后在墙体中部会形成平行力流，在墙体的底部，平行力流会分开，呈两个四分之一扇形力流汇聚到支撑处。墙体底部会产生水平拉力抵抗两个四分之一扇形力流中斜压力的水平分量。

当墙体的高度减小到其宽度的 1.5 倍时，如图 17.3（b）所示，墙体中部规则的平行力流就消失了。

墙体内部力流由三个平滑的扇形力流组成，扇形力流由外部荷载和两个支座反力形成。

在图 17.3（c）中，当墙体的高度减小到其宽度的二分之一时，墙体底部的两个四分之一扇形力流的受压区相互倾斜，并在墙体的顶部相交，最终与顶部扇形力流的压力线合并在一起。这个墙体内部的力流，上部呈拱形，下部的水平拉力线用来抵抗拱的扩张趋势。在图 17.3（d）中，当墙体的高度减小到其宽度的四分之一时，通过 ANSYS 分析可知，墙体内部除了与外部荷载相关联的三个扇形力流之外，墙体内水平方向的力流超过了垂直方向的力流。

在图 17.3（e）中，当墙体的高宽比为 1：8 时，墙基本上已经成为正常比例的梁。其内部主要是斜格模式的力流。斜格状的力流可以看作位于上部的一系列扁平的拱与下部镜像的一系列扁平的索的结合，拱向外的推力与索向内的拉力相平衡。在梁的端部弯矩较小，主要的力流模式是由支座反力产生的四分之一扇形力流。在梁的支座附近，四分之一扇形力流和斜格力流相融合。在梁跨中的上部区域，由外部荷载引起的斜格力流与该部位垂直方向的力流相比，可以忽略不计。

在实际项目当中，大多数梁的高跨比在 1：12 到 1：24 之间。由于梁的高度较小，因此梁中的力流模式与图 17.3（e）中的力流模式有所区别，斜格力流占主导地位。

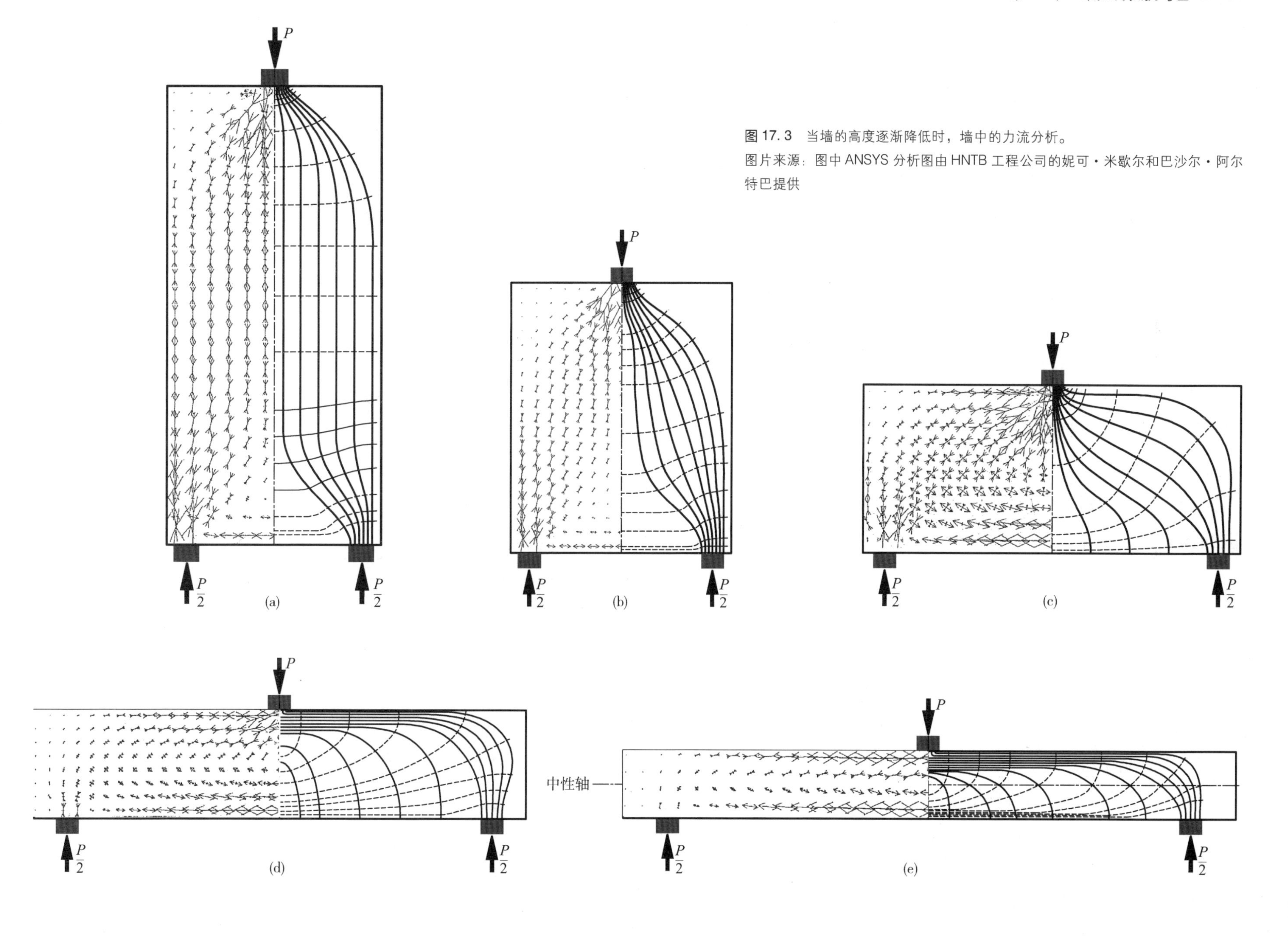

图 17.3　当墙的高度逐渐降低时，墙中的力流分析。

图片来源：图中 ANSYS 分析图由 HNTB 工程公司的妮可·米歇尔和巴沙尔·阿尔特巴提供

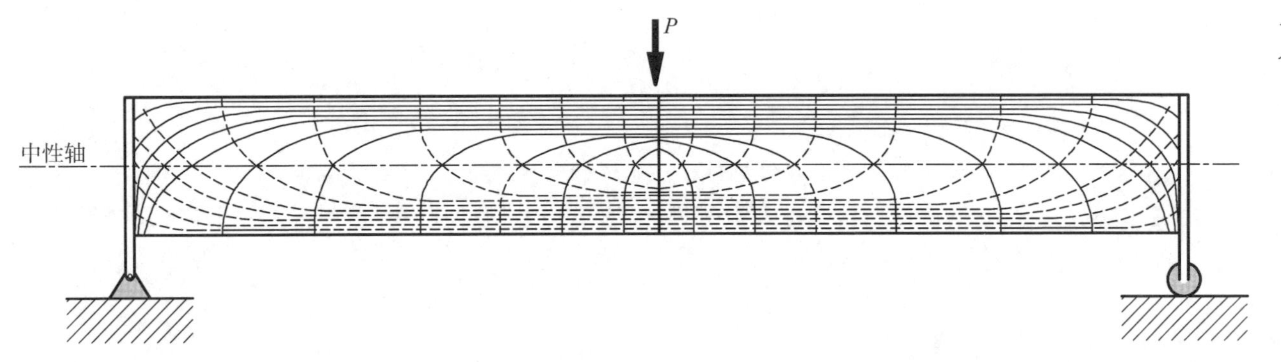

◀图 17.4 如果支座反力作用于梁的整个横截面上，则梁中没有过渡力流区域。

在图 17.4 所示的梁中，两个支座反力由钢板均匀地分布到梁的整个横截面上，而不是集中在梁的边缘，这种方式消除了过渡力流区域，使梁在整个长度上呈现出斜格模式的力流。

斜格模式的力流在矩形截面梁中占主导地位的原因

随着图 17.3 中的墙逐渐变矮，最终变成一根梁。其中的力流模式从扇形模式和平行模式转化为斜格模式，那么梁中为什么没有形成更简单的力流模式？

表 17.1 给出了这个问题的答案，表中是对 7 种不同形式桁架的材料使用效率的对比，这些桁架与图 17.3（e）中梁的比例相同，即高跨比为 1∶8，并都承受跨中集中荷载的作用，这些桁架已经取消了零力杆件。从三角形桁架到改进的 K 形桁架，这七种桁架形式分别代表了梁

表 17.1 7 种桁架形式效率的比较，它们的高跨比、外部荷载和支撑条件相同

桁架形状	节间	杆件长度	材料用量
(a) 三角桁架	1	2.031L	4.125PL
(b) 豪威式桁架	4	2.868L	3.375PL
(c) 豪威式桁架	6	3.417L	3.292PL
(d) 豪威式桁架	8	3.789L	3.125PL
(e) 豪威式桁架	10	4.800L	3.525PL
(f) K 形桁架	12	5.542L	3.082PL
(g) 改进的 K 形桁架	10	4.940L	3.072PL

中的七种力流分布，其中改进的 K 形桁架最接近斜格模式的力流。

为了方便比较，可以通过材料使用率来衡量七种桁架形式的效率。材料用量可以通过每个桁架杆件的长度求得，然后换算成跨度 L 的倍数表示，杆件内力换算成 P 的倍数表示。这一过程中假设所有杆件中的力等于材料的容许应力 f_{allow}，不考虑杆件的屈曲变形，因为实心矩形截面梁发生屈曲变形的可能性很小。

表 17.1（a）中单节间的三角形桁架的材料用量为 4.125PL。桁架（b）至（e）是由不同数量的节间组成的豪威式桁架。桁架（b）含有 4 个节间，材料用量为 3.375PL。这意味着桁架（b）比桁架（a）节省材料，桁架（a）中杆件的倾斜角度很小，因而造成杆件中的力过大。桁架（b）中的杆件倾斜角度增大，有效降低了杆件中的力。尽管桁架（b）中杆件的总长度比桁架（a）杆件的总长度多出约 41%，但是桁架（b）更加稳定且高效。

桁架（c）和（d）分别为 6 个节间和 8 个节间，随着杆件的倾斜角度变大，杆件中的力也逐渐变小。随着节间数量的增加，总材料用量逐步变小。含有 8 个节间的桁架（d）比单节间的桁架（a）的材料用量少约 24%。但是含有 10 个节间的桁架（e）比桁架（b）、桁架（c）、桁架（d）的材料用量要多。通过对比可知，在相同的外在条件下，含有 8 个节间的豪威式桁架（d）最为高效。

桁架（f）和（g）为 K 形桁架，它们的杆件布局模拟了梁中的斜格模式的力流。桁架（f）的特性是上部受压下部受拉，每根竖腹杆的上半部受拉，下半部分受压。受压部分类似于“拱”，受拉部分类似于镜像于“拱”的“索”。尽管桁架（f）中杆件的总长度比 8 个节间的豪威式桁架（d）要长很多，但是它的材料用量比任何豪威式桁架都要低。

最后一个桁架（g）是改进的 K 形桁架，其竖腹杆弯折，使杆件布局更加接近于梁中的力流分布，它是七种桁架中最高效的。改进的 K 形桁架可以理解为是一系列桁架的叠加（图 17.5）。

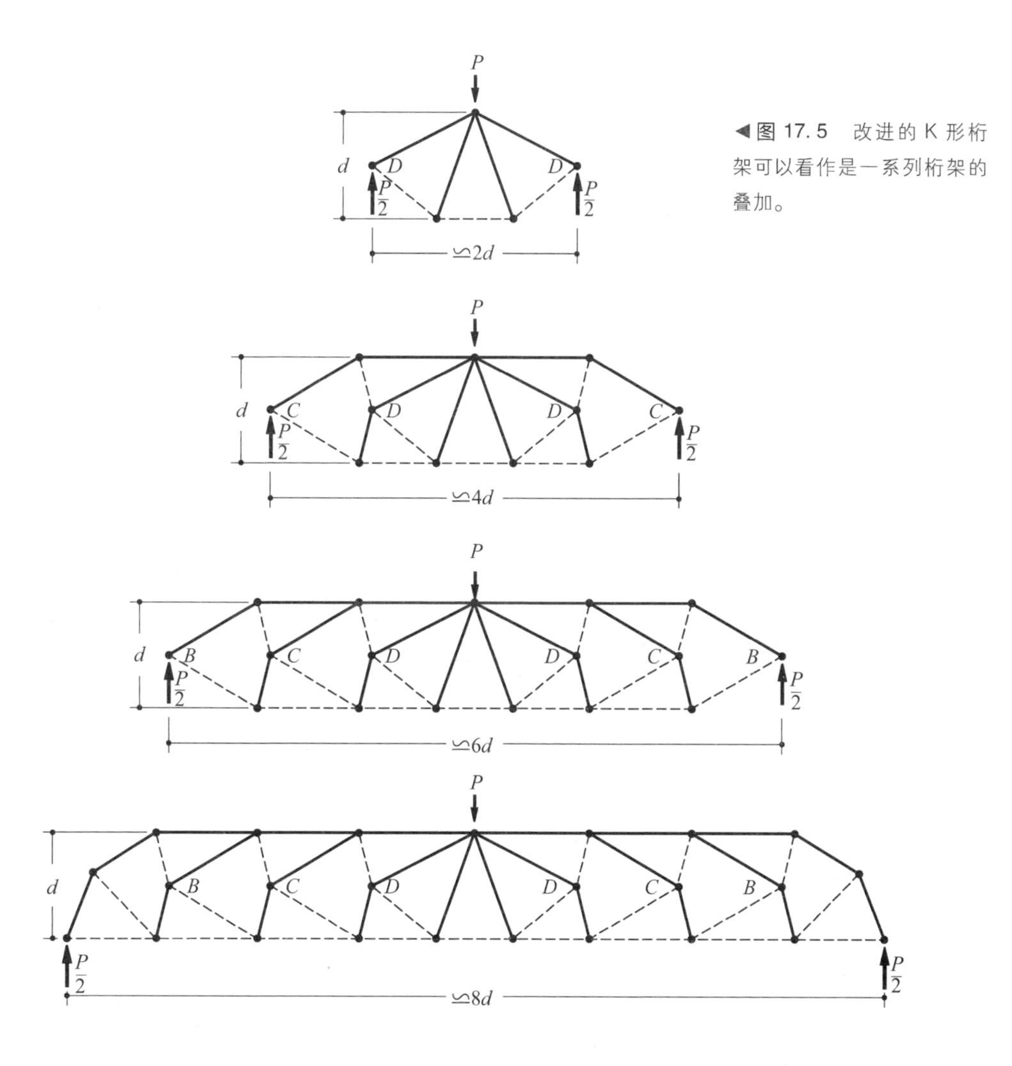

◀图 17.5　改进的 K 形桁架可以看作是一系列桁架的叠加。

这些分析表明在给定的高跨比下，材料使用效率较高的桁架杆件布局与实心梁中的力流模式高度相似，这符合最小功原理，即任何结构总是以最少的弹性能量消耗来抵抗外部荷载。实心梁中的斜格模式力流是利用材料抵抗外部荷载的最有效的方式。

均布荷载作用下梁中的力流模式

到目前为止，我们已经研究了在跨中集中荷载作用下梁中的力流分布情况。如果相同高跨比的梁承受与跨中集中荷载大小相等的均布荷载作用时（图 17.6），其力流模式与承受集中荷载作用时略有不同，但是区别非常小，梁中的力流模式仍旧为斜格模式。然而在改进的 K 形桁架中（图 17.7），均布荷载作用与集中荷载作用下桁架中的杆件力大小差异很大。比较两种不同荷载作用下桁架的剪力图和弯矩图可知，在集中荷载作用下，沿跨度方向每个截面上的剪力大小是相同的。而在均布荷载作用下，剪力大小沿跨度方向呈线性变化，在跨中处为零，在支座处最大。并且在均布荷载作用下桁架中的最大弯矩是集中荷载作用下桁架中的最大弯矩的一半。

根据图 17.7 中两个力图比较可知，在集中荷载作用下，桁架腹杆中的力沿跨度方向上基本保持不变。而在均布荷载作用下，桁架腹杆中的力从左到右变化很大，在支座处最大、跨中处最小。在这两种荷载作用下，上弦杆和下弦杆中的力，在支座处最小、跨中处最大。此外，两个力图的总体比例还表明，不论是桁架还是实心梁，在均布荷载作用下的内力是承受跨中集中荷载作用时的一半。

矩形截面梁的应力计算

为了使梁能够安全承载，必须确保梁上所有点的应力小于材料的容许应力。如果把梁内的主应力分解成垂直分量和水平分量，那么梁中斜格力流的应力计算就变得简单了。

通过简单的公式就可以确定梁的截面尺寸。在图 17.8 中，取矩形截面梁跨度的四分之一处

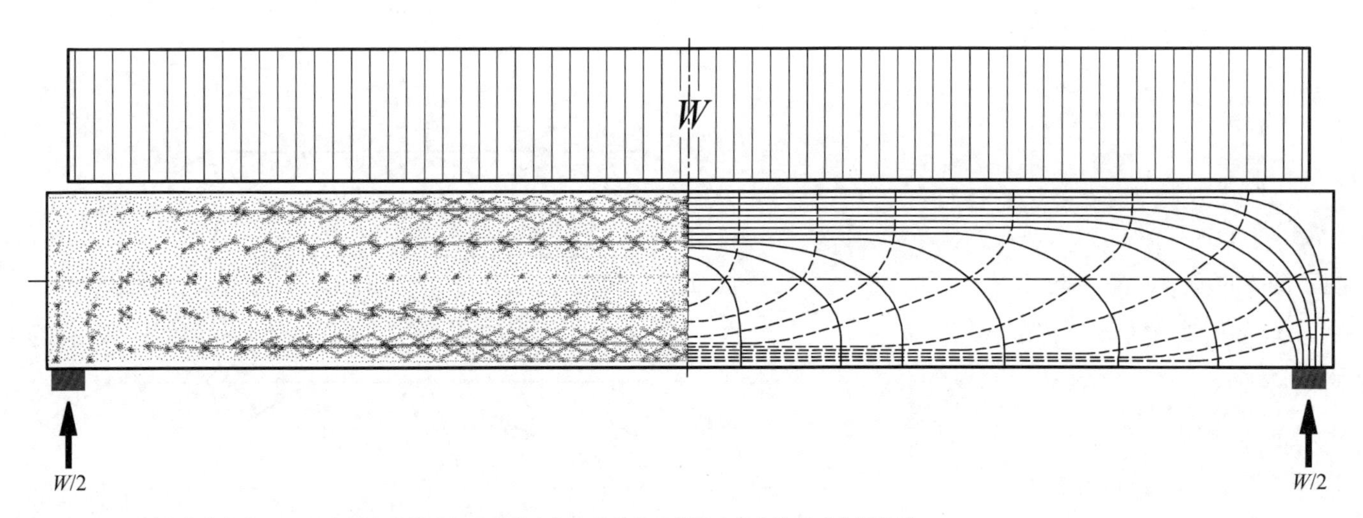

图 17.6　承受均布荷载作用的梁中的力流模式与承受跨中集中荷载作用的梁中的力流模式非常相似。

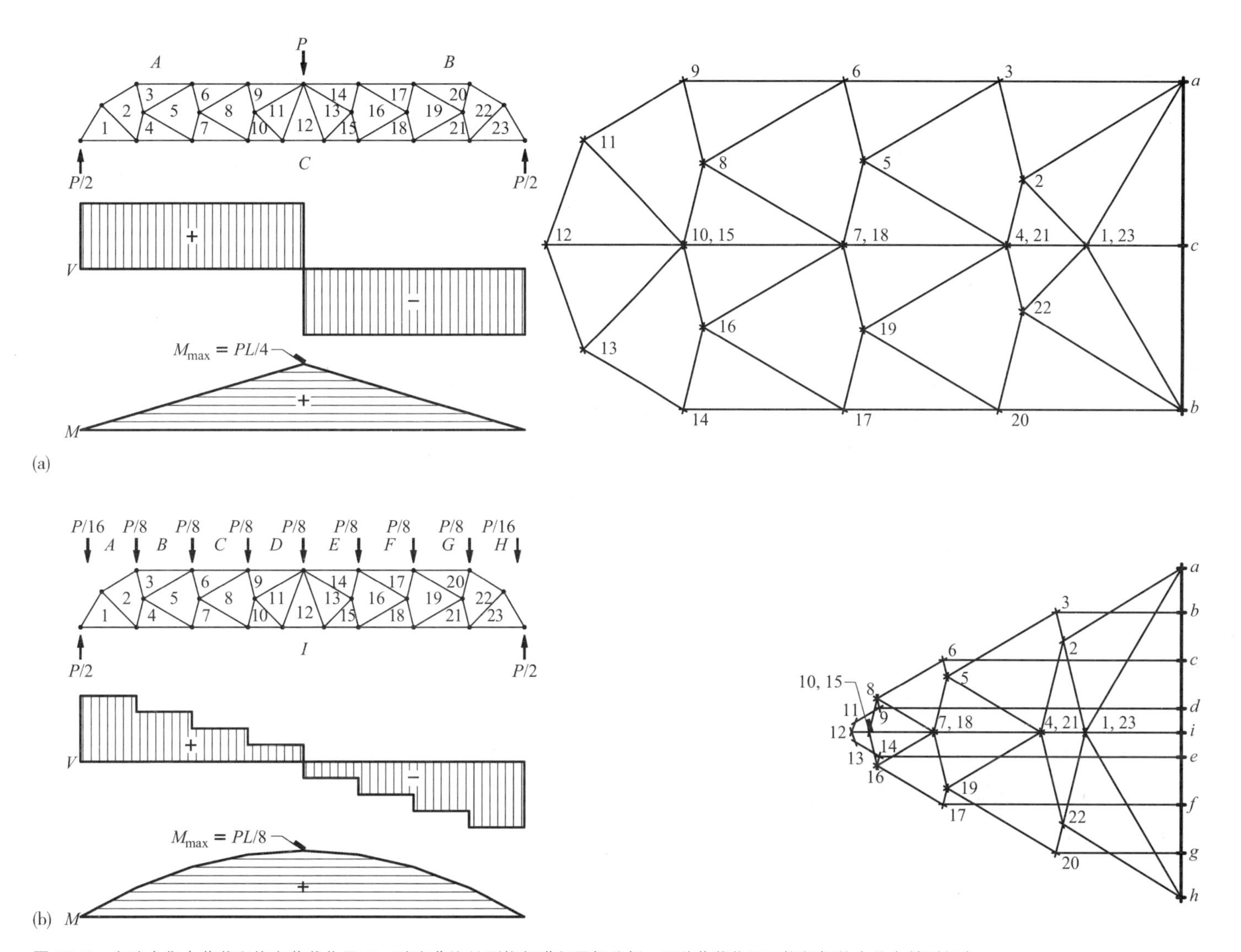

图 17.7　在跨中集中荷载和均布荷载作用下，对改进的 K 形桁架进行图解分析，两种荷载作用下桁架杆件中的力差别很大。

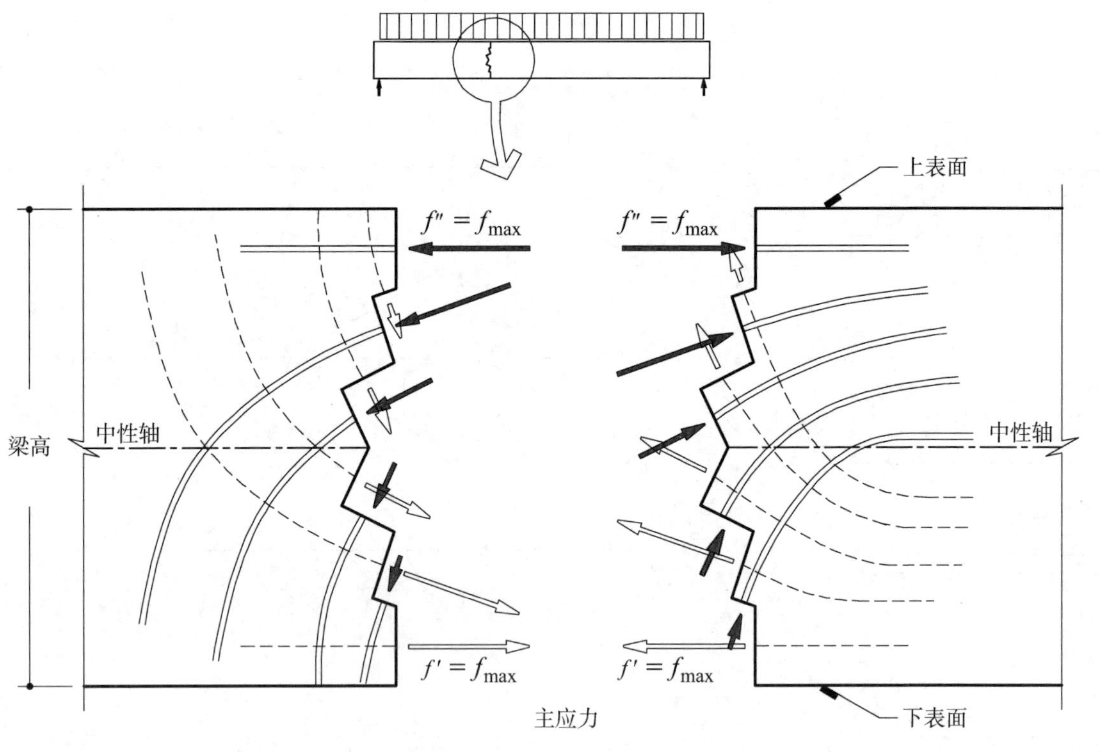

图 17.8 假设梁的切割面由一系列与主应力垂直的小平面组成。

为隔离体，假设被切割的表面由许多与主应力垂直的小平面组成，沿着这些小平面，压力在梁的上表面最大，在下表面减小到零，拉力在下表面最大，在上表面为零。不论是压力还是拉力的方向都在 90°的范围内。在图 17.9 中，实际隔离体的切割面是平滑截面，主应力可以分解成水平分量和垂直分量。分别统计应力的水平分量和垂直分量可知（图 17.10），水平压应力在梁的上表面最大，在中性轴处为零。水平拉应力在梁的下表面最大，在中性轴处为零。垂直应力也被称为切应力呈抛物线状分布，它

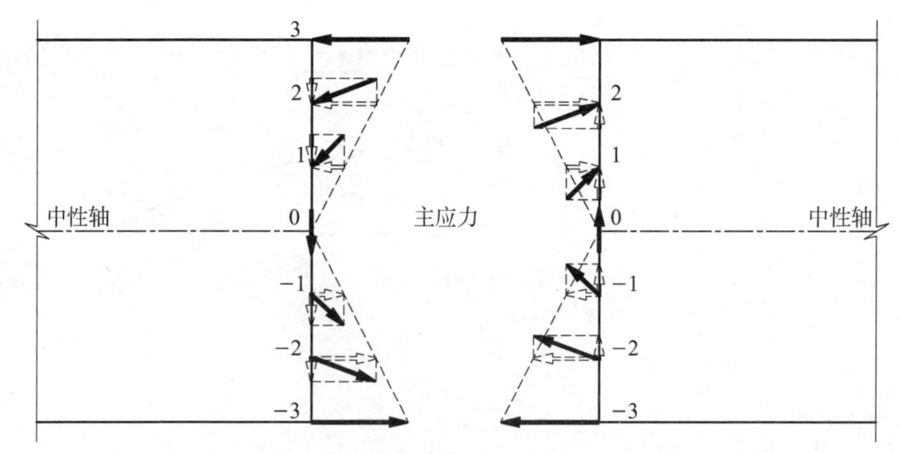

图 17.9 在平滑的截面上，应力的水平分量和垂直分量。

们在中性轴处最大，在上表面和下表面处为零。

应力水平分量的分布可以通过模型生动地模拟出来（图 17.11）。采用软泡沫制作一个矩形截面梁的模型，当泡沫模型弯曲时，模型表面上所绘制的垂直线基本保持直线状态，但是这些垂直线的上端之间的距离更小，下端之间的距离更大。

当泡沫模型弯曲变形时，线性分布的水平应力的作用使模型表面的垂直线保持直线状态。通过模型的变形可知，水平应力在梁的上表面和下表面处最高，在梁的中部减小到零，这与图 17.10 中水平应力的分布互相印证。梁上半部的水平应力是压力，下半部分的水平应力是拉力，两者之间的分界线被称为中性轴（缩写为 N. A.）。在实际的梁当中，中性轴不是一条线，而是贯穿梁内部的一个水平面，因此有时也将其称为中性面。

如图 17.12 所示，承受均布荷载作用的实心梁中应力的水平分量，在弯矩最大时也达到最大，在支座处为零。应力的垂直分量在弯矩最大处为零，在剪力最大处达到最大值。图 17.7（b）中的 K 形桁架在均布荷载作用下，其内部杆件力的分布遵循与实心梁同样的模式，即上弦杆和下弦杆中的力在跨中处最大，在支座处为零，腹杆中的力在支座处最大，在跨中处为零。

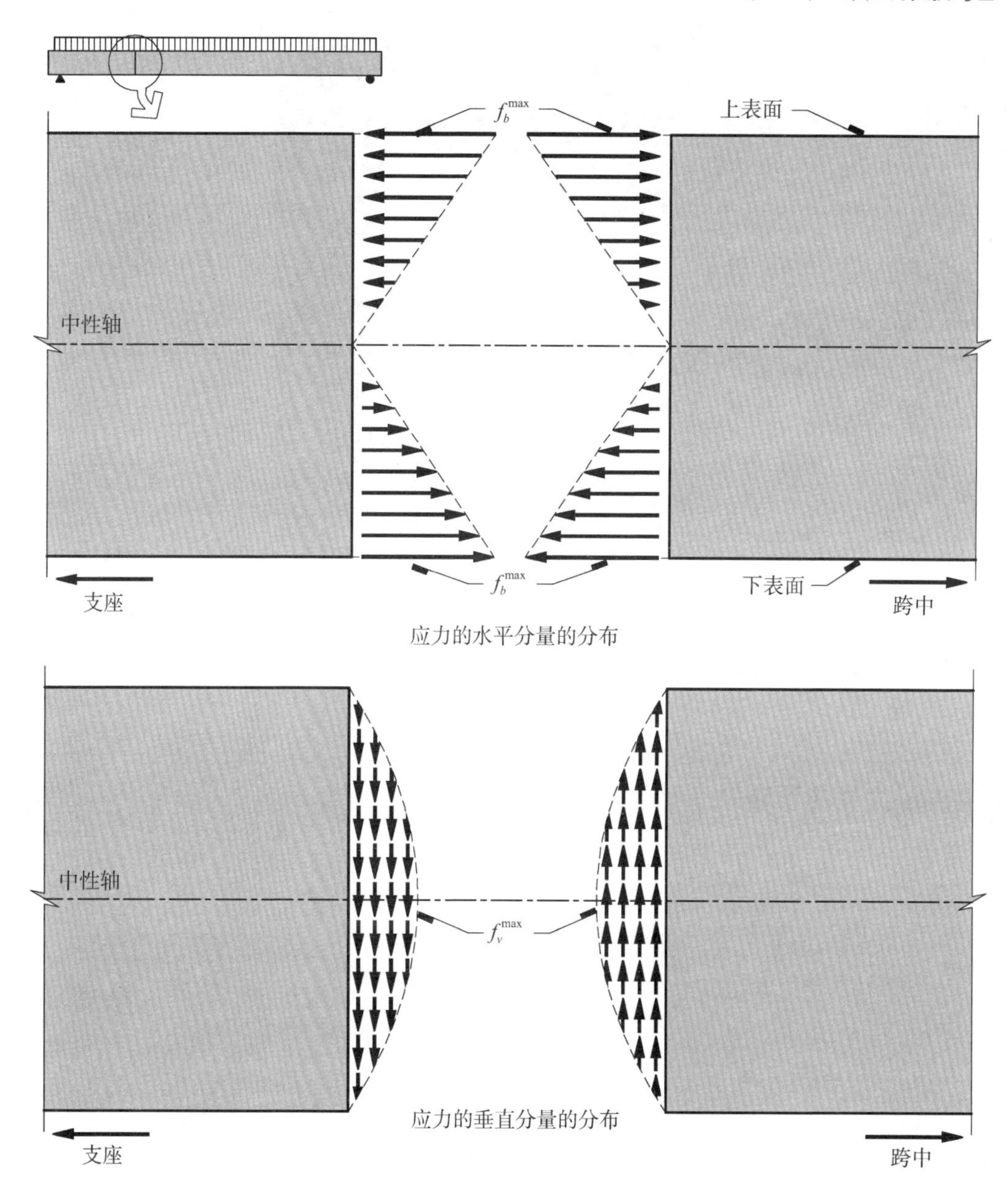

图 17.10　切割面上应力的水平分量和垂直分量的分布

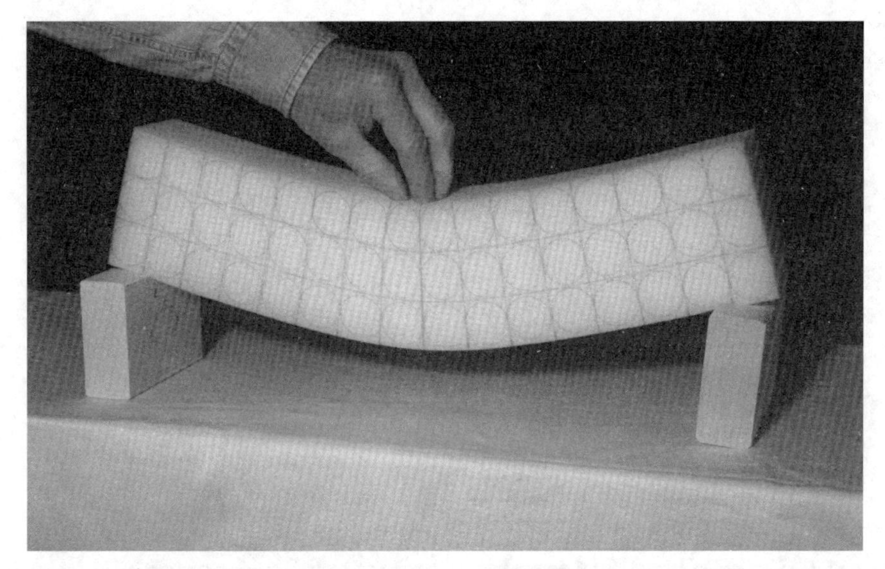

图 17.11　泡沫模型制作的梁在施加荷载后，模型表面绘制的垂直线保持直线状态，模型的上半部分处于受压状态，下半部分处于受拉状态。

图片来源：大卫・福克斯摄

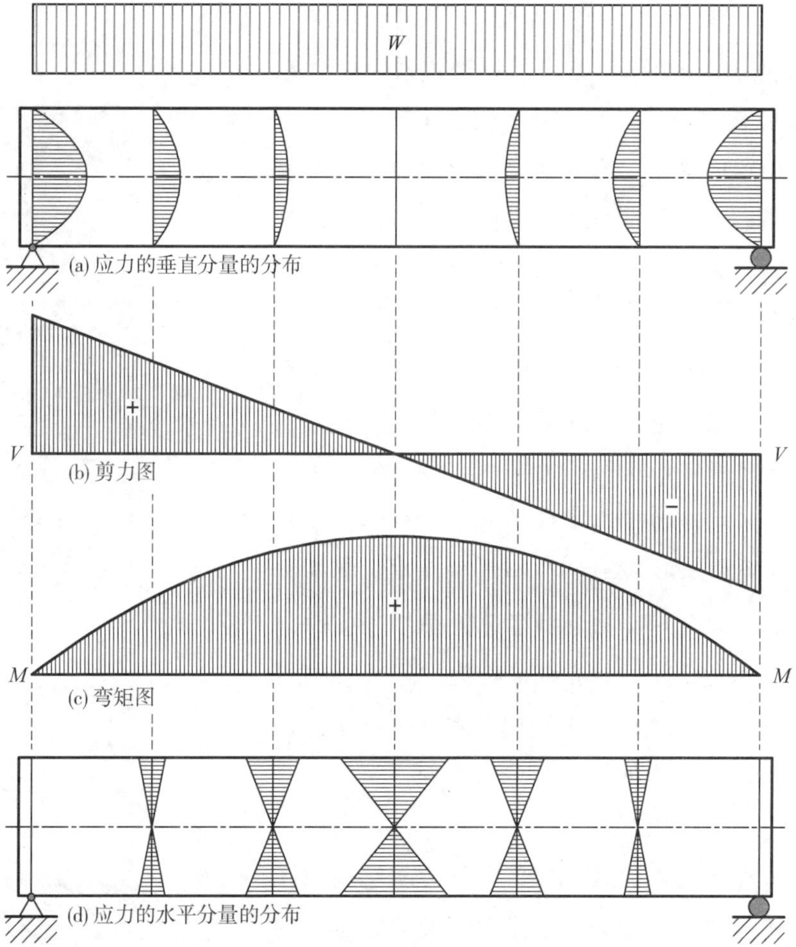

W

(a) 应力的垂直分量的分布

V　+　(b) 剪力图　−　V

M　+　(c) 弯矩图　M

(d) 应力的水平分量的分布

图 17.12　均布荷载作用下矩形截面梁的剪力图和弯矩图，以及梁中应力的垂直分量和水平分量的分布。

求解梁中的最大弯曲正应力

图 17.13 中的三角形区域以及图 17.14 中的三棱柱体表示两个施加在梁截面上的正应力，其中一个位于梁中性轴的上方，另一个位于中性轴的下方。

正应力从梁的上表面到中性轴呈线性变化，再从中性轴到梁的下表面也呈线性变化。代表正应力的三棱柱体的体积可以通过底面积乘高来确定，梁的材料强度需能抵抗这些水平应力。为了简化计算，采用 TF_c 代表水平压应力，TF_t 代表水平拉应力，力的作用线穿过三棱柱体的重心。

图 17.11 中泡沫模型的变形是对称的，也就是水平压应力和水平拉应力的大小相等。它们是一对力偶，会产生弯矩，梁的设计需能抵抗这些弯矩。

首先求出代表水平压应力和水平拉应力的三棱柱体的体积。三棱柱体的高度是梁高度的一半（$d/2$），宽度等于梁的宽度（b）。梁内部的最大正应力为 f_b^{max}。因为三棱柱体的底面为三角形，所以正应力的作用线位于三角形高度的 2/3 处，即距离中性轴 $d/3$ 处。水平压应力和水平拉应力这对力偶的力臂为 $2d/3$。

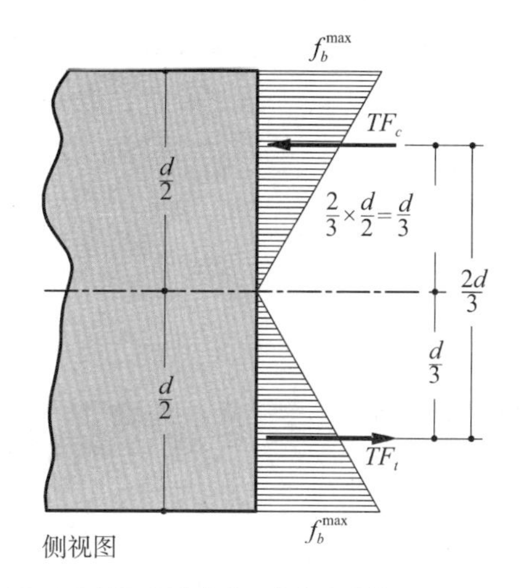

图 17.13　矩形截面梁中弯曲正应力的计算

矩形横截面梁中的正应力等于三棱柱体的体积，即：

$$TF=\frac{1}{2}\times f_b^{max}\times\frac{d}{2}\times b=\frac{bd}{4}f_b^{max}$$

水平压应力和水平拉应力的力矩等于力的大小乘两个力之间的垂直距离。因此，梁内部产生的弯矩 M_R 等于正应力的大小乘力臂（$2d/3$），即：

$$M_R=f_b^{max}\times\frac{bd}{4}\times\frac{2d}{3}$$

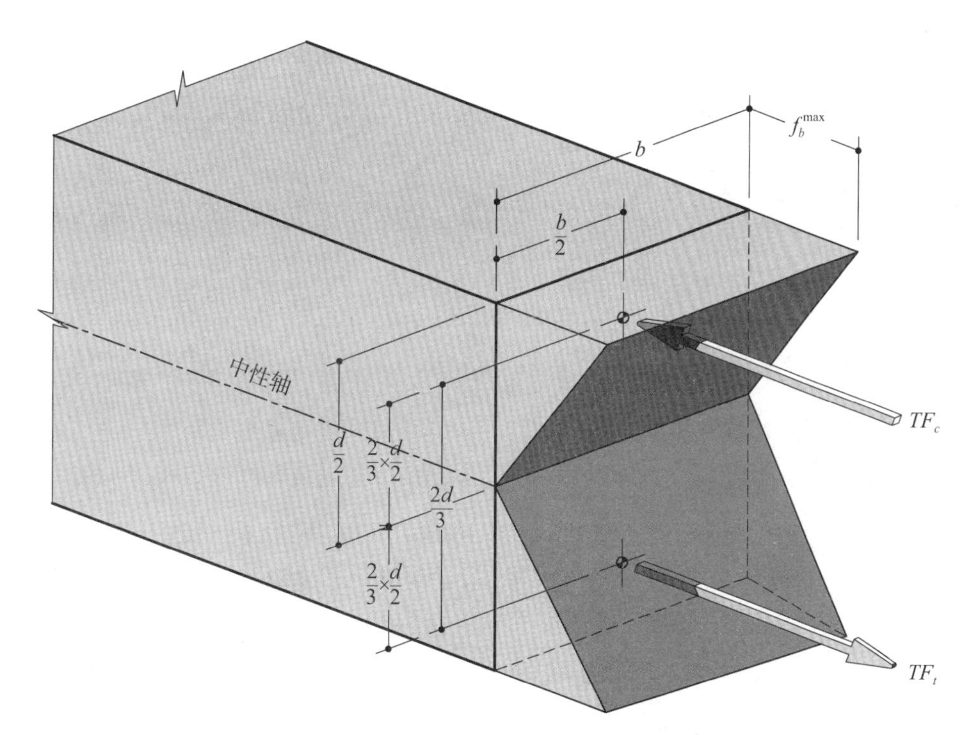

图 17.14　矩形截面梁中弯曲正应力计算的轴测图

进一步简化为：

$$M_R=f_b^{max}\frac{bd^2}{6} \tag{17.1}$$

M_R 是梁内部的弯矩；

f_b^{max} 是梁中的最大弯曲正应力；

b 是梁的宽度；

d 是梁的高度。

式（17.1）是矩形截面梁内部弯矩的一般表达式。对于给定尺寸的矩形截面梁来说，$bd^2/6$ 是恒定的常数，也被称为截面模量 S，截面模量的单位为立方英寸（in^3）、立方毫米（mm^3）或立方厘米（cm^3），因此式（17.1）也可以表达为：

$$M_R=f_b^{max}S \tag{17.2}$$

梁的内部形成斜格模式力流的原因

在均布荷载作用下，简支梁的弯矩在跨中处最大，并且随着与跨中距离的增加而减小，在支座处变为零。梁为了抵抗弯矩，产生了水平压应力和水平拉应力。水平拉应力位于梁的下半部分，这一对应力会产生弯矩，弯矩的大小为力的大小乘力臂，因为梁处于静力平衡状态，因此梁内部的抵抗弯矩与外部弯矩相等。

在矩形截面梁中，梁内部的弯矩在不停地变化，然而力臂在梁的整个跨度上是恒定的，也就意味着梁内部的正应力一直在变化。梁在最大弯矩处的正应力是最大的，从最大弯矩处向梁的两侧，正应力逐渐减小。为了实现这一点，一部分正应力会偏离水平方向往梁的纵深方向倾斜。越靠近中性轴，倾斜的角度越陡峭，并以45°角穿过中性轴。穿过中性轴后，这些应力倾斜的角度进一步增加，到达梁的另一侧表面处变成90°，此时相应的正应力变为零。在这一过程中正应力的能量被镜像的相反性质的正应力所抵消。不论是水平拉应力或是水平压应力的轨迹都遵循这种模式。

除了在支座附近的过渡区域，力流沿梁的整个跨度方向上不断重复形成斜格模式分布，使梁内部的每一个点所形成的抵抗弯矩与外部弯矩相平衡。

结构中用来抵抗弯矩的代价是最大的。

——安东尼·高迪

梁成为常用的横向跨越构件的原因

承受均布荷载的简支梁，最大弯矩位于梁的跨中处，并且在跨中位置的上表面和下表面会产生最大水平应力。当对梁进行设计时，其截面尺寸需满足最大水平应力 f_b 不超过所选用材料的容许应力。通常梁的截面呈矩形，方便建造的同时其截面模量在梁的整个长度上是恒定的。矩形截面梁在均布荷载作用下，沿其跨度所有截面上的平均弯矩只是最大弯矩的2/3。

如前所述，梁中的水平应力在上表面和下表面处最大，在中性轴处为零。因此在矩形截面梁中，平均水平应力仅为最大水平应力的一半。将梁中的平均弯矩（最大弯矩的2/3）乘平均水平应力（最大水平应力的1/2），可以发现对于承受均布荷载的矩形截面梁来说，只有1/3的材料发挥了结构作用，剩余的2/3的材料被浪费了。当梁承受跨中集中荷载作用时，约有75%的材料被浪费了。梁的材料利用率远远低于承受轴向荷载的结构构件（如悬索结构或拱结构中的结构构件）。悬索结构或拱结构在荷载作用下，材料利用率可达到100%。由于梁的结构效率低下，因此相比于桁架结构、悬索结构或拱结构来说，梁的跨度是受限的。随着梁跨度的增大，梁的自重在总荷载中所占的比例也越来越大，当达到极限跨度时，梁只能承受其自重，无法承受其他外部荷载。

尽管梁的结构效率低下，但梁仍然是实际工程当中使用频率最高的横向跨越构件，主要原因如下：

1. 相比于其他横向跨越构件，梁可以有效地形成多层建筑的室内空间。1英尺高的钢梁的跨度可达20英尺，而相同跨度下的悬索结构或拱结构的高度是钢梁高度的好几倍。此外，梁的上下表面可以做成平的，可以更好地与地板和天花板相结合。

2. 梁内的水平拉应力和水平压应力互相平衡，不会向建筑结构的其他部分传递水平力。而拱结构或悬索结构需要附加结构构件（例如后拉索或支柱）来抵抗水平推力或水平拉力。

3. 梁可以适应不同的荷载作用模式，而不会产生明显的变形。如果我们沿着梁的一端走到另一端，则移动荷载将使梁的弯矩产生很大的变化，但是梁基本可以保持笔直和水平，其中的变形几乎不被察觉。相反，如果我们沿着一根小直径索的一端走到另一端，索的变形会非常大，因此悬索结构需要进行约束设计。

4. 矩形截面梁易于制造和运输。例如木梁是在锯木工厂中生产出来的，将木材固定在车床上，采用切割机将木材加工成相应的规格，这一过程可以方便且自然地生产出矩形截面的木梁。矩形截面钢梁的生产也很方便，通过滚轧机将热钢坯挤压成所需的形状。矩形截面的预制混凝土梁所需的模具简单方便，易于加工成型。

考虑到以上这些因素，尽管梁的结构效率比较低，但是在现实中梁的使用频率还是很高。

求解梁中的最大弯矩

为了求解梁中的最大弯曲正应力，也被称为弯曲应力，将式（17.2）等号的两边分别除以截面模量 S，可以得出：

$$f_b^{\max}=\frac{M_{\max}}{S} \tag{17.3}$$

对于矩形横截面梁来说，公式为：

$$f_b^{\max}=\frac{6M_{\max}}{bd^2} \tag{17.4}$$

例如某矩形截面的木梁，跨度为 16 英尺，承受 250 磅每英尺的包括梁自身重量在内的均布荷载。木梁的宽度为 5.5 英寸，高度为 11.5 英寸，那么该木梁中的最大弯曲正应力是多少？

首先求解出最大弯矩 $M_{\max}$ 的值，在已知的均布荷载作用下，梁中的最大弯矩为：

$$M_{\max}=\frac{wL^2}{8}=\frac{250\times16^2}{8}=8\,000\ (\mathrm{lb}\cdot\mathrm{ft})$$

然后根据式（17.4）求解最大弯曲正应力，注意弯矩单位的统一，单位从英尺转变到英寸，1 英尺等于 12 英寸，统一单位后求得：

$$f_b^{\max}=\frac{6M_{\max}}{bd^2}=\frac{6\times8\,000\times12}{5.5\times11.5^2}\approx\ (792\ \mathrm{lb/in^2})$$

式（17.4）中包含梁高度的平方以及梁宽度的一次方，这说明梁的适宜截面形式应该是高且窄的，如果上述计算中的木梁是横放而不是竖放的，那么其截面模量将减少一半左右，这将大幅度增加梁中的最大弯曲正应力的大小。也就是说在梁的设计中，增加梁的高度比增加梁的宽度更加有效，因为增加梁高度的材料利用率更高。

求解梁中的最大切应力

到目前为止，我们已经学习了求解矩形截面梁中弯曲正应力的公式，并且已知最大正应力位于最大弯矩处梁的上表面和下表面。下面来求解梁中的最大切应力，也就是位于支座附近中性轴处的应力。梁的上表面和下表面之间的区域被称为腹板，在该区域中发生的力被称为垂直应力也就是切应力。

根据图 17.12 可知，切应力在梁的上表面和下表面处为零，在中性轴处达到最大 $f_v^{\max}$，切应力在梁的假想截面上的分布呈抛物线形。沿着梁的长度方向，支座附近的切应力最大。如果梁承受对称荷载的作用，那么在梁的跨中处切应力为零。

矩形截面梁内部总切应力 V_{int} 等于抛物面与垂直面之间的体积（图 17.15）。它的高度是梁的深度 d，厚度是梁的宽度 b，沿着中性轴抛物面的升起的最大切应力为 $f_v^{\max}$。

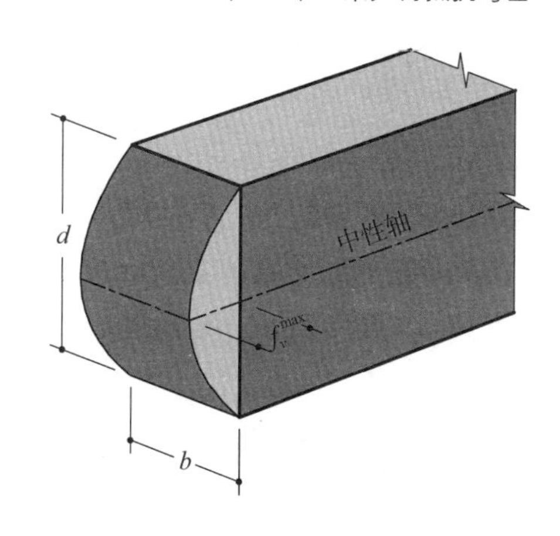

图 17.15　矩形截面梁中的切应力

抛物面与垂直面弦所形成的底面积等于底乘高的三分之二，那么对于矩形截面梁来说，内部总切应力为：

$$V_{\text{int}}=\frac{2}{3}f_v^{\max}bd$$

对于静定梁来说，任意截面上内部的切应力 V_{int} 必须与该截面上外部剪力 V_{ext} 大小相等、方向相反。根据剪力图可知：

$$V_{\text{ext}}=\frac{2}{3}f_v^{\max}bd$$

由此可以得出：

$$f_v^{max}=\frac{3V_{ext}}{2bd} \tag{17.5}$$

其中：

f_v^{max}是梁的给定截面上中性轴处的最大切应力；

V_{ext} 是该截面上的外部剪力值；

b 是梁的宽度；

d 是梁的深度。

注意式（17.5）仅适用于矩形截面的梁，分母中的数值 b 乘 d 等于截面面积 A，由此可得：

$$f_v^{max}=1.5\frac{V_{ext}}{A} \tag{17.6}$$

A 是梁的横截面面积。

V_{ext} 的最大值通常发生在支座处或集中荷载的作用点处，然而式（17.5）和式（17.6）是针对梁的常规区域所产生的斜格力流的计算。常规区域通常不会延伸到梁的支座处或集中荷载的作用点处，在梁的支座处或集中荷载的作用点处是力流的过渡区域。对于矩形截面梁来说，过渡区域力流的水平尺寸不会超过梁的高度 d，因此式（17.5）和式（17.6）也同样适用。

以上页提到的木梁为例，梁的跨度为 16 英尺，并承受 250 磅每英尺的均布荷载的作用，梁的宽度为 5.5 英寸，高度为 11.5 英寸。请求出距离支座 11.5 英寸处梁中的最大切应力的大小。

首先求解出支座反力的大小，即 2 000 磅。距离支座 11.5 英寸处的剪力大小为：

$$V_{ext}=2\,000-\frac{11.5}{12}\times250\approx1\,760\ (\text{lb})$$

梁在此处的最大切应力为：

$$f_{max}=\frac{3V_{ext}}{2bd}=\frac{3\times1\,760}{2\times5.5\times11.5}\approx41.7\ (\text{lb/in}^2)$$

梁的截面尺寸通常是根据梁中的最大弯曲正应力来确定，然后再检验这个截面尺寸是否满足最大切应力的要求，如果检验结果不能满足要求，则需要适当增加梁的截面尺寸。

切应力是否等同于“剪力”？

通常人们会把梁的切应力图称为剪力图，虽然“剪力”这一说法是不严谨的，但是“剪力”通常用来指代梁中的切应力。在各种学术文献和工程实践当中，这种用法已经深入人心。

木梁的承压检验

木梁与立柱或墙壁的交接处，木材纤维在垂直方向上受压，这个方向上木材的抗压强度很低，为了确保木梁与支座交接的地方不会被压碎，需要对每一根用作梁的木材进行承压检验，其过程并不复杂：用支座反力除以支座面积可得式（17.7）：

$$f_{c\perp}=\frac{R}{bl_B} \tag{17.7}$$

其中：

$f_{c\perp}$ 为木梁垂直于纤维方向的抗压强度；

R 为支座反力；

b 为梁的宽度；

l_B 为梁与支座接触的长度。

在《木结构手册》中，南部松木垂直于纤维方向的容许抗压强度 $f_{c\perp}^{allow}$ 的值为 625 磅每平方英寸。以前面提到的木梁为例，梁的支座反力为 7 107 磅，则所需的支座长度应为：

$$f_{c\perp}^{allow}=\frac{R}{bl_B}=\frac{7\,107\ \text{lb}}{3.125\ \text{in}\times l_B}=625\ \text{lb/in}^2$$

梁中的切应力

如果我们轻轻拿起一本平装书并卷曲它，书页之间就会互相滑动。如果将书页紧紧地夹在一起，然后再卷曲这本书，这本书就会比之前僵硬许多。这一简单的现象可以用来解释梁中存在着弯曲正应力，正应力对梁的强度测定起重要作用。

根据梁中的力流模式可知，梁中的切应力实际上是倾斜的主拉应力和主压应力的组合。这些倾斜力在靠近梁的支座中性轴处最大。如果用假想的水平面或垂直面切割梁，就会发现这些倾斜力的水平分量和垂直分量就是通常被认为的切应力。木梁沿其长度方向有许多高强度的微观纤维管，这些纤维管由强度较弱的木质素黏结起来，这会导致木梁在受到垂直于纤维管方向的力时容易失效。但是对于混凝土梁来说，材料的抗压性能远远优于抗拉性能，剪切破坏就会表现为梁端部附近垂直于主拉应力方向的对角裂纹，这些切应力实际上是拉应力造成的。

钢材、铝材、混凝土或木材制成的梁，在中性轴处由于一个方向的拉力和另一个方向压力的同时作用，更容易发生结构失效。如图 17.16 所示，一个小立方体材料在一个方向上承受压力的作用，由于挤压产生的泊松效应会导致小立方体材料在另一个方向上略微凸起。如果这个小立方体材料在两个方向上同时承受压力的作用，则材料会稍稍变强，这是因为每个方向压力所产生的泊松效应都会被另一个方向压力所产生的泊松效应所抑制，使立方体材料不能凸起。如果小立方体材料在一个方向上受拉的同时在另一个方向上受压，则会加强材料的泊松效应并且大大降低材料的强度，这就是容许切应力通常低于容许正应力的原因。对于钢梁来说，最大容许切应力小于翼缘中容许水平拉应力和容许水平压应力的 2/3。对于木梁来说，由于垂直于纤维管方向的强度较弱，容许切应力仅为容许水平拉应力和容许水平压应力的 7% 至 10%。

图 17.17 为一个小立体材料在一个方向上承受拉力，另一个方向上承受压力。

如图 17.18 所示，梁的中性轴上假想的小立方体材料同时承受着一个方向的压力和另一个方向的拉力的作用。将倾斜力进行水平和垂直分解，这些倾斜力就会被错误地看作对梁的滑动或剪切的作用。如果梁由多层水平层或多层垂直层组成，就像书本的书页那样，层与层之间就会产生剪切作用。但是在真正的梁中只有拉力和压力而没有剪力。

图 17.19 泡沫模型的顶部和底部都黏结了纸板，纸板的硬度较高，当模型弯曲时，纸板吸收了模型顶部和底部的所有水平应力。柔软易变形的泡沫如同是连接顶部和底部的腹板。

当在模型上施加荷载时，泡沫表面绘制的

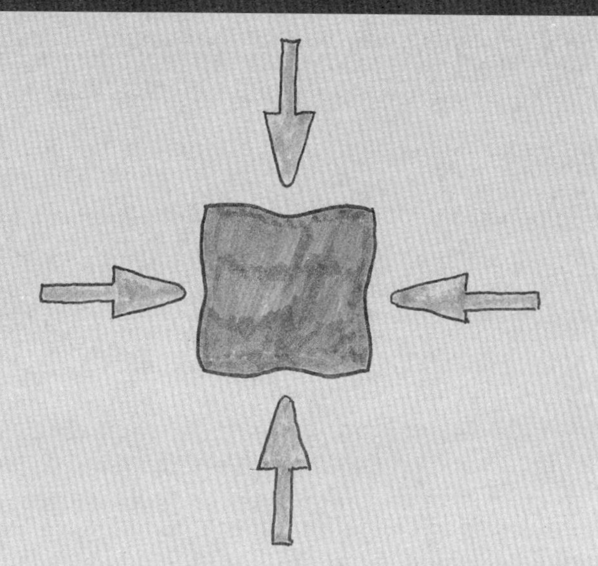

图 17.16　一个小立方体材料在两个方向上承受压力的作用。

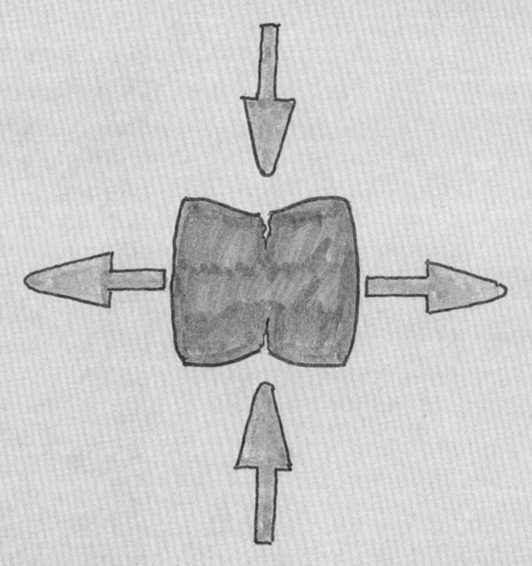

图 17.17　一个小立方体材料在一个方向上承受拉力，另一个方向上承受压力。

圆形变成椭圆形，椭圆的长轴方向表示主拉应力和主压应力的方向，这些主应力是倾斜的。著名的结构工程师以及教授马里奥·萨尔瓦多里在他的书《建筑的生与死：建筑物如何站立起来》中写道："很多人认为剪切作用是区别于其他结构作用的一种新的类型……事实上并不是这样……剪力在结构上等同于相互垂直的拉力和压力的综合作用，剪力的方向呈45°。"

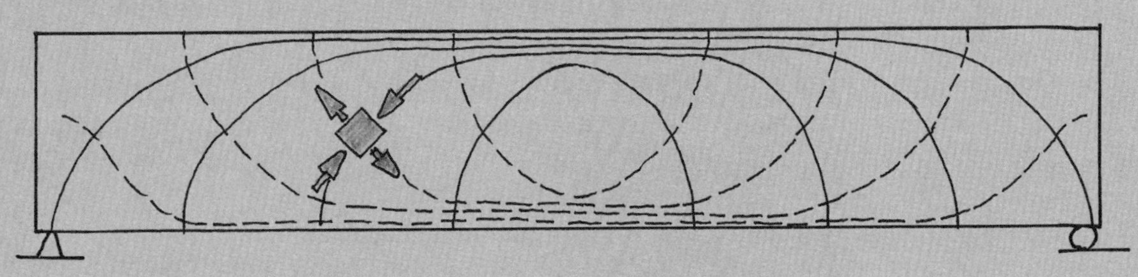

图 17.18　梁中斜格模式的力流

图 17.19　泡沫模型模拟梁的弯曲作用

其中 bl_B 为支座面积（图 17.20），经过计算得知 l_B 为 3.64 英寸，也就是梁与支撑柱或墙壁接触长度最少为 3.64 英寸，考虑到施工中的误差，四舍五入取 4 英寸。

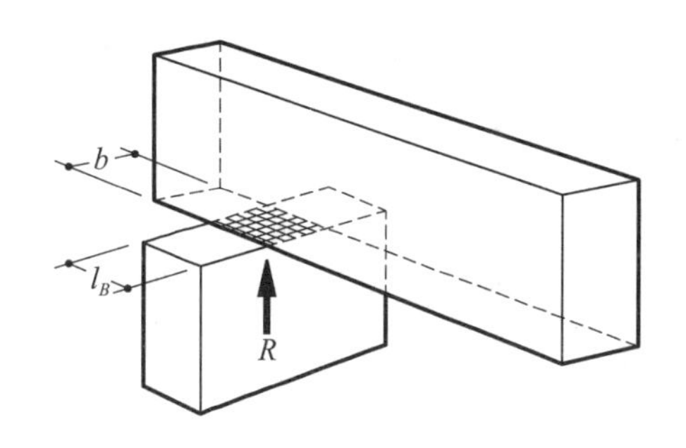

图 17.20 阴影区域表示梁的支座面积

如果采用螺栓将木梁连接到柱子的一侧（图 17.21），那么只有位于最下侧螺栓孔上方的梁的截面面积才是抵抗切应力的有效部分。图 17.21 中的连接方式只提供了非常有限的支座面积，因此木梁通常不会采用这种方式与柱子连接。目前常用于木梁连接的各种成品钢连接件牢固且安全（图 17.22）。建筑师和结构工程师也会经常针对裸露在外的连接节点进行单独设计，使其符合建筑美学的要求。木梁和柱子的连接还可以采用木垫块，木垫块的纤维方向与受力方向平行（图 17.23）。

木垫块的大小与所需的连接螺栓数量有关，垂直于木纤维方向的螺栓有助于减小施加到垫块上的力，从而减少所需的螺栓数量。

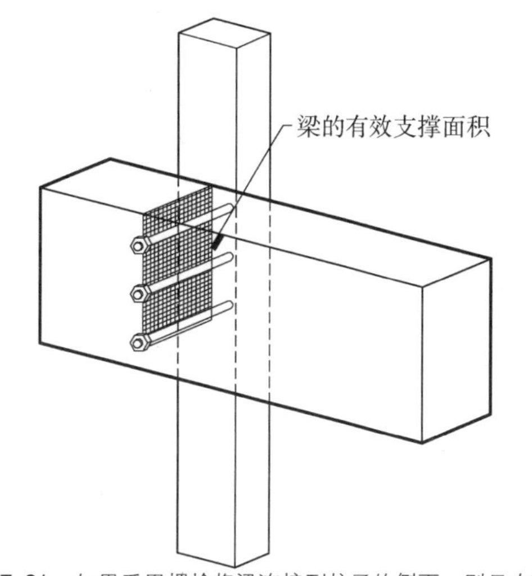

图 17.21 如果采用螺栓将梁连接到柱子的侧面，则只有图中阴影部分的面积可以有效地抵抗切应力，因此这种连接方式严重限制了梁的承载力。

梁的变形

当简支梁弯曲时，上半部分的材料受压变短，下半部分的材料受拉变长。梁上端和下端的尺寸变化最大，中性轴上的尺寸不变。尺寸变化的结果是梁弯曲变形。

通常情况下，梁的变形很难用肉眼观察到，但是变形是客观存在的。变形可能会导致如石膏、玻璃和石材等脆性面层材料的破裂，也可能导致地板材料的变形，使人产生不安全感。用于支撑平屋顶的梁的变形会在屋顶表面形成一个低点，这个低点会导致排水不畅而聚集雨水，最终形成一个小水洼。水洼中雨水的重量会导致梁的进一步弯曲变形，从而造成更多的雨水聚集（图 17.24）。这种恶性循环最终会导致梁因受力过大而被压弯，直至结构失效。

梁的变形需要经过结构工程师谨慎判断，建筑规范中也对梁的挠度进行了严格的规定。用于支撑地板的梁或支撑如石膏天花板等脆性面层材料的梁的最大容许挠度为跨度的 1/360，即 $L/360$。不支撑脆性面层材料的屋顶梁的容许挠度为 $L/240$ 或 $L/180$。按照最大挠度 $L/360$ 而设计的木梁在许多情况下仍然会使人感觉到有轻微颤动，这种情况下，可以调整到使人感觉到安全的容许挠度 $L/480$。

梁的挠度计算

挠度用符号 Δ 来表示，以英寸或毫米为单位。梁的挠度会随着外部荷载（P、W 或 w）的增加而增加，也会随着梁的跨度（L）的增加而增加。梁的挠度变形与梁的刚度有关，梁的刚度与材料的弹性模量（E）以及梁的截面性质有关。梁的截面性质可以用惯性矩（I）表示。在梁的挠度计算公式中，分子中包含外部荷载以及梁的跨度，分母中包含梁的弹性模量和惯性矩。

对于固定截面的梁来说，惯性矩是一个常量，它与截面模量 S 关联紧密，截面模量 S 是度量梁的强度的重要指标。对于矩形截面梁来说：

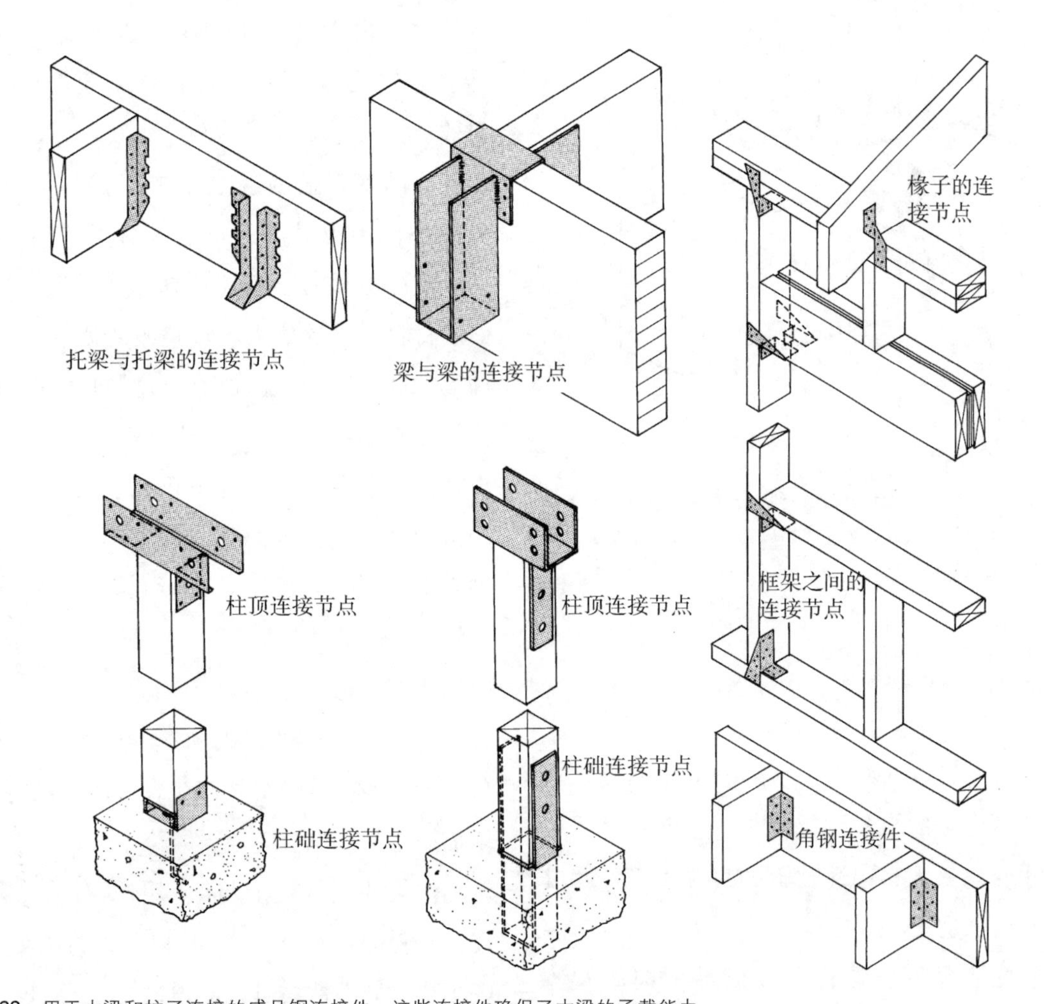

图 17.22　用于木梁和柱子连接的成品钢连接件，这些连接件确保了木梁的承载能力。

图片来源：Edward Allen and Joseph Iano. Fundamentals of Building Construction，Materials and Methods，5th ed. Hoboken：John Wiley & Sons.，2009.

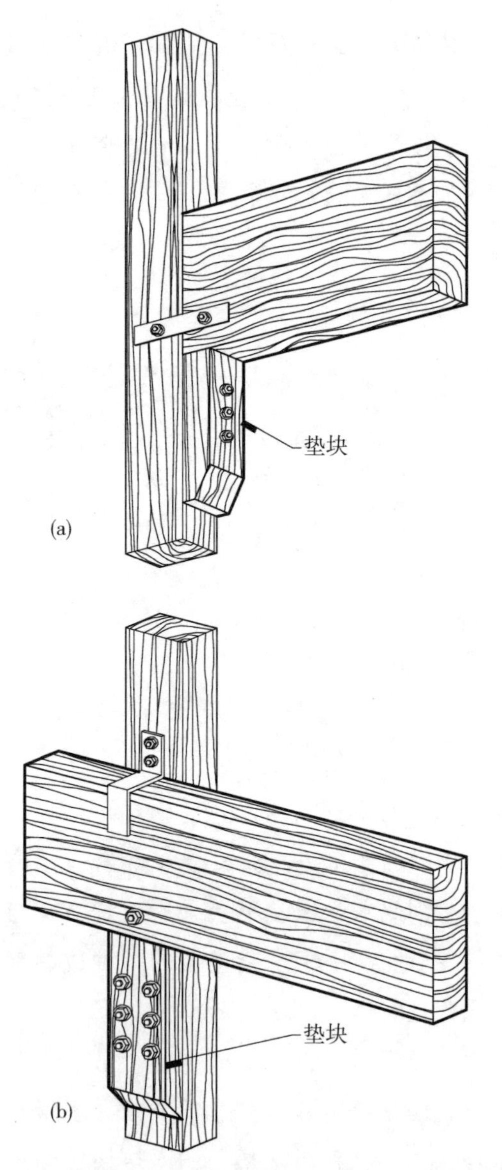

图 17.23　采用垫块将木梁与柱子连接的两种方式，木梁的底部采用螺栓与柱子相连，防止木梁因收缩而下垂。

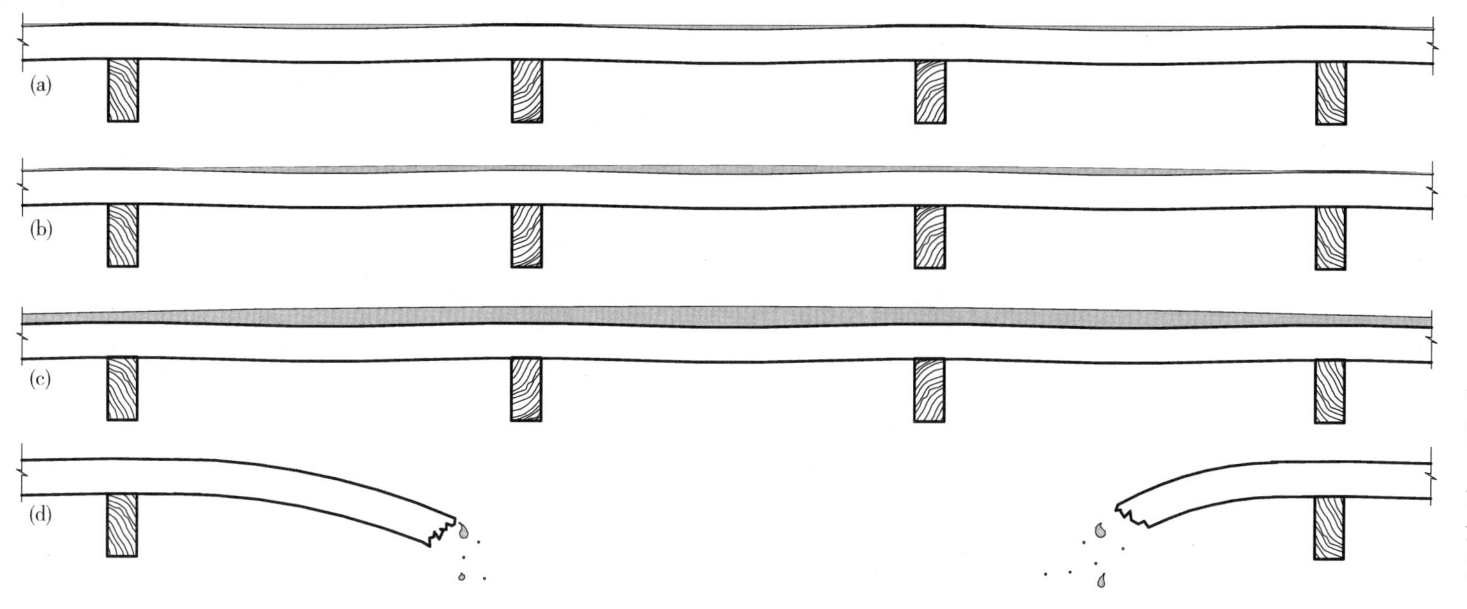

◀图 17.24　支撑屋顶的梁的变形会引起屋顶逐渐崩塌：（a）梁的变形在屋顶的低点形成小水洼；（b）梁的进一步变形导致更多的雨水聚集；（c）水洼变大并向屋顶的其他区域蔓延；（d）梁最终因结构失效而崩塌。

$$S=\frac{bh^2}{6}$$

$$I=\frac{bh^3}{12}$$

$$I=S\left(\frac{h}{2}\right)$$

不同材料和截面形式的梁的惯性矩，可以在《结构设计手册》当中查到，表 17.2、表 17.3 中给出了不同截面尺寸的木梁的惯性矩。惯性矩这一问题将在第 18 章和第 22 章中进行深入的探讨。《结构设计手册》中给出了梁的挠度计算公式，其中承受均布荷载的简支梁的最大挠度为：

$$\Delta_{max}=\frac{5WL^3}{384EI} \qquad (17.8)$$

其中：

Δ_{max} 是梁跨中的最大挠度；

W 是梁上的总均布荷载；

L 是梁的跨度；

E 是材料的弹性模量；

I 是梁截面的惯性矩。

注意尺寸单位的统一，如果以英寸为单位进行计算，则结果也是以英寸为单位。W 是总的均布荷载，如果采用单位长度的均布荷载 w，则公式如下：

$$\Delta_{max}=\frac{5wL^4}{384EI} \qquad (17.9)$$

假设一根胶合木梁，宽 6.75 英寸、高 17.875 英寸，跨度为 18 英尺，梁的惯性矩为 3 213 四次方英寸，弹性模量为 180 万磅每平方英寸，在 25 800 磅的总均布荷载作用下，请问梁的最大挠度是多少？该挠度是否满足 $L/360$ 的要求？

$$\Delta_{max}=\frac{5WL^3}{384EI}$$

$$=\frac{5\times25\,800\times(18\times12)^3}{384\times1.8\times10^6\times3\,213}$$

$$\approx0.59\ (\text{in})$$

$$\frac{L}{360}=\frac{18\times12}{360}=0.6\ (\text{in})$$

计算得出最大挠度为 0.6 英寸，小于$L/360$，满足要求。

表 17.2　标准锯木构件（S4S）的截面属性

尺寸规格/（in×in）	标准尺寸/（in×in）	截面面积/in^2	X-X 轴		Y-Y 轴		每立方英尺锯木的重量					
			截面模量/in^3	惯性矩/in^4	截面模量/in^3	惯性矩/in^4	25 lb/ft^3	30 lb/ft^3	35 lb/ft^3	40 lb/ft^3	45 lb/ft^3	50 lb/ft^3
1×3	3/4×2-1/2	1.875	0.781	0.977	0.234	0.088	0.326	0.391	0.456	0.521	0.586	0.651
1×4	3/4×3-1/2	2.625	1.531	2.680	0.328	0.123	0.456	0.547	0.638	0.729	0.820	0.911
1×6	3/4×5-1/2	4.125	3.781	10.40	0.516	0.193	0.716	0.859	1.003	1.146	1.289	1.432
1×8	3/4×7-14	5.438	6.570	23.82	0.680	0.255	0.944	1.133	1.322	1.510	1.699	1.888
1×10	3/4×9-1/4	6.938	10.70	49.47	0.867	0.325	1.204	1.445	1.686	1.927	2.168	2.409
1×12	3/4×11-1/4	8.438	15.82	88.99	1.055	0.396	1.465	1.758	2.051	2.344	2.637	2.930
2×3	1-1/2×2-1/2	3.750	1.563	1.953	0.938	0.703	0.651	0.781	0.911	1.042	1.172	1.302
2×4	1-1/2×3-1/2	5.250	3.063	5.359	1.313	0.984	0.911	1.094	1.276	1.458	1.641	1.823
2×5	1-1/2×4-1/2	6.750	5.063	11.39	1.688	1.266	1.172	1.406	1.641	1.875	2.109	2.344
2×6	1-1/2×5-1/2	8.250	7.563	20.80	2.063	1.547	1.432	1.719	2.005	2.292	2.578	2.865
2×8	1-1/2×7-1/4	10.88	13.14	47.63	2.719	2.039	1.888	2.266	2.643	3.021	3.398	3.776
2×10	1-1/2×9-1/4	13.88	21.39	98.93	3.469	2.602	2.409	2.891	3.372	3.854	4.336	4.818
2×12	1-1/2×11-1/4	16.88	31.64	178.0	4.219	3.164	2.930	3.516	4.102	4.688	5.273	5.859
2×14	1-1/2×13-1/4	19.88	43.89	290.8	4.969	3.727	3.451	4.141	4.831	5.521	6.211	6.901
3×4	2-1/2×3-1/2	8.750	5.104	8.932	3.646	4.557	1.519	1.823	2.127	2.431	2.734	3.038
3×5	2-1/2×4-1/2	11.25	8.438	18.98	4.688	5.859	1.953	2.344	2.734	3.125	3.516	3.906
3×6	2-1/2×5-1/2	13.75	12.60	34.66	5.729	7.161	2.387	2.865	3.342	3.819	4.297	4.774
3×8	2-1/2×7-1/4	18.13	21.90	79.39	7.552	9.440	3.147	3.776	4.405	5.035	5.664	6.293
3×10	2-1/2×9-1/4	23.13	35.65	164.9	9.635	12.04	4.015	4.818	5.621	6.424	7.227	8.030
3×12	2-1/2×11-1/4	28.13	52.73	296.6	11.72	14.65	4.883	5.859	6.836	7.813	8.789	9.766
3×14	2-1/2×13-1/4	33.13	73.15	484.6	13.80	17.25	5.751	6.901	8.051	9.201	10.35	11.50
3×16	2-1/2×15-1/4	38.13	96.90	738.9	15.89	19.86	6.619	7.943	9.266	10.59	11.91	13.24
4×4	3-1/2×3-1/2	12.25	7.146	12.51	7.146	12.51	2.127	2.552	2.977	3.403	3.828	4.253
4×5	3-1/2×4-1/2	15.75	11.81	26.58	9.188	16.08	2.734	3.281	3.828	4.375	4.922	5.469
4×6	3-1/2×5-1/2	19.25	17.65	48.53	11.23	19.65	3.342	4.010	4.679	5.347	6.016	6.684
4×8	3-1/2×7-1/4	25.38	30.66	111.1	14.80	25.90	4.405	5.286	6.168	7.049	7.930	8.811
4×10	3-1/2×9-1/4	32.38	49.91	230.8	18.89	33.05	5.621	6.745	7.869	8.993	10.12	11.24
4×12	3-1/2×11-1/4	39.38	73.83	415.3	22.97	40.20	6.836	8.203	9.570	10.94	12.30	13.67
4×14	3-1/2×13-1/2	47.25	106.3	717.6	27.56	48.23	8.203	9.844	11.48	13.13	14.77	16.41

（续表）

尺寸规格/（in×in）	标准尺寸/（in×in）	截面面积/in²	*X*-*X* 轴		*Y*-*Y* 轴		每立方英尺锯木的重量					
			截面模量/in³	惯性矩/in⁴	截面模量/in³	惯性矩/in⁴	25 lb/ft³	30 lb/ft³	35 lb/ft³	40 lb/ft³	45 lb/ft³	50 lb/ft³
4×16	3-1/2×15-1/2	54. 25	140. 1	1 086. 1	31. 64	55. 38	9. 42	11. 30	13. 19	15. 07	16. 95	18. 84
5×5	4-1/2×4-1/2	20. 25	15. 19	34. 17	5. 19	34. 17	3. 516	4. 219	4. 922	5. 625	6. 328	7. 031
6×6	5-1/2×5-1/2	30. 25	27. 73	76. 26	27. 73	76. 26	5. 252	6. 302	7. 352	8. 403	9. 453	10. 50
6×8	5-1/2×7-1/2	41. 25	51. 56	193. 4	37. 81	104. 0	7. 161	8. 594	10. 03	11. 46	12. 89	14. 32
6×10	5-1/2×9-1/2	52. 25	82. 73	393. 0	47. 90	131. 7	9. 071	10. 89	12. 70	14. 51	16. 33	18. 14
6×12	5-1/2×11-1/2	63. 25	121. 2	697. 1	57. 98	159. 4	10. 98	13. 18	15. 37	17. 57	19. 77	21. 96
6×14	5-1/2×13-1/2	74. 25	167. 1	1 128	68. 06	187. 2	12. 89	15. 47	18. 05	20. 63	23. 20	25. 78
6×16	5-1/2×15-1/2	85. 25	220. 2	1 707	78. 15	214. 9	14. 80	17. 76	20. 72	23. 68	26. 64	29. 60
6×18	5-1/2×17-1/2	96. 25	280. 7	2 456	88. 23	242. 6	16. 71	20. 05	23. 39	26. 74	30. 08	33. 42
6×20	5-1/2×19-1/2	107. 3	348. 6	3 398	98. 31	270. 4	18. 62	22. 34	26. 07	29. 79	33. 52	37. 24
6×22	5-1/2×21-1/2	118. 3	423. 7	4 555	108. 4	298. 1	20. 53	24. 64	28. 74	32. 85	36. 95	41. 06
6×24	5-1/2×23-1/2	129. 3	506. 2	5 948	118. 5	325. 8	22. 44	26. 93	31. 41	35. 90	40. 39	44. 88
8×8	7-1/2×7-1/2	56. 25	70. 31	263. 7	70. 31	263. 7	9. 766	11. 72	13. 67	15. 63	17. 58	19. 53
8×10	7-1/2×9-1/2	71. 25	112. 8	535. 9	89. 06	334. 0	12. 37	14. 84	17. 32	19. 79	22. 27	24. 74
8×12	7-1/2×11-1/2	86. 25	165. 3	950. 5	107. 8	404. 3	14. 97	17. 97	20. 96	23. 96	26. 95	29. 95
8×14	7-1/2×13-1/2	101. 3	227. 8	1 538	126. 6	474. 6	17. 58	21. 09	24. 61	28. 13	31. 64	35. 16
8×16	7-1/2×15-1/2	116. 3	300. 3	2 327	145. 3	544. 9	20. 18	24. 22	28. 26	32. 29	36. 33	40. 36
8×18	7-1/2×17-1/2	131. 3	382. 8	3 350	164. 1	615. 2	22. 79	27. 34	31. 90	36. 46	41. 02	45. 57
8×20	7-1/2×19-1/2	146. 3	475. 3	4 634	182. 8	685. 5	25. 39	30. 47	35. 55	40. 63	45. 70	50. 78
8×22	7. 1/2×21-1/2	161. 3	577. 8	6 211	201. 6	755. 9	27. 99	33. 59	39. 19	44. 79	50. 39	55. 99
8×24	7-1/2×23-1/2	176. 3	690. 3	8 111	220. 3	826. 2	30. 60	36. 72	42. 84	48. 96	55. 08	61. 20
10×10	9-1/2×9-1/2	90. 25	142. 9	678. 8	142. 9	678. 8	15. 67	18. 80	21. 94	25. 07	28. 20	31. 34
10×12	9-1/2×11-1/2	109. 3	209. 4	1 204	173. 0	821. 7	18. 97	22. 76	26. 55	30. 35	34. 14	37. 93
10×14	9-1/2×13-1/2	128. 3	288. 6	1 948	203. 1	964. 5	22. 27	26. 72	31. 17	35. 63	40. 08	44. 53
10×16	9-1/2×15-1/2	147. 3	380. 4	2 948	233. 1	1 107	25. 56	30. 68	35. 79	40. 90	46. 02	51. 13
10×18	9-1/2×17-1/2	166. 3	484. 9	4 243	263. 2	1 250	28. 86	34. 64	40. 41	46. 18	51. 95	57. 73
10×20	9-1/2×19-1/2	185. 3	602. 1	5 870	293. 3	1 393	32. 16	38. 59	45. 03	51. 46	57. 89	64. 32
10×22	9-1/2×21-1/2	204. 3	731. 9	7 868	323. 4	1 536	35. 46	42. 55	49. 64	56. 74	63. 83	70. 92
10×24	9-1/2×23-1/2	223. 3	874. 4	10 270	353. 5	1 679	38. 76	46. 51	54. 26	62. 01	69. 77	77. 52

注：数据来源于美国业余木结构协会。

表 17.3　胶合木构件的截面属性

基于层压胶合木每层厚度为 1.5″						
净尺寸 /（in×in）	层压层数	截面面积 /in^2	X-X 轴		Y-Y 轴	
			截面模量 /in^3	惯性矩 /in^4	截面模量 /in^3	惯性矩 /in^4
2-1/2×6	4	15.00	15.00	45.00	6.25	7.81
2-1/2×7-1/2	5	18.75	23.44	87.89	7.81	9.77
2-1/2×9	6	22.50	33.75	151.9	9.38	11.72
2-1/2×10-1/2	7	26.25	45.94	241.2	10.94	13.67
2-1/2×12	8	30.00	60.00	360.0	12.50	15.63
2-1/2×13-1/2	9	33.75	75.94	512.6	14.06	17.58
2-1/2×15	10	37.50	93.75	703.1	15.63	19.53
2-1/2×16-1/2	11	41.25	113.4	935.9	17.19	21.48
2-1/2×18	12	45.00	135.0	1 215	18.75	23.44
2-1/2×19-1/2	13	48.75	158.4	1 545	20.31	25.39
2-1/2×21	14	52.50	183.8	1 929	21.88	27.34
2-1/2×22-1/2	15	56.25	210.9	2 373	23.44	29.30
2-1/2×24	16	60.00	240.0	2 880	25.00	31.25
2-1/2×25-1/2	17	63.75	270.9	3 454	26.56	33.20
2-1/2×27	18	67.50	303.8	4 101	28.13	35.16
3-1/8×6	4	18.75	18.75	56.25	9.77	15.26
3-1/8×7-1/2	5	23.44	29.30	109.9	12.21	19.07
3-1/8×9	6	28.13	42.19	189.8	14.65	22.89
3-1/8×10-1/2	7	32.81	57.42	301.5	17.09	26.70
3-1/8×12	8	37.50	75.00	450.0	19.53	30.52
3-1/8×13-1/2	9	42.19	94.92	640.7	21.97	34.33
3-1/8×15	10	46.88	117.2	878.9	24.41	38.15
3-1/8×16-1/2	11	51.56	141.8	1 170	26.86	41.96
3-1/8×18	12	56.25	168.8	1 519	29.30	45.78

（续表）

净尺寸 /（in×in）	层压层数	截面面积 /in^2	X-X 轴		Y-Y 轴	
			截面模量 /in^3	惯性矩 /in^4	截面模量 /in^3	惯性矩 /in^4
3-1/8×19-1/2	13	60.94	198.0	1 931	31.74	49.59
3-1/8×21	14	65.63	229.7	2 412	34.18	53.41
3-1/8×22-1/2	15	70.31	263.7	2 966	36.62	57.22
3-1/8×24	16	75.00	300.0	3 600	39.06	61.04
3-1/8×25-1/2	17	79.69	338.7	4 318	41.50	64.85
3-1/8×27	18	84.38	379.7	5 126	43.95	68.66
5-1/8×6	4	30.75	30.75	92.25	26.27	67.31
5-1/8×7-1/2	5	38.44	48.05	180.2	32.83	84.13
5-1/8×9	6	46.13	69.19	311.3	39.40	101.0
5-1/8×10-1/2	7	53.81	94.17	494.4	45.96	117.8
5-1/8×12	8	61.50	123.0	738.0	52.53	134.6
5-1/8×13-1/2	9	69.19	155.7	1 051	59.10	151.4
5-1/8×15	10	76.88	192.2	1 441	65.66	168.3
5-1/8×16-1/2	11	84.56	232.5	1 919	72.23	185.1
5-1/8×18	12	92.25	276.8	2 491	78.80	201.9
5-1/8×19-1/2	13	99.94	324.8	3 167	85.36	218.7
5-1/8×21	14	107.6	376.7	3 955	91.93	235.6
5-1/8×22-1/2	15	115.3	432.4	4 865	98.50	252.4
5-1/8×24	16	123.0	492.0	5 904	105.1	269.2
5-1/8×25-1/2	17	130.7	555.4	7 082	111.6	286.0
5-1/8×27	18	138.4	622.7	8 406	118.2	302.9
5-1/8×28-1/2	19	146.1	693.8	9 887	124.8	319.7
5-1/8×30	20	153.8	768.8	11 530	131.3	336.5

注：数据来源于美国业余木结构协会。

图 17.25 中给出了许多不同支座和荷载条件下梁的最大挠度的计算公式。除了非均质的梁例如钢筋混凝土梁或预应力混凝土梁之外，这些公式适用于均质材料以及任意截面形状的梁。与弯矩的计算相同，最大挠度的计算适用于叠加原则。例如承受跨中集中荷载以及均布荷载作用的梁的最大挠度的计算，可以分别计算两种荷载条件下梁的最大挠度，然后将结果相加。

平台板设计

现在回到本章伊始提出的问题，在现有房屋外拟建一个木平台板，面积为 16 平方米，木材采用经过防腐处理的南部松木，平台板的一端由房屋支撑（图 17.1），计算活荷载为 40 磅每平方英尺。平台板由宽 6 英寸、厚 0.75 英寸的木板构成，托梁间距为 16 英寸，托梁的容许弯曲正应力 F_b 为 1 200 磅每平方英寸，容许切应力 F_v 为 90 磅每平方英寸，弹性模量为 120 万磅每平方英寸，南部松木重约 36 磅每立方英尺。

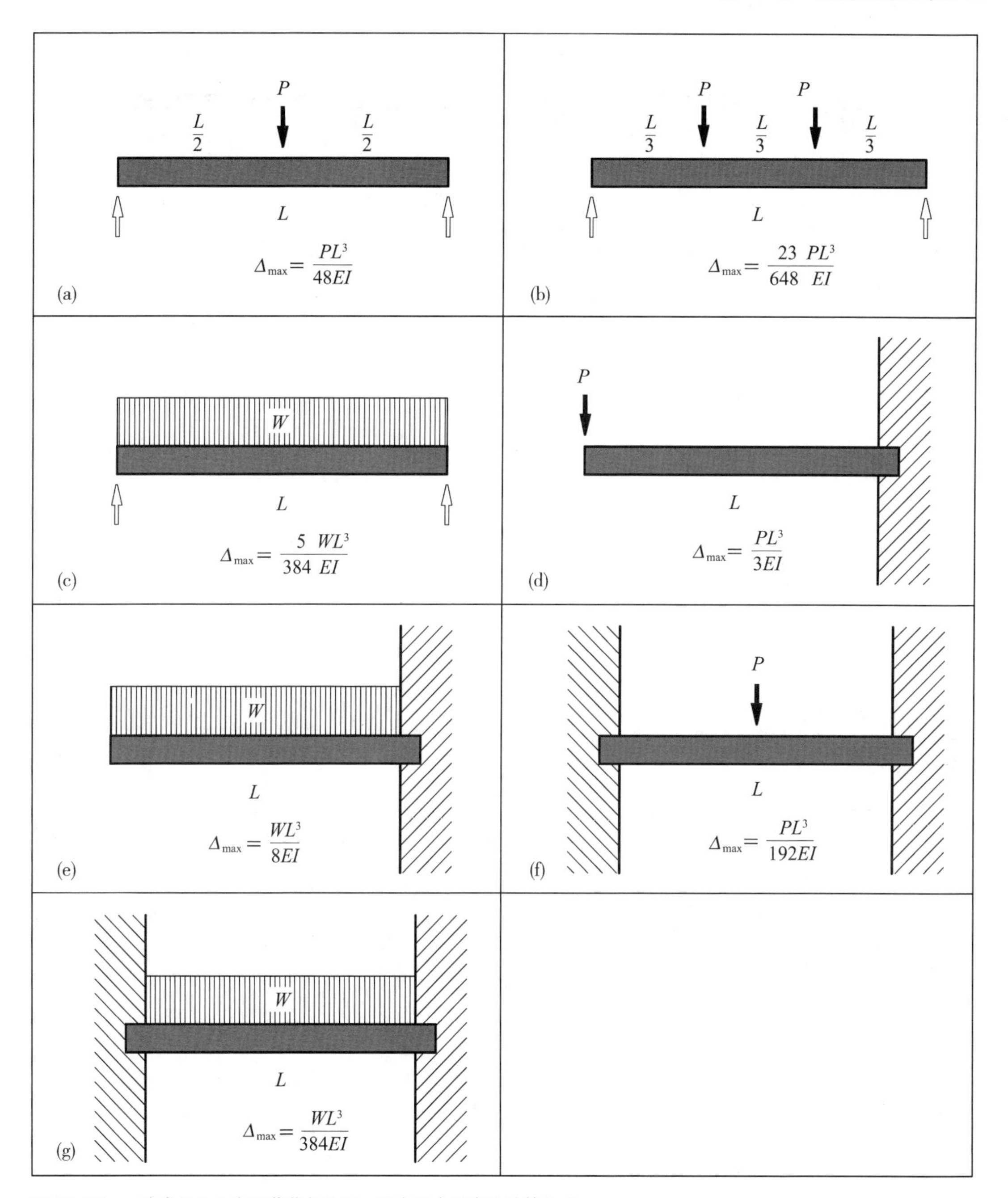

图 17.25　一些常见的支座和荷载条件下，梁中最大挠度的计算公式。

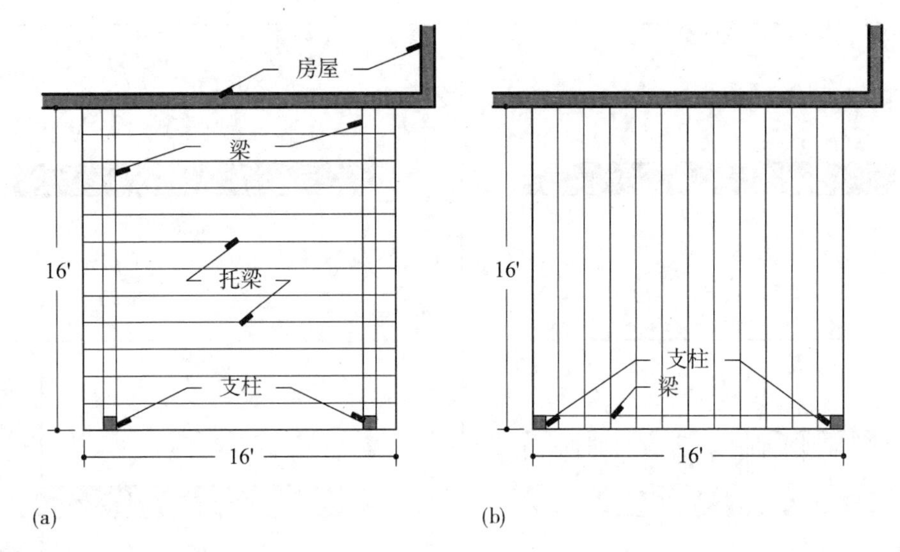

图 17.26　建造平台板的两种方法

图 17.26 中给出了建造平台板的两种方法。如果将托梁平行于房屋的墙壁，如图 17.26（a）所示，则需要两根垂直于墙壁的梁来支撑平台板。如果将托梁垂直于房屋的墙壁，如图 17.26（b）所示，则只需要一根梁来支撑平台板。综合判断后决定选择第二种方案。

跨度为 16 英尺的托梁通常高 12 英寸，如果把支撑托梁的梁向房屋移动约 20% 跨度的距离，如图 17.27（a）所示，可以有效降低托梁中的弯矩，这样有利于减少托梁的截面尺寸。

同样的，改变支撑梁的支柱的位置，使梁的两端各自悬挑出约 20% 跨度的距离，如图 17.27（b）所示，可以有效减少梁的截面尺寸。

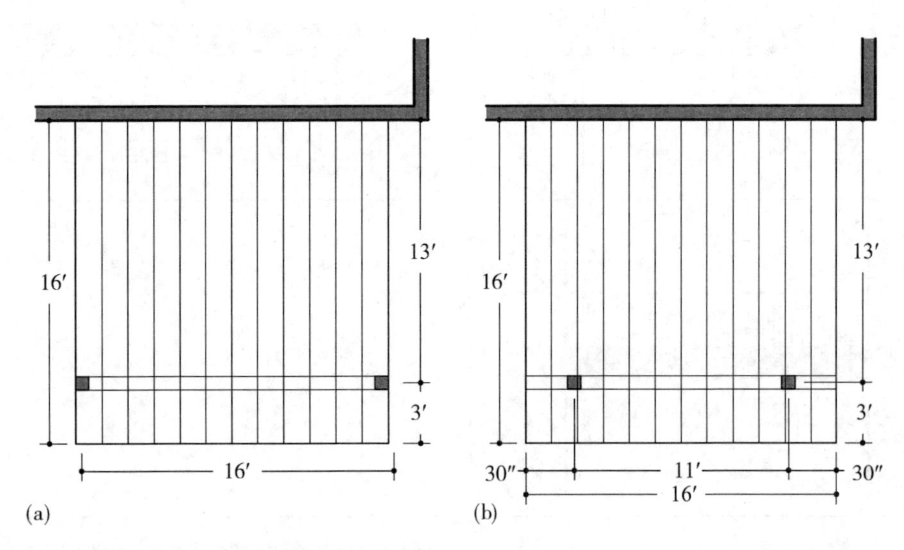

图 17.27　改变托梁和梁的支撑位置以减少托梁或梁中的弯矩

平台板各构件尺寸的计算

从本书 477 页开始的平台板各构件尺寸的计算（图 17.28 ~ 图 17.38）是由罗伯特 · 德莫迪（Robert Dermody）完成的，他是具有土木工程和建筑学双学位的注册建筑师。从草图中可知他的工作十分严谨，不仅绘制出平台板各构件的尺寸图，还罗列出了这些构件的设计值（图 17.28）。

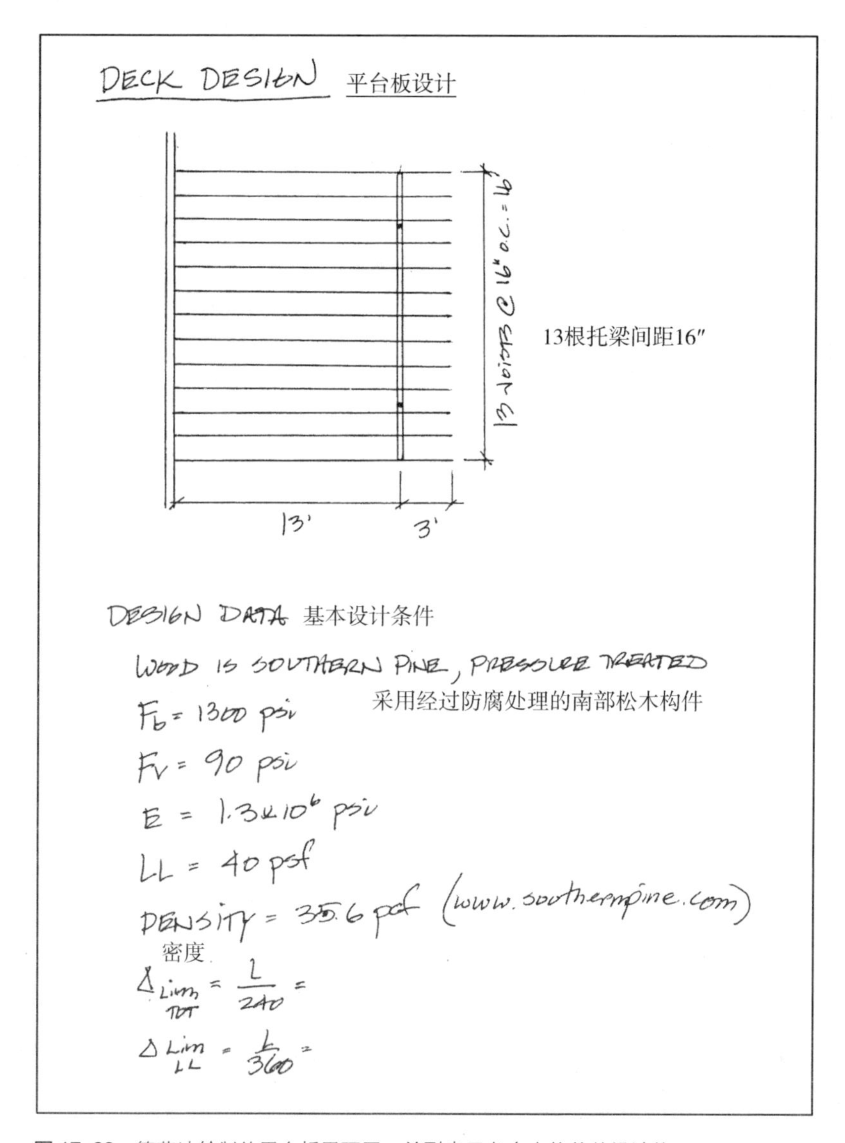

图 17.28 德莫迪绘制的平台板平面图，并列出了各个木构件的设计值。

图片来源：罗伯特·德莫迪教授提供

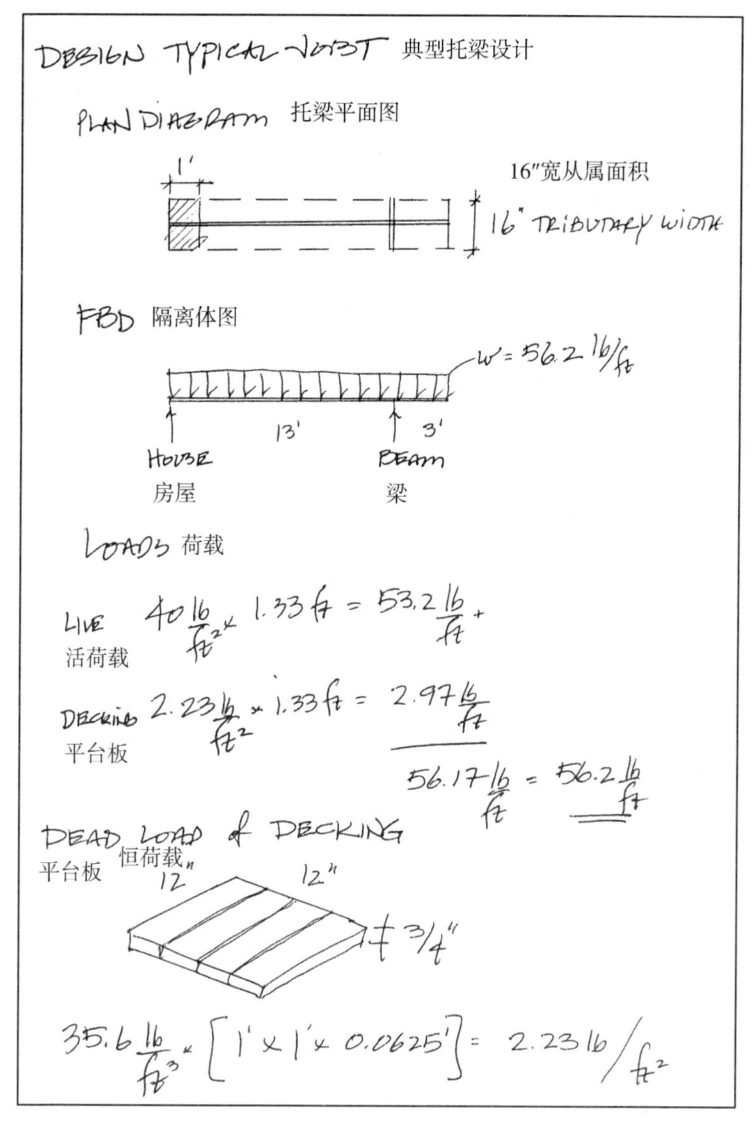

图 17.29 托梁所承受的活荷载和恒荷载的计算，它的从属面积的宽度为 16 英寸，即 1.33 英尺。

图片来源：罗伯特·德莫迪教授提供

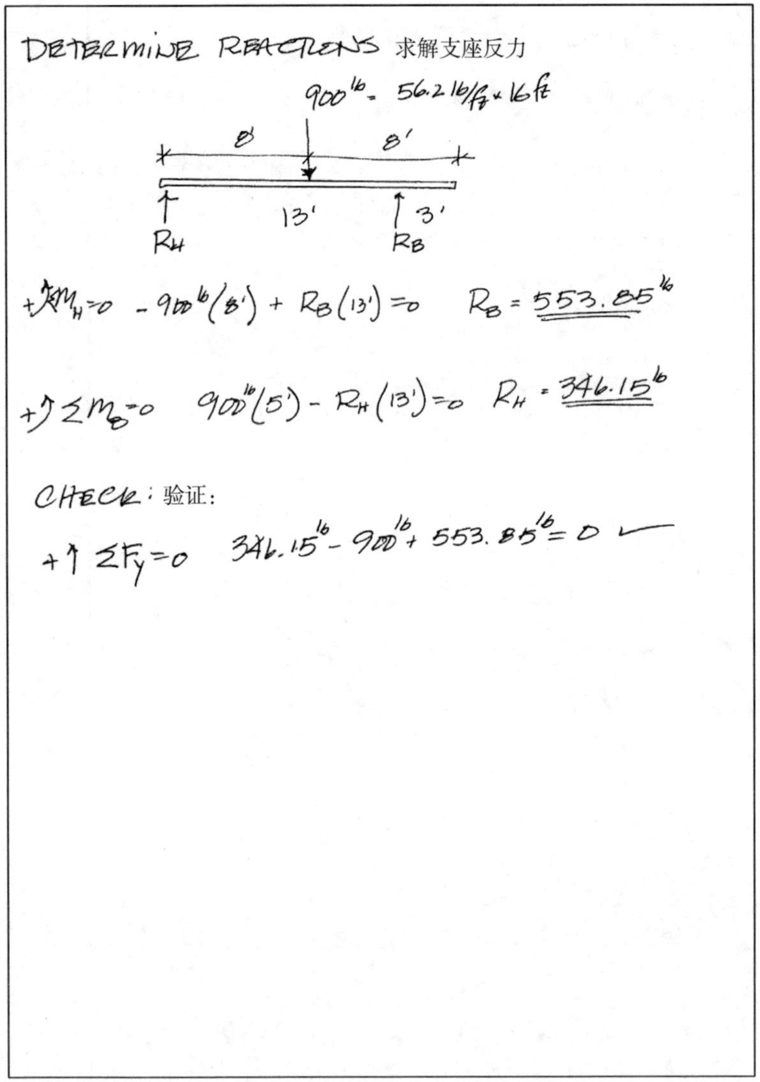

DETERMINE REACTIONS 求解支座反力
900 lb = 56.2 lb/ft × 16 ft
8'
8'
13'
3'
RH
RB
+↺ΣMH=0 -900lb(8') + RB(13') = 0 RB = 553.85 lb
+↺ΣMB=0 900lb(5') - RH(13') = 0 RH = 346.15 lb
CHECK：验证：
+↑ΣFy=0 346.15lb - 900lb + 553.85lb = 0 ✓

图 17.30　根据静力平衡方程求解出支座反力，其中假设逆时针方向的弯矩为正，验证得出的支座反力之和与外部荷载相等。

图片来源：罗伯特·德莫迪教授提供

DRAW SHEAR & MOMENT DIAGRAMS
绘制剪力图和弯矩图
w = 56.2 lb/ft
13'
3'
346.15
168.6
V lb
6.84'
6.16'
-384.45
1066.14
M lb'
-248.68
Vmax = -385 lb
Mmax = 1067 lb'

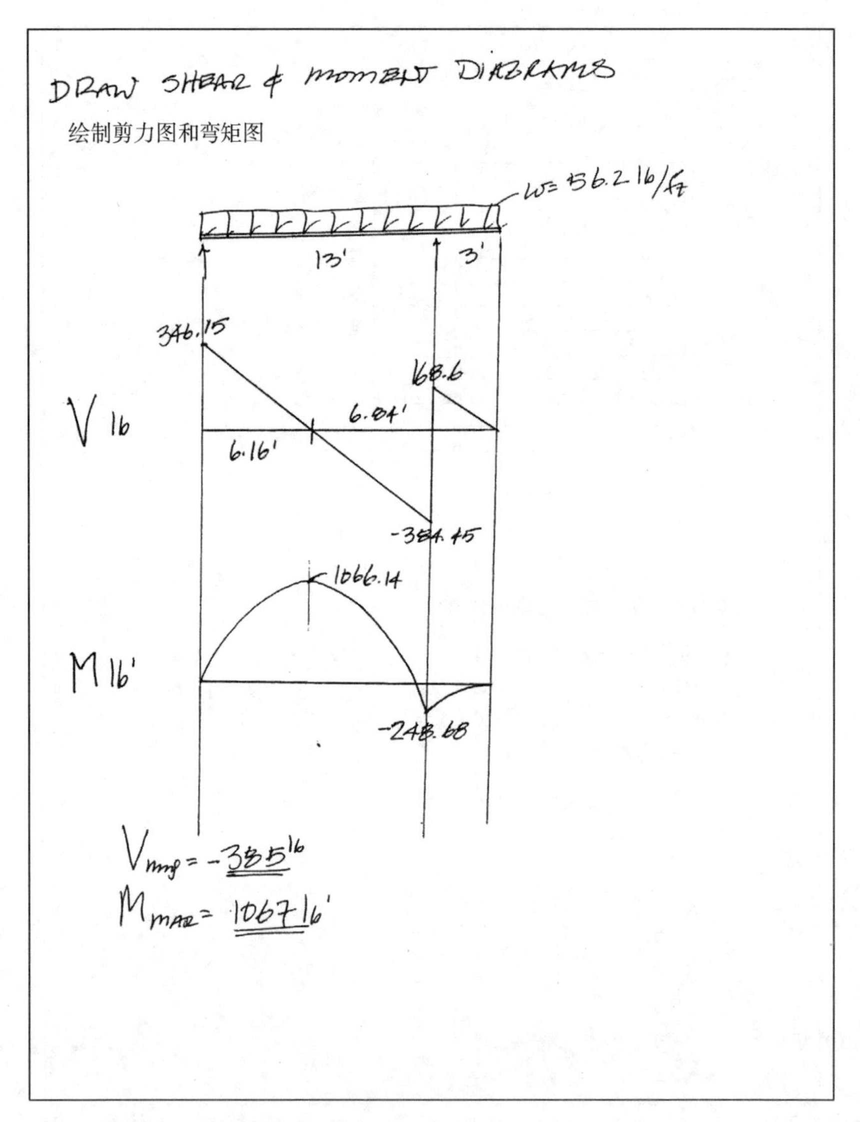

图 17.31　通过绘制剪力图和弯矩图，得出托梁中的最大弯矩为 1 067 磅英尺，最大剪力为−385 磅，为了方便计算，将数值进行了四舍五入。

图片来源：罗伯特·德莫迪教授提供

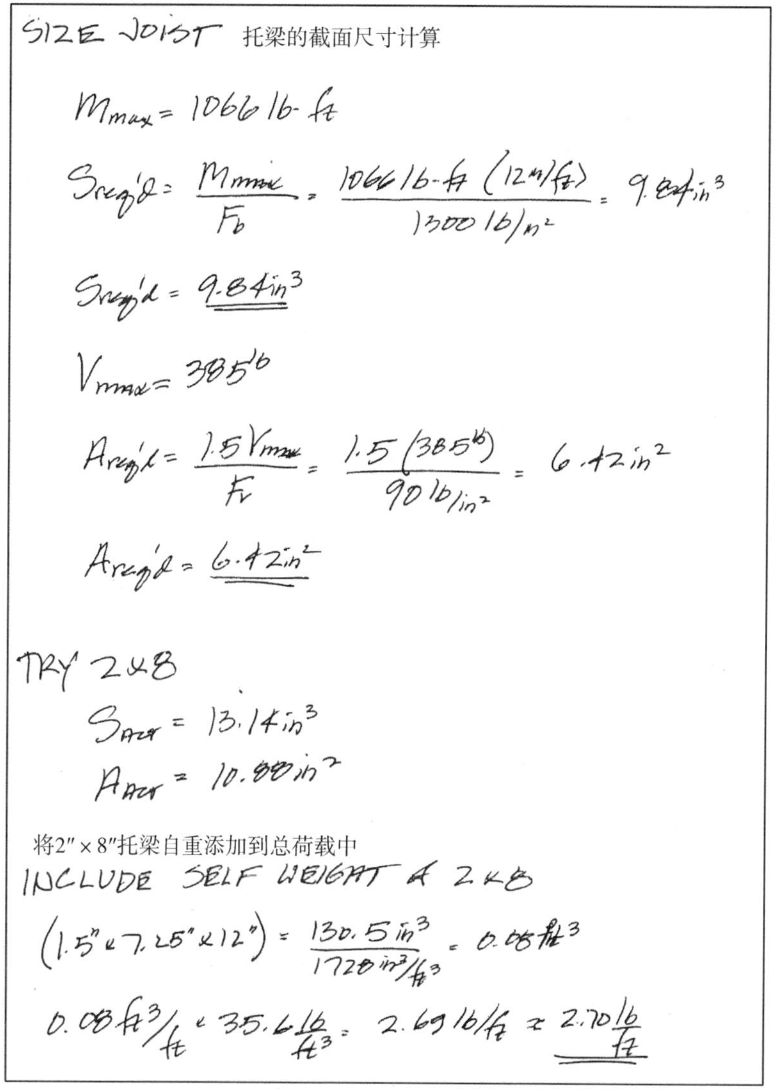

SIZE JOIST　托梁的截面尺寸计算

$M_{max} = 1066\ lb\text{-}ft$

$S_{req'd} = \frac{M_{max}}{F_b} = \frac{1066\ lb\text{-}ft\ (12\ in/ft)}{1300\ lb/in^2} = 9.84\ in^3$

$S_{req'd} = \underline{9.84\ in^3}$

$V_{max} = 385\ lb$

$A_{req'd} = \frac{1.5 V_{max}}{F_v} = \frac{1.5\ (385\ lb)}{90\ lb/in^2} = 6.42\ in^2$

$A_{req'd} = \underline{6.42\ in^2}$

TRY 2×8

$S_{act} = 13.14\ in^3$

$A_{act} = 10.88\ in^2$

将2″×8″托梁自重添加到总荷载中

INCLUDE SELF WEIGHT of 2×8

$(1.5'' \times 7.25'' \times 12'') = \frac{130.5\ in^3}{1728\ in^3/ft^3} = 0.08\ ft^3$

$0.08\ ft^3/ft \times 35.6\ \frac{lb}{ft^3} = 2.69\ lb/ft \approx \underline{2.70\ \frac{lb}{ft}}$

图 17.32　将最大弯矩除以容许弯曲正应力，得出梁所需的截面模量，然后计算出梁中的最大切应力。根据《木结构设计手册》，找出等于或大于所需值的托梁尺寸。最后将所选 2 英寸×8 英寸托梁的自重增加到总荷载中，重新进行验算。

图片来源：罗伯特・德莫迪教授提供

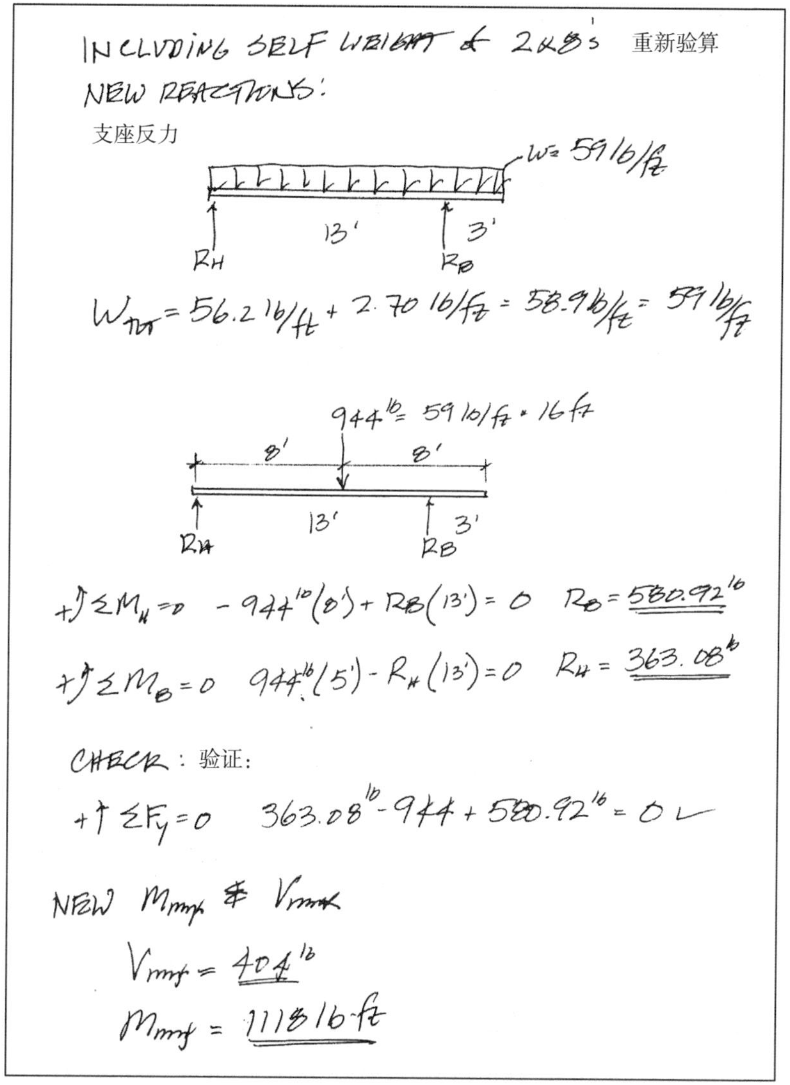

INCLUDING SELF WEIGHT of 2×8's　重新验算

NEW REACTIONS:

支座反力

w = 59 lb/ft

13′　3′

R_A　R_B

$W_{TOT} = 56.2\ lb/ft + 2.70\ lb/ft = 58.9\ lb/ft = 59\ lb/ft$

$944\ lb = 59\ lb/ft \cdot 16\ ft$

8′　8′

13′　3′

R_A　R_B

$+\circlearrowleft \Sigma M_A = 0 \quad -944\ lb(8') + R_B(13') = 0 \quad R_B = \underline{580.92\ lb}$

$+\circlearrowleft \Sigma M_B = 0 \quad 944\ lb(5') - R_A(13') = 0 \quad R_A = \underline{363.08\ lb}$

CHECK：验证：

$+\uparrow \Sigma F_y = 0 \quad 363.08\ lb - 944 + 580.92\ lb = 0$ ✓

NEW M_{max} & V_{max}

$V_{max} = \underline{404\ lb}$

$M_{max} = \underline{1118\ lb\text{-}ft}$

图 17.33　将所选 2 英寸×8 英寸托梁的自重增加到总荷载中，重新进行验算，如果计算结果托梁的尺寸满足要求，那么就可以沿用这个尺寸，如果托梁的尺寸不满足要求，则需要重新确定托梁的尺寸。

图片来源：罗伯特・德莫迪教授提供

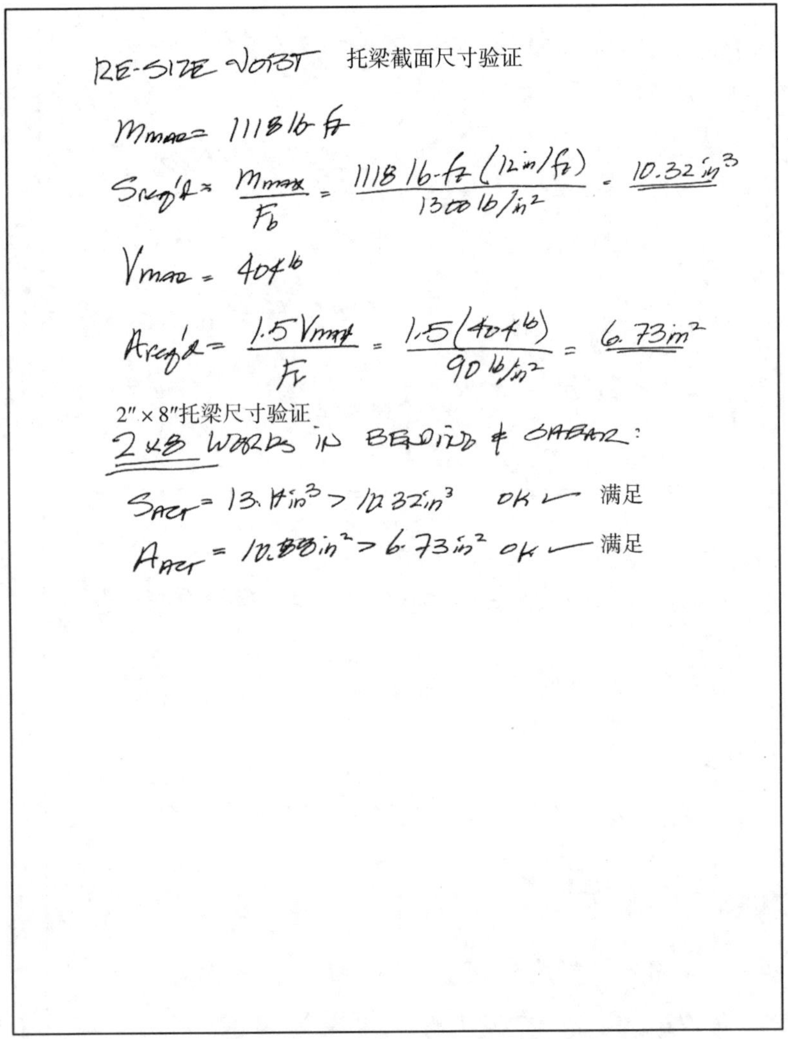

RE-SIZE JOIST 托梁截面尺寸验证

$M_{max} = 1118\ lb\text{-}ft$

$S_{req'd} = \frac{M_{max}}{F_b} = \frac{1118\ lb\text{-}ft\ (12\ in/ft)}{1300\ lb/in^2} = 10.32\ in^3$

$V_{max} = 404\ lb$

$A_{req'd} = \frac{1.5\,V_{max}}{F_v} = \frac{1.5(404\ lb)}{90\ lb/in^2} = 6.73\ in^2$

2″×8″托梁尺寸验证

2×8 WORKS IN BENDING & SHEAR:

$S_{act} = 13.14\ in^3 > 10.32\ in^3$ OK —— 满足

$A_{act} = 10.88\ in^2 > 6.73\ in^2$ OK —— 满足

图 17.34　计算后得出托梁的尺寸为 2 英寸×8 英寸，能够抵抗托梁内的弯曲正应力和切应力。

图片来源：罗伯特・德莫迪教授提供

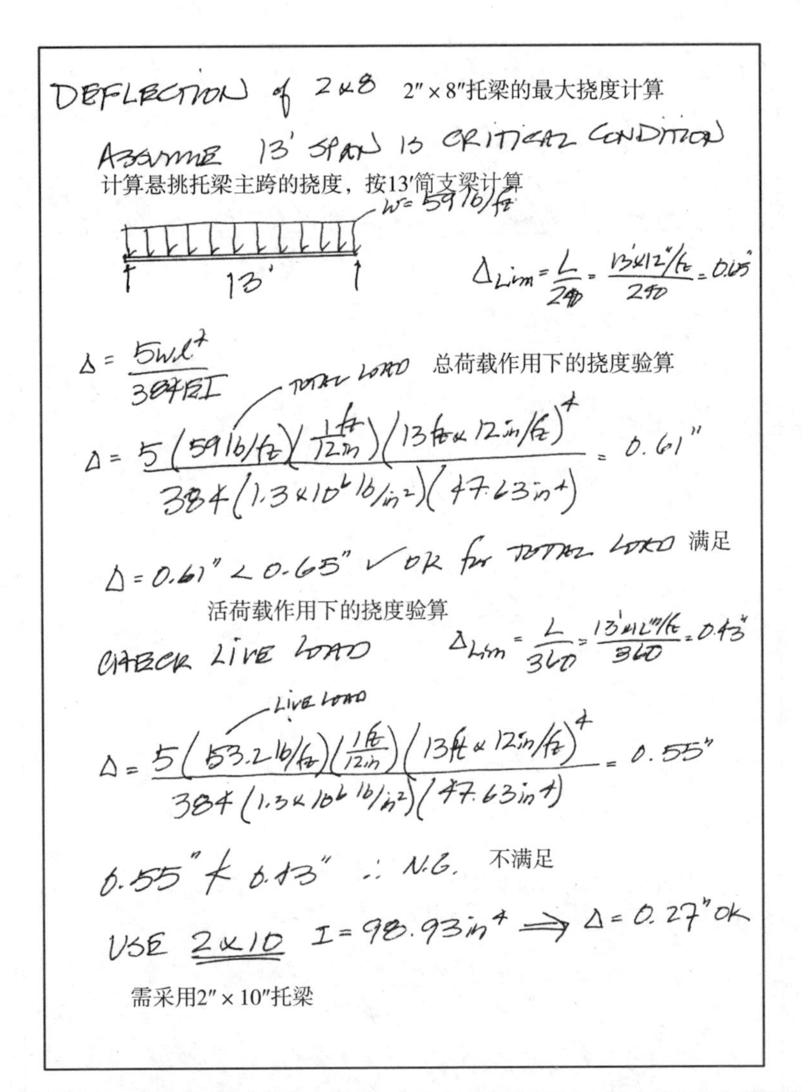

图 17.35　2 英寸×8 英寸托梁的最大挠度验算，是根据均布荷载作用下简支梁的最大挠度计算公式而来，而不是根据悬挑梁的最大挠度计算公式，这样做主要有两个原因：（1）悬挑部分会降低托梁主跨的挠度，所以这是保守的验算过程。（2）相比于简支梁来说，悬挑梁的最大挠度计算公式比较复杂。需要进行两种荷载条件下的最大挠度验算：一是计算总荷载作用下，最大容许挠度为 $L/240$；另一个是只计算活荷载作用下，最大容许挠度为 $L/360$。计算结果显示在活荷载作用下最大挠度不满足要求，因此将托梁尺寸更改为 2 英寸×10 英寸，最大挠度是梁的截面尺寸的限制因素。

图片来源：罗伯特・德莫迪教授提供

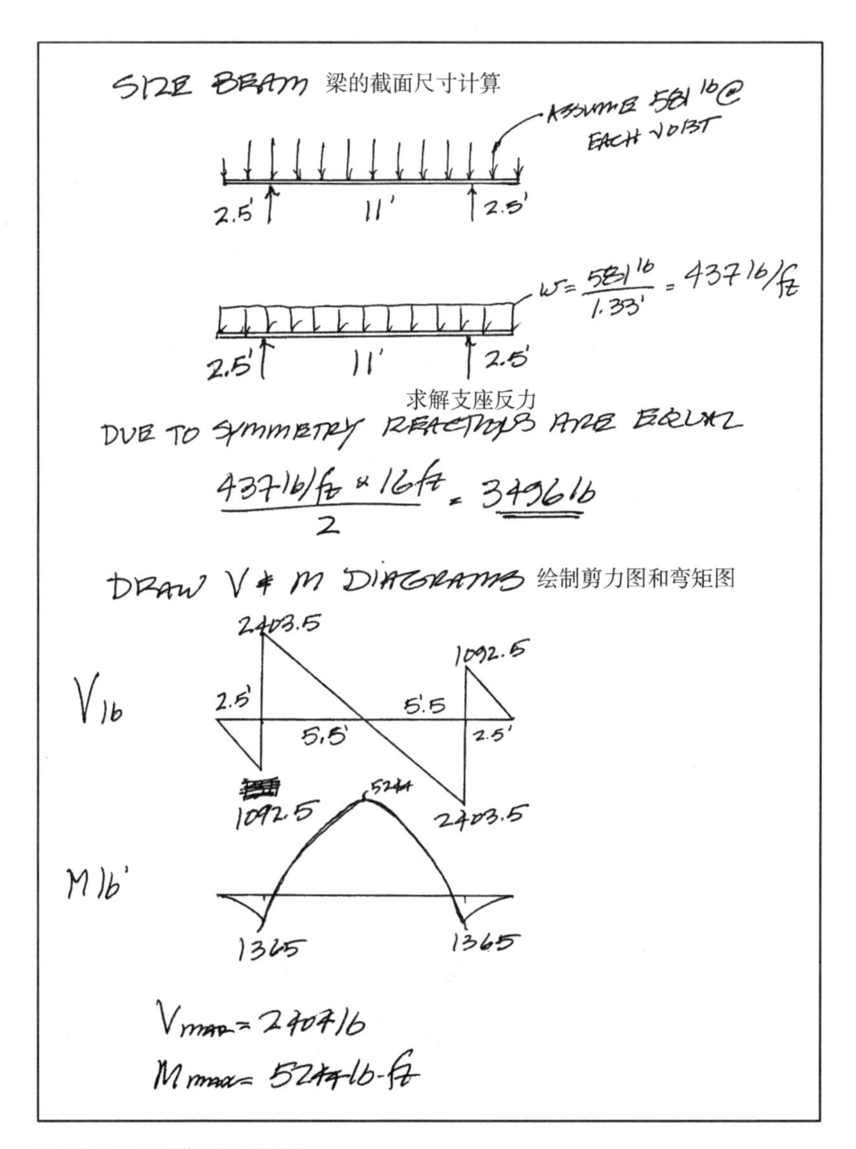

图 17.36　梁的截面尺寸求解

图片来源：罗伯特・德莫迪教授提供

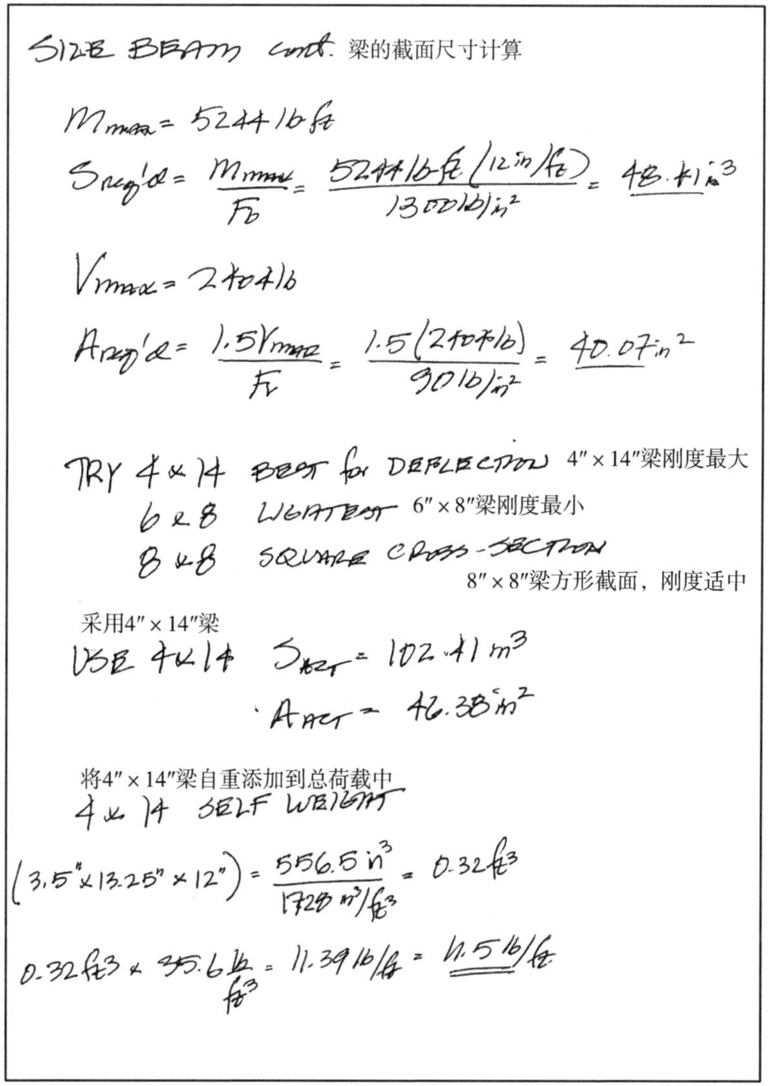

SIZE BEAM cont. 梁的截面尺寸计算

$M_{max} = 5244\ lb\text{-}ft$

$S_{req'd} = \frac{M_{max}}{F_b} = \frac{5244\ lb\text{-}ft\ (12\ in/ft)}{1300\ lb/in^2} = 48.41\ in^3$

$V_{max} = 2404\ lb$

$A_{req'd} = \frac{1.5V_{max}}{F_v} = \frac{1.5(2404\ lb)}{90\ lb/in^2} = 40.07\ in^2$

TRY 4 × 14 BEST for DEFLECTION 4″ × 14″梁刚度最大

6 × 8 LIGHTEST 6″ × 8″梁刚度最小

8 × 8 SQUARE CROSS-SECTION 8″ × 8″梁方形截面，刚度适中

采用4″ × 14″梁

USE 4 × 14 $S_{act} = 102.41\ in^3$

$A_{act} = 46.38\ in^2$

将4″ × 14″梁自重添加到总荷载中

4 × 14 SELF WEIGHT

$(3.5'' \times 13.25'' \times 12'') = \frac{556.5\ in^3}{1728\ in^3/ft^3} = 0.32\ ft^3$

$0.32\ ft^3 \times 35.6\ \frac{lb}{ft^3} = 11.39\ lb/ft = 11.5\ lb/ft$

图 17.37　根据表 17.2、表 17.3，有三种截面尺寸可以满足梁中的弯曲正应力和切应力的要求，最终采用刚度最大的 4 英寸×14 英寸的梁截面尺寸。

图片来源：罗伯特・德莫迪教授提供

BEAM DEFLECTION 4″×14″梁的最大挠度计算

ASSUME 11' SPAN IS CRITICAL CONDITION

计算主跨上的挠度，按11′简支梁计算

$w = 437 + 11.5\ \text{lb/ft} = 448.5\ \text{lb/ft}$

11′

总荷载作用下的挠度计算

$$\Delta_{TOT} = \frac{5wl^4}{384EI}$$

$$\Delta_{TOT} = \frac{5(448.5\ \text{lb/ft})(1\ \text{ft}/12\ \text{in})(11\ \text{ft} \times 12\ \text{in/ft})^4}{384(1.3\times10^6\ \text{lb/in}^2)(678.48\ \text{in}^4)} = 0.17''$$

$$\Delta_{TOT\,Lim} = \frac{L}{240} = \frac{11' \times 12\ \text{in/ft}}{240} = 0.55'' > 0.17''\ \therefore \text{OK}$$ 满足

活荷载作用下的挠度验算

CHECK LIVE LOAD

$w_{LL} = 394\ \text{lb/ft} \quad \Delta = 0.15''$

$$\Delta_{LL\,Lim} = \frac{L}{360} = \frac{11' \times 12\ \text{in/ft}}{360} = 0.37'' > 0.15''\ \text{OK}$$ 满足

USE 4×14 BEAM

采用4″×14″梁

图 17. 38　梁的最大挠度验算，其中梁的悬挑端不计算在内，4 英寸×14 英寸截面的梁可以满足要求，由此得出了建造平台板所需的各构件的尺寸。

图片来源：罗伯特・德莫迪教授提供

平台板的建造

平台板由两个混凝土基座以及房屋共同支撑，混凝土基座埋放在土壤中，埋放深度在冻土层之上（图 17. 39）。混凝土基座底部放大以增加承载面积，同时也可以抵抗风向上的拔力。采用直径为 1 英尺的具有足够强度的纸管做模板，纸管内部打蜡或涂上脱模剂，使混凝土不会粘黏在纸管模板上。将切割好的纸管埋放在基坑中，并用木杆件临时支撑。将钢筋垂直地放在纸管的中心，将突出的螺纹钢筋与主钢筋

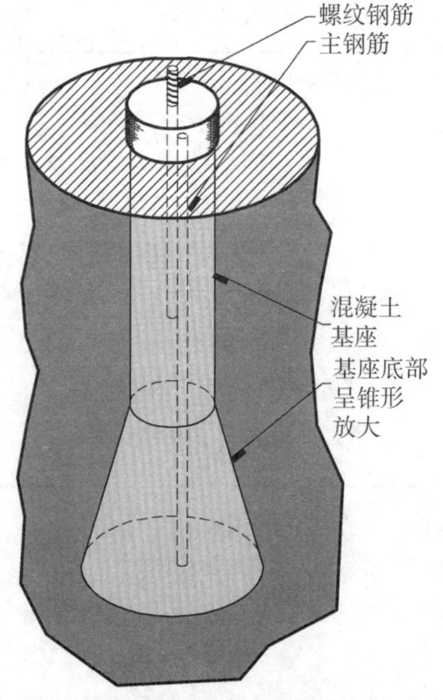

图 17. 39　平台板的钢筋混凝土基座示意图，它一方面有效增加了承载面积，另一方面可以拉住平台板，防止其被风掀起。

绑扎在一起，螺纹钢筋用来与梁的钢连接件相连，因此需要精准对位。采用木模板或者铁丝绑扎固定螺纹钢筋，然后在纸管内浇筑混凝土，浇筑完成后，将纸管顶部的混凝土抹平，去除尖锐的突起，使外观更加整洁。

待 1 到 2 天混凝土达到一定强度后脱模，在混凝土基座周围回填土并压实。基座顶部的螺纹钢筋与梁中的镀锌钢板固定，混凝土基座的尺寸决定了可以采用 1 英寸或 2 英寸直径的螺纹钢筋，将梁对准调平后标记钻孔，完成梁与混凝土基座的连接。

平台板的连接构造如图 17.40 所示，托梁端部固定镀锌钢托架，在梁上标记托梁的安装位置，将托梁采用木垫片调平后放置就位。用螺钉将托梁钉合在房屋框架上，然后将托梁固定到梁上。托梁的外端安装挡板，采用镀锌钢钉或不锈钢钉将平台板固定在托梁上。

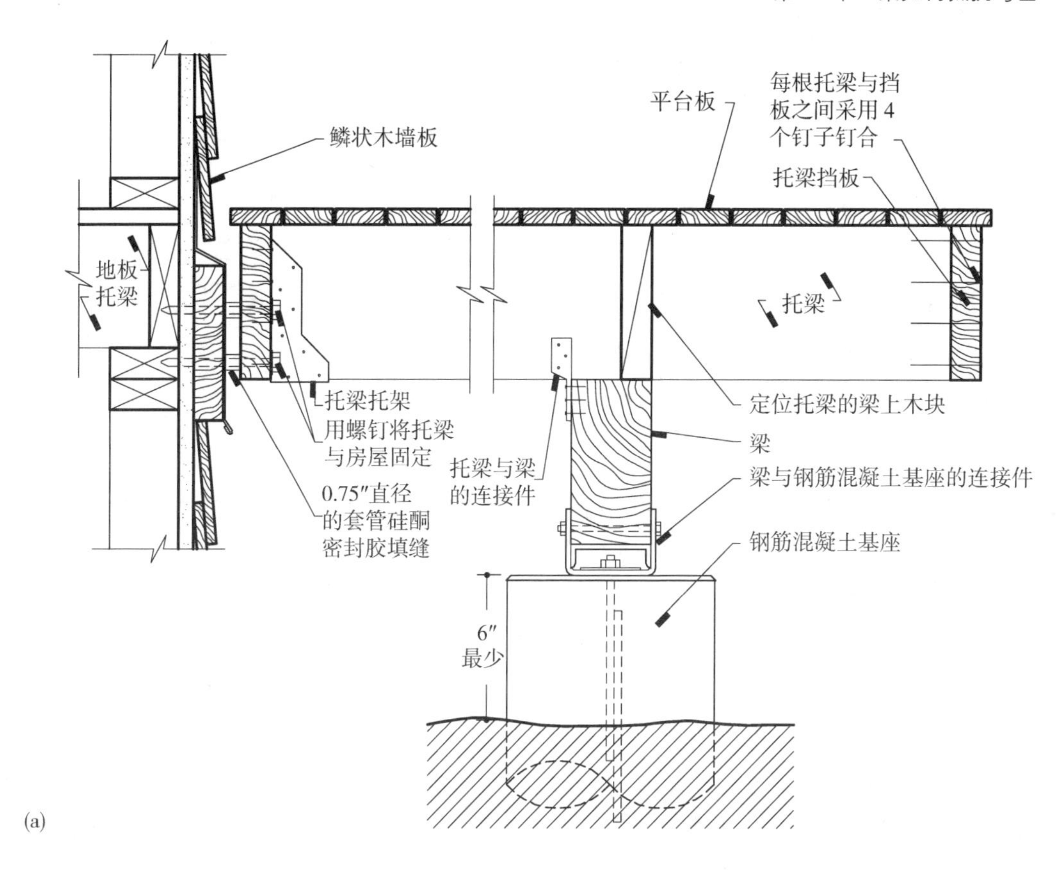

木材的现代发展与应用

原木在锯木工厂中加工生产成方木，方木广泛地应用于制作托梁、椽子、梁等结构构件。对于梁构件来说，类似工字钢那种具有宽翼缘的截面形式在结构上更为有效，但这种形式在传统的锯木工厂中很难被制造出来。而且对于木梁来说，薄腹板难以抵抗相应的切应力。

木材市场近年来发生了巨大的变化，原始

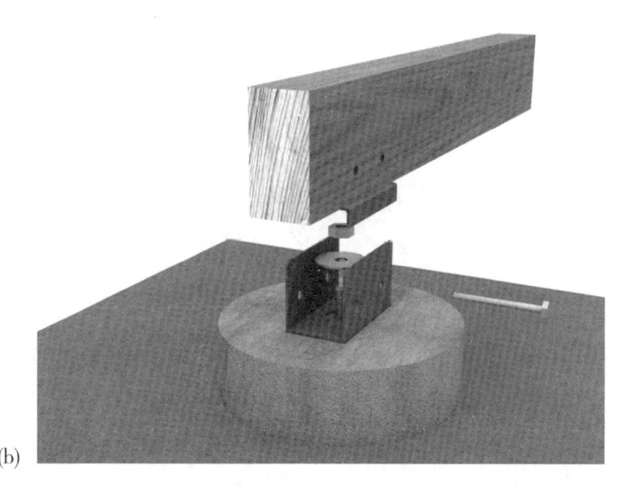

图 17.40 平台板的细部构造

森林资源稀缺，木材价格上涨，木制品的质量下降。有效地利用小截面木条和薄板制成的木纤维制品是一种解决办法。木纤维制品包含各种胶合板和刨花板产品。胶合板产品的结构强度比刨花板产品稍微好一些，刨花板产品的原料是树枝、小树干、弯曲的树干、木材加工的废料以及刨花坯等，其利用木材的方式效率更高，更具有可持续性。目前针对木纤维制品的研发、测试和规程规范已经比较完善，木纤维制品已被广泛地应用于建筑实践之中。

I字形木托梁类似于宽翼缘工字钢（图17.41），上下翼缘由胶合木产品制成，腹板嵌合进上下翼缘的凹槽中。胶合木产品去除了原木的节疤和固有缺陷，在结构性能上比原木更优越。腹板采用胶合板或定向刨花板制成，比原木更能抵抗腹板中的切应力。胶合板是将木板材胶合在一起制成的，定向刨花板由切碎的木材交错叠合后热压而成的。

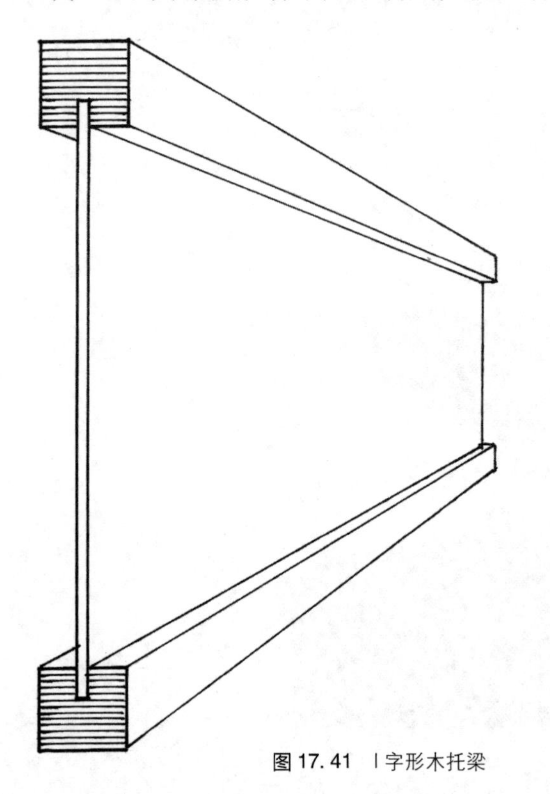

图 17.41 I字形木托梁

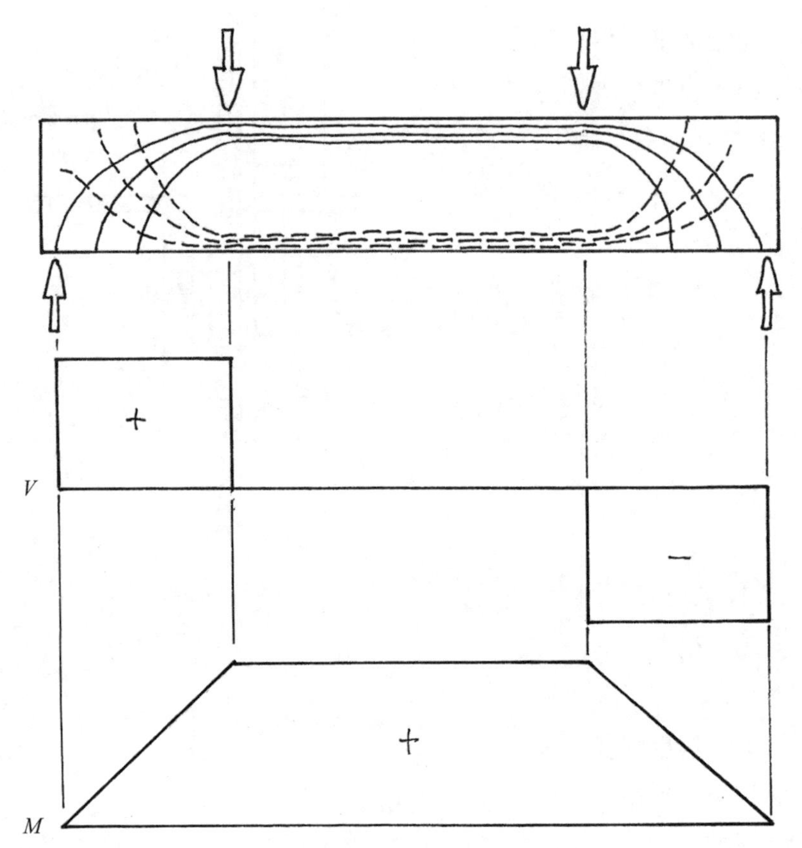

◀图 17.42 在两个集中荷载作用下矩形截面梁中的力流分布。

I字形木托梁相比于矩形截面托梁更有优势，它们可以被生产得更高更长，它们更直、更轻、更坚固，也更加易于运输，在温湿度变化时热胀冷缩更小。当I字形木托梁用于支撑地板时，它们比矩形截面托梁强度更高、刚度更大、噪声更小。然而I字形木托梁不适合用于室外。梁也可以采用胶合木制成，胶合木梁相比于用方木制成的梁来说，强度更高，刚度更大，且在温湿度变化时变形更小，也更加经济。

形成效率更高的梁

承受两个集中荷载作用的矩形截面梁中的力流模式如图17.42所示，梁的左端和右端的力流为斜格力流，中间的力流为平行力流。根据梁的弯矩图可知，弯矩在梁的中间区域是恒定不变的。梁中间区域弯矩的恒定性与平行力流相匹配，弯矩不变导致力流不需要偏离既有的轨迹，也就是梁的能量没有被消耗，这种情况下梁充分利用了其自身的材料，效率更高。以上的现象可以通过泡沫模型来模拟（图 17.43），模型的中间区域没有切应力，只有线性分布的水平拉应力和水平压应力。

以上的特性可以扩展到任何荷载作用条件，如果梁的形式与弯矩图类似，那么梁内部的力流模式将是平行力流而不是斜格力流。图 17.44 中的模型梁的中间区域呈三角形，当该模型承受跨中的集中荷载时，那么梁中间区域的力流模式是平行力流而不是斜格力流，因为该区域梁的形式与其弯矩图相类似。梁两端的形状与跨中集中荷载作用下的弯矩图不符，呈现出斜格力流模式。该原理可以扩展应用于多种荷载条件（图 17.45），利用该原理可以摒除梁中不受力的材料，从而提高结构效率。

内部力流模式呈现为平行力流的梁也被称为索线形梁。例如承受均布荷载的矩形截面梁的总材料利用效率约为三分之一，在同样荷载作用下，将梁的形状调整为抛物线形，材料利用效率将提高到约三分之二。

如果梁所承受的荷载作用条件不变，那么就可以根据平行力流来塑造梁的形式。但是如果作用于梁上的荷载条件变化了，梁内部的力流模式也会随之变化，如果梁的形式不变的话，可能会导致梁内部出现应力集中的情况。因此设计索线形梁时，需确保梁的形式与其荷载作用条件相匹配。第 22 章将介绍根据弯矩图设计梁的剖面形式的方法。

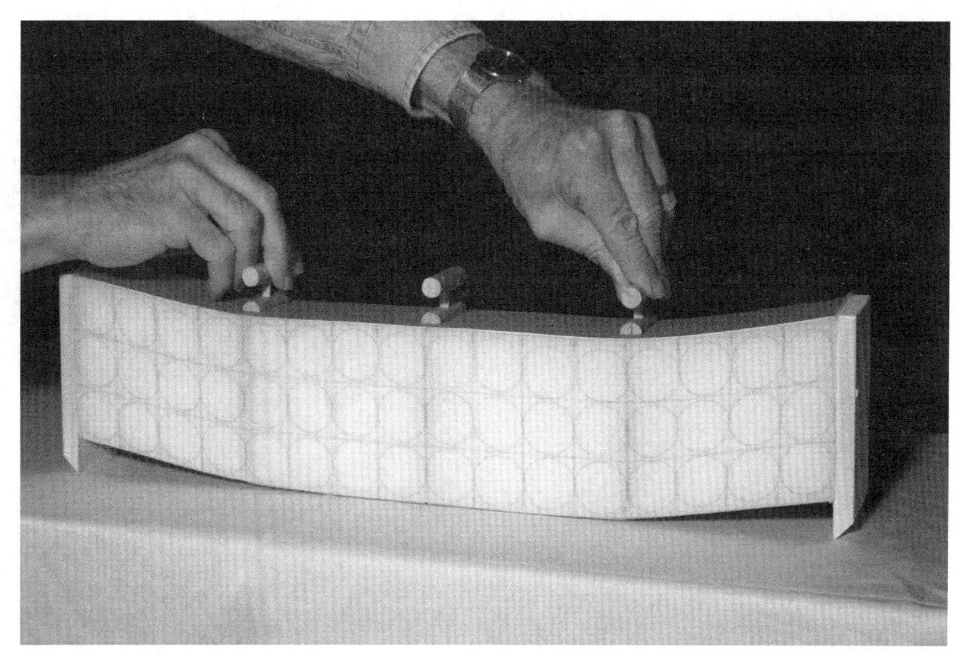

图 17.43　在两个集中荷载作用下，泡沫模型梁中间区域的圆圈没有变形，这表明梁的中间区域的力流为平行模式。梁端部的圆圈变形为椭圆形，表示其中的力流为斜格模式。
图片来源：大卫·福克斯摄

连续梁

两个或两个以上跨度的连续梁中的弯矩比相同跨度的简支梁中的弯矩小得多。然而梁的长度过长会导致运输和建造的困难，同时地基的不均匀沉降以及温度变化可能会引起连续梁中产生不可预知的多余应力。以上的问题可以通过在连续梁的反弯点处增加铰接节点来解决（图 17.46）。梁的反弯点处弯矩为零，在此处增加铰接节点不会改变梁的受力特性。如果进一步根据弯矩图来塑造梁的形式，就会设计出高效且具有表现力的结构形式，这种方法也可应用于实心梁和桁架的设计，德国结构工程师海因里希·格伯（Heinrich Gerber，1832—1912）1866 年凭此方法获得了专利。

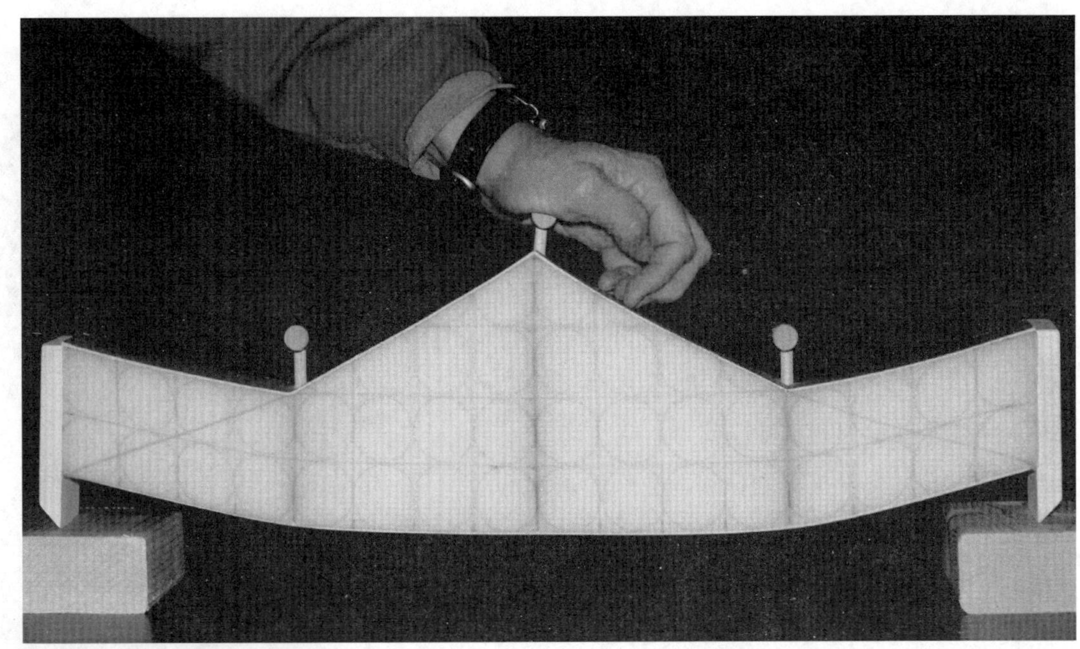

▶图 17.44　在跨中集中荷载的作用下，梁中间区域的力流为平行模式，两端的力流为斜格模式。
图片来源：爱德华·艾伦摄

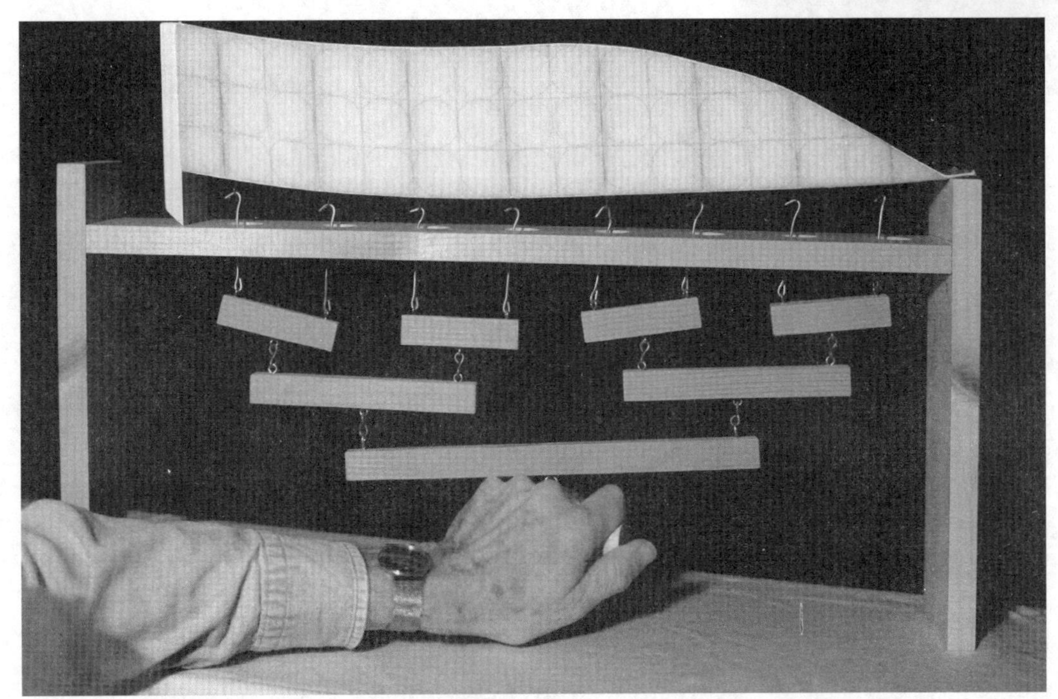

◀图 17.45　泡沫模型下方的装置可以将总拉力平均分配到八个作用点上，模型右半部分的形状呈抛物线形，这种形状与均布荷载作用下梁的弯矩图类似，这部分的模型表面的圆圈没有变形，表明该区域的力流为平行模式。模型的左半部分表面圆圈变形为椭圆形，表明该区域中的力流为斜格模式。
图片来源：大卫·福克斯摄

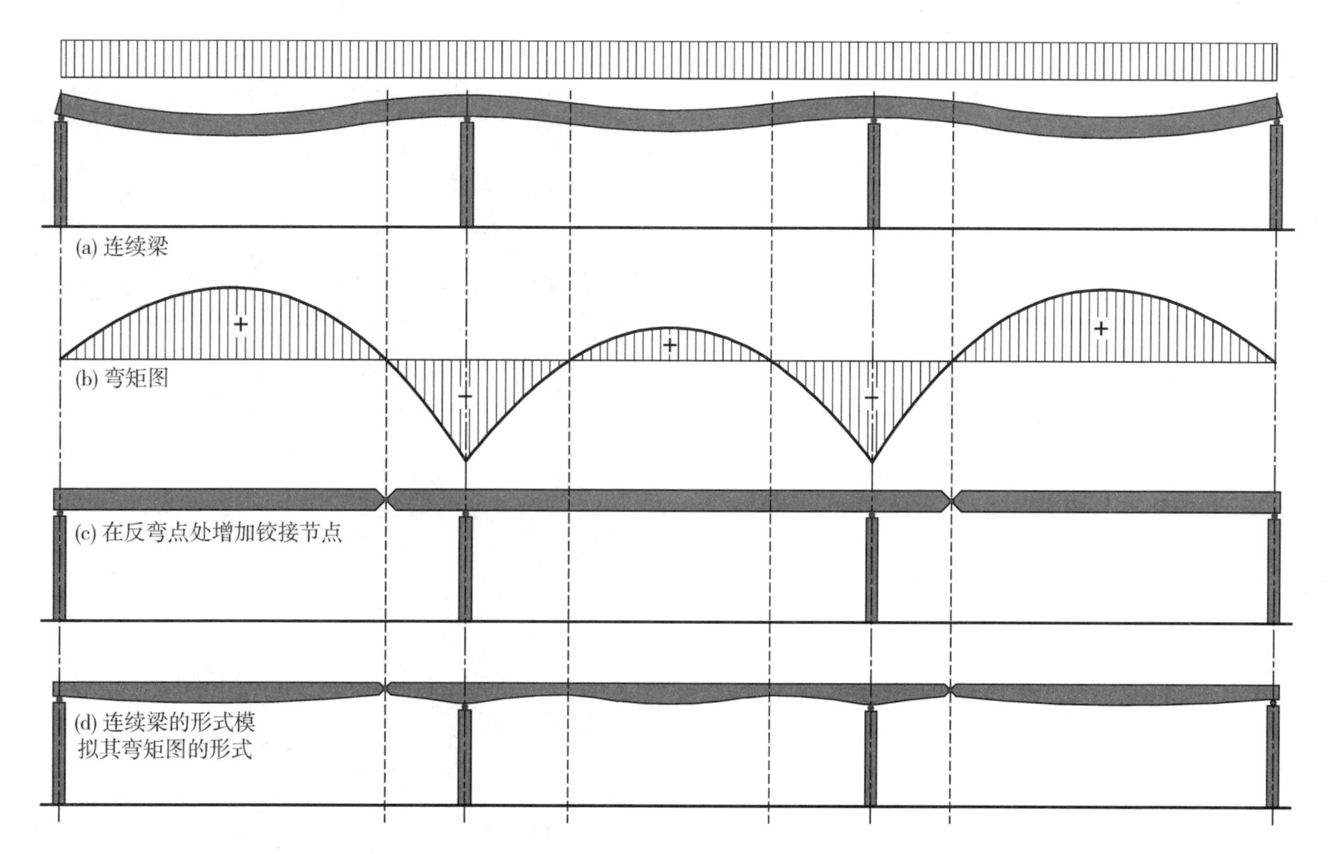

◀图 17.46　在连续梁的反弯点处增加铰接节点，所获得的静定梁与连续梁的弯矩图相同，也可以根据弯矩图来设计梁的形式。

米歇尔梁

大约一百年前，澳大利亚数学家以及教育家米歇尔（J. H. Michell，1863—1940）推导出了在集中荷载作用下用材最少的梁的形式。当荷载作用条件不变且荷载不断增加时，这些球状形式与梁内部的力流模式相符合（图 17.47）。目前虽然还没有案例证明这种形式的高效性，但是通过分析可知采用米歇尔形式的悬臂梁所消耗的材料最少（图 17.48）。球形形状以及其中构件的长细比限制了米歇尔梁的广泛使用，图 17.49 为基于米歇尔悬臂梁形式的高层建筑抗风桁架设计。

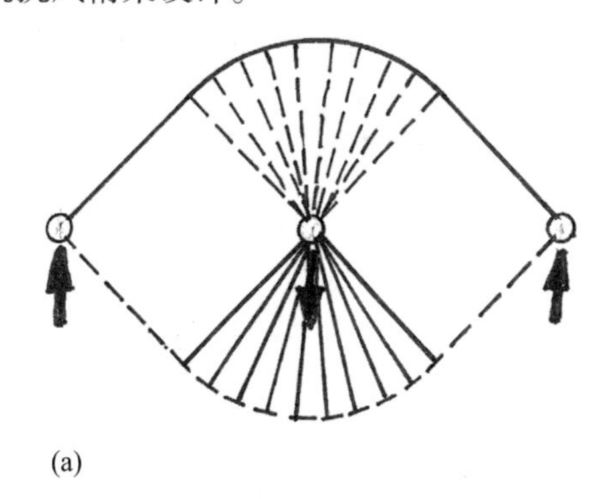

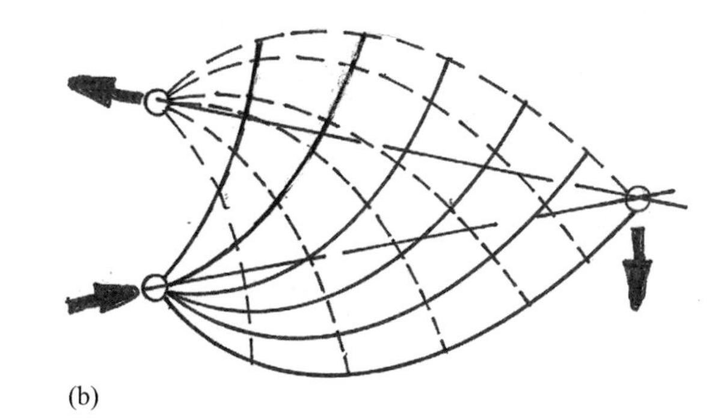

图 17.47　两个米歇尔梁：（a）跨中集中荷载作用下的简支梁；（b）端部集中荷载作用下的悬臂梁。

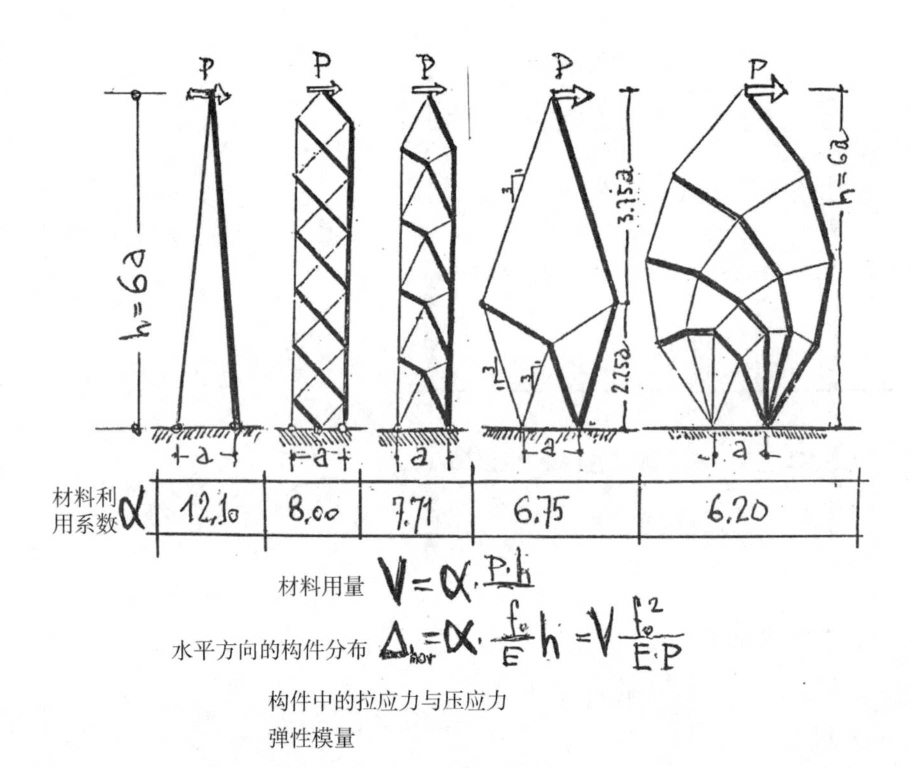

图 17.48 瓦克劳·扎列夫斯基对端部承载的五种悬臂桁架形式的分析。系数 α 是桁架材料的利用系数，通过分析可知与斜格力流模式类似的桁架形式的效率较高，最后一个桁架采用了米歇尔悬臂梁的形式。

图 17.49 瓦克劳·扎列夫斯基与建筑师沃伊切赫·扎布洛茨基（Wojciech Zablocki）共同提出的某高层建筑的设想，建筑外表皮采用了米歇尔梁形式的抗风桁架，这比普通的抗风桁架的材料用量更少。

思考题

1. 某儿童游戏室宽 8 英尺、长 10 英尺，游戏室由角落的 4 个混凝土支座支撑，地板采用 3/4 英寸的 OSB 板，由木托梁支撑，托梁间距为 16 英寸。请绘制出地板框架的平面图，并计算出各构件的尺寸。假设所采用木构件的容许应力比本章示例中所采用的南方松木低 20%，计算过程中请列出所有的计算公式。
2. 一根南方松木制作的梁的跨度为 24 英尺，跨中支撑着 2 500 磅的重物，考虑梁的自重但不考虑梁的屈曲变形，请问该木梁的截面尺寸应该是多少？计算过程中请列出所有的计算公式。
3. 某木窗采用道格拉斯冷杉制成，该木材品种的容许应力与南方松木相类似，木窗高 13 英尺，垂直竖框之间的间隔为 7 英尺。木窗的玻璃最大可承受 17 磅每平方英尺的荷载，请计算出竖框的截面尺寸，使其挠度不超过 $L/240$。在横向荷载作用下竖框可以看作是一根梁，竖框的自重忽略不计。
4. 如果本章示例的平台板的两侧由房屋的墙壁支撑，这两侧的墙壁成直角或者平台板的三面都由房屋的墙壁支撑，思考在这样的情况下，平台板设计会有什么不同。
5. 请根据真实平台板设计的案例，绘制出各构件的尺寸。该平台板承受的荷载有哪些？该平台板设计中有哪些明显的缺陷？思考解决平台板防水问题和耐候性问题的措施。

关键术语和公式

bending moment 弯矩，M

$$M_R = f_b^{\max}\frac{bd^2}{6}$$

$$M_R = f_b^{\max}S$$

$$f_b^{\max} = \frac{M_{\max}}{S}$$

$$f_b^{\max} = \frac{6M_{\max}}{bd^2}$$

resisting moment 抵抗弯矩

depth-to-span ratio 高跨比

longitudinal stress 水平应力

bending stress 弯曲正应力，f_b

web stress 切应力，f_v

truss model 桁架模型

K-truss K 形桁架

modified K-truss 改进的 K 形桁架

principle of least work 最小功原理

neutral axis，neutral plane 中性轴，中性面

stress block 应力块

$$f_v^{\max} = \frac{3V_{\text{ext}}}{2bd}$$

$$f_v^{\max} = 1.5\frac{V_{\text{ext}}}{A}$$

$$f_{c\perp} = \frac{R}{bl_B}$$

total longitudinal bending force 总水平应力，TF_t 和 TF_c

depth of beam 梁的高度，d

width of beam 梁的宽度，b

arm of internal forces 内力臂

arm of resisting moment 抵抗弯矩的力臂

section modulus 截面模量，S

$$\Delta_{max} = \frac{5WL^3}{384EI}$$

$$\Delta_{max} = \frac{5wL^4}{384EI}$$

self-weight 自重

bearing stress 承载力

stress perpendicular to grain 垂直于木纤维的应力

parallel to grain 平行于木纤维的应力

moment of inertia 惯性矩，I

" shear" stress in beams 梁中的“剪切”应力

Michell beams 米歇尔梁

参考资料

Claus Mattheck（translated by W. Linnard）. Design in Nature：Learning from Trees. Dresden：Springer，2004. 这本书通过对树木、骨骼以及大自然中其他结构案例的分析，解释说明弯曲作用对于结构形式的影响，并介绍了依据相应的知识和经验设计高效合理的结构形式的方法。

第 18 章 任意截面梁的抗弯性能

- 截面的几何性质
- 惯性矩
- 组合作用
- 钢框架结构设计

我们的设计团队正在设计一座 11 层的钢框架结构办公楼，目前已经进入初步设计阶段，需要确定梁图 18.1 的截面尺寸（图 18.2）以及框架结构中柱子的平面分布（参见第 15 章）。本章还会进一步探讨第 16 章和第 17 章中涉及的梁的抗弯性能方面的问题，并介绍确定复杂截面梁尺寸的方法。

钢

作为结构材料的钢是由精炼的铁制成的，其含碳量约为 0.3%，减少碳的含量会生产出延展性好、强度高的低碳钢。现如今美国大部分的钢都是用回收废钢在电炉中冶炼而成的。在整个制造过程中，工人们会仔细把关钢的质量，以确保生产出高质量的产品。不同等级的钢的强度不同，但是所有的结构钢，包括那些高强度的钢，都具有相同的弹性模量，约为 2 900 万磅每平方英寸。通常情况下，结构钢的容许弯曲应力为 2.4 万磅每平方英寸。

钢构件的截面

轧钢厂中生产的钢构件有许多不同的截面形状（图 18.3），这些截面形状是将热钢坯料通过不同形状的轧辊挤压而成的。结构中最常用的钢构件是宽翼缘工字钢——它比已遭淘汰的美标“工字钢”更高效。由前面几章的学习可知，梁中的弯曲正应力在中性轴处为零，向两侧边缘呈线性增长，在梁的顶面和底面达到最大，顶面和底面的材料通常被称为翼缘。当梁所承受的弯矩为容许弯矩时，只有翼缘处会达到最大容许正应力。这意味着梁的顶面和底面需要放置较多的材料才会更加高效，宽翼缘工字钢是符合这种要求的形式，它的上翼缘和下翼缘通过腹板连接，腹板通常比翼缘薄，其作用是将梁中的斜格力流从一侧翼缘转移到另一侧翼缘（第 17 章）。

通过调整轧辊的间距，轧钢厂可以生产出多种符合标称尺寸的产品，从而为结构工程师提

图 18.1　工人将宽翼缘工字钢梁安装到相应位置。
图片来源：伯利恒钢铁公司提供

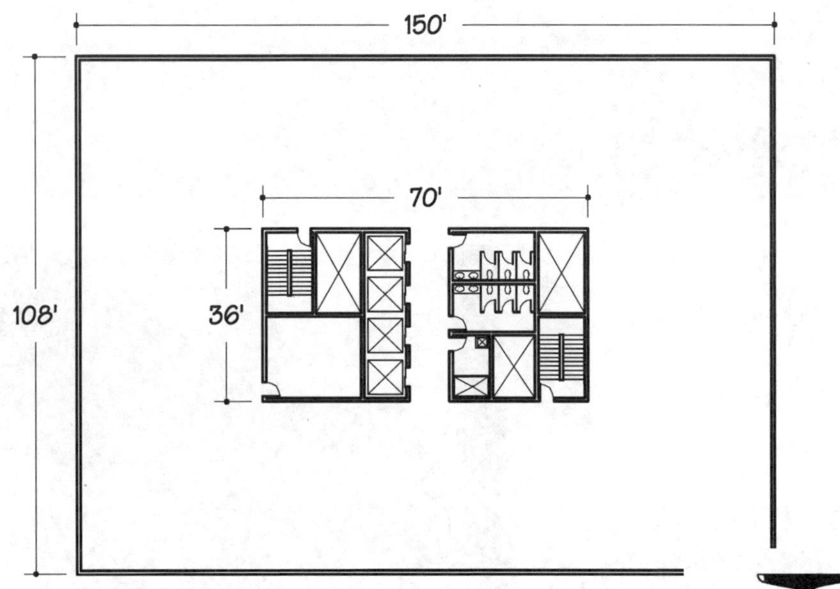

图 18.2　办公楼的平面图

供更多的选择。宽翼缘工字钢的标称尺寸为：从 4 英寸到 18 英寸，增量为 2 英寸；21 英寸到 36 英寸，增量为 3 英寸。一些工厂还可以生产 40 英寸高的宽翼缘工字钢。

宽翼缘工字钢的比例有两种：一种是横截面的高度比宽度大得多，主要用作梁构件；另一种是横截面近似正方形，主要用作柱子（图 18.4）。

其他钢构件的截面形式包括角钢、C 形钢、T 形钢、厚钢板、方钢杆以及圆钢杆等（图 18.3）。角钢通常用作连接构件，也可以用于建造轻型钢桁架。C 形钢通常用作室内隔断的支撑。T 形钢可以由宽翼缘工字钢沿中间切割而成，通常用于连接构件。圆形、方形和矩形钢管可以由弯曲成特定形状的钢板焊接制成（图

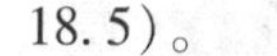
18.5）。

波纹钢板常用于地板和屋顶当中，其尺寸和厚度多种多样，可以适应各种不同的跨度和用途。波纹的形状可以增加钢板的抗弯性能（图 18.6）。

其他的钢构件还包括空腹轻钢桁架，也被称为钢托架，是由角钢和钢杆焊接而成的标准桁架，其高度从 8 英寸到 72 英寸不等。这些轻钢桁架平行布置，桁架之间的间距通常为 2 英尺

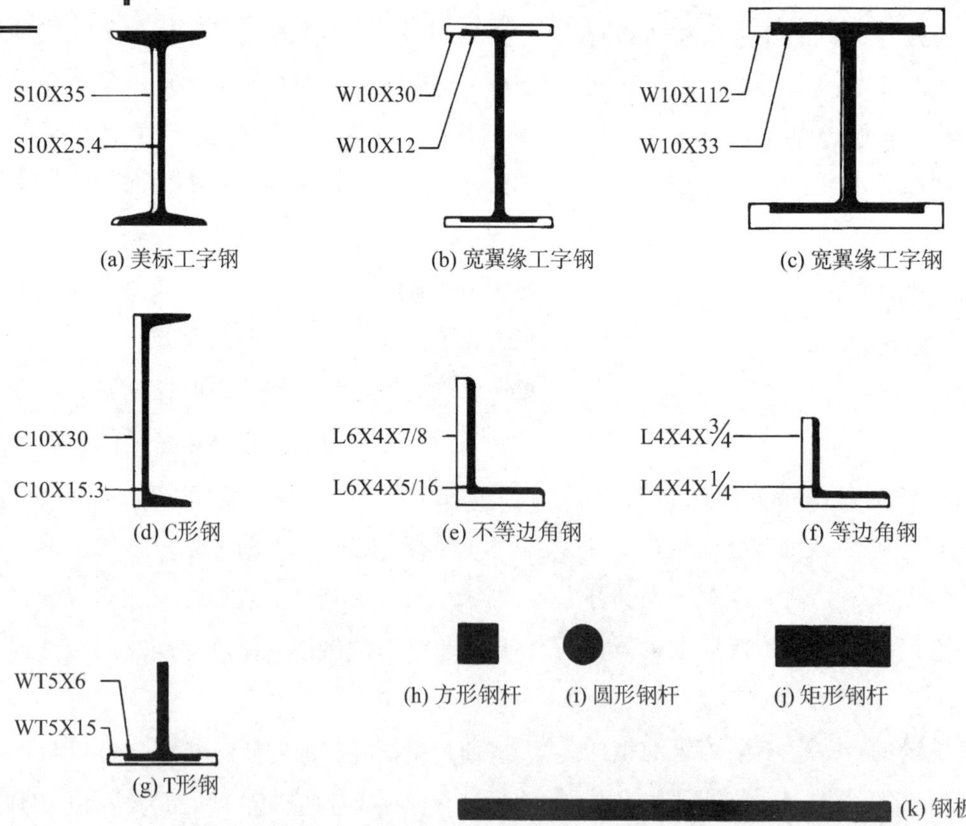

图 18.3　热轧钢构件的截面形状

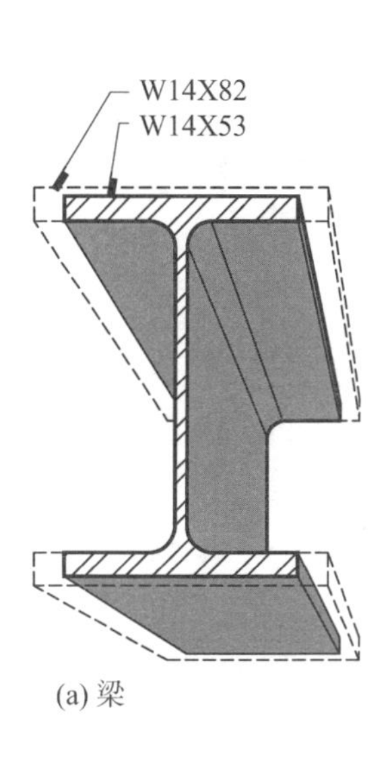

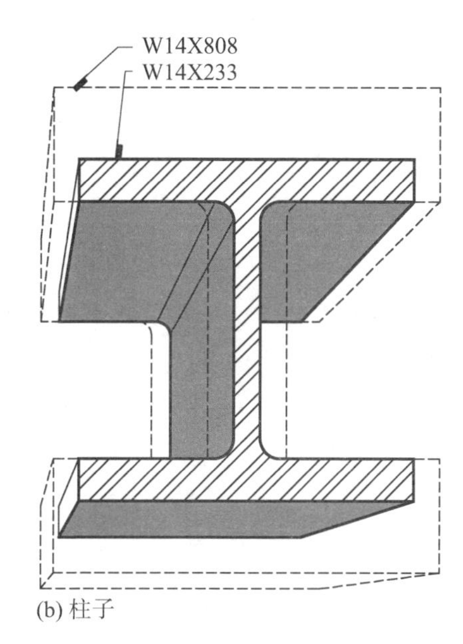

◀图 18.4　宽翼缘工字钢的两种不同形式，左侧的形式通常用作梁，右侧的形式通常用作柱子。通过改变轧辊的间距，可以生产出多种符合标称尺寸的钢构件。图中虚线表示标称尺寸为 14 英寸的宽翼缘工字钢的最大尺寸。

图 18.6　不同规格的波纹钢板

图片来源：惠灵匹兹堡钢铁公司波纹钢板分公司提供

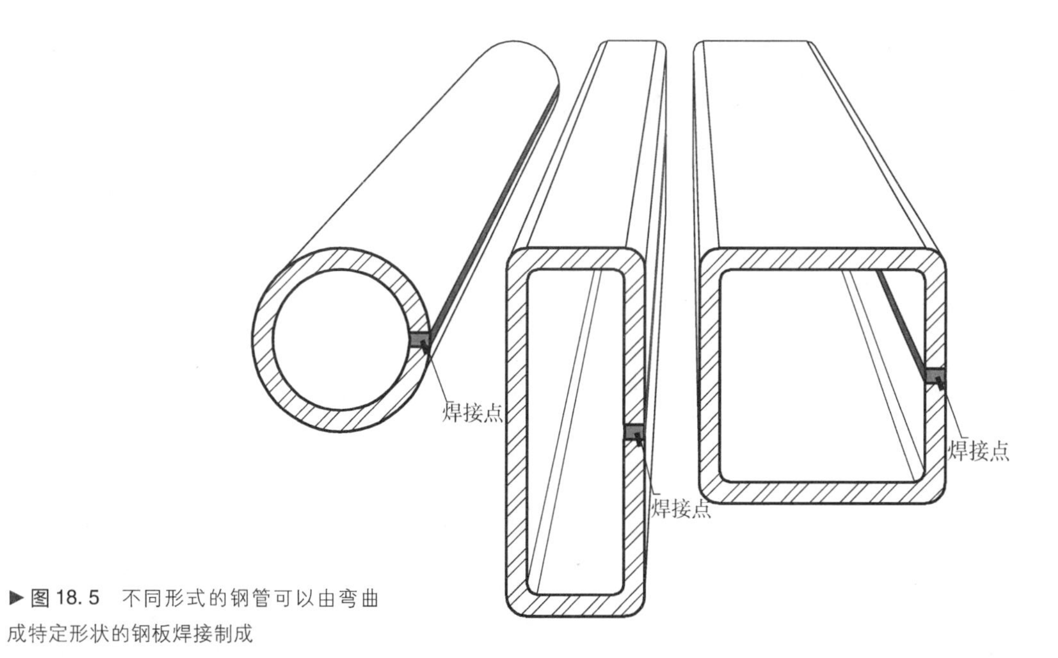

▶图 18.5　不同形式的钢管可以由弯曲成特定形状的钢板焊接制成

到10英尺之间，由宽翼缘工字钢梁或重型桁架支撑。轻钢桁架用作屋顶时，其跨度可达到144英尺左右，用作楼板时，其跨度可达到96英尺左右（图18.7）。

蜂窝梁是由宽翼缘工字钢切割而成，将宽翼缘工字钢的腹板切割成锯齿形或波浪形（图18.8），重新调整位置后焊接在一起形成的（图18.9）。蜂窝梁与宽翼缘工字钢梁相比，总体重量相同，但梁的高度更高，所以蜂窝梁的成本较低。

C形钢是由薄钢板在常温下冷弯制成，可用作室内隔墙、轻质承重墙、楼板以及屋顶的支撑。这些钢构件在施工现场被切割成适当的长度，然后采用螺钉连接或者用特殊的工具冲压在一起（图18.10），保护层和饰面板则采用自攻螺钉固定到钢框架上。根据《国际建筑规范》的相关规定，在有防火要求的建筑项目中，经过防火处理的轻型钢框架结构可以替代轻型木框架结构。

图18.7 某工业厂房的空腹轻钢桁架屋顶，轻钢桁架放置在重型钢桁架上，由方钢管柱子支撑。

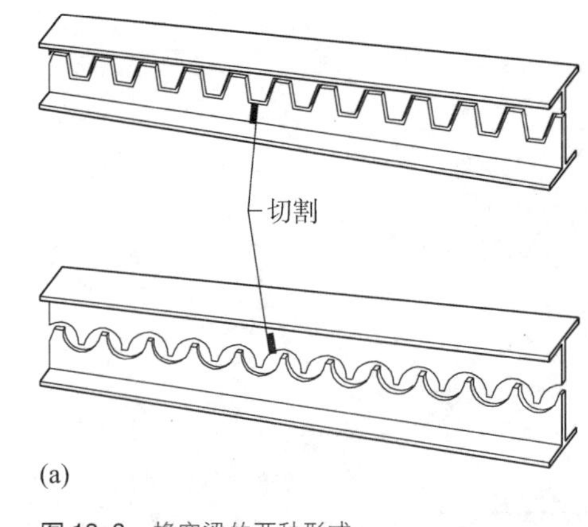

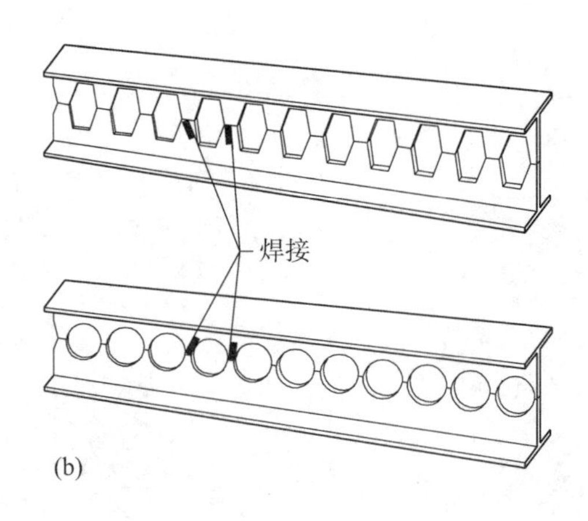

图18.8 蜂窝梁的两种形式

图18.9 蜂窝梁与柱子的连接，上方铺设波纹钢板。
图片来源：得克萨斯州中洛锡安镇的钢铁制品厂提供

设计团队

办公楼的设计与建造由团队协作完成。其中建筑师负责平面功能设计以及结构框架尺寸的确定等，结构工程师负责计算出结构框架中梁、柱子、斜撑等结构构件的具体尺寸。经过审核的上述图纸会交给钢材制造商，制造商进一步制定详细的建造图，包括连接件形式等细部构造图。结构工程师或建筑师负责核查建造图与原始施工图是否一致，确定无误后，工人会根据建造图在工厂生产加工出所有的钢构件，生产工序包含切割、钻孔、冲压、剪切、螺栓连接以及焊接等。一些特殊构件则是由切割成型的钢板焊接在一起制成的。

在建筑工地上组装钢构件的工人是安装工，当起重机吊起钢构件后，安装工将钢构件引导就位，并用螺栓进行简单的连接，并不将螺栓拧

图 18.10　采用 C 形钢和斜撑支撑的轻质承重墙的制作现场
图片来源：美国石膏公司提供

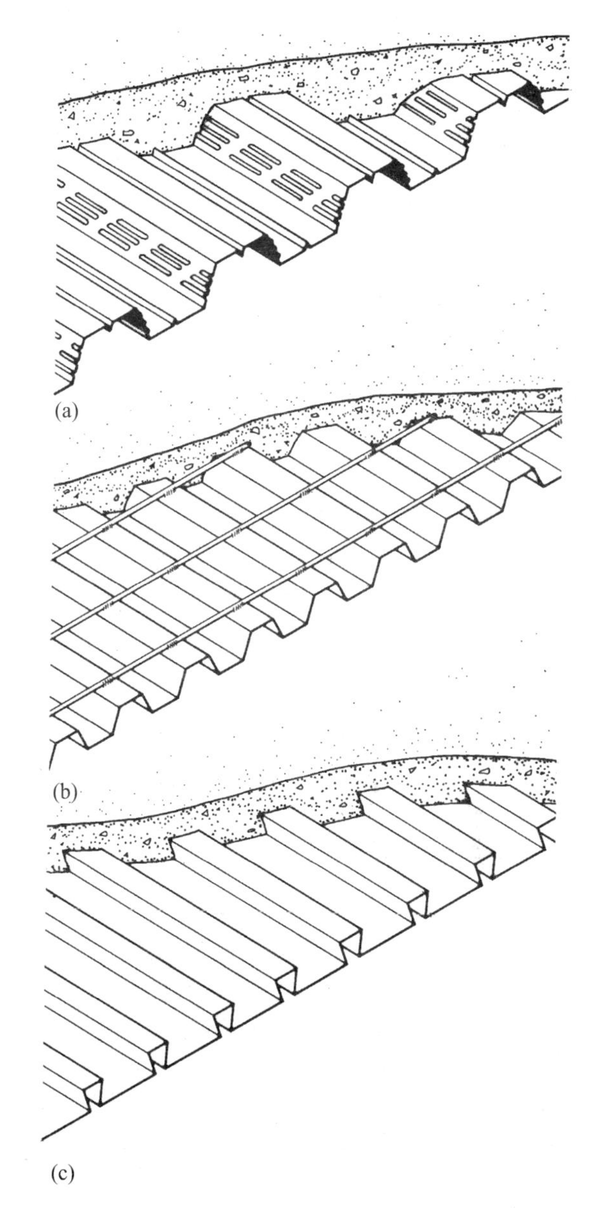

图 18.11　波纹钢板与混凝土共同构成了组合结构。(a) 图中的波纹钢板上带有肋，可以与混凝土面层紧密结合。(b) 图的波纹钢板上铺设了钢筋网片。(c) 图的波纹钢板中含有燕尾槽，燕尾槽可供插入特殊的紧固件，用来悬挂通风管道或电气设备等装置。

紧。在钢框架结构的建造中，柱子通常制作成两层楼高。当两根柱子吊装就位后，在两根柱子之间安装固定梁，待一榀框架组装完成之后，再拧紧螺栓，然后采用斜拉索或斜撑进行固定。钢框架结构施工现场的大多数劳动为干法施工作业，大部分的湿作业如切割和钻孔等工作都在工厂中预制完成，只留有少部分的焊接作业在现场完成。

楼板和屋顶采用波纹钢板，将波纹钢板铺设到梁上，可以采用焊接、螺钉连接或其他紧固措施。波纹钢板上放置钢筋网片，然后浇筑几英寸厚的混凝土并抹平。屋顶通常不浇筑混凝土，而是铺设轻质保温板。

波纹钢板具有一定的抗拉强度，与混凝土相结合，可以起到加强混凝土的作用（图 18.11)，这种结构也被称为组合结构。也可以采用剪力钉将波纹钢板焊接到梁的顶部（图18.12），这种工法需要专门的施工设备。剪力钉可以使钢梁和混凝土共同作用抵抗弯矩，混凝土作为梁的受压翼缘，钢梁则作为梁的腹板和受拉翼缘，这样可以有效降低梁的高度和总体的工程造价。

防火措施

钢材在高温下会熔化，但是在较低的温度下会丧失大部分的强度。当建筑发生火灾时，钢结构建筑会有结构失效的隐患，因此除了工业厂房和低层的小型建筑物之外，必须采取必要的防火措施防止钢构件在火灾中失效。主要的防火措施包括：用混凝土或砖石包裹住钢构件；用防火石膏板包裹在钢构件外部；在钢构件上喷涂一层厚厚的防火涂料等。如果钢构件暴露在外，则可以在钢构件上涂一层薄薄的膨胀型防火涂料，这种防火涂料受热后会膨胀形成稳定的防火绝缘层。

钢框架结构的连接

图18.13所示为一个普通的钢框架结构，框架上各个节点的连接构造如图18.14～图18.20所示。这些构造是通用的构造，需要结构工程师牢牢掌握相关知识。

采用剪力钉将波纹钢板固定到钢梁上

图18.12　某钢框架结构建筑楼板的施工现场，梁上的剪力钉清晰可见，波纹钢板上铺设钢筋网片，然后浇筑混凝土，钢筋网片可以避免楼面的开裂。

图片来源：美国施维英公司提供

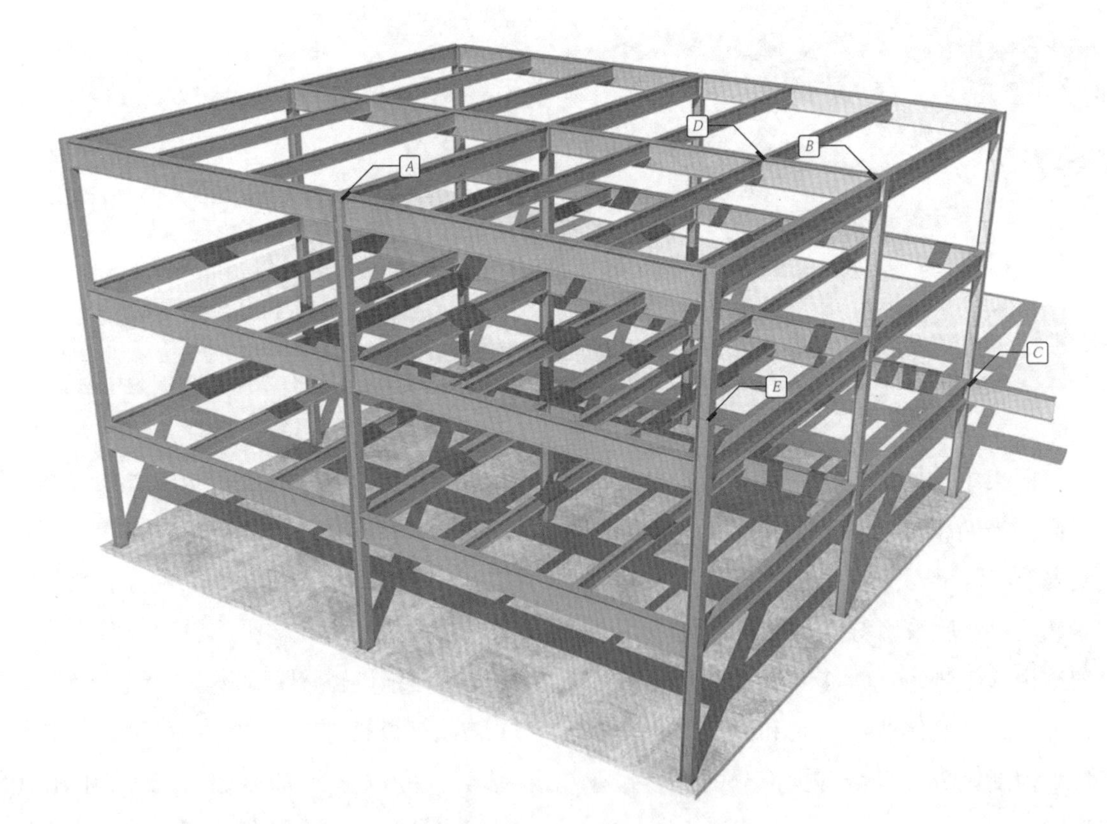

图18.13　典型的钢框架结构，其中的连接构造如图18.14~图18.20所示。

图 18.14　宽翼缘工字钢梁与宽翼缘工字钢柱子的连接，采用角钢将梁腹板的两侧与柱子的翼缘相连，这种连接方式被认为是铰接，因为梁的翼缘没有与柱子连接。

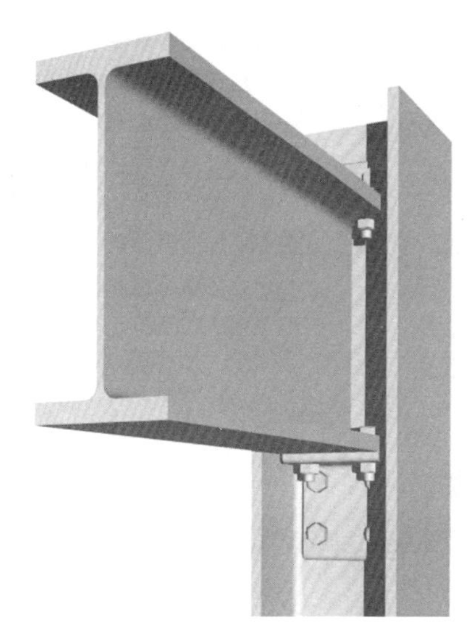

图 18.15　采用托架将梁连接到柱子的腹板上。因为柱子翼缘之间的空间很小，没有足够的空间插入机械扳手来拧紧螺栓。尽管梁的翼缘采用螺栓连接到柱子上，但是这些螺栓不足以将梁翼缘上的力传递到柱子上，因此这种连接被认为是铰接。

图 18.16　在梁的端部焊接钢端板，将端板与柱子的翼缘连接，这种连接方式通常被认为是刚接。

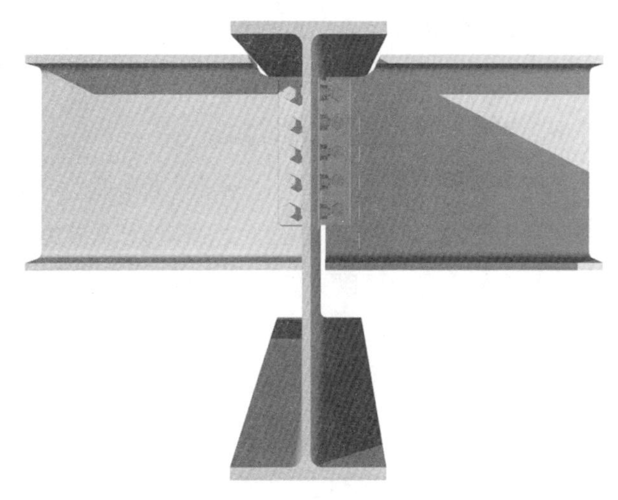

图 18.17　次梁与主梁连接时，将次梁的上翼缘切开，使次梁和主梁的顶部位于同一水平面上。这种连接方式便于楼板的安装。

图 18.18　柱子与柱子的连接位于楼板以上约 1.2 米处，避开了梁的位置，避免对梁和柱子的连接造成干扰。(a) 图的连接用于截面相同的柱子的连接。(b) 图的连接用于标称尺寸相同但壁厚不同的柱子之间的连接，采用钢垫板来弥补翼缘厚度之间的差异。(c) 图的连接采用连接板将柱子之间的腹板连接起来，连接板焊接到下面的柱子上，并在施工现场采用螺栓将其与上部柱子连接。连接板上的预留螺栓孔可以作为柱子的吊点。当上下柱子对位之后，工人用局部熔透焊将柱子的翼缘焊接在一起，形成刚性连接。

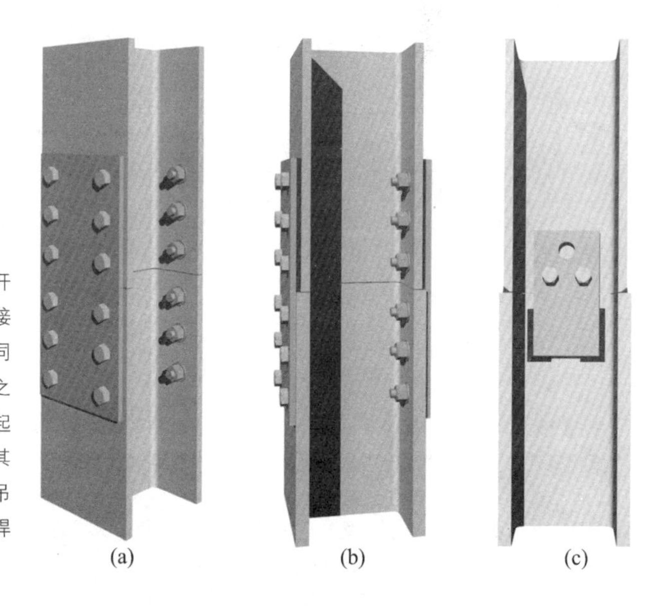

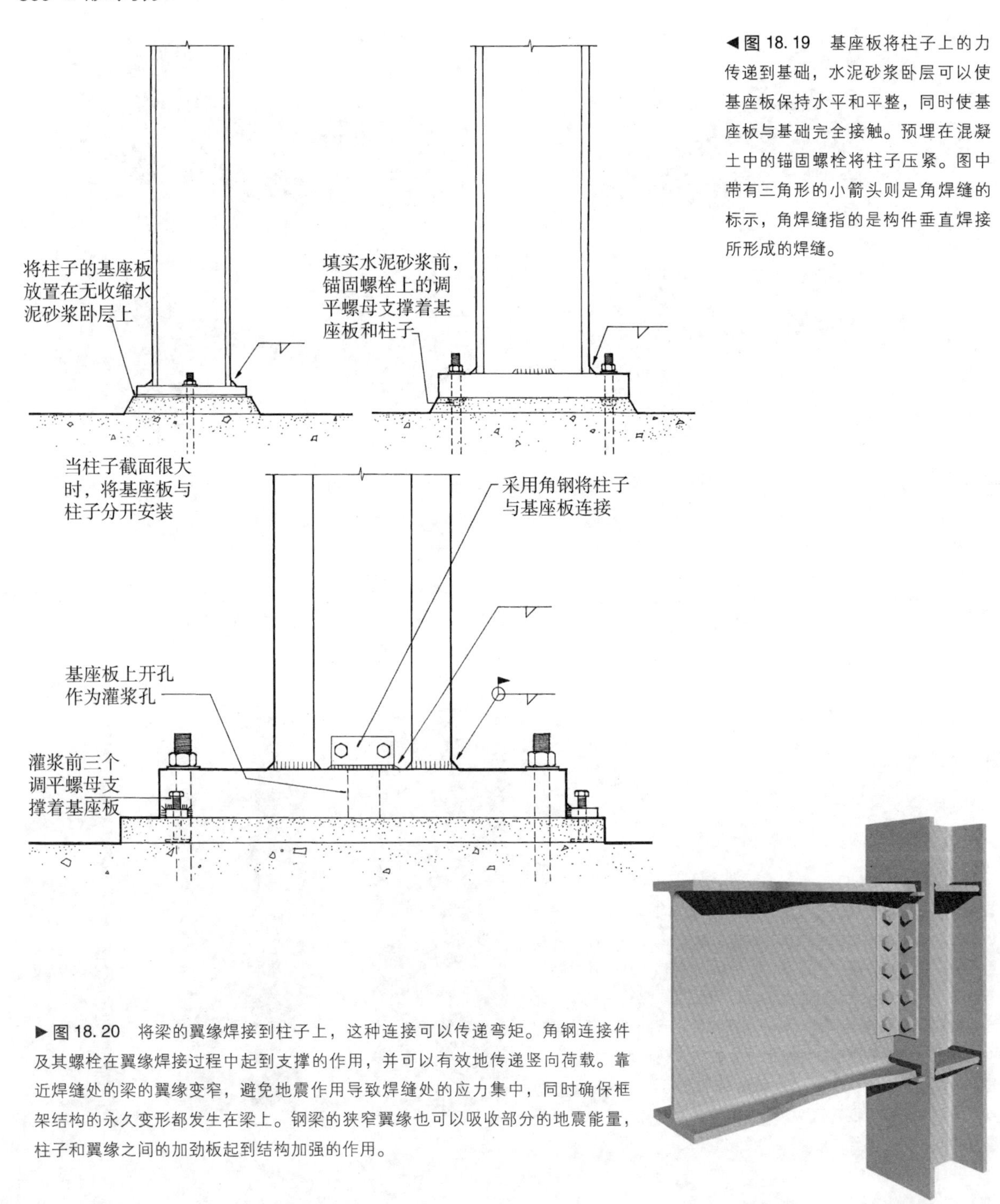

◀图 18.19　基座板将柱子上的力传递到基础，水泥砂浆卧层可以使基座板保持水平和平整，同时使基座板与基础完全接触。预埋在混凝土中的锚固螺栓将柱子压紧。图中带有三角形的小箭头则是角焊缝的标示，角焊缝指的是构件垂直焊接所形成的焊缝。

▶图 18.20　将梁的翼缘焊接到柱子上，这种连接可以传递弯矩。角钢连接件及其螺栓在翼缘焊接过程中起到支撑的作用，并可以有效地传递竖向荷载。靠近焊缝处的梁的翼缘变窄，避免地震作用导致焊缝处的应力集中，同时确保框架结构的永久变形都发生在梁上。钢梁的狭窄翼缘也可以吸收部分的地震能量，柱子和翼缘之间的加劲板起到结构加强的作用。

钢框架结构设计

回到本章开始时提到的 11 层钢框架结构办公楼设计，其总建筑面积为 16 200 平方英尺。钢框架结构的施工速度快，进行适当的防火处理后可以适用于不同的功能用途。办公楼的平面尺寸初步确定为 150 英尺×108 英尺（图 18.2），核心筒的尺寸为 70 英尺×36 英尺，核心筒中包括电梯、楼梯、卫生间以及设备间等功能。

重力

经验表明最经济实用的钢框架结构单元的面积约为 1 000 平方英尺，长宽的比值在 1.25 到 1.5 之间。次梁沿长边方向布置，在主梁的 1/3 处与主梁相接（图 18.21）。框架单元的尺寸是可以调整的，因为它不仅仅受限于结构和经济等因素，还与建筑功能有关。

业主希望在办公楼的核心筒和建筑长边外墙之间留出宽约 35 英尺的无柱区域，作为开放式办公空间，整个空间可以更好地利用自然采光。一个长约 35 英尺、宽约 28.6 英尺，面积约为 1 000 平方英尺的框架单元，其长宽的比值为 35 英尺除以 28.6 英尺，即 1.22，这个比值小于 1.25，不在最经济的比值范围之内，但依然切实可行。

这栋办公楼的长度为 150 英尺，将这个长度除以框架单元的宽度 28.6 英尺，结果为 5.24

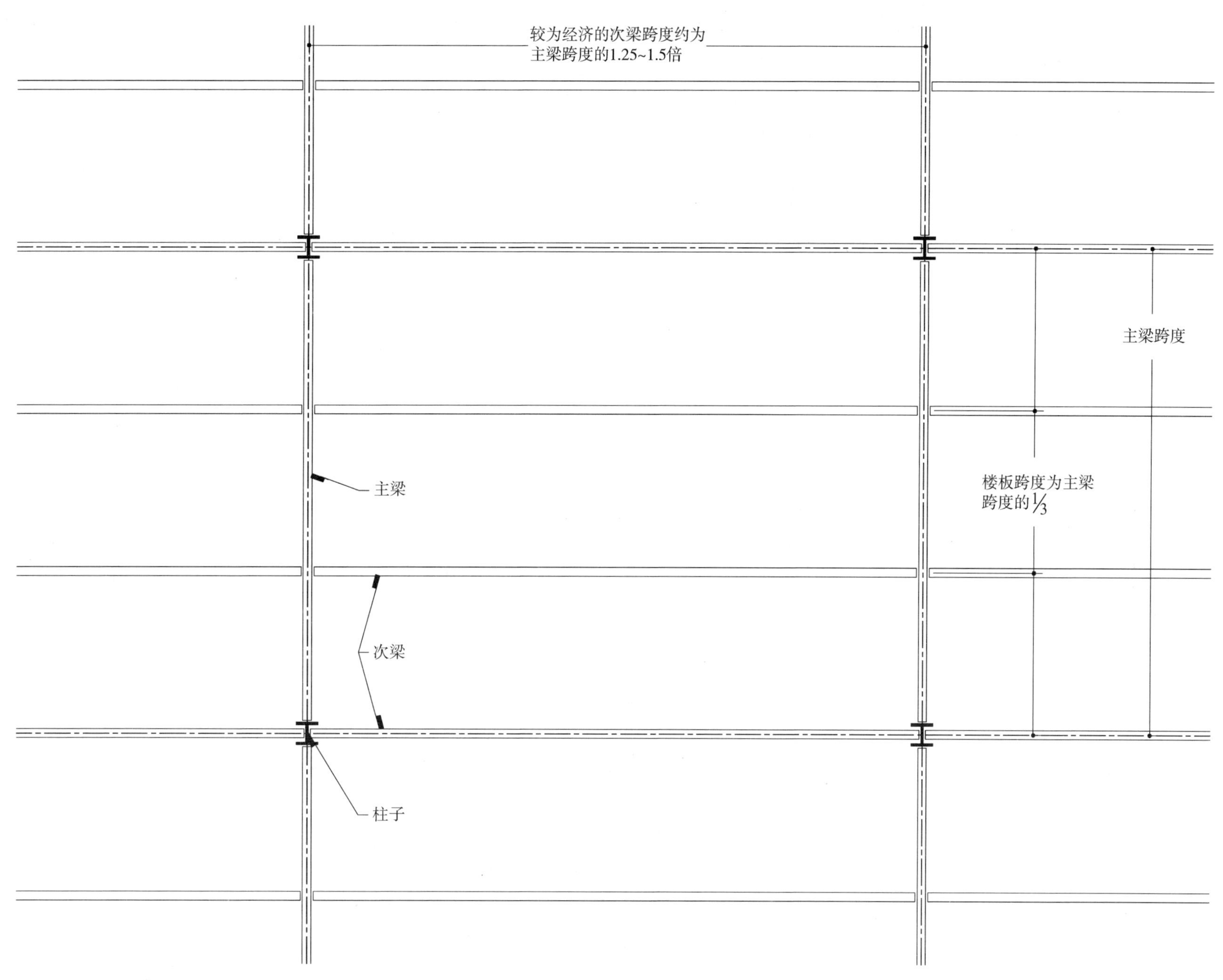

图 18.21　办公楼的框架结构单元

个框架单元，框架单元的数量最好为整数。如果将办公楼在长度上分为 5 个框架单元，每个框架单元的宽度为 30 英尺，那么框架单元的长宽的比值为 1.17，这也是合理的。如果将办公楼在长度上分成 6 个框架单元，那么这些框架单元的长宽的比值则为 1.44，这个结果在最经济的比值范围之内。

尝试了以上两种平面布局之后（图 18.22），根据建筑功能和室内家具布置的情况，发现 5 个开间的布局更加适用，但是这种方案会使空间多出 4 根暴露在外的柱子。如果建筑师认为这些柱子会影响到办公室的使用，可以将它们

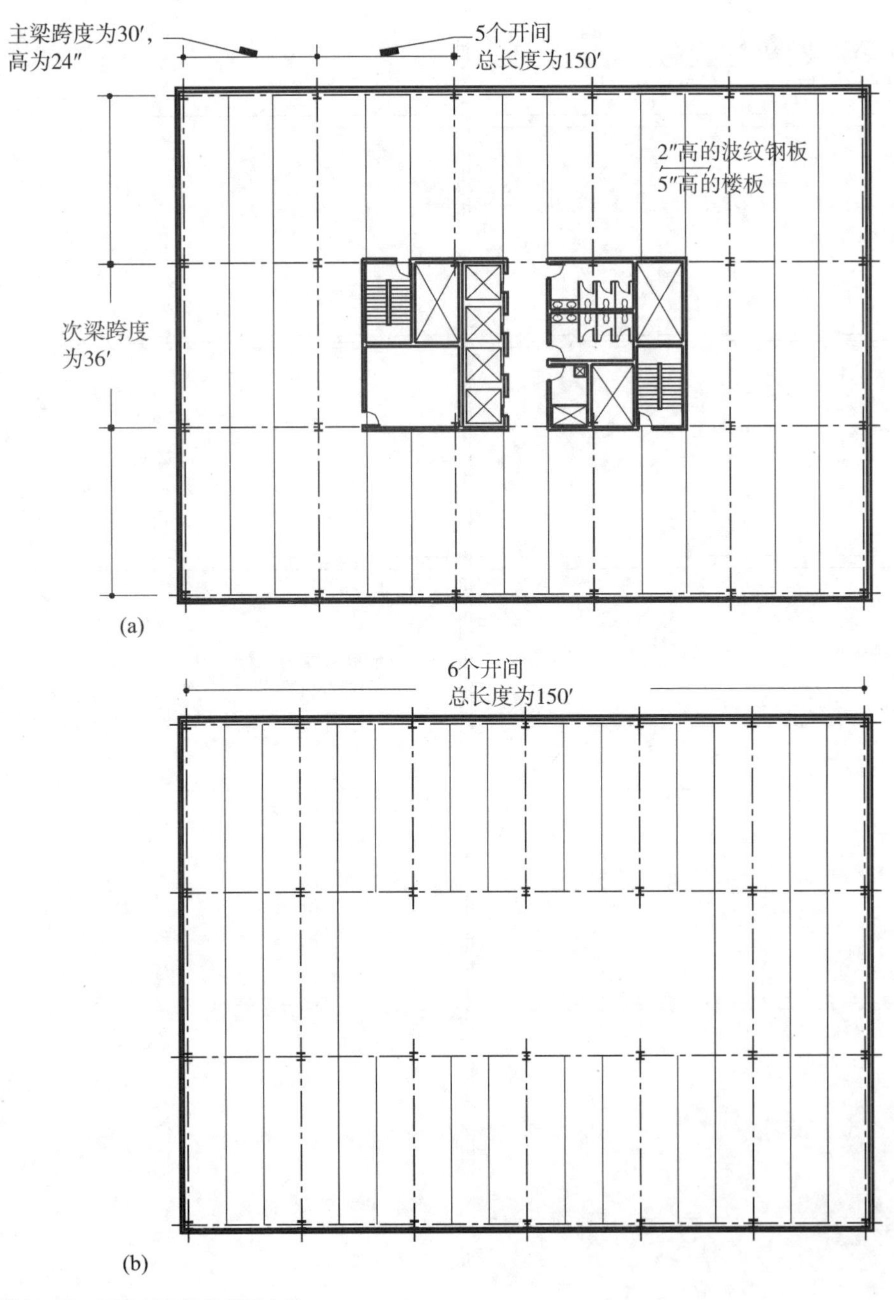

图 18.22 两种框架结构平面布局

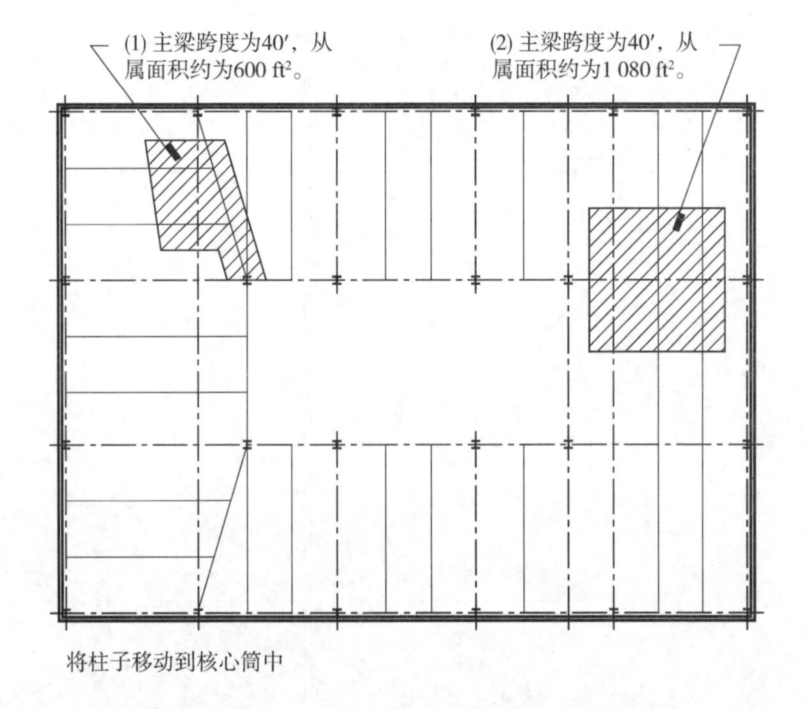

图 18.23 将柱子移动到核心筒中，采用斜梁或者跨度较长的梁来支撑框架单元。

移动到核心筒内（图 18.23）。

6 个开间的平面布局也是合理的，但是这种布局也同样存在柱子暴露在空间中的问题。相较于 5 个开间的布局，这种布局会使每层多出 4 根柱子，导致建造成本的增加。

横向荷载

钢框架结构抵抗横向荷载的措施主要有剪力墙、斜撑和刚性节点，也可以将这三种措施组合应用。剪力墙或斜撑可以安装在核心筒的两个主方向上（见第 15 章）。考虑到本方案中核心筒的位置以及平面尺寸足以抵抗横向荷载，同时楼板和屋顶会形成横隔板，可以在外围护结构和刚性核心筒之间传递荷载。

另一种方案是采用刚性节点来抵抗横向荷载。因为主梁抵抗横向荷载的能力最强，因此主梁的连接处需采用刚性节点。如果结构框架中的刚性节点足够多，就可以拥有更好的侧向稳定性。由于办公楼在短边方向上的次梁高度比较低，因此只采用刚性节点很难抵抗短边方向上的横向荷载。可以采用核心筒、斜撑或者剪力墙等措施来加强。

斜撑通常比刚性节点的成本要低，所以本案例采用了斜撑来抵抗横向荷载。斜撑一般会安装在柱子之间，也可以暴露在外。通常倒 V 字形斜撑最为经济，也被称为人字形支撑，这种斜撑便于与梁和柱子相连接（图 18.24），同时

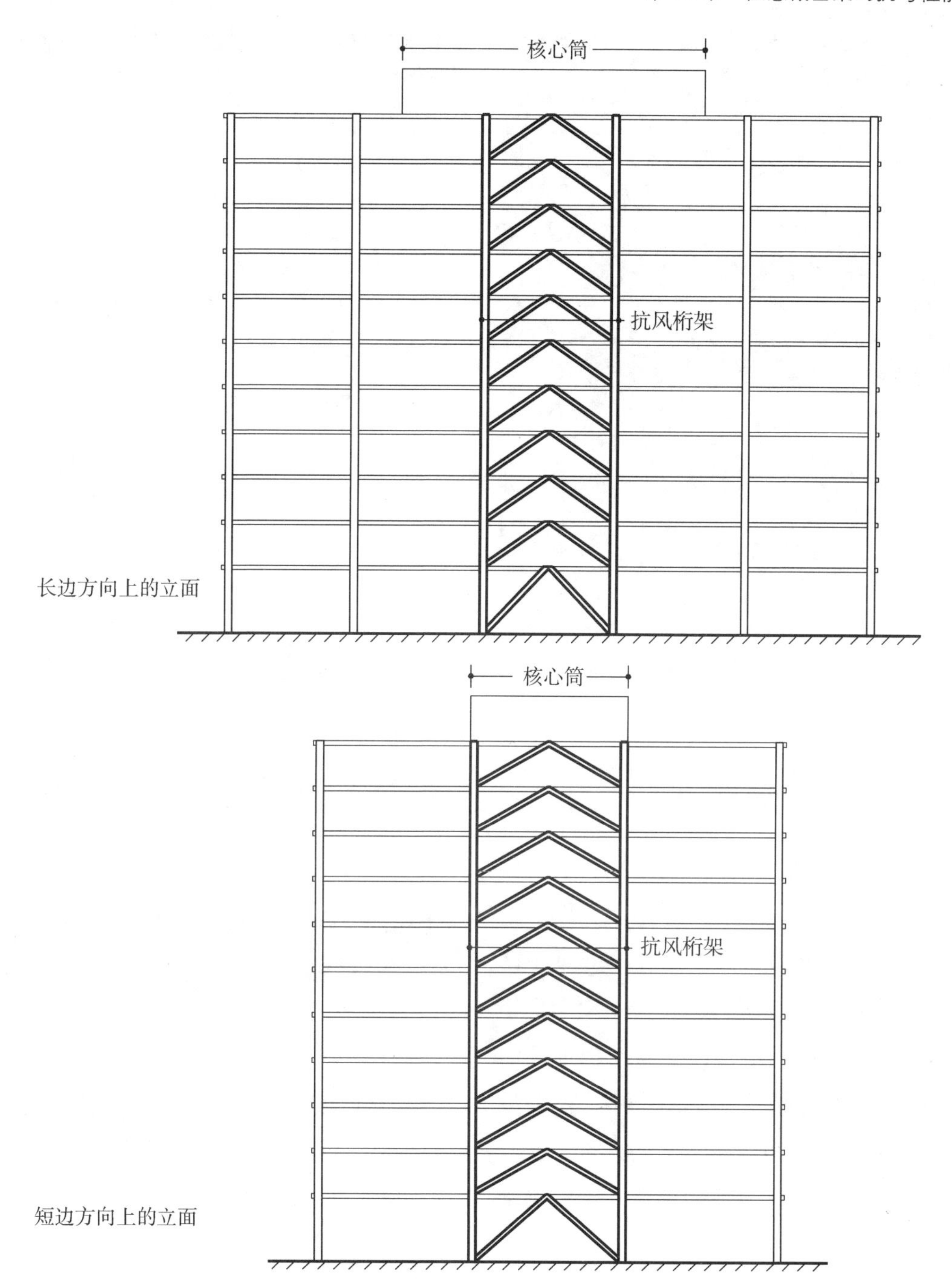

图 18.24 位于核心筒中的倒 V 字形斜撑与柱子一起，形成了垂直的 K 形桁架。

图 18.25 这座 10 层的钢结构建筑和本章所设计的办公楼的规模相似。从图中可以看到这座建筑采用了空腹钢托架和宽翼缘工字钢梁，并且下面 6 层已经安装了楼面板。

图片来源：美国纽柯钢铁公司瓦尔克拉夫分公司提供

钢框架结构的初步设计

- 波纹钢板的高度大约为其跨度的 1/40。标称尺寸包括 1 英寸、1.5 英寸、2 英寸和 4 英寸，即 25 毫米、38 毫米、50 毫米和 100 毫米。
- 波纹钢板与混凝土面层的总高度约是跨度的 1/24。其总高度一般处在 2.5~7 英寸之间，即 63~178 毫米的范围内。
- 空腹钢托架支撑重量较大的楼板或者间距较宽时，其高度约是跨度的 1/20；而支撑屋顶、重量较轻的楼板或者间距较窄时，其高度约是跨度的 1/24。间距取决于楼面板或屋面板的跨度，常见的间距范围为 2~10 英尺，即 0.6~3.0 米。
- 钢次梁的高度约是其跨度的 1/20，钢主梁的高度约是其跨度的 1/15。梁的宽高比为 1/3~1/2 之间。这些值同样适用于组合梁，但组合梁的高度要包括波纹钢板和钢筋混凝土楼板的高度。
- 三角钢桁架的高度约是其跨度的 1/4~1/5，平行桁架的高度通常是其跨度的 1/8~1/12。
- 将钢柱子支撑的总的屋面面积和楼面面积相加，即可估算出柱子的尺寸。一根型号为 W8 的宽翼缘工字钢柱子可以支撑大约 3 000 平方英尺（约 278 平方米）的面积，W14 柱子可以支撑约 25 000 平方英尺（2 323 平方米）的面积。壁厚最大的 W14 柱子，其尺寸远大于 14 英寸，可以支撑大约 50 000 平方英尺（4 645 平方米）的面积。宽翼缘工字钢柱子的截面通常为正方形或近似正方形。

以上的数值仅适用于钢框架结构的初步设计，不能作为构件的最终尺寸。这些数值适用于住宅、办公楼、商业建筑、教育建筑以及车库等建筑，厂房和库房等中大跨建筑并不适用。

关于钢结构初步设计以及构件尺寸方面的信息，请参看以下的书籍，这页提到的数值均出自此书：Edward Allen and Joseph Iano. The Architect's Studio Companion (4th ed.). Hoboken: John Wiley & Sons, 2007.

也不影响开间中部开门或开窗。倒 V 字形斜撑与柱子一起，形成了垂直的 K 形桁架，K 形桁架比平行桁架更加高效，这一点在第 6 章中已经讨论过。在第 15 章和第 17 章中将 K 形桁架用作结构框架中的抗风桁架，提高结构框架的侧向稳定性。在安装倒 V 字形斜撑中，需要将图 18.2 中核心筒左下角设备间的门移位，使门开在接近倒 V 字形斜撑中部的位置，不影响倒 V 字形斜撑构件的布置。

当办公楼承受重力荷载、风荷载或地震引起的横向荷载作用时，办公楼顶层所承受的荷载最小，其他各个楼层所承受的荷载从上到下逐层增加，紧邻基础的一层所承受的荷载最大。柱子除了承受重力荷载之外，也承受风荷载等横向荷载的作用。当办公楼承受横向荷载作用时，柱子就充当了办公楼这个悬臂桁架的上弦和下弦。如果采用剪力墙抵抗横向荷载，剪力墙可以安装在抗风桁架的位置。如果采用刚性节点，刚性节点需呈对称形式布置在大楼的周围。

初步确定结构构件的尺寸

采用恒荷载和活荷载的标准值作为代表值。首先自上而下地计算出波纹钢板以及混凝土面层的高度。其跨度为主梁跨度的 1/3 即 10 英尺，按高跨比为 1∶24 计算，则波纹钢板以及混凝土面层的高度大概为 5 英寸。

次梁的高度为其跨度的 1/20，即 21 英寸。主梁的高度为其跨度的 1/15，即 24 英寸。

建筑物外围的柱子支撑着半个框架单元的面积，即 525 平方英尺，底层外围的柱子所承担的从属面积则为 11 层乘 525 平方英尺，即 5 775 平方英尺。根据表 18. 1，底层外围柱子应选规格为 W12 的宽翼缘工字钢。建筑物的内柱支撑着一整个框架单元，底层内柱所承担的从属面积是外围柱子的两倍，底层内柱可以选择 W12 系列中壁厚较大的宽翼缘工字钢。相对于改变宽翼缘工字钢的规格，更加经济的做法是采用同一规格但壁厚不同的钢构件，也就是在建筑物的整个高度上使用标称 12 英寸的宽翼缘工字钢，这样可以简化连接节点。在表 18. 1 中，W12 宽翼缘工字钢截面近似于正方形，有 17 种不同壁厚的型号，重量在 65 磅每英尺到

表 18. 1　宽翼缘工字钢的截面尺寸和几何性质

宽翼缘工字钢的截面尺寸

规格	面积	高度		腹板			翼缘				距离		
				厚度		$\frac{t_w}{2}$	宽度		厚度		T	k	k_1
	in^2	in		in		in	in		in		in	in	in
W12×336*	98. 8	16. 82	$16\frac{7}{8}$	1. 775	$1\frac{3}{4}$	$\frac{7}{8}$	13. 385	$13\frac{3}{8}$	2. 955	$2\frac{15}{16}$	$9\frac{1}{2}$	$3\frac{11}{16}$	$1\frac{1}{2}$
×305*	89. 6	16. 32	$16\frac{3}{8}$	1. 625	$1\frac{5}{8}$	$\frac{13}{16}$	13. 235	$13\frac{1}{4}$	2. 705	$2\frac{11}{16}$	$9\frac{1}{2}$	$3\frac{7}{18}$	$1\frac{7}{16}$
×279*	81. 9	15. 85	$15\frac{7}{8}$	1. 530	$1\frac{1}{2}$	$\frac{3}{4}$	13. 140	$13\frac{1}{8}$	2. 470	$2\frac{1}{2}$	$9\frac{1}{2}$	$3\frac{3}{16}$	$1\frac{3}{8}$
×252*	74. 1	15. 41	$15\frac{3}{8}$	1. 395	$1\frac{3}{8}$	$\frac{11}{16}$	13. 005	13	2. 250	$2\frac{1}{4}$	$9\frac{1}{2}$	$2\frac{15}{16}$	$1\frac{5}{16}$
×230*	67. 7	15. 05	15	1. 285	$1\frac{5}{16}$	$\frac{11}{16}$	12. 895	$12\frac{7}{8}$	2. 070	$2\frac{1}{16}$	$9\frac{1}{2}$	$2\frac{3}{4}$	$1\frac{1}{4}$
×210*	61. 8	14. 71	$14\frac{3}{4}$	1. 180	$1\frac{3}{16}$	$\frac{5}{8}$	12. 790	$12\frac{3}{4}$	1. 900	$1\frac{7}{8}$	$9\frac{1}{2}$	$2\frac{5}{8}$	$1\frac{1}{4}$
×190	55. 8	14. 38	$14\frac{3}{8}$	1. 060	$1\frac{1}{16}$	$\frac{9}{16}$	12. 670	$12\frac{5}{8}$	1. 735	$1\frac{3}{4}$	$9\frac{1}{2}$	$2\frac{7}{16}$	$1\frac{3}{16}$
×170	50. 0	14. 03	14	0. 960	$\frac{15}{16}$	$\frac{1}{2}$	12. 570	$12\frac{5}{8}$	1. 560	$1\frac{9}{16}$	$9\frac{1}{2}$	$2\frac{1}{4}$	$1\frac{1}{8}$
×152	44. 7	13. 71	$13\frac{3}{4}$	0. 870	$\frac{7}{8}$	$\frac{7}{16}$	12. 480	$12\frac{1}{2}$	1. 400	$1\frac{3}{8}$	$9\frac{1}{2}$	$2\frac{1}{8}$	$1\frac{1}{16}$

宽翼缘工字钢截面的几何性质

重量	截面属性			X_1	$X_2 \times 10^6$	弹性特性						塑性模量	
						X−X 轴			Y−Y 轴			Z_x	X_y
lb/ft	$\frac{b_f}{2t_f}$	$\frac{h}{t_w}$	$\frac{F_y^M}{kip/in^2}$	kip/in^2	$[1/(kip/in^2)]^2$	I	S	r	I	S	r		
						in^4	in^3	in	in^4	in^3	in	in^3	in^3
336	2. 3	5. 5	—	12800	6. 05	4060	483	6. 41	1190	177	3. 47	603	274
305	2. 4	6. 0	—	11800	8. 17	3550	435	6. 29	1050	159	3. 42	537	244
279	2. 7	6. 3	—	11000	10. 8	3110	393	6. 16	937	143	3. 38	481	220
252	2. 9	7. 0	—	10100	14. 7	2720	353	6. 06	828	127	3. 34	428	196
230	3. 1	7. 6	—	9390	19. 7	2420	321	5. 97	742	115	3. 31	386	177
210	3. 4	8. 2	—	8670	26. 6	2140	292	5. 89	664	104	3. 28	348	159
190	3. 7	9. 2	—	7940	37. 0	1890	263	5. 82	589	93. 0	3. 25	311	143
170	4. 0	10. 1	—	7190	54. 0	1650	235	5. 74	517	82. 3	3. 22	275	126
152	4. 5	11. 2	—	6510	79. 3	1430	209	5. 66	454	72. 8	3. 19	243	111
136	5. 0	12. 3	—	5850	119	1240	186	5. 58	398	64. 2	3. 16	214	98. 0
120	5. 6	13. 7	—	5240	184	1070	163	5. 51	345	56. 0	3. 13	186	85. 4
106	6. 2	15. 9	—	4660	285	933	145	5. 47	301	49. 3	3. 11	164	75. 1
96	6. 8	17. 7	—	4250	405	833	131	5. 44	270	44. 4	3. 09	147	67. 5
87	7. 5	18. 9	—	3880	586	740	118	5. 38	241	39. 7	3. 07	132	60. 4
79	8. 2	20. 7	—	3530	839	662	107	5. 34	216	35. 8	3. 05	119	54. 3

（续表）

规格	面积	高度		腹板			翼缘				距离		
				厚度		$\frac{t_w}{2}$	宽度		厚度		T	k	k_1
	in²	in		in		in	in		in		in	in	in
×136	39.9	13.41	13 3/8	0.790	13/16	7/16	12.400	12 3/8	1.250	1 1/4	9 1/2	1 15/16	1
×120	35.3	13.12	13 1/8	0.710	11/16	3/8	12.320	12 3/8	1.105	1 1/8	9 1/2	1 13/16	1
×106	31.2	12.89	12 7/8	0.610	5/8	5/16	12.220	12 1/4	0.990	1	9 1/2	1 11/16	15/16
×96	28.2	12.71	12 3/4	0.550	9/16	5/16	12.160	12 1/8	0.900	7/8	9 1/2	1 5/8	7/8
×87	25.6	12.53	12 1/2	0.515	1/2	1/4	12.125	12 1/8	0.810	13/16	9 1/2	1 1/2	7/8
×79	23.2	12.38	12 3/8	0.470	1/2	1/4	12.080	12 1/8	0.735	3/4	9 1/2	1 7/16	7/8
×72	21.1	12.25	12 1/4	0.430	7/16	1/4	12.040	12	0.670	11/16	9 1/2	1 3/8	7/8
×65	19.1	12.12	12 1/8	0.390	3/8	3/16	12.000	12	0.605	5/8	9 1/2	1 5/16	13/16
W12×58	17.0	12.19	12 1/4	0.360	3/8	3/16	10.010	10	0.640	5/8	9 1/2	1 3/8	13/16
×53	15.6	12.06	12	0.345	3/8	3/16	9.995	10	0.575	9/16	9 1/2	1 1/4	13/16
W12×50	14.7	12.19	12 1/4	0.370	3/6	3/16	8.080	8 1/8	0.640	5/8	9 1/2	1 3/8	13/16
×45	13.2	12.06	12	0.335	5/16	3/16	8.045	8	0.575	9/16	9 1/2	1 1/4	13/16
×40	11.8	11.94	12	0.295	5/16	3/16	8.005	8	0.515	1/2	9 1/2	1 1/4	3/4
W12×35	10.3	12.50	12 1/2	0.300	5/16	3/16	6.560	6 1/2	0.520	1/2	10 1/2	1	9/16
×30	8.79	12.34	12 3/8	0.260	1/4	1/8	6.520	6 1/2	0.440	7/16	10 1/2	15/16	1/2
×26	7.65	12.22	12 1/4	0.230	1/4	1/8	6.490	6 1/2	0.380	3/8	10 1/2	7/8	1/2
W12×22	6.48	12.31	12 1/4	0.260	1/4	1/8	4.030	4	0.425	7/16	10 1/2	7/8	1/2
×19	5.57	12.16	12 1/8	0.235	1/4	1/8	4.005	4	0.350	3/8	10 1/2	13/16	1/2
×16	4.71	11.99	12	0.220	1/4	1/8	3.990	4	0.265	1/4	10 1/2	3/4	1/2
×14	4.16	11.91	11 7/8	0.200	3/16	1/8	3.970	4	0.225	1/4	10 1/2	11/16	1/2

重量	截面属性			X_1	$X_2 \times 10^6$	弹性特性						塑性模量	
						X-X 轴			Y-Y 轴			Z_x	X_y
lb/ft	$\frac{b_f}{2t_f}$	$\frac{h}{t_w}$	F_y''' kip/in²	kip/in²	[1/(kip/in²)]²	I in⁴	S in³	r in	I in⁴	S in³	r in	in³	in³
72	9.0	22.6	—	3230	1180	597	97.4	5.31	195	32.4	3.04	108	49.2
65	9.9	24.9	—	2940	1720	533	87.9	5.28	174	29.1	3.02	96.8	44.1
58	7.8	27.0	—	3070	1470	475	78.0	5.28	107	21.4	2.51	86.4	32.5
53	8.7	28.1	—	2820	2100	425	70.6	5.23	95.8	19.2	2.48	77.9	29.1
50	6.3	26.2	—	3170	1410	394	64.7	5.18	56.3	13.9	1.96	72.4	21.4
45	7.0	29.0	—	2870	2070	350	58.1	5.15	50.0	12.4	1.94	64.7	19.0
40	7.8	32.9	59	2580	3110	310	51.9	5.13	44.1	11.0	1.93	57.5	16.8
35	6.3	36.2	49	2420	4340	285	45.6	5.25	24.5	7.47	1.54	51.2	11.5
30	7.4	41.8	37	2090	7950	238	38.6	5.21	20.3	6.24	1.52	43.1	9.56
26	8.5	47.2	29	1820	13900	204	33.4	5.17	17.3	5.34	1.51	37.2	8.17
22	4.7	41.8.	37	2160	8640	156	25.4	4.91	4.66	2.31	0.847	29.3	3.66
19	5.7	46.2	30	1880	15600	130	21.3	4.82	3.76	1.88	0.822	24.7	2.98
16	7.5	49.4	26	1610	32000	103	17.1	4.67	2.82	1.41	0.773	20.1	2.26
14	8.8	54.3	22	1450	49300	88.6	14.9	4.62	2.36	1.19	0.753	17.4	1.90

注：来源于美国钢结构研究协会提供的《钢结构手册》。

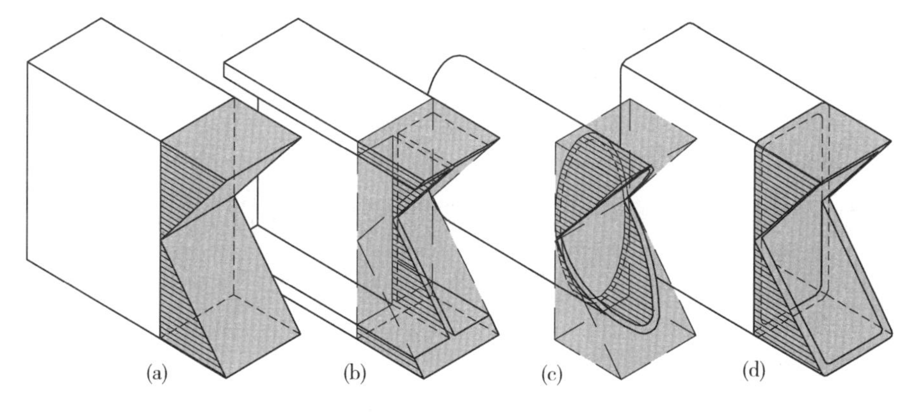

图 18.26　梁中的弯曲正应力呈楔形分布，不同截面梁利用了楔形的一部分。

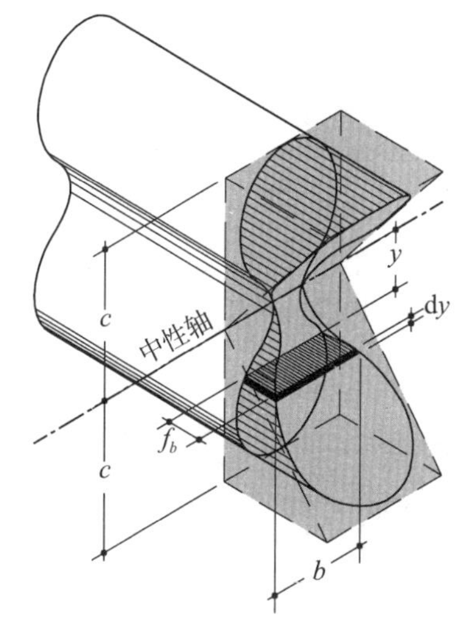

图 18.27　任意截面的梁中的弯曲正应力

336 磅每英尺之间。柱子外边缘的尺寸与公称尺寸没有关联，例如公称 12 英寸的柱子，外边缘尺寸在 12~16 英寸之间，翼缘厚度可达到 3 英寸。顶层的柱子重量一般在 65 磅每英尺左右，底层的柱子则重得多。

这些尺寸可以帮助我们在初步设计阶段确定结构设计的可行性、计算层高以及在构件尺寸计算过程中估算构件自重。

确定梁的尺寸

在第 16 章和 17 章中学习了计算矩形截面木梁尺寸的方法。而钢梁的截面形状比较复杂，因此计算方法也比较复杂。

任意截面梁中弯曲正应力的分布

任意截面梁中的弯曲正应力都是呈线性分布的，并且在中性轴处为零（图 18.26）。如果将梁的横截面分成多个小微元，那么每个微元都能够产生局部抵抗弯矩，弯矩的大小等于该微元所承受的力的大小与距中性轴距离的乘积。微元所承受的力的大小等于面积 dA 与材料应力 f_y 的乘积。根据图 18.27 可知，在距离梁的中性轴 y 处的微元的局部弯矩为：

$$M_{\text{resist}}^{\text{partial}} = yf_y\text{d}A$$

在梁的截面中，微元中的弯曲正应力 f_y 与梁中最大弯曲正应力 $f_b^{\max}$ 的比值等于 y 与梁的最外缘到中性轴距离 c 的比值。微元 dA 的面积等于其高度 dy 与其宽度 b 的乘积。因此，任意截面梁中的任意微元的局部弯矩都可以表示为：

$$M_{\text{resist}}^{\text{partial}} = f_b^{\max}\frac{y}{c}by\text{d}y = f_b^{\max}\frac{b}{c}y^2\text{d}y$$

将所有微元的弯矩相加，即可得到整个梁截面的弯矩。在上述表达式中，y 值的变化范围是$-c$（中性轴到梁底部最外缘的距离）到 c（中性轴到梁顶部最外缘的距离）。

$$M_{\text{resist}}^{l} = f_b^{\max}\frac{b}{c}\sum_{y=-c'}^{y=c} y^2\text{d}y$$

微元面积与该微元到中性轴距离平方的乘积的积分，就是该截面的惯性矩 I。

$$I = b\sum_{y=-c'}^{y=c} y^2\text{d}y$$

将惯性矩代入上一个公式可得：

$$M_{\text{resist}} = \frac{f_b^{\max} I}{c}$$

当梁达到安全承载能力的极限时，梁中的抵抗弯矩与外部弯矩 M 相等。用 M 代替 M_{resist}，并将公式重新排列，可得到适用于计算任意截面梁中的弯曲正应力的公式：

$$f_b^{\max} = \frac{Mc}{I} \qquad (18.1)$$

其中：

f_b^{max} 是梁上的最大弯曲正应力；

M 是弯矩；

c 是梁最外缘到中性轴的垂直距离；

I 是惯性矩。

惯性矩 I 与梁的截面尺寸和形状有关，代表了梁的弹性性能，惯性矩的单位是 in^4 或 mm^4。对于特定截面梁来说，c 和 I 都是常数，则 I/c 也是常数，被称为截面模量 S，那么公式可以表达为：

$$f_b = \frac{M}{S} \qquad (18.2)$$

距离中性轴 y 处的弯曲正应力的公式为：

$$f_b^y = \frac{My}{I} \qquad (18.3)$$

任意截面的惯性矩

为了简化截面惯性矩 I 的计算，假设小微元为宽度与梁的截面宽度一致、高度为 dy 的微小条带。根据惯性矩的定义，截面惯性矩即微小条带的面积与微小条带到中性轴垂直距离的乘积的积分（图 18.27）。

对于矩形截面梁来说，y 的变化范围从 $-d/2$ 到 $d/2$，而梁的宽度 b 是常数，每个微小条带的厚度是 dy，因此微小条带的面积是 b 乘 dy，微小条带到中性轴的距离为 y。根据积分求解方法可得矩形截面梁的惯性矩为：

$$I_{rect} = b\int_{y=-d/2}^{y=d/2} y^2 dy = b\frac{y^3}{3}\bigg|_{-d/2}^{d/2} = \frac{bd^3}{3\times8} - \frac{b\ (-d)^3}{3\times8} = \frac{bd^3}{12}$$

这个结果与第 17 章中通过另一种方式推导出的结果相同。

组合截面梁的惯性矩

组合截面指的是由两个或两个以上构件组成的截面。当这些截面共用一个中性轴时，组合截面的惯性矩即所有构件截面惯性矩之和。如图 18.28（a）所示的两根木梁，它们并排放

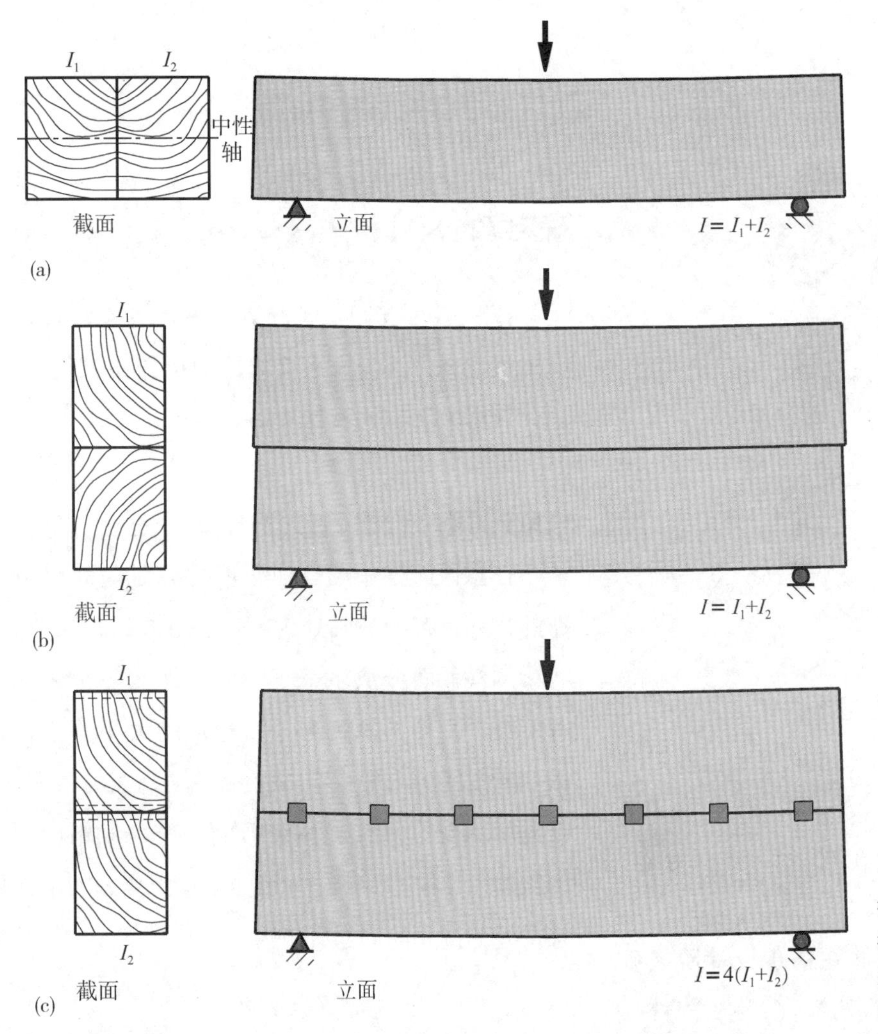

◀图 18.28　组合截面梁的不同构件需牢固地连接在一起，才能构成组合截面，如果构件之间发生水平位移，则结构表现为构件的单独作用。

置，没有连接在一起，这两根木梁共用中性轴，在这种情况下，其组合截面的惯性矩等于它们各自的惯性矩之和。

组合截面的连接

如果组合截面没有组合在一起，且不同构件的中性轴不同，其结构表现等于每个构件的分别单独作用，因此组合截面需要牢固地连接在一起。如图 18.28（b）所示，两根木梁上下放置在一起，但是中间没有连接，那么这两根梁会单独作用，而这种组合截面的惯性矩等于两根梁各自的惯性矩之和。如果将这两根木梁连接在一起，接合面上不产生水平位移，如图 18.28（c）所示，那么组合截面形成了一个整体，其构件高度增加一倍，惯性矩为单根木梁的八倍。

对于空心构件来说，如果内截面和外截面共用中性轴，那么就可以通过减法计算出空心构件的惯性矩。在图 18.29 中，圆钢管的惯性

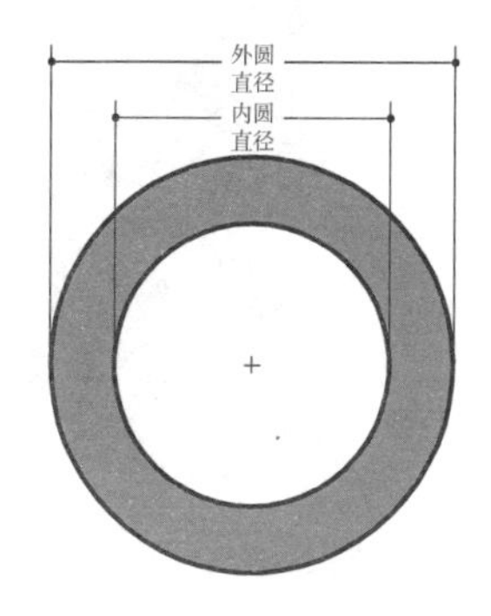

图 18.29　外圆的惯性矩减去内圆的惯性矩，即可得到钢管的惯性矩 I。

矩等于外圆的惯性矩减去内圆的惯性矩，即

$$I_X^{net}=I_X^{ext}-I_X^{int}$$

利用这种方法可以计算出方钢管或 C 形钢截面的惯性矩（图 18.30）。但是这种方法不适用于截面模量的计算，截面模量的计算首先需要计算出惯性矩，然后用惯性矩除以梁的外边缘到中性轴的垂直距离。

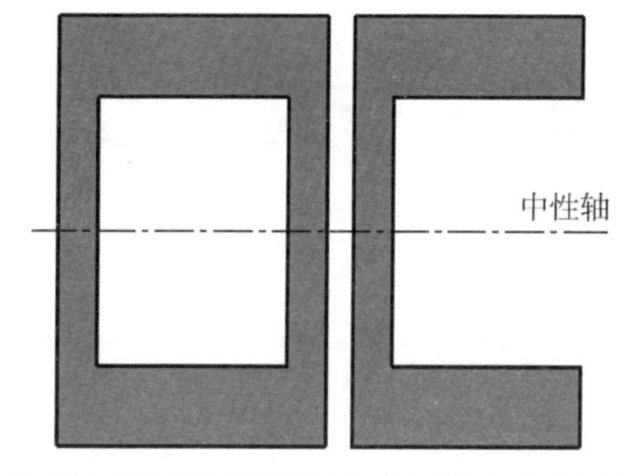

图 18.30　将外部矩形的惯性矩减去内部矩形的惯性矩，即可得到这两种截面的惯性矩。

惯性矩移轴定理：　多个不共用中性轴的构件所构成的组合截面，可以利用惯性矩移轴定理来计算惯性矩（图 18.31）：

$$I_x=\bar{I}_x+Ad^2 \qquad (18.4)$$

其中：

I_x 是针对特定轴的惯性矩；

$\bar{I}_x$ 是针对截面中性轴的惯性矩；

A 是截面面积；

d 是特定轴与中性轴之间的垂直距离。

表 18.2 给出了一些常用截面针对中性轴的

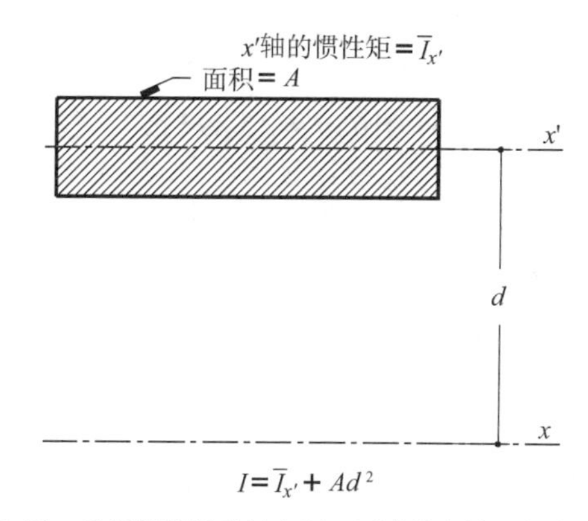

图 18.31　根据惯性矩移轴定理可以计算出针对任意与中性轴平行的特定轴的惯性矩。

惯性矩，根据以上公式可以计算出针对任意与中性轴平行的特定轴的惯性矩。

图 18.32 中的工字钢梁由三块钢板焊接而成，要计算该梁中的弯曲正应力，首先要求解出它的惯性矩。这根梁由上下翼缘和腹板组合而成，因为腹板的中性轴与组合截面的中性轴重合，腹板的惯性矩为：

$$I_{web}=\frac{bh^3}{12}=\frac{1\text{ in}\times(55\text{ in})^3}{12}\approx 13\,865\text{ in}^4$$

h 表示梁的高度，b 表示特定轴与中性轴之间的距离，根据惯性矩移轴定理得出翼缘的惯性矩为：

$$\bar{I}_{flange}=\frac{bh^3}{12}=\frac{15\text{ in}\times(2.5\text{ in})^3}{12}\approx 19.53\text{ in}^4$$

$$A_{flange}=bh=15\text{ in}\times 2.5\text{ in}=37.5\text{ in}^2$$

$$I_X^{flange}=\bar{I}_{flange}+Ad^2=19.53\text{ in}^4+37.5\text{ in}^2\times(28.75\text{ in})^2\approx 31\,016\text{ in}^4$$

$$I_{total}=I_{web}+2I_X^{flange}=13\ 865\ in^4+2\times31\ 016\ in^4=75\ 897\ in^4$$

因为两个翼缘的惯性矩相同，所以计算出一边翼缘的惯性矩之后，乘 2 即可以得到另一边翼缘的惯性矩。

某组合截面梁由两根圆钢管与腹板焊接而成（图 18.33），要求出这根梁的惯性矩，首先要求出圆钢管的惯性矩，圆钢管的惯性矩等于外圆的惯性矩减去内圆的惯性矩：

$$I_{cirde}=\frac{\pi r^4}{4}$$

$$I_{tube}=\left[\frac{\pi\ (1.5\ in)^4}{4}\right]-\left[\frac{\pi\ (1.25\ in)^4}{4}\right]$$

$$\approx 2.06\ in^4$$

表 18.2　常用截面的惯性矩

常用截面	图例	惯性矩表达式
矩形		$I=\frac{bd^3}{12}$
矩形		$I=\frac{bd^3}{3}$
圆形		$I=\frac{\pi r^4}{4}$
半圆形		$I=\frac{\pi r^4}{8}$
直角三角形		$I_x=\frac{bd^3}{12}$ $I_y=\frac{bd^3}{12}$
任意三角形		$I_x=\frac{bd^3}{36}$
圆管形		$I_x=\frac{\pi\ (D^4-d^4)}{64}$

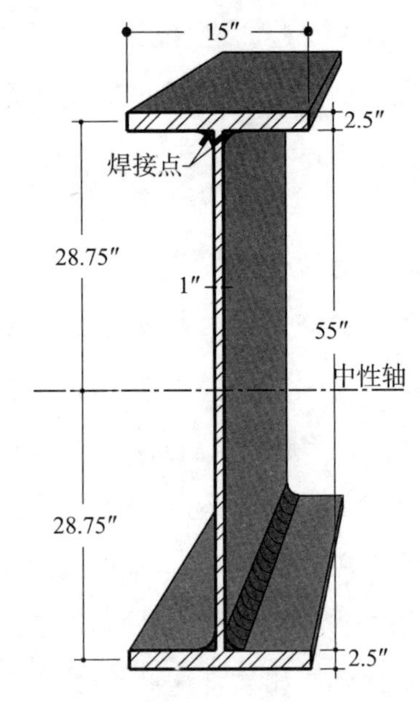

图 18.32　工字钢梁的尺寸

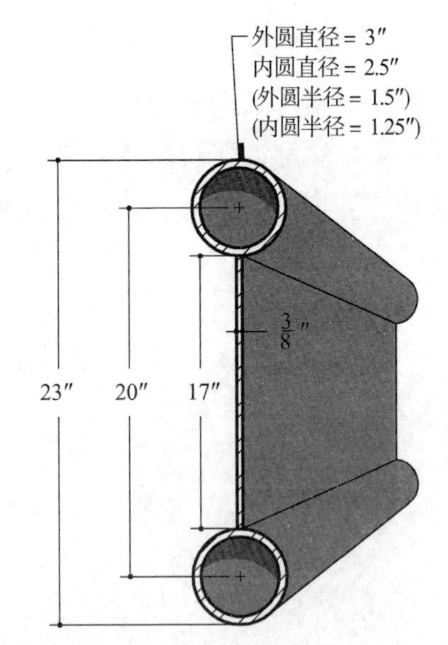

图 18.33　某特定截面梁的尺寸，这种截面形式将在本书的第 22 章中进一步探讨。

$$A_{tube}=\pi[(1.5\ in)^2-(1.25\ in)^2]$$
$$\approx 2.16\ in^2$$

$$I_X^{flange}=\bar{I}_X+Ad^2=2.06\ in^4+2.16\ in^2\times(10\ in)^2=218.06\ in^4$$

$$I_{web}=\frac{bh^3}{12}=\frac{0.375\ in\times(17\ in)^3}{12}\approx 153.53\ in^4$$

$$I_{total}=2I_X^{flange}+I_{web}=2\times 218.06\ in^4+153.53\ in^4$$
$$\approx 589.7\ in^4$$

如果这根梁的跨度为 37 英尺，沿其跨度方向上承受着 20 000 磅的总均布荷载作用，那么梁中的最大弯曲正应力是多少？首先计算出梁上的最大弯矩为：

$$M=\frac{WL}{8}=\frac{20\,000\ lb\times 37\ ft\times 12\ in/ft}{8}$$
$$=1\,110\,000\ lb\cdot in$$

然后把惯性矩代入式（18.2）。中性轴到梁最外边缘的距离 y 为 11.5 英寸，即 23 英寸的一半：

$$f_b^{max}=\frac{My}{I}=\frac{1\,110\,000\ lb\cdot in\times 11.5\ in}{589.7\ in^4}$$
$$\approx 21\,647\ lb/in^2$$

参考网站中的工作表 18A 是将惯性矩应用到其他结构形式上的案例。

标准钢构件中的弯曲正应力

钢结构中常用的标准结构构件的惯性矩都可以在《钢结构手册》中查到，铝构件以及木构件的截面惯性矩也可以查到。《钢结构手册》还给出了针对两个形心主轴的惯性矩和截面模量（表 18.3 和表 17.2）。钢筋混凝土梁由两种不同材料组合而成，混凝土受压、钢材受拉，钢筋混凝土梁中的弯曲正应力需要通过其他的方法求解，这不在本书的探讨范围之内。

如果规格为 W18×50 的宽翼缘工字钢梁承受 190 万磅英寸的弯矩，那么该梁中的最大弯曲正应力是多少？在中性轴线下方 2 英寸处的弯曲正应力又是多少？根据表 18.3 可知，该截面的截面模量和惯性矩分别为 88.9 in^3 和 800 in^4。在这张表中，截面模量和惯性矩均有两组值。第一组值是相对于水平中性轴的，即强轴的。第二组值是相对于垂直中性轴的，即弱轴的。将以上数值代入式（18.2）和式（18.3）中可知：

$$f_b^{max}=\frac{M}{S}=\frac{1\,900\,000\ lb\cdot in}{88.9\ in^3}\approx 21\,372\ lb/in^2$$

$$f_b^y=\frac{My}{I}=\frac{1\,900\,000\ lb\cdot in\times 2\ in}{800\ in^4}=4\,750\ lb/in^2$$

普通结构钢的容许弯曲正应力为 24 000 磅每平方英寸。以上计算结果表明，该梁的最大弯曲正应力处的材料所承受的应力接近 24 000 磅每平方英寸，而与该点垂直的中性轴附近的材料仅承受了很小一部分的弯曲正应力。

任意截面梁中的切应力

任意截面梁上的任意一点的切应力公式为：

$$f_v=\frac{VQ}{Ib} \tag{18.5}$$

其中：

V 是梁截面上的剪力，剪力的大小可以通过绘制剪力图得到（具体方法参见第 16 章）；

Q 是截面的静矩，静矩与中性轴的位置有关；

I 是截面的惯性矩；

b 是截面的宽度。

以上这些符号的含义如图 18.34 所示，这个公式使用起来并不方便，对于一些常用截面来说，可以使用这个公式的特殊表达式，例如矩形截面梁中的最大切应力为：

$$f_v^{max}=\frac{3V}{2bd} \tag{18.6}$$

对于工字截面梁来说，大部分的材料都位于翼缘上，腹板的材料较少，腹板中的力流模式是斜格力流（图 18.35），腹板中切应力的分布几乎是恒定的（图 18.36），适用于工字截面梁中切应力求解的特殊公式为：

$$f_v^{max}=\frac{V}{A_w} \tag{18.7}$$

表 18.3 《钢结构手册》中更多宽翼缘工字钢截面的尺寸和几何性质

宽翼缘工字钢的截面尺寸

宽翼缘工字钢截面的几何性质

规格	面积	高度		腹板			翼缘				距离			重量	截面属性			X_1	$X_2\times10^6$	弹性特性						塑性模量	
				厚度		$\frac{t_w}{2}$	宽度		厚度		T	k	k_1							X−X 轴			Y−Y 轴			Z_x	X_y
															$\frac{b_f}{2t_f}$	$\frac{h}{t_w}$	$\frac{F_y'''}{\text{kip/in}^2}$			I	S	r	I	S	r		
	in^2	in		in		in	in		in		in	in	in	lb/ft				kip/in^2	$[1/(kip/in^2)]^2$	in^4	in^3	in	in^4	in^3	in	in^3	in^3
W24×103	30.3	24.53	24 1/2	0.550	9/16	5/16	9.000	9	0.980	1	21	1 3/4	13/16	103	4.6	39.2	42	2400	5280	3000	245	9.96	119	26.5	1.99	280	41.5
×94	27.7	24.31	24 1/4	0.515	1/2	1/4	9.065	9 1/8	0.875	7/8	21	1 5/8	1	94	5.2	41.9	37	2180	7800	2700	222	9.87	109	24.0	1.98	254	37.5
×84	24.7	24.10	24 1/8	0.470	1/2	1/4	9.020	9	0.770	3/4	21	1 9/16	15/16	84	5.9	45.9	30	1950	12200	2370	196	9.79	94.4	20.9	1.95	224	32.6
×76	22.4	23.92	23 7/8	0.440	7/16	1/4	8.990	9	0.680	11/16	21	1 7/16	15/16	76	6.6	49.0	27	1760	18600	2100	176	9.69	82.5	18.4	1.92	200	28.6
×68	20.1	23.73	23 3/4	0.415	7/16	1/4	8.965	9	0.585	9/16	21	1 3/8	15/16	68	7.7	52.0	24	1590	29000	1830	154	9.55	70.4	15.7	1.87	177	24.5
W21×57	16.7	21.06	21	0.405	3/8	3/16	6.555	6 1/2	0.650	5/8	18 1/4	1 3/8	7/8	57	5.0	46.3	30	1960	13100	1170	111	8.36	30.6	9.35	1.35	139	14.6
×50	14.7	20.83	20 7/8	0.380	3/8	3/16	6.530	6 1/2	0.535	9/16	18 1/4	1 5/16	7/8	50	6.1	49.4	26	1730	22600	984	94.5	8.18	24.9	7.64	1.30	110	12.2
×44	13.0	20.66	20 5/8	0.350	3/8	3/16	6.500	6 1/2	0.450	7/16	18 1/4	1 3/16	7/8	44	7.2	53.6	22	1550	36600	843	81.6	8.06	20.7	6.36	1.26	95.4	10.2
W18×311*	91.5	22.32	22 3/8	1.520	1 1/2	3/4	12.005	12	2.740	2 3/4	15 1/2	3 7/16	1 3/16	311	2.2	10.6	—	8160	38	6960	624	8.72	795	132	2.95	753	207
×283*	83.2	21.85	21 7/8	1.400	1 3/8	11/16	11.890	11 7/8	2.500	2 1/2	15 1/2	3 3/16	1 3/16	283	2.4	11.5	—	7520	52	6160	564	8.61	704	118	2.91	676	185
×258*	75.9	21.46	21 1/2	1.280	1 1/4	5/8	11.770	11 3/4	2.300	2 5/16	15 1/2	3	1 1/8	258	2.6	12.5	—	6920	72	5510	514	8.53	628	107	2.88	611	166
×234*	68.8	21.06	21	1.160	1 3/16	5/8	11.650	11 5/8	2.110	2 1/8	15 1/2	2 3/4	1	234	2.8	13.8	—	6360	97	4900	466	8.44	558	85.8	2.85	549	149
×211*	62.1	20.67	20 5/8	1.060	1 1/16	9/16	11.555	11 1/2	1.910	1 15/16	15 1/2	2 9/16	1	211	3.0	15.1	—	5800	140	4330	419	8.35	493	85.3	2.82	490	132
×192	56.4	20.35	20 3/8	0.960	1	1/2	11.455	11 1/2	1.750	1 3/4	15 1/2	2 7/16	15/16	192	3.3	16.7	—	5320	194	3870	380	8.28	440	76.8	2.79	442	119
×175	51.3	20.04	20	0.890	7/8	7/16	11.375	11 3/8	1.590	1 9/16	15 1/2	2 1/4	7/8	175	3.6	18.0	—	4870	274	3450	344	8.20	391	68.8	2.76	398	106
×158	46.3	19.72	19 3/4	0.810	13/16	7/16	11.300	11 1/4	1.440	1 7/16	15 1/2	2 1/8	7/8	158	3.9	19.8	—	4430	396	3060	310	8.12	347	61.4	2.74	356	94.8
×143	42.1	19.49	19 1/2	0.730	3/4	3/8	11.220	11 1/4	1.320	1 5/196	15 1/2	2	13/16	143	4.2	21.9	—	4060	557	2750	282	8.09	311	55.5	2.72	322	85.4
×130	38.2	19.25	19 1/4	0.670	11/16	3/8	11.160	11 1/8	1.200	1 3/16	15 1/2	1 7/8	13/16	130	4.6	23.9	—	3710	789	2460	256	8.03	278	49.9	2.70	291	76.7

（续表）

规格	面积	高度		腹板			翼缘				距离			重量	截面属性			X_1	$X_2\times10^6$	弹性特性						塑性模量	
				厚度		$\frac{t_w}{2}$	宽度		厚度		T	k	k_1		$\frac{b_f}{2t_f}$	$\frac{h}{t_w}$	F_y^m			X-X 轴			Y-Y 轴			Z_x	X_y
																				I	S	r	I	S	r		
	in^2	in		in		in	in		in		in	in	in	lb/ft			kip/in^2	kip/in^2	$[1/(kip/in^2)]^2$	in^4	in^3	in	in^4	in^3	in	in^3	in^3
W28×119	35.1	18.97	19	0.655	6/8	5/16	11.265	11 1/4	1.060	1 1/16	15 1/2	1 3/4	15/16	119	5.3	24.5	—	3340	1210	2190	231	7.90	253	44.9	2.69	261	69.1
×106	31.1	18.73	18 3/4	0.590	9/16	5/16	11.200	11 1/4	0.940	15/16	15 1/2	1 5/8	15/16	106	6.0	27.2	—	2990	1880	1910	204	7.84	220	39.4	2.66	230	60.5
×97	28.5	18.59	18 5/8	0.535	9/16	5/16	11.145	11 1/8	0.870	7/8	15 1/2	1 9/16	7/8	97	6.4	30.0	—	2750	2580	1750	188	7.82	201	36.1	2.65	211	55.3
×86	25.3	18.39	18 3/8	0.480	1/2	1/4	11.090	11 1/8	0.770	3/4	15 1/2	1 7/16	7/8	86	7.2	33.4	57	2460	4060	1530	166	7.77	175	31.6	2.63	186	48.4
×76	22.3	18.21	18 1/4	0.425	7/16	1/4	11.035	11	0.680	11/16	15 1/2	1 3/8	13/16	76	8.1	37.8	45	2180	6520	1330	146	7.73	152	27.6	2.61	163	42.2
W18×71	20.8	18.47	18 1/2	0.495	1/2	1/4	7.635	7 5/8	0.810	13/18	15 1/2	1 1/2	7/8	71	4.7	32.4	61	2680	3310	1170	127	7.5	60.3	15.8	1.70	145	24.7
×65	19.1	18.35	18 3/8	0.450	7/16	1/4	7.590	7 5/8	0.750	3/4	15 1/2	1 7/16	7/8	65	5.1	35.7	52	2470	4540	1070	117	7.49	54.8	14.4	1.69	133	22.5
×60	17.6	18.24	18 1/4	0.415	7/16	1/4	7.555	7 1/2	0.695	11/16	15 1/2	1 3/8	13/16	60	5.4	38.7	43	2290	6080	984	108	7.47	50.1	13.3	1.69	123	20.6
×55	16.2	18.11	18 1/8	0.390	3/8	3/16	7.530	7 1/2	0.630	5/8	15 1/2	1 5/16	13/16	55	6.0	41.2	38	2110	8540	890	98.3	7.41	44.9	117.9	1.67	1124	18.5
×50	14.7	17.99	18	0.355	3/8	3/16	7.495	7 1/2	0.570	9/16	15 1/2	1 1/4	13/16	50	6.6	45.2	31	1920	12400	800	88.9	7.38	40.1	10.7	1.65	101	16.6
W16×57	16.8	16.43	16 3/8	0.430	7/16	1/4	7.120	7 1/8	0.715	11/16	13 5/8	1 3/8	7/8	57	5.0	33.0	59	2650	3400	758	92.2	6.72	43.1	12.1	1.60	105	18.9
×50	14.7	16.26	16 1/4	0.380	3/8	3/16	7.070	7 1/8	0.630	5/8	13 5/8	1 5/16	13/16	50	5.6	37.4	46	2340	5530	659	81.0	6.68	37.2	10.5	1.59	92.0	16.3
×45	13.3	16.13	16 1/8	0.345	3/8	3/16	7.035	7	0.565	9/16	13 5/8	1 1/4	13/16	45	6.2	41.2	38	2120	8280	586	72.7	6.65	32.8	9.34	1.57	82.3	45.5
×40	11.8	16.01	16	0.305	5/18	3/16	6.995	7	0.505	1/2	13 5/8	1 3/16	13/16	40	6.9	46.6	30	1890	12900	518	64.7	6.63	28.9	8.25	1.57	72.9	12.7
×36	10.6	15.86	15 7/8	0.295	5/16	3/16	6.985	7	0.430	7/16	13 5/8	1 1/8	3/4	36	8.1	48.1	28	1700	20800	448	56.5	6.51	24.5	7.00	1.52	64.0	10.8
W16×31	9.12	15.88	15 7/8	0.275	1/4	1/8	5.525	5 1/2	0.440	7/16	13 6/8	1 1/8	3/4	31	6.3	51.6	24	1740	20000	375	47.2	6.41	12.4	4.49	1.17	54.0	7.03
×26	7.68	15.69	15 3/4	0.250	1/4	1/8	5.500	5 1/2	0.345	3/8	13 5/8	1 1/16	3/4	26	8.0	56.8	20	1470	40900	301	38.4	6.26	9.59	3.49	1.12	44.2	5.48

注：数据来源于美国钢结构研究协会。

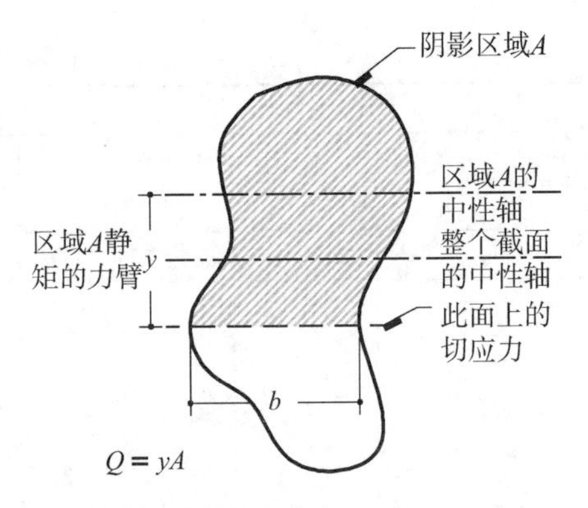

图 18.34 任意截面梁中的切应力

其中：

V 是梁上的最大剪力，最大剪力值可从剪力图中得出；

A_w 是腹板的横截面面积，即梁的高度与腹板厚度的乘积。

如果某办公楼采用 W16×26 的梁，梁上承受 92 000 磅的均布荷载，那么梁截面上的最大切应力是多少？

W16×26 为宽翼缘工字钢，标称高度为 16 英寸，重量为 26 磅每英尺。在《钢结构手册》中（表 18.3），该梁的实际高度为 15.69 英寸，腹板厚度为 0.25 英寸。最大剪力值在支座反力处，每个支座反力是总荷载的一半，即 4.6 万磅。那么梁中的最大切应力为：

$$f_v^{\max}=\frac{V}{A_w}=\frac{46\ 000\ \text{lb}}{15.69\ \text{in}\times 0.25\ \text{in}}\approx 11\ 727\ \text{lb/in}^2$$

所选构件的容许切应力为 14 500 磅每平方英寸，因此这个结果符合要求。

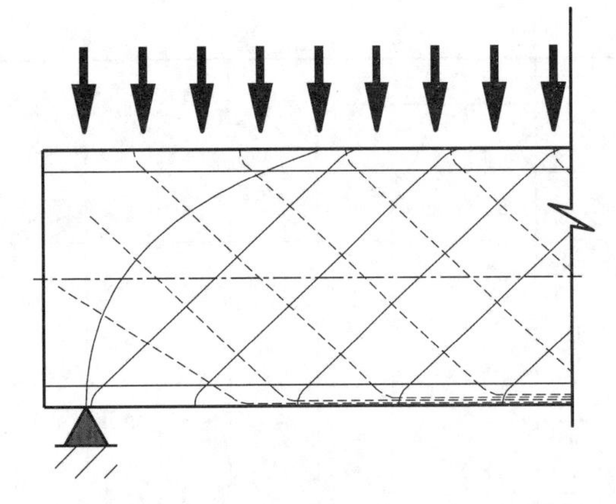

图 18.35 宽翼缘工字钢梁腹板中的斜格模式力流。腹板中的切应力在整个高度上几乎是恒定的。

其他材料的任意截面梁

本章所列举的公式和方法是结构设计中必不可少的工具，它们不仅适用于钢材料，还适用于其他材料（图 18.37）。比如原木建筑中的圆形截面梁，再比如胶合木梁或箱形木梁。我们希望可以将这些公式应用到波纹钢板、夹层板、空心蒙皮板或尺度较大的折叠板等材料的计算中。

有了本章的这些公式，便可以计算出已知材料或新材料中的切应力。

钢框架结构办公楼主梁和次梁的截面尺寸

利用以上知识来计算本章开始提到的钢框架结构办公楼中主梁和次梁的截面尺寸。为了适应外墙的模数，次梁缩短了，主梁的跨度为 30 英尺，次梁的跨度为 35 英尺，如图 18.38 所示。最终框架单元的尺寸为 30 英尺×35 英尺。主梁和次梁上布置波纹钢板，波纹钢板上浇筑混凝土。

根据建筑规范的规定，该办公楼的最小活荷载为 50 磅每平方英尺，楼板的恒荷载大约为 65 磅每平方英尺。所选用钢的容许弯曲正应力为 24 000 磅每平方英寸，容许切应力为 14 500 磅每平方英寸。那么采用宽翼缘工字钢的主梁和次梁的截面尺寸应该是多少呢？

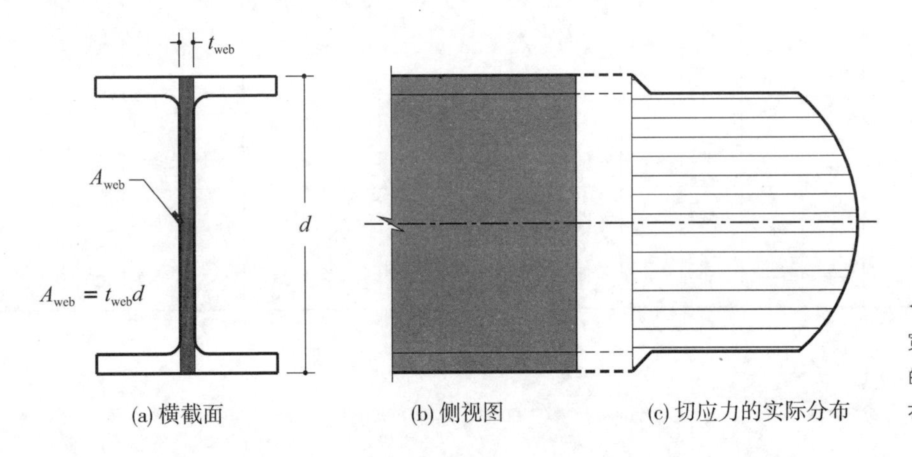

◀图 18.36 （a）灰色区域是宽翼缘工字钢梁的腹板；（b）梁的侧视图；（c）切应力的实际分布，其形状近似于矩形。

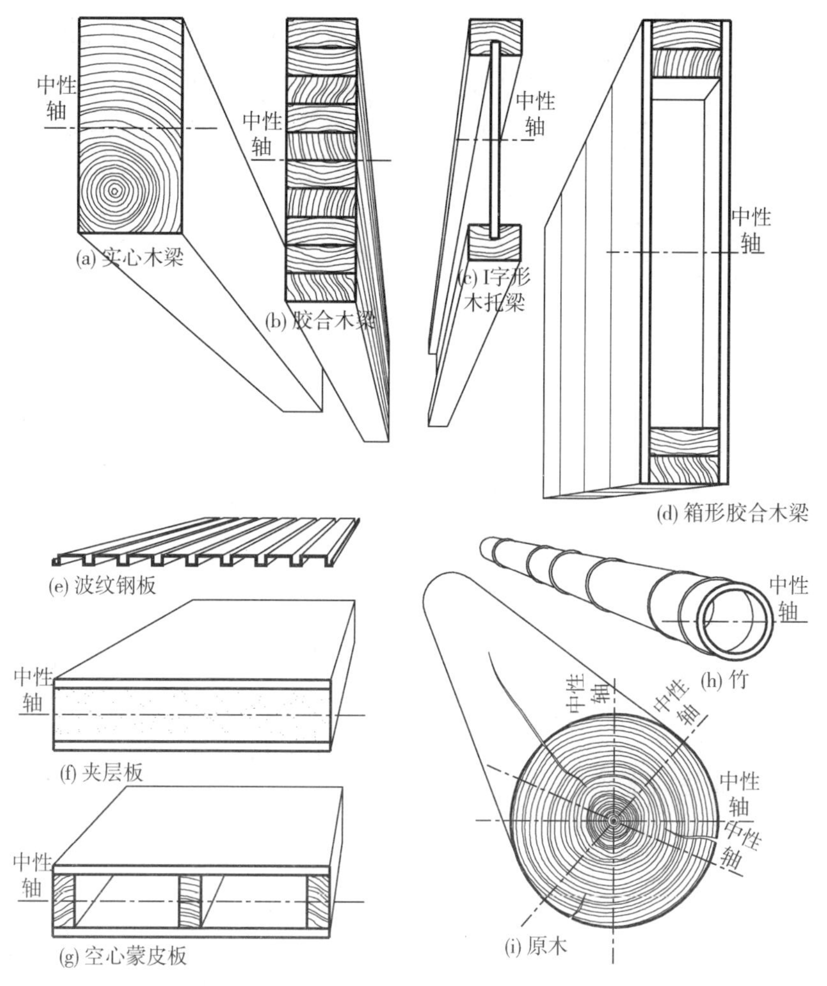

图 18.37　其他材料的矩形截面梁以及任意截面梁

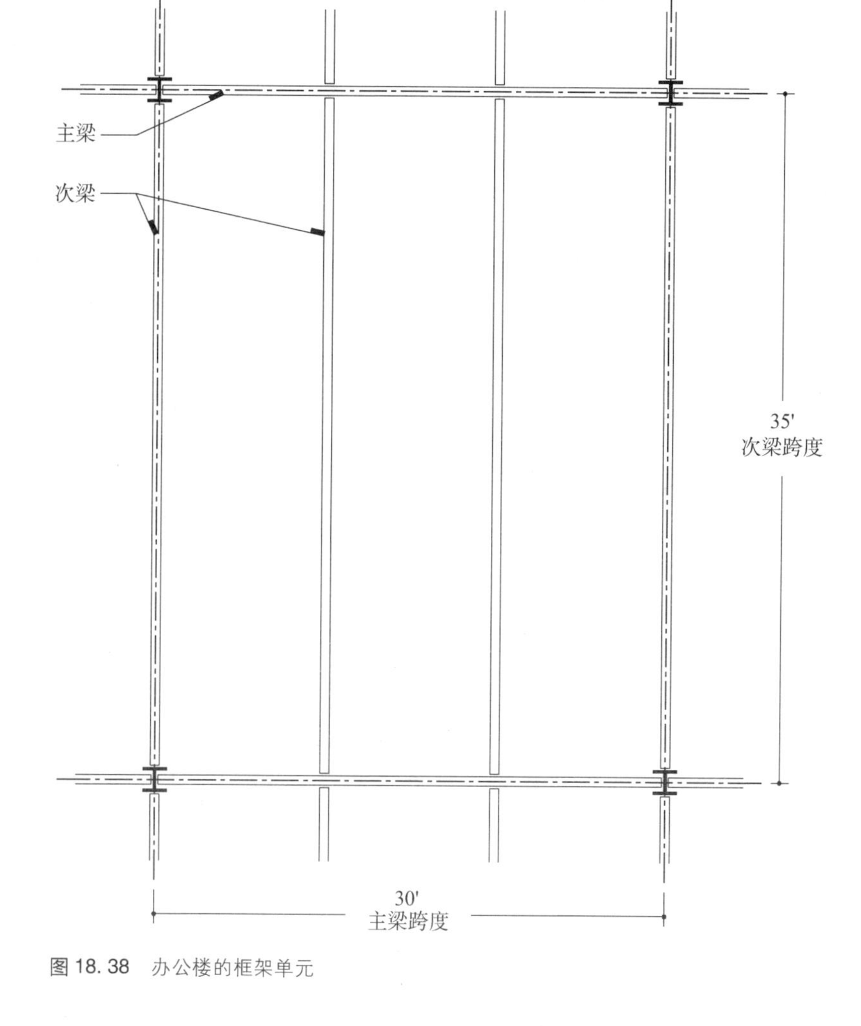

图 18.38　办公楼的框架单元

次梁截面尺寸的计算

每根次梁所支撑的从属面积宽 10 英尺、长 35 英尺，面积为 350 平方英尺，钢梁的高度通常约为跨度的 1/20：

那么，次梁的大致高度为$=\dfrac{L}{20}$

$$=\frac{35\ \text{ft}\times 12\ \text{in/ft}}{20}$$

$$=21\ \text{in}$$

如上所述，宽翼缘工字钢截面的标称尺寸，从 18 英寸开始以 3 英寸的增量增加。

假设次梁的高度为 21 英寸，截面尺寸选用《钢结构手册》中某个宽翼缘工字钢的型号，预估次梁的自重为 60 磅每英尺，然后根据次梁上的总荷载确定其尺寸，次梁的自重约为：

$$\text{总荷载}=W=(65\ \text{lb/ft}^2+50\ \text{lb/ft}^2)\times 350\ \text{ft}^2+35\ \text{ft}\times 60\ \text{lb/ft}=42\ 350\ \text{lb}$$

$$M_{max}=\frac{WL}{8}=\frac{42\ 350\ \text{lb}\times35\ \text{ft}\times12\ \text{in/ft}}{8}$$

$$=2\ 223\ 375\ \text{lb}\cdot\text{in}$$

$$S_{req}=\frac{M_{max}}{f_b}=\frac{2\ 223\ 375\ \text{lb}\cdot\text{in}}{24\ 000\ \text{lb/in}^2}\approx92.6\ \text{in}^3$$

根据《钢结构手册》可知，截面模量为94.5的W21×50宽翼缘工字钢是满足以上条件的最轻的梁。其重量比预估的重量轻约350磅，这个差值不超过总荷载的1%，因此可以忽略不计。

还需要检验次梁截面上的切应力是否满足要求，V_{max}是梁上总荷载的一半即21 175磅，那么：

$$f_v^{max}=\frac{V_{max}}{A_w}=\frac{21\ 175\ \text{lb}}{20.83\ \text{in}\times0.380\ \text{in}}$$

$$=2\ 675\ \text{lb/in}^2<14\ 500\quad \text{满足要求}$$

此外，梁的挠度也需要符合要求，满载时其挠度不应超过跨度的1/360。按照实际总荷载计算最大挠度：

$$\Delta_{max}=\frac{5WL^3}{384EI}=\frac{5\times42\ 000\ \text{lb}\times(420\ \text{in})^3}{384\times29\ 000\ 000\ \text{lb/in}^2\times984\ \text{in}^4}$$

$$\approx1.42\ \text{in}$$

结果为跨度的1/296，不满足要求。需要换成截面尺寸较大的宽翼缘工字钢W21×57，其惯性矩为1 170 in^4。先忽略梁的重量增加所产生的影响，通过将之前计算出的挠度乘两个截面惯性矩之间的比值来快速求解出梁的最大挠度：

$$\Delta_{max}=\frac{984}{1\ 170}\times1.42\ \text{in}\approx1.19\ \text{in}$$

计算结果为跨度的1/352，仍然不满足1/360的要求。考虑到梁上的总荷载大部分都是恒荷载，当活荷载较小时，这个挠度值就会满足要求。所以可以采用*W*21×57宽翼缘工字钢，或者换成*W*21×62宽翼缘工字钢。

主梁截面尺寸的计算

办公楼内部的主梁支撑着两侧的次梁，因此作用在其上的荷载是沿外墙的主梁的两倍。次梁的上翼缘削开切口与主梁连接（图18.17），使次梁和主梁的顶部在同一水平面上。因为在次梁跨度上靠近与主梁连接处的弯矩接近于零，所以只依靠腹板就能够抵抗该区域的所有弯曲正应力，可以不受上翼缘被削去的影响。为了留出足够的空间使次梁的端部嵌入主梁的翼缘里，主梁的高度至少比次梁多一个标称尺寸。初定主梁的标称高度为24英寸，那么主梁的高跨比约为1/15：

$$d=\frac{L}{15}=\frac{360\ \text{in}}{15}=24\ \text{in}$$

暂时先采用标称24英寸的宽翼缘工字钢作为主梁。

主梁上有两个作用在长度方向上1/3处的集中荷载，大小为42 350磅，即主梁为两边的次梁所提供的支座反力之和。主梁本身的自重预估为100磅每英尺，合计3 000磅。通过绘制剪力图和弯矩图推导出集中荷载作用下的最大弯矩（图18.39），然后将这两种荷载作用下的最大弯矩相加，从而计算出总的最大弯矩：

$$M_{max}=\frac{PL}{3}+\frac{wL^2}{8}$$

$$M_{max}=\frac{42\ 350\ \text{lb}\times30\ \text{ft}\times12\ \text{in/ft}}{3}+$$

$$\frac{3\ 000\ \text{lb}\times30\ \text{ft}\times12\ \text{in/ft}}{8}$$

$$=5\ 217\ 000\ \text{lb}\cdot\text{in}$$

$$S_{req}=\frac{M_{max}}{f_b}=\frac{5\ 217\ 000\ \text{lb}\cdot\text{in}}{24\ 000\ \text{lb/in}^2}\approx217\ \text{in}^3$$

根据《钢结构手册》，型号为W24×94的宽翼缘工字钢的静矩为222立方英寸，满足要求。

接着对主梁截面上的最大切应力进行验算，梁上最大剪力为：

$$R=\frac{2\times42\ 350\ \text{lb}+94\ \text{lb/ft}\times30\ \text{ft}}{2}$$

$$=43\ 760\ \text{lb}$$

然后对主梁中的最大挠度进行验算，根据梁在两个1/3处集中荷载作用下的最大挠度计算公式，可得：

$$\Delta_{max}=0.035\ 5\frac{PL^3}{EI}$$

$$=0.035\ 5\times\frac{43\ 760\ \text{lb}\times(360\ \text{in})^3}{29\ 000\ 000\ \text{lb/in}^2\times2\ 700\ \text{in}^4}$$

$$\approx0.93\ \text{in}$$

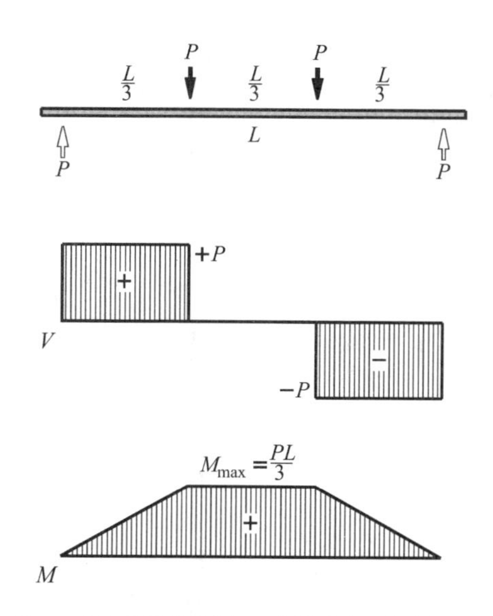

图 18.39　在图中的荷载作用下，梁的剪力图与弯矩图。

再加上梁的自重所引起的最大挠度：

$$\Delta_{max}=\frac{5WL^3}{384EI}=\frac{5\times 2\,820\text{ lb}\times(360\text{ in})^3}{384\times 29\,000\,000\text{ lb/in}^2\times 2\,700\text{ in}^4}$$

$$\approx 0.02\text{ in}$$

$$f_v^{max}=\frac{V_{max}}{A_w}=\frac{43\,760\text{ lb}}{24.31\text{ in}\times 0.515\text{ in}}$$

$$\approx 3\,495\text{ lb/in}^2<14\,500\quad \text{满足要求}$$

主梁跨中处的总的最大挠度为 0.95 英寸，也就是跨度的 1/379，满足要求。

影响钢梁截面尺寸的其他因素

受压翼缘的屈曲

与其他的受压构件一样，梁的受压翼缘也有可能会发生屈曲。钢框架结构中的主梁和次梁的上翼缘会固定楼板或屋面板，通常采用波纹钢板焊接或用螺钉固定到主梁和次梁上，因此主梁和次梁在横向上得到了固定。木结构中的木梁上方会固定胶合木楼板。因此不论是钢结构还是木结构，由于楼板的连接，梁的受压翼缘通常不会发生屈曲。未连接楼板或屋面板的梁的受压翼缘会有发生屈曲的可能，根据经验会将这样的梁的容许弯曲正应力降低到足够低的水平，防止屈曲的发生。

腹板的破坏

当钢梁的高度较高时，腹板在集中剪力的作用下可能会发生破坏或倾覆，这种现象与一面高而薄的墙在压力作用下发生屈曲相类似。可以在腹板的两侧安装加劲板或撑板防止破坏的发生（图 18.40）。

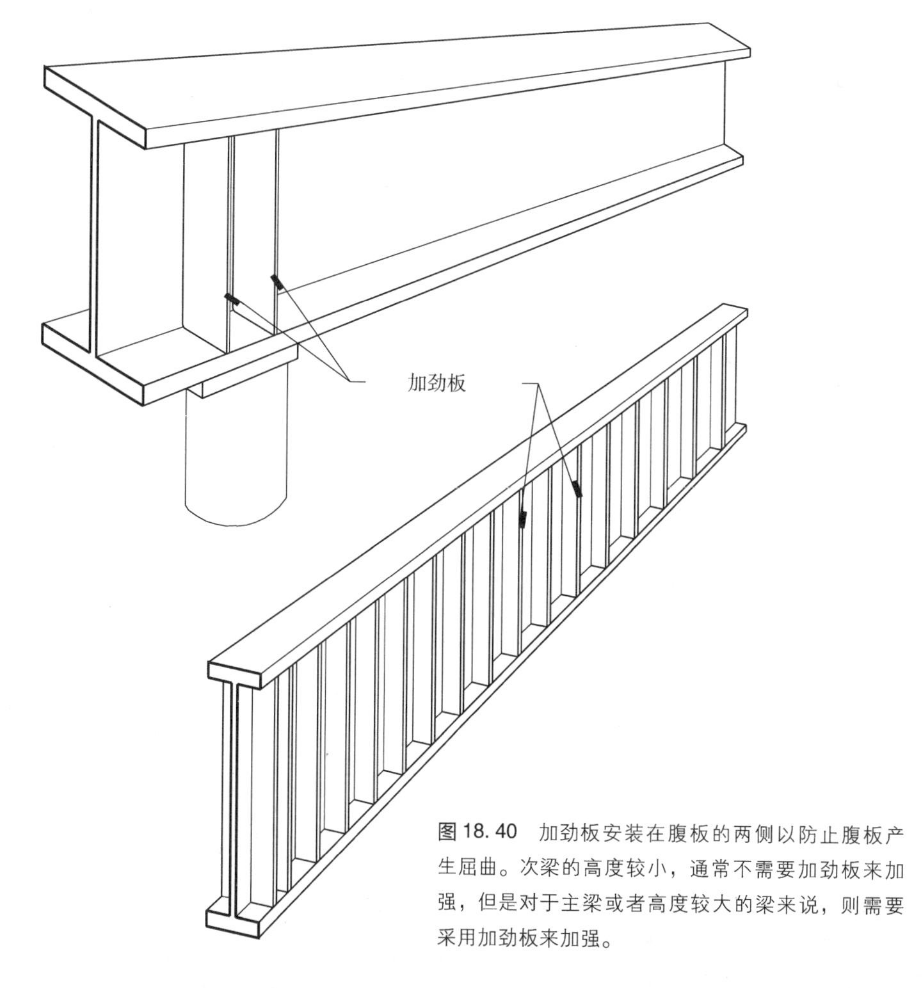

图 18.40　加劲板安装在腹板的两侧以防止腹板产生屈曲。次梁的高度较小，通常不需要加劲板来加强，但是对于主梁或者高度较大的梁来说，则需要采用加劲板来加强。

梁的截面形状

本章最宝贵的经验就是梁截面的几何性质或者材料在梁截面中的分配方式。图 18.41 中 7 种不同的梁的截面面积相同，都为 100 平方英寸，但是因为截面形状不同，惯性矩也不同，截面刚度也差异很大。在这 7 种梁中，最大的惯性矩约为最小惯性矩的 360 倍。根据这个原理可以对截面进行优化设计，从而减少材料消耗和提高材料的使用效率。优化设计可以使结构构件更加实用且富有创造性，同时减少节点和连接件的数量，使节点和连接件的使用更加合理。在图 18.42 中，奈尔维设计的意大利都灵工人文化宫屋顶的放射状钢梁，采用了变截面，有效地节约了材料。

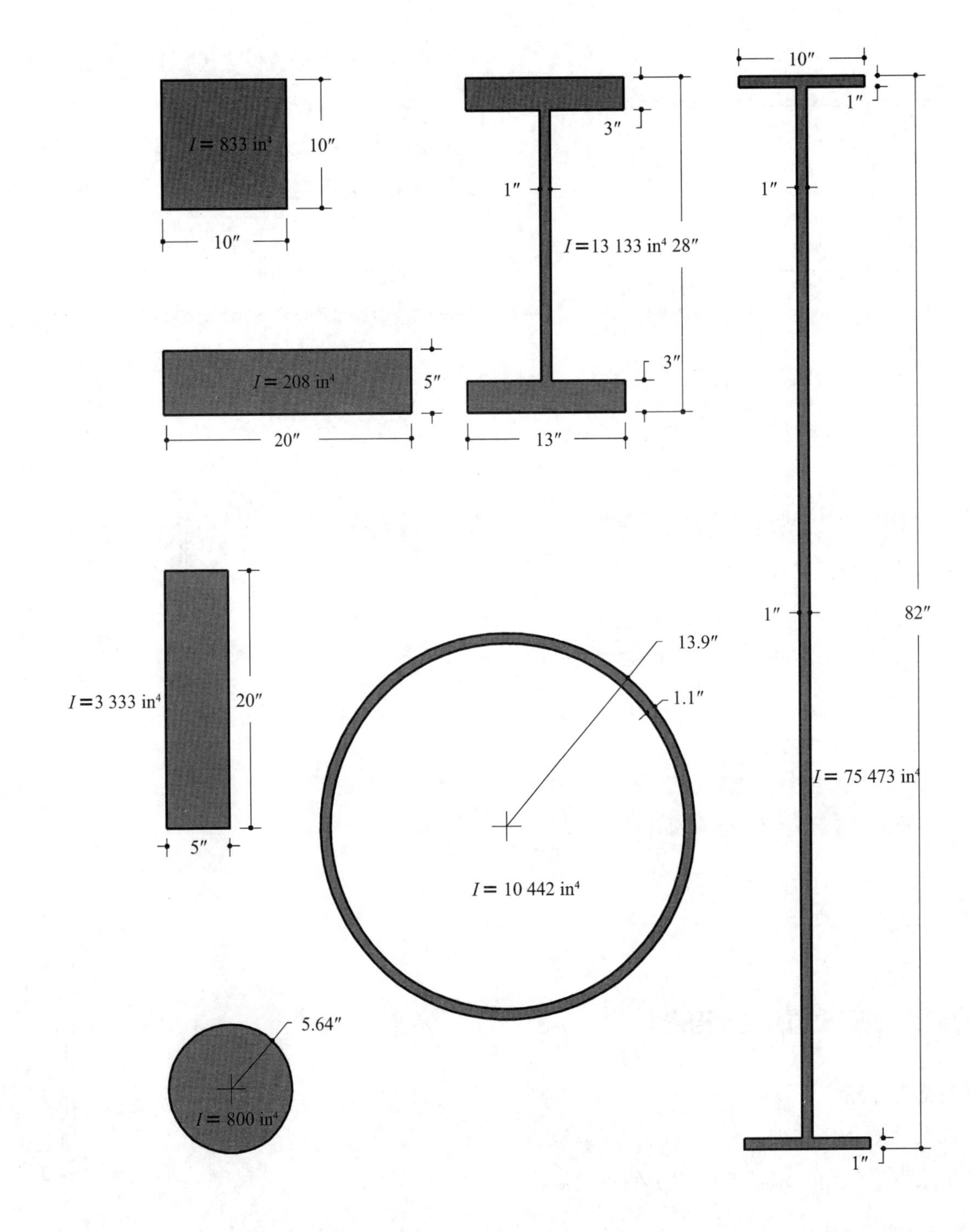

▶图 18.41　图中每种截面的面积都是 100 平方英寸，而惯性矩则从 208~75 473 四次方英寸不等。

思考题

1. 如果办公楼的长边由 6 个框架单元组成，每个框架单元长 25 英尺，请计算出主梁的截面尺寸。
2. 办公楼的入口处设有两层高的阳台，阳台护栏高 4 英尺，由间距 9 英尺的垂直钢构件支撑，护栏由大面积的钢化玻璃构成。根据建筑规范的规定，护栏的栏杆需能抵抗 50 磅每英尺的水平均布荷载，以及施加在栏杆上任意一点的 200 磅的水平集中荷载。图 18.43 为护栏的构造简图，垂直钢构件与梁之间采用角钢焊接固定。如果垂直钢构件的厚度为 1 英寸，请计算出它的高度。垂直钢构件的最高处安装栏杆，请设计出护栏的细部，并使这个细部与整个办公楼的设计相协调。
3. 已知一根跨度为 28 英尺的梁承受 675 磅每英尺的均布荷载，请分别求解出采用钢梁和胶合木梁的截面尺寸，并比较哪种梁更高？哪种梁更重？

图 18.42　意大利结构工程师奈尔维主持设计的意大利都灵工人文化宫，每个屋顶单元由中心混凝土柱子和放射状的钢梁组成。钢梁采用锥形轮廓，随着钢梁与柱子支撑点之间距离的增加，钢梁所承受的弯矩不断减小。奈尔维没有使钢梁的轮廓与其弯矩图的曲线完全匹配，在这种情况下更理想的钢梁轮廓应该是什么样的呢？随着钢梁与柱子支撑点处距离的增加，梁的从属面积和外部荷载如何变化？钢梁上的加劲板排列整齐，增加了结构的视觉美感。

图片来源：Pier Luigi Nervi. Aesthetics and Technology in Building. Cambridge，MA：Harvard University Press，1965.

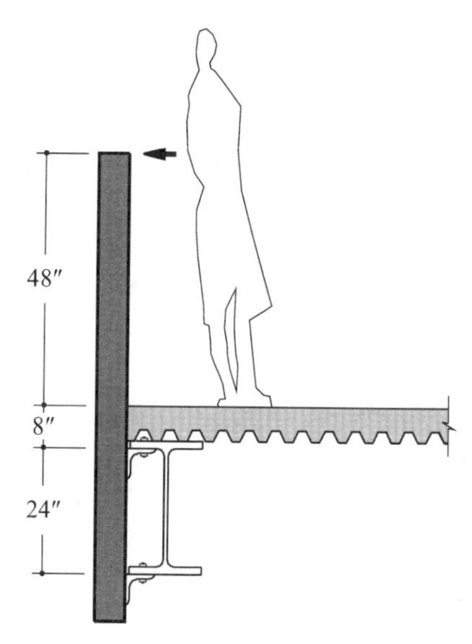

图 18.43　办公楼入口的阳台护栏

4. 第 17 章平台板的设计中，如果采用钢梁替换木梁，那么钢梁的截面尺寸是多少？
5. 宽翼缘工字钢悬臂梁的一端嵌入砖石墙中，梁长 13 英尺 5 英寸，在梁的悬臂端支撑着 12 000 磅的集中荷载，如果梁的屈曲和扭曲都忽略不计，那么这根钢梁的截面尺寸是多少？
6. 在问题 5 中，是否存在比宽翼缘工字钢更能抵抗屈曲和扭曲变形的截面形式？

关键术语和公式

steel 钢
shapes 截面
wide-flange shapes 宽翼缘工字钢
extreme fibers 最外缘纤维
flanges 翼缘
web 腹板
angles 角钢
channels 槽钢
tees T 形钢
plates 钢板
bars 钢杆
pipes 圆钢管
tubes 方钢管
corrugated steel decking 波纹钢板
light-gauge steel framing 轻型钢框架
open-web steel joist 空腹钢托梁
joist girders 主梁
castellated beams 蜂窝型梁
fabricator 制造商
shop drawings 建造图
ironworker 钢筋工
erector 安装工
plumbed-up 吊装
composite construction 组合结构
shear studs 剪力钉
fireproofing 防火
intumescent paint 膨胀型涂料
inverted V-bracing 倒 V 字形支撑
wind trusses 抗风桁架
plate girder 钢板焊接而成的梁
I-joist 工字钢梁
box beam 箱形梁
sandwich panel 夹层板
stressed-skin panel 空心蒙皮板
composite shape 组合截面
component shapes 构件截面
moment of inertia 惯性矩，I
section modulus 截面模量，S
transfer formula 转换公式

$$f_b^{\max}=\frac{Mc}{I}$$

$$f_b=\frac{M}{S}$$

$$f_b^y=\frac{My}{I}$$

$$I_x=\bar{I}_x+Ad^2$$

$$f_v=\frac{VQ}{Ib}$$

$$f_v^{\max}=\frac{3V}{2bd}$$

$$f_v^{\max}=\frac{V}{A_w}$$

切口连接 coped connection
腹板破坏 web crippling
腹板加劲板 web stiffener

参考资料

American Institute of Steel Construction. Manual of Steel Construction. Chicago：AISC 美国钢结构研究协会出版的《钢结构手册》中包括钢构件截面、容许强度、连接件、构造细部等参考资料。

Eggen Arne Petter，and Bjorn Norman Sandeker. Steel Structure and Architecture. New York：Whitney Library of Design，1995. 这本书对钢结构进行了详细的介绍，并含有大量的插图。

第 19 章 19 柱子、刚架和承重墙的设计

- ▶ 柱子的类型：短柱、长柱、中长柱；柱子的屈曲和变形
- ▶ 柱子设计的限制；柱子的理想形状
- ▶ 承重墙
- ▶ 门式刚架、铰接
- ▶ 柱子的历史意义和建筑表达

本章主要探讨结构中的竖向承重构件——柱子和承重墙，同时也会对刚架进行研究，刚架的柱子与梁同时工作以抵抗竖向荷载和横向荷载。

本章主要探讨影响柱子和承重墙尺寸设计的因素，不会烦琐地列举所有的数学公式。因为这些构件尺寸的初步设计可以根据《建筑师工作手册》中的图表确定，更精确的尺寸可以在《钢结构手册》《钢筋混凝土结构手册》《混凝土砌体结构设计》以及《木结构手册》等参考书中查到，书目列在本章的结尾处。

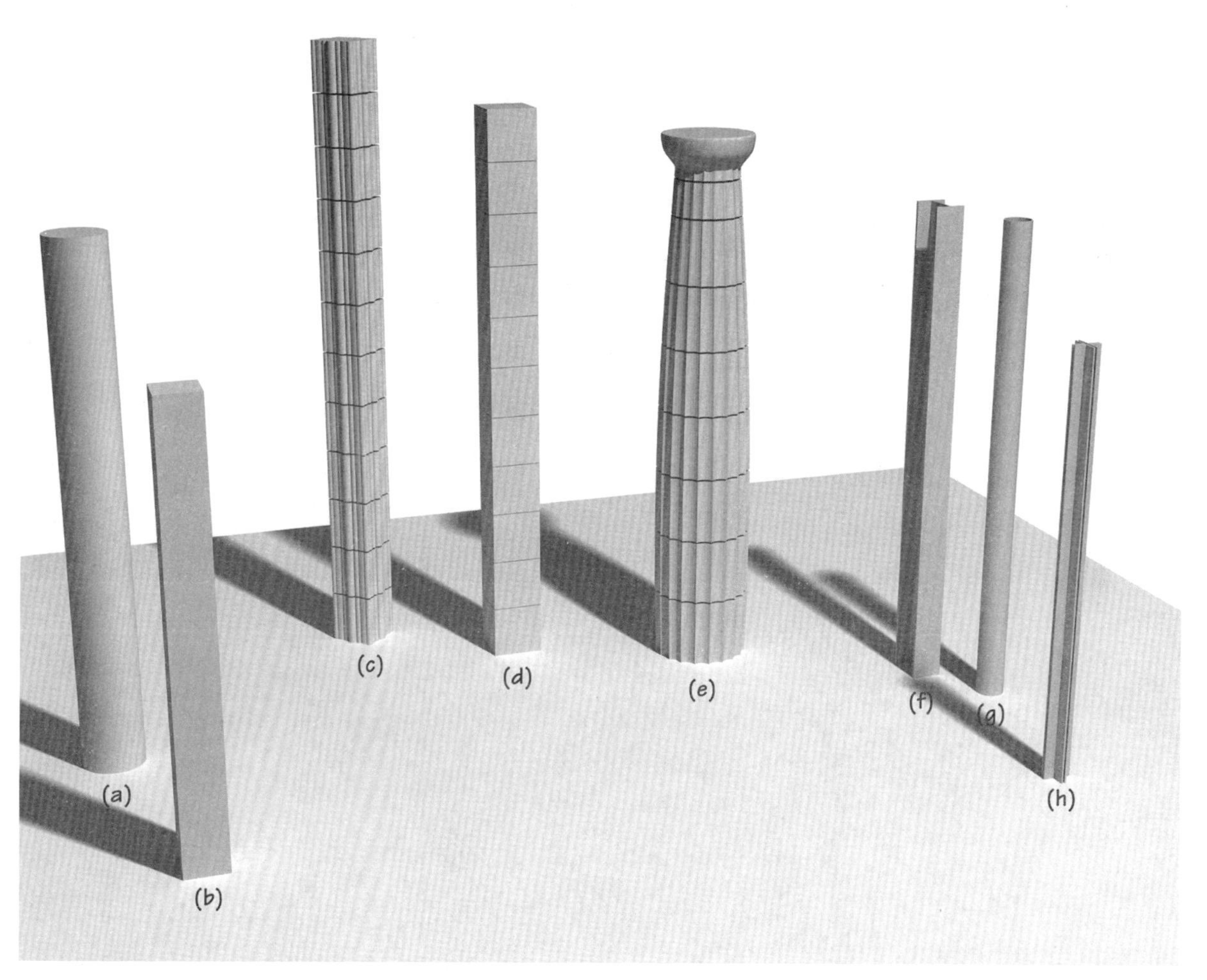

图 19.1　几种柱子的样式：(a)、(b) 混凝土或木制的圆柱和方柱；(c) 哥特式石灰岩柱；(d) 方形石柱；(e) 多立克大理石柱；(f) H 形钢柱；(g) 圆钢管柱；(h) 四个角钢组合而成的十字形柱。

柱子

柱子的功能是将建筑物楼面和屋面的荷载，

安全地传递到建筑物的基础及其下方的地基上。几种常见柱子的样式如图 19.1 所示，之后会进行专项讨论。

轴心荷载和偏心荷载

如果给柱子施加轴心荷载，此时柱子只承受压力，如果施加偏心荷载，则柱子既受压又受弯（图 19.2）。如果柱子是由钢材、木材或钢筋混凝土等可承受拉力的材料制成，则承受偏心荷载的柱子比仅承受轴心荷载的柱子需要更多的材料来抵抗弯矩。如果柱子是由非加筋砌体材料构成，则需要保证其压力线始终位于柱子的内部，使其内部不会产生拉力。

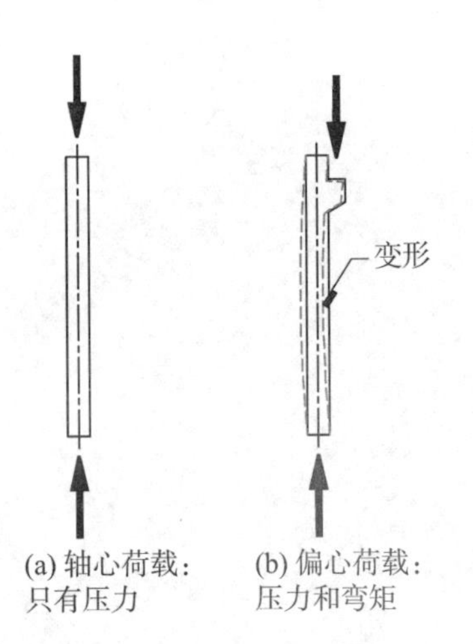

图 19.2　轴心荷载使柱子产生均匀的压应力，偏心荷载使柱子产生和线性分布的压应力和弯矩。

屈曲

一个柱子可能会因为材料被压坏而失效，也可能会因为屈曲而失效，或者因为压力和弯矩的综合作用而失效（图 19.3）。短柱只会由于其材料屈服或被压坏而失效，因为相对于长度来说，它足够厚，所以没有发生屈曲的倾向。长柱总是由于屈曲而失效，这是由于细长构件在轴心压力下的侧向不稳定性造成的。屈曲就是构件由于材料的小缺陷或小的偶然偏心荷载而导致的横向变形，这种横向变形增加了荷载的偏心率，不停地瞬间重复最终使构件失稳崩塌。可以将塑料吸管放在桌面上，按压其顶端来观察屈曲的情况。

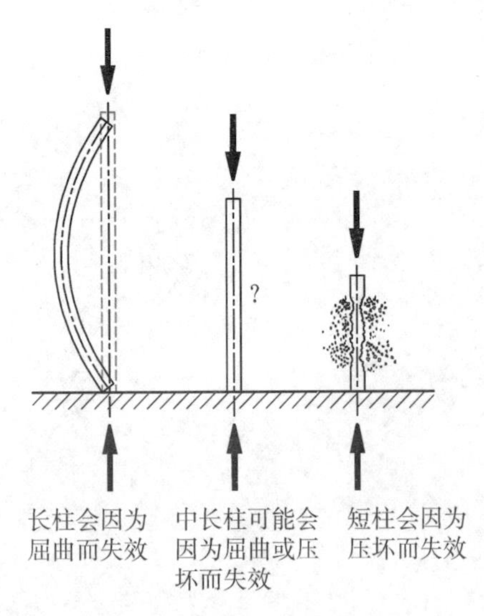

图 19.3　长柱会因为屈曲而失效，短柱会因为压坏而失效，中长柱可能会因为屈曲或压坏而失效。

有些柱子比长柱短、比短柱长，则它们可能会因为屈曲或压坏而失效，这些柱子被归类为中长柱。短柱和长柱的承载能力可以通过数学方法预测，但还没有令人满意的数学公式可以表达中长柱的承载能力。

中长柱的荷载计算主要根据相关短柱与长柱的计算以及实际的试验测试而定。

短柱、中长柱或长柱的分类主要是基于柱子的长细比。对于木柱来说，长细比为 L/s，即柱的长度除以其横截面的短边尺寸。例如一根高 9 英尺（108 英寸）的 4×6 木柱（横截面尺寸为 3.5 英寸×5.5 英寸）的长细比值约为 30.9，（高度 108 英寸除以横截面的较小尺寸 3.5 英寸）。如果这个柱子的中间有横向支撑，以防止它在 3.5 英寸宽度的方向上发生屈曲，则其长细比值为高度除以 5.5 英寸，即 19.6。

在《木结构设计规范》中，木柱的最大允许长细比值是 50。因此 6×6 木柱（横截面尺寸均为 5.5 英寸）的最大高度为：

$$L/s=50$$

$$L/5.5\ \text{in}=50$$

$$L=275\ \text{in}$$

4×4 木柱（横截面尺寸均为 3.5 英寸）的最大高度为 175 英寸，而 2 英寸的木柱的最大高度为 753 英寸。如果采用适当的方式增加木柱的刚度以抵抗屈曲，就可以将木柱设计得比规定尺寸更长。

钢柱子的截面形式多种多样，因此钢柱子的长细比值与它们的回转半径的大小有关（缩写为 r）。回转半径等于其横截面的惯性矩除以横截面面积的平方根：

$$r=\sqrt{\frac{I}{A}}$$

回转半径可以在《钢结构手册》的截面几何属性表中查到，钢柱子的长细比值不得超过 200。

柱子端部的约束条件及其有效长度

图 19.4 显示柱子的承载能力会因为不同的端部约束条件而变化。图 19.4（a）为柱子的两端铰接，则系数 k 为 1.0。图 19.4（b）为柱子的两端刚接，因此它们不能旋转，则系数 k 为 0.5，也就是说柱子的屈曲计算是取柱子实际长度的一半为有效长度。图 19.4（c）为柱子一端刚接，另一端铰接，则系数 k 为 0.7。图 19.4（d）为柱子的一端刚接，另一端没有约束或支撑，就像旗杆一样，则系数 k 为 2.0。它的有效长度是两端铰接的柱子的两倍。也就是说端部刚接会提高柱子的承载能力，因为刚接限制了它们的旋转。而一端刚接另一端没有任何支撑的柱子，其承载能力会大大减少。

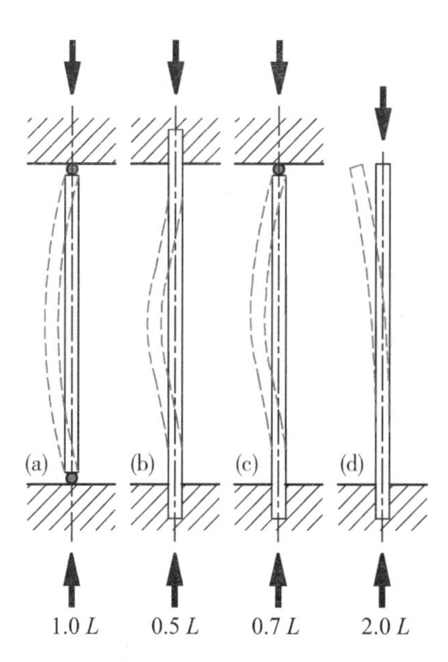

图 19.4　柱子的有效长度取决于其端部的约束条件。

屈曲荷载的计算

屈曲荷载就是长柱子发生屈曲变形时所需要的临界荷载大小。瑞士数学家莱昂哈德·欧拉（Leonhard Euler，1707—1783）在 1757 年发表的计算柱子屈曲荷载的理论公式，目前仍然是长柱屈曲荷载的计算依据：

$$P_{cr}=\frac{\pi^2 EI}{L^2} \tag{19.1}$$

其中：

P_{cr} 是临界屈曲荷载；

E 是柱子材料的弹性模量；

I 是横截面的惯性矩；

L 是柱子的有效长度。

已知一根 6 英寸×6 英寸无加筋木柱的最大高度为 275 英寸，其惯性矩为 76.26 四次方英寸，如果木材的弹性模量为 1 600 000 磅每平方英寸，请问这个木柱的屈曲荷载是多少？

$$P_{cr}=\frac{(3.14)^2\times 1\,600\,000\ \text{lb/in}^2\times 76.26\ \text{in}^4}{(275\ \text{in})^2}$$

$$\approx 15\,908\ \text{lb}$$

请问宽 10 英寸、长 45 英寸、高 30 英尺的钢柱子的屈曲荷载是多少？在《钢结构手册》中查找到其惯性矩为 248 四次方英寸：

$$P_{cr}=\frac{(3.14)^2\times 29\,000\,000\ \text{lb/in}^2\times 248\ \text{in}^4}{(30\ \text{ft}\times 12\ \text{in/ft})^2}$$

$$\approx 547\ \text{kip}$$

这个值是柱子发生屈曲时的荷载大小，在实际应用中，还需要在此基础上乘一个安全系数。

短柱可以通过材料的极限抗压强度来计算其断裂荷载。一根 6 英寸×6 英寸木柱高 4 英尺，它的极限抗压强度为 3 250 磅每平方英寸，计算公式为：

$$F_{cr}=\frac{P_{cr}}{A}$$

$$P_{cr}=F_{cr}A=3\,250\ \text{lb/in}^2\times(5.5\ \text{in})^2\approx 98\,313\ \text{lb}$$

需要注意的是，这是矩柱子失效时的断裂荷载，实际应用中必须乘安全系数。

柱子的约束

图 19.5 中的三根柱子，第一根没有约束，第二根在中间处有一对轮子约束，第三根有两对轮子约束，约束轮子之间的柱子是连续的。图中所示为柱子发生屈曲的模式。

有横向约束的柱子的有效长度大大减少。柱子（b）和柱子（c）的屈曲荷载分别是柱子（a）的4倍和9倍。约束轮子施加在柱子上的力很难确定，一般采用柱子最大轴向荷载的2%。

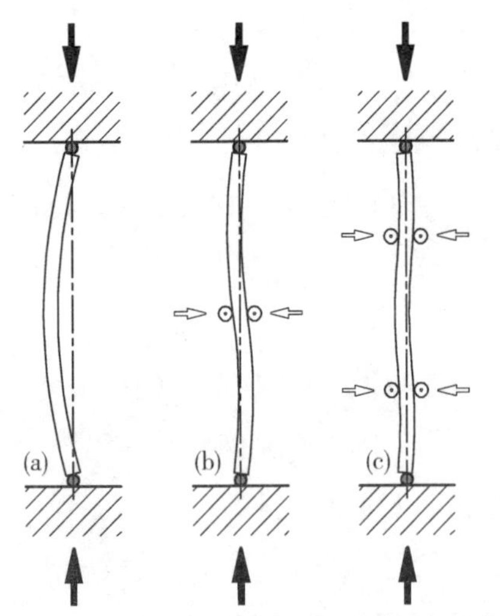

图19.5 横向约束影响柱子的潜在屈曲模式与承载能力，柱子（b）的承载能力是柱子（a）的四倍，柱子（c）有两处横向约束，它的承载能力是柱子（a）的九倍。

对柱子两端的支撑条件做出假设是为了简化计算，但是如图19.4所示，在柱子的一端或两端设置刚接节点，可以减少柱子的有效长度从而节省材料。钢柱子不论是与钢筋混凝土材料或是与其他钢构件，都可以通过焊接形成刚性节点。木柱子很难形成刚性连接节点，因为木材嵌入混凝土中会腐坏，而且木材也不能焊接。现浇混凝土柱子则刚好相反，它很难形成铰接节点，所以现浇混凝土结构通常都采用刚性连接节点，还可以因此适当减小柱子和梁的截面尺寸。

在拱结构或悬索结构等大跨度结构中，通常采用铰接节点，这样有利于降低结构构件中的弯矩，但是在跨度较小的结构中通常采用刚性节点连接。

柱子的强轴和弱轴

图19.6中的柱子在一个方向上受到约束，而在另一个方向上不受约束，不受约束方向的有效长度将是受约束方向的两倍，柱子在两个方向的屈曲也不同。在这种情况下，通常使用柱子承受能力更强的一个方向，例如一个4英寸×8英寸的木柱子，通常只约束4英寸的方向。

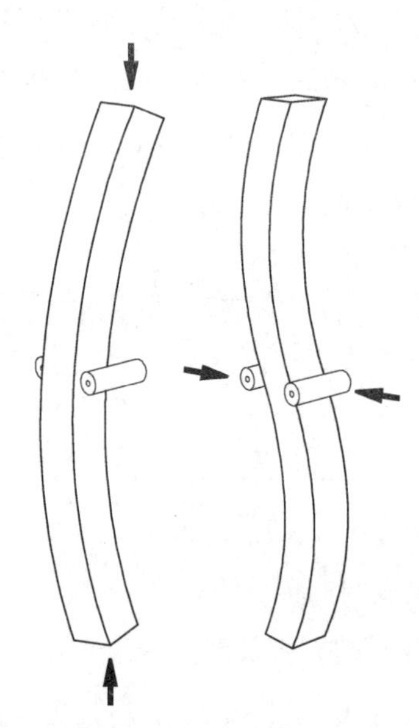

图19.6 矩形截面的柱子在尺寸较大的方向上，耐屈曲能力更强，所以约束需要设置在柱子尺寸较小的方向上，从而使屈曲首先产生在柱子尺寸较大的方向上。

多层建筑中的柱子

在多层建筑中，顶层的柱子只支撑屋顶，下一层的柱子除了支撑屋顶之外还要支撑上一层的重量，也就是说每层柱子都必须支撑该楼层上方的全部重量，最底层的柱子需要支撑的荷载最大。从建筑物顶部到底部可以采用不同截面的柱子（图19.7），这样可以节省材料，但是对于钢筋混凝土结构来说，这可能会导致模板和人工费用的增加。因此为了建造的经济性，大部分多层钢筋混凝土建筑物中的柱子都会被设计成相同的尺寸，而柱子中钢筋数量从上到下会有不同。

钢构件的尺寸规格较多，即使构件截面的总

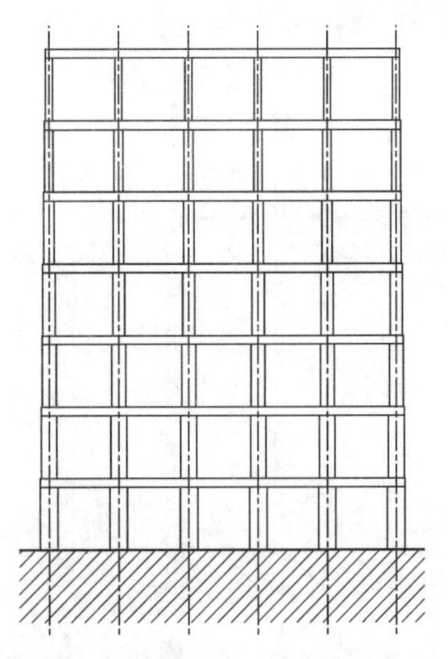

图19.7 柱子所承担的竖向荷载从建筑物的上层到下层不断累积，如果一座高层建筑物的柱子只承受竖向荷载，则底部柱子的截面尺寸一定大于顶部柱子的截面尺寸。

体尺寸相同，也有不同壁厚的产品。例如标称 8 英寸的圆钢管有壁厚 0.322 英寸、0.500 英寸和 0.875 英寸的规格，它们的横截面面积分别为 8.4 平方英寸、12.8 平方英寸和 21.3 平方英寸。再比如标称 10 英寸的宽翼缘工字钢有横截面面积从 14.4 到 32.9 平方英寸不等的规格。这些尺寸规格可以使钢结构建筑中的所有柱子外表看起来相同，但是承载能力差异很大。有些建筑师也会将柱子尺寸设计成随着承受荷载的大小而变化，以增强柱子的表现力。

梁与柱子相结合——刚架

如果梁和柱子刚接在一起，能够完整地传递弯矩，那么它们就组成了一个刚架。采用单层刚架的钢结构建筑的应用范围非常广泛，单层刚架一般分为两铰刚架和三铰刚架两种。

单层三铰刚架的弯矩图近似为穿过三个铰接点的抛物线，刚架中弯矩的大小与抛物线到刚架中心线的垂直距离成比例，刚架中心线如图 19.8（c）和图 19.8（d）中的虚线所示。

两铰刚架中的弯矩可以通过相同的方法求得，只是表示弯矩的抛物线穿过两个铰接点而不是三个，并且抛物线位于刚架中心线上方的面积和刚架内部抛物线与刚架中心线之间的面积相等。位于刚架内部的抛物线面积不难计算，因为刚架通常为矩形的形状或者是矩形上增加一个三角形形状，抛物线面积为底乘高的三分之二。

单层刚架在弯矩较大处通常会采用增加材料的方式来加强。因为刚架利用了柱子以及梁的抗弯强度，所以相比于采用铰支座的同等截面的梁柱结构，单层刚架可以跨越更大的距离。

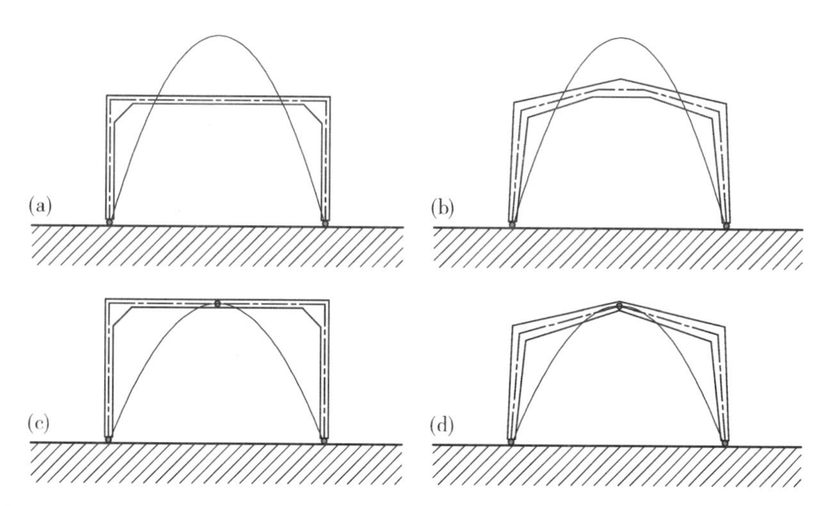

图 19.8　均布荷载作用下单层刚架的弯矩图，(a)、(b) 为两铰刚架，(c)、(d) 为三铰刚架，三铰刚架的弯矩曲线是穿过三个铰接节点的抛物线。

图 19.9 为一个单层三铰刚架在均布荷载作用下的弯矩图。刚架的左半部分受到三个力的作用，如图 19.9（a）所示，即重力、顶点处的水平推力以及支座反力。

采用集中荷载代替均布荷载，如图 19.9（b）所示，找出集中荷载作用线与穿过顶点的水平推力作用线的交点，因为刚架处于平衡状态，那么支座反力的作用线必然穿过这个交点，通过这个简单的力图，就可以求得三个力的大小和方向。

在荷载作用下，刚架的弯矩受到水平推力和支座反力的约束，如图 19.9（c）所示。弯矩大小与刚架中心线到支座反力和水平推力作用线的垂直距离成正比。

真实的重力分布是均匀的而不是集中的，绘制出均布重力荷载的载重线，已知支座反力和水平推力的方向，求得极点 o，连接各个射线完成力图，通过力图可以得到形图为一个抛物线形，如图 19.9（d）所示。这种方法与本书前几章中找出悬索结构或拱结构形式的方法相同，均布荷载由每段中心的矢量表示，抛物线形两端的分隔是中间分隔的一半。弯矩的大小与刚架中心线到抛物线的垂直距离成正比。通常绘制弯矩的方式是将它们与刚架中心线垂直，如图 19.9（e）所示，在弯矩较大处增加刚架的截面面积或采用附加支撑来加强，这些方法也

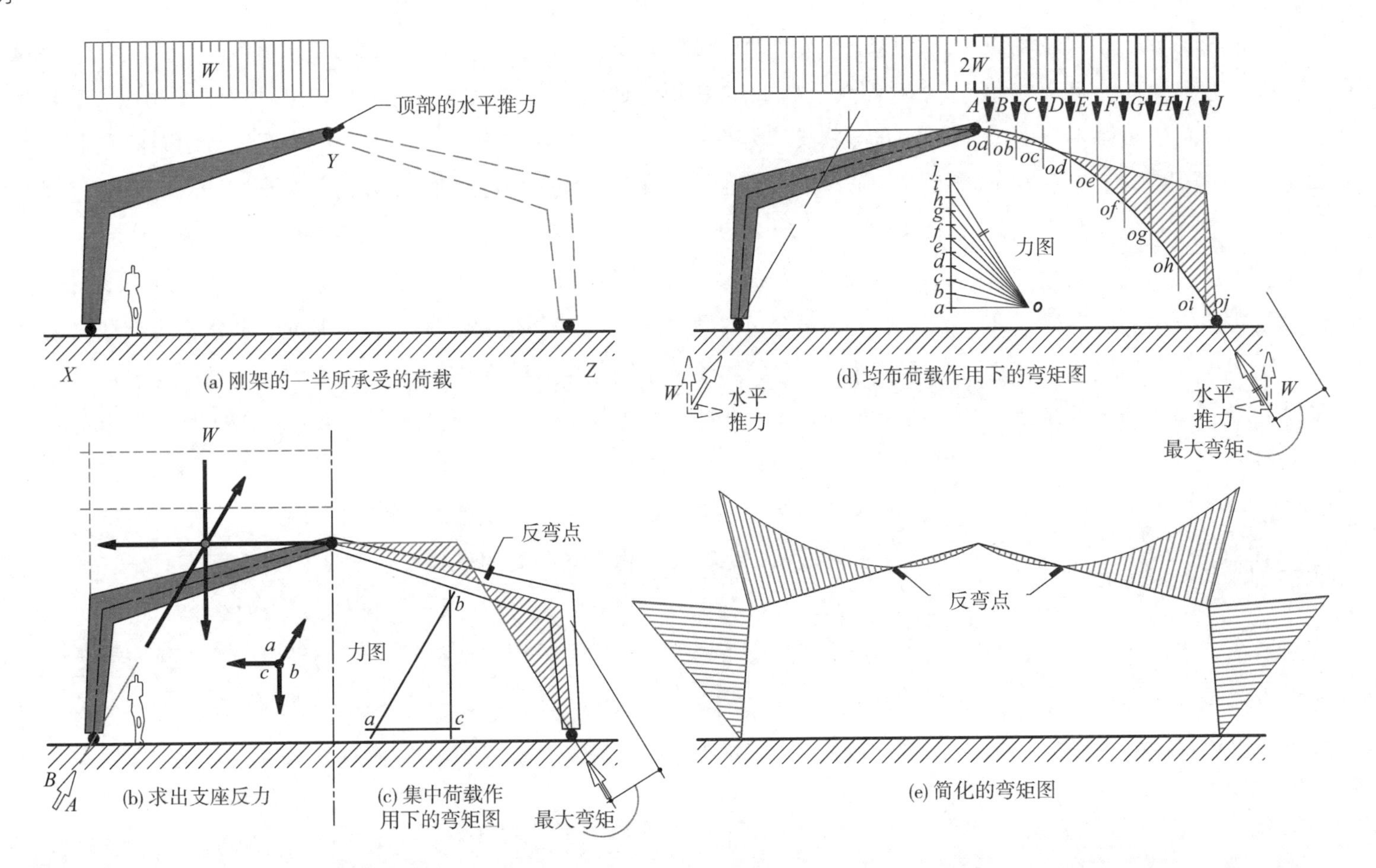

图 19.9 三铰刚架弯矩图的绘制过程。图（a）、（b）为求解支座反力，支座反力的作用线必然经过重力和顶部水平推力作用线的交点。图（c）为集中重力荷载作用下的弯矩图。图（d）为均布重力荷载作用下的弯矩图，弯矩曲线是通过刚架三个铰接点的抛物线。刚架中心线上任意点到抛物线的垂直距离与该点的弯矩值成正比。图（e）为简化的弯矩图，没有表达刚架构件，柱子和梁交接处的弯矩大小相等。

适用于框架结构的加强，具体可见本书参考资料网站的工作表 19A。

刚架的形状与抛物线形越接近，刚架中的内力就越小，相应的可跨越的距离就越大。单层刚架类似于一个变形的拱，会产生水平推力，可以由内置于地板中的钢拉杆抵消。

在钢结构建筑中，刚架与刚架之间的距离是根据支撑屋面板的檩条跨度决定的（图 19.10）。墙由类似檩条一样的梁支撑，一般称之为墙梁。为了方便螺栓连接，檩条和墙梁通常采用 Z 形钢。墙梁通常水平设置，起到抵抗风荷载的作用。但是这样会导致墙梁在墙的重力荷载作用下发生变形，所以通常会设置吊杆来拉住墙梁，防止其过度变形。

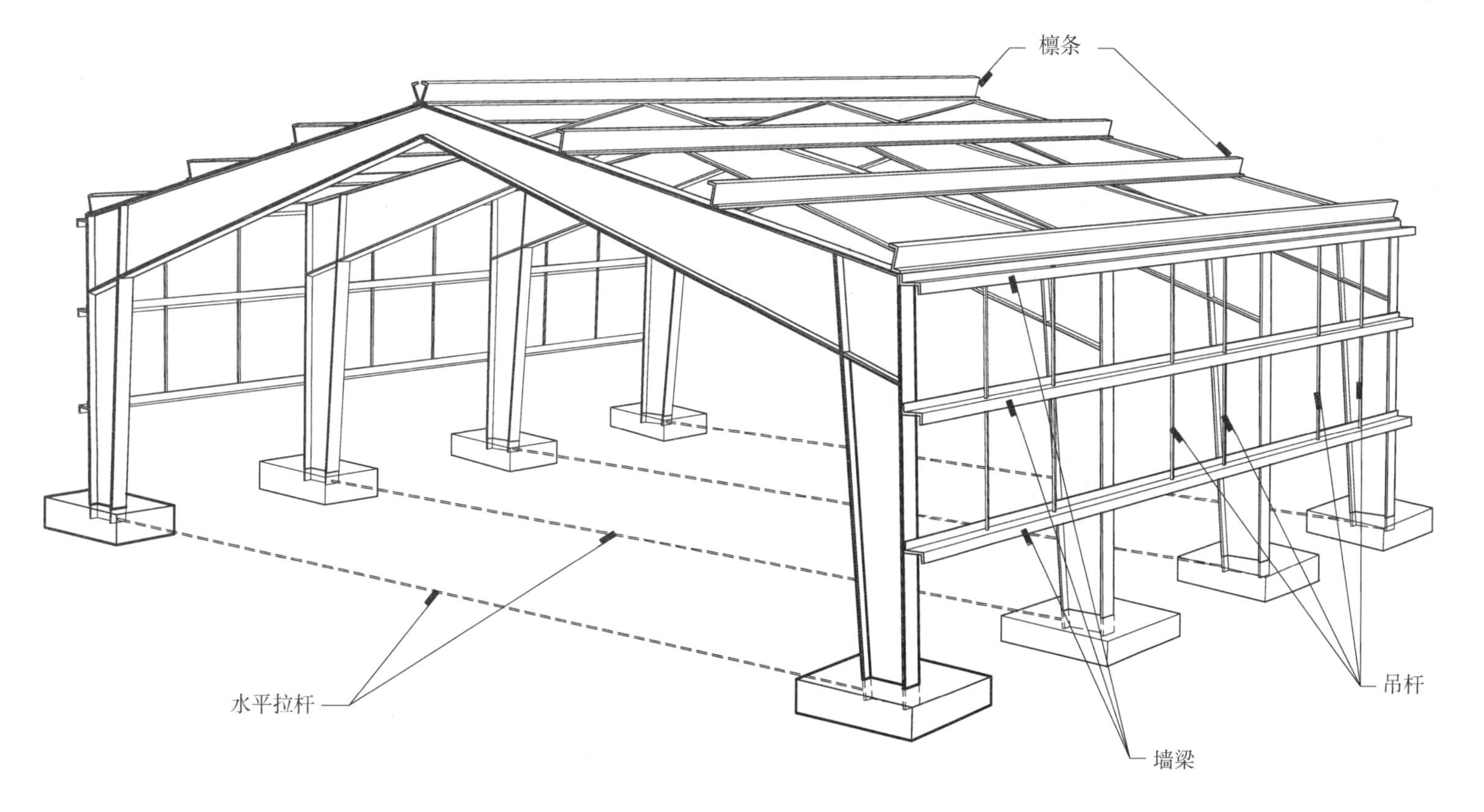

◀图 19.10　钢结构单层刚架非常经济，它被广泛地应用于工业建筑、商业建筑、办公建筑等各种公共建筑当中。檩条和墙梁采用 Z 形钢，方便施工过程中的连接操作。单层刚架通常是提前设计和生产完成的建筑产品，具有价格低廉、建造快速等优点。

多层刚架

多层刚架结构适用于 20 层以下的建筑，主要用来抵抗风荷载或地震作用带来的横向荷载。不是所有的多层刚架节点都需要刚接，通常作为建筑外围护的刚架采用刚性节点，处于建筑内部的刚架可以采用铰接节点。同样对于 50 层以下的建筑来说，可以在外墙设置较密的柱子，柱子之间采用深托梁连接，那么刚性的外墙如同一个巨大的筒状结构，可以抵抗横向荷载（图 19.11）。混凝土和钢都是组成刚性筒体结构的理想材料。

如图 19.12 所示，可以采用实物模型模拟多层刚架在荷载作用下的变形。采用条状薄板材料制作梁和柱子，交接处用木块胶接固定，这样形成的刚架模型可以比较容易地观察到梁柱构件的变形。在图 19.12（a）中，刚性节点限制了梁端部的转动，在荷载作用下相邻的柱子也一起发生了变形，也就是说荷载是由梁和相邻的柱子一起承担的。在图 19.12（b）中，刚架模型的每一个节点和构件都起到了抵抗横向力的作用。多层刚架中柱子和梁是刚接在一起的，所以在还未出现计算机的时代一直采用这种手工模型来模拟刚架承受荷载的状态，直到近代被计算机模拟所取代。

多层刚架结构在各层楼板处不需要刚接，图 19.13 中的十字形刚架构件与角柱以及楼板梁一起形成了整体刚度。十字形刚架构件的悬臂截面逐渐变细，反映了弯矩的变化。

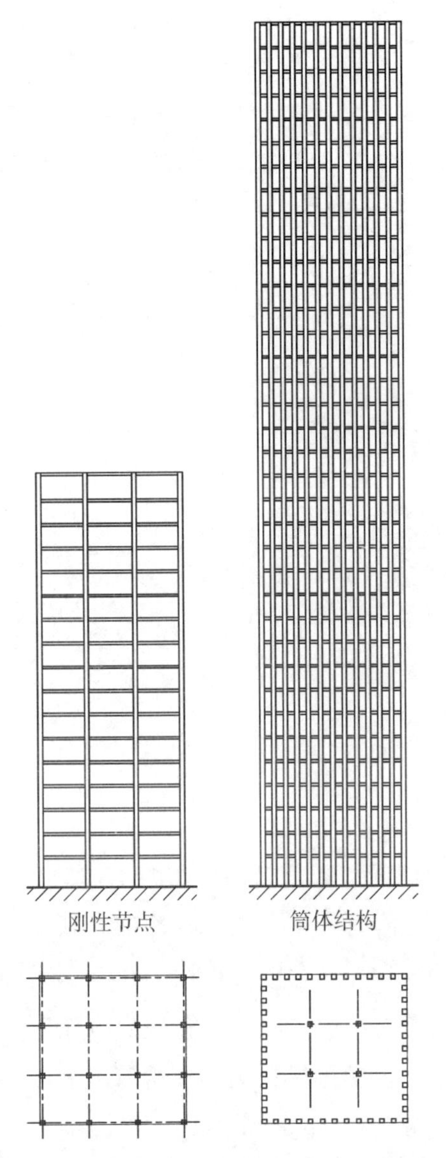

图 19.11　刚性节点在不同高度建筑中的运用。对于 20 层以下的框架结构，在特定位置采用刚性节点可以有效增强框架结构的整体稳定性。（b）对于 20 层以上、50 层以下的框架结构，可以采用刚性节点使紧密排列的外部柱子与梁一起形成一个筒体结构，从而增强整体稳定性。

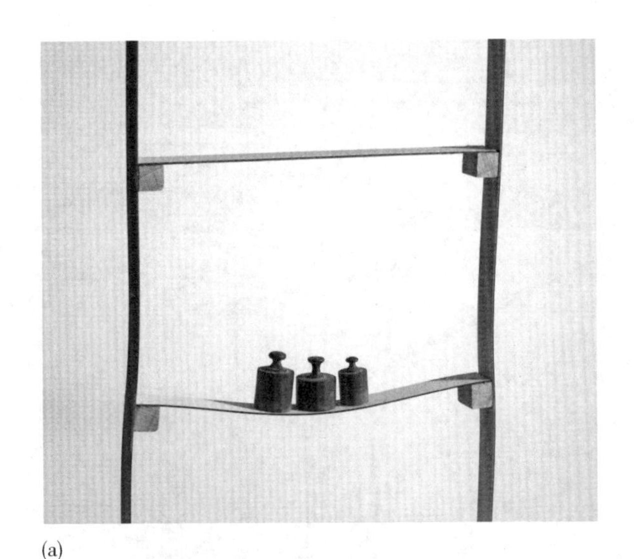

(a)

(b)

图 19.12　（a）在竖向荷载作用下，多层刚架结构中的梁与柱子共同工作抵抗荷载，提高了梁的抗弯能力；（b）与（a）图的作用原理相同，多层刚架结构中的所有构件共同工作抵抗横向荷载。

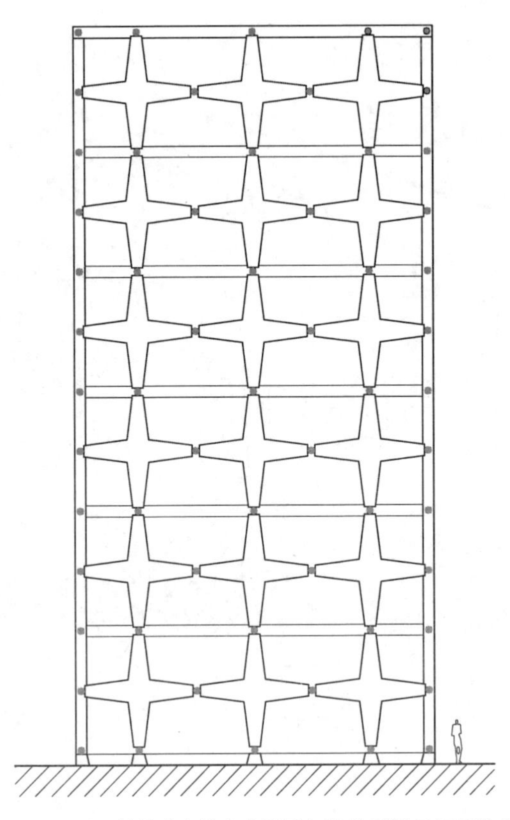

图 19.13　采用铰接节点的十字形刚架构件增强了框架结构的整体稳定性，十字形刚架构件中间的弯矩最大，所以中间位置的截面也相应较大。

柱子的理想形状

横截面

根据欧拉公式，柱子横截面的惯性矩越大，结构效率就越高。惯性矩的表达式是横截面上每个小微元的面积与这部分到形心轴距离的二次方乘积的积分。因此柱子的理想横截面是把尽可能多的材料放在离形心较远的地方。假设

法兹勒・汗（Fazlur Khan，1929—1983）

孟加拉裔美国工程师法兹勒・汗年轻时获得了富布赖特奖学金，从达卡到美国伊利诺伊大学攻读博士学位。完成学业后为 SOM 公司工作了一段时间，在此期间参与了科罗拉多州的美国空军军官学院的项目（1955—1959 年）。1957 年短暂回到孟加拉国后，1960 年移居芝加哥，在 SOM 工作。他的女儿亚斯明・汗（Yasmin Sabina Khan）也是一名结构工程师。她在书中记录了她父亲的教育经历，以及采用图解方法分析和设计复杂荷载作用下结构的优化形式。他是一位富有想象力的结构工程师和高效的团队合作者，他专注于高层建筑结构的设计创新，在 1965 年约翰・汉考克中心项目中设计了“桁架筒”结构（trussed-tube），在 1974 年希尔斯大厦项目中设计了“束筒”结构（bundled-tube），在 1977 年沙特阿拉伯的吉达客运站（Hajj Terminal in Jeddah，Saudi Arabia）项目中，他开始研究轻型帐篷结构。尽管他研究生期间研究的是预制混凝土的利用，但他的职业生涯中从钢结构摩天大楼到帐篷结构，更多的是实践如何更高效地使用材料。他那些饱含人文关怀的结构解决方案既具有创造性又富有远见卓识，不仅仅是“通过计算解决问题，更是一个从社会学或者社会经济学出发的解决方案”，法兹勒・汗有生之年设计了许多大型项目，最后不幸于 53 岁突发心脏病逝世。

一根钢柱子在没有横向约束并且承受均布荷载的情况下，其横截面的理想形状应该是圆钢管，如图 19.14（a）所示。如果这根钢柱子在某一个方向上有横向约束，另一个方向上没有，那么其横截面的理想形状则应该是椭圆形钢管，椭圆的长轴垂直于横向约束的方向，如图 19.14（b）所示。方钢管和矩形钢管同样也是比较理想的钢柱子截面。

宽翼缘工字钢作为柱子时，其截面通常接近于方形，如图 19.14（d）所示，这种形状的结构效率很高，因为钢材主要分布于远离形心的翼缘部位，但是宽翼缘工字钢在两个形心轴方向的刚度差异很大，在平行于翼缘的方向容易发生屈曲。

图 19.14（e）到（k）分别为适用于钢材、木材和混凝土材料的截面形状。钢筋混凝土柱子是由钢筋和混凝土两种材料共同承受荷载，通常在远离截面形心的位置布置竖向钢筋，钢筋外部还需要一定厚度的混凝土保护层，以防止钢筋锈蚀以及火灾。竖向钢筋如同细长的柱子，其内侧的混凝土限制了竖向钢筋的向内屈曲，外侧采用箍筋缠绕，限制其向外屈曲。箍筋的截面尺寸比较小，包括独立的分离的单肢箍筋以及连续缠绕在竖向钢筋外部的螺旋箍筋。

图 19.14　几种不同材料的典型的柱子截面形状。（a）到（f）是钢柱子，（a）圆钢管；（b）椭圆形钢管；（c）矩形钢管；（d）宽翼缘工字钢；（e）四个角钢把钢板组合在一起形成的方形柱；（f）两个槽钢把钢板连接在一起形成的矩形柱；（g）到（i）的柱子是由木材制成的；（g）圆木柱；（h）方木柱；（i）间隔的两个木柱由螺栓连接形成整体；（j）和（k）是钢筋混凝土柱子；（j）连续的箍筋螺旋缠绕竖向钢筋形成的圆形钢筋混凝土柱子；（k）方形钢筋混凝土柱子采用了分离的矩形单肢箍筋，每片箍筋都需要绑扎到竖向钢筋上。

立面

在其他因素相同的情况下，两端铰接的柱子的最大弯矩在柱子中间，也就是说应当增加柱子中间部分的抗弯能力，因此梭形柱是合理柱子立面形式，如图 19.15 和图 19.16（a）所示。如果柱子下端与基础刚接，上端与梁或者板铰接，那么它的理想形状是自下而上截面逐渐变小，如图 19.16（b）所示。如果柱子上端刚接、下端铰接，如图 19.16（c）所示，那么它的理想的形状是自下而上截面逐渐变大。

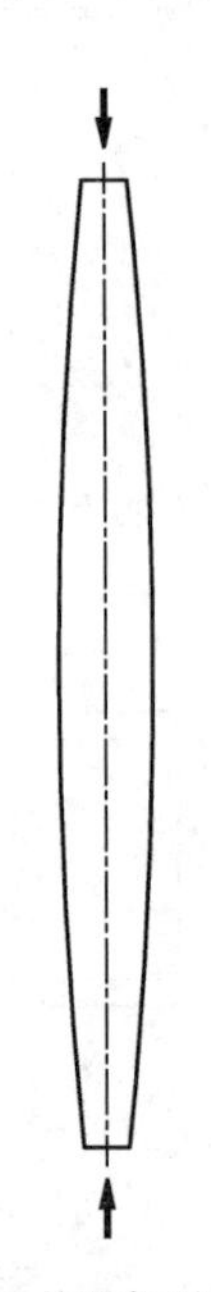

图 19.15　两端铰接的柱子的理想形状为两端收缩的梭形，但是某些材料很难加工成这种形状，柱子中间弯矩最大的地方，抗弯强度也最大。

圆钢管柱子可以通过在中间焊接加强钢片，或者在外围增加拉杆来提高柱子的抗弯能力，如图 19.17（a）所示。在图 19.17（b）中，细长的钢柱子的周围增加了三组拉索，拉索由两端和中部的水平支撑来固定，进一步增强了柱子的抗弯性能并减少了发生屈曲的可能。采用拉索的柱子在装配过程中应预留一定的调节空间，使柱子整体受力更加均匀。

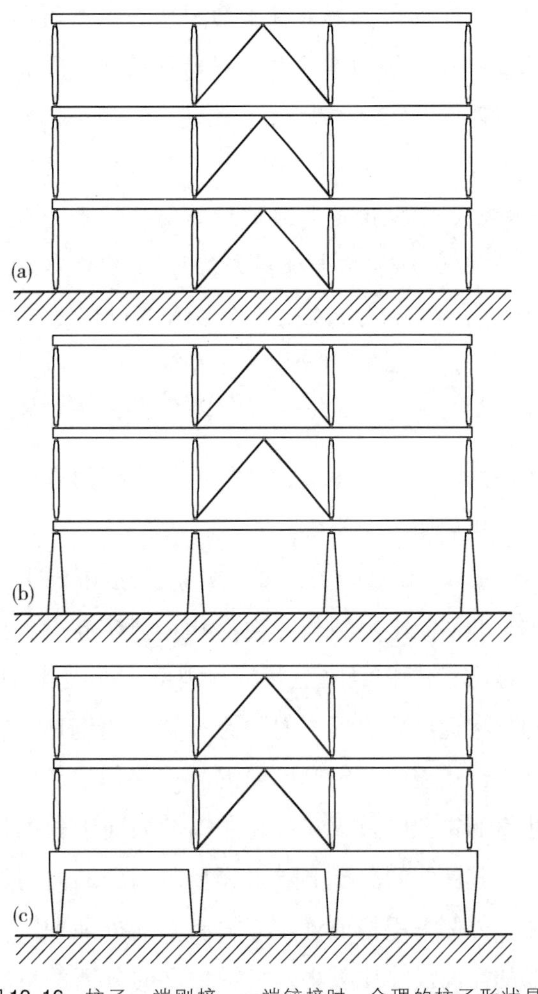

图 19.16　柱子一端刚接、一端铰接时，合理的柱子形状是锥形。

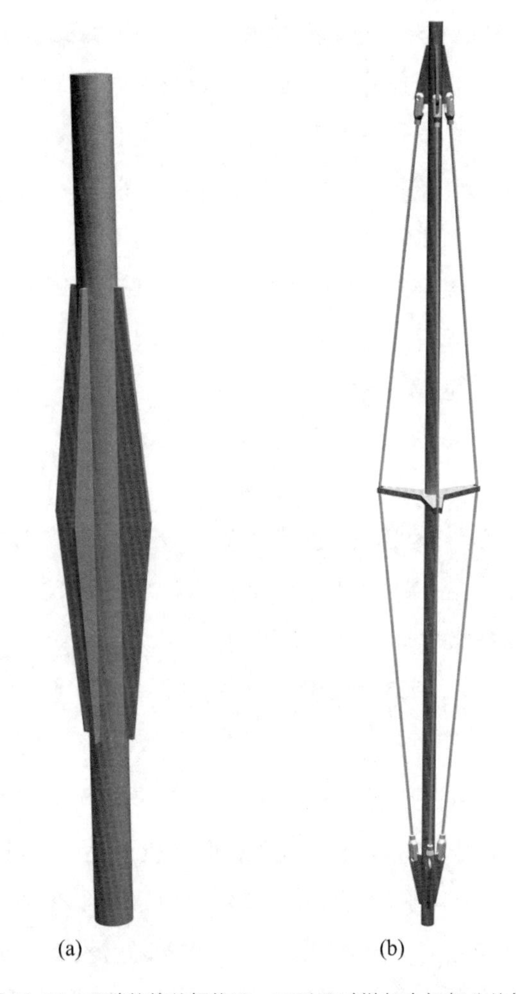

图 19.17　两端铰接的钢柱子，可以通过增加中间部分的材料来抵抗弯矩，例如可以采用鳍状肋或者张拉索。

柱子和拉杆

合理的柱子构件在各个方向上的抗弯能力几乎没有区别，如果某一方向比较薄弱，这个方向就比较容易发生屈曲，从而导致结构明显的变形。一些适合做柱子的钢构件，比如圆钢管、矩形钢管、方钢管、T 形钢、H 形钢以及槽钢等，它们的尺寸以及性能参数都可以在《钢结构手册》中查到。同样的,《木结构手册》和《钢筋混凝土结构手册》也提供了相应的适合做柱子构件的型材。拉杆或拉索无法抗弯，所以它们的尺寸主要取决于抗拉强度。

复合受力构件

屋顶的椽子一般同时承受两种作用，一种是由屋面的风荷载和雪荷载引起的弯曲正应力，另一种是作为简单的三角桁架的一部分，由重力荷载引起的轴向应力（图 19.18）。椽子需要同时抵抗弯曲正应力和轴向应力的作用，因此是一个复合受力构件。椽子构件的尺寸需要满足如下的公式：

$$\frac{f_b}{F_b}=\frac{f_{\text{axial}}}{F_{\text{axial}}}\leqslant 1.0 \qquad (19.2)$$

f_b 为计算出的弯曲正应力；

F_b 为容许弯曲正应力；

f_{axial} 为计算出的轴向应力；

F_{axial} 为容许轴向应力。

不论轴向力是压力还是拉力，这个公式都适用。理论上抗弯能力利用的百分比加上轴向应力利用的百分比，不能超过百分之百。

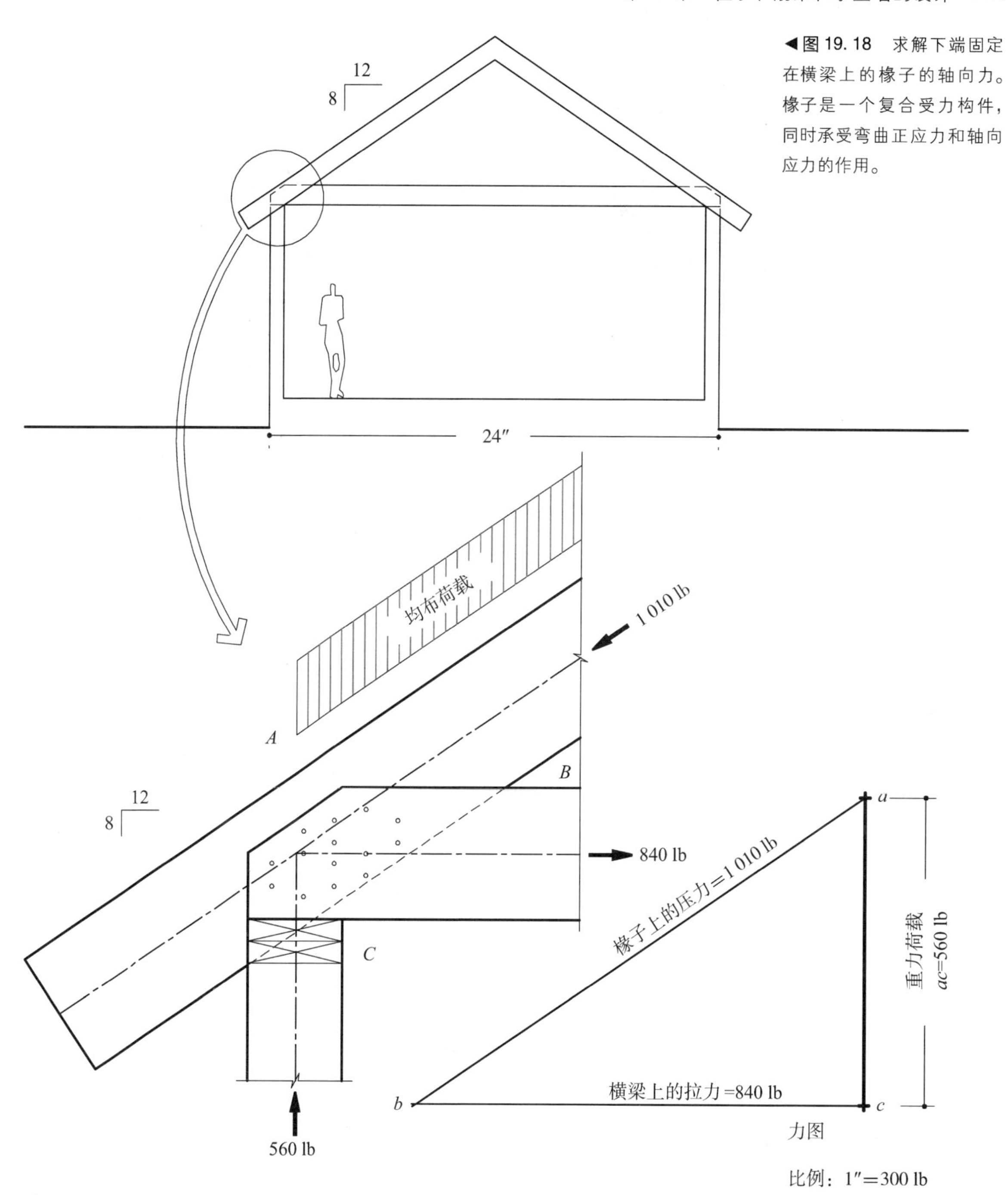

◀图 19.18　求解下端固定在横梁上的椽子的轴向力。椽子是一个复合受力构件，同时承受弯曲正应力和轴向应力的作用。

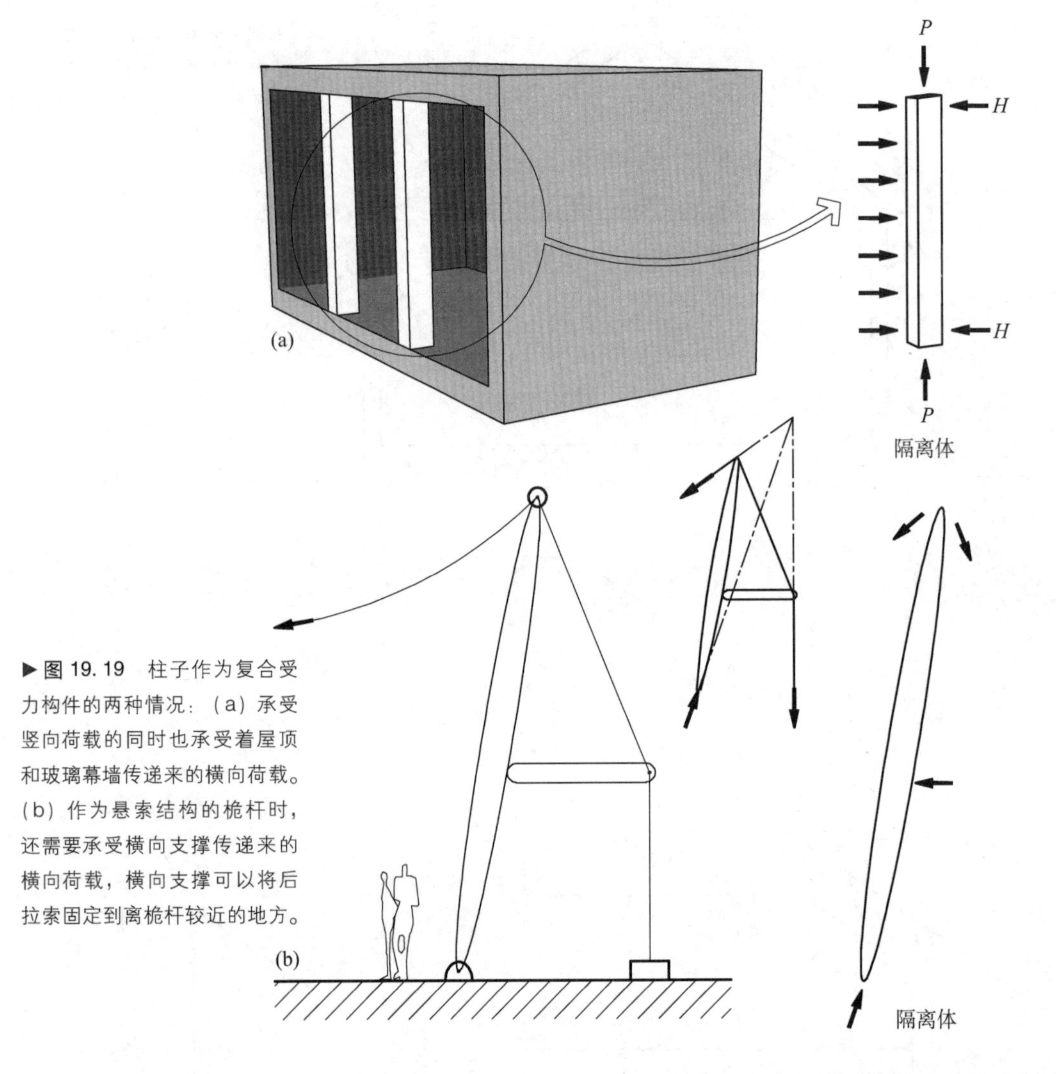

▶图 19.19 柱子作为复合受力构件的两种情况：（a）承受竖向荷载的同时也承受着屋顶和玻璃幕墙传递来的横向荷载。（b）作为悬索结构的桅杆时，还需要承受横向支撑传递来的横向荷载，横向支撑可以将后拉索固定到离桅杆较近的地方。

椽子的问题特别有趣，因为椽子通常为 1.5 英寸宽、12 英尺长，这导致它在弱轴方向上的长细比值是木柱最大长细比值的两倍。但是椽子上通常间隔几英寸就要钉上屋面板，这有效地限制了椽子在弱轴方向上的弯曲变形。椽子在强轴方向上高 5.5 英寸，因此强轴方向的长细比值小于 30。椽子还承受着由于均布荷载作用所产生的弯矩。为了最大限度地提高材料的使用效率，对于复合受力构件来说，可以根据材料的承载能力与实际受力相接近的截面面积来确定尺寸。

承受偏心荷载的柱子

承受偏心荷载的柱子也可以视为一个复合受力构件（图 19.19），因为它同时受到压力和弯矩的作用。图 19.20 中的胶合木柱的截面面积为 12 平方英寸，上部的楼板和屋顶的重量对柱子施加了 40 千磅的轴向压力，在柱子一侧偏离中心线 10 英寸的牛腿上放置了重量为 20 千磅的梁。胶合木柱的容许弯矩为 1 600 磅每平方英寸，容许压应力为 975 磅每平方英寸，请核算该柱子是否能承受这些荷载。

为了求解出柱子上的最大应力，需要先确定两个重力合力的重心。采用鲍氏符号标注法，在两个重力之外的空间进行标注。绘制出载重线，取任意一点为极点，绘制出射线完成力图。然后在重力作用线的延长线上绘制出形图。形图上 *oa* 和 *oc* 相交，交点所在的垂直线就是重力合力的作用线，在距离柱子的中心轴线 4 英寸处。重力合力产生的力矩就是 240 000 磅英寸（60 千磅乘 4 英寸），然后采用数值法计算出柱子当中的压应力和弯曲正应力，为：

$$f_c=\frac{P}{A}=\frac{60\ 000\ \text{lb}}{144\ \text{in}^2}\approx 416\ \text{lb/in}^2$$

$$f_b=\frac{M}{S}=\frac{240\ 000\ \text{lb}\cdot\text{in}}{288\ \text{in}^3}\approx 833\ \text{lb/in}^2$$

验证以上计算结果是否符合要求，代入式（19.2）：

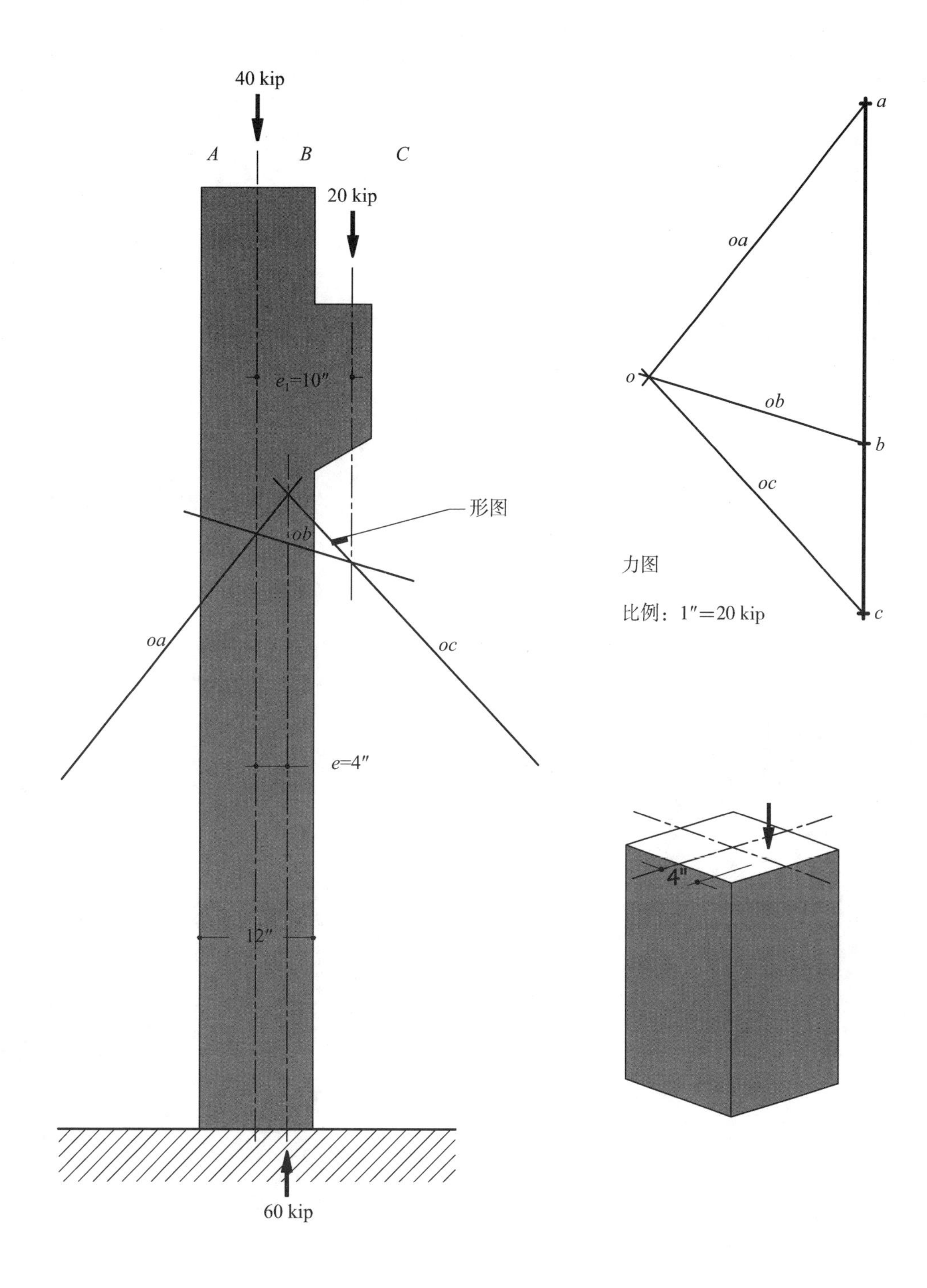

$$\frac{f_b}{F_b}+\frac{f_{axial}}{F_{axial}}\leqslant 1.0$$

$$\frac{833\ \text{lb/in}^2}{1\ 600\ \text{lb/in}^2}+\frac{417\ \text{lb/in}^2}{975\ \text{lb/in}^2}\approx 0.95<1.0\quad \text{满足要求}$$

计算结果满足要求，柱子的承载能力使用了 95%。

建筑中的柱子

柱子类似直立的人体，呈线性分布于建筑空间中，相比于梁构件和板构件更能引起人们的遐想。因此在建筑历史上，柱子被赋予了诸多象征性特征，成为建筑风格的重要组成部分。

如图 19.1 所示，柱子一方面展示了建筑风格，另一方面规定、划分并刻画了建筑空间。如果给定 12 根柱子，它们会构成怎样的空间形式呢？图 19.21 提供了一些有意义的尝试。作为读者的你还可以去探索其他的可能性。在建筑中协调结构柱网和空间布局并非易事，需要设计者同时兼顾结构和空间的双重需求。图 19.22～图 19.28 给出了多个具有启发性的柱子在建筑中应用的案例。

◀图 19.20　求解偏心荷载作用下柱子上的最大应力。首先找出两个重力合力的重心，绘制出载重线，取力图上的任意一点为极点，绘制出极点到载重线的射线，完成力图。在形图中两个重力作用线的延长线上，做 oa 和 oc 的平行线，两条线相交于一点，该交点所在的垂直线就是重力合力的作用线。通过弯曲正应力计算公式求解出最大正应力，压力除以截面面积求得轴向压应力。两个应力之和就是柱子上的最大应力。

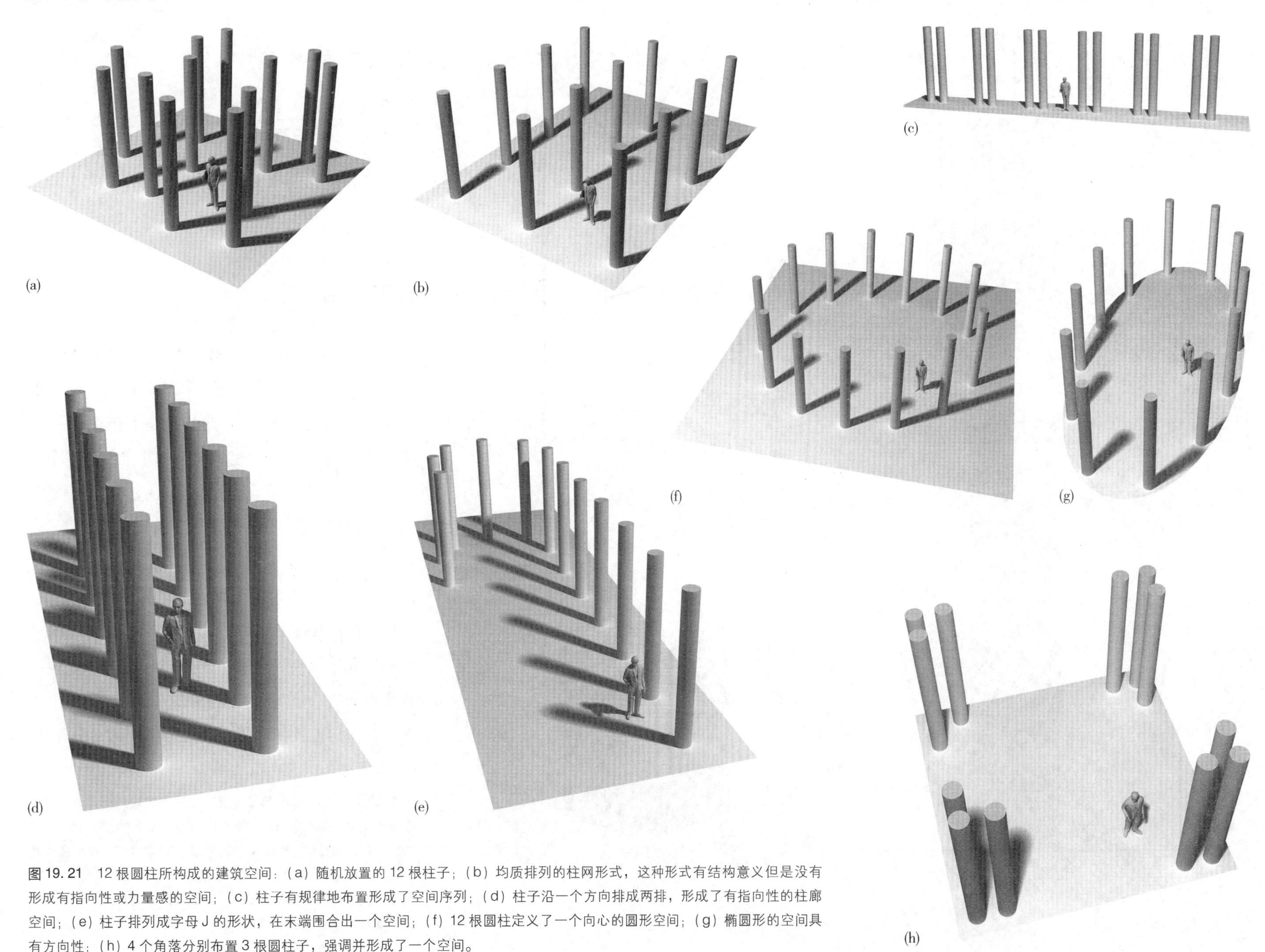

图 19.21　12 根圆柱所构成的建筑空间：（a）随机放置的 12 根柱子；（b）均质排列的柱网形式，这种形式有结构意义但是没有形成有指向性或力量感的空间；（c）柱子有规律地布置形成了空间序列；（d）柱子沿一个方向排成两排，形成了有指向性的柱廊空间；（e）柱子排列成字母 J 的形状，在末端围合出一个空间；（f）12 根圆柱定义了一个向心的圆形空间；（g）椭圆形的空间具有方向性；（h）4 个角落分别布置 3 根圆柱子，强调并形成了一个空间。

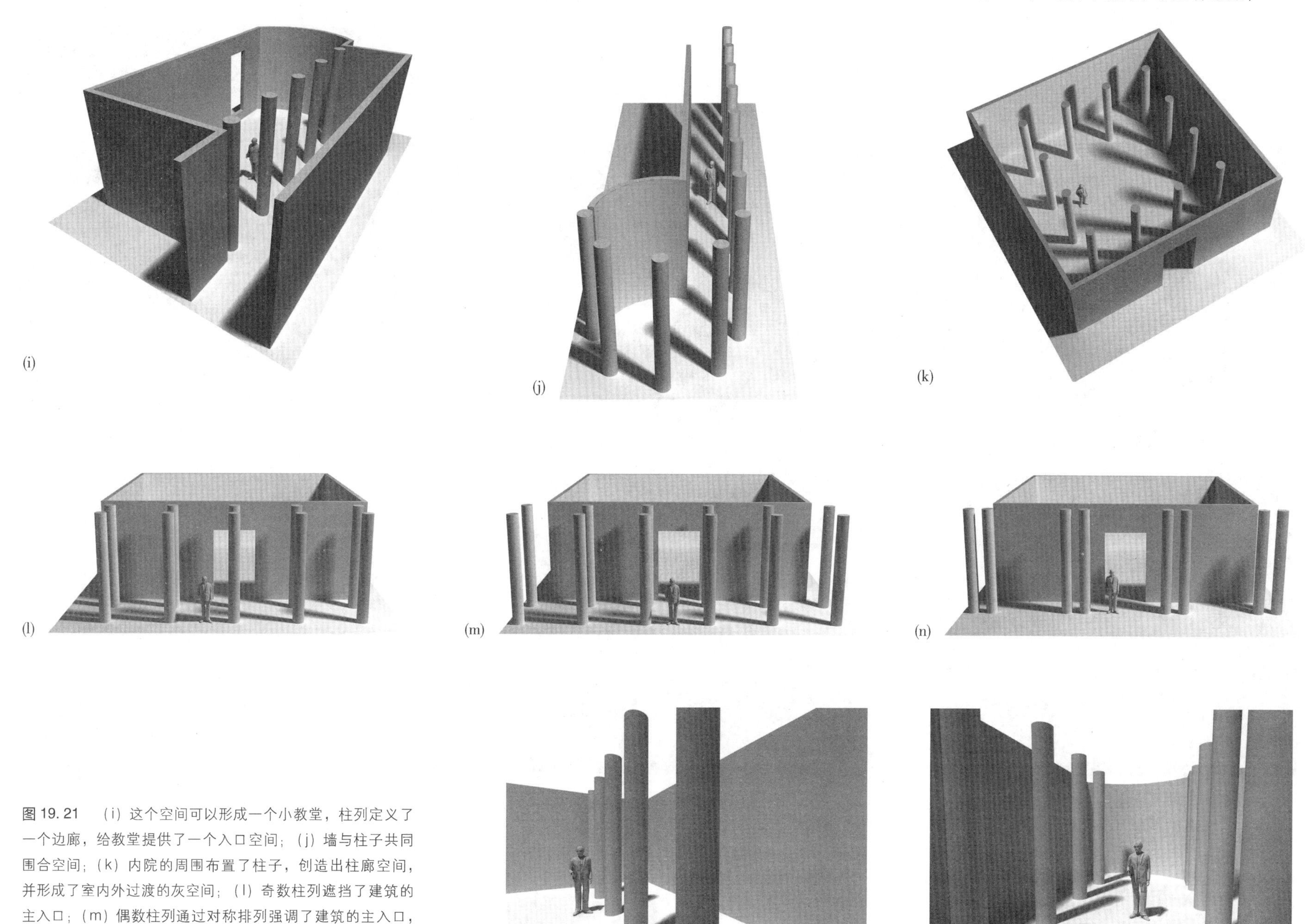

图 19.21　(i) 这个空间可以形成一个小教堂，柱列定义了一个边廊，给教堂提供了一个入口空间；(j) 墙与柱子共同围合空间；(k) 内院的周围布置了柱子，创造出柱廊空间，并形成了室内外过渡的灰空间；(l) 奇数柱列遮挡了建筑的主入口；(m) 偶数柱列通过对称排列强调了建筑的主入口，同时柱廊空间柔化了建筑的边界；(n) 柱子有规律地排列形成建筑的主立面；(o) 柱子将空间划分成两个部分；(p) 两排柱子定义了中间的主空间。

图 19.22　雅典卫城帕提农神庙的多立克柱子，柱子的形式、比例、间距以及排列都经过精心的设计。
图片来源：爱德华・艾伦摄

图 19.23　安东尼・高迪设计的圣家族教堂，采用了树状柱子，力流沿着各个分支的轴线传递到柱身，有效地减少了弯矩的产生。
图片来源：爱德华・艾伦摄

▶图 19.24　弗兰克・赖特设计的约翰逊制蜡公司大楼中的柱子，柱子从下到上的截面逐渐增大，柱子顶部与屋面板紧密相连。
图片来源：大卫・福克斯摄

◀图 19.25　巴黎塞纳河西蒙・博瓦尔人行桥的柱子由四根圆钢管构成，柱子连接了上层和下层的桥面板，显得很轻盈。该桥于 2006 年由迪特马尔・费特丁格建筑事务所（Dietmar Feichtinger）以及 RFR 公司联合设计。
图片来源：大卫・福克斯摄

◀图 19. 26　曼哈顿 SOHO 区的学者大厦，由奥尔多・罗西（Aldo Rossi）设计，背对主街的立面显示该结构采用了铸铁制成的门式刚架。
图片来源：大卫・福克斯摄

▶图 19. 27　巴黎世博会机械馆由建筑师费迪南德・都特（Ferdinand Dutert）和结构工程师维克多・康坦明（Victor Contamin）共同设计。它建造在埃菲尔铁塔对面的战神广场上，1889 年建成，1909 年拆除。其主跨由 111 米的桁架拱构成，是当时世界上跨度最大的建筑。这幅图片摘自 1889 年 5 月 3 日出版的工程学杂志，图中三铰拱的拱脚就像一个巨大的钉子。你是否好奇这个结构中的力是怎么分布的呢？

图 19.28　芝加哥奥黑尔国际机场的美国联合航空公司航站楼的柱子由多根圆钢管组成，这种设计比实心柱更加轻盈通透，与高耸的玻璃采光顶相匹配，平时有很多孩子围绕着柱子玩耍嬉戏。
图片来源：爱德华·艾伦摄

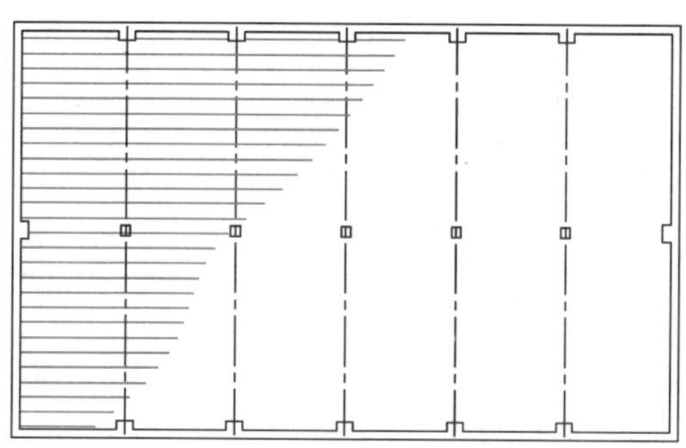

(a) 建筑的周围布置承重墙，内部设置柱子

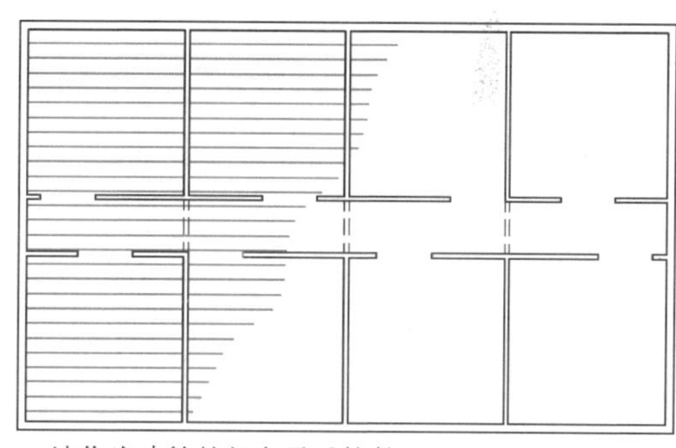

(b) 墙作为建筑的竖向承重构件

图 19.29　两种常用的墙承重的模式

承重墙

墙也是重要的承重构件，墙承重的建筑通常有两种模式，如图 19.29 所示：

- 墙与柱子共同承重，建筑的周围布置承重墙，内部设置柱子。
- 墙作为建筑的竖向承重构件。

这两种模式都可以经济快速地建造。承重墙起到围护和分割空间的作用，承受和传递竖向荷载的同时也可以抵抗横向荷载。

模式（a）的内部空间由柱子支撑，增加了内部空间划分的灵活性。模式（b）由承重墙支撑，灵活性被限制，这种模式主要运用在办公楼、旅馆、宿舍、公寓以及教学楼等建筑当中。这些建筑的共性是室内空间跨度较小，同时功能基本不随时间变化而改变。购物中心、仓库、工厂等建筑不适合采用承重墙结构。图 19.30 展示了一些典型的承重墙平面布局。

承重墙大多是由混凝土砌块、砖、石以及现浇混凝土构成（图 19.31），在一些小型的住宅、公寓和商业建筑中也会采用轻型木桁架构成的墙体承重，当有防火要求时，也可以采用轻钢桁架构成的墙体承重。

承重墙的形式与布局受到建筑物高度、楼面面积、建筑物功能以及防火性能等因素的影响。根据《国际建筑规范》的相关规定，采用承重墙结构的建筑，如果楼板和屋顶为轻型木结构，建筑一般不得高于四层，同时对建筑面积做了严格的规定。如果楼板和屋顶采用重型木结构，则建筑可以设计成五到六层，如果建筑中安装了自动喷淋系统，层数还可以适当地增加。

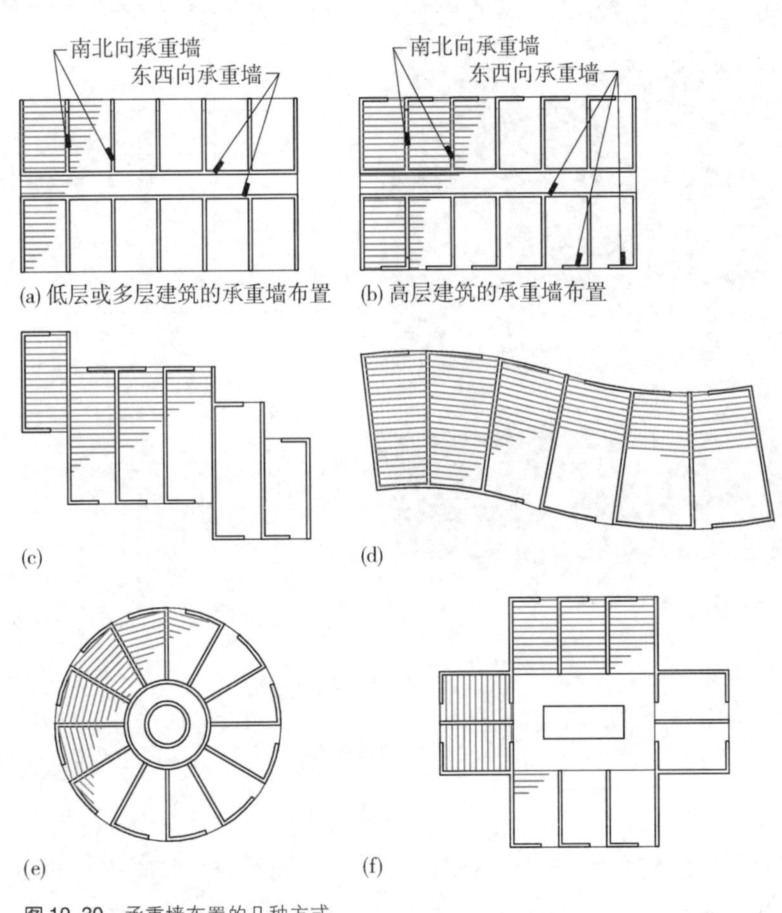

图 19.30　承重墙布置的几种方式

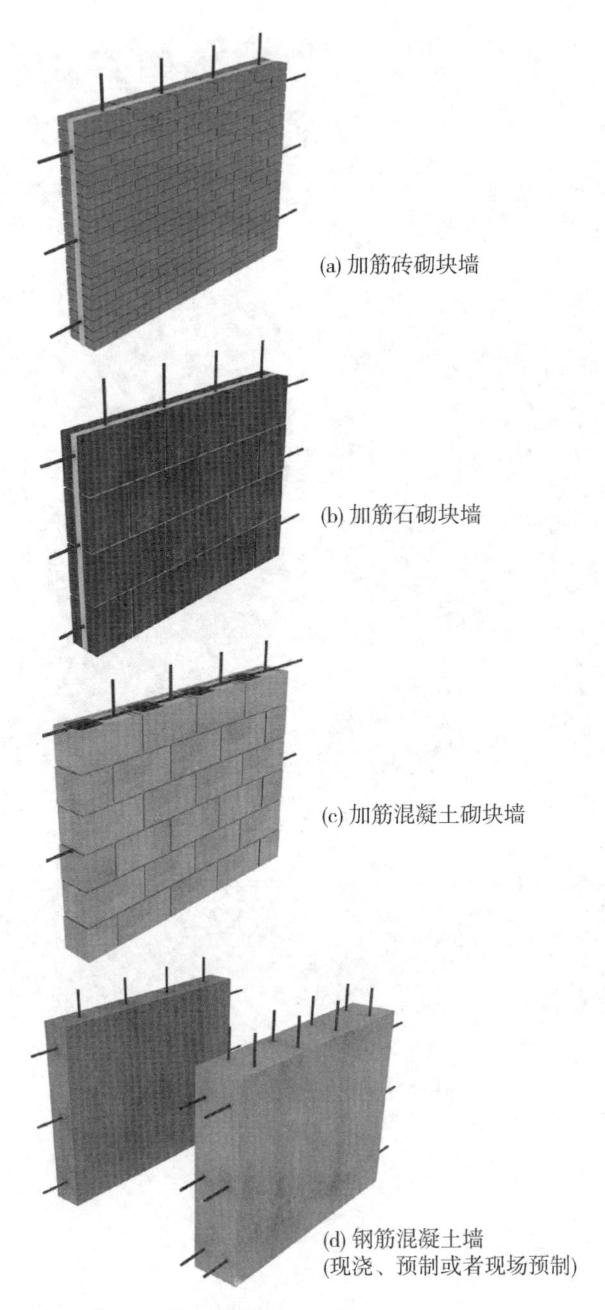

图 19.31　不同材质的承重墙

承重墙的比例

《国际建筑规范》中规定实心砌块承重墙的两个横向支撑之间的间距不得大于墙身厚度的 20 倍，空心砌块墙承重墙的两个横向支撑之间的间距不得大于墙身厚度的 18 倍。横向支撑可以由横墙、壁柱、钢柱以及楼板或屋面构成的横隔板组成。单层建筑的承重墙的最小厚度为 6 英寸，多层建筑的承重墙的最小厚度为 8 英寸。根据上述的原则，采用 8 英寸厚的空心混凝土砌块墙体承重时，两个壁柱之间的最大距离为 8 英寸的 18 倍，也就是 12 英尺。承重墙的稳固措施如图 19.32 所示。

对于采用混凝土楼板或者钢楼板的承重墙结构，《国际建筑规范》中并不限制建筑的高度，建筑物可建的最大高度由承重墙的结构性能决定。采用加筋砌块或钢筋混凝土墙体承重的结构通常可设计到 20 层，但是这时底层的墙体厚度应达到 24 英寸。理论上采用加筋砌块或钢筋混凝土墙体承重的结构也可以建到 60 层。如果承重墙上下不对齐时，就需要代价昂贵的结构转换层，所以通常建议建筑师不要轻易改变承重墙的位置。

承重墙的开口上部需要设置过梁，过梁可以采用钢、混凝土或加筋砌块等材料制成（图 19.33）。砖砌体承重墙开口上的过梁所承担的荷载较小，通常只有三角形区域的砌块重量由过梁承担（图 19.34），砖砌体承重墙开口上的过梁也可以采用拱或者叠涩的形式。

(a) 采用横向支撑的承重墙

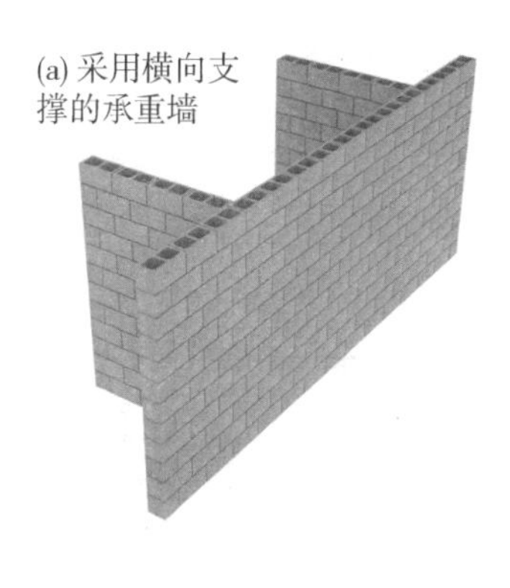

(b) 采用壁柱的承重墙

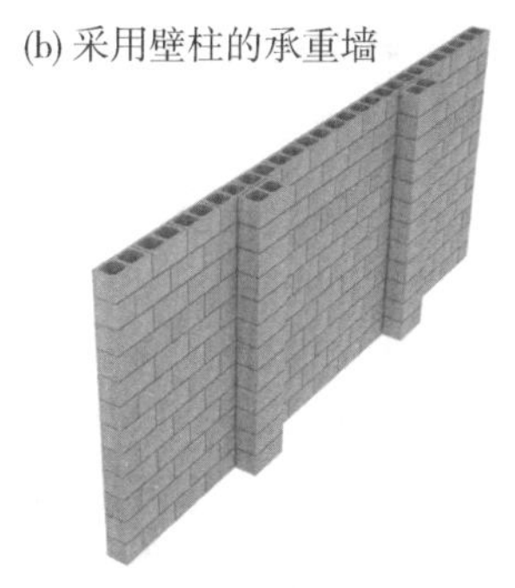

(c) 采用钢柱的承重墙

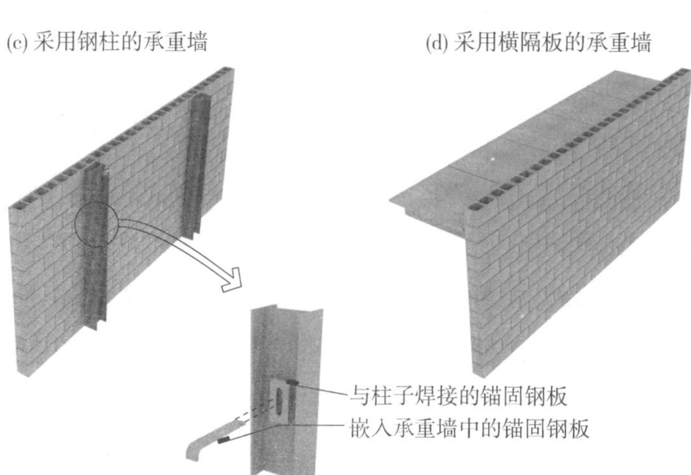

(d) 采用横隔板的承重墙

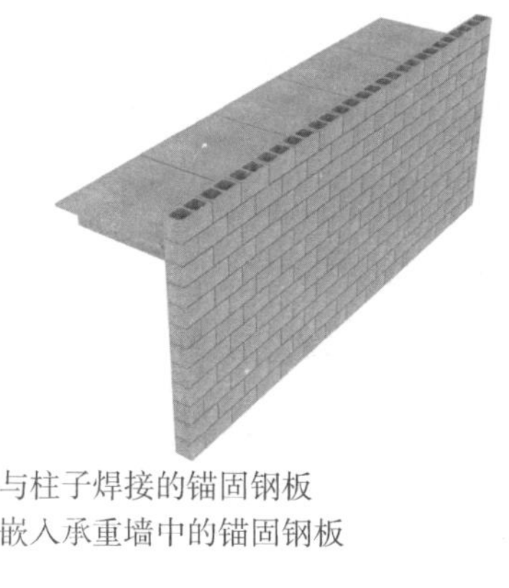

图 19.32　承重墙的稳固措施

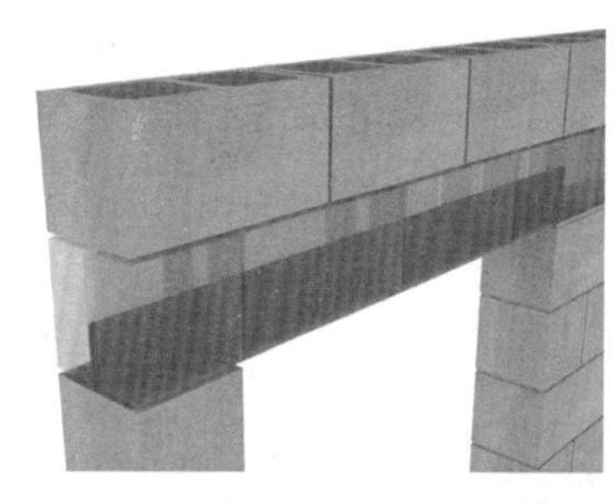

(a) 角钢过梁

(b) 预制混凝土过梁

(c) 加筋砌体过梁

19.33　承重墙开口上的过梁

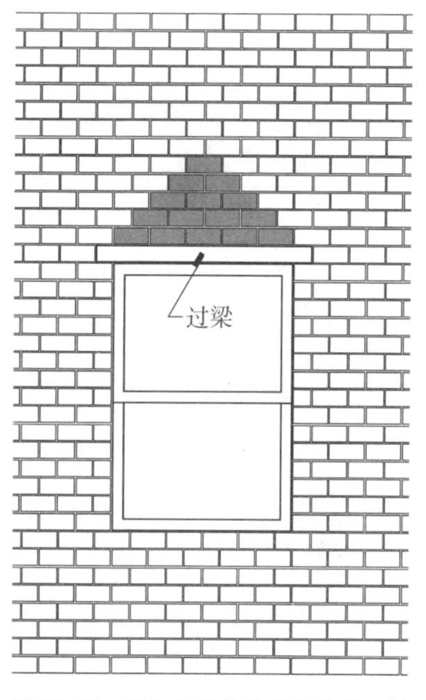

图 19.34　因为砖砌体的叠涩作用，过梁只承担其上部三角区域砖砌体的重量。

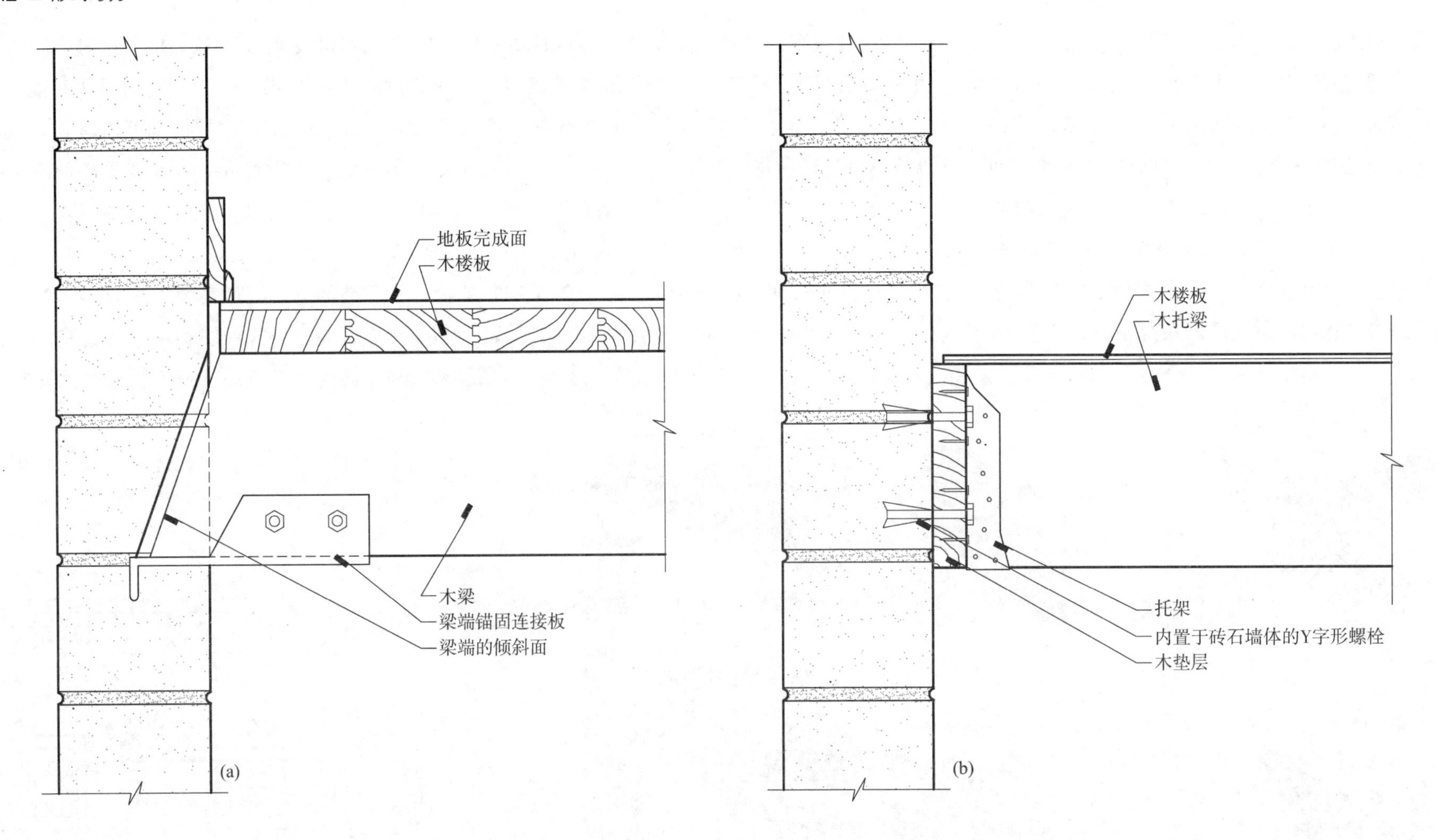

图 19.35　(a) 木梁的端部与承重墙通过钢板锚固连接，如果木梁因为燃烧失稳，则梁端倾斜面允许梁轻微地向下旋转，该旋转不会导致承重墙的倒塌。(b) 木托梁通常通过托架连接到承重墙上，托架与承重墙体之间采用木垫层，木垫层与托架用螺钉连接，再用膨胀螺栓将托架和木垫层与墙体连接。

支撑楼板和屋顶的承重墙同时也是剪力墙，起到抵抗横向荷载的作用（图 19.35）。图 19.36~图 19.38 展示了几种承重墙以及柱子的创新性设计，体现了独特的、实用的、直接又自然的结构美感。

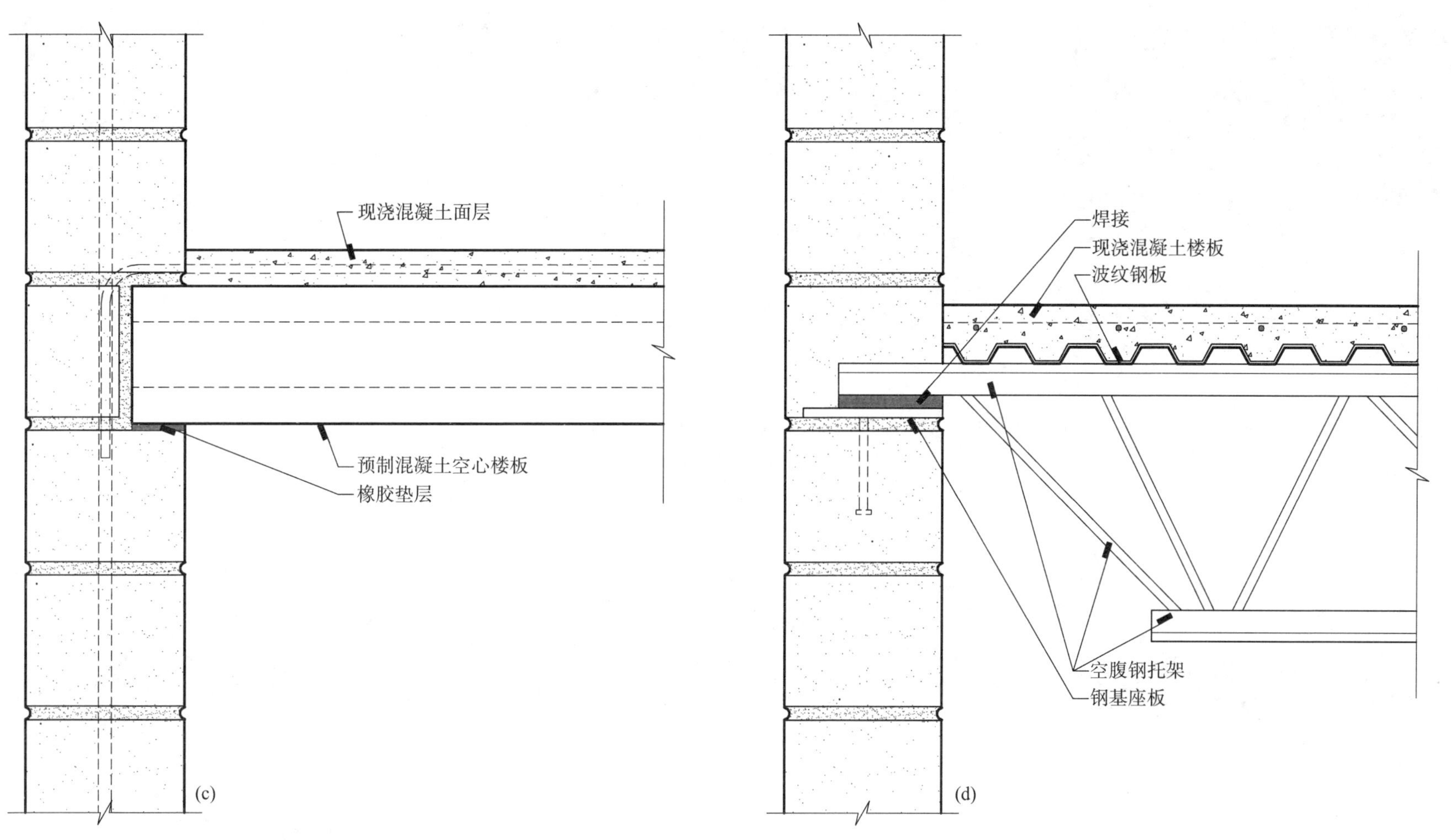

图 19.35　（c）预制混凝土空心楼板铺设在橡胶垫层上，避免楼板荷载传递到墙体时的应力集中。现浇面层中的钢筋深入墙体内部，与墙体中的钢筋连接固定。（d）空腹钢托架通常焊接到钢基座板上，钢基座板锚固到墙体中。钢托架的端部嵌入墙体当中，楼板为现浇混凝土楼板。

图 19.36 乌拉圭亚特兰蒂达的工人基督教堂，由结构工程师埃拉蒂奥・迪亚斯特设计。砖墙在基础处是直线，到顶部变成正弦曲线。墙体顶部的曲线与波浪般起伏的薄壳结构屋顶形成了坚固的连接。

图片来源：爱德华・艾伦提供

图 19.37 马克・韦斯特（Mark West）设计的树状混凝土柱子，用于支撑波浪状的屋顶。

图片来源：马克・韦斯特提供

图 19.38 德国基尔斯堡的观景塔由 SBP 事务所设计，建筑中心的钢管柱子直径为 0.5 米、高 41 米。4 个环状的平台梁有效地限制了柱子产生的弯矩，观景塔的外侧设置了索网。请思考为什么索网设计成双曲面而不是圆柱面。

图片来源：SBP 公司提供

思考题

1. 假设有 12 根截面为矩形的混凝土柱子，柱子的尺寸为 1 英尺宽、3 英尺长、9 英尺高。请采用这些柱子围合出不同的建筑空间，矩形柱与圆柱在围合空间以及塑造建筑形式方面有哪些区别？矩形柱可以创造出怎样的建筑空间和结构形式？
2. 某建筑宽 24 英尺，屋顶坡度为 4/12，椽子的截面为 2 英寸×10 英寸，屋脊不承重只起到联系的作用。如果恒荷载与活荷载的总和在水平方向上的投影为 40 磅每英尺，请求出椽子中的最大应力。如果椽子的下端与横梁采用钉子连接，横梁可以安全地传递 100 磅的力，那么在这个连接处需要多少个钉子？椽子的跨度为 24 英尺的一半即 12 英尺，因为屋顶具有坡度，所以椽子的实际长度大于 12 英尺，当计算弯曲正应力时，这个长度忽略不计。
3. 方形木柱高 14 英尺、重 16 千磅，其容许压应力为 1 050 磅每平方英寸，弹性模量为 140 万磅每平方英寸。假设该柱子是一个长柱，可以使用欧拉公式来确定其截面尺寸，请问当安全系数为 2 时，柱子的截面尺寸是多少？

关键术语和公式

$$P_{cr}=\frac{\pi^2 EI}{L^2}$$

$$\frac{f_b}{F_b}=\frac{f_{axial}}{F_{axial}}\leqslant 1.0$$

buckling 屈曲

short column 短柱

intermediate column 中长柱

long column 长柱

slenderness ratio 长细比

radius of gyration 回转半径，r

$$r=\sqrt{\frac{I}{A}}$$

effective length 计算长度或有效长度

k 为安全系数

strong axis/weak axis 强轴/弱轴

column tie 柱子的系杆

rigid frame 刚架

haunch 加腋

girt 圈梁

sag rod 吊杆

tube structure 筒体结构

combined member 复合构件

$$\frac{f_b}{F_b}=\frac{f_{axial}}{F_{axial}}\leqslant 1$$

eccentrically loaded column 承受偏心荷载的柱子

load-bearing wall 承重墙

bearing wall 承受荷载的墙

参考资料

柱子的截面尺寸可以在以下的参考资料中找到：

美国钢结构协会出版并修订：Manual of Steel Construction. Chicago：AISC

美国木结构协会出版，也可登录 awcpubs@ afandpa. org 网站获取 PDF 文件 Wood Structure Design Data. Washington，DC：American Wood Council，2004.

美国钢筋混凝土协会出版并修订：Steel Institute. CRSI Handbook. Schaumburg，IL：CRSI.

美国砖砌体与混凝土砌体协会出版 TR－121 Concrete Masonry Design Tables. Herndon，VA：NCMA，2000.

第 20 章 20 一个现浇混凝土建筑设计

- 钢筋混凝土梁、板以及柱子的结构作用
- 钢筋混凝土框架结构的选型和设计要点
- 钢筋混凝土板设置开口的条件和限制
- 建筑设计与结构体系
- 钢筋混凝土框架结构设计

我们正在设计一幢 12 层的公寓楼，每层建筑面积大约为 24 000 平方英尺，共包含 154 套面积不等的房间，一楼设置有零售商店。建筑场地不规则，所以最原先方案被设计成一个自由形状，如图 20.1 所示。根据功能布局和结构体系的特点，公寓楼最适合的柱网尺寸应为 21 英尺乘 22 英尺。

由于该地区房地产市场竞争激烈，因此必须尽可能地降低建筑成本。一种方法是降低层高，从而降低柱子、斜撑和外墙的成本。相较于办公楼或实验室，公寓楼的层高更容易降低，因为可以在每套公寓内设置独立的供暖和制冷系统，管道较短并且只限于局部运行，它们所占用的空间较小。而办公楼等需要在整个楼层的天花板上铺设较长的管道。降低层高后外墙面积也随之减小，这样可以降低建筑物在使用期间所消耗的供暖和制冷的费用。另一种方法是选择合理的结构体系，可以将这个结构体系直接裸露在外，从而节省装饰装修的费用。例如将楼板底部简单涂抹后作为下一层公寓的天花板等。甲方对以上这两种降低造价的方法表示赞同。

结构规范要求

《国际建筑规范》将集体住宅的类型命名为 R-2。表 20.1 是规范里对建筑高度和面积的规定。表格的最左列是防火性能最强的建筑结构类型，越往右防火性能越弱。在集体住宅 R-2

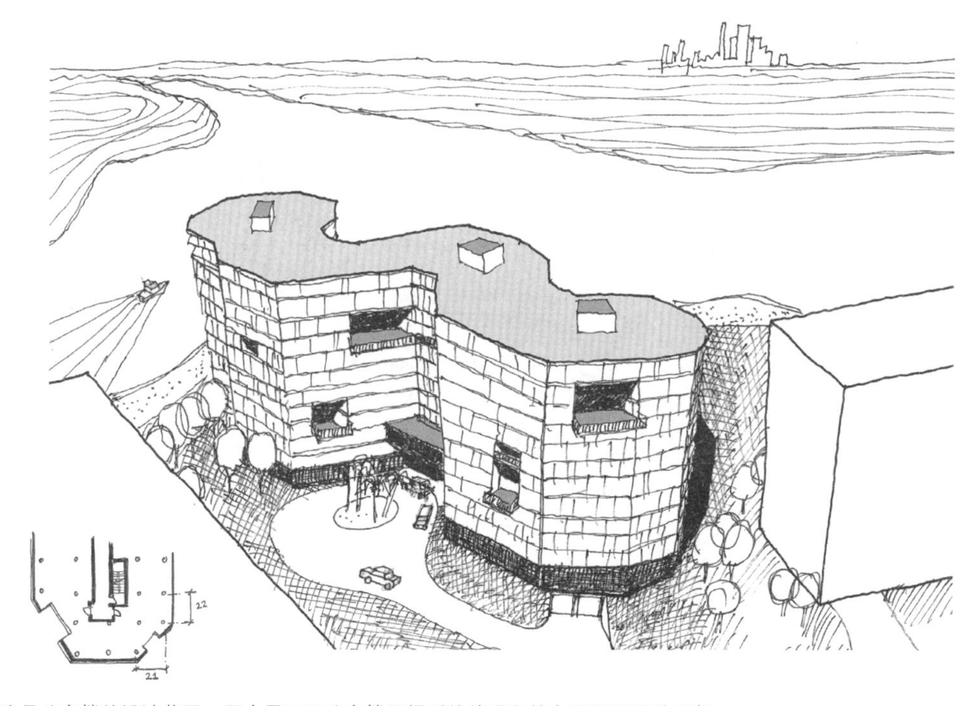

图 20.1　这是公寓楼的设计草图，图中展示了公寓楼不规则的外观和第九层平面图的局部。

表 20.1　对不同结构类型的建筑高度和每层面积的规定

组制	HGT（feet） HGT（S）	结构类型								
		类型Ⅰ		类型Ⅱ		类型Ⅲ		类型Ⅳ		类型Ⅴ
		A	B	A	B	A	B	HT	A	B
		UL	160	65	55	65	55	65	50	40
A-1	S	UL	5	3	2	3	2	3	2	1
	A	UL	UL	15 500	8 500	14 000	8 500	15 000	11 500	5 500
A-2	S	UL	11	3	2	3	2	3	2	1
	A	UL	UL	15 500	9 500	14 000	9 500	15 000	11 500	6 000
A-3	S	UL	11	3	2	3	2	3	2	1
	A	UL	UL	15 500	9 500	14 000	9 500	15 000	11 500	6 000
A-4	S	UL	11	3	2	3	2	3	2	1
	A	UL	UL	15 500	9 500	14 000	9 500	15 000	11 500	6 000
A-5	S	UL	UL	UL	UL	UL	UL	UL	UL	UL
	A	UL	UL							
B	S	UL	11	5	4	5	4	5	3	2
	A	UL	UL	37 500	23 000	28 500	19 000	36 000	18 000	9 000
F-1	S	UL	11	4	2	3	2	4	2	1
	A	UL	UL	25 000	15 500	19 000	12 000	33 500	14 000	8 500
F-2	S	UL	11	5	3	4	3	5	3	2
	A	UL	UL	37 500	23 000	28 500	18 000	50 500	21 000	13 000
H-1	S	1	1	1	1	1	1	1	1	NP
	A	21 000	16 500	37 500	7 000	9 500	37 500	10 500	7 500	NP
H-2	S	UL	3	2	1	2	1	2	1	1
	A	21 000	16 500	37 500	7 000	9 500	7 000	10 500	7 500	3 000
H-3	S	UL	6	4	2	4	2	4	2	1
	A	UL	60 000	37 500	14 000	17 500	13 000	25 500	10 000	5 000
H-4	S	UL	7	5	3	5	3	5	3	2
	A	UL	UL	37 500	17 500	28 500	17 500	36 000	18 000	6 500
H-5	S	4	4	3	3	3	3	3	3	3
	A	UL	UL	37 500	23 000	28 500	19 000	36 000	18 000	9 000
I-1	S	UL	9	4	3	4	3	4	3	2
	A	UL	55 000	19 000	10 000	16 500	10 000	18 000	10 500	4 500
I-2	S	UL	4	2	1	1	NP	1	1	NP
	A	UL	UL	15 000	11 000	12 000	NP	12 000	9 500	NP
I-3	S	UL	4	2	1	2	1	2	2	1
	A	UL	UL	15 000	10 000	10 500	7 500	12 000	9 500	5 000
I-4	S	UL	5	3	2	3	2	3	1	1
	A	UL	60 000	26 500	13 000	23 500	13 000	25 500	18 500	9 000
M	S	UL	11	4	4	4	4	4	3	1
	A	UL	UL	21 500	12 500	18 500	12 500	20 500	14 000	9 000
R-1	S	UL	11	4	4	4	4	4	3	2
	A	UL	UL	24 000	16 000	24 000	16 000	20 500	12 000	7 000
R-2	S	UL	11	4	4	4	4	4	3	2
	A	UL	UL	24 000	16 000	24 000	16 000	20 500	12 000	7 000
R-3	S	UL	11	4	4	4	4	4	3	3
	A	UL	UL	UL	UL	UL	UL	UL	UL	UL
R-4	S	UL	11	4	4	4	4	4	3	2
	A	UL	UL	24 000	16 000	24 000	16 000	20 500	12 000	7 000
S-1	S	UL	11	4	3	3	3	4	3	1
	A	UL	48 000	26 000	17 500	26 000	17 500	25 500	14 000	9 000
S-2	S	UL	11	5	4	4	4	5	4	2
	A	UL	79 000	39 000	26 000	39 000	26 000	38 500	21 000	13 500
U	S	UL	5	4	2	3	2	4	2	1
	A	UL	35 000	19 000	8 500	14 000	8 500	18 000	9 000	5 500

注：1. 数据由国际规范委员会制定，《国际建筑规范》（2006 年版）。
　　2. 国际单位制：1 英尺 = 304.8 毫米，1 平方英尺 ≈ 0.092 9 平方米。
　　3. UL：不限，NP：不允许。

那一栏，可以看到对于一栋 12 层高、每层面积为 24 000 平方英尺的建筑物，需要使用防火性能最强的结构类型Ⅰ-A。如果选用防火性能排列第二的Ⅰ-B 型，虽然对于楼层面积没有限制，但是建筑不能超过 11 层。在该表旁边，有一段补充说明：对于安装了自动喷淋系统的建筑，可以在该表格的基础上再加一层。为保障人们的生命财产安全，设计采用自动喷淋系统，而且对于这种规模和类型的建筑来说，如果不安装自动喷淋系统，是无法购买保险的。

规范里明确指出结构必须为不可燃，但并没有对结构类型的材料和体系做出规定。也就是说结构材料可以是钢、混凝土或砌体。《国际建筑规范》的另一张表格（表 20.2）给出了所有结构类型的耐火极限要求。对

表 20.2　不同结构类型中的构件的耐火极限　　单位：h

建筑构件	类型Ⅰ		类型Ⅱ		类型Ⅲ		类型Ⅳ	类型Ⅴ	
	A	B	A	B	A	B	HT	A	B
结构框架	3	2	1	0	1	0	HT	1	0
承重墙									
外	3	2	1	0	2	2	2	1	0
内	3	2	1	0	1	0	1/HT	1	0
非承重外墙	—								
非承重内墙	0	0	0	0	0	0	—	0	0
楼板 包括梁和托梁	2	2	1	0	1	0	HT	1	0
屋面板 包括梁和托梁	$1\frac{1}{2}$	1	1	0	1	0	HT	1	0

注：1. 数据来源同表 20.1。
2. 国际单位制：1 英尺 = 304.8 毫米。
3. 结构框架指的是柱子、主梁、次梁等起到承重作用的构件，而楼面板、屋面板等不与柱子直接相连的构件不属于结构框架。
4. 支撑屋顶的结构框架的耐火极限允许减少 1 小时。
5. 除了 F-1、H、M、S-1 组别之外，结构构件不需要做防火保护层。
6. 重型木结构构件的耐火极限不应低于 1 小时。
7. 采用自动喷淋系统的建筑，其结构构件的耐火时间可适当减少。
8. 不低于本规范其他章节要求的耐火等级。
9. 满足本规范规定的防火间距。

于Ⅰ-B 型结构，除屋顶外整个承重结构的耐火极限要达到 2 小时，屋顶的耐火极限是 1 小时，Ⅰ-A 型结构的耐火极限需要达到 3 小时。因此为了降低建筑成本，我们选用Ⅰ-B 型建筑结构并安装自动喷淋系统。

结构构件的耐火极限是按照美国材料与试验协会（ASTM）的试验方法 E-119 进行测试的，即板、梁或柱子等的足尺试件需承受设计定的荷载，在大型试验炉中进行耐火试验。规试验炉在起火 4 小时后温度便会逐渐升高至 2 000 华氏度①。结构构件的耐火极限指的是从耐火试验开始时起，到该构件无法支撑规定荷载或构件中任何一根钢筋的温度达到 1 100 华氏度为止的时间，这两个条件不论先后，时间的单位用小时表示。地板、墙壁或屋顶构件的耐火极限，指的是从耐火试验开始时起，到该构件不与火接触的表面的平均温度达到 250 华氏度，或不与火接触的表面上任何一个部位达到 325 华氏度，或构件中的保温材料起火，或构件因为消防栓中的水流而断裂的这段时间。耐火试验通常由行业协会或材料生产制造商资助，耐火极限的试验结果公布后，便成为设计的依据。

① 1 °F = 1 ℃×1.8+32

钢结构的耐火极限取决于所采用的防火材料的类型和厚度，这些防火材料使柱子、主梁、次梁等结构构件与火隔绝。

钢筋混凝土框架结构的耐火极限主要取决于混凝土层的厚度。厚度较大的钢筋混凝土板或梁相比于厚度较小的板或梁可以吸收更多的热量。而且混凝土保护层能避免钢筋的温度过高。如果钢筋混凝土结构要达到两小时耐火极限，各构件的最小尺寸如下：

板 5 英寸

柱子 10 英寸

钢筋保护层 1 英寸

此外，公寓建筑的活荷载设计值应为 40 磅每平方英尺。

结构体系选择

此公寓楼设计需要遵循的原则总结如下：

- 结构体系的耐火极限至少要达到 2 小时。
- 楼面活荷载为 40 磅每平方英尺。
- 结构体系需尽可能降低层高。
- 结构体系需能提供一个平滑的底面，简单喷涂后可以直接作为天花板。
- 因为场地不规则，所以结构体系需满足不同的跨度需求。

可供选择的几种方案如下：

- 钢框架结构的楼板一般比较厚，可能会增加层高。
- 钢框架结构的楼板或屋顶的底部不够平滑，每个框架单元中至少有主梁和次梁两种不同尺寸的梁，通常需要做吊顶处理，而且钢结构外的防火涂层容易损坏。
- 预制混凝土框架结构难以实现自由的平面，也难以适应不规则的场地。虽然预制混凝土空心楼板的厚度最小，底部简单处理后就可以充当天花板，但是空心楼板通常需要次梁或承重墙进行支撑。而且预制混凝土楼板通常比较薄，需要在表面做防火处理。
- 现浇混凝土框架结构可以得到下表面平滑的楼板，可以适应不同的跨度需求，还可以尽可能地降低层高。

基于以上的分析，我们决定选用现浇钢筋混凝土框架结构。

现浇混凝土框架结构

混凝土

混凝土本质上是人造石，由粗骨料（碎石）、细骨料（砂）、硅酸盐水泥（极细的灰色粉末）和水混合而成。有时为了减轻结构自重，会将混合骨料中的碎石换成膨胀页岩，就可以制成轻质混凝土。轻质混凝土的密度比普通混凝土低20%左右，强度却几乎相同，但是成本更高。通过调整混凝土的配比和使用添加剂，可以制成具有各种不同强度和性能的混凝土。

混凝土的各种原料混合会形成一种不稳定的流体，流体在模板当中硬化后就形成了我们想要的形状，在硬化过程中混凝土需要保持水分。混凝土的硬化指的是硅酸盐水泥水化后形成具有一定强度的黏结物，将碎石和沙子黏结成坚固的固体，硬化过程需要几个星期，才能达到混凝土材料预期的强度。混凝土在硬化过程中不能失水，否则会影响硬化后的强度。

钢筋

混凝土是抗压强度远远大于抗拉强度的材料，当制成抗拉构件时候，就需要与钢筋组合。例如钢筋混凝土梁，在梁的受拉区加入钢杆或钢筋，用来抵抗拉力。在梁的中性轴之上的混凝土受压，中性轴之下的混凝土主要起到保护钢筋的作用，使钢筋牢固地嵌入梁中。现浇钢筋混凝土楼板、次梁和主梁是一同浇筑的，也就是次梁和主梁可以利用板的一部分来抗压，从而有效地降低次梁和主梁的高度（图20.2）。

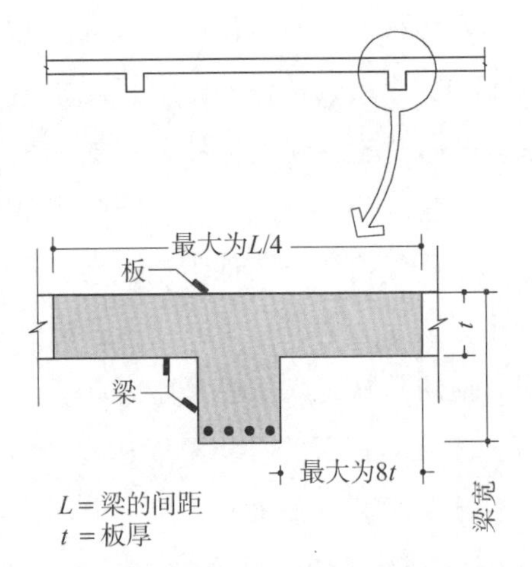

图20.2　在单向板体系中，梁附近的长度为跨度的四分之一范围内的楼板，都可以看作是梁的一部分。

钢筋混凝土柱子当中也会布置钢筋，使柱子承受压力的同时也可以抵抗屈曲和弯矩。起承载作用的主要是纵向钢筋，四周有箍筋缠绕，防止纵向钢筋发生屈曲和变形。箍筋还有利于约束柱芯，从而增强柱子的承载能力（图20.3）。

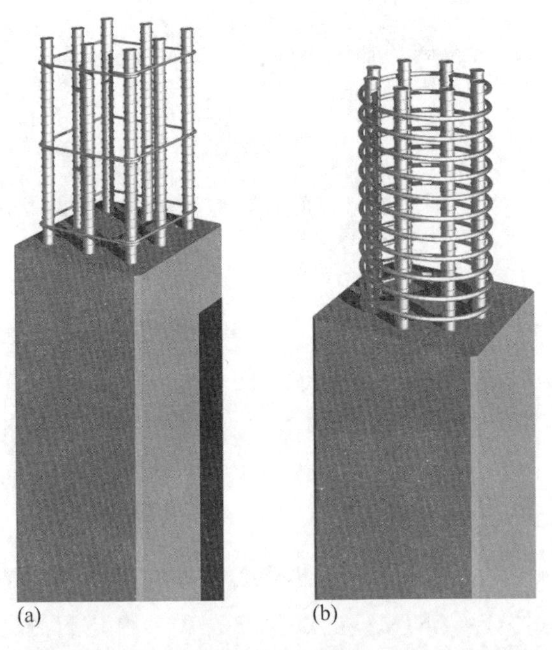

图20.3　混凝土柱子采用纵向钢筋加固，纵向钢筋与混凝土共同承受压力。箍筋由小截面的钢筋制成，可以采用单肢矩形箍筋（左）或连续的螺旋箍筋（右）。纵向钢筋分布在混凝土柱子的外侧，它阻止了柱子向内屈曲，同时通过受拉限制了柱子向外屈曲。纵向钢筋和箍筋共同约束了混凝土柱芯，增强了混凝土的强度。

表 20.3　美国标准钢筋的规格

钢筋标号		标准尺寸					
英制单位	国际单位	直径		横截面面积		重量（质量）	
		in	mm	in^2	mm^2	lb/ft	kg/m
#3	#10	0.375	9.5	0.11	71	0.376	0.559
#4	#13	0.500	12.7	0.20	129	0.668	0.994
#5	#16	0.625	15.9	0.31	200	1.043	1.552
#6	#19	0.750	19.1	0.44	284	1.502	2.235
#7	#22	0.875	22.2	0.60	387	2.044	3.041
#8	#25	1.000	25.4.	0.79	510	2.670	3.973
#9	#29	1.128	28.7	1.00	645	3.400	5.059
#10	#32	1.270	32.3	1.27	819	4.303	6.403
#11	#36	1.410	35.8	1.56	1 006	5.313	7.906
#14	#43	1.693	43.0	2.25	1 452	7.650	11.383
#18	#57	2.257	57.3	4.00	2 581	13.600	20.237

表 20.4　国际标准钢筋的规格

钢筋标号	重量（质量）kg/m	标准尺寸	
		直径/mm	横截面面积/mm^2
10M	0.785	11.3	100
15M	1.570	16.0	200
20M	2.355	19.5	300
25M	3.925	15.2	500
30M	5.495	29.9	700
35M	7.850	35.7	1 000
45M	11.775	43.7	1 500
55M	19.625	56.4	2 500

钢筋的规格如表 20.3、表 20.4 所示，在钢筋的生产车间，钢筋会按照要求切割成规定的长度后进行弯曲，然后运送到施工现场进行安装。在加固板构件时会用到十字钢筋网，工厂中会将钢筋焊接完成后，呈卷状或片状运送到施工现场，以节省施工现场的劳动力。

钢筋混凝土梁中理想的钢筋分布是沿着斜格网状的主应力线布置钢筋（图 20.4）。然而这种方法成本高、难度大，因为钢筋需要被切割成不同的长度以及弯曲成不同的曲率。现行的做法是在梁的受拉区布置纵向主筋，并在梁的端部设置箍筋（图 20.5）。这些箍筋阻止了斜格网状的拉力传递，有效避免了梁端部区域的开裂。目前采用的箍筋形式多为封闭式的单肢矩形箍筋，而不是传统的开口的单肢 U 形箍筋（图 20.6），封闭式箍筋可以增强梁抵抗扭转的能力，从而有效地抵抗由风或地震作用引起的横向荷载。

钢筋混凝土板可以被认为是加宽的浅梁，它的作用与钢筋混凝土梁相同。因为相对于其厚度来说，钢筋混凝土板的宽度很大，所以通常不设置箍筋。

模板

用于混凝土成型的模板需要有较为平滑的表面，因为即使是很小的缺陷也会被完完整整地拓印到混凝土的表面上。流动状态的混凝土密度高、重量大，需要具有一定强度和刚度的脚手架来支撑。脚手架一旦出现结构失效，整个结构将会坍塌，从而造成工期拖延、人员伤亡、经费浪费等严重后果，所以必须不惜一切代价去避免这种灾难的发生。模板是现浇混凝土施工装备中成本最高的装备之一，在控制成本的同时不能牺牲模板的品质，也不能使用那些可能造成安全隐患的方法。

如果框架单元的重复率高，那么模板就可以多次利用，这样就减少了模板的规格。标准化和少规格的模板也有利于施工人员在不断重复的劳作中提高操作的准确性和效率。故而较高的标准化率和重复率有利于实现模板的经济性。一根特殊的梁、一个特别的转角或者一个独一无二的框架单元，它们的建造成本会很高，而且还容易出现施工方面的操作失误。这并不是说特殊的部分不能够建造，而是应该在预算充裕或者对空间品质及设计质量贡献很大的情况下建造。

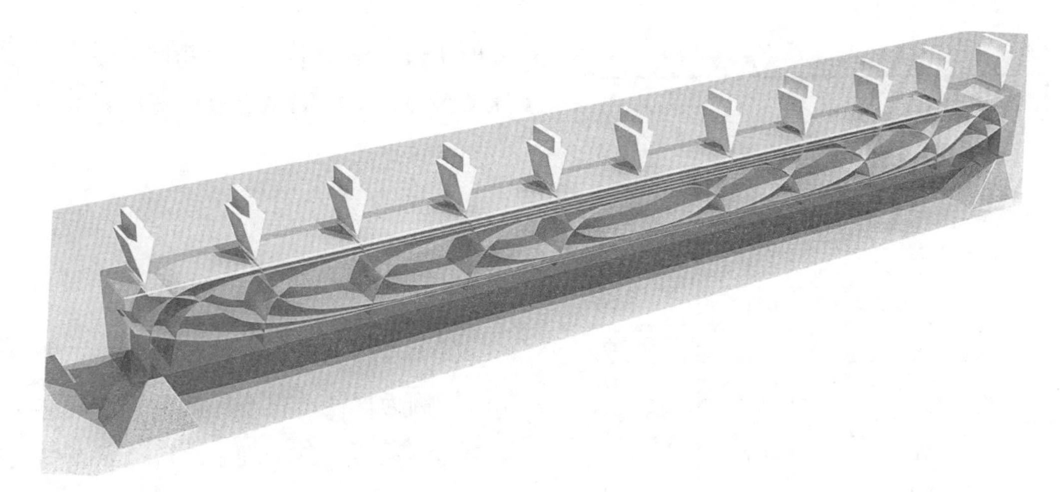

图 20.4　在均布荷载作用下，混凝土梁中的应力分布。

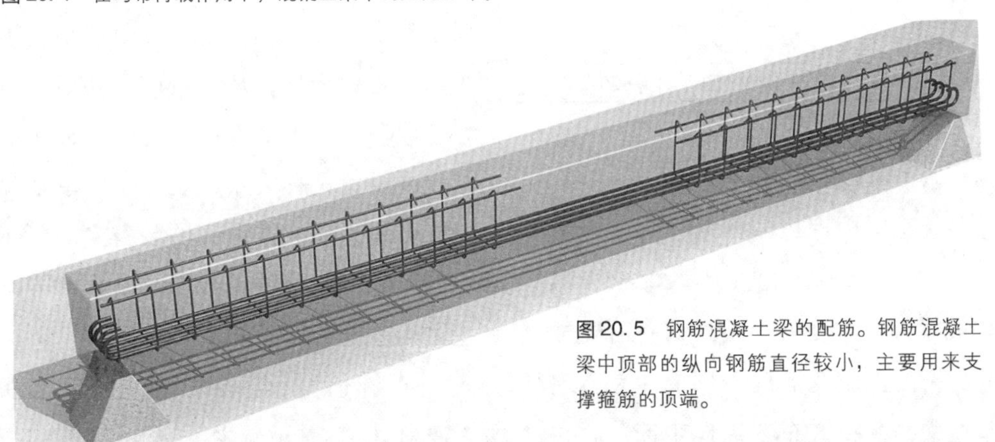

图 20.5　钢筋混凝土梁的配筋。钢筋混凝土梁中顶部的纵向钢筋直径较小，主要用来支撑箍筋的顶端。

现浇混凝土单向板体系

单向板混凝土框架结构的应用可以追溯到19世纪中下叶，那时候的混凝土框架结构通常模仿木结构或钢结构的形式，采用主梁和次梁支撑单向板，这种体系也被称为单向板-梁板体系，如图20.7（a）所示。这种结构适用于高度标准化的建筑空间，或者一个方向比另一个方向大很多的框架单元中以及楼面荷载较高的建筑物。由于这种结构形式灵活、承载力强、用途广泛，至今仍被广泛地应用。

板带

宽且浅的整体化混凝土扁平梁称为板带，如图20.7（b）所示。板带缩短了楼板的跨距，降低了楼板的厚度，减少了混凝土和钢筋的消耗。楼板厚度减少，也意味着建筑物的层高变小，同时节省了柱子和外墙的高度以及建造成本。

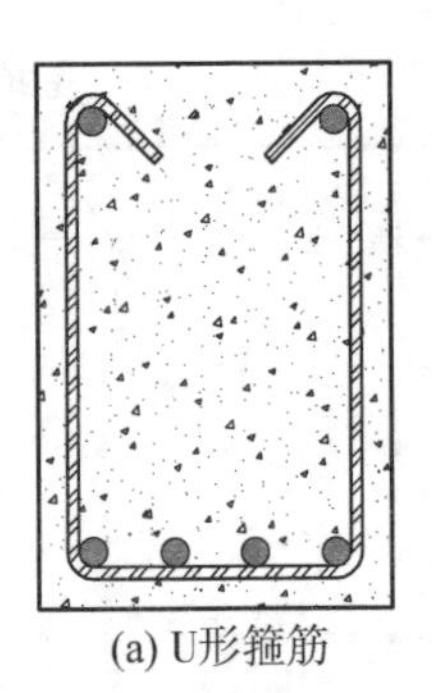

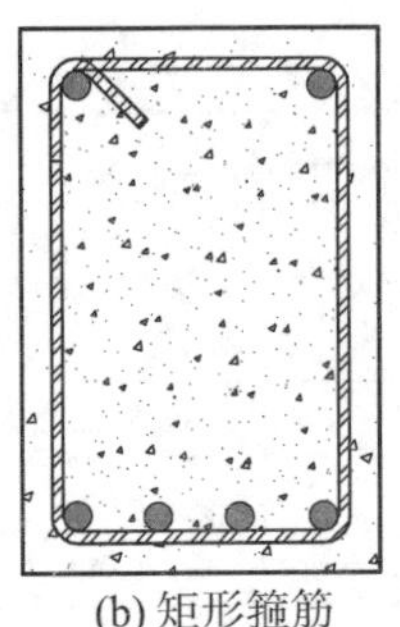

图 20.6　U 形箍筋与矩形箍筋，矩形箍筋增强了钢筋混凝土梁的抗扭能力。

托梁

当跨度增大时，实心板就会变得很厚，其自重也会成为结构的负担。可以去除实心板下面不工作的混凝土，去除后形成的体系称为单向板-托梁体系，也可以称为肋板体系，如图20.7（c）所示。在托梁之间增设标准化的钢模板，钢模板的边缘呈锥形弯曲，起到加厚托梁的作用，这样可以使得该区域的混凝土板抵抗较高的切应力。

托梁带

通常情况下，钢筋混凝土梁的高度大于其宽度的两倍时较为经济。梁的这一比例意味着，梁会突出板构件的平面，因此梁的建造成本相

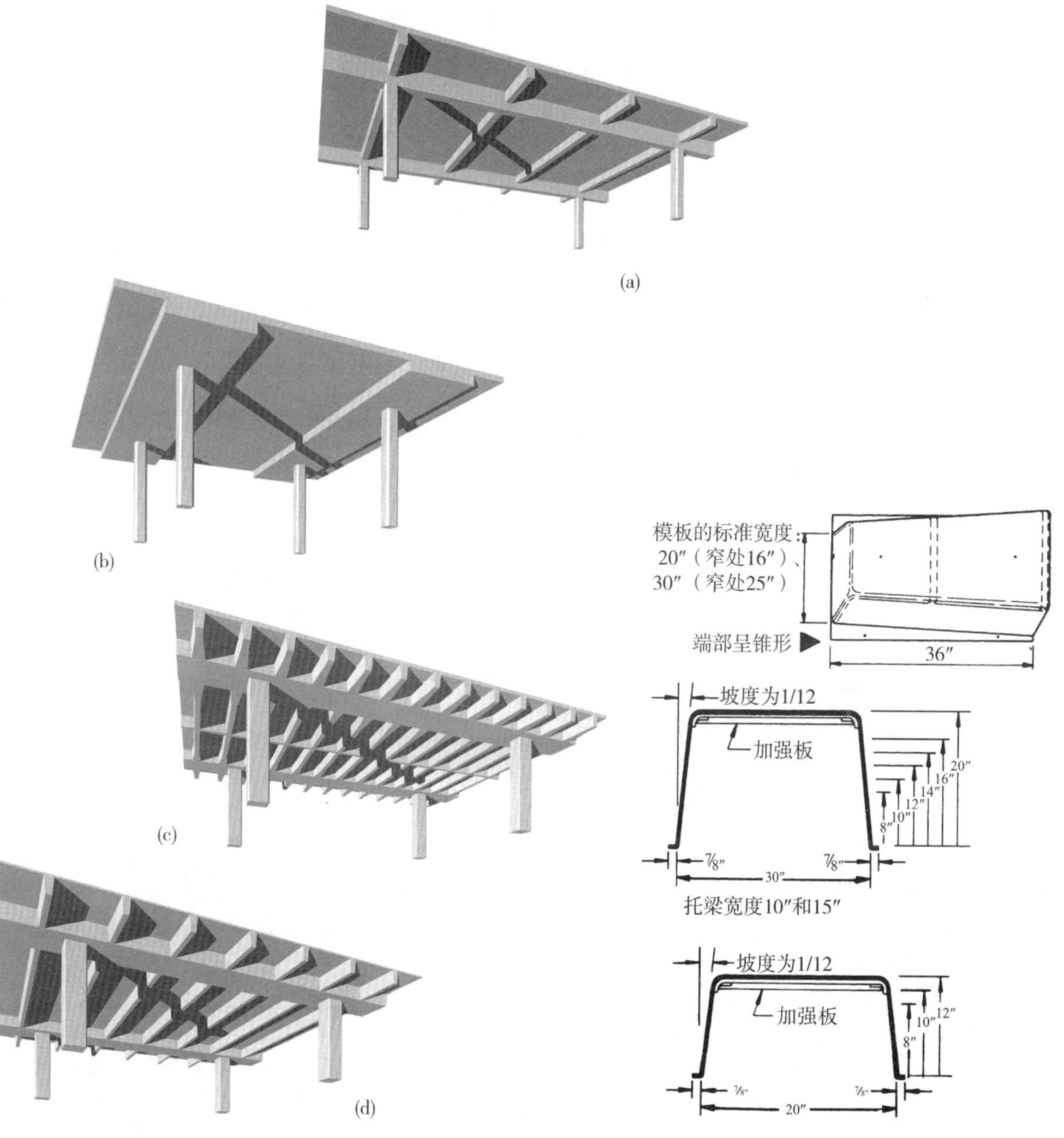

图 20.7　现浇混凝土单向板体系，右侧为标准化模板。（a）单向板-梁体系；（b）带有板带的单向板；（c）单向板-托梁体系；（d）宽单元托梁体系。

对较高。如果梁的厚度和托梁一样，尽管梁会又宽又重，它的造价也会比较低，因为梁和托梁的底部在同一平面上。这种宽而浅的梁也被称为托梁带，见图 20.7（c）和（d）。托梁带的优点与缺点与板带相似，托梁和托梁带的成本通常低于梁。

宽单元托梁体系

为了使楼板的耐火极限达到两小时，楼板的最小厚度必须大于等于 5 英寸。托梁之间的间距很小，托梁之间的楼板与托梁同时浇筑，楼板的厚度在 3~4.5 英寸之间较为合适，这个厚度小于 5 英寸。如果楼板的厚度达到 5 英寸，托梁与托梁之间的跨距可以在传统的 2 英尺间距的基础上适当增加。这种由间距较宽的托梁构成的体系也被称为宽单元托梁体系，这种托梁由特殊的模板制造，与普通的托梁模板相比，这种特殊的模板能使托梁的间距增加一倍。较大的间距也使得托梁上的荷载成倍增加，会导致托梁的端部产生过多的斜拉应力。为了抵抗这些斜拉应力，可以在模板端部插入箍筋。因为托梁比较浅，所以可以采用成角度的 U 形箍筋以适应托梁的形状，也可以采用矩形箍筋。

现浇混凝土双向板体系

双向板

同时在两个方向上起到跨越作用的双向板体

系在20世纪初发展起来（图20.8、图20.9）。富有创见的结构工程师很快意识到这种体系的实用性和高效性。双向板的长跨和短跨之间的差别不大，单元间为正方形或近似正方形，板的弯矩由两个方向平均分担。沿垂直的两个方向配置钢筋，柱子与板相接处弯矩较大，可以在柱子顶端设置柱帽，或者在柱子顶部附近增设钢筋（图20.10）。

柱帽

为了使双向板中的荷载更加平稳地传递到柱子，顺应力流逻辑以及减小柱子与板连接处的集中应力，在柱子顶部设置柱帽是早期双向板体系中一种常见的解决方法（图20.11）。柱帽的形式与建造的便利性以及造价的经济性直接相关。

例如在采用双向板的荷载较大的工业建筑当中，常用柱顶托板和倒锥形的柱帽，这些构件

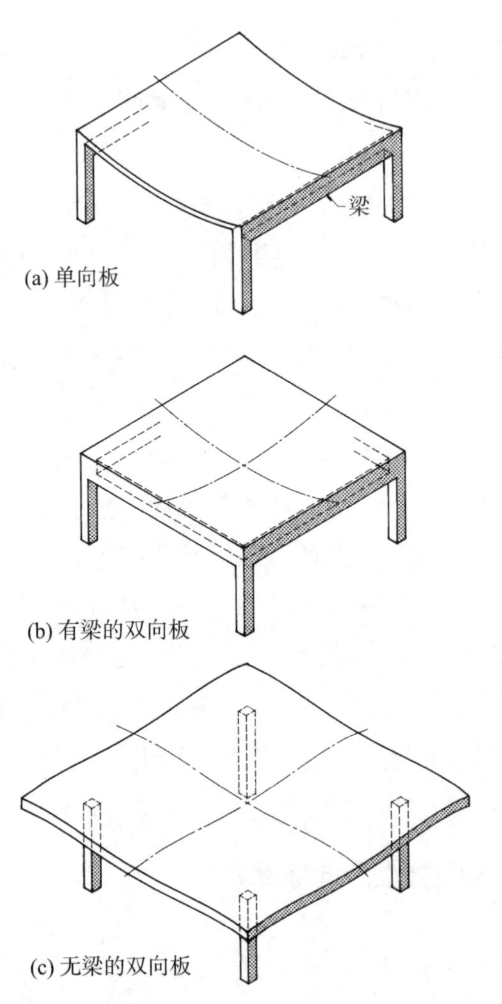

图20.8　单向板和双向板的对比

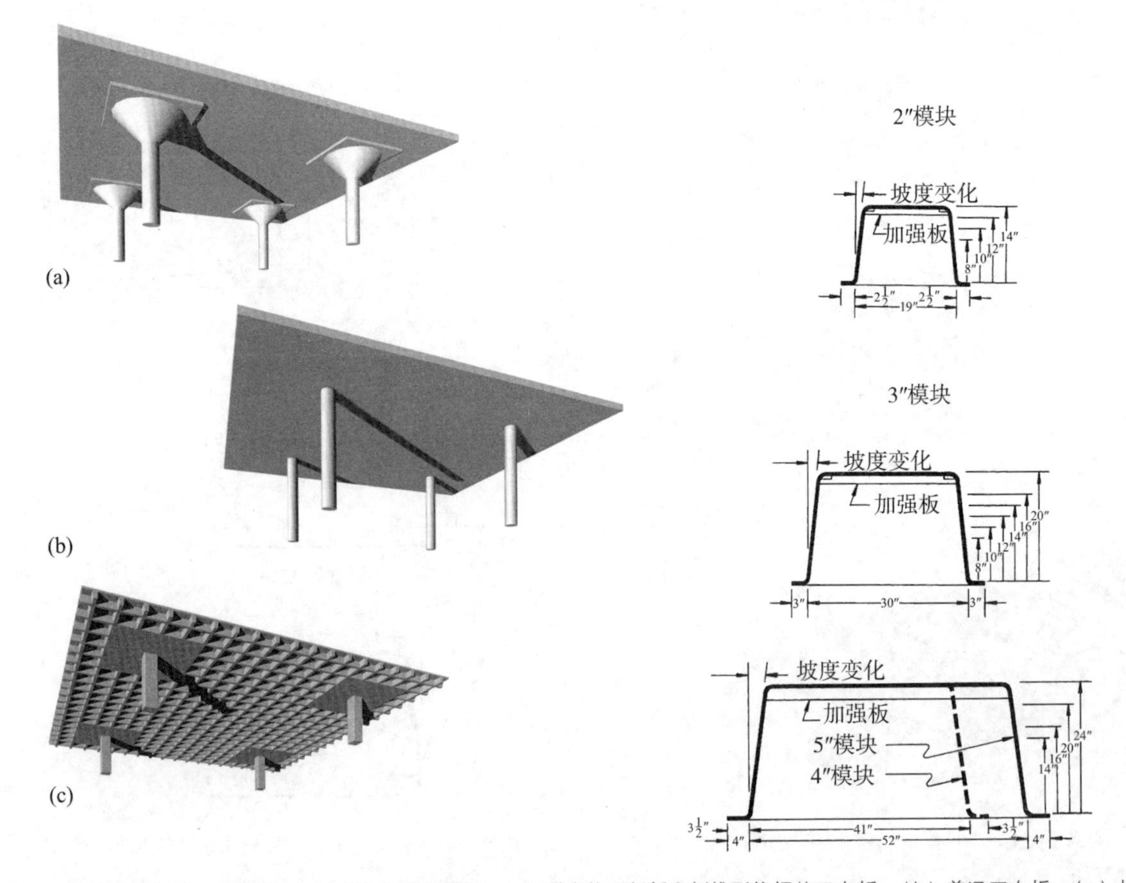

图20.9　钢筋混凝土双向板体系，右侧为标准化模板。（a）带有柱顶托板和倒锥形柱帽的双向板。（b）普通双向板。（c）托梁-双向板体系（井字楼板）。

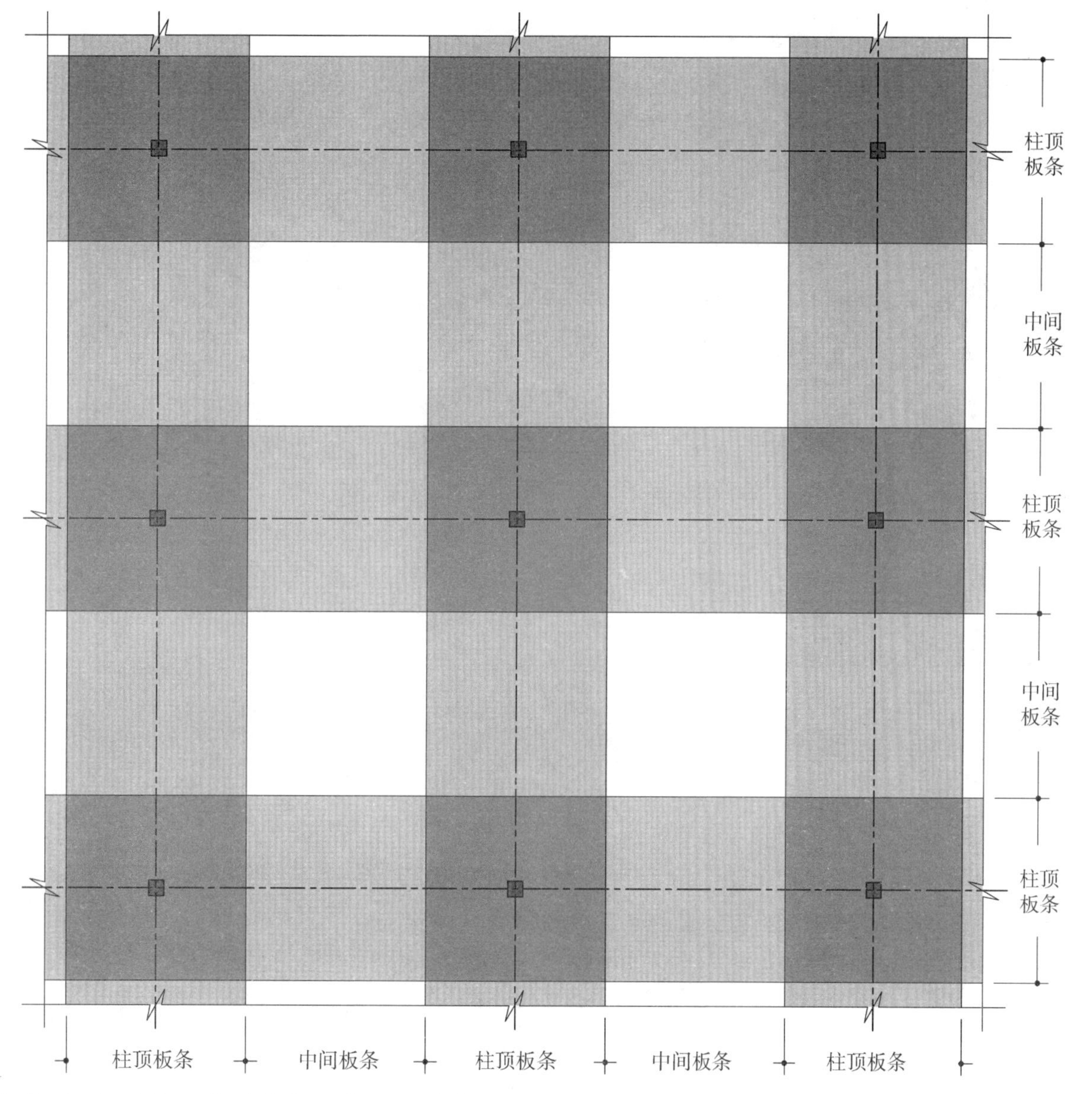

图 20.10　在双向板中，柱顶板条中的钢筋布置比中间板条中多，因为柱顶板条会承受更大的弯矩。

图 20.11　瑞士苏黎世某仓库的柱子和柱帽，由罗伯特·马亚尔设计，1910 年建造完成。这种形状有助于力流的平缓传递。

图 20.12　标准化的柱顶托板和倒锥形的柱帽

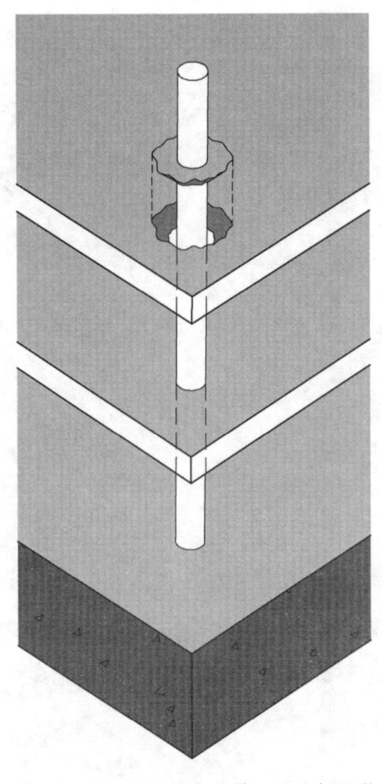

图 20.13　冲切剪力对普通双向板的作用

已成为标准化构件，可重复利用（图 20.12）。现今的很多建筑物上只使用了柱顶托板，而没有采用倒锥形的柱帽。荷载较小的楼板甚至连柱顶托板也不使用，取而代之的是在楼板与柱子相接处，在楼板内部设置钢筋网，形成普通的双向板体系，如图 20.9（b）所示。因为这个体系所使用的模板最简单，所以它是现浇混凝土框架结构中成本最低的。带有柱顶托板和柱帽的双向板体系适用于长跨是短跨两倍的框架单元以及承受荷载较大的楼板。双向板长跨方向上的配筋比短跨方向上多，方便双向板的两个方向共同承担荷载。

对于普通双向板体系来说，当柱子附近的斜拉应力过大时，板与柱子连接处会受到冲切剪力的作用，因此连接处的设计需足以抵抗冲切剪力。冲切剪力类似于打孔机在纸上打孔时对纸所施加的力（图 20.13）。除了在楼板与柱子的交接处增设钢筋外，也需要对柱子构件的尺寸进行规定，以实现合理的应力分布。例如规定方形柱子的边长至少应为楼板厚度的两倍，圆形柱子的最小直径应为楼板厚度的 2.6 倍。

在预算较为充足的情况下，尤其是面对一些特殊的功能需求，还可以采用更富想象力的办法来增大柱与楼板的接触周长（图 20.14）。在罗伯特 · 马亚尔设计的瑞士苏黎世某仓库中（图 20.11），柱子的形式提供了简单平滑的曲线，方便荷载从楼板传递到柱子上。

井字楼板

跟单向板体系一样，双向板在跨度增大后会变得十分笨重。可以通过去掉厚板当中受力较小的混凝土来减少自重，由此形成了双向板-托梁体系，即井字楼板，如图 20.9（c）所示。井字

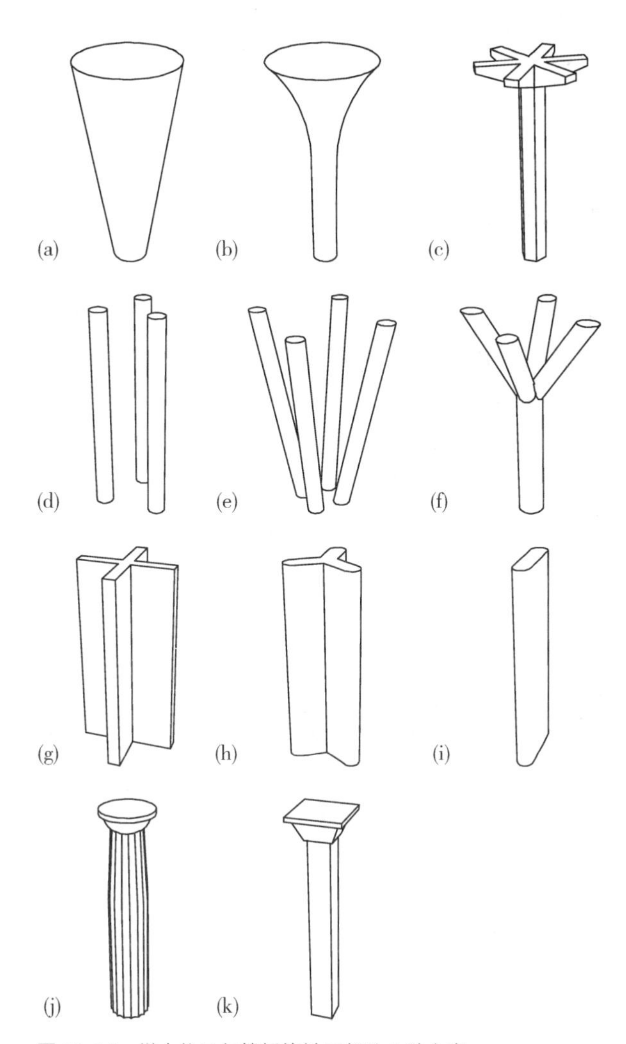

图 20.14　增大柱子与楼板接触周长的几种方案

楼板采用标准化的钢模板或塑料模板建造，在柱子附近不安装模板，从而形成柱帽。柱帽有利于力流的传递。井字楼板具有美观的几何图案，所以通常将其作为天花板直接暴露在外。

罗伯特·马亚尔（Robert Maillart，1872—1940）

瑞士结构工程师罗伯特·马亚尔生于 1872 年，1890 年至 1894 年间，他与卡尔·库尔曼的继任者威廉·里特一起在苏黎世联邦理工学院学习，获得文凭后在该校的结构研究室工作。1901 年，马亚尔在楚茨设计并建造了一座三铰拱桥。在接下来的 40 年里，他提出并完成了许多大胆的设想。1924 年，他在瓦格里耶夫建造了一座加筋拱桥。他最终因为在土木工程领域的斐然成就，被提名为瑞士结构工程师与建筑师联盟桥梁部门的唯一荣誉会员。马亚尔认为钢筋混凝土的材料特性要求设计上必须采取有针对性的整体方法。1938 年，他在《瑞士建筑学报》上发表的一篇文章中写道："使钢筋混凝土从整体上让人满意，不仅仅是对美的领悟……将结构视作一个整体，也会带来经济上的价值。"马亚尔还主张结构设计除了精确的计算之外，还要考虑现实世界中可能存在的各种变数。他主张赋予负责施工现场的结构工程师更多的自由度，而不是把一切都交给法律或规范。1931 年，他在《瑞士建筑学报》上发表的一篇文章中提道："我们绝不能在课堂上照搬法律法规，因为这些规定只会妨碍学生的视野。"从马亚尔在 20 世纪初期所建造的一系列引人注目的三铰拱桥可知，他一直致力于精简形式和节省材料。他简化了桥梁的轮廓，省略了塔瓦纳萨桥桥面板与下拱之间的连接杆件（1905 年），也省略了阿勒河桥上拱和桥面板之间的连接杆件（1912 年）。1929 年，马亚尔设计建造了著名的萨尔基那山谷桥（参见第 317 页到 319 页），这座桥横跨于冰川之上，主跨约 90 米。马亚尔设计了包括公路桥、高架渠、人行桥、铁路桥在内的很多桥梁，也设计了许多无梁楼盖建筑物，这些建筑物都采用了平滑的柱板衔接以及双向钢筋。以上的这些建筑项目几乎是他在研究室的主要工作。跟奈尔维以及迪亚斯特等结构工程师一样，马亚尔赢得这么多项设计任务的机会，是因为精心构思的结构形式节省了建筑材料从而降低了成本。随着这些极具魅力的设计传播到瑞士以外的其他国家，马亚尔因其结构的美学特征而广受赞誉。马克思·比尔（Max Bill）在 1947 年撰写的专著中简要描述了马亚尔的作品。大卫·比林顿也在其著作中重申了马亚尔的设计理念，即结构工程师通过试验和对现实世界的观察获得灵感，由此从平庸的方案中解放出来。

现浇混凝土框架结构的抗侧设计

在现浇混凝土框架结构中，各构件的钢筋绑扎在一起后再浇筑混凝土，因此各构件的连接是刚性的。具有较大厚度的刚性节点增强了现浇混凝土框架结构抵抗由风或地震作用所产生的横向荷载的能力，因此现浇混凝土框架结构通常不需要设置额外的斜撑或剪力墙。双向板体系的板柱连接处厚度较小，因而抗弯能力相对较弱，只能支撑层数较少的建筑物。本章开篇的十二层公寓楼项目，如果采用双向板体系的话就需要设置斜撑或剪力墙。建筑规范要求每层需要有两个疏散出口，也就是说在建筑物的两端都需要设置封闭楼梯间。电梯不能作为紧急疏散出口，会布置在建筑物的中间。楼梯和电梯井的墙壁可以作为剪力墙，也就是可以按照剪力墙的要求对楼梯和电梯井的墙壁进行设计。但是相对于十二层的高度来说，楼梯间和电梯间的墙壁长度总和不能提供足够的抵抗力。在这种情况下，部分走廊的墙壁以及分隔公寓之间的分隔墙将作为剪力墙。

公寓楼的结构设计

图 20. 15 是一个决策图，它可以快速帮助我们确定合适的结构体系。目前已知公寓楼的框架单元接近正方形，长 22 英尺，宽 21 英尺，跨度小于 30 英尺，楼面荷载很小。通过决策图可知，现浇混凝土普通双向板体系最符合这个公寓项目的要求。依据普通双向板结构体系的初步估算可知（图 20. 16），如果按照传统施工方法进行楼板配筋的话，楼板的厚度约为跨度的 1/30，也就是 9 英寸。如果采用后张法施工，楼板的厚度可以减小到跨度的 1/45，也就是 6 英寸。这两个厚度相差了 3 英寸，如果每层高度差 3 英寸，总高度就会差 36 英寸，这并不能明显降低建筑物的高度，但是比起普通的施工方法，后张法可以节省约 1/3 的混凝土用量。随着施工技术的不断进步，后张法钢筋混凝土楼板值得进一步探索和发展。

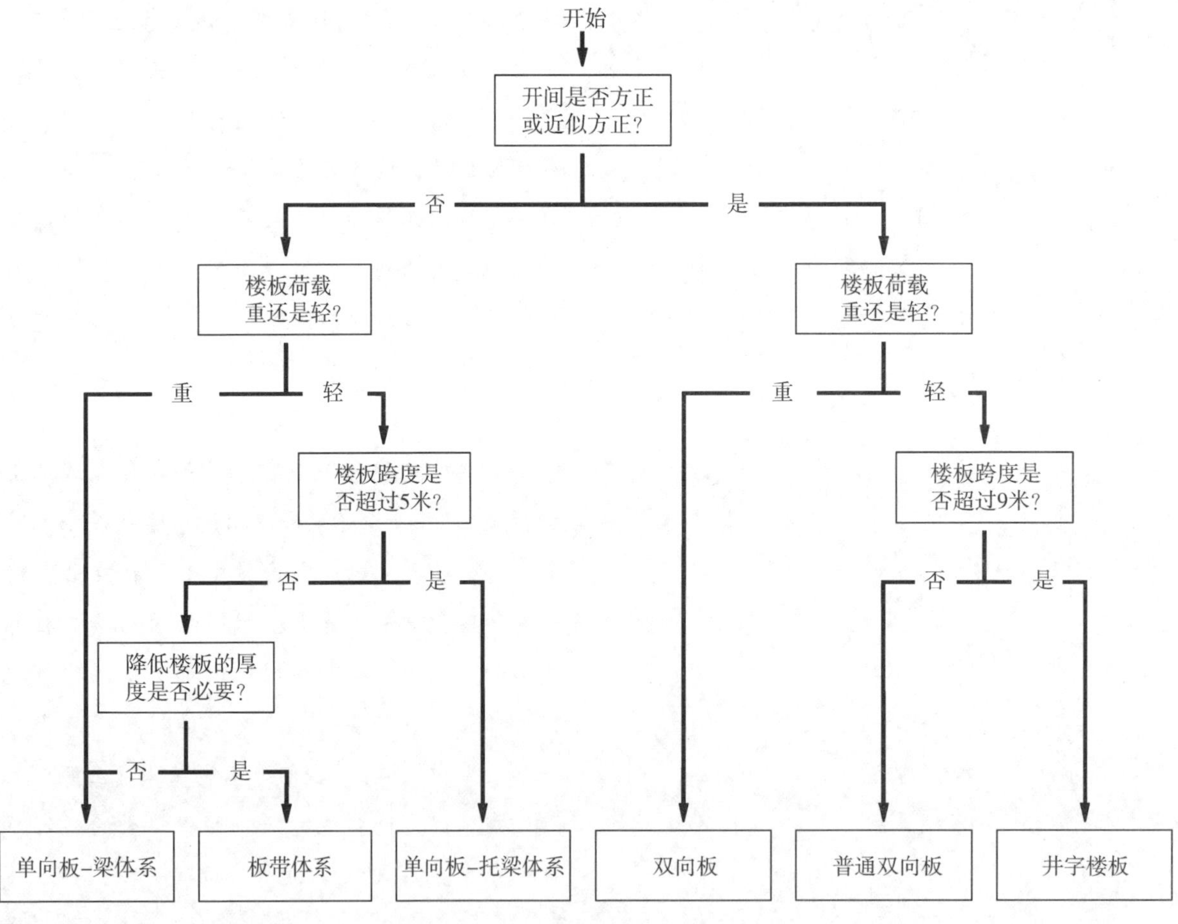

图 20. 15　决策图

现浇混凝土结构的初步设计

- 如果采用传统的施工方法，单向板的厚度大约是其跨度的 1/22，如果采用后张法施工，单向板的厚度大约是跨度的 1/40。厚度范围通常是 4~10 英寸，也就是 102~254 毫米。
- 如果采用传统的施工方法，单向板-托梁体系或宽单元托梁体系的板厚大约是跨度的 1/18，如果采用后张法施工，板厚大约是跨度的 1/24。用于施工的标准化模板的尺寸参见图 20.10 所示。结构的总厚度即为 3~4.5 英寸（76~114 毫米）的板厚加上所选用的模板的厚度。
- 如果采用传统的施工方法，钢筋混凝土梁的高度大约是其跨度的 1/16，如果采用后张法施工，梁的高度大约是其跨度的 1/21。对于主梁来说，在传统的施工方法下，主梁高度大约为跨度的 1/12，如果采用后张法施工的话，主梁高度大约为跨度的 1/20。
- 如果采用传统的施工方法，普通双向板和双向板的厚度大约是跨度的 1/30，如果采用后张法施工，板厚大约是跨度的 1/45。板的厚度范围通常为 5~12 英寸（127~305 毫米）。对于双向板体系来说，柱子的最小边长约是板厚的 2.6 倍。柱顶托板的宽度通常是跨度的 1/2，柱顶托板在板下方的凸出部分约为板厚的 1/2。
- 如果采用传统的施工方法，井字楼板的板厚大约是跨度的 1/24，如果采用后张法施工，板厚大约是跨度的 1/35。用于井字楼板施工的标准化模板的尺寸参见图 20.9 所示。结构的总厚度即为 3~4.5 英寸（76~114 毫米）的板厚加上所选用的模板的厚度。
- 将柱子所承担的从属面积相加，就可以估算出钢筋混凝土柱子的尺寸。一根直径为 12 英寸（约 305 毫米）的柱子最大可以支撑 2 000 平方英尺（约 186 平方米）的楼板或屋面板，一根直径为 16 英寸（约 406 毫米）的柱子最大可以支撑 3 000 平方英尺（约 279 平方米）的楼板或屋面板，一根直径 20 英寸（约 508 毫米）柱子最大可以支撑 4 000 平方英尺（约 372 平方米）的楼板或屋面板，一根直径 24 英寸（约 610 毫米）的柱子最大可以支撑 6 000 平方英尺（约 557 平方米）的楼板或屋面板，一根直径 28 英寸的（约 711 毫米）柱子最大可以支撑 8 000 平方英尺（约 743 平方米）的楼板或屋面板。以上的尺寸只是初步估值，因为柱子的尺寸与混凝土的强度以及钢筋的配比关联很大。钢筋混凝土柱子通常是正方形或圆形的。
- 将一英尺长的承重墙上所承担的屋面板和楼板的总宽度相加，就可以估算出钢筋混凝土承重墙的厚度。8 英寸（约 203 毫米）厚的承重墙可以支撑约 400 英尺（约 122 米）宽的楼板或屋面板，10 英寸（约 254 毫米）厚的承重墙可支撑 550 英尺（约 168 米）宽的楼板或屋面板，12 英寸（约 305 毫米）厚的承重墙可支撑 700 英尺（约 213 米）宽的楼板或屋面板，16 英寸（约 406 毫米）厚的承重墙可支撑 1 000 英尺（约 305 米）宽的楼板或屋面板。以上承重墙厚度受到混凝土的强度以及钢筋的配比的影响很大。

以上的结构构件估算值适用于如住宅、办公、商业以及停车场等建筑物中。但是这些估算值仅适用于初步设计，不可以作为最终结构构件的尺寸。

更多有关结构体系的选型以及结构构件尺寸的内容，请参阅以下书籍：

Allen Edward，Joseph Lano. The Architect's Studio Companion（4th ed.）. Hoboken：John Wiley and Sons，2007.

图 20.16 钢筋混凝土构件尺寸的初步估算值

数据来源：Allen Edward，Joseph Lano. The Architect's Studio Companion（4th ed.）. Hoboken：John Wiley and Sons，2007.

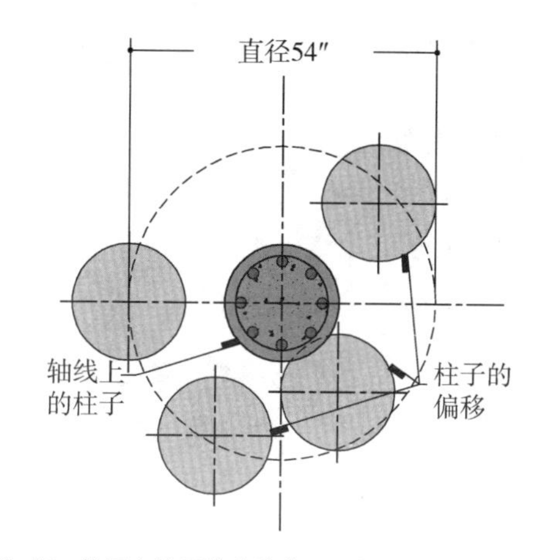

图 20.17 柱网中柱子偏移的范围。上下层的柱子需对齐，如果下层的柱子偏移，那么相应的所有层的柱子都要跟着偏移，从而保证柱子从基础到屋顶的连续性。

柱子偏移

为了适应不规则的平面形状，有些柱子可能需要偏离柱网轴线。通常偏移量不应该超过跨度的 10%。在本方案中，柱子最大的偏移量约是 27 英寸，也就是偏移的柱子在以柱网交点为圆心，以 27 英寸为半径的圆圈内（图 20.17）。此外，上下层的柱子必须对齐，使竖向荷载可以不受阻碍地传递到基础上。

冲切剪力

如果要抵抗冲切剪力，柱子的最小尺寸大约是板厚的 2.6 倍。如果楼板厚 9 英寸，那么柱子的尺寸取整数即 24 英寸。由图 20.16 可知，一根直径为 24 英寸的柱子可以支撑的总楼面面积约为 6 000 平方英尺。21 英尺乘 22 英尺的柱网大约为 462 平方英尺。计算得知一根直径 24 英寸的柱子大约可支撑 13 层，比公寓楼的楼层多一层。也就是说柱子的直径为 24 英寸的话足以支撑整个建筑物。在统一柱子尺寸的情况下，模板就会变得单一，可以稍微降低成本。因为荷载自上而下不断叠加到底部，所以从顶层到底部，柱子中的钢筋数量会逐渐增加。

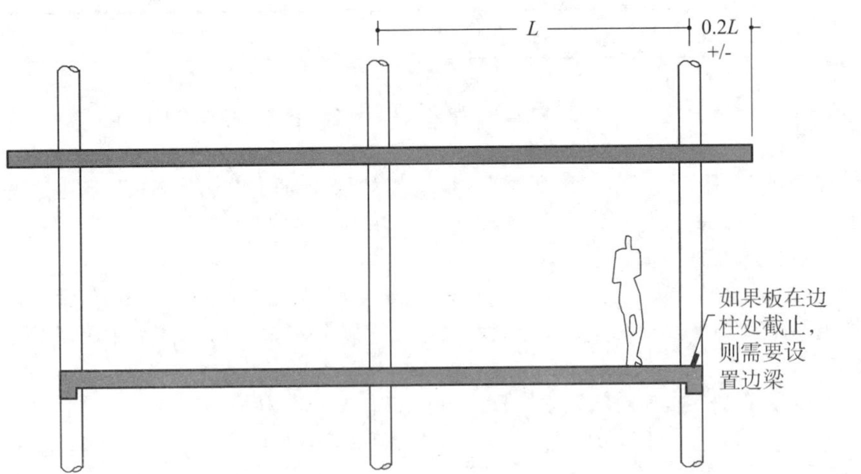

◀图 20.18　双向板向外悬挑与四周设置边梁

楼板的边缘

在建筑物的四周，楼板应悬挑出柱子中心线约主跨的 20%，以便更好地发挥楼板的连续性。对于 22 英尺乘 21 英尺的柱网来说，楼板悬挑部分是 4~4.5 英尺（图 20.18）。楼板的悬挑部分可以减小弯矩，而没有悬挑的楼板则会在边缘产生较大弯矩，也可以通过设置边梁的方法来抵抗弯矩，外墙也会对周边的柱子施加荷载，如果外墙很重，楼板的悬挑可以适当减小。

公寓楼设计有一些带阳台的两层通高的房间，这些房间会省略一些楼板。这种上下贯通的开口区域最好避开柱顶板条处，例如图 20.19 所示的灰色区域，防止产生较大弯矩。如果楼板的开口是不规则形，则开口应尽可能地接近图中灰色区域的面积，否则就需要设置圈梁。图 20.19 还表示了柱子偏移的范围，柱子偏移的范围位于相应的阴影圆内，这些图示对设计

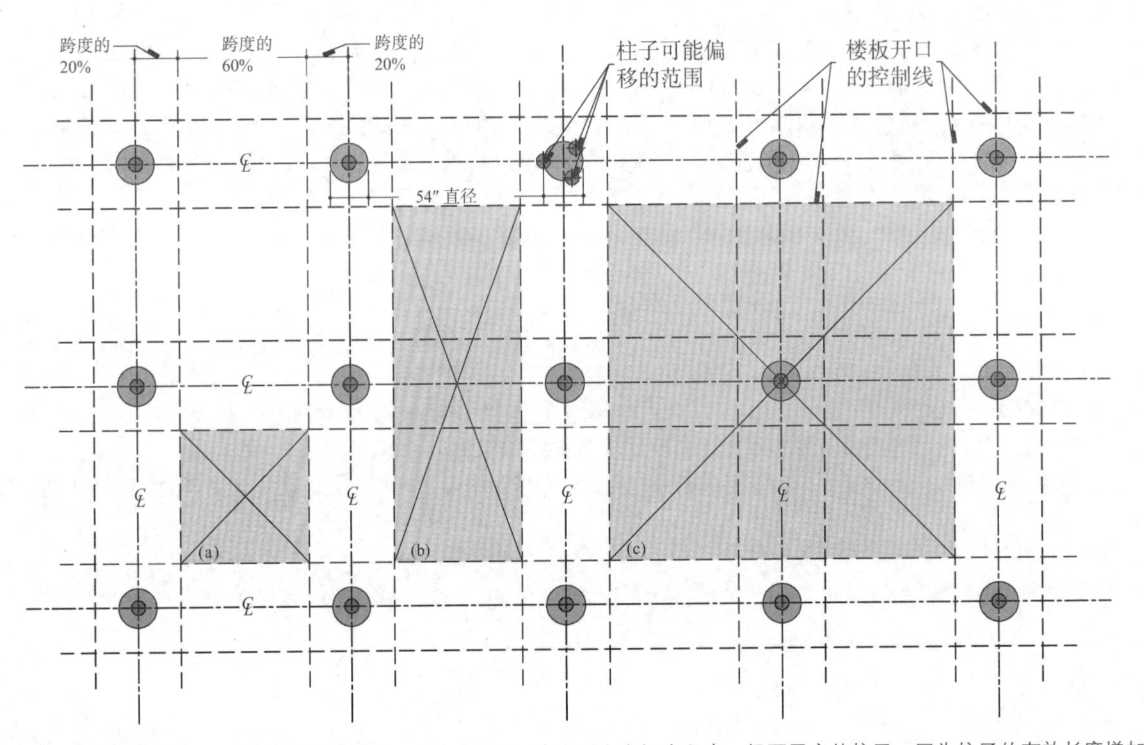

图 20.19　可能的楼板开口和柱子偏移的图示。大的方形开口会在通高空间中留出一根两层高的柱子，因为柱子的有效长度增加，所以需要对这根柱子进行单独设计。

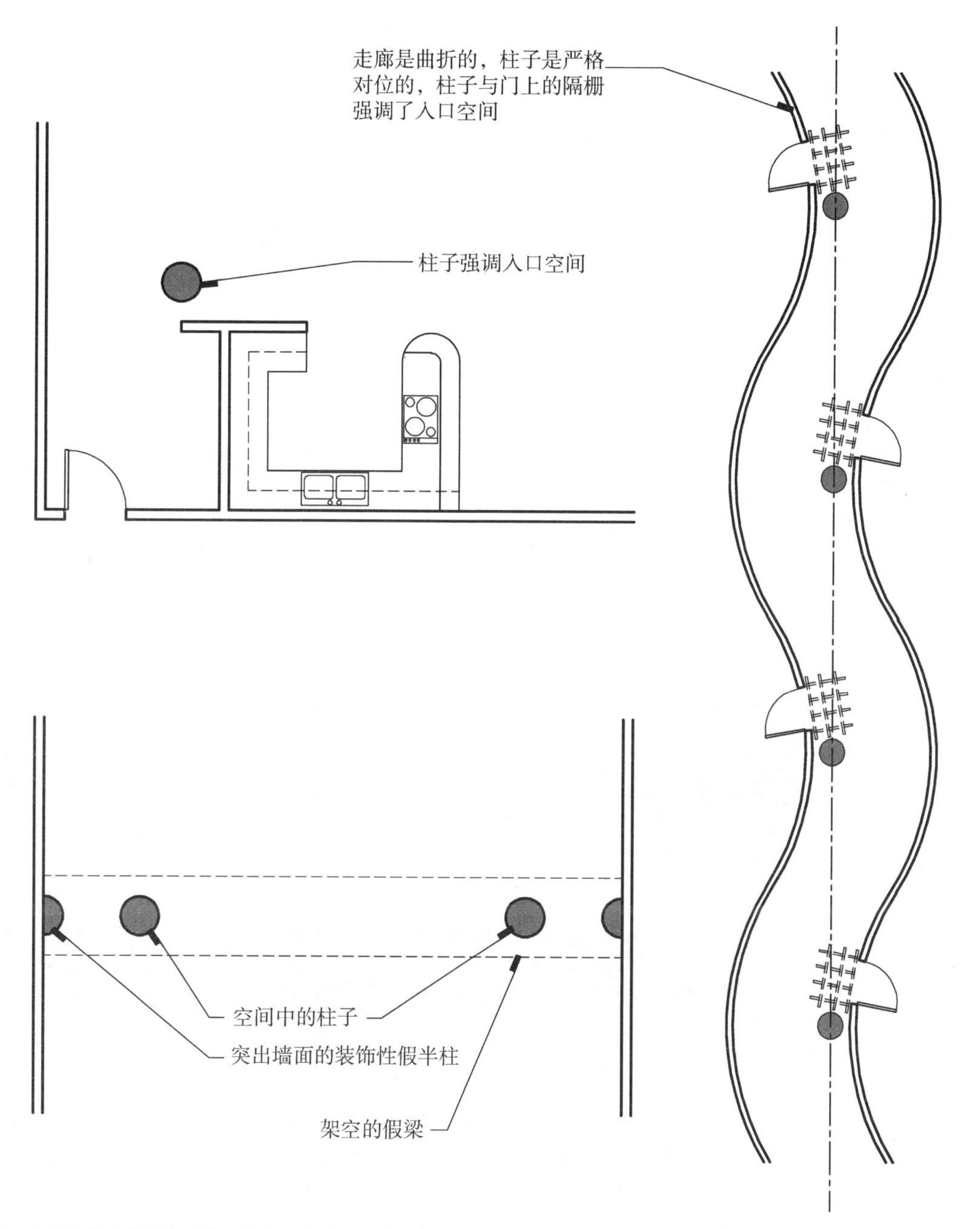

图 20.20　除了将柱子隐藏在隔墙内的情况之外，图中给出了几种柱子在室内空间中的利用方式。

方案帮助很大。尽可能在弯矩小的区域设置楼板开口，以及利用柱子的偏移形成曲面隔墙等，偶尔也会需要设置圈梁和额外的柱子。为了避免对结构刚度造成较大影响，这些开口、柱子偏移的位置和大小等都需要进行精心的设计。

柱子

在对公寓内部空间进行设计时，许多建筑师会倾向于将柱子隐藏在隔墙或壁橱中。虽然这种做法在施工中是常见的，但是建筑师还应该思考柱子与隔墙共同创造和表达建筑空间的潜力（图 20.20）。

关于选择方柱还是圆柱的问题，通常圆柱更适用于人流量较大的大厅和走廊等区域。圆柱没有棱角，不会剐蹭到使用者的皮肤或衣服。方柱在不同的角度会呈现出不同的宽度，正常视角下方柱的宽度往往是实际尺寸的 1.0 ~ 1.4 倍。

参考资料网站中的工作表 20A 对现浇混凝土框架结构的平面设计提供了有价值的参考。

楼板的隔声问题

还需要考虑钢筋混凝土楼板的隔声问题，类似脚步等震动声音很容易传递到下一层的房间，这可能会成为公寓楼使用过程中租户投诉的主要原因。设计需明确规定公寓楼必须铺设带有厚垫的软地毯，从而缓解脚步声带来的影

(a)

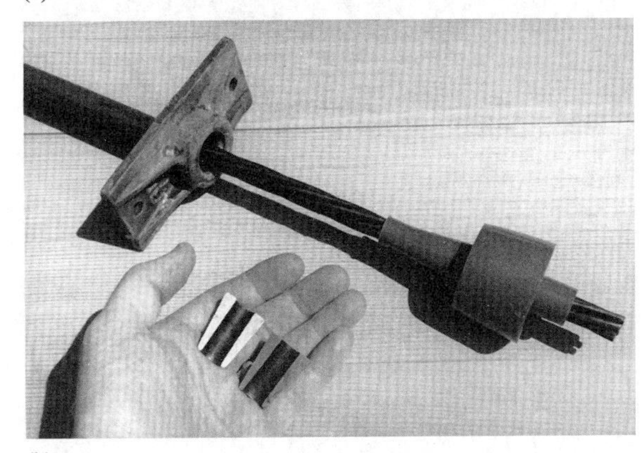
(b)

图 20.21 塑料套管、钢锚板、钢筋束和楔子

后张法

为了节省混凝土材料以及降低结构的高度，我们希望采用后张法对楼板中的钢筋施加预应力，后张法所使用的钢筋束由强度非常高的钢丝绞合而成，用来制造钢筋束的钢绞线原料来自钢材工厂（图 20.21）。钢筋束装在塑料套管中，两者一起安置在混凝土模板中，防止钢筋束与混凝土黏接在一起。钢筋束的两端都固定在钢锚板上，然后穿过模板上的孔洞，钢锚板嵌在梁或板的端部附近。

混凝土硬化达到一定强度后，工人会将塑料套管的突出部分切掉，然后在钢筋束的末端安装两个圆锥形楔子，楔子有足够的力量夹紧钢筋束。将钢筋束的末端插入一个小型液压千斤顶。千斤顶对钢筋束施加拉力，同时对混凝土和楔子施加同等大小的推力，直到张拉至设计规定的预应力值。移开千斤顶后，钢筋束会将楔子拉入凹槽，从而永久地固定在混凝土构件的内部。将多余的钢筋束切断，并用砂浆填充凹槽，使之与混凝土构件的边缘平齐（图 20.22）。

钢筋束通常会沿着楼板或梁中的最大拉力线挠曲。在双向板结构中，钢筋束在板的两个方向上的分布不同（图 20.23）。两个方向上的

响并尽量避免此类噪声的发生。在诸如厨房、浴室等使用了瓷砖、石材或硬木等硬质铺装的区域，设计标准将明确规定，在饰面材料和结构板之间安装软质的隔声板。

▶图 20.22 用于后张法施工的便携式液压千斤顶，虽然这些机械看起来很小，但是可以施加非常大的力。
图片来源：美国马萨诸塞州戴德姆的建筑工程有限公司提供

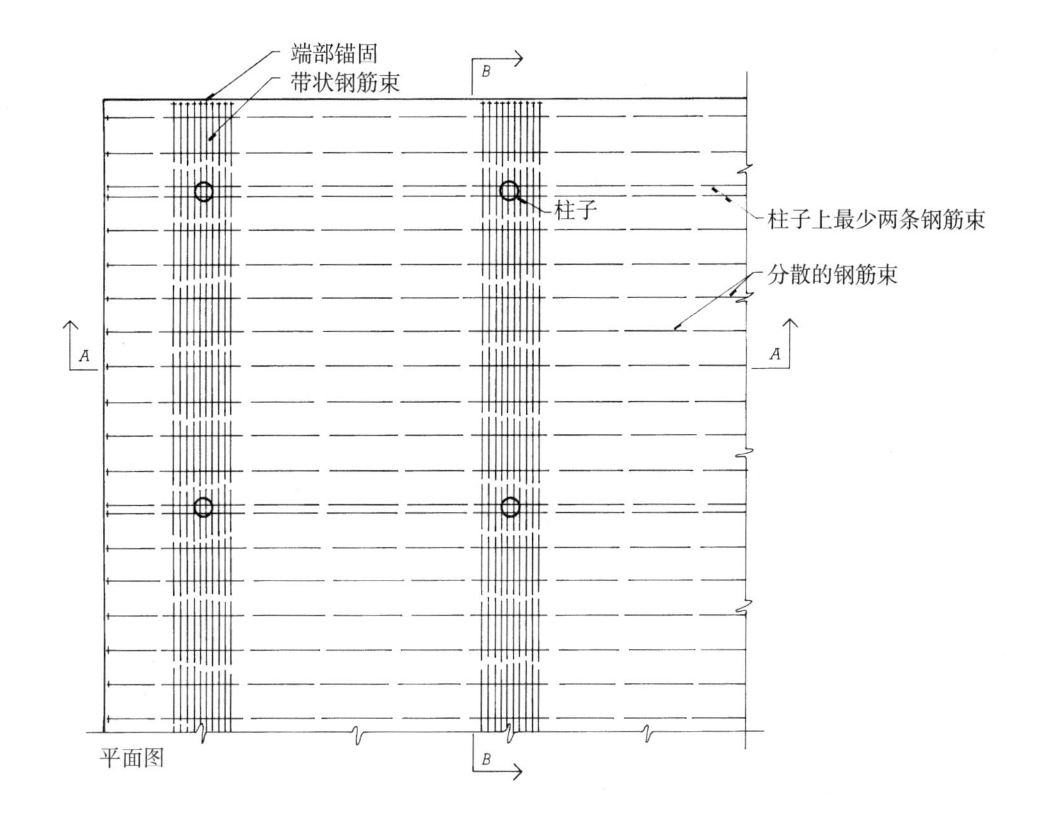

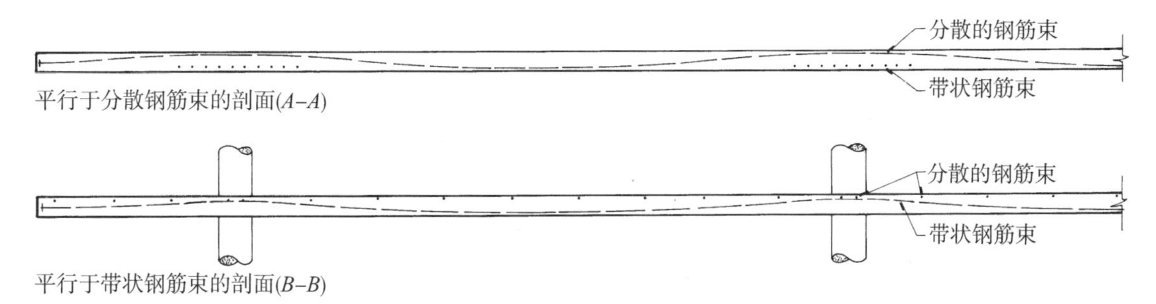

图 20.23　采用后张法施工的一种双向板中钢筋束的布置图，以及两个方向上楼板的剖面图。剖面图显示钢筋束发生了挠曲。除了钢筋束以外，柱子附近和跨中都设置了钢筋，但是为了清晰起见图中没有表示出来。

钢筋束的数量是相同的，但是其中一个方向的钢筋束是平均分布的，另一个方向上的钢筋束集中布置在柱顶板条中。相比于两个方向上都平均布置钢筋束的方案，这种方案极大地加快了设置钢筋束的速度。集中布置钢筋束的方向，力流呈半平面扇形向外传递，并将力合理分布到板的整个宽度。柱子则采用传统的施工方法进行钢筋加固，以抵抗冲击剪切力（图 20. 24）。

钢筋混凝土梁如何抵抗弯矩

在单向板和双向板体系中，一般会根据以下假设来预测钢筋混凝土板或梁中的应力：假设梁的受拉区内的混凝土不承受拉力，所有拉力都由纵向钢筋承担，而在梁受压区内的混凝土则承担了全部的压力。

当一根钢筋混凝土梁所承受的荷载接近其容许应力时，受拉区的混凝土会产生裂缝，裂缝不断延伸然后在中和轴处停止，这种情况下受拉区内的混凝土仍然起到了固定住纵向钢筋的作用。其原理就如同豪威式桁架中的斜腹杆一样对桁架施加压力（图 20. 25）。图 20. 26 显示了钢筋混凝土梁的结构性能，图 20. 26（a）中钢筋混凝土梁受拉区内的钢筋抵抗全部的拉力。

根据实验室试验得知，钢筋混凝土梁在荷载作用下会形成受拉区和受压区，两者之间由中性轴分隔。受压区混凝土的压应力分布与在钢

图 20. 24　带状钢筋束集中在柱子附近。此外还使用了大量的钢筋来抵抗斜拉应力和冲切剪力。图片的右上方可见端模板上钉了一块钢锚板。

图片来源：后张法施工研究机构提供

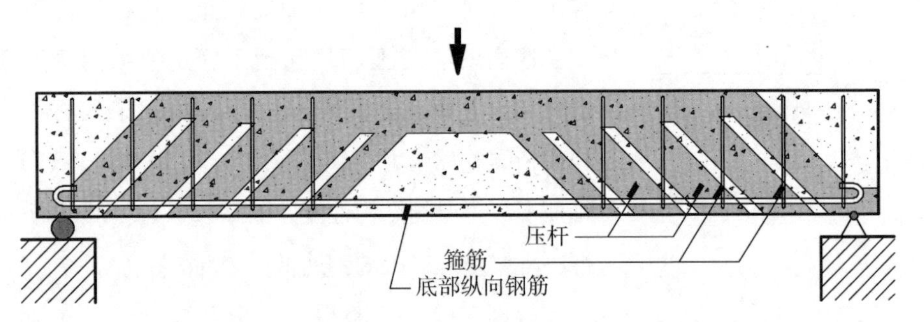

图 20. 25　图为钢筋混凝土梁内部的拉压杆模型，其中压杆表示了梁内部的斜格力流。

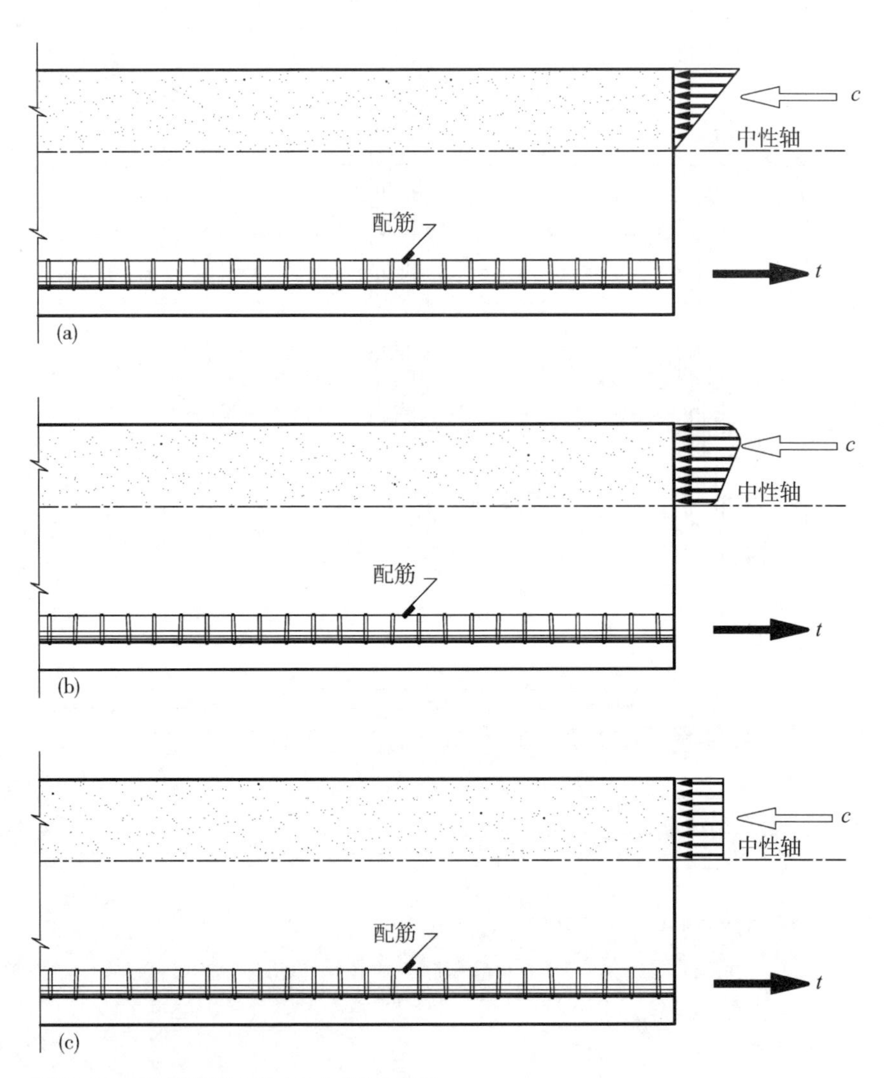

图 20. 26　对钢筋混凝土梁中压力分布的假设

梁和木梁中类似，呈转角为圆形的倒梯形，如图 20.26（b）所示。为了简化计算，将压力视作为均匀分布的，如图 20.26（c）所示，这种简化是相对的，具有刚性节点的多跨钢筋混凝土梁，受拉区在跨中位于梁的下方，在柱子附近位于梁的上方，同时梁的弯曲也会造成柱子的变形。由于钢的强度和硬度均大于混凝土，所以位于受拉区的几根小截面的钢筋就可以与受压区中较大面积的混凝土相平衡。梁的弯矩等于压力与作用距离的乘积，同时也等于拉力与作用距离的乘积。

如图 20.2 所示，单向板的一部分可以视作梁的组成部分（图 20.27）。这部分的板具有双重作用，在一个方向上抵抗梁的弯曲变形，在另一个方向上抵抗板的弯曲变形。这对板的影响很小，但是大大增加了梁的受压性能。

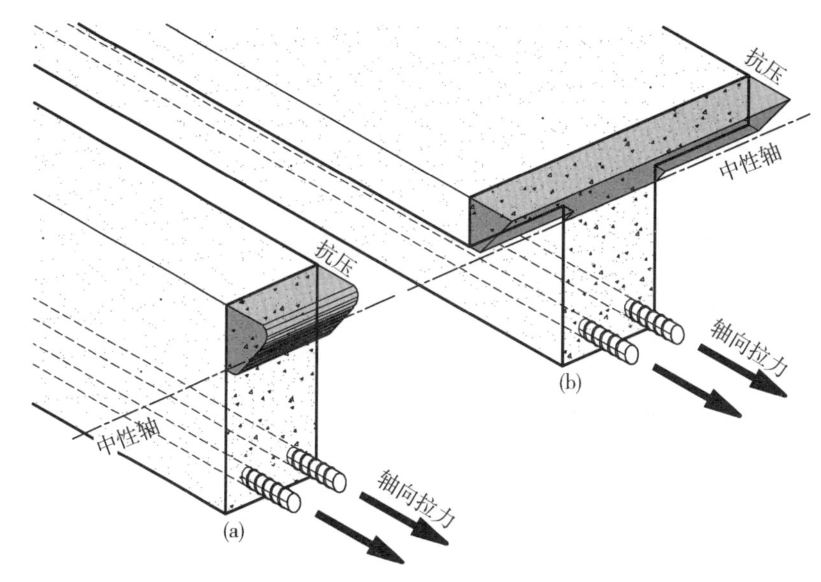

图 20.27 单向板的一部分可以视作梁的组成部分

钢筋混凝土梁在失效之前发出预警是很重要的。如果梁的配筋过多，受压区的混凝土在钢筋失效之前就会失效，梁也会毫无预警地突然崩塌。如果梁的配筋太少，受拉区的钢筋会先失效，在这种情况下，钢筋会变长，梁在中和轴以下的区域会出现不断变大的裂纹，由此可以在钢筋混凝土梁失效前发出预警。因此工程当中常用适筋梁或少筋梁。

图 20.28 为钢筋混凝土框架结构中典型的连续梁受力情况，支撑梁的柱子上下连续。根据图 20.28（a）和（b）所示，梁中的弯矩有正有负，而梁也在上下两个方向发生弯曲变形。纵向受拉钢筋需要配置在受拉的一侧，根据梁的变形图得出，在柱子附近纵向钢筋需放置在梁的顶部。柱子中的钢筋与纵向钢筋绑扎在一起，柱子附近的梁会设置箍筋，这样做可以有效地抵抗由风或地震作用引起的横向荷载。为保证能提供足够的拉力，钢筋的搭接长度有专门的规定。这里弯矩图中弯矩的绘制方向与我国相反，我国规定弯矩需绘制在梁的受拉一侧，与变形方向一致。

为了降低梁的高度，有时也会在钢筋混凝土梁的受压区设置钢筋。

具有创新性的现浇混凝土框架体系

现浇混凝土结构是在施工现场“建造”出来的，其结构形式可以适应非标准的空间。对于特殊的建筑形式来说，现浇混凝土框架结构不仅可以提高效率而且可以降低造价。

一个典型案例是约格・施莱希设计的某钢筋混凝土高速公路桥（图 20.29～图 20.31），桥梁的形状根据弯矩图设计，跨中弯矩较大处

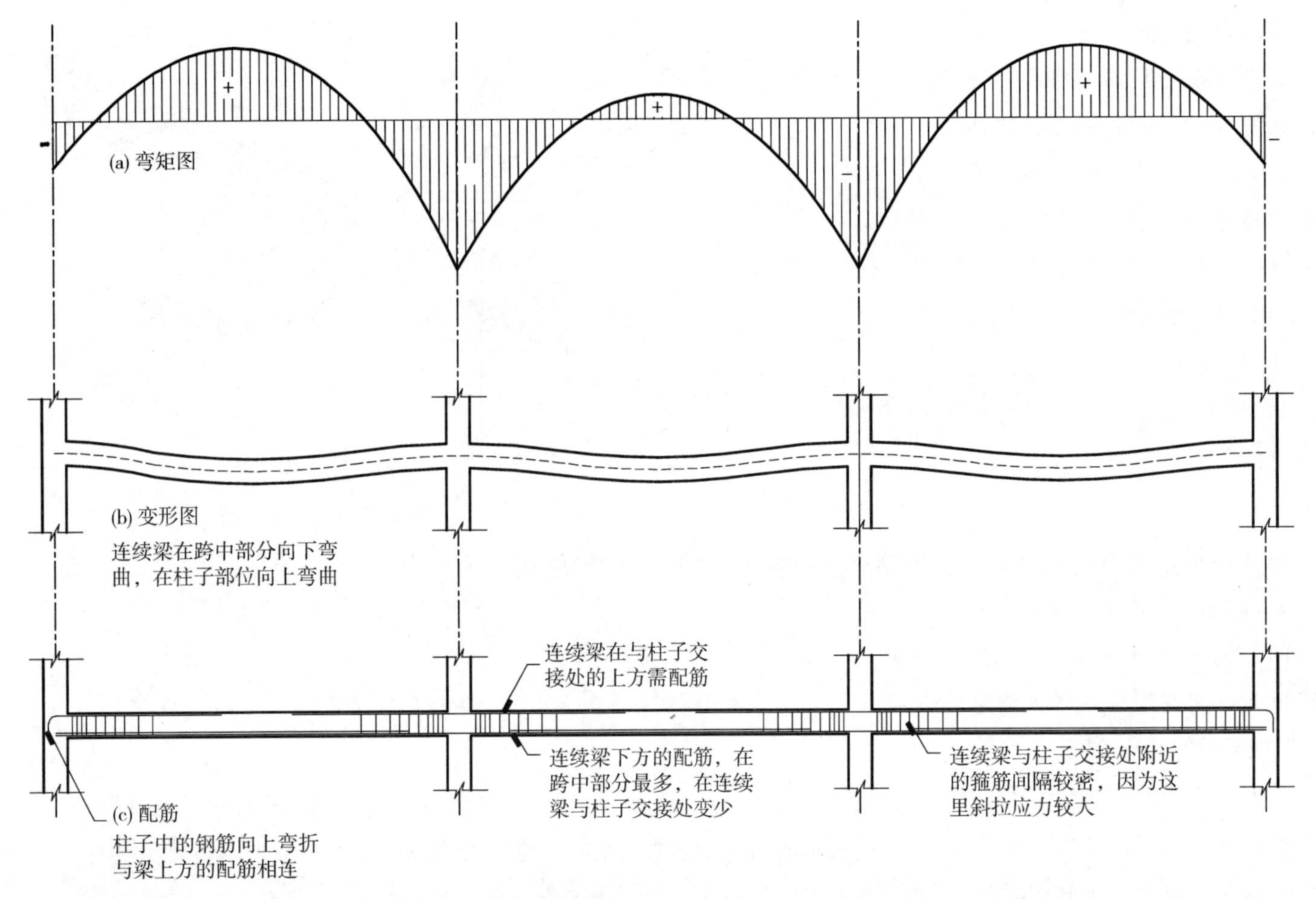

图 20.28 （a）连续梁中的弯矩分布；（b）夸张的连续梁的变形图；（c）连续梁的配筋情况。

桥身最厚，弯矩为零处桥身较薄。支撑柱子向内倾斜，对主跨施加压力，减少了抗拉钢筋的使用。事实上，这座桥的结构介于拱结构和刚架结构之间。

建筑师马克·韦斯特致力于发展混凝土的织物模板，他研发了一根两边悬挑的钢筋混凝土梁，梁的形状根据弯矩图设计，反映了连续梁中的力流情况（图 20.32~图 20.34），梁中的切应力很小。就像他设计的其他结构一样，韦斯特使用成本极低的土工布模板建造了这个结构，这种柔性模板通常很少应用于实际工程之中。

意大利结构工程师皮埃尔·奈尔维设计的加蒂羊毛厂的双向板体系，其中弯曲的板肋顺应着板中主要应力线的分布（图 20.35）。这种设计不仅看起来形态优美，而且节省材料，但缺点是模板需要专门定制以匹配每个柱网单元的尺寸，还需要投入大量的劳动力，所以很少被他人借鉴。

◀图 20. 29　位于德国基希海姆与特克之间的高速公路桥，桥的形式与其受力后的弯矩图相似。

图片来源：哥特·埃尔斯内（Gert Elsner）提供

图 20. 30　结构工程师约格·施莱希采用托梁来减轻钢筋混凝土桥身的自重。

图片来源：SBP 公司提供

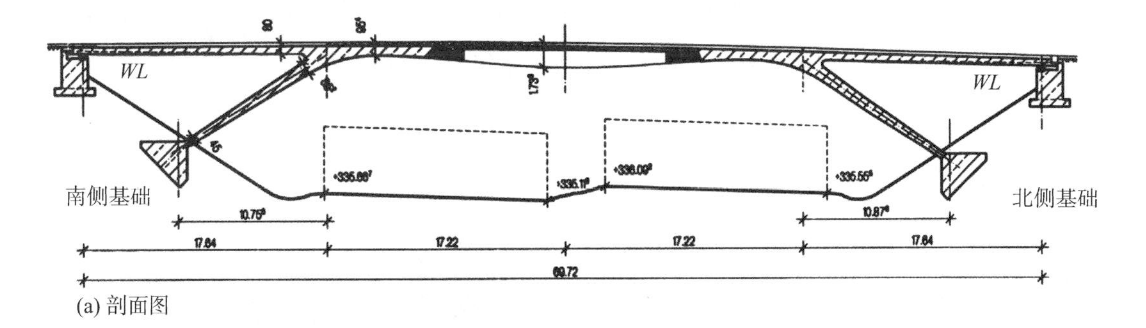

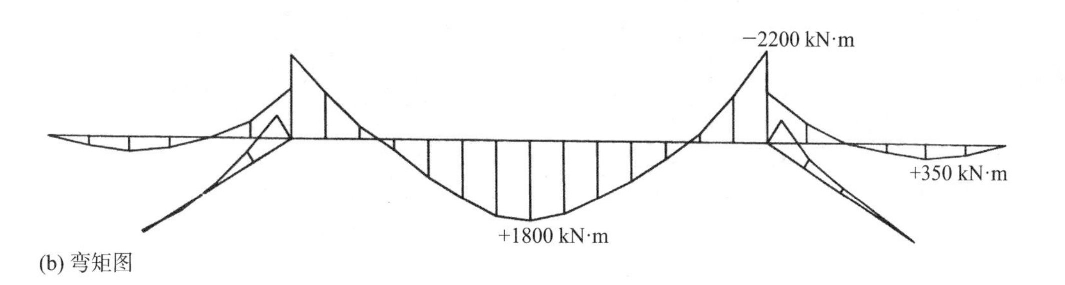

◀图 20. 31　桥梁的剖面图和弯矩图

图片来源：SBP 公司提供

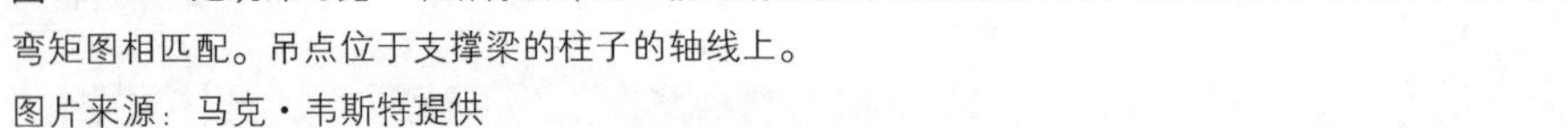

图 20. 32 建筑师马克·韦斯特设计的一根两端悬挑的钢筋混凝土梁，采用织物模板成型，梁的形状与弯矩图相匹配。吊点位于支撑梁的柱子的轴线上。

图片来源：马克·韦斯特提供

图 20. 34 这根梁与矩形截面梁（半透明部分）的对比，这根梁所使用的混凝土材料约为普通矩形截面梁的 20%。

图片来源：马克·韦斯特提供

▶ **图 20. 33** 梁的正视图

图片来源：马克·韦斯特提供

波兰结构工程师瓦克劳·扎列夫斯基在波兰设计和建造了许多预制混凝土双向板体系的建筑物（图 20.36~图 20.39）。在其中一个单元中，预制混凝土柱子上四根悬臂梁沿对角线向外伸出，以支撑每个柱网中心的方形双向板。六角形板铺设在柱子的悬臂上，从而在形成了柱网单元。屋顶采用现浇混凝土，使结构在整体上连续。这些预制构件都是在施工工地的临时工厂中浇筑的。因为预制单元的尺寸没有超出运输限制，所以也可以在工厂中预制，然后运输到现场组装。

上述的案例展示了富有创造力的结构设计，相信人们在使用现浇混凝土中还可以创造更多的奇迹。目前世界范围内，现浇混凝土以及预制混凝土都得到了广泛的应用，采用创新的设计方法也需要在设计初期与当地主管部门充分沟通，保障项目可以安全高效地实施。

图 20.35　加蒂羊毛厂的双向板体系，1951 年建成。
图片来源：Pier Luigi Nervi. Structures. New York：F. W. Dodge，1956.

图 20. 36　瓦克劳・扎列夫斯基设计的预制双向板体系，图中展示了柱网单元的组成。
图片来源：瓦克劳・扎列夫斯基提供

图 20. 37　某工业仓库的施工现场，地面上堆放着预制柱帽和预制楼板。
图片来源：瓦克劳・扎列夫斯基提供

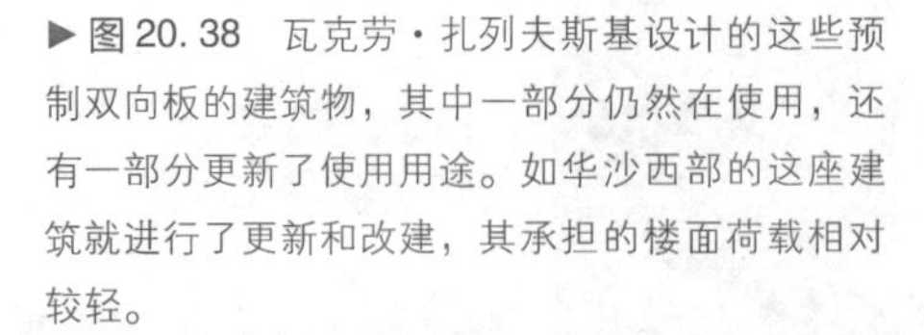

▶图 20. 38　瓦克劳・扎列夫斯基设计的这些预制双向板的建筑物，其中一部分仍然在使用，还有一部分更新了使用用途。如华沙西部的这座建筑就进行了更新和改建，其承担的楼面荷载相对较轻。
图片来源：大卫・福克斯摄

图 20.39　这是预制双向板体系中的通高空间透视图。这种预制双向板体系，可以去掉部分楼板形成上下贯通的开放的共享空间。

图片来源：杰夫・安德森（Jeff Anderson）提供

思考题

1. 为以下建筑物选择合理的现浇混凝土框架体系并说明原因。同时给出每个体系中各结构构件的估算尺寸：
   a. 某大学实验室，承受中等程度的楼面荷载，柱网尺寸为 18 英尺乘 36 英尺。
   b. 某纸制品仓库，承受较大的楼面荷载，柱网尺寸为 20 英尺乘 26 英尺。
   c. 某小学，承受较小的楼面荷载，柱网尺寸为 16 英尺乘 30 英尺。
   d. 某办公楼，承受中等程度的楼面荷载，柱网单元的面积为 32 平方英尺。
2. 从练习 1 中选择任一项，对其进行深入设计，包括建筑物外观和室内设计。思考如何由内到外地表达钢筋混凝土框架结构。这种结构体系是否有独特的细部设计？在什么情况下这座建筑物需要承重墙？承重墙的设置有哪些方式？
3. 如果本章所设计的公寓楼的大部分房间是两居室，那么开篇所提到的柱网尺寸是否合适？如果不合适，合理的柱网尺寸是多少呢？框架结构中的柱子可以在设计中发挥什么样的功能呢？如何设计出一个实用的阳台呢？
4. 除了图 20.14 所示的方法之外，是否还有其他增大柱子与楼板接触周长的方法？

关键术语

occupancy group 居住类建筑

construction type 建筑结构类型

fire-resistance rating 耐火极限

concrete 混凝土

portland cement 硅酸盐水泥

coarse aggregate 粗骨料

fine aggregate 细骨料

structural lightweight concrete 轻质混凝土

formwork 模板

curing 硬化

reinforcing bars/rebars 钢筋

ties 单肢箍筋

spirals 螺旋箍筋

welded wire fabric 焊接钢筋网

stirrups 箍筋

U-stirrups U 形箍筋

stirrup-ties 矩形箍筋

slab 板

one-way solid slab-and-beam system 单向板-梁体系

slab band 板带

one-way concrete joist system 单向板-托梁体系

rib slab 肋板

joist band 托梁带

wide-module concrete joist system 宽单元托梁体系

column strip 柱顶板条

middle strip 中间板条

drop panel and mushroom capital 柱顶托板和倒锥形柱帽

two-way flat slab system 双向板体系

two-way flat plate system 普通双向板体系

punching shear 冲切剪力

two-way concrete joist system 双向板-托梁体系

waffle slab 井字楼板

shear walls 剪力墙

party walls 分隔墙

posttensioning 后张法

tendon 钢筋束

draped tendons 分散的钢筋束

banded tendons 带状钢筋束

参考资料

Allen Edward, Joseph Iano. Fundamentals of Building Construction, Materials, and Methods (5th ed.). Hoboken: JohnWiley & Sons. 这本书共140 页，介绍了钢筋混凝土建筑包括现浇混凝土和预制混凝土的建造和施工方法。

Concrete Reinforcing Steel Institute. Manual of Standard Practice. Schaumburg: CRSI (updated frequently). 这本书是介绍了钢筋混凝土构件中钢筋的规格、选用原则和初步计算。

Portland Cement Association. Design and Control of Concrete Mixtures. Skokie: PCA (updated frequently). 这是一本关于混凝土材料的权威性著作，记录了关于混凝土材料从制造、储存、加工到硬化的全部内容。

第 21 章 21 研讨课：预制混凝土办公楼设计

- 多专业协同设计团队
- 多层建筑设计和框架单元的确定
- 安全与疏散
- 空调与电气设备
- 预制混凝土构件

“柯蒂斯（Curtis），我来介绍一下我们的设计团队，”布鲁斯说，“你已经认识了结构工程师戴安娜，你们在很多项目上直接合作过。这是机械工程师阿夫拉姆（Avram），站在我右手边的是特里西娅（Trica），她是电气工程师和照明工程师。他们是这个项目的各专业负责人。我还邀请了承包商富兰克林，他在赶来的路上了，可能会迟到几分钟。”

布鲁斯继续说：“柯蒂斯，这次会议是这个项目（图 21.1）的启动会议。为了顺利开展这个项目，我们每个人都会汇报与项目相关的各自的专业内容。不过我们得首先了解一下你对这个项目的要求和期望。”

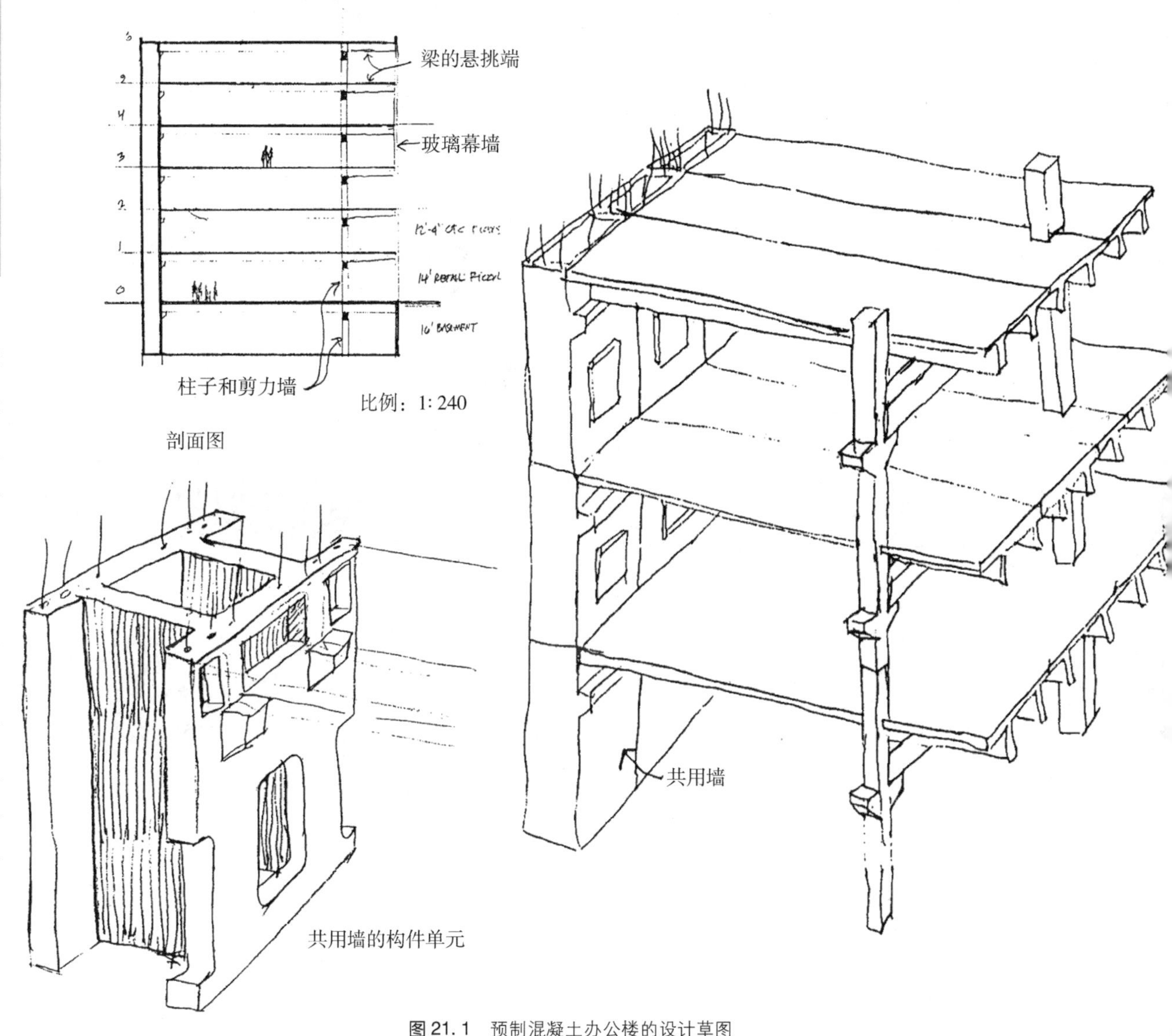

图 21.1　预制混凝土办公楼的设计草图

甲方的要求

柯蒂斯·威尔克顿（Curtis Wilkerton）从公文包里抽出了一张总平面图放在桌子上（图21.2）。

“我们基石预制混凝土制品有限公司近几年发展很快，现在的办公楼已经没有多余的空间用于办公，所以我们在市中心买了这块地，打算建造一座新的办公楼，同时在附近买了一个停车场。基地的东北方向就是交叉路口。

“这里之前有一栋5层的楼房，建有地下室，采用的是混凝土基础，但两年前毁于火灾。基地长176.4英尺，宽78英尺，面积约为13 760平方英尺。北面是一座7层的楼房，基地西侧有一条服务小巷。我将需求详细地列了出来，一楼租给零售商铺，留一部分面积作为公司办公的入口和前台。其余楼层作为办公，我们公司占总办公面积的1/3，剩下的部分租出去。共需要约6万平方英尺的使用面积，换算成总建筑面积大概是多少？”

布鲁斯在便笺本上迅速计算了一下。

“楼梯、电梯、暖通空调设备、结构等辅助空间大约占总建筑面积的25%，也就是说办公楼的总建筑面积大约为75 000平方英尺，用地面积为14 000平方英尺，那么初步估算这栋楼需要建6层高。”

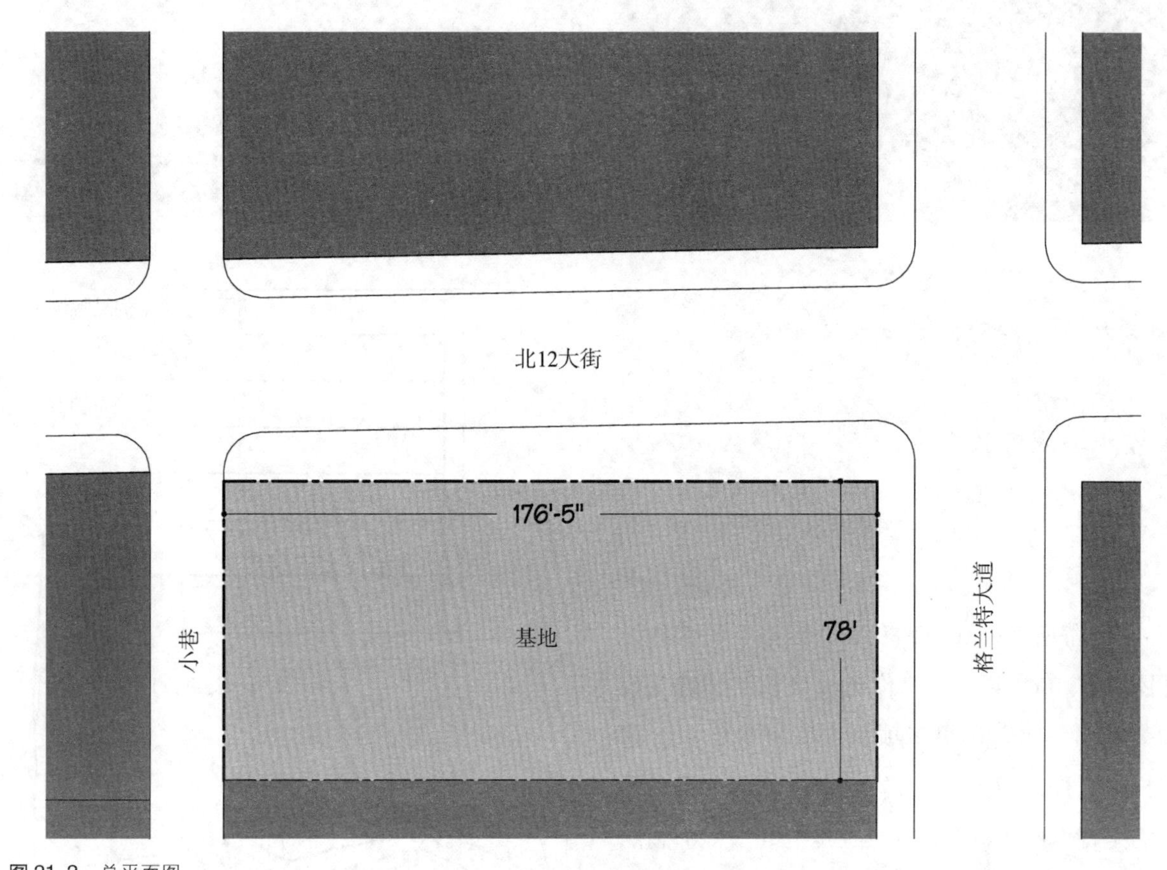

图21.2 总平面图

“谢谢你布鲁斯。以上就是一些基本的情况。接下来是我对这个项目的期望，希望这座新的办公楼在各方面都可以起到宣传和示范作用。首先，它是一个适宜工作的地方，阳光充足、空气清新，空间开阔宜人且富有变化，避免千篇一律。我不喜欢狭长黑暗的走廊，也不喜欢太过拥挤的格子办公间。

“其次，它应该是一个环保的建筑，符合节能、无污染、材料利用率高、无障碍等方面要求，达到LEED评级的最高等级，成为一个可以令我的孩子们喜欢并引以为傲的建筑。

“再次，它应该是一个具有创新意识的预制混凝土建筑，虽然这种规模的办公楼大多采用钢框架结构建造，但预制混凝土有其独特的优势，我希望这栋办公楼能够展现出这些优势，为我们公司以及产品打造出一个独一无二的形象。你们是这个项目的设计团队，我很期待看到你们的成果。”

布鲁斯看了看手中的笔记，站起身。

“谢谢你，柯蒂斯，你给我们提出了一个挑战。但我们可以保证会设计出一个符合要求并令人兴奋的办公建筑。接下来我们每个人会对各自的专业内容进行汇报，这些内容会影响到办公楼的形式与空间，也会明确各自的工作范围，使协同工作更加顺畅。在这之前，我先介绍一下主要的建筑规范，这些要求会对这个项目的形式产生一定的影响。”

建筑规范要求

布鲁斯继续说：“根据我国遵循的《国际建筑规范》，办公楼属于 B 组商业建筑。如果办公楼占满整个场地的话，建造 6 层的实际总建筑面积将达到 82 560 平方英尺。如果整栋楼能安装自动喷淋灭火装置的话，就可以采用限制性最小的Ⅱ-A 型结构，其耐火极限是 1 小时。也就是说在预制混凝土楼板上浇筑 2 英寸厚的混凝土面层就可以满足防火要求。

“依据《国际建筑规范》规定，办公楼的标准为每人 100 平方英尺，也就是说每层楼大约能容纳 138 人。规范要求每层楼上任一点到最近的封闭楼梯间的最长距离是 300 英尺。这样的话每层楼至少要有两个疏散出口。

“规范还规定疏散门的宽度至少要达到 32 英寸，走廊和楼梯的宽度至少要达到 44 英寸。那么戴安娜，你觉得层高应该是多少呢？”

戴安娜一边画图一边回答。

“具体尺寸得取决于室内的净高要求以及采用什么规格的预制混凝土楼板。假设净高为 9 英尺 6 英寸，预制空心楼板的厚度是 10 英寸，再加上 2 英寸的混凝土面层，那么层高至少应是 10 英尺 6 英寸。如果采用预制双 T 形板（Double Tees），双 T 形板的厚度大约是 26 到 28 英寸，再加上 2 英寸的混凝土面层，则层高大约是 11 英尺 10 英寸到 12 英尺（图 21.3）。”

阿夫拉姆打断戴安娜说：“层高还应该考虑楼板下面的管道系统（图 21.4）。如果采用预制空心楼板，下面的管道系统至少需要 10 英寸，结合灯具和吊顶，可能还需要增加些尺寸。如果使用预制双 T 形板，那么管道可以放在双 T 形板下方的双肋之间。”

阿夫拉姆在戴安娜的两张草图上分别添加了管道。

布鲁斯接着说道：“假设层高是 12 英尺到 12.5 英尺，不采用吊顶，而是直接露出预制混凝土楼板和各种管道。

“层高为 12 英尺，需要 21 级楼梯踏步，采用双跑楼梯，楼梯平台宽度大约为 44 英寸。如果楼梯间围护墙体采用 8 英寸厚的砖墙来建造

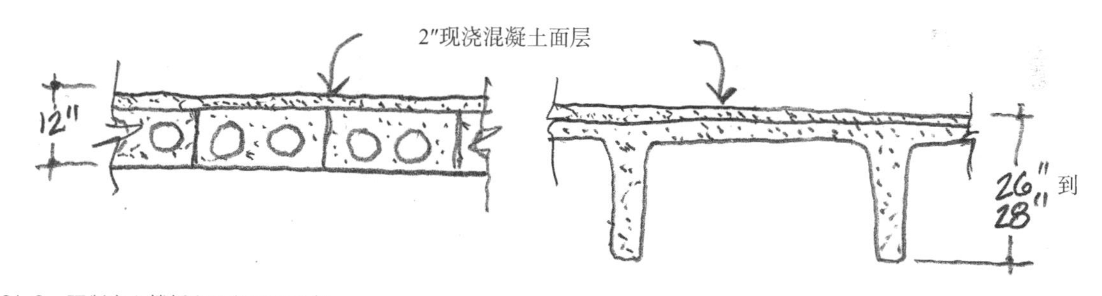

图 21.3　预制空心楼板和预制双 T 形板

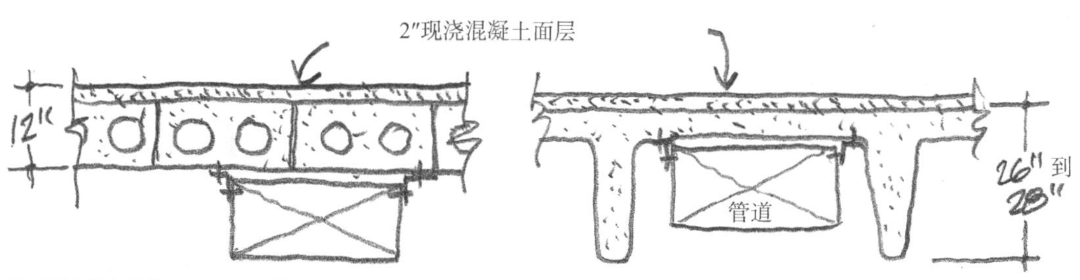

图 21.4　悬挂设备管线的预制空心楼板和预制双 T 形板

的话……”

柯蒂斯立刻打断道：“我们会把楼梯和楼梯间的围护墙作为单独构件进行预制，墙体厚度只有4~6英寸。”

他在公文包里拿出了一张图纸，并把它放在了桌子上（图21.5）。

布鲁斯感到尴尬，但快速回应道：“那么就采用预制混凝土楼梯，楼梯间需设置一条垂直管道，使楼梯间密封，防止火灾发生时有烟雾进入楼梯间。此外楼梯平台需放宽，火灾发生时这些平台可以作为紧急避难处，供残障人士在此停留等待援助。如此算来，楼梯间的长度会增加5英尺左右，楼梯间最终大约是23英尺长、10英尺宽（图21.6）。”

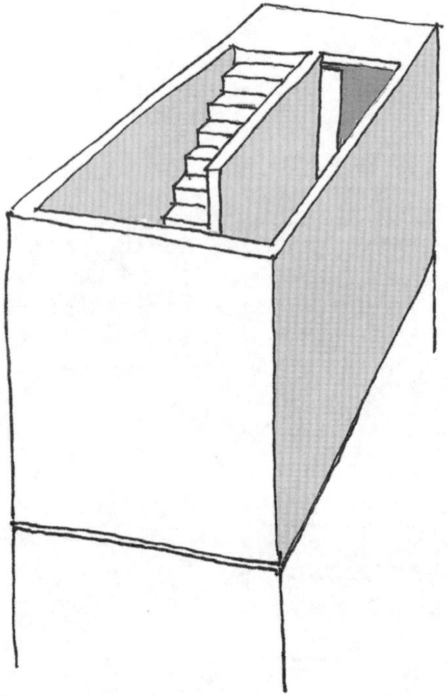

图21.5　预制楼梯间单元

布鲁斯接着说：“办公楼还需要两部客梯和一部小型货梯，每部客梯可以承重3 000磅。如果把两部客梯并排安装在一个电梯井里……并用预制混凝土墙把电梯井围起来，那么电梯井的外部尺寸大约是18英尺长、9英尺宽（图21.7）。每层楼还需要两个卫生间，每间大约16英尺长、8英尺宽，当然也可以采用预制卫生间。”

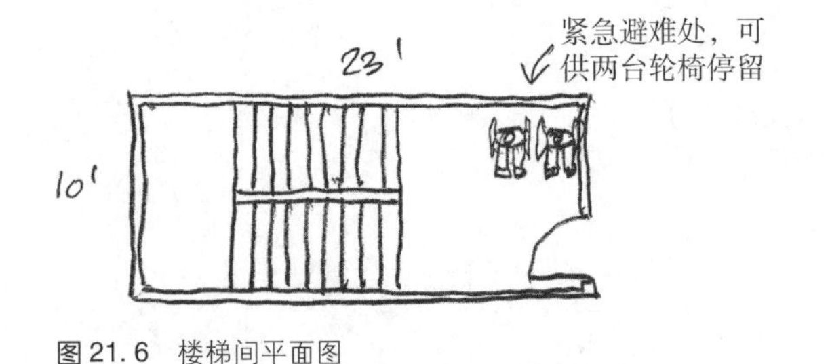

图21.6　楼梯间平面图

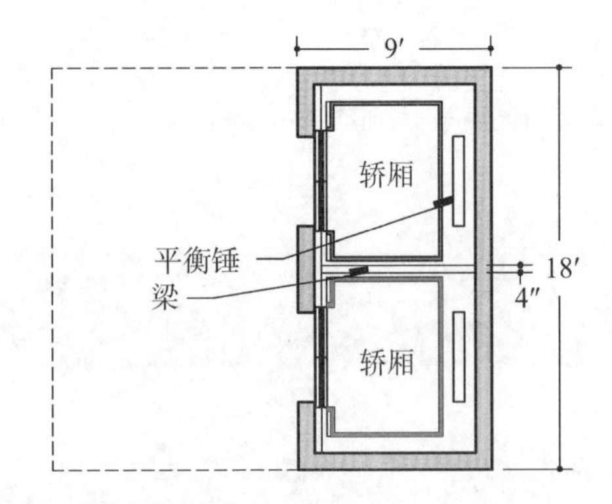

图21.7　电梯间平面图

柯蒂斯说：“这个主意不好，采用轻型钢结构和石膏板建造卫生间不仅容易而且便宜。”

布鲁斯的脸微微泛红。

“卫生间可以供轮椅进出吗？”柯蒂斯问道。

“可以，事实上建筑规范要求整栋楼必须允许轮椅自由通行。”

“很好，”柯蒂斯答道，“去年3月份，我滑雪时扭伤了脚踝，这让我体会到了建筑无障碍设计的重要性。”

“我们很多人都有过类似的经历，”布鲁斯说，“我已经照顾我70岁的父母将近一年了，这期间我仿佛上了一堂关于无障碍设计的速成课。”

“这是设计要求以及相关的草图，还有其他问题吗？”没有人回答。

“好吧，阿夫拉姆，我看你在我说话的时候一直在匆忙地写些什么，你能给我们讲一下这栋楼的供暖和制冷方案吗？”

空调系统

阿夫拉姆扶了扶眼镜，重新整理了下笔记然后说道：“我建议采用天然气作为燃料，采用变风量（VAV）空调系统来供暖和制冷。我已经整理了一些最基本的数据。”

“等一下，”柯蒂斯打断他的话，“什么是变风量空调系统?”

“采用中央风扇将恒定温度的空调风通过管道送至整栋大楼，达到冬季供暖和夏季制冷的目的（图 21.8）。办公楼会分为几个区域，每个区域都有独立的自动控温器，自动控温器与变风量终端相连接——变风量终端是一个带有电动风口的金属箱，通常悬吊在天花板中（图 21.9）。变风量终端接收管道中的热风或冷风，并控制释放到室内空间的风量。冬季，自动控温器发起供暖信号，风门就会开启，让更多的热风进入房间。夏季，变风量终端控制冷风进入房间。变风量系统是全自动的，整个过程就像打开和关闭阀门一样来控制室内的温度。

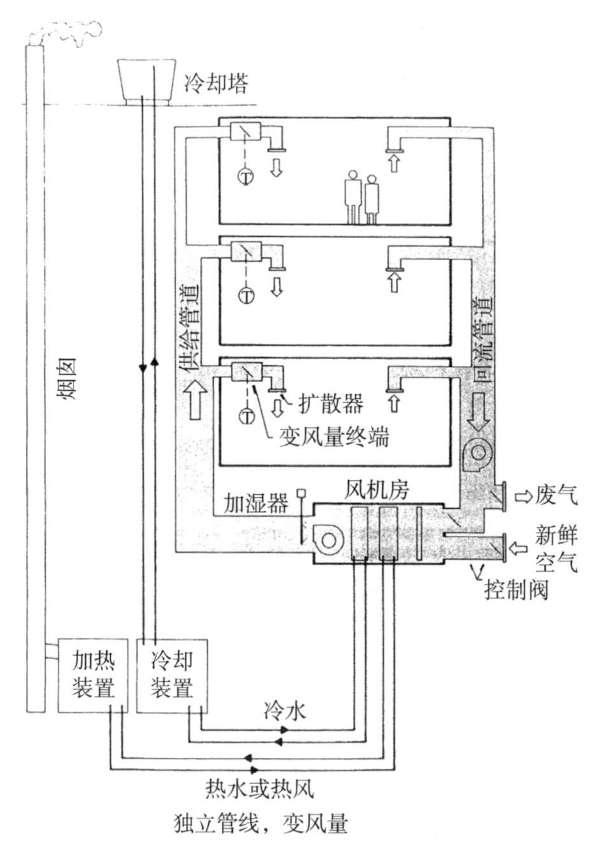

图 21.8 变风量空调系统管线示意图

“这个系统与任何一种暖通空调系统一样，需要占据很大的空间。我需要利用地下室的大部分空间来安装供暖的锅炉和制冷的制冷机，还要安装能使空气流通的风扇。还需要一个 4 平方英尺直通屋顶的烟囱，用来排放锅炉废气。垂直送风立管、电气管道、通信管线，以及自动喷淋系统的管道等，这些都需要连续的竖井空间。竖井空间从地下室开始贯穿所有楼层，每层楼需要 2%～3% 的面积来铺设这些管线，总共大约是 350 平方英尺。竖井在每层楼连接水平的管道，水平管道通常安装在天花板中，可以到达办公楼的各个角落。每层楼的每个区域都要铺设供暖和制冷的送风管道和回风管道。每个区域的变风量终端则悬吊在竖井附近的天花板中。也可以在变风量终端安装扩散器。

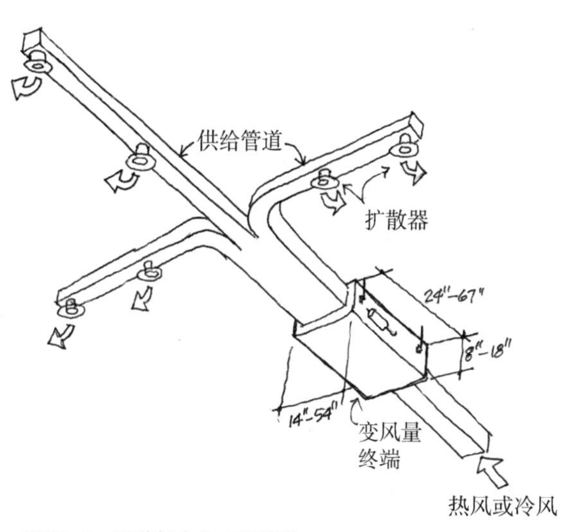

图 21.9 天花板中的水平管道

“屋顶上需要放置一到两个冷却塔，冷却塔是一种大型装置，塔中的水吸收位于地下室的制冷机中的热量，然后将水抽到顶部，水流逆着一股强劲的风扇通过敞开的管道网向下溅落，从而释放出较多的蒸汽。这个过程会导致一部分水流失。蒸发热量使余下的水冷却之后，冷却水回流到地下室的制冷机，去吸收更多热量。也就是说，冷却塔就是将大楼中产生的热量散发到大气中的装置（图 21.10）。不过，冷却塔

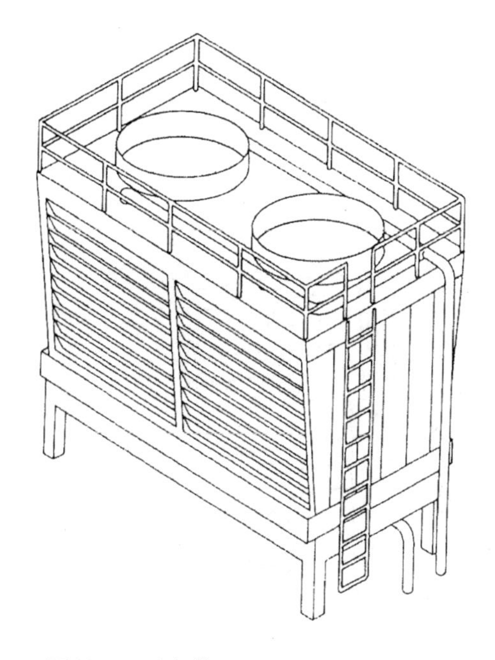

图 21.10 冷却塔

附近不应安装窗户或进气口，否则可能会成为细菌和病毒的滋生地。

“我还需要两个室外通风窗，一个用来排出污浊的空气，另一个用来吸收新鲜空气（图21.11）。为了最大限度地减少造价、提高管线效率，这些通风窗应该安装在靠近地下室风扇的地方，也可以把它们放置在屋顶上。通风窗之间要保持足够的距离，以免排出的废气又回流到系统中。这些通风窗很大，每扇面积为100~200平方英尺。”

图21.11 通风窗

布鲁斯紧张地说道：“确实挺大！那把它们藏在哪里呢？这些通风窗是否可以安装在挨近小巷子的面上，或者安装在屋顶上。”

“总会有办法的，”阿夫拉姆微笑着回应道，“柯蒂斯，今天你在汇报中强调了节能的重要性，这一点让我开始考虑安装地板辐射采暖系统作为变风量系统的补充。地板辐射采暖系统需要把塑料管道安装在混凝土楼板的面层里。到了冬天，塑料管道里装满经过加热的热水，加热锅炉可以放在地下室里，给整栋楼的楼板供暖。温热的楼板是主要的热源，只有当室外温度极低时，才会采用变风量系统辅助供暖。”

柯蒂斯有些疑惑地问道：“如果变风量系统能单独承担供暖的工作，为什么还需要第二个供暖系统呢?”

“地板辐射采暖系统具有以下几个主要的优点：第一，这个系统令人体的舒适感倍增。第二，当人们感受到从温暖的楼面直接辐射出的热量时，他们就不再需要借助暖气来取暖。变风量系统的恒温器可设置到较低挡，由此减少大楼里的热量流失和加热所需的燃料成本。但是这种辐射采暖系统无法制冷或使空气流通，因此还需要变风量系统来加以辅助。总的来说，虽然地板辐射采暖系统会增加设备的成本，但是只用几年工夫，它的成效就足以抵消其成本。

“我会做一些全寿命周期的成本分析，再来决定这个方法是否可行。同时我也会去探寻其他能提高暖通空调系统工作效率的方法，比方说热回收系统，该系统回收废气中的热量或冷量，使废气与外部引入的空气混合。我们还可以采用其他可操作的方案，如引入夜间空气，从而自然冷却大楼里的空气。第二种方法对像这样大体量的预制混凝土建筑尤其适用。”

“确实对我们很有帮助。”柯蒂斯说道。

电气与通信系统

特里西娅开始说：“跟阿夫拉姆一样，我也需要部分空间和竖井来铺设电气和通信服务管道，尽管我所需要的空间不及空调系统那么多。但是随着新技术的不断发展，未来电气设备所需求的面积和竖井的规模还会不断扩大。目前最基本的要求是一间面积约400平方英尺、高约11英尺的变压器室，通常变压器室会放置在地下室。变压器室须具备良好的通风条件，最好是自然风，带走变压器散发出的热量。在变压器室隔壁，还需要建造一个600平方英尺的房间，用来存放电气开关设备。这两个房间的宽度都要约20英尺。”

布鲁斯问：“为什么我们需要在大楼里布置一间变压器室呢?”

“在建筑的使用寿命期限内，变压器室能为柯蒂斯节省很多费用，使他能以批发价购电。这栋大楼由一条电压为 13 800 伏特的城市电网供电，每千瓦·时的电费相当低廉。放置在地下室的 400 平方英尺的主变压器可以使城市电网的电压降至 480 和 277 伏特。主照明系统的电压是 277 伏特，480 伏特的电流则输送到每层电气室里的小变压器上，这些小变压器将电压由 480 伏特降至 120 伏特或 240 伏特，为插座供电。”

“为什么会有不同的电压呢？”戴安娜问。

“当电流沿着一根长线传输时，会出现部分电力流失。电压越高，电力损耗越少。因此长距离输电都是在高压状态下进行，在大楼里面高压会不断变小，从而转换成可供使用的安全电压。

“就跟阿夫拉姆的锅炉、制冷机和风扇一样，变压器最终会出现老旧损耗，需要及时更换。为了便于更换这些大型设备，需要在地下室留出一定宽度的直通室外检修门的设备走廊，方便起重机将老化的设备吊出后进行更换。”

布鲁斯问：“那你提到的电气室又是什么呢？电气室有多大？需要放置在哪里？”

“每层楼都需要建造至少一个电气室，设备竖井则会贯穿每个电气室（图 21.12）。电气室的尺寸大约是 7 英尺宽、12 英尺长，竖井位于房间的一侧，竖井里面放置竖向的电线和电缆。在竖井底部需安排一个约 200 平方英尺的通信室，如果将来建筑要扩建的话，这个面积还要更大。”

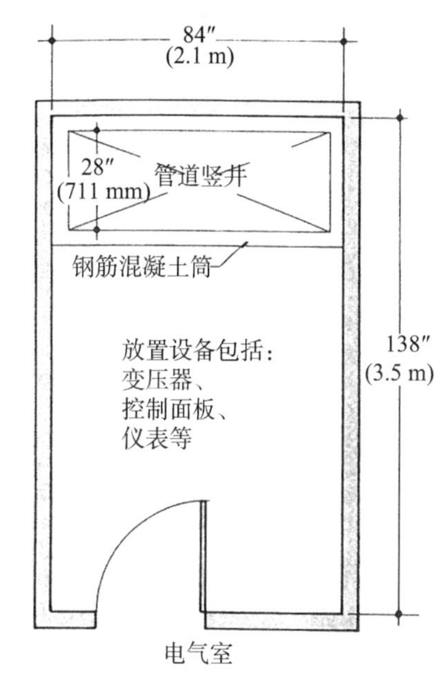

图 21.12　电气室平面图

“那通信光纤呢？”柯蒂斯问，“在网络通信上，光纤用得越来越多。这个系统也适用于光纤吗？”

特里西娅回答道：“在各专业配合下，我不仅能为光纤提供足够的空间，还能为未来所能设想到的系统提供充裕的发展空间。

“为了让办公室尽可能明亮些，照明系统也需要精心设计。距离外窗 30 英尺以内的空间可以获得充足的自然光，但是这座办公楼的进深达到了 70 英尺左右。因此有必要采取一定的采光措施，解决 2 楼到 5 楼的采光问题，顶层可以设置天窗。”

特里西娅把她的笔记本放下，布鲁斯抬起头来问道：“特里西娅，你的汇报结束了吗？如果讲完了，我们就听听戴安娜的汇报。”特里西娅点头同意，戴安娜走上前来。

结构系统

“经过初步沟通，我们已经达成共识就是采用预制混凝土构件来建造办公楼。可供选择的楼板有两种，第一种是预制混凝土空心楼板（图 21.13）。10 英寸的空心楼板的跨度可达到 30 英尺左右，承载大约为 100 磅每平方英尺，在其表面浇筑 2 英寸厚的混凝土后，总厚度大约为 12 英寸。12 英寸厚的空心楼板的跨度可达到 36~38 英尺，楼板的总厚度大约为 14 英寸。柯蒂斯公司还生产 16 英寸厚的空心楼板，其跨度可达到 50 英尺。

“这些空心楼板会放置在预制混凝土梁上，梁的高度大约为跨度的 1/14。例如梁的跨度为 28 英尺，那么其高度大约为 2 英尺，宽度约为 1 英尺。还需要决定单方向布置梁还是两个方向都布置梁。

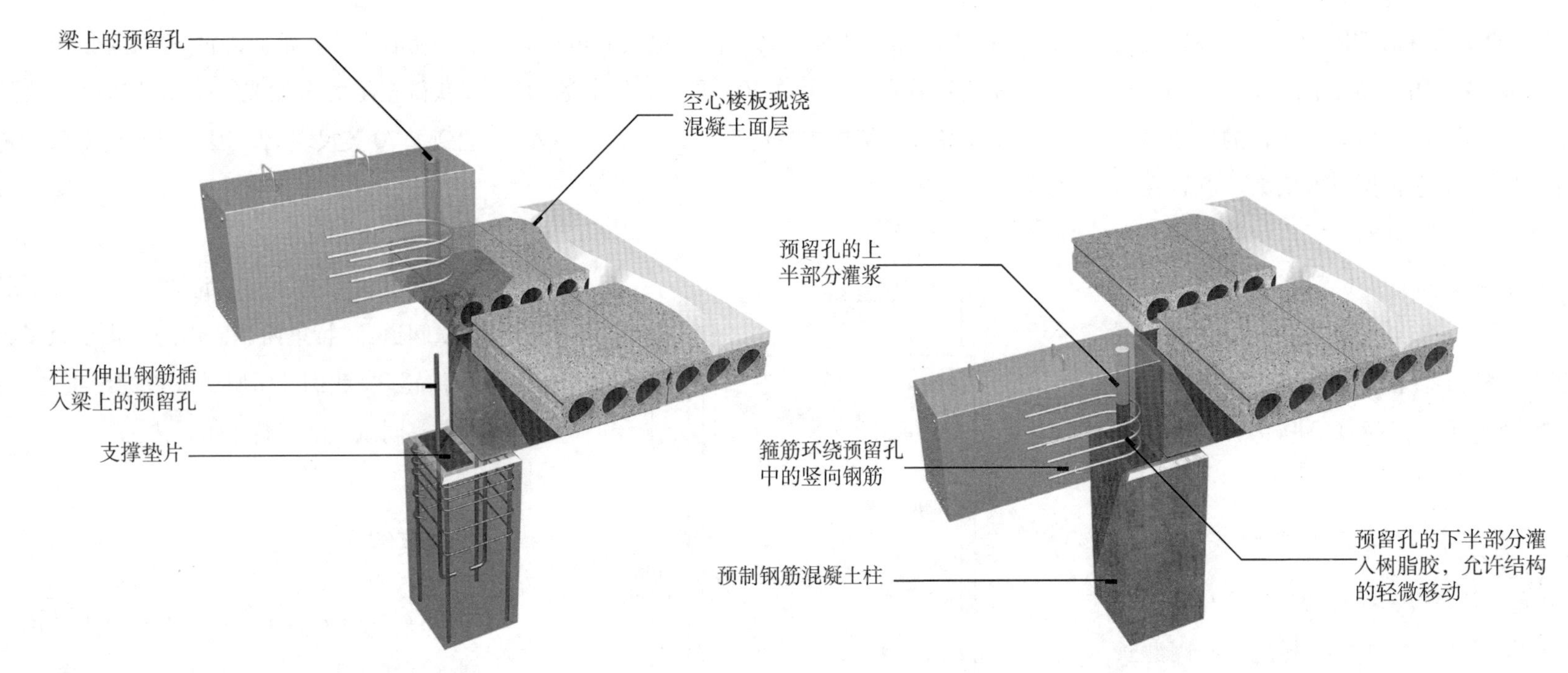

图 21.13　空心楼板的构造

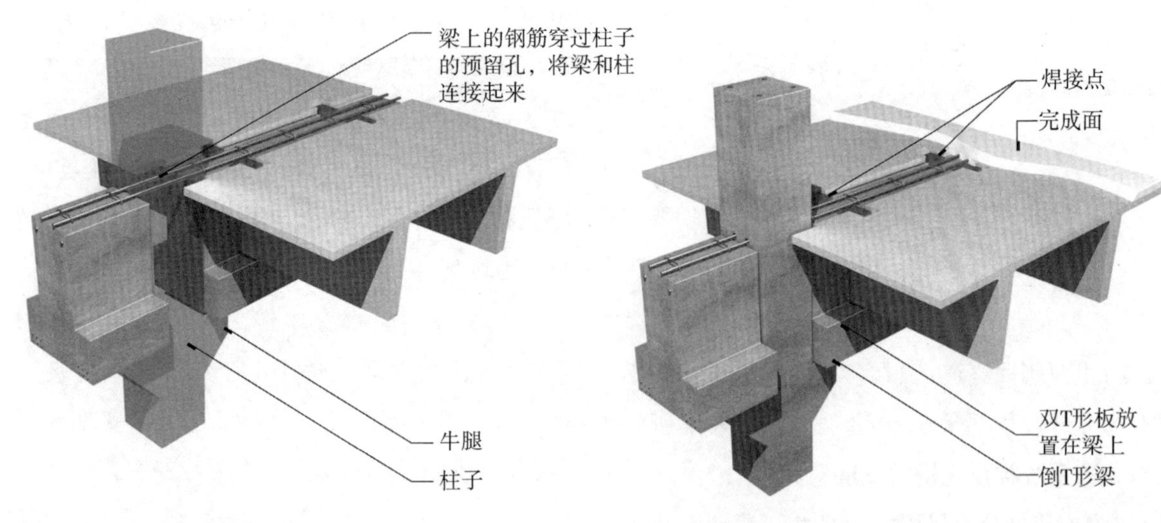

图 21.14　双 T 形板的构造

“梁由预制混凝土柱来支撑，最简单的梁和柱的连接方式是采用托梁，也可以采用其他的连接方式。

“第二种可供选择的楼板是预制混凝土双 T 形板（图 21.14）。采用厚度为 22~26 英寸、跨度为 65~80 英尺的双 T 形板，最终楼板表面还要浇筑 2 英寸厚的混凝土。虽然双 T 形板比空心楼板厚很多，但是可以将变风量系统的管道和照明系统的管线放置在双 T 形板的竖肋之间，从而节省空间。

“为了抵抗横向荷载，可以将与邻近建筑物相接的共用墙设计为剪力墙，预制混凝土楼梯间和电梯间的围墙也可以设计成剪力墙。其他的加固措施还有梁柱之间的连接采用刚性节点以及适当布置斜撑和剪力墙等，以上是在具体设计之前的一些初步想法。”

建筑承包商的观点

富兰克林·登普西在戴安娜的汇报即将结束时默默地走了进来。

“抱歉我来晚了，”他嘟哝道，“我们在车站附近的仓库扩建项目中遇到了麻烦，一个新手木工没安装好木模板，导致木模板裂开，现浇混凝土全部洒出来了。”

柯蒂斯轻轻拍了拍他的后背说：“真是件可怕的事啊！要是你用预制混凝土的话，这种情况就不会发生！”

“你说得也不全对，”富兰克林反驳说，“他们当时正在往你们公司生产的空心楼板上浇筑面层呢。”

柯蒂斯有些尴尬，但很快他就把注意力转移到会议中来。

“富兰克林，还是先放下这个施工事故，来讨论一下我们的这个项目吧。你对我的设计团队有什么建议吗？”

“有建议。首先，要尽可能使整个结构简单且重复性高。如果存在很多特别的、非标准的、弧形的或复杂的结构构件，会耗费较多的施工时间，同时也会增加人力成本。其次，要注意预制构件的长度，因为施工场地空间不足，需要占用一部分街道空间，才能使起重机和卸料车顺利进出。如果构件过长过重，则会增加施工调配的难度。最后，要尽量减少现场施工的工种，避免花样繁多的材料和构件。我很乐意参与整个设计过程，根据你们的设计给出工程预算，帮助控制整栋大楼的造价。”

“非常欢迎你参与进来，”布鲁斯说，“其他人还有什么需要补充的吗？”

柯蒂斯笑着说：“还有几件事。关于富兰克林提到的场地空间不足的问题，我们通常是这么解决的，先在场地的一端搭建好脚手架，建造出完整高度的结构，然后把脚手架横向移动，建造建筑的其他部分，这样场地就可以空出来，作为临时工作区或堆料区。

“我还想谈一谈可持续性的问题。尽管硅酸盐水泥本身是一种能源密集型产品，但是在预制混凝土构件的生产过程中，骨料、水和水泥的使用都很经济，能节约大量能源。通过在工厂中生产预制构件，可以最大限度地减少材料的浪费。我们采用重复使用率高的钢模板，而现浇混凝土采用的是木模板，重复使用率较低，用不了几年就得废弃。为了节省运输成本，通常会在施工工地附近建厂生产预制混凝土构件，主要材料即碎石和沙子，可以取自附近的采石场。

“我们还使用粉煤灰和硅粉来代替大部分硅酸盐水泥，提高混凝土性能的同时降低生产能耗。粉煤灰和硅粉是发电厂和半导体制造厂的工业废料，如果不对它们加以回收利用，这些废料就会被当成垃圾填埋。

“可持续性的另一个方面是我们的预制混凝土产品表面非常光滑，可以省去粉刷和涂油漆的工序，进一步节省了材料和人工成本。

“预制混凝土还具有保温性能。在干燥的气候条件下，预制混凝土就像土坯墙一样，能贮存夜间的凉气，到了白天便起到降温的效果，到了晚上又会将白天吸收的热量释放到室内达到保温的效果。我们也可以生产具有保温性能的预制混凝土板。我想说的大概就这些了，大家还有什么问题吗？”

阿夫拉姆问：“这个项目截止日期是什么时候？”

“我有点着急，”柯蒂斯答道：“我们的老办公楼已经不满足要求了，我非常希望新办公楼快点建好。”

布鲁斯回应道：“我们会马上开工的。”

建筑设计并不是某个建筑师或工程师的单打独斗，而是各专业通力合作……任何专业都实实在在地对设计工作产生影响，所有人必须步调一致促进整个设计工作的圆满完成。从这个角度上来说，设计是一个非常社会化的过程。

——路易斯·布西亚瑞利（Louis · L. Bucciarelli）

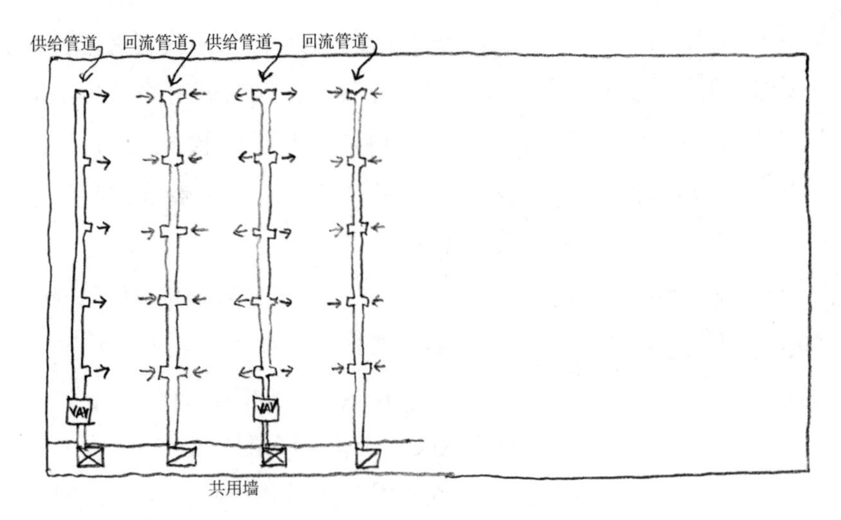

图 21.15 管道布置图

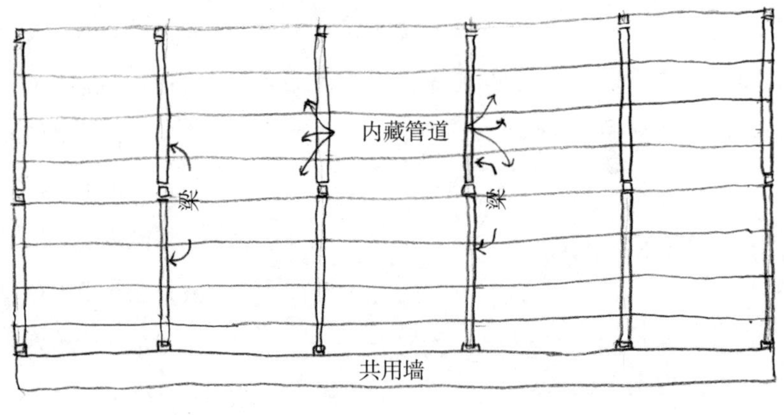

图 21.16 空心楼板布置图

方案的生成

晚饭之后，布鲁斯、戴安娜、特里西娅和阿夫拉姆聚在一起，桌上摆了好几卷薄薄的拷贝纸、几支软芯铅笔和几杯咖啡。阿夫拉姆在拷贝纸上绘制出总平面图。

阿夫拉姆说："如果场地一侧的共用墙的高度是从地下室一直延伸到屋顶，我希望把竖井放置在共用墙中，竖井为管道和管线的铺设提供空间。竖井还与每层楼天花板中的水平管道相连通（图 21.15）。"

"如果这样的话，"布鲁斯答道，"我们同样也可以把楼梯、电梯、电气室和卫生间放置在共用墙当中，这样就可以实现完整而灵活的办公空间了。"

"是的，但是水平铺设的管道不能穿过电梯井和楼梯井。"阿夫拉姆提醒道。

"当然，"布鲁斯表示同意，"不过，如果管道不是很高的话，倒是可以穿过卫生间的上空。"

"确实，"阿夫拉姆说，"但是要注意不影响卫生间中的排水管！"

"我们会通过三维建模来检测诸如管道系统之间干扰的问题。"特里西娅补充道。

布鲁斯说："我赞成沿着场地南侧建一面共用墙。正如戴安娜今天下午指出来的那样，共用墙可以承重，也可以抵抗横向荷载。"

"我们再来讨论一下两种楼板方案，"戴安娜提议，"一种是空心楼板，另一种是双 T 形板。阿夫拉姆，可以集成设备竖井的共用墙要多厚呢？"

"5～6 英尺厚，具体厚度取决于竖井壁厚。"

"除去共用墙的厚度，空余的场地大约宽 72 英尺。如果采用空心楼板，将空心楼板与共用墙相垂直，12 英寸厚的空心楼板大约需要做两跨，10 英寸厚的空心楼板大约需要做三跨。而 16 英寸厚的空心楼板的跨度为 50 英尺，不适合 72 英尺的距离。特里西娅，我们能利用空心楼板的中空空间把电线引进办公室吗？"

"还是有可能的。不过如果在混凝土楼板上现浇 2 英寸厚的混凝土面层，就可以把管线埋设在混凝土面层中，这样不仅操作简单，还使得安装设备具有更大的灵活性。"

戴安娜皱了皱眉道："这就意味着空心楼板无须与共用墙垂直，沿工地的任一方向铺设空心楼板都是可行的，这样梁就能与共用墙垂直，管道也不用穿过梁下了。假设采用跨度为 36 英尺、厚为 12 英寸的空心楼板，方案就会是这样（图 21.16）。"

戴安娜在拷贝纸上画出了上述方案。

“这个方案很简单也很经济，”布鲁斯说，“不过我有点担心这些梁、柱以及基础的造价会很高。”

戴安娜又拿出一张拷贝纸。

“为了方便比较，再考虑一下双 T 形板的设计。把双 T 形板的一端放置在共用墙上，双 T 形板的跨度很大，可以跨越整个场地，那么在双 T 形板的另一端设置一排梁和柱支撑即可（图 21.17）。”

布鲁斯显然对这个方案很感兴趣。

“采用长跨度的双 T 形板和简单的梁柱结构确实很简单，这种结构看起来很坚固，而且创造出了不对称的空间。双 T 形板的端部可以悬挑多远的距离呢？”

“通常预制构件的两端都会有支撑，预制构件会采用预应力技术，当构件部分悬挑时，需要在双 T 形板的上部加设普通钢筋，这样才能保证悬挑时的稳定。也可以在生产双 T 形板时就在其上部加设预应力钢筋。将预应力钢筋放置到塑料套管中，预埋进双 T 形板的上部，塑料套管可以防止预应力钢筋与混凝土相黏结，悬挑部分的具体长度还需要经过计算，不过我估计会在 10~12 英尺，也可能达到 15 英尺。”

“我赞成双 T 形板这个方案，”阿夫拉姆说，“管道可以放置在双 T 形板的下方，管道从竖井里出来之后就不用弯曲了。这样会使管道铺设变得简单又经济，还能提高施工效率。”

“与空心楼板相比，这个方案还可以使基础和柱子的数量减半。”戴安娜说。

“那支撑双 T 形板北端的梁需要多大尺寸呢？”阿夫拉姆问。

“梁的跨度大约为 30 英尺，”戴安娜回答，“梁高大约是跨度的 1/15，即 2 英尺。

“如果双 T 形板的底部距离地面约为 9 英尺 6 英寸，那么梁下的净空就只有 7 英尺 6 英寸了（图 21.18）。”

“那实在是太矮了，”布鲁斯说，“这样不仅会占用空间，还会妨碍自然采光。”

“但是双 T 形板的竖肋很窄，自然光可以从双 T 形板的下方进入室内。”戴安娜说。

布鲁斯很快就完成了一张草图（图 21.19）。

“我想出一些替代梁的方案，首先是拱，但是拱比梁需求的空间更多。其次是斜撑，但是需要在建筑的东西两侧采用抵抗侧推力的措施。还可以在柱子上设置托架，缩短梁的跨度，梁高也可以相应减小（图 21.20），这种梁也被称为‘格伯梁’”。

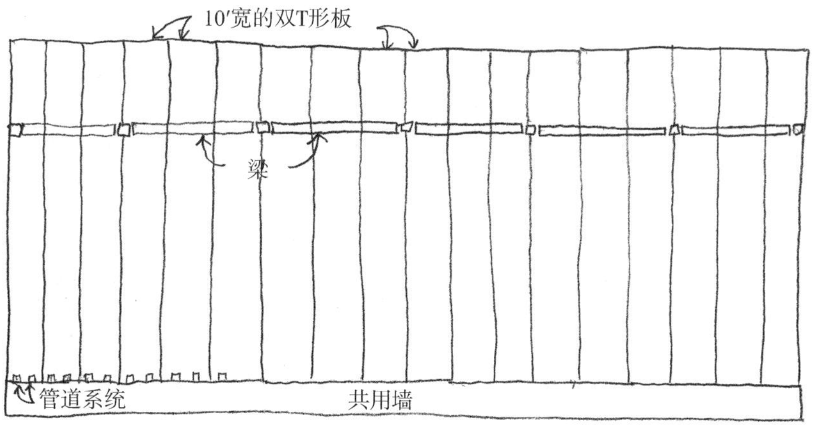

图 21.17　双 T 形板的布置图

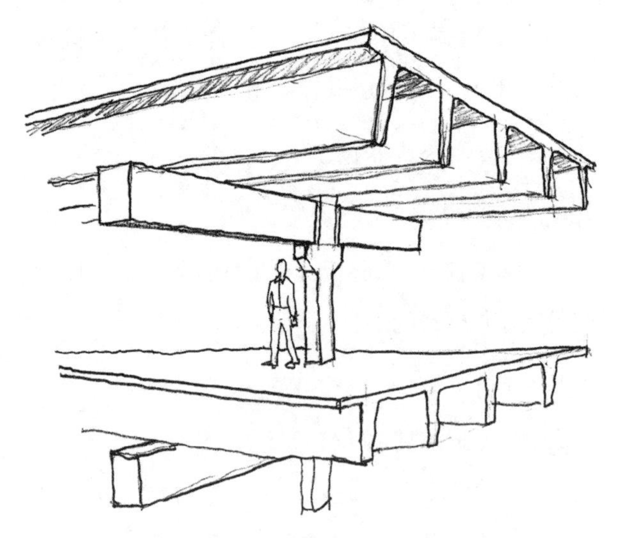

图 21.18 支撑双 T 形板的柱子和梁

图 21.19 替代梁的方案

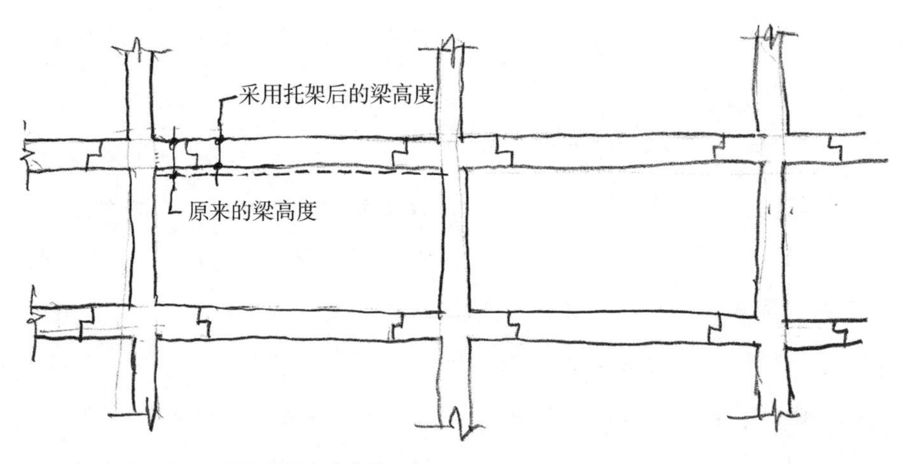

图 21.20 柱子上设置托架与梁完成连接

“也可以通过在柱子上设置牛腿或者采用连续梁来降低梁高。”戴安娜说。

“具体该怎么做呢？”布鲁斯问，“柱子不是上下连续的吗？怎么能在每层都用梁把柱子打断呢？”

“不需要把柱子打断，采用预应力钢筋穿过柱子中的预留孔，然后施加后张力。”

戴安娜给大家展示了一张连接图片（图 21.21）。

“在梁端部附近的上方预埋一个方形槽，槽中可以装下一个预应力千斤顶。从方形槽到梁的端部预埋塑料管，这根塑料管穿过柱子延伸到另一根梁。梁安装就位后，将预应力钢筋穿过这根塑料管并施加后张力，最后灌浆将方形槽填实。”

“太机智了！”布鲁斯说，“这样做的话，梁

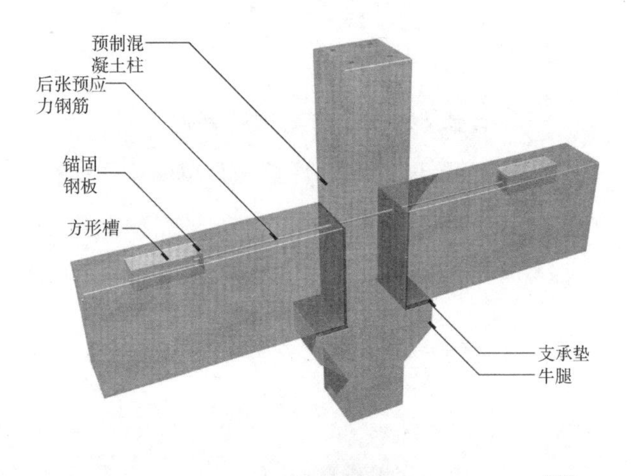

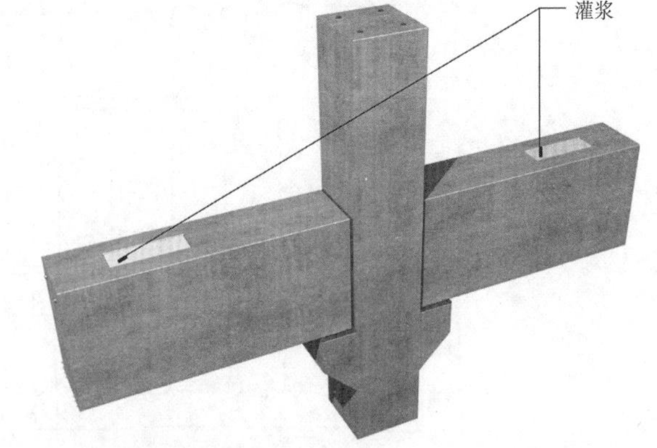

图 21.21 连续梁的连接构造

高能降低多少呢？”

“可能只会降低几英寸，但是这样可以形成柱子与梁的刚性连接，起到抵抗横向荷载的作用。”

办公楼的外观

“大楼的外观是什么样的呢？”特里西娅问。

布鲁斯回答：“我想预制混凝土结构的外观应该采用由不锈钢支撑的高性能全玻璃幕墙。这样看起来就像把柯蒂斯引以为傲的预制混凝土构件装进一个大型珠宝展示柜里。”

“但是玻璃幕墙不节能，”阿夫拉姆提醒道，“玻璃幕墙朝北，冬天无法获得太阳的热量。”

“是的，”布鲁斯答道，“但是如果大部分的墙面都采用隔热墙体，玻璃幕墙采用双层玻璃，双层玻璃之间填充低导热率的气体，并采用低辐射涂料，那么这栋办公楼就能有较好的热工性能了。在做外立面时，根据太阳高度角和周围建筑物的遮挡情况，确定在什么位置采用双层玻璃幕墙。”

“我们应该考虑在屋顶上安装太阳能光热系统，”阿夫拉姆说，“太阳能光热系统可以用来加热水，或加热辐射热地板，甚至可以同时实现这两种功能。”

“也可以考虑采用太阳能光电板，因为屋顶是能够全年采集太阳能的地方。”特里西娅说，“但是整体设计不能依赖太阳能，可以等办公楼的基本方案确定以后，再来考虑太阳能利用的问题。同时不要让设备间和排气扇占据屋顶太多空间，因为还要留出空间放置太阳能板。”

“我们应该以双 T 形板的方案为基础，”布鲁斯说，“双 T 形板既简单又坚固，整个方案具有可行性。唯一的问题是，现在的方案看起来太像一个停车场了。”

阿夫拉姆点头表示同意。

“有什么办法可以解决这个问题吗？”

“我有一些想法，”布鲁斯说，“一种是把玻璃幕墙做得华丽且精美，另一种是使双 T 形板悬挑几英尺，然后在它们外侧装上玻璃幕墙，这样整栋大楼看起来就不会像大型‘停车场’了，同时也能获得别致的室内空间。不过首先要对悬挑梁做一些了解，才能知道这两种方法是否可行。”

戴安娜点点头。布鲁斯看了看表，露出疲倦的笑容说：

“时候不早了，最近几天我得根据双 T 形板的图纸，开始用电脑建模了。

“关于大楼的外观，我会再做思考。等你们看过图纸并仔细考虑过后，我们再碰面。如果大家都觉得不错，我们就可以开展下一步工作了。”

第二次会议

第二天早上，布鲁斯办公室的实习建筑师做了一个无外墙的简单模型（图 21.22）。布鲁

图 21.22　办公楼的草模

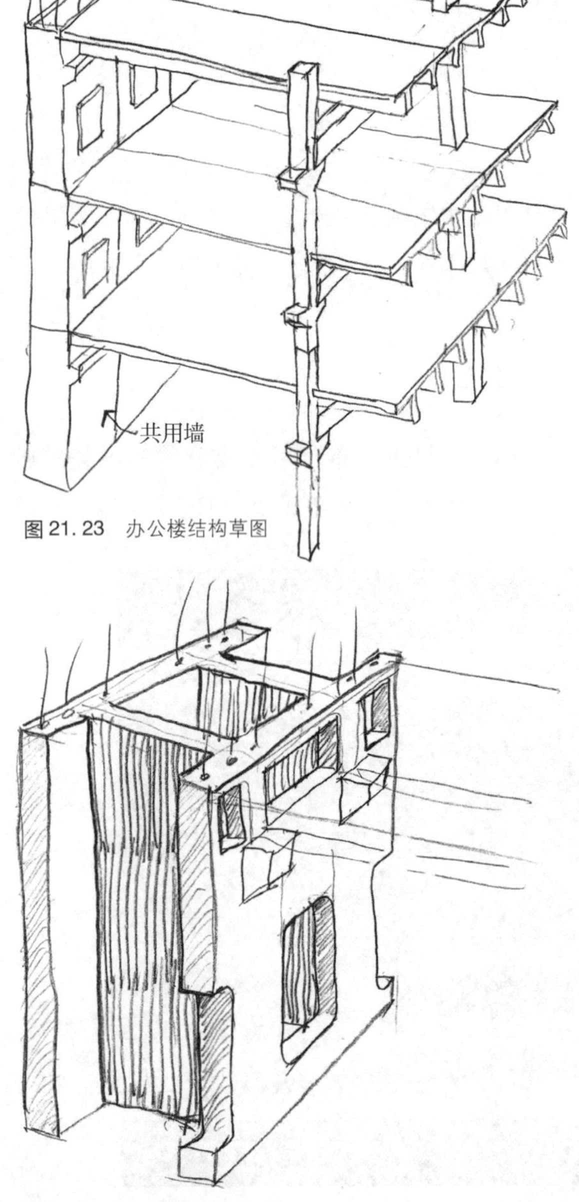

图 21.23　办公楼结构草图

图 21.24　共用墙的构件单元

斯知道这种重复的模块化结构很容易让办公楼看起来像停车场，他决定采用头脑风暴法来对大楼的外观进行改善，从而让整栋大楼看起来不会那么沉闷。布鲁斯目前几乎没有时间去单独思考建筑外观的问题，整个设计团队除了定期开周会，团队成员之间还会开很多小型的非正式会议。

在一次会议上，阿夫拉姆、布鲁斯和戴安娜完成了共用墙的初步设计（图 21.23、图 21.24）。共用墙由多个与层高的高度相同的预制混凝土构件单元制成。这些构件单元的两侧端部都有凸出和凹进，从而使单元与单元之间能够更好地连接。在建造的过程中，当预应力钢筋穿过套管后，就会用液压千斤顶张紧钢筋，从而使这些构件形成一个刚性整体。横向钢筋可以防止墙往两侧倾倒，竖向钢筋则会锚固到基础上，一直延伸到屋顶，增加共用墙的强度，并抵抗横向荷载，防止墙体坍塌。双 T 形板放置在突出共用墙的托架上，将预埋在双 T 形板和托架中的钢板焊接，完成双 T 形板与共用墙之间的连接。

组成共用墙的每一个构件单元都会被加固并浇筑成一个完整的整体。共用墙的前后墙面均为 7 英寸厚。两块墙面之间由腹板连接，腹板放置在墙的 1/4 长度上，并与托架相连，托架把楼面荷载传递到共用墙上。为了达到上述目的，腹板需要比墙厚一些，约为 8 英寸。每一个构件单元的长度为 10 英尺，这样才能与双 T 形板的宽度相匹配。一旦层高确定下来，层高就是构件单元的高度。

共用墙朝向办公室的那一侧会留出开口，方便管道从竖井延伸到双 T 形板的下部。我们有两种方案可供选择：每个构件单元都预留开口，不使用的开口最后用石膏板填充；或者将预留开口全部用素混凝土浇筑，在确定竖井位置后，现场凿开素混凝土露出开口。

戴安娜担心通过托架传递来的楼板荷载会使共用墙产生偏心荷载。这些作用力会导致与托架相连的墙体受拉，使得共用墙有向北倾斜的倾向。戴安娜向她的老师扎列夫斯基教授请教，扎列夫斯基教授给出了解决办法：在楼板上浇筑钢筋混凝土面层，使各个楼板构件连接为整体，可以很好地将横向荷载传递到共用墙和剪力墙，同时抵抗横向荷载。他绘制了一幅图解释楼板中的力流情况，如图 21.25 所示。

布鲁斯和戴安娜召集了一次小型会议讨论办公楼的侧向稳定性。在办公楼的一侧，共用墙形成了非常坚固的剪力墙，另一侧由梁和柱子形成与共用墙平行的横向支撑面。布鲁斯和戴安娜绘制了好几幅剪力墙的设计图，作为备选方案（图 21.26），剪力墙上可以开口，使其不会阻挡办公区的光线或成为视觉的屏障（图 21.27）。梁与柱子的连接采用预应力钢筋，形

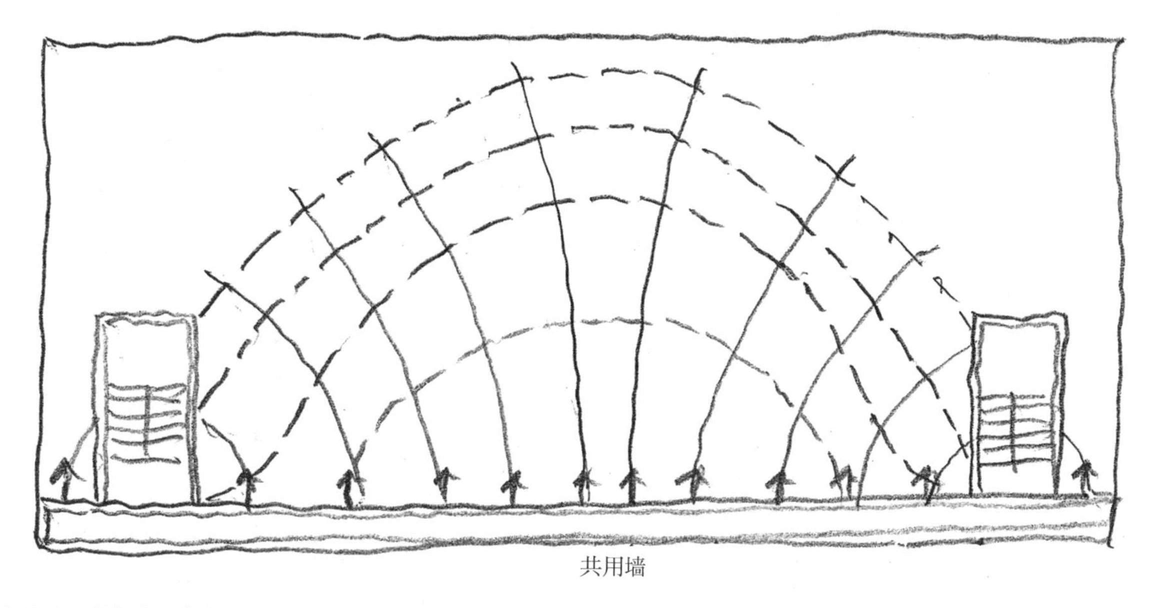

图 21.25　楼板中的力流

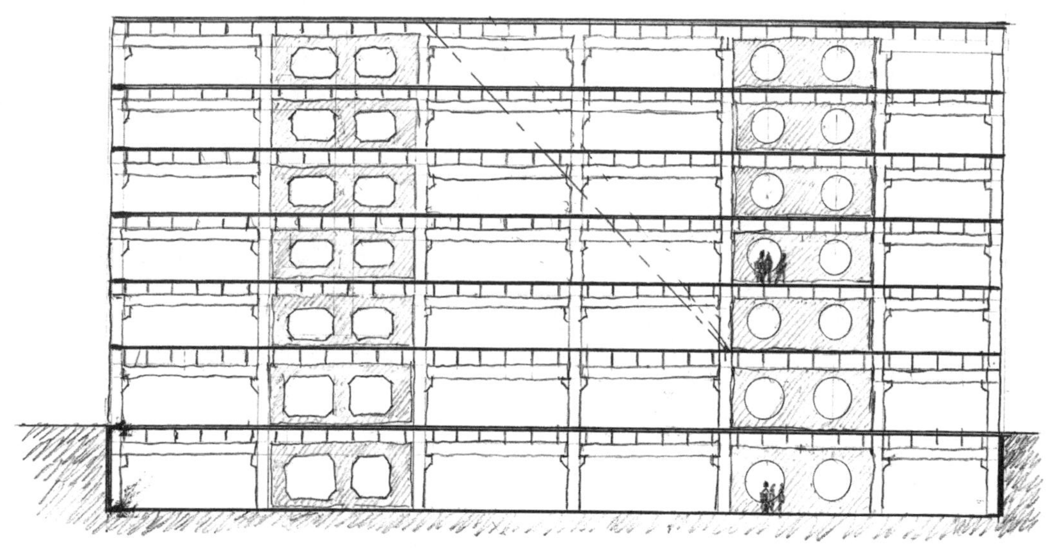

图 21.26　办公楼的剖面草图（备选方案）

成刚性框架，从而降低梁高。预制混凝土楼梯间可以抵抗横向荷载，具体情况还需要进一步的计算确定。

戴安娜与柯蒂斯以及基石预制混凝土制品有限公司的工程师们碰了面，针对双 T 形板的悬挑问题进行了交流。戴安娜及其团队成员参观了双 T 形板的制造过程。双 T 形板的生产周期为 24 小时，采用钢模板，钢模板的长度达到了 1/4 英里（约 402.3 米）。每天清晨，浇筑完成的双 T 形板从钢模板上取走之后（图 21.28 为双 T 形板的浇筑示意图），工人们会对钢模板进行清理，并涂上一层脱模剂防止混凝土粘黏在钢模板上。然后工人们在模板中铺设高强度钢筋，这些钢筋固定在预制构件的端部模板上，并采用液压千斤顶对钢筋进行拉伸，使其具有较高的强度。接着工人根据预制构件的长度将分离板放置到钢模板中，用来焊接的预埋钢板也放置到位。在支撑位置按需采用钢丝网进行加固，用来吊装的吊点预埋到双 T 形板上部的合适位置。

完成上述工序之后，需要对每个环节进行检查以保证准确无误。接着工人会将快凝混凝土浇筑到钢模板里，然后在上面罩上塑料薄膜，整晚连续不间断地往其中注入蒸汽。蒸汽的温度和湿度能够加快混凝土的硬化，使其在第二天达到最大强度。

第二天清早，工人会将两个分离板之间钢筋

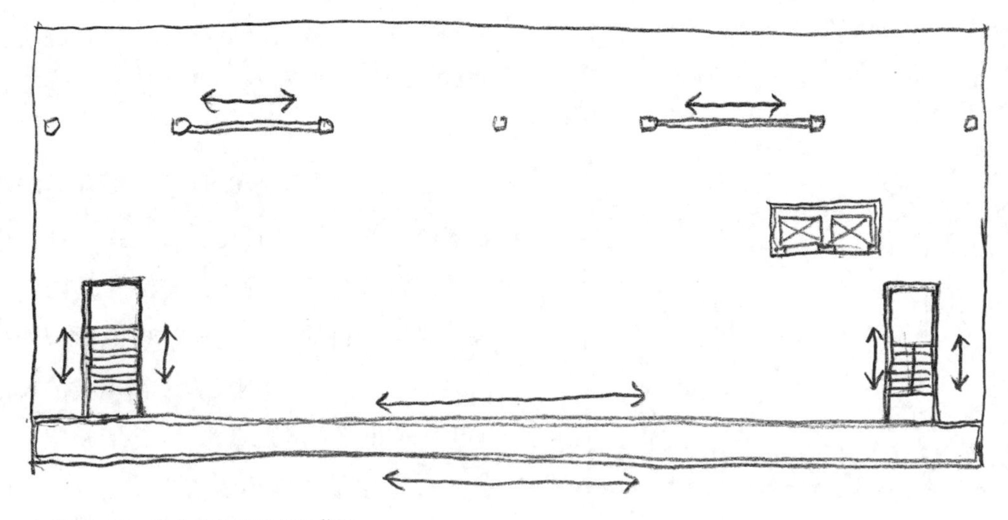

▲图 21.27　剪力墙的平面布置草图

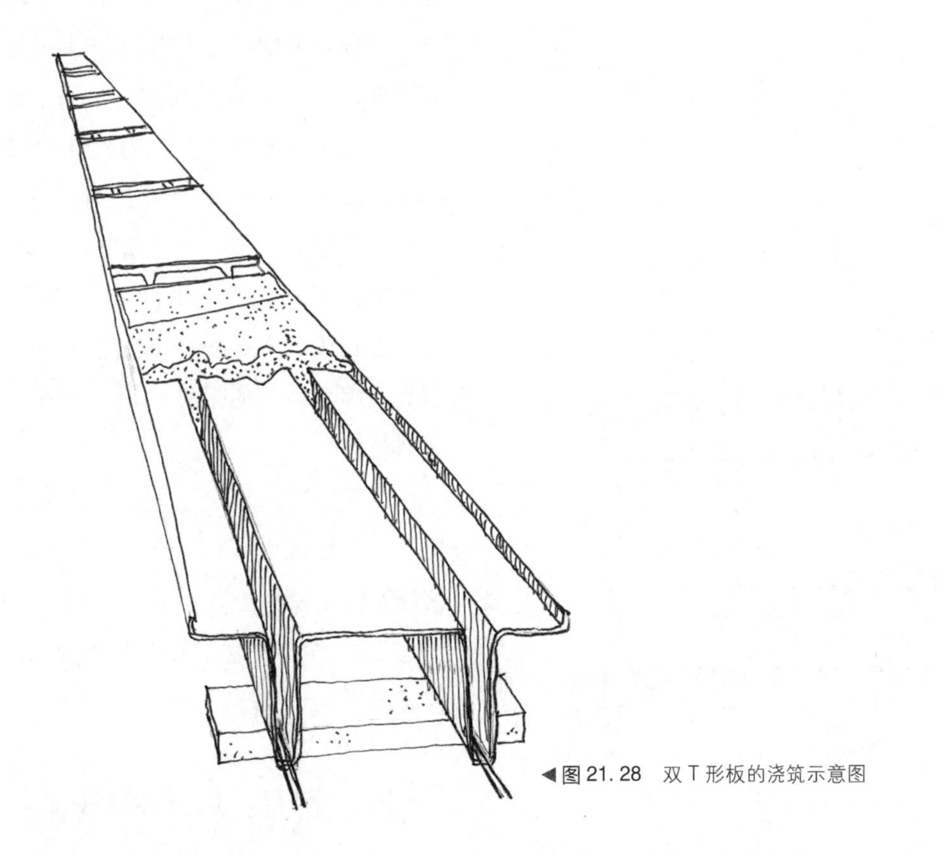

◀图 21.28　双 T 形板的浇筑示意图

切断，如图 21.29（a）所示，由此钢筋的张力得以释放，因为钢筋已经完全与混凝土黏结在一起，这部分张力会对混凝土施加较高的应力。钢筋位于双 T 形板的底部，所以双 T 形板的底部比顶部受到的压力更大，会导致双 T 形板像拱一样向上拱起（图 21.30），方便将预制双 T 形板从钢模板中取出。之后双 T 形板吊装到平板车上运出去储存或交付到建筑工地，双 T 形板上浇筑的混凝土面层会抵消板的向上拱起。

双 T 形板的悬挑会使板中产生负弯矩。如果在施工现场浇筑构件，会将纵向钢筋放入悬挑部分的上部，以抵抗这部分所受的拉力。预制的标准双 T 形板，预应力钢筋位于双 T 形板的底部，钢筋的拉力反而使得悬挑部分更容易断裂，因此通常不会将双 T 形板悬挑。

布鲁斯决定将双 T 形板悬挑出尽可能的长度，一方面可以减少部分的基础建造，另一方面则是悬挑使得双 T 形板成为建筑的主要特征，将预制构件作为展品向人们展示，供人们观赏。

在与基石公司的工程师们进一步交流之后，戴安娜设计了四种方案，这些方案使双 T 形板承受负弯矩的部分具备必要的抗拉强度。图 21.31（a）是双 T 形板内部的力流图解，应力在悬挑的两侧出现了反转。图 21.31（b）将纵向钢筋预埋在双 T 形板上的现浇混凝土面层里。双 T 形板的顶部粗糙不平，所以混凝土面层可以

(a)

(b)

图 21.29　底部设置受压钢筋。(a) 工人将双 T 形板之间的预应力钢筋割断，双 T 形板向上起拱。(b) 起重机将双 T 形板吊起，吊点预埋进板中。
图片来源：埃文·艾林森提供

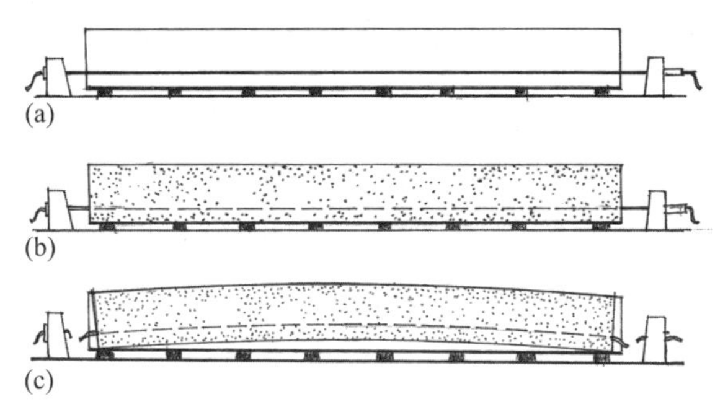

图 21.30　先张法预应力混凝土梁

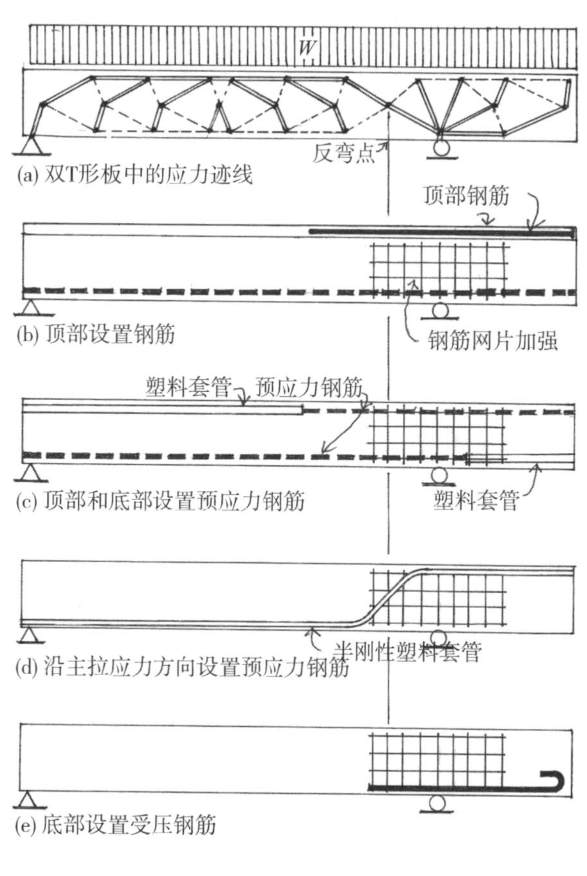

图 21.31　悬挑双 T 形板的配筋方案

与其紧密结合。图 21.31（c）在靠近双 T 形板顶部和底部的位置设置预应力钢筋。在双 T 形板的部分位置预埋塑料套管，预应力钢筋穿过塑料套管，未放置塑料套管处的钢筋和混凝土黏结，从而发挥它们各自的最优性能。

还可以将柔性的塑料套管沿着板内的主拉应力方向布置，如图 21.31（d）所示。待混凝土硬化后，插入钢筋，再用液压千斤顶给钢筋施加张力。

上述所有方案都有一个共同的问题，即双 T 形板悬挑端的受压一侧在下部，而下部的混凝土材料很少，不足以抵抗这种压力。因此需要在双 T 形板的底部放置受压钢筋，如图 21.31（e）所示。

为了使悬挑的双 T 形板达到预期的强度和刚度，也可能将上述的方案组合使用。随着设计工作的开展，也有可能缩短或调整悬挑的长度。接下来是布鲁斯与阿夫拉姆关于管道和通风窗布置问题的讨论。布鲁斯提议在一楼设置一间设备间，位置就在从地下室延伸上来的两条管道处，这两条管道直通二楼，而后转向室外，裸露在外的管线构成大楼独特的设备表皮和装饰，但是这样会占用较多空间。两人最后决定利用共用墙中的空间放置送风管和回风管，共用墙上可以开设通风窗，这样大量的空气就能够从百叶窗中进入了。此外，外墙的保温隔热措施可以保护管道不受气候变化的影响。

关于照明的方案，特里西娅想将照明系统放置在双T形板的下部空间，一方面使室内空间更加整洁，另一方面保证在低照度环境下，办公室也能获得均匀的照明。此外每张办公桌处还需要配置可调节的照明灯，灯具上使用传感器，使照明设备在自然光线充足时自动变暗或关闭，为使用者提供最舒适的光环境，并尽可能地减少电能消耗。

关于隔声设计，在双T形板的底部粘贴吸声板，取代吸声吊顶，这样可以形成别具一格的室内设计和视觉上的节奏感。办公区的地板会铺设隔声垫层或地毯，这对防止撞击噪声的传播非常有效。地板与楼板相结合的吸声措施，可以吸收各种频率的噪声，使办公室保持安静。

戴安娜将结构的细部构造绘制了出来（图21.32）。双T形板中的预埋钢板设置在钢模板的表面，不需要使用特殊的扣件或支架。这个结构外观整洁，而且易于建造。在布鲁斯设计办公楼的外观及表皮时，戴安娜与他时刻保持沟通，使结构、空间与形式可以保持高度匹配。角部的玻璃幕墙在垂直和水平方向上都有倾斜，使得办公楼与邻近的街道形成了一定的角度，从而强化和突出了办公楼的形象。支撑双T形板的梁随着办公楼角部的倾斜而倾斜，双T形板的端部采用了同角度的斜面，这生产起来并不复杂，只需要调整分离板的角度即可实现，不

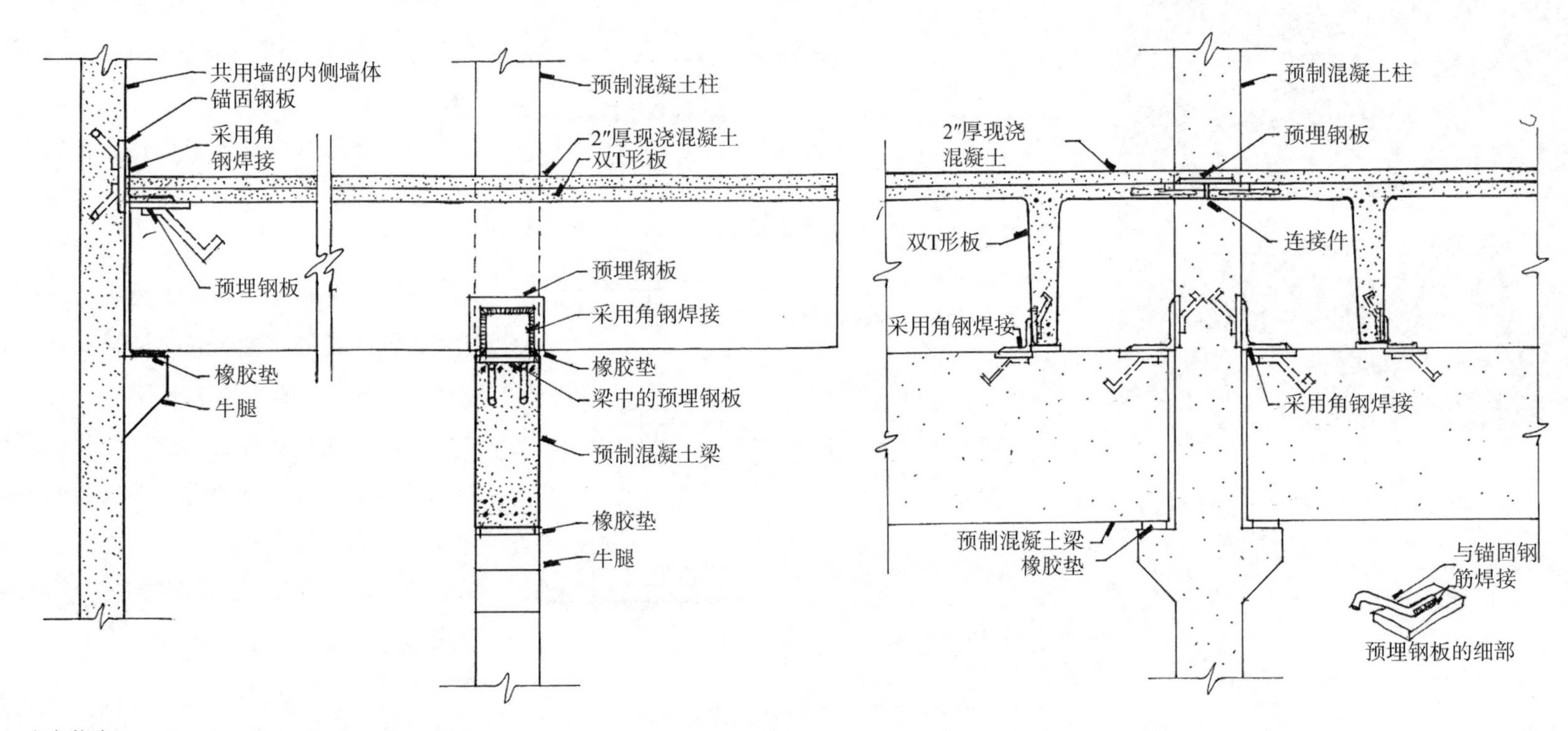

图21.32 细部构造

会产生额外的成本。这个设计中，双 T 形板的悬挑不大，但是形成了别具一格的室内空间（图 21.33）。

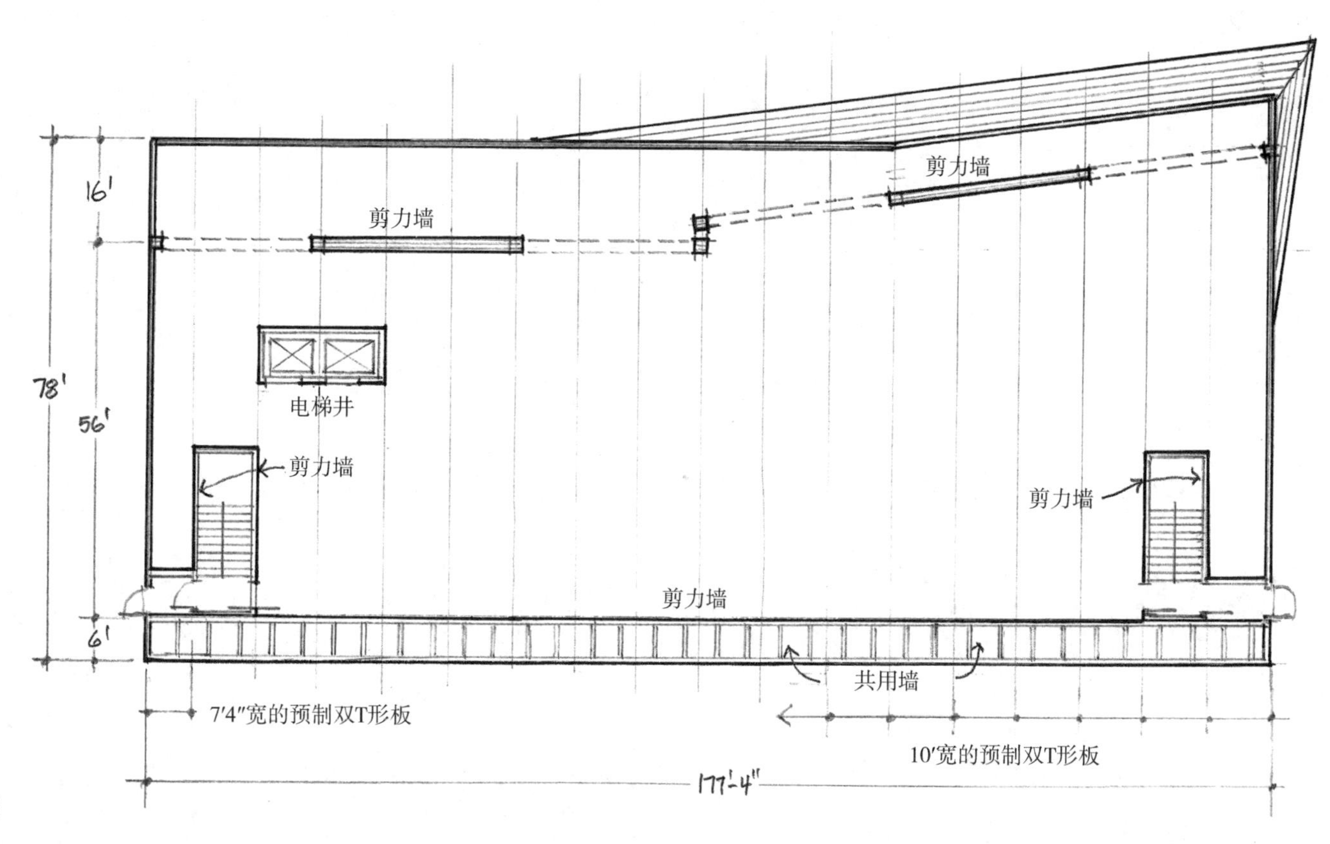

图 21.33 办公楼平面图

经过调整后的办公楼外观终于不再像一个车库了。布鲁斯和他的团队设计了部分带保温的实体外墙，减少了玻璃幕墙的面积。采用高性能玻璃，在维持玻璃幕墙的艺术效果的同时，减少热量的散失（图 21.34）。

施工现场的土样检测结果显示其含水率不高，性能稳定且具有一定的结构承载力。也就是说整栋大楼可以采用相对简单经济的浅基础。经过各专业的通力合作，办公楼的设计开始逐渐呈现出独有的气质和生命力，其简洁又引人注目的外观，完美地再现了内部的功能，展现了预制混凝土结构的优势和特性。

图 21. 34　办公楼效果图

预制混凝土结构的初步设计

预制混凝土楼板的厚度大约是其跨度的 1/40，通常在 3.5 ~ 8 英寸（89 ~ 203 毫米）之间。

厚度为 8 英寸（约 203 毫米）的预制混凝土空心楼板的跨度大约是 25 英尺（约 7.6 米）；厚度为 10 英寸（约 254 毫米）的空心楼板的跨度大约是 32 英尺（约 9.8 米）；厚度为 12 英寸（约 305 毫米）的空心楼板的跨度大约是 40 英尺（约 12.2 米）。

预制混凝土双 T 形板的厚度大约是其跨度的 1/28，双 T 形板最常见的厚度有 24 英寸、26 英寸、28 英寸、30 英寸、32 英寸、34 英寸（分别约 610 毫米、660 毫米、711 毫米、762 毫米、813 毫米、864 毫米）。

厚度为 36 英寸（约 914 毫米）的预制 T 形板的跨度大约是 85 英尺（约 25.9 米）；厚度为 48 英寸（约 1 219 毫米）的 T 形板的跨度大约是 105 英尺（约 32 米）。

预制混凝土梁的高度约为跨度的 1/15，当上部的荷载过大时其高度约为跨度的 1/12。这些高跨比适用于矩形梁、倒 T 形梁以及 L 形梁（图 21.35）。梁的宽度通常是高度的一半。倒 T 形梁与 L 形梁上凸出的翼缘通常为 6 英寸（约 152 毫米）宽，12 英寸（约305毫米）高。

预制混凝土柱子的尺寸由其承受的荷载大小决定。边长为 10 英寸（约 254 毫米）的方柱子可以支撑约 2 000 平方英尺（约 186 平方米）的办公面积；边长为 12 英寸（约 305 毫米）的方柱子可以支撑约 2 600 平方英尺（约 242 平方米）的办公面积；边长为 16 英寸（约 406 毫米）的方柱子可以支撑约 4 000 平方英尺（约 372 平方米）的办公面积；边长为 24 英寸（约 610 毫米）的方柱子可以支撑约 8 000 平方英尺（约 743 平方米）的办公面积。以 2 英寸（约 51 mm）为标称增量的柱子，也可以参照上述的数值。

上述数值仅适用于初步设计，不能用来确定构件的最终尺寸。并且这些数值适用的建筑包括住宅、办公楼、商业建筑、公共设施大楼以及车库，厂房和库房需要采用尺寸较大的构件。

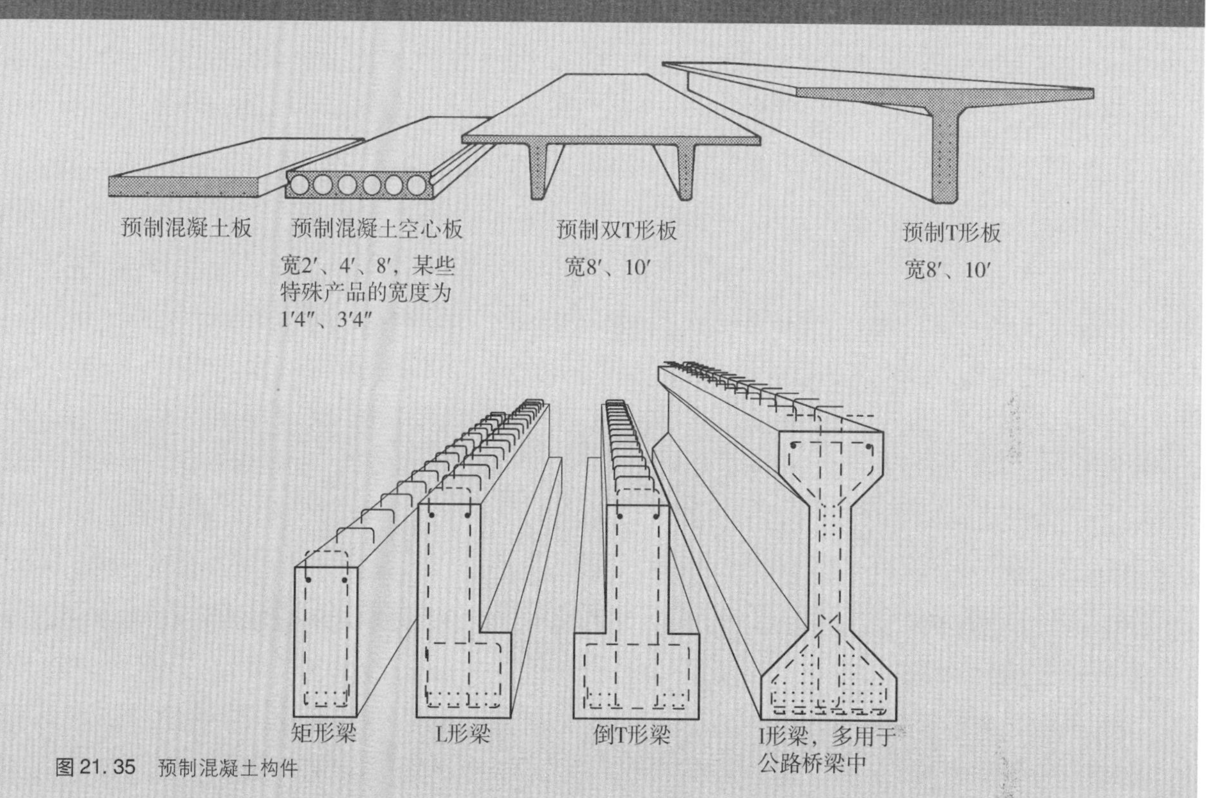

图 21.35　预制混凝土构件

关于建筑结构的初步设计以及构件选型的更多信息，请参考下列两本书籍：

Edward Allen, Joseph Iano. Fundamentals of Building Construction, Fifth Edition. Hoboken: John Wiley and Sons., 2009.

Edward Allen, Joseph Iano. The Architect's Studio Companion, Fourth Edition. Hoboken: John Wiley and Sons, 2007.

关于预制混凝土结构以及预应力混凝土结构设计，请参考以下的网站：Precast/Prestressed Concrete Institute, Designing with Precast/Prestressed Concrete (Chicago, PCI: no date).

第22章 22 一个入口雨篷设计

▶ 具有恒定力流的梁的设计
▶ 根据弯矩图设计梁的剖面形式
▶ 特殊结构的整体稳定性
▶ 轴向应力与弯曲正应力的共同作用
▶ 结构造型的基本原则

美国中西部某大城市准备对其会展中心进行改造设计，用于主办贸易展、专业会议以及政治会议等。改造目标是将会展中心建设成为一个设施便利、安全可达且外观富有吸引力的场所，以吸引更多的大型活动的组织者。我们受委托来设计会展中心的入口雨篷，作为外观的一个重要组成部分，入口雨篷还为到达宾客的上下车提供了便利。甲方明确要求入口雨篷必须壮观并且具有象征性，成为人们进入建筑的引导和标志。甲方给出的项目预算非常充足。

最初的一些设计构思并没有令甲方觉得有新意和亮点（图 22.1），后来设计团队中的一个成员构思了一个方案：采用混凝土塔架，其上悬挑出钢梁以支撑玻璃屋面板，梁的外端悬挂在混凝土塔架上部伸出的钢杆上（图 22.2）。

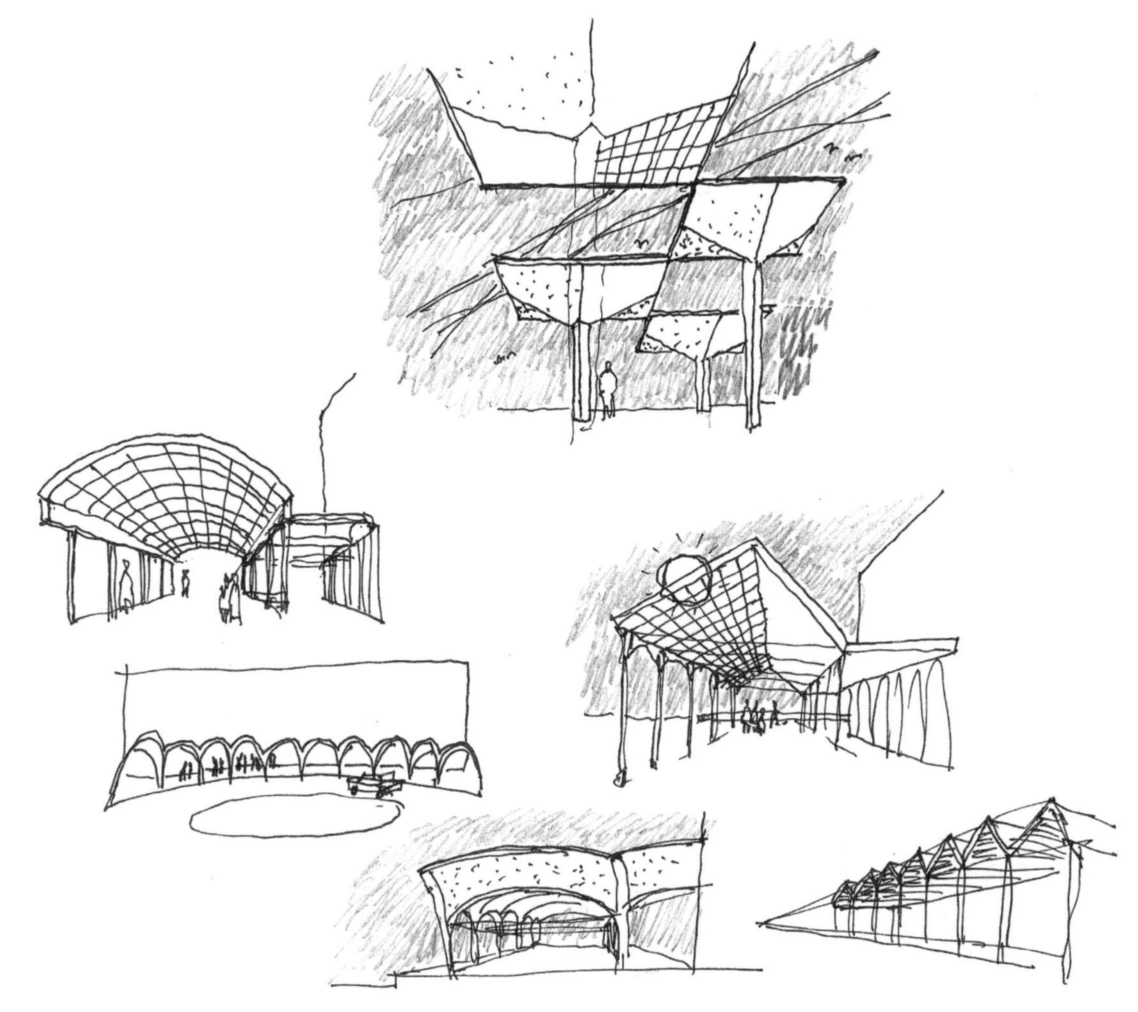

图 22.1　最初的一些设计构思

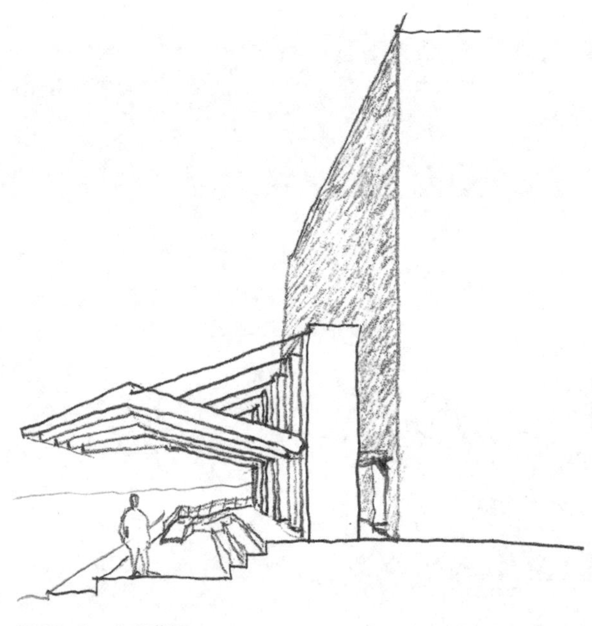

图 22.2　方案草图

整个设计团队都对这个创意很感兴趣，一致同意深入发展这个方案，进行可行性评估，并绘制较为详细的效果图，以便给甲方汇报。

方案的深化

如果混凝土塔架按弧线排列，其外观会更具感染力，甲方也同意将现有建筑的立面改为与之相匹配的曲面（图 22.3）。经过反复推敲，我们确定了入口雨篷的尺寸（图 22.4）。悬挑梁的外端向下倾斜，使雨篷能够覆盖住人们下车的区域。入口地面抬高，与车行道区分开来。越靠近入口的区域，雨篷的高度越低，引导人们有意识地进入室内大厅。塔架采用锥形的向后倾斜的混凝土柱子，以便更好地支撑悬挑梁。结构设计的步骤是首先完成悬挑梁的设计，之

图 22.3　按弧线排列的塔架和悬挑梁

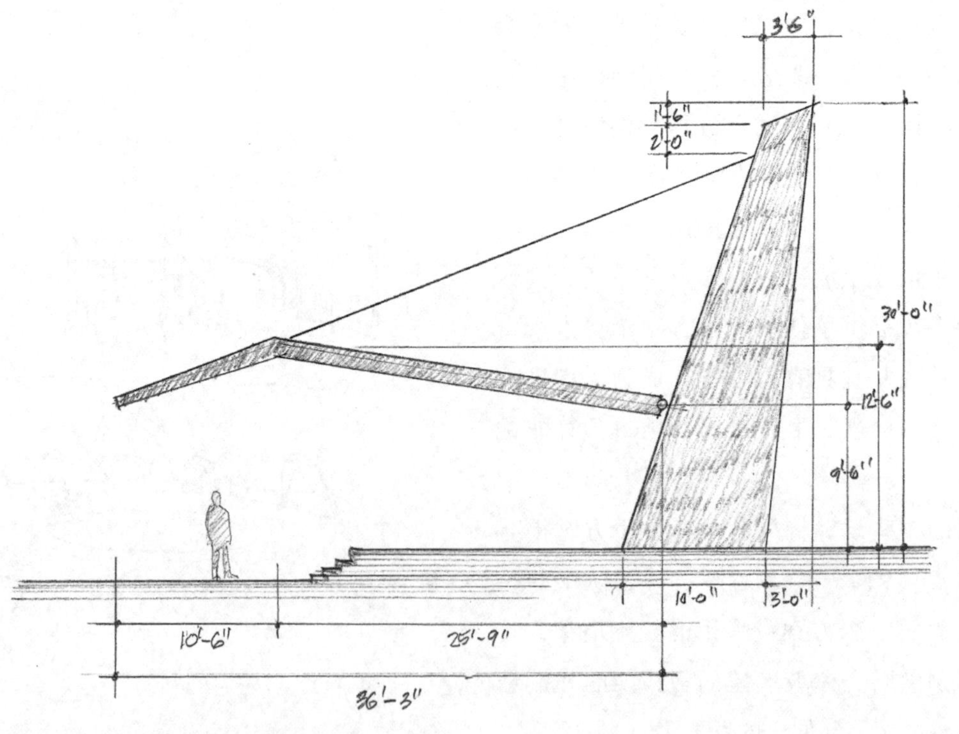

图 22.4　雨篷结构的尺寸

后再检验塔架形式的稳定性。

悬挑梁的设计

悬挑梁的设计提案包括通过切割和焊接的方式制作而成蜂窝形钢梁、精致小巧的钢桁架以及不使用拉杆而直接从塔架上悬挑出的坚固的钢桁架等。后来一位年轻的结构工程师建议，根据预估的荷载和支撑情况来绘制梁剖面的弯矩图，再根据弯矩图的比例来设计梁。这样做的好处在于：梁上每个点的高度均与弯矩的大小成比例；梁的翼缘在整个跨度上所承受的力平行且恒定，而且不会产生切应力；梁的翼缘可以完全受力，材料的使用效率更高，也使得梁内部的弯矩分布可视化。如果对比矩形梁中的力流分布，斜格模式的力流变化明显，大部分材料的利用率低下，并且没有表现出梁内部的受力特点。这种利用梁的弯矩图以及平行模式力流的想法，激发了设计团队对梁中弯矩的研究。在进一步开展设计之前，首先要绘制出弯矩图。

由于雨篷平面是弧形的，梁的外端相较于内侧会稍微更靠近一点，这意味着梁外端每英尺长度的从属面积比内侧小。假设混凝土塔架的间距为 10 英尺，而雨篷平面的弧形半径为 300 英尺，简单计算一下可以得出梁的外端间距稍小于 9 英尺。为加快计算速度，可以假设荷载在整个跨度内保持不变，为均布荷载，之后在详细设计阶段再根据需要进行修正。

雨篷结构的尺寸如图 22. 4 所示，梁主跨的长度占总长度的 71%，悬挑部分占 29%。这样可以使梁中最大的正弯矩和最大的负弯矩大致相等。

作用在梁上的恒荷载和活荷载通常约为 20 千磅每英尺。钢杆的斜向拉力的垂直分量和沿着梁的形式的轴向分量，分别对梁施加了弯矩和轴向力。首先分析斜拉力的垂直分量产生的弯矩，之后再分析轴向分量产生的轴向力。通过弯矩计算，采用半图解的方式绘制出梁的剪力图和弯矩图（图 22. 5）。与之前设想的一样，最大正弯矩和最大负弯矩几乎相同，两者差别很小。

采用钢管作为梁的翼缘，1/4 英寸厚的钢板作为腹板，两者之间焊接（图 22. 6）。根据梁高约为主跨度的 1/20 的经验法则，暂定梁高为 17 英寸。梁的外端悬挑会适当减小主跨部分的弯矩，所以调整梁高到 16 英寸，后期会根据需要对梁高进行微调。

在图 22. 5 的 $M_{16''}$ 中，绘制出正弯矩和负弯矩，并按比例调整与梁的中心线的距离，使最大距离为 16 英寸。如此确定了梁的相对比例，也是梁的剖面形式的雏形。

如果想得到更为精确的梁的剖面形式，可以放大比例，比如 1 英寸代表 1 英尺，或者更大，采用图解法确定沿着跨度上梁的高度，绘制出更加精确和平滑的梁的曲线。图解法求得的梁的高度，那些细微差别也许不会对结构产生影响，但有可能增加梁的建造难度，使梁看起来做工粗糙且高低不平。为了避免这种可能性，可以采用另一种方法，沿着梁跨度的水平投影，以 1 英尺的间隔测得梁的高度值，这些数值的规律符合带有水平闭合弦的抛物线公式，该公式表示如下：

$$Y_x = 4s\left(\frac{x}{L} - \frac{x^2}{L^2}\right) \tag{22.1}$$

其中：

Y_x 是在 x 点处抛物线距离闭合弦的垂直高度；

s 是抛物线距离闭合弦的最大值；

x 是该点与抛物线左端点的距离；

L 是闭合弦的水平距离。

根据之前的弯矩图，s 为 16 英寸，L 为 254. 4 英寸，即弯矩图上抛物线的闭合弦长度。

图 22. 7 显示了数值计算的结果，这些数值构成了抛物线的一部分，梁在 4. 55 英尺长部分的高度值计算（图 22. 5），可以将 x 的负值代入方程，从而得到相应的高度值。梁的悬挑部分的高度值计算，可以将这部分抛物线看作之前计算的抛物线的一半，之前抛物线的闭合弦长 21 英尺 2 英寸，那么悬挑部分抛物线的闭合弦

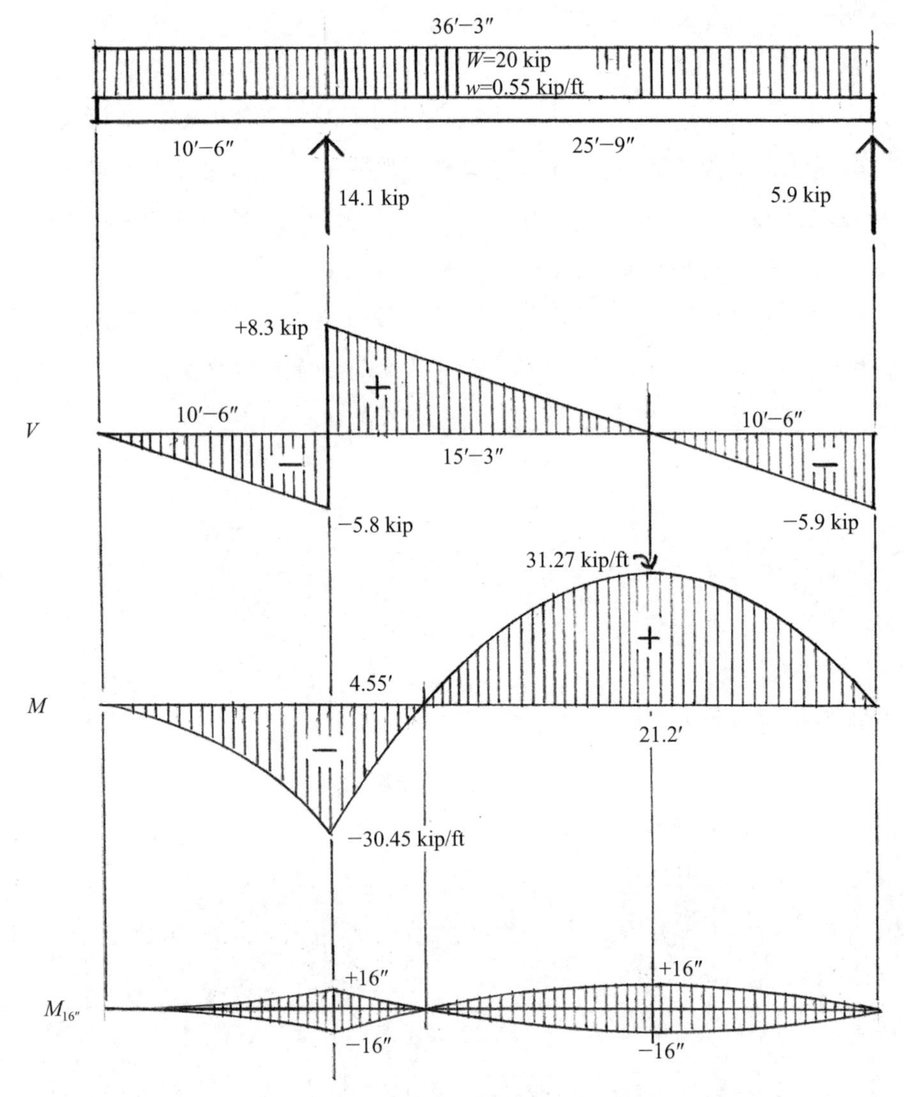

图 22.5　梁的剪力图和弯矩图，图 $M_{16''}$ 由两个镜像的弯矩图组成，图中对梁的高度进行了缩减，使其与梁的中心线的最大距离为 16 英寸，这是研究梁的形式的基础。

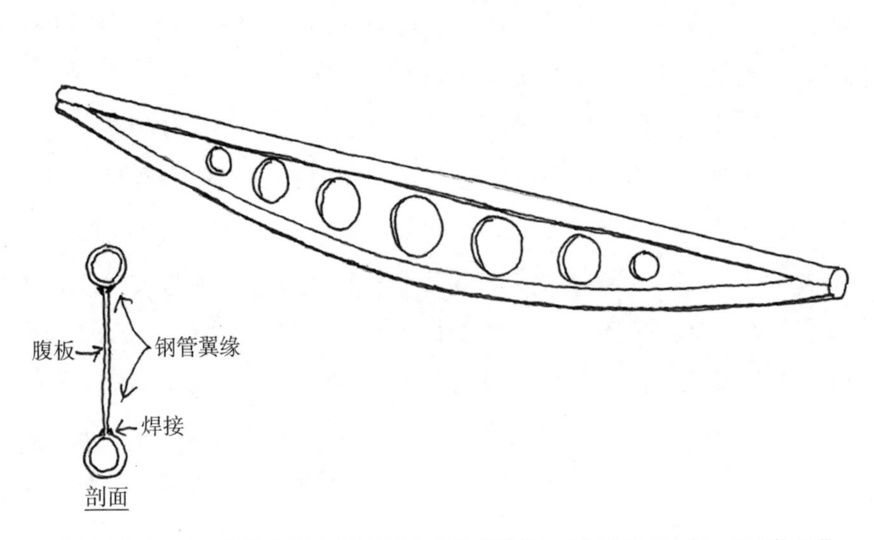

图 22.6　钢梁的细部示意，钢管作为翼缘的造型效果比常用的平面钢板翼缘要好，而且抗屈曲能力也更强。

长 10 英尺 6 英寸，最大高度为负 16 英寸，由此可以得到悬挑部分各个点的高度值。

$$Y = 4s\left[\frac{x}{L} - \frac{x^2}{L^2}\right], \text{ where } s = 16'', L = 254.4'', L^2 = 64{,}719 \text{ in}^2$$

$$Y_{12} = 4(16'')\left[\frac{12''}{254.4''} - \frac{144 \text{ in}^2}{64{,}719 \text{ in}^2}\right] = 2.88''$$

$$Y_{24} = 64''\left[\frac{24''}{254.4''} - \frac{576 \text{ in}^2}{64{,}719 \text{ in}^2}\right] = 5.47''$$

$$Y_{36} = 64''\left[\frac{36''}{254.4''} - \frac{1{,}296 \text{ in}^2}{64{,}719 \text{ in}^2}\right] = 7.78''$$

$$Y_{48} = 64''\left[\frac{48''}{254.4''} - \frac{2{,}304 \text{ in}^2}{64{,}719 \text{ in}^2}\right] = 9.80''$$

$$Y_{60} = 64''\left[\frac{60''}{254.4''} - \frac{3{,}600 \text{ in}^2}{64{,}719 \text{ in}^2}\right] = 11.53''$$

$$Y_{72} = 64''\left[\frac{72''}{254.4''} - \frac{5{,}184 \text{ in}^2}{64{,}719 \text{ in}^2}\right] = 12.99''$$

$$Y_{84} = 64\left[\frac{84''}{254.4''} - \frac{7{,}056 \text{ in}^2}{64{,}719 \text{ in}^2}\right] = 14.15''$$

$$Y_{96} = 64\left[\frac{96''}{254.4''} - \frac{9{,}216 \text{ in}^2}{64{,}719 \text{ in}^2}\right] = 15.04''$$

$$Y_{108} = 64\left[\frac{108''}{254.4''} - \frac{11{,}664 \text{ in}^2}{64{,}719 \text{ in}^2}\right] = 15.64''$$

$$Y_{120} = 64\left[\frac{120''}{254.4''} - \frac{14{,}400 \text{ in}^2}{64{,}719 \text{ in}^2}\right] = 15.95''$$

$$Y_{127.2} = 64''\left[\frac{127.2''}{254.4''} - \frac{16{,}180 \text{ in}^2}{64{,}719 \text{ in}^2}\right] = 16.00''$$

图 22.7　以 1 英尺的间隔，梁剖面上点的高度值

可以通过计算出的高度值来合理地生成梁的形式。如图 22.8 所示，绘制一条适合作为梁的基线的任意曲线。然后在这条任意曲线上，按照 1 英尺的水平间隔，根据计算得出的高度值，绘制出另一点，连接这些点即可以得到梁

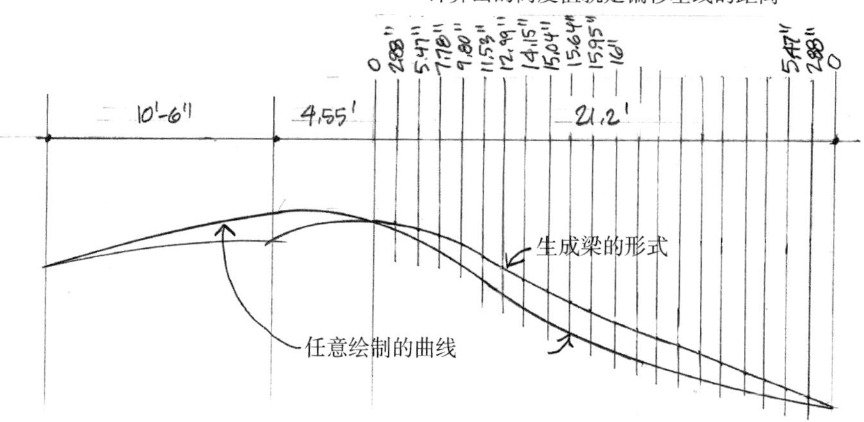

▲图 22.8　以任意绘制的曲线为基线，计算出的高度值为距离，可以绘制出以任意曲线为基线的有效的梁的形式。

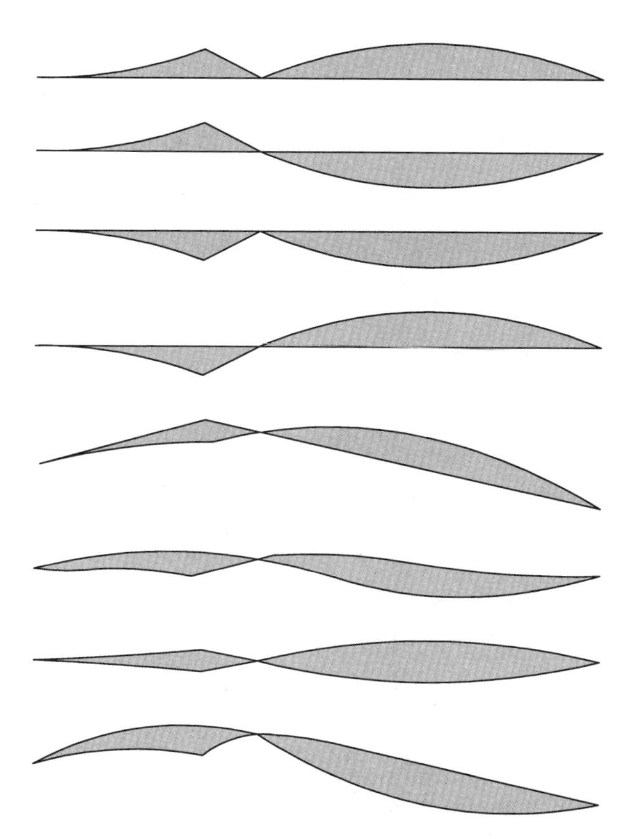

▶图 22.9　梁的形式研究

的另一条边缘。基线与边缘构成了梁的形式，其中的力流是平行模式的。为了得到令人满意的梁的形式，可以做多种尝试（图 22.9），前四种梁的形式采用了水平基线，后四种采用了折线形或曲线形的基线。也可以先绘制出梁的上翼缘或下翼缘的曲线，然后进行这样的找形过程，以期得到优雅的梁的造型。在得到能满

足预期的梁的形式之前，往往需要进行多次这样的尝试。

雨篷的整体稳定性

在对梁的形式进行研究的同时，还需要验证雨篷结构横剖面上的整体稳定性。也就是验算作用在梁和塔架上的所有竖向荷载合力的作用线，位于基础的中心。

雨篷结构主要由两个部分组成，即梁和塔架。如图 22.10 所示，首先计算出塔架的重量及其合力的作用点。塔架横剖面形状为不规则的四边形，画出其中一条对角线，将四边形分成两个三角形，每个三角形的面积是底边与高度乘积的一半。将得到的三角形的面积乘塔架的厚度 2 英尺得到三棱柱体的体积。重量为体积乘钢筋混凝土的密度（150 磅每立方英尺），便可以求得两个三棱柱体的重量。

塔架重力是两个三棱柱体的重力之和。第一步是找到两个三棱柱体的质心，将三角形顶点到底边中心点连成线，距离底边三分之一高度的点为质心。用两个三棱柱体的重量构建一条载重线，假定任一点为极点，绘制出力图。根据力图及力图上的射线，在塔架图纸上绘制出形图。形图上 *oa* 和 *oc* 的交点标记为 *x*，*x* 位于塔架重力合力的作用线上。

通过类似的方法，可以求得整个雨篷结构竖向荷载合力的作用线（图 22.11）。假设作用在梁的中点的重力为 20 千磅，竖向荷载合力的作用线是一条垂直线。将塔架的混凝土基础中心置于这条线上，分别向两边对称延伸，直到其尺寸满足以下条件：

1. 在地基土层可以承受的压力范围内将荷载转移到土层。

2. 基础应该足够大，使结构在相对较小的荷载浮动时保持稳定。

3. 在梁安装之前避免整体结构向右倾斜。

在塔架与基础之间增加一个锥形的混凝土过渡，以避免此处的应力集中。进行详细设计时，还需要研究恒荷载、风荷载以及地震作用产生的荷载的组合对塔架结构的影响。

有三个外力作用于梁上，包括所有的竖向荷载、钢杆的拉力和铰支座处的支座反力。根据图 22.12 可知，梁上的竖向荷载的大小、方向和作用线都是已知的，拉力的方向和作用线是已知的。而对于铰支座处的支座反力来说，其作用线上的一个点的位置是已知的，但是大小和方向都是未知的。拉力的作用线和竖向荷载的作用线在点 *x* 处相交，因为该结构处于静力平衡状态，所以铰支座处的支座反力的作用线必然穿过点 *x*。根据这三个矢量绘制出的力图，就能够求解出拉杆中的力以及铰支座处的支座反力的大小。如图 22.13 所示，可以根据拉杆与梁连接点处的静力平衡，求得梁的主跨中轴向压力的大小。

检验梁中的最大应力

弯曲正应力和轴向应力

之前的初步设计将梁的高度设计为 16 英寸，这样可以使梁中的最大应力保持在可以接受的范围内。为了检验这个尺寸是否满足要求，需要计算出梁中的弯曲正应力和轴向应力。首先求出梁的横截面的惯性矩（I），也就是翼缘和腹板的惯性矩之合。

在《钢结构手册》中可以查到钢材的尺寸、横截面面积以及作为翼缘的钢管的惯性矩等信息。根据惯性矩移轴定理和钢管相对于形心轴的惯性矩，求得钢管翼缘在梁的中性轴处的惯性矩，如式（18.4）所示，得出两个翼缘的惯性矩总和为 291 四次方英寸（图 22.14）。在此基础上加上腹板的惯性矩，以梁的最大高度的惯性矩作为腹板的惯性矩，计算得出为 40.7 四次方英寸。

在预估荷载作用下，梁内的最大弯曲正应力按照式（18.1）计算，其中 c 是梁高度的一半（图 22.15），求得 11 000 磅每平方英寸。梁的轴向压应力根据图 22.16 计算，为 3 090 磅每平方英寸。

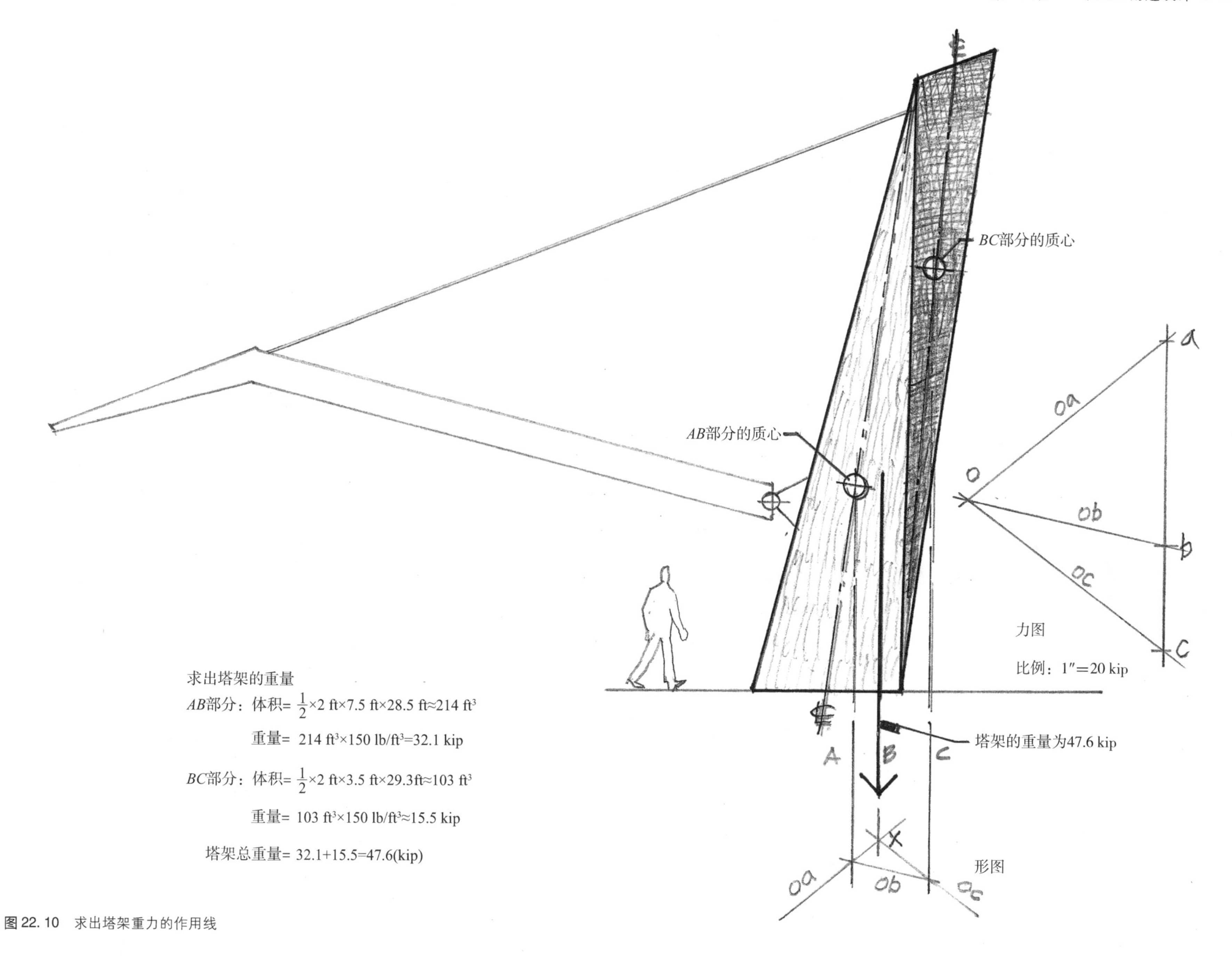

图 22.10　求出塔架重力的作用线

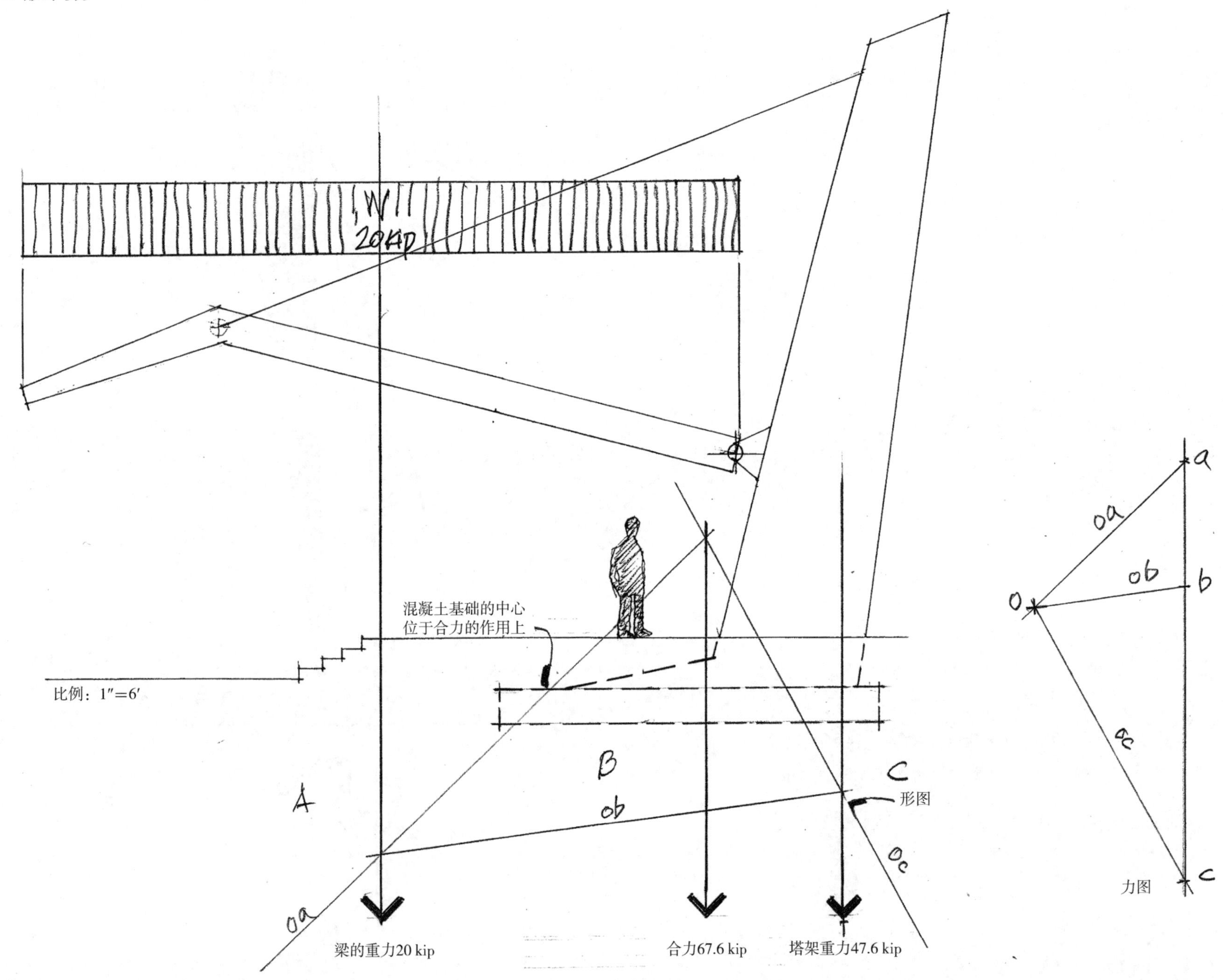

图 22.11　求出合力的作用线并确定基础的宽度

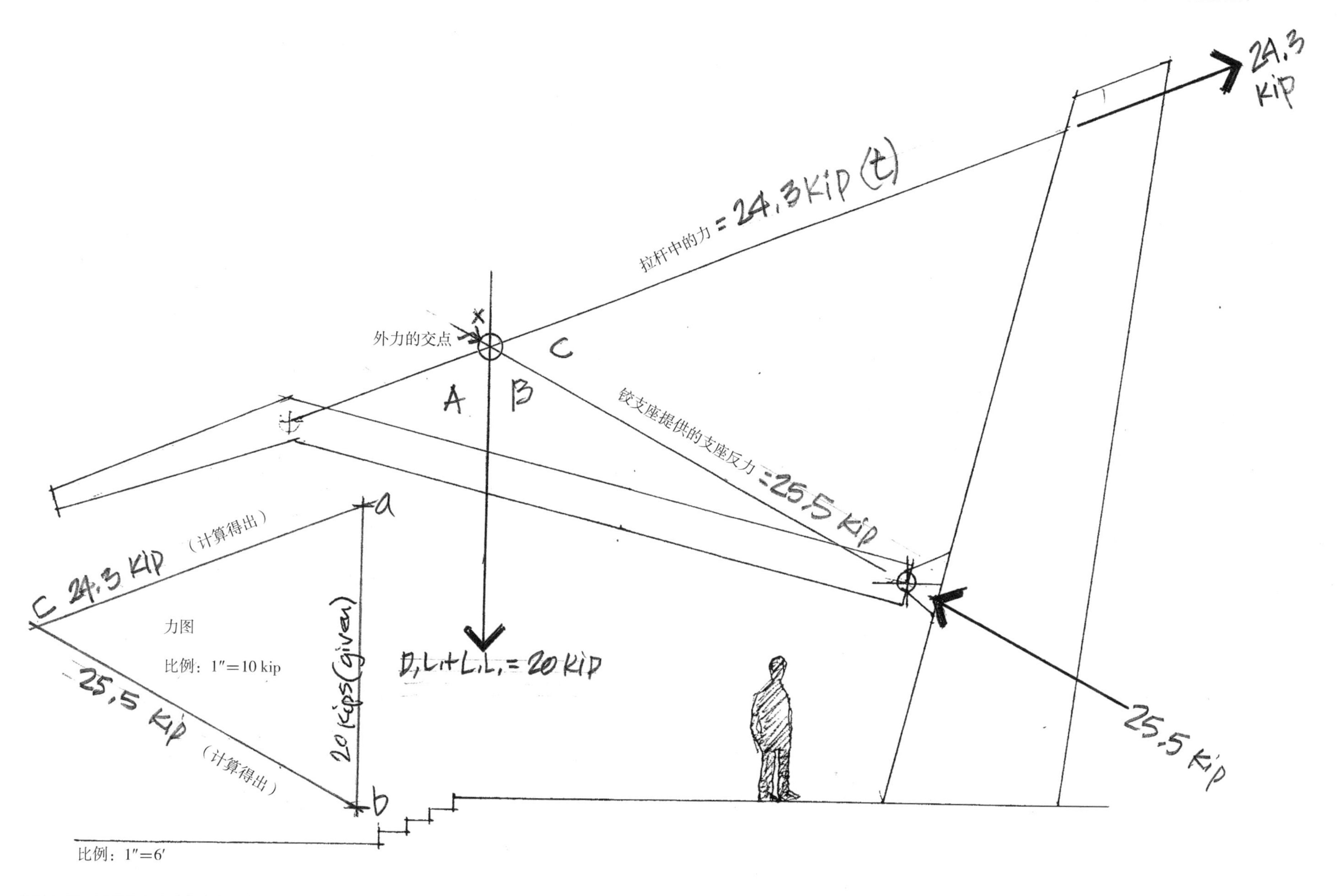

图 22.12　计算拉杆中的力和铰支座处的支座反力

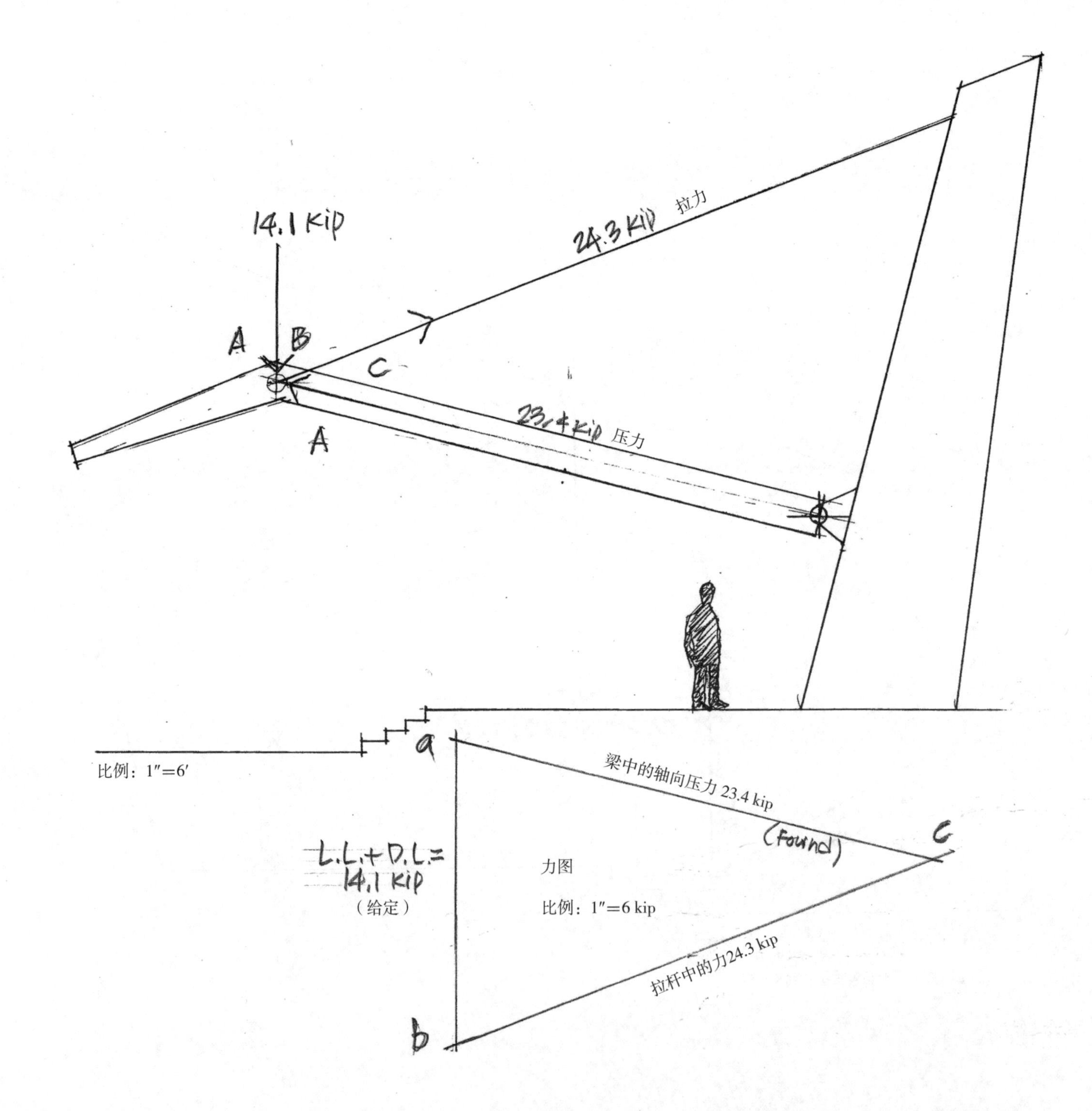

图 22.13　求出梁主跨中的轴向压力

结构造型的基本原则

1. 根据自然法则来塑造结构

符合索线形的结构形式：在典型荷载作用下遵从索线形的结构形式能够以最少的材料承受规定的荷载，并具备最好的结构表现力。

尽可能使用轴向力：索结构和桁架结构在典型的荷载作用下只会产生轴向拉力或轴向压力，相比于其他类型的力，承受轴向力的结构构件，材料的利用效率更高。

遵循力流在实体结构中的分布：当对实体的结构构件进行设计时，构件的形状、在何处进行加固、在何处开孔以及孔洞的形状都要遵循其内部的力流分布模式。

采用平行模式和扇形模式的力流分布：结构构件的内部力流分布应尽可能避免斜格模式，因为这种模式会降低材料的利用率。

根据弯矩图进行设计：对于给定的荷载模式，弯矩图就是符合荷载模式的形图。剖面形状类似弯矩图的桁架或者梁，沿其长度方向上的力是恒定的。因此桁架或者梁内部的力流分布只会是平行模式或扇形模式，而不会是效率较低的斜格模式。

根据所有可能出现的弯矩确定构件的形状：在均布荷载作用下，沿弯矩图或形图设置构件的中心线，然后根据中心线设置结构构件，形成桁架或采用加固措施等，以满足所有预期的荷载模式。

2. 结构形式应确保材料使用的经济性

给结构加载直至达到材料的容许应力：结构形式应发挥材料的最大效率，使材料在最大的预期荷载下能够达到其容许应力。

去除“不工作的”材料：去除受力较小或者不受力的材料。多余的材料会使结构冗余，通常情况下用材最少的结构形式最具表现力与说服力。

优化结构高度：在满足结构强度与刚度标准的情况下，计算出整个结构跨度上用材最少的结构高度。

利用连续作用：对于受弯的结构构件来说，连续作用可以降低弯矩从而减少结构构件中的力。

顺畅连贯的连接过渡：结构构件之间的连接节点以及结构不连续处，应采用顺畅连贯的过渡形式以避免应力集中。

增加约束以防止屈曲：有附加约束或支撑的受压构件，可以设计得非常纤细，相比于没有附加约束的受压构件，这样的构件用材更少。

使用地域性材料：使用地域性和本土化的材料通常会让建筑有“家”的感觉，同时成本更低、适应性更强，并且具有独特性，尽量避免使用那些时尚的材料。

3. 结构形式应方便施工和建造

结构形式应易于建造：易于建造的结构形式，有利于形成良好的施工工艺，更具表现力，也更加经济。对建造过程进行设计，会使施工操作更加方便。

采用标准化的结构构件：重复的结构构件有利于提高施工效率、建立标准的施工模式、降低施工错误，从而提高经济性。

尽量减少非标准构件的数量：非标准构件的数量越少，施工装配过程中出错的概率就越小。构件应尽可能设计成不能前后或者上下颠倒安装。

保证公差的细部设计：结构细部设计应尽可能采用比较宽松的尺寸公差，并应尽可能增大调节空间。

4. 增强结构形式的表现力

显露结构：在建筑中显露和表现结构，结构成为建筑形式不可分割的一部分，而不是像舞台幕后的支撑体系那样将结构隐藏起来。

表现结构作用：结构形式或结构构件的造型应当能够表现结构作用，使结构可以被解读和说明。将铰支座、滑动支座等与结构作用相关的细部直接展现出来。

避免夸张的结构形式：表现结构作用的结构形式，是最具表现力的。避免刻意的夸张的结构形式或是模仿动物骨架造型的结构构件，不能反映结构作用的结构形式是伪造的，不真实的。

表现连接：连接如同是一个结构的形容词和副词，如果表现得当可以赋予结构生命和激情。

结构设计应能够展示其建造方式：人们热衷于看到一个结构是如何建造而成的，考虑建造方式和建造过程的结构设计更具有说服力。

形成韵律：结构构件可以创造出韵律，一排立柱或者横梁可以奏出一个节拍或者一个分切拍，拱可以跳起轻快的华尔兹舞，这些要素丰富和增强了人们的建筑体验。

表现力的作用：合理的结构形式可以很好地承受力的作用。高耸的结构形式，避免下垂而向上拱起的结构构件，都是利用形式的变化来抵抗力的作用。

展现结构的图案和纹理：桁架、交叉梁、肋板、空腹梁、钢承板、砖石墙体和拱顶等结构形式本身具有图案和纹理，给建筑带来了丰富的细节。

强调主要的结构构件：凸显结构的一个方式是强调其主要的结构构件，采用倒角或凹线脚等装饰手法来强化主要的结构构件，表现结构的连接节点、铰支座以及支撑等，甚至可以用色彩来强化和表现结构的特质。

三维设计：结构是空间的而不是平面的，应尽可能使用三维模型或绘图来进行设计。

5. 简化

一般来说最直接的传力路径和最少的材料使用总是能形成经济、优雅和具有表现力的结构形式。

组合应力

根据以上计算结果，如果采用普通的矩形梁，其容许弯曲正应力需为 24 000 磅每平方英寸。由于本方案的创新性，特别是钢管翼缘较为纤细，可能导致侧向屈曲的产生，因此将容许弯曲应力和轴向压应力定为常规值的 2/3，也就是 16 000 磅每平方英寸。

本方案设计的梁既是受弯构件，同时沿主跨度方向上也是一个受压构件。为验证梁的尺寸是否符合标准，需要充分考虑梁上的两种荷载作用，确保每一种应力都小于其允许值。计算出每个荷载作用的实际应力与容许应力的比

$$I_{翼缘} = \bar{I} + Ad^2 = 2[3.02\ in^4 + (2.23\ in^2)(8\ in)^2]$$

$$I_{翼缘} = 291\ in^4$$

$$I_{腹板} = \frac{bh^3}{12} = \frac{(0.25\ in.)(12.5\ in.)^3}{12}$$

$$I_{腹板} = 40.7\ in^4$$

$$I_{合计} = 291\ in^4 + 40.7\ in^4$$

$$I_{合计} = 332\ in^4$$

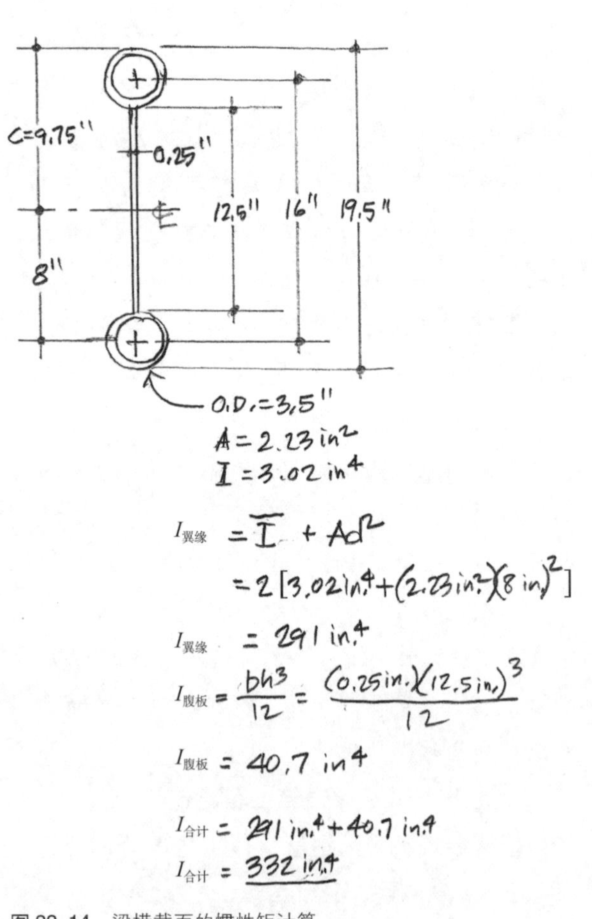

图 22.14　梁横截面的惯性矩计算

$$f_b = \frac{Mc}{I}$$

$$M = (31.27\ kip \cdot ft)\left(1\,000\ \frac{lb}{kip}\right)\left(12\ \frac{in.}{ft}\right)$$

$$M \approx 375\,000\ lb \cdot in.$$

$$f_b = \frac{Mc}{I} = \frac{(375\,000\ lb \cdot in.)(9.75\ in.)}{332\ in^4}$$

$$f_b \approx 11\,000\ lb/in^2$$

图 22.15　梁中最大弯曲正应力的计算

$$f_c = \frac{P}{A}$$

$$P = 23\,400\ lb.$$

$$A = 2(2.23\ in^2) + (12.5\ in.)(0.25\ in.) = 7.59\ in^2$$

$$f_c \approx \frac{23\,400\ lb.}{7.59\ in^2} \approx 3\,090\ lb/in^2$$

图 22.16　梁的轴向压应力计算

值，将这两个比值相加，得出的总和必须小于或等于 1：

$$\frac{f_b}{F_b}+\frac{f_c}{F_c}\leqslant 1 \qquad (22.2)$$

其中：

f_b 是梁中的最大弯曲正应力；

F_b 是容许弯曲正应力；

f_c 是梁中的轴向应力；

F_c 是容许轴向应力。

此公式用于验证梁中弯曲正应力和轴向应力共同作用引起的组合应力是否满足要求，以及验证梁的尺寸是否恰当，但是并不能直接求出构件的尺寸，通常需要进行多次计算以得到满足要求的构件尺寸。计算结果表明本方案设计的梁利用了约 69% 的容许弯曲正应力和约 19% 的容许压应力，占构件总承载力的 88%（图 22.17），这一结果是可以接受的，理想的利用率应为 100%，可以通过降低梁的高度来实现这一目标。

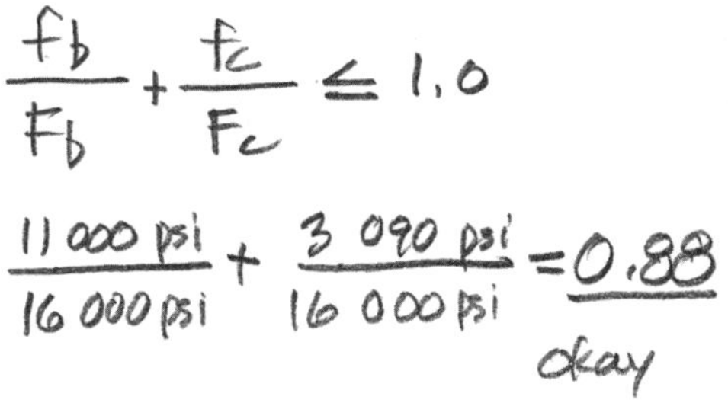

$$\frac{f_b}{F_b}+\frac{f_c}{F_c}\leq 1.0$$

$$\frac{11\,000\text{ psi}}{16\,000\text{ psi}}+\frac{3\,090\text{ psi}}{16\,000\text{ psi}}=\underline{0.88}$$

okay

图 22.17　验证梁中的组合应力

抵抗侧向力与拔力

风荷载和地震作用会以多种方式对雨篷造成破坏，有可能会导致梁侧向折叠，解决方法为在桁架之间的玻璃面板的下方，增加一对平行于玻璃面板的斜杆。也有可能像推倒多米诺骨牌一样纵向推倒整排塔架，或者掀翻整个雨篷。解决的方法是通过增加塔架的厚度和强度来避免这种破坏。风产生的向上的拔力可能会掀起雨篷，将其推入塔架甚至是会议中心的墙壁内，这种情况在建筑中极易出现，图 22.18 给出了六种防止这种情况的方案：方案（a）是最简单的解决方法，即增加雨篷的重量；方案（b）采用钢管代替拉杆，这种方法增加了结构的重量，使结构显得笨重；方案（c）和（d）结构也比较笨重，并且为超静定结构；方案（e）是比较巧妙的解决方式，但是可行性不高，因为雨篷下方的拉杆必须倾斜一定的角度才能对雨篷施加足够的力，这就需要占据雨篷下方的空间；方案（f）客观上来说是所有方案中最有效且实用的，但是从审美上来说，这个方案仿佛要困住一只试图飞翔的鸟。竖杆的直径过于细小，行人可能注意不到它们而发生危险。而开放给车辆通行的话，竖杆可能没多久就会被撞坏。

设计团队中的一个成员建议，将竖杆与水池或绿化相结合，使其成为景观的一部分。竖杆还可以引导屋顶的雨水流入水池。深化设计过程中根据景观水池的位置，将竖杆从梁的外端稍微向内移动了几英尺。

在塔架之间的空隙，还需要设计一些可以遮风避雨的顶棚，这些顶棚采用曲面玻璃，曲面玻璃的支撑可以悬挂在雨篷下方，或者从塔架中伸出来（图 22.19）。这些玻璃顶棚还可以将雨篷上流下的雨水汇入雨水管中。

雨篷的细部构造

合理的构造方法可以使整个雨篷造型简洁且富有科技感。玻璃安装到梁上有多种安装方法，其中一种方法是用螺栓将管状檩条固定在梁的上部，然后将夹层玻璃板安装在檩条上。另一种方法是在梁与梁之间直接安装玻璃，这个距离大约为 10 英尺。不管是哪种方法，都需要采用适当的五金件，通过咨询玻璃及钢材制造商后，得知玻璃与钢构件的连接需要留有适当的变形空间，防止因为热胀冷缩以及结构变形等导致玻璃的损坏（图 22.20）。

建筑法规规定天窗需采用夹层玻璃。夹层玻璃是在玻璃板之间加入一层或多层坚韧的弹性塑料层而制成的。用于天窗的夹层玻璃通常内层比较软，当它受压破裂后，不会像普通玻璃那样产生大量锋利的碎片，而对下方行人造成危险。最近已经研发出采用刚性塑料的夹层玻璃，可以增强玻璃的抗弯性能。大部分夹层玻璃都拥有足够的强度，即使因为意外荷载而破碎，夹层玻璃仍能保持完整，不会从安装位置上掉落。

本方案中，梁的形式类似弯矩图，使梁内的力流分布符合平行模式，翼缘部分虽然承受较高的应力，但是这些力相对恒定。梁中的切应力较低，所以腹板上开孔的限制较少，留给设计较高的自由度。图 22. 21 和图 22. 22 分别是梁和塔架的细部构造图，所有钢管斜接处都是外露的，为了不影响美观，焊接后需要打磨抛光，形成光滑的表面。

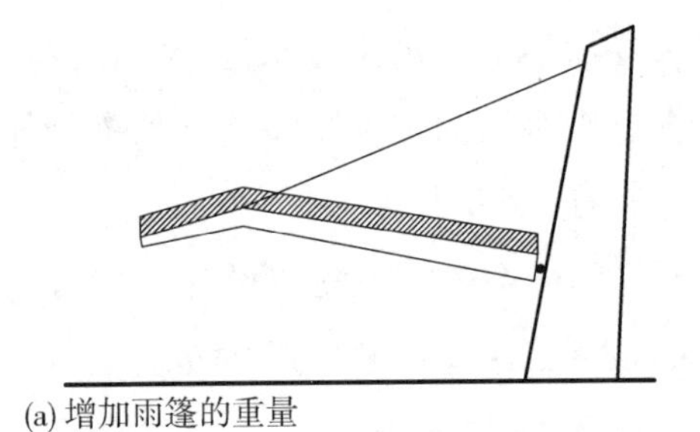
(a) 增加雨篷的重量

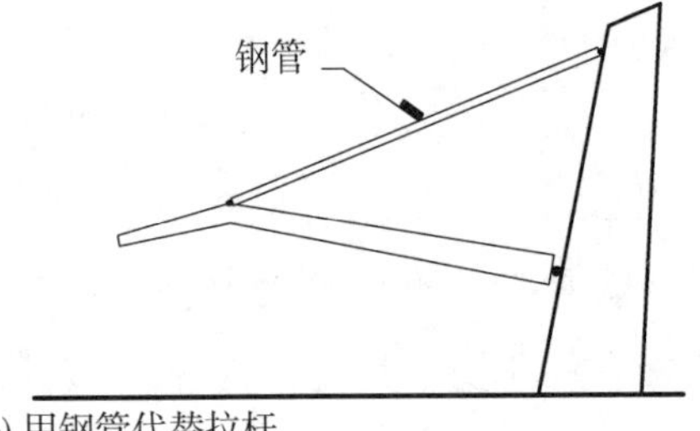

(b) 用钢管代替拉杆

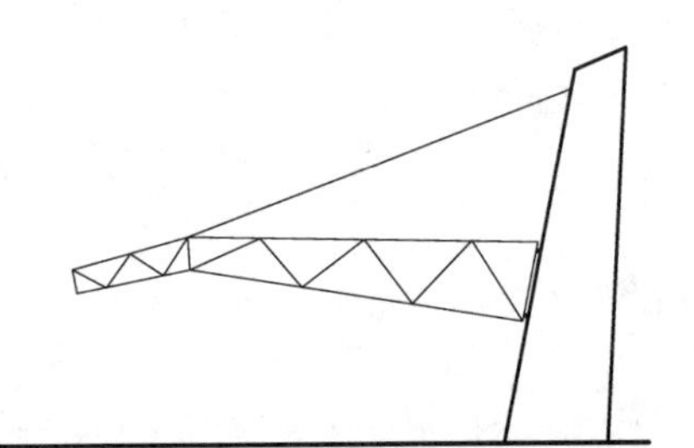
(c) 采用桁架形式的梁，并将其与塔架刚接

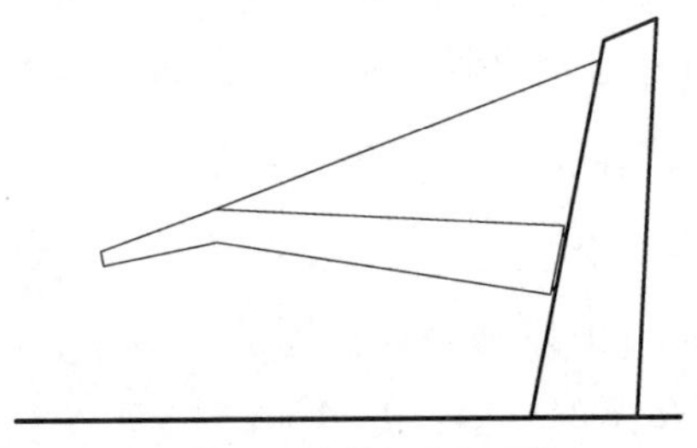
(d) 增加梁的高度，并将其与塔架刚接

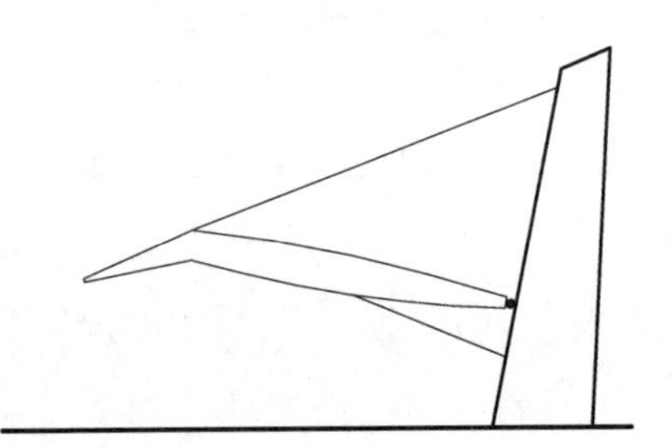
(e) 在雨篷下方采用斜向拉杆

(f) 在雨篷的外端采用竖向拉杆

图 22. 18　抵抗拔力的六种方案

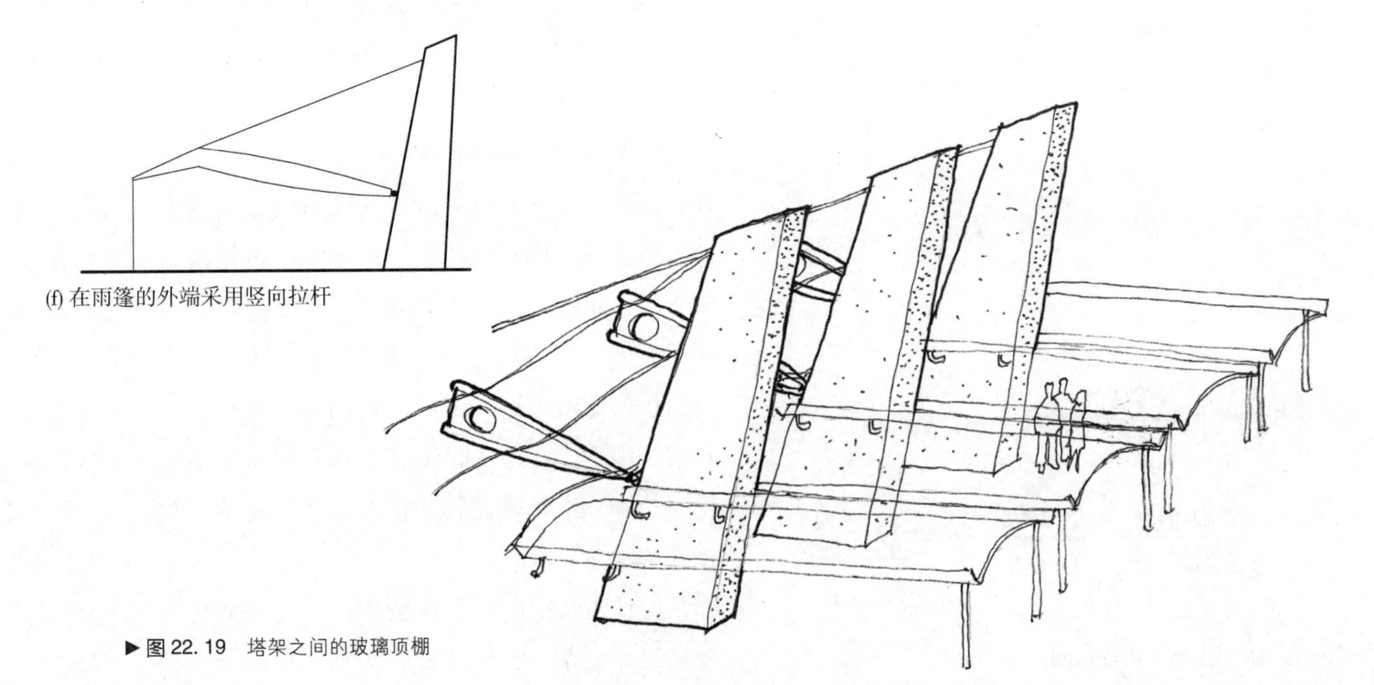
▶图 22. 19　塔架之间的玻璃顶棚

雨篷的结构形式独特且吸引人，满足了甲方的要求，细部实用又美观（图 22.23）。图 22.24~图 22.26 列举了一些采用类似设计策略的项目。

技术会带来限制，但每个项目肯定都会留有足够的自由空间来彰显设计者的个性，使其成为……真正的艺术品。

——皮埃尔·奈尔维

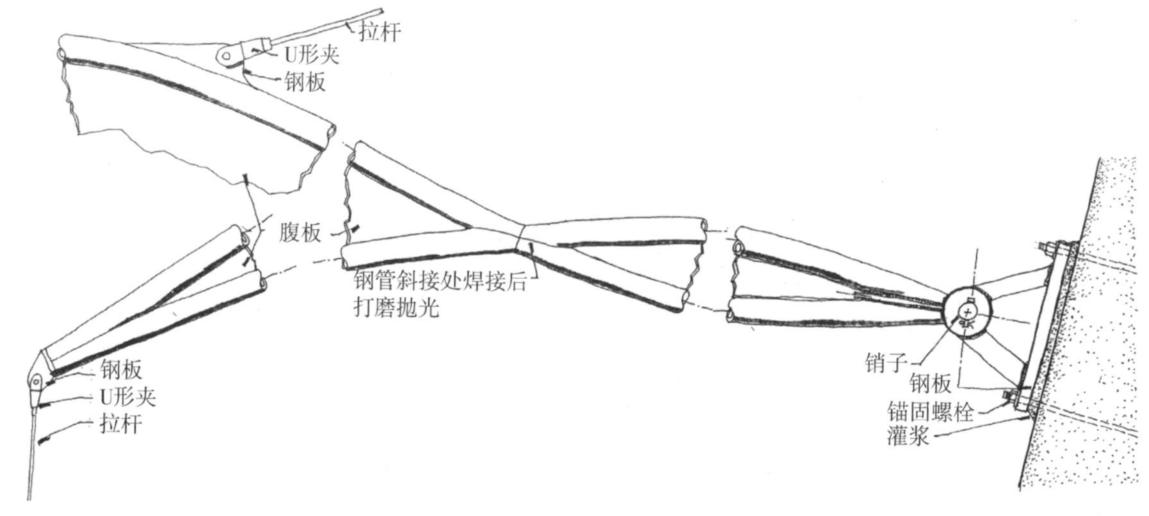

图 22.21　梁的细部构造

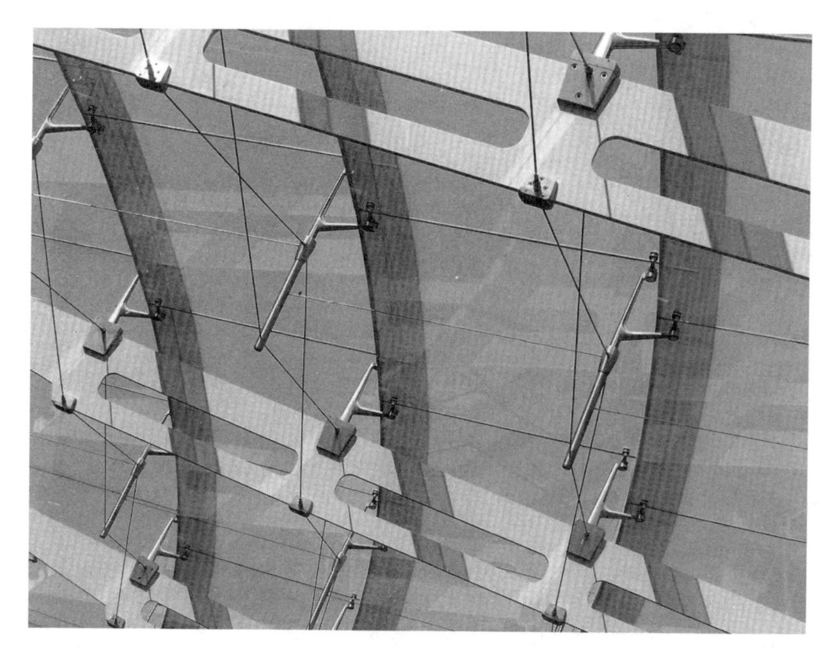

图 22.20　布鲁克林博物馆的入口的雨篷采用了没有檩条的玻璃结构安装系统，由波尔舍克建筑事务所设计（Polshek Partnership），钢材和五金件采用了三棱锥结构公司（TriPyramid Structures）的产品。

图片来源：米奇·埃里亚森（Midge Eliasson）提供

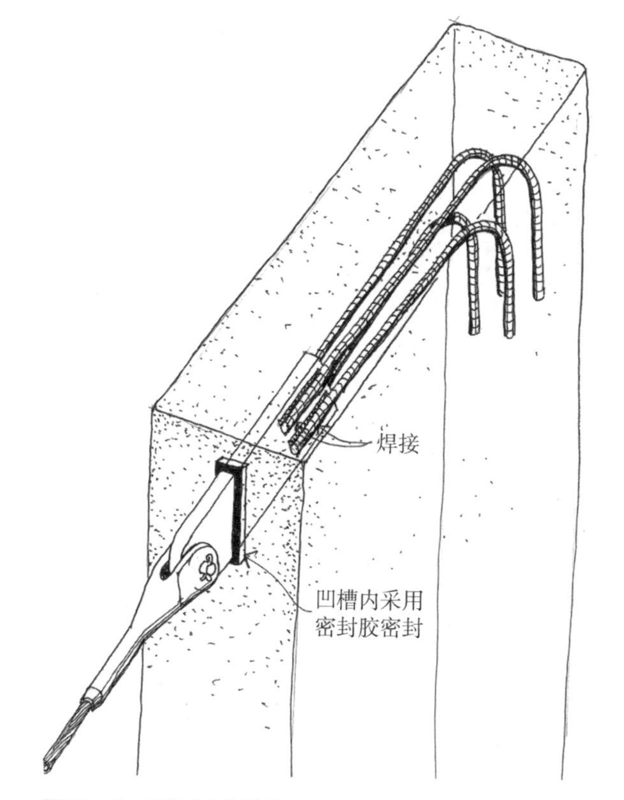

图 22.22　塔架的细部构造

图 22.23 入口雨篷效果图

图片来源：波士顿结构组设计与绘制

写在最后

本章的雨篷结构，集成应用了前几章介绍的概念和方法。根据梁内部的力流分布模式设计梁的形式，在提高材料利用率的同时也使结构具有表现力。这种打破常规的设计方法，最终形成了令人激动的形式。

在建筑工程中，时常会遇到一些新的结构——例如采用新方法、新材料和新形式的结构。采用本书介绍的原理和方法，可以更好地理解陌生的、不同寻常的结构，理解结构内部的力流分布，从而找到更经济、更具表现力的结构形式。

▲图 22.24　美国罗德岛某医院的玻璃雨篷。采用了皮尔金盾平面玻璃系统（Pilkington Planar System），建筑设计由泰勒建筑事务所完成。

图片来源：W&W 玻璃系统有限公司提供

◀图 22.25　遵循平行模式力流的钢筋混凝土梁。这种形式的梁中切应力较小，因此腹板上开孔较为自由，这是加拿大曼尼托巴大学的马克・韦斯特教授关于织物模板研究的一项成果。

图片来源：马克・韦斯特提供

图 22.26 哈维尔铁路桥，位于德国汉诺威到柏林高铁线路上，由 SBP 和 GMP 联合设计。桥梁三个连续跨的形式表现了梁内部的弯矩变化。钢杆以不同的角度倾斜保持与梁内部的主要力流方向垂直。

图片来源：罗兰·哈博（Roland Halbe）提供

思考题

1. 本方案设计中使用了钢材最大承载力的 88%，这说明梁的结构设计是比较安全的。请重新设计梁的高度，采用不同尺寸的钢管作为翼缘，计算梁的惯性矩、最大弯曲正应力和轴向应力，然后验证组合应力是否符合要求。
2. 重新设计梁的剖面和横截面，并计算出其中的最大应力。
3. 假设会展中心地处华盛顿的塔科马，当地盛产胶合木材料，成本低廉，请采用胶合木设计这个雨篷。
4. 图 22.27 中的某剧院雨篷重 9 450 磅，采用拉杆 QR 和铰支座 P 支撑，请计算出铰支座处的支座反力和拉杆中的力。并思考为什么雨篷设计广泛地采用拉杆支撑，而不是采用外侧立柱进行支撑。

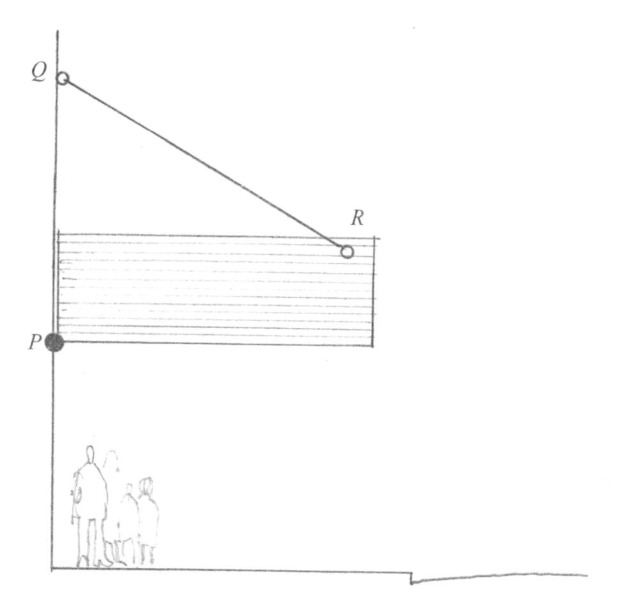

图 22.27　某剧院的雨篷

关键术语和公式

$$Y_x = 4s\left(\frac{x}{L} - \frac{x^2}{L^2}\right)$$

$$\frac{f_b}{F_b} + \frac{f_c}{F_c} \leqslant 1$$

parallel flow 平行模式的力流

laminated glass 夹层玻璃

参考资料

www. sbp. de：SBP 公司网站，上面有大量的建筑工程项目，其中很多项目采用了模拟弯矩图的结构找形技术。

www. wwglass. com：W&W 玻璃系统有限公司的网站，是美国一家大型的建筑玻璃和金属产品制造公司，其生产的产品包含玻璃、幕墙、天窗以及皮尔金盾平面玻璃系统等。

后记：建筑师和结构工程师的对话

布鲁斯在他的自家花园里举行了一个小型派对，邀请了和他关系好的几个朋友和同事。此时此刻，他把自己的墨镜放在木桌上，三三两两的朋友和同事们聚在一起展开了讨论。

“谢谢你的提议，戴安娜，我们早就该好好聚一聚了。”

“谢谢你举办这个小派对，布鲁斯。我觉得建筑师和结构工程师需要好好聚在一起讨论问题，例如如何更好地合作，如何更好地理解各自的专业，如何做好学科交叉等等。”

“关于各自的专业背景问题，”布鲁斯回答，“我认为很多问题都源于我们在大学里所受到的教育。我和你一起工作之前，还不知道什么是图解静力学。”

“建筑学专业的结构课程只教授你们数值法，而不涉及图解静力学，这是教学的缺失。”

布鲁斯懒洋洋地答道：“是的，但我们学到的数值法只是皮毛，无法用来做真实的结构工程。”

“而在土木工程的专业教育中，不会教授绘图和设计。”戴安娜说，“我猜他们期望培养的是结构分析师，而不是结构设计师。”

“所以那些跟结构相关的设计品质到底该怎么体现？构成设计的本质是什么？”布鲁斯一边指挥着烧烤食物，一边问道。

这时，比尔走到烧烤架前准备尝一尝烤熟的肋骨。

“比尔，你在美国伦斯勒理工学院读书时学过图解静力学吗？”布鲁斯问道。

“是的，50 年后的今天，和年轻的结构工程师一起工作时，我仍然在用图解静力学。这些年轻人可以熟练操作电脑软件，但不知道如何用手和铅笔来思考。杰夫，你很擅长用电脑来画图，你是否认为今天的学生太依赖电脑了？”

杰夫正在烤肋骨，一边烤一边回答：“我会用电脑来绘图，但在那之前，我会先用铅笔来做设计，这种方法对我来说更有效，这是一个感知设计的过程。经过多年实践之后，铅笔变成设计思考的一部分。电脑是伟大的发明，但它无法取代普通的铅笔，也不会像铅笔这样与设计师如此亲密。”

“我也这么觉得，”比尔补充道，“当我还是一名学生时，学习过绘画和机械制图，这些课程非常有用，我一直受益匪浅。这些课程应该被重新纳入土木工程的教学体系当中。如果结构工程师们可以像建筑师那样绘画和制图，那将真正提高我们的设计品质。但是仅仅会绘画也不能缓解建筑师和结构工程师之间的紧张关系，这种矛盾已经持续了几个世纪，而且短时间也不会消失。”

戴安娜说：“这就像伟大的结构工程师欧文・阿鲁普说的，当结构工程师可以讨论美学，建筑师开始研究建造用的机械，也许我们就找到正途了。这两个学科需要更多的交叉融合。”

布鲁斯继续说：“还有个问题是，除了建筑师和结构工程师能够很好地合作之外，即在那些非常普通的项目中，如何利用结构的思维来提高设计品质。富有创新性的设计往往是冒险的或者昂贵的。怎样才能把时间和金钱用在刀刃上，而不是遵循常规的解决方法。”

戴安娜回应道：“结构工程师的工作就是节约时间和金钱，我们总是在寻找减少材料用量以及提高经济性和可持续性的方法。增加设计时间投入往往会生产出成本更低的建筑物。像马亚尔、坎德拉、奈尔维、迪亚斯特这些结构工程师，他们的作品都是在低造价的情况下完成的，我们身为结构工程师，为他们英雄般的创作感到骄傲。但是他们的作品常常因为‘优美外观’获得认可，而人们往往忽略这些‘优美外观’的由来。”

戴安娜问瓦克劳・扎列夫斯基：“您也经历

过这些吧？您职业生涯早期为波兰政府设计了很多低成本的拱顶和预制建筑系统，那些具备‘优美外观’的建筑除了获得结构工程师的认可之外，也引起了评论家和历史学家的关注。但是，这些人是否明白在建筑造型的背后，高明的结构设计才是真正有价值的呢？”

瓦克劳想了想回答道：“大多数人，包括结构工程师和建筑师，其实无法理解优美的建筑形式可以来自高效的结构设计，我们也并不是总有机会可以展示结构对材料的高效利用以及对建造过程的精准把控。”

布鲁斯问：“您认为美观是结构的固有本质吗？它是衡量设计品质的标准吗？建筑师会考虑美观的问题，并自然地将其融入设计过程之中，但是大多数的结构工程师似乎不愿意甚至羞于谈论美观的问题。”

瓦克劳回应说：“结构不是艺术，结构是实用的，它的存在是为了满足人们的需要。但是结构仍然可以优雅且美观。这种美感的来源与人们的审美标准并不一致。例如人们认为自然当中的花朵、树或骨头是美的，但是我们无法通过模仿和复制这些形式来获得结构设计的美感，结构有其自身的逻辑和规律、尺度和规模，索线形、弯矩图以及结构构件内部的力流都是结构自身的规律。”瓦克劳继续补充道：“然而什么是设计呢？建筑师和结构工程师是如何构思解决方案的呢？创造力不是数字或公式，它甚至不能看作是一个科学的过程。我们借助思维和想象力来做设计，但是这一过程是如何发生的呢？我们的脑海中会呈现设计构思，人们通常认为这是潜意识的自发理解。大脑中会生成视觉图像，人们花时间感受这些视觉图像，但是很少人接受过使这些视觉图像更清晰、明亮、准确的训练。因为我们通常把技术作为手段而不是有价值的文化输出。”

戴安娜抢先说道：“迈克尔·德图佐斯在麻省理工学院时说过，过于关注结构计算，就好像一个网球运动员忘记去打球，而去关注比赛的记分牌。扎列夫斯基老师，您是这个意思吗？”

“是的，你能给我一支铅笔吗？”瓦克劳在一张杂货纸袋上画了一个拱的形状，并附上了一个方程式。“如同这个拱和公式，做任何结构计算之前都需要预先有一个形状，我们习惯教授学生定量的结构知识和计算，我不知道是否有‘定性的结构设计’这样的术语，但它一定会成为提高设计品质的方法。”

布鲁斯和戴安娜互相看着对方，有些不解。这时比尔说道：“我想您可能创造了一个词语，这听起来很不错，您说的定性，并不是常规意义的大概的或是缺少量化的意思吧？爱德华，你经常讨论设计品质问题，你是怎么理解的？”

爱德华·艾伦安静地坐在桌子的另一端，听到比尔的话，他拿出自动铅笔，在瓦克劳的草图上加了一些粗体字，然后说道：“是的，我们讨论的核心问题是我们不仅仅设计建筑，还应该努力设计好的建筑。使用形式、材料以及细部构造来创造高质量的建筑，这是设计的任务。”

布鲁斯仍然有疑问：“我们都希望提高设计品质，但是怎么达到这个目标呢？结构只是建筑的一部分，但是结构可以起到组织空间以及塑成形式的作用，甚至产生令人惊艳的艺术效果。”

比尔同意并说道：“当然，设计品质不是为了避免错误或者是验证结构计算的正确性。”

大卫·福克斯是布鲁斯的首席设计师，他一边做沙拉一边说：“布鲁斯，你和戴安娜一起合作的项目令我受益匪浅，你们不是为了做出令人惊叹的形式而去设计，而是遵循结构以及结构构件自身的逻辑去塑形。”

瓦克劳回应道：“结构形式决定了结构的性能，为结构找到好的形状应该是建筑师和结构工程师共同关注的内容，形式具备创新的能量。”

大卫点头同意并补充道：“我们所指的形式是具体而准确的。现如今，很多建筑师似乎只专注于创造新奇的、从未见过的奇异形式，这些形式很少具备结构逻辑。”

爱德华接着说：“这些所谓的新奇的不寻常的建筑是否意味着更好的品质呢？它们更经济、更有效率或者更美观吗？从长远来看，一旦新鲜感消失了，它们还会为使用者提供愉快的使用体验吗？它们还会让使用者乐在其中吗？目前还没有证据表明这样的建筑能实现这些品质。我们对新奇事物的痴迷就会导致城市里的每一幢新建筑都在大声宣誓：‘看着我，我是最新最伟大的！我和周围的所有建筑完全不同，我的建筑师是个绝顶聪明的人！’就像有一群人在呐喊，但没有人能被理解一样，城市社区里的建筑也无法被欣赏。我们的城市社区处于一种混乱的状态，如同一盘散沙般缺少凝聚力，而且非常浪费。”

戴安娜点头表示赞同：“建筑学的学生们仍然在努力创造出以前没有的新形式。这些形式变得更加疯狂、扭曲和复杂。他们对新奇事物的追求似乎完全掩盖了对其他事物的思考。”

爱德华继续慢慢说道：“几年前，加州大学建筑设计课的老师问他的一位学生，为什么他设计出一种奇怪而又不太令人愉快的形式。学生回答说：‘我想做点与众不同的事情。’这位老师说：‘想要做出与众不同的事情，就要做真正有意义的事情，如此才能够脱颖而出。’但是好建筑的品质到底是什么？这是一个很简单的问题，但很难回答。我们如何为建筑制定品质标准？我们怎样才可以学会设计真正优秀的建筑？答案可能会是优美的材料和细部构造，也可能会是融合想象力的任意建筑要素，以令人愉悦的方式激发我们的情感。答案也可能是通过结构对建筑塑形，不论是历史上还是全世界范围内，人类建造了大量的符合结构规律的形式，这些形式使人们对其产生共鸣，结构逻辑产生的形式足以对抗风格和时间。”

大卫把西红柿放进沙拉碗里之后擦干双手，把几张照片从一个信封里拿出来，放在了桌子中间：“这是迈克尔和约翰在英国以及南非建造的层压薄砖拱顶建筑，这些建筑有着令人难以置信的优雅，很可惜他们不能加入我们的讨论。”

瓦克劳说：“高效的结构往往都是美观的，这个薄砖拱顶就是最直接的证据。”

“就像沙克尔所说，”布鲁斯说道，“美在于实用，所有美观的东西如果不够实用的话，很快就会变得令人反感，需要新的东西去取代它。最大程度的实用产生最大程度的美。关于设计品质的问题……”他停顿了一下，竭力地思考着如何表达自己的想法：“当然，我们还需要谈谈功能以及想象力的问题。”

戴安娜回答说：“我在学校和早期职业生涯学习结构设计时，都是关于结构计算和公式的，没有关于想象力的讨论。”

爱德华点头说道：“是的，在土木工程领域，这种模式太常见了。工程教育几乎完全集中在数学知识的传授。大多数技术专家不明白的是，建筑技术的目的是实现建筑梦想，孤立地学习建筑技术无法达成这个目标。谁来为梦想构筑蓝图呢？建筑师们一直被教授要有想象力，但只有少数突出的结构工程师学会了去想象。同时，一个没有逻辑的想象力是不值得提倡的。大部分建筑师都有很丰富的想象力，他们会制造视觉混乱，还有很多结构工程师，会为这些建筑师所创造的扭曲、昂贵、不稳定的几何图形提供结构支持。在设计结构时，我们需要遵循竖向荷载和横向荷载的规律，当结构工程师基于结构逻辑为建筑师提供有想象力的技术支持时，结果会有大不同。”

杰夫端来了一盘烤好的肋排，上面淋着烧烤酱汁。凯特·赫里茨跟着端上来一大碗热气腾腾的玉米。阿夫拉姆和特里西娅一起，摆好桌子，放好食物，然后阿夫拉姆向门口走去。

“大家都过来吧，我们可以开始宴席啦。”比尔·托恩招呼着大家围着桌子坐下。他接着说道：“我认为结构工程师们了解土木工程专业的发展历史很重要，还要了解著名的结构工程师以及他们的作品。”

戴安娜非常赞同：“结构工程师不应该从那些为建筑师写的书中获得这些知识，应该由结构工程师自己来书写这些故事。很多著名结构工程师都出版了著作，清晰明了地阐述了他们的作品和工作，例如奈尔维、托罗加、埃菲尔、迪亚斯特、莱斯、安东尼·亨特、施莱希以及梅恩。我们不能忽略这些结构工程师们的著作，要更深层次地思考结构工程师的作品而不仅仅是欣赏它们的外观。”

“设计和建造涉及很多专业以及相关从业人员，”大卫说道，“这些人需要交流的平台，设计是一个对话的过程。就像爱德华说的，学习设计如同学习一门语言，并不能只学习语法和词汇，还要学习交谈。经过大量的练习之后，才会变得流利。我们希望成为一流的建筑师，就需要从结构中提取建筑的本质，并将其转化为艺术。”

这时约翰·霍森多夫、菲利普·布洛克和米歇尔·拉梅吉从前门走了进来，他们刚刚从机场赶了过来，所以迟到了。约翰在西班牙语和英语之间来回切换，向众人介绍着埃拉蒂奥·迪亚斯特的结构工程师儿子安东尼奥，以及他的首席设计师冈萨洛·拉莱姆贝雷，两人都来自乌拉圭。迈克尔和他的导师，瑞士结构工程师约格·康策特站在一起。约格·施莱希用流利的英语与众人打着招呼。不久之后，大家都坐好并开始用餐。

当桌上的食物渐渐被吃光的时候，众人也开始小声低语，人们继续讨论着刚才的话题，然后就开始安静了下来。瓦克劳·扎列夫斯基稍微提高些声音对旁边的凯特问道：“结构是科学验证还是艺术创造?”

约格·施莱希热情地回应道：“结构设计意味着将知识与直觉、经验与想象结合起来，旨在创造出一个具有独特形式的高效结构。建筑师和结构工程师可以互相学习很多东西。建筑师可以向结构工程师学习关于生产制造、形式以及结构行为之间的内在关联，可以学习关于结构细部的重要性，关于纯粹的、高效结构形式的美学，以及归纳与演绎相结合的思维。结构工程师们可以向建筑师学习如何看待建筑、建筑的视觉呈现等问题，关于建筑的社会属性和生态要求，关于从细部到整体、从分析到综合的思维方法。优秀的建筑师对技术持欢迎的态度，通过结构的智慧来建立秩序。一个好的结构工程师也会对建筑师的工作感兴趣，并与建筑师一起思考建筑的功能以及设计理念。”

冈萨洛·拉莱姆贝雷回应说：“很高兴您在知识和经验中提到了想象力和直觉。埃拉蒂奥·迪亚斯特曾写道：‘工程实践过程中常见的两种错误是：排斥所有数值分析之外的东西以及认为创造是孩子般的神奇的直觉。’迪亚斯特作为结构工程师的同时也是一位诗人，他认为想象力和直觉与那些方程式同样重要。”

约瑟夫·亚诺若有所思地说道：“他作品中蕴含的品位就是我们开始讨论的设计品质，在我看来，结构工程师和建筑师都只被教授了结构计算而不是结构设计。只有这两种专业的杰出人才，才不会受结构计算课程的影响，从而创造出优质的结构。”

“在我看来，”桌子远端的一位研究生说，“如果在座的各位老师致力于提高建筑或桥梁的设计品质，我们应该构建一种全新的结构设计方法，一种强调设计过程和结构找形的设计方法。让我们做一些实际的事情，把各位老师的正确理念转化为实际的课程。”

在短暂的震惊过后是沉默，接着是一阵窃窃私语，就像铅笔和钢笔被放在烧烤架上发出的声音，接着人们开始了思考和讨论。

注：

这个聚会以及对话都是虚构的，瓦克劳·扎列夫斯基的对话来自大卫·福克斯和爱德华·艾伦对其的采访。大卫·福克斯、约瑟夫·亚诺、杰夫·安德森、威廉·托恩的对话来自平时的讨论，爱德华·艾伦的对话主要来自2005年他在波士顿建筑学院的演讲。约格·施莱希的对话来自1996年在德国斯图加特举办的结构设计会议（IABSE/IASS）上所发表的论文《小议结构概念设计》。埃拉蒂奥·迪亚斯特的对话来自西班牙某出版社出版的《埃拉蒂奥·迪亚斯特，1943—1996》的第41页。戴安娜、布鲁斯、特里西娅和阿夫拉姆都是虚构的人物，其他人物则是真实的。

索引

第 1 章
恒荷载与活荷载，4，5
从属面积，5，18
力的可传递性，7
静力平衡，7
隔离体图，12
力的平行四边形法则，8
平衡力，8
共点力的平衡，9
数值法，7，9，12
力多边形，9
绘制平行线，10
鲍氏符号标注法，12
确定力的性质，14
不锈钢杆，15，16
高技派建筑，27
托马斯·特尔福德，33

第 2 章
图解静力学，36
索线系列，40，42
力的分量，43，44
钢索，45，46，48
约翰·罗布林，48
闭合弦，48
桅杆，54
彼得·莱斯，62

第 3 章
抛物线与悬链线，65，67
近似值，67
抛物线的几何属性，66，69
埃拉蒂奥·迪亚斯特，78-80
增加拱顶的刚度，77
拱顶的细部构造，82
完成拱顶的建造，82，84

第 4 章
剪刀桁架，93，94，98，99，101，102，112
链条，109-112
卡尔·库尔曼，113

第 5 章
力矩、力臂，121
力矩的平衡方程，122
支座，125-128
支座反力的求解，124-130
三角函数，129
找出重心，132
多余约束，135
女性结构工程师，141

第 6 章
节间，144
桁架的最小高跨比，145
木桁架及其连接构造，145，153，154
桁架与网架，148
桁架在桥梁中的应用，148-150
桁架在建筑中的应用，150
常见的桁架形式，150-152
钢桁架的连造，155
六节间普拉特平行桁架的内力分析，164
转变普拉特平行桁架中斜腹杆的方向，165
节点法，172，173

第 7 章
扇形结构，186，187
米歇尔·维洛热，190
箱形梁、斜拉桥的建造，191
圣地亚哥·卡拉特拉瓦，194
克里斯蒂安·梅恩，195
三维的斜拉结构，197-199
钢管及其细部构造，207-209

第 8 章
叠涩，216-218
砖石拱结构：胡克定律，219-221
推力线，220，221
砖拱中铰链的形成，221
哥特式的墙垛，222-227
哥特式的飞扶壁，224，226，227
从拱券到拱顶，227，228
传统砖石拱与悬链线拱，230，231
悬链模型，231
三维拱顶设计，236-238
砖石拱顶的建造方法，238
安东尼·高迪，244

第 9 章
单曲面壳体与双曲面壳体，250
度量的国际单位制，252
混凝土壳体的厚度，253
爱德华多·托罗加，273

第 10 章
伊桑巴德·布律内尔，284
古斯塔夫·埃菲尔，285
埃菲尔铁塔的图解分析，286-288
低效桁架形式的图解优化，289，290

第 11 章
拱结构的约束设计 305
皮埃尔·奈尔维，324
瓦克劳·扎列夫斯基，330

第 12 章
最简单的膜结构模型，332，333
马鞍形曲面，333
柏拉图立体，334
测地仪球体，334，335
弗雷·奥托，337
索网结构，338-340
膜材料，341
霍斯特·伯格，342
锥形膜的图解分析，346，347
菲利克斯·坎德拉，347
双曲抛物面，347，348
充气膜结构，350，351

第 13 章
沙子，355，356
自然堆积角，356，359
双向轴应力，357
格里菲斯断裂机制，361
球簧模型，361-364，369
泊松效应，362，363
木材的微观结构，364
好的结构材料的特征，364-368
应力与应变，370-373
胡克定律，371
克劳德·纳维尔，371
弹性模量，370-372
安全系数，373

第 14 章
立墙平浇建筑法，376-378
水流与力流，379，380
次应力，382，383
圣维南原理，383-385
拉压杆模型，387
偏心荷载作用下的高墙，390-392
开口与切口，403-405
约格·施莱希，406

第 15 章
梁式结构与拱式结构，411
主梁，412，413
椽子，413
承重墙，414
荷载路径，414-416
横向荷载，416，417
斜撑，417，418
刚性节点，418，419
剪力墙，419，420
楼板和屋面板作为隔板，420-422
层叠建造，423-425
抗风桁架，424-426
框架结构设计中的常见问题，427，428

第 16 章
剪力图和弯矩图，434-454
纵向荷载和横向荷载，434，435
图解法绘制剪力图和弯矩图，437-441
弯矩图和索多边形的关系，442，443
半图解法，442-444
关于均布荷载的单位，445
连续梁，447
超静定梁转变为静定梁，448
梁上的铰接节点，448
固端梁，448
纵向受力构件的弯矩，449，450

第 17 章
化墙为梁，456-460
高跨比，458
K 形桁架与梁中力流的类比，458-460
矩形截面梁中的最大弯曲正应力，462-465
梁成为常用的横向跨越构件的原因，466
矩形截面梁中的切应力，467，468
木梁及其连接构造，468-473
挠度，473
木构件的相关参数，474-476
I 字形木托梁，486
连续梁，487，489
米歇尔梁，489，490

第 18 章
钢构件的截面，493-496
剪力钉，498
钢结构防火，498
钢框架结构的连接，498-500
钢框架结构的初步设计，504
宽翼缘工字钢的截面尺寸，505-506
组合截面梁的惯性矩，508-511
任意截面梁中的切应力，511
加劲板，517
腹板的破坏，517
梁的截面形状，518

第 19 章

柱子的样式，521
柱子的屈曲，522，523
偏心荷载，522
柱子的端部的约束条件及其有效长度，523
柱子的约束，523，524
柱子的强轴和弱轴，524
多层建筑中的柱子，524，525
多层刚架，527，528
柱子的理想形状，528，529
法兹勒・汗，529
复合受力构件，531，532
建筑中的柱子，533-539
承重墙，539-542

第 20 章

建筑规范，547-549
构件的耐火极限，549
钢筋，550，551
单向板，552，553
双向板，553，554
柱帽，554-556
冲切剪力，556，559，560
井字楼板，556，557
罗伯特・马亚尔，557
决策图，558
现浇混凝土框架结构的抗侧设计，558
柱子偏移，559
楼板的边缘，560
后张法，562，563
钢筋混凝土梁如何抵抗弯矩，563-565
具有创新性的现浇混凝土框架体系，565-568

第 21 章

空调系统，576-578
无障碍设计，576
楼梯间与电梯间，576
变风量系统，577
地板辐射采暖，578
电气与通信系统，578，579
空心楼板的构造，580
双 T 形板的构造，580
预制混凝土结构的初步设计，593

第 22 章

抛物线的计算公式，597
结构造型的基本原则，605
组合应力，606，607
雨篷的细部构造，607-610